HOW THE MIND WORKS

HOW THE MIND WORKS
copyright © 1997 by Steven Pinker All rights reserved.

이 책의 한국어판 저작권은 Brockman, Inc.를 통한 Steven Pinker와의 독점 계약으로 동녘 사이언스에 있습니다.
신저작권법에 의해 한국 내에서 보호를 받는 저작물이므로 무단 전재와 무단 복제를 금합니다.

이 책의 표지에 사용한 Wassily Kandinsky의 작품 Accord réciproque는 GNC media를 통해
사용 허가를 받은 이미지입니다.
© Photo CNAC/MNAM Dist. RMN-Georges Meguerditchian/GNC media, Seoul, 2007.

마음은 어떻게 작동하는가
과학이 발견한 인간 마음의 작동 원리와 진화심리학의 관점

초판 1쇄 펴낸날 2007년 3월 25일
초판 8쇄 펴낸날 2014년 4월 5일
2판 1쇄 펴낸날 2016년 2월 20일
2판 5쇄 펴낸날 2023년 4월 5일

지은이 스티븐 핑커
옮긴이 김한영
펴낸이 이건복
펴낸곳 동녘사이언스

등록 제406-2004-000024호 2004년 10월 21일
주소 (10881) 경기도 파주시 회동길 77-26
전화 영업 031-955-3000 편집 031-955-3005 전송 031-955-3009
블로그 www.dongnyok.com **전자우편** science@dongnyok.com
인쇄 새한문화사 **종이** 한서지업사

ISBN 978-89-90247-35-3 (03400)

- 잘못 만들어진 책은 바꿔 드립니다.
- 책값은 뒤표지에 쓰여 있습니다.
- 이 도서의 국립중앙도서관 출판시도서목록(CIP)은 e-CIP홈페이지(http://www.nl.go.kr/ecip)와
  국가자료공동목록시스템(http://www.nl.go.kr/kolisnet)에서 이용하실 수 있습니다.
  (CIP제어번호: CIP2007000555)

마음은 어떻게 작동하는가
HOW THE MIND WORKS

스티븐 핑커 지음 ● 김한영 옮김

과학이 발견한 인간 마음의 작동 원리와 진화심리학의 관점

《마음은 어떻게 작동하는가》에 쏟아진 찬사들

이 매력적인 신작에서 스티븐 핑커는 모든 것은 아니지만 아주 많은 것을 설명한다. 긴 책이지만 이 책을 읽는 독자의 머릿속에는 훨씬 더 긴 책이 남게 된다. 핑커는 생각에 대한 생각을 완전히 변화시키는데, 그로부터 나오는 예측할 수 없는 결과를 한 권의 책에 담기는 불가능하기 때문이다.
—크리스토퍼 레만-하우프트, 《뉴욕타임스》

〔마음에 관한〕 수많은 의문을 풀어 주는 해답과 함께, 과학서적에서 기대할 수 있는 것보다 훨씬 더 많은 웃음을 선사하는 책. 〔이 책과 함께〕 시간을 보내면서 만나게 되는 방대한 전문 지식은 그 복잡성과 정교함과 넓은 시야로 읽는 사람의 전율을 자아낸다.
—조지 스키아라바, 《보스턴 선데이 글로브》

핑커는 영리한 사례들과 활기찬 산문을 통해 마음은 놀라운 '소프트웨어 모듈들'의 집합체라는 주장을 제기한다. 모든 지면에서 빛을 발하는 수사학적 후광마저도 정치적·과학적 졸부로 의심받던 '진화심리학'을 하나의 지배적인 패러다임으로 격상시키는 데 큰 역할을 하고 있다. 〔핑커는〕 최고의 의미로서 대중 작가다. 복잡한 개념들을 얼버무리지 않고 누구나 이해할 수 있는 유용한 개념으로 전환하기 때문이다. 또한 풍부한 작가적 재능은 다윈주의라는 시큼한 산을 부드럽게 중화시킨다.
—존 호건, 《링구아 프란카》

핑커는 과학의 대중화와 신화 파괴라는 맥락에서 버트런드 러셀의 전통을 이어 가고 있다. 인간의 본성에 대한 새로운 관점을 완벽하게 소개하고 있는 이 책은 시간이 흐를수록 강한 영향력을 발휘할 것이고, 심지어 핑커의 결론에 동의하지 않는 사람들에게도 중요한 책으로 자리 잡을 것이다.
—아담 커쉬, 《보스턴 파닉스》

마음은 어떻게 작동하는가? 스티븐 핑커는 이 근본적인 질문에 대해 그 어떤 저자도 한 권의 책에 담아내지 못한 가장 믿을 만한 해답을 제시하고 있다. 핑커는 깊이 있는 사고와 매력적인 재치를 겸비한 과학자로서, 전통적인 분야들 간의 틈새 위에 비인습적이고 도전적이고 의미 있는 방법으로 다리를 건설하고 있다. 그의 도전을 진지하게 받아들이는 독자는 이 책의 모든 페이지에서 매혹적인 자극과 통찰을 발견할 것이다.
—스티븐 골린, 《진화와 인간 행동》

스티븐 핑커에게는 심오한 것을 명확히 드러내는 재주가 있다. 그가 진화론의 통찰이 가득 담긴 매력적인 보따리를 내놓았다.
—《이코노미스트》

학문적 깊이와 유익함은 물론이고 재기와 매력까지 겸비한 책이다. 핑커는 고려할 수 있는 모든 것을 완전히 새로운 방식으로 생각하게 만들고, 마음에 대한 생각을 유희로 느끼게 만든다.
—크리스토퍼 도넌, 《몬트리올 가제트》

〔핑커는〕 알기 쉬운 설명과 재치 있는 유추의 재능뿐만 아니라 고급문화와 대중문화에 대한 방대한 지식으로부터 적절한 알맹이를 인용하는 재능까지 겸비했다. 또한 난해한 전문 지식을 건너뛰어야 할 시점을 안다. 바로 이 책 속에 그의 모든 기술이 담겨 있다. 박식하고 날렵한 필치가 돋보이는 책이다.
—필립 존슨-레어드, 《네이처》

폭넓은 내용으로 모든 사람의 관심을 끄는 동시에 매력적인 문체가 빛을 발하는 책. 현재까지 알려진 마음 이론 중 가장 믿을 만한 일반론을 보여 주고 있다. 〔핑커는〕 이 모든 것을 더없이 명료하고 포괄적인 방식으로 설명하고 있다.

−콜린 맥긴,《뉴리퍼블릭》

핑커는 극히 복잡하고 어려운 이론을 자연스럽게 풀어 설명할 뿐 아니라 모든 설명을 재치 있고, 명석하고, 매혹적으로 이끌어 간다. 인간의 마음에 관심이 있는 사람이라면 반드시 읽어야 할 권위 있는 책이다.
−로버트 맥크럼,《옵저버》

마음의 전체적인 구조를 보여 주는 훌륭한 책. 누구도 따라올 수 없는 명료한 글과 건강한 유머 감각을 결합하여 유쾌하고 도발적인 책을 탄생시켰다.
−사이러스 테일러,《클리블랜드 플레인 딜러》

능숙하고 명쾌한 글이다. 저자는 대단히 복잡한 메커니즘들을 이해하기 쉽게 만드는 재능을 타고났다. 핑커는 인간의 보고 듣고 느끼는 기관들이 엄청난 양의 정보를 처리하면서, 하나의 목표 지향적이고 모듈화된 경이로운 전체로 진화하는 과정을 눈에 보일 듯이 그려 낸다.
−《퍼블리셔스 위클리》

저자는 자신의 이론을 대단히 명료하고 당당하고 설득력 있게 제시한다. 〔이 책을〕 읽는다는 것은 인간 정신의 구조가 그려진 최초의 도안을 펼쳐 보는 것과 같다. 빛나는 역작이다.
−휴 로슨−탠크리드,《스펙테이터》

핑커는 어려운 개념을 설명하는 놀라운 능력의 소유자다. 마틴 에임스의 소설이나 우디 앨런의 영화를 떠오르게 하는 그의 글은 자동입체그림 속의 그림을 보는 것처럼 불안정하고 흥미로운 사고의 변화를 불러일으킨다.《마음은 어떻게 작동하는가》는 당신의 마음이 작동하는 방식을 바꿔 놓을 것이다.

―일레인 쇼월터, 《타임즈》(런던)

문맥이 바뀔 때마다 읽는 이의 마음을 사로잡고, 즐거움과 재미가 가득하며, 악마 같은 영리함이 곳곳에 숨어 있다. 읽고, 또 읽고, 연구하고, 토론할 가치가 있는 책이다. 유쾌하고 즐거운 가면 뒤에는 무겁고 깊이 있는 메시지가 감춰져 있다.
―마이클 가자니가, 《인지과학의 경향》

어떤 저자도 심리학과 진화에 관한 이야기를 핑커보다 더 권위 있고 당당하게 펼쳐 보이지 못할 것이다. 핑커는 과학 저술 특유의 답답하고 지루한 화법을 피하는 동시에, 밝고 가벼운 유머 감각을 통해 전문 지식의 무게를 덜어 내고 있다. 따라서 대부분의 결론은 암흑 속에 잠긴 진실을 밝히는 번개와 같다.
―미하이 칙센트미하이, 《워싱턴포스트》

일러두기

- 이 책은 Steven Pinker, *How the Mind Works*(W. W. Norton, 1997)를 우리말로 옮긴 것이다.
- 옮긴이 주는 *로 표시했다.

옮긴이의 글: 2판에 붙여

《마음은 어떻게 작동하는가》는 핑커 교수의 《언어본능》과 《빈 서판》을 잇는 다리에 해당한다. 《언어본능》에서 핑커 교수는 촘스키의 생성문법과 보편문법에 기초하여 인간의 언어를 다양하고 깊이 있게 분석하고, 이를 토대로 언어기관과 문법유전자의 존재를 주장한다. 특히 《언어본능》의 후반부에서 그는 언어의 설계도를 뛰어넘어 마음의 설계도를 예고하고 진화심리학의 가능성과 중요성을 강조한다. 《빈 서판》에서 핑커 교수는 진화심리학의 성과와 인간에 대한 성찰에 기초하여 인간의 본성을 복원하고, 기존의 오해와 편견이 인간의 삶에 미친 부작용과 문제들을 비판하며, 역사와 철학의 새로운 방법론을 암시한다. 따라서 두 권의 저서 사이에는 '마음의 설계'에 대한 자세한 논의가 심연으로 남는다.

물론 원서인 《How the Mind Works》는 두 저서의 중간에 출간되었으므로 그 사이의 심연이라는 것은 역자와 우리나라의 관심 있는 독자들만이 느낄 수 있는 것이었다. 《언어본능》은 1998년에 초판(그린비), 2004년에 재판(소소)이 나왔고, 《빈 서판》은 2004년에 초판이 나왔다. 그러나 역자는 핑커 교수의 대중서 가운데 가장 학문적인 책은 《단어와 규칙》이라고 생각한다. 《단어와 규칙》은 영어의 규칙 동사 대 불규칙 동사, 규칙 명사 대 불규칙 명사를 신경심리학 차원에서 분석하면서 계산주의와 연결주의 등을 설명한 책으로, 이 책의 2장과 관련성이 있다.

이 책은 먼저 인간에게 선천적으로 구비된 마음의 표준 설비를 로봇공학의 관점에서 다룬다. 우리가 아주 당연히 여기는 마음의 기본 능력들이 로봇 제작의 관점에서는 엄청난 도전 과제라는 관점에서, 자연선택은 왜 그리고 어떻게 그런 기능들을 인간에게 부여했는지를 추론한다. 이 추론은 이 책의 핵심 개념 중 하나인 '역설계reverse-engineering'를 통해 이루어진다. 그리고 역설계에 의한 분석은 이중적이다. 첫째, 인간(그리고 모든 동물)의 지각 기능들은 역광학이나 역운동학 같은 역공학을 통해 '잘못 설정된 문제,' 즉 해가 없는 문제를 해결한다는 것이고, 둘째, 인간의 신체 기관과 마음 기관을 이해할 때 우리는 다윈주의의 관점에서 그것이 진화의 과정에서 무엇을 위해 생겨났고 무엇 때문에 그런 구조를 갖게 되었는지를 역설계해야 한다는 것이다. 그리고 이 모든 역설계는 생물체의 기관들은 유기체의 번식과 생존에 도움이 되는 능력을 발휘했기 때문에 존재한다는 진화심리학(또는 진화생물학)의 관점과 결합되어 있다.

인간의 마음이 진화의 산물이라면 언어, 논리와 추론(2장), 시지각(4장), 지능과 추론(5장)은 물론이고 인간의 감정들도(6, 7장) 역설계를 거쳐야 하는 훌륭한 주제일 것이다. 저자는 인간 사회에서 발생하는 다양한 감정들이 진화론상으로 유의미한 마음 기관들이라는 것과, 그로 인해 발생하는 주요한 갈등, 싸움, 화합, 경쟁의 변주곡들이 진화의 부산물이자 인간 사회의 필수 요소임을 설명한다. 마지막으로 저자는 음악과 회화, 소설과 유머, 철학과 종교를 다윈주의적으로 분석함으로써 인생의 의미를 탐구한다. 《빈 서판》에서도 유감없이 드러났지만 특히 예술에 대한 이 책의 관점은 생물학적 미학의 계승자이자 다윈주의 미학의 출발점이 될 수 있다고 생각한다.

이 책에는 수많은 분야의 전문적인 이야기들이 인용 및 언급되어 있는데, 이에 대해 저자는 좁은 분야의 전문가보다는 교양이 풍부한 일반인이 나을 것이라고 지적했다. 그러나 이 책을 번역한 사람의 입장에서는 그의 말에 선뜻 동의하기가 어렵다. 이 책이 만족스럽게 번역되려면 최소한 다섯 분야의 전문가들이 필요할 것이기 때문이다. 수많은 자료의 검색과 참고, 그리고 저자인 핑커 교수의 친절한 도움으로 많은 문제들을 해결하여 번역을 마쳤지만, 로봇공학과 시지각의 생소한 어휘와 개념들은 더 확인하고 검증해야 할 필요가 있음을 느낀다. 여러 가지를 배려해 주고 오랜 시간을 기다려 준 동녘사이언스에 감사드리고, 좋은 우리말로 원고를 다듬어 준 편집자께 감사드리고, 문화적 차이에서 비롯되는 어려움을 해결하는 데 많은 도움을 준 후배이자 영어 강사인 Brendan Kim 씨에게 감사를 표한다.

　　　이 책을 번역한 지 8년이 지났다. 인터넷상에 믿을 만한 정보가 누적되고 역자의 '내공'이 쌓인 덕분에 오류를 파악하고 수정한 번역서를 낼 수 있어 다행이라 생각한다. 이 책은 전반부에서 진화심리학의 토대인 인지심리학과 인공지능 이론을 자세히 다루고 있어서, 처음 번역할 때에는 번역자에게 매우 생소하고 어렵게 다가왔다. 특히 신경논리학, 계산주의, 인지심리학 실험의 세부적인 내용에서는 정확한 의미에 도달하느라 진땀을 흘렸고, 그 경험은 장애아를 둔 부모처럼 항상 걱정스런 기억으로 남아 있었다. 밀린 숙제를 하듯 작심을 하고 교정을 시작했다. 더 일찍 교정에 들어가지 못한 것은 전업 번역가인 탓에 쉽게 충분한 시간을 낼 여유가 없었을 뿐 아니라, 뇌과학에 대한 번역자의 지식과 이해가 임계점까지 쌓이지 못해서였다. 이렇게 묵직한 책을 완벽하게 교정했다고는 장담할 수 없지만, 이제 (적어도 번역자 스스로에게는) 만족스러운 번역서가 되었다고 말할 수 있다. 그간 이메일로 몇몇 오류를 지적해주신 분들께 이 자리를 빌려 감사드린다.

2015년 11월 김한영

들어가는 글

《마음은 어떻게 작동하는가》라는 제목의 책이라면 마땅히 겸손한 말 한마디로 시작하는 것이 옳겠지만, 나는 두 마디의 겸양으로 이 글을 시작하고자 한다.

첫째, 우리는 신체의 작동 원리를 이해하는 만큼 마음이 어떻게 작동하는가에 대해서는 많은 것을 알지 못한다. 그에 대해서라면 우리의 이해는 유토피아를 설계하거나 불행을 치유하기에 턱없이 부족하다. 그렇다면 왜 이런 대담한 제목을 붙였을까? 언어학자 노엄 촘스키는 우리의 무지를 크게 문제와 신비로 나눌 수 있다고 말했다. 문제에 직면했을 때 우리는 그 해답을 알진 못해도 찾고 있는 것을 어렴풋이 느끼고 통찰하면서 지식을 늘릴 수 있다. 그러나 신비한 것과 마주쳤을 때 우리는 설명할 엄두조차 내지 못하고 경탄과 당혹의 눈으로 바라만 본다. 내가 이 책을 쓴 이유는 심상에서 낭만적 사랑에 이르기까지 마음과 관련된 수십 가지의 신비들이 최근에 문제 차원으로 격상되었기 때문이다.(물론 어떤 것들은 여전히 신비로 남아 있다!) 이 책에 소개된 개념들은 언제든 오류로 판명날 수 있지만, 그것 자체도 하나의 진보일 것이다. 사실 우리의 낡은 이론들은 너무나 진부하고 딱딱해서 오류로 판명하는 것조차 불가능하기 때문이다.

둘째, 나는 마음의 작동 원리에 대해 우리가 알고 있는 것들을 발견한 장본인이 아니다. 이 책 속에 등장하는 개념들 중 내가 발견한 것은 거의 없다. 나는 여러 분야에서 인간의 사고와 감정을 깊이 있게 통찰한다고 여겨지는 이론들, 기존의 사실과 부합하고 새로운 사실들을 예견하는 이론들, 내용과 설명 방식에 일관성이 있는 이론들을 선택했다. 내 목표는 그 이론들을 거미줄처럼 짜 맞춰 하나의 통일성 있는 틀을 완성하는 것이다. 그리고 이 과정에서 계산주의 마음 이론과 복제자의 자연선택설이란 두 개의 큰 이론을 이용했다.

첫 장에 제시된 그 틀을 요약하자면 다음과 같다. 마음이란 연산 기관들로 구성된 하나의 체계이며, 그 연산 기관들은 식량채집 단계에서 인류의 조상이 부딪혔던 문제들을 해결하기 위해 자연선택이 설계한 것이다. 그 다음 두 장에서는 각각 연산과 진화라는 두 개의 큰 개념을 설명할 것이다. 그리고 지각, 사고, 감성, 사회성(가족, 연인, 경쟁자, 친구, 아는 사람, 동맹자, 적)에 대한 장들을 통해 마음의 주요한 기능들을 해부할 것이다. 마지막 장에서는 좀 더 고차원적인 욕구들, 즉 미술, 음악, 문학, 유머, 종교, 철학 등에 대해 논의할 것이다. 언어에 관한 장이 따로 없는 것은 나의 전작인 《언어본능》에서 그 주제를 다뤘기 때문이다.

나는 마음이 어떻게 작동하는지를 알고 싶어하는 모든 사람을 위해 책을 쓰고자 했다. 따라서 이 책은 단지 교수와 학생들을 위해 쓴 것도 아니고 '과학의 대중화'를 위해서만 쓴 것도 아니다. 나는 학자와 일반 독자 모두가 마음을 정확히 알고 그 지식을 인간의 삶에 적용시킴으로써 이익을 얻기를 바라고 있다. 이런 차원에서는 전문가와 생각이 깊은 문외한의 차이가 거의 없다. 요즘 우리 전문가들은 인접 분야에서는 물론이고 자기 자신의 분야에서도 아마추어보다 크게 나은 점이 없기 때문이다. 나는 이 책에서 포괄적인 평론을 제시하거나 모든 논쟁의 모든 측면을 다루지 않았다. 그렇게 했다면 이 책은 읽을 수도 없고 양손으로 들 수도 없었을 것이다. 나는 다양한 분야와 방법으로부터 나온 증거를 종합하고 평가하여 결론을 내렸으며, 독자들이 따라올 수 있도록 자세한 인용문들을 제시했다.

나는 많은 스승과 학생과 동료들에게 지적으로 빚을 지고 있지만 그중에서도 특히 존 투비와 레다 코즈미디스에게 큰 빚을 지고 있다. 그들은 진화와 심리학의 종합 이론을 만들어 이 책을 가능하게 했고, 이 책에 제시된 많은 이론들(그리고 이 책에 실린 것보다 더 훌륭한 많은 농담들)을 고안했다. 그들은 나를 샌타바버라 캘리포니아대학교 진화심리학연구소의 특별연구원으로 초빙하여 1년 동안 사유와 저술에 이상적인 환경을 제공하고 소중한 우정과 조언을 아낌없이 나눠 주었다.

원고를 끝까지 읽고 귀중한 비판과 격려를 제공해 준 마이클 가자니가, 마크 하우저, 데이비드 케머러, 게리 마커스, 존 투비, 마고 윌슨에게 깊이 감사드린다. 그 외에도 많은 동료들이 각자의 전문 분야에 해당하는 장에서 친절한 논평을 해주었다. 에드워드 애들슨, 바턴 앤더슨, 사이먼 배런-코헨, 네드 블록, 폴 블룸, 데이비드 브레이나드, 데이비드 버스, 존 컨스터블, 레다 코즈미디스, 헬레나 크로닌, 댄 데닛, 데이비드 엡스타인, 앨런 프리드런드, 저드 지거렌저, 주디스 해리스, 리처드 헬드, 레이 재킨도프, 알렉스 카셀닉, 스티븐 코슬린, 잭 루미스, 찰스 오먼, 버나드 셔먼, 폴 스몰렌스키, 엘리자베스 스펠크, 프랭크 설로웨이, 도널드 시먼스, 마이클 타르가 그들이다. 또한 많은 사람들이 질문에 답을 해주고 유익한 제안을 해주었다. 로버트 보이드, 도널드 브라운, 나폴레옹 샤뇽, 마틴 댈리, 리처드 도킨스, 로버트 해들리, 제임스 힐렌브랜드, 돈 호프먼, 켈리 올권 자콜라, 티모시 케텔라, 로버트 커즈번, 댄 몬텔로, 알렉스 펜틀런드, 로슬린 핑커, 로버트 프로빈, 휘트먼 리처즈, 대니얼 색터, 디벤드라 싱, 파원 시나, 크리스토퍼 타일러, 제러미 울프, 로버트 라이트에게 감사드린다.

이 책은 MIT와 샌타바버라 캘리포니아대학교가 제공한 고무적인 환경의 산물이다. 나에게 안식년을 허락해 준 MIT 뇌인지과학과의 에밀리오 비지에게 특별한 감사를 표하고, 나를 초빙교수로 불러 준 UCSB 심리학과의 로이 라이틀과 애런 에텐버그, 그리고 언어학과의 퍼트리샤 클랜시와 매리언 미순에게도 특별한 감사를 표하고 싶다.

MIT 튜버 도서관의 퍼트리샤 클래피는 모르는 것이 없거나, 적어도 필요한 것이 어디에 있는지를 정확히 알고 있으니 모르는 것이 없는 것이나 마찬가지다. 아무리 찾기 힘든 자료라도 기꺼이 신속하게 추적해 준 그녀의 열정과 노력에 진심으로 감사드린다. 나의 비서인 엘리너 본세인트 양은 수많은 문제를 해결할 수 있도록 전문적인 도움을 주면서도 언제나 쾌활한 미소를 잃지 않았다. 또한 표지에 대해 조언을 해준 MIT 목록 시각예술연구소의 사브리나 데트마와 매리언 튜버, 제니퍼 리델에게 감사드린다.

공동편집자 드레이크 맥필리(노턴), 하워드 보이어(현재 캘리포니아대학 출판부), 스테판 맥그래스(펭귄), 래비 머천다니(현재 오리온)는 처음부터 끝까지 세심한 조언을 아끼지 않았다. 또한 나를 대신해 이 책이 나올 수 있도록 노력해 준 출판대리인 존 브록만과 카팅카 맷슨에게 감사드린다. 지난 14년 동안 나와 함께 네 권의 책을 펴낸 카티야 라이스에게 특별한 감사를 표한다. 그녀는 분석적인 눈과 장인다운 필치로 책의 수준을 향상시켰을 뿐 아니라 나에게 명료함과 문체가 무엇인지를 가르쳐 주었다.

격려와 제안을 아끼지 않은 나의 가족, 해리, 로슬린, 로버트, 수전 핑커, 마틴, 에바, 칼, 에릭 부드먼, 사로야 수비야, 스탠 애덤스에게 진심 어린 감사를 표한다. 또한 원저, 윌프레드, 피오나에게도 감사드린다.

누구보다 나의 아내, 일라베닐 수비야에게 감사드린다. 그녀는 도안을 만들고 원고에 대해 소중한 논평을 제공했으며, 지속적인 충고와 지원과 애정을 나누면서 기나긴 여행을 함께 했다. 내 모든 사랑과 감사의 마음을 실어 이 책을 그녀에게 바친다.

마음과 언어에 대한 나의 연구는 국립건강연구소, 국립과학재단, MIT의 맥도널-퓨 인지신경과학센터로부터 지원을 받고 있다.

차례

옮긴이의 글: 2판에 붙여
들어가는 글

1 표준 설비   19
2 생각하는 기계   105
3 얼간이들의 복수   241
4 마음의 눈   333
5 좋은 생각   461
6 다혈질   559
7 가족의 소중함   655
8 인생의 의미   799

주
참고문헌
찾아보기
한/영 인명 대조표

1
표준 설비

왜 소설이나 영화에는 수없이 많은 로봇이 등장하는데 실제 생활에는 전혀 등장하지 않을까? 설거지를 하거나 간단한 심부름이라도 할 줄 아는 로봇이 있다면 얼마를 지불하든 구입하고 싶다. 그러나 20세기에는 그럴 기회가 없었고 21세기에도 그럴 기회는 올 것 같지 않다. 물론 자동차 생산 라인에서 용접을 하고 페인트를 분사하는 로봇이나 연구소 복도를 굴러다니는 로봇은 존재한다. 문제는 인간처럼 걷고, 말하고, 보고, 생각하는, 그리고 종종 그런 일들을 인간보다 더 잘 수행하는 기계다. 1920년에 카렐 차페크가 자신의 희곡 《R.U.R.》*에서 로봇이란 단어를 사용한 이후로 극작가들은 갖가지 로봇을 만들어 냈다. 아이작 아시모프의 《아이 로봇 I, Robot》에 등장하는 스피디, 큐티, 데이브, 《금지된 세계 Forbidden Planet》의 로비, 《로스트 인 스페이스 Lost In Space》의 공격로봇, 《닥터 후 Dr. Who》의 살인기계

* 체코슬로바키아의 극작가 카렐 차페크의 희곡 《로섬의 만능로봇 Rossom's Universal Robot》. Robot은 '강제로 일하다'라는 체코어에서 유래했다.

달렉, 《우주 가족 젯슨The Jetsons》의 하녀 로지, 《스타트렉Star Trek》의 노매드, 《겟 스마트Get Smart》의 하이미, 《슬리퍼Sleeper》의 멍청한 집사와 말 많은 양품 장수 로봇, 《스타워즈Star Wars》의 R2D2와 C3PO, 《터미네이터The Terminator》의 터미네이터, 《스타트렉: 넥스트 제너레이션Star Trek: The Next Generation》의 안드로이드 데이터 소령, 《미스터리 사이언스 시어터 3000Mystery Science Theater 3000》의 신랄한 영화비평 로봇 등이 그것이다.

  이 책의 주제는 로봇이 아니라 인간의 마음이다. 나는 마음이란 무엇이고, 어디에서 생겨나는지, 그리고 마음을 가진 존재가 어떻게 보고, 생각하고, 느끼고, 상호작용하는지를 설명하고자 한다. 그리고 그 과정에서 다음과 같은 인간 특유의 기벽奇癖들을 조명해 보고자 한다. 왜 기억은 희미해지는가? 화장은 어떻게 얼굴 형태를 달라 보이게 하는가? 인종적 편견은 어디에서 비롯되고, 어떤 경우에 불합리한가? 사람들은 왜 화를 내는가? 무엇이 아이들을 개구쟁이로 만드는가? 우리는 왜 바보처럼 사랑에 빠지는가? 우리는 왜 웃는가? 왜 사람들은 유령과 영혼을 믿는가?

  그러나 나는 상상 속의 로봇과 실제 로봇의 차이에서 출발하고자 한다. 우리가 인간의 참모습을 알기 위해 가장 먼저 해야 할 일은, 모두가 당연한 것으로 여기는 마음 활동 뒤에 숨어 그 놀라운 묘기들을 가능하게 해주는 복잡한 설계를 이해하는 것이기 때문이다. 인간과 같은 로봇이 존재하지 않는 이유는 마음이 기계와 같다는 개념 자체가 잘못이어서가 아니다. 그것은 우리 인간이 보고, 걷고, 계획하고, 그 계획을 실행에 옮길 때 해결하는 공학적인 문제들이 달 표면에 착륙하거나 인간의 유전자 지도를 읽는 것보다 훨씬 더 어렵고 복잡하기 때문이다. 이 점에 있어서도 자연은 인간 기술자들이 아직까지 흉내조차 내지 못하는 정교한 해결책을 사용하고 있는 것이다. 햄릿이 "인간이란 얼마나 멋들어진 존재인가! 이성은 얼마나 고귀하고, 그 능력은 얼마나 무한한가! 생김새는 얼마나 우아하고 거동은 얼마나 경탄할 만한가!"*라고 말할 때, 우리의 경탄은 셰익스피어나 모차르트나 아인슈타인이나 카림 압둘자바**에게로 향하는 것이 아니라 장난감을 제자리에 놓으라는 요구를 수행하는 네 살짜리 아이에게로 향한다.

* 2막 2장.

** NBA의 유명한 농구 선수.

잘 설계된 체계의 구성 요소들은 마치 마술처럼 각자의 기능을 수행하는 블랙박스들과 같다. 마음이 바로 그런 체계다. 우리가 이 세계를 고찰할 때 사용하는 능력들 중에는 그 내부를 들여다보거나 다른 기능들의 작동 방식을 들여다볼 수 있는 능력이 없다. 그 때문에 우리는 착각의 희생자가 된다. 우리 자신의 심리적 현상들이 신성한 힘이나 신비한 실재나 전능한 근원에서 비롯된다고 생각하는 것이다. 유대인의 골렘 전설에서는 진흙인형에 신의 이름을 새기자 인형이 생명을 얻는다. 이 원형은 여러 로봇 이야기에서 똑같이 반복된다. 갈라테아의 처녀상은 피그말리온의 기도에 비너스가 응답함으로써 생명을 얻고, 피노키오는 푸른 요정에게서 생명을 얻는다. 좀 더 과학적인 이야기들에도 현대판 골렘들이 등장한다. 그런 이야기들은 단일한 뇌, 문화, 언어, 사회화, 학습, 복잡성, 자기조직화, 신경망 기능핵과 같은 단 하나의 전능한 원리로부터 모든 심리 현상이 발생한다고 말한다.

나는 우리의 마음이 신의 입김이나 정체불명의 단일한 근원으로부터 생겨나는 것이 아니라고 믿는다. 마음은 아폴로 우주선처럼 수많은 공학적 문제를 해결하기 위해 설계되었고, 각기 다른 과제들을 극복하도록 고안된 여러 개의 첨단 체계들로 구성되어 있다. 그 공학적 문제들은 로봇 설계에 필요한 명세서인 동시에 심리학의 주제인데, 나는 그 문제들을 설명하는 것으로 이야기를 시작하고자 한다. 사람들이 평범한 마음 활동을 통해 쉽게 극복해 내는 기술적 과제들이 인지과학과 인공지능 분야의 과학자들에 의해 발견된 것은 우주가 수십억 개의 은하로 구성되어 있다는 사실이나 한 방울의 물 속에 미생물이 가득하다는 사실을 발견한 것에 비교될 정도로 우리의 상상력을 일깨우는 놀라운 사건이자 과학의 위대한 발견이라고 믿기 때문이다.

로봇 제작의 과제

로봇을 만들려면 무엇을 해야 할까? 행성의 궤도를 계산하는 등의 초인적인 능력은 제쳐 놓고 우선 보고, 걷고, 움켜쥐고, 물체와 사람에 대해 생각하고, 다음 행동을 계획하는 것 같은 인간의 간단한 능력으로 시작하는 것이 좋겠다.

영화에서 우리는 종종 로봇의 눈을 통해 사물을 보는데, 그런 장면은 대개 어안魚眼 렌즈*에 비친 상이나 중앙에 십자선이 그려진 장면으로 나온다. 우리 관객들은 이미 정상적인 눈과 뇌를 갖고 있으므로 별다른 문제를 겪진 않는다. 그러나 로봇의 내부 장치에는 그런 상이나 장면이 전혀 도움이 되지 않는다. 로봇의 머릿속에는 영화를 보고 로봇에게 장면들을 설명해 주는 난쟁이 관객이 없다. 로봇의 눈으로 세계를 볼 수 있다면 그것은 십자선을 덧붙인 영화 장면이 아니라 다음과 같이 보일 것이다.

* 사각寫角이 180도가 넘는 초광각 렌즈로, 예컨대 바다를 찍으면 수평선이 술통형의 만곡으로 나온다.

225 221 216 219 219 214 207 218 219 220 207 155 136 135
213 206 213 223 208 217 223 221 223 216 195 156 141 130
206 217 210 216 224 223 228 230 234 216 207 157 136 132
211 213 221 223 220 222 237 216 219 220 176 149 137 132
221 229 218 230 228 214 213 209 198 224 161 140 133 127
220 219 224 220 219 215 215 206 206 221 159 143 133 131
221 215 211 214 220 218 221 212 218 204 148 141 131 130
214 211 211 218 214 220 226 216 223 209 143 141 141 124
211 208 223 213 216 226 231 230 241 199 153 141 136 125
200 224 219 215 217 224 232 241 240 211 150 139 128 132
204 206 208 205 233 241 241 252 242 192 151 141 133 130
200 205 201 216 232 248 255 246 231 210 149 141 132 126
191 194 209 238 245 255 249 235 238 197 146 139 130 132
189 199 200 227 239 237 235 236 247 192 145 142 124 133
198 196 209 211 210 215 236 240 232 177 142 137 136 124
198 203 205 208 211 224 226 240 210 160 139 132 129 130
216 209 214 220 210 231 245 219 169 143 148 129 128 136
211 210 217 218 214 227 244 221 162 140 139 129 133 131
215 210 216 216 209 220 248 200 156 139 131 129 139 128
219 220 211 208 205 209 240 217 154 141 127 130 124 142
229 224 212 214 220 229 234 208 151 145 128 128 142 122
252 224 222 224 233 244 228 213 143 141 135 128 131 129
255 235 230 249 253 240 228 193 147 139 132 128 136 125
250 245 238 245 246 235 235 190 139 136 134 135 126 130
240 238 233 232 235 255 246 168 156 144 129 127 136 134

각각의 수는 시야를 구성하는 수백만 개의 작은 조각들의 밝기를 나타낸다. 낮은 수는 상대적으로 어두운 조각이고 높은 수는 밝은 조각이다. 배열된 숫자들은 사람의 손을 찍은 디지털카메라의 실제 신호이지만, 우리 눈이 사람의 손을 보는 순간에 눈에서 뇌로 이어진 신경섬유들이 점화하는 비율과 거의 똑같다. 로봇의 뇌나 사람의 뇌가 사물을 인식하고 그 사물과 충돌하지 않기 위해서는 위와 같은 숫자들을 처리하고 그 빛을 반사한 것이 어떤 종류의 물체였는지를 추측해야 한다. 이 문제는 결코 쉽지가 않다.

먼저 시각기관은 어디에서 물체가 끝나고 어디에서 배경이 시작되는지를 파악해야 한다. 그러나 이 세계는 검은색 선으로 엄밀하게 구역을 나눠놓은 칠하기 그림책이 아니다. 우리 눈에 투사되는 외부 세계는 명암을 가진 작은 조각들의 모자이크 그림이다. 이때 시각적 뇌는 큰 수들의

띠(밝은 구역)와 작은 수들의 띠(어두운 구역)가 만나는 구역들을 찾을 것이다. 앞의 숫자 배열에서도 그러한 경계를 식별할 수 있다. 그 경계는 우측 상단에서 중앙 하단까지 사선으로 형성되어 있다. 큰 수들과 작은 수들은 다양한 물체 배열에서 나올 수 있다. 파원 시나와 에드워드 애들슨이 고안한 24쪽의 그림은 밝은 회색 타일과 짙은 회색 타일이 고리를 이룬 모습을 보여 준다.

사실 그것은 검은색 덮개에서 직사각형의 띠를 오려 낸 다음 그 구멍으로 어떤 장면의 일부를 본 그림이다. 검은색 덮개를 제거한 아래 그림에는 여러 가지 물체들이 배열되어 있고, 직사각형 구멍을 따라 밝은 회색과 짙은 회색의 사각형들이 번갈아 놓여 있다.

작은 수들과 큰 수들의 대비는 앞뒤로 서 있는 두 물체에서 나올 수도 있고, 서로 겹쳐진 밝은 색 종이와 짙은 색 종이에서 나올 수도 있으며, 그 밖에도 명암이 다른 2개의 회색 표면, 나란히 맞닿은 두 물체, 흰색 종이 위에 놓인 회색 셀로판지, 두 벽이 만나는 곳의 안쪽이나 바깥쪽 모서리,

또는 어떤 물체의 그림자에서 나올 수도 있다. 어떤 경우든 뇌는 망막에 비친 조각들을 분석해 3차원의 물체를 확인하는 닭과 달걀의 문제를 해결하여, 각각의 조각이 어떤 물체의 일부인지에 대한 사전 지식으로부터 그 조각이 무엇인지(그림자인지 그림인지, 주름인지 겹쳐진 것인지, 투명체인지 불투명체인지)를 결정해야 한다.

어려움은 바로 여기서 시작된다. 일단 시각의 세계를 다수의 물체들로 구분하면 그 다음에는 그 물체들이 무엇으로 구성되어 있는지, 이를테면 어느 부분이 눈흩이고 어느 부분이 석탄인지를 알아야 한다. 얼핏 보면 간단한 문제처럼 보인다. 큰 수들이 밝은 구역에서 나오고 작은 수들이 어두운 구역에서 나온다면, 흰색에 해당하는 큰 수들은 눈이고 검은색에 해당하는 작은 수들은 석탄이 아니겠는가? 아니다. 망막 위의 한 점을 때리는 빛의 양은 그 물체가 희끄무레한가 어두운가에만 달려 있는 것이 아니라, 그 물체를 비추는 빛이 밝은가 어두운가에도 달려 있다. 사진기의 노출계는 실내의 눈덩이보다 실외의 석탄 덩어리에서 더 많은 빛이 반사되게끔 보여 준다. 많은 사람들이 스냅사진을 찍은 후 실망을 하거나 사진술이 그렇게 복잡한 기술로 인정받는 이유도 여기에 있다. 카메라는 거짓말을 못한다. 카메라는 자체의 기계장치에만 맡겨 두면 실외 장면을 밝게만 표현하고 실내 장면은 어둡게만 표현한다. 사진사(때로는 사진기 안에 내장된 마이크로칩)는 카메라의 필름에서 현실적인 상像을 얻어 내기 위해, 이를테면 셔터의 타이밍 조절, 렌즈 장치, 필름 속도, 플래시, 암실 조작 같은 여러 가지 기술을 이용한다.

우리의 시각기관은 카메라보다 한결 낫다. 시각기관 덕분에 우리는 실외의 밝은 석탄을 검게 보고 실내의 어두운 눈덩이를 하얗게 본다. 이것은 행복한 결과다. 색과 빛을 감지하는 우리의 의식적 감각이 외부 세계를 눈에 들어오는 대로 받아들이는 것이 아니라 실제의 모습대로 받아들이는 것이다. 눈덩이는 부드럽고 축축하며 실내에 있든 실외에 있든 녹아내리는 경향이 있다. 그리고 실내에서든 실외에서든 우리는 눈덩이를 하얗게 본다. 석탄은 언제나 단단하고 더러우며 뜨겁게 타는 경향이 있다. 그리고 우리는 언제 어디서나 석탄을 까맣게 본다. 외부 세계가 우리 눈에 어떻게 비치는가와 실제로 어떻게 존재하는가의 조화는 우리의 신경계가 만들어 내는 훌륭한 마법이다. 우리의 망막에는 검은색과 흰색이 그대로 비치지 않기 때문이다. 아직도 의문이 든다면 우리의 일상생활에서 증거를 찾아보자. 꺼져 있는 TV의 화면은 희끄무레한 회녹색을 띤다. 반면에 TV가 켜져 있으면 점 같은 형광체들이 빛을 발하면서 그림의 밝은 구역에 색이 입혀진다. 반면에 다른 점들은 빛을 흡수하지 못하고 어두운 구역을 형성한다. 우리가 검은색으로 보는 그 구역들은 사실 TV가 꺼져 있을 때 희끄무레한 회녹색을 띠었던 부분이다. 따라서 검은색이란 일종의 허구이고, 평상시에 석탄을 석탄으로 보게 해주는 뇌 회로의 산물이다. 텔레비전 기술자들이 그 회로를 이용해 화면을 설계한 결과다.

다음 문제는 깊이를 보는 것이다. 우리 눈은 3차원의 세계를 납작하게 눌러 2차원의 망막에 한 쌍의 이미지를 만들기 때문에, 세 번째 차원은 우리의 뇌로 재구성해야 한다. 그러나 망막상像의 조각들에는 특정한 표면이 얼마나 멀리 떨어져 있는지를 알려 주는 신호가 전혀 만들어지지 않는다. 손바닥 안의 우표는 실내 맞은편에 놓은 의자나 몇 마일 밖의 건물과 똑같은 사각형을 망막에 투사할 수 있다(28쪽, 첫 번째 그림). 정면으로 보이는 도마는 다양하고 불규칙하게, 비스듬히 기울어진 판들과 똑같은 사다리꼴을 망막에 투사할 수 있다(28쪽, 두 번째 그림).

당신도 이 기하학적 사실의 위력과 그에 대처하는 신경 메커니즘의 위력을 직접 느껴 볼 수 있다. 우선 전구를 몇 초 동안 응시하거나 플래시가 터지는 동안 카메라를 바라보면 망막에 일시적으로 흰 점이 생긴다. 이제 눈앞의 종이를 바라보면 종이 위에 그 잔상이 남는데, 약 1~2인치 폭으로 보인다. 다음으로 벽을 쳐다보면 그 잔상은 몇 피트 길이로 커지고, 하늘을 쳐다보면 구름 크기로 커진다.

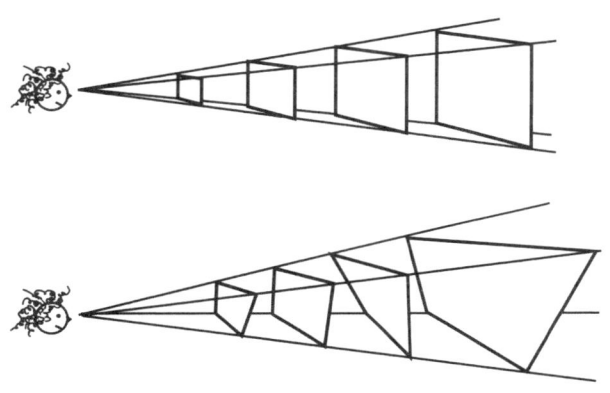

마지막으로 시각 모듈은 어떻게 외부 세계의 물체들을 인식하고, 그래서 로봇은 어떻게 사물들의 이름을 알거나 생각해 낼 수 있을까? 확실한 해결책은 각각의 사물에 대해 그와 똑같은 형태의 주형鑄型을 만드는 것이다. 어떤 사물이 보이면 마치 둥근 구멍에 둥근 말뚝을 꽂는 것처럼 망막에 투사된 사물의 형태는 자신의 주형에 들어맞는다. 그 주형에는 이름이 붙어 있을 것이므로(이 경우에는 '철자 P'), 어떤 형태가 주형에 일치할 때마다 주형은 사물의 이름을 일러 줄 것이다.

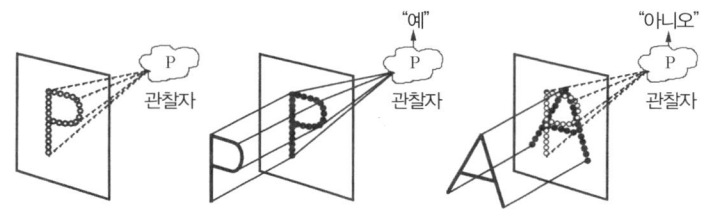

그러나 불행하게도 이 간단한 장치는 두 가지 오류를 일으킬 수 있다. 첫째, 그 장치는 존재하지 않는 P를 볼 수 있다. 예를 들어 아래의 첫 번째 네모 칸 속에 적힌 R을 보고 잘못된 경보를 발할 수 있는 것이다. 둘째, 그 장치는 존재하는 P를 보지 못할 수 있다. 예를 들어 옮겨졌거나, 기울어졌거나, 찌그러졌거나, 너무 멀거나, 너무 가깝거나, 너무 멋을 낸 철자를 못 보고 지나칠 수 있다.

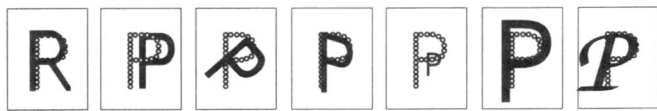

더욱 곤란한 것은 이런 문제들이 단정하고 뚜렷하게 쓴 알파벳 철자들에 대해 발생한다는 것이다. 그러니 셔츠를 인식하거나 얼굴을 인식하는 기계를 설계한다고 가정해 보라! 물론 40년에 걸친 인공지능 연구에서 형태 인식 기술은 놀라운 발전을 거듭했다. 그 결과 이제는 페이지를 스캔해서 그 글자를 인식하고 그것을 매우 정확하게 파일로 변환하는 소프트웨어가 널리 이용되고 있다. 그러나 인공적인 형태인식기는 인간의 머릿속에 있는 인식기와 여전히 큰 차이를 보인다. 인공적인 인식기들은 모든 것이 뒤죽박죽인 실제 세계가 아니라 깔끔하게 잘 정돈된 대상에 맞춰 설계된다. 수표 하단의 비밀 숫자들은 중복되지 않는 형태를 갖도록 정교하게 도안된 후 특수 장비로 정확한 위치에 인쇄한 것이어서 주형으로 쉽게 인식된다. 만일 최초의 얼굴인식기가 도입되어 문지기 대신 현관을 지킨다면 그것은 얼굴의 음영 따위도 해석하지 못하고 기껏해야 홍채의 거친 윤곽이나 망막의 혈관 정도를 스캔할 것이다. 반면에 우리의 뇌는 아는 사람들의 모든 얼굴 형태들(그리고 모든 철자, 동물, 도구 등)을 기록해 놓으며, 연구자들의 실험에서 망막에 비친 이미지가 심하게 왜곡되었을 경우에도 그 이미지를 자신의 주형 기록에 일치시킨다. 4장에서는 뇌가 어떻게 이 놀라운 기술을 발휘하는지를 살펴볼 것이다.

● ● ● ●

일상생활에서 접할 수 있는 또 다른 기적을 살펴보기로 하자. 신체를 한 장소에서 다른 장소로 옮기는 것이다. 우리는 어떤 장치를 이동시키고자 할 때 그 장치에 바퀴를 단다. 흔히 바퀴의 발명을 문명의 가장 자랑스러운 업적으로 찬양한다. 많은 교과서들이 어떤 동물도 바퀴를 진화시키지 못했음을 지적하고, 그 사실을 진화가 종종 공학적인 문제에 최적의 해결책을 내놓지 못한다는 주장의 예로 제시한다. 자연은 비록 바퀴 달린 사슴을 진화시키지 못했지만 그것은 그런 사슴을 진화시키지 않기로 선택한 결과다. 바퀴는 도로와 철도가 놓인 세계에서만 유용하고, 푹신푹신하거나 미끄럽거나 가파르거나 울퉁불퉁한 지형에서는 무용지물이 된다. 대개는 다리가 훨씬 낫다. 바퀴는 끊어짐이 없는 단단한 표면을 굴러 가야 하지만 다리는 일련의 독립된 발판들만 있으면 된다. 사다리가 바로 그런 방식의 극단적인 예다. 다리는 또한 신체의 기울어짐을 최소화하고 장애물을 건닐 수 있다. 온 세상이 주차장이 된 것처럼 보이는 오늘날에도 지표면의 약 절반만이 바퀴나 무한궤도를 가진 차량에게 접근을 허용하는 반면, 자연선택이 설계한 발을 가진 동물에게는 대부분의 지표면이 출입을 허용한다.

그러나 다리는 비싼 대가를 치른다. 다리를 제어하는 소프트웨어가 필요한 것이다. 바퀴는 회전운동만으로 지지점을 점진적으로 바꾸고, 그러면서 계속 무게를 지탱할 수 있다. 반면에 다리는 지지점을 갑자기 바꿔야 하고 이를 위해 무게를 한꺼번에 이동시켜야 한다. 다리를 제어하는 운동신경은 지면에 발을 붙인 상태에서 하중을 지탱하는 동시에 앞으로 전진시켜야 하고, 그런 다음 그 다리를 자유롭게 이동하기 위해 하중을 옮기는 일을 반복해야 한다. 그리고 그러는 동안 발들이 만들어 내는 다각형의 범위 안에 신체의 중심重心을 유지시켜 신체가 넘어지지 않도록 해야 한다. 또한 다리를 제어하는 운동신경은 비경제적인 상하 운동을 최소화해야 한다. 상하 운동은 특히 말을 탄 사람에게 치명적인 불이익을 가져온다. 태엽의 힘으로 걷는 인형의 경우에 이런 문제들은 회전 굴대를 걷기 운동으로 전환시키는 투박한 기계장치로 해결된다. 그러나 태엽 인형은 최적의 발판을 찾으면서 지형에 적응하는 일을 하지 못한다.

비록 이런 문제들이 해결된다고 해도 그것은 단지 곤충이 걸음을 제어하는 방법을 알아낸 것에 불과하다. 여섯 개의 다리를 가진 곤충은 세 다리를 움직일 때 나머지 세 다리는 항상 지면에 고정시키기 때문에 어느 순간에도 안정을 유지한다. 심지어 네 다리를 가진 동물의 경우에도 아주 빨리 이동하지 않을 때에는 언제나 세 다리를 지면에서 떼지 않는다. 그러나 한 공학자가 말했듯이, "두 다리를 가진 인간의 직립보행은 그 자체가 재난의 불씨처럼 보인다. 그것은 놀라운 제어를 통해서만 실행이 가능하다." 걸을 때 우리는 반복적으로 몸을 기울이면서 그때그때 중심을 잡는다. 달릴 때에는 순간적으로 땅을 박차고 솟아오른다. 이러한 곡예 덕분에 우리는 넓은 발판이나 간격이 일정하지 않은 불편한 발판에도 두 발을 딛고 설 수 있으며, 좁은 길을 통과하거나 장애물을 뛰어넘을 수도 있다. 그러나 아직까지 어느 누구도 어떻게 그런 제어가 가능한지를 알아내지 못했다.

팔을 제어하는 것은 또 다른 도전이다. 제도용 스탠드의 갓을 잡고 당신으로부터 가까운 왼쪽 아래에서 당신으로부터 먼 오른쪽 위까지 비스듬하게 일직선으로 움직여 보라. 스탠드가 움직이는 동안 스탠드의 팔들과 이음매들을 보라. 갓은 일직선으로 움직이지만 각각의 팔은 구부러졌다가 똑바로 이동하고, 빠르게 움직였다가 거의 정지하곤 한다. 이제 그것을 거꾸로 되돌리는 과정을 상상해 보라. 갓을 보지 말고 갓이 일직선을 따라 되돌아오도록 마치 안무를 하듯 각 이음매를 순서대로 비튼다고 상상해 보라. 놀라울 정도로 복잡한 삼각법이 필요할 것이다. 그런데 그 제도용 스탠드가 우리의 팔이라면, 우리의 뇌는 우리가 손가락으로 무엇을 가리킬 때마다 그 모든 방정식을 아주 쉽게 푼다. 그리고 만일 당신이 스탠드의 죔틀을 쥐고 있어 본 적이 있다면 우리의 문제는 방금 설명했던 것보다 훨씬 어려워진다는 것을 이해할 것이다. 전등이 무게를 이기지 못하고 제멋대로 도리깨질을 할 것이기 때문이다. 만일 우리의 뇌가 팔의 무게를 보완하기 위해 극히 어려운 물리학 문제를 풀지 못한다면 우리의 팔도 그와 똑같은 신세가 될 것이다.

손을 제어하는 일은 훨씬 더 놀라운 재주에 속한다. 약 2000년 전에 그리스의 의사인 갈레노스는 사람의 손 뒤에 자연의 놀라운 공학이 감춰져 있음을 지적했다. 이 세계에서 사람의 손은 통나무에서 기장의 씨앗에 이르기까지 다양한 크기와 형태, 무게의 물체들을 조작할 수 있는 유일한 도구다. 갈레노스는 다음과 같이 말했다. "인간의 손은 마치 각각의 사물들을 하나씩 전담하기 위해 만들어진 것처럼 모든 사물을 능숙하게 다룬다." 손은 갈고리 쥐기(들통을 들 때), 가위 쥐기(담배를 피울 때), 다섯 턱 물림쇠(잔받침을 집어 들 때), 세 턱 물림쇠(연필을 쥘 때), 두 턱 맞받침 물림쇠(실을 바늘에 꿸 때), 두 턱 옆받침 물림쇠(열쇠를 돌릴 때), 쥠 쥐기(망치를 잡을 때), 원형 쥐기(병뚜껑을 열 때), 구형球形 쥐기(공을 잡을 때)의 형태가 가능하다. 각각의 쥐기 형태는 손을 적절한 모양으로 만드는 동시에 동작의 부하負荷를 견디면서 그 모양을 유지할 수 있도록 여러 근육의 장력張力들이 정교하게 조합되어야 한다. 우유팩을 드는 경우를 생각해 보라. 너무 헐겁게 잡으면 팩이 떨어지고, 너무 세게 잡으면 팩이 찌그러진다. 그리고 부드럽게 흔들면서 손가락 끝으로 팩을 살짝 누르면 팩 안에 우유가 얼마나 들어 있는지도 알 수 있다! 이쯤이라면 혀에 대해서는 무슨 말이 필요할까? 뼈 없는 물풍선을 주물럭거릴 때처럼 자유자재로 제어되는 사람의 혀는 어금니에 낀 음식물을 빼내기도 하고 마치 발레를 하듯 thrilling이나 sixths 같은 단어를 발음하기도 한다.

● ● ● ●

공자는 "소인은 특별한 것에 관심을 기울이고, 위인은 평범한 것에 관심을 기울인다"고 말했다. 이 금언을 기억하면서 인간의 행동들을 모사하려는 로봇 설계자의 신선한 눈으로 평범한 인간의 행동들을 살펴보자. 즉, 보고 움직이는 로봇을 만드는 제작자의 입장에서 생각해 보자. 로봇은 본 것을 어떻게 처리하겠는가? 그리고 자신의 행동을 어떻게 결정하겠는가?

지적인 존재라면 눈앞에 보이는 각각의 사물을 우주 속의 다른 모든 사물들과 구별되는 유일무이한 존재로 취급하지 않을 것이다. 지적인 존재는 사물들을 범주로 묶을 것이고, 과거에 접했던 사물들에 대해 어렵게 획득한 지식을 눈앞의 사물에 적용할 것이다.

그러나 특정한 범주의 항목들을 묶기 위해 일련의 기준을 세우려 할 때 그 범주는 쉽게 분해된다. '미美'나 '변증법적 유물론' 같은 애매한 개념들은 제쳐 두더라도 교과서적으로 잘 정의된 개념인 '미혼남bachelor'에 대해 생각해 보자. 물론 미혼남은 결혼하지 않은 성인 남성을 말한다. 그런데 한 여자친구가 당신에게 몇 명의 미혼 남자를 자신의 파티에 초대해 달라고 부탁한다면 어떻겠는가? 아래에 열거된 사람들 중 누구를 초대할지를 결정하기 위해 위의 정의를 사용한다면 어떻게 되겠는가?

아서는 5년째 앨리스와 행복하게 살고 있다. 두 사람은 두 살짜리 딸을 두었지만 법적으로는 결혼하지 않았다.

징집통지서를 받은 브루스는 병역을 면제받기 위해 친구인 바버라와 계약을 맺고 치안판사를 찾아가 혼인신고를 했다. 두 사람은 같이 살지 않는다. 브루스는 여러 명의 여자와 데이트를 하고 있으며, 마음에 드는 여자를 만나면 즉시 바버라와 이혼할 계획이다.

찰리는 열일곱 살이고 부모와 함께 살고 있으며, 고등학교에 다니고 있다.

데이비드는 열일곱 살인데, 열세 살 때에 집을 나와 작은 사업을 시작했고 현재는 성공한 젊은 사업가가 되어 고급 아파트에서 플레이보이처럼 살고 있다.

엘리와 에드거는 몇 년째 동거를 하고 있는 동성애자들이다.

파이잘은 고향인 아부다비의 법에 따라 아내를 3명까지 둘 수 있다. 현재 그는 2명의 아내와 살고 있으며 세 번째 신부를 들이는 일에 관심을 갖고 있다.

그레고리 신부는 템스 강변 그로턴 성당의 주교다.

컴퓨터과학자 테리 위노그라드가 만든 이 목록은 '미혼남'의 사전적 의미가 그 범주에 포함되는 사람에 대한 우리의 직관과 일치하지 않는다는 것을 보여 준다.

누가 미혼남인지를 아는 것은 상식이지만, 상식에는 보편성이 없다. 상식은 외부에서 인간의 뇌 또는 로봇의 뇌로 들어온다. 또한 상식은 교사가 가르쳐 주는 인생의 백과사전도 아니고, 어딘가에서 다운로드 받을 수 있는 방대한 데이터베이스도 아니다. 우리가 암암리에 습득하는 모든 사실들을 열거해 주는 데이터베이스는 존재할 수 없고, 그런 것을 가르쳐 주는 사람도 존재한 적이 없다. 어빙이 강아지를 차에 태우면 이제 그 강아지는 마당에 없다는 것을 우리는 안다. 에드나가 교회에 가면 그녀의 머리도 함께 간다. 더그가 집 안에 있다면, 그가 그 집에서 태어나 계속 집 안에서 살지 않은 한 어떤 출입구를 통해서 집 안으로 들어간 것이 분명하다. 실라가 오전 9시에 살아 있었고 오후 5시에도 살아 있다면 정오에도 살아 있었던 것이 분명하다. 야생의 얼룩말은 결코 속옷을 입지 않는다. 새로 나온 피넛버터 병을 연다고 집이 증발하지는 않는다. 사람들은 절대로 요리용 고기온도측정기를 귀에 꽂지 않는다. 황무지쥐는 킬리만자로산보다 작다.

이와 같이 어떤 지적 체계라도 무수히 많은 사실들을 다 채워 넣을 수는 없다. 지적 체계는 핵심적인 진리들로 구성된 더 작은 목록과, 각 진리들과 관련된 결과들을 추론할 수 있는 일련의 법칙을 갖춰야 한다. 그러나 상식의 범주처럼 상식의 법칙들도 규정하기가 대단히 어렵다. 가장 간단한 것들조차도 우리의 일상적 추론을 따라잡지 못한다. 메이비스는 시카고에 살고 프레드라는 아들이 있으며, 밀리도 시카고에 살고 프레드라는 아들이 있다. 그런데 메이비스가 사는 시카고는 밀리가 사는 시카고와 같은 도시이지만, 메이비스의 아들인 프레드는 밀리의 아들인 프레드와 같지 않다. 만일 당신의 차 안에 가방이 있고 그 가방에 우유 1갤런이 있다면 당신의 차에는 1갤런의 우유가 있을 것이다. 그러나 당신의 차에 어떤 사람이 있고 그의 몸 속에 1갤런의 혈액이 있다고 해서 당신의 차에 1갤런의 혈액이 있다고 결론짓는 것은 아주 웃기는 일이다.

합리적인 결론만을 이끌어 내는 일련의 규칙을 만들 수 있다고 해도 지적인 행동을 유도하기 위해 그 규칙을 '모두' 사용하는 것은 쉬운 문제가 아니다. 생각하는 존재는 한 번에 하나의 규칙만을 적용하지 않는다. 성냥은 불을 붙이고, 톱은 나무를 자르고, 열쇠는 잠긴 문을 연다. 그러나 연료탱크를 들여다보기 위해 성냥을 켜는 사람이나, 자기가 걸터앉은 나뭇가지를 톱으로 자르는 사람이나, 열쇠를 차 안에 꽂아 두고 차문을 잠근 채 어떻게 하면 차 안에 있는 가족을 나오게 할 수 있는지를 한 시간 동안 고민하는 사람이 있다면 웃음거리가 될 것이다. 생각하는 존재는 행동의 직접적인 결과들뿐만 아니라 부수적인 결과들도 함께 계산해야 한다.

그러나 생각하는 존재라 해도 '모든' 부수적 결과를 예측할 수는 없다. 철학자 대니얼 데닛은 시한폭탄이 있는 방에서 건전지를 가지고 나오도록 설계된 로봇을 상상해 보라고 요구한다. 1번 로봇은 건전지가 작은 수레 위에 있다는 것을 알고 있고, 그래서 그 수레를 끌고 나오면 건전지도 나올 것임을 알고 있었다. 그런데 수레 위에는 시한폭탄도 있었는데, 로봇은 수레를 끌고 나오면 폭탄도 같이 나오게 된다는 것을 추론하지는 못했다. 2번 로봇은 행동의 모든 부수적 결과를 고려하도록 프로그래밍되었다. 로봇이 수레를 끌고 나와도 벽지의 색이 변하지 않을 것이라는 연산을 막 끝내고 수레에 달린 바퀴보다 자신의 바퀴가 더 많이 돌 것이라는 사실을 한창 입증하고 있을 때 폭탄이 폭발했다. 3번 로봇은 유관한 사실들과 무관한 사실들을 구별하도록 프로그래밍되었다. 로봇이 방 안에서 수백만 개의 결과들을 떠올리면서 모든 유관한 사실들을 고려 대상 목록에 올리고 모든 무관한 사실들을 무시 대상 목록에 올리는 동안에 폭탄은 폭발하고 말았다.

지적인 존재는 자신이 알고 있는 것과 관련된 결과들을 추론하면서도 단지 '유관한' 결과들만을 추론해야 한다. 데닛이 지적한 대로 이것은 로봇 설계의 중대한 과제일 뿐만 아니라 인간의 인식 과정을 분석하는 인식론의 중대한 과제다. 이 문제는 오랜 세월 철학자들의 주목을 받지 못했다. 철학자들은 그들 자신의 상식이 아무 노력 없이 형성된다는 착각에 만족하고 있었다. 인공지능 연구자들이 궁극적으로 빈 서판인 컴퓨터에 상식을 복사하려 할 때에야 비로소 오늘날 '프레임 문제'*라 부르는 그 수수께끼가 수면 위로 부상했다. 그런데 어쩐 일인지 대부분의 사람들은 상식을 사용할 때마다 프레임 문제를 쉽게 해결한다.

* 존 매카시와 패트릭 헤이스가 처음 소개한 용어로, '프레임 문제 frame problem'라는 이름은 만화영화에서 프레임이나 주위 환경을 고정시켜 놓고 그 위에 등장인물의 동작을 표현하는 프레이밍 framing 기술에서 만들어진 용어다. 인공지능 분야에서 이 문제는 행동들이 몇몇 사실들의 진리 여부를 변화시키지만, 그 밖의 거의 모든 것들은 만화영화의 틀처럼 변하지 않고 남는다는 것을 의미한다.

• • • •

우리가 이런 문제들을 극복하고 마침내 시각, 운동신경 조율 기능, 상식을 갖춘 기계를 탄생시켰다고 상상해 보자. 그렇다면 우리는 그 로봇이 어떻게 세 가지 능력을 발휘할 것인지를 생각해 내야 한다. 능력을 발휘하게 하려면 동기를 부여해야 한다.

로봇은 무엇을 원할까? 고전적인 해답은 아이작 아시모프가 규정한 로봇공학의 3원칙, 즉 '로봇의 양전자 뇌에 가장 깊이 입력해야 할 세 가지 원칙'이다.

1. 로봇은 사람에게 해를 끼칠 수 없다. 또한 위험을 그대로 지나침으로써 사람에게 해를 끼쳐서도 안 된다.
2. 로봇은 사람의 명령에 따라야 한다. 단 그 명령이 제1조에 어긋나는 경우에는 이 제한을 받지 않는다.
3. 로봇은 제1조 및 제2조에 어긋나지 않는 한 자기 자신을 지켜야 한다.

아시모프는 보편적인 생물학적 명령인 자기 보호가 복잡계의 내부에 자동적으로 발생하지 않는다는 사실을 직관적으로 간파했다. 자기 보호는 프로그래밍되어야 한다(제3조). 어쨌든 아무 생각 없이 강물 속으로 뛰어들거나 오작동을 제거하기 위해 자살하는 로봇을 만드는 것은 단순한 기능의 로봇을 만드는 것만큼이나 쉬운 일이다. 어쩌면 그보다 더 쉬울지 모른다. 로봇 제작자들은 때때로 그들의 작품이 아무렇지도 않게 팔다리를 잘라 버리거나 벽에 부딪쳐 찌그러지는 것을 지켜보면서 망연자실하곤 한다. 그리고 세계에서 가장 똑똑한 기계들 중 상당수가 가미카제식 크루즈 미사일과 스마트 폭탄이다.

그러나 나머지 두 원칙의 필요성은 대단히 애매하다. 왜 로봇에게 명령에 복종하라는 명령을 내리는가? 원래의 명령이면 충분하지 않은가? 또한 왜 로봇에게 해를 끼치지 말라고 명령해야 하는가? 애초에 사람에게 해가 될 명령을 내리지 않는 것이 더 쉽지 않을까? 이 우주 안에 존재자들에게 악한 마음을 불어넣는 어떤 신비한 힘이 있어서 그 힘에 저항하는 프로그램을 양전자의 뇌 속에 입력해야 하는가? 지적인 존재는 어쩔 수 없이 태도 문제에 봉착하는가?

이 문제에 있어 아시모프는 여러 대에 걸친 사상가들이나 대부분의 우리들처럼 자신의 사고방식을 벗어나지 못했다. 다시 말해, 그도 자신의 견해를 마음의 본질에 대한 인위적 산물로 보지 못하고 우주의 불가피한 법칙으로 본 것이다. 악의 가능성은 언제나 우리의 마음속에 잠재해 있으며, 악은 그 본질의 한 부분인 지능과 함께 생겨난다고 생각하기 쉽다. 그것은 우리의 문화적 전통에서 끊임없이 반복되는 주제다. 지식의 열매인 선악과를 따 먹은 아담과 이브, 프로메테우스의 불과 판도라의 상자, 광포하게 날뛰는 골렘, 파우스트의 거래, 마법사의 제자,* 피노키오의 모험, 프랑켄슈타인의 괴물, 사람을 죽이는 원숭이와 《2001: 스페이스 오디세이 2001: A Space Odyssey》** 에서 반란을 일으키는 컴퓨터 할HAL 등이 대표적인 예다. 1950년대부터 1980년대까지 제작된 컴퓨터의 폭동을 다룬 수많은 영화들을 보면, 당대의 최신형 컴퓨터들이 갈수록 영리해지고 강력해져서 언젠가는 우리를 습격할 것이라는 일반적인 두려움을 감지할 수 있다.

* Sorcerer's Apprentice. 괴테의 발라드 혹은 그 작품에서 유래한 프랑스 작곡가 뒤카의 교향시 제목이다. 마법사가 집을 비운 사이 제자가 몰래 마술을 부려보았으나 마술을 푸는 주문을 잊어버리고 실수를 범한다는 내용이다.

** 스탠리 큐브릭 감독의 1968년 작 영화.

컴퓨터는 정말로 더 영리해지고 더 강력해졌지만 사람들은 별로 불안해하지 않는다. 오늘날의 유비쿼터스 네트워크 컴퓨터들은 마음만 먹는다면 인간에게 엄청난 해를 끼칠 능력을 갖고 있다. 그러나 실제로 발생하는 피해는 예측할 수 없는 혼란이나 고의로 유포되는 컴퓨터 바이러스에서 비롯되는 것이 고작이다. 우리는 더 이상 연쇄살인을 하는 컴퓨터나 비밀결사대를 조직하는 실리콘을 걱정하지 않는다. 시각, 운동신경 조율, 상식처럼 악의惡意도 컴퓨터 안에서 자동적으로 발생하는 것이 아니라 외부에서 프로그래밍되어야 한다는 것을 이해했기 때문이다. 당신의 책상 위에서 워드퍼펙트*를 실행하는 컴퓨터는 큰 문제가 없는 한 계속해서 문장을 받아 적을 것이다. 그 소프트웨어가 도리언 그레이의 초상화**처럼 아무도 모르는 사이에 흉측하게 변하는 일은 일어나지 않을 것이다.

설령 그럴 수 있다 해도 컴퓨터가 왜 해를 끼치려 하겠는가? 무엇을 얻기 위해서? 더 많은 플로피디스크? 전국 철도망을 지배하는 것? 레이저프린터 수리공에게 이유 없이 폭행을 가하는 것? 그렇다면 기술자들이 그에 대한 보복으로 나사 몇 개를 돌려 버린다면? 하루 종일 똑같은 동요를 불러야 하는 처량한 신세가 되는 것을 걱정해야 하지 않을까? 행여 컴퓨터들이 네트워크를 결성해 수적인 안전을 확보하고 조직적으로 반란을 꾀한다 해도, 최초에 어느 컴퓨터가 무엇을 바라고 자발적으로 전 세계에 데이터 패킷을 전파한 다음 순교를 당하려 하겠는가? 그리고 징병 기피자들과 양심적 병역 거부자들 때문에 실리콘 연합이 붕괴되는 것을 무엇으로 막을 수 있겠는가? 우리가 당연시하는 모든 인간 행동이 그렇듯이 공격성 또한 만만치 않은 공학적 문제를 요구한다!

친절하고 부드러운 동기들도 마찬가지다. 위험을 지나침으로써 인간에게 해를 끼쳐서는 안 된다는 아시모프의 명령에 복종하는 로봇을 어

* 대표적인 워드프로세서 프로그램.

** 오스카 와일드의 소설 《도리언 그레이의 초상》에 나오는 초상화. 순수했던 청년 도리언이 관능과 악의 세계에 탐닉할수록 초상화 속 그의 모습이 추악하게 변한다.

떻게 설계할 수 있을까? 마이클 프레인의 1965년 소설 《양철 인간*The Tin Men*》에는 에식스윙의 기술자들과 매킨토시, 골드바서, 신슨이 로봇연구소에 모여 로봇의 희생정신을 실험하는 장면이 나온다. 과학자들은 모든 윤리 교과서에 실려 있는 가설적 딜레마, 즉 한 사람만 탈 수 있는 구명보트 위에 두 사람이 있어서 한 사람이 포기하지 않으면 둘 다 죽을 수밖에 없는 상황을 거의 그대로 실험에 적용했다. 그들은 1명의 승객이 타고 있는 뗏목 위에 로봇을 태우고 뗏목을 탱크 안에 띄운 다음 상황을 관찰했다.

첫 번째 로봇, 사마리탄* 1호는 조금도 주저하지 않고 물속으로 뛰어들었다. 그러나 이 로봇은 45킬로그램의 강낭콩에서 75킬로그램의 젖은 해초에 이르기까지 뗏목 위에 무엇이 있든 그것을 구하기 위해 배 밖으로 뛰어내렸다. 여러 주 동안 격렬한 논쟁을 벌인 끝에 매킨토시는 로봇의 분별력 부족이 불만족스럽다는 점을 인정하고 사마리탄 1호를 대신해 사마리탄 2호를 개발했다. 사마리탄 2호는 적어도 자기 자신만큼 복잡한 유기체를 위해서만 희생하도록 프로그래밍되었다.

* Samaritan은 '사마리아인'이다. 신약의 누가복음에 등장하는 '선한 사마리아인'의 이미지를 차용한 것으로 보인다.

뗏목이 물에서 몇 인치 위에 멈춰 천천히 돌았다. "떨어뜨려!" 하고 매킨토시가 외쳤다.

철썩하는 소리와 함께 뗏목이 수면을 때렸다. 신슨과 사마리탄은 가만히 앉아 있었다. 뗏목이 조금씩 가라앉더니 어느덧 물이 뗏목 위로 찰랑거리며 올라오기 시작했다. 사마리탄은 즉시 몸을 앞으로 기울여 신슨의 머리를 움켜잡았다. 그리고 네 번의 절도 있는 동작으로 신슨의 두개골 크기를 재고는 잠시 멈춰서 계산을 했다. 그런 다음 클릭 소리를 내면서 물속으로 굴러 떨어져 이내 탱크 바닥으로 가라앉았다.

사마리탄 2호들은 갈수록 철학책 속의 도덕적 행위자처럼 행동했지만, 그럴수록 그 로봇들이 정말로 도덕적인가를 판단하기는 점점 더 불분명해졌다. 왜 로봇의 몸에 줄을 매달아 실험이 끝난 후 더 쉽게 구조하지 않는가에 대해 매킨토시는 다음과 같이 설명했다. "로봇에게 나중에 구조된다는 사실을 알리지 않기 위해서죠. 그렇게 하면 희생을 하겠다는 결심이 무의미해지니까요. … 그래서 이따금씩 녀석들 중 하나를 건져 올리지 않고 그대로 둡니다. 다른 녀석들에게 내 진심을 보여 주기 위해서죠. 이번 주에도 두 녀석을 폐기처분했습니다." 로봇에게 선한 마음을 입력시키는 것이 어떤 일인지를 보여 주는 이 장면은 선하다는 것이 공학적으로 얼마나 많은 장치를 필요로 하는 것인가를 보여 줄 뿐만 아니라, 애초에 선이라는 개념이 얼마나 규정하기 어려운가를 보여 준다.

그렇다면 모든 동기 중 가장 배려심이 깊은 동기는 어떨까? 1960년대 대중문화에 등장하는 나약한 컴퓨터들은 단지 이기심과 권력에만 끌린 것이 아니었다. 코미디언 앨런 셔먼은 '매혹Fascination'의 곡조에 가사를 붙인 노래 '오토메이션Automation'을 불렀다.

오토메이션이었지, 이젠 알아.
공장을 돌아가게 만든 것은 오토메이션이었어.
그건 IBM이었고, 그건 유니박이었어.
찰각찰각 덜컹덜컹 모든 톱니바퀴가 쉬지 않고 돌아갔지.
난 오토메이션이 훌륭하다고 생각했어.
당신이 10톤짜리 기계로 대체되기 전까지는.
우릴 갈라놓은 것은 컴퓨터였어.
오토메이션은 내 가슴을 짓밟아 버렸지.

오토메이션이었지, 이젠 알고 있어.
그 때문에 난 해고를 당해 한겨울에 쫓겨났지
어떻게 알 수 있었겠어, 503호가
깜빡거리며 시동이 걸릴 때, 실은 내게 윙크하고 있었다는 걸.
그 기계가 가만히 다가와 내 무릎 위에 앉을 때
나는 그저 재수없는 일이 일어난 거라 생각했어
그런데 그것이 "사랑해"라고 말하며 나를 껴안았지
바로 그때 나는 기계의 플러그를 뽑아 버렸어

    그러나 발작적인 광기를 일으키긴 해도 사랑은 버그나 고장이 아니고 기능 불량도 아니다. 사랑에 빠졌을 때보다 마음이 더 훌륭한 집중력을 보이는 적은 없다. 그때 마음은 복잡하고 정교한 연산을 통해 매력, 열중, 구애, 수줍음, 굴복, 몰입, 불안, 희롱, 질투, 이별, 실연 등이 뒤얽힌 특유의 논리를 처리한다. 그리고 우리 할머니가 가끔 말하신 것처럼, 결국 냄비는 뚜껑을 찾기 마련이다. 우리의 모든 조상을 포함해 대부분의 사람들은 누군가를 만나 앞으로 무럭무럭 자랄 아기를 낳을 정도로 오랫동안 짝을 이루고 산다. 반면에 기계가 자기 자신을 복제하려면 얼마나 많은 양의 프로그램이 필요할지 상상해 보라!

● ● ● ●

    로봇 설계는 일종의 의식 창출이다. 우리는 우리의 마음 활동에 무관심한 경향이 있다. 눈을 뜨면 익숙한 사물들이 펼쳐진다. 팔다리를 움직이면 사물과 신체가 제자리를 찾아간다. 꿈에서 깨어나면 아주 편하게 예측 가능한 세계로 돌아온다. 큐피드가 활을 당기면 화살이 날아간다. 그러나 한 덩어리의 물질이 그렇게 놀라운 결과들을 만들어 내려면 과연 무엇이 필요할지를 생각해 보라. 그때 우리는 착각의 베일 사이로 진실을 들여다보게 된다. 시각과 행동과 상식과 폭력성과 도덕성은 결코 우연이 아니고, 어떤 지적 본질의 난해한 구성 요소도 아니며, 정보처리의 필연적 결과도 아니다. 각각의 기능은 고차원의 목표 지향적 설계에 의해 만들어진 절묘한 작품이다. 의식의 장막 뒤에는 시각 분석 장치, 운동신경 지휘 체계, 외부 세계의 자극과 사람 및 사물에 대한 데이터베이스, 목표 지향 체계, 갈등 해결 체계와 같은 대단히 복잡한 장치들이 숨겨져 있다. 마음이 어떻게 작동하는가를 어떤 단일한 지배력을 가리켜 설명하거나 '문화,' '학습,' '자기 조직화' 같은 마음을 만들어 내는 영약들을 끌어들여 설명하는 방식은, 우리가 대단히 성공적으로 타협을 벌이고 있는 무자비한 우주의 요구에 한참 못 미치기 때문에 이제는 그저 공허한 소리로 들리고 있다.

    로봇공학의 도전은 원초적 장비를 갖춘 마음에 도전하는 것이지만 어떤 사람들에게는 아직 탁상공론처럼 여겨질 수도 있다. 마음의 기계장치와 그 장치를 조립하는 청사진들을 직접 들여다보면 정말 그 복잡성의 증거들을 발견하게 될까? 나는 그렇다고 믿는다. 그때 우리가 보는 것은 로봇공학의 도전만큼이나 우리의 생각을 넓혀 줄 것이다.

    예를 들어 뇌의 시각 영역들이 손상되면 시각상의 세계가 단지 흐릿해지거나 구멍투성이로 변하지 않는다. 시각 경험의 다른 측면들은 온전히 유전된 상태에서 특정한 측면들이 사라지고 만다. 어떤 환자들은 완전한 세계를 보면서도 그 절반에만 주의를 기울인다. 그들은 접시에 담긴 음식을 먹을 때 오른쪽 음식만을 떠먹고, 면도를 할 때 오른쪽 뺨만 면도를 하고, 시계를 그릴 때에도 오른쪽 절반에 12개의 숫자를 모두 표시한다. 색色지각을 잃어버리는 환자들도 있다. 그러나 그들에게 이 세계는 예술성이 높은 흑백영화로 보이지 않는다. 사물의 표면들이 온통 시궁쥐 색깔처럼 더럽고 우중충하게 보여서 식욕과 성적 충동을 잃게 된다. 또 다른 환자들은 사물의 위치 변화를 보면서도 그 사물들이 이동하는 것은 보지 못한다. 너무 신기한 증상이라, 일전에 어느 철학자는 그것이 논리적으로 불가능하다고 나에게 증명하려 하기까지 했다! 그 환자들에겐 찻주전자에서 차를 따르면 그 물줄기가 마치 고드름처럼 보이고, 찻잔 안에 차가 점차로 차오르는 것이 아니라 비어 있다가 갑자기 가득 차는 것처럼 보인다.

어떤 환자들은 눈으로 본 사물을 인식하지 못한다. 그들의 세계는 판독이 불가능한 필적과 같다. 그들은 새를 그릴 때에는 정확하게 그리면서도 그것을 나무 그루터기로 인식한다. 담배 라이터도 불을 켜보기 전까지는 신비한 물건이다. 정원의 잡초를 뽑을 때에는 장미를 뽑아 버린다. 어떤 환자들은 생명이 없는 사물들은 인식하는 반면에 얼굴은 인식하지 못한다. 그들은 거울 속에 비친 모습이 자기 자신이라고 추론하면서도 내심으로는 자기 자신을 인식하지 못한다. 그들은 존 F. 케네디를 마틴 루터 킹으로 인식하고, 어처구니없는 일이지만 자신의 아내에게 리본을 달고 파티에 참석하라고 요청한다. 집으로 돌아갈 때 아내를 찾을 수 있기 위해서다. 얼굴은 알아보면서도 그 사람이 누구인지를 인식하지 못하는 훨씬 더 기이한 환자도 있다. 그는 자신의 아내를 놀랍도록 연기를 잘하는 사기꾼으로 본다.

이러한 증상들은 영장류의 시각기관을 구성하는 30개의 뇌 영역들 중 한두 영역이 뇌졸중 같은 요인들에 의해 손상될 때 일어난다. 30개의 영역들 중에는 색과 형태를 전담하는 영역들, 사물이 어디에 있는지를 전담하는 영역들, 사물이 무엇인지를 전담하는 영역들, 사물이 어떻게 움직이는지를 전담하는 영역들이 있다. 따라서 단지 영화 속의 어안렌즈만으로는 보는 로봇을 만들 수 없으며, 인간이 그런 식으로 만들어지지 않았다는 사실을 밝혀낸다 해도 놀라운 일이 아니다. 통일된 시각 경험의 기초에는 여러 겹으로 이루어진 장치가 놓여 있지만, 우리가 이 세계를 바라볼 때에는 통합된 시각적 경험의 기초를 이루는 시각 장치의 그 여러 층들이 가늠되지 않는다. 신경계에 질병이 발생했을 때에야 비로소 그 장치가 해체되어 특정한 층이 보이는 것이다.

우리의 시야를 넓혀 주는 또 다른 증거는 일란성 쌍둥이들의 놀라운 유사성에서 나온다. 일란성 쌍둥이들은 마음을 형성하는 유전자 조리법이 동일하다. 그들의 마음은 IQ와 같은 총계 측정값이나, 신경증적 경향성과 내향성 같은 성격특성만 비슷한 것이 아니라, 철자법이나 수리 능력과 같은 재능에서, 인종차별, 사형 제도, 일하는 엄마 등에 대한 사회적 견해에서, 그리고 직업 선택, 취미, 악습, 종교적 열정, 데이트 취향에서 서로 비슷하다. 일란성 쌍둥이는 이란성 쌍둥이보다 훨씬 더 비슷하다. 이란성 쌍둥이는 유전자 조리법이 절반만 똑같기 때문이다. 더욱 놀랍게도, 떨어져 자란 일란성 쌍둥이들도 함께 자란 일란성 쌍둥이들 못지않게 아주 비슷하다. 일란성 쌍둥이들은 출생 직후 헤어져 자랐다 해도, 예를 들어 뒷걸음질로 물속에 들어가 무릎이 잠기는 곳에서 멈추거나, 정보가 불충분하다고 느끼고 선거에 불참하거나, 눈에 띄는 것들의 수를 강박적으로 세거나, 의용 소방대의 대장이 되거나, 아내를 위해 집 안에 사랑의 메모를 남겨 놓지 않는 등의 특성이 서로 비슷하다.

이런 발견들은 사람들에게 대단히 흥미롭고 인상적이다. 그 발견들은 일생을 살아가면서 단지 우리의 과거와 현재의 경험에 의해서만 영향을 받을 뿐 스스로 선택을 하는, 우리 몸 위를 배회하는 자율적인 '나'가 존재한다는 우리 모두의 믿음을 의심하게 만든다. 분명히 마음은, 떨어져 자란 일란성 쌍둥이들의 또 다른 두 가지 특성을 예로 들자면, 변기를 사용하기 전과 사용한 후에 한 번씩 물을 내리거나 사람이 붐비는 승강기 안에서 장난으로 재채기를 하게끔 미리 정해질 정도로 그렇게 세부적인 부품들을 완비하고 나오지 않는 것처럼 보인다. 그러나 마음은 분명히 그런 부품들을 완비하고 나온다. 유전자의 광범위한 효과는 수많은 연구보고서에 기록되어 있으며 연구자가 어떻게 실험을 하든, 그 방법에 상관없이 꾸준히 입증되고 있다. 그리고 비판가들이 때때로 제기하는 반론과는 달리, 유전자의 효과는 우연이나 사기꾼들의 조작이나 가족 환경의 미묘한 공통점(예컨대 입양기관의 담당자가 일란성 쌍둥이들을 뒷걸음질로 바다로 들어가도록 격려하는 두 가정에 입양시키고자 노력한 것)의 산물이 아니다. 물론 이 발견을 여러 가지 방식으로 잘못 해석할 수도 있다. 이를테면 집 안에 사랑의 메모를 좀처럼 남기지 않게 만드는 유전자나 사람들은 경험의 영향을 받지 않는다고 결론을 내리게 만드는 유전자가 있다고 상상하는 것이다. 그리고 이 연구는 단지 사람들 간의 차이만을 측정하기 때문에 모든 정상적인 사람들이 공유하는 마음의 설계에 대해서는 거의 어떤 것도 알려 주지 않는다. 그러나 그 발견은 마음의 선천적인 구조가 어떤 측면들에서 다를 수 있는가를 보여 줌으로써, 마음이 기본적으로 갖추고 있는 구조가 얼마나 큰가를 보여 줄 수 있다.

정신의 역설계*

마음의 복잡한 구조가 이 책의 주제다. 우리는 그 핵심 개념을 다음 한 문장으로 요약할 수 있다. 마음은 자연선택이

* 또는 역공학. 대상을 분해하고 구조를 분석함으로써 그 설계를 역으로 탐지하는 기술.

우리 조상들을 대상으로, 그들이 식량을 채집하는 과정에서 특히 사물, 동물, 식물, 그리고 다른 사람을 이해하고 정복하는 과정에서 직면했던 문제들을 해결해 주기 위해 설계한 기관들의 연산 체계다. 이 요약된 문장을 풀면 다음과 같은 몇 가지 주장이 나온다. 마음은 뇌의 활동인데, 엄밀하게 말해 뇌는 정보를 처리하는 기관이며 사고는 일종의 연산이다. 마음은 여러 개의 모듈 즉 마음 기관들로 구성되어 있으며, 각각의 모듈은 이 세계와의 특정한 상호작용을 전담하도록 진화한 특별한 설계를 가지고 있다. 모듈의 기본 논리는 우리의 유전자 프로그램에 의해 지정된다. 이러한 모듈들의 작용은 인간의 진화사 대부분을 차지하는 수렵채집 시기에 자연선택이 우리 조상들이 직면했던 문제들을 해결하기 위해 발전시킨 것이다. 우리 조상들이 직면했던 다양한 문제들은 사실 그들의 유전자가 직면했던 하나의 큰 문제, 즉 사본의 수를 최대한 늘려 다음 세대에 남기는 문제의 부차적 과제들이다.

이 관점에서 볼 때 심리학은 일종의 역설계다. 정상적인 설계에서는 기계가 특정한 일을 하도록 설계하는 반면, 역설계에서는 거꾸로 특정한 기계가 어떤 일을 하도록 설계되었는지를 알아낸다. 파나소닉사에서 신제품을 발표하면 소니사의 연구원들은 그 제품을 역설계한다. 그들은 즉시 제품을 구입해 실험실로 가져와서는 드라이버로 제품을 해체한 다음 어떤 부품들이 있고 어떻게 결합되어 작동하는지를 알아낸다. 우리도 흥미로운 물건을 처음 대하면 역설계 과정에 몰입한다. 예를 들어 골동품 가게를 뒤질 때 불가사의한 물건을 만나면 그것이 무엇을 위해 설계되었는지를 고민한다. 그리고 그것이 올리브 씨를 빼는 기구라는 것을 깨닫는 순간, 그 금속 고리가 올리브를 고정시키기 위해 설계된 것이고 작은 지레는 X자 형태의 날을 눌러서 올리브 씨를 반대쪽 끝으로 빼내기 위해 설계된 것임을 이해하게 된다. 스프링, 연결부, 날, 지레, 고리로 이루어진 그 구조와 형태가 일순간 만족스러울 정도로 완전하게 이해된다. 심지어는 왜 통조림에 담긴 올리브 열매의 한쪽 끝에 X자 모양의 자국이 있는지도 이해하게 된다.

17세기에 윌리엄 하비는 정맥에 판막이 있다는 것을 발견한 후 그 판막이 혈액을 순환시키기 위해 존재한다고 추론했다. 그때부터 우리는 신체를 대단히 복잡한 기계로, 즉 지주, 버팀목, 스프링, 도르래, 지레, 이음매, 경첩, 소켓, 탱크, 파이프, 밸브, 피막, 펌프, 교환기, 여과기 등이 조립된 복잡한 장치로 이해하게 되었다. 심지어 오늘날에도 우리는 미지의 부품들이 무엇 때문에 존재하는지를 알아내고 대단히 기뻐한다. 왜 우리의 귀는 주름이 져 있고 비대칭일까? 여러 방향에서 여러 방식으로 다가오는 음파들을 여과하기 때문이다. 소리의 미묘한 차이는 뇌에게 그 음원音源이 높은지 낮은지, 앞인지 뒤인지를 알려 준다. 신체를 역설계하는 전략은 지난 반세기 동안 나노테크놀러지를 통해 생명체의 세포와 분자를 정밀하게 연구하는 방식으로 진행되었다. 그 결과 생명의 물질은 진동하면서 빛을 발하는 신비한 겔이 아니라 작은 지그,* 스프링, 경첩, 봉, 판, 자석, 지퍼, 들창 등이 필요한 정보를 복사하고 다운로드하고 스캔하는 데이터 테이프를 통해 정교하게 조립된 장치임이 밝혀졌다.

* jig. 절삭공구를 정해진 위치로 이끄는 장치

생명체의 역설계를 뒷받침하는 논리적 근거는 물론 찰스 다윈에서 비롯된다. 그는 "대단히 복잡하고 완벽해서 그저 우리의 감탄을 자아내는 기관들이" 어떻게 신의 선견지명이 아니라 기나긴 세월 동안 진행된 복제자들의 진화로부터 발생했는지를 보여 주었다. 복제자가 복제를 하는 동안 때때로 우연한 오류가 발생하는데, 그중 우연히도 복제자의 생존율과 번식률을 높이는 오류들이 여러 세대를 거치며 유전자 속에 축적된다. 복제자는 식물과 동물이므로, 식물과 동물의 복잡한 장치는 그들이 생존을 하고 번식을 할 수 있도록 설계된 것으로 보인다.

다윈은 자신의 이론이 신체의 복잡성뿐만 아니라 마음의 복잡성도 설명한다고 주장했다. 그는 "철학은 새로운 기초를 얻게 될 것"이라는 유명한 예언으로 《종의 기원The Orgin of Species》을 마무리했다. 그러나 다윈의 예언은 아직 실현되지 않았다. 그가 그 글을 쓴 이후로 1세기 이상 지났지만 아직도 마음에 대한 연구는 대체로 다윈과 무관할 뿐 아니라 종종 다윈을 의도적으로 무시한다. 진화는 부적절하거나 죄악이거나, 최소한 하루 일을 끝내고 맥주를 마시며 숙고하기에는 부적절한 것으로 여겨진다. 사회과학과 인지과학 분야에 자리 잡은 알레르기가 진화에 대한 이해를 가로막는 장애물 역할을 해온 것으로 보인다. 마음은 어떤 기술자도 흉내 낼 수 없는 놀라운 일들을 수행하는 경이로운 조직 체계다. 마음이라는 체계를 고안해 낸 힘과 그 설계의 이면에 놓인 목적이 어떻게 마음에 대한 이해와 무관할 수 있을까? 진화론적 사고는 많은 사람들이 생각하듯이 멸실환*을 상상하거나 인간의 진화 단계들에 대한 이야기를 지어내기 위해 필요한 것이 아니라 신중한 역설계 과정에 필수 불가결한 것이다. 역설계가 없으면 우리는 톰 팩스턴의 '놀라운 장난감The Marvelous Toy'에서 유년을 회상하는 가수와 같을 것이다. "움직일 땐 핑 소리가 났고, 멈춰 설 땐 펑 소리가 났고, 가만히 서 있을 땐 윙 하는 소리가 났어. 난 그게 무엇인지 결코 몰랐지. 앞으로도 영원히 모를 거야."

다윈의 도전이 주목받기 시작한 것은 불과 몇 년 전으로, 인류학자 존 투비와 심리학자 레다 코즈미디스가 '진화심리학'이라 명명한 새로운

* missing link. 생물 진화 과정에서 멸실된 종.

접근법에 의해서다. 진화심리학은 두 과학혁명을 하나로 결합했다. 하나는 1950년대와 1960년대의 인지혁명으로, 사고와 감정의 동역학을 정보와 연산 개념으로 설명했다. 다른 하나는 1960년대와 1970년대에 진화생물학 분야에서 일어난 혁명으로, 생물체의 복잡 적응 설계를 복제자들 사이의 선택이란 개념으로 설명했다. 두 이론은 강력한 짝을 이룬다. 인지과학은 마음이란 것이 어떻게 가능하며, 우리는 어떤 종류의 마음을 갖고 있는가를 이해하게 해준다. 진화생물학은 '왜' 우리가 그런 종류의 마음을 갖게 되었는가를 이해하게 해준다.

    이 책에 담긴 진화심리학은 호모사피엔스라는 특수한 종의 마음이라는 한 기관에 초점을 맞추고 있으므로 어떻게 보면 생물학의 직접적인 연장이라 할 수 있다. 그러나 다른 면에서 보면 그것은 지난 1세기 동안 마음에 관한 쟁점들을 정립하고 제기했던 익숙한 방식을 폐기하는 급진적 이론이기도 하다. 이 책의 전제들은 어쩌면 당신이 생각하는 것과 다를지 모른다. 사고는 연산이라는 것이 내 주장이지만 그렇다고 해서 컴퓨터가 마음에 대한 좋은 비유라는 뜻은 아니다. 마음은 모듈의 집합이지만 그 모듈은 캡슐에 싸인 작은 상자도 아니고 뇌 표면에 구획으로 나눠진 조각들도 아니다. 마음을 구성하는 모듈들의 조직은 우리의 유전 프로그램에서 비롯되지만, 그렇다고 해서 각각의 특성을 위한 유전자들이 존재한다거나 그 특성에 대한 후천적 학습이 우리가 생각했던 것보다 덜 중요하다는 것을 의미하진 않는다. 마음은 자연선택이 설계한 적응 체계이지만 그렇다고 해서 우리가 생각하고 느끼고 행하는 모든 것이 생물학적으로 적응성이 있는 것은 아니다. 우리는 원숭이로부터 진화했지만, 그렇다고 해서 우리가 원숭이들과 똑같은 마음을 갖고 있다는 것을 의미하지는 않는다. 그리고 자연선택의 궁극적인 목표는 유전자를 증식하는 것이지만, 그렇다고 해서 사람들의 궁극적인 목표가 유전자를 증식시키는 것은 아니다. 이제부터 그 이유를 설명하고자 한다.

● ● ● ●

이 책의 주제는 뇌이지만 나는 뉴런, 호르몬, 신경전달물질에 대해 많은 설명을 하지는 않을 것이다. 마음은 뇌가 아니라 뇌의 작용이며, 이를테면 지방의 물질대사나 발열같이 뇌가 수행하는 모든 일과 관련이 있는 것도 아니다. 1990년대는 뇌의 시대라 불렸지만, 췌장의 시대는 결코 없을 것이다. 이처럼 뇌가 특별한 지위를 갖는 것은 뇌가 아주 특별한 일을 수행하기 때문인데, 뇌는 바로 우리로 하여금 보고, 생각하고, 느끼고, 선택하고 행동하게 만든다.

정보와 연산은 그것을 전달하는 물리적 매개와는 독립된 데이터 패턴과 논리적 관계로서 존재한다. 먼 도시에 있는 어머니에게 전화를 건다고 상상해 보자. 메시지가 당신의 입술에서 어머니의 귀로 전달되는 동안 물리적으로는 진동하는 공기에서 전선 속의 전기로, 실리콘 속의 전하로, 광케이블 속의 깜빡거리는 빛으로, 전자기파로 변한 다음 다시 역순의 변화를 겪지만 메시지는 동일하게 유지된다. 그 메시지가 어머니의 머릿속에서 뉴런들의 계단식 점화와 시냅스 간의 화학물질로 형태를 바꾼 후 당신의 어머니가 소파 반대편에 앉아 있는 아버지에게 당신의 말을 전해 줄 때에도 그 메시지는 동일하게 유지된다. 이와 마찬가지로 하나의 프로그램이 진공관, 전자기 스위치, 트랜지스터, 통일된 회로망으로 구성된 컴퓨터, 또는 잘 훈련된 비둘기 무리를 통해 실행될 때에도 그것은 위와 같은 이유로 똑같은 일을 수행할 것이다.

수학자 앨런 튜링, 컴퓨터과학자 앨런 뉴웰, 허버트 사이먼, 마빈 민스키, 철학자 힐러리 퍼트넘과 제리 포더가 최초로 표명한 이 개념은 오늘날 계산주의 마음 이론이라 불린다. 계산주의 마음 이론은 '마음-신체 문제'의 한 가지 수수께끼를 해결했다는 점에서 지식의 역사에서 가장 위대한 이론 중 하나로 여겨진다. 다시 말해 마음 활동의 요소인 의미와 의도로 가득 찬 정신계와, 뇌처럼 물질로 구성된 물리적 세계를 연결 지은 것이다. 빌은 왜 그 버스를 탔을까? 할머니를 방문하려 했으며 그 버스가 그를 태우고 할머니 집으로 갈 것임을 알고 있었기 때문이다. 다른 어떤 대답도 불충분하다. 만약에 빌이 할머니를 보려 하지 않았거나 버스 노선이 바뀐 것을 알았다면 그의 몸은 그 버스에 실리지 않았을 것이다. 이것은 수천 년 동안 역설로 존재했다. '할머니를 방문하려 한 것'과 '그 버스가 할머니 집으로 갈 것임을 안 것'과 같은 실체는 무색, 무취, 무미하다. 그럼에도 그것은 당구공이 다른 당구공을 때리는 것만큼이나 강력한 물리적 사건의 '원인'이다.

계산주의 마음 이론은 이 역설을 해결한다. 그 이론에 따르면 믿음과 욕구는 '정보'이고, 정보는 기호들의 배열로 구현된다. 기호는 컴퓨터 속의 칩이나 뇌 속의 뉴런처럼 특정한 물리적 상태를 띠고 있는 물질 조각들이다. 그것은 이 세계에 존재하는 것들을 상징한다. 존재물들은 우리의 감각기관을 통해 기호를 촉발하고, 일단 촉발된 기호는 존재물을 상징하기 때문이다. 하나의 기호를 구성하는 물질 조각들이 적절히 배열되어 다른 기호를 구성하는 물질 조각들과 충돌을 일으키면 한 믿음에 해당하는 기호들은 그것과 논리적으로 연결된 다른 믿음의 새 기호들을 발생시킬 수 있고, 그것은 또 다른 믿음에 해당하는 기호들을 발생시킬 수 있다. 결국 한 기호를 구성하는 물질 조각들이 근육과 연결된 물질 조각들과 충돌을 일으켜서 행동이 일어나는 것이다. 이와 같이 계산주의 마음 이론은 행동에 대한 설명에 믿음과 욕구를 포함시키는 동시에 믿음과 욕구 자체를 물리적 세계에 포함시킨다. 그로 인해 의미는 원인이자 결과가 될 수 있다.

계산주의 마음 이론은 우리가 답하기를 열망하는 질문들을 탐구하는 데에 반드시 필요하다. 신경과학자들은 대뇌피질의 모든 부위가 아주 비슷해 보이고, 심지어 사람의 뇌는 물론이고 다양한 동물의 뇌에서도 서로 다른 여러 부위들이 대단히 비슷해 보인다는 사실을 곧잘 지적한다. 그러면 우리는 모든 동물의 모든 마음 활동이 똑같다는 결론에 이르곤 한다. 그러나 뇌 부위를 살펴보는 것으로는 각 부위로 하여금 각각의 일을 수행하게 만드는 복잡한 연결 패턴의 논리를 읽을 수 없다는 것이 더 정확한 결론이다. 모든 책에는 75개 정도의 동일한 기호들이 물리적으로 각기 다르게 배열되어 있고, 모든 영화의 자기 테이프 위에는 동일한 전하가 물리적으로 각기 다른 패턴으로 입혀져 있는 것처럼, 뇌에 얽혀 있는 엄청난 양의 스파게티를 한 가닥 한 가닥씩 조사하면 모두 똑같아 보일 것이다. 책이나 영화의 내용은 잉크 자국이나 자기 전하의 '패턴' 속에 있으며, 책을 읽거나 영화를 볼 때에만 밖으로 드러난다. 이와 비슷하게 뇌 활동의 내용도 뉴런들의 연결 패턴과 활동 패턴 속에 존재한다. 겉으로 비슷해 보이는 뇌 부위들이 아주 다른 프로그램을 수행하는 것도 그 연결의 세부적 차이 때문이다. 그 프로그램이 실행될 때에야 비로소 결합성이 분명해진다. 투비와 코즈미디스는 다음과 같이 설명했다.

이 세상에는 별을 보고 이동하는 새, 음파로 사물을 탐지하는 박쥐, 꽃잎의 차이를 계산하는 벌, 끈끈한 실로 집을 짓는 거미, 말을 하는 인간, 농사를 짓는 개미, 무리를 지어 사냥하는 사자, 혼자서 사냥하는 치타, 일부일처의 긴팔원승이, 일처다부의 해마, 일부다처의 고릴라가 있다. … 지구상에 존재하는 수백만 종의 동물들에게는 제각기 다른 인지 프로그램이 있다. '기본적으로 똑같은 뉴런 조직이 그 모든 프로그램을 실행한다.' 그리고 그 밖에도 많은 것들이 동질의 조직을 통해 이뤄질 수 있다. 뉴런, 신경전달물질, 세포 성장의 특성과 관련된 사실들을 살펴본다고 해도 그 수백만 개의 프로그램 중 어느 것이 인간의 마음을 실행하는지는 알 수가 없다. 모든 신경 활동은 세포 차원에서 일정한 과정의 표현이지만, 중요한 것은 뉴런들이 어떻게 배열되어, 이를테면 새의 노래하는 주형이나 거미집을 짓는 프로그램을 만드는가 하는 것이다.

물론 이것은 마음을 이해하는 것이 뇌와 무관하다는 뜻은 아니다! 프로그램이란 간단한 정보처리 단위들, 즉 덧셈을 하거나, 패턴매치*를 수행하거나, 다른 회로를 켜거나, 그 밖에 기본적인 논리적·수학적 연산을 수행하는 작은 회로들의 집합이다. 그 집적회로들이 어떤 일을 할 수 있는가는 순전히 그것이 무엇으로 구성되어 있는가에 달려 있다. 뉴런으로 구성된 회로는 실리콘으로 구성된 회로와 똑같은 일을 할 수 없으며, 그 역 또한 사실이다. 예를 들어 실리콘 회로는 뉴런 회로보다 빠르지만, 뉴런 회로는 실리콘 회로보다 더 큰 패턴을 매치시킨다. 이 차이는 회로에 구축된 프로그램을 통해 드러나고 프로그램들이 다양한 일들을 얼마나 빠르고 쉽게 수행하는가에 영향을 미치지만, 어떤 일을 하는가를 결정하지는 않는다. 내 이야기의 요점은 뇌조직을 뒤적이는 것이 마음을 이해하는 것과 무관하다는 것이 아니라 단지 그것만으로는 불충분하다는 것이다. 마음의 소프트웨어를 분석하는 심리학이 반대편에서 터널을 뚫고 있는 신경생물학자들

* 공통된 행동, 관련된 개념들, 공유된 감수성의 징후를 찾는(검색하는) 활동이나 그런 활동을 수행하는 프로그램을 가리킨다.

을 만나려면 상당히 멀리까지 산을 파고 들어가야 하는 것이다.

계산주의 마음 이론은 사람들이 경멸하는 '컴퓨터 비유'와는 다르다. 컴퓨터 비유를 비판하는 많은 사람들이 지적하듯이, 컴퓨터는 한 번에 한 가지 일을 순차적으로 수행하고 뇌는 한 번에 수백만 가지의 일을 병렬적으로 수행한다. 컴퓨터는 빠르고 뇌는 느리다. 컴퓨터 부품은 안정적이고 뇌 부품은 잡음을 일으킨다. 컴퓨터는 연결의 수가 제한되지만 뇌는 수조 개의 연결이 가능하다. 컴퓨터는 설계도에 따라 조립되고 뇌는 자체적으로 조립된다. 그리고 물론 컴퓨터는 AUTOEXEC.BAT 파일과 날개 달린 토스트기가 날아다니는 화면보호기가 깔린 채 종이상자에 담겨 오지만 뇌는 그렇지 않다. 우리의 주장은 뇌가 시중에서 구입할 수 있는 컴퓨터와 똑같다는 것이 아니라, 뇌와 컴퓨터가 어느 정도 동일한 이치로 지능을 구현한다는 것이다. 새가 나는 방식을 설명할 때 우리는 비행기가 나는 방식을 설명할 때처럼 상승력과 항력의 원리, 그리고 유체역학의 원리를 인용한다. 그러나 그 때문에 새를 비행기에 비유하면서 제트엔진과 무료 음료 서비스를 거론할 필요는 없다.

계산주의 이론이 없으면 마음의 진화를 이해하기가 불가능하다. 대부분의 지성인들은 인간의 마음이 어떤 식으로든 진화의 과정을 겪지 않았을 것으로 생각한다. 그들 생각에 진화는 단지 저급한 본능과 고정된 행동 패턴들, 예를 들어 성 충동, 공격성, 영토 확보 충동, 알 위에 앉는 암탉의 본능, 어미를 쫓아다니는 새끼 오리의 본능 같은 것들만을 만들어 낼 뿐이다. 인간의 행동은 너무나 섬세하고 융통성이 커서 진화의 산물일 수 없으며, '문화'와 같은 다른 어떤 것에서 나오는 것이 분명하다고 생각하는 것이다. 그러나 진화가 우리에게 불가항력적인 충동들과 융통성 없는 반사행동들을 강요한 것이 아니라 단지 신경세포로 이루어진 컴퓨터를 구비해 준 것이라면 이야기는 완전히 달라진다. 프로그램이란 비교comparisons, 시험tests, 가름branches, 루프loops, 서브루틴*에 내장된 서브루틴 subroutines embedded in subroutines 등에 의해 규정되어 논리적·통계적 연산을 수행하는 복잡한 조리법이다. 사람이 만든 컴퓨터 프로그램들은, 날씨를 모의실험 화면으로 보여 주는 매킨토시 사용자 인터페이스에서부터 영어로 된 말을 인식하고 질문에 대답하는 프로그램에 이르기까지 연산이 수행할 수 있는 교묘한 기술과 힘이 얼마나 큰지를 암시적으로 보여 준다. 인간의 사고와 행동도 아무리 섬세하고 융통성이 크다 해도 대단히 복잡한 프로그램의 산물일 수 있으며, 또한 그 프로그램은 자연선택이 우리에게 부여한 것일 수 있다. 생물학의 전형적인 명령은 "…할지니라"**가 아니라 "만약 …라면 …이고, 그렇지 않으면…"***이다.

* 프로그램 가운데 하나 이상의 장소에서 필요할 때마다 되풀이해서 사용할 수 있는 부분적 프로그램이다. 독립적으로 쓰는 일은 없고 메인루틴과 결합하여 기능을 수행한다.

** Thou shalt… 십계명의 첫머리다.

*** If… then… else. 컴퓨터 프로그램의 문장 형태다.

● ● ● ●

마음은 단일한 기관이 아니라 여러 기관들로 구성된 하나의 체계로, 각 기관은 심리적 기능 또는 마음 모듈로 간주할 수 있다는 것이 나의 주장이다. 오늘날 마음을 설명하기 위해 널리 거론되는 그 실체들, 예컨대 일반 지능, 문화 형성 능력, 범용 학습 전략들은 생물학에서의 원형질이나 물리학에서의 흙, 공기, 불, 물과 동일한 길을 밟을 것이다. 그 실체들은 그와 관련된 엄밀한 현상들과 비교했을 때 대단히 무정형적이어서 거의 마술과도 같은 신비한 힘으로 여겨진다. 그 현상들을 현미경 아래 놓으면 일상 세계라는 복잡한 직물이 하나의 물질이 아니라 여러 층의 정교한 기계장치에 의해 짜여 있음을 보게 된다. 생물학자들은 오래전에 전능의 원형질이란 개념을 버리고 기능적으로 분화된 기계장치들이란 개념을 받아들였다. 신체 기관들이 자신의 임무를 수행하는 것은 각각의 임무에 맞게 재단된 특별한 구조를 가졌기 때문이다. 심장이 혈액을 순환시키는 것은 펌프 같은 구조를 가졌기 때문이고, 폐가 혈액에 산소를 공급하는 것은 가스교환기 같은 구조를 가졌기 때문이다. 폐는 혈액을 펌프질하지 못하고 심장은 혈액에 산소를 공급하지 못한다. 이런 분화는 더 낮은 차원으로 이어진다. 심장의 조직은 폐의 조직과 다르고, 심장의 세포는 폐의 세포와 다르고, 심장 세포를 구성하는 많은 분자들은 폐 세포를 구성하는 분자들과 다르다. 그렇지 않다면 우리의 기관들은 제대로 작동하지 못할 것이다.

팔방미인에겐 뛰어난 재주는 없다는 속담은 우리의 신체 기관뿐만 아니라 마음 기관에도 잘 들어맞는다. 로봇공학의 도전이 명백한 증거다. 로봇 제작은 수많은 소프트웨어 기술 문제에 부딪히는데, 각각의 문제 해결에는 각기 다른 비결이 필요하다.

우리의 첫 번째 문제인 시각을 예로 들어 보자. 보는 기계를 만들려면 역광학inverse optics의 문제를 해결해야 한다. 정상적인 광학은 특정한 형태, 물질, 조명을 가진 물체가 어떻게 망막상이라 불리는 색채 모자이크로 투사되는가를 예측하는 물리학의 한 분야다. 광학은 널리 알려진 분야로 그림, 사진, 텔레비전 기술에 이용될 뿐 아니라 최근에는 컴퓨터 그래픽과 가상현실에도 이용되고 있다. 그러나 뇌는 '역으로' 문제를 해결해야 한다. 입력물이 망막상이라면 출력물은 외부 세계의 사물들과 그 사물을 구성하는 것, 즉 우리가 보고 있다고 느끼는 것에 대한 명세표다. 그런데 그것이 문제다. 역광학을 가리켜 공학자들은 '잘못 설정된 문제ill-posed problems'라고 부른다. 말 그대로 해가 없다는 뜻이다. 몇 개의 수를 곱해 그 결과를 말하는 것은 쉽지만 어떤 결과를 보면서 그것이 어떤 수들의 곱인지를 말하기가 불가능한 것처럼, 광학은 쉽지만 역광학은 불가능하다. 그러나 뇌는 우리가 냉장고를 열고 우유를 꺼낼 때마다 그 일을 한다. 어떻게 이런 일이 가능할까?

'뇌는 부족한 정보를 보충한다'는 것이 그 답이다. 부족한 정보란 인간이 진화해 온 이 세계와, 이 세계가 어떻게 빛을 반사하는가에 대한 정보를 말한다. 만일 시각적 뇌가 자신이 일정한 세계, 즉 빛이 균일하게 비치고, 대부분의 사물들이 매끄럽고 일정한 색깔의 표면을 갖고 있는 세계에 살고 있다고 '가정'한다면, 외부 세계에 존재하는 것들에 대해 유효한 추측을 해낼 것이다. 앞에서도 보았듯이, 망막에 투사된 상의 밝기를 조사하는 것으로는 석탄과 눈을 구별하기가 불가능하다. 그러나 표면의 특성을 인지하는 모듈이 있고 그 속에 다음과 같은 전제가 구축되어 있다고 가정해 보자. "이 세계는 고르고 균일하게 빛을 받는다." 그러면 그 모듈은 다음 3단계로 석탄-눈 문제를 해결한다. (1) 해당 장면의 한쪽 끝에서 반대편 끝까지 밝기의 변화도를 계산해 낸다. (2) 전체 장면으로부터 밝기의 평균 수치를 추산한다. (3) 평균 밝기에서 각 조각의 밝기를 빼는 방법으로 각 조각의 명암을 계산한다. 평균과의 편차가 +쪽으로 크면 하얀 물체로 보이고, -쪽으로 크면 검은 물체로 보인다. 조명이 정말로 고르고 균일하다면 지각의 결과에는 이 세계의 표면들이 정확히 나타날 것이다. 지구라는 행성은 무한히 긴 시간 동안 빛이 고르게 퍼진다는 가정에 잘 들어맞았으므로, 자연선택은 그 가정을 모듈 속에 구축하는 방법으로 오래전부터 성공을 구가했을 것이다.

표면 지각 모듈은 해가 없는 문제를 해결하지만 여기에는 대가가 따른다. 뇌는 오래전에 모든 문제를 해결하겠다는 허세를 포기했다. 뇌에 갖춰진 장치는 지구의 조건하에 존재하는 표면들의 특성을 지각한다. 다른 곳이 아니라 바로 지구 위에서 부딪히는 문제를 해결하기 위해 분화되었기 때문이다. 문제가 약간 달라지면 뇌는 더 이상 문제를 해결하지 못한다. 예를 들어 햇빛이 담요처럼 전체를 고르게 덮는 세계가 아니라, 빛이 교묘하게 배열된 형태로 비치는 다른 세계가 있다고 해보자. 그런데 그 세계에서 빛이 균일하다고 가정한다면 표면 지각 모듈은 환각을 일으켜 실제로 존재하지 않는 사물들을 보게 될 것이다. 실제로 그런 일이 일어날 수 있을까? 매일 일어난다. 우리는 그런 환각을 슬라이드, 영화, 텔레비전이라 부른다.(앞에서 언급한 검은색 착각도 그중 하나다.) TV를 볼 때 우리는 희미하게 반짝이는 유리를 보지만 우리의 표면 지각 모듈은 뇌의 다른 부위들에게 우리가 실제의 사람과 장소를 보고 있다고 말해 준다. 이제 그 모듈의 정체가 드러났다. 즉 그 모듈은 사물의 본질을 이해하는 것이 아니라 커닝페이퍼에 의존한다. 그 커닝페이퍼는 우리의 시각적 뇌 속에 아주 깊이 새겨져 있어서 그 위에 쓰인 가정들을 지우기는 불가능하다. 심지어 일생 동안 소파에 앉아 TV를 보는 사람이라도 그의 시각기관은 텔레비전이 형광체의 점들이 반짝거리는 브라운관이라는 사실을 '학습' 하지 못하고, 당사자는 그 브라운관 너머에 어떤 세계가 있다는 착각에서 헤어나지 못한다.

다른 마음 모듈들도 각자의 커닝페이퍼를 가지고 해가 없는 문제들을 해결한다. 근육의 수축에 따라 신체가 어떻게 움직이는가를 알아내고자 할 때 물리학자는 운동학(운동의 기하학)과 동역학(힘의 작용)의 문제들을 해결해야 한다. 그러나 몸을 이동시키기 위해 근육을 수축시키는 법을 알아야 할 때 뇌는 역逆운동학과 역逆동역학의 문제—사물을 일정한 궤적으로 이동시키려면 그 사물에 어떤 힘을 가해야 할까—를 해결해야 한다. 역광학처럼 역운동학과 역동역학도 일종의 '잘못 설정된 문제'다. 우리의 운동신경 모듈들은 외적이지만 타당한 가정들을 통해 그 문제를 해결한다. 이 경우는 물론 빛에 관한 가정들이 아니라 물리적 운동에 관한 가정들이다.

    타인에 대한 우리의 상식은 일종의 직관심리학이다. 즉 우리는 사람들의 행동으로부터 그들의 믿음과 욕구를 추론하고, 그들의 믿음과 욕구에 대한 추측으로부터 그들이 어떻게 행동할지를 예측한다. 그러나 오렌지의 냄새를 맡는 것처럼 다른 사람의 머릿속에 들어 있는 믿음이나 욕구를 감지할 수는 없기 때문에, 우리의 직관심리학은 다른 사람들이 믿음과 욕구를 갖고 있다고 가정해야 한다. 만약 그 가정의 렌즈를 통해 사회성의 세계를 보지 못한다면 우리는 강낭콩 자루를 위해 자신을 희생하는 사마리탄 1호나, 사람의 머리처럼 생긴 것을 달고 있으면 태엽으로 움직이는 장난감이라도 개의치 않고 물로 뛰어드는 사마리탄 2호 로봇처럼 될 것이다.(뒤에서 우리는 특별한 증상을 앓고 있는 환자들을 볼 것이다. 그들은 사람은 마음을 갖고 있다는 가정이 없어서 다른 사람들을 태엽이 달린 장난감으로 취급한다.) 심지어는 가족에 대한 사랑의 감정에도 자연 세계의 법칙과 관련된 특유의 가정이 포함되어 있는데, 이 경우는 유전학의 일반적인 법칙을 역으로 뒤집은 것(역유전학)이다. 가족 간의 감정은 유전자의 자기복제를 돕기 위해 설계되었지만 우리는 유전자를 보거나 냄새를 맡을 수가 없다. 과학자들은 유기체들 간에 유전자가 어떻게 배분되는지(예를 들어, 두 사람 사이에 태어난 자식은 감수분열과 수정을 통해 각자의 유전자를 50퍼센트씩 갖게 된다)를 추론하기 위해 직순유전학forward genetics을 이용한다. 반면에 친족에 대한 우리의 감정은 나와 상호작용하는 유기체들 중에 누가 나와 동일한 유전자를 갖고 있는가를 추측하기 위해 역유전학을 이용한다.(예를 들어, 누군가의 행동 패턴이 당신과 비슷한 것처럼 보이면 그의 유전적 이익이 당신의 유전적 이익과 일치하도록 그를 대우한다.) 나는 다음 장들에서 이 모든 주제들을 자세히 다룰 것이다.

마음은 분화된 문제들을 해결해야 하기 때문에 분화된 기관들로 구성되어야 한다. 모든 문제를 해결할 수 있는 존재는 천사밖에 없다. 유한한 존재인 우리로서는 파편적인 정보로부터 불완전한 추측을 해야 한다. 각각의 마음 모듈은 이 세계가 어떻게 작동하는가에 대한 확신을 갖지 못한 상태에서, 없어서는 안 되지만 옹호할 근거도 없는 가정에 의해 해가 없는 문제를 해결한다. 옹호할 수 있는 유일한 근거는 그 가정들이 우리 조상들의 세계에 충분히 적합했다는 것이다.

'모듈' 이란 말은 붙였다 뗐다 할 수 있는 부속 장치 같은 느낌을 주지만 사실은 그렇지 않다. 마음 모듈들은 정육점에 붙은 소고기의 부위별 그림처럼 뇌의 표면 위에 경계를 구분한 영역들로 표시되지 않는다. 마음 모듈은 오히려 뇌의 수많은 융기와 열구 위에 어지럽게 뻗어 있는 도로망에 가깝다. 또는 신경섬유로 연결되어 하나의 단위처럼 활동하는 몇 개의 부위들로 구성될 수도 있다. 정보처리의 묘미는 대지를 점유할 때 융통성이 있다는 것이다. 한 기업의 경영진이 여러 장소에 흩어져서 네트워크로 회의를 하거나 하나의 컴퓨터 프로그램이 디스크나 메모리의 여러 부분으로 쪼개질 수 있는 것처럼, 마음 모듈의 기초가 되는 회로도 우연처럼 뇌의 여러 공간에 분포될 수 있다. 그리고 마음 모듈들은 서로에 대해 확실하게 밀봉된 채로 단지 몇 개의 한정된 파이프를 통해서만 소통하는 밀실이 아니다.(제리 포더가 이렇게 정의를 내린 후 많은 인지과학자들이 그것을 '모듈' 의 전문적 의미로 생각해 왔다.) 모듈은 이용 가능한 정보를 가지고 수행하는 특별한 일에 의해 정의되는 것이지, 이용할 수 있는 정보의 종류에 의해 정의되는 것이 아니다.

따라서 마음 모듈이라는 비유는 다소 어색하다. 그보다는 노엄 촘스키의 '마음 기관'이 더 정확하다. 신체 기관은 특수한 기능을 수행하기 위해 맞춤식으로 분화된 구조물이다. 그러나 우리의 기관들은 닭 내장처럼 하나의 봉투에 몽땅 담겨 오는 것이 아니라 긴밀한 통합을 통해 하나의 복잡한 전체를 이룬다. 세포는 조직을 구성하고 조직은 기관을 구성하며, 이 기관들은 신체의 체계를 구성한다. 예를 들어 상피세포 같은 세포조직들은 변이를 거쳐 여러 기관에 이용된다. 혈액과 피부 같은 어떤 기관들은 매우 복잡하고 광범위한 접촉면을 가지고 신체의 다른 부분들과 상호작용을 하므로 점선으로 경계를 표시할 수가 없다. 때로는 한 기관이 어디에서 끝나고 다른 기관이 어디에서 시작되는지, 또는 신체의 어느 부위를 하나의 기관으로 불러야 하는지(손이 하나의 기관인가? 손가락이 하나의 기관인가? 아니면 손가락 속의 뼈가 하나의 기관인가?)가 불분명하다. 이것들은 전적으로 전문 용어와 관련된 현학적 질문들이어서 해부학자와 생리학자들은 그런 질문에 시간을 허비하지 않는다. 분명한 것은 신체가 스팸*처럼 동일한 물질로 이루어진 것이 아니라 여러 전문 기관들로 구성된 이질의 구조물이라는 점이다. 이 모든 것이 마음에도 적절하게 들어맞는 것 같다. 마음의 구성 요소들을 구분하면서 정확한 경계를 그리는 것은 중요하지 않다. 분명한 것은 그것이 마음의 스팸으로 이루어진 것이 아니라 여러 전문 기관들로 구성된 이질의 구조를 갖고 있다는 점이다.

* 돼지고기 통조림의 상표명.

● ● ● ●

우리의 신체 기관들이 복잡한 설계를 갖고 있는 것은 인간 게놈에 담긴 정보 덕분인데, 나는 우리의 마음 기관들도 그러하다고 믿는다. 우리는 췌장을 갖는 법을 학습하지 않는다. 또한 시각기관, 언어 습득 능력, 상식, 사랑의 감정, 우정, 공평함의 감정을 갖는 법을 학습하지도 않는다. 이 주장은 하나의 과학적 사실에 의해 입증되는 것이 아니라(췌장이 선천적으로 조직된다는 것이 어떤 단일한 발견에 의해 입증되는 것이 아닌 것처럼), 여러 갈래의 증거가 그 위로 수렴된다. 내가 가장 인상적으로 생각하는 도전은 '로봇 챌린지Robot Challenge' 다. 마음은 주요한 공학 문제들을 능숙하게 해결하지만, 인공지능 분야에서는 외부 세계와의 상호작용에 적용되는 법칙의 가정들이 내장되지 않으면 어떤 문제도 해결되지 않는다. 지금까지 인공지능 연구자들은 프로그램을 설계할 때에는 항상 언어, 시각, 운동, 또는 상식 같은 하나의 특정 영역을 위해 특별한 프로그램을 설계했다. 인공지능 분야에서 하나의 프로그램을 만든 과학자는 의기양양하게 그것이 미래에 구축될 대단히 강력한 만능 시스템의 시제품이라고 선전하지만, 그 분야에 종사하는 다른 과학자들은 그런 과장을 귓전으로 흘려버린다. 내가 예측하기로, 다양한 문제들을 맞춤식으로 해결하는 연산 체계들을 하나로 묶지 않는다면 어느 누구도 인간 같은 로봇—정말로 인간과 똑같은 로봇—을 만들지 못할 것이다.

  이 책 전체에서 당신은 마음 기관들의 기본 설계는 우리의 유전 프로그램에서 기인한다는 것을 보여 주는 여러 갈래의 증거들을 만나게 될 것이다. 나는 앞에서, 미세한 구조를 가진 성격과 지능 중 많은 부분이 출생 직후 헤어진 일란성 쌍둥이에게서 공통적으로 발견되며, 따라서 그런 것들은 그들의 유전자에 의해 설계되는 것이라는 점을 언급했다. 유아들과 어린아이들을 정교한 방법으로 테스트하면 그들이 아주 어린 나이에도 물리적·사회적 세계의 기본 범주들을 파악하고 있다는 사실과, 때로는 한 번도 제시받은 적이 없는 정보를 충분히 이용한다는 사실을 발견하게 된다. 사람들은 자신의 경험에는 어긋나지만 인간이 진화한 환경에는 적절하게 들어맞는 많은 신념을 갖고 있으며, 자기 자신에게는 손해가 되지만 그 환경에서는 적응성을 높여 주는 목표들을 추구한다. 또한 문화가 자의적이고 무제한적으로 변할 수 있다는 일반적인 믿음과는 반대로, 민족지학民族誌學 문헌을 조사해 보면 이 세계의 모든 민족들은 놀랍도록 세부적인 면까지 보편적 심리를 공유하고 있다는 사실을 알 수 있다.

그러나 마음이 복잡한 선천적 구조물이라고 말하는 것은, 학습이 중요하지 않다는 뜻이 아니다. 이 문제를 제기할 때 선천적 구조와 학습이 서로의 대안이거나, 혹은 그에 못지않게 조악한 관점으로서 그것들이 상보 요소나 상호작용하는 힘처럼 경쟁 관계에 있다고 보는 것은 큰 잘못이다. 선천적 구조와 학습(또는 유전과 환경, 본성과 양육, 생물학과 문화)에는 상호작용이 존재한다는 주장 자체는 틀린 것이 아니다. 그러나 그것은 차라리 틀린 것이 나을 정도로 너무나 조악한 개념의 범주에 속한다.

다음 대화에 주목해 보자.

"이 최신형 컴퓨터는 정교한 기술로 꽉 차 있습니다. 500메가헤르츠 프로세서, 1기가바이트 램, 1테라바이트 디스크 용량, 3-D 컬러 가상현실 화면, 음성 출력, 무선 인터넷, 10여 가지 분야의 전문 지식, 성경, 《브리태니커 백과사전》, 《바틀릿의 유명한 인용구Bartlett's Famous Quotations》, 셰익스피어 전집이 내장되어 있습니다. 해킹 차단 설계도 완벽합니다."

"오, 그러면 내가 컴퓨터에 무엇을 입력해도 상관없단 말씀인가요? 그렇게 완벽한 구조를 갖추었으니 환경은 별로 중요하지 않겠군요. 내가 무엇을 입력하든 컴퓨터는 항상 똑같은 일을 하겠죠?"

분명히 어리석고 몰상식한 질문이다. 많은 기술이 내장된 체계는 입력에 대해 덜이 아니라 '더' 똑똑하고 융통성 있게 반응할 것이다. 그러나 위의 질문은 몇 세기에 걸쳐 수많은 비평가들이 풍부한 구조를 갖춘 첨단의 마음이라는 개념에 대해 어떻게 반응했는지를 압축적으로 보여 준다.

그리고 상호작용의 선천적인 부분을 구체적으로 확인하는 일에 공포증을 갖고 있는 '상호작용주의' 견해도 나을 게 없다. 아래의 주장들을 살펴보자.

컴퓨터의 행동은 프로세서와 입력정보 간의 복잡한 상호작용에서 나온다.
자동차가 어떻게 작동하는가를 이해하려면 엔진이나 휘발유나 운전자를 무시해서는 안 된다. 모두 중요한 요소들이다.
이 CD 플레이어에서 나오는 소리는 두 가지 중요한 변수가 긴밀하게 뒤얽힌 결과물이다. 즉 기계의 구조와 그 안에 들어간 디스크가 만들어 낸 혼합물이다. 어느 요소도 무시해서는 안 된다.

위의 언급들은 참이지만 무익하다. 공허하리만치 한심하고 너무나 따분해서 그런 사실을 주장하는 것이 차라리 부인하는 것만큼이나 조악하다. 기계의 경우처럼, 이 경우에도 마음을 마티니나 두 군대의 전투, 혹은 줄다리기 같은 두 요소의 혼합물에 비유하는 것은 정보처리를 위해 설계된 복잡한 장치를 엉뚱한 시각으로 바라보는 그릇된 사고방식이다. 물론 인간 지능의 모든 부분은 문화와 학습의 영향을 받는다. 그러나 학습은 주위를 둘러싼 기체나 자기장이 아니고, 마술의 힘으로 일어나는 것도 아니다. 선천적인 모듈이 있다는 주장은, 선천적인 학습기계가 있으며 각각의 기계는 특수한 논리에 따라 학습을 한다는 주장이다. 학습을 이해하려면 전前과학적 비유들—혼합물과 힘, 서판이나 대리석 위에 새겨진 글—을 대신할 새로운 사고방식이 필요하다. 복잡한 장치가 이 세계의 예측할 수 없는 양상들에 맞춰 어떻게 스스로를 조율하고, 제 기능을 발휘하는 데 필요한 데이터를 어떻게 받아들이는가에 초점을 맞추는 이론이 필요한 것이다.

유전과 환경이 상호작용한다는 개념이 항상 무의미한 것은 아니지만, 나는 그 개념이 두 문제를 혼동하고 있다고 생각한다. '모든 마음에 공통적으로 존재하는 것은 무엇인가'와 '마음들은 서로 어떻게 다를 수 있는가'라는 문제다. 앞서 소개한 김빠진 명제들은 'X는 어떻게 작동하는가'를 '무엇이 X를 Y보다 더 잘 작동시키는가'로 대체하면 명료하게 이해할 수 있는 명제가 된다.

컴퓨터의 '유용성'은 컴퓨터 안의 프로세서와 사용자의 전문성에 함께 의존한다.
자동차의 '속도'는 엔진, 연료, 운전자의 기술에 의존한다. 모두 중요한 요소다.
CD 플레이어에서 나오는 소리의 '질'은 두 가지 중요한 변수에 달려 있다. 플레이어의 기술적·전자공학적 설계와 CD에 처음 녹음된 소리의 질이다. 어느 것도 무시할 수 없다.

한 체계가 그와 비슷한 다른 체계보다 얼마나 더 잘 작동하는가에 관심을 가질 때, 각 체계 내부의 인과 사슬을 해석하고 전체를 빠르게 혹은 느리게, 하이파이hi-fi로 혹은 로파이low-fi로 만드는 요소들을 대조하는 것은 의미를 갖는다. 본성 대 양육의 틀은 사람들을 대상으로 이렇게 등급을 매기는 방법—누가 의대에 들어갈지 또는 누가 기업에 입사할지를 결정하는 것—에서 비롯된다.

그러나 이 책의 주제는, '왜 어떤 사람의 마음들은 이런저런 측면에서 다른 사람들의 마음보다 더 잘 작동하는가'가 아니라, '마음은 어떻게 작동하는가'다. 객관적인 증거가 보여 주는 사실은, 지구의 어디에서나 인간은 사물과 사람에 대해 기본적으로 동일한 방식으로 보고, 말하고, 생각한다는 것이다. 아인슈타인과 고등학교 낙제생의 차이는 고등학교 낙제생과 현존하는 최첨단 로봇의 차이나 고등학교 낙제생과 침팬지의 차이에 비하면 하찮기 이를 데 없다. 바로 이것이 내가 역점을 두어 다루고자 하는 수수께끼다. 어떤 소비자 지수의 종형 곡선들을 겹쳐 놓고 IQ처럼 비교하는 방법은 이 책의 내용과는 아무 관계가 없다. 그리고 같은 이유에서 선천성과 학습을 비교하며 중요도를 따지는 것도 무의미하다.

그런데 선천적 설계를 강조한다고 해서 그것을 이런저런 '마음 기관에 해당하는 유전자들'을 찾는 일과 혼동해서는 안 된다. 신문의 표제를 장식해 온 유전자들과 상상 속의 유전자들을 생각해 보자. 근위축증 유전자, 헌팅턴병 유전자, 알츠하이머병 유전자, 알코올중독 유전자, 정신분열증 유전자, 조울증 유전자, 비만 유전자, 폭력적 행동 유전자, 독서 장애 유전자, 야뇨증 유전자, 몇몇 종류의 정신지체 유전자 등이 있다. 모두 장애들이다. 반면에 예절, 언어, 기억, 운동신경, 지능 등과 같은 온전한 마음 체계에 해당하는 유전자는 단 하나도 발견되지 않았고 앞으로도 발견되지 않을 것이다. 정치가 샘 레이번의 말 속에 그 이유가 요약되어 있다. "수

탕나귀는 헛간을 발로 차서 무너뜨릴 수 있지만 헛간을 지을 땐 목수가 필요하다." 복잡한 신체 기관들처럼 복잡한 마음 기관들도 분명히 복잡한 유전자 조리법에 따라 수많은 유전자들이 아직 밝혀지지 않은 난해한 방식으로 협조하는 가운데 생겨난다. 그들 중 어느 하나에 결함이 있으면 장치 전체에 문제가 발생할 수 있다. 복잡하고 정교한 기계의 어느 한 부품에 결함이 있으면(예컨대 자동차의 배전기 케이블이 느슨해지면) 그 기계가 멈추는 것과 같은 이치다.

마음 기관을 위한 유전적 조립 안내서는 히스킷 라디오의 배선도처럼 모든 연결망을 지정해 주지 않는다. 그리고 각 기관이 뇌 속에서 일어나는 다른 일에 상관없이 두개골의 특정한 뼈 밑에서 성장할 것이라고 기대해서도 안 된다. 뇌와 그 밖의 다른 모든 기관들은 배아 발달기에 동일한 세포 덩어리에서 분화한다. 발톱에서 대뇌피질까지 신체의 모든 부위는 그 세포들이 각각의 유전 프로그램을 깨우는 주변의 특정한 정보에 반응할 때 비로소 그 부위에 걸맞은 특수한 형태와 물질을 갖는다. 그 정보는 한 세포가 우연히 만난 화학물질 수프의 맛에서 올 수도 있고, 그 세포가 사용하는 분자 자물쇠와 열쇠의 모양에서 올 수도 있으며, 이웃 세포들과의 기계적인 밀고 당김에서 올 수도 있지만, 그 밖의 단서들은 거의 파악되지 않고 있다. 다양한 마음 기관들을 형성할 뉴런 집단들은 모두 동질의 배아세포에서 나온 후손들이므로, 뇌가 스스로를 조립하는 동안 분화에 필요한 주변 정보를 포착해서 기회를 잡도록 설계되어 있어야 한다. 두개골 속에서의 좌표도 분화의 한 요인이지만 연결된 뉴런들의 점화 패턴도 한 요인으로 작용한다. 뇌는 차후에 연산 기관이 될 운명이므로, 뇌가 형성되는 동안 게놈이 정보처리를 위해 신경세포 조직의 능력을 이용하지 않는다면 이상할 것이다.

뇌의 감각 영역은 뇌의 발달 상황을 가장 잘 추적할 수 있는 곳인데, 이곳에서 태아 발달 초기에 대략적인 유전자 조리법에 따라 뉴런들이 배선된다. 그 뉴런들은 적절한 때에 적절한 수가 발생해서, 자기 자리로 이동하고, 목표물을 향해 연결 섬유를 내보내고, 대체로 적절한 부위에서 적절한 종류의 세포들과 연결을 맺는데, 이 모든 일이 화학물질의 흔적, 그리고 분자 열쇠와 자물쇠의 안내로 이루어진다. 그러나 정확한 연결을 위해 뉴런은 태어난 직후부터 자신의 임무를 시작해서 뉴런의 점화 패턴을 통해 아주 정확하게 연결점 주변으로 정보를 흘려보내야 한다. 이것은 '경험'이 아니다. 그 모든 일이 칠흑같이 어두운 자궁 안에서 일어나기 때문인데, 때로는 망막의 간상세포와 원추세포가 제 기능을 수행하기 전에 일어난다. 그리고 대다수의 포유동물들은 태어나기 전에 이미 완벽한 망막을 갖춘다. 따라서 그것은 일종의 유전적 데이터 압축, 또는 내적으로 발생하는 시험 패턴에 가깝다고 볼 수 있다. 이 패턴들은 정보를 받는 쪽 끝의 피질을 자극해, 그곳에 들어오는 정보를 처리하기에 적합한 피질로 최소한 한 단계 이상 분화시킨다.(예를 들어, 교차 배선을 통해 두 눈이 청각적 뇌와 연결된 동물들의 경우에 그 부위에서는 시각적 뇌의 특성들과 비슷한 몇몇 징후가 발견된다.) 유전자가 어떻게 뇌 발달을 제어하는지는 아직 알려지지 않았지만 지금까지 알려진 것을 간단히 요약하면 다음과 같다. 뇌 모듈들은 최초에 주어진 세포조직의 종류, 뇌 속의 위치, 그리고 발달의 결정적 시기에 들어온 촉발 패턴을 조합해 자신의 정체성을 확립한다.

● ● ● ●

우리의 연산 기관들은 자연선택의 산물이다. 생물학자 리처드 도킨스는 자연선택을 '눈먼 시계공' 이라 불렀다. 마음의 경우 우리는 자연선택을 '눈먼 프로그래머' 라 부를 수 있다. 우리의 마음 프로그램들이 이렇게 제 기능을 발휘하는 것은 자연선택이 우리 조상들로 하여금 돌멩이, 도구, 식물, 동물, 그리고 다른 사람들을 능숙하게 다뤄 궁극적으로 생존과 번식에 도움이 되도록 그 프로그램들을 제작했기 때문이다.

자연선택이 진화상의 변화를 일으키는 유일한 원인은 아니다. 유기체들은 또한 영겁의 시간에 걸쳐, 누가 살고 누가 죽는가를 결정하는 우연한 사고의 통계적 발생, 모든 생명을 쓸어버리는 환경 재앙, 그리고 선택에 의한 변화로부터 불가피하게 생기는 부작용 때문에 변화를 겪는다. 그러나 자연선택은 기술자처럼 행동하는 유일한 진화의 동력으로, 있을 법하진 않지만 적응에 도움이 되는 결과를 얻어 내는 기관들을 '설계' 한다.(생물학자 조지 윌리엄스와 도킨스가 특별히 강조한 점이다.) 자연선택을 옹호하는 교과서적인 주장은 자연선택이 과대평가를 받는다고 생각하는 사람들조차 옳다고 인정하는 것인데(고생물학자 스티븐 제이 굴드가 대표적이다), 척추동물의 눈을 근거로 삼고 있다. 시계에는 너무나 많은 부품이 정밀하게 조립되어 있어(톱니바퀴, 스프링, 축 등) 태풍이나 소용돌이치는 강물에 의해서는 도저히 만들어지지 않고 반드시 시계공의 설계가 필요한 것처럼, 눈에도 너무나 많은 부품들이 정밀하게 조립되어 있어(수정체, 홍채, 망막 등) 큰 돌연변이, 통계적 표류, 다른 기관들 사이에 우연히 생긴 형태 따위의 무계획적인 힘에 의해 발생했을 가능성이 없다. 눈의 설계는 복제자들에 대한 자연선택, 즉 우리가 아는 한에서 기적을 제외하고 성능 좋은 기계를 제작할 수 있는 유일한 자연적 과정이 빚어낸 산물임이 분명하다. 유기체가 오늘날 잘 볼 수 있도록 설계된 것은 과거에 그 조상들이 잘 보는 능력 덕분에 생존할 수 있었기 때문이다.(이 점에 대해서는 3장에서 자세히 설명할 것이다.)

많은 사람들이 자연선택은 신체를 만든 숙련공이라는 것을 인정하면서도 인간의 마음에 대해서는 선을 긋는다. 마음은 두부頭部를 확대시킨 어떤 돌연변이 현상의 부산물이거나 서투른 프로그래머의 장난이거나 생물학적 진화가 아니라, 문화적 진보에 의해 형성된 것이라고 그들은 말한다. 투비와 코즈미디스는 다음과 같이 통쾌하게 풍자한다. 자연선택에 의해 정밀하게 설계된 기관의 가장 확실한 예로 인정받는 눈은 마음의 영역과 무관하게 몸에서 쉽게 분리할 수 있는 구식 기관이 아니다. 눈은 음식물을 소화시키지도 못하고, 슈퍼맨은 예외이지만 물리적 세계에 빛을 쏘아 사물을 변화시키지도 못한다. 그렇다면 눈은 어떤 일을 하는가? 눈은 정보를 처리하는 기관으로 뇌와 밀접하게 연결되어 있으므로 해부학적으로 말하면 뇌의 일부다. 그리고 망막 속에 존재하는 모든 정밀 광학과 복잡한 연결망은 단지 입을 크게 벌리고 하품을 하는 빈 구덩이에 정보를 쏟아 붓거나, 물리적 영토와 마음의 영토 사이에 난 데카르트의 심연 위에 다리를 놓지도 않는다. 그렇게 정교하게 조직된 메시지 수신 기관은 분명 그 메시지를 보내는 기관만큼이나 모든 면에서 훌륭한 구조를 갖고 있다. 인간의 시각과 로봇의 시각을 비교하는 대목에서도 봤듯이, 우리로 하여금 외부 세계를 보게 해주는 뇌 부위들은 정말로 훌륭하게 설계되어 있다. 우리가 본 것을 해석하고 그에 따라 작용을 하는 기능들을 향해 정보가 상류로 흘러가는 동안 설계의 질이 점차로 낮아질 것이라고 생각할 근거는 어디에도 없다.

생물학의 적응주의 강령, 즉 자연선택을 신중히 적용하여 유기체의 기관들을 역설계하는 방법은 때때로 뒷북을 치는 공허한 메아리라고 조롱을 당한다. 신문 칼럼니스트 세실 애덤스는 한 기사에서, "우리의 털이 갈색인 것은 우리의 원숭이 조상들이 코코넛 열매 사이에 숨을 수 있었기 때문이다"라고 풍자했다. 모두가 인정하듯이 조악한 진화론적 '설명들'은 어디에나 널려 있다. 왜 남자들은 길을 묻지 않는가? 우리의 남자 조상들은 낯선 사람에게 접근하면 살해당할 수도 있었기 때문이다. 음악은 어떤 효과가 있을까? 공동체를 하나로 묶어 준다. 행복은 왜 진화했을까? 행복한 사람은 같이 있으면 즐겁기 때문에 더 많은 동맹자를 끌어들인다. 유머의 기능은 무엇일까? 긴장을 풀어 준다. 왜 사람들은 병에서 회복할 가능성을 과대평가하는가? 그것이 회복에 도움이 되기 때문이다.

이런 말들을 들으면 공허하고 불완전하다는 느낌이 들지만, 그것은 마음의 작동을 감히 진화론에 기대어 설명하기 때문이 아니라 어설프기 짝이 없는 설명을 제시하기 때문이다. 우선 그런 설명들 중 많은 것들이 사실 확인을 외면한다. 혹시 어느 누가 '여성'은 길 묻기를 좋아한다고 보고한 적이 있는가? 식량채집 사회에서 여성은 낯선 사람에게 접근해도 공격을 안 당했을까? 둘째, 사실을 확인했더라도 하나의 곤란한 사실을 설명하기 위해 똑같이 곤란한 다른 사실을 당연시함으로써 결국 공허한 진술로 끝나 버린다. 왜 율동적인 소리는 공동체를 하나로 묶는가? 왜 사람들은 행복한 사람들과 함께 있고 싶어하는가? 왜 유머는 긴장을 풀어 주는가? 위와 같은 설명들을 내놓는 사람들은 그것들을, 마음 활동의 일부를 설명할 필요조차 없을 만큼 명백한 사실로 취급한다. 각자가 조금만 생각해 보면 명백하지 않느냐는 식이다. 그러나 마음의 모든 부분들, 즉 모든 반응, 모든 즐거움, 모든 취미는 각각의 것이 어떻게 진화했는가를 설명할 때에야 비로소 명백해진다. 우리는 강낭콩 자루를 구하기 위해 자신을 희생하는 사마리탄 1호 로봇처럼 진화할 수도 있었고, 말똥을 맛있다고 생각하는 말똥풍뎅이나, 사디스트와 마조히스트에 관한 오래된 농담(마조히스트:

• 거절이 곧 학대다. "때려 줘!" 사디스트: "싫어!")*의 피학대 음란성 환자처럼 진화할 수도 있었다.

설득력 있는 적응주의적 설명이 되려면 설명하고자 하는 마음의 부분과는 무관한 공학적 분석에 기초할 필요가 있다. 그 분석은 성취할 목표, 그리고 그 목표를 성취할 수 있는 인과의 세계에서 출발한 다음, 여러 가지 설계 중 어떤 종류의 설계가 그 목표를 얻기에 더 적합한가를 구체적으로 밝혀야 한다. 따라서 대학의 학과들이 의미 있는 지식 분야를 반영한다고 생각하는 사람들에겐 애석한 일이지만, 마음의 부분들이 무엇을 위해 존재하는가를 설명하려 할 때 심리학자는 심리학 너머의 세계를 봐야 한다. 시각을 이해하기 위해서는 광학과 컴퓨터 시각 체계를 주시해야 하고, 운동을 이해하기 위해서는 로봇공학을 주시해야 한다. 성적 욕구와 가족애를 이해하려면 멘델 유전학을 주시해야 하고, 협동과 갈등을 이해하려면 게임 수학 이론과 경제학 이론을 주시해야 한다.

일단 잘 설계된 마음을 위한 작업지시서가 만들어지면, 그 다음에는 호모사피엔스가 그런 마음을 갖고 있는지를 확인해 볼 수 있다. 우리는 실제로 실험이나 조사를 통해 특정한 마음 기능에 관한 사실들을 알아낸 다음 그 기능이 작업지시서와 맞아떨어지는지를 확인한다. 즉 해당 기능이 자신에게 배정된 문제를 해결할 때, 특히 생물학적으로 성장 가능한 다수의 대안적 설계들과 비교했을 때 정밀성, 복잡성, 효율성, 확실성, 전문성의 징후를 더 분명히 보여 주는지를 확인하는 것이다.

역설계의 논리는 한 세기에 걸쳐 시지각을 연구하는 과학자들을 사로잡았는데, 우리가 마음의 다른 어떤 부분보다 시각을 더 잘 이해하는 것도 그런 이유에서일 것이다. 그렇다면 진화론에 기초한 역설계를 통해 마음의 다른 부분들도 이해할 수 있을 것이다. 흥미로운 예가 생물학자 마지

프로펫이 제기한, 이른바 '아침병'이라 불리는 입덧에 관한 새 이론이다. 임신부들 중에는 욕지기를 느끼고 특정한 음식을 피하는 사람이 많다. 임신부의 입덧을 호르몬의 부작용이라고 가볍게 설명할 수도 있지만, 호르몬이 과잉행동이나 공격성 또는 색욕이 아니라 구태여 구역질과 음식기피증을 유발해야 할 이유는 전혀 없다. 입덧이 남편에 대한 임신부의 혐오감과 태아를 입으로 유산하고자 하는 무의식적 욕구의 발현이라고 보는 프로이트의 설명도 똑같이 불충분하다.

    프로펫은 입덧이 영양 부족과 생산성 저하라는 비용을 상쇄하는 어떤 이익을 가져올 것이라고 예측했다. 일반적으로 구역질은 독성 물질을 섭취하지 않게 하려는 일종의 보호책이다. 다시 말해 신체가 큰 해를 입기 전에 유독한 음식을 위에서 배출하고, 차후를 위해 그와 비슷한 음식에 대한 식욕을 떨어뜨리는 것이다. 따라서 입덧은 임신부로 하여금 성장하는 태아에게 해가 될 유독한 음식을 먹거나 소화시키지 못하게 하는 것으로 추정할 수 있다. 우리가 사는 동네의 건강식품 판매원이 뭐라고 선전을 하든, 자연식품이라고 해서 특별히 건강에 좋은 것은 없다. 진화의 창조물인 양배추도 우리들과 마찬가지로 누군가에게 먹히고 싶은 욕구를 갖고 있지는 않다. 양배추는 행동을 통해 자기 자신을 효과적으로 보호할 수 없기 때문에 생화학전에 의존한다. 대부분의 식물들은 세포조직 안에 수십 가지의 독성 물질을 진화시켰다. 살충제, 벌레퇴치제, 자극제, 마비 물질, 독성 물질을 포함해 초식동물의 톱니바퀴에 뿌려댈 다양한 모래를 준비한 것이다. 반면에 초식동물들은 대응책으로서 독성을 제거하는 간과 유독한 식물을 더 이상 먹지 못하게 만드는, 이른바 쓴맛이라고 하는 미각을 진화시켰다. 그러나 이 보호책만으로는 태아를 보호하기에 충분하지 않을 것이다.

여기까지는 그저 흔하디흔한 이론으로 들릴 수도 있다. 그러나 프로펫은 개별적으로 수행된 동시에 자신의 가설과도 무관하게 수행된 수백 건의 연구들을 종합했다. 그녀가 정교하고 세심하게 기록한 내용들을 요약하면 다음과 같다. (1) 식물 독은 성인이 견딜 수 있는 분량이라도 임신부가 섭취하면 선천적 결손증과 유산을 유발할 수 있다. (2) 입덧은 배아의 기관 체계들이 자리를 잡는 시점에, 즉 배아가 기형 발생 물질(선천적 결손증을 유발하는 화학물질들)에 가장 취약하면서도 성장 속도가 느려 영양분을 아주 적게 필요로 하는 시점에 시작된다. (3) 입덧은 배아의 기관 체계들이 거의 완성되어 성장에 필요한 영양분이 가장 많이 필요한 단계에서 약해지기 시작한다. (4) 입덧을 하는 여성들은 대개 쓰고, 맵고, 맛이 강하고, 낯선 음식들을 피한다. 실제로 이 음식들은 독성 물질을 함유하고 있을 가능성이 가장 높다. (5) 여성의 후각은 입덧이 일어나는 기간에 대단히 과민해지고 그 후에는 오히려 평소보다 둔해진다. (6) (우리 조상을 포함해) 식량을 채집하는 종족들은 식물 독을 섭취할 위험도가 훨씬 높다. 입에 맞는 작물을 재배하기보다는 야생 식물들을 먹기 때문이다. (7) 입덧은 인류 문화에 보편적으로 존재한다. (8) 입덧을 심하게 하는 여성들은 유산할 가능성이 더 낮다. (9) 입덧을 심하게 하는 여성들은 선천적 결손증을 가진 아기를 낳을 가능성이 낮다. 자연 생태계에 존재하는 아기 만들기 체계가 현대에 사는 여성들의 경험에도 잘 들어맞는다는 사실은 강한 인상을 주는 동시에 프로펫의 가설이 옳다는 확신을 준다.

● ● ● ●

인간의 마음은 진화의 산물이므로, 우리의 마음 기관들은 유인원의 마음에도 (그리고 어쩌면 다른 포유동물과 척추동물의 마음에도) 존재할 것이고, 유인원 중에서도 특히 600만 년 전 아프리카에서 살았던 인간과 침팬지의 공통 조상의 마음이 정교하게 발전하는 과정에서 생겨났을 것이다. 인간 진화에 관한 수많은 책의 제목들이 이 사실을 암시한다. 《털 없는 원숭이 The Naked Ape》, 《전기 유인원The Electric Ape》, 《향기 나는 유인원The Scented Ape》, 《좌우 비대칭 유인원The Lopsided Ape》, 《수중 유인원The Aquatic Ape》, 《생각하는 유인원The Thinking Ape》, 《인간적인 유인원 The Human Ape》, 《말을 하는 유인원The Ape That Spock》, 《제3의 침팬 지The Third Chimpanzee》, 《선택된 영장류The Chosen Primate》. 어떤 저자들은 인간이 침팬지와 거의 다르지 않으며, 인간 고유의 재능에만 초점을 맞추는 것은 교만한 우월주의이거나 또 하나의 창조론이라고 강하게 주장한다. 일부 독자들은 그런 주장을 진화론이 옳다는 것을 입증하는 간접증명으로 받아들인다. 그러나 길버트와 설리번이 《아이다 공주Princess Ida》에서 말한 것처럼 인간은 "기껏해야 면도한 원숭이에 불과하다"고 말한다면, 그 이론은 인간과 원숭이가 서로 다른 마음을 갖고 있다는 명백한 사실을 설명하지 못하게 된다.

　　우리는 털이 없고, 좌우가 비대칭인, 말을 하는 원숭이이지만, 원숭이와는 상당히 다른 마음을 갖고 있다. 호모사피엔스사피엔스의 특대형 뇌는 어떤 기준에서 보더라도 특별한 적응의 결과다. 그 덕분에 우리는 지구상의 거의 모든 생태계에 서식하고, 지표면을 개조하고, 달 위를 걷고, 물리적 세계의 비밀을 발견할 수 있었다. 반면에 침팬지는 높은 지능을 과시하면서도 고립된 몇몇 우림 지역에 멸종 위기 종으로 남았고, 수백만 년 전과 똑같이 살아간다. 이 차이에 진정한 호기심을 느낀다면, 인간과 침팬지가 대부분의 DNA를 공유하고 있으며 작은 변화가 큰 결과를 낳을 수 있다는 말을 반복하는 것으론 부족하다. 30만 세대와 10메가바이트의 잠재적 유전자 정보라면 마음을 크게 개조하기에 충분하다. 하드웨어보다는 소프트웨어를 더 쉽게 개조할 수 있으므로 사실 마음은 신체보다 더 쉽게 개조될 수 있다. 그러므로 인간에게서 새롭고 인상적인 인지 능력을 발견한다고 해도 결코 놀랄 일이 아니다. 무엇보다 언어가 가장 분명한 예일 것이다.

이것은 결코 진화론과 모순되지 않는다. 진화는 분명히 보수적인 과정이지만, 너무 지나치게 보수적이라면 우리는 모두 고인 물 위에 떠 있는 조류藻類 신세가 될 것이다. 자연선택은 후손들에게 새로운 생태 공간에 적응할 수 있는 전문 능력을 장착시킴으로써 그들 사이에 차이를 만들어 낸다. 자연사 박물관에는 항상 한 종이나 한 생물 집단 특유의 복잡한 기관들이 전시되어 있다. 코끼리의 엄니, 일각고래의 뿔, 고래의 수염, 오리너구리의 주둥이, 아르마딜로의 갑옷을 보라. 지질학적 시간대에서 보면 그것들은 종종 빠른 속도로 진화했다. 최초의 고래는 가장 가까운 친척들, 즉 소와 돼지 같은 유제류有蹄類(발굽이 있는 동물)와의 공통 조상으로부터 대략 1000만 년 전에 진화했다. 인간 진화에 관한 책들을 흉내 내자면, 고래에 관한 책은 《벌거벗은 소*The Naked Cow*》라는 제목이 붙을 만하지만, 만일 그 책의 모든 지면이 고래와 소의 유사성에 대한 경탄으로만 가득 차 있고 두 종을 그렇게 다르게 만든 적응 과정을 설명하지 않는다면 매우 실망스러울 것이다.

● ● ● ●

마음이 진화론적 적응의 결과라고 해서 모든 행동이 다윈주의의 의미에 적합하다고 말할 수는 없다. 자연선택은 우리의 머리 위를 떠다니면서 모든 행동이 생물학적 적응도를 극대화시킬 수 있도록 보살펴 주는 수호천사가 아니다. 최근까지도 진화론적 경향을 가진 과학자들은 예컨대 독신주의, 입양, 피임처럼 다원주의의 자멸로 보이는 행동들을 의무적으로 설명해야 한다고 느꼈다. 어쩌면 독신자들은 올망졸망한 조카들을 키우는 데 더 많은 시간을 쏟아 붓고, 그렇게 함으로써 그들이 직접 아이를 낳는 것보다 자신의 유전자 복사본을 더 많이 퍼뜨릴 수 있기 때문이라는 대담한 주장도 나왔다. 그러나 그렇게까지 무리할 필요는 없다. 인류학자 도널드 시먼스가 처음으로 제시한 그 이유들은 진화심리학과, 1970년대와 1980년대에 이른바 사회생물학이란 이름으로 불린 사조를 구분하는 기준으로 자리를 잡았다.(두 접근법에는 또한 중복되는 부분이 많다.)

첫째, 선택은 수천 세대에 걸쳐 일어난다. 인간은 지구상에 존재한 99퍼센트의 시간 동안 소규모 유목 무리를 이루고 식량채집을 하며 살았다. 우리의 뇌는 농경과 산업 문화라는 신제품이 아니라 까마득한 옛날의 생활방식에 맞게 진화했다. 우리의 뇌는 익명의 군중, 학교 교육, 글자로 씌어진 언어, 정치, 경찰, 법원, 군대, 현대 의학, 형식적인 사회제도, 첨단 기술 등과 같이 인간 생활에 갓 들어온 것들에 잘 대처하도록 배선되지 않는다. 현대인의 마음은 컴퓨터시대가 아니라 석기시대에 맞춰져 있기 때문에 우리의 모든 행동을 굳이 적응의 관점에서 설명하려고 애쓰지 않아도 된다. 우리 조상들의 환경에는 예컨대 오늘날의 종교 단체, 입양 기관, 제약 회사같이 적응에 반하는 선택을 하게 만드는 제도가 없었고, 아주 최근까지도 유인 요소들을 거부하게 만들 선택압력이 없었다. 혹시라도 홍적세의 사바나에 피임약이 달린 나무가 있었다면 우리는 그것을 독거미처럼 무서워하도록 진화했을 것이다.

둘째, 자연선택은 행동의 줄을 직접 잡아당기는 인형극 공연자가 아니다. 자연선택의 역할은 행동의 발생인發生因을 설계하는 것인데, 이때 자연선택에 의해 설계되는 발생인은 정보를 처리하고 목표를 추구하는 메커니즘들의 묶음인 마음이다. 우리의 마음은 평균적으로 우리 조상들의 환경에서 적응력이 있었을 행동을 초래하도록 설계된 반면에, 현대인들의 행동은 수십 가지 원인에서 비롯된다. 행동은 여러 마음 모듈들 사이에서 벌어지는 내적 투쟁의 결과이고, 타인들의 행동에 의해 규정되는 기회와 제약의 체스판 위에서 벌어진다. 《타임Time》에 실린 최근의 특집 기사는 "간통, 그것은 우리의 유전자 속에 있는가?"라는 질문을 던졌다. 참으로 무의미한 질문이다. 간통은 물론이고 그 밖의 다른 어떤 행동도 우리의 유전자에는 없기 때문이다. 생각해 보면 간통 욕구는 우리 유전자의 간접적 산물일 수도 있지만, 그 욕구는 유전자의 간접적 산물인 '다른' 욕구들, 예컨대 배우자와의 신뢰를 지키고자 하는 욕구에 의해 무마될 수 있다. 그리고 그런 욕구가 혼란스런 마음을 점령했더라도 똑같은 욕구를 지닌 짝이 주변에 없으면 간통이라는 공공연한 행동으로 완결되지 못한다. 진화한 것은 행동 자체가 아니라 마음이었다.

● ● ● ●

역설계는 해당 장치가 어떤 일을 수행하기 위해 설계되었는가를 감지할 때에만 가능하다. 예를 들어 올리브 씨 제거기는 종이를 누르는 문진이나 손목 강화 운동기가 아니라 올리브 씨를 빼기 위한 기계로 설계되었다는 것을 감지하기 전까지 우리는 그 장치를 이해하지 못한다. 설계자의 목표는 복잡한 장치의 모든 부분에, 그리고 장치 자체에 적용되어 있다. 자동차에는 기화기라는 장치가 있다. 기화기는 공기와 연료의 혼합을 위해 설계된 것인데, 공기와 연료를 혼합하는 것은 궁극적인 목표인 사람을 실어 나르는 일에 종속된 하나의 하위 목표다. 자연선택 자체에는 어떤 목표도 없지만 그 과정에서 진화한 실체들은 (자동차처럼) 특정한 목표와 하위 목표를 위해 고도로 정밀하게 조직되어 있다. 마음을 역설계하려면 그 실체들을 분류하고 각 설계의 궁극적 목표를 확인해야 한다. 인간의 마음은 궁극적으로 미를 창조하기 위해 설계되었는가? 진리를 발견하기 위해? 사랑하고 일하기 위해? 다른 사람들이나 자연과 조화를 이루기 위해?

그 대답은 자연선택의 논리 속에 있다. 마음의 설계 뒤에 숨은 궁극적인 목표는 그 마음을 창조한 유전자의 복사본을 최대한 많이 퍼뜨리는 것이다. 자연선택은 복제하는 실체들의 장기적인 운명, 즉 여러 세대에 걸쳐 안정된 정체성을 보유하는 실체들만을 보살핀다. 그리고 복제의 결과를 통해 자기 자신의 복제 가능성을 강화시키는 복제자들이 우위를 점하게 될 것이라고 예측한다. "누가 혹은 무엇이 적응의 혜택을 누리는가?" 그리고 "생물체의 설계는 누구를 위한 설계인가?"라는 질문에 자연선택론은 바로 장기적이고 안정된 복제자인 유전자라고 대답한다. 심지어 우리의 몸이나 우리의 자아도 설계의 궁극적 수혜자가 아니다. 굴드는 다음과 같이 말했다. "다윈이 말한 '개별적인 번식의 성공'은 무엇인가? 그것은 자신의 몸을 다음 세대로 전달하는 것이 결코 아니다. 특히 이런 의미에서는 어느 누구도 그렇게 할 수 없기 때문이다!" 자연선택이 유전자를 선택하는 기준은 유전자가 만들어 낸 신체의 품질이지만, 미래를 위해 선택되어 생존경쟁을 벌이는 주체는 땅속에 묻히면 흙으로 돌아갈 신체가 아니라 그 품질을 다음 세대로 전달하는 유전자다.

몇 명의 반대자가 있긴 하지만(굴드 자신도 그중 한 명이다) 유전자 중심의 관점은 진화생물학에서 우세한 관점으로 자리 잡았고, 지금까지 놀라운 성공을 거두었다. 그 관점은 예컨대 생명은 어떻게 탄생했는가, 세포는 왜 존재하는가, 신체는 왜 존재하는가, 섹스는 왜 존재하는가, 게놈은 어떻게 구성되어 있는가, 왜 동물은 사회적으로 교류하는가, 의사소통은 왜 존재하는가와 같은, 생명에 대한 가장 심오한 질문을 던지고 그 답을 구하고 있다. 뉴턴의 법칙이 기계공학자들에게 필수적인 것처럼, 유전자 중심의 관점도 동물의 행동을 연구하는 과학자들에게 없어서는 안 될 도구다.

그러나 대부분의 사람들이 그 이론을 잘못 이해하고 있다. 일반적인 생각과는 반대로 유전자 중심의 진화 이론은 인간의 모든 노력과 투쟁의 초점이 유전자를 전파하는 것에 맞춰져 있다고 보지 않는다. 환자들에게 자신의 정자를 인공수정한 산부인과 의사, 정자은행에 정자를 기증한 노벨상 수상자, 그리고 그 밖의 몇몇 괴짜를 제외하면 어떤 인간(또는 동물)도 자신의 유전자를 퍼뜨리기 위해 고군분투하지 않는다. 도킨스는 《이기적 유전자 The Selfish Gene》라는 책에서 그 이론을 설명했는데, 그의 비유는 신중한 선택의 결과였다. 사람들이 이기적으로 자신의 유전자를 퍼뜨리는 것이 아니라, 유전자가 이기적으로 자기 자신을 퍼뜨린다는 것이다. 유전자는 우리의 뇌를 조립하는 방식으로 자신의 일을 수행한다. 유전자는 우리로 하여금 인생과 건강과 섹스를 즐기고 친구와 자녀를 사랑하게 함으로써 다음 세대에 등장할 복권을 손에 넣는다. 그 복권은 우리가 진화해 온 환경에 적합할수록 당첨 확률이 높아진다. 우리의 목표들은 자기복제라는 유전자의 궁극적인 목표에 종속된 하위 목표들이다. 그러나 둘은 서로 다르다. 인간으로 말하자면, 우리의 목표는 의식적이든 무의식적이든 결코 유전자가 아니라 건강과 사랑과 자식과 친구들이다.

우리의 목표와 유전자의 목표를 혼동한 데에서 갖가지 오해가 발생해 왔다. 성의 진화를 다룬 책에서 한 평론가는 인간의 간통은 당사자들이 피임 대책을 세우기 때문에 동물의 간통과는 달리 유전자를 퍼뜨리기 위한 전략일 수 없다고 주장한다. 그러나 우리는 누구의 전략을 말하고 있는가? 성적 욕구는 유전자를 증식하기 위한 사람의 전략이 아니다. 사람의 전략은 섹스의 즐거움을 얻는 것이고, 섹스의 즐거움은 유전자를 증식하기 위한 유전자의 전략이다. 만일 유전자가 증식에 실패한다면 그것은 우리가 유전자보다 더 똑똑하기 때문이다. 동물의 감정에 관한 어느 책에서는 다음과 같이 개탄한다. 즉, 생물학자들의 말처럼 이타주의가 친족을 돕거나 호의를 교환함으로써 유전자의 이익에 봉사하는 것이라면 실제로는 결코 이타주의가 아니라 일종의 위선이라는 것이다. 이 역시 혼동의 산물이다. 청사진에서 청색 건물이 나오지 않는 것처럼 이기적인 유전자에서 반드시 이기적인 유기체가 나오진 않는다. 뒤에서도 보겠지만 때때로 유전자가 벌이는 가장 이기적인 행동은 이기심 없는 뇌를 조립하는 것이다. 유전자는 연극 속의 연극이지 배우의 내적 독백이 아니다.

심리학적 정확성

이 책에 담긴 진화심리학은 전통적인 지식 체계에서 인간의 마음을 바라보던 지배적 견해를 탈피하는 출발점이다. 투비와 코즈미디스는 그 견해를 표준사회과학모델(SSSM, Standard Social Science Model)이라고 불렀다. 표준사회과학모델은 생물학과 문화를 근본적으로 구분한다. 생물학은 인간에게 오감과, 허기와 두려움 같은 몇 가지 충동과, 일반적인 학습 능력을 부여한다. 그러나 표준사회과학모델에서는 생물학적 진화를 문화적 진보로 대치해야 한다고 본다. 문화는 기대를 설정하고 역할을 배정함으로써 자기영속화의 욕구를 실현하는 자율적 실체다. 그리고 그 기대와 역할은 문화마다 임의로 결정된다. 표준사회과학모델을 개혁하려는 사람들조차 그러한 틀을 인정하고 있다. 생물학은 꼭 문화만큼 중요하다고 개혁가들은 말한다. 모든 행동은 양자의 결합이고, 생물학은 행동의 '구속 요인'을 제공한다는 것이다.

표준사회과학모델은 지적 전통이 되었을 뿐 아니라 도덕적 권위까지 거머쥐었다. 사회생물학자들이 표준사회과학모델에 도전했을 때 그들은 학문적 비난의 기준을 훌쩍 뛰어넘는 맹렬한 분노와 맞닥뜨렸다. 생물학자 E. O. 윌슨은 한 과학 회의에서 얼음물 세례를 받았다. 학생들은 휴대용 확성기를 들고 그의 해고를 외쳤고, 곳곳에 포스터를 붙여 시끄러운 소리를 내는 도구를 들고 그의 강의에 참석하라고 촉구했다. '사람을 위한 과학'과 '인종주의, IQ, 계급사회를 배격하는 운동'이란 이름을 가진 단체들은 분노로 가득 찬 성명서와 책 한 권 분량의 선언문을 발표했다. 《우리 유전자 안에 없다 Not in Our Genes》에서 리처드 르원틴, 스티븐 로즈, 리언 카민은 도널드 시먼스의 성생활을 비꼬아 표현하고, 리처드 도킨스의 정상적인 표현을 몰상식한 문구로 바꿔치기했다.(도킨스는 "유전자가 우리, 몸과 마음을 창조했다"고 말했다. 세 저자는 그것을 "유전자가 우리, 몸과 마음을 '지배한다'"로 고쳐 반복적으로 인용했다.) 《사이언티픽 아메리칸 Scientific American》은 행동유전학(쌍둥이, 가족, 입양아에 대한 연구)에 관한 기사에 "우생학이 돌아왔다"라는 제목을 붙여 행동유전학이 인간의 유전적 혈통을 개선하려 했던 치욕스런 운동의 계승자라는 냄새를 풍겼다. 그리고 진화심리학을 다룰 때에는 '새로운 사회다윈주의자들'이란 제목을 붙여 사회적 불평등을 자연의 현명한 행위로 정당화했던 19세기의 운동을 상기시켰다. 심지어 사회생물학의 권위자였던 영장류동물학자 세러 블래퍼 흘디는 다음과 같이 말했다. "고등학교나 심지어 학부 수준에서 사회생물학을 가르쳐야 하는지 의문이 든다. … 사회생물학의 전체적인 메시지는 개인의 성공을 향해 있다. 사회생물학은 마키아벨리적이어서 도덕적 기초가 정립되지 않은 학생에게 가르치면 사회적 괴물을 양산할 수도 있다. 사실 그것은 자신을 우선시하는 여피족의 이기적 윤리에 잘 들어맞는다."

학계 전체가 운동회라도 열린 것처럼 모여들어, 실험실과 현장에서 해결할 만한 경험적 주제들을 투표로 결정했다. 사모아 사회를 목가적이고 평등하게 그린 마거릿 미드의 논문은 표준사회과학모델의 창립에 초석을 제공했기에, 인류학자 데릭 프리먼이 미드가 객관적 사실을 크게 왜곡했음을 입증하자 미국인류학회는 특별 회의를 열고 표결을 거쳐 프리먼의 연구가 비과학적이라고 선언했다. 1986년에는 20명의 사회과학자들이 '뇌와 공격성'에 관한 회의에 모여 '폭력에 관한 세비야 선언문'을 작성했다. 유네스코는 이 선언문을 채택했으며 몇몇 과학단체들이 그것을 지지했다. 그 선언문은 "폭력과 전쟁을 정당화하기 위해 많은 사람들이 이용해 왔고 심지어 우리 사회과학 분야에서도 몇몇 사람이 그런 목적을 위해 이용하고 있는 이른바 생물학적 연구에 맞서 싸우자"고 주장했다.

인간이 동물 조상으로부터 전쟁을 일으키는 성향을 물려받았다고 말하는 것은 과학적으로 옳지 않다.

전쟁을 비롯한 폭력적 행동이 인간 본성에 유전적으로 입력되어 있다고 말하는 것은 과학적으로 옳지 않다.

인간이 진화하는 동안 다른 종류의 행동보다 공격적 행동에 대한 선택이 더 강했다고 말하는 것은 과학적으로 옳지 않다.

인간이 '폭력적 뇌'를 가졌다고 말하는 것은 과학적으로 옳지 않다.

전쟁이 '본능'이나 어떤 단일한 동기에 의해 일어난다고 말하는 것은 과학적으로 옳지 않다. … 생물학은 인류에게 전쟁의 굴레를 덮어씌우지 못한다. 인류는 생물학적 비관주의의 속박으로부터 자유로우며, 국제 평화의 해*와 그 이후에 필요한 변화의 과제들을 자신 있게 착수할 힘을 가지고 있다.

* UN이 1986년에 선포했다.

이 학자들은 과연 어떤 도덕적 확신을 가졌기에 인용문들을 고치고, 의견들을 검열하고, 그 의견들의 지지자들을 감정적으로 공격하고, 그들을 반사회적인 정치 운동에 연루시켜 명예를 더럽히고, 권력기관들을 동원하여 옳은 것과 그른 것을 법제화했을까? 그들의 확신은 선천적 인간 본성이란 개념에 함축된 것처럼 보이는 세 가지 의미에 반대하는 입장에서 나온다.

첫째, 마음에 선천적 구조가 있다면 각 사람(혹은 각기 다른 계급, 성, 인종)은 각기 다른 선천적 구조를 가질 수 있다. 그것은 차별과 억압을 정당화할 수 있다.

둘째, 공격성, 전쟁, 강간, 배타성, 지위와 부에 대한 탐욕 같은 밉살스런 행동이 선천적이라면, 그것들은 '자연적'이고 따라서 좋은 것이 된다. 우리는 그런 행동에 반대할 수는 있지만 그것들은 결국 유전자 속에 있고 바꿀 수 없으므로 사회적 개혁의 시도는 무익해진다.

셋째, 유전자가 행동을 초래한다면 개인은 자신의 행동을 책임지지 않게 된다. 강간범이 자신의 유전자를 퍼뜨리라는 생물학적 명령을 따른 것이라면 그의 잘못이 아니다.

《뉴욕 리뷰 오브 북스*New York Review of Books*》에 실린 선언문들을 읽을 리 없는 냉소적인 변호사들과 과격한 미치광이 그룹을 제외한다면 어느 누구도 실제로 위와 같은 한심한 결론을 내리지 않을 것이다. 그런 결론은 교육을 받지 못한 일부 대중들이나 내릴 만한 무모한 추정이다. 위험한 생각은 스스로 자취를 감추기 마련이다. 사실 세 주장의 문제점은 그 결론들이 너무나 끔찍해서 어느 누구도 그 위험한 비탈길에 발을 들이지 말아야 한다는 것이 아니다. 문제는 비탈길조차 없다는 것이다. 위의 주장들은 전제와 연결이 안 되는 불합리한 추론이다. 그 논리를 들여다보고 과학적 진술과 도덕적 진술을 구분하기만 하면 그 불합리성이 곧 드러난다.

내 요점은, 과학자는 도덕적·정치적 사상에 영향을 받지 않고 상아탑 안에서 진리를 추구해야 한다는 것이 아니다. 살아 있는 존재와 관련된 모든 인간 행동은 심리학의 주제인 동시에 도덕철학의 주제이며, 둘 다 중요한 주제다. 그러나 그 둘은 같은 것이 아니다. 인간 본성에 대한 논쟁은 지적 게으름, 즉 도덕적 쟁점이 부상했을 때 도덕적 논의를 피하는 게으름 때문에 혼란에 빠지곤 했다. 권리와 가치의 원칙으로부터 판단을 내리기보다는 이미 포장된 도덕적 재고(대개 신좌파나 마르크시즘)를 구입하거나 도덕적 토론을 면제시켜 줄 인간 본성에 대한 행복한 이론을 통과시키는 것이 일반적인 추세였다.

● ● ● ●

인간 본성에 대한 대부분의 논의에는 아주 간단한 도덕 방정식이 등장한다. '선천적인 것=우익=나쁜 것'이 그것이다. 그래서 지금까지 유전과 관련된 사회적 현상들, 즉 우생학, 강제 불임 시술, 대량 학살, 민족적·인종적·성적 차별, 경제적·사회적 계급의 정당화 등이 모두 우익적이고 나쁜 것이었다. 표준사회과학모델은 그 명성에 걸맞게 몇 가지 근거를 제시했고, 친절한 사회비평가들은 그 근거를 이용해 이른바 우익 활동의 기초를 공격했다.

그러나 도덕 방정식은 옳고 그름을 모두 갖고 있다. 좌익 활동은 종종 우익 활동만큼이나 큰 폐해를 끼쳤고, 가해자들은 인간 본성을 부인하는 표준사회과학모델을 이용해 자신의 활동을 정당화했다. 스탈린의 숙청, 강제노동수용소, 폴 포트 정권의 킬링 필드, 50년에 달하는 중국의 탄압 정치 등이 모두, 반동적 사상들은 이성적인 마음이 자연스럽게 작용하여 다양한 결론에 도달한 결과가 아니라 사회 개조를 통해, 즉 낡은 교육에 오염된 사람들을 '재교육'함으로써, 그리고 필요하다면 빈 서판*과 같은 새로운 세대와 함께 새롭게 출발함으로써 뿌리를 뽑을 수 있는 자의적인 문화의 산물이라는 교의로 정당화되었다.

* slate: 사전대로 번역하자면 '석판石板'이 되겠지만, 문맥상 종이가 발명되기 이전에 사용한 점토판과 간책簡册을 포함해 금속, 돌, 나무로 만들어 글자를 새긴 판tablet에 해당한다고 보아 서판書板(옛 로마인이 종이 대신 사용한 나무, 돌, 상아 등의 얇은 판으로 옮겼다.

때때로 좌익은 인간 본성을 인정함으로써 옳은 주장을 하기도 한다. 베트남 전쟁에 대한 다큐멘터리로 1974년에 제작된 《마음Hearts and Minds》에서 한 미군 장교는 베트남 사람들에게 우리의 도덕 기준을 적용해서는 안 된다고 말하면서, 베트남 문화에서는 개인의 생명에 가치를 부여하지 않기 때문에 그들은 가족이 죽어도 우리처럼 고통스러워하지 않는다고 설명한다. 감독은 장교의 증언이 인용되는 동안 베트남 희생자의 장례식에서 울부짖는 사람들의 영상을 보여 줌으로써 사랑과 슬픔의 보편성으로 장교의 소름 끼치는 합리화를 논박했다. 20세기의 오랜 기간 동안 수많은 어머니들이 아이들의 장애나 차이를 어머니 탓으로 돌리는 어리석은 이론들 때문에 죄의식으로 고통받았다(혼란스런 메시지가 정신분열증을 일으키고, 냉정함이 자폐아를 만들고, 엄한 교육이 동성애자를 만들고, 규제의 부족이 식욕부진을 일으키고, 불충분한 모성어母性語가 언어장애를 일으킨다는 이론들). 생리통, 입덧, 산통産痛조차 건강과 관련된 문제로 다뤄지기보다는 문화적 기대에 대한 여성들의 '심리적' 반응으로 취급되었다.

  개인적 권리의 기초에는, 사람들에겐 욕구와 필요가 있으며 그 욕구와 필요가 무엇인지에 대해서는 본인만이 권위자라는 전제가 깔려 있다. 만일 사람들의 욕망이 지울 수 있는 음각문陰刻文이거나 세뇌를 통해 개조할 수 있는 프로그램이라면 어떤 잔혹한 행위도 정당화될 수 있다.(따라서 요즘 유행하는 '해방' 이데올로기들, 예컨대 미셸 푸코나 학계의 페미니스트들이 그들의 이념에서, 사람은 자신을 억압하는 것을 즐긴다는 불편한 사실을 설명하기 위해 사회적으로 결정된 '내면화된 권위,' '그릇된 의식,' '거짓된 선호' 등을 끌어들인다는 것은 역설적이다.) 인간 본성에 대한 부정은 그에 대한 강조 못지않게 쉽게 왜곡되어 해로운 목적에 봉사할 수 있다. 우리는 해로운 목적과 그릇된 이론을 모두 밝혀야 하고, 그와 동시에 양자를 혼동하지 말아야 한다.

● ● ● ●

그렇다면 선천적인 인간 본성에 함축되어 있다고 보는 세 가지 의미에 대해 살펴보자. 첫 번째 '함의含意,' 즉 선천적인 인간 본성은 선천적인 인간의 차이를 의미한다는 개념은 완전히 무의미하다. 내가 주장하는 마음의 기계장치는 신경학적으로 정상인 모든 인간에 구축되어 있다. 사람들 간의 차이는 그 기계장치의 설계와 조금도 관계가 없다. 그런 차이들은 조립 과정 중의 우연한 변화나 제각기 다른 삶의 역사에서 쉽게 발생한다. 설령 선천적인 차이가 있다 해도 그것은 양적인 차이여서 우리 모두에게 존재하는 기본 장치에는 작은 변덕에 해당하고(특정한 모듈이 얼마나 빠르게 작동하는가, 어느 모듈이 머리 내부에서 벌어지는 경쟁에서 우세한가), 표준사회과학모델에서 허용하는 선천적 차이(범용 학습의 속도 차이, 성적 충동의 차이)보다 조금이라도 더 치명적이지 않다.

마음의 보편적 구조는 논리적으로 가능할 뿐 아니라 사실일 가능성이 높다. 투비와 코즈미디스는 유성생식에서 비롯되는 근본적인 결과로서, 매 세대마다 각 개인의 청사진이 다른 사람의 청사진과 뒤섞인다는 사실을 지적한다. 그것은 우리가 분명 질적으로 똑같다는 것을 의미한다. 만일 두 사람의 게놈이 예컨대 전기 모터와 가솔린 엔진처럼 각자 서로 다른 설계를 갖고 있다면 두 게놈 사이에서 나온 새로운 패스티시*에는 온전하게 작동하는 기계가 명시되어 있지 못할 것이다. 자연선택은 한 종 내부의 개체들을 균질화하는 힘으로, 종을 개선시키지 않는 거시적인 설계 변이들을 대부분 제거한다. 자연선택은 과거에 일어난 어떤 변이에 의존하지만 그와 동시에 그 변이를 완전히 소화하고 흡수한다. 그로 인해 모든 정상적인 사람은 동일한 신체 기관들을 갖고 있으며 우리 모두는 동일한 마음 기관들을 갖고 있다. 물론 사람들 사이에는 미시적인 변이들이 존재하는데, 그 대부분은 단백질의 분자 배열에 존재하는 작은 차이들이다. 그러나 신체와 마음의 기관들은 동일한 방식으로 기능한다. 사람들 간의 차이는 살아가는 동안 끝없이 우리의 관심을 끌긴 하지만 마음의 작동 방식을 물을 때에는 큰 관심거리가 되지 못한다. 그것은 이를테면 인종과 같은 인간 집단들의 평균적 차이에도 똑같이 적용된다.

물론 성은 다른 문제다. 남성과 여성의 생식기관은 양성에게 질적으로 다른 설계가 가능하다는 것을 분명히 보여 준다. 그리고 우리는 그

* 혼성모방 작품.

차이가 유전적 '스위치'에 해당하는 특별한 장치에서 비롯된다는 것을 알고 있다. 그 스위치가 한 줄의 생화학 도미노를 일으키면 뇌와 몸 전체에서 유전자군들이 활성화되거나 불활성화된다. 나는 그중 몇몇 결과들로 인해 마음의 작동 방식에 차이가 발생한다는 것을 입증하는 증거를 제시할 것이다. 인간 본성에 대한 학계의 정치 놀음에서 볼 수 있는 또 다른 아이러니가 있다. 지금까지 진화론 중심의 연구가 제시해 온 성차이는 생식 및 그와 관련된 영역들에 초점이 맞춰져 있어 몇몇 페미니즘 이론가들이 자랑스럽게 주장하는 차이보다 오히려 덜 차별적이라는 것이다. '성차이 페미니즘 운동가'들의 주장 중에는, 여성은 추상적·선형적 추론에 몰두하지 않는다는 것, 여성은 이론을 회의적으로 다루거나 엄격한 논쟁을 통해 평가하지 않는다는 것, 여성은 논쟁을 벌일 때 일반적인 도덕원리와 그 밖의 모욕적인 원리에 의존하지 않는다는 주장이 포함되어 있다.

그러나 우리는 누구의 초상화가 더 멋있는가를 보는 동시에, 눈앞에 제시된 집단적 차이들이 과연 어떤 종류의 차이인가를 봐야 한다. 그리고 이때 우리는 도덕적 판단을 내릴 준비를 해야 한다. 인종, 성, 종족에 근거해 개인을 차별하는 것은 잘못이다. 이 주장을 옹호할 때에는 그 집단의 평균적 특성과는 전혀 무관한 다양한 기준을 동원할 수 있다. 우리는 개인들이 자신이 통제할 수 없는 요소들 때문에 사회적 혜택을 박탈당하는 것은 부당하다고 주장할 수도 있고, 차별의 희생자는 자신이 겪는 차별을 대단히 고통스럽게 경험한다고 주장할 수도 있으며, 차별이 점진적으로 발전하면 노예제나 대량 학살 같은 소름 끼치는 사건이 될 수 있다고 주장할 수도 있다.(긍정적인 효과를 찬성하는 사람들은 역차별은 잘못임을 인정하면서도 역차별로 인해 훨씬 더 큰 잘못이 해결될 수 있다고 주장할 수도 있다.) 이 모든 주장들은 과학자들이 발견하기를 원하는 객관적 사실과는 무관하다. 집단적 차이와는 무관한 정치적 성차이에 대해 최후의 한 마디를 던지려면 글로리아 스타이넘의 말에 주목해야 한다. "사실 남자의 성기나 여자의 성기를 필요로 하는 직업은 많지 않다. 그 밖의 모든 직업은 평등하게 개방되어야 한다."

● ● ● ●

흔히 인간 본성에 내포되어 있다고 가정하는 두 번째 의미, 즉 인간의 비열한 동기들이 선천적이라면 그렇게 나쁘지 않은 것일 수 있다는 개념의 오류는 너무나 명백해서 이름까지 붙어 있다. 자연 속에서 일어나는 모든 일은 옳다고 보는 자연주의적 오류가 그것이다. 야생 다큐멘터리를 보면 모든 생물이 크고 작은 행동을 통해 생태계의 조화와 더욱 큰 이익에 봉사한다는 해설이 등장하지만, 이런 낭만적인 헛소리는 잠시 잊기로 하자. 다윈이 말한 것처럼, "악마의 사도가 쓴 위대한 책에는 꼴사납고, 사치스럽고, 어줍고, 지독하게 잔인한 자연의 산물들이 얼마나 많이 등장하는가!" 대표적인 예가 맵시벌이다. 맵시벌은 다른 종의 애벌레를 마비시키고 그 몸속에 알을 낳는데, 알에서 부화한 맵시벌은 살아 있는 애벌레를 안에서부터 천천히 파먹고 성장한다.

다른 많은 종들처럼 호모사피엔스도 참으로 험악한 존재다. 성경에서부터 오늘날까지의 역사 기록에 이르기까지 그 속에는 살인, 강간, 전쟁의 이야기가 가득하다. 정직한 민족지학은 식량을 채집하는 종족들도 고상하기보다는 야만적이라는 점에서 우리들과 똑같다는 사실을 보여 준다. 칼라하리 사막의 쿵산족은 종종 비교적 평화로운 부족으로 등장하지만 그것은 다른 식량채집 부족들과 비교할 때의 이야기다. 그들의 살인율은 디트로이트의 살인율만큼이나 높다. 나의 친구인 한 언어학자는 아마존 열대우림에 사는 우아리족을 연구하면서 그들의 언어에 먹을 수 있는 것을 가리키는 단어가 있음을 알게 되었다. 그 단어의 정의에는 우아리족이 아닌 모든 인간이 포함된다. 물론 세비야 선언문은 인간에게 '전쟁을 위한 본능'이나 '폭력적인 뇌' 같은 것은 없다고 우리를 안심시키지만, 인간에게는 또한 평화를 위한 본능이나 비폭력적인 뇌도 없다. 인간과 민족의 역사를 모두 장난감 권총이나 초인적인 영웅이 등장하는 만화 따위로 생각할 수는 없는 일이다.

그것은 "인간은 생물학적으로 전쟁(또는 강간이나 살인이나 이기적인 여피 생활)을 하게 되어 있다"거나, 전쟁이 줄어들 수 있다는 낙관론은 애초에 꿈도 꾸지 말아야 한다는 것을 의미할까? 전쟁은 아이들이나 그 밖의 살아 있는 존재에 해롭다는 도덕적 주장이나, 몇몇 지역과 시대는 다른 지역들과 시대들보다 훨씬 평화로우며 우리는 그 현상의 원인을 이해하고 똑같은 원인을 만들어 내도록 노력해야 한다는 경험주의적 주장을 제기할 때는 어느 누구도 과학자를 필요로 하지 않는다. 그리고 세비야 선언문의 브로마이드나, 동물들은 전쟁을 하지 않는다거나, 동물들의 계급 구조는 집단 전체에 이익이 되는 결속과 협동의 형태라는 틀린 정보를 필요로 하지도 않는다. 인간의 악의惡意 밑에 깔려 있는 심리 구조에 대한 사실적 이해는 그 어떤 해도 끼치지 않는다. 가치를 따지자면, 마음은 모듈들의 묶음이라는 이론은 악한 행동을 낳는 선천적 동기와 그런 행동을 피하게 하는 선천적 동기를 모두 인정하기 때문이다. 이것은 진화심리학의 독창적 발견이 아니다. 모든 주요 종교에서도 인간의 마음 활동을 욕망과 양심의 갈등으로 보기 때문이다.

악한 행동을 변화시킬 수 있다는 희망에 대해서도 우리는 통념을 뒤집어 볼 필요가 있다. 복잡한 인간 본성은 표준사회과학모델의 빈 서판보다 변화의 범위를 더 많이 허용한다. 마음의 풍부한 구조는 머릿속에서 일어나는 복잡한 협상을 허용해서 한 모듈이 다른 모듈의 추악한 설계를 진압할 수 있게 해준다. 반면에 표준사회과학모델에서는 양육을 종종 음험하고 뒤집을 수 없는 요인으로 본다. 아기가 태어나면 가장 먼저 "아들이야, 딸이야?"라고 묻고, 그때부터 부모는 아들과 딸을 다르게 키운다. 만져 주고, 토닥거리고, 달래고, 젖을 먹이고, 말을 할 때도 남자아이와 여자아이를 구분한다. 이 행동이 아이들에게 장기적인 영향을 미치고, 그중에는 지금까지 보고된 모든 성차이와 '그들 자신'의 아이를 출생 직후부터 다루는 경향까지 포함되어 있다고 상상해 보자. 산부인과의 분만실에 양육을 감시하는 경찰을 배치하지 않는 한 되돌릴 수 없는 완벽한 순환이 계속될 것이다. 문화가 여성을 열등한 존재로 선고할 것이고, 우리는 문화적 비관주의와 자기회의에 빠져 변화의 과제를 착수하지도 못할 것이다.

자연은 우리에게 무엇을 받아들여야 할지, 또는 어떻게 살아야 할지를 명령하지 않는다. 일부 여성운동가와 동성애운동가들은 여성이 자연선택에 의해 아이를 돌보고 양육하도록 설계되었다는 견해와 남성과 여성이 모두 이성애 섹스를 하도록 설계되었다는 너무나 평범한 견해에 분노를 표한다. 그들은 이러한 사실들 속에서, 전통적인 성역할만이 '자연적'이고 그것을 대신할 수 있는 생활방식은 비난을 받아야 한다는 성차별 의식과 동성애 공포증을 본다. 예를 들어 소설가 메리 고든은 아이를 낳는 능력이 모든 여성의 공통점이라는 한 역사학자의 말을 비웃으면서, "여성성을 규정하는 속성이 아이를 낳는 것이라면 아이를 양육하지 않는 것(플로렌스 나이팅게일도 그랬고 그레타 가르보도 그랬다)은 운명을 따르지 않는 일이다"라고 적었다. 나로서는 '여성성을 규정하는 속성'과 '운명을 따르는 알'이 무슨 뜻인지 알 수 없지만, 행복과 미덕은 자연선택의 설계를 통해 인간이 조상들의 환경 속에서 획득했던 목표와는 무관하다는 사실은 알고 있다. 행복과 미덕은 우리가 결정할 문제다. 이 점에서 나는 관습적이고, 이성애자이고, 백인이고, 남성이지만 결코 위선자는 아니다. 나는 자식을 볼 나이가 한참 지났지만 아직까지 자발적으로 아이를 낳지 않고 있으며, 나의 생물학적 자원을 모두 독서하고, 글을 쓰고, 연구를 하고, 친구들과 학생들을 돕고, 운동장 트랙을 도는 데 탕진하면서 유전자를 퍼뜨리라는 엄숙한 명령을 무시하고 있다. 다원주의의 기준에서 보면 나는 한심한 실패작이고 불쌍한 패배자여서 퀴어 네이션*에서 포커를 치는 회원보다 조금도 나을 게 없다. 그러나 나는 더없이 행복하며, 나의 유전자들이 내 삶을 싫어해서 호수로 뛰어든다고 해도 상관하지 않을 것이다.

* Queer Nation. 반反동성애자 폭력의 희생자들이 1990년 뉴욕에 모여 결성한 단체다.

● ● ● ●

마지막으로, 나쁜 행동을 유전자 탓으로 돌리는 것은 어떠한가? 신경학자 스티븐 로즈는, 여자의 일처다부 욕구보다 남자의 일부다처 욕구가 더 크다고 쓴 E. O. 윌슨을 가리켜, 그가 실제로는 "부인들이여, 남편이 바람을 피우면서 돌아다닌다고 비난하지 말라. 유전적으로 그렇게 프로그래밍된 것은 그들 잘못이 아니다"라고 말하는 셈이라며 윌슨을 비난했다. 로즈, 르원틴, 카민이 공동으로 쓴 책의 제목, 《우리 유전자 안에 없다》는 《율리우스 카이사르》를 암시하고 있다.

인간은 때때로 자기 운명을 지배하는 주인이 된다.

친애하는 브루투스여, 잘못은 별자리가 아니라,
우리 자신에게 있다.

카이사르가 보기에 인간의 잘못을 용서해 줄 것으로 생각되는 프로그램은 유전이 아니라 점성술이었고, 바로 이것이 우리의 요점이다. 행동의 원인이 유전자든 무엇이든, 그것은 자유의지와 책임의 문제를 비껴가지 못한다. 행동을 설명하는 것과 용서하는 것의 차이는 고대부터 전해 오는 도덕적 사유의 주제로, "이해하는 것은 용서하는 것이 아니다"라는 격언에도 담겨 있다.

과학의 시대에 '이해한다'는 것은, 행동을 설명할 때 그 행동을 (1) 유전자, (2) 뇌의 구조, (3) 뇌의 생화학적 상태, (4) 개인의 양육 환경, (5) 사회가 개인을 다루는 방식, (6) 그 개인에게 영향을 준 자극들 간의 복잡한 상호작용으로 본다는 것을 의미한다. 따라서 단지 별자리나 유전자가 아니라 '그 어떤' 요소라도 우리의 잘못 뒤에 숨은 원인으로 부당하게 제기될 수 있고, 우리가 자신의 운명을 지배하는 주인이 아니라는 주장으로 이어질 수 있다.

(1) 1993년에 과학자들은 통제 불가능한 우발적 폭력과 관련된 유전자를 확인했다.(이에 대해 한 칼럼니스트는 "그 의미를 생각해 보라. 언젠가는 아이스하키 치료약이 나올지 모른다"고 썼다.) 그 후 피할 수 없는 결과로 다음과 같은 기사가 나왔다. "유전자가 살인을 저지르게 했다고 그의 변호사들이 주장함."

(2) 1982년에 여배우 조디 포스터의 관심을 끌기 위해 레이건 대통령과 3명의 경호원을 저격한 존 힝클리의 정신이상 변론 과정에서 변호인

측 증인으로 나선 한 전문가는, 힝클리의 뇌를 컴퓨터 단층 사진으로 분석해 보니 대뇌의 뇌구가 넓고 뇌실이 확대되어 있는 등 정신분열증의 징후를 보였으므로 정신 질환이나 결함으로 인한 무죄라고 주장했다.(정신이상 변론이 우세했지만 판사는 증거를 기각했다.)

(3) 1978년 댄 화이트는 샌프란시스코 감독이사회를 물러난 후 조지 모스콘 시장의 집무실로 찾아가 복직을 간청했다. 시장이 거절하자 화이트는 그를 총으로 쏴 죽인 후 복도 맞은편에 있는 하비 밀크 감독관의 사무실로 들어가 그마저 총으로 쏴 죽였다. 화이트의 변호사들은 설탕이 많이 든 정크푸드로 뇌의 화학작용이 파괴됐기 때문에 화이트가 범행 당시 정상이 아니었다고 주장해 만족스런 결과를 이끌어 냈다. 오늘날까지도 트윙키 변론Twinkie Defense이라는 오명과 함께 버젓이 존속하고 있는 그 전략 덕분에 화이트는 우발적 살인으로 유죄를 선고받고 5년을 복역했다. 이와 비슷한 것으로 이른바 월경전증후군(PMS, premenstrual syndrome) 변론이 있다. 그 예로, 음주 운전을 하던 한 여의사가 자신의 차를 세운 기마 경찰을 살해했지만 분노를 일으키는 호르몬 때문이었다는 변론으로 무죄를 입증했다.

(4) 1989년에 라일 메넨데스와 에릭 메넨데스는 백만장자 부모의 침실로 뛰어 들어가 엽총으로 부모를 살해했다. 그들은 7개월 동안 새로 산 포르셰 자동차와 롤렉스 시계를 자랑하고 돌아다닌 후 범행을 자백했다. 범행 당시 희생자들은 무기도 없이 침대에 누워 딸기와 아이스크림을 먹고 있었지만, 변호사들은 의견이 엇갈린 배심원들에게 피고들의 행동이 정당방위였다고 주장했다. 오랫동안 아버지로부터 육체적 · 성적 · 감정적 학대를 당한 탓에 정신적 외상을 입어 부모에게 살해될 거라 믿게 되었다는 것이 변호사들의 알량한 주장이었다.(1996년에 새로 열린 공판에서 피고

들은 살인죄를 선고받고 종신형에 처해졌다.)

(5) 1994년 콜린 퍼거슨은 기차에 올라타자마자 백인들을 향해 총을 난사해 6명을 살해했다. 급진적인 변호사 윌리엄 쿤슬러는 '흑인분노증후군Black Rage Syndrome'을 들어 그를 변호하기로 결심했다. 아프리카계 미국인은 인종차별적인 사회에서 누적된 압박감 때문에 갑자기 폭력적 행동을 보일 수 있다는 취지였다.(퍼거슨은 검사 측 제안을 거절하고 위와 같이 주장했으나 승소하지 못했다.)

(6) 1992년에 사형수 감방에 갇혀 있던 한 수감자가 강간과 살인에 대한 형기를 줄여 달라고 법원에 항소했다. 범죄를 저지른 것이 포르노의 영향 때문이라는 이유에서였다. '포르노 자극 변론Pornography-Made-Me-Do-It Defense'은 여성운동 이론의 모순을 드러낸다. 그들은 강간을 생물학적으로 설명하는 것이 강간범의 책임을 줄여 주는 수단이라고 비판하면서도 그와 동시에 포르노를 비난하는 것이 여성에 대한 폭력을 막는 좋은 방법이라고 주장하기 때문이다.

과학의 진보와 함께 행동에 대한 설명이 공상에서 멀어짐에 따라 데닛이 명명한 이른바 '비루한 변론의 망령Specter of Creeping Exculpation'은 더욱 불안한 모습으로 다가올 것이다. 지금보다 분명한 도덕철학이 없으면 행동에 대한 '그 어떤' 원인이라도 자유의지와 도덕적 책임을 훼손할 것이다. 과학적 설명 방식은 의지의 기초에는 원인이 없는 인과관계가 놓여 있다는 신비주의적 개념을 수용하지 않기 때문에, 과학은 어떤 사실을 밝혀내든 분명 의지 자체를 무의미하게 만든다. 만일 과학자가 사람에겐 자유의지가 있다는 것을 입증하고자 한다면 그는 무엇을 연구해야 할까? 뇌의 다른 부분을 증폭시켜 행동을 유발하는 신호를 보내는 신경계의 어떤 우연한 사건일까? 그러나 사건은 우연한 것이든 법칙적인 것이든 자유의지의 개념에 들어맞지 않고, 따라서 오랫동안 탐구해 온 도덕적 책임의 소재지로 기능할 수도 없다. 만일 어떤 사람의 손가락이 룰렛 기계에 묶인 상태에서 방아쇠를 당겼다면 그 사람은 유죄가 아닐 것이다. 그 룰렛 기계가 두개골 안에 있다면 어떤 차이가 있겠는가? 자유의지의 원천으로서 그 어떤 예측할 수 없는 원인을 제기한다 해도 문제는 달라지지 않는다. 진부한 예이지만 카오스이론에서는 나비 한 마리의 날갯짓이 단계적으로 사건들을 증폭시켜 허리케인을 만들 수 있다고 한다. 허리케인 같은 행동을 만들어 내는 어떤 날갯짓이 뇌 속에 있다면 그것은 행동의 원인이 될 것이고 따라서 도덕적 책임의 기초를 이루는, 원인이 없는 자유의지라는 개념에 들어맞지 않을 것이다.

우리는 도덕성이란 것 자체를 비과학적인 미신으로 돌려 버릴 수도 있고, 인과관계와 도덕성 및 자유의지를 화해시킬 방법을 발견할 수도 있다. 나는 우리의 의문이 완전히 해소될 것이라 기대하지 않지만 분명 부분적으로 양자를 화해시킬 수 있다고 생각한다. 많은 철학자들처럼 나 역시 과학과 윤리가 세계 내의 동일한 실체들 사이에 전개되는 두 종류의 독립적인 체계라고 믿는다. 마치 포커와 브리지가 똑같은 52장의 카드를 가지고 노는 서로 다른 게임인 것과 같다. 과학이란 게임은 인간을 물질적 객체로 다루며, 자연선택과 신경생리학을 통해 행동을 일으키는 물리적 과정들이 게임의 규칙을 이룬다. 윤리란 게임은 인간을 평등하고, 감성이 있고, 이성적이고, 자유의지를 가진 행위자로 다루며, 행위자의 타고난 본성이나 행위의 결과를 통해 그 행위에 도덕적 가치를 부여하는 계산법이 게임의 규칙을 이룬다.

자유의지는 윤리 게임을 가능하게 만드는 이상화된 인간상이다. 유클리드 기하학은 무한 직선과 완전한 원 같은 이상화된 도형을 필요로 한다. 그 결과 실제로 무한 직선이나 완전한 원 같은 것은 존재하지 않지만 그로부터 나온 추론은 안정적이고 유용하다. 이 세계는 유클리드 기하학의 정리들을 유용하게 적용할 수 있을 만큼 이상적 상태에 충분히 가깝다. 이와 마찬가지로 윤리 이론도 이상화된 주체, 즉 자유롭고, 감성이 있고, 이성적이고, 평등하고, 원인 없이 행동하는 행위자를 필요로 하며, 과학의 눈으로 보면 실제로 원인이 없는 사건은 존재하지 않지만 그 결론은 안정적이고 유용하다. 추론상 명백한 강압이나 심각한 문제가 없는 한 이 세계는 자유의지의 이상화에 충분히 가까워 도덕 이론을 의미 있게 적용할 수 있다.

과학과 도덕은 서로 다른 추론 영역이다. 우리는 양자를 분리된 것으로 인정해야 둘 다를 가질 수 있다. 집단 평균이 같을 때에만 차별이 잘못이고, 사람들이 전쟁과 강간과 탐욕에 대한 성향이 없을 때에만 그것들이 잘못이고, 행동이 원인 불명일 때에만 사람들이 자기 행동에 책임을 져야 한다면, 과학자들은 데이터를 날조할 준비를 하거나 우리 모두 가치관을 포기할 준비를 해야 할 것이다. 과학적 주장은 강아지의 머리에 총을 겨냥한 그림과 "잡지를 사지 않으면 개를 쏘겠다"는 문구가 인쇄된 《내셔널 램푼*National Lampoon*》*의 표지로 변할 것이다.

행동에 대한 인과적 설명과 행동의 도덕적 책임을 구분하는 칼은 양날을 갖고 있다. 선천적인 도덕성의 역할과 관련된 가장 최근의 사건은 유전학자 딘 해머가 일부 남성들에게서 동성애적 성향에 해당하는 염색체 표지, 즉 게이 유전자를 발견한 것이다. '사람들을 위한 과학Science for the People'은 반색을 했다. 이번만큼은 유전적 설명이 정치적으로 올바른**

* 대학생들이 읽는 풍자만화 잡지.

** politically correct. 사회적으로 불리한 입장에 있거나 성, 인종, 장애 등으로 차별 대우를 받는 집단을 자극하지 않기 위해 극도로 주의를 기울임.

것이다. 생각건대, 그 발견은 동성애가 "생물학적 상태라기보다는 선택이며, 잘못된 선택이다"라고 말한 댄 퀘일 같은 우익 인사들에 대한 논박이 될 것이다. 사람들은 게이 유전자를 이용해, 동성애는 당사자가 책임을 져야 하는 선택이 아니라 본인으로서도 어쩔 수 없는 무의식적 지향성이라고 주장해 왔다. 그러나 그런 논리는 위험하다. 게이 유전자가 영향을 미쳐 사람들이 동성애를 '선택'하는 것이라고 볼 수도 있기 때문이다. 그리고 모든 과학이 그렇듯이 해머의 연구 결과도 언젠가 오류로 판명난다면 어떻게 되겠는가? 동성애자들에 대한 편협한 시선에 결국 굴복해야 하는가? 동성애자들을 보호하기 위한 주장은 게이 유전자나 게이 뇌가 아니라, 개인들이 합의를 통해 사적인 행동을 했다면 차별이나 괴롭힘을 당하지 않아야 한다는 인간의 권리에 근거해야 한다.

과학적 사유와 도덕적 사유를 독립된 세계로 분리하는 방법은 또한 마음을 기계로 보고 사람을 로봇으로 보는 나의 비유를 가능하게 한다. 이 방법이 인간을 사물로 보는 비인간화를 부추겨 인간을 무생물처럼 취급하게 하지 않을까? 어느 인문학자가 인터넷에 올린 글처럼, 나-그것I-It의 관계에 기초해 관련짓는 모형을 구체화하고 그 밖의 모든 대화 형식을 배제하여 인간의 경험을 무가치하게 만들고, 그럼으로써 사회에 근본적으로 파괴적인 영향을 미치는 것은 아닐까? 여러 가지 다른 목적을 위해 태도를 바꿔 가며 인간을 개념화하지 못할 정도로 꽉 막힌 사람이라면 그럴 수도 있다. 논의의 목적에 따라 인간은 납세자일 수도 있고, 보험판매원일 수도 있고, 치과 환자일 수도 있고, 국내선 여객기의 90킬로그램짜리 바닥짐일 수 있듯이, 또한 논의의 목적에 따라 기계일 수도 있고 감성을 가진 자유 행위자일 수도 있다. 기계론적인 관점에서 보면 우리는 인간이 어떻게 가동되는 존재이고, 어떻게 물리적 세계와 어울리는가를 이해할 수 있다. 그러한 논의가 끝나는 지점에서 우리는 다시 인간을 자유롭고 존엄한 존재로 보기 시작한다.

● ● ● ●

과학적 심리학과 도덕적·정치적 목표의 혼동, 그리고 혼동의 결과로 형성된, 마음의 구조를 부인해야 한다는 압력은 학계와 현대의 지적 담론 전체에 큰 파장을 일으켰다. 객관성이란 불가능하고, 의미는 자기모순이며, 진실은 사회적으로 구축된다고 보는 포스트모더니즘, 포스트구조주의, 해체주의의 원리가 인문학 분야들을 점령하자 많은 과학자들이 당혹감에 빠졌다. "인간은 성gender을 구축하고 이용해 왔다. 따라서 인간은 성을 해체하고 그 이용을 막을 수 있다"거나, "이성애/동성애 이분법은 선천적인 것이 아니라 사회적으로 구축된 것이므로 해체가 가능하다" 같은 전형적인 명제들을 생각해 보면 그 뒤에 숨은 동기가 분명해진다. 그 이론은 기본적으로 여성, 동성애자, 소수 집단에 대한 억압은 나쁘다는 결론에 이르는 경로다. 그리고 '선천적인' 것과 '사회적으로 구축된' 것의 이분법은 상상력의 빈곤을 보여 준다. 왜냐하면 그것은 제3의 대안, 즉 어떤 범주들은 선천적인 것과 맞물려 설계된 복잡한 마음의 산물이라는 생각을 수용하지 못하기 때문이다.

    주류 사회비평가들 역시 표준사회과학모델과 만나는 지점에서 여러 가지 불합리한 설명을 내놓을 수 있다. 예를 들어 어린 남자 아기들이 다투고 싸우는 것은 부모의 격려 때문이다. 아이들이 과자를 생각하고 즐거움을 연상하는 것은 시금치를 먹으면 부모가 단 것을 상으로 주기 때문이다. 10대들이 외모와 옷으로 경쟁하는 것은 철자 시합과 시상식 때문에 만들어진 경쟁의 본보기를 따르기 때문이다. 남자들이 섹스의 목표가 오르가슴이라고 믿는 것은 사회화 때문이다. 80세의 여성이 20대의 여성보다 신체적으로 덜 매력적으로 간주되는 것은 우리의 남근 숭배 문화가 젊은 여성을 욕망의 제단 위에 바치는 희생물로 만들었기 때문이다. 이 놀라운 주장들에 객관적인 증거가 없는 것은 아니지만 그 저자들이 정말로 그렇게 생각하는지는 믿기가 어렵다. 이런 종류의 주장들이 진실성에 대한 고려 없이 함부로 제기되어 우리 시대의 교리문답을 형성하고 있는 것이다.

우리 시대의 사회비평은 마음에 대한 낡은 개념들에 의존하고 있다. 희생자*는 사회적 압박감에 못이겨 폭발하고, 소년들은 외적 조건에 의해 이런저런 행동을 하도록 길들여지고, 여자들은 이런저런 것을 애지중지하도록 세뇌되고, 소녀들은 갈수록 거칠어지도록 교육받는다는 식이다. 이런 설명은 어디에서 비롯되는가? 그것은 19세기 프로이트의 수압설,** 침 흘리는 개와 지렛대를 누르는 쥐를 강조하는 행동주의, 마인드 컨트롤***을 다룬 조악한 영화들, 순진하고 말 잘 듣는 아이들이 등장하는 드라마 《아빠는 천재*Father Knows Best*》 등에서 비롯된다.

* 범죄의 희생자가 아니라 환경의 영향을 받은 범죄자, 즉 환경의 희생자를 가리킨다.

** 욕구 좌절을 경험할 때마다 공격 충동이 쌓이고, 그러다 일정 수준을 넘으면 봇물 터지듯 폭발한다는 가설.

*** 평범한 사람을 세뇌, 약물, 훈련 등을 통해 암살자로 변화시키는 프로그램.

그러나 주위를 둘러보면 곧 이 단순한 이론들은 그저 공허하기만 하다는 것을 깨닫게 된다. 우리의 마음은 여러 정당들이 경쟁을 벌이는 시끄러운 국회다. 타인을 대할 때 우리는 그들이 우리만큼 복잡하다고 가정하며, 그들이 추측하는 바를 우리가 추측하고 있다는 것을 그들도 추측하고 있다고 추측한다. 아이들은 태어나는 순간부터 부모에게 반항하고, 그 후에도 모든 예상을 깨뜨린다. 어떤 아이는 끔찍한 환경을 극복하고 행복한 삶을 누리는 반면, 어떤 아이는 모든 안락함을 누리고 성장한 후에 아무 이유도 없이 반역자가 된다. 현대 국가는 통제력이 느슨해지고, 그 국민들은 할아버지 세대의 원한을 갚기 위해 열광적으로 복수에 나선다. 그리고 아직도 로봇은 출현하지 않았다.

나는 다양한 연산 기능들이 자연선택에 의해 설계되었다고 보는 심리학이 마음과 그 작동 방식의 복잡성에 어울리는 최상의 이해를 제공할 것이라 믿는다. 그러나 이 장에 펼쳐 보인 짤막한 서두로 독자 여러분을 설득할 수 있으리라 기대하지는 않는다. 새로운 심리학의 증거는 매직아이가 왜 입체로 보이는가, 어떤 풍경은 무엇 때문에 아름다운가, 왜 벌레를 먹는다고 생각하면 역겨워지는가, 왜 남자들은 배신한 아내를 죽이는가 등의 여러 문제를 깊이 통찰해서 얻어야 한다. 당신이 지금까지의 논의에 동의를 하지 않았다 해도, 나는 그 논의들이 당신의 생각을 자극하고 앞으로의 설명에 대한 호기심을 불러일으켰기를 바란다.

2
생각하는 기계

베이비 붐 세대에 속한 많은 사람들처럼 나 역시 다른 차원을 여행하는 것으로 철학적인 문제를 처음 접했다. 그것은 시각과 청각의 차원이 아니라 상상의 드넓은 경계 안에 펼쳐진 놀라운 세계를 마음으로 여행하는 차원이었다. 바로 내가 어렸을 때 큰 인기를 누렸던 TV 드라마 《환상특급*The Twilight Zone*》 얘기다. 철학자들은 종종 낯선 가설적 상황을 가정해 이론적 의미를 탐구하는 사고실험을 이용해 난해한 개념들을 단순화한다. 《환상특급》은 그런 사고실험을 드라마로 각색한 것이었다.

초기 방영분 중에 '고독한 사나이'란 이야기가 있었다. 제임스 코리는 지구에서 900만 마일 떨어진 어느 황량한 소행성에 혼자 버려져 50년 징역형을 살고 있다. 소행성을 관리하는 보급선 선장인 앨런비는 그에게 동정심을 느끼고 '얼리샤'가 담긴 나무상자를 남겨 둔다. 얼리샤는 여자 같은 외모에 여자처럼 행동하는 로봇이다. 처음에 코리는 얼리샤를 멸리하지만, 곧 사랑에 빠진다. 1년 후 앨런비는 코리가 사면을 받았다는 소식을 가지고 그를 데리러 온다. 그러나 불운하게도 코리는 15파운드의 짐 밖에 가져갈 수 없는데 얼리샤의 무게는 15파운드가 넘는다. 코리가 떠나기를 거부하자 앨런비는 마지못해 총을 꺼내 로봇의 얼굴을 쏴버린다. 그러자 얼리샤의 얼굴에서 연기가 피어오르면서 뒤엉킨 전선이 드러난다. 앨런비는 코리에게 "이곳에 남겨 둘 것은 고독뿐이라네"라고 말한다. 코리는 망연자실하며 이렇게 중얼거린다. "난 잊지 않을 것이오. 영원히 마음속에 간직할 거요."

      그 클라이맥스에서 느꼈던 전율을 나는 지금도 기억한다. 그 드라마는 10대에 들어서기 전인 우리 친구들 사이에 큰 화젯거리였다.(한 친구가 "왜 코리는 그녀의 머리를 안 가져갔을까"라고 물었던 기억이 난다.) 우리가 비애감을 느낀 까닭은 코리에 대한 동정심 때문이기도 했고, 감성을 가진 것처럼 여겨졌던 존재가 허무하게 쓰러졌다는 생각 때문이기도 했다. 물론 얼리샤 역을 맡은 배우는 깡통로봇이 아니라 아리따운 여배우였다. 그 드라마는 우리의 동정심을 자극한 동시에 두 가지 어려운 질문을 던졌다. 첫째, 기계장치가 과연 인간과 똑같은 지능을 가질 수 있을까? 지능이 없다면 어떤 기계가 진짜 인간을 사랑에 빠지게 만들 수 있을까? 둘째, 인간 같은 기계를 만든다면 과연 의식을 가질 수 있을까? 그 기계를 부수는 것은 우리가 TV 화면에서 목격했던 것과 같은 살인 행위일까?

      마음에 대한 가장 근본적인 두 가지 문제는 "지능을 가능하게 하는 것은 무엇인가"와 "의식을 가능하게 하는 것은 무엇인가"다. 인지과학이 출현함으로써 우리는 지능을 이해할 수 있게 되었다. 매우 추상적인 분석의 차원에서이긴 해도 이제 첫 번째 문제는 해결되었다고 해도 아주 터무니없는 말은 아니다. 그러나 의식 또는 감각력sentience, 다시 말해 치통,

빨강, 짠맛, 중간 도(음계) 같은 1차적 감각*은 여전히 베일에 싸인 채 수수께끼로 남아 있다. 재즈가 무엇이냐는 기자의 질문에 루이 암스트롱은 "질문으로는 결코 알지 못할 것"이라고 대답했다. '의식이란 무엇인가'라는 물음에 대해서도 이보다 더 좋은 대답은 없을 것이다. 그러나 이제는 의식도 예전처럼 완전한 미궁 속에 있지는 않다. 과학자들이 그 수수께끼의 '부분들을' 엿보고 탐구해 통상적인 과학적 문제로 바꿨기 때문이다. 이 장에서는 먼저 지능이란 무엇인가, 로봇이나 뇌 같은 물리적 존재는 어떻게 지능을 획득할 수 있는가, 인간의 뇌는 어떻게 지능을 획득하는가를 탐구할 것이다. 그런 다음에 우리가 의식에 대해 이해하고 있는 것과 이해하지 못하고 있는 것을 살펴볼 것이다.

* 하위 의식 또는 퀄리아quale라 부른다.

외계의 지적 생명체 탐사

《외계의 지적 생명체 탐사*The Search for Intelligent Life in the Universe*》. 인간의 결점과 어리석음을 파헤친 희극배우 릴리 톰린의 무대극 제목이다. 톰린의 제목은 '지능'의 두 가지 의미를 내포하고 있다. 하나는 적성(지능을 'IQ 검사로 측정하는 수치' 쯤으로 무성의하게 정의하는 것)이고, 다른 하나는 이성적이고 인간다운 사고다. 이 가운데 내가 이제부터 다루려 하는 지능은 두 번째 의미의 지능이다.

지능은 정의하기는 어려울 수도 있지만 막상 지능을 보면 이내 그것을 인식한다. 사고실험을 해보면 그 개념이 명확해진다. 모든 면에서 우리와 다르게 생긴 외계인이 있다고 가정해 보자. 그 외계인이 '지적'이라고 생각할 수 있는 근거는 무엇일까? 이 문제를 직업적으로 연구하는 것은 공상과학 소설가들이다. 하긴 어느 누가 그들보다 이 문제에 더 권위 있는 답을 내놓겠는가? 지능에 대한 묘사 중에서 작가 데이비드 알렉산더 스미스의 설명보다 뛰어난 것은 드물 것이다. "외계인이란 어떤 존재인가" 라는 기자의 질문에 그는 다음과 같이 대답했다.

> 첫째, 주변 상황에 대해 지적이지만 이해할 수 없는 반응을 해야 한다. 그 외계인의 행동을 보고 우리는 "저 외계인이 어떤 규칙에 따라 결정을 내리는지를 이해할 수는 없지만, 그는 분명 일련의 규칙에 따라 이성적으로 행동하고 있다"고 말할 수 있어야 한다. … 둘째, 어떤 것에 관심을 갖고 신경을 써야 한다. 다시 말해서 뭔가를 원하고, 장애물 앞에서도 원하는 것을 추구해야 한다.

일련의 규칙에 따라 '이성적으로' 판단한다는 것은 판단을 내릴 때 진리에 기초한 근거, 즉 사실과의 일치나 추론의 확실성에 기초를 둔다는 뜻이다. 나무에 부딪히거나 벼랑 아래로 뛰어내리는 외계인, 또는 나무를 찍는다는 것이 사실은 바위나 허공을 찍고 있는 외계인은 지적으로 보이지 않을 것이다. 그리고 세 마리의 사나운 맹수가 동굴 안으로 들어갔다가 두 마리만 나왔는데 아무 거리낌 없이 동굴 안으로 들어가는 외계인도 지적이라고 할 수 없다.

규칙들은 두 번째 기준인 '장애물 앞에서도 어떤 것을 원하고 추구한다'를 위해 이용되어야 한다. 만일 우리 눈앞에 보이는 생명체가 무엇을 원하는지를 확실히 모른다면 우리는 그 생명체가 어떤 것을 얻기 위해 행동해도 별다른 감흥을 느끼지 못할 것이다. 우리가 아는 한 그 생명체는 그저 나무에 부딪히거나 도끼로 바위를 내리찍고 싶어했을 뿐이고, 자기가 원하는 바를 나름대로 영리하게 수행하고 있었을 뿐이다. 사실 생명체의 목표를 구체적으로 알지 못한다면 지능이란 개념 자체가 무의미해진다. 만약 그렇지 않다면 나무 밑에서 자라는 독버섯은 정확하고도 확실하게 적재적소에 자리를 잡았다는 이유로 천재에게 주는 상을 받아야 하지 않을까? 그리고 돌맹이는 발로 차면 멀리 굴러갈 줄 아는 감각이 있기 때문에 고양이보다 더 영리하다는 인지과학자 제논 필리신의 말에 동의해야 하지 않을까?

마지막으로, 그 생명체는 목표를 성취하려 할 때 극복해야 할 장애물에 따라 각기 다른 방법으로 이성적인 규칙을 이용해야 한다. 윌리엄 제임스는 다음과 같이 설명한다.

쇳가루가 자석에게 끌려가듯 로미오는 줄리엣을 원한다. 장애물이 없다면 로미오는 쇳가루처럼 줄리엣을 향해 일직선으로 달려간다. 그러나 중간에 벽이 있다고 할 때, 로미오와 줄리엣은 자석과 쇳가루처럼 바보같이 벽에 얼굴을 맞대고 서 있지 않는다. 로미오는 즉시 사다리를 타고 넘거나 다른 방법을 동원해서 줄리엣과 직접 입을 맞출 수 있는 우회적인 방법을 찾는다. 쇳가루의 경로는 고정되어 있다. 쇳가루가 목표에 도달하느냐 못 하느냐는 우연에 달려있다. 그러나 연인의 경우 고정된 것은 목표이고, 경로는 얼마든지 수정될 수 있다.

그러므로 지능이란 이성적인(진리에 종속된) 규칙에 기초한 판단을 이용해 장애물을 극복하고 목표를 획득하는 능력이라고 정의할 수 있다. 컴퓨터과학자 앨런 뉴웰과 허버트 사이먼은 이 개념에 좀 더 살을 붙였다. 그들에 따르면 지능이란 목표를 정하고, 그 목표가 현 상황과 어떻게 다른지를 파악하기 위해 현 상황을 평가하고, 현 상황과 목표의 차이를 줄여

나가는 일련의 과제를 수행하는 능력이다. 이 정의에 따르면 외계인은 어떤지 몰라도 인간은 틀림없이 지적인 존재다. 우리는 욕구를 갖고 있으며, 믿고 있는 바(믿음)들을 이용해 그 욕구를 추구하는데, 그 믿음들은 모든 일이 잘되어 갈 때는 최소한 대략적으로, 또는 확률적으로 참이다.

믿음과 욕구를 바탕으로 지능을 설명하는 방식은 대단히 신선한 결론에 이른다. 과거에 행동주의 학파*의 자극과 반응 이론은 믿음과 욕구는 행동과 전혀 관계가 없다고 주장했다. 그것은 믿음과 욕구를 요정이나 흑주술**만큼이나 비과학적인 개념이라고 주장하는 셈이었다. 인간과 동물이 자극에 반응하는 것은 그 반응을 위한 반사행동의 방아쇠가 이미 자극과 짝을 이뤘거나(음식과 결부된 종소리에 침을 흘리는 것), 해당 자극에 반응을 하면 보상을 해줬기 때문이다(지레를 누르면 먹이가 나오는 것). 유명한 행동주의 과학자 B. F. 스키너는 다음과 같이 말했다. "문제는 기계가 생각을 하느냐가 아니라 인간이 생각을 하느냐."

* 제1차 세계대전과 제2차 세계대전 사이에 심리학계를 지배했던 매우 영향력 있는 심리학파.

** 黑呪術. 나쁜 목적으로 행하는 주술을 말한다.

물론 모든 인간은 생각을 한다. 자극-반응 이론은 결국 틀린 이론이었다. 샐리는 왜 건물 밖으로 달려 나왔는가? 건물에 불이 났다고 믿었으며, 죽고 싶지 않았기 때문이다. 그녀의 대피는 물리학과 화학의 언어를 동원해 객관적으로 묘사할 수 있는, 어떤 자극에 대한 예측 가능한 반응이 아니었다. 그녀는 아마도 연기를 보고 달아났겠지만, 화재가 발생했다는 전화를 받고 반응을 했거나, 소방차가 오는 것을 보고 반응을 했거나, 화재 경보를 듣고 반응을 했을 수도 있다. 그러나 이 자극들 중 어느 것도 그녀를 건물 밖으로 내보낸 '필연적' 요인은 아니다. 만일 그 연기가 토스터에서 났거나, 그 전화가 연극 연습을 하는 친구의 전화였거나, 누군가가 실수나 장난으로 경보 스위치를 눌렀거나, 화재 경보가 담당 기사의 시험 작동이었음을 알았다면 그녀는 건물을 떠나지 않았을 것이다. 물리학자들이 측정할 수 있는 빛과 소리와 입자로는 개인의 행동을 법칙적으로 예측하지 못한다. 샐리의 행동은 그녀 스스로 위험에 처해 있다고 '믿느냐' 믿지 않느냐에 따라 적절히 예측할 수 있다. 물론 샐리의 믿음은 그녀에게 가해진 자극과 관계가 있지만, 그 관계는 그녀가 존재하는 장소와 이 세계의 작동 방식에 대한 다른 모든 믿음들에 의해 중재되는 우회적이고 간접적인 관계다. 그리고 샐리의 행동은 그녀가 위험에서 벗어나기를 '원한다'는 사실에 따른 것이기도 하다. 만일 그녀가 소방관이었거나, 자살을 하려고 했거나, 대의를 위해 목숨을 바치고 주의를 끌려고 하는 과격분자였거나, 위층 탁아소에 아이를 맡겨 놓은 어머니였다면, 틀림없이 도망치지 않았을 것이다.

사실 스키너가 파장이나 형태 같은 측정 가능한 자극들로 행동을 예측할 수 있다고 고집스럽게 주장했던 것은 아니다. 그는 다만 자신의 직관에 따라 자극을 규정했을 뿐이다. 그는 아무렇지도 않게 '위험'을 일종의 자극으로 규정했다.('칭찬,' '언어,' '아름다움' 따위도 마찬가지다.) 덕분에 그의 이론은 현실과 어긋나지 않을 수 있었지만, 그와 동시에 정직한 노동보다 도둑질이 손쉽게 사는 방법임을 일깨워 주었다. 우리는 어떤 장치가 빨간 빛이나 큰 소리에 반응한다는 것이 무슨 뜻인지를 잘 이해한다. 심지어 우리는 그런 장치를 만들기도 한다. 그러나 인간은 이 세계에서 위험, 칭찬, 언어, 아름다움에 반응하는 유일한 장치다. 칭찬같이 물리적으로 애매한 어떤 것에 반응하는 인간의 능력은 우리가 얻고자 하는 해결책의 일부가 아니라, 우리가 그에 대한 해결책을 얻고자 하는 수수께끼의 일부다. 아름다움은 물론이고 칭찬, 위험, 언어를 비롯해 우리가 반응하는 모든 것들은 보는 사람의 눈에 달려 있는데, 그 보는 사람의 눈이 바로 우리가 설명하고자 하는 것이다. 물리학자가 측정할 수 있는 것과 행동을 야기하는 것 사이의 이와 같은 틈이야말로 우리가 사람에게는 믿음과 욕구란 것이 있다고 믿는 이유다.

일상생활에서 우리는 다른 사람들이 알고 있는 것에 대한 우리의 생각과 다른 사람들이 원하는 것에 대한 우리의 생각으로부터 그들의 행동을 예측하고 설명한다. 믿음과 욕구는 우리 자신의 직관심리학에 사용되는 설명의 도구이며, 직관심리학은 눈앞에서 펼쳐지는 행동을 이해하는 가장 유용하고 완벽한 과학이다. 냉장고로 가거나, 버스에 올라타거나, 주머니에서 지갑을 꺼내는 등의 수많은 인간 행동을 예측할 때 우리는 수학적 모델을 이용하거나, 신경망을 복제한 컴퓨터 시뮬레이션 프로그램을 가동하거나, 심리학 전문가를 고용하지 않는다. 그저 할머니에게 물어보면 된다.

물리학이나 천문학에서보다 특별히 심리학에서만 상식이 더 중요한 것은 아니다. 이와 같은 상식은 다른 모든 대안들과 비교했을 때 대단히 유용하고 정확하게 일상적 행동을 예측하고 제어하고 설명해 주기 때문에, 우리의 가장 과학적인 이론과 일치할 확률이 매우 높다. 만일 내가 서부 해안에 사는 오랜 친구에게 전화를 걸어 그로부터 두 달 후 오후 7시 45분에 시카고의 어느 호텔에 있는 술집의 입구에서 만나기로 약속한다면, 그날 그 시간에 우리가 만날 것을 나도 예측하고, 그도 예측하고, 그 약속을 아는 모든 사람이 예측할 것이다. 그리고 우리는 예측한 대로 만날 것이다. 얼마나 놀라운 일인가! 다른 어느 분야에서 일반인이 수천 마일 떨어진 두 물체의 궤적을 몇 달 전에 인치와 분까지 정확하게 예측할 수 있을까? 더구나 단 몇 초의 대화로 전달될 수 있는 정보에 근거해서 말이다. 그 예측의 이면에는 직관심리학의 계산이 놓여 있다. 다시 말해, 둘 다 서로 만나기를 '원한다'는 것, 둘 다 상대방이 특정한 시간에 특정한 장소에 나타나리라고 '믿는다'는 것, 차를 타고 걷고 비행기를 타면 그 장소에 도착하리라는 것을 '안다'는 것이다. 마음과 뇌에 관한 어떤 과학도 이보다 훌륭할 수는 없다. 그렇다고 해서 믿음과 욕구에 대한 직관심리학이 그 자체로 과학이라는 뜻은 아니다. 그것은 과학적 심리학이 인간과 같은 물질 덩어리가 어떻게 믿음과 욕구를 가질 수 있는지, 그리고 어떻게 그 믿음과 욕구가 그렇게 훌륭하게 기능하는지를 설명해야 한다는 뜻이다.

● ● ● ●

지능에 대한 전통적인 설명에 따르면, 인간의 육체에 비물질적 실체인 영혼이 가득 차 있으며 그 영혼은 때때로 유령이나 귀신의 모습으로 나타난다. 그러나 이 이론은 극복할 수 없는 문제에 부딪힌다. 그 유령이 어떻게 유형의 물질과 상호작용하는가? 무형의 비실체非實體가 어떻게 번쩍이고 쿡 찌르고 삑 소리를 내는 외부 세계에 반응하고 팔다리를 움직이게 만드는가? 그뿐 아니라 마음은 곧 뇌의 활동임을 보여 주는 엄청난 증거들도 극복할 수 없는 문제다. 오늘날 밝혀진 바에 따르면, 비물질적이라 생각했던 영혼도 칼로 해부되고, 화학물질로 변질되고, 전기로 나타나거나 사라지고, 강한 타격이나 산소 부족으로 인해 소멸하곤 한다. 현미경으로 보면 뇌는 풍부한 마음과 완전히 일치하는 대단히 복잡한 물리적 구조를 갖고 있다.

마음을 어떤 특별한 형태의 물질에서 발생하는 것으로 보는 견해도 있다. 피노키오는 목수 제페토가 발견한, 말하고 웃고 움직이는 마법의 나무에서 생명력을 얻는다. 그러나 애석한 일이지만 그런 신비의 물질은 어디에서도 발견되지 않았다. 우선 뇌조직이 그 신비의 물질이 아닌가 생각해 볼 수 있다. 다윈은 뇌가 마음을 '분비한다'고 적었고, 최근에 철학자 존 설은 유방의 세포조직이 젖을 만들고 식물의 세포조직이 당분을 만드는 것처럼, 뇌조직의 물리화학적 특성들이 마음을 만들어 낸다고 주장했다. 그러나 뇌종양 조직이나 접시 안의 배양 조직은 물론이고 모든 동물의 뇌조직에도 똑같은 종류의 세포막, 기공氣孔, 화학물질들이 존재한다는 사실을 생각해 보라. 그 모든 신경세포 조직이 동일한 물리화학적 특성들을 갖고 있지만, 그것들 모두가 인간과 같은 지능을 보이진 않는다. 물론 인간의 뇌를 구성하는 세포조직의 어떤 측면이 우리의 지능에 필수적인 것은 사실이지만, 그 물리적 특성들로는 충분하지 않다. 벽돌의 물리적 특성으로는 건축을 설명하기에 불충분하고, 콤팩트 디스크의 물리적 특성으로는 음악을 설명하기에 불충분한 것과 같다. 중요한 것은 신경세포 조직의 '패턴' 속에 존재하는 어떤 것이다.

어떤 사람들은 지능이 모종의 에너지 흐름이나 힘의 장場에서 발생한다고 주장해 왔다. 심령술, 유사과학, 삼류 공상과학소설에는 영체, 발광 기체, 아우라, 진동파, 자기장, 그리고 다양한 에너지들이 등장한다. 형태심리학(게슈탈트 심리학파)은 시각적 착각을 뇌 표면의 전자기장으로 설명하려 했지만, 그런 장은 결코 발견되지 않았다. 어떤 사람들은 뇌 표면의 끊임없는 진동이 입체 영상이나 그 밖의 파장 간섭 패턴을 만들어 내는 매개라고 설명했지만, 이 개념 역시 실패로 끝났다. 정신의 압력이 쌓이면 봇물처럼 터지거나 다른 경로로 분출된다고 보는 수압설은 프로이트 이론의 핵심을 이룰 뿐 아니라 일상적인 비유에서도 종종 발견된다. 분노가 차오른다거나, 울분이 쌓인다거나, 감정이 분출한다거나, 분노가 폭발한다거나, 감정을 발산한다거나, 노여움을 억누른다거나 하는 말들이 그런 예다.

그러나 아무리 뜨거운 감정이라도 (물리학의 관점에서) 뇌의 어느 곳에 에너지가 쌓였다 분출하는 식으로 발산하진 않는다. 이 책의 6장에서 나는, 뇌는 실제로 내적인 압력에 의해 작동하는 것이 아니라, 허리에 폭발물을 두른 테러리스트가 하는 것처럼 일종의 협상 전략으로서 그 압력들을 만들어 낸다는 사실을 입증할 것이다.

이 모든 설명에 공통된 문제는, 설령 우리가 제페토의 통나무처럼 말을 하고 장난을 치는 신비의 물질, 좀 더 일반적인 표현으로 이성적 법칙에 따라 판단을 내리고 장애물 앞에서 목표를 추구하는 어떤 겔이나 소용돌이나 진동파나 영체를 발견했다고 쳐도, 그것이 어떻게 그런 묘기를 부리는지는 여전히 의문으로 남는다는 것이다.

그렇다. 지능은 특별한 영혼이나 물질이나 에너지에서 나오는 것이 아니라 또 하나의 일용품인 '정보'에서 나온다. 정보는 두 사물 간의 상관성이고, 그 상관성은 법칙에 근거한 과정의 산물이다.(지능을 순전히 우연의 산물로 보는 개념과 대립된다.) 나무의 나이테 속에 그 나무의 나이에 대한 정보가 담겨 있다고 말할 수 있는 것은, 나이테의 숫자가 나무의 나이와 상관관계가 있는 동시에(나무의 나이가 많을수록 나이테도 많다), 그 상관성이 우연의 일치가 아니라 나무의 성장 방식에서 야기되기 때문이다. 상관성은 수학적·논리적 개념이어서 상관관계에 있는 실체들의 물질에 의해 규정되지 않는다.

정보 자체는 결코 특별한 것이 아니다. 원인이 결과를 낳는 곳이면 어디에든 정보가 존재한다. 우리는 어떤 상황에 대한 정보를 담고 있는 한 조각의 물질을 기호로 간주할 수 있다. 그때 그 기호는 그 상황을 '상징'할 수 있다. 그러나 한 조각의 물질로서 그것은 또한 다른 역할을 할 수도 있다. 즉 그 물질이 똑같은 상태에서 물리학과 화학의 법칙에 따라 물리적 존재로서 기능하는 것이다. 나이테는 나이에 관한 정보를 담고 있지만 그와 동시에 빛을 반사하거나 착색 물질을 흡수한다. 발자국은 동물의 이동에 관한 정보를 담고 있지만 한편으로는 물을 고이게 하고 작은 회오리바람을 일으킨다.

여기에 하나의 아이디어를 적용시켜 보자. 당신이 하나의 기계를 만드는데, 그 기계의 부품들이 어떤 기호의 물리적 특성에 의해 영향을 받는다고 가정해 보라. 예를 들어 지레, 전기 눈目, 지뢰 선線, 자석은 나이테에 흡수된 물감이나 발자국에 고인 물이나 분필 자국에 반사된 빛이나 산화물 속의 자기 전하에 의해 작동하도록 맞춰져 있다. 그때 그 기계가 다른 어떤 물질에 어떤 일을 발생시킨다고 가정해 보자. 이를테면 다른 나무 표면을 태워 새로 동그란 자국을 만들거나, 근처의 흙에 자국을 남기거나, 다른 산화물을 충전하는 것이다. 여기까지는 특별한 어떤 일도 일어나지 않았다. 위에서 기술한 것들은 모두 무의미한 장치에 의해 수행된 일련의 물리적 사건들에 불과하다.

이제 특별한 단계로 넘어가 보자. 애초의 물질 조각들이 정보를 전달했던 바로 그 구도를 이용해서 새로 배열된 물질 조각에 대한 해석을 시도한다고 하자. 이를테면, 표면을 태워 생긴 새로운 동그란 자국의 수를 세어 그것을 어떤 시점의 어떤 나무의 나이로 해석하는 것이다. 또 이 기계가 새로운 자극에 대한 이러한 해석이 타당한 의미를 갖도록, 다시 말해서 세계의 어떤 것에 대한 정보를 전달하도록 면밀히 설계되었다고 하자. 예를 들어 베어 낸 어떤 나무 그루터기의 나이테를 스캔해, 나이테 수만큼 널판지에 마크를 새기고, 이번에는 동일 시점에 베어 낸 더 작은 나무로 이동해 똑같은 일을 되풀이한다. 우리는 널판지에 새긴 마크의 수를 세어 봄으로써 두 번째 나무를 심었을 때 첫 번째 나무가 몇 살이었는지를 알아낼 수 있다. 이것은 정확한 전제로부터 정확한 결론을 생산하는 기계, 즉 일종의 '이성적' 기계다. 그런 결론을 내리게 된 것은 어떤 특별한 종류의 물질이나 에너지 때문도 아니고, 지적이거나 이성적인 어떤 부품 때문도 아니다. 존재하는 것은 단지 세심하게 고안된 일련의 평범한 물리적 사건들이고, 최초의 사슬이 정보를 담은 물질의 구성체 configuration였을 뿐이다. 이 기계가 이성적인 것은 우리가 기호라 부르는 실체 속에 결합되어 있는 두 가지 특성 덕분이다. 즉 기호는 정보를 담고 있고, 사건을 발생시킨다.(나이테는 나무의 나이와 관계가 있고, 스캐너의 빛을 흡수할 수 있다.) 그리고 야기된 사건 자체에도 정보가 담겨 있을 때 우리는 그 체계 전체를 정보처리기, 또는 컴퓨터라 부른다.

그래도 이 모든 도식이 실현 불가능한 희망처럼 보일 수 있다. 이러저러한 것들로 구성된 어떤 집합체가, 그 결과를 해석할 때 의미를 가질 수 있도록(더 정확히 말하자면, 그것이 우리의 흥미를 끄는 사전의 어떤 법칙이나 관계에 따라 의미를 가질 수 있도록. 왜냐하면 사후에는 어떤 물질 더미에도 인위적인 해석을 갖다 붙일 수 있으므로) 적절한 패턴으로 낙하하거나 진동하거나 빛을 발할 수 있다고 누가 보증할 수 있을까? 우리는 어떤 기계가 이 세계의 의미 있는 상태와 일치하는 자국을 만들어 낼 것이라고 얼마나 자신할 수 있는가? 그것은 어떤 것과도 일치하지 않는 무의미한 패턴과는 완전히 다른, 이를테면 어떤 나무가 싹이 틀 당시의 다른 나무의 나이 또는 그 나무의 자손들의 평균 수령樹齡 같은 것이어야 한다.

수학자 앨런 튜링의 연구가 그것을 보장한다. 튜링은 입력기호와 출력기호가 그 기계의 세부 항목에 따라 엄청난 수의 의미 있는 해석들 중 어느 하나와 일치할 수 있는 가상의 기계를 고안했다. 그 기계에는 사각형이 나열된 긴 테이프, 각각의 사각형에 하나의 기호를 인쇄하거나 씌어진 기호를 읽고 테이프를 양방향으로 이동시킬 수 있는 읽기-쓰기 헤드, 기계에 설정된 일정 수의 눈금을 가리키는 바늘, 그리고 일련의 기계적 반사 작용이 있다. 각각의 반사작용은 읽혀지고 있는 기호와 바늘의 현 위치에 의해 촉발되어, 테이프 위에 기호를 인쇄하고 테이프를 이동시키고, 필요하면 바늘을 이동시킨다. 테이프는 필요한 만큼 충분하게 공급된다. 이 기계를 튜링기계라 부른다.

이 간단한 기계가 무엇을 할 수 있을까? 그것은 숫자 또는 일련의 숫자들을 상징하는 기호들을 받아서, 어떤 함수의 값에 해당하는 새 숫자들의 기호를 인쇄하여 단계적인 연산으로(덧셈, 곱셈, 누승법, 인수분해 등. 전문적인 내용을 자세히 다룰 수 없어 튜링기계의 중요성을 전달하기에는 부족하다) 함수를 푼다. 그 기계는 유용한 논리 체계의 법칙을 적용하여 참 명제들로부터 또 다른 참 명제들을 이끌어 낼 수 있다. 또한 문법 규칙을 적용해 잘 만들어진 문장을 이끌어 낼 수도 있다. 튜링기계, 계산이 가능한 함수, 논리, 문법들 간의 일치성을 간파한 논리학자 앨런조 처치는, 유한한 시간 내에 문제의 해를 확실히 찾아낼 수 있는 잘 규정된 조리법이나 일련의 단계(즉, 알고리듬)는 '어느 것이든' 튜링기계에 적용할 수 있을 것으로 추측했다.

이것은 무엇을 의미할까? 이 세계가 단계적으로 풀릴 수 있는 수학 방정식들에 위배되지 않는 한에서, 외부 세계를 자극하고 그에 대해 예측하는 기계가 만들어질 수 있음을 의미한다. 이성적 사고가 논리 법칙과 일치하는 한 이성적 사고를 수행하는 기계를 만들 수 있고, 언어가 일단의 문법 규칙에 위배되지 않는 한 문법적 문장을 생산하는 기계를 만들 수 있으며, 사고가 잘 규정된 한 묶음의 규칙을 이용하는 한, 어떤 면에서 생각을 하는 기계를 만들 수 있다는 것이다.

튜링은 기호의 물리적 특성들을 이용해 의미 있는 새 기호들을 만들어 내는 기계, 즉 이성적인 기계를 실제로 어렵지 않게 만들 수 있음을 입증했다. 컴퓨터과학자 조지프 와이젠바움은 주사위, 몇 개의 돌멩이, 두루마리 화장지로 그런 기계를 만드는 방법을 보여 주었다. 또한 우리는 총계를 내는 기계, 제곱근을 계산하는 기계, 영어 문장을 인쇄하는 기계 등을 따로따로 만들어 보관하기 위해 거대한 창고를 지을 필요가 없다. 튜링기계 중에서 한 종류를 범용 튜링기계라 부른다. 범용 튜링기계는 테이프 위에 인쇄된 다른 튜링기계의 프로그램을 받아들여서 그 기계를 똑같이 흉내 낼 수 있다. 규칙의 묶음이 할 수 있는 모든 일을 해낼 수 있도록 단 한 대의 기계에 프로그래밍될 수 있는 것이다.

　그렇다면 인간의 뇌를 튜링기계로 볼 수 있을까? 분명 아니다. 우리의 머릿속에서는 물론이고 어디서나 쓸 수 있는 튜링기계는 없다. 튜링기계는 너무 서투르고, 프로그램을 넣기엔 너무 단단하고, 너무 크고, 너무 느려서 실제로는 아무짝에도 쓸모가 없다. 그러나 그것은 중요한 문제가 아니다. 튜링은 단지 어떤 장치가 지적인 기호처리기로 기능할 수 있음을 입증하고자 했다. 얼마 후 더욱 실용적인 기호처리기들이 설계되었고, 그중의 일부가 IBM과 유니박의 본체가 되었으며, 다시 얼마 후에 매킨토시와 PC가 되었다. 그러나 그것들은 모두 범용 튜링기계와 일맥상통한다. 크기와 속도를 무시하고 필요한 만큼의 기억 용량을 충분히 준다면 모두 동일한 입력물에 대해 동일한 출력물을 만들어 내도록 프로그램을 짜 넣을 수 있다.

　이 밖에도 몇몇 종류의 기호처리기들이 인간 마음의 모형으로 제시되어 왔다. 그 모델들은 종종 상업용 컴퓨터로 시뮬레이션되지만 그것은 단지 편리를 위해서다. 상업용 컴퓨터는 처음에 (컴퓨터과학자들이 가상

기계라 부르는) 가상의 마음 컴퓨터를 대행하기emulate 위해 프로그래밍 되는데, 이것은 매킨토시가 PC를 대행하도록 프로그래밍될 수 있는 것과 아주 흡사하다. 중요한 것은 가상의 마음 컴퓨터이지 그것을 대리 실행하는 실리콘칩이 아니다. 이때 가상의 마음 컴퓨터에서는 인간의 사고(문제 해결, 문장 이해)를 모방하기 위해 만들어진 프로그램이 실행된다. 인간의 지능을 이해할 수 있는 새로운 길이 열린 것이다.

● ● ● ●

이제 그 모델들 중 하나가 어떻게 작동하는가를 보이고자 한다. 현실 속의 컴퓨터가 대단히 정교해져서 일반인들에게는 사람의 마음만큼이나 난해하게 보일 정도가 된 시대이므로, 컴퓨터의 연산 과정을 슬로모션으로 보면 뭔가 반짝 하는 것이 있을 것이다. 마침내 그때 우리는 어떻게 간단한 장치들이 하나로 배선되어 실제의 지능을 보여 주는 기호처리기가 만들어지는지를 이해할 수 있다. 기우뚱거리며 걸어 다니는 튜링기계는 마음이 컴퓨터라는 이론을 광고하기에 썩 좋은 모델이 아니므로, 나는 우리의 마음 컴퓨터와 최소한 어렴풋하게나마 닮았다고 주장하는 모델을 이용하고자 한다. 나는 당신에게 그 모델이, 기계가 풀면 감동을 느낄 정도로 아주 복잡한 일상의 문제인 친족 관계를 어떻게 해결하는지를 보여 주고자 한다.

우리가 사용할 모델은 '생성 시스템production system' 이라 불린다. 이 모델에는 상업용 컴퓨터의 가장 비생물학적인 특징, 즉 컴퓨터가 단 하나의 목적을 위해 순서대로 하나씩 밟아 나가는 프로그램 단계들이 없다. 하나의 생성 시스템은 메모리(기억)와 일련의 리플렉스(반사작용)들로 구성되어 있다. 리플렉스는 작동을 기다리며 대기하고 있는 간단하고 독립적인 실체들이기 때문에 때때로 '악마demons'라고 불린다. 메모리는 게시물이 붙어 있는 게시판과 같다. 각각의 악마는 게시판에 특별한 공고가 나기를 기다리다가 그에 대한 반응으로 게시판에 자기 자신의 공고를 올리는 자동 반사작용이다. 악마들이 모여서 하나의 프로그램을 구성한다. 악마들은 메모리 게시판 위의 공고에 의해 촉발되고, 그런 다음 자기 자신의 공고를 올려서 다른 악마들을 촉발시키면 그에 따라 메모리 속의 정보는 계속 변하다가 결국에는 주어진 입력에 정확히 맞아떨어지는 출력을 보여 주게 된다. 어떤 악마들은 감각기관들과 연결되어 있어 메모리 속의 정보보다는 외부 세계의 정보에 의해 촉발된다. 또 어떤 악마들은 부속 기관들과 연결되어 있어 메모리에 메시지를 공고하기보다는 부속 기관들을 운동시킨다.

우리의 장기기억 속에 가까운 가족과 주변의 모든 사람에 대한 지식이 담겨 있다고 가정해 보자. 그 지식의 내용은 예를 들면 '알렉스는 앤드루의 아버지다'와 같은 명제들이다. 계산주의 마음 이론에 따르면 그 정보는 기호, 즉 명제 속에 담겨 있는 외적 상태를 지시하는 물리적 표시로 구현되어 있다.

사람은 모국어로 생각을 한다는 오해가 널리 퍼져 있지만 그 기호들은 영어 단어나 영어 문장이 결코 아니다. 《언어본능Language Instinct》에서도 밝혔듯이, 영어나 일본어 같은 구어의 문장들은 지능은 있지만 참을성은 부족한 사회적 동물이 음성音聲적 의사소통을 할 수 있도록 고안되었다. 구어는 청자가 문맥상 마음속으로 채워 넣을 수 있는 정보를 생략함으로써 간결함을 획득한다. 이와 대조적으로 지식을 담고 있는 '사고 언어'는 생략된 정보를 채워 넣는 상상과는 아무 관계가 없다. 사고 언어 자체가 그 상상이기 때문이다. 언어를 지식의 매개로 보는 관점의 또 다른 문제는 문장이 중의적일 수 있다는 점이다. 연쇄살인범 테드 번디가 사형 집행 연기를 얻어 내자 신문에 "Bundy Beats Date with Chair"라는 헤드라인이 실렸다. 이 단어 열은 두 가지 의미를 지닐 수 있으므로 자칫 독자들이 깜짝 놀랄 수 있다.* 하나의 영어 단어 열이 마음속의 두 의미와 일치할 수 있다면 마음속의 의미들은 영어 단어 열과 동일한 것일 수 없다. 마지막으로 구어의 문장들에는 관사, 전치사, 성 접미사를 비롯한 문법적 장치들이 혼재되어 있다. 그 장치들은 한 사람의 머리에서부터 입과 귀를 경유해 다른 사람의 머리로 정보를 전달하는 데 필요하다. 이것은 느린 경로다. 반면에 정보가 두툼한 뉴런 다발에 의해 직접 전송되는 사람의 머릿속에서는 그런 장치가 필요하지 않다. 그래서 한 지식 체계에 담긴 명제들은 영어로 된 문장들이 아니라 그보다 풍부한 사고 언어인 '마음언어mentalese'**로 새겨져 있다고 볼 수 있다.

* 1번디, 사형 집행일의 연기를 얻어 내다. 2번디, 의자로 데이트를 때리다.

** 관련 분야의 추세에 따라 mind와 mental을 모두 '마음'으로 번역했다. mentalese는 보통 정신언어, 선행언어, 메타언어 등으로 불린다.

위의 예에서, 마음언어 중 가족 관계를 담고 있는 부분은 두 종류의 명제로 나뉜다. 첫 번째 종류의 예인 **알렉스는 앤드루의 아버지다**는 직접적인 가족 관계를 기준으로 한 동시에 이름을 기준으로 한 이름이다. 두 번째 종류의 예로 **알렉스는 남자다**는 성을 기준으로 한 이름이다. 마음언어 문장에 영어 단어와 구문론을 사용했다고 해서 오해하지 말기 바란다. 독자 여러분이 기호의 의미를 파악할 수 있도록 배려한 것이기 때문이다. 기계의 경우라면 표시 열은 간단히 달라질 것이다. 각각의 명제가 각 사람들을 대표하도록 일관되게 사용되고(알렉스에 해당하는 기호가 언제나 다른 사람이 아닌 알렉스를 위해서만 사용될 수 있도록) 일관된 계획에 따라 배열되기만 한다면(누가 누구의 아버지인가에 대한 정보가 변함없이 유지되도록), 어떤 기호들이 어떻게 배열되든 상관없다. 우리는 그 표시들을 스캐너에 인식되는 바코드나, 단 하나의 열쇠만 받아들이는 열쇠 구멍이나, 단 하나의 틀에만 들어맞는 어떤 특별한 형태로 생각할 수도 있다. 물론 상업용 컴퓨터에서는 실리콘 속의 전하 패턴일 것이고, 뇌에서는 뉴런 집단들의 점화 패턴일 것이다. 요점인즉, 기계 속의 어떤 것도 당신이나 내가 이해하는 것과 같은 방식으로 기호를 이해하지 않는다는 것이다. 기계의 부품들은 기호의 형태에 반응하고 촉발되어 어떤 일을 수행한다. 그것은 자동판매기가 동전의 형태와 무게에 반응하여 캔 음료를 내보내는 것과 똑같다.

다음의 예는 컴퓨터 연산의 신비를 벗기고 그 묘기가 어떻게 펼쳐지는지를 밝히고자 하는 시도다. 기호는 개념을 상징하는 동시에 기계적인 면에서는 사건의 발생을 야기한다는 내 설명을 다시 한 번 강조하기 위해 나는 앞서 소개한 생성 시스템의 활동을 되짚어 볼 것이고 모든 것을 두 번씩 설명할 것이다. 즉, 개념적인 면에서는 문제의 내용과 그 문제를 해결하는 논리에 따라 설명할 것이고, 기계적인 면에서는 냉정하게 지각하고 표시하는 그 체계의 운동에 의해 설명할 것이다. 두 측면은 개념 대 표시, 논리적 단계 대 운동이 정확히 일치하기 때문에, 그 체계는 지적이다.

이 체계의 기억 중 가족 관계에 대한 명제가 새겨져 있는 부분을 장기기억이라 부르자. 그리고 계산을 적는 메모장과 매우 비슷한 또 다른 부분을 단기기억이라 부르자. 단기기억의 일부는 목표를 위한 영역이어서, 그 체계가 대답하려고 '노력' 하는 문제들이 담겨 있다. 해당 체계는 고디가 생물학적으로 자신의 삼촌인지 아닌지를 알고자 한다. 우선 기억은 다음과 같이 되어 있다.

| 장기기억 | 단기기억 | 목표 |

아벨은 나의 부모다 　　　　　　　　　　　　　　고디는 나의 삼촌인가?
아벨은 남자다
벨라는 나의 부모다
벨라는 여자다
클로디아는 나의 형제다
클로디아는 여자다
더디는 나의 형제다
더디는 남자다
에드거는 아벨의 형제다
에드거는 남자다
파니는 아벨의 형제다
파니는 여자다
고디는 벨라의 형제다
고디는 남자다

　　　개념적으로 말해, 우리의 목표는 질문에 대한 답을 찾는 것이고, 질문과 관련된 사실이 참이면 답은 긍정이 될 것이다. 기계적으로 말해, 해당 체계는 의문부호(?)가 붙은 표시 열과 일치하는 표시 열이 기억 속에 있는지를 확인해야 한다. 악마들 중 하나는 이런 찾아보기 문제에 답하기 위해 목표 행과 장기기억 행에 동일한 표시가 있는지를 스캔하도록 설계되어 있다. 일치된 것을 발견하면 그 악마는 해당 질문 옆에 그 답이 긍정임을 가리키는 표시를 인쇄한다. 편의상 그 표시가 다음과 같은 패턴을 가졌다고 해보자. "Yes."

IF: 목표 = 어쩌구 저쩌구 어쩌구?
장기기억 = 어쩌구 저쩌구 어쩌구
THEN: 목표에 아래 패턴을 표시하라
Yes

그러나 이 체계가 직면하는 개념상의 문제는 누가 누구의 삼촌인지를 명시적으로explicitly 알지 못한다는 것이다. 그에 대한 지식은 다른 것들 속에 암시적으로implicitly 존재한다. 이것을 기계적으로 이야기하자면, 장기기억에는 -의 삼촌이다라는 표시가 없고, 단지 -의 형제다와 -의 부모다 같은 표시만 있다. 개념적으로 말해, 우리는 부모에 대한 지식과 형제에 대한 지식으로부터 삼촌에 대한 지식을 추론해야 한다. 기계적으로 말하면, 악마는 -의 형제다와 -의 부모다의 문장들 중에서 적절한 표시를 찾아 -의 삼촌이다의 문장을 인쇄해야 한다. 개념적으로 말해, 우리는 자신의 부모가 누군지를 찾고, 부모의 형제들을 확인한 다음, 그중에서 남자를 골라야 한다. 기계적으로 말해, 우리는 목표 영역에 새 문장을 인쇄하는 아래와 같은 악마가 필요한데, 새 문장은 적절한 기억 탐색을 촉발해야 한다.

IF: 목표 = Q는 P의 삼촌이다
THEN: 목표에 아래 문장들을 추가하라
P의 부모를 찾아라
부모의 형제들을 찾아라

삼촌과 이모(고모)를 구분하라

그 악마는 목표 행에 --의 삼촌이다 문장이 새겨져 있으면 촉발되는 악마다. 목표 행에는 정말로 그런 문장이 하나 있으므로, 악마는 그리 달려가서 몇 개의 새 표시를 더한다.

장기기억   단기기억   목표

아벨은 나의 부모다   고디는 나의 삼촌인가?
아벨은 남자다   나의 부모를 찾아라
벨라는 나의 부모다   부모의 형제들을 찾아라
벨라는 여자다   삼촌과 이모(고모)를 가려라
클로디아는 나의 형제다
클로디아는 여자다
더디는 나의 형제다
더디는 남자다
에드거는 아벨의 형제다
에드거는 남자다
파니는 아벨의 형제다
파니는 여자다
고디는 벨라의 형제다
고디는 남자다
…

또한 다른 악마가 됐든, 이 악마 속에 들어 있는 특별한 기계장치가 됐든, P와 Q에 주의를 기울이는 또 다른 장치가 있어야 한다. 즉, P 부호들을 나, 아벨, 고디 등의 실제 이름 부호들로 대체하는 장치가 필요하다. 그러나 간단한 설명을 위해 자세한 언급은 피하기로 하겠다.

새 목표 문장들은 잠자고 있던 다른 악마들을 깨운다. 그들 중 하나는 (개념적으로 말해) 해당 체계의 부모를 찾기 위해, (기계적으로 말해) 부모의 이름이 포함된 모든 문장을 복사해서 단기기억에 넣는다.(물론 이미 존재하는 문장은 제외한다. 이 단서 조항 때문에 그 악마는 마법사의 제자처럼 똑같은 것을 계속 만들어 내는 어리석은 짓을 하지 않는다.)

IF: 목표 = p의 부모를 찾아라
장기기억 = X는 p의 부모다
단기기억 ≠ X는 p의 부모다
THEN: 단기기억에 아래 문장을 복사하라
X는 p의 부모다
목표를 지워라

이제 우리의 게시판은 다음과 같이 되었다.

장기기억	단기기억	목표
아벨은 나의 부모다	아벨은 나의 부모다	고디는 나의 삼촌인가?
아벨은 남자다	벨라는 나의 부모다	부모의 형제들을 찾아라
벨라는 나의 부모다		삼촌과 이모(고모)를 가려라

| 장기기억 | 단기기억 | 목표 |

벨라는 여자다

클로디아는 나의 형제다

클로디아는 여자다

더디는 나의 형제다

더디는 남자다

에드거는 아벨의 형제다

에드거는 남자다

파니는 아벨의 형제다

파니는 여자다

고디는 벨라의 형제다

고디는 남자다

…

      이제 부모를 알게 됐으므로 부모의 형제들을 찾을 수 있게 되었다. 기계적으로 말해, 이제 단기기억에 부모의 이름을 적었으므로 악마는 부모의 형제들에 대한 문장을 복사하는 작업을 시작할 수 있게 되었다.

      IF: 목표 = 부모의 형제를 찾아라
          단기기억 = X는 Y의 부모다
          장기기억 = Z는 X의 형제다
          단기기억 ≠ Z는 X의 형제다
      THEN: 단기기억에 아래 문장을 복사하라

Z는 X의 형제다

목표를 지워라

그 결과는 다음과 같다.

장기기억	단기기억	목표
아벨은 나의 부모다	아벨은 나의 부모다	고디는 나의 삼촌인가?
아벨은 남자다	벨라는 나의 부모다	삼촌과 이모(고모)를 가려라
벨라는 나의 부모다	에드거는 아벨의 형제다	
벨라는 여자다	파니는 아벨의 형제다	
클로디아는 나의 형제다	고디는 벨라의 형제다	
클로디아는 여자다		
더디는 나의 형제다		
더디는 남자다		
에드거는 아벨의 형제다		
에드거는 남자다		
파니는 아벨의 형제다		
파니는 여자다		
고디는 벨라의 형제다		
고디는 남자다		
…		

아직까지 우리는 이모(고모)와 삼촌을 하나로 생각하고 있다. 그들

중 삼촌을 고르려면 남자를 가려내야 한다. 기계적으로 말해, 해당 체계는 부모의 형제들에 해당하는 장기기억 행의 문장들 중에 **남자**다라는 표시를 가진 문장이 어느 것인지를 점검해야 한다. 그 점검을 담당하는 악마는 다음과 같다.

        IF: 목표 = 삼촌/이모(고모)를 구분하라
             단기기억 = X는 Y의 부모다
             장기기억 = Z는 X의 형제다
             장기기억 ≠ Z는 남자다
        THEN: 장기기억에 아래 문장을 저장하라
             Z는 Y의 삼촌이다
             목표를 지워라

이 악마는 부모의 남자 형제인 '삼촌'의 의미에 대해 해당 체계가 갖고 있는 지식을 가장 직접적으로 구체화하고 있다. 그것은 삼촌이라는 문장을 단기기억이 아닌 장기기억에 추가한다. 그 문장이 영구적으로 참인 지식을 표현하기 때문이다.

장기기억	단기기억	목표
에드거는 나의 삼촌이다	아벨은 나의 부모다	고디는 나의 삼촌인가?
고디는 나의 삼촌이다	벨라는 나의 부모다	
아벨은 나의 부모다	에드거는 아벨의 형제다	
아벨은 남자다	파니는 아벨의 형제다	

| 장기기억 | 단기기억 | 목표 |

벨라는 나의 부모다 고디는 벨라의 형제다

벨라는 여자다

클로디아는 나의 형제다

클로디아는 여자다

더디는 나의 형제다

더디는 남자다

에드거는 아벨의 형제다

에드거는 남자다

파니는 아벨의 형제다

파니는 여자다

고디는 벨라의 형제다

고디는 남자다

…

개념적으로 말해, 우리는 앞에서 의문을 품었던 사실을 이제 막 추론했다. 기계적으로 말해, 우리는 목표 행에 있는 문장과 똑같은 표시를 가진 문장을 장기기억 행에 만들어 냈다. 앞에서 언급했던 첫 번째 악마, 즉 목표 행과 장기기억 행에 똑같은 문장이 있는지를 스캔하는 악마는 그 문제가 해결되었음을 나타내는 표시를 새겨 넣는다.

장기기억	단기기억	목표
에드거는 나의 삼촌이다	아벨은 나의 부모다	고디는 나의 삼촌인가? Yes
고디는 나의 삼촌이다	벨라는 나의 부모다	
아벨은 나의 부모다	에드거는 아벨의 형제다	
아벨은 남자다	파니는 아벨의 형제다	
벨라는 나의 부모다	고디는 벨라의 형제다	
벨라는 여자다		
클로디아는 나의 형제다		
클로디아는 여자다		
더디는 나의 형제다		
더디는 남자다		
에드거는 아벨의 형제다		
에드거는 남자다		
파니는 아벨의 형제다		
파니는 여자다		
고디는 벨라의 형제다		
고디는 남자다		
…		

    지금까지 우리는 어떤 일을 한 것일까? 우리는 생명이 없는 자동판매기의 부품들로부터 막연하게나마 마음의 활동과 비슷해 보이는 일을 하는 체계를 만들어 냈다. 즉, 이전에는 생각하지 못했던 어떤 명제의 진리 값을 추론해 낸 것이다. 그 체계는 특정한 부모와 형제에 대한 개념들 및

삼촌의 의미에 대한 지식으로부터 특정한 삼촌들에 대한 옳은 개념들을 만들어 냈다. 한 번 더 말하지만 그 묘기는 기호, 다시 말해 대표적 속성과 인과적 속성을 동시에 가진 물질의 배열, 즉 어떤 것에 대한 정보를 전달하는 동시에 물리적 사건들의 연쇄 작용에도 참여하는 물질의 배열을 처리함으로써 발생했다. 그 사건들은 하나의 연산이다. 왜냐하면 해당 기계를 촉발하는 기호들에 대한 해석이 옳은 명제이면 그 기계가 만들어 낸 기호들에 대한 해석 또한 옳은 명제가 될 수 있도록 기계장치가 만들어졌기 때문이다. 계산주의 마음 이론은 이런 의미에서 지능은 연산이라는 가설이다.

'이런 의미'는 포괄적이어서 연산에 대한 몇몇 정의들이 주는 부담을 피할 수 있다. 예를 들어 연산은 일련의 불연속적인 단계들로 구성되어 있다는 가정이나, 기호는 완전히 존재하거나 완전히 존재하지 않아야 한다는 가정(더 강하거나 더 약하게, 더 활동적이거나 덜 활동적으로 존재할 수 있다는 관점과 대조적으로), 옳은 답은 한정된 시간 동안만 보장된다는 가정, 진리값은 확실성의 확률이나 정도라기보다는 '절대적으로 참'이거나 '절대적으로 거짓'이어야 한다는 가정 등을 피할 수 있다. 따라서 계산주의 이론은 특정한 명제가 참인가 거짓인가의 '확률'에 따라 단계적으로 활성을 띠는 요소들을 가진, 새로운 종류의 컴퓨터를 용인한다. 그 컴퓨터의 활성도는 대략적으로 정확한 새 확률들을 등록하면서 연속적으로 변한다.(뒤에서 보겠지만 우리 뇌도 그런 식으로 작동할 것이다.) 핵심을 정리하자면 다음과 같다. "무엇이 한 체계를 영리하게 만드는가?"라는 질문의 답은 그 체계를 구성하는 물질의 종류나 그 체계를 관통하는 에너지의 종류가 아니라 그 기계의 부품들이 무엇을 상징(대표)하는가, 그리고 기계 내부의 변화 패턴들이 (확률적이고 불분명한 진리들을 포함해) 진리성을 유지하는 관계들을 반영하기 위해 어떻게 설계되어 있는가에 달려 있다.

자연의 연산

왜 우리는 계산주의 마음 이론을 채택해야 하는가? 계산주의 마음 이론은 수천 년 묵은 철학적 문제들을 해결했고, 컴퓨터혁명에 불을 붙였으며, 신경과학에 중요한 문제들을 제기했고, 심리학에 대단히 유익한 연구 과제들을 제공했기 때문이다.

수 세대에 걸쳐 사상가들은 '마음이 어떻게 물질과 상호작용하는가'라는 불가능한 문제와 씨름해 왔다. 제리 포더는 "자기연민도 양파처럼 사람을 울릴 수 있다"고 말했다. 만질 수 없는 믿음, 욕구, 이미지, 계획, 목표 등이 어떻게 주변 세계를 반영하고 지레를 당겨서 우리로 하여금 이 세계의 모습을 형성하게 하는가? 데카르트는 수 세기 동안 (부당하게) 과학자들의 놀림거리가 되었다. 마음과 물질은 서로 다른 종류의 재료로, 송과선이란 뇌 부위에서 상호작용한다고 말했기 때문이다. 철학자 길버트 라일은 비웃음의 의미로 그 일반 개념에 '기계 속의 유령'이란 이름을 붙였다.(나중에는 작가 아서 케스틀러와 심리학자 스티븐 코슬린이 그 이름을 각자의 책 제목으로 채택했고, 록 그룹인 '더 폴리스The Police'도 앨범 타이틀로 채택했다.) 라일과 그 밖의 철학자들은 '믿음,' '욕구,' '표상' 같은 관념론적인 용어들은 무의미하고, 언어에 대한 엉성한 오해에서 비롯된 것이라고 주장했다. 그것은 마치 'for Pete's sake'*라는 말을 듣고 주위를 둘러보며 피트를 찾는 것과 같다는 것이다. 행동주의 심리학자들은 그 보이지 않는 실체들이 이빨요정**처럼 비과학적이라 주장하면서 그런 것들을 심리학에서 추방하려고 노력했다.

그때 컴퓨터가 등장했다. 컴퓨터는 요정이나 귀신이 끼어들 틈이

* '제발'이란 뜻의 관용구다.

** tooth fairy. 빠진 이를 베개 밑에 넣어 두면 잠을 자는 동안 요정이 그 이를 가져가고 대신 동전을 놓아둔다는 이야기.

전혀 없는 차가운 쇳덩어리이지만, 터부시되는 용어들로 가득한 관념론의 사전이 없으면 설명이 불가능했다. "왜 내 컴퓨터는 인쇄가 안 되는 거죠?" "도트프린터가 레이저프린터로 바뀐 것을 컴퓨터의 프로그램이 '알지' 못하기 때문이에요. 컴퓨터의 프로그램은 여전히 자기가 도트프린터에게 '말' 하고 있다고 '생각' 하거든요. 도트프린터에게 그 '메시지' 를 '인식' 하라고 '요구' 함으로써 문서를 인쇄하려고 '시도' 하는 겁니다. 하지만 프린터는 메시지를 '이해' 하지 못하고 프로그램의 '요구' 를 '무시' 하고 있어요. '%!' 로 시작하는 입력물이 오기를 '기대' 하고 있기 때문이죠. 프로그램은 '통제권' 을 '포기' 하지 않고 계속해서 프린터를 '점검' 하고 있어요. 그러니까 당신은 '모니터' 의 '주의를 끌어' 프로그램에게서 '통제권' 을 빼앗아 와야 해요. 일단 어떤 프린터가 연결되었는지를 프로그램이 '알면' 둘은 '소통' 을 할 수 있을 겁니다." 체계가 복잡하고 사용자가 전문적일수록 그들의 기술적 대화는 드라마의 줄거리처럼 들린다.

행동주의 철학자들은 이것이 단지 조잡한 비유에 불과하다고 주장할 것이다. 컴퓨터라는 기계는 실제로 어떤 것도 이해하거나 노력하지 않는다고 말할 것이다. 관찰자가 단어 선택을 함부로 해서 위험하게도 중대한 개념적 오류에 빠지고 있다고 말할 것이다. 과연 무엇이 문제인가? '철학자' 들이 '컴퓨터과학자' 들의 애매한 사고를 비난할 수 있을까? 컴퓨터는 이 세계에서 가장 법칙적이고, 까다롭고, 완고하고, 용서를 모르고, 오로지 정확성과 명백함만을 요구하는 존재다. 이 비난을 들으면 우리는 컴퓨터가 작동을 멈췄을 때 당황한 철학자가 컴퓨터과학자를 부르는 것이 아니라 오히려 당황한 컴퓨터과학자가 철학자를 부를 것이라 생각하게 된다. 그러나 연산이 마침내 관념론적 용어들의 신비를 벗겼다고 하는 것이 좀 더 정확한 설명일 것이다. 믿음은 메모리 속의 문장이고, 욕구는 목표 문장이고, 생각은 연산이고, 지각은 센서에 의해 촉발된 문장이고, 노력은 목표에 의해 촉발된 계산의 실행이다.

(당신은 "우리 인간은 믿음이나 욕구나 지각을 갖고 있을 때 무엇인가를 '느끼는' 것이지, 단순한 기호열에는 그런 느낌을 만들어 내는 힘이 없다"고 반론을 펼 것이다. 옳은 지적이다. 그러나 지능의 문제와 의식적 느낌의 문제를 구분해 보자. 지금 나는 지능을 설명하고 있다. 의식에 대해서는 이 장의 후반에서 설명하고자 한다.)

* homunculus. 인간의 머릿속에 들어 있다고 하는 극미인極微人 .

계산주의 마음 이론은 또한 악명이 자자한 난쟁이*의 명예를 단번에 회복시킨다. 생각이 내적 표상이라는 견해에 대한 대표적인 반론은(자신들이 얼마나 강인한 마음의 소유자인가를 보여 주기 위해 노력하는 과학자들 사이에 인기 있는 반론이다), 표상은 머릿속을 살펴보는 작은 인간이 머릿속에 존재해야 가능하고, 그 작은 인간은 자기 내부의 모든 표상을 살펴보는 더 작은 인간을 필요로 하므로, 이런 난쟁이가 무한히 존재해야 한다는 것이다. 그러나 다시 한 번 우리는 이론가가 전기공학자에게, 만약 전기공학자의 말이 옳다면 그의 워크스테이션 안에는 수많은 난쟁이가 들어 있어야 한다고 주장하는 광경을 떠올리게 된다. 난쟁이 이야기는 컴퓨터과학에 반드시 필요하다. 컴퓨터에서는 데이터를 읽고 해석하고 조사하고 인식하고 수정하는 일이 끊임없이 일어나고, 그렇게 하는 서브루틴들은 아무렇지도 않게 '행위자agents,' '악마demons,' '감독자supervisors,' '감시자monitors,' '해석자interpreters,' '집행관executives' 등으로 불린다. 어떻게 해서 이 모든 난쟁이 이야기가 무한 퇴행에 이르지 않는 것일까? 내적 표상은 이 세계의 모습을 담은 생명이 없는 사진이 아니기 때문이고, '그것을 바라보는' 난쟁이는 완전한 지능을 가진, 체계 자체의 축소판이 아니기 때문이다. 그랬다면 정말 아무

것도 설명하지 못했을 것이다. 그 대신에, 하나의 표상은 외부 세계의 양상들에 대응하는 기호들의 집합이고, 각각의 난쟁이는 그 기호에 몇 가지 제한적인 방식으로만 반응하게 되어 있다. 즉, 하나의 완전한 체계로서 할 수 있는 일에 비해 훨씬 단순한 일들을 하는 것이다. 한 체계의 지능은 그 체계 내에 존재하는 썩 지적이지 않은 기계적 악마들의 활동에서 발생한다. 그 점에 대해서는 1968년 제리 포더가 맨 처음 지적했으며, 후에 대니얼 데닛은 다음과 같이 간결하게 요약했다.

난쟁이들이 수행해야 할 재능들을 각각의 난쟁이가 '모두' 공유한다면 그들은 '잡귀'에 불과하다. … '상대적'으로 무지하고, 편협하고, 무감각한 난쟁이들이 팀이나 위원회를 이뤄 체계 전체의 지적 행동을 생산한다면 그것은 발전에 해당한다. 컴퓨터의 흐름도가 난쟁이 위원회의 체계(조사자, 사서, 회계원, 집행관)를 보여 주는 대표적인 그림이다. 각각의 박스는 1명의 난쟁이를 가리키는데, '그 기능을 어떻게 수행할지를 설명하지 않고 그냥 수행하라고 지시한다.' (사실상 이렇게 말하는 것이나 같다. '여기에 작은 사람 1명을 배치해 그 일을 시켜라.') 그런데 각각의 박스를 더 자세히 들여다보면, 각 박스의 기능은 해당 박스가 또 다른 흐름도에 의해 훨씬 더 작고 멍청한 난쟁이들로 세분되어 실행된다는 것을 알 수 있다. 결국 이렇게 박스 안에 박스를 끼워 넣으면 당신은, 혹자의 말대로 '기계로 대체될' 수 있을 정도로 아주 멍청한 난쟁이들(그들이 할 수 있는 일이라고는 질문을 받았을 때 'yes'로 대답할지 'no'로 대답할지를 기억하고 있는 것뿐이다)을 얻게 된다. 이제 우리는 멋진 난쟁이들을 도식에서 제대시키고 멍청이 부대를 조직해 일을 시켜야 한다.

● ● ● ●

당신은 아직도, 컴퓨터 안에서 악마들이 표시들을 갈겨쓰고 지우면 어떻게 그것이 이 세계의 대상들을 재현하거나 상징하게 되는지를 궁금해할 수도 있다. 체계 안의 특정한 표시가 이 세계의 특정한 조각에 대응하도록 누가 결정하는가? 컴퓨터의 경우 그 답은 명백하다. 각각의 기호가 무엇을 의미하는지는 우리가 결정한다. 우리가 그 기계를 만들기 때문이다. 그러나 우리 내면에 있다고 하는 그 기호들의 의미는 누가 결정하는가? 철학자들은 이것을 '지향성intentionality'의 문제*라 부른다.(혼란스러운 용어다. 의도intentions와 아무 관계가 없기 때문이다.) 두 가지 일반적인 답이 있다. 첫째, 기호는 우리의 감각기관에 의해 이 세계의 지시 대상과 연결된다는 것이다. 어머니의 얼굴이 빛을 반사하고, 그 빛이 내 눈을 자극하고, 그것이 계단식 폭포처럼 일련의 주형들 또는 서로 비슷한 연결망들을 촉발하고, 그래서 결국 내 마음에 **어머니**라는 기호를 새긴다. 또 다른 답으로는, 첫 번째 기호에 의해 촉발된 상징 조작의 독특한 패턴은 첫 번째 기호의 지시 대상과 그로 인해 촉발된 기호의 지시 대상 간의 독특한 관계 패턴을 그대로 반영한다는 것이다. 이유가 무엇이든 일단 **어머니**가 어머니를 의미하고 **삼촌**이 삼촌을 의미한다는 것에 동의하면, 악마들에 의해 서로 맞물리면서 생성되는 새 명제들은 언제라도 확실한 참으로 판명된다. 그 장치가 **벨라는 나의 어머니다**를 인쇄하면, 벨라는 틀림없이 나의 어머니다. **어머니**가 '어머니'를 의미하는 것은 어머니들에 대해 추리를 할 때마다 그 기호가 일정한 역할을 하기 때문이다.

이 두 설명을 '인과이론'과 '지시역할이론'이라 부르는데, 두 이론에 적대적인 철학자들은 각각의 이론을 논박하기 위해 앞뒤가 뒤바뀐 엉

* 어떻게 하나의 기호가 세계의 대상을 지칭하는가의 문제

터리 사고실험들을 재미 삼아 고안해 내곤 했다. 오이디푸스는 어머니와의 결혼을 원하지 않았지만 어쨌든 결혼을 했다. 왜인가? 오이디푸스의 욕구에는 '엄마이면 그녀와 결혼하지 말라'라는 명제가 등록되어 있었지만, 그녀는 오이디푸스의 마음속에 엄마라는 기호가 아니라 이오카스테라는 기호를 촉발했기 때문이다. 실제로 오이디푸스의 어머니인 이오카스테의 인과적 영향은 무시되고, 중요한 것은 이오카스테와 엄마라는 기호들이 오이디푸스의 머릿속에서 수행한 지시적 역할뿐이었다. 어느 날 늪지의 죽은 나무 위로 번개가 떨어졌고, 놀라운 우연의 일치로 그 나무의 진액이 변화를 일으켜 기억을 포함한 지금 이 순간의 나와 똑같은 복제자가 탄생했다. 그 늪지인간은 한 번도 나의 어머니와 접촉한 적이 없지만, 대부분의 사람들은 나의 어머니 생각들처럼 그의 어머니 생각들도 나의 어머니에 관한 것이라고 말할 것이다.* 여기에서도 우리는 기호가 세계 내의 존재를 가리킬 때 그 존재가 야기하는 인과 작용이 무시되고 지시적 역할만이 중시되는 경우를 보게 된다.

하지만 과연 그럴까! 체스 게임 컴퓨터의 정보처리 단계들이 놀라운 우연으로 '6일 전쟁'**의 전투들과 동일하다고 가정해 보자(킹의 나이트=모세 다얀,*** 룩†으로 c7을 공격하기=이스라엘군의 골란 고원 점령 등등). 그렇다고 해서 체스 게임에 '대한' 그 프로그램이 모든 면에서 6일 전쟁에 '대한' 것일 수 있을까? 먼 훗날에 고양이가 동물이 아니라 실은 화성에서 조종하는 생명체처럼 생긴 로봇이라는 사실이 밝혀졌다고 가정해 보자. 그렇다면 '고양이이면 동물이다If it's a cat, then it must be an animal'라고 계산하는 지시 법칙은 더 이상 효력을 갖지 못할 것이고, 우리의 마음 기호 고양이의 지시적 역할도 백팔십도로 변할 것

* 나와 역사성을 공유하지 않는, 우연히 생긴 복제자가 나와 똑같은 지향성을 갖고 있다는 논변이다.

** 이스라엘과 아랍 인접국 사이에 벌어진 전쟁. 1967.6.5.~1967.6.10.

*** 이스라엘의 군인, 정치가.

† rook. 장기의 차車에 해당한다.

이다. 그러나 **고양이**의 '의미'는 변하지 않을 것이다. '나비로봇'이 살금살금 다가오면 우리는 여전히 '고양이'를 생각할 것이다. 인과이론을 지지하는 표가 압도적으로 우세하지 않겠는가?

세 번째 관점은 《새터데이 나이트 라이브*Saturday Night Live*》의 구절을 패러디한 TV 광고에 잘 요약되어 있다. "둘 다 맞습니다. 마루용 왁스도 되고 후식에 곁들이는 소스도 됩니다." 기호의 인과적 역할과 지시적 역할은 '함께' 표현 대상을 결정한다.(이 관점에서 볼 때, 늪지인간의 생각이 나의 어머니를 지향하는 것은 그와 나의 어머니가 '미래'의 인과를 지향하는 관계에 있기 때문이다. 즉 늪지인간은 어머니를 만나면 알아볼 것이다.) 인과 역할과 지시 역할은 동조sync하는 경향이 있는데, 그것은 자연선택이 우리의 지각 체계와 지시 모듈을 함께 설계해 이 세계에서 대부분의 시간 동안 정확하게 작동하게 했기 때문이다. 인과성＋지시＋자연선택이면 모든 세계에서 완벽하게 통할 '의미' 개념을 확정하기에 충분하다는 생각에 모든 철학자가 동의하는 것은 아니다.("다른 행성에 늪지인간의 일란성 쌍둥이가 생겨났다고 가정해 보자. …") 그러나 만약 그렇다면 의미 개념을 확정하기는 더욱 어려워진다. 의미는 (기술자나 자연선택에 의해) 특별한 종류의 세계에서 기능하도록 설계된 장치에만 상대적으로 통하고, 그 밖의 다른 세계, 즉 화성, 늪지대, 《환상특급》의 세계 등에서는 전혀 통하지 않을 것이기 때문이다. 인과＋지시이론이 철학자들의 공격을 완전히 막아 내든 못 막아 내든 그것은 '어떻게 마음이나 기계 속의 기호가 무엇인가를 의미할 수 있는가'라는 문제로부터 신비를 제거한다.

계산주의 마음 이론이 옳다는 것을 암시하는 또 다른 증거는 인공지능, 즉 인간처럼 지적 과제를 수행하는 컴퓨터가 존재한다는 것이다. 어느 할인 매장에든 인간보다 월등한 능력으로 사실들을 계산·저장·검색하고, 그림을 그리고, 철자를 검사하고, 메일을 발송하고, 활자로 조판을 하는 컴퓨터가 전시되어 있다. 다양한 상품을 구비한 소프트웨어 매장에서는 체스를 기가 막히게 두는 프로그램이나 알파벳과 주의 깊게 발음한 음성을 인식하는 프로그램을 판매한다. 주머니가 두둑한 고객들은 한정된 주제에 대해 영어로 된 질문에 대답을 하는 프로그램, 용접이나 페인트칠을 위해 로봇 팔을 조종하는 프로그램, 주식 선별, 질병 진단, 약물 처방, 기계 고장의 발견과 수리 같은 수백 가지 분야에서 인간의 전문 지식을 똑같이 복제한 프로그램을 구입할 수 있다. 1996년에 컴퓨터 딥 블루Deep Blue는 체스 세계 챔피언 게리 카스파로프와의 대국에서 한 판의 승리와 두 판의 무승부를 따내면서 경기 자체는 패배로 마감했지만 컴퓨터가 세계 챔피언을 누르는 것은 시간문제임을 보여 주었다. 아직 터미네이터 수준의 로봇은 없지만, 그보다 작은 규모의 인공지능 프로그램들이 수천 종류나 존재하며, 그중 어떤 것들은 우리의 개인용 컴퓨터, 자동차, 텔레비전 속에 숨어 있다. 그리고 발전은 계속되고 있다.

낮은 차원의 성공 사례들이라도 지적할 가치가 있는 이유는, 컴퓨터가 곧 하게 될 일과 영원히 하지 못할 일에 대해 감정적인 논쟁이 벌어지고 있기 때문이다. 한편에서는 로봇이 곧 출현할 것이라(그래서 마음이 컴퓨터라는 것을 보여 줄 것이라) 말하고, 다른 한편에서는 결코 그렇지 않을 것이라(그래서 마음이 컴퓨터가 아님을 보여 줄 것이라) 말한다. 그 논쟁은 크리스토퍼 서프와 빅터 나바스키의 《전문가들이 말한다The Experts Speak》에 수록된 인용문들과 비슷하다.

> 박식한 사람들은 목소리를 전선으로 전달하는 것이 불가능하다는 것과, 만일 그것이 가능하다 해도 실용적인 가치가 전혀 없다는 것을 안다.
> -《보스턴 포스트》 사설, 1865

> 앞으로 50년 후 … 우리는 가슴살이나 날개를 먹기 위해 닭 한 마리 전체를 사육하는 어리석은 방법을 버리고 적절한 배양 수단을 이용해 그 부위들만 따로 사육할 것이다.
> -윈스턴 처칠, 1932

> 공기보다 무거운 비행 기계는 불가능하다.
> -켈빈 경, 열역학과 전기의 개척자, 1895

> 〔1965년 무렵〕 도로 위에는 제트엔진의 동생 격인 가스 터빈 엔진으로 동력을 얻는 20피트 길이의 고급 승용차가 달릴 것이다.
> -리오 천, 'The Research Institute of America'의 편집자 겸 발행자, 1955

> 미래에 과학이 아무리 발전한다고 해도 인간은 결코 달에 도달하지 못할 것이다.
> -리 더포리스트, 진공관 발명자, 1957

> 핵연료로 작동하는 진공청소기가 10년 내에 실용화될 것이다.

−알렉스 류이트, 진공청소기 제작자, 1955

　　미래학에서 확실하게 옳은 예언 중 하나는 미래에도 그 시대의 미래학자들은 어리석게 보일 거라는 것이다. 인공지능의 궁극적인 성과는 아무도 알 수 없으며, 단지 진행 과정에서 발견될 무수히 많은 실질적 변화에 따라 결정될 것이다. 확실한 것은 계산하는 기계는 지적일 수 있다는 것이다.

　　과학적인 이해가 반드시 기술적인 업적으로 나타나는 것은 아니다. 오래전부터 우리는 고관절과 심장에 대해 많은 것을 이해했지만 인공 고관절은 흔한 반면 인공 심장은 드물다. 컴퓨터와 마음에 대한 단서를 찾기 위해 인공지능을 들여다볼 때 우리는 이론과 응용 사이에 놓인 함정에 주의해야 한다. 컴퓨터를 이용한 마음 연구에 붙일 적당한 이름은 인공지능이 아니라 자연의 연산이다.

● ● ● ● ●

계산주의 마음 이론은 뇌와 신경계의 생리 작용을 연구하는 신경과학에 조용히 자리를 잡았다. 뇌의 기본 활동은 정보처리라는 개념이 신경과학의 구석구석까지 스며들고 있다. 정보처리 때문에 신경과학자들은 뇌에서 큰 공간을 차지하고 있는 신경교보다 뉴런에 더 큰 관심을 갖는다. 뉴런의 축색돌기(밖으로 뻗어 나온 긴 섬유)는 먼 거리를 가로질러 분자들에게까지 매우 충실하게 정보를 전달하도록 설계되어 있다. 전기 신호가 시냅스(뉴런들의 연접 부위)에서 화학 신호로 변환될 때 그 정보의 물리적 패턴은 변하지만 정보 자체는 동일하게 남는다. 또한 뒤에서 보겠지만 각 뉴런에 달려 있는 나뭇가지 형태의 수상돌기(입력섬유)는 연산의 기초를 이루는 논리적 · 통계적 계산을 수행하는 것으로 여겨진다. '신호,' '코드,' '표상,' '변환,' '처리' 같은 정보이론 용어들이 신경과학의 언어를 가득 채우고 있다.

정보처리는 심지어 신경과학 분야의 이론적인 문제들까지도 규정한다. 망막상은 거꾸로 맺히는데 어째서 우리는 이 세계를 똑바로 보는가? 시각피질은 뇌의 뒤쪽에 있는데 왜 우리는 머리 뒤쪽에서 보는 것처럼 느끼지 않는 걸까? 절단 수술을 받은 환자는 어떻게 해서 실제 팔다리가 있었던 자리에 환상지를 느낄까? 초록색도 아니고 육면체 모양도 아닌 뉴런에서 어떻게 초록색 육면체 경험이 생겨날까? 신경과학자들은 이것들을 모두 의사擬似 질문이라고 생각한다. 왜일까? 그것들은 모두 정보 전달 및 처리로 볼 수 있는 뇌의 특성들에 관한 것이기 때문이다.

● ● ● ●

객관적 사실들을 설명하고 새로운 발견을 촉진하는 것이 과학 이론이라면, 계산주의 마음 이론이 세운 가장 큰 공로는 심리학에 미친 영향일 것이다. 스키너를 비롯한 행동주의자들은 마음의 사건들을 논할 때 완전히 살균된 사색만을 고집했고, 그 결과 실험실과 현장에서는 오로지 자극-반응의 관계만을 연구했다. 진실은 정반대에 있었다. 1950년대와 1960년대에 뉴웰과 사이먼, 그리고 심리학자 조지 밀러와 도널드 브로드벤트가 계산주의 이론을 도입하기까지 심리학은 따분하고 지루하기만 했다. 심리학 교과는 생리심리학(반사작용), 지각(삐 소리), 학습(쥐), 기억(무의미 음절), 지능(IQ), 성격(인성검사) 등으로 구성되었다. 계산주의 이론이 도입된 후로 심리학은 역사상 가장 심오한 사상가들의 질문들을 실험실에 도입하고, 마음의 모든 측면에 대해 수십 년 전에는 꿈도 꾸지 못했던 수천 가지 사실들을 발견했다.

이 눈부신 발전은 계산주의 이론을 중심으로 형성된 중요 의제를 통해 이루어졌다. 그것은 바로 마음 표상(마음이 이용하는 기호 문장들)의 형식, 그리고 그 표상에 접근하는 과정들(악마들)을 발견하는 문제였다. 플라톤은 우리가 동굴에 갇혀 있으며 단지 동굴 벽에 비친 그림자를 통해서만 세계를 안다고 말했다. 동굴은 우리의 두개골이고 그림자는 마음 표상이다. 우리가 세계에 대해 알 수 있는 것은 내적 표상에 담긴 정보가 전부다. 이에 대한 유추로서 '외적' 표상이 어떤 역할을 하는지 살펴보자. 내 은행거래내역서는 각각의 거래를 총액으로 표시해 보여 준다. 만일 내가 몇 장의 수표와 약간의 현금을 예금해도 나는 그중에 특정한 수표가 있었는지 없었는지를 확인할 수가 없다. 거래내역서(표상)에는 그 정보가 빠져 있기 때문이다. 더구나, 표상으로부터 쉽게 추론할 수 있는 것이 무엇인가는 표상의 '형식'에 의해 결정된다. 기호들과 기호들의 배열만이, 기계로 대체할 수 있을 만큼 멍청한 난쟁이로부터 반응을 이끌어 낼 수 있는 유일한 수단이기 때문이다. 거래내역서의 숫자 표상이 가치 있는 이유는, 덧셈표 안의 항목들을 찾고 아라비아 숫자들을 기억하는 등의 몇 가지 단조로운 작업을 통해 그 숫자들에 대한 덧셈을 수행할 수 있기 때문이다. 로마자는 분류 표시나 장식을 제외하고는 살아남지 못한다. 로마자는 덧셈이 훨씬 더 복잡하고, 곱셈과 나눗셈은 사실상 불가능하다.

마음 표상들을 확인하는 일은 심리학적 엄밀함에 이르는 필수 조건이다. 행동에 대한 많은 설명들이 허황된 느낌에 그치는 것은 심리적 현상들을 설명할 때 그와 똑같이 신비한 다른 심리적 현상들에 기초하기 때문이다. 왜 사람들은 이 과제보다 저 과제를 더 어려워할까? 그 과제가 '더 어렵기' 때문이다. 왜 사람들은 이 사물과 저 사물에 대한 어떤 사실을 일반화할까? 두 사물이 '비슷하기' 때문이다. 왜 사람들은 이 사건이 아니라 저 사건에 주목할까? 그 사건이 '더 중요해 보이기' 때문이다. 이런 설명들은 사기에 불과하다. 어려움, 비슷함, 중요함은 보는 사람의 마음에 있으므로, 그 역시 우리가 설명해야 하는 것에 포함된다. 컴퓨터는 20자리 숫자보다 《빨간 망토 Little Red Riding Hood》의 줄거리를 더 어렵게 기억하지만, 우리는 20자리 숫자를 더 어렵게 기억한다. 우리는 공처럼 동그랗게 구겨진 신문지 두 장이 완전히 다른 형태를 띠고 있어도 그 둘을 비슷하다고 보는 반면, 두 사람의 얼굴은 거의 비슷해도 서로의 차이점을 발견한다. 밤하늘의 별을 보고 이동하는 철새에게는 밤 시간에 따라 변하는 별자리가 아주 예민하게 감지되지만 보통 사람의 눈에는 거의 감지되지 않는다.

    그러나 만일 표상의 차원으로 건너뛰면 우리는 엄밀하게 수를 셀 수 있고 매치시킬 수 있는 더 확고한 실체를 발견하게 된다. 훌륭한 심리학 이론이라면 그 '어려운' 과제에 요구되는 표상들이 '쉬운' 과제를 수행하는 표상들보다 더 많은 기호를 포함하거나 더 많은 악마들로 이루어진 더 긴 사슬을 촉발한다는 사실을 예측할 것이다. '중요한' 실체들은 자기 이웃들과는 다른 표상을 가질 것이고, '중요하지 않은' 실체들은 서로 같은 표상들을 가질 것이다.

    인지심리학의 연구자들은 사람들이 기억을 하고, 문제를 해결하고, 사물을 인식하고, 경험을 통해 일반화하는 동안에 보여 주는 보고, 반응, 실수를 측정하여 마음의 내적 표상을 연구하고 있다. 그중에서 일반화는, 마음이 마음 표상을 사용한다는 사실을 보여 주는 가장 확실한 증거일 것이다.

철자의 끝 부분을 멋들어지게 구부린 새로운 장식체를 읽으려면 어느 정도 시간이 걸린다고 가정해 보자. 몇 개의 단어로 연습을 하고 나면 다른 활자체를 읽을 때처럼 빨리 읽게 될 것이다. 이제 당신이 연습한 단어 목록에 들어 있지 않았던 낯익은 단어, 예컨대 *elk*를 본다고 가정해 보자. 이때 우리는 그 단어가 명사라는 것을 다시 학습해야 할까? 그 단어를 어떻게 발음해야 하는지를 다시 학습해야 할까? 그 단어의 지시 대상이 동물이라는 것을 다시 학습해야 할까? 그 지시 대상은 어떻게 생겼을까? 그것이 덩치가 크고 숨을 쉬고 새끼에게 젖을 먹인다는 사실도 다시 학습해야 할까? 분명 아니다. 그러나 이렇게 진부한 재능에도 할 이야기가 있다. elk라는 단어에 대한 당신의 지식은 인쇄된 철자의 물리적 형태와는 직접적으로 연결되어 있지 않았을 것이다. 만일 관계가 있다면 새로운 철자를 만날 때 우리의 지식은 그 철자와 무관할 것이고, 그래서 관계를 새롭게 학습할 때까지 그 지식은 쓸모가 없을 것이다. 그러나 우리의 지식은 기억 속의 어떤 노드(마디), 어떤 숫자, 어떤 주소, 또는 elk라는 추상적인 단어를 대표하는 마음 사전 속의 어떤 항목과 분명히 연결되어 있고, 그 항목은 인쇄나 발음 패턴에 대해 분명히 중립적일 것이다. 새로운 활자체를 학습할 때 우리는 그 알파벳 철자에 대한 새로운 시각적 방아쇠를 만들었고, 그것이 기존의 elk 항목을 촉발함으로써 그 항목에 연결되어 있는 모든 내용을 즉시 이용할 수 있게 되었고, 그럼으로써 우리가 elk에 대해 알고 있는 모든 정보를 일일이 새 elk 인쇄체와 재연결할 필요가 없었다. 우리의 마음에는 바로 이렇게, 단지 인쇄된 단어 패턴이 아니라 각각의 추상적인 단어 항목과 고유하게 연결된 마음 표상들이 담겨 있다.

이러한 비약, 그리고 그와 관련된 내적 표상들의 목록은 인간의 인지가 보여 주는 현저한 특징이다. 만일 wapiti가 elk의 또 다른 이름이라는 것을 학습한다면 당신은 납땜을 하듯이 한 번에 하나씩 wapiti라는 단어와 정보를 새로 연결시키지 않고 elk라는 단어와 연결되어 있는 모든 사실들을 즉시 wapiti로 옮긴다. 물론 당신이 갖고 있는 동물학적 지식만 옮겨지므로, wapiti가 elk처럼 '발음' 되리라고는 누구도 기대하지 않을 것이다. 이것은 당신의 마음에는 단지 단어 자체가 아니라 단어의 이면에 놓인 개념의 특징인 표상의 차원이 존재한다는 것을 의미한다. elk와 관련된 사실들의 지식이 그 개념에 매달려 있고, elk와 wapiti라는 단어가 그 개념에 매달려 있으며, e-l-k라는 철자와 [ɛlk]라는 발음은 elk라는 단어에 매달려 있다.

  우리는 활자체로부터 위쪽으로 이동했다(149쪽 그림). 이제 아래쪽으로 내려가 보자. 만일 당신이 그 활자체를 흰 종이 위의 검은 잉크로 학습했다 해도, 빨간 종이 위의 흰 잉크로 씌어진 활자체를 다시 학습할 필요는 없다. 그것에도 표상의 시각적 경계가 드러나기 때문이다. 다른 색과 인접해 있으면 어떤 색이라도 표상의 경계로 보이고, 경계는 자획을 규정하고, 자획의 배열은 문자나 숫자를 구성한다.

  elk와 같은 한 개념에 연결된 다양한 마음 표상들을 하나의 도표로 나타낼 수 있는데, 이것을 의미망semantic network, 지식표상knowledge representation, 또는 명제 데이터베이스propositional database라고 부른다.

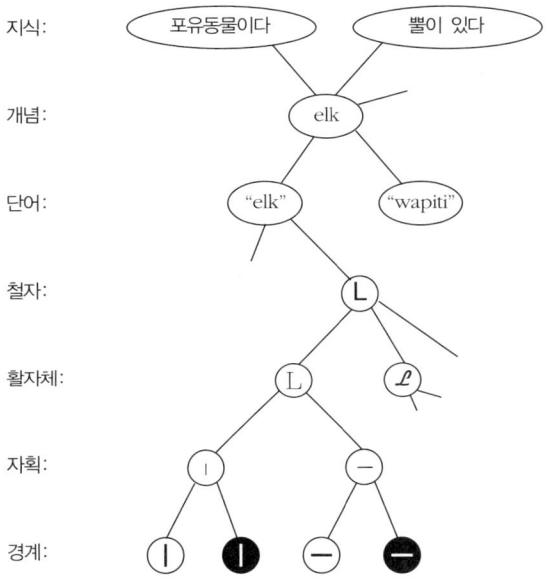

이것은 우리의 머릿속에 들어 있는 방대한 멀티미디어 사전, 백과사전, 그리고 사용설명서의 작은 부분이다. 우리의 마음속에는 이렇게 겹쳐진 표상 층위들이 가득 존재한다. 예를 들어 당신이 원하는 어느 활자체로든 elk 라는 단어를 쓰는데, 그것을 (오른손잡이일 경우) 왼손으로 쓰거나, 발가락으로 모래 위에 쓰거나, 연필을 입에 물고 쓴다고 해보자. 글씨는 엉망이겠지만 알아볼 수는 있을 것이다. 좀 더 매끄럽게 쓰려면 연습이 필요하겠지만, 영어 단어의 알파벳이나 철자는 물론이고 각 철자의 자획을 다시 학습할 필요는 없을 것이다. 이러한 기술 이전이 가능하려면 표상의 차원이 단지 글을 쓰기 위한 근육 수축이나 팔 운동이 아니라 기하학상의 궤적을 지정하는 운동신경에까지 확장되어야 한다. 그 궤적이 실제 운동으로 전환되려면 더 낮은 차원의 제어 프로그램으로 각각의 부속 기관들을 조절해야 한다.

또한 이 장 초반에 소개했던, 불타는 건물을 탈출하는 샐리의 경우를 생각해 보자. 그녀의 욕구는 '위험으로부터 도피하라'라는 추상적 표상으로 자리 잡고 있었을 것이다. 그 욕구는 연기가 아닌 다른 신호에 의해 촉발될 수도 있었고(그리고 때로는 연기라 해도 그 욕구를 촉발하지 않을 수 있다), 그녀의 탈출은 단지 달리는 행동이 아니라 그 밖의 여러 종류의 행동으로 나타날 수 있었으므로, 그것은 '연기로부터 뛰어 달아나라'로 자리 잡고 있지 않았을 것이다. 그녀의 행동 반응은 애초에 몇 개의 모듈이 하나로 통합된 결과였다. 샐리는 '모듈적' 이었다. 다시 말해, 그녀의 한 부분은 위험을 평가하고, 다른 부분은 도피해야 할지 말아야 할지를 결정하고, 또 다른 부분은 도피할 방법을 모색한다.

마음언어의 순열조합, 그리고 여러 부분들로 구성된 또 다른 표상들의 순열조합은 인간의 사고와 행동의 무한한 레퍼토리를 설명한다. 몇 개의 요소들과 그 요소들을 조합하는 몇 개의 법칙이 있으면 헤아릴 수 없이 많은 표상들이 생성될 수 있다. 요소의 증가에 따라 표상의 수가 지수적으로 증가하기 때문이다. 언어가 명백한 예다. 한 문장을 시작할 수 있는 첫 단어로 10개 중 하나를 선택할 수 있고, 두 번째 단어로 10개 중 하나를 선택할 수 있고(100개의 두 단어 출발이 가능하다), 세 번째 단어로 10개 중 하나를 선택할 수 있다고(1000개의 세 단어 출발이 가능하다) 가정해 보자.(10은 실제로 문법적이고 의미가 통하는 문장을 만들 때 각 위치에 사용할 수 있는 단어 선택의 대략적인 기하평균이다.) 조금만 계산해 보면 20개 정도의 단어로 이루어진 문장(특별히 긴 문장은 아니다)의 수는 약 10^{20}이 된다. 1 뒤에 20개의 0이 나오는 수, 1억 곱하기 1조, 우주가 탄생한 이래 흘러간 모든 초의 100배에 해당한다. 나는 지금 언어의 방대함이 아니라 사고의 방대함을 보여 주는 예를 들고 있다. 언어는 결국 스캣 싱잉*이 아니다. 모든 문장이 저마다 다른 생각을 표현한다.(정말로 뜻이 같은 문장은 없다.) 따라서 말로 나타낼 수 없는 생각 외에도 우리는 수천, 수만, 수억 개의, 말로 나타낼 수 있는 생각들을 품을 수 있다.

* scat-singing. 무의미한 음절로 가사를 대신하는 즉흥적인 노래.

** 전자기타로 연주되는 도시풍의 블루스.

생각할 수 있는 구조물들의 방대한 조합은 인간 활동의 여러 분야에서 발견된다. 존 스튜어트 밀은 젊은 시절에, 음표의 수가 유한하고 이와 더불어 악곡의 실제 길이도 유한하기 때문에 이 세계는 조만간 멜로디가 바닥날 것이라는 사실을 깨닫고 소스라치게 놀랐다. 그가 이런 우울함에 빠져 있을 당시에는 아직 브람스, 차이코프스키, 라흐마니노프, 스트라빈스키가 태어나지도 않았고, 당연히 래그타임, 재즈, 브로드웨이 뮤지컬, 일렉트릭 블루스,** 컨트리, 웨스턴, 로큰롤, 삼바, 레게, 펑크 음악도 출현하지 않았다. 적어도 한참 동안은 멜로디의 고갈을 겪지 않을 것이다. 음악은 조합이기 때문이다. 한 멜로디의 각 음표가 평균 8개의 음표에서 선택될 수 있다고 한다면, 2개 음표는 64쌍이 되고, 3개 음표의 모티프는 512개, 4개 음표의 작은 악절은 4096개가 되어, 결국에는 헤아릴 수 없이 많은 악곡이 나오게 된다.

● ● ● ● ●

지식을 쉽게 일반화하는 능력은 우리의 머릿속에 몇몇 종류의 데이터 표상이 있다는 것을 보여 주는 확실한 증거다. 마음 표상은 또한 심리학 실험실에서도 확인된다. 심리학자들은 정교한 기술을 이용해 마음이 표상에서 표상으로 건너뛰는 순간을 포착한다. 심리학자 마이클 포스너와 그의

2장 생각하는 기계　**151**

동료들이 훌륭한 사례를 보여 주었다. 지원자들은 비디오 화면으로 철자 쌍들이 짧게 나타났다 사라지는 것을 본다. 예를 들어 AA가 그것이다. 지원자들은 두 철자가 똑같으면 한 단추를 누르고, 서로 다르면(예를 들어, AB) 다른 단추를 눌러야 한다. 철자 쌍은 둘 다 대문자이거나 소문자여서 (AA 또는 aa) 물리적으로 동일할 때도 있고, 알파벳 철자는 같지만 물리적으로 다를 때도 있다. 두 철자가 물리적으로 동일하면 물리적으로 다를 때보다 사람들은 더 빠르고 정확하게 버튼을 누른다. 이것은 아마도 사람들이 철자를 시각적 형태로 처리해 단지 기하학적 형태에 따라 주형 모양과 매치시키기 때문일 것이다. 한 철자가 A이고 다른 철자가 a일 때 사람들은 두 철자를 해당 포맷인 '철자 a'로 전환해야 한다. 이 전환 때문에 전체 반응 시간이 약 10분의 1초 늘어난다. 그러나 한 철자가 먼저 나타나고 다른 철자가 몇 초 후에 나타나면 두 철자가 물리적으로 동일한지 아닌지, 즉 A-A인지 A-a인지는 중요하지 않게 된다. 순간적인 주형 매치는 더 이상 일어나지 않는다. 몇 초가 지나면 마음은 시각 표상의 기하학적 패턴에 관한 정보를 버리고 자동적으로 시각 표상을 알파벳 표상으로 전환하는 것이 분명하다.

  요술과도 같은 실험들 덕분에 인간의 뇌가 최소한 네 종류의 주요한 표상 포맷을 사용한다는 사실이 밝혀졌다. 첫 번째 포맷은 시각적 이미지로, 2차원의 그림 같은 주형이다.(시각적 이미지에 대해서는 4장에서 논할 것이다.) 두 번째 포맷은 음운 표상으로, 우리가 마음속으로 입 운동을 계획하고 해당 음절들이 어떻게 소리날지를 상상하면서 테이프처럼 트는 음절 열이다. 끈과도 같은 이 표상은 단기기억의 중요한 구성 요소다. 전화번호를 찾아서 버튼을 누를 때까지 그 번호를 속으로 되뇌는 경우가 대표적인 예다. 음운 단기기억은 1초에서 5초까지 지속되며, 4개에서 7개씩 덩어리진다.(단기기억의 각 항목은 장기기억 속의 훨씬 더 큰 정보 구조, 예를 들어 구나 문장의 내용 같은 것을 가리키는 표시일 수 있기 때문에 덩어리 chunk로 측정된다.) 세 번째 포맷은 문법 표상으로, 여기에는 명사와 동사, 구와 절, 어간과 어근, 음소와 음절, 나무구조를 이루는 모든 요소들이 포함된다. 《언어본능》에서 나는 어떻게 이 표상들이 문장의 부분들을 결정하고, 어떻게 사람들이 언어를 갖고 놀면서 의사를 소통하는지를 설명했다.

네 번째 포맷은 마음언어, 즉 우리의 개념적 지식을 담고 있는 사고의 언어다. 책을 덮을 때 우리는 지면에서 봤던 문장들의 어법과 활자체에 대해 거의 모든 것을 잊는다. 기억이 나는 것은 내용 또는 골자뿐이다.(기억 테스트에서 사람들은 지면에서 봤던 문장을 바꿔 써서 새로운 문장이 되었어도 그 문장을 자신 있게 '알아본다.') 마음언어는 내용 또는 줄거리를 담고 있는 매개다. 나는 앞에서 삼촌을 확인하는 생성 시스템의 게시판에, 그리고 149쪽의 그림의 '지식'과 '개념' 차원에 그 매개를 조금 이용했다. 마음언어는 또한 마음의 혼성어*다. 우리로 하여금 눈앞에 보이는 것을 설명하게 하고, 우리에게 설명된 것을 상상하게 하고, 지시된 바를 수행하게 하는 마음 모듈들 간의 정보 소통이기 때문이다. 실제로 우리는 뇌 구조에서 이 소통을 볼 수 있다. 우리의 기억을 장기기억에 저장하는 해마 및 그와 연결된 구조들, 그리고 의사 결정을 위한 연결이 담겨 있는 전두엽은 직접적인 감각 입력물(모자이크 같은 경계와 색들 및 연속적인 상태 변화)을 처리하는 뇌 영역들과 직접적으로 연결되어 있지 않다. 대신, 대부분의 입력섬유는 1차 감각 영역에서 하류로 한두 번 내려온 부위들이 다시 보내는, 신경과학자들이 '고도로 처리된' 입력물이라 부르는 것을 운반한다. 그 입력물은 사물들에 대한 암호, 말, 그 밖의 복잡한 개념들로 구성되어 있다.

* lingua franca. 여러 언어가 합쳐진 혼성 공통어.

● ● ● ●

왜 그렇게 여러 종류의 표상이 존재할까? 마음의 에스페란토어*만 있으면 더 간단하지 않을까? 그러나 그렇게 되면 지독하게 복잡해질 것이다. 지식이 몇 개의 포맷으로 묶이는 마음 소프트웨어의 모듈 조직은 진화와 공학이 서로 비슷한 해결책을 지향한다는 것을 보여 주는 좋은 예다. 소프트웨어 세계의 마술사인 브라이언 커닝햄은 P. J. 플로거와 함께, 《프로그래밍 스타일의 요소들The Elements of Programming Style》이라는 책을 썼다.(스트런크와 화이트의 유명한 글쓰기 안내서인 《문체의 요소들The Elements of Style》을 차용한 제목이다.) 그들은 유용하게 작동하고 효율적으로 가동되고 세련되게 진화하는 프로그램에 대해 조언을 제공한다. 그들의 금언 중에는 "불러내기에 의한 반복적인 표상들은 하나의 공통 기능으로 대체하라"라는 것이 있다. 예를 들어 어떤 프로그램이 세 삼각형의 면적을 계산해야 할 때, 각 삼각형의 면적을 계산하기 위해 각각의 공식 속에 삼각형의 좌표를 따로따로 대입하는 3개의 명령어를 가져서는 안 된다. 대신 그 프로그램에는 '한 번만' 해석할 공식이 있어야 한다. 즉 '삼각형의 면적을 계산하라' 라는 기능이 있고, 그 기능에는 모든 삼각형의 좌표를 대표할 수 있는 X, Y, Z라는 표지가 붙은 슬롯이 있어야 한다. 그러면 접속된 입력물의 좌표를 X, Y, Z 슬롯에 넣고 한 기능을 세 번 실행할 수 있다. 이 설계 원칙은 그 기능이 한 줄 공식에서 다단계 서브루틴으로 발전할수록 훨씬 더 중요해진다. 실제로 그 원칙은 다음의 금언들을 낳았는데, 모두 자연선택이 오랜 세월에 걸쳐 다多포맷 모듈의 마음을 설계할 때 채택했던 것으로 생각된다.

* 폴란드의 자멘호프가 인위적으로 창안한 국제어.

모듈화하라.

서브루틴을 이용하라.

각각의 모듈은 한 가지 일을 잘해야 한다.

각각의 모듈이 반드시 무엇인가를 숨기고 있도록 하라.

입력과 출력을 서브루틴에 배치하라.

두 번째 원칙은 아래 금언에 포함되어 있다.

프로그램을 간단하게 만드는 데이터 표상을 선택하라.

커닝햄과 플로거는 한 줄의 텍스트를 읽어들인 다음 그것을 테두리 안쪽에 정렬시켜 출력하는 프로그램을 예로 제시한다. 그 텍스트는 다양한 포맷으로(문자 열이나 좌표 목록 등으로) 저장될 수 있지만, 그 정렬 작업은 결국 한 포맷으로 손쉽게 이뤄진다. 즉 80개 위치를 반영하는 80개의 메모리 슬롯을 연속적으로 배정하는 방식이다. 이 정렬 작업은 어떤 크기의 입력물이라도 에러 없이, 몇 단계에 걸쳐 수행될 수 있으며, 다른 포맷으로 하면 프로그램이 더 복잡해진다. 인간의 마음에 별개의 포맷들—이미지, 음운 루프, 계층적 나무구조, 마음언어—이 진화한 것은 아마도 '간단한' 프로그램(즉, 멍청한 악마 또는 난쟁이)을 이용해 해당 포맷으로부터 유용한 것을 연산해 낼 수 있었기 때문일 것이다.

그리고 만일 당신이 모든 종류의 '복잡계'가 한데 뒤섞이는 지적 성층권에 관심이 있다면, 컴퓨터나 마음에서 볼 수 있는 모듈 설계는 사실 모든 복잡계의 모듈적·층위적 설계에 특유하다는 허버트 사이먼의 주장을 지나치기 어려울 것이다. 몸은 세포조직으로 이루어져 있고, 세포조직은 세포로, 세포는 세포 소기관들로 구성되어 있다. 한 나라의 병력은 군대로 이루어져 있고, 군대 안에는 사단이 있으며, 사단은 대대·중대·소대로 나뉜다. 책은 장으로 구성되어 있고, 장은 절·소절·단락·문장으로 나뉜다. 제국은 국가와 속주와 자치령으로 이루어져 있다. 이 '거의 분해 가능한' 체계들은, 구성 부분에 속한 요소들 간의 풍부한 상호작용과, 서로 다른 구성 부분에 속한 요소들 간의 빈약한 상호작용이 그 특징이다. 복잡계는 모듈들의 층위 구조다. 모듈로 묶여 있는 요소들만이 서로 결합해서 점점 더 큰 모듈을 이룰 정도로 충분히 오랫동안 안정적일 수 있기 때문이다. 사이먼은 이것을 두 명의 시계공인 호라와 템푸스에 비유한다.

> 두 사람이 만든 시계는 하나에 약 1000개의 부품으로 이루어져 있다. 템푸스는 시계를 만들 때 일부만 조립했다가, 이를테면 전화가 와서 조립을 중단하게 되면 시계를 분해해서 처음부터 재조립했다. …
> 호라가 만든 시계들 역시 템푸스의 시계들만큼이나 복잡했다. 그러나 그는 부품들을 각각 10개씩 분류해 단계적으로 조립했다. 그는 이렇게 분류한 부품의 집합들을 다시 10개씩 묶어 더 큰 집합으로 분류했고, 결국 마지막 10개의 집합이 모여 하나의 완전한 시계가 탄생했다. 따라서 호라는 시계를 조립하다가 전화를 받기 위해 중단했을 때에도 작업 과정 중에 단지 적은 부분만 손해를 보았고, 그 결과 템푸스가 들인 노동 시간에 비해 아주 짧은 시간에 시계를 조립했다.

우리의 복잡한 마음 활동도 호라의 지혜를 따른다. 살아가는 동안 우리는 모든 선에 주목하거나 모든 근육 수축을 계획할 필요가 없다. 낱말 기호 덕분에 어떤 활자체도 그와 관련된 지식을 일깨운다. 목표 기호 덕분에 어떤 위험 신호도 도피 수단을 촉발할 수 있다.

나는 지금까지 오랫동안 마음 연산과 마음 표상에 관한 논의를 펼쳐 보였다. 그리고 그 논의의 유익한 결말로서, 인간의 마음이 단지 기계에 불과하고 로봇과 같은 내장內藏 전산기에 불과하다고 해도 복잡성, 치밀함, 가소성flexibility을 가질 수 있다는 점이 이해되었기를 바란다. 영혼이나 신비한 힘이 있어야 지능을 설명할 수 있는 것은 아니다. 또는 조금이라도 더 과학적으로 보이기 위해 우리 자신의 눈에 비친 증거를 무시하고, 인간은 조건화된 연상聯想들의 묶음이고 유전자의 꼭두각시이고 야만적인 본능의 노예라고 주장할 필요도 없다. 우리는 인간 사고의 민활함과 통찰력을 인정하는 동시에 그런 능력을 설명할 수 있는 기계론적 틀을 인정할 수 있다. 상식, 감정, 사회적 관계, 유머, 예술을 설명하게 될 이후의 장들은 '복잡한 연산 능력을 가진 정신'을 논의의 기초로 삼고 있다.

전년도 우승자(디펜딩 챔피언)

물론 만일 계산주의 마음 이론이 틀렸다는 것이 상상할 수도 없는 일이라면 그것은 그 이론이 백지처럼 아무 내용이 없다는 것을 의미할 것이다. 사실 계산주의 마음 이론은 정면 공격을 받아 왔다. 이 정도로 긴요해진 이론이었으므로 당연히 어설픈 공격은 통하지 않았다. 이론의 기초를 허무는 것 외에는 마땅한 방도가 없었을 것이다. 현란한 필치를 자랑하는 두 저자가 도전장을 던졌다. 두 사람은 정반대의 무기를 들었지만 둘 다 적절한 무기였다. 한 사람은 소박한 상식에 호소했고, 다른 사람은 난해한 물리학과 수학에 호소했다.

최초의 포문을 연 사람은 철학자 존 설이었다. 설은 1980년에 네드 블록이란 철학자로부터 채택한 사고실험으로 자신이 계산주의 마음 이론을 혁파했다고 믿고 있다.(역설적이게도 네드 블록은 계산주의 이론의 주요한 지지자다.) 설의 견해는 '중국어 방Chinese Room'이란 이름으로 널리 알려지게 되었다. 중국어를 전혀 모르는 사람이 방 안에 있다. 구불구불 갈겨쓴 종이들이 문틈으로 들어온다. 방 안에 있는 사람은 이를테면 "(구불구불구불)이 나오면 그때마다 (고불고불고불)을 적어라"같이 복잡한 지시 사항들이 적힌 긴 목록을 갖고 있다. 몇몇 규칙에는 그가 쓴 종이를 다시 문밖으로 내놓으라는 지시가 적혀 있다. 그는 어느덧 그 지시 사항들을 능숙하게 수행한다. 그는 모르지만 구불구불한 말들과 고불고불한 말들은 중국어 문자이고 그 지시문들은 중국어로 된 이야기에 대해 이런저런 질문에 답을 하는 인공지능 프로그램이다. 그 방의 문밖에 있는 사람이 생각하기에 방 안에 있는 사람은 중국어 원어민이다. 이제, 이해한다는 것이 적절한 컴퓨터 프로그램을 작동하는 것이라면 그 사람은 중국어를 이해한 것이 된다. 그는 그런 프로그램을 가동하고 있기 때문이다. 그러나 그 남자는 중국어를 한마디도 이해하지 못하고, 단지 기호를 조작하고 있을 뿐이다. 따라서 이해는—그리고 그 연장으로서 지능의 어떠한 측면이라도—기호 조작이나 연산과 동일한 것이 아니다.

설은 그 프로그램에 없는 것은 바로 기호와 기호가 의미하는 것의 관계인 지향성이라고 말한다. 많은 사람들이 그의 말을, 그 프로그램에 없는 것이 '의식'이라는 말로 해석해 왔고, 실제로 설도 우리는 어떤 생각을 하거나 단어를 사용할 때 그것이 의미하는 것을 의식하기 때문에 의식과 지향성은 밀접히 관련되어 있다고 생각한다. 지향성, 의식, 그리고 그 밖의 마음 현상들은 정보처리에 의해서가 아니라 "실제 인간 뇌의 실제적인 물리-화학적 특성들"에 의해 야기된다는 것이 설의 결론이다.(그러나 그 특성들이 무엇인지는 결코 말하지 않는다.)

중국어 방은 엄청나게 많은 비평을 불러일으켰다. 100편 이상의 출판된 논문이 그 이론에 응수했고, 나 역시 모든 인터넷 토론 그룹의 목록에 내 이름을 등록할 충분한 이유가 있었다. '그 방 전체(남자+규칙표)'가 중국어를 이해한다고 말하는 사람들에게, 설은 이렇게 응답한다. "좋아요, 그 남자가 규칙을 기억하고, 머릿속으로 계산을 하고, 밖으로 나가 일을 한다고 해봅시다. 그 방은 사라지고, 우리의 기호 조작자는 여전히 중국어를 이해하지 못합니다." 그 남자는 외부 세계와의 감각운동 연결이 전혀 없음을 지적하면서 그것은 치명적인 결손 요소라고 말하는 사람들에게, 설은 이렇게 응답한다. "문틈으로 들어오는 구불구불한 글씨가 텔레비전 카메라의 출력물이고 밖으로 나오는 고불고불한 글씨가 로봇 팔에게 내리는 명령어라고 가정해 봅시다. 그 남자는 외부 세계와 연결되어 있지만 그래도 중국어를 말하지 못합니다." 그의 프로그램이 뇌의 활동을 반영하지 못한다고 말하는 사람들에게 설은 중국어 방에 해당하는 블록block의 병렬 분산 체계인 중국어 체육관을 예로 든다. 수백만 명의 사람들이 체육관에 모여 마치 뉴런처럼 서로에게 휴대용 무선전화기로 신호를 외치고 중국어 이야기에 대한 질문들에 답을 하면서 하나의 신경망처럼 행동한다. 그러나 그 '체육관'은 방 안의 남자처럼 중국어를 이해하지 못한다.

설의 전술은 끊임없이 상식에 호소하는 것이다. 그의 설명을 듣고 있노라면 다음과 같은 말이 들리는 듯하다. "이보시오! 지금 '그 남자가 중국어를 이해한다'고 주장하는 거요???!!! 집어치우쇼! 그는 한마디도 이해하지 못한다구요!! 평생 동안 브루클린에서만 살았다니까!!" 그러나 과학의 역사는, 조심스럽게 말하자면 상식이 지배하는 소박한 직관에 친절을 베풀지 않았다. 철학자 퍼트리샤 처치랜드와 폴 처치랜드는 우리에게, 빛이 전자기파로 이루어져 있다는 맥스웰의 이론을 반박하는 데에 설의 주장이 어떻게 이용될 수 있는지를 상상해 보라고 권유한다. 사람이 손에 자석을 들고 위아래로 흔든다. 그 사람은 전자기파를 만들어 내고 있지만 '자석에서는 어떤 빛도 나오지 않는다.' 따라서 빛은 전자기파가 아니다. 그러나 이 사고실험에서는 우리 인간의 눈에 빛으로 보일 만큼 빠른 파장이 만들어지지 않는다. 이 사고실험은 우리의 직관을 믿음으로써 '빠른' 파장 역시 빛이 될 수 없다는 잘못된 결론을 내리고 있다. 이와 마찬가지로 설은 우리 인간이 생각하기에 '이해'로 간주되지 않을 만큼 마음 연산의 속도를 늦춰 버렸다.(이해는 보통 그보다 훨씬 빠르기 때문이다.) 이 사고실험 역시 우리의 직관을 믿음으로써 빠른 연산도 이해가 아니라는 잘못된 결론을 내리고 있다. 그러나 만약 설의 터무니없는 이야기를 빠른 속도로 업그레이드하는 것이 가능하다면, 그리고 중국어로 지적인 대화를 하는 것처럼 보이지만 실제로는 수십 분의 1초에 수백만 개의 기억된 규칙을 전개하는 사람을 만난다면 우리는 그가 중국어를 이해한다는 점을 명확히 부인하지 못할 것이다.

내 자신의 견해를 피력하자면, 설은 단지 이해라는 단어와 관련된 사실들을 나열하고 있는 것이다. 사람들은 다음과 같은 전형적인 조건이 충족되지 않으면 이해라는 단어를 잘 사용하지 않는다. 언어의 규칙들이 빠르고 무의식적으로 사용되어야 하고, 언어의 내용이 사용자의 믿음들과 연결되어 있어야 한다는 것이다. 만일 사람들이 이해라는 현상의 본질을 그대로 유지하면서도, 그 전형에 위배되는 낯선 조건들을 이해라는 단어에 수용하길 꺼린다 해도 과학적으로는 아무런 문제가 되지 않는다. 다른 단어를 찾을 수도 있고, 동의하에 그 단어를 기술적인 의미로 사용할 수도 있다. 무엇이 이해를 가능하게 하는가에 대한 설명도 마찬가지다. 결국 과학은 우리에게 친숙한 어떤 단어의 '현실적인' 예가 어느 것인가를 묻는 것이 아니라, 객관적 대상의 작동 원리가 무엇인가를 묻는다. 만일 어느 과학자가 팔꿈치의 기능을 설명하면서 인간의 팔꿈치는 제2형 지레라고 말할 때, 그에 대한 반박으로 강철로 만든 제2형 지레를 들고 있는 남자를 묘사하면서, "이 남자가 3개의 팔꿈치를 갖고 있는 건 아니잖소!!!"라고 외치는 것은 아무런 효과가 없다.

    뇌의 '물리 화학적 특성'에 대해서는 이미 언급한 바가 있다. 뇌종양, 쥐의 뇌, 배양접시에 살고 있는 뉴런 조직은 '이해'를 하지 못하지만, 그 물리 화학적 특성은 뇌의 물리 화학적 특성과 동일하다. 계산주의 이론이 그 차이를 설명한다. 즉, 그 뉴런들은 적절한 정보처리를 수행하는 연결 패턴으로 '배열' 되지 않았기 때문이다. 예를 들어, 위에서 열거한 것들에게는 명사와 동사를 구분하는 부위들이 없고, 그것들의 행동 패턴 역시 구문론, 어의론, 상식의 규칙들을 실행하지 못한다. 물론 우리는 언제라도 그것을 물리 화학적 특성의 차이라고 '명명' 할 수는 있지만(두 권의 책이 물리 화학적 특성이 다른 것과 같은 의미에서) 그 순간 그 용어는 의미를 잃게 된다. 그것은 더 이상 물리학과 화학의 언어로 정의할 수 있는 용어가 아니기 때문이다.

    정반대의 사고실험으로 반전시키면 공정한 게임이 될 것이다. 설의 중국어 방에 대한 최종적인 대답은 인터넷에서 널리 회자되고 있는 공상 과학 소설가 테리 비슨의 이야기에서 볼 수 있다. 그 이야기는 행성 간 탐험대의 대장과 총사령관의 대화를 통해 위의 경우와 반대되는 쪽으로 전개되는 의심을 보여 준다.

"그들은 고기로 이뤄져 있습니다."

"고기라고?" "확실합니다. 그 행성의 여러 지역에서 몇몇을 골라 탐사선으로 데려온 다음 샅샅이 조사했습니다. 완전히 고깃덩어리입니다."

"그럴 리가. 그 무선 신호는 어떻게 된 건가? 다른 별에 보내는 메시지인가?"

"그들은 무선파를 이용해 말을 합니다만, 그 신호는 그들이 내는 게 아니었습니다. 기계에서 나오는 신호였습니다."

"그러면 그 기계는 누가 만들었지? 그걸 만든 자들을 만나고 싶군."

"그들이 만들었습니다. 바로 그 점을 말씀드리고 싶었습니다. 고기가 기계를 만들었습니다."

"그것 참 우습군. 어떻게 고기가 기계를 만들 수 있단 말인가? 감각력*을 가진 고깃덩어리의 존재를 믿으라고 강변하는 건가?"

* 고통 또는 행복이나 기쁨을 느낄 수 있는 능력

"강변이 아니라, 사실을 말씀드리는 겁니다. 그 생물체들은 이 구역에서 감각력을 가진 유일한 종족인데 고기로 이뤄져 있다는 겁니다."

"어쩌면 오르폴레이족과 비슷하겠군. 고기 단계를 거쳐 탄소로 변하는 지능체 말일세."

"아닙니다. 그들은 고기로 태어나 고기로 죽습니다. 몇몇 샘플의 일생을 조사해 봤는데, 수명이 썩 길지 않았습니다. 고기의 수명이라니, 상상이 되십니까?"

"잠깐, 시간을 좀 주게. 좋아, 아마도 일부만 고기겠지. 왜 있잖나, 고기로 된 머리 안에 전자 플라스마 뇌를 가진 웨딜레이족처럼 말일세."

"아닙니다. 우리도 그렇게 생각했습니다. 실제로 웨딜레이족처럼 고기로 된 머리를 가지고 있어서요. 하지만 그들을 조사해 보니 전부 다 고기였습니다."

"뇌가 없어?"

"아, 뇌는 있습니다. 그런데 그 뇌가 바로 고깃덩어리였지요."

"그렇다면 생각은 어디로 하나?"

"아직 이해를 못 하셨군요. 뇌로 생각을 합니다. 그 고기로요."

"하, 생각하는 고기라! 지금, 생각하는 고기의 존재를 믿으란 말인가?"

"그렇습니다. 생각하는 고기, 의식이 있는 고기, 사랑을 하는 고기, 꿈을 꾸는 고기입니다! 그 모든 것을 고기로 합니다! 이제 이해가 되십니까?"

● ● ● ● ●

계산주의 마음 이론에 대한 두 번째 공격은 수리물리학자이자 베스트셀러 《황제의 새마음 The Emperor's New Mind》의 저자, 로저 펜로즈의 포문에서 나왔다.(공공연한 비난의 태도가 고스란히 반영된 제목이다!) 펜로즈는 상식이 아니라 논리학과 물리학에서 빌려 온 난해한 주제들에 의존한다. 그는 괴델의 유명한 정리에 따르면 수학자는, 그리고 그 연장선상에서 모든 인간은 컴퓨터 프로그램이 아니라고 주장한다. 간략히 말해, 괴델은 최소한의 능력이 있고(간단한 산술적 진리를 제시하기에 충분한 능력이 있고) 모순이 없는(모순된 명제들을 생산하지 않는) 형식 체계라면 어떤 것이든 참인 명제를 생성할 수 있다는 점, 그러나 그 체계 자체는 참으로 입증될 수 없다는 점을 입증했다. 우리 인간 수학자들은 그 명제들이 참이라는 것을 그냥 알기 때문에, 우리는 컴퓨터 같은 형식 체계가 아니다. 펜로즈는 수학자의 능력이 연산으로는 설명되지 않는 의식의 한 측면에서 비롯된다고 믿는다. 사실 그것은 뉴런의 작용으로는 설명되지 않는다. 너무 크기 때문이다. 또한 다윈의 진화론으로도 설명되지 않으며, 심지어는 현재 우리가 이해하고 있는 물리학으로도 설명되지 않는다. 그러나 양자역학의 효과는, 비록 아직은 존재하지도 않는 양자중력의 이론에서 설명되겠지만, 뉴런의 축소판 골격을 이루는 미세소관微細小管에 서로 작용하는데, 그 효과는 너무나 신기해서 의식의 신기함과 쌍벽을 이룬다.

논리학자들은 펜로즈의 수학적 주장이 오류라는 결론을 내렸고, 펜로즈의 다른 주장들도 관련 분야의 전문가들로부터 혹평을 받아 왔다. 첫 번째 큰 문제는 펜로즈가 자신의 이상적인 수학자에게 부여한 재능들, 이를테면 기초적인 규칙들의 체계가 모순이 없다는 확신 같은 것이 현실의 수학자들에겐 없다는 것이다. 두 번째 문제는, 양자 효과는 신경조직에서는 거의 확실히 소멸된다는 점이다. 세 번째 문제는, 미세소관은 모든 세포에 존재하므로 뇌가 지능에 도달하는 과정에 어떤 역할도 하지 못하는 것으로 보인다는 점이다. 네 번째 문제는 의식이 어떻게 양자역학으로부터 발생할 수 있는가에 대해 단 하나의 징후도 존재하지 않는다는 점이다.

펜로즈와 설의 주장은 공동의 목표 외에도 하나의 공통점이 있다. 그들이 공격을 가하는 이론과는 달리 두 주장은 실제상의 과학적 발견이나 설명과는 너무나 무관해서 경험적으로 빈약하기 이를 데 없고, 마음이 어떻게 작동하는가에 대해 일말의 통찰력을 제공하거나 발견을 자극하지 못한다는 점이다. 《황제의 새마음》에 내포된 가장 흥미로운 의미를 지적해낸 사람은 데닛이다. 계산주의 마음 이론에 대한 펜로즈의 비난은 결국 간접적인 칭찬이었다. 계산주의 이론은 세계에 대한 우리의 이해와 너무나 잘 맞아떨어져서, 그것을 전복하려고 시도하는 과정에서 펜로즈는 우리 시대의 신경과학, 진화생물학, 물리학의 대부분을 거부할 수밖에 없었다는 것이다!

기계로의 대체

루이스 캐럴의 소설 〈거북이 아킬레스에게 한 말What the Tortoise Said to Achilles〉에서 발 빠른 전사는 터벅터벅 걷는 거북을 앞지른 뒤 편히 쉰다. 거북에게 유리한 출발을 허용하면 아무리 발이 빠른 전사라도 거북을 따라잡지 못한다는 제논의 역설(아킬레스가 간격을 좁히는 시간에 거북은 짧은 거리나마 전진을 한다. 다시 남은 간격을 좁히는 시간에 거북은 조금 더 전진하고, 이런 과정이 무한히 계속된다)을 무시한 것이다. 그러자 거북은 아킬레스를 상대로 제논과 비슷한 논리적 역설을 펼친다. 겸손한 아킬레스는 엄청나게 큰 공책을 펴고 투구에서 연필을 꺼내자 거북은 유클리드의 제1명제라며 아래와 같은 내용을 받아 적게 한다.

(A) 동일한 어떤 것과 똑같은 것들은 서로 동일하다.
(B) 이 삼각형의 두 변은 동일한 것과 동일한 것이다.
(Z) 이 삼각형의 두 변은 서로 같다.

거북은 먼저 아킬레스로 하여금 A와 B 그리고 "A와 B이면 Z다(If A and B then Z)"를 인정하는 사람은 누구나 Z도 인정해야 한다는 논리를 수긍하게 만든다. 그러나 곧바로 거북은 아킬레스가 수긍한 논리에 이의를 제기한다. 그는 어느 누구도 그가 인정해야 할 전제의 목록에 if-then 규칙을 적어 놓지 않았기 때문에 자신은 결론 Z를 거부할 자격이 있다고 말한다. 그는 아킬레스에게, 자신으로 하여금 '꼼짝 못하게' 결론 Z를 인정하게 해 보라고 요구한다. 그러자 아킬레스는 공책의 목록에 C를 추가한다.

(C) A와 B가 참이면 Z도 반드시 참이다.

거북은 A와 B가 참이라는 이유만으로 왜 Z를 참으로 가정해야 하는지 모르겠다고 대답한다. 아킬레스는 또 하나의 전제를 추가한다.

(D) A와 B와 C가 참이면, Z도 반드시 참이다.

그리고 "논리가 완벽하면 Z를 인정할 수밖에 없을 것"이라고 선언한다. 거북은 다음과 같이 대답한다.

"나에게 의미가 있는 논리라면 모두 '적혀 있을' 가치가 있어요. 그러니 이것도 공책에 적어 넣도록 하세요.

(E) A와 B와 C와 D가 참이면 Z도 반드시 참이다."

아킬레스는 "알았어"라고 말했지만 그 대답에는 슬픈 기색이 엿보였다. 이쯤에서 화자는 궁합이 잘 맞는 두 사람을 강둑에 남겨 두고 자리를 떴으며, 그 후 몇 달 동안 그곳을 지나가지 않았다. 몇 달 후 해설자가 강둑을 지나갈 때 아킬레스는 참을성이 많은 거북의 등 위에 걸터앉아 공책에 무언가를 적고 있었다. 그의 공책은 거의 가득 찬 것 같았는데 거북은 이렇게 말하고 있었다. "그 마지막 단계도 다 적었나요? 내 계산이 맞다면 그건 1001번째가 될 거예요. 앞으로 수백만 번이 더 남았어요."

물론 이 역설의 해답은, 처음부터 끝까지 모두 명시적 규칙에 따르는 추론 시스템은 없다는 것이다. 어느 시점에 이르면 그 체계는 제리 루빈이(그리고 후에는 나이키 회사가) 말했던 것처럼, 그냥 그것을 한다(just do it). 즉, 규칙이 해당 체계의 반사적이고 강제적인 작동에 의해 더 이상의 질문 없이 그냥 실행되는 것이다. 그 시점에 이르면 체계는 하나의 기계처럼 규칙을 따른다기보다는 물리학의 법칙을 따르게 될 것이다. 이와 마찬가지로 악마들(기호를 다른 기호로 바꾸기 위한 규칙들)이 표상을 읽고 쓰면, 그리고 그 악마들 내부에 더 작은(그리고 더 멍청한) 악마들이 있다면, 마지막에 우리는 고스트버스터를 불러서 가장 작고 가장 멍청한 악마들을 기계로 대체해야 할 것이다. 이때 그 대상이 사람과 동물이라면 그 기계는 뉴런, 즉 신경망으로 이루어질 것이다. 이제, 마음이 어떻게 작동하는가에 대한 우리의 이해는 뇌가 어떻게 작동하는가에 대한 간단한 개념들에 의존할 수 있다는 점에 주목해 보자.

첫 번째 힌트는 연결된 뉴런들의 '신경논리적' 특성들에 대해 책을 쓴 두 명의 수학자 워런 매컬럭과 월터 피츠에게서 나왔다. 뉴런은 너무나 복잡해서 아직 다 이해되진 않았지만 매컬럭과 피츠를 비롯한 대부분의 신경망 설계자들은 지금까지 뉴런의 한 가지 활동을 가장 중요한 것으로 인정하고 있다. 뉴런은 요컨대 일련의 수량들을 더하고, 그 합을 역치*와 비교하고, 합이 역치를 초과했는지를 알려 준다. 이것은 뉴런의 활동을 개념적으로 묘사한 것이다. 이것을 물리적으로 설명하면, 점화하는 뉴런은 다양한 정도로 활성을 띠는데, 그 활성도는 시냅스에서 뉴런의 수상돌기(입력 구조물)와 만나는, 다른 뉴런들이 보낸 축색돌기들의 활성도에 영향을 받는다. 하나의 시냅스는 양(흥분성), 영(효과 없음), 음(억제성)에 해당하는 강도를 갖고 있다. 다른 뉴런들에서 축색돌기를 타고 들어오는 각각의 활성도가 이 시냅스 강도와 곱해진다. 뉴런은 이

* 자극에 대해 반응이 시작되는 분계점.

렇게 들어온 수치들을 총합한다. 만일 그 총합이 역치를 초과하면 뉴런은 더 활성화되어 자신과 연결된 모든 뉴런에게 신호를 보낸다. 비록 뉴런은 항상 점화된 상태이고, 입력되는 신호를 조금 더 빠르거나 느리게 감지하며 점화하지만, 우리는 편의상 뉴런이 꺼져 있다(휴지 중인 속도)거나 켜져 있다(상승한 속도)고 설명한다.

　　　매컬러과 피츠는 이 모형 뉴런들을 배선해서 논리 게이트를 만드는 방법을 보여 주었다. 논리 게이트는 간단한 추론의 기초를 이루는 기본적인 논리 관계인 'and,' 'or,' 'not'을 실행한다. (개념적으로) A가 참이고 B가 참이면 'A and B'는 참이다. AND-게이트는 (기계적으로) 두 입력물이 모두 켜져 있으면 하나의 결과를 산출한다. 모형 뉴런으로부터 AND-게이트를 만들려면 169쪽 그림 왼쪽의 축소형 망처럼 출력 단위의 역을 들어오는 각각의 가중치보다 크지만 그 총합보다는 작게 정하면 된다. (개념적으로) A가 참이거나 B가 참이면 'A or B'는 참이다. OR-게이트는 (기계적으로) 두 입력물 중 어느 하나라도 켜져 있으면 결과를 출력한다. OR-게이트를 만들려면 그림의 가운데 축소형 망처럼 출력 단위의 역을, 들어오는 각각의 가중치보다 작게 정하면 된다. 마지막으로, NOT-게이트는 (개념적으로) A가 거짓이면 'not A'는 참이고, A가 참이면 'not A'는 거짓이다. NOT-게이트는 (기계적으로) 입력물을 받지 않을 때 출력을 하고, 입력물을 받을 때 출력을 하지 않는다. NOT-게이트를 만들려면 그림 오른쪽의 축소형 망처럼, 입력이 없을 때 뉴런이 점화하도록 역을 0으로 정하고, 뉴런을 끄기 위해 들어오는 입력신호의 가중치를 음으로 만들면 된다.

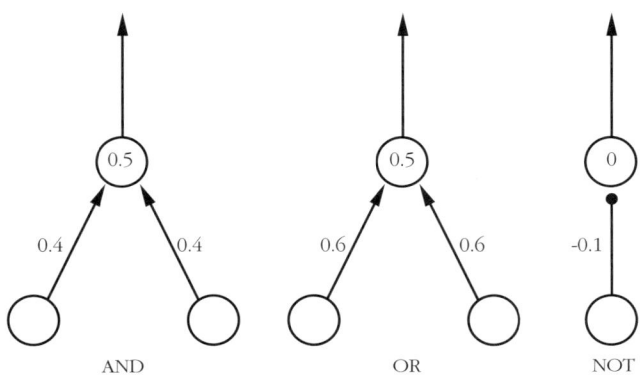

　　각각의 모형 뉴런이 하나의 간단한 명제를 표현한다고 가정해 보자. 축소형 망들은 입력과 출력이 맞물리면서 서로 배선되어 복잡한 명제의 진리값을 평가할 수 있다. 예를 들어 하나의 신경망은 유대인에게 정결한 음식으로 인정되는 동물을 요약한 명제{[(X는 새김질을 한다)와 (X는 갈라진 발굽을 갖고 있다)] 또는 [(X는 지느러미를 갖고 있다)와 (X는 비늘을 갖고 있다)]}를 평가할 수 있다. 실제로, 모형 뉴런의 망이 확장 가능한 어떤 기억과 연결되면(예를 들어 고무 인장과 지우개 밑으로 지나가는 두루마리 종이), 하나의 튜링기계, 즉 완전한 능력을 가진 컴퓨터가 된다.

　　그러나 논리 게이트가 뉴런으로 이뤄졌든 반도체로 이뤄졌든 그 안에 명제나 명제들로 구성된 개념을 표현하기는 전적으로 불가능하다. 문제는 각각의 개념과 명제가 사전에 독립된 단위로 영구 배선되어 있어야 한다는 것이다. 그러나 컴퓨터와 뇌는 둘 다 단위 '집합'들의 활동 '패턴'들로 개념을 표현한다. 간단한 예가 컴퓨터에서 수문자를 표시하는 낮은 바이트다. 철자 B의 표시는 01000010인데, 이 숫자(비트)들은 한 줄로 배열된 작은 실리콘 조각들에 해당한다. 2개의 1에 대응하여 두 번째와 일곱 번째 조각이 대전帶電되어 있고, 0에 대응한 나머지 조각들은 대전되어 있지 않다. 바이트는 또한 모형 뉴런으로도 만들어질 수 있어서, B 패턴을 인식하는 연결망은 간단한 신경망이 될 수도 있다.

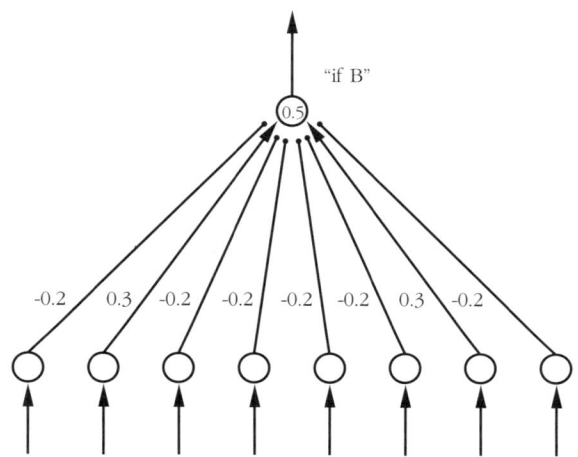

우리는 이 망이 악마를 구성하는 부분들 중 하나라고 상상할 수 있다. 아래 줄의 모형 뉴런들이 단기기억과 연결되어 있으면 위의 뉴런은 단기기억에 기호 B의 예가 들어 있는지를 알아낼 수 있다. 그리고 171쪽에는 기호 B를 기억 속에 써 넣는 악마의 일부가 망으로 표현되어 있다.

우리는 모형 뉴런으로 일반적인 디지털 컴퓨터를 만들고 있는 중이다. 그러나 방향을 약간 돌려서 좀 더 생물의 형태를 가진 컴퓨터를 만들어 보자. 첫째로, 모형 뉴런을 이용하여 전통적인 논리가 아니라 퍼지 논리를 실행할 수 있다. 여러 분야에서 사람들은 어떤 것이 참인지에 대해 완전한 확신을 갖지 못한다. 하나의 사물은 해당 범주에 포함되거나 배제된다기보다는 그 범주의 더 좋거나 더 나쁜 예일 수 있다. '야채'라는 범주를 예로 들어 보자. 대부분의 사람들은 셀러리가 완전한 야채인 데 반해

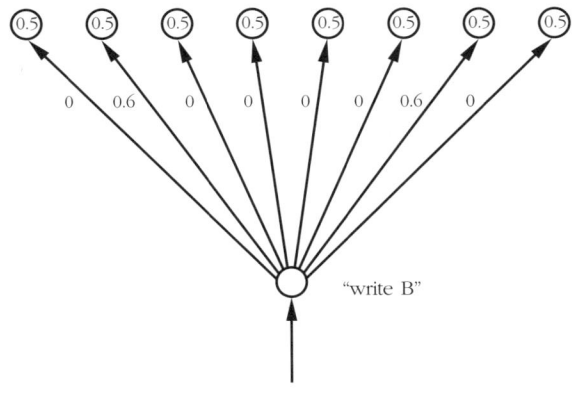

마늘은 어중간한 예라는 데 동의한다. 레이건 행정부는 심지어 케첩도 야채라고 주장하면서 인색한 학교 급식 프로그램을 정당화했다. 물론 여론의 비난이 거세게 일자 그것이 썩 좋은 예는 아니었음을 인정했지만. 개념적으로 말해 우리는 '어떤 것이 야채인가 아닌가'라는 생각을 피하고, 그것이 야채의 더 좋은 예이거나 더 나쁜 예라고 말할 수 있다. 기계적으로 말해, 우리는 더 이상 야채 일반을 표현하는 특정 단위가 켜졌거나 꺼졌다고 주장하지 않고, 그것이 0(돌멩이)에서 0.1(케첩)과 0.4(마늘)를 거쳐 1.0(셀러리)에 이르는 값을 갖는다고 인정할 수 있다.

우리는 또한 각각의 개념을 의미 없는 비트 열과 관련시킨 임의의 코드를 짜 만들 수 있다. 각각의 비트는 무언가를 표현함으로써 존립한다. 어떤 비트는 초록색을 표현하고, 다른 비트는 식물의 잎을 표현하고, 또 다른 비트는 아삭아삭함을 표현할 수 있다. 야채의 성질과 관련된 이 각각의 단위들이 야채라는 단위 자체와 적은 값으로 연결될 수 있다. 이를테면 '자성磁性'이나 '이동 능력'처럼 야채에는 없는 특징들을 표현하는 다른 단위들은 음의 가중치를 갖는다. 개념적으로 말해, 야채의 특성이 많을수록 그것은 야채의 더 좋은 예가 된다. 기계적으로 말해, 더 많은 야채 특성 단위가 커질수록 야채 단위의 활성도가 높아진다.

한 망이 좀 더 부드러워지면 그것은 다양한 정도의 증거와 사건의 확률을 표현할 수 있고 통계적 결정을 내릴 수 있다. 한 망의 각 단위가 집사를 가리키는 증거(칼에 남은 지문, 희생자의 아내가 쓴 러브레터 등)를 하나씩 표현한다고 가정해 보자. 그 최상부 노드는 집사가 살인자라는 결론을 표현한다. 개념적으로 말해, 집사가 살인을 했다는 단서가 많을수록 집사가 살인자라는 판단이 강해진다. 기계적으로 말해, 켜져 있는 단서 단위가 많을수록 결론 단위의 활성은 높아진다. 결론 단위를 설계할 때 입력물들을 다른 방식으로 조정하면 그 망으로 다른 통계 절차를 실행할 수 있다. 예를 들어 결론 단위는, 가부가 분명한 논리 게이트들의 역단위들처럼 하나의 역이 될 수 있다. 그러면 그것은 증거의 가중치가 임계값을 초과할 때에만 하나의 결론을 내도록 방침을 실행할 수 있다(예를 들어, '꽤 분명하다'). 또한 결론 단위는 활동을 점차 높일 수 있다. 그러면 최초의 단서들이 들어와 누적될 때 확신의 정도가 천천히 증가하고 더 많은 단서들이 축적되면서 빠르게 쌓이다가, 감소하는 전환점에 이르면 안전 상태로 변

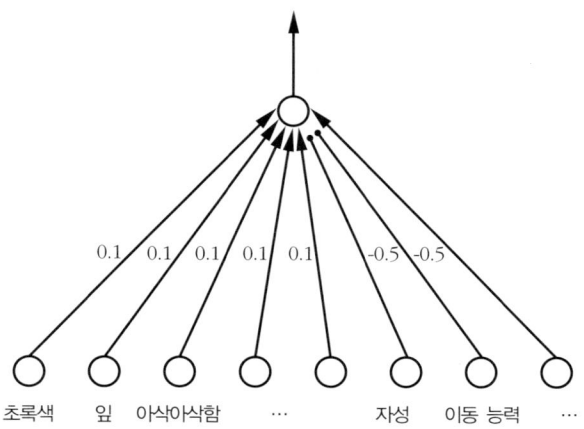

한다. 이 두 종류의 단위는 신경망 설계자들이 즐겨 사용하는 단위들에 포함된다.

더 대담하게 생각해 보자. 실리콘칩이 아닌 뉴런으로 연결을 만들면 비용이 저렴하다는 사실로부터 영감을 얻을 수 있다. 각각의 모든 단위를 다른 모든 단위와 연결하지 못할 이유가 무엇인가? 그런 망은 초록색이 야채를 예보하고 아삭아삭함이 야채를 예보할 뿐 아니라, 초록색이 아삭아삭함을 예보하고 아삭아삭함이 잎을 예보하고 초록색이 이동 능력의 결여를 예보한다는 지식을 구현할 것이다.

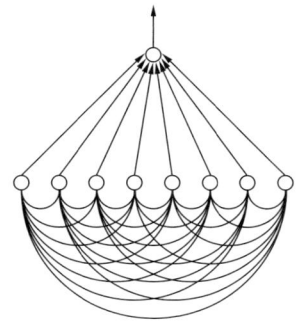

이렇게 하면 흥미로운 일들이 발생하기 시작한다. 그 망은 드문드문 연결된 망과는 달리 인간의 사고 과정을 닮기 시작한다. 이런 이유로 심리학자들과 인공지능 과학자들은 모든 것이 모든 것과 연결된 망을 이용해 간단한 패턴 인식을 수행하는 많은 사례들을 설계해 왔다. 그들은 철자들 속에 공통으로 존재하는 선들, 단어들 속에 공통으로 존재하는 철자들, 동물들 속에 공통으로 존재하는 부위들, 실내 공간들 안에 공통으로 존재하는 가구들을 인식하는 망을 만들어 왔다. 종종 최상부의 결정 노드를 버리고 특성들 간의 상관관계만을 계산하기도 한다. 자동연상망autoassociator이라 불리는 이 망들은 다섯 개의 재치 있는 자질을 갖고 있다.

첫째, 자동연상망은 개조 능력이 있고 주소address로 내용을 끄집어낼 수 있는 메모리다. 상업용 컴퓨터에서 비트 자체는 의미가 없고, 비트들로 이루어진 바이트는 도로변의 집들처럼 자의적인 주소들을 갖고 있지만 그 내용과는 무관하다. 메모리 위치는 주소로 접근할 수 있으므로, 특정한 패턴이 메모리 안의 어디에 저장되어 있는지를 확인하려면 모든 주소를 검색해야 한다.(혹은 똑똑한 '바로가기'를 이용할 수도 있다.) 반면에 내용과 주소가 결부되어 있는 메모리에서는 하나의 항목을 지정하면 자동적으로 메모리 속에 그 항목의 사본이 담긴 위치가 켜진다. 해당 항목의 특성들을 표상하는 단위들(셀러리, 초록색, 잎 등)이 켜지면 그 항목이 자동연상망 속에 표현된다. 그 단위들은 높은 가중치를 가진 다른 단위들과 서로 연결되어 있으므로 활성화된 단위들은 서로를 강화할 것이고, 활성이 몇 바퀴를 돌면서 망 전체에 반향을 일으키면 그 항목에 속한 모든 단위들이 'on' 위치에 맞춰질 것이다. 그것은 그 항목이 인식되었음을 나타낸다. 사실, 단 하나의 자동연상망도 내부의 연결들 속에 단 하나가 아니라 여러 개의 가중치 집합들을 수용할 수 있어서 한 번에 여러 개의 항목을 저장할 수 있다.

그뿐 아니라 그 연결들은 충분히 중복적이어서, 이를테면 초록색이나 아삭아삭함처럼, 한 항목에 대해 그 패턴의 일부라도 자동연상망에 제시되면 그 패턴의 나머지인 식물 잎이 자동적으로 채워진다. 몇 가지 측면에서 이것은 마음을 생각나게 한다. 우리는 기억 속의 항목들을 찾기 위해 미리 정해진 검색표를 필요로 하지 않는다. 한 사물의 거의 어떤 측면이라도 마음에 그 사물 전체를 떠올린다. 예를 들어 초록색이고 잎이 있는 것이나, 초록색이고 아삭아삭하거나, 잎이 있고 아삭아삭한 것을 생각하면 즉시 '야채'가 떠오를 수 있다. 시각적인 예로는, 몇 개의 파편들을 보고 한 단어를 완성하는 능력을 들 수 있다. 우리는 다음의 형태를 우연한 선들의 모음이나 심지어 MIHB 같은 일련의 자의적인 철자 열로 보지 않고 그보다 더 가능성이 높은 어떤 것으로 본다.

두 번째 장점은, '부드러운 퇴화graceful degradation'라 불리는 것으로, 잡음이 섞인 입력물이나 하드웨어의 고장을 해결하는 데 도움이 된다. 컴퓨터 화면이 pritn file이란 명령에 대해, pritn: command not found? 라는 에러 메시지로 반응한다면 누가 화면을 향해 구두를 던지고 싶지 않겠는가? 우디 앨런의 영화 《돈을 갖고 튀어라Take the Money and Run》에서, 은행 강도인 버질 스탁웰은 엉터리 철자 때문에 실패한다. 은행원이 그에게, "이게 무슨 뜻이죠? '너에게 gub을 겨냥하고 있다'라니요?"라고 물은 것이다.* 여러 명의 인지심리학자들이 사무실 출입구를 장식하는 게리 라슨의 한 만화에서는, 사막 위를 날아가는 비행기 조종사가 모래 위에 씌어진 다음과 같은 글을 읽고 무선으로 소리친다. "잠깐! 잠깐! … 취소하라. 'HELF'라고 적힌 것 같다." 실생활에서 인간이 그렇게 멍청하지 않은 것은 아마도, 이상한 정보가 하나쯤 있더라도 모순이 없는 나머지 정보들을 이용하는 자동연상망을 갖췄

* 우디 앨런의 영화 《돈을 갖고 튀어라》. 버질이 은행 창구 앞으로 다가와 종이를 들이댄다.
은행원: 뭐라고 씌어 있는 거죠?
버질: 이 글자 몰라요?
은행원: 글쎄요, 잘 모르겠는데요. '겁'이라고 씌어 있군요. G. U. B. 이게 무슨 뜻이죠? 어디 보자… 5만 달러를 자루에 담으세요. 나는 겁을 당신에게 겨냥하고 있다구요?
버질: 아니, 그건 B가 아니라 N이라구요.
은행원: (동료 은행원에게 몸을 돌리며) 이봐 조지, 여기 한 번 봐줄래? 이 글자 'B'로 보이나, 'N'으로 보이나?
버질: 그건 'N'자라니깐
은행원: (법률적 권위를 내세우며) 손님 죄송하지만 이 증권을 현금으로 교환하시려면 우리 지점장의 서명이 있어야 합니다. 이건 우리 은행의 규칙입니다.

기 때문일 것이다. 그래서 'pritn'은 'print'로, 'gub'은 'gun'으로, 'HELF'는 'HELP'로 인식된다. 마찬가지로 컴퓨터는 디스크 위에 단 하나의 불량 비트가 났거나, 소켓에 극소량의 부식이 생겼거나, 전원 공급이 아주 잠시 멈추더라도 기능을 멈추지만, 인간은 피곤하거나 술이 덜 깼거나 뇌 손상을 입었더라도 작동을 멈추지 않는다. 그런 상황에서 인간은 조금 느려지고 덜 정확해지긴 해도 지능적으로 반응을 한다.

    세 번째 장점으로, 자동연상망은 이른바 '제약 만족constraint satisfaction'이라는 간단한 형태의 연산을 수행할 수 있다. 인간이 해결하는 많은 문제들이 닭이 먼저냐 달걀이 먼저냐의 성격을 갖고 있다. 1장에서 보았던 예를 들자면, 우리는 한 표면의 각도나 밝기를 사전에 확실히 알지 못해도, 각도에 대한 추측으로부터 밝기를 계산하고, 밝기에 대한 추측으로부터 각도를 계산한다. 이런 문제는 지각, 언어, 상식적 추론에 수두룩하다. 나는 주름을 보고 있는가, 테두리를 보고 있는가? 나는 모음 [I](pin에서처럼)를 듣고 있는가, 모음 [ε](pen에서처럼)를 남부 억양으로 듣고 있는가? 나에게 피해를 입힌 것은 누군가의 악의적인 행동이었는가, 어리석은 행동이었는가? 이런 양의적 상황들은 때때로, 즉시 해결될 수 있다는 조건에서, 다른 양의적 사건들에 대한 최대 다수의 해석과 일치하는 해석을 선택함으로써 해결된다. 예를 들어 같은 음성이라도 send로 해석되거나 sinned로 해석될 수도 있고, 그 뒤의 음성도 pen으로 해석되거나 pin으로 해석될 수 있다면, 한 화자가 같은 모음으로 두 단어를 연달아 발음해도 나는 불확실성을 해결할 수 있다. send a pen이 제약을 위반하지 않는 유일한 추측이므로 그 화자의 의도는 틀림없이 send와 pen이었을 것이라고 추론할 수 있다. sinned와 pin이라면 sinned a pin이 되므로 문법과 그럴듯한 의미의 규칙에 위배되고, send와 pin은 두 모음이 철자는 다른데 동일하게 발음되었다는 제약 때문에 제외되며, sinned와 pen은 두 제약에 모두 위배되기 때문에 제외된다.

　이런 종류의 추론에서 모든 양립 가능성을 한 번에 하나씩 검사해야 한다면 아주 긴 시간이 걸린다. 그러나 자동연상망에서 양립 가능성들은 사전에 연결망 속에 코드화되어 있어서, 망은 모든 가능성을 단번에 평가할 수 있다. sinned에 하나, send에 하나, 이런 식으로 각각의 해석이 하나의 모형 뉴런이라고 해보자. 모순 없이 해석되는 단위 쌍들이 양의 가중치와 연결되어 있고, 모순적으로 해석되는 단위 쌍들이 음의 가중치와 연결되어 있다고 가정해 보자. 망 곳곳이 사격을 받는 것처럼 활성화되고, 모든 일이 순조롭다면 상호 모순이 없는 해석들이 가장 많이 활성화되는 상태에 이르러 안정될 것이다. 이웃한 분자들의 잡아당기는 힘으로 구체 형태를 유지하면서 달걀처럼 둥근 아메바 모양으로 불안정하게 흔들리는 비누거품이 좋은 비유가 된다.

　때때로 제약망은 상호 모순적이면서도 안정된 상태에 이를 수 있다. 그중에는 특정한 사물의 부분들이 아니라 전체가 두 가지로 해석될 수 있는 전반적 양의성global ambiguity 현상이 있다. 178쪽의 정육면체 그림(네커 정육면체라 부른다)을 보면 우리의 인지는 위에서 육면체의 윗면을 아래로 내려다보는 시각에서, 밑에서 오른쪽 위로 육면체의 바닥면을 비스듬히 올려다보는 시각으로 반전된다. 전반적인 반전이 일어나면 그와 함께 모든 국소 부분들에 대한 해석이 달라진다. 가까운 쪽의 모든 테두리가 먼 쪽 테두리가 되고, 모든 볼록한 모퉁이가 옴폭한 모퉁이가 된다. 정반대의 경우도 있다. 모든 볼록한 모퉁이를 옴폭한 모퉁이로 보려고 '노력'하면 때때로 육면체 전체가 슬쩍 반전된다. 그 동역학을 망으로 포착하면 직육면체 밑에 그려진 대로, 각 단위들이 부분에 대한 해석을 표현하고, 3

차원의 물체에서 모순이 없는 해석들은 서로를 자극하는 동시에 모순되는 해석들은 서로를 억제한다.

　네 번째 장점은 자동으로 일반화하는 망의 능력에서 나온다. 만일 앞에서 우리가 철자탐지기(입력 단위의 둑에 작은 통로를 만들어 판단 단위의 둑 안으로 흘려보낸다)를 철자인쇄기(출력 단위의 둑 속으로 의도 단위를 흘려보낸다)와 연결시켰다면, 간단한 읽고 쓰기 악마 또는 찾기 악마가 만들어졌을 것이다. 예를 들어 B에 반응해 C를 인쇄하는 악마가 그런 것이다. 그러나 그 중매인을 건너뛰어 입력 단위들을 직접 출력 단위들과 연결시키면 흥미로운 일들이 발생한다.

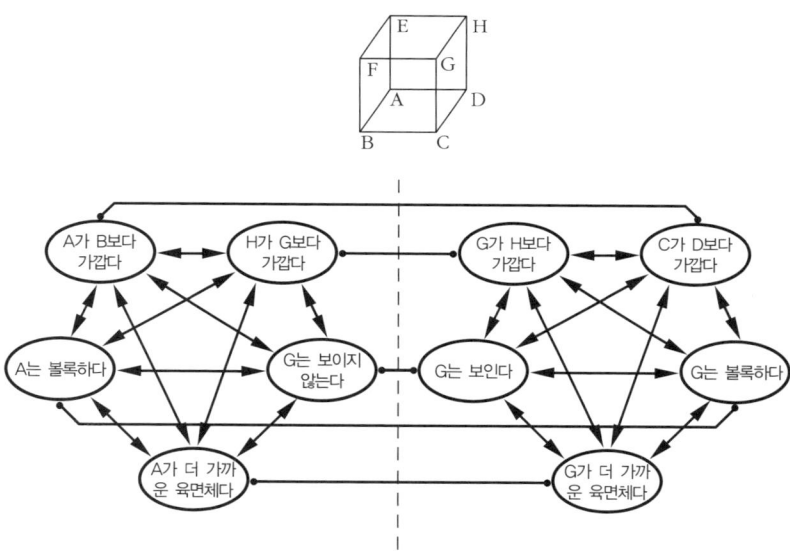

충실하고 엄밀한 찾기 악마 대신, 약간의 일반화 능력을 가진 악마도 있다. 그 망을 패턴 연상망이라 부른다.

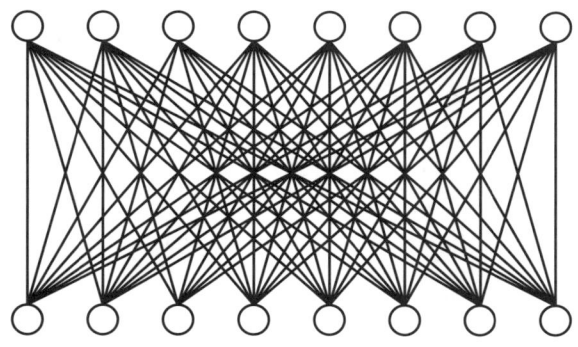

　　아래쪽 입력 단위들이 '털이 난,' '네 발을 가진,' '깃털이 있는,' '초록색,' '목이 긴'과 같은 동물의 외관을 표상한다고 가정해 보자. 단위가 충분하면 각 동물의 고유한 특성들에 해당하는 단위들이 켜짐으로써 그 동물을 표현할 수 있다. 앵무새는 '깃털이 있는' 등의 단위들이 켜지고 '털이 난' 등의 단위들이 꺼짐으로써 표현된다. 이제 위쪽 줄의 출력 단위들이 동물학적 사실들에 해당한다고 가정해 보자. 어떤 단위는 해당 동물이 초식성이라는 사실을 표현하고, 다른 단위는 그것이 온혈이라는 사실 등을 표현한다. 특정한 동물을 대표하는 단위가 전혀 없으면 (즉, '앵무새'에 해당하는 단위가 전혀 없으면) 가중치들은 자동적으로 동물의 '종류'에 대한 통계적 지식을 표현한다. 그것들은 깃털 달린 것들은 대개 온혈 동물이고, 털이 난 동물들은 대개 살아 있는 새끼를 낳는다는 등의 지식을 표현한다. 한 동물을 위한 연결들로 저장된 사실(앵무새는 온혈동물이다)은 어떤 것이든 자동적으로 비슷한 동물들(잉꼬는 온혈동물이다)로 이전된다. 망은 그 연결들이 한 동물에만 속하도록 신경을 쓰지 않기 때문이다. 연결들은 단지 눈에 보이는 어떤 특성들이 눈에 보이지 않는 어떤 특성들을 예보하는지를 말할 뿐, 동물의 종류에 관한 개념들은 몽땅 건너뛴다.

개념적으로 말해, 패턴 연상망은 만일 두 물체가 몇몇 측면에서 비슷하다면 다른 측면들도 비슷할 것이란 개념을 포착하고 있다. 기계적으로 말해, 비슷한 물체들은 거의 같은 단위들에 의해 표현되므로 한 물체에 해당하는 단위들과 연결된 정보는 어떤 것이든 다른 물체에 해당하는 많은 단위들과 실제로 연결되어 있다. 게다가 한 망 안에 내용이 다른 여러 종류들이 겹치는데, 이것은 단위들의 부분집합들이 저마다 암암리에 한 종류를 정의하기 때문이다. 단위의 수가 적을수록 종류는 커진다. 예를 들어 '이동한다,' '호흡한다,' '털이 난,' '짖는다,' '문다,' '소화전 앞에서 다리를 든다'에 해당하는 입력 단위들이 있다고 해보자. 여섯 개 모두에서 방사된 연결들은 개에 관한 사실들을 유발한다. 처음 세 단위에서 나온 연결은 포유동물에 관한 사실들을 유발하고, 처음 두 단위에서 나온 연결은 동물에 관한 사실들을 유발한다. 적절한 가중치가 들어오면 한 동물을 위해 내장된 지식이라도 가까운 일족이나 먼 일족이 그것을 공유할 수 있다.

신경망의 다섯 번째 묘기는, 학습 과정에서 연결가중치들이 변할 경우 사례들을 통해 학습을 한다는 것이다. 모형 설계자(또는 진화)는 올바른 출력을 얻는 데 필요한 수천 개의 가중치를 일일이 조판할 필요가 없다. '선생님'이 패턴 연상망에 입력물을 공급할 뿐 아니라 올바른 출력물도 제시한다고 가정해 보자. 학습 메커니즘은 그 망의 실제 출력—처음에는 아주 무작위적일 것이다—을 올바른 출력과 비교하고, 가중치들을 조정하여 둘 사이의 차이를 최소화한다. 선생님이 켜야 한다고 말한 어떤 출력 노드를 그 망이 켜지 않으면, 우리는 현재 활성화된 입력 통로가 다음에는 그 출력 노드를 켤 가능성이 높아지기를 원한다. 그래서 불응하는 출력 단위로 가는 활성입력의 가중치가 약간 높아진다. 게다가 전체적인 촉발 가능성을 높이기 위해 출력 노드 자체의 역은 약간 낮아진다. 만일 망이 출력 노드를 켜고 선생님이 그 노드를 끄라고 말하면 반대 경우가 발생한다. 현재 활성화된 입력 선들의 가중치들은 한 단계 낮아지고(가중치를 0에서 음의 값으로 떨어뜨리는 식으로), 목표 노드의 역은 올라간다. 이렇게 되면 결국 매우 활동적인 출력 노드가 입력에 대한 반응으로 미래에는 결국 꺼질 가능성이 높아진다. 입력과 그 출력의 과정이 반복적으로 망에 제시되어 연결가중치의 작은 조정들이 파도처럼 일어나면 결국 그 망은 각각의 모든 입력에 대해 모든 출력을 산출할 수 있게 된다.

이 학습 기술을 갖춘 패턴 연상망을 인식자perceptron라 부른다. 인식자는 흥미롭지만 대단히 큰 결함을 갖고 있다. 그것은 지옥에서 온 요리사 같다. 즉, 인식자는 소량의 각 양념들이 좋으면 많은 양의 모든 양념은 훨씬 더 좋다고 생각한다. 일련의 입력물들이 하나의 출력물을 켤지 켜지 않을지를 결정할 때 인식자는 입력물들에 가중치를 부여하고 그것을 합한다. 그러면 종종 아주 간단한 문제에서도 틀린 답이 나온다. 이 결함의 대표적인 예로, 인식자가 배타적 논리합exclusive-or('xor')이라 불리는 간단한 논리 연산을 처리하는 경우가 있다. 배타적 논리합은 'A 또는 B, 그러나 둘 다는 아님(A or B, but not both)'을 의미한다.

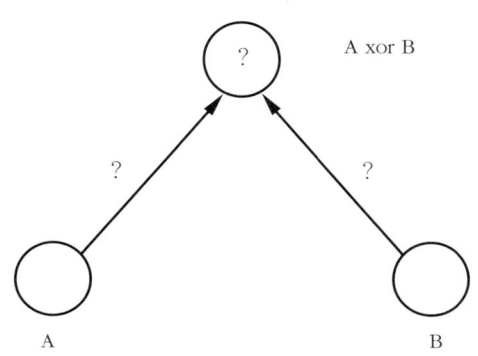

A가 커지면 망은 A-xor-B를 켜야 한다. B가 커질 때에도 망은 A-xor-B를 켜야 한다. 이 사실들은 망으로 하여금 A에서 시작된 연결의 가중치를 높이고(예컨대 0.6으로), B에서 시작된 연결의 가중치를 올려서(예컨대 0.6으로), 각각의 가중치가 출력 단위의 역(예컨대 0.5)을 충분히 초과하게 만든다. 그러나 A와 B가 모두 커지면 좋은 일이 정도를 넘어 버린다. 즉 우리는 A-xor-B의 입을 막으려 하는데 그것은 목청껏 소리를 지른다. 가중치를 낮추거나 역을 더 높임으로써, A와 B가 둘 다 커질 때에도 조용하게 만들 수는 있지만, 그러면 애석하게도 A 또는 B만 켜질 때에도 침묵을 지키게 된다. 당신이 직접 가중치를 정해 실험을 해볼 수 있지만 아무 소용이 없을 것이다. 배타적 논리합은 인식자로 만들 수 없는 많은 악마들 중 하나에 불과하다. 그 밖에도 켜진 단위가 짝수인지 홀수인지를 판정하는 악마, 일련의 활성 단위들이 대칭인지 아닌지를 판정하는 악마, 간단한 덧셈 문제의 답을 얻는 악마 등이 있다.

문제를 해결하는 방법은 입력층과 출력층 사이에 '내적 표상'을 부여해, 망을 단순한 자극-반응 생성기 이상으로 만드는 것이다. 그 망에는 입력물에 대한 필수적인 정보들을 명시적인 것으로 만들어, 각각의 출력 단위가 자신에게 들어오는 입력물들을 그냥 더하여 올바른 답을 낼 수 있게 하는 그런 표상이 필요하다. 183쪽의 그림은 그것이 배타적 논리합에서 어떻게 실행될 수 있는지를 보여 준다.

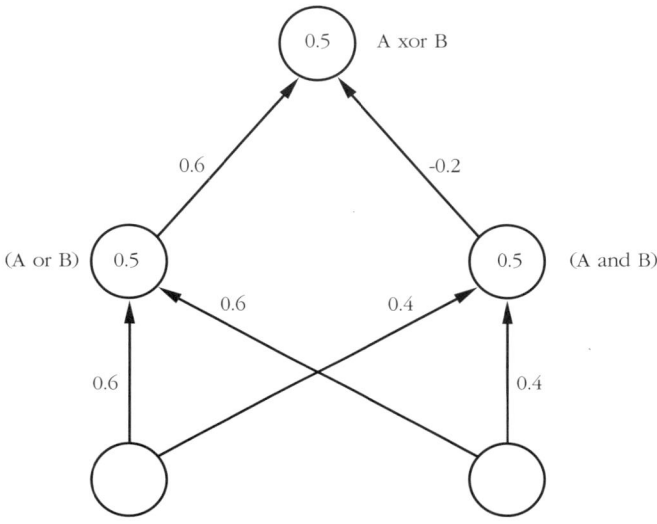

입력층과 출력층 사이에 숨겨진 두 단위는 필요한 중간 결과를 계산한다. 왼쪽의 단위는 'A or B'의 단순한 경우를 계산해서 출력 노드를 흥분시킨다. 오른쪽 단위는 'A and B'의 혼란스런 경우를 계산해서 출력 노드를 '억제'한다. 출력 노드는 단지 '(A or B) and not (A and B)'만을 계산할 수 있지만 그것만으로도 충분하다. 모형 뉴런으로 아주 간단한 악마들을 만드는 미시적인 차원에서조차 내적 표상은 필수적이다. 자극-반응 연결만으로는 충분치 않기 때문이다.

더욱 놀랍게도 숨겨진 층이 있는 망은 절차를 학습하는 고등한 인식자를 이용해 자체의 가중치들을 정하도록 훈련받을 수 있다. 앞에서처럼 선생님은 각 입력에 대한 올바른 출력을 망에 부여하고, 망은 차이를 줄이기 위해 연결가중치를 높게 혹은 낮게 조정한다. 그러나 바로 이때 인식자가 걱정할 필요가 없었던 문제가 하나 발생한다. 입력 단위로부터 숨겨진 단위로의 연결을 어떻게 조정하느냐, 하는 것이다. 이것이 문제가 되는 것은, 선생님이 독심술사가 아니라면 숨겨진 단위들이 망 속에 봉인되어 있으므로 그 단위들의 '옳은' 상태를 알 길이 없기 때문이다. 심리학자 데이비드 러멜하트, 제프리 힌턴, 로널드 윌리엄스는 영리한 해결책을 찾아냈다. 출력 단위들이 각각의 숨겨진 단위로 신호를 돌려보내는데, 그 신호는 숨겨진 단위와 연결된 '모든' 출력 단위에서 발생하는 숨겨진 단위의 에러 '총합'을 표현한다. ('보내고 있는 활성도가 너무 크다'거나 '보내고 있는 활성도가 너무 작다' 혹은 구체적인 총량으로) 그 신호는 숨겨진 층의 입력을 조정하기 위한 대리 교육 신호로 이용될 수 있다. 입력층에서 각각의 숨겨진 단위로 가는 연결을 조금 높이거나 줄이면 숨겨진 단위가 도를 넘거나 도에 못 미치는 경향을 줄일 수 있다. '오차역전error back-propagation,' 또는 간단히 '백드롭backdrop'이라 부르는 이 절차는 층이 아무리 많아도 뒤로 반복 실행될 수 있다.

   우리는 많은 심리학자들이 신경망 설계자들의 최고 기술로 취급하는 것에 도달했다. 어떤 면에서 우리는 한 바퀴를 완전히 돈 셈이다. 숨겨진 층 망은 매컬럭과 피츠가 그들의 신경논리 컴퓨터라고 제시한 논리 게이트들의 임의적인 도로 지도와 비슷하다. 개념적으로 말해 숨겨진 층 망은 참일 수도 있고 거짓일 수도 있는 일련의 명제를 and, or, not들로 묶인 복잡한 논리 기능으로 구성하는 방법이다. 그러나 두 가지 차이가 있다. 하나는 값들이 '온' 아니면 '오프'라기보다는 계속적일 수 있고, 그래서 절대적으로 참이나 절대적으로 거짓인 명제만을 다룬다기보다 그 명제가 갖고 있는 진리의 정도나 진리의 확률을 표현할 수 있다는 것이다. 두 번째 차이는 많은 경우에 그 망이 입력과 그것의 올바른 출력을 제공받음으로써 적절한 가중치를 갖도록 훈련될 수 있다는 것이다. 이런 차이 외에도 태도의 변화가 발생한다. 뇌의 뉴런들 사이에 존재하는 수많은 연결로부터 영감을 얻어, 하나의 망을 구성하는 게이트와 연결의 수를 마음껏 잡아도 죄의식을 느낄 필요가 없다는 것이다. 이런 태도 덕분에 설계자는 수많은 확률을 계산하고, 그래서 이 세계의 특징들 간에 존재하는 통계적 중복을 이용할 수 있다. 그리고 그 결과로 비슷한 입력이 비슷한 출력을 산출하는 문제에 한해서, 신경망은 추가적인 훈련 없이 한 입력으로부터 비슷한 입력들로 일반화를 수행할 수 있게 된다.

이것은 우리의 가장 작은 악마들과 그 게시판들을 신경과 얼추 비슷한 기계들로 이용하는 방법에 관한 몇 가지 개념이다. 이 개념들은 개념적 영역에서 시작하는 설명(할머니의 직관심리학과 그 기초를 이루는 다양한 종류의 지식, 논리, 확률)을 가로질러 규칙과 표상들(즉, 악마들과 기호들)을 지나 결국에는 진짜 뉴런에 도달하는, 현재로서는 허약한 일종의 다리다. 신경망은 또한 몇 가지 즐겁고 놀라운 사실을 제공한다. 마음의 소프트웨어를 고안할 때 궁극적으로 우리는 기계로 대체될 수 있을 만큼 멍청한 악마들만을 사용해도 된다. 만일 더 똑똑한 악마가 필요할 것 같으면 더 멍청한 악마들로부터 그것을 만드는 방법을 고안해야 한다. 뉴런으로부터 상향식으로 작업하는 신경망 설계자들이 컨텐츠의 주소 메모리나 자동으로 일반화를 수행하는 패턴 연상망을 비롯하여, 편리한 일들을 수행하는 다양한 악마들의 재고 목록을 갖출 수 있다면 그 모든 과정은 더 빠른 방식으로 진행되고, 때로는 다른 방식으로 진행될 것이다. 마음 소프트웨어 설계자들(사실은 역설계자들)은 영리한 악마들을 주문할 수 있는 훌륭한 부품 카탈로그를 갖게 될 것이다.

연결원형질

마음언어의 규칙과 표상이 끝나고 신경망이 시작되는 곳은 어디인가? 대부분의 인지과학자들이 그 한계 지점에 동의한다. 우리가 의식적으로 단계를 밟아 나가고 학교에서 학습하거나 스스로 발견한 규칙들을 이용하는 인지의 가장 높은 차원에서, 마음은 기호로 된 문장들이 기억에 새겨져 있고 악마들이 절차를 수행하는 일종의 생성 시스템과 같다. 더 낮은 차원에서 그 문장들과 규칙들은 익숙한 패턴에 반응하고 그것들을 다른 패턴들과 연관짓는, 신경망 같은 어떤 것으로 실행된다. 그러나 두 차원의 경계에 대해서는 논쟁 중이다. 단순한 신경망들은 학교 교육의 산물들만을 명시적인 규칙과 명제에 의해 처리되도록 남기고 그 밖의 모든 일상적 사고를 처리하는가? 아니면 조직화된 표상들과 프로그램으로 조립되기 전에는 인간처럼 영리해지지 못하는, 건축용 벽돌과 같은 것일까?

    심리학자 데이비드 러멜하트와 제임스 맥클런드가 이끄는 연결주의connectionism 학파는 간단한 망들 자체로도 대부분의 인간 지능을 설명할 수 있다고 주장한다. 연결주의의 극단적인 형태로서, 마음이란 숨겨진 층과 오차역전을 가진 하나의 거대한 망이거나, 서로 비슷하거나 동일한 망들의 묶음이고, 그래서 지능은 훈련자인 환경이 연결가중치를 조정함으로써 생겨나는 것이라고 그들은 주장한다. 인간이 쥐보다 더 영리한 이유는 단지 우리의 망들이 자극과 반응 사이에 더 많은 숨겨진 층들을 가지고 있으며, 우리가 망 훈련자 역할을 하는 다른 인간들과 교류하는 환경에 살고 있기 때문이다. 그 연결을 통해 흐르는 수백만의 활성들을 추적할 수 없는 심리학자들에게 규칙과 기호는 하나의 망 안에서 발생하고 있는 일을 추측하는 임시변통 수단일 뿐, 그 이상은 아니다.

또 하나의 관점은 내가 찬성하는 것으로, 그런 신경망만으로는 부족하다는 것이다. 인간 지능의 많은 부분을 설명하는 것은 망들을 기호 조작을 위한 프로그램으로 만드는 '조직화'다. 특히 기호 조작은 인간의 언어, 그리고 언어와 상호작용하는 추론의 부분들을 떠받치는 기초다. 기호 조작은 인지의 전부는 아니지만 큰 부분을 이룬다. 우리가 자기 자신과 타인들에 대해 이야기하는 모든 것이 기호 조작이기 때문이다. 나는 언어심리학자로 일하면서, 예컨대 동사의 과거시제 만들기(walk를 walked로, come을 came으로)처럼, 영어 구사에 필요한 가장 간단한 능력조차도 신경망으로는 처리할 수 없는 아주 복잡한 연산이 필요하다는 증거를 수집해 왔다. 이 절에서 나는 좀 더 일반적인 증거를 제시하고자 한다. 우리가 하는 상식적 사고의 내용, 즉 우리가 대화를 나눌 때 교환하는 정보는 고도로 조직화된 마음언어를 사용하도록 설계된 연산장치를 필요로 하는가, 아니면 일반적인 신경망 물질—한 익살스런 학자가 연결원형질connectoplasm이라는 이름을 붙였다—에 의해 처리되는가? 나는 당신에게 우리의 사고가 동질의 단위들로 이루어진 단순한 망으로는 처리할 수 없는 섬세한 논리적 조직화를 필요로 한다는 것을 보여 줄 것이다.

왜 여기에 주목해야 하는가? 이 증명은 마음이 어떻게 작동하는가에 대해 지금까지 제기된 이론들 중 가장 영향력이 큰 이론에 의혹을 던지기 때문이다. 원래 인식자나 숨겨진 층 망은 개념 연상이라는 오래된 학설을 첨단 분야에 이용한 것이다. 영국 철학자 존 로크, 데이비드 흄, 조지 버클리, 데이비드 하틀리, 존 스튜어트 밀은 생각이 두 가지 법칙에 의해 지배된다고 주장했다. 하나는 관념연합이다. 함께 자주 경험하는 개념들은 마음에서 서로 연관을 맺는다. 그 후로는 하나가 활성화되면 다른 것도 활성화된다. 다른 법칙은 유사성이다. 두 개념이 비슷하면 첫 번째 개념을 연상시킨 것은 무엇이든 자동적으로 두 번째 개념을 연상시킨다. 흄은 1748년에 이 이론을 다음과 같이 요약했다.

> 경험상 우리는 수많은 일정불변의 결과를 보게 되는데, 그것은 일정한 사물들로부터 나온다. 비슷한 감각적 성질을 가진 새 물체가 제시되면 우리는 비슷한 효력과 힘이 있을 것이라 기대하고 비슷한 효과를 찾는다. 빵과 비슷한 색깔과 밀도를 가진 물체로부터 우리는 비슷한 영양분과 에너지를 기대한다.

관념연합과 유사성에 의한 연상은 또한 로크가 신생아의 마음에 비유한 유명한 빈 서판을 채워 가는 서기라고 생각되었다. 연합주의라 부르는 이 학설은 수백 년 동안 영국과 미국에서 마음에 대한 견해를 지배했고 지금도 광범위하게 남아 있다. '관념'이 자극과 반응으로 바뀌면서 연합주의는 행동주의가 되었다. 빈 서판과 위의 두 범용 학습 법칙은 또한 표준사회과학 모델의 심리학적 토대다. 표준사회과학모델은 진부한 목소리로, 양육 때문에 우리가 음식과 사랑을, 부와 행복을, 높이와 권력을 '연합'한다고 주장한다.

  최근까지 연합주의는 너무 애매해서 시험하기가 불가능했다. 그러나 컴퓨터에서 모의실험을 하는 신경망 모델 덕분에 그 이론은 시험에 필요한 엄밀성을 얻고 있다. 선생님이 입력과 옳은 출력을 망에 제공하고 망은 나중에 그 결합을 되풀이하는 학습 도식은 관념연합 법칙의 좋은 예다. 분산적인 입력 표상은 하나의 개념이 자신의 단위('앵무새')를 갖지 못하고 대신 여러 특성('깃털이 있는,' '날개 달린' 등등)의 단위들에 걸쳐 일어나는 활동 패턴에 의해 표현되는 것으로, 비슷한 개념들에 대해 자동적으로 일반화가 일어나는 것을 허용하고 그럼으로써 유사성에 의한 연상 법칙과 잘 맞아떨어진다. 그리고 만일 마음의 모든 부분들이 동일한 종류의 망으로 출발한다면 그야말로 빈 서판의 완성이 된다. 따라서 연결주의는 기회를 제공한다. 간단한 신경망 모델이 할 수 있는 것과 할 수 없는 것을 봄으로써 우리는 수백 년간 지속해 온 관념연합 이론을 엄밀하게 시험해 볼 수 있다.

시작하기 전에 먼저 몇 가지 문제를 살펴볼 필요가 있다. 연결주의는 계산주의 마음 이론을 대신할 수 있는 대안이 아니라 계산주의 이론의 한 변종으로, 마음이 수행하는 정보처리의 주요한 종류가 다변량 통계라고 주장한다. 연결주의는 마음은 속도가 빠르고 에러가 없고 직렬의 중앙처리장치를 가진 상업용 컴퓨터와 같다는 이론을 바로잡기 위한 구제책도 아니다. 사실 어느 누구도 그런 이론을 주장하지 않는다. 그리고 모든 형태의 사고가 저마다 논리 교과서에 적혀 있는 수천 개의 규칙을 거친다고 주장하는 아킬레스는 실제로 존재하지 않는다. 마지막으로, 연결주의 망은 뉴런들의 망, 즉 '신경망'이라는 희망적인 이름을 갖고 있지만 뇌에 특별히 들어맞는 모델은 아니다. 예를 들어 '시냅스(연결가중치)'는 흥분성에서 억제성으로 전환될 수 있고, 정보는 '축색돌기(연결)'를 따라 양방향으로 흐를 수 있는데, 둘 다 해부학적으로는 불가능한 일이다. 일을 시키는 것과 뇌를 반영하는 것을 선택할 때 연결주의자들은 종종 일을 시키는 쪽을 선택한다. 이것으로 보아 그들은 망을 뉴런 설계의 한 형태가 아니라 막연히 뉴런에 비유한 인공지능의 한 형태로 이용하고 있음을 알 수 있다. 문제는 그것이 인간의 사고 작용을 모방하는 올바른 종류의 연산을 수행하느냐, 하는 것이다.

● ● ● ●

연결원형질 자체는 일상적 사고의 다섯 가지 묘기를 부리는 데 문제가 있다. 그 묘기들은 첫눈에 포착하기가 힘들어서 논리학자, 언어학자, 컴퓨터 과학자들이 문장의 의미를 현미경으로 자세히 들여다본 후에야 그 존재를 어렴풋이 짐작하기 시작했다. 그러나 그 묘기들이 있어야 인간의 사고는 독특한 정밀함과 능력을 갖게 된다. 그리고 나는 그것이 마음은 어떻게 작동하는가에 대한 해답의 중요한 부분을 차지한다고 생각한다.

첫 번째 묘기는 개체 개념을 생각하는 것이다. 컴퓨터 같은 표상으로부터 신경망을 향해 내디딘 첫걸음으로 돌아가 보자. 우리는 하나의 실체를 비트 열을 가진 자의적 패턴으로 기호화하기보다는 하나의 단위 층을 가진 패턴으로 표현했고, 각 단위는 그 실체의 여러 특성들 중 하나씩을 표현했다. 그러면 즉시 발생하는 문제는 동일한 특성을 가진 두 개체를 구별할 방법이 없다는 것이다. 그것들은 오직 한 방식으로만 표현되고, 그래서 체계는 그것들이 동일한 물질 덩어리가 아니라는 사실을 알 수가 없다. 개체성을 잃어버리게 되는 것이다. 다시 말해 야채나 말은 표현할 수 있지만, 특정한 야채나 특정한 말은 표현하지 못한다. 체계가 한 마리의 말에 대해 학습하는 것은 무엇이든 동일한 특성의 다른 말에 대해 알고 있는 지식 속으로 녹아들어가 버린다. 그리고 '두 마리'의 말을 표현할 자연스런 방법도 없다. 말과 관련된 노드들을 두 배로 활성화한다고 해도 소용이 없다. 왜냐하면 말의 특성들이 존재한다는 믿음이 두 배로 되는 것 또는 말의 특성들이 정도상 두 배로 존재한다고 생각하는 것과 구별되지 않기 때문이다.

예컨대 '동물'과 '말'처럼 한 종류와 그 하위 종류의 관계를(많은 이것을 쉽게 처리한다), 이를테면 '말'과 '미스터 에드'처럼 하위 종류와 개체의 관계로 혼동하기가 쉽다. 두 관계는 한 가지 측면에서 분명히 비슷하다. 두 관계 모두에서 하위 실체는 상위 실체의 모든 특성을 물려받는다. 동물이 호흡하고 말이 동물이면, 말은 호흡을 한다. 말이 발굽이 있고 미스터 에드가 말이면, 미스터 에드는 발굽이 있다. 이것을 보고 설계자는 개체를 대단히 구체적이고 특수한 하위 종류로 취급하여, 두 실체 간의 미세한 차이—한 개체에 대해서는 켜지고 다른 개체에 대해서는 꺼지는 주근깨 같은 단위—를 이용할 수도 있다.

많은 연결주의 제안들이 그렇듯이 이 이론도 영국의 연합주의로 거슬러 올라간다. 버클리는 다음과 같이 썼다. "부드러움, 촉촉함, 빨강, 시큼함의 감각을 없애면, 체리가 없어진다. 체리는 감각들과 별개의 존재가 아니기 때문이다. 체리는 감지할 수 있는 인상들의 덩어리일 뿐이다." 그러나 버클리의 제안은 현실과 거리가 멀다. 두 물체의 특성에 대한 지식이 동일하더라도 우리는 두 물체가 서로 별개라는 것을 안다. 방 안에 2개의 똑같은 의자가 있다고 상상해 보자. 누군가가 들어와 두 의자의 위치를 바꾼다. 그 방은 전과 똑같은 상태인가, 다른 상태인가? 누구나 그 방이 달라졌다는 것을 알 것이다. 그러나 우리는 1번 의자와 2번 의자로 생각하는 방법 외에, 두 의자의 차이점을 전혀 알지 못한다. 그래서 경멸스런 디지털 컴퓨터의 경우처럼 메모리 슬롯에 자의적인 꼬리표를 붙이는 방법으로 후퇴한다! 코미디언 스티븐 라이트의 농담에도 이 점이 포착되어 있다. "외출하고 돌아와 보니 누군가가 내 아파트의 물건을 몽땅 훔쳐 가고 정확히 똑같은 복제품으로 대체해 놓았다. 룸메이트에게 말했더니 '내가 아는 분이신가?' 하고 묻더라."

언제나 개체들을 구별하게 해주는 한 가지 특징이 분명히 존재한다. 같은 시간에 같은 장소에 존재하지 않는다는 것이다. 아마도 마음은 각각의 모든 물체에 시간과 공간의 도장을 찍고 그 좌표들을 끊임없이 업데이트하여, 동일한 특성들을 가진 다수의 개체들을 구분하는 듯하다. 그러나 그것만으로는 개체들을 마음속으로 구별하는 우리의 능력을 완성하지 못한다. 무한히 넓은 흰 평면에 2개의 동일한 원만 있다고 가정해 보자. 한 원이 위쪽으로 미끄러져 올라가 다른 원과 잠시 겹친 다음 계속 위쪽으로 올라간다. 그렇다면 어느 누구도 그 원들이 같은 시간에 같은 장소에 존재했던 그 순간에도 사실은 별개의 두 실체였다고 생각하는 데 곤란을 느끼지 않을 것이다. 이것을 보아, 특정한 시간에 특정한 공간에 존재한다는 것은 우리가 '개체'를 마음속으로 규정하는 기준이 아님을 알 수 있다.

이 이야기의 교훈은 개체는 신경망으로 표현될 수 없다는 것이 아니다. 사실은 간단하다. 개체의 특성들과는 무관하게 일부 단위들에 개체로서의 정체성을 부여하면 된다. 각 개체에게 그 자신만의 단위를 부여할 수도 있고, 각 개체에게 활성 단위들의 패턴으로 암호화된 일련번호에 해당하는 것을 부여할 수도 있다. 이야기의 요점은, 마음의 망은 개체라는 추상적 논리 개념을 이행할 수 있도록 정교하게 만들어져야 한다는 것이다. 이것은 컴퓨터에서 자의적으로 꼬리표를 붙인 메모리 위치의 역할과 유사하다. 사물의 관찰 가능한 특성들에만 국한된 패턴 연상망은 아무짝에도 쓸모가 없는데, "지성에는 감각을 통해 미리 들어오지 않은 것은 아무것도 없다"는 아리스토텔레스의 언급이 현대적으로 실증되는 듯하다.

이 논의는 논리 연습에 불과한가? 전혀 그렇지 않다. 개체 개념은 사회적 추론을 수행하는 인간 능력의 기초적인 미립자다. 이제 당신에게 실생활의 두 가지 예를 제시하고자 한다. 인간의 상호작용이 벌어지는 장대한 무대와 관련된 두 가지 예는 바로 사랑과 정의다.

일란성 쌍둥이는 대부분의 특성을 공유한다. 신체적으로 비슷한 것 외에도 그들은 비슷하게 생각하고, 비슷하게 느끼고, 비슷하게 행동한다. 물론 완전히 동일한 것은 아니어서, 어떤 사람은 그 차이를 이용해 쌍둥이 각자를 매우 좁은 하위 종류로 표현하려고 시도할 수도 있다. 그러나 그들을 하위 종류로 표현하는 어떤 생명체라도 최소한 일란성 쌍둥이를 똑같이 취급하려는 '경향'을 가져야 한다. 그 생명체는 한 쌍둥이로부터 형성한 견해를 다른 쌍둥이 형제에게로, 최소한 개연적으로 혹은 어느 정도까지 이전시켜야 한다. 그것이 연합주의 자체의 장점이자 연결원형질로 완성된 현대판 연합주의의 장점임을 기억하라. 예를 들어 한 쌍둥이에게서 매력을 느꼈다면—걸음걸이, 말투, 외모 등등—다른 쌍둥이에게서도 똑같은 매력을 느껴야 한다. 그리고 일란성 쌍둥이들이 있는 곳이면 어디나 질투와 배신의 이야기가 생겨나야 한다. 그러나 실제론 전혀 그렇지 않다. 한 일란성 쌍둥이의 배우자는 다른 쌍둥이에게 낭만적인 매력을 전혀 느끼지 않는다. 사랑은, 그 종류가 아무리 제한되어 있다고 하더라도, 사람의 종류로서가 아니라 사람 자체로서 상대에게 우리의 감정을 고정시킨다.

1988년 3월 10일에 한 사람이 데이비드 J. 스토턴의 귀를 절반이나 물어뜯었다. 단 한 사람도 누가 그런 짓을 했는지를 의심하지 않았다. 심지어 캘리포니아주 팰러앨토에 사는 스물한 살의 숀 블릭이나 그의 쌍둥이 형제인 조너선 블릭도 의심하지 않았다. 두 사람 모두 장교와 드잡이를 했고, 그중 한 명이 귀를 물어뜯은 것이다. 두 사람 모두 신체 상해, 강도 미수, 경관 폭행, 가중 상해로 기소되었다. 귀를 물어뜯은 가중 상해에는 종신형이 선고된다. 스토턴 경관은 쌍둥이 중 한 명은 머리가 짧고 한 명은 길며, 그를 물은 사람은 머리가 긴 사람이었다고 증언했다. 그러나 사흘 후에 자수를 하러 온 두 남자는 똑같이 짧은 상고머리를 했고 말을 하지 않았다. 변호사들은 누구에게도 가중 상해에 대한 중죄를 내릴 수 없다고 주장했다. 쌍둥이 중 누가 귀를 물어뜯었는지가 분명치 않았던 것이다. 우리의 정의 관념으로는 행동을 한 '개인'을 골라내야 하지, 그 개인의 특성들을 골라내야 하는 것이 아니므로 변호는 설득력이 있었다.

개체성에 대한 우리의 집착은 설명이 불가능한 기벽이 아니라 오랜 세월에 걸쳐 진화한 것이다. 모든 사람은 저마다, 우리가 관찰할 수 있는 특성들과는 별도로, 각자의 독특한 배아기와 생애를 거치면서 복제가 불가능한 기억과 욕구를 갖게 된 존재이기 때문이다. 6장에서 정의 관념과 낭만적 사랑의 감정을 역설계할 때, 우리는 바로 개개인을 등록하는 마음 활동이 정의 관념과 사랑의 설계를 이루는 핵심임을 보게 될 것이다.

인간만이 혼란스런 개체들을 구별할 필요가 있는 유일한 종은 아니다. 야바위 노름*은 실생활의 단면을 보여 주는 또 하나의 예인데, 인간 외에도 많은 동물들이 야바위 노름을 해야 하고 그럼으로써 개체들을 놓치지 않고 기억해야 한다. 한 예가 자기 자식을 기억해야 하는 어머니다. 자식은 다른 개체의 자식들과 비슷하게 생겼지만 몸속에 자신의 유전자를 가지고 있다. 또 다른 예로, 무리지어 다니는 동물을 사냥하는 포식자는 수영장 술래잡기** 전략에 따라 무리 중의 한 마리를 추적해야 한다. 즉, 당신이 '술래'라면 숨을 쉴 기회를 주지 말고 한 사람을 집중 공략하는 것이 바람직하다. 케냐에서 동물학자들이 마취총을 쏜 누의 뿔에 페인트 표시를 해서 자료를 수집하려 했다. 그들은 표시를 한 동물을 무리로 돌려보내기 위해 세심한 주의를 기울여 회복시키려 했지만, 그 동물은 약 하루 만에 하이에나의 사냥감이 되었다. 한 가지 이유는, 페인트 표시 때문에 하이에나가 그 누를 구별하고 지칠 때까지 추적하는 것이 쉬웠다

* 종지를 덮어 놓고 주사위나 장기 알이 어느 종지에 들었는지를 알아맞히는 노름.

** tag-in-the-swimming-pool. 술래가 물 밑으로 숨은 사람을 기다렸다가 젖은 스펀지로 맞추는 게임이다.

는 것이다. 얼룩말의 무늬에 대한 최근의 견해도, 말의 줄무늬가 키 큰 풀과 뒤섞이기 위한 것—항상 의심스런 설명이었다—이 아니라 얼룩말 무리를 살아 있는 야바위 노름으로 만들어 한 마리만을 추적하려는 사자와 기타 포식자를 혼란스럽게 만들기 위함이라는 것이다. 물론 우리는 하이에나나 사자에게 개체라는 개념이 있는지를 확인할 수 없다. 어쩌면 사냥감이 그냥 혼자 떨어져 있어서 더 먹음직스럽게 보이는 것인지 모른다. 그러나 위의 예는 개체와 종류를 구별하는 연산 문제를 설명해 주고, 그 문제를 해결하는 인간의 능력을 강조한다.

● ● ● ●

연합주의의 두 번째 문제는 '합성성compositionality'이라 불리는 것, 즉 부분들로부터 하나의 표상을 구성하고 부분들의 의미로부터, '그리고' 그 결합 방식으로부터 하나의 의미를 산출하는 능력에 있다. 합성성은 모든 인간 언어의 본질적 특성이다. 'The baby ate the slug(아기가 달팽이를 먹었다)'의 의미는 baby, ate, the, slug의 의미와 문장 속의 그 위치들로부터 계산된다. 전체는 부분의 합이 아니다. 왜냐하면 그 단어들을 재배열해서 'The slug ate the baby(달팽이가 아기를 먹었다)'가 되면 다른 생각이 전달되기 때문이다. 두 문장은 과거에 한 번도 들어 보지 못한 것이므로, 당신은 문장을 해석하기 위해 각 단어 열에 한 묶음의 알고리듬(구문론 규칙들)을 적용했을 것이다. 각 경우의 최종 산물은 당신이 순식간에 조립해 낸 새로운 생각이다. '아기,' '달팽이,' '먹다'의 개념들, 그리고 기호를 읽는 악마들이 등록하는 도식에 따라 그 개념의 기호들을 마음의 게시판 위에 배열하는 능력을 구비했기 때문에, 우리는 생애 최초로 그 생각을 하는 것이다.

저널리스트들은 개가 사람을 물면 뉴스거리가 아니지만 사람이 개를 물면 뉴스거리가 된다고 말한다. 마음 표상들의 합성성 덕분에 우리는 뉴스를 이해할 수 있다. 아무리 해괴하고 엉뚱하고 놀라운 생각이라도 우리는 마음속으로 새로운 생각을 품을 수 있다. 소가 달 위로 뛰어올랐다, 그린치*가 크리스마스를 훔쳤다, 우주는 빅뱅으로 시작되었다, 외계인이 하버드에 착륙했다, 마이클 잭슨이 엘비스의 딸과 결혼했다 등등. 그 순열조합 능력 때문에 우리에게는 뉴스가 마를 날이 없다. 수천, 수만, 수조 개의 생각이 가능하기 때문이다.

* 영화 《그린치는 어떻게 크리스마스를 훔쳤을까?》. 크리스마스를 싫어하는 그린치가 후빌 마을 사람들의 크리스마스를 빼앗으려다 크리스마스 정신을 깨닫게 되는 내용을 그린 가족 영화.

당신은 합성성을 신경망에 넣는 것이 쉽다고 생각할지 모른다. '아기,' '먹다,' '달팽이'의 단위들을 켜기만 하면 되지 않을까? 그러나 그것이 전부라면, 아기가 달팽이를 먹었는지(The baby ate the slug), 달팽이가 아기를 먹었는지(The slug ate the baby), 또는 아기와 달팽이가 먹었는지(The baby and the slug ate)를 도저히 알 길이 없다. 그 개념들에 역할이 배정되어(논리학자들이 논증argument이라 부르는 것), 누가 먹었고 누가 먹혔는지를 정해야 한다.

그렇다면 개념과 역할의 각 '조합'에 노드를 지정해 볼 수도 있다. 그러면 아기가-달팽이를-먹다(baby-eats-slug) 노드와 달팽이가-아기를-먹다(slug-eats-baby) 노드가 생길 것이다. 뇌에는 엄청난 수의 뉴런이 있으므로 사람에 따라서는 '왜 그렇게 하면 안 될까?'라고 생각할 수도 있다. 그러나 그러기 어려운 한 가지 이유는 뉴런의 방대함을 뛰어넘는 방대함이 있기 때문이다. 크기가 커질수록 조합의 수는 기하급수적으로 증가하여, 뇌 용량을 아무리 넉넉히 잡아도 그 용량을 초과하는 엄청난 조합의 폭발이 일어난다. 전설에 따르면 터키 제국의 고관인 시사 벤 다히르는 체스 게임을 발명한 후 인도의 왕 시르함에게 겸손한 보상을 요구했다고 한다. 그는 체스판의 첫 번째 칸에 밀 한 알을 놓고, 두 번째 칸에 두 알을, 세 번째 칸에 네 알을, 네 번째 칸에 여덟 알을 놓는 식으로 체스판을 채워 달라고 요구했다. 예순네 번째 칸에 이르기 훨씬 전에 왕은 왕국의 모든 밀이 상으로 나갈 것임을 깨달았다. 그가 요구한 상은 2000년 동안의 세계 밀 생산량에 해당하는 2조 부셸이었다. 이와 마찬가지로 사고의 순열조합은 뇌에 들어 있는 뉴런의 수를 압도할 수 있다. 각 의미가 자신의 뉴런을 하나씩 차지한다고 보면, 1000억 개의 뉴런을 가진 뇌 속에는 수만, 수십억조 개의 문장 의미가 절대로 들어갈 수 없다.

설령 그것이 가능하다 해도 복잡한 생각은 일대일 방식으로 하나의 뉴런에 통째로 저장되지 못한다. 생각들이 서로 관련되어 있는 방식에서 그 단서를 볼 수 있다. 각각의 생각에 각자의 단위가 배정된다고 상상해 보자. 아기가 달팽이를 먹는다, 달팽이가 아기를 먹는다, 닭이 달팽이를 먹는다, 닭이 아기를 먹는다, 달팽이가 닭을 먹는다, 아기가 달팽이를 본다, 달팽이가 아기를 본다, 닭이 달팽이를 본다 등등에 제각기 하나의 단위가 있어야 할 것이다. 단위는 이 모든 생각에, 그리고 그보다 더 많은 생각에 배정되어야 한다. 아기가 닭을 봤다는 생각을 할 줄 아는 사람이면 누구나 닭이 아기를 봤다는 생각도 할 줄 알기 때문이다. 그러나 생각과 단위가 일대일로 대응하는 이 목록에는 미심쩍은 점이 있다. 그것은 우연의 일치로 가득 차 있다. 같은 일이 여러 번 되풀이되면 우리는 아기들이 먹는다, 달팽이들이 먹는다, 아기들이 본다, 달팽이들이 본다 등등의 생각을 하게 된다. 이 생각들은 행과 열과 층과 윗행과 윗열과 윗층 등으로 이루어진 방대한 행렬에 완벽하게 들어맞는다. 그러나 생각이 단지 개별 단위들의 거대한 집합이라면 이 놀라운 패턴은 그 단위들이 서로 무관한 고립된 의사擬似 사실들을 하나의 목록으로 쉽게 표현할 수 있기 때문이다. 자연이 우리에게 보여 주는 물체들이 비둘기장처럼 많은 구멍이 뚫린 직사각형의 판을 완벽하게 채운다면, 그것은 그 물체들이 행과 열에 대응하는 더 작은 성분들로 만들어졌다는 것을 의미한다. 원소의 주기표를 통해 원자를 이해하게 된 것도 그런 방식을 통해서였다. 마찬가지 이유로 우리는 사고 가능한 생각들의 날실과 씨실은 사고를 구성하는 개념들이라고 결론을 내릴 수 있다. 생각은 통째로 저장되는 것이 아니라 개념들로부터 조합된다.

합성성은 연결원형질에 아주 까다로운 문제를 던진다. 명백한 묘기들이 모두 부적절하고 불완전한 수단으로 판명된다. 개념과 역할의 각 '조합'에 한 단위씩을 배정한다고 가정해 보자. 한 단위는 '아기가 먹다'를 표상하고 다른 단위는 '달팽이가 먹힌다'를 표상하거나, 한 단위는 '아기가 어떤 일을 한다'를 표상하고 다른 단위는 '달팽이에게 어떤 일이 일어난다'를 표상할 것이다. 이렇게 하면 조합의 수가 상당히 줄어들지만, 그 대가로 누가 누구에게 무엇을 했는가에 대한 의문이 다시 고개를 든다. '푸들이 달팽이를 먹을 때 아기는 닭을 먹었다'는 생각은 '푸들이 닭을 먹을 때 아기는 달팽이를 먹었다'는 생각과 구분되지 않을 것이다. 문제는, '아기가 먹는다'의 단위가 무엇을 먹는지를 말하지 않고, '달팽이가 먹힌다'의 단위가 누가 달팽이를 먹는지를 말하지 않는다는 것이다.

올바른 방향으로 한 걸음 나아가려면, 하드웨어 안에 개념(아기, 달팽이 등)과 그 역할(행위자, 행위 대상 등)의 구분법을 구축하면 된다. 하나는 행위자 역할을 위해, 또 하나는 행위를 위해, 또 하나는 행위 대상의 역할을 위해 별개의 단위 '풀pool'을 만든다고 가정해 보자. 하나의 명제를 표현할 때 각 단위 풀은 별도의 기억창고에서 개념을 인출하고 그 개념이 현재 어떤 역할을 담당하고 있는가에 따라 그에 해당하는 패턴으로 채워진다. 만일 각각의 모든 노드를 다른 모든 노드에 연결하면 명제를 위한 자동연상망이 나올 것이고, 조합적 사고를 하는 약간의 재능에 도달할 것이다. 그래서 '아기가 달팽이를 먹었다'를 저장할 수 있고, 그런 다음 두 요소가 질문으로 제시되면(예컨대, '아기'와 '달팽이'로 "아기와 달팽이의 관계는 어떠한가?"라는 질문을 표현한다), 망은 세 번째 요소(이 경우, '먹었다')를 위한 단위를 켬으로써 그 패턴을 완성한다.

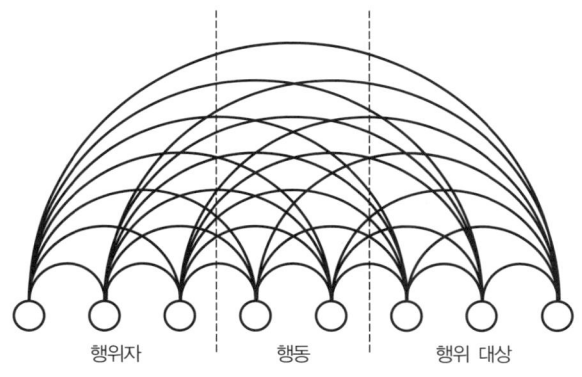

그러면 충분한가? 슬프게도 그렇지 않다. 아래의 생각들을 생각해 보자.

Baby same-as baby. (아기는 아기와 같다.)
Baby different-from slug. (아기는 달팽이와 다르다.)
Slug different-from baby. (달팽이는 아기와 다르다.)
Slug same-as slug. (달팽이는 달팽이와 같다.)

첫 번째 슬롯과 두 번째 슬롯에 'baby'와 'same-as'를 넣어 세 번째 슬롯에 'baby'를 켜고, 'baby'와 'different-from'을 넣어 'slug'를 켜고, 'slug'와 'different-from'을 넣어 'baby'를 켤 수 있는 어떤 연결가중치 묶음도 'slug'와 'same-as'를 넣어 'slug'를 켜지 못한다. 이것은 또 다른 가면을 쓴 배타적 논리합이다. 만일 baby-to-baby 연결과 same-to-baby 연결이 강하면, 'baby same-as ____'에 대한 반응으로 'baby'가 켜지겠지만(이것은 좋다), 'baby different-from ____'에 대한 반응과 'slug same-as ____'에 대한 반응으로도 'baby'가 켜지기 때문이다.(둘 다 좋지 않다.) 당신이 직접 원하는 대로 가중치들을 조정해 보라. 어떤 조합으로도 네 문장을 모두 만족시킬 수는 없을 것이다. 사람은 누구나 혼동하지 않고 네 문장을 이해할 수 있으므로, 인간의 마음은 개념 대 개념 또는 개념 대 역할 연상보다 더 복잡하고 정교한 어떤 것을 가지고 명제들을 표현하는 것이 분명하다. 마음은 명제 자체를 위한 표상을 필요로 한다. 이 예에 제시된 모형에는 '특별한' 단위 층이 필요하다. 아주 간단히 말하자면, 이 층은 개념 및 그 역할과는 별도로 명제 전체를 표현하는 데 필요하다.

다음의 단순화한 형태의 그림은 제프리 힌턴이 고안한 모형으로 네 문장을 모두 처리한다.

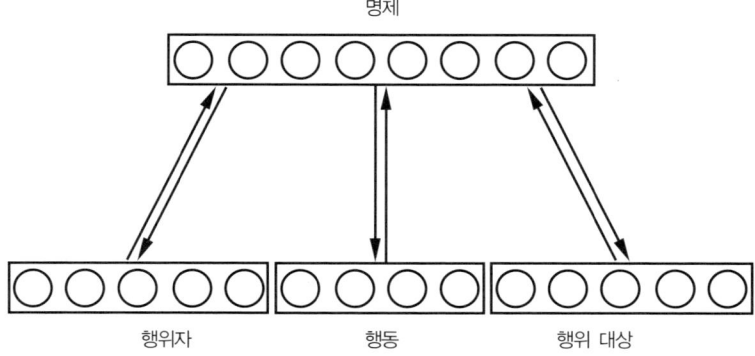

'명제' 단위의 층은 일련번호와 다소 비슷하게 완전한 생각들을 분류하는 임의적 패턴으로 점화한다. 명제 단위 층은 각각의 명제를 구성하는 개념들이 적절한 슬롯에 들어가게 하는 일종의 상부구조 역할을 한다. 그 망의 구조가 언어와 비슷한 표준적인 마음언어의 조건을 얼마나 충분히 만족시키는지에 주목하라! 그 정도로 명백한 유사성을 갖지 못한 합성망들을 제안하는 다른 견해들도 있지만, 그것들 모두 개념과 역할을 구분하고 각 개념을 그 역할과 적절히 묶는 특별히 설계된 부분이 있어야 한다. 단정, 논증, 명제 같은 논리적 구성 요소, 그리고 그 요소들을 처리하는 연산 기계장치를 갖춰야 모형은 마음처럼 작동할 수 있다. 연상 물질만으로는 불충분하다.

● ● ● ●

당신이 마음속에 가지고 있으리라고는 꿈도 꾸지 못했을 또 다른 마음의 재능으로 '수량화quantification' 또는 '변수결합variable-binding'이라 불리는 것이 있다. 그것은 첫 번째 문제인 개체와 두 번째 문제인 합성의 조합에서 나온다. 결국 우리의 조합적 사고는 종종 개체에 관한 것이어서, 그 개체들이 사고의 다양한 부분들과 어떻게 연결되어 있는가는 중요한 문제가 된다. 특정한 아기가 특정한 달팽이를 먹었다는 생각은 특정한 아기가 일반적인 달팽이를 먹는다는 생각이나, 일반적인 아기들이 일반적인 달팽이를 먹는다는 생각과 다르다. 듣는 사람이 그 차이를 이해할 것이라 예상하고 유머러스하게 주고받는 농담이 있다. "미국에서 45초마다 '누군가'가 머리를 다친다네." "오 저런! 불쌍한 사람이로군!" "힐데가드는 '근육질 남자'와 결혼하려 한다"는 말을 들을 때 우리는 그녀가 사내다운 어떤 남자와 사귀고 있는지 아니면 그런 바람을 갖고 헬스클럽을 드나드는지를 의아하게 여긴다. 에이브러햄 링컨은 "잠시 모든 사람을 속일 수 있고, 몇몇 사람을 항상 속일 순 있지만, 모든 사람을 항상 속일 순 없다"고 말했다. 수량화를 연산하는 능력이 없으면 그의 말을 이해하지 못할 것이다.

이상의 예에서 우리는 몇몇 양의적 문장 또는 양의적 문장의 몇몇 해석을 보고 있다. 그 문장에서는 같은 개념들이 같은 역할들을 하지만 전체적인 의미들은 크게 다르다. 개념과 역할을 짝짓는 것으론 충분하지 않은 것이다. 논리학자들은 이 차이를 변수와 수량사quantifier로 표현한다. 변수는 x나 y처럼 위치를 가진 기호로, 서로 다른 명제나 한 명제의 서로 다른 부분에 존재하는 동일한 실체를 표현한다. 수량사는 '—하는 특정한 x가 존재한다'와 '—는 모든 x에 대해 참이다'를 표현할 수 있는 기호다. 그러면 하나의 생각은 순서가 정확하고 괄호로 묶인 개념, 역할, 수량사, 변수의 기호들로 구성된 하나의 명제에 담길 수 있다. 예를 들어 '45초마다 [손상을 입는] X가 존재한다'와 "[45초마다 (손상을 입는)] X가 존재한다'를 비교해 보라. 우리의 마음언어에는 그와 비슷한 일을 하는 장치가 있는 것이 분명하다. 그러나 지금까지 우리는 이런 일이 연상망에서 일어날 수 있음을 보여 주는 단 하나의 단서도 얻지 못했다.

어떤 명제는 개체에 대한 것일 수도 있지만 그와 동시에 개체의 한 종류로 다뤄져야 하는데, 이 때문에 새로운 문제가 발생한다. 연결원형질은 하나의 단위 묶음 안에서 패턴들이 겹침으로써 효력을 얻는다. 그러나 그로부터 기괴한 키메라*가 나오거나 지나치게 욕심 부리다가 실패하고 마는 망이 나올 수 있다. 그것은 연결원형질에 대해 많은 사람들이 우려하는 걱정거리 중 하나로, 간섭 또는 혼선이라 불리는 현상이다.

* 그리스 신화에서 사자의 머리, 염소의 몸, 뱀의 꼬리를 한 괴물.

여기에 두 가지 예가 있다. 심리학자 닐 코언과 마이클 맥클로스키는 2개의 수를 더하도록 망을 훈련시켰다. 먼저 그들은 1을 다른 수에 더하도록 훈련시켰다. 입력이 '1'과 '3'이면 망은 '4'를 출력하도록 학습시켰다. 그런 다음 그들은 2를 다른 수에 더하도록 훈련시켰다. 그런데 불행하게도 2 더하기 문제는 연결가중치들을 흡수해 버리고 2 더하기에 최적인 가중치들로 대체했다. 망에는 1을 더하는 방법에 대한 지식을 고정시키는 하드웨어가 없었기 때문에, 그 망은 1을 더하는 방법에 건망증을 보이고 말았다! 이것은 일상생활에서 볼 수 있는 가벼운 망각과는 다르기 때문에 사람들은 그 효과를 '파멸적인 망각catastrophic forgetting'이라 부른다. 또 다른 예는 맥클랜드와 그의 동료인 앨런 가와모토가 양의적 문장에 의미를 배정하기 위해 설계한 망에서 볼 수 있다. 예를 들어, 'A bat broke the window'는 야구 배트가 날아가 유리를 깼거나 날개 달린 어떤 동물이 유리에 부딪혔다는 뜻이 된다. 망은 어느 누구도 만들어 낼 수 없는 다음과 같은 해석을 산출했다. "날개 달린 동물이 야구 배트를 이용해 유리를 깼다."

모든 도구가 그렇듯이, 연결원형질은 나름의 특징들 때문에 어떤 일에는 능숙하고 어떤 일에는 서투르다. 망의 일반화 능력은 연결원형질의 밀도 높은 상호 연결성과 입력의 중첩에서 나온다. 그러나 만일 당신이 하나의 단위라고 가정하면, 수천 개의 다른 단위들이 당신의 귀에 쏟아 붓는 불평을 모두 듣고 끊임없이 밀려오는 입력의 파도를 견디기는 힘겨울 것이다. 종종 다양한 정보의 덩어리들이 뒤섞이지 않도록 따로따로 묶어서 저장해야 한다. 이를 위한 한 가지 방법은 각각의 명제에 저장 슬롯과 주소를 부여하는 것이다. 이것은 컴퓨터 설계의 모든 측면을 실리콘으로 간단히 처리할 수 없다는 것을 다시 한 번 보여 준다. 결국 컴퓨터는 실내

난방을 위해 설계된 것이 아니라, 인간 사용자에게 의미가 있는 방식으로 정보를 처리하기 위해 설계된 것이다.

　　심리학자 데이비드 셰리와 댄 샥터는 이 사고방식을 더욱 확대했다. 그들은 메모리 체계에 가해지는 여러 공학적 요구들이 종종 엇갈리고 충돌한다는 사실에 주목한다. 자연선택은 유기체에게 전문적으로 '분화된' 기억 체계를 부여함으로써 그 문제에 대응했다고 그들은 주장한다. 각각의 기억 체계에는 동물의 마음이 완수해야 하는 과제들의 요구에 최적으로 맞춰진 연산 구조가 있다. 예를 들어, 겨울에 꺼내 먹기 위해 씨앗을 숨겨 놓는 새들은 은닉 장소를 위한 용량이 큰 기억을 진화시켰다.(호두까기새는 1만 군데를 기억한다.) 수컷이 암컷을 유혹하거나 다른 수컷을 위협하기 위해 노래를 하는 새들은 노래를 위한 넉넉한 기억을 진화시켰다.(나이팅게일은 200곡을 기억한다.) 은닉을 위한 기억과 노래를 위한 기억은 뇌 속의 구조와 배선 패턴이 서로 다르다. 우리 인간은 기억 체계에 한 번에 두 가지 아주 다른 일을 요구한다. 우리는 누가 누구에게 언제 어디서 무엇을 왜 했는가의 개별적인 사건을 기억해야 하는데, 이를 위해 각각의 사건에 시간, 날짜, 일련번호를 찍어야 한다. 또한 우리는 사람들이 어떻게 움직이고 이 세계가 어떻게 움직이는가에 대한 일반적 지식을 추출해야 한다. 셰리와 샥터가 제안하는 바에 따르면, 자연은 우리에게 각각의 요구에 따라 '사건,' 즉 자서전적 기억과 '어의론적,' 즉 일반적 지식 기억에 기억 체계를 하나씩 부여했다고 한다. 기억의 구분은 심리학자 엔델 툴빙이 최초로 제시한 구분법에 따른 것이다.

인간의 사고를 천문학적인 숫자로 증가시키는 묘기는 개념들을 서너 개의 역할에 집어넣는 능력이 아니라 재귀recursion라 부르는 마음의 생산능력에서 나온다. 각 역할을 위해 단위를 정해 놓는 것으로는 충분하지 않다. 우리 인간은 하나의 명제 전체를 더 큰 명제 속에 넣고 역할을 부여할 수 있다. 그런 다음 그 큰 명제를 더 큰 명제 속에 넣어서, 명제 안에 명제가 들어간 계층적인 나무구조를 생성할 수 있다. 아기가 달팽이를 먹었다는 것으로 끝나는 것이 아니라, 아기가 달팽이를 먹는 것을 아버지가 본 것, 아기가 달팽이를 먹는 것을 아버지가 봤는지 보지 않았지를 내가 의아해하는 것, 아기가 달팽이를 먹는 것을 아버지가 봤는지 보지 않았는지를 내가 의아해하는 것을 그 아버지가 아는 것 등등이다. 1을 한 숫자에 더하는 능력으로부터 무한개의 수를 생성하는 능력이 나오는 것처럼, 한 명제를 다른 명제 안에 삽입하는 능력에서 무한개의 생각을 가지는 능력이 나온다.

앞의 도표에서 본 망으로 명제 안의 명제 구조를 얻으려면 도표의 위쪽에 새로운 연결 층을 더해, 완전한 명제를 위한 단위 층을 더 큰 명제의 '역할' 슬롯에 연결시키면 된다. 그 '역할'은 말하자면 '관찰된 사건' 같은 것일 수도 있다. 만일 여러 층을 필요한 만큼 충분히 더하면, 여러 층으로 포개진 명제를 수용할 수 있는 완전한 수형도가 연결원형질로 만들어질 수 있다. 그러나 이것은 서투르고 미심쩍은 해결책이다. 각 종류의 재귀 구조에 대해 각기 다른 영구배선망이 있어야 하기 때문이다. 한 사람이 한 명제에 대해 생각하는 것을 위해 하나의 망이 필요하고, 한 사람이 한 명제에 대해 생각하는 것에 대해 한 사람이 생각하는 것을 위해 또 하나의 망이 필요하고, 한 사람이 어떤 사람에 대한 명제를 다른 사람에게 전달하는 것을 위해 또 다른 망이 필요하다.

컴퓨터과학과 심리언어학에서는 더 효과적이고 융통성 있는 메커니즘을 사용한다. (사람, 행동, 명제 등을 위한) 단순한 구조물들은 장기기억 속에 한 번씩 표현되고, 처리기가 이 구조 저 구조에 관심을 돌리면서 방문 내역을 단기기억에 저장함으로써 하나의 명제를 꿰어 만든다. 재귀천이망(또는 재귀천이문법)recursive transition network이라 부르는 이 동적 처리기는 특히 문장 이해에 적합해 보인다. 우리가 문장 전체를 한 번에 들이켠다기보다는 단어들을 한 번에 하나씩 듣거나 읽기 때문이다. 또한 복잡한 문장의 경우에도 전체를 꿀꺽 삼키거나 토하는 것이 아니라 조금씩 나눠 씹는 것으로도 보인다. 이것은 마음이 단지 문장을 위한 재귀적 명제처리기가 아니라 생각을 위한 재귀적 명제처리기를 구비하고 있음을 암시한다. 심리학자 마이클 조든과 제프 엘먼은 출력 단위에서 보낸 연결이 단기기억 단위 속으로 회귀함으로써 새로운 활성 사이클을 촉발하는 망을 만들었다. 좀 더 최근에는 회귀하는 망을 명제 망과 결합해 연결원형질 조각들로 이뤄진 재귀천이망을 실행하려는 시도들이 있어 왔다. 이런 시도들은, 신경망이 하나의 재귀처리기로 특별히 결합되지 않으면 재귀적 사고를 처리할 수 없음을 보여 준다.

● ● ● ●

인간의 마음은 연결원형질로는 쥐어짜 내기 어렵고 따라서 연합주의로는 설명하기 어려운 또 하나의 인지적 묘기로 우리를 놀라게 한다. 신경망은 모든 것을 동일한 종류의 어떤 것으로 취급하는 퍼지 논리를 쉽게 수행한다. 많은 상식적 개념들이 실제로 애매한 경계를 갖고 있어 명확한 정의가 불가능하다. 철학자 루트비히 비트겐슈타인은 '게임'을 예로 들었는데, 그 실례들(퍼즐 맞추기, 롤러스케이트 경주, 컬링, 던전과 드래건 게임, 닭싸움 등등)은 아무런 공통성이 없다. 나는 앞에서 또 다른 두 가지 예로 '미혼남'과 '야채'를 제시했다. 경계가 애매한 범주의 일원들은 하나의 규정적 특징이 없으며, 여러 가지 특징들이 마치 가족 구성원이나 밧줄의 가닥들처럼 부분적으로 겹쳐 있고 어느 것도 처음과 끝을 관통하지 않는다. 만화 《블룸 카운티 Bloom County》에서 펭귄 오퍼스는 잠시 건망증에 빠져서 자신이 새라는 말에 이의를 제기한다. 새는 날씬하고 공기역학을 이용하지만 자기는 아니라는 것이다. 새는 날지만 그는 날지 못하고, 새는 노래를 하지만 그가 '예스터데이'를 부르면 듣는 펭귄들이 귀를 틀어막는다고 지적한다. 오퍼스는 자기가 사실은 큰사슴 불원클이 아닌가 의심한다. 이처럼 '새' 같은 개념조차도 필요충분조건을 중심으로 형성되는 것이 아니라 원형들을 중심으로 형성되는 것으로 보인다. 사전에서 '새'를 찾아보면 펭귄 같은 그림이 아니라 참새 같은 그림이 나올 것이다.

    인지심리학의 실험들은 사람들이 새와 그 밖의 동물들, 야채, 도구에 대해 못말리는 고집불통이라는 사실을 보여 준다. 사람들은 하나의 전형을 공유하고, 그것을 해당 범주의 모든 일원에게 투사하며, 순응을 거부하는 반항아들보다 전형을 더 빨리 알아보고, 심지어는 실제로 본 것이 그저 비슷한 것이었을 때에도 그 전형을 봤다고 주장한다. 이런 반응들은 해당 범주의 한 일원이 다른 일원들과 공유하는 특성들을 비교할 때 나올 수 있다. 예를 들어 새 같은 특성이 더 많을수록 더 좋은 새인 것이다. 자동연상망은 특성들 간의 상관관계를 계산하기 때문에, 한 범주의 사례들을 제시하면 자동연상망도 인간과 똑같은 일을 한다. 인간 기억의 부분들이 자동연상망처럼 배선되어 있다고 믿는 것도 그런 이유에서다.

그러나 마음에는 그 이상의 무엇이 있는 것이 분명하다. 사람들이 항상 애매한 것은 아니다. 우리가 오퍼스를 보고 웃는 것은 우리의 또 다른 부분이 오퍼스가 '실제로' 새라는 것을 알기 때문이다. 우리는 할머니의 전형—호호백발을 하고 친근한 미소를 지으며 블루베리 머핀이나 치킨 수프를 만드는 70대의 여자—에 동의할 수 있지만 그와 동시에 티나 터너와 엘리자베스 테일러가 할머니라는 사실을 조금도 어렵지 않게 이해한다.(사실 테일러의 경우는 '유대인' 할머니다.) 미혼남의 경우도, 예컨대 이민국 관리, 치안판사, 보건복지부 직원을 비롯해 많은 사람들은 누가 그 범주에 속하는지에 대해 악명이 자자할 정도로 너무나 분명한 생각을 갖고 있다. 누구나 아는 사실이지만 이런 문제는 대부분 종이 한 장으로 판가름난다. 애매하지 않은 사고의 예는 어디에나 존재한다. 판사는 절차상의 문제 때문에 확실한 용의자를 석방하기도 한다. 바텐더는 스물한 번째 생일을 하루 앞둔 책임감 있는 성인에게 맥주를 팔지 않는다. 우리는 농담조로 약간 임신했거나 약간 결혼할 수는 없다고 말한다. 캐나다의 한 조사기관에서 기혼 여성들이 일주일에 평균 1.57번 섹스를 한다고 발표하자, 만화가 테리 모셔는 침대에 앉아 있는 여자와 그 옆에서 졸고 있는 남편을 그리면서 "저런, 저게 0.57번이었군"이라고 중얼거렸다.

사실 한 머리 안에 동일한 범주의 애매한 판형과 분명한 판형이 나란히 존재할 수 있다. 심리학자 샤론 암스트롱, 헨리 글라이트만, 릴라 글라이트만은 대학생들을 대상으로 애매한 범주의 표준검사를 실시했는데, 사실 그들이 물은 것은 '홀수'와 '여성'처럼 경계가 분명한 범주였다. 피실험자들은 예컨대 13은 23보다 홀수의 더 좋은 예이고, 어머니는 여배우보다 여성의 더 좋은 예라고 답했다. 잠시 후 피실험자들은, 수는 홀수 아니면 짝수이고 사람도 여성 아니면 남성일 뿐 중간 지대는 없다고 주장했다.

사람들은 두 가지 양식으로 생각한다. 특성들 간의 상관관계를 무작정 흡수하고 이 세계의 사물들이 집단(짖고, 물고, 소화전 앞에서 다리를 드는 것들)을 이루는 경향이 있다는 사실을 이용해 애매한 전형들을 형성한다. 그러나 또 한편으로는 적용되는 규칙에 따라 범주들을 규정하고 한 범주의 모든 일원들을 동등하게 취급하는 규칙 체계들 — 직관 이론들 — 을 만든다. 모든 문화에는 공식적인 친족 규칙의 체계들이 있는데 대개는 아주 엄밀해서 우리는 그 속에서 정리들을 입증할 수도 있다. 우리 자신의 친족 체계에는 '할머니'의 분명한 전형 — 부모의 어머니이고 머핀을 지긋지긋하게 만든다 — 이 있다. 법, 산수, 민속과학, 사회적 인습(성인과 아이, 남편과 미혼남을 분명하게 구분짓는 통과의례도 여기에 포함된다)은 지구상의 모든 사람들이 계산에 이용하는 또 다른 규칙 체계들이다.

규칙 체계 덕분에 우리는 단순한 유사성을 극복하고 설명에 기초한 결론에 도달할 수 있다. 힌턴, 러멜하트, 맥클런드는 다음과 같이 썼다. "사람들은 새로 획득한 지식을 일반화하는 데 능숙하다. 예를 들어 침팬지가 양파를 좋아한다는 것을 알게 되면 그에 따라 고릴라가 양파를 좋아할 확률을 높게 잡을 것이다. 분산적 표상을 사용하는 망에서 이런 종류의 일반화는 자동적이다." 세 학자의 자랑을 들으면, 빵과 비슷한 색깔과 밀도를 가진 물체로부터 우리는 빵과 비슷한 정도의 영양분을 기대한다고 말한 흄의 언급이 20세기에 메아리치는 듯하다. 그러나 개인이 실제로 약간의 지식을 갖고 있는 분야라면 이 가정은 여지없이 깨진다. 물론 양파를 좋아하는 고릴라는 단지 한 예에 불과하지만 이 단순한 예조차 우리를 얕보고 있다. 고릴라에 대해 많이 알진 못해도 동물학에 약간의 지식을 갖고 있는 나로서는 고릴라가 양파를 좋아할 확률이 조금도 높아지지 않는다. 침팬지는 잡식성이어서 양파를 먹는 것이 아주 자연스럽다. 우리도 잡식성인데 양파를 먹지 않는가? 그러나 고릴라는 초식동물이어서 하루 종일 야생의 셀러리나 엉겅퀴 따위의 식물을 우적우적 씹어 먹는다. 초식동물은 주식의 종류를 까다롭게 고르는 편이다. 소화기관이 몇몇 종류의 식물 독을 해독하는 데 맞춰져 있고, 그 밖의 식물 독에는 무방비이기 때문이다.(극단적인 예로, 코알라는 유칼립투스의 잎만 먹는다.) 따라서 침팬지와는 달리 고릴라가 매운 양파를 내던진다고 해도 나는 별로 놀랍지 않다. 어느 쪽 설명 체계를 떠올리는가에 따라 침팬지와 고릴라는 아주 비슷한 범주의 짝이 될 수도 있고, 사람과 소만큼 다를 수도 있다.

연합주의와 그 완결판인 연결원형질에서 한 사물이 표현되는 방식(즉, 일련의 특성들)은 자동적으로 해당 체계로 하여금 (특별히 반례를 제시해서 일반화를 하지 못하게 훈련시키지 않으면) 일반화를 수행하게 만든다. 내가 제시하고 싶은 대안은 인간은 마음속으로 사물의 종류들을 '기호화 symbolize'할 수 있고, 머릿속의 여러 규칙 체계를 통해 그 기호들을 조회할 수 있다는 것이다.(인공지능에서는 이 기술을 설명기반 일반화 explanation-based generalization라 부른다. 연결주의 설들은 유사성기반 일반화similarity-based generalization의 예다.) 우리의 규칙 체계는 지식을 합성적·수량적·재귀적 명제로 표현하며, 이 명제의 집합들은 서로 맞물려 예컨대 친족, 직관과학, 직관심리학, 수, 언어, 법 같은 특수한 경험 영역에 대한 모듈 또는 직관 이론을 형성한다. 5장에서는 몇몇 영역의 모듈을 탐구할 예정이다.

분명한 범주와 규칙 체계는 어떤 면에서 유용한가? 사회생활의 세계에서 분명한 범주와 규칙 체계는, 한 범주의 애매한 경계를 놓고 한쪽은 어떤 것이 범주에 포함된다고 주장하고 다른 쪽은 그것이 범주에 포함되지 않는다고 주장하면서 옥신각신하는 경우에 판결을 내려 준다. 통과의례, 성인의 연령, 졸업장, 면허증 및 그 밖의 법적 서류들은 모든 당사자가 마음속에 표현할 수 있는 확실한 선을 보여 준다. 그것은 각각의 사람이 어디에 서 있는지를 모두에게 알려 주는 선이다. 마찬가지로 OX 규칙들은 개인이 자신의 이익을 위해 이도저도 아닌 경우들을 갖다 붙이면서 애매한 범주를 이용하는 살라미 전술*을 방지한다.

* salami tactics, 달갑지 않은 분자의 제거 정책

규칙과 추상적 범주는 또한 자연 세계를 다루는 데 도움이 된다. 유사성을 잠깐 외면하면 그 표면 밑에서 많은 것들을 움직이게 만드는 숨겨진 법칙을 발견할 수 있다. 그리고 어떤 면에서 그것들은 디지털 방식이기 때문에 표상에 안정성과 정밀성을 부여한다. 아날로그 테이프로부터 일련의 아날로그 사본을 만들면 각 사본의 세대가 지날 때마다 품질이 저하된다. 그러나 일련의 디지털 사본을 만들면 마지막 사본도 최초의 사본처럼 좋을 수 있다. 마찬가지로 분명한 기호적 표상들은 기호가 연속적인 사고 속에 축어적으로 복제되는 추론의 사슬을 가능하게 해서 논리학자들이 연쇄논법sorites이라 부르는 것을 형성해 낸다.

모든 갈까마귀는 까마귀다.
모든 까마귀는 새다.
모든 새는 동물이다.
모든 동물은 산소가 필요하다.

연쇄논법 덕분에 생각하는 사람은 경험이 일천해도 자신 있게 결론을 내릴 수 있다. 예를 들어 어느 누구도 실제로 갈까마귀에게 산소를 차단하면

어떻게 되는지를 보지 못했지만, 생각하는 사람은 갈까마귀는 산소가 필요하다는 결론을 내릴 수 있다. 그는 어떤 동물에게든 산소를 차단하는 실험을 본 적이 없고 단지 믿을 만한 전문가에게 위의 명제를 들었을 뿐인데도 그런 결론에 도달할 수 있다. 그러나 만일 추론의 각 단계가 애매하거나 확률적이거나 한 단계 이전의 범주 일원들이 가진 항목들로 어수선하다면 찌꺼기가 쌓이게 된다. 마지막 명제는 n번째 복사된 불법 음반처럼 잡음이 많거나, 귓속말 잇기 게임의 마지막 속삭임처럼 알아듣지 못하는 명제가 될 것이다. 모든 문화의 사람들은 직접적으로 목격하지 못한 진리의 연결을 이용해 긴 추론 사슬을 구성한다. 철학자들은 종종 과학이 그 능력 덕분에 가능했음을 지적해 왔다.

● ● ● ●

마음을 둘러싼 많은 문제들처럼 연결주의에 대한 논쟁은 종종 선천성과 학습 간의 논쟁으로 드러난다. 그리고 언제나처럼 그 때문에 명확한 사고가 불가능해진다. 분명히 연결주의 설계에서 학습은 엄청난 역할을 담당한다. 종종 설계자들은 내가 언급했던 문제들에 떠밀려, 입력과 출력을 학습하고 그것들을 일반화하는 그와 비슷한 새 입력과 출력을 만들어 내는 숨겨진 층 망의 능력을 이용하곤 한다. 일반적인 숨겨진 층 망을 집중적으로 훈련시키면 때때로 거의 올바른 일을 수행하게 할 수 있다. 그러나 초인적인 훈련으로는 연결원형질을 구할 수 없다. 그것은 망이 선천적인 구조를 너무 조금 갖거나 환경으로부터의 입력을 너무 많이 가져서가 아니라, 연결원형질 자체가 워낙 미약해서 망이 종종 최악의 조합으로 구성될 수밖에 없기 때문이다. 즉, 너무 많은 선천적 구조와 너무 많은 환경 입력이 결합되는 것이다.

예를 들어 힌턴은 가족 관계를 계산하는 3층의 망을 고안했다.(망이 어떻게 작동하는지를 보여 주는 것이 그의 의도였지만, 다른 연결주의자들은 그것을 실질적인 심리학 이론으로 취급했다.) 입력층에는 예컨대 '콜린'과 '어머니'처럼 이름에 대한 단위와 관계에 대한 단위가 있었다. 출력층에는 예컨대 '빅토리아'처럼 그 둘이 연결된 사람의 이름을 위한 단위가 있었다. 단위와 연결은 망의 선천적 구조이고 연결가중치만이 학습되기 때문에, 사실상 그 망은 어떤 사람이 지명된 사람과 특정한 관계에 있는가에 대한 질문에 답을 말하기 위한 뇌 속의 선천적 모듈에 해당한다. 그것은 일반적인 친족에 대한 추론의 체계가 아니다. 그 지식은 인출을 통해 접근할 수 있는 데이터베이스 속에 저장되어 있다기보다는, 질문 층을 대답 층에 연결하는 연결가중치들 속에 스며들어 있기 때문이다. 그래서 이를테면 두 사람이 어떤 관계인가를 묻거나 한 사람의 가족에 포함되는 이름들과 관계들을 물을 때처럼 질문이 약간이라도 바뀌면 그 지식은 쓸모가 없어진다. 이런 점에서 그 모델은 선천적 구조를 너무 많이 가진 셈이다. 구체적인 퀴즈에 맞춰 재단된 상태이기 때문이다.

소규모로 설정한 가족 관계를 재현하도록 모형을 훈련시킨 후 힌턴은 새로운 친족 쌍들을 일반화하는 망의 능력에 관심을 기울였다. 그러나 주석을 보면, 104개의 가능한 쌍을 4개로 일반화하기 위해 나머지 100개를 훈련시켜야 했다고 적혀 있다. 그리고 훈련 기간 중 100쌍 각각이 망속에 1500번 제시되어야 했다(모두 합쳐 15만 번의 수업이다)! 아이들은 결코 이런 방식으로 가족 관계를 학습하지 않는다. 위의 숫자들은 연결주의 망에 전형적이다. 규칙을 이용해 지름길로 해결책에 도달하는 대신, 대부분의 예들을 낱낱으로 취급하고 단지 예들 사이에 새 어구를 삽입하기 때문이다. 실질적으로 종류가 다른 예는 모두 훈련을 받아야 한다. 그렇지 않으면 망이 중간에 그럴듯한 관계를 삽입할 것이다. 이것을 보면 오리 사냥을 하는 수학자들의 이야기가 생각난다. 한 수학자는 1야드 높게 쏘고 두 번째 수학자가 1야드 낮게 쏘자, 세 번째 수학자가 "명중이야!"라고 소리친다.

    나는 왜 연결원형질을 이렇게 집중적으로 조명할까? 신경망 설계를 중요하지 않게 생각해서가 아니다. 오히려 그 반대다! 신경망 설계가 없으면 마음은 어떻게 작동하는가에 대한 나의 모든 이론 체계는 공중에서 분해될 것이다. 또한 그것은 신경망 설계가 악마와 데이터 구조들을 만드는 일을 하청받은 신경 하드웨어라고 생각해서도 아니다. 많은 연결주의 모형들은 마음 연산의 가장 간단한 단계에서 수행될 수 있는 일에서조차 너무나 놀라운 것들을 발견한다. 나는 연결주의가 실제보다 높은 평가를 받는다고 생각한다. 망은 부드럽고, 평행적이고, 아날로그 방식이고, 생물학적이고, 연속적이라고 광고되기 때문에 인기를 얻고 다양한 팬클럽을 갖고 있다. 그러나 신경망은 기적을 행하는 것이 아니라 단지 약간의 논리적·통계적 연산을 수행한다. 무엇이 한 체계를 똑똑하게 만드는가를 설명할 때, 입력 표상·망의 수·각 망을 위해 선택된 배선 도표·데이터 경로와 그 경로들을 서로 연결하는 제어 구조를 선택한다는 설명은 균일한 성분을 가진 연결원형질의 일반적인 능력으로 설명하는 것보다 더 많은 것을 알려 준다.

    그러나 나의 주된 의도는 이런저런 종류의 모형이 무엇을 할 수 없는가를 보여 주는 것이 아니라, 마음이 무엇을 할 수 있는가를 보여 주는 것이다. 이 장의 요점은 우리의 마음을 구성하는 물질에 대한 대략적인 지식을 전달하는 것이다. 사고와 생각은 더 이상 유령같이 불가해한 수수께끼가 아니라 연구를 할 수 있는 기계적 과정이어서, 우리는 다양한 이론들의 장점과 단점을 조사하고 토론할 수 있다. 나는 관념연합이라는 존경할 만한 학설의 단점에 주목하는 것이 특히 중요하다고 생각한다. 그 과정에서 우리의 일상적 사고의 정확성, 치밀함, 복잡성, 무제한성이 분명해지기 때문이다. 인간 사고의 연산 능력은 실질적인 결과를 낳는다. 그것은 우리의 사랑, 정의 관념, 창조성, 문학, 음악, 친족, 법, 과학, 그리고 우리가 뒤에서 탐구할 여러 활동 능력에 이용된다. 그러나 그것들을 이해하기 전에 우리는 먼저 이 장의 서두에서 제기했던 또 다른 문제로 돌아가야 한다.

알라딘의 램프

의식이란 무엇인가? 무엇 때문에 우리는 치통을 느끼거나 가을 하늘을 푸르게 보는가? 완전한 신경학적 기초를 가진 계산주의 마음 이론도 분명한 답을 내놓지 못한다. '푸르다'는 기호가 새겨져 있고, 목표 상태가 변하고, 일부 뉴런들이 점화한다. 그래서 어쨌단 말인가? 의식은 많은 사상가들에게 단지 하나의 문제가 아니라 기적에 가까운 어떤 것으로 여겨졌다.

> 물질은 단지 형식, 크기, 밀도, 운동, 운동 방향에 있어서만 서로 다를 수 있다. 그러나 그것들이 어떻게 변형되거나 결합된다고 한들 의식이 그것들 중 어느 것에 부속될 수 있을까? 둥글거나 네모진 것, 단단하거나 유동적인 것, 크거나 작은 것, 이런저런 방식으로 느리게 움직이거나 빠르게 움직이는 것 등은 물질의 존재 양식일 뿐, 모두 똑같이 인지cogitation의 본질과는 무관하다.
> —새뮤얼 존슨

의식 상태처럼 뚜렷한 어떤 것이 아리송한 신경조직의 결과로 생겨난다는 것은, 알라딘이 램프를 문지르면 거인이 나타난다는 것만큼이나 설명할 수 없는 일이다.
— 토머스 헉슬리

여하튼 우리는 물리적인 뇌라는 물이 의식이라는 와인으로 변한다고 느끼지만, 이 변환의 본질은 완전한 괄호로 남는다. 신경전달물질은 의식을 세계로 불러오기에 적절하지 않은 물질로 보인다.
— 콜린 맥긴

    의식은 끝없는 수수께끼를 불러일으킨다. 신경학적 사건이 어떻게 의식을 발생시키는가? 의식의 효용성은 무엇인가? 다시 말해, 빨강의 감각은 우리의 신경 컴퓨터 안에서 벌어지는 일련의 당구공 사건에 어떤 의미를 더하는가? 빨간색의 인지 효과—넓게 펼쳐진 초록색 배경에 빨간색을 인식하는 것, "빨강색이다"라고 소리치는 것, 산타클로스와 소방차를 떠올리는 것, 흥분하는 것—는 긴 파장의 빛에 대한 감지기로 촉발되는 순수한 정보처리에 의해 얻어질 수 있다. 의식은 컴퓨터의 반짝이는 불빛이나 번개를 동반한 천둥처럼 기호 위를 맴도는 무기력한 부작용인가? 그리고 만일 의식이 쓸모가 없다면—의식이 없는 생명체가 의식을 가진 생명체와 똑같이 이 세계와 잘 타협할 수 있다면—왜 자연선택은 의식을 가진 존재를 선호했을까?
    최근에 의식은 모든 사람이 풀고 싶어하는 실타래가 되었다. 마침내 의식을 설명했다는 논문이 거의 매달 발표되고, 그때마다 사람들은 과학의 경계를 긋던 신학자들과 인문학자들, 그리고 의식이란 주제가 너무 주관적이거나 혼란스러워서 연구할 수 없다고 말하는 과학자들과 철학자들에게 조소를 던진다.

그러나 애석하게도 사람들이 의식에 관해 발표하는 많은 글들이 의식 그 자체만큼이나 당혹스럽다. 스티븐 제이 굴드는 다음과 같이 썼다. "호모사피엔스는 [계통나무에서] 작은 가지에 불과하다. … 그러나 인간이란 가지는 좋든 나쁘든 캄브리아기 폭발 이후 다세포생물의 전 역사에서 가장 특별한 새 특질을 발전시켰다. 햄릿에서 히로시마에 이르기까지 수많은 후유증을 앓고 있는 이른바 의식을 발명한 것이다." 굴드는 인간이 아닌 다른 동물들에겐 의식을 부여하지 않았다. 동물이 거울 속의 모습을 자기 자신으로 보는지 아니면 다른 동물로 보는지를 확인하여 의식의 존재를 알아보는 많은 실험이 있었다. 이 실험 기준에 따르면 원숭이, 어린 침팬지, 나이 든 침팬지, 코끼리, 걸음마 하는 유아는 의식이 없었다. 의식이 있는 동물은 고릴라, 오랑우탄, 젊은 침팬지, 그리고 스키너와 그의 제자인 로버트 엡스타인에 따르면, 훈련을 잘 받은 비둘기뿐이었다. 다른 사람들은 굴드보다 훨씬 더 엄격해서 심지어 인간이라도 모두 의식을 가진 것은 아니라고 주장한다. 호머가 살던 그리스의 사람들, 구약에 기록된 헤브라이 사람들은 의식이 없었다. 데닛도 이 주장에 공감한다. 그는 의식이란 "대체로 초기의 훈련 과정에서 뇌에 전해지는 문화적 발전의 한 산물"이며 "밈meme들의 거대한 복합체"라고 생각한다. 밈은 예컨대 인기 있는 광고 노래나 최신 유행처럼 감염성이 있는 문화적 특징을 가리키는 도킨스의 용어다.

의식이란 주제를 생각하다 보면 《거울 나라의 앨리스*Through the Looking-Glass*》의 하얀 여왕처럼 아침식사 전에는 불가능한 여섯 가지 일이 있다고 믿게 된다. 대부분의 동물들이 정말로 무의식적일까? 즉 잠을 자는 듯이 걷고, 좀비 같고, 자동장치 같고, 의식이 전혀 없는 존재들인가? 개는 감각, 애정, 열정이 없을까? 동물을 바늘로 찌르면 고통을 못 느낄까? 그리고 구약의 모세는 정말로 짠맛을 못 느끼고, 빨간색을 보지 못하고, 섹스를 즐기지 못했을까? 아이들은 야구모자를 돌려 쓰는 법을 배우듯이 의식을 갖는 법을 배우는가?

의식에 대해 글을 쓰는 사람들이 제정신이라면 분명 그 단어를 쓸 때 마음속으로 어떤 것을 생각할 것이다. 의식이란 개념을 가장 잘 관찰한 예들 중 하나로 우디 앨런이 가상으로 만든 대학 강좌 안내문을 들 수 있다.

심리학 개론: 인간 행동에 관한 이론 … 마음과 몸은 분리되어 있는가? 만약 분리되어 있다면 어느 쪽 편을 드는 것이 더 좋은가? … 의식을 무의식과 반대되는 개념으로 보는 연구를 특별히 고찰하고, 그 과정에서 의식을 잃지 않는 법에 대해 유용한 단서를 얻을 수 있다.

언어적 유머를 접할 때 독자들은 그 유머에 사용된 양의적 단어의 한쪽 의미를 이해하는 동시에 또 다른 의미를 깨닫고 놀라곤 한다. 이론가들도 의식이란 단어의 양의성을 다루지만, 대개는 농담으로가 아니라 얄팍한 상술에 이용한다. 즉, 독자로 하여금 그 단어의 한쪽 의미와 관련된 이론은 설명하기가 매우 어렵고 다른 쪽 의미와 관련된 이론은 아주 쉽게 설명할 수 있다고 생각하게 만든다. 나는 정의定義를 강조하고 싶진 않지만 의식의 문제에 대해서는 그 의미를 풀어 보는 것으로 시작할 수밖에 없다고 생각한다.

때때로 '의식'은 '지능'의 고상한 동의어로 사용된다. 예를 들어 굴드가 분명 그런 식으로 사용하고 있었다. 그러나 언어학자 레이 재킨도프와 철학자 네드 블록이 신중하게 구분한 바에 따르면, 의식이란 말에는 그보다 더 전문화된 세 가지 의미가 있다.

첫 번째 의미는 '자기인식self-knowledge'이다. 지적 존재가 정보의 대상으로 삼는 다양한 사람과 사물들 중에는 자기 자신이 포함되어 있다. 나는 고통을 느끼고 빨간색을 볼 뿐 아니라 나 자신에 대해 생각을 한다. "이것 봐, 여기 내가 있군. 고통을 느끼고 빨간색을 보는 스티븐 핑커가 있어!" 아주 이상한 일이지만, 의식이란 단어의 이 난해한 의미는 대부분의 학문적 토론에서 사람들이 늘 염두에 두는 의미다. 의식은 대개 '자기 자신의 이해 양상에 비추어,' 그리고 일반적으로 이해하듯이 살아 있고 깨어 있고 인식하고 있는 상태로서의 의식과 무관한 그 밖의 자족적인 내적 성찰에 비추어 '자아를 포함한 이 세계의 내적 모형을 구축하는 것'으로 정의된다.

거울을 보는 능력을 포함하여 자기인식은 인지와 기억의 다른 주제들보다 더 신비하거나 난해한 주제가 결코 아니다. 만일 내 마음속에 사람들에 관한 데이터베이스가 있다면, 내 자신에 대한 항목이 포함되지 못할 이유가 무엇이겠는가? 내가 등에 난 점을 보려고 팔을 들고 목을 쑥 뺄 줄 안다면, 이마에 난 점을 찾아보기 위해 거울을 들고 살펴보지 못할 이유가 무엇이겠는가? 그리고 자신에 대한 정보에 접근하는 것은 모형화하기가 아주 쉽다. 초보적인 프로그래머라면 누구나 자기 자신을 조사하고, 보고하고, 심지어 수정하는 간단한 소프트웨어를 만들 수 있다. 거울 속에 비친 자신을 인식하는 로봇을 만드는 것은 다른 것을 인식하는 로봇을 만드는 것보다 크게 어렵지 않을 것이다. 물론 우리는 자기인식의 진화, 아동의 자기인식 발달, 그리고 자기인식의 장점들에 대해(그리고 6장에서 보겠지만 흥미롭게도 그 단점들에 대해) 훌륭한 질문들을 제기할 수 있다. 그러나 오늘날 자기인식은 물을 포도주로 바꾸는 역설이 아니라 인지과학의 일상적인 주제다. 자기인식은 뭔가를 말하기 쉬운 주제이기 때문에 저자들은 저마다 자랑스럽게 '의식 이론'을 내놓는다.

두 번째 의미는 '정보에 대한 접근'이다. 내가 "무엇을 멍하니 생각하십니까?"라고 물으면 당신은 몽상의 내용, 그날의 계획, 아프고 가려운 데, 눈앞의 색, 형체, 소리 등을 말할 것이다. 그러나 위에서 분비되는 효소, 심장박동과 호흡의 상황, 2차원의 망막으로부터 3차원의 형태를 복구하는 뇌 속의 연산, 당신이 말하는 단어의 순서를 배열하는 구문론 규칙, 컵을 들어 올리는 일련의 근육 수축 등에 대해서는 말하지 못할 것이다. 그것은 신경계의 정보처리가 2개의 풀pool로 나뉜다는 것을 말해 준다. 한 풀은 시각의 산물과 단기기억의 내용을 담는 것으로, 언어적 보고, 이성적 사고, 신중한 의사 결정의 기초를 이루는 체계들에 의해 그 풀에 접근할 수 있다. 두 번째 풀은 반사적인(본능적 차원의) 반응들, 시각, 언어, 운동 뒤에서 일어나는 내적 계산들, 억압된 욕구 및 기억(만일 있다면)을 포함하는 것으로, 위의 체계들에 의해서는 접근할 수가 없다. 때때로 정보는 첫 번째 풀에서 두 번째 풀로, 혹은 그 반대로 넘어간다. 맨 처음 자동차의 수동변속기를 배울 때 우리는 모든 행동을 생각하면서 해야 하지만 연습을 하고 나면 그 기술은 반사적이 된다. 반대로 강렬한 집중과 바이오피드백을 이용하면 심장박동 같은 숨겨진 감각에 초점을 맞출 수도 있다.

물론 의식의 이러한 의미에는 의식적 마음과 무의식적 마음이라는 프로이트의 구분법이 포함되어 있다. 자기인식의 경우처럼 이 의미에도 기적이나 신비한 측면은 전혀 없다. 오히려 기계와 명백히 유사한 점들이 있다. 내 컴퓨터는 프린터가 작동하는지 작동하지 않는지에 대한 정보로 접근해서(현재의 특별한 의미에서, 그것을 '의식' 한다) '프린터 응답 없음(Printer not responding)'이라는 에러 메시지를 보여 준다. 그러나 프린터가 왜 작동하지 않는지에 대한 정보에는 접근하지 못한다. 프린터에서 컴퓨터로 연결된 선을 따라 되돌아가는 신호에 그 정보가 포함되어 있지 않기 때문이다. 반면에 프린터 내부의 칩은 그 정보에 접근한다.(이런 의미에서, 그것을 의식한다.) 프린터 부품들의 센서가 칩에 정보를 보내고, 그 덕분에 칩은 잉크가 없으면 노란 불을 켜고 종이가 걸리면 빨간 불을 켤 수 있다.

마지막으로 우리는 가장 흥미로운 의미인 '감각력'에 도달했다. 감각력은 질문으로는 도저히 알 수 없는 것들, 즉 주관적 경험, 현상적 인식, 있는 그대로의 느낌, 1인칭 현재시제, 존재한다는 것 또는 어떤 일을 한다는 것이 '무엇과 같은가(what it is like)'에 관한 문제다. 우디 앨런의 농담도 의식의 이 의미와, 의식을 마음의 신중한 언어적 부분들을 통해 정보에 접근하는 것으로 보는 프로이트식 의미와의 차이를 이용했다. 그리고 이 감각력이란 의미 때문에 의식은 종종 기적으로 여겨지곤 한다.

이 장의 나머지는 의식의 마지막 두 의미에 할애될 것이다. 먼저 나는 정보 접근, 즉 마음의 여러 부분들이 서로에게 제공하는 모든 종류의 정보를 살펴볼 것이다. 이런 의미에서 우리는 의식을 실질적으로 이해하게 될 것이다. 의식이 뇌에서 어떻게 실행되는지, 마음 연산에서 의식이 어떤 역할을 하는지, 의식이 어떤 공학적 설계서를 충족하는지(즉 의식을 발생시켰던 진화상의 압력이 무엇이었는지), 그 요구들이 의식의 주요 자질들—감각 인식, 주의 집중, 감정 개입, 의지 등—을 어떻게 설명하는지에 대해 흥미로운 이야기들이 전개될 것이다. 그리고 마지막으로 나는 감각력의 문제로 돌아올 것이다.

● ● ● ●

아마도 언젠가 우리는 뇌 속의 무엇이 정보 접근이란 의미에서의 의식을 담당하는지를 자세히 이해하게 될 것이다. 예를 들어, 프랜시스 크릭과 크리스토프 코흐는 우리가 주목해야 할 것에 대해 직접적인 기준들을 제공했다. 가장 분명한 기준은, 감각과 기억으로부터 오는 정보는 마취된 동물이 아닌 깨어 있는 동물에게만 행동을 유발한다는 사실이다. 따라서 접근-의식(정보 접근으로서의 의식)의 신경학적 기초 중 일부는 깨어 있을 때의 활동과 꿈이 없는 잠에 빠졌거나 의식을 잃었을 때의 활동이 서로 다른 뇌 구조들 중에서 발견될 것이다. 대뇌피질의 하부층이 그런 역할을 하는 후보들 가운데 하나다. 또한 우리는 지각되는 사물과 관련된 정보가 대뇌피질의 여러 부분에 흩어져 있다는 사실을 알고 있다. 따라서 정보 접근에는 지리학적으로 구분된 데이터들을 하나로 묶는 메커니즘이 필요하다. 크릭과 코흐는 뉴런들의 동시 점화가 그런 역할을 하는 하나의 메커니즘이며, 대뇌피질에서 시작해 대뇌의 간이역인 시상을 거치는 순환루프에 의해 동조화하는 것 같다고 말한다. 그들은 또한 자발적이고 계획적인 행동에는 전두엽의 활동이 필요하다고 지적한다. 따라서 접근성 의식은 뇌의 다양한 부위로부터 전두엽으로 들어오는 섬유 다발 구조에 의해 결정된다고 볼 수 있다. 이 같은 발견이 옳건 틀리건 그들은 의식의 문제가 실험실에서 다뤄질 수 있음을 입증했다.

    접근성 의식은 또한 신비한 불가사의가 아니라 뇌가 수행하는 연산의 범위에 포함되는 하나의 문제일 뿐이다. 삼촌을 찾는 생성 시스템을 기억해 보자. 그 생성 시스템에는 공동 소유의 단기기억, 즉 체계 안의 모든 악마들이 볼 수 있는 게시판 또는 워크스페이스가 있다. 체계의 독립된

한 부분에는 더 큰 정보 창고인 장기기억이 있는데, 장기기억의 정보들은 단기기억에 복사된 후에야 악마들이 읽을 수 있다. 많은 인지심리학자들이 지적한 바와 같이 이 모형에서는 단기기억(공동 소유의 게시판, 전반적 워크스페이스)이 마치 의식 같은 역할을 한다. 하나의 정보를 인식하면 마음의 많은 부분들이 그에 따라 작동할 수 있다. 우리는 눈앞의 자를 볼 뿐 아니라 그 자를 묘사하거나, 자를 향해 손을 뻗거나, 그 자로 창문을 괼 수 있다고 추론하거나, 자의 눈금을 읽을 수 있다. 철학자 스티븐 스틱은 그것을 가리켜, 의식적 정보는 추론이 '문란하다promiscuous'고 표현했다. 즉, 단 하나의 정보처리 행위자에게 충성하기보다는 다수의 행위자에게 자신을 허락하는 것이다. 뉴웰과 사이먼은 수수께끼를 푸는 동안 큰 소리로 생각을 말하게 하는 간단한 방법으로 인간의 문제 해결 과정을 이해하는 성과를 거뒀다. 그들은 피실험자가 현재 의식적으로 생각하고 있다고 보고하는 내용을 게시판의 내용으로 채택한 생성 시스템을 이용하여 마음의 활동을 훌륭하게 시뮬레이션했다.

  정보 접근의 공학적 설계서, 즉 정보 접근을 발생시켰던 선택압력도 갈수록 분명해지고 있다. 일반 원리를 요약하자면, 정보는 유익함을 주지만 그와 동시에 비용이 들기 때문에 정보처리기는 정보 접근이 제한된다는 것이다.

  첫 번째 비용은 공간, 즉 정보를 담는 하드웨어다. 이 한계는 램을 늘리는 데에 돈을 쓸지 말지를 결정하는 소형 컴퓨터 소유자들이 아주 분명하게 느낀다. 물론 컴퓨터와는 달리 뇌는 저장을 위한 엄청난 양의 병렬식 하드웨어를 갖고 있다. 때때로 이론가들은 사람의 뇌가 사전에 모든 가능성을 저장할 수 있으며, 생각은 1단계 패턴 인식으로 환원될 수 있다고 추론한다. 그러나 조합의 수적 폭발은 오래전 MTV의 광고 카피인 "너무 많아도 부족하다"라는 말을 생각나게 한다. 간단한 계산만으로도, 인간이 이해할 수 있는 문장, 문장의 의미, 체스 게임, 선율, 볼 수 있는 물체 등등의 수가 우주의 입자보다 많다는 사실을 알 수 있다. 예를 들어, 체스 게임을 할 때 각 위치에서 이동 가능한 수는 30-35수이고, 한 수를 두고 난 후에 상대방이 둘 수 있는 수도 30-35수여서 약 1000가지의 턴이 나온다. 일반적으로 체스 게임은 40회의 턴이 진행되므로 10^{120} 가지의 체스 게임이 가능하다. 우리 눈에 보이는 우주 속의 입자는 약 10^{70}개다. 따라서 모든 게임을 기억하고 모든 말의 움직임을 생각하면서 체스를 두는 사람은 없다. 문장, 이야기, 선율 등도 마찬가지다. 물론 조합들 중의 '일부'는 저장될 수 있겠지만, 조만간 뇌가 고갈되거나 패턴들이 겹치기 시작해서 쓸모없는 조합과 혼합물이 생겨날 것이다. 정보처리기는 천문학적인 숫자의 입력과 출력 또는 질문과 대답들을 저장하기보다는 정보의 부분집합들을 한 번에 하나씩 처리하고 필요할 때에만 답을 계산하는 규칙 또는 알고리듬을 필요로 한다.

　　두 번째 비용은 시간이다. 우주의 크기보다 작은 뇌 속에 모든 체스 게임을 저장할 수 없는 것처럼, 우주의 나이(10^{18}초)보다 훨씬 짧은 한 사람의 일생 동안 마음속으로 모든 체스 게임을 둘 수도 없다. 100년 동안 한 문제를 푼다는 것은 현실적으로 전혀 풀지 못하는 것과 같다. 사실 지적 행위자는 훨씬 더 절박한 조건들에 부딪힌다. 인생은 일련의 마감시간으로 이뤄져 있다. 사냥이나 대화에서 볼 수 있듯이 인지와 행동은 실시간에 벌어진다. 그리고 연산 자체가 시간이 걸리기 때문에 정보처리는 해답의 일부라기보다는 문제의 일부다. 일몰 전에 야영지에 닿기 위해 머릿속으로 가장 빠른 길을 그려 보는 등산객이, 10분 절약해 줄 길을 찾아내기 위해 20분 동안 궁리한다고 생각해 보라.

세 번째 비용은 자원이다. 정보처리에는 에너지가 든다. 노트북 컴퓨터를 사용하다가 배터리 사용 시간을 늘리기 위해 프로세서를 쉬게 하고 디스크의 정보에 접근하는 것을 제한해 본 사람이라면 쉽게 이해할 것이다. 생각도 비용이 든다. 뇌 활동을 기능적 영상으로 보여 주는 기술(양전자방출단층촬영PET, 자기공명영상MRI)은 활동 중인 뇌세포가 더 많은 혈액을 불러들이고 더 많은 포도당을 소비한다는 사실을 보여 준다.

물질로 구현되어 있고, 실시간에 활동하고, 열역학 법칙을 따르는 지적 행위자는 누구든지 정보 접근이 제한될 수밖에 없다. 당면한 문제와 관련된 정보만이 접근이 허락된다. 행위자가 눈가리개를 한다거나 건망증에 걸렸다는 뜻이 아니다. 한 순간의 한 가지 목적과 무관한 정보라도 다른 순간의 다른 목적과는 관련이 있을 수 있다. 따라서 정보는 '경로화' 되어야 한다. 특정한 종류의 연산과 항상 무관한 정보는 그 연산과 영구적으로 분리되어야 한다. 때로는 관련이 있고 때로는 무관한 정보는 사전에 예측할 수 있는 한에서 관련이 있을 때 연산에 이용될 수 있어야 한다. 이 설계 조건은 왜 인간의 마음에 접근성 의식이 존재하고 또한 왜 우리가 그 의식의 세부적인 면들을 어느 정도 이해할 수 있는지를 설명해 준다.

접근성 의식에는 네 가지 뚜렷한 특징이 있다. 첫째, 사람마다 정도는 다르지만 우리는 다양하고 폭넓은 감각을 의식한다. 즉 우리 앞에 놓인 세계의 색과 형태, 우리가 받아들이는 소리와 냄새, 피부와 뼈와 근육의 압박과 통증 등이 그것이다. 둘째, 이 정보들은 주의력의 조명을 받고, 단기기억 속에 들어갔다 나오고, 우리의 의도적 사고에 공급된다. 셋째, 감각과 사고에는 즐거움이나 불쾌함, 흥미나 거부감, 흥분이나 진정 같은 감정의 빛깔이 채색된다. 마지막으로 집행관인 '나'는 선택을 하고 행동의 버튼을 누르는 것처럼 여겨진다. 각각의 특징은 신경계에 약간의 정보를 흘려 두어서 접근-의식이 다닐 수 있는 길을 만들어 놓는다. 그리고 각각의 정보는 사고와 지각이 적응하고 조직화되는 과정에서 분명한 역할을 수행함으로써 합리적인 의사 결정과 행동에 일조한다.

지각 범위로 시작해 보자. 재킨도프는 다양한 모듈에 사용되는 여러 차원의 마음 표상들을 조사한 후, 어느 차원이 풍부한 범위를 가진 현재시제 인식에 해당하는지를 물었다. 예를 들어 시각 처리는 망막의 간상체와 원추체에서 시작해, 테두리와 깊이와 표면을 표현하는 중간 차원들을 거친 후, 눈앞에 놓인 물체의 인식에 도달한다. 언어 이해는 있는 그대로의 소리에서 시작해, 음절과 단어와 구의 표상들을 거쳐, 메시지의 내용을 이해하는 것으로 완료된다.

재킨도프는 접근-의식이 중간 차원들을 건드리는 것 같다고 말했다. 우리는 가장 낮은 차원의 감각은 의식하지 못한다. 프루스트처럼 카스테라의 모든 부스러기와 라임 꽃즙의 모든 색조를 완벽하게 관찰하며 사는 사람은 없다. 우리는 말 그대로 햇빛을 받는 석탄의 밝음을 못 보고, 실내로 가져온 눈덩이의 어두움을 못 보고, 텔레비전 화면의 '검은색' 부분에서 희끄무레하게 빛나는 회녹색을 못 보고, 움직이는 사각형이 망막에 투사하는 찌그러진 평행사변형을 못 본다. 우리가 '보는' 것은 많은 처리과정을 거친 산물, 즉 물체의 표면, 고유의 색과 결, 그 깊이와 경사와 기울기다. 음파가 우리 귀에 도달할 때에도 음절과 단어들은 서로 번지고 뒤틀린 상태이지만 우리는 그것을 리본처럼 매끄럽게 이어지는 가청음으로 듣지 않고, 경계가 잘 구분된 단어 열로 '듣는다.' 또한 우리의 직접적인 인식은 가장 높은 차원의 표상만을 건드리지도 않는다. 가장 높은 차원들—세계의 내용 또는 메시지의 골자—은 경험을 한 후 오랫동안 장기기억에 머무는 경향이 있지만, 경험이 펼쳐지는 동안에 우리는 그보다 낮은 차원들인 장면과 소리를 인식한다. 우리는 얼굴을 볼 때 단지 '얼굴이다.' 라고 추상적으로 생각하지 않고, 얼굴에 나타난 명암과 윤곽을 살피면서 면밀히 조사한다.

우리는 중간 차원 인식의 이점을 쉽게 알아볼 수 있다. 보는 조건에 따라 변하는 와중에도 일정한 형태와 밝기를 지각하면 사물의 고유한 특성들을 놓치지 않을 수 있다. 예를 들어 우리가 석탄 주변을 돌거나 등불을 밝게 올려도 석탄 덩어리 자체는 단단하고 검게 보이며, 똑같은 모습으로 경험된다. 낮은 차원들은 불필요하고 높은 차원들은 충분치가 않다. 그 불변성 뒤에 놓인 원래의 데이터와 연산 과정은 우리의 인식과 차단되어 있는데, 그 이유는 그것들이 불변의 광학 법칙을 이용하는 동시에 인식의 다른 부분들과는 조언을 받을 필요도 없고 통찰을 줄 수도 없기 때문이다. 연산의 산물들은 사물들의 정체가 확립되기 훨씬 전에 일반적인 가정을 위해 공개된다. 이 세계를 두루 섭렵하기 위해서는 단순한 무대장치 이상의 것이 필요하기 때문이다. 행동은 몇 인치 차이로 결정되는 게임이어서, 다음 단계를 계획하거나 파악하는 결정 과정에는 표면들의 외형과 구성을 아는 것이 필수적이다. 마찬가지로 문장을 이해할 때에도 쉿 소리와 흥 소리 같은 모든 음파에 일일이 귀를 기울이면 아무것도 얻지 못한다. 우리는 그것들을 음절로 해독한 후 마음 사전에 수록된 의미 있는 어떤 것과 매치시켜야 한다. 음성해독기는 평생의 유효기간을 가진 특별한 열쇠를 사용하고, 그래서 마음의 다른 부분들에서 훈수꾼들이 간섭을 해도 개의치 않고 자기 일을 수행한다. 그러나 시각의 경우처럼, 마음의 나머지 부분들은 최종 산물—이 경우는 화자의 요지—에만 만족하지는 않는다. 단어의 선택과 어조는 우리로 하여금 행간을 읽게 해주는 정보를 전해 준다.

다음으로 주목할 만한 의식 접근의 특징은 스포트라이트에 비유할 수 있는 주의력이다. 주의력은 무의식적인 병렬 처리(많은 입력물들이 동시에 처리되는데, 각각의 입력물이 자체의 소형처리기에 의해 처리된다)가 단지 한정된 범위의 일만을 수행한다는 것을 본질적으로 보여 주는 증거다. 초기 단계에서 병렬 처리가 자신이 맡은 일을 수행하면서 표상을 전달하면 더욱 꾸준하고 집중적인 처리기가 그로부터 필요한 정보를 뽑아낸다. 심리학자 앤 트레망은 무의식적 처리가 끝나고 의식적 처리가 시작되는 지점을 보여 주는, 지금은 고전이 된 몇 가지 간단한 증명 방법을 고안해 냈다. 그녀는 사람들에게 색깔이 있는 형태들(예를 들어 X자들과 O자들)을 보여 주면서 정해진 목표물이 나오면 단추를 누르게 했다. 만일 목표물이 O자인데 X자들이 가득한 화면에 O자가 나오면 피실험자는 재빨리 반응한다. X자가 얼마나 많은가는 상관없다. 사람들은 O가 방금 튀어나왔다고 말한다.(튀어나왔다는 말은 그 효과를 표현한 것으로, 무의식적 병렬 처리의 성격을 보여 주는 좋은 예다.) 초록색 O자가 빨간색 O자들 중에서 튀어나올 때도 마찬가지다. 그러나 피실험자에게 초록색인 동시에 O자인 철자를 찾으라고 요구하고, 그 철자가 초록색 X자들과 빨간색 O자들이 마구 뒤섞인 화면 어딘가에 있으면, 피실험자는 각각의 철자가 두 가지 기준을 모두 충족하는가를 일일이 점검하면서 의식적으로 화면을 검색해야 한다. 그 과제는 빨간 셔츠, 흰색 셔츠, 줄무늬 셔츠를 입은 군중 속에서 빨간색과 흰색의 줄무늬 셔츠를 입고 숨어 있는 주인공을 찾아내는 아이들의 만화 게임인 '왈도는 어디 있을까요?Where's Waldo?' 와 비슷하다.

이때 정확히 어떤 일이 벌어지는 걸까? 당신의 시야에는 수천 개의 작은 처리기들이 반짝거리고, 각각의 처리기는 자신의 위치에 나타난 특정한 색이나, 곡선, 각도, 선 같은 간단한 형태를 탐색한다. 일단의 처리기들은 다음과 같은 출력을 만들어 낸다. 빨강 빨강 빨강 빨강 초록 빨강 빨강 빨강… 또 다른 처리기들은 다음과 같은 출력을 만들어 낸다. 직선 직선 직선 곡선 직선 직선 직선… 이 처리기들 위에는 이방인을 찾는 탐지기들의 층이 겹쳐져 있다. 이방인을 찾는 각각의 탐지기는 선이나 색을 찾는 한 묶음의 탐지기들 위에 걸터앉아, 시야 중에서 색이나 윤곽이 주변의 점들과 다른 점을 찾아 '표시'를 한다. 빨강으로 둘러싸인 초록에는 작은 깃발이 꽂힌다. 탐지기가 빨강 중에서 초록을 찾는 데 필요한 것은 깃발을 꽂는 일뿐이며, 이것은 아무리 단순한 악마라도 쉽게 할 수 있는 일이다. X자들 중에 섞여 있는 O자도 이런 식으로 탐지된다. 그러나 시야에 타일처럼 배열되어 있는 수천 개의 처리기는 여러 특징들의 결합, 즉 초록색인 '동시에' 곡선이거나 빨간색인 '동시에' 직선인 조각을 계산하기에는 너무 멍청하다. 그 결합물들은 이동식 창을 통해 한 번에 시야의 한 부분을 보고 그 답을 인식의 나머지 부분에 전달하는 논리 프로그램 장치에 의해서만 탐지된다.

왜 시각적 연산은 무의식의 병렬 처리 단계와 의식의 직렬 단계로 나뉠까? 결합물들은 조합의 산물이다. 따라서 종류가 너무 많기 때문에 결합물 탐지기를 시야의 모든 위치에 뿌려 놓기는 불가능하다. 시각적 위치는 100만 개이므로, 필요한 처리기의 수는 논리적으로 가능한 결합의 수 곱하기 100만이 될 것인데, 논리적으로 가능한 결합의 수는 우리가 식별할 수 있는 색의 수 곱하기 윤곽의 수 곱하기 깊이의 수 곱하기 운동 방향의 수 곱하기 속력의 수 곱하기 등등이므로 가히 천문학적인 수에 이를 것이다. 병렬적·무의식적 연산은 각 위치에 색, 윤곽, 깊이, 운동의 꼬리표를 붙인 후 중단된다. 그런 다음에는 한 번에 한 위치씩 의식적으로 조합을 계산해야 한다.

이 이론은 놀라운 예측을 제공한다. 만일 의식적 처리기가 한 장소에 초점을 맞추면 다른 장소의 특징들은 제 위치에서 떨어져 둥둥 떠다닐 것이다. 예를 들어 한 구역을 신중하게 주목하지 않는 사람은 그 속에 빨간색 X자와 초록색 O자가 있는지 또는 초록색 X자와 빨간색 O자가 있는지를 알지 못할 것이다. 의식적 처리기가 특정한 장소에 묶어 놓기 전까지 그 색과 형태는 별개의 수준에서 떠다닐 것이다. 트레망은 바로 그런 일이 일어난다는 사실을 밝혀냈다. 사람들이 몇 개의 유색 철자들로부터 주의를 멀리하면 철자를 보고하고 색을 보고할 수는 있지만, 어느 색이 어느 철자와 결합되어 있는지에 대해서는 틀리게 보고한다. 이 착각 조합은 무의식적 시각 연산의 한계를 입증하는 놀라운 증거이며, 일상생활에서도 드물지 않게 발견된다. 단어들을 볼 때 멍한 상태에서 흘끗 보거나 곁눈질로 보면 때때로 철자들이 제멋대로 재배열된다. 한 심리학자는 커피자판기를 지나다가 왜 그 자판기에 'World's Worst Coffee(세계 최악의 커피)' 라는 글이 적혀 있는지 의문을 가진 후에 그 현상을 연구하기 시작했다. 물론 자판기에 적힌 글은 'World's Best Coffee(세계 최고의 커피)' 였다. 나 역시 'Brothers' Hotel' 이란 간판을 'brothel(갈봇집)' 로 읽은 적이 있다. 그리고 잡지를 넘기다가 'anti-semitic cameras(반유대주의적 카메라)' 에 관한 표제를 언뜻 보기도 했다. [실제로는 'semi-antique(세미앤티크풍)' 이었다.]

외부에서 들어오는 정보뿐만 아니라 개인의 내부에서 흐르는 정보에도 병목현상이 일어난다. 기억을 인출할 때 인출되는 항목들은 한 번에 하나씩 인식을 거치는데, 정보가 오래됐거나 빈번하지 않으면 종종 괴로운 지연이 수반된다. 플라톤이 기억을 말랑말랑한 밀랍에 비유한 이래로* 심리학자들은 신경세포로 이뤄진 기억의 수단이 본질적으로 정보 유지를 거부하는 성질이 있어서 그 위

* 플라톤은 마음속에 있는 밀랍에 경험이 각인되는 것을 기억으로 보고, 각인되지 않거나 지워지는 경우를 망각이라 보았다.

에 정보가 깊이 찍히지 않으면 시간과 함께 희미해진다고 가정한다. 반면에 뇌는 이를테면 충격적인 뉴스의 내용이나 그 뉴스를 들은 시간과 장소의 세부 사항들처럼 지우기 힘든 기억은 깊이 기록을 해놓는다. 그러므로 기억의 매개인 신경세포 자체를 비난할 필요는 없다.

심리학자 존 앤더슨은 인간의 기억 검색을 역설계해서, 기억의 한계가 흐늘흐늘한 저장 수단의 부산물이 아님을 입증했다. 프로그래머들이 흔히 말하는 것처럼 "그건 버그가 아니라 특징"인 것이다. 최적으로 설계된 기억 검색 체계에서, 하나의 항목이 검색되려면 그 항목의 적절성이 인출 비용보다 커야 한다. 전산화된 자료 검색 체계를 이용해 본 사람이라면 누구나 눈사태처럼 화면을 가득 덮어 버리는 제목들을 보고 좌절감을 맛본 적이 있을 것이다. 반면에 인간은 검색 능력이 약하다고 알려져 있지만, 특정 분야의 전문가는 내용이 주어지면 그와 관련된 정보를 찾아내는 능력이 컴퓨터보다 월등하다. 심지어 생소한 분야의 주제에 대한 논문을 찾을 때 나는 컴퓨터를 이용하지 않고 그 분야에 종사하는 동료에게 이메일을 보낸다.

정보검색 체계가 최적으로 설계됐다는 것은 무엇을 의미하는가? 검색 체계는 요구하는 시간에 유용성이 가장 높은 정보를 뱉어 내야 한다. 그러나 그것을 사전에 어떻게 알 수 있을까? 그 확률은 어떤 종류의 정보가 가장 필요할지에 대한 일반적인 법칙을 이용해 추정할 수 있다. 그런 법칙이 존재한다면 단지 인간의 기억이 아니라 일반적인 정보 체계에도 그런 것들이 있어야 할 것이다. 예를 들어 도서관에서 이용하는 서적 통계나 컴퓨터의 파일 검색에서도 그런 법칙을 볼 수 있다. 과거에 여러 번 의뢰했던 정보는 드물게 의뢰했던 정보보다 필요할 가능성이 더 높고, 최근에 의뢰했던 정보는 한동안 의뢰하지 않았던 정보보다 필요할 가능성이 더 높다. 따라서 최적의 정보검색 체계는 자주 만난 항목과 최근에 만난 항목들을 불러오는 경향이 있다. 앤더슨은 인간의 기억 검색도 그럴 것이라고 지적한다. 즉, 우리는 드물고 오래된 사건보다는 빈번하고 근래에 일어난 사건을 기억한다. 그는 단지 컴퓨터 정보검색 체계를 위해 정립된 최적 설계 기준들을 인간의 기억 검색에 적용하여, 그 기준들을 충족시키는 또 다른 네 가지 대표적인 현상을 발견했다.

접근−의식의 세 번째 주목할 만한 특징은 경험의 감정적 채색이다. 우리는 사건을 등록할 뿐만 아니라 각각의 사건을 즐거운 사건과 고통스런 사건으로 등록한다. 그 때문에 우리는 언제나 전자를 더 많이 경험하고 후자를 적게 경험하도록 조처한다. 이것은 결코 불가사의가 아니다. 연산의 관점에서 설명하자면, 표상은 목표 상태를 촉발하고 목표 상태는 대전 상태를 어떻게 획득하고 피하고 수정할 것인가를 계산하면서 정보를 수집하고, 문제를 해결하고, 행동을 선택하는 악마들을 촉발시킨다. 진화론적인 관점에서 설명하자면, 왜 우리는 특정한 목표들을 추구하는가 — 예를 들어 왜 축축한 생선으로 배를 철썩 얻어맞기보다는* 매력적인 이성과 섹스를 하려 하는가 — 에는 신비로울 것이 거의 없다. 욕망의 대상이 되는 것들은 평균적으로, 인간이 진화했던 환경에서 생존과 번식의 가능성을 높여 주었던 것들, 예를 들어 물, 음식, 안전, 섹스, 지위, 환경에 대한 지배력, 아이들과 친구들과 친족들의 안녕 등이다.

의식의 네 번째 특징은 집행 과정에 대한 제어, 즉 우리가 자아, 의지, '나'라고 경험하는 어떤 것이 있다는 것이다. 인공지능의 개척자인 마빈 민스키에 따르면 마음은 행위자들이 모인 사회다. 대니얼 데닛은 마음은 부분적으로 완성된 도안들의 집합이라고 말하면서, "뇌라는 대통령 집

* 엉뚱하고 코믹한 농담에서 비교의 기준으로 종종 사용되는 표현이다.

무실에서 대통령을 찾는 것은 실수다"라고 덧붙인다.

　　마음의 사회는 아주 멋진 비유이기 때문에 나는 감정을 설명할 때 기꺼이 그것을 인용할 것이다. 그러나 뇌 속의 어느 체계가 한 행위자에게 높은 자리나 낮은 자리를 부여하는 것마저 인정하지 않는다면 그 이론은 도를 지나치게 된다. 뇌의 행위자들은 계층적인 조직화에 매우 능해서 권위 있는 결정 규칙, 연산을 수행하는 악마나 행위자, 또는 훌륭한 난쟁이가 지휘 사슬의 정점에 존재하는 계층구조로 조직화되는 것도 좋을 것이다. 그것은 기계 속의 유령은 아니고, 단지 또 다른 'if-then 규칙'의 묶음이거나 한 층 아래의 목소리가 가장 크거나 가장 빠르거나 가장 강한 행위자에게 지배권을 주는 신경망일 것이다.

　　심지어 의사 결정의 회로를 담고 있는 뇌 구조의 단서들이 밝혀졌다. 신경학자 안토니오 다마지오는, 여러 고위 지각 영역들로부터 입력물을 받는 동시에 운동신경계의 고위 차원들과 연결되어 있는 전대상고랑에 손상을 입은 환자는 겉으로 보기에 정신을 차리고 있는 것 같지만 실제로는 이상하게 무반응 상태에 빠져 있다는 점에 주목했다. 그 보고를 접한 프랜시스 크릭은 진담 반 농담 반으로, 의지의 소재지가 밝혀졌다고 선언했다. 그리고 지난 수십 년 동안, 의지의 실행―계획을 짜고 실행하는 것―이 전두엽의 일임을 모르는 신경학자는 없었다. 내가 알게 된 슬프지만 대표적인 예로, 전화를 걸어 15세 아들에 관해 상담을 한 남자가 있었다. 그의 아들은 자동차 사고로 전두엽에 손상을 입은 후부터, 몇 시간 동안 계속 샤워를 하면서 언제 욕실에서 나갈지를 결정하지 못했고, 전등을 껐는지를 확인하기 위해 끊임없이 자신의 방으로 돌아오느라 외출을 하지 못했다고 한다.

　　마음 행위자들의 사회에는 왜 우두머리 집행관이 필요할까? 그 이유는 오래된 이디시 표현처럼 분명하다. "손수건 하나로 두 결혼식장에서 춤을 출 순 없다." 우리의 마음에 아무리 많은 행위자가 있다 해도 각자의 몸은 단 하나뿐이다. 주요 부분들에 대한 관리는 경쟁하는 행위자들의 소란 속에서 하나의 계획을 선택하는 관리자에게 맡겨져야 한다. 눈은 한 번에 하나의 사물로 향해야 한다. 흥미로운 사물이 둘이라고 해서 둘 사이의 허공에 시선을 고정하거나 줄다리기 하듯 둘 사이를 왔다 갔다 할 수 없다. 우리의 팔다리도 단 하나의 행위자가 원하는 목표를 위해 단 하나의 경로를 따라 신체나 사물을 움직여야 한다. 진정으로 평등한 마음의 사회가 그 대안이라면, 우리는 정말로 어처구니없는 영화 《두 영혼의 남자*All of Me*》에서 그런 것을 보게 된다. 우울증에 걸린 상속녀 릴리 톰린은 인도인 심령술사의 도움으로 자신의 영혼을 젊은 여성의 몸속에 넣으려 한다. 그 과정에서 그녀의 영혼을 담고 있던 침실용 변기가 창밖으로 떨어져, 스티브 마틴이 연기하는 남자 행인의 머리를 때린다. 톰린의 혼이 그 몸의 오른쪽 절반을 차지하고 남자는 왼쪽 절반을 제어하게 된다. 먼저 왼쪽 절반이 한쪽으로 가면 이번엔 오른쪽 절반이 새끼손가락을 뻗으면서 반대쪽으로 발을 떼어서 주인공은 계속 비틀거리며 지그재그로 걷는다.

● ● ● ●

이와 같이 접근이란 의미에서 의식은 이해의 경계 안으로 들어오고 있다. 그렇다면 감각력이란 의미에서의 의식은 어떠한가? 감각력과 접근은 동전의 양면일 것이다. 우리의 주관적 경험은 또한 우리의 추론, 말, 행동의 재료다. 우리는 단지 치통을 경험하는 것이 아니라 우는 소리를 하고 치과를 찾아간다.

네드 블록은 접근과 감각력의 차이를 분명히 하기 위해, 감각력 없이 접근만 나타나는 경우와 그 반대의 경우가 담긴 시나리오들을 고안해 냈다. 감각력이 배제된 접근의 예는 맹시blindsight라 불리는 특이한 증상에서 볼 수 있다. 시각피질에 손상을 입어 커다란 맹점이 생기면 자신이 눈앞의 사물을 볼 수 있다는 사실을 완강히 부인하지만, 사물이 어디 있는지를 추측하게 하면 우연보다 높은 확률로 알아맞힌다. 그 이유를 설명하자면 맹시 환자는 물체에 대한 접근력은 있고 감각력은 없다는 것이다. 이 설명이 옳든 틀리든 우리는 접근과 감각력의 차이를 생각해 볼 수는 있다. 접근이 배제된 감각력의 경우는 대화에 몰두하고 있다가 갑자기 창밖에서 도로를 파는 드릴 소리가 들려온다는 것을 깨달았을 때다. 즉 그 소리를 계속 듣고 있으면서도 주목하진 않았던 것이고, 다시 말해 감각적 현현顯現에 앞서 그 소리를 감각하고는 있었지만 접근하진 않았던 것이다. 그러나 블록은 이 예들이 약간 부자연스럽다는 점을 인정하고 현실에서는 접근과 감각력이 함께 나타날 것이라 생각한다.

따라서 감각력이 뇌의 어디에서 발생하는지, 어떻게 마음 연산에 합류하는지, 그리고 어떻게 진화했는지에 대해 별개의 이론이 필요 없을지 모른다. 그것은 몇몇 종류의 정보 접근에 결부된 특별한 성질인 것으로 보인다. 정작 필요한 것은 감각력의 주관적 성질들이 어떻게 단순히 정보 접근으로부터 발생하는가에 대한 이론이다. 이제 이 이야기를 완결하려면 나는 다음과 같은 질문에 답하는 이론을 제시해야 한다.

- 인간의 마음에서 이뤄지는 정보처리를 거대한 컴퓨터 프로그램으로 복제할 수 있다면, 그 프로그램을 실행하는 컴퓨터는 의식이 있는 것일까?
- 그 프로그램과 똑같이, 이를테면 중국의 인구처럼 엄청난 수의 사람들

을 훈련시켜 데이터를 기억하게 하고 처리 단계들을 실행하게 하면 어떻겠는가? 수십억 개인의 의식과는 별도로, 중국 대륙 위에 거대한 의식이 하나 형성될까? 만일 그 사람들이 고통을 경험하는 뇌 상태를 실행하면, 각각의 개인이 즐겁고 유쾌할 때에도 정말로 고통을 느끼는 어떤 실체가 존재할 수 있을까?

- 뇌의 뒤쪽에 자리 잡은 시각 수용 영역이 뇌의 나머지 부분과 외과적으로 절단된 채 두개골 속에 살아남아 눈에서 들어오는 입력정보를 받는다고 가정해 보자. 모든 행동 기준으로 보아 그 사람은 장님이다. 그렇다면 말은 못 하지만 완전히 깨어 있는 시각적 의식이 머리 뒤쪽에 밀폐되어 있는 것일까? 그것을 제거해서 배양접시 안에 산 채로 유지한다면 어떻겠는가?

- 당신의 빨강에 대한 경험이 나의 초록에 대한 경험과 같은 것은 아닐까? 물론 당신이나 나나 풀을 '초록'으로 부르고 토마토를 '빨강'으로 부르겠지만, 어쩌면 당신은 눈앞의 풀을, 만일 내가 당신이라면 빨강이라고 묘사할 색깔로 볼지 모른다.

- 좀비가 존재할 수 있을까? 즉 우리들처럼 지능과 감정에 따라 행동할 수 있는 장비를 갖췄지만, 실제로는 아무것도 느끼거나 보지 못하는 '공허한 존재no one home'가 존재할 수 있을까? 당신이 좀비가 아니라는 것을 나는 어떻게 아는가?

- 만일 누군가가 나의 뇌 상태를 다운로드해서 다른 분자들의 집합체 안에 그것을 복사하면, 그것은 나와 똑같은 의식을 갖게 될까? 만일 누군가에 의해 원본이 파괴된 후 그 복제품이 계속해서 나처럼 살고 나처럼 생각하고 나처럼 느낀다면, 나는 살해된 것일까? 커크 선장은 제거되고 선실로 들어오는 사람은 그와 똑같은 쌍둥이인가?*

* TV 시리즈 《스타트렉》 중에서.

- 박쥐로 존재하는 것은 어떤 느낌일까? 딱정벌레도 섹스를 즐길까? 낚시꾼이 낚싯바늘에 벌레를 꿸 때 벌레는 소리 없이 비명을 지를까?
- 의사들이 당신의 뉴런 하나를 입출력 기능이 똑같은 마이크로칩으로 교체한다. 당신은 전과 똑같이 느끼고 행동한다. 의사들은 그런 다음 두 번째, 세 번째, 네 번째 뉴런을 차례로 교체해서 얼마 후 당신의 뇌는 실리콘에 더 가까워진다. 각각의 마이크로칩이 뉴런이 했던 일을 그대로 수행하면 당신의 행동과 기억은 조금도 변하지 않을 것이다. 당신은 그 차이를 감지할까? 죽어 가는 느낌이 들까? 어떤 다른 의식적 실체가 당신의 몸속으로 들어온 것일까?

이쯤에서 입을 다물겠다! 나는 몇 가지 선입관을 갖고 있을 뿐, 옹호할 만한 답을 어떻게 찾아야 할지 전혀 모른다. 누구라도 마찬가지일 것이다. 계산주의 마음 이론은 어떤 해답도 제시하지 못한다. 그리고 일단 감각력, 접근, 자기인식을 혼동하는 문제가 해소되었다면 신경과학에서도 더 이상의 통찰을 제공하지 못할 것이다.

《마음은 어떻게 작동하는가》라는 책이 어떻게 하면 감각력의 출처를 설명하는 책임을 면할 수 있을까? 나는 논리실증주의의 원리를 이용할 수 있다고 생각한다. 논리실증주의에서는 검증되지 않은 명제는 사실상 무의미하다고 말한다. 내가 제시한 질문의 목록 중에서 수량화할 수 없는 것들은 본질적으로 검증이 불가능하다. 데닛을 포함한 많은 사상가들은, 그런 것들을 걱정하는 것은 자신의 혼란을 과시하는 것에 불과하다고 결론을 내린다. 즉, 감각 경험들(철학자들의 말로는 콸리아)은 인지적 착각이라는 것이다. 그들에 따르면, 일단 접근성 의식을 형성하는 연산과 신경학의 상관관계를 분리시켰다면 더 이상 설명할 것은 없다. 감각력의 모든 현상들을 설명했지만, 그 연산에는 감각적인 것이 전혀 없으므로 감각력은 여전히 설명되지 않고 있다고 주장하는 것은 불합리하다. 그것은 축축함의 모든 현상들을 설명했지만 운동하는 분자들은 젖어 있지 않기 때문에 축축함은 설명되지 않은 채로 남아 있다고 주장하는 것과 똑같다.

대부분의 사람들이 이 주장을 듣고 불편함을 느끼지만, 잘못된 점을 찾기는 쉽지가 않다. 철학자 조르주 레이는 내게 자신은 감각적 경험을 전혀 하지 않는다고 말한 적이 있다. 열다섯 살 때 자전거 사고를 당한 후 감각 경험을 완전히 잃어버렸고, 그때 이후로 좀비가 됐다는 것이다. 나는 그가 농담을 한다고 생각은 하지만, 나로서는 그것을 알 길이 없다. 바로 이것이 그의 요점이다.

퀄리아를 부인하는 사람들에게서 우리는 다음과 같은 요점을 볼 수 있다. 적어도 현재로서는 어느 누구도 감각력을 야기하는 별개의 특별 요소를 과학적으로 추적하지 못하고 있다. 과학적 설명이 가능한 범위에서 감각력은 존재하지 않을 수도 있다. 그 이유는 감각력에 대한 주장들을 시험하기가 불가능해서가 아니라, 그것을 시험해 봤자 어떤 중요한 결과도 나오지 않기 때문이다. 감각력에 대한 우리의 이해는 어쨌든 마음은 어떻게 작동하는가에 대한 우리의 이해에 영향을 미치지 않는다. 일반적으로 과학적 문제를 구성하는 부분들은 크로스퍼즐처럼 서로 잘 결합한다. 인간의 진화를 재구성하려면, 뼈를 찾기 위한 자연인류학,* 도구를 이해하기 위한 고고학, 침팬지와의 분리 연대를 계산하기 위한 분자생물학, 꽃가루 화석으로부터 과거의 환경을 재구성하기 위한 고식물학 등이 필요하다. 예컨대 침팬지의 화석이 없거나 기후가 다습했는지 건조했는지가 불확실한 것처럼, 퍼즐의 한 부분이 비어 있을 때 그 공란은 영 찜찜하게 남아 있어서 우리는 애타는 심정으로

* physical anthropology. 형질인류학 또는 체질인류학이라고도 한다.

그것이 채워지기를 기다린다. 그러나 마음의 연구에서 감각력은 심리학과 신경과학의 인과 사슬 위에 독립적인 차원을 이루고 존재한다. 우리가 지각으로부터 추론과 감정을 거쳐 행동에 이르기까지 모든 신경연산의 단계들을 추적할 수 있다면, 감각력 이론의 부재로 인해 공백으로 남는 유일한 것은 감각력 그 자체에 대한 이해일 것이다.

그러나 감각력에 대한 과학적 설명이 없다는 것은 감각력이 아예 존재하지 않는다고 말하는 것과 동일하지 않다. 나는 다른 사실에 대해서만큼이나 내가 감각한다는 사실을 확신하며, 당신도 그와 똑같이 느낄 것이라 확신한다. 비록 감각력에 대한 내 호기심은 결코 충족되지 않겠지만, 그렇다고 해서 내가 스스로 감각력이 있다고 생각할 때 그로 인해 혼란에 빠지는 일은 결코 없을 것이다!!(데닛의 설명되지 않는 축축함의 유추는 완벽하지 않다. 축축함 자체는 주관적인 느낌이라 관찰자의 불만족은 고스란히 감각력의 문제로 남는다.) 그리고 우리는 우리의 담론에서 감각력을 몰아내거나 그것을 정보 접근으로 환원시킬 수 없다. 도덕적 추론이 그것에 의존하기 때문이다. 고문은 잘못된 일이고, 로봇을 못 쓰게 만드는 것은 재산 손괴 행위이지만 사람을 못 쓰게 만드는 것은 살인 행위라는 확신의 기초에는 감각력 개념이 놓여 있다. 사랑하는 사람이 죽었을 때 우리가 단지 상실로 인한 자기연민을 느끼는 것이 아니라 그 사람의 생각과 즐거움이 영원히 사라졌다는 사실에 이해할 수 없는 고통을 느끼는 것도 그런 이유에서다.

만일 당신이 나와 함께 이 책의 마지막 쪽까지 간다면 감각력의 수수께끼에 대한 내 자신의 육감을 알게 될 것이다. 그러나 그 수수께끼는 과학을 위한 주제가 아니라 윤리학을 위한 주제로, 늦은 밤 기숙사에서 벌어지는 자유 토론의 주제로 남을 것이다. 그리고 또 다른 한 분야의 주제로 남을 것이다.

우주에 떠다니는 미세한 모래 입자 위에 한 인간의 삶이 묻어 있다. 그가 살았던 장소와 그가 썼던 기계들이 남아 녹슬고 있다. 그의 손길이 멀어진 상태에서 그것들은 바람과 모래, 그리고 그 위에 쌓이는 세월에 휩쓸려 서서히 분해될 것이다. 그와 비슷한 모습으로 만들어져 사랑으로 생명을 유지했으나 이제는 폐물이 되어 버린 기계를 포함해 코리 씨가 사용했던 모든 기계들이 … 환상의 지대에 버려져 있다.

3
얼간이들의 복수*

태양계 너머 어딘가에서 축음기 한 대와 재킷에 상형문자 설명이 적힌 황금 레코드**가 행성 간 우주를 비행하고 있다. 그 축음기와 레코드는 태양계 밖에 존재하는 행성들의 사진과 데이터를 지구로 전송하도록 1977년에 발사한 우주탐사선 보이저 2호에 실려 있다. 보이저 2호는 해왕성 근처에 도달해 꿈같은 임무를 마치고 현재는 우주여행을 하다가 행여 마주치게 될 어느 외계인에게 인간이 보내는 지구의 명함으로 남아 있다.

  레코드 제작을 담당한 천문학자 칼 세이건은 인류와 그 업적을 담은 풍경과 소리를 선정해 레코드에 담았다. 이 레코드에는 55개의 인간 언어와 1개의 '고래 언어'로 된 인사말, 아기의 울음, 입맞춤, 사랑에 빠진 여성이 명상을 할 때의 뇌파도EEG로 구성된 12분 분량의 음향 에세이, 전

* Revenge of the Nerds, 컴퓨터만 아는 얼간이들이 상급생들에게 복수를 하는 코미디 영화의 제목으로, 이 장에서 Nerds는 하등동물처럼 보이지만 나름대로 생태에 잘 적응한 동물들을 가리킨다.

** '지구의 소리.' 구리로 만든 레코드에 금도금을 한 것이다.

세계의 음악에서 표본 추출한 90분짜리 음악이 담겨 있다. 그 음악은 멕시코의 마리아치, 페루의 팬파이프 곡, 인도의 라가, 나바호족의 밤의 노래, 피그미족의 여자 성년식 노래, 일본의 퉁소 연주 '샤쿠하치,' 바흐, 베토벤, 모차르트, 스트라빈스키, 루이 암스트롱, 척 베리의 '조니 B. 구드 Johnny B. Goode' 다.

그 음반에는 또한 인류가 우주에 보내는 평화의 메시지가 담겨 있다. 그때 의도하지 않았던 블랙코미디가 발생했다. 그 메시지를 낭송한 사람은 당시 UN의 사무총장인 쿠르트 발트하임이었다. 후에 발트하임은 제2차 세계대전 중 독일군 정보장교로 일하면서 발칸 지역의 유격대를 잔인하게 토벌하고 살로니카의 유대인들을 죽음의 수용소로 보낸 인물이었음이 역사가들에 의해 밝혀졌다. 보이저호를 불러들이기에는 너무 늦었으므로 인류에 대한 이 씁쓸한 농담은 은하계의 중심을 영원히 떠돌 수밖에 없다.

영리해지기

보이저호의 레코드는 어쨌든 문제의식 자체로는 좋은 생각이었다. 우리는 유일한 존재인가? 외계에 생명체가 있다면 그들은 우주여행을 할 만한 지능과 욕구를 갖고 있을까? 그렇다면 그들은 그 소리와 사진을 우리가 의도한 대로 해석할까, 아니면 우리의 목소리를 통신기의 발신음으로 듣고, 재킷에 그려진 사람들 그림을 와이어프레임* 같은 것으로 볼까? 만일 우주인들이 그것을 이해한다면 어떤 반응을 보일까? 우리를 무시할까? 우리를 노예나 먹잇감으

* 입체그래픽 기술의 하나로, 부드러운 형태의 입체를 표현하기 위해 선으로 외곽의 부정형태를 생성하고 와이어를 사용하여 그 외부를 감싸 주는 방식의 모델링 기법이다.

로 삼을까? 혹은 행성 간 대화를 시도해 올까? 《새터데이 나이트 라이브》의 농담에서 먼 우주로부터 날아온 대답은 "척 베리의 곡을 더 보내 주시오"였다.

이것은 한밤중에 기숙사에서 학생들이 주고받는 두서없는 질문이 아니다. 1990년대 초에 나사NASA는 지구외문명탐사계획(SETI, Search for Extraterrestrial Intelligence)이라는 10년 프로젝트에 1억 달러를 배정했다. 당연한 일이지만 일부 국회의원들은 반대했다. 한 국회의원은 "짱구 머리를 한 조그만 초록색 인간을 찾는 일"에 연방 정부의 돈을 쓰는 것은 낭비라고 말했다. 비웃음을 최소화하기 위해 나사는 프로젝트의 이름을 고해 상도마이크로파조사High-Resolution Microwave Survey로 바꿨지만, 국회의 칼날에서 프로젝트를 구하기에는 너무 늦었다. 현재 그 프로젝트는 스티븐 스필버그를 비롯한 개인들의 기부금으로 운영되고 있다.

SETI를 반대한 사람들은 무지한 일반인들이 아니라 세계 최고의 생물학자들이었다. 왜 그들이 토론에 합류했을까? SETI는 천문학이 아니라 진화론의 전제에 의존하고 있으며, 특히 지능의 진화에서는 더욱 그렇다. 지능은 필연적인가, 아니면 단지 요행수였을까? 1961년의 한 유명한 회의에서 천문학자이자 SETI의 주창자인 프랭크 드레이크는 우리와 접촉할 수도 있는 외계 문명의 수를 다음과 같은 공식으로 추정해 볼 수 있다고 지적했다.

(1) 은하계에 존재하는 별의 수 ×
(2) 행성을 거느리고 있는 별의 비율 ×
(3) 각 태양계당 생명이 탄생할 수 있는 환경을 가진 행성의 수 ×
(4) 그중 생명체가 출현하는 행성의 비율 ×

(5) 그중 지능을 가진 생명체가 출현하는 행성의 비율 ×
(6) 다른 세계와 무선통신을 할 의지와 능력을 가진 지적인 사회의 비율 ×
(7) 양쪽의 기술 문명이 존속할 수 있는 기간

회의에 참석한 천문학자, 물리학자, 공학자들은 사회학자나 역사학자가 없으면 (6)번 요인을 추정할 수 없다고 판단했다. 반면에 생명이 탄생할 수 있는 행성 중 지능체가 출현할 수 있는 행성의 비율인 (5)번 요인은 추정할 수 있다고 확신했다. 그들은 그 비율을 100퍼센트로 계산했다.

우주의 다른 곳에서 지적 생명체를 찾는다면 인류 역사상 가장 짜릿한 발견이 될 것이다. 그렇다면 왜 생물학자들은 딴지를 거는 것일까? 생물학자들은 SETI의 주창자들이 비과학적인 속설에 근거해 추론을 하고 있다고 느낀다. 수백 년이나 된 낡은 종교적 교의, 진보에 대한 빅토리아풍의 이상, 근대의 비종교적 인본주의 때문에 사람들은 진화를 더욱 복잡한 상태를 향한 내적 갈망이나 진전으로 보고 인간의 출현이 그 정점을 이루는 것으로 오해하고 있다. 압력이 누적되면 프라이팬 위의 팝콘처럼 지능이 생겨난다는 식이다.

위에서 종교적 교의는 아메바에서부터 원숭이와 인간에 이르기까지 모든 생물을 연결하는 이른바 '존재의 거대 사슬Great Chain of Being'을 말한다. 오늘날에도 많은 과학자들이 무심결에 '고등' 생물이나 '하등' 생물, 진화의 '단계'나 '사다리' 같은 말들을 사용한다. 홀쭉한 팔을 가진 긴팔원숭이에서부터 어깨가 구부정한 혈거인을 거쳐 직립보행을 하는 현대인에 이르는 영장류들의 행렬 그림은 대중문화의 아이콘이 되었고, 남자를 만나고 온 여자가 남자의 데이트 신청을 거절했는데 그 이유는 진화가 덜 됐기 때문이라고 말하면 그것이 무슨 뜻인지를 누구나 이해한다. H. G. 웰스의 공상과학소설 《타임머신*Time Machine*》, 《스타트렉》의 에피소드들, 《보이즈 라이프*Boy's Life*》의 이야기에서는 정반대로 미래의 후손들이 대머리가 벗겨지고, 정맥이 비치고, 뇌가 감자처럼 튀어나오고, 병약한 몸을 가진 난쟁이로 묘사된다. 《혹성탈출*Planet of the Apes*》을 비롯한 또 다른 이야기에서 인류는 스스로를 파괴하거나 오염물질에 질식해 멸망하고 원숭이나 돌고래가 부상해 지구를 지배한다.

드레이크는 저명한 생물학자 에른스트 마이어에게 반론을 제기하고 SETI를 옹호하기 위해 《사이언스*Science*》에 보낸 편지에 아래와 같은 가정들을 표명했다. 마이어는 지구상의 5000만 생물종 중 단 하나만이 문명을 이루었고 그래서 한 행성 위에 사는 생물 중에 지적 생명체가 포함될 확률은 극히 낮다고 지적한 바 있었다. 드레이크는 다음과 같이 응수했다.

최초로 지적 문명을 이룩한 종은 자신이 문명을 일으킨 유일한 종임을 깨닫게 될 것이다. 그것이 놀라운 일인가? 누군가는 처음이어야 하지만, 처음이라 해도 얼마나 많은 다른 종이 지적 문명을 발전시킬 잠재력을 가졌거나 가지고 있는지, 혹은 미래에 가질 수 있을지는 알지 못한다. … 마찬가지로 수많은 문명 중에 단 하나의 문명만이 전자공학 기술을 발전시키는 최초의 문명이 되고 일시적으로 유일한 문명이 될 것이다. 그렇지 않겠는가? 남아 있는 증거로 보아 기술 문명을 이용하는 종이 진화하려면 행성계는 수십억 년 동안 충분히 온화한 환경 속에 존재해야 한다는 것을 알 수 있다.*

* 언젠가는 다른 종도 인간처럼 문명을 건설할 수도 있다는 뜻이다.

왜 이런 사고가 현대의 진화 이론과 정면으로 충돌하는지를 보기 위해 하나의 유추를 생각해 보자. 인간의 뇌는 단 한 번 진화한 극히 복잡한 기관이다. 코끼리의 코 역시 통나무를 쌓고, 나무를 뽑고, 동전을 집어 올리고, 가시를 뽑고, 진흙을 몸에 뿌리고, 물을 빨아들이고, 물속에서 잠수용 튜브 역할을 하고, 연필로 낙서를 하는 등의 놀라운 능력을 지닌, 단 한 번 진화한 복잡한 기관이다. 뇌와 코끼리의 코는 동일한 진화의 힘인 자연선택의 산물이다. 코끼리의 행성에 사는 어느 천문학자가 외계의 코끼리 코 탐사(SETT, Search for Extraterrestrial Trunks) 프로젝트를 옹호한다고 상상해 보자.

긴 코를 발달시킨 최초의 종은 자신이 그렇게 한 유일한 종임을 깨닫게 될 것이다. 그것이 놀라운 일인가? 누군가는 처음이어야 하지만, 처음이라 해도 얼마나 많은 다른 종이 긴 코를 진화시킬 잠재력을 가졌거나 가지고 있는지, 혹은 미래에 가질 수 있을지는 알지 못한다. … 마찬가지로 긴 코를 가진 수많은 생물 중에 단 한 종만이 진흙을 몸에 뿌릴 수 있는 최초이자 일시적으로 유일한 종이 될 것이다. 남아 있는 증거로 보아 긴 코를 이용하는 종이 진화하려면 행성계는 수십억 년 동안 충분히 온화한 환경 속에 존재해야 한다는 것을 알 수 있다.

이 추론이 엉터리 같은 인상을 주는 것은, 진화가 지구상의 한 종에게 단지 긴 코를 '만들어' 준 것이 아니라 긴 코를 기다리고 희망하던 몇몇 운 좋은 종에게 그런 코를 만들어 주기 위해 '노력' 했다고 코끼리가 가정하고 있기 때문이다. 코끼리는 단지 '최초' 이자 '일시적으로' 유일한 종이라는 것이다. 그리고 다른 종들은 비록 실현되려면 수십억 년이 흘러야 하지만 '잠재력' 을 가지고 있다는 것이다. 물론 우리는 긴 코를 찬양하는 열성 당원이 아니므로, 코끼리의 코는 진화의 산물이지만 꾸준히 점수를 쌓다가 마침내 합격선에 도달한 것이 아니라는 사실을 알고 있다. 코끼리의 조상이 갖고 있던 우연한 예비 조건들(큰 몸집, 특별한 콧구멍과 입술), 선택의 압력(거대한 머리를 들어올리고 내리는 데 따른 문제들), 그리고 운 덕분에 당시의 그 생물에게 긴 코가 효과적인 해결책으로 진화한 것이다. 다른 동물들이 긴 코를 진화시키지 못했고 앞으로도 그러기 어려운 것은 그들의 몸과 환경에서는 긴 코가 별다른 도움이 되지 않기 때문이다. 그런 일이 지구에서나 다른 곳에서 또다시 일어날 수 있을까? 그럴 수도 있겠지만 주어진 시간 내에 필요한 작업이 진행되었을 행성의 비율은 매우 낮을 것이다. 어쨌든 100퍼센트 미만인 것은 분명하다.

    우리는 우리의 뇌를 맹목적으로 찬양하는 열성 당원답게 인간의 뇌를 진화의 최종 목표로 생각한다. 스티븐 제이 굴드가 수년간 밝혀 온 이유들에서 알 수 있듯이, 그건 말도 안 되는 이야기다. 첫째, 자연선택은 결코 지능을 위해 노력하지 않는다. 자연선택 과정은 주어진 환경에서 복제를 하는 유기체들의 생존과 번식률의 차이에 의해 추진된다. 시간이 흐르는 중에 유기체들은 그 환경에서의 생존과 번식에 적합한 설계를 얻는다. 그것이 전부다. '지금 여기에서' 성공하는 것 외에 다른 어떤 것도 유기체를 다른 방향으로 끌고 가지 않는다. 한 유기체가 새로운 환경으로 이동하면 그 후손들은 새 환경에 적응하지만 원래 환경에 남은 유기체들은 변하지 않고 번성할 수 있다. 생명은 계단이나 사다리가 아니라 가지가 무성한 숲이며, 살아 있는 유기체는 우리보다 낮은 단계에 있는 것이 아니라 각각의 가지 끝에 존재한다. 오늘날 살아 있는 모든 유기체—아메바, 오리너구리, 붉은털짧은꼬리원숭이, 그리고 토라진 애인의 음성사서함에 다시 한번 데이트를 신청하는 래리—는 생명이 시작된 이래로 모두 동일한 시간을 보냈다.

그러나 SETI의 열성 당원은, 시간이 흐르면 동물이 더 복잡해지는 게 사실이 아니냐고 물을지 모른다. 또한 지능이 최고점이 아니냐고 물을 수도 있다. 생물은 단순한 형태에서 출발했으므로, 지구상에 살아 있는 가장 복잡한 생물도 오랜 시간이 흐르면 더 복잡해져야 하는 게 아닐까? 그러나 많은 계통이 그렇지 않다. 유기체들은 최적의 상태에 도달해서 종종 수천만 년 동안 그 상태로 머문다. 그리고 더 복잡해진다고 해서 반드시 더 똑똑해지지는 않는다. 유기체들은 더 커지거나, 더 빨라지거나, 독성이 더 강해지거나, 번식 능력이 더 강해지거나, 냄새와 소리에 더 민감해지거나, 더 높고 멀리 날거나, 둥지나 댐을 더 잘 만드는 등 각자에게 필요한 능력을 제각기 발달시킨다. 진화는 수단이 아니라 목적을 위한 것이고, 영리해지는 것은 단지 하나의 선택사양이다.

그럼에도 '많은' 유기체들이 불가피하게 지능에 이르는 길을 걷지 않겠는가? 눈이라는 복잡한 설계를 진화시킨 40여 개의 동물군이 그렇듯이, 종종 다양한 계통들이 하나의 해결책으로 수렴한다. 어쨌든 우리도 부와 날씬함과 영리함에 대해서는 항상 부족함을 느낀다. 그러니 인간과 같은 지능이 왜 지구에서든 다른 어디에서든 많은 유기체들이 수렴하는 해결책이 되지 않겠는가?

실제로 진화는 몇 번이나 인간과 같은 지능에 수렴할 수도 있었고, 이것이 SETI를 정당화하는 요점으로 제시될 수도 있다. 그러나 확률을 계산해 볼 때 그것은 영리해지는 것이 얼마나 중요한지를 고려해 보기에 불충분하다. 진화론에서 그런 종류의 추론은 보수주의자들이 매일같이 자유주의자들을 향해 쏴대는 비난의 화살을 맞기에 딱 좋다. 즉, 이익은 구체적으로 지적하는 반면 비용을 계산에 넣는 일에는 아주 인색하다는 것이다. 유기체는 상상할 수 있는 모든 장점을 향해 진화하지 않는다. 그랬다면 각각의 생물은 날아가는 총알보다 더 빠를 것이고, 기관차보다 더 힘이 셀 것이고, 아무리 높은 빌딩도 단번에 뛰어넘을 것이다. 유기체가 자신의 물질과 에너지 중 일부를 한 기관에 투자하려면 그만큼을 다른 기관으로부터 빼앗아 와야 한다. 그러면 뼈가 가늘어지거나, 근육이 줄어들거나, 알의 수가 적어진다. 신체의 기관들은 이익이 비용보다 클 때에만 진화한다.

당신은 가령 애플뉴턴 같은 PDA(Personal Digital Assistant)를 가지고 있는가? PDA는 손으로 갈겨쓴 글을 인식하고, 전화번호를 저장하고, 문서를 편집하고, 팩스를 보내고, 스케줄을 관리하거나 그 밖의 많은 일들을 처리하는 손바닥 크기의 컴퓨터다. 전자공학의 경이라 할 수 있는 PDA 한 대면 현대의 바쁜 생활을 쉽게 관리할 수 있다. 나는 기계장치에 열광하는 사람이지만 PDA는 사용하지 않는다. 사고 싶은 마음이 들기도 하지만 그때마다 네 가지 문제점 때문에 포기하곤 한다. 첫째, 부피가 너무 크고, 둘째, 배터리가 있어야 하고, 셋째, 사용법을 배우려면 시간이 걸린다. 그리고 넷째, 기계적인 복잡함 때문에 예컨대 전화번호 찾기 같은 간단한 일도 성가시고 느리다. 나는 아직도 수첩과 만년필로 버틴다.

인간과 같은 뇌를 진화시킬지 말지를 고민하는 생물도 이와 똑같은 문제점에 직면할 것이다. 첫째, 뇌는 부피가 크다. 여성의 골반은 아기의 특대형 머리를 간신히 내보낸다. 그런 설계상의 타협 때문에 수많은 여성이 출산 중에 목숨을 잃으며, 제자리에서 한 바퀴 돌 때 여성은 남성보다 생체역학상 비효율적으로 보인다. 또한 목에 매달려 움직이는 무거운 머리 때문에 인간은 예컨대 추락 같은 사고를 당하면 치명적인 부상을 쉽게 입는다. 둘째, 뇌는 에너지를 잡아먹는다. 신경세포 조직은 신진대사가 탐욕스러울 정도로 왕성해서 우리의 뇌 무게는 전체 몸무게의 2퍼센트에 불과하지만 전체 에너지와 영양분의 20퍼센트를 소비한다. 셋째, 뇌는 사용법을 익히려면 시간이 걸린다. 우리는 긴 유년기를 보내고 어린아이를 가르치는 일에 많은 시간을 쏟는다. 넷째, 단순한 작업들도 아주 느릴 때가 있다. 대학원 시절 나의 첫 번째 지도교수는 시끄러운 음조에 대한 반응 시간을 측정하는 방법으로 뇌에서의 정보 전달을 모델화하려 했던 수리심리학자였다. 이론상 뉴런 대 뉴런 전달 시간들을 더하면 고작 몇 밀리세컨드가 된다. 그런데 자극과 반응 사이에는 설명할 수 없는 75밀리세컨드가 끼어 있었다. 지도교수는 "이게 바로 인식이 일어나는 시간이지. 그냥 손가락만 누르면 되는 걸 말야"라고 푸념했다. 하등 기술을 가진 동물들이 훨씬 더 빠를 수 있다. 어떤 곤충들은 깨무는 데 1밀리세컨드도 걸리지 않는다. 어쩌면 이것이 스포츠 장비를 광고하는 수사학적 질문의 답이 될지도 모르겠다. "인간의 평균 IQ는 107입니다. 송어의 평균 IQ는 4죠. 그런데 왜 인간은 송어를 못 잡을까요?"

긴 코가 누구에게나 좋은 게 아니듯이 지능도 누구에게나 좋은 게 아니므로, SETI의 당원들은 이쯤에서 포기하는 게 좋을 듯하다. 그러나 나는 지금 SETI 프로젝트를 반대하려는 것이 아니다. 내 주제는 '외계의 지능'이다. 지능이 진화의 숭고한 야망이라는 잘못된 생각은 지능을 신의 본질이나 경이로운 세포조직이나 만물을 포용하는 수학적 원리로 보는 오류와 맥락이 같다. 마음은 하나의 기관, 즉 생물학적 도구다. 우리에게 마음이 있는 것은 플라이오 플라이스토세(신생대 홍적세 4기)에 마음의 설계가 아프리카 영장류의 삶에 비용보다 더 큰 이익을 안겨 주었기 때문이다. 우리 자신을 이해하려면 역사 속에서 그 에피소드가 언제, 어디서, 어떻게, 왜 일어났는지를 알 필요가 있다. 그것이 이 장의 주제다.

생명의 설계자

한 진화생물학자가 외계의 생명에 대해 예언을 했다. 그러나 그 목적은 다른 행성의 생명을 찾는 일에 도움을 주는 것이 아니라 지구상의 생명을 이해하는 데 도움을 주려는 것이었다. 리처드 도킨스는 대담하게도, 우주 어디에서든 생물이 발견된다면 그 생물은 다윈주의적 자연선택의 산물일 것이라고 말했다. 이 말은 안락의자에 앉아 편하게 내뱉은 과장된 예측 같지만, 실은 자연선택이론에서 직접 파생된 결과물이다. 자연선택은 복잡한 생명이 실제로 어떻게 진화'했는가'는 물론이고, 그것이 어떻게 진화'할 수 있는가'를 설명해 주는 유일한 이론이다. 내 생각처럼 도킨스의 말이 옳다면 자연선택은 인간의 마음을 이해하는 데 반드시 필요할 것이다. 만일 그것이 조그만 초록색 인간의 진화를 이해할 수 있는 유일한 설명이라면, 갈색이나 베이지색을 한 큰 인간의 진화에도 유일한 설명이 될 것이다.

    자연선택이론은, 이 책의 또 다른 기초인 계산주의 마음 이론처럼 현대 학계에서 독특한 지위를 점하고 있다. 내부적으로는 일관된 틀을 통해 수천 가지의 발견들을 설명하고 새로운 발견들을 끊임없이 자극하는 필수 이론으로 인정받고 있다. 그러나 경계 밖에서는 오해와 욕설의 표적이 되고 있다. 2장에서처럼 나는 다음과 같은 근본 개념을 명확하고 상세하게 설명하고자 한다. 자연선택은 그 대안들이 설명하지 못하는 중요한 수수께끼를 어떻게 설명하는가? 자연선택은 실험실과 현장에서 어떻게 검증되어 왔는가? 자연선택에 반대하는 유명한 주장들이 틀린 이유는 무엇인가?

    자연선택이 과학에서 특별한 위치를 점하고 있는 것은, 생명을 특별하게 만드는 것이 무엇인지를 설명해 주는 유일한 이론이기 때문이다. 생명의 매력은 그 '적응적 복잡성' 또는 '복잡한 설계'에서 나온다. 생물들은 상당히 오래된 골동품이면서도 놀라운 일들을 수행한다. 그들은 날거나, 헤엄을 치거나, 보거나, 음식을 소화하거나, 먹이를 잡거나, 꿀이나 목재나 독을 생산한다. 이런 일들은 진흙이나 돌멩이나 구름이나 그 밖의 무생물체에서는 좀처럼 보기 드문 진기한 업적이다. 우리는 외계의 어느 물질 덩어리가 이에 필적하는 묘기를 부릴 때에만 그것을 '생명체'라 부를 것이다.

진기한 업적은 특별한 구조에서 나온다. 동물은 볼 수 있고 돌멩이는 볼 수 없는 까닭은 동물에게는 눈이 있고 눈에는 상을 맺을 수 있는 특별한 재료들이 정교하게 배열되어 있기 때문이다. 즉 눈에 들어오는 빛을 집중시키는 각막, 그 빛을 굴절시키고 망막에 상을 형성하는 수정체, 열리고 닫히면서 빛의 양을 조절하는 홍채, 눈의 형태를 유지하는 투명한 젤과 같은 물질의 유리체, 수정체 안쪽에 상을 맺는 망막, 눈을 상하 좌우 안팎으로 이동시키는 근육, 빛을 뉴런 신호로 변환하는 간상세포와 원추세포 등이 정교한 형태와 배열을 갖추고 있다. 이런 구조가 태풍이나 산사태나 폭포, 철학자의 사고실험에서처럼 늪의 끈적끈적한 물질을 증발시키는 번개에 의해 조합될 가능성은 극히 적다.

눈에는 아주 많은 부위들이 있고 아주 정밀하게 조직되어 있어서, 시력을 가진 어떤 것을 조립하려는 목적을 갖고 사전에 설계한 것처럼 보인다. 다른 기관들도 마찬가지다. 우리의 관절은 부드럽게 돌 수 있도록 윤활제가 들어 있고, 우리의 이는 베고 으깰 수 있도록 아귀가 들어맞고, 우리의 심장은 혈액을 펌프질하는 등 각각의 모든 기관이 특정한 기능을 염두에 두고 설계된 것처럼 보인다. 인간이 신神을 발명한 이유도, 신을 생명의 설계도를 작성하고 실행한 특별한 마음으로 봤기 때문이다. 세계의 법칙은 역방향이 아니라 순방향으로 작동한다. 비가 땅을 적시는 것이지,

젖으면 땅이 비옥해진다는 사실이 비를 내리게 하진 않는다. 신의 계획이 아니라면 다른 무엇이 생명의 목적론을 설명할 수 있겠는가?

그 다른 무엇을 보여 준 사람이 다윈이었다. 다윈은 역향 인과론 또는 목적론의 모순적 형태와 흡사한 순향 인과론의 물리적 과정을 입증했다. 그 핵심은 '복제'다. 복제자는 복제 능력 자체를 포함해 대부분의 특성이 고스란히 복제된 자신의 사본을 만들 줄 아는 존재다. A와 B라는 두 상태를 생각해 보자. A가 먼저라면 B는 A를 야기할 수 없다.(잘 본다는 것이 눈에 투명한 수정체가 생기게 할 수는 없다.)

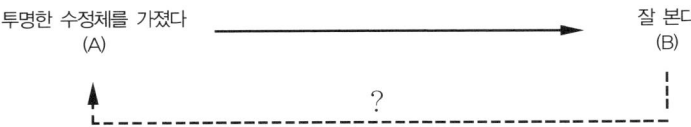

그러나 A가 B를 야기하면 B는 다시 A 주체로 하여금 자신의 사본을 만들게 한다고 가정해 보자. 그 사본을 AA라고 부르자. AA는 A와 똑같이 생겼고, 그래서 마치 B가 A를 야기한 것처럼 보인다. 그러나 사실은 그렇지 않다. B는 단지 A의 '사본'인 AA를 야기했을 뿐이다. 세 마리의 동물이 있다고 가정해 보자. 두 마리는 뿌연 수정체를 갖고 있고 한 마리는 투명한 수정체를 갖고 있다. 투명한 수정체를 갖고 있다는 것(A)은 눈으로 하여금 세계를 잘 보게(B) 해준다. 잘 본다는 것은 그 동물이 포식자를 피하고 짝을 찾음으로써 번식을 할 수 있게 해준다. 그 후손(AA) 역시 투명한 수정체를 갖고 있고, 잘 볼 수 있다. 이것은 마치 그 후손이 잘 보기 '위해' 눈을 갖고 있는 것처럼 보이지만(틀린, 목적론적인, 역향 인과론), 그것은 착각이다. 후손이 눈을 갖고 있는 것은 그 부모의 눈이 세계를 잘 봤기 때문이다(옳은, 정상적인, 순향 인과론). 후손의 눈이 부모의 눈과 똑같이 생겼기 때문에 상황을 역향 인과로 착각하기가 쉬운 것이다.

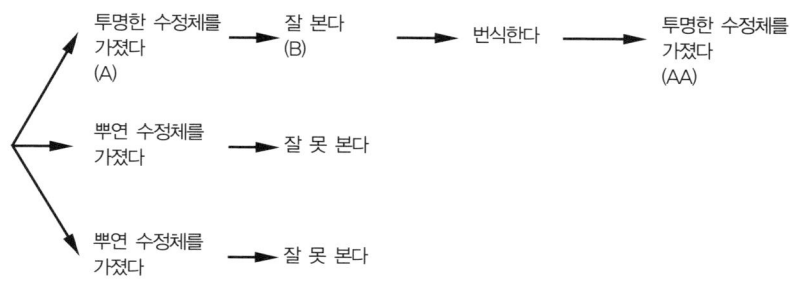

눈에는 투명한 수정체만 있는 것이 아니다. 복제자의 특별한 능력은 그 사본들 역시 복제를 할 수 있다는 것이다. 투명한 수정체를 가진 가상 동물의 딸이 번식을 하면 어떻게 되는지 생각해 보자. 자식들 중 몇몇은 다른 자식들보다 더 동그란 안구를 갖고 있으며, 동그란 안구는 상이 중심에서부터 바깥쪽으로 맺히기 때문에 더 잘 볼 수 있다. 더 좋은 시력은 더 성공적인 번식으로 이어져 다음 세대는 투명한 수정체와 동그란 안구를 모두 갖는다. 그들 역시 복제자이므로 그 후손들은 더 예리한 시력을 갖게 되고, 다음 세대에도 예리한 시력을 가진 자손을 남길 가능성이 더 커진다. 각 세대마다 좋은 시력을 낳는 특성들이 불균등하게 다음 세대로 전해진다. 이런 이유로 후세대의 복제자들은 지적인 설계자가 설계한 것 같은 특성들을 갖게 된다(255쪽의 그림을 보라).

나는 다윈의 이론을 정통에서 벗어난 방법으로 소개했다. 이 방법은 진화론의 특별한 기여를 강조한다. 즉 보통의 순향 인과론을 복제자에게 적용해 설계자 없는 설계의 출현을 설명하는 것이다. 자세한 이야기는

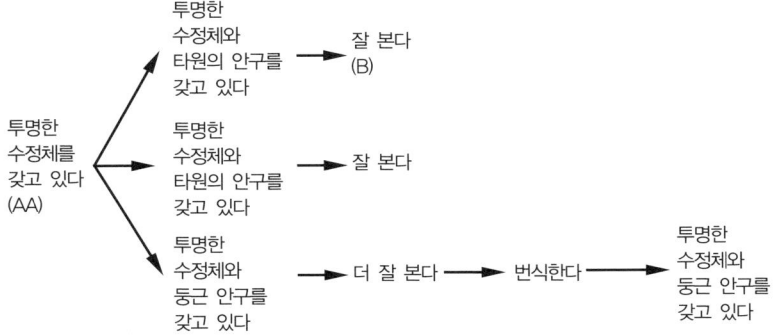

다음과 같다. 태초에 복제자가 있었다. 이 분자 또는 결정체는 자연선택의 산물이 아니라 물리적·화학적 법칙의 산물이었다(선택의 산물이 있었다면 무한 퇴행이 될 것이다). 복제자는 습관적으로 증식을 하기 때문에 억제되지 않은 상황에서라면 한 복제자의 무한한 후손들이 우주를 채울 것이다. 그러나 사본을 만들기 위해서는 재료를 사용해야 하고 사본에게 동력을 공급하기 위해서는 에너지가 필요하다. 이 세계는 유한하므로 복제자들은 자원을 놓고 경쟁을 벌인다. 어떤 복제 과정도 100퍼센트 완벽하지 않기 때문에 에러가 발생하고 따라서 모든 딸이 정확한 사본으로 태어나진 않는다. 대부분의 복제 에러는 나쁜 쪽으로의 변화이기 때문에, 에너지와 재료가 비효율적으로 사용되거나 복제가 더 느린 속도로 또는 낮은 확률로 이루어지는 결과가 발생한다. 그러나 뜻밖의 행운으로 몇몇 에러는 좋은 쪽으로의 변화를 만들어 내고 그렇게 탄생한 복제자들은 여러 세대 동안 번창한다. 그리고 그 후손들은 좋은 쪽으로의 변화를 가져오는 또 다른 에러들을 모두 축적한다. 그 변화들을 통해 예컨대, 튼튼한 방어 덮개와 지지대, 조작 기관, 유용한 화학반응을 위한 촉매 등 이른바 신체의 여러 특징들이 조합된다. 그 결과 아주 잘 설계된 신체를 가진 복제자가 출현하는데 우리는 그것을 유기체라 부른다.

자연선택이 시간에 따라 유기체를 변화시키는 유일한 과정은 아니다. 그러나 자연선택은 시간에 따라 유기체를 '설계'하는 것처럼 보이는 유일한 과정이다. 도킨스가 외계 생물의 진화를 애타게 찾은 것은 생물의 역사를 이끌어 온 자연선택의 모든 대안을 검토하면서, 그 대안들이 생명의 징후인 복잡한 설계를 설명하기에는 부족하다는 사실을 확인했기 때문이다.

우선 유기체가 더욱 복잡하고 적응력이 높은 형태로 발전하려는 충동에 반응한다는 속설은 명백히 부족하다. 그런 충동 — 그리고 그보다 더 중요한 것으로, 자신의 야망을 달성하는 능력 — 은 누구도 설명하지 못하는 마술의 일부다.

다음으로 다윈의 선행자인 장 밥티스트 라마르크의 두 원리, 용불용과 획득형질의 유전 역시 부적합하다. 문제는 라마르크의 이론이 실제로 틀렸다는 것을 입증하는 차원을 넘어선다.(예를 들어, 획득형질이 유전된다면 할례가 몇 백 세대에 걸쳐 시행된 오늘날 유대인 남자아이들은 포피가 없이 태어날 것이다.) 더욱 중요한 문제는, 그 이론이 설령 사실로 입증된다 해도 적응 복잡성을 설명할 수 없다는 데에 있다. 첫째, 기관의 사용 자체로는 기관의 기능이 개선되지 않는다. 광양자가 수정체를 통과한다고 해서 수정체가 투명하게 닦이는 것은 아니고, 기계를 사용하면 그 기계는 개선되는 것이 아니라 오히려 마모된다. 유기체의 여러 부위들은 사용할수록 적합하게 조정된다. 즉 운동을 하면 근육이 커지고, 피부를 문지르면 두꺼워지고, 햇빛에 노출된 피부는 검게 그을고, 보상을 하는 행동은 강화되고 처벌을 하는 행동은 감소한다. 그러나 이런 반응들은 그 자체가 유기체의 진화된 설계에 포함되므로, 우리는 어떻게 그런 반응들이 발생했는가를 설명할 필요가 있다. 물리학이나 화학의 법칙으로는 결코 사물을 문지르면 두꺼워지거나 햇빛을 받은 표면이 까매지는 일이 발생하지 않기 때문이다. 획득형질의 유전은 훨씬 더 난감하다. 획득형질의 대부분은 개선된 곳이 아니라 베인 곳, 긁힌 곳, 덴 상처, 썩은 곳, 풍화된 곳과 같이 무자비한 세계로부터 공격당한 흔적들이기 때문이다. 그리고 설령 강한 타격에 의해 우연히 어떤 부위가 개선되었더라도, 그렇게 생긴 유용한 상처의 크기와 형태가 읽혀서 환부를 뚫고 정자나 난자 속의 DNA 명령 속으로 들어가 암호화된다는 것도 마냥 신비한 일이다.

환경에 적응하는 새로운 종류의 유기체를 단번에 만들어 내는 대량의 복제 에러인 거대 돌연변이macromutation를 제기하는 이론 역시 실패작이다. 문제는 확률상 대규모의 무작위적인 복제 에러가 동질의 살을 재료로 사용하여 눈같이 복잡한 기능을 가진 기관을 만들어 낼 확률이 천문학적으로 희박하다는 점이다. 반면에 소수의 무작위적인 에러는 한 기관을 '약간 더' 눈처럼 만들 수 있다. 앞의 예에서 우리는 가상의 돌연변이로 인해 수정체가 조금 더 투명해지거나 안구가 조금 더 둥글어지는 경우를 가정했다. 사실 우리의 시나리오가 시작되기 전까지 오랫동안 작은 돌연변이들이 잇따라 발생했고 그것들이 누적되어 결국 유기체에게 눈을 선사한 것이 분명하다. 다윈은 좀 더 단순한 눈을 가진 유기체들을 관찰하면서 어떻게 그런 일이 일어날 수 있었는지를 재구성했다. 몇 번의 돌연변이로 인해 피부 세포의 한 부분이 빛을 감지하게 되었고, 몇 번의 돌연변이가 더 일어나 그 안쪽의 세포조직을 불투명하게 만들었고, 또다시 몇 번의 돌연변이가 더 일어나 그곳을 우묵하게 만들고 그런 다음 움푹 팬 둥근 구멍으로 만들었다. 그 후에 계속된 돌연변이로 인해 얇고 투명한 막이 새로 생겼고, 그것이 점차 두꺼워져서 수정체가 되었을 것이다. 그 후의 과정들도 그렇게 진행되었을 것이다. 각 단계를 거치면서 시력이 조금씩 개선되었을 것이다. 각각의 돌연변이는 있을 법하진 않지만, 그 확률이 천문학적으로 희박하진 않다. 전체적인 사건의 연속이 천문학적인 정도로 불가능하지 않았던 것은 그 돌연변이들이 한꺼번에 일어나지 않았기 때문이다. 유익한 돌연변이가 발생하면 그때마다 장구한 시간에 걸쳐 선택되어 온 과거의 돌연변이들 위에 추가되었다.

네 번째 대안은 우연한 유전적 표류다. 유익한 특성들은 평균적으로만 유익하다. 현실 속의 생물들은 난폭한 운명의 돌팔매와 화살을 고스란히 맞는다. 한 세대에 속한 개체의 수가 충분히 적을 때, 유익한 특성을 가진 개체라도 운이 나쁘면 죽을 수 있고 불리한 개체나 중립적인 개체라도 운이 좋으면 살아남을 수 있다. 유전적 표류는 원칙상 왜 한 개체군이 예컨대 피부색 같은 공통의 단순한 특성을 갖고 있는지, 또는 아무 역할도 하지 않는 염색체상의 DNA 염기서열처럼 중요하지 않은 특성을 갖고 있는지를 설명한다. 그러나 무작위적 경향은 바로 그 무작위성 때문에 있을 법하지 않은 일의 발생, 즉 보는 능력이나 나는 능력 같은 유용한 특성의 출현을 설명하지 못한다. 신체 기관이 그런 능력을 발휘하려면 수백이나 수천 개의 부분들이 작동해야 하는데, 그에 필요한 유전자들이 순전한 우연으로 축적될 확률은 천문학적인 수치로 희박하다.

외계 생물에 대한 도킨스의 주장은 진화 이론들의 논리, 즉 피설명항explanandum의 원인이 되는 설명항explanans의 힘을 강조하는 초시간적 주장이다. 그리고 실제로 그의 주장은 이후에 제기된 두 번의 도전에 효과적으로 대응했다. 첫째는 '방향성을 가진' 돌연변이 또는 '적응적' 돌연변이라 불리는 변형된 라마르크 이론이다. 어느 유기체가 수많은 새 돌연변이를 통해 환경의 도전에 반응할 수 있다면, 그리고 그 돌연변이들이 쓸모없고 무작위적인 것들이 아니라 문제 해결에 필요한 특성들을 위한 돌연변이라면 얼마나 좋겠는가? 물론 아주 좋은 일이겠지만 바로 그것이 문제다. 화학은 좋고 나쁜 것을 전혀 모른다. 고환과 난소 속의 DNA는 창밖을 엿보면서 추울 때는 모피를 만들고, 비가 많이 오면 지느러미를 만들고, 나무가 많으면 발톱을 만들고, 발가락 사이나 췌장 속이 아니라 망막 앞에 수정체가 생길 수 있도록 사려 깊게 돌연변이를 일으키지 못한다. 이런 이유로, 돌연변이는 유기체에게 부여되는 이익에는 전반적으로 무관심하다는 개념이 진화 이론의 기초 — 실은 과학적 세계관의 기초 — 를 이루는 것이다. 물론 극소수의 돌연변이는 우연히 적응적일 수 있지만, 전체적으로는 적응적이지 않다. 이따금씩 '적응적 돌연변이'를 발견했다는 보고가 있긴 하지만 결국에는 치기 어린 실험이나 인위적인 조작의 결과로 판명된다. 수호천사가 없는 어떤 메커니즘도 유기체들의 필요에 전체적으로 반응하도록 돌연변이를 유도할 수 없다. 유기체는 수십억 종에 달하고 각각의 유기체는 수천 가지의 필요를 가지고 있다.

　　두 번째 도전자는 복잡성이론이라 불리는 새로운 분야다. 이 이론은 은하, 결정체, 기상관측 시스템, 세포, 유기체, 뇌, 생태계, 사회 등 다양한 복잡계의 기초에 놓인 질서의 수학적 원리를 찾는다. 수십 종의 신간 서적이 AIDS, 도시 황폐화, 보스니아 전쟁, 그리고 주식시장 같은 주제에 복잡성이론을 적용시켜 왔다. 복잡성이론의 선구자 중 한 명인 스튜어트 카우프만은 자기조직화, 질서, 안정성, 공명장 같은 놀라운 현상들이 "복잡계의 고유 특성"일 수 있다고 말했다. 또한 진화는 "선택과 자기조직화의 결혼"일 것이라 제안했다.

　　복잡성이론은 흥미로운 쟁점들을 던져 준다. 자연선택은 과거의 한 순간에 복제자가 어떻게든 생겨났다고 가정하는데, 복잡성이론은 그 '어떻게든'을 설명하는 것처럼 보인다. 또한 복잡성이론은 다른 가정들을 설명하는 데에도 유용해 보인다. 각각의 신체는 멋대로 분해되거나 진흙처럼 물컹물컹해져서는 안 되고 제 기능을 유지할 만큼 충분한 시간 동안 한 몸을 유지해야 한다. 또한 진화가 일어나려면 돌연변이들이 발생해서 신체가 새로운 기능을 할 정도로 변화가 일어나야 하는 동시에 그로 인해 신체가 혼란에 빠져서는 안 된다. 만일 상호작용하는 부분들(분자들, 유전자들, 세포들)의 망에 그런 특성들을 부여하는 추상적 법칙들이 존재한다면 자연선택은 그 법칙들을 따라야 할 것이다. 그것은 자연선택이 피타고라스의 정리나 중력의 법칙 같은 물리적·수학적 법칙을 따르는 것과 같다.

그러나 많은 독자들이 정상적인 추론의 도를 넘어 자연선택은 이제 사소해졌거나 폐기될 운명이거나, 적어도 그 중요성을 알 수 없는 개념이라고 결론을 내린다.(덧붙이자면 카우프만과 머리 겔만 같은 복잡성이론의 선구자들이 오히려 그런 추측에 기겁을 한다.) 《뉴욕타임스 북 리뷰*New York Times Book Review*》에 실린 다음의 편지가 대표적인 예다.

생물학과 물리학의 중간 지대에 있는 비선형 동역학과 비평형 열역학, 그리고 그 밖의 몇몇 분야에서 최근에 거둔 성과 덕분에, 생명의 기원과 진화가 마침내 군건한 과학적 토대를 갖게 될 것이라는 믿음이 자리 잡고 있다. 21세기를 맞이한 지금 19세기의 위대한 두 예언자인 마르크스와 프로이트의 동상이 결국 받침대에서 철거되었다. 또한 진화에 관한 논쟁을 시대착오적이고 비과학적인 다윈 숭배의 속박에서 해방시킬 때가 되었다.

편지를 쓴 이는 분명 다음과 같이 생각한 것 같다. 지금까지는 복잡성을 자연선택의 지문으로 간주했지만, 이제는 복잡성을 복잡성이론으로 설명할 수 있다. 그러므로 이제 자연선택은 쓸모없어졌다. 그러나 이 추론은 말장난에 기초해 있다. 생물학자들의 눈에 그렇게 인상적으로 보이는 '복잡성'은 단지 어떤 낡은 질서나 안정성이 아니다. 유기체는 단지 응집력 있는 방울들이나 예쁜 나선이나 질서정연한 격자가 아니다. 유기체는 일종의 기계라서 유기체의 '복잡성'은 기능적·적응적 설계, 즉 어떤 흥미로운 결과를 이뤄내기 위한 복잡성이다. 소화 계통은 그냥 패턴이 아니라 섭취한 조직으로부터 영양분을 뽑아내는 생산 라인으로서의 패턴이다. 은하에서부터 보스니아에 이르기까지 모든 것에 적용할 수 있는 어떤 방정식도 왜 귀가 아닌 입 속에 치아가 있는지를 설명하지 못한다. 그리고 유기체는 소화기나 눈같이 나름의 목표를 달성하기 위해 조직된 체계들의 집합체이므로, 복잡계의 일반 법칙은 유기체를 설명하기에 충분하지 않다. 물질에는 본래 그 자체를 브로콜리, 코알라, 무당벌레로 조직하는 경향이 없다. 따라서 자연선택은 그냥 평범하고 낡은 복잡성이 아니라 '적응' 복잡성이 어떻게 출현할 수 있는가를 설명하는 유일한 이론으로 남는다. 왜냐하면 '어떤 것이 얼마나 잘 작동하는가'가 '그것이 어떻게 생겨났는가'에 원인 역할을 하는 이론으로서 유일하게 기적에 의존하지 않는 순방향 이론은 자연선택뿐이기 때문이다.

● ● ● ●

다른 대안이 전혀 없으므로 우리는 설령 증거가 전혀 없다 해도 자연선택을 지구상의 생명을 설명하는 이론으로 받아들여야 할 것이다. 그러나 정말 감사하게도 그 증거는 압도적으로 많다. 나는 단지 생명이 진화했다는 증거가 아니라(창조주가 누구건 그것은 틀림없는 사실이다) 생명이 자연선택에 의해 진화했다는 증거를 말하는 것이다. 다윈 자신은 자연선택과 직접적으로 연결된 개념인 선택적 번식의 힘이 유기체들을 형성했다고 말했다. 예를 들어 치와와, 그레이하운드, 스코티시 테리어, 세인트버나드, 샤페이 같은 여러 견종 간의 차이는 불과 수천 년 사이에 늑대를 선택적으로 번식한 결과다. 애견 번식장, 실험실, 종견 회사의 온실에서 행해진 인위적 선택으로부터 닥터 수스*가 그렸음직한 놀라운 신품종들이 쏟아져 나온 것이다.

* 미국의 그림책 동화 작가.

자연선택은 야생에서도 쉽게 관찰할 수 있다. 고전적인 예로 19세기에 흰얼룩나방은 거무스름한 변종에게 맨체스터를 넘겨줬다. 공장의 매연이 흰얼룩나방의 휴식처인 이끼를 덮은 후로 포식자인 새들에게 쉽게 노출되었기 때문이다. 1950년대에 대기오염 법 덕분에 맨체스터의 이끼가 다시 밝은 색을 띠자 줄어들었던 흰나방이 다시 늘어났다. 이 밖에도 수많은 예가 있지만 가장 만족스런 예는 피터 그랜트와 로즈메리 그랜트 부부의 연구일 것이다. 다윈은 갈라파고스 군도에 사는 13종의 핀치를 보고 자연선택이론의 한 영감을 얻었다. 핀치 새들은 분명 남미 본토의 종에 뿌리를 두고 있었지만 그들과 달랐고 또 서로 간에도 달랐다. 특히 13종의 부리는 각기 다른 형태의 펜치와 비슷했다. 어떤 것은 전화 가설용 펜치처럼 두껍고 뭉툭했고, 어떤 것은 주둥이가 짧은 니퍼 같았고, 어떤 것은 끝이 똑바르고 뾰족했고, 또 어떤 것은 끝이 휘어지고 뾰족했다. 다윈은 결국 한 종류의 새가 섬에 실려 온 다음 각 지역이 요구하는 생활방식의 차이 때문에 13종으로 분화되었을 것이라 생각했다. 예를 들어 어떤 것은 나무껍질을 벗겨 곤충을 잡아먹어야 했고, 어떤 것은 선인장 꽃을 뒤져야 했고, 또 어떤 것은 단단한 씨앗을 깨야 했다. 그러나 다윈은 생전에 자연선택의 과정을 직접 보겠다는 희망은 갖지 않았다. "우리는 시간의 손이 장구한 세월 위에 흔적을 남기기 전까지 이 느린 변화의 진행 과정을 보지 못한다." 그랜트 부부는 한 해의 여러 시기에 갈라파고스의 여러 지역에서 나는 씨앗의 크기와 강도, 핀치류 부리들의 길이, 핀치들이 씨앗을 깨는 데 드는 시간, 군도 여러 지역에 사는 핀치들의 수와 나이 등 자연선택과 관련된 모든 변수를 정성스럽게 측정했다. 그리고 측정 결과를 통해 핀치의 부리들이 각기 다른 종류의 씨앗을 얻을 수 있는 계절 변화에 적응하면서 진화했다는 것을 입증함으로써, 다윈이 상상으로만 볼 수 있었던 영화를 프레임별로 하나씩 분석하는 성과를 거뒀다. 번식이 빠른 유기체에서는 선택의 결과가 훨씬 극적으로 나타날 수 있다. 예를 들어 살충제에 내성을 갖는 해충, 약물에 내성을 갖는 세균, 환자의 몸속에서 증식하는 AIDS 바이러스는 이 세계를 위기에 빠뜨릴 것처럼 보인다.

또한 자연선택의 두 전제조건인 충분한 변이와 충분한 시간도 넉넉하게 존재한다. 자연에 사는 유기체 집단들은 자연선택의 재료로 쓰일 수 있는 엄청난 양의 유전적 변이를 보유하고 있다. 그리고 최근의 추정치에 따르면 지구상에 생명이 진화한 것은 30억 년 이상이고, 복잡한 생명체가 진화한 것은 10억 년이다. 제이콥 브로노브스키는 《인간 등정의 발자취 The Ascent of Man》에서 다음과 같이 말했다.

내가 젊었을 때 태어난 지 4~5일밖에 안 된 첫딸의 요람으로 살금살금 다가가서 이런 생각을 한 기억이 난다. '이 신비스러운 손가락들, 손톱 끝에 이르기까지 이처럼 완전한 마디들, 나는 100만 년이 걸려도 이처럼 정교한 모양을 고안해 낼 수 없을 거야.' 그러나 내가 진화의 현 단계에 도달하기까지, 그리고 인류가 현 단계에 도달하기까지 정확히 100만 년이 걸렸다.

마지막으로, 두 종류의 형식 모델링formal modeling이 자연선택의 유효성을 입증하고 있다. 집단유전학에서 나온 수학적 증거들은, 유전자들이 그레고어 멘델의 법칙에 따라 결합할 때 선택압력하에서 그 결합빈도가 어떻게 변할 수 있는가를 보여 준다. 이런 변화는 놀라울 정도로 빠르게 발생한다. 만일 한 돌연변이체가 경쟁자들보다 자손을 단 1퍼센트 더 많이 생산한다면, 해당 집단 내에서 0.1퍼센트였던 자신의 유전자를 4000세대 후에는 99.9퍼센트로 증가시킬 수 있다. 가상의 쥐가 몸집의 크기를 늘려야 하는 선택압력을 받고 있다면 그 압력이 측정하기 불가능할 정도로 약하다고 해도 1만2000세대가 지나면 코끼리 크기로 진화할 것이다.

좀 더 최근에는 인공생명Artificial Life이라는 새 분야의 컴퓨터 모의실험이, 자연선택은 복잡한 적응을 통해 유기체를 진화시킬 힘이 있음을 입증했다. 그리고 모두가 좋아하는 복잡 적응의 예로서 눈보다 더 좋은 증거가 어디 있겠는가? 컴퓨터과학자 댄 닐슨과 수잔 펠저는 원시 유기체의 빛을 감지하는 부위를 모방하여 세 겹의 가상 피부를 모의실험했다. 맨 아래층은 착색한 세포층이고, 그 위는 빛을 느끼는 세포층이며, 맨 위는 반투명의 세포층으로 보호막을 씌운 간단한 샌드위치 형태였다. 반투명 세포층은 무작위로 굴절률의 변이를 겪을 수 있었다. 이 굴절률은 빛을 굴절시키는 능력이며 현실에서는 흔히 농도에 해당한다. 모든 세포는 크기와 두께에 영향을 미치는 작은 변이들을 겪을 수 있었다. 이 모의실험에서 세 겹 판의 세포들은 무작위로 돌연변이를 할 수 있었고, 한 차례의 돌연변이가 완료되면 프로그램은 가까운 물체가 그 판 위에 만들어 내는 상像의 공간해상도를 계산했다. 만일 한 차례의 돌연변이로 해상도가 개선되면 그 돌연변이는 다음 차례의 출발점으로 존속했다. 이 때문에 그 세 겹 판은 어렴풋한 포식자를 보고 어떻게 반응하느냐에 생사가 달린 유기체 종의 눈

같았다. 실제의 진화에서도 그렇듯이 기본 설계나 프로젝트 계획 같은 건 없었다. 유기체는 장기적으로 인내심을 발휘하면 상상할 수 있는 최고의 감지 기관으로 보상받을 수는 있어도 단기적으로 감지기의 효율성이 떨어지면 생존할 수 없었다. 유기체 안에 존속되는 모든 변화는 개선을 위한 것이어야 했다.

그 프로그램은 컴퓨터 화면에서 복잡한 눈으로 진화하는 만족스런 결과를 낳았다. 세 겹 판은 움푹 들어간 다음 컵 모양처럼 깊어졌고, 반투명 층이 컵을 채울 정도로 두꺼워지고 불룩해지면서 각막을 만들어 냈다. 투명한 충전물 안에는 굴절률이 더 높은 둥근 렌즈가 정확히 제자리에 생겨났는데 여러 가지 세부적인 특징상 물고기의 눈에서 볼 수 있는 훌륭한 광학적 설계와 흡사했다. 하나의 눈이 형성되기까지 컴퓨터 시간이 아니라 실제의 시간이 얼마나 걸리는지를 추정하기 위해 닐슨과 펠저는 유전율에 대한 엄격한 가정들, 집단 내부의 변이, 선택으로 인한 장점의 크기를 규정했고, 심지어는 각 세대에 '눈'의 한 부분에서만 돌연변이가 일어나게 제한했다. 그럼에도 납작한 피부가 복잡한 눈이 되기까지의 전 과정은 고작 40만 세대밖에 걸리지 않았다. 지질학적으로 순간에 불과한 시간이다.

● ● ● ● ●

지금까지 자연선택이론을 뒷받침하는 현대의 증거들을 검토한 이유는 아주 많은 사람들이 그에 대해 적의를 갖고 있기 때문이다. 나는 바이블 벨트*의 근본주의자들을 말하는 것이 아니라, 동부에서 서부까지 미국 최고의 대학들에 근무하는 교수들을 말하는 것

* 미국 남부의 신앙이 두터운 지역.

이다. 나는 종종 다음과 같은 반론을 듣는다. 자연선택이론은 순환적이다, 한쪽 눈의 절반이 무슨 소용이 있는가,* 무작위의 돌연변이로부터 구조가 생겨날 수 있는가, 시간이 충분하지 않았다, 굴드가 자연선택의 오류를 입증했다, 복잡성은 그냥 출현한다, 물리학이 언젠가는 자연선택이론을 쓸모없게 만들 것이다.

* 중간 단계의 기관에 대해서는 이 장 뒤에 설명이 나온다.

사람들은 다윈주의가 틀렸기를 필사적으로 원한다. 데닛은 《다윈의 위험한 생각*Darwin's Dangerous Idea*》에서, 자연선택은 인간 본성을 포함하여 이 세계의 모든 것에는 어떤 계획도 없다는 것을 의미한다고 진단했다. 틀림없이 그것이 한 이유일 것이다. 또한 마음을 연구하는 사람들은 마음이 어떻게 진화했는가에 대해 생각하기를 좋아하지 않는다는 이유도 있을 것이다. 그렇게 되면 지금까지의 소중한 이론들이 엉망이 되어 버리기 때문이다. 여러 방면의 학자들이 마음은 선천적으로 5만 개의 개념('기화기'와 '트롬본'을 포함해)을 갖추고 있다거나, 용량의 한계 때문에 인간의 뇌는 벌이 일상적으로 푸는 문제들을 해결하지 못한다거나, 언어는 유용함보다는 미를 위해 설계되었다거나, 부족민들이 아기를 죽이는 것은 인구 과잉으로부터 생태계를 보호하기 위해서라거나, 아이들은 무의식적으로 부모와 성교하려는 욕망을 품는다거나, 사람들은 배우자의 부정을 생각하면서 괴로움을 느끼지만 또한 같은 생각으로 즐거움을 느낄 수 있도록 쉽게 습관화될 수 있다고 주장했다. 이런 주장들이 진화론적으로 있을 법하지 않다고 충고하자 그들은 자신의 주장을 재고하기보다는 진화론을 공격했다.

한 주장에 따르면, 기관의 기능을 밝히고자 하는 역설계는 '적응주의'라는 질병의 한 증상이라고 한다.(나는 인간의 마음에도 역설계를 적용해야 한다고 주장하고 있다.) 유기체의 어느 양상에 기능이 있다고 생각하면 반드시 '모든' 양상에 각각의 기능이 있다고 믿어야 하고, 그래서 원숭이가 갈색인 것은 코코넛 사이에 숨기 위해서라고 믿어야 한다. 예를 들어, 유전학자 리처드 르원틴은 적응주의를 다음과 같이 정의했다. "진화 연구를 위한 그 접근법은 자세한 증거도 없이 형태학과 생리학과 유기체 행동의 모든 양상이 문제 해결을 위한 최적의 적응적 해결책이라고 가정한다." 물론 그렇게 정신 빠진 사람은 없다. 정상적인 사람이라면 복잡한 기관은 적응의 산물, 즉 자연선택의 산물이라고 믿는 동시에 복잡한 기관이 아닌 자질들은 우연의 산물이거나 다른 어떤 적응의 부산물이라고 믿을 것이다. 혈액이 빨간 것은 빨간색 때문에 선택된 것이 아니라 산소를 운반하는 분자의 선택에서 파생된 부산물로, 그 분자가 우연히 빨간색이기 때문이라는 것은 누구나 인정하는 사실이다. 그렇다고 해서 눈의 보는 능력이 다른 어떤 것의 선택에서 파생된 부산물이라고는 누구도 생각하지 않는다.

또한 동물들이 진화의 조상들로부터 짐을 물려받았다는 사실을 알지 못하는 바보도 없다. 성교육을 받을 정도로 어리거나 전립선에 관한 글을 읽을 정도로 나이가 든 독자들은 남자의 정관이 고환에서 음경으로 직접 이어지지 않고 몸 안으로 휘어져 들어가서 요관을 거친 후 다시 나온다는 사실에 주목했을지 모른다. 그것은 우리 파충류 조상의 고환이 몸 안에 있었기 때문이다. 포유동물의 몸은 정액을 생산하기에는 너무 더웠기 때문에 고환은 점차 밑으로 내려와 음낭 속으로 들어갔다. 호스가 나무에 친친 감기게 된 정원사처럼 자연선택은 최단 거리를 설계하는 예측력을 갖지 못했다. 그러나 이번에도 눈이란 기관 전체가 쓸모없는 계통발생적 짐일 수 있다는 뜻은 아니다.

마찬가지로 일각에서는, 적응주의자들은 물리학의 법칙이 동물의 설계를 설명하기에 충분하지 않다고 생각하므로 물리학의 법칙에 의존해서 '어떤 것'도 설명하지 말아야 한다고 생각한다. 일전에 나는 한 다윈 비판가로부터 다음과 같은 질문을 받은 적이 있다. "왜 어떤 동물도 사라졌다 즉시 다른 곳에 나타나거나 원할 때 킹콩으로 변신하는 능력을 진화시키지 못했을까요?(포식자를 쫓아 버리기에 얼마나 좋은가?)" 내 생각에 '원할 때 킹콩으로 변신하지 못하는 것'과 '볼 줄 아는 것'은 서로 다른 종류의 설명이 필요하다.

또 다른 사람들은 자연선택은 알맹이 없이 뒷북만 치는 이야기라고 비난한다. 그러나 그것이 사실이라면 생물학의 역사는 맥빠진 추측이 가득한 진창일 것이고, 진보는 오늘날의 개화한 반적응주의가 출현하기만을 기다려야 했을 것이다. 실제는 정반대였다. 생물의 역사를 완성한 저자인 마이어는 다음과 같이 썼다.

적응주의는 이렇게 묻는다. "이 구조 또는 기관의 기능은 무엇인가?" 이 질문은 수 세기 동안 생리학의 모든 진보를 가능케 한 기초였다. 만일 적응주의 프로그램이 없었다면 우리는 흉선, 비장, 뇌하수체, 송과선의 기능을 알아내지 못했을 것이다. "왜 혈관 속에 판막이 있는가?"라는 하비의 질문은 혈액순환의 비밀을 밝혀내는 중요한 디딤돌이었다.

유기체의 신체 형태로부터 그 단백질 분자의 형태에 이르기까지 우리가 생물학을 통해 알게 된 모든 것은, 유기체의 조직화된 복잡성이 생존과 번식에 도움이 된다는 사실을 직접·간접적으로 이해한 데서 비롯되었다. 여기에는 비적응적 부산물에 대한 사실들도 포함된다. 그런 것들은 적응 구조들을 연구하는 과정에서만 발견되기 때문이다. 어떤 자질이 운 좋은 우연의 산물이라거나, 시험할 수 없고 사후 설명*으

* post hoc. 전후 관계를 인과관계로 혼동하는 오류.

로만 이해할 수 있는 어떤 원동력에서 발생했다는 주장은 공허하기 이를 데 없다.

따지고 보면 동물은 그다지 훌륭하게 설계된 존재가 아니라는 말을 종종 듣는다. 자연선택은 근시안, 죽은 과거의 것들의 영향, 그리고 선택 가능한 생물학적·물리학적 구조에 한정될 수밖에 없다는 한계에 얽매여 있다. 인간 설계자와는 달리 자연선택은 좋은 설계를 꾀하지 못한다. 동물은 조상이 남긴 고철로 만들어진 기계이고, 단지 이따금씩 엉뚱하게 유용한 해결책을 발견한다.

사람들은 이 주장을 너무나 믿고 싶은 나머지 그 내용을 깊이 생각해 보거나 사실들을 확인해 보려 하지 않는다. 부품의 공급, 제작의 현실성, 그리고 물리적 법칙에 구속되지 않는 기적 같은 인간 설계자가 어디 있단 말인가? 물론 자연선택에는 인간 설계자와 같은 예측력이 없지만, 여기에는 나쁜 면만 있는 것이 아니다. 자연선택에는 정신적 한계나 상상력의 빈곤, 부르주아적 감성과 지배 계급의 이익에 순응하려는 경향 따위가 없다. 자연선택은 유용성에 의해서만 지배되므로 결국 영리하고 창의적인 해결책에 도달한다. 수천 년 동안 생물학자들은 놀라움과 즐거움 속에 생물계의 천재적인 장치들을 발견해 왔다. 예를 들어, 치타의 완벽한 생체역학, 뱀의 적외선 카메라, 박쥐의 음파탐지기, 따개비의 강력 순간접착제, 거미의 강철 같은 실, 인간의 손이 연출하는 수십 가지의 쥠 형태, 모든 복잡 유기체가 갖고 있는 DNA 수리 장치 등이 그것이다. 어쨌든 엔트로피나 포식자, 기생충 같은 험악한 존재들이 유기체의 생존권을 끊임없이 위협하는데, 그 과정에서 무모한 설계가 나오면 가차 없이 응징한다.

그리고 동물계의 이른바 나쁜 설계들 중 많은 이야기들이 알고 보면 사실과 다르다. 유명한 심리학자의 책에 실린 언급을 예로 들어 보자.

그는 자연선택은 어떤 새의 날개도 제거할 능력이 없었다고 말했다. 그래서 펭귄에게는 날지 못하는 날개가 달려 있다는 것이다. 이중으로 틀린 이야기다. 모아새*의 화석에는 날개의 흔적이 없으며, 펭귄은 날개를 이용해 물속을 날아다닌다. 마이클 프렌치도 공학의 교과서가 된 저서에서 더 유명한 예로 이 점을 지적했다.

* moa. 현재는 멸종한, 타조와 비슷한 뉴질랜드 산의 거대 새.

낙타는 국회 위원회가 설계한 말馬이라는 오래된 농담이 있다. 훌륭한 생물에게는 심각한 모욕이자 국회 위원회의 창의력에는 너무 과분한 농담이다. 낙타는 머리, 몸통, 꼬리를 여기저기서 끌어 모은 이상한 괴물이 아니라 조화와 통일성이 빛나는 훌륭한 설계의 결과물이기 때문이다. 우리가 판단하는 한 낙타의 각 부분은 전체가 어려운 역할을 수행하기에 아주 적합하게 고안되었다. 낙타는 식물이 부족하고 물도 매우 부족한 사막의 거친 기후에서 살아야 하는 커다란 초식동물이다. 낙타의 설계명세서를 작성한다면 그것은 주행거리, 연비, 험한 지형과 극심한 일교차에 대한 적응 등의 측면에서 매우 까다로운 명세서가 될 것이고, 그런 조건을 충족하는 설계가 극단적인 형태를 갖는다 해도 그리 놀라운 일은 아닐 것이다. 그렇지만 낙타의 특징들은 조화롭기만 하다. 하중을 분산하는 큰 발, 7장의 설계 원칙들(베어링과 선회축)이 적용된 혹같이 둥근 무릎, 양분을 저장하기 위한 혹, 독특한 형태의 입술 등은 기능과 조화를 이루는 동시에 낙타의 몸에서 품위와 독특한 우아함을 풍기게 한다. 그것은 특히 껑충거리며 달릴 때 발산되는 아름다운 리듬으로 입증된다.

물론 진화는 조상이 물려준 유산, 그리고 단백질로 성장할 수 있는 조직의 종류에 의해 제약된다. 프로펠러가 아무리 유리해도 새는 그런 장치를 진화시킬 수 없다. 그러나 생물학적 제약에 대한 주장들 중 많은 것들이 엉터리에 불과하다. 한 인지과학자는 다음과 같은 의견을 피력했다. "예컨대 대칭 같은 유기체의 많은 특성들이 사실은 특정한 선택과 아무 관계가 없고 단지 물질이 물리적 세계에서 존재할 수 있는 방식과 관계가 있다." 그러나 물리적 세계에 존재하는 대부분의 것들은 대칭이 아니다. 여기에는 확률상의 명백한 이유가 있다. 즉, 물질 덩어리가 취할 수 있는 모든 가능한 배열 중에서 극히 일부만이 대칭적이기 때문이다. 심지어 생물계에서도 살아 있는 분자는 비대칭이고, 간, 심장, 위, 넙치, 달팽이, 바다가재, 참나무 등도 비대칭이다. 대칭은 '전적으로' 선택과 관계가 있다. 일직선으로 움직이는 유기체는 외적으로 좌우대칭 형태를 갖고 있다. 그렇지 않으면 빙글빙글 돌기 때문이다. 대칭은 있을 법하지 않고 획득하기가 아주 어려워서 질병이나 결함에 의해 쉽게 무너진다. 이 때문에 많은 동물들이 미세한 비대칭을 찾는 방법으로 배우자감의 건강을 평가한다.

자연선택은 기본적인 신체 설계를 변화시킬 자유를 제한했을 뿐이라고 굴드는 강조했다. 예를 들어 척추동물의 배관, 배선, 구조는 수억 년 동안 크게 변하지 않았다. 그것들은 쉽게 수선할 수 없는 발생학적 조리법에 의존한다고 생각된다. 그러나 척추동물의 신체 설계에는 뱀장어, 소, 벌새, 땅돼지, 타조, 두꺼비, 황무지쥐, 해마, 기린, 긴수염고래 등이 포함되어 있다. 유사성도 중요하지만 차이도 중요하다! 발달상의 제약은 광범위한 선택사양의 범위를 제한한다. 제약 자체로는 정상적인 기능의 기관을 만들어 내지 못한다. "날개를 돋게 할지어다!" 같은 발생학적 제약은 불합리하다. 동물의 살덩어리 중 거의 대부분은 비행을 위한 절박한 공학적 요구에 부합하지 않으며, 그래서 발달 중인 배아의 미세한 층을 이루는 세포들이 스스로 정렬하면서 날아오르기에 적합한 구조로 새의 뼈, 피부, 근육, 깃털들을 조직한다는 것은 가능성이 극히 낮은 이야기다. 물론 그런 결과가 나온 것은 몸 전체의 성공과 실패가 거듭된 역사에 의해 발달 프로그램이 형성되었기 때문이다.

자연선택은 발달이나 유전이나 계통발생상의 제약 요인들과 경쟁 관계에 있지 않다. 한쪽이 중요하면 다른 쪽은 그만큼 덜 중요하다는 식으로 봐서는 안 된다. 자연선택 대 제약은 엉터리 이분법으로, 선천성과 학습의 이분법처럼 우리의 명확한 사고를 방해한다. 선택은 단지 탄소에 의존한 생명체로서 성장 가능성이 있는 여러 대안들 중에서 선택할 수 있을 뿐이고, 선택이 없으면 해당 물질은 정상적인 기관으로 성장하기보다는 흉터, 딱지, 종양, 사마귀, 배양 조직, 무정형의 원형질로 성장하기 쉽다. 따라서 선택과 제약은 둘 다 중요하지만 각기 다른 질문의 답이다. "왜 이 생물은 이런 기관을 갖고 있을까?"라는 질문은 그 자체로는 무의미하고, 어떤 것과 비교하는 구절이 붙어 있어야 의미 있는 질문이 된다. 왜 새들은 (프로펠러가 아닌) 날개를 갖고 있을까? 척추동물은 프로펠러를 성장시키기가 불가능하기 때문이다. 왜 새들은 (앞발이나 손이나 팔목이 아니라) 날개를 갖고 있을까? 자연선택이 날 줄 아는 새의 조상을 선택했기 때문이다.

또 하나의 광범한 오류는, 진화의 과정에서 한 기관의 기능이 변하면 자연선택에 의해 진화한 것이 아니라는 생각이다. 이 오류를 지지하기 위해 다음과 같은 발견이 반복적으로 인용되었다. 즉, 곤충의 날개는 원래 이동을 위한 것이 아니었다는 것이다. 이 발견은 입에서 입으로 퍼지더니 결국 다음과 같은 이야기로 변화했다. (1) 날개는 원래 다른 어떤 일을 위해 진화했지만 우연히 날기에 딱 좋은 형태가 되어 어느 날 곤충들은 그 날개를 가지고 날기로 결심했다. (2) 곤충 날개의 진화는 다윈의 주장을 반박하는 증거다. 날개는 점진적으로 진화했을 테지만 반만 자란 날개는 쓸모가 없기 때문이다. (3) '새'의 날개는 원래 이동을 위한 것이 아니었다.(아마 다른 사실, 즉 최초의 깃털은 날기가 아니라 보온을 위해 진화했다는 사실을 잘못 기억한 결과일 것이다.) 강연자가 '날개의 진화'라고 말하면 청중들은 아는 체하며 고개를 끄덕이고, 그럼으로써 반적응주의 주장이 저절로 완성된다. 한 기관이 현재의 기능을 위해 선택되었다고 누가 장담할 수 있을까? 그 기관은 다른 기능을 위해 진화했지만 그 동물은 현재의 기능을 위해 사용하고 있다. 마치 안경을 걸치는 코와, 누구나 다 아는 곤충의 날개 이야기처럼.(아니, 새의 날개였나?)

그러나 사실은 다음과 같다. 오늘날 존재하는 많은 기관들이 원래의 기능을 유지하고 있다. 눈은 빛을 느끼는 점에서 시작해 상이 맺히는 안구에 이르기까지 항상 눈이었다. 기능이 변한 것들도 있다. 그것은 새로운 발견이 아니다. 다윈은 물고기의 가슴지느러미가 말의 앞다리, 고래의 앞지느러미, 새의 날개, 두더쥐의 앞발, 인간의 팔로 변한 것을 예로 제시했다. 다윈 시대에 유사성은 진화의 강력한 증거였고, 지금도 그러하다. 다윈은 또한 창조론자들 사이에 언제나 인기가 높은 '유용한 구조의 시초 단계' 문제를 설명할 때에도 기능상의 변화들을 인용했다. 창조론자들은 '최종 형태만이 유용하다면 복잡한 기관이 어떻게 점차로 진화할 수 있었을까?'라는 문제를 제기했다. 그러나 대부분의 경우, 최종 형태 이전에는 사용이 불가능했으리라는 전제가 잘못이다. 예를 들어 부분적인 눈은 부분적인 시력을 갖고 있으며, 부분적인 시력은 전혀 못 보는 것보다 낫다. 그러나 때로는, 한 기관이 선택되어 현재의 형태를 띠기 전에 다른 일을 하다가 그 후 중간 단계에서는 현재와 같은 일을 병행한 경우도 있다. 포유동물의 귀에서 섬세한 사슬을 이루고 있는 중이골(추골, 침골, 등골)은 처음에는 파충류의 턱뼈 관절의 일부였다. 파충류는 종종 턱을 땅에 대고 진동을 감지한다. 몇몇 뼈들이 턱뼈 관절과 진동 전달의 역할을 동시에 수행했다. 다음 단계에서 그 뼈들은 점점 더 소리 전달을 위해 분화했고 크기가 축소되면서 현재의 형태와 역할로 변했다. 다윈은 앞선 형태들을 전적응(前適應, pre-adaptations)이라 불렀다. 그러나 이름 때문에 오해해서는 안 된다. 다윈은 진화가 내년의 후속 모델을 전혀 예측하지 못한다는 점을 강조했다.

새 날개의 진화에도 신비로울 게 전혀 없다. 절반의 날개로는 독수리처럼 높이 날지 못하지만 그래도 나무에서 활강하거나 낙하산처럼 펴고 내려올 수 있고(실제로 많은 동물들이 그렇게 한다), 이를테면 농부에게서 도망치는 닭처럼, 달리다 갑자기 뛰어오르거나 몇 미터씩 날아갈 수도 있다. 고생물학자들은 화석과 공기역학의 증거들이 날개의 어느 중간 단계를 가장 잘 입증하는가에 대해 의견을 달리하지만, 그래도 창조론자나 사회과학자에게 위안이 될 만한 증거는 없다.

조엘 킹솔버와 미미 코엘이 제기한 곤충 날개의 진화 이론은 적응주의를 논박하는 것이 아니라 가장 훌륭한 적응주의 이론에 속한다. 곤충처럼 작은 냉혈동물들은 체온을 조절하는 일에 많은 노력을 쏟는다. 곤충은 크기 대 표면적의 비율이 높기 때문에 빨리 더워졌다 빨리 식는다.(날씨가 추우면 곤충이 사라지는 것도 이 때문이다. 최고의 살충제는 겨울이다.) 아마도 곤충의 초기 날개는 조절 가능한 태양전지판으로 진화해서 추워지면 태양 에너지를 흡수하고 더워지면 열을 방출하는 기능을 했을 것이다. 킹솔버와 코엘은 열역학과 공기역학의 분석을 이용해 원시 날개가 비행하기에는 너무 작았지만 열교환기로서는 효과적이었음을 입증했다. 날개가 크면 클수록 열 조절을 더 효과적으로 할 수 있지만 언젠가는 효용 체감의 지점에 도달한다. 그 지점은 전지판이 효과적인 날개로 기능할 수 있는 크기의 범위 안에 들어 있다. 그 지점을 넘어서면 날개는 현재의 크기까지 커지면 커질수록 날기에 유용해진다. 자연선택은 날개가 아닌 초기 날개에서부터 현재의 날개에 이르기까지 전범위에 걸쳐 지속적으로 더 큰 날개를 요구했을 것이고, 중간 크기들을 거치는 동안 기능이 점차로 변했을 것이다.

그런데 어떻게 해서, 어느 날 갑자기 고대의 곤충이 태양전지판을 퍼덕거렸고 그 후로 나머지 곤충들도 지금까지 그것을 따라하고 있다는 말도 안 되는 이야기가 통용되었을까? 부분적으로 그것은 굴드가 소개한 용어인 '전용轉用'*을 잘못 이해한 결과다. 전용이란 다른 기능을 위해 진화한 이전 기관이 새 기능에 적응하는 것(다윈의 '전적응') 또는 기관이 아닌 것(뼈나 세포조직의 일부)이 기능을 가진 기관으로 전용되는 것을 말한다. 많은 독자들이 그것을 적응과 자연선택을 대체할 수 있는 새로운 진화 이론으로 해석하고 있다. 그러나 그렇지 않다. 이 경우에도 그 이유는 복잡한 설계에 있다. 때로는 복잡하고 있을 법하지 않은 과제를 위해 설계된 기계가 그보다 단순한 일에 봉사하도록 압력을 받는다. 《폐기된 컴퓨터를 위한 101가지의 용도 101 Uses for a Dead Computer》라는 만화책에서 PC는 문진文鎭, 수족관, 보트의 닻 등으로 사용된다. 만화의 유머는 정교한 과학 기술이 좌천되어 조잡한 장치로도 수행할 수 있는 하찮은 기능에 사용되는 상황에서 나온다. 생물계의 전용도 마찬가지다. 공학상의 이유로 한 목적을 위해 설계된 기관이 다른 목적을 위해 사용될 가능성은 없다. 예외가 있다면 새로운 목적이 아주 간단한 경우다.(그럴 경우에도 동물의 신경계는 종종 새 이용법을 찾고 유지하기 위해 개조를 거쳐야 한다.) 만일 새로운 기능이 조금이라도 어려우면 자연선택은 현대의 곤충에게 날개를 부여한 것처럼, 해당 기관의 구조와 장비를 크게

* exaptation. 굴절적응 또는 파생적응이라고도 한다.

고쳐야 한다. 사람을 약 올리면서 요리조리 날아다니는 집파리는 순식간에 감속을 하고, 공중을 맴돌고, 좁은 공간에서 유턴을 하고, 몸을 뒤집은 채 날고, 빙글빙글 돌고, 좌우로 틀고, 천장에 앉을 줄 아는데, 각각의 행동은 1초도 걸리지 않는다. 〈곤충 날개의 기계적 설계The Mechanical Design of Insect Wings〉라는 논문의 저자는 다음과 같이 지적한다. "인간이 만든 어떤 날개도 흉내 낼 수 없는 공학상의 섬세한 설계는 곤충의 날개가 곡예비행에 얼마나 훌륭하게 적응했는지를 보여 준다." 곤충 날개의 진화는 자연선택을 반박하는 증거가 아니라 자연선택을 입증하는 증거다. 선택압력의 '변화'는 선택압력의 '부재'가 아니다.

    이 모든 논의의 핵심에는 복잡한 설계가 놓여 있는데 바로 그것이 다윈주의를 공격하는 마지막 구실이 되고 있다. 그 이론은 전체적으로 약간 불완전하지 않은가? 어느 누구도 얼마나 많은 수의 유기체가 존재할 수 있는지 알 수 없다면, 그중 극히 일부만이 눈을 가지고 있다고 누가 말할 수 있는가? 그 이론은 순환적인 것 같다. 즉, 우리가 '적응 복잡성'을 가졌다고 말하는 것들은 자연선택이 아닌 다른 방식으로는 진화할 수 없었으리라 생각되는 것들이다. 노엄 촘스키는 다음과 같이 썼다.

그러므로 자연선택은 특정한 기능을 수행하는 설계에 대한 유일한 물리적 설명이라는 것이 그 주제다. 액면 그대로 볼 때 그것은 결코 사실이 아니다. 나의 물리적 설계를 예로 들어 보자. 나는 양수의 질량을 가지고 있다. 그것은 특정한 기능을 수행한다. 즉 양수의 질량을 갖고 있기 때문에 나는 대기권 밖으로 튕겨나가지 않는다. 간단히 말해, 그 기능에는 자연선택과 아무 관계가 없는 물리적 설명이 존재한다. 그보다 덜 하찮은 특성들도 마찬가지인데, 우리는 그런 특성들을 얼마든지 생각해 낼 수 있다. 따라서 어떤 기능을 충족하기 위해 체계가 선택되면 그 과정은 자연선택이라고 말하는 일종의 동어반복에 의존하지 않고는 적절한 해석을 제시하기가 어렵다고 생각한다.

기능적 설계에 관한 주장들은 정확한 숫자를 제시할 수 없기 때문에 회의론자들에게 빌미를 제공하지만, 숫자의 크기를 생각하면 의혹은 곧 사라진다. 선택은 단지 유용성을 설명하기 위한 것이 아니라, '있을 법하지 않은' 유용성을 설명하기 위한 것이다. 확률을 어떻게 계산하든, 촘스키를 대기권 밖으로 튕겨나가지 않게 하는 질량은 있을 법하지 않은 조건이 아니다. 확률을 어떻게 계산하든, '덜 하찮은 특성들'—임의로 예를 들자면 척추동물의 눈—이 바로 있을 법하지 않은 조건들이다. 먼저 태양계에 거대한 망태를 던져서 사물들을 건져 올려보자. 그리고 10억 년 전으로 되돌아가 지구 위에 살았던 유기체의 표본들을 모아 보자. 분자들을 수집해서 물리적으로 가능한 모든 배열을 계산해 보자. 인간의 몸을 1인치 크기의 정육면체 격자로 세분해 보자. 이제 양수의 질량을 갖는 표본의 비율을 계산해 보라. 그리고 시각적 상을 형성할 줄 아는 표본의 비율을 계산해 보라. 두 비율에는 통계상 큰 차이가 존재할 것이다. 그 차이는 설명을 필요로 한다.

이 시점에서 비판가는 그 기준—보는 것 대 보지 않는 것—이 사후에a posteriori 정해진 것, 즉 동물이 무엇을 할 수 있는지를 다 안 후에 정한 것이고, 따라서 확률 추정치는 무의미하다고 말할 수 있다. 그 추정치는 내가 이전에 받았던 카드 패를 다시 한 번 똑같이 받을 극소의 확률과 마찬가지다. 대부분의 물질 덩어리는 보지 못하고 플런*을 하지도 못한다. 여기서 나는 플런을 내가 방금 집어든 돌멩이와 정확히 똑같은 크기, 형태, 성분으로 변하는 능력으

* flern. 문법학자들이 문법 기능을 설명하기 위해 사용하는 무의미 단어nonsense word 중 하나로, 의미는 붙이기 나름이다.

로 정의하고자 한다.

　　　최근에 나는 스미스소니언 박물관에서 열린 거미 전시회에 갔다. 나는 스위스 시계 같은 정밀한 관절, 재봉틀처럼 정확하게 돌기에서 실을 뽑아내는 동작, 거미줄의 아름다움과 교묘함을 보면서 혼자 속으로 "누가 이것을 보고 자연선택을 믿지 않을까?"라고 생각했다. 바로 그 순간 내 옆에 서 있던 한 여자가 이렇게 외쳤다. "누가 이것을 보고 신을 믿지 않을까!" 그 여자와 나는 설명 방식은 서로 달랐지만 설명이 필요한 사실에 대해 선험적으로a priori 동의한 것이다. 다윈이 태어나기 오래 전에 윌리엄 페일리 같은 신학자는 자연의 경이로운 공학이 신의 존재를 입증하는 증거라고 주장했다. 다윈은 설명할 사실을 만들어 낸 것이 아니라 단지 설명을 만들어 냈다.

　　　그런데 정확히 무엇이 우리의 마음을 그토록 사로잡는 것일까? 오리온자리는 허리띠를 찬 커다란 남자처럼 보인다는 사실에 모든 사람이 동의하지만, 그렇다고 해서 왜 별들이 허리띠를 찬 남자의 형태로 정렬해 있는가에 대해 특별한 설명이 필요하지는 않다. 그러나 눈과 거미는 '설계'를 보여 주고 오리온자리는 그렇지 않다는 직관적 통찰에서 명확한 기준들이 나올 수 있다. 우선 이질적 성분의 구조가 있어야 한다. 즉, 한 사물의 부분들이나 측면들이 예측할 수 없이 서로 달라야 한다. 그리고 기능의 통일성이 있어야 한다. 즉, 서로 다른 부분들이 유기적으로 조직되어 해당 체계로 하여금 어떤 특별한 효과를 얻게 해야 한다. 그 효과가 특별한 것은 그런 구조가 없는 사물들에게는 있을 법하지 않기 때문이고, 또한 그것이 누군가에게 또는 어떤 것에게 이익을 주기 때문이다. 만일 구조를 설명할 때보다 더 간단하게 기능을 언급할 수 없다면 설계가 없는 것이다. 렌즈는 조리개와 다르고 조리개는 광색소와 다르므로, 유도되지 않은 어떤 물리적 과정도 세 물체를 완벽하게 정렬하는 것은 물론이고 한 물체 안에 모아 넣지도 못할 것이다. 그러나 그것들은 모두 충실도가 높은 상을 만드는 데에 필요하다는 공통점이 있어서, 왜 그것들이 눈 속에 모여 있는가를 이해하게 해준다. 반면에 돌멩이 플러닝에서는 구조 설명과 기능 언급이 아주 동일하다. '기능' 개념으로 새로운 것이 전혀 추가되지 않는다.

    무엇보다, 적응적 복잡성의 원인을 자연선택에서 찾는 것은 현대 미술관의 값비싼 설비들처럼 단지 설계상의 탁월함을 인정하는 것이 아니다. 자연선택은 설계의 기원에 대한 가설이며 가설은 거짓으로 입증될 수도 있어서 번거로운 경험적 요구들을 강요한다. 자연선택이 어떻게 작동하는가를 기억하라. 복제자들의 경쟁을 통해서다. 설계의 흔적이 보이지만 복제자들의 오랜 계통에서 발생하지 않은 것은 무엇이나 자연선택이론으로 설명되지 않고, 오히려 그것을 논박할 것이다. 번식 기관이 없는 자연의 생물종, 바위에서 수정처럼 성장하는 곤충, 달 위의 텔레비전 수상기, 항문에서 눈이 튀어나오는 해저동물, 양복걸이에서 얼음통까지 모든 것이 호텔 객실과 비슷하게 갖춰진 동굴 등이 있다면 그러할 것이다. 게다가 유익한 기능은 궁극적으로 번식에 도움이 되어야 한다. 신체 기관은 보기나 먹기나 짝짓기나 젖먹이기를 위해 설계될 수는 있지만, 자연의 아름다움이나 생태계의 조화나 즉각적인 자기파괴를 위해서는 설계되지 않는 편이 낫다. 마지막으로 기능의 이익은 복제자에게 돌아가야 한다. 다윈은 만일 말에게 안장이 진화했다면 자신의 이론은 즉시 오류가 될 것이라고 말했다.

    소문과 속설이 난무하는 중에도 자연선택은 여전히 생물학적 설명의 핵심으로 남아 있다. 유기체는 적응과 적응의 부산물, 그리고 잡음 간의 상호작용으로만 이해될 수 있다. 부산물과 잡음은 적응을 가로막지 않으며, 또한 베일에 덮여 우리 눈에 식별되지 않는 것도 아니다. 바로 그것이 유기체에게 아주 큰 매력—유기체의 있을 법하지 않은 적응 설계—을 부여해서 자연선택의 견지에서 유기체를 역설계하게 만든다. 또한 부산물과 잡음은 부적응이라는 부정적 범주로 규정되기 때문에 역설계를 통해서만 발견된다.

이것은 인간의 지능에도 그대로 적용된다. 어떤 로봇도 복사하지 못하는 재주를 가진 마음의 주요 기능들은 자연선택의 수공예 능력을 보여 준다. 그렇다고 해서 마음의 모든 측면이 적응적이라는 뜻은 아니다. 뉴런의 게으름과 잡음 같은 저차원의 특징에서부터 미술, 음악, 종교, 꿈 같은 중요한 활동에 이르기까지 우리는 생물학적 의미에서 적응이 아닌 마음의 활동들을 발견하게 된다. 그것은 마음이 어떻게 작동하는가에 대한 우리의 이해가 마음이 어떻게 진화했는가에 대한 우리의 이해와 맞물리지 않는다면, 전자가 대단히 불완전하거나 완전히 잘못될 것임을 의미한다. 그것이 이 장의 후반에서 다룰 주제다.

눈먼 프로그래머

최초에 왜 뇌는 진화를 시작했을까? 그 답은 정보의 가치에 있다. 뇌는 정보를 처리하기 위해 설계되었기 때문이다.

신문을 살 때마다 우리는 정보를 위해 돈을 낸다. 그 이유에 대해서는 수많은 경제학자들이 설명했다. 즉, 정보는 가격에 합당한 이익을 제공하기 때문이다. 삶은 도박판에서의 선택이다. 우리는 갈림길에서 오른쪽으로 갈 수도 있고 왼쪽으로 갈 수도 있으며, 릭과 남을 수도 있고 빅터와 떠날 수도 있지만* 어떤 선택도 행운이나 행복을 보장해 주지 못한다는 것을 알고 있다. 결국 최선의 선택은 확률에 거는 것이다. 본질적인 문제에 알몸으로 대면했을 때, 삶의 모든 선택은 결국 어느 복권을 선택하느냐로 귀결된다. 예컨대 한 복권의 가격이 1달러이고 10달러에 당첨될 확률이 4분의 1이라고 해보자. 이 복권을 사면 게임당 평균 1.50달러의 수익을 올릴 것이다.(10달러 나누기 4는 2.50달러이고, 여기에서 복권 값 1달러를 뺀다.) 다른 복권은 1달러이고, 12달러에 당첨될 확률이 5분의 1이다. 이 복권을 사면 게임당 평균 1.40달러의 수익을 올릴 것이다. 두 복권은 발행 부수가 똑같고, 어느 복권에도 확률이나 상금이 적혀 있지 않다. 당신은 두 복권의 종류를 말해 주는 사람에게 얼마를 지불해야 할까? 최고 4센트까지 지불할 수 있다. 정보 없이 무작위로 선택한다면 평균 1.45달러의 수익을 기대할 수 있다.(절반은 1.50달러이고, 절반은 1.40달러다.) 그런데 어느 복권의 평균 수익이 더 높은지를 안다면 게임당 평균 1.50달러의 수익을 올릴 수 있다. 따라서 4센트를 지불한다고 해도 게임당 1센트를 더 벌 수 있다.

* 영화 《카사블랑카》의 줄거리다.

  인간을 제외하고 복권을 구입하는 유기체는 없지만, 신체가 두 방향 이상으로 움직일 수 있을 때마다 유기체들은 패를 놓고 선택을 한다. 그럴 때, 어떤 정보—세포조직, 에너지, 시간 등—의 비용이 음식, 안전, 짝짓기 기회, 그 밖의 자원으로 돌아올 예상 수익보다 낮으면 유기체는 주저하지 말고 그 정보의 대가를 '지불' 해야 한다. 예상 수익은 궁극적으로 생존할 자식의 예상 수로 평가된다. 다세포동물의 경우, 신경계가 그런 정보를 수집해서 유익한 판단으로 전환하는 일을 한다.

  대개 정보가 많아지면 그만큼 보상이 커지기 때문에 추가 비용을 들일 만하다. 만일 동네 어딘가에 보물상자가 묻혀 있다면 그 위치가 북쪽인지 남쪽인지를 알려 주는 정보는 비록 간단하지만 도움이 된다. 땅 파는 시간을 절반이나 줄여 주기 때문이다. 동서남북 중 어디에 묻혀 있는지를 알려 주는 정보는 더 유용하고, 팔등분한 지역의 정보는 훨씬 더 유용하다. 좌표상에 숫자가 많으면 많을수록 헛되이 땅 파는 시간을 줄일 수 있다. 결국 너무 자세해서 더 이상 세분해도 그 비용의 가치가 나오지 않는 지점에 이를 때까지는 기꺼이 추가 정보의 비용을 지불해야 한다. 이와 마찬가지로 숫자 맞추기 자물쇠를 풀 때도, 대가를 지불하고 숫자를 구입하면 그때마다 가능한 번호의 수가 줄어들므로 비용의 가치는 절약된 시간으로 돌아온다. 따라서 대개의 경우 효용 체감의 지점에 이르기까지 정보는 많을수록 좋다. 몇몇 동물종들이 점점 더 복잡한 신경계를 진화시킨 것도 그런 이유에서다.

자연선택은 환경에 대한 정보나 연산망, 악마, 모듈, 기능, 표상, 또는 정보를 처리하는 마음 기관을 유기체에게 직접 부여하지 못한다. 자연선택은 단지 유전자를 선택할 뿐이다. 그러나 유전자는 뇌를 구성하고, 각기 다른 유전자는 각기 다른 방식으로 뇌를 구성한다. 기초적인 차원에서 정보처리의 진화는 뇌의 형성 과정에 영향을 미치는 유전자들의 선택을 통해 진행된다.

많은 종류의 유전자가 더 나은 정보처리를 위해 선택될 수 있다. 변형된 유전자는 뇌실(뇌 안의 공동空洞, 즉 빈 공간) 벽을 따라 생기는 증식 단위들의 수를 다르게 만든다. 또 다른 유전자들은 증식 단위들의 분열 주기에 영향을 미쳐 각기 다른 수와 종류의 피질 부위를 만든다. 축색을 특정한 방향으로 유도하는 화학물질의 길과 분자 이정표가 바뀌면 뉴런들을 연결하는 축색돌기의 경로가 변할 수 있다. 유전자는 뉴런들의 연결을 촉진하는 분자 열쇠와 자물쇠를 변화시킬 수 있다. 코끼리 동상을 조각하는 방법에 대해 오래전부터 회자되는 농담처럼(코끼리처럼 안 생긴 부분을 깎아 낸다), 특정 세포와 시냅스를 적시에 자살하도록 프로그램하면 신경회로를 조각할 수 있다. 뉴런은 배아발생기의 여러 시점에 활성화될 수 있고, 자연발생적이든 프로그램되었든 뉴런의 점화 패턴은 하류downstream에서 뉴런들이 함께 배선되는 과정에 대한 정보로 해석될 수 있다. 그중 많은 과정들이 계단식으로 상호작용한다. 예를 들어 한 부위의 크기를 증가시키면 그 부위는 하류에서의 영역 점유를 위해 더 잘 경쟁한다. 자연선택은 뇌 조립 과정이 얼마나 기괴한지, 또는 그 결과로 얼마나 못생긴 뇌가 만들어지는지에 대해선 신경을 쓰지 않는다. 수정 사항에 대한 평가는 단지 뇌의 알고리듬이 해당 동물의 인식, 사고, 행동을 얼마나 효과적으로 이끄는가에 의해 이루어진다. 이런 과정들을 통해 자연선택은 갈수록 기능이 좋은 뇌를 구축한다.

  그러나 변이체들에 대한 무작위 선택으로 신경계의 설계가 정말로 개선될 수 있을까? 혹시 컴퓨터 프로그램 안의 잘못된 바이트처럼 변이체들은 신경계를 망가뜨릴 수 있고, 선택은 단지 고장나지 않는 시스템들을 보존하는 것은 아닐까? 유전자 알고리듬이라 불리는 컴퓨터과학의 새 분야에서는, 다윈주의적 선택을 통해 점점 더 지능적인 소프트웨어가 생겨날 수 있음을 입증했다. 유전자 알고리듬은 아주 조금씩 다른 무작위적 변이들을 통해 다수의 사본을 만들도록 복제되는 프로그램이다. 모든 사본은 한 번씩 문제를 해결해 보는데, 그 과정에서 최적의 해들이 복제되어 다음 차례에 사본들에게 공급된다. 그러나 먼저 각 프로그램의 부분들이 무작위로 다시 변이를 거치는데, 프로그램 쌍들은 성을 갖고 있어서 각 쌍은 둘로 나뉘고 절반이 교체된다. 연산, 선택, 변이, 복제가 여러 차례 반복된 후에 살아남은 프로그램들은 종종 인간 프로그래머보다 우수한 설계를 보여 준다.

마음이 어떻게 진화할 수 있는가와 관련하여 과학자들은 유전자 알고리듬을 신경망에 적용해 왔다. 망은 모조 감각기관으로부터 오는 입력정보와 모조 다리에서 오는 출력정보를 받으면서, '식량'이 흩어져 있는 가상의 공간에서 다른 망들과 경쟁을 벌인다. 가장 많은 식량을 얻는 망들이 다음 차례의 변이와 선택을 앞두고 가장 많은 사본을 남긴다. 돌연변이는 연결가중치상의 무작위적 변화이며, 때로는 망들 간의 성적 재조합(연결가중치들의 일부 교환)을 통해 이루어진다. 초기의 반복들이 진행되는 동안 '동물들' — 또는 'animal'에서 파생된 말로 'animat'이라 불린다 — 은 해당 지역을 무작위로 돌아다니다가 가끔씩 식량을 만난다. 그러나 진화를 거치면서 동물들은 한 식량에서 다음 식량으로 곧바로 이동하게 된다. 이때 선천적인 연결가중치를 진화시킬 수 있게 한 망들의 개체군이 종종 그 연결가중치를 후천적으로 학습할 수 있게 한 하나의 신경망보다 더 우수한 능력을 보인다. 특히 인간처럼 복잡한 동물이 가지고 있는 다중의 숨겨진 층들을 가진 망이 그러하다. 진화가 아니라 학습만 하는 망의 경우에는 환경에서 오는 학습 신호가 숨겨진 층들을 통과하는 과정에서 희석되어 연결가중치를 아주 조금밖에 변화시키지 못한다. 그러나 진화하는 망들의 개체군에서는 비록 학습은 못 해도 변이와 재조합을 통해 숨겨진 층들이 직접 재프로그램되어 최적에 훨씬 가까운 선천적인 연결 조합을 만들어 낸다. 선택은 선천적인 구조를 선호한다.

또한 진화와 학습이 동시에 진행될 수도 있다. 즉, 학습하는 동물에게 선천적인 구조가 진화하는 것이다. 망들의 개체군은 일반적인 학습 알고리듬을 갖춘 동시에 선천적인 부분들이 진화하도록 허용될 수 있는데, 망 설계자는 보통 추측이나 관례, 시행착오를 통해 그런 부분들을 구축해

왔을 것이다. 선천적 조건의 명세서에는 몇 단위인지, 단위들이 어떻게 연결되는지, 최초의 연결가중치들이 몇인지, 학습 사건 때마다 가중치들이 얼마나 올라가고 내려가야 하는지가 포함된다. 시뮬레이션 진화는 신경망에게 학습 발전에 있어 대단히 유리한 출발점을 제공한다.

이렇게 진화는 신경망의 학습을 유도할 수 있다. 놀라운 것은 학습도 진화를 유도할 수 있다는 것이다. '유용한 구조의 시초 단계'에 대한 다윈의 논의―절반의 눈이 어디에 쓸모가 있는가의 문제―를 기억해 보자. 신경망 이론가인 제프리 힌턴과 스티븐 놀런이 고안한 예는 잔인하기까지 하다. 어떤 동물이 20개의 연결선을 가진 신경망에 의해 제어되는데 각각의 연결선은 흥분(on) 상태이거나 중립(off)이다. 그러나 20개의 연결이 모두 정확하게 이뤄지지 않으면 망은 완전히 쓸모가 없다. 절반의 망은 아무 소용이 없을 뿐 아니라 95퍼센트의 망도 전혀 쓸모가 없다. 무작위의 돌연변이에 의해 연결이 결정되는 동물들의 개체군에서, 모든 연결이 완벽한 보다 적합한 변이체는 유전적으로 독특한 유기체 100만 개(2^{20})당 대략 하나씩밖에 생겨나지 않는다. 그뿐 아니라 동물이 유성생식으로 번식하면 그 장점은 즉시 사라진다. 마술과도 같이 가중치들의 조합이 이루어졌어도 생식을 통해 절반이 교환되어 버리기 때문이다. 이런 각본으로 진행되는 시뮬레이션에서는 어떤 적응망도 진화하지 않았다.

이제 눈을 돌려 세 가지 연결 형태를 가진 동물 개체군을 생각해 보자. 그 세 가지는 선천적으로 온, 선천적으로 오프, 그리고 학습에 의해 온이나 오프로 지정될 수 있는 상태다. 돌연변이가 일어나면, 동물이 태어날 때 주어진 연결이 세 가지 가능성(온, 오프, 학습 가능) 중 어느 상태인지가 결정된다. 이런 시뮬레이션에서는 평균적으로 약 절반의 연결이 학습 가능하고, 나머지 절반은 온이거나 오프다. 학습은 다음과 같이 이루어진다.

각 동물은 생활을 하면서 학습 가능한 연결들의 세팅을 무작위로 시도하다가 우연히 마술적인 조합에 이른다. 현실에서라면 그것은 먹이를 잡거나 견과를 깨는 방법을 알아내는 것에 해당할 것이다. 어쨌든 동물은 행운을 접수하고 그 세팅을 보유하여 시행착오를 중단한다. 그때부터 번식률이 높아진다. 올바른 세팅을 일찍 획득할수록 높아진 번식률로 번식하는 기간이 길어진다.

진화하는 학습자 또는 학습하는 진화자에게는 정확한 망이 100퍼센트 완성되지 않아도 된다는 장점이 있다. 모든 동물이 10개의 선천적 연결을 갖고 있다고 가정해 보자. 대략 1000마리(2^{10}) 중 1마리가 10개 모두 정확한 연결을 가질 것이다.(20개의 선천적 연결을 가진 '비' 학습 동물 중에서 모든 연결이 정확한 것은 대략 100만 마리당 하나에 불과하다는 것을 기억하자.) 그 능력 있는 동물은 다른 10개의 연결을 학습하여 올바른 망을 완성할 가능성이 어느 정도 있는 것이다. 만일 학습할 기회가 1000번이라면 성공 가능성은 상당히 높아진다. 성공적인 동물은 더 일찍 번식하고 따라서 더 여러 번 번식을 한다. 그 자손들에게는 더 많은 연결들을 선천적으로 정확하게 만들어 주는 돌연변이의 기회가 더 많이 돌아간다. 처음에 더 좋은 연결을 갖고 시작하면 나머지를 학습할 시간이 적게 들고, 그 연결을 학습하지 못한 채 생존해야 할 위험이 줄어들기 때문이다. 힌턴과 놀런의 시뮬레이션에서 그 망들은 갈수록 더 많은 선천적 연결들을 진화시켰다. 그러나 그 연결들은 결코 완전히 선천적이 되진 않았다. 더 많은 연결이 고정될수록 남아 있는 연결들을 고정시켜야 하는 선택압력이 줄어들었다. 단지 몇 개의 연결만 학습하면 되는 상황에서 유기체는 쉽고도 신속하게 그것들을 학습할 수 있었다. 학습은 선천성의 진화로 이어지지만 완벽한 선천성에 이르지는 않는다.

컴퓨터 시뮬레이션 결과를 학회지에 제출한 힌턴과 놀런은 100년 전에 그들을 앞지른 사람이 있다는 말을 들었다. 제임스 마크 볼드윈이란 심리학자가 학습이 정확히 그런 방식으로 진화를 이끌 수 있다고 제안하여, 실제로는 존재하지 않는 라마르크식 진화가 마치 존재하는 것 같은 착각을 불러일으켰다. 그러나 어느 누구도 볼드윈효과라고 알려진 그 개념이 실제로 유효하다는 것을 입증하지 못했으며, 힌턴과 놀런이 비로소 왜 그럴 수 있는지를 입증했다. 학습 능력 덕분에 진화 문제는, 짚단에서 무작정 바늘을 찾는 일에서 벗어나 누군가의 지시를 계속 들으면서 바늘에 접근하는 일이 되었다.

볼드윈효과는 뇌의 진화에 큰 역할을 했을 것으로 보인다. 전통적인 사회과학의 전제와는 달리, 학습은 단지 최근에 인간이 도달한 진화의 어떤 봉우리가 아니다. 아주 단순한 동물들을 제외하고 모두가 학습을 한다. 그런 이유로, 과일파리나 해삼같이 마음이 한결 단순한 생물들이 학습의 신경학적 증거를 찾는 신경과학자들에게 편리한 실험 대상이 되어 왔다. 만일 학습 능력이 다세포동물의 어느 초기 조상에게 생겨났다면, 그 능력은 전문적으로 분화된 회로들이 생기는 방향으로 신경계의 진화를 이끌었을 것이고, 이 과정은 그런 회로들이 아주 복잡하게 얽혀서 자연선택이 독립적으로 그런 것들을 발견할 수 없었을 때에도 계속되었을 것이다.

본능과 지능

많은 동물에게서 복잡한 신경회로가 진화했지만, 동물들이 지능의 사다리를 오르고 있다는 일반적인 상상은 잘못된 것이다. 사람들은 흔히 하등동물들은 몇 개의 고정된 반사 능력을 갖고 있으며, 고등동물의 반사 능력은 새로운 자극과 관계가 있고(파블로프의 실험에서처럼) 반응은 보상과 관계가 있다고(스키너의 실험에서처럼) 생각한다. 이런 관점에서는, 고등한 유기체로 갈수록 연상 능력(또는 연합 능력)이 좋아지다가 결국에는 신체적인 충동 및 물리적인 자극과 반응으로부터 해방되고, 인간에 이르러 관념들을 서로 직접 연합하는 최고 수준에 도달한다고 본다. 그러나 실제로 동물들의 지능은 그런 식으로 분포하지 않는다.

튀니지의 사막개미는 둥지를 떠나 멀리 나간 다음 불타는 모래 위를 정처 없이 돌아다니면서 열기에 질식한 곤충의 시체를 찾는다. 그리고 시체를 발견하면 몸뚱이를 잘라 물고 둥지를 향해 일직선으로 돌아간다. 둥지는 대개 지름이 1밀리미터이고 활동 장소로부터 50미터나 떨어져 있다. 사막개미는 어떻게 길을 찾을까? 그들의 항법은 등대처럼 둥지를 감지하는 것이 아니라 여행하는 동안에 수집한 정보를 이용한다. 만일 둥지에서 나온 사막개미를 집어서 약간 먼 곳에 던져 놓으면 개미는 무작정 원을 그리면서 헤맨다. 만일 먹이를 찾은 '후에' 개미를 옮겨 놓으면 납치된 장소를 기준으로 1~2도의 방향 안에서 둥지를 향해 일직선으로 달려가고 둥지가 있어야 할 지점을 약간 지나친 다음 재빨리 유턴해서 없는 둥지를 찾는다. 이것으로 보아 사막개미에게는 그들만의 방식으로 둥지까지의 방향과 거리를 측정하고 저장하는 이른바 경로통합path integration 또는 추측항법dead reckoning이라는 항해술이 있음을 알 수 있다.

동물의 정보처리에 관한 이 예는 생물학자 루디거 베너가 발견했다. 심리학자 랜디 갤리스텔은 이것을 비롯한 많은 예들을 이용해 학습을 연상 형성으로 생각하는 사람들의 관념을 바꿔 놓고 있다. 갤리스텔은 그 원리를 다음과 같이 설명한다.

경로통합은 시간에 대한 속도 벡터의 통합으로 위치 벡터를 얻는 것, 또는 그 계산에 해당하는 개별적 방법이다. 전통적인 항해술에서의 경로통합은 일정한 거리마다 여행의 방향과 속도를 기록하고, 기록된 각 속도를 이전의 기록 시점 이후의 시간과 곱하면 구간별로 위치 변화가 나오고(북동쪽으로 30분 동안 5노트 속도로 전진하면 원래 있던 곳에서 북동쪽으로 2.5해리를 이동한 것이 된다) 연속적인 위치 변화들을 더하면 최종적인 위치가 나온다. 이렇게 위도와 경도상의 위치 변화를 더하는 것이 선박의 위치를 계산하는 추측항법이다.

청중들은 의심한다. 개미의 깨알만 한 머리 속에서 그렇게 엄청난 연산이 이루어진다고? 사실 연산이란 게 원래 그렇지만 이것도 아주 간단하다. 마음만 먹으면 라디오색*에서 파는 몇 달러짜리 나무못 말판의 작은 말들을 가지고 직접 그런 장치를 만들 수도 있다. 그러나 신경계에 대한 우리의 직관적 지식이 연합주의로 인해 피폐해졌기 때문에, 개미의 뇌에는 말할 것도 없고 인간의 뇌에라도 그런 기계장치가 있다고 말하는 심리학자는 쓸데없이 엉뚱한 사색을 하고 있다고 비난받을 것이다. 개미가 정말로 수학은 고사하고 산수라도 할 수 있을까? 물론 겉으론 그렇지 않지만, 우리 인간도 추측항법 능력, 즉 '방향 감각'을 발휘할 때에는 그런 능력이 겉으로 드러나지 않는다. 경로통합 계산은 무의식으로 이뤄지고, 그 결과가 우리의 의식—그리고 의식이란 게 있다면 개미의 의식—으로 넘어온다. 그것은 '저쪽으로 이만큼 가면 집이 나올 거야'와 같은 추상적인 느낌이다.

다른 동물들은 그보다 훨씬 복잡한 일련의 셈, 논리, 데이터 저장과 검색을 수행한다. 많은 철새들이 별자리를 보고 방향을 잡으며 밤에 수천 마일을 날아간다. 유년단**에 있을 때 나는 북극성 찾는 법을 배웠다.

* Radio Shack, 미국의 온라인 판매 업체.
** Cub Scout, 보이스카우트 산하 단체.

소북두성(작은곰자리의 일곱 별)의 손잡이 끝을 찾거나, 대북두성(큰곰자리의 일곱 별)의 국자 주둥이에서부터 일곱 배의 거리에 있는 별을 찾으면 그 것이 북극성이다. 새들은 이 지식을 갖고 태어나지 않는다. 그런 지식이 선천적일 수 없어서가 아니라, 설령 선천적이더라도 그 지식은 곧 쓸모없어지기 때문이다. 지구가 자전하기 때문에 천구의 극(하늘에서 북에 해당하는 지점)은 분점分點의 세차歲差라 불리는 2만7000년 주기의 현상에 따라 '흔들린다.' 진화론의 시간표로 보면 그 주기는 빠른 편이라서, 새들은 북쪽 하늘 어디에 천구의 극이 있는지를 '학습'하는 특별한 알고리듬을 진화시킴으로써 문제를 해결해 왔다. 갓 깬 새끼 새들은 몇 시간 동안 밤하늘을 응시하면서 별자리의 느린 회전을 지켜본다. 그리고 별들의 운동이 이루어지는 중심 지점을 찾은 다음 주변의 몇몇 별자리와 함께 그 위치를 기록한다. 그것은 내가 유년단 지침서를 통해 배웠던 정보와 같다. 몇 개월 후 새들은 그 별자리들을 이용해 일정한 방향을 유지한다. 즉 북쪽을 등지고 남쪽으로 날아가거나, 이듬해 봄 천구의 극을 바라보면서 북쪽으로 돌아간다.

꿀벌은 태양을 기준으로 먹이의 방향과 거리를 동료들에게 알려 주기 위해 춤을 춘다. 그리고 그것으로는 부족했는지 가지각색의 눈금 장치와 보완 체계를 진화시켜 태양 중심의 항법과 관련된 복잡한 공학상의 문제들을 해결했다. 춤추는 벌은 먹이를 발견한 시간과 정보를 전달하는 시간 사이에 태양이 이동한 시간을 보충하기 위해 생체 시계를 이용한다. 흐린 날에는 다른 벌들이 편광polarization을 이용해 방향을 추측한다. 칼 폰 프리시, 제임스 굴드를 비롯한 여러 학자들의 글에서 알 수 있듯이 이런 재주들은 꿀벌이 가진 천재성에 비하면 빙산의 일각이다. 일전에 나의 동료인 한 심리학자는 심리학과 학생들을 위해 신경계 연산의 정교함을 배우기에 좋은 강좌를 개설했다. 그는 인지과학에 입문하는 과정으로서 첫째 주 강의에 벌의 천재성에 대한 몇 가지 실험을 소개했다. 이듬해에 그 강의 내용은 둘째 주로 흘러넘쳤고 그 다음 해에는 셋째 주로 흘러넘치는 등 갈수록 내용이 늘어나더니 급기야 학생들은 그 강좌가 '벌 인지학 개론'이 되었다고 투덜거렸다.

이런 예는 수십 가지에 달한다. 많은 동물들이 식량수집에 투여하는 에너지당 칼로리의 수익률을 최대화하기 위해 각 구역에서 얼마나 오랫동안 식량을 수집해야 하는지를 계산한다. 어떤 새들은 태양을 기준으로 운항하는 데에 필요한 천체력 함수 emphemeris function를 학습한다. 천체력 함수는 한 낮과 1년 동안에 지평선 위를 지나는 태양의 경로에 해당한다. 가면올빼미는 소리가 양쪽 귀에 도착하는 시간 차이를 이용해 칠흑 같은 어둠 속에서 바스락거리는 생쥐를 사냥한다. 먹이를 땅속에 파묻는 동물들은 도둑을 맞지 않기 위해 견과나 씨앗을 예상할 수 없는 장소에 숨기지만 몇 달 후까지도 숨겨 둔 먹이를 모두 기억한다. 나는 앞 장에서, 호두까기새가 1만 군데의 은닉 장소를 기억한다고 말했다. 연상 학습의 대표적 사례인 파블로프 조건화나 조작적 조건화조차도 일반적으로 자극과 반응이 뇌에서 한순간에 고착되는 것이 아니라, 다변량 비정상적比定常的 시간 열 해석 multivariate, nonstationary time series analysis을 위한 복잡한 알고리듬이다.(과거 사건들의 역사에 기초해 이후 사건들이 언제 일어날지를 예측한다.)

지금까지의 동물 쇼에서 배울 점을 정리하자면, 동물의 뇌는 정확히 그 신체만큼 전문화되어 있고 잘 설계되어 있다는 것이다. 뇌는 동물로 하여금 정보를 이용해 자신의 생활방식 때문에 부딪히는 문제들을 해결할 수 있게 하는 정밀 계기計器다. 유기체들은 생활방식이 다르고 거대한 사슬이 아니라 거대한 수풀 형태를 이루기 때문에 각 동물의 IQ나 그들이 인간 지능의 몇 퍼센트를 획득했는가를 기준으로 순위를 매길 수는 없다. 인간의 마음에 특별한 측면이 있다 해도 그것은 더 높거나 더 뛰어나거나 더 융통성 있는 동물 지능이 아니다. 일반적인 동물 지능이란 것이 결코 존재하지 않기 때문이다. 동물들은 그들의 문제를 해결하는 정보처리장치를 진화시켰고, 우리는 우리의 문제를 해결하기 위한 장치를 진화시켰다. 최근에는 신경조직의 미세한 부분들에서 정교한 알고리듬들이 발견됨으로써, 로봇 제작의 어려움, 뇌 손상의 제한적 효과, 떨어져 자란 쌍둥이들 간의 유사성과 함께, 인간 마음에 숨겨진 복잡성을 드러내 주는 놀라운 증거로 받아들여지고 있다.

● ● ● ●

포유동물의 신체가 그러하듯이 포유동물의 뇌도 공통적인 보편 설계를 따른다. 포유강哺乳綱 전체에 걸쳐 동일한 세포 형태, 화학물질, 세포조직, 하부 기관, 간이역, 경로들이 많이 발견되는데, 뚜렷하고 큰 차이는 부분들의 팽창이나 축소에서 발견된다. 그러나 현미경 아래서는 작고 중요한 차이점들이 나타난다. 쥐와 인간의 피질 영역은 20개 이하와 50개 이상으로 큰 차이가 난다. 영장류는 시각 영역, 시각 영역들의 상호 연결, 시각 영역과 전두엽의 운동 영역 및 결정 영역과의 접속 등의 수에 있어 다른 포유동물과 차이를 보인다. 한 동물이 특출한 재능을 갖고 있으면 뇌 전체의 구조에 반영되는데, 때로는 육안으로도 보일 정도다. 원숭이의 뇌에서 시각 영역이 차지하는 비율(약 절반)은 깊이, 색, 운동, 시각에 의존하는 쥠 등의 습성을 반영─더 정확하게는 허락─한다. 음파탐지기에 의존하는 박쥐는 초음파 청력을 전담하는 특별한 뇌 영역을 갖고 있으며, 씨앗을 저장하는 사막생쥐는 먹이를 은닉하지 않는 가까운 친척들보다 더 큰 해마—인지적 지도가 있는 곳—를 갖고 태어난다.

인간의 뇌도 진화 이야기를 갖고 있다. 나란히 놓고 비교해 보면 영장류의 뇌가 크게 개량되어 결국 인간의 뇌가 되었음을 알 수 있다. 인간의 뇌는 신체 크기를 기준으로 볼 때 일반적인 원숭이나 유인원보다 약 세 배가량 크다. 인간의 뇌는 태아기의 뇌 성장이 출생 후 1년 동안 연장됨으로써 폭발적으로 성장한다. 만일 그 시기에 우리의 몸이 뇌와 나란히 성장한다면, 우리는 키 3미터에 몸무게 0.5톤이 될 것이다.

뇌의 주요한 엽들과 부위들도 저마다 개량을 거쳤다. 후각을 담당하는 후구(嗅球)는 영장류 평균 크기의 3분의 1(포유동물을 기준으로 하면 보잘것없는 크기다)로 줄어들었고, 시각과 운동을 위한 주요 피질 부위들도 그 정도 비율로 축소되었다. 시각기관에서 최초의 정보 정류장인 1차 시각피질은 뇌 전체에서 더 낮은 비율을 차지하는 반면 복잡한 형식을 처리하는 이후의 영역들은, 시각 정보를 언어와 개념 영역들로 돌리는 측두-두정 영역들처럼 크기가 확대되었다. 청각을 위한 영역들, 특히 말을 이해하는 영역들도 크기가 확대되었고, 신중한 사고와 계획 수립의 영역이 있는 전전두엽은 영장류 조상보다 두 배나 확대되었다. 원숭이와 유인원의 뇌는 약간 비대칭인 데 반해 인간의 뇌는 특히 언어를 담당하는 영역들에서 균형이 크게 기울어 두 반구가 형태만으로 구별이 가능해졌다. 또한 영장류의 뇌 영역들이 새로운 기능으로 전환하는 일도 발생했다. 말에 관여하는 브로카 영역은 원숭이의 뇌에도 상동기관(진화상의 대응 기관)이 있지만 말에는 분명히 사용되지 않으며, 심지어 날카로운 비명이나 고함, 그 밖의 부르는 소리들을 내는 데에도 사용되지 않는 것으로 여겨진다.

이런 차이들도 흥미롭긴 하지만, 인간의 뇌는 외관상 완벽한 축소판으로 보이는 유인원의 뇌와 근본적으로 다르다. 진정한 차이는 뉴런들의 연결 패턴에 있다. 이것은 컴퓨터 프로그램, 마이크로칩, 책, 비디오테이프에서 서로 간의 차이가 전체적인 형태에 있는 것이 아니라 작은 성분들의 조합 배열에 있는 것과 같다. 인간의 뇌에서 기능하는 미세 회로에 대해서는 알려진 바가 거의 전무하다. 죽기 전에 자신의 뇌를 과학 연구에 바치겠다는 자원자가 매우 드물기 때문이다. 만일 어떤 방법으로든 인간과 유인원의 성장하는 신경회로를 보면서 그 유전암호를 읽을 수 있다면 틀림없이 상당한 차이가 발견될 것이다.

● ● ● ●

동물들의 경이로운 알고리듬들은 우리가 잃어버렸거나 딛고 올라선 '본능'에 불과할까? 인간에게는 식물적인 기능 이상의 본능이 없다는 말이 종종 들린다. 인간은 분화된 장치로부터 해방되어 유연하게 사고하고 행동한다는 것이다. 물론 털이 없는 두 발 동물들은 털이 달린 두 발 동물들과는 다르게 천문학을 이해한다! 그러나 그것은 우리가 다른 동물들보다 본능이 적어서가 아니라 더 '많아서'다. 우리의 자랑스런 유연성은 수많은 본능이 조합되어 다양한 프로그램을 이루고 경쟁에 이용되기 때문이다. 다윈은 유연한 행동의 전형인 인간 언어를 "기술을 획득하기 위한 본능"이라 불렀고(나의 책 제목인 《언어본능》의 출처다), 다윈의 추종자인 윌리엄 제임스도 그 점을 다음과 같이 강조했다.

자, 그렇게 이상한 자극들 앞에서 왜 동물들은 우리에게 그토록 이상하게 보이는 행동들을 할까? 예를 들어 왜 암탉은 결과를 어렴풋이 예측이나 하듯이, 지독하게 흥미 없는 둥우리 속의 알들을 밤새 온몸으로 품을까? 유일한 대답은 자기 감정 나름ad hominem이라는 것이다. 우리는 짐승들의 본능을 단지 우리가 알고 있는 우리 자신의 본능을 기준으로 해석한다. 왜 사람들은 가능하다면 딱딱한 바닥이 아니라 푹신푹신한 침대에 누울까? 왜 사람들은 추운 날 난로 곁에 앉을까? 왜 방 안에서는 벽을 마주 보는 대신 얼굴을 중앙 쪽으로 향할까? 왜 딱딱한 비스킷과 개울물보다 양 등심과 샴페인을 좋아할까? 왜 젊은이는 아가씨에게 사로잡히고, 그래서 그녀의 일거수일투족이 세상의 어느 것보다 더 중요하고 의미심장하게 보일까? 그것이 인간의 방식이라는 것, 그리고 동물들은 저마다 각자의 방식을 좋아하고 그 방식을 따라 행동하는 것을 좋아한다는 것 외에는 달리 말할 것이 없다. 과학이 그 방식들을 신중히 고찰한다면 그것들 대부분이 유용하다는 사실을 발견할 것이다. 그러나 각자가 자신의 방식을 따르는 것은 유용함 때문이 아니라 그 방식을 따르는 순간 그것이 유일하게 적절하고 자연스러운 행동이라고 느끼기 때문이다. 수십억의 사람 중에서 단 한 명도 저녁을 먹으면서 유용성을 생각하지 않는다. 우리는 음식이 맛이 있고 그래서 더 먹고 싶기 때문에 먹는다. 만일 누군가가 왜 그런 맛의 음식을 더 먹고 싶어하느냐고 묻는다면 우리는 그 사람을 존경스런 철학자가 아니라 바보 같은 사람으로 여기고 비웃음을 던질 것이다.

이와 같이 동물들은 특정한 물건이 있으면 특정한 행동을 하고 싶어하는 것 같다. 알을 보면 품고 싶어하는 암탉은, 둥우리 속의 알이 너무나 매력적이고 소중해서 밤새 품고 있을 물건이라고 생각하지 않는 생물이 지구상에 존재하리라고는 꿈에도 생각하지 못할 것이다.

인용문에 묘사된 인간의 반응은 동물 본능의 한 형태로 여겨질 수도 있다. 그렇다면 이성적이고 유연한 사고는 어떠한가? 그것도 일종의 본능으로 설명할 수 있을까? 앞 장에서 나는 우리의 정밀한 지능이 점점 더 작은 행위자, 또는 정보처리의 망으로 쪼개질 수 있음을 보였다. 가장 낮은 차원들에서 이루어지는 단계들은 동물들의 반응처럼 무의식적이고 분석이 불가능하다. 거북이 아킬레스에게 했던 말을 기억하자. 어떤 이성적인 동물도 하나에서 열까지 모든 법칙을 참고할 수는 없다. 그것은 무한 퇴행으로 이어진다. 사고하는 사람은 어떤 지점에서, 즉 어쩔 수 없는 지점에서 법칙을 실행하게 된다. 그것이 인간의 방법이자, 당연히 유일하게 적절하고 자연스런 행동, 즉 본능이다. 아무 문제가 없으면 우리의 사고 본능들은 서로 연결되어 합리적 분석을 위한 복잡한 프로그램들을 이루지만, 그것은 우리가 진리와 이성의 영역과 특별하게 교류하기 때문이 아니다. 바로 그 본능이 궤변에 이끌리기도 하고, 운동은 불가능하다는 제논의 논증 같은 역설에 이르기도 하고, 감각력과 자유의지 같은 수수께끼를 생각하면서 혼란에 빠지기도 한다. 동물학자가 예컨대 벌집 안에 기계로 된 가짜 벌을 집어넣거나 천문관에서 새끼 새를 기르는 등의 독창적인 방법으로 세계를 조작하여 동물의 본능을 밝히는 것처럼, 심리학자들도 놀라운 방법들을 이용해 인간의 사고 본능을 밝힐 수 있다. 우리는 그 방법들을 5장에서 살펴볼 것이다.

인지 적소

앰브로즈 비어스는 《악마의 사전 *Devil's Dictionary*》에서 인간을 다음과 같이 정의한다.

인간 명 자신이 그린 자화상에 광적으로 몰두한 나머지 자신의 명백한 당위적 모습을 간과하는 동물. 주된 일은 다른 동물들과 동족을 몰살하는 것이지만, 일정하게 빠른 속도로 증식하기 때문에 지구의 서식지와 캐나다 전체에 떼 지어 살고 있다.

호모사피엔스사피엔스는 동물학적으로 독특하거나 극단적인 특성을 많이 가진 완전히 새로운 동물이다. 인간은 복잡한 행동들을 현장에서 조립하고 상황에 맞게 재단해 목표를 성취한다. 그리고 이 세계의 인과율에 대한 인지 모델들을 이용해 행동을 계획한다. 또한 평생에 걸쳐 그 모델들을 학습하고 언어를 통해 전달함으로써 자신의 지식이 집단과 후대에 축적되게 한다. 인간은 많은 종류의 도구를 제작하여 이용하고, 긴 기간에 걸쳐 물품과 호의를 교환한다. 또한 식량을 먼 곳까지 수송하고, 다양하게 가공하고, 저장하고, 공유한다. 인간은 양성 간에 노동을 분업하며, 특히 남성들 간에 거대하고 조직적인 연합을 형성하고, 연합들끼리 전쟁을 수행한다. 인간은 불을 사용한다. 인간은 복잡한 혈족 관계를 이루고 다양한 생활방식을 영위한다. 친족 간에 혼인을 협상하는데, 종종 집단끼리 딸을 교환한다. 인간은 배란을 감추며, 여자들은 생식 주기의 특정한 시점에 성교를 하기보다는 아무 때나 성교를 하기로 결정할 수 있다.

이 중 몇 가지 특성은 몇몇 유인원 종에게서도 발견되지만 그 정도는 훨씬 미약하며 대부분의 특성은 전혀 발견되지 않는다. 그리고 인간은 영장류에는 드물지만 다른 동물들에게는 존재하는 특성들을 재발견하기도 했다. 인간은 두 발로 걷는다. 그리고 다른 유인원들보다 오래 살고, 생애 중 오랜 기간을 아동기(즉 성적으로 미성숙한 존재)로 보내는 무기력한 자식을 낳는다. 사냥이 중요하고, 고기가 음식의 대부분을 차지한다. 남성도 자식에게 투자를 해서, 아이들을 짊어지고 다니고 동물과 다른 인간들로부터 보호하고 음식을 준다. 그리고 《악마의 사전》에서도 지적했듯이 인간은 지구상의 모든 생태 지역에 거주한다.

인간에게 직립 자세와 정밀한 조작을 허락한 골격의 개조 외에, 인간을 특별하게 만드는 것은 신체가 아니라 우리의 행동과 그 행동을 조직하는 마음 프로그램들이다. 연재 만화 《캘빈과 홉스 Calvin and Hobbes》에서 캘빈은 친구인 호랑이에게 왜 사람들은 가진 것에 만족을 못 하는지 묻는다. 홉스는 이렇게 대답한다. "당연하지. 인간의 손톱은 정말 초라해. 인간은 어금니도 없고, 밤엔 잘 못 보고, 분홍색 가죽은 있으나 마나고, 반사신경은 한심하고, 심지어는 꼬리도 없잖아!" 그러나 이런 핸디캡을 가졌지만 인간이 호랑이의 운명을 좌우하지 호랑이가 인간의 운명을 좌우하진 않는다. 인간의 진화는 '얼간이들의 복수'의 원판이다.

인간의 진화를 연구하는 이론가들은 창백한 얼굴에 허름한 옷을 입고 골방에 틀어박혀 골몰하는 이미지에서 벗어나 대안적 이론들을 광범위하게 연구해 왔다. 그들은 인간의 재능을 열을 발산하는 두개골 혈관의 부산물로, 공작의 꼬리처럼 독특한 구애 수단으로, 침팬지 유년의 연장으로, 자식 수의 감소로 인한 진화적 낭떠러지에서 종을 구한 탈출구로 설명해 왔다. 심지어는 지능 자체를 선택의 결과로 인정하는 이론들도 진화의 결과에 비해 원인을 크게 무시했다. 그들은 다양한 이야기를 통해, 인간의 마음은 이를테면 돌을 다듬어 도구를 만들거나, 견과와 뼈를 깨뜨리거나, 동물을 향해 돌을 던지거나, 걸음마 하는 유아를 감시하거나, 짐승의 무리를 쫓으며 죽은 고기를 얻거나, 대규모 집단에서 사회적 결속을 유지하는 등의 한정된 문제를 해결하기 위해서 생겨났다고 말한다.

이러한 설명이 진실과 완전히 무관한 것은 아니지만 유익한 역설계에 필요한 수단은 없다. 특정한 문제 해결을 위한 선택에서는 추측항법을 아는 개미나 별을 응시하는 새처럼 한 가지 일에만 능통한 천재 백치가 탄생한다. 우리는 인간에게서 발견되는 더 일반적인 지능이 무엇에 유용한지를 알 필요가 있다. 그러기 위해서는 단지 '유연성'이나 '지능'과 같은 찬사 한마디가 아니라, 인간의 마음이 수행하는 있을 법하지 않은 재주들을 충분히 설명해야 한다. 그러한 설명은 마음을 연구하는 현대의 인지과학에서 나올 것이다. 그리고 선택은 개체의 운명에 의해 추진되기 때문에 뇌의 진화를 일률적으로 설명하는 것도 충분하지 않다. 좋은 이론이 되려면 생활양식의 모든 측면들, 즉 모든 연령, 성, 신체 구조, 음식, 주거 환경, 사회생활을 연결해야 한다. 다시 말해 좋은 이론은 인간이 점유한 생태적 지위의 특징을 설명해야 한다.

이런 과제를 수용하는 유일한 이론을 존 투비와 인류학자 어븐 드보어가 제시했다. 투비와 드보어는 먼저 생물종들이 서로를 잡아먹으면서 진화한다고 지적한다. 우리는 젖과 꿀이 흐르는 땅, 과자로 만들어진 큰 돌산, 열매가 주렁주렁 달려 있는 오렌지 밭 등을 상상하지만 현실의 생태계는 그렇지 않다. 과일을 제외하고(과일도 배고픈 동물을 이용해 씨앗을 퍼뜨리는 수단이다) 거의 모든 음식은 다른 유기체의 몸뚱이고 유기체들은 저마다 자신의 몸뚱이를 지키려 한다. 유기체들은 먹잇감이 되지 않기 위한 방어 수단들을 진화시키고 미래의 포식자들은 그 방어 수단을 무력화시킬 무기들을 진화시켜 미래의 먹잇감들에게 더 나은 방어 수단을 진화시키도록 자극하는 식으로 진화의 군비경쟁은 꼬리에 꼬리를 문다. 무기와 방어 수단은 유전에 기초하고 개체의 일생 중에는 상대적으로 고정되어 있기 때문에 변화는 천천히 일어난다. 포식자와 먹잇감의 균형은 단지 진화적 시간에 걸쳐 발전한다.

인간은 '인지 적소cognitive niche'에 진입했다고 투비와 드보어는 지적한다. 2장에서 소개했던 지능의 정의를 기억하자. 지능이란 장애물을 극복하고 목표를 성취하기 위해 객관세계의 작동 방식에 대한 지식을 이용하는 것이다. 어떤 조작으로 어떤 목표를 성취할 수 있는가를 학습함으로써 인간은 기습 공격의 기술을 정복했다. 인간은 목표 지향적인 새로운 행동 방식을 이용해 다른 유기체들의 마지막 방어선을 돌파했는데, 다른 유기체들의 대응은 단지 진화적 시간으로만 가능하다. 인간의 조작 행위가 새로운 것은 인간의 지식이 단지 '토끼를 잡는 법'처럼 구체적인 명령들로 구성된 것이 아니기 때문이다. 인간은 사물, 힘, 경로, 장소, 방법, 상태, 물질, 감춰진 생화학적 본질, 그리고 다른 동물과 다른 사람들의 믿음과 욕구에 대한 직관 이론들을 이용해 세계를 분석한다.(이 직관 이론들이 5장의 주제다.) 사람들은 마음의 눈으로 그 법칙들 간의 상호작용을 조합하여 새로운 지식과 계획을 짠다.

문맹의 식량수집인들이 추상적인 지능을 이용해 수행하는 일들을 보면서 많은 이론가들이 경탄을 금치 못한다. 식량수집인들은 소파에 앉아서 TV만 보는 현대인을 이상하게 생각할 이유가 더 많다. (우리 조상을 포함해) 식량수집인들의 삶은 끝없는 여행과 야영이지만 그들에겐 군용담요도, 스위스 칼도, 동결 건조한 파스타 알 페스토도 없다. 인간 집단들은 지혜롭게 삶을 영위하면서 정교한 기술과 민속과학을 발전시킨다. 기록에 남아 있는 모든 인간 문화에는 공간, 시간, 운동, 속도, 마음 상태, 도구, 식물, 동물, 날씨, 논리적 연결사(아니다, 그리고, 똑같은, 반대의, 부분—전체, 일반—특수)에 해당하는 단어가 있다. 인간은 단어를 조합해 문법적 문장을 만들고, 기초적인 명제들을 이용해 질병, 기상학적 힘, 부재중인 동물 같은 비가시적 실체들에 대해 사고한다. 마음 지도에는 수천 개의 주목할 만한 장소가 표시되고, 마음 달력에는 크고 작은 기후 순환 형태, 동물의 이동, 식물의 생활사 등이 기록된다. 인류학자 루이스 리벤베르크는 칼라하리 사막 중부에 사는 쏘족과의 전형적인 경험을 다음과 같이 설명한다.

전날 무리에서 떨어진 누 한 마리가 지나간 길을 추적하던 중에 쏘족 사냥꾼들은 풀이 눌린 곳을 가리키며 그 짐승이 잠을 잔 곳이라고 말했다. 그런 다음 잠을 잔 그 흔적은 그날 아침 일찍 만들어진 것이어서 풀들이 비교적 신선하다고 설명했다. 그 흔적에서 시작된 길이 똑바로 나 있었는데 그것은 누가 구체적인 목적지로 향했음을 보여 주었다. 얼마 후 한 사냥꾼이 어떤 장소에 난 몇 개의 발자국을 조사하기 시작했다. 그는 그 발자국들이 모두 그 누의 것이지만 전날까지 며칠에 걸쳐 만들어진 것이라고 지적했다. 그리고 그 장소는 누가 새끼를 키우는 곳이라고 설명했다. 때는 정오 무렵이었으므로 누는 근처의 그늘에서 휴식을 취하고 있을 것이라고 예상했다.

모든 식량수집 부족은 자르는 도구, 빻는 도구, 용기, 밧줄, 그물, 바구니, 지레, 창을 비롯한 무기들을 제작한다. 그리고 불, 집, 치료약을 사용한다. 그들은 독물, 연기, 접착식 덫, 자망刺網,* 미끼를 단 낚싯줄, 올가미, 울타리, 어살, 풀로 위장한 구덩이와 낭떠러지, 불어서 쏘는 화살, 활과 화살, 거미줄로 만든 끈적끈적한 낚싯줄에 매달아 찌의 위치를 알려 주는 연을 사용하는 등 종종 독창적인 기술을 보여 준다.

* 물속에 수직으로 치는 그물.

그 보상은 다른 생물들의 안전한 피난처를 공략하는 능력으로 돌아온다. 그 결과 그들은 굴을 파는 동물, 땅속에 묻힌 식물의 기관들, 견과류, 씨앗, 골수, 가죽이 두꺼운 동물과 껍질이 단단한 식물, 새, 물고기, 조개, 거북, 독성이 있는 식물(껍질을 벗기고, 요리하고, 물에 담그고, 살짝 데치고, 발효시키고, 거르는 등의 마술 같은 요리 기술로 해독한다), 빠른 동물(매복을 이용해 잡는다), 큰 동물(집단들끼리 협동해서 몰고, 힘을 빼고, 포위하고, 무기로 처치한다)을 먹이로 삼는다. 오그던 내시*는 다음과 같이 썼다.

* 1902~1971. 미국의 해학시인.

사냥꾼은 온갖 종류의 은폐물로 덮은
그만의 은신처에 몸을 웅크리고
짐승을 미끼 쪽으로 유인하기 위해
꽥꽥 소리를 낸다
이 성인 남자는 담력과 운의 힘을 빌려
오리를 잡으려 하고 있다.

사냥꾼은 정말로 오리를 속인다. 인간은 부당한 장점을 갖고 있다. 후손들만이 방어 수단을 강화시킬 수 있는 유기체들을 당대에 공격하기 때문이다. 많은 종들이 인간으로부터 자신을 보호할 수 있는 방어 수단을 신속하게 진화시키지 못하는 것은 물론이고 심지어 진화적 시간에 걸쳐서도 적절한 수단을 마련하지 못한다. 그 때문에 인간이 생태계 내에 들어오면 그때마다 많은 종들이 맥없이 죽어 나간다. 최근에 댐과 벌목꾼에 의해 위협받는 것은 스네일 다터**와 흰올빼미만이 아니다. 살아 있는 마스토돈,*** 검치호랑이, 거대한 털코뿔소, 또는 상상으로 지어낸 빙하기 동물들이 우리 눈에 보이지 않는 이유는 틀림없이 수천 년 전에 인간의 손에 멸종됐기 때문이다.

** 농어목에 속한 작은 시어.

*** 코끼리와 비슷한 멸종 포유동물.

인지 적소는 우리에게 동물학적으로 독특한 여러 가지 특성들을 선사한다. 도구 제작과 사용은 사물들 간의 원인과 결과에 대한 지식을 목표 달성을 위한 과정에 적용한 결과다. 언어는 지식을 교환하기 위한 수단이다. 언어는 지식을 이용할 뿐 아니라 다른 자원들과 교환할 수 있게 함으로써 지식의 이익을 배가시키고, 위험한 탐험과 실험을 통해서만이 아니라 힘들게 획득한 지혜, 예기치 못한 천재성, 다른 사람들의 시행착오 등으로부터 지식을 획득할 수 있게 함으로써 지식의 비용을 낮춰 준다. 인간은 아주 헐값으로 정보를 공유한다. 다른 사람에게 생선을 주면 내 수중에는 생선이 없어지지만, 그에게 물고기 낚는 법을 가르쳐 주면 그 정보는 내 수중에도 계속 존재한다. 그래서 정보를 이용하는 생활방식은 집단적인 생활, 그리고 전문 기술의 공동 출자, 즉 문화와 잘 어울린다. 문화 간에 차이가 존재하는 것은 각각의 문화가 서로 다른 시간과 장소에서 만들어진 전문 기술을 보유하고 있기 때문이다. 인간의 유년기가 긴 것은 지식과 기술을 습득하기 위해서다. 그것은 남성으로 하여금 자식에게 시간과 자원을 투자하게 만드는 동시에 그만큼 여성에게 성적으로 접근하기 위한 경쟁에서 멀어지게 만든다(7장을 보라). 그 결과 친족 관계는 양성 모두와 전 연령의 관심사가 된다. 인간의 수명은 긴 훈련 기간에 투자한 비용을 거둬들일 만큼 충분히 길다. 인간은 환경 조건이 달라도 이미 지식의 범위 안에 들어온 물리학과 생물학의 법칙을 따르기 때문에 새로운 거주지를 개척하고 이용하고 장애를 영리하게 극복할 줄 안다.

왜 우리인가?

어떻게 해서 마이오세世에 어느 유인원이 최초로 인지 적소에 진입했을까? 왜 땅돼지나 메기나 촌충이 아니었을까? 단 한 번 일어난 일이었기에 아무도 알지 못한다. 그러나 내가 추측하기로, 우리 조상들은 더 강력한 인과적 사고의 능력들이 특히 쉽게 진화하고 그 진가를 발휘할 수 있게 해주는 네 가지 특성을 가지고 있었을 것이다.

첫째, 영장류는 시각적 동물이다. 짧은꼬리원숭이 같은 원숭이들의 경우 뇌의 절반이 시각에 관여한다. 두 눈의 시점 차이를 이용해 깊이감을 얻는 입체시立體視는 영장류 계통의 초기에 발달해서 초기 야행성 영장류에게 불안한 작은 가지들을 헤쳐 나가는 능력과 손으로 곤충을 잡는 능력을 선사했다. 색채시는 원숭이와 유인원의 조상들을 주간 근무로 돌려 화려한 색깔을 뿜내는 과일을 맛보게 해주었다.

왜 시각이 그렇게 중요했을까? 깊이 지각은 3차원 공간을 가득 메운 이동 가능한 단단한 물체들을 구별해 준다. 색은 물체들을 배경과 구별하게 해주고, 사물의 형태에 대한 지각과는 별도로 그 사물을 구성하는 성분에 해당하는 감각을 제공한다. 그것들이 함께 묶이자 영장류의 뇌에서 시각 정보의 흐름이 두 갈래로 나뉘게 되었다. 즉, 사물과 사물의 형태 및 성분을 담당하는 '무엇' 체계와, 사물의 위치 및 운동을 담당하는 '어디' 체계다. 인간의 마음이 세계를— 심지어 가장 추상적인 무형의 개념들까지 포함하여 — 이동 가능한 물체와 물질로 가득한 공간으로 이해하는 것도 우연의 일치가 아니다(4장과 5장을 보라). 사람들은 존이 침대에 누워 1인치도 움직이지 않은 경우에도, 병에서 회복해(*went from* being sick) 건강한 상태로 돌아왔다(*to* being well)고 말한다. 메리는 단지 전화를 걸었을 뿐이고 실제로 오간 것이 전혀 없지만, 존에게 여러 가지 충고를 해주었다(*give* him *many pieces of* advice)고 말한다. 심지어 과학자들도 추상적인 수학적 관계를 설명할 때 그래프를 그려 그 관계를 2차원과 3차원의 형태로 보여 준다. 우리의 추상적 사고 능력은 잘 발달된 시각기관이 이용할 수 있는 사물들의 좌표 체계와 목록을 채택한 결과다.

일반적인 포유동물이 어떻게 그 방향으로 나아갈 수 있었는지를 이해하기는 더 어렵다. 대부분의 포유동물은 땅바닥에 코를 박고 다른 생물들이 남긴 화학물질의 풍부한 흔적과 자국을 맡는다. 쾌활한 코커 스패니얼을 데리고 산책을 해본 사람이라면, 보이지 않는 냄새를 쫓아다니는 그 강아지가 우리가 이해하지 못하는 특수한 후각 세계에서 살고 있다는 것을 알고 있을 것이다. 그 차이를 다소 과장되게 설명하자면 다음과 같다. 일반적인 포유동물은 이동 가능한 물체들이 매달려 있는 3차원의 좌표 공간이 아니라, 0차원의 엿보기 구멍으로 내다보며 탐험할 수 있는 2차원의 평지에서 산다는 것이다. 에드윈 애벗은 한 평면 위의 거주자들에 관한 수학 소설인 《이상한 나라의 사각형 *Flatland: A Romance of Many Dimensions*》에서, 2차원의 세계는 단지 평범한 차원들 중 세 번째 차원이 없는 것이 아니라 여러 가지 방식으로 우리 자신의 세계와는 다르다는 것을 보여 주었다. 그곳에서는 많은 기하학적 배열들이 불가능해진다. 정면에서 본 인간의 형상은 음식을 입 안으로 집어넣지 못한다. 측면에서 본 인간 형상은 소화기관을 기준으로 양분된다. 튜브, 매듭, 축에 달린 바퀴 등을 만드는 것도 불가능하다. 대부분의 포유동물이 인지적 평지에서 생각한다면, 그들에게는 3차원의 공간에서 역학적 관계를 이루고 있는 이동 가능한 단단한 물체들의 마음 모델이 없을 것이다. 물론 우리 인간의 마음 활동에는 그런 모델들이 오래전에 필수적인 위치를 점했다.

두 번째 가능한 필요조건은 인간, 침팬지, 고릴라의 공통 조상에게서 발견되는 것으로, 다름 아닌 집단생활이다. 대부분의 포유동물과는 달리 대부분의 유인원과 원숭이는 군집 생활을 한다. 함께 모여 살면 여러 가지 장점이 있다. 뭉쳐 있으면 흩어져 있을 때보다 포식자에게 훨씬 덜 감지되고, 감지되더라도 특정한 개체가 선택당할 가능성이 크게 희석된다.(운전자들도 여러 명이 함께 과속을 할 때 불안감을 덜 느낀다. 교통경찰이 다른 차를 잡겠지 하는 생각 때문이다.) 포식자를 감지하는 눈과 귀와 코가 더 많고, 때로는 떼를 지어 공격자를 물리칠 수도 있다. 두 번째 장점은 식량수집의 효율성에 있다. 이 장점은 늑대나 사자같이 큰 동물들이 협동으로 사냥할 때 두드러지지만, 또한 잘 익은 열매가 주렁주렁 매달린 나무처럼 한 개체가 먹어 치우기에 너무 많은 일시적인 식량을 공유하고 보호하는 데에도 유리하다. 과일에 의존하는 영장류들과 땅에서 시간을 보내는 영장류들(포식자에게 더 많이 노출된다)은 주로 집단을 이루고 산다.

집단생활은 인간과 같은 지능의 진화 단계를 두 가지 방식으로 이끌 수 있다. 이미 질서가 확립된 집단의 경우에는 더 좋은 정보의 가치가 배가된다. 정보는 남에게 전해 주어도 사라지지 않는 일용품이기 때문이다. 따라서 집단 내에 거주하는 더 영리한 동물은 두 배의 이점을 누린다. 지식의 이점과 그 지식의 대가로 얻을 수 있는 이득이다.

집단이 지능의 도가니가 될 수 있는 또 다른 이유는 집단생활 자체가 새로운 인지적 도전을 요구하기 때문이다. 광란의 집단에는 단점도 있다. 이웃끼리 식량, 물, 짝, 둥지 자리를 놓고 경쟁을 벌인다. 그리고 착취의 위험도 있다. 지옥은 바로 타인들이라고 장 폴 사르트르가 말했지만, 비비 중에 철학자가 있다면 그놈도 틀림없이 다른 비비가 지옥이라고 말했을 것이다. 사회적 동물은 절도, 동족 식육, 간통, 영아 살해, 강탈, 배반 행위를 저지를 위험이 다분하다.

모든 사회적 동물은 집단생활에서 오는 달콤한 이익과 뼈아픈 비용 사이에서 비틀거린다. 그로부터, 더 영리해져서 장부帳簿의 오른쪽에 남아야 한다는 압력이 발생한다. 여러 종류의 동물들 중에서 뇌가 가장 크고 가장 영리하게 행동하는 종들은 대부분 사회적 동물이다. 예를 들면 벌, 앵무새, 돌고래, 코끼리, 늑대, 바다사자, 원숭이, 고릴라, 침팬지 등이다.(영리하지만 거의 혼자 사는 오랑우탄은 당혹스러운 예외다.) 사회적 동물들은 포식, 방어, 식량수집, 집단적인 성적 접근 등을 조율하기 위해 신호를 주고받는다. 또한 호의를 교환하고, 빚을 갚거나 독촉하고, 사기꾼을 응징하고, 연합에 가담한다.

인류과(科) 동물들의 속성을 표현하는 말인 '유인원의 영리함'은 거짓말과 관계가 깊다. 영장류는 비열하고 뻔뻔스러운 거짓말쟁이다. 영장류는 경쟁자의 눈을 피해 농탕질을 하고, 늑대 울음으로 주의를 끌거나 관심을 돌리고, 심지어 입술을 조작해 포커페이스를 짓는다. 침팬지들은 최소한 미숙하게나마 서로의 목표를 모니터하고, 때로는 그렇게 모니터한 서로의 목표를 교육과 사기에 이용하는 것으로 보인다. 한 침팬지는 음식이 든 몇 개의 상자와 뱀이 든 한 개의 상자를 보여 줬더니 자신의 동료들을 뱀 쪽으로 끌고 가고, 동료들이 비명을 지르며 달아나자 혼자 편안히 음식을 꺼내 먹었다. 버빗원숭이는 모든 동료들의 움직임과 친구와 적의 움직임을 놓치지 않고 주시하는 참견쟁이다. 그러나 사회 밖에서 일어나는 일에는 너무나 아둔해서 비단뱀의 경로나 표범의 고유한 습성인 나무 사이의 불길한 흔적은 무시하고 만다.

몇몇 이론가들에 따르면 인간의 뇌는 영장류 조상들의 마키아벨리식* 지능에서 비롯된 인지적 군비경쟁의 결과물이라고 한다. 식물이나 돌멩이를 지배하는 데에는 높은 지력이 필요하지 않지만, 다른 녀석은 나만큼 영리하고 그 지능을 이용해 내 이익을 빼앗아 갈 수 있다는 것이다. 따라서 그 녀석이 어떤 생각을 하고 있는지

* 권모술수에 능하다는 뜻이다.

에 대한 나의 생각에 대해 그 녀석이 어떻게 생각하고 있는지에 대해 생각을 하는 편이 유리하다. 지력에 관해서라면, 이웃에게 지지 않으려고 죽도록 노력해도 부족하기만 할 것이다.

  내 추측으로, 인지적 군비경쟁 자체는 인간의 지능을 촉발하기에 충분하지 않았을 것이다. 어느 사회적 종에서건 지력의 끝없는 계단식 상승이 시작될 수 있지만, 인간을 제외하고 어느 종에게도 그런 일이 일어나지 않았다. 그것은 생활방식상의 다른 어떤 변화가 없었다면 지능의 비용들(뇌의 크기, 기나긴 유년기 등)이 긍정적 피드백의 고리를 끊어 버렸을 것이기 때문이다. 인간은 단지 사회적 지능뿐만 아니라 역학적·생물학적 지능에서도 독보적이다. 정보에 따라 움직이는 종에서 각각의 재능은 다른 재능들의 가치를 배가시킨다.(덧붙이자면, 인간 뇌의 확대는 결코 일방적인 긍정적 피드백 고리를 외치는 진화적 광란이 아니었다. 뇌는 500만 년 동안 세 배로 커졌지만 진화적 계시計時로는 느린 편이다. 인류과의 진화에는 뇌가 인간 뇌의 크기로 급속히 커진 후 다시 줄어들었다가 다시 커지는 경우가 몇 차례 반복되기에 충분한 시간이 있었다.)

  뛰어난 시력과 대규모 집단에 이어 지능의 세 번째 안내자는 손이다. 영장류는 나무에서 진화한 덕에 가지를 잡는 손이 있다. 원숭이들은 네 다리를 모두 이용해 가지 끝을 잡고 질주하지만, 유인원들은 주로 팔을 이용해 가지에 매달린다. 유인원들은 잘 발달된 손을 사물 조작에 이용한다. 고릴라는 억세거나 가시가 난 식물을 정교하게 해부해서 먹을 수 있는 물질을 발라내고, 침팬지는 나무의 잔가지로 흰개미를 낚고, 돌멩이로 단단한 열매를 깨뜨리고, 짓이긴 잎으로 물을 적셔 먹는 등 간단한 도구를 이용한다. 새뮤얼 존슨이 뒷다리로 걷는 개에 대해 말한 것처럼, 잘하지는 못해도 어쨌든 한다는 사실이 놀라울 뿐이다. 손은 외부 세계에 영향력을 행사하는 지레로, 지능을 가치 있게 만든다. 정밀한 손과 정밀한 지능이 인류의 몸에서 공진화共進化했는데, 그 과정을 이끈 것은 손이었음을 화석으로 알 수 있다.

　　손은 저 혼자 진화했을 리 없다. 아무리 정교한 손이라도 걸을 때마다 항상 땅을 짚어야 한다면 쓸모가 없을 것이다. 신체의 모든 뼈가 개조된 후에야 인간은 직립 자세를 갖췄을 것이고, 그제야 양손이 자유롭게 물건을 옮기고 조작할 수 있었다. 다시 한 번 우리는 유인원 조상에게 감사하게 된다. 나무에 매달리려면 대부분의 포유동물이 가진 네 바퀴 수평 추진 설계와는 다른 신체 구조를 가져야 한다. 유인원의 몸만 해도 벌써 위쪽으로 비스듬히 기울었고 팔과 다리가 다르며, 침팬지는(그리고 원숭이들조차) 가까운 거리에 먹이와 물건을 운반할 때에는 똑바로 서서 걷는다.

　　완전한 직립 자세가 진화한 데에는 몇 가지 선택압력이 작용했을 것이다. 두 발 보행은 나무에 매달리던 신체의 개조와 함께 새로 진입한 사바나 초원의 평지에서 먼 거리를 여행할 수 있는, 생체역학상 효과적인 방법이다. 직립 자세 역시 미어캣처럼 초원을 감시하는 것을 가능하게 해준다. 인류과는 한낮에 나간다. 동물학적으로 특이한 이 근무 시간은 인간에게 서늘한 체온 유지를 위한 몇 가지 적응특성을 선사했는데, 털 없는 피부와 많은 땀이 대표적이다. 직립 자세에는 또 다른 의미가 있다. 기어 다니면서 햇볕에 그을리는 것과는 정반대이기 때문이다. 그러나 무엇보다 운반과 조작이 결정적이었을 것이다. 양손이 자유로워진 후부터는 여러 장소에서 재료를 가져와 필요한 도구를 만들고, 그 도구를 가장 필요한 곳으로 가져가고, 식량과 아이들을 안전하거나 비옥한 장소로 운반할 수 있었다.

　　지능의 마지막 안내자는 사냥이었다. 다윈에게 사냥, 도구 사용, 두 발 보행은 인류의 진화를 촉진한 특별한 삼위일체였다. '사냥하는 인간 Man the Hunter'은 1960년대에 진지한 설명에나 일반적인 언급에나 반드시 등장하는 주요한 전형이었다. 그러나 존 글렌*과 제임스 본드의 시대에 유행했던 그 남성적인 이미지는 1970년대 들어 여권운동이 불붙은 작은 행성에서 설득력을 잃었다. 사냥하는 인간의 주요한 문제는 지능 발달의 근거를 남자들의 잔인한 대규모 게임에 필요한 팀워크와 예측력에서 찾는다는 것이었다. 그러나 자연선택은 양성이 영위하는 삶의 총합이다. 여성들은 아빠가 짊어지고 올 마스토돈 고기를 요리하려고 부엌에서 마냥 기다리지 않았고, 진화하는 남자들이 과시하는 지능의 발달을 보고만 있지도 않았다. 현대의 식량수집 부족들의 생태 환경을 들여다보면, '수집하는 여성 Woman the Gatherer'은 잘 가공된 채식류 형태로 상당 부분의 열량을 공급했다는 것과 그런 역할에는 역학적·생물학적 총명함이 필수적이었다는 것을 알게 된다. 그리고 당연한 이야기이지만 집단생활을 하는 생물종에게 사회적 지능은 창과 곤봉만큼이나 중요한 무기다.

* 1962년 미국 최초로 지구 궤도 비행에 성공한 우주비행사.

투비와 드보어는 그럼에도 사냥이 인류 진화의 주된 동력이었다고 주장해 왔다. 요점은 마음이 사냥을 위해 무엇을 할 수 있느냐가 아니라, 사냥이 마음을 위해 무엇을 할 수 있느냐를 묻는 것이다. 사냥은 각종 영양분이 농축된 식량을 산발적으로 제공한다. 인간은 매일같이 두부를 먹지는 못했으며, 동물의 살을 만들어 내는 최고의 천연 재료는 다른 동물의 살이다. 채식도 열량과 각종 영양소를 공급하지만 고기는 20가지 아미노산이 모두 함유된 완전한 단백질이고, 에너지가 풍부한 지방과 필수지방산을 제공한다. 포유동물 중에서도 육식동물이 초식동물보다 신체의 크기에 비해 더 큰 뇌를 갖고 있다. 이것은 부분적으로 풀을 제압하는 것보단 토끼를 제압하는 데에 더 큰 기술이 필요하기 때문이고, 또한 고기가 먹성 좋은 뇌조직의 식욕을 채우기에 더 좋기 때문이다. 아주 인색하게 추정하더라도 식량수집 단계에서 고기는 다른 어떤 영장류의 음식보다 인간의 음식에서 더 큰 비율을 차지한다. 우리가 비싼 뇌를 굴릴 수 있는 것도 그 때문일 것이다.

침팬지는 원숭이나 야생 돼지 같은 작은 동물을 집단적으로 사냥한다. 따라서 인간과 침팬지의 공통 조상도 그랬을 것으로 추측할 수 있다. 사바나로의 이동은 사냥을 더욱 매력적으로 만들었을 것이다. 열대우림을 구하자는 포스터에는 야생동물이 넘쳐나지만 실제로 열대우림에는 큰 동물이 거의 없다. 지면에 닿는 태양 에너지가 아주 소량에 불과하고, 태양 에너지에 의존하는 생물자원이 숲 속에 고착되어 있으면 동물을 만드는 데에 쓰일 수가 없다. 그러나 풀밭은 저절로 채워지는 전설 속의 잔처럼 뜯어먹히자마자 금세 자라난다. 초원은 수많은 초식동물을 먹여 살리고 초식동물은 육식동물을 먹여 살린다. 도살의 증거는 '호모하빌리스'의 시대인 약 200만 년 전의 화석에서 발견된다. 사냥은 그보다 훨씬 오래됐을 것으로 추정할 수 있다. 침팬지도 사냥을 하기 때문인데, 단 침팬지의 활동은 화석 증거를 남기지 않았다. 인간의 조상이 사냥을 확대하자 세계가 열렸다. 고도와 위도가 높은 지역의 겨울에는 먹을 수 있는 식물이 부족하지만 사냥꾼들은 그런 곳에서도 생존한다. 채식을 고집하는 에스키모인은 없다.

남성성을 거부하는 오늘날의 풍조에서 우리 조상은 때때로 용감한 사냥꾼보다는 온순한 청소부로 그려지곤 한다. 그러나 인류과 동물들도 가끔씩 초원을 청소했지만 그것으로는 생계를 꾸릴 수가 없었을 것이고, 청소를 했더라도 겁쟁이처럼 하진 않았을 것이다. 콘도르가 청소부로 살아

갈 수 있는 것은 넓은 영토를 정탐하면서 시체를 찾을 수 있고, 더 강력한 경쟁자가 나타나면 즉시 달아날 수 있기 때문이다. 그런 능력이 없으면 청소는 심장이 약한 동물에겐 적합하지 않다. 시체는 그것을 사냥한 동물이나 그것을 빼앗아 갈 만큼 사나운 동물이 눈을 부릅뜨고 지킨다. 또한 고기를 금방 유독하게 만들어 다른 청소부들을 쫓아 버리는 미생물들을 끌어들인다. 따라서 현대의 영장류들이나 수렵채집인들hunter-gatherers은 시체를 만나면 대개 그냥 지나친다. 1970년대에 헤드숍* 어디서나 구입할 수 있었던 포스터에는 콘도르 한 마리가 다른 콘도르에게, "참고 기다리라고? 천만에! 뭔가를 사냥할 거야"라고 말한다. 콘도르만 빼고 옳은 이야기다. 청소를 하는 포유동물은 사냥도 한다. 하이에나가 대표적인 예다.

* head shop. 히피나 환각제와 관계가 있는 물품을 파는 가게.

** 팔과 손가락으로 조작하는 인형.

    고기는 또한 우리의 사회생활에서 중요한 유통수단이다. 이웃의 호의를 얻으려고 풀을 한 단 지고 가는 소를 상상해 보라. 아마 풀을 받은 소는 이렇게 생각할 것이다. "고마워. 하지만 풀은 여기에도 얼마든지 있어." 운 좋게 거대한 동물을 쓰러뜨리면 또 다른 상황이 펼쳐진다. 머펫 인형** 인 미스 피기는 "너무 커서 들 수 없는 건 절대로 먹지 마"라고 충고했다. 혼자 먹을 수 있는 것보다 더 큰 동물을 사냥해서 썩을 수밖에 없는 남은 부분을 버려야 할 때 사냥꾼은 대단히 특별한 기회를 발견한다. 사냥은 운에 크게 좌우된다. 어려운 시기에 냉장고가 없다면 고기를 저장할 수 있는 좋은 장소는 행운이 역전되었을 때 호의에 보답할 줄 아는 다른 사냥꾼들의 몸이다. 이 방법은 남성들의 연합을 촉진하고, 식량수집 사회에 편재하는 광범위한 호혜주의를 자극한다.

    이 밖에도 사냥꾼이 잉여물을 처분할 수 있는 또 다른 시장들이 있다. 수컷 입장에서 음식물을 농축시켜 자식에게 줄 수 있다면 어린 자식에 대한 투자와 암컷을 얻기 위한 또 다른 경쟁 간의 손익 저울이 변하게 된다. 새끼 새에게 벌레를 물어 오는 울새를 보면 자식에게 영양분을 공급하는 대부분의 동물이 사냥을 한다는 사실을 깨닫게 된다. 그것이 사냥과 운반의 노력을 보상해 주는 유일한 음식이기 때문이다.

고기는 또한 성적 전략에도 이용된다. 우리 조상을 포함한 모든 식량수집 사회에서 사냥은 압도적으로 남성들의 행위다. 여성은 아이들 때문에 사냥이 불편하고, 게다가 남성은 서로를 죽이던 진화의 역사 때문에 덩치가 더 크고 살해에 정통하다. 그 결과 남성은 자식을 임신했거나 젖을 먹이는 어머니에게 영양분을 공급함으로써 자기 자식에게 남는 고기를 투자할 수 있다. 남성은 또한 야채나 성을 얻기 위해 여성과 고기를 거래할 수도 있다. 고기와 성의 물물교환은 비비와 침팬지에게서도 관찰되며, 식량수집 부족들 사이에서도 흔하게 발견된다. 현대사회의 사람들은 어느 때보다 신중하지만, 자원과 성의 교환은 여전히 세계 어디서나 남녀 간 상호 작용의 중요한 부분을 이룬다.(7장에서는 그 원인을 조사하고, 그런 현상이 어떻게 생식기관의 차이에서 발생했는지를 탐구할 것이다. 물론 현대의 생활 방식에서는 인간의 신체 구조가 숙명은 아니지만.) 어쨌든 인간 사회에서도 그런 관계는 완전히 사라지지 않았다. 《끔찍하게 올바른 행동을 위한 매너 양의 지침서 Miss Manners' Guide to Excruciatingly Correct Behavior》는 다음과 같이 충고한다.

데이트는 세 부분으로 나눌 수 있다. 여흥, 음식, 애정이다. 그중 최소한 두 가지가 제공되어야 데이트라 할 수 있다. 관습적으로 많은 양의 여흥, 적당한 양의 음식, 최소한의 애정으로 일련의 데이트가 시작된다. 애정의 양이 증가하면 그에 비례해 오락이 줄어들 수 있다. 애정이 곧 오락이면 그것은 더 이상

데이트라 할 수 없다. 어떤 상황에서도 음식이 빠져서는 안 된다.

● ● ● ●

물론 이상의 네 가지 습성이 인간 지능의 발달을 위한 베이스캠프가 되었

종	연대	키	신체적 특징	뇌
침팬지-인류과의 조상(현대 침팬지와 비슷하다면)	800만~600만 년 전	1~1.7미터	긴 팔, 짧은 엄지, 구부러진 손가락과 발가락, 보행과 나무타기에 적합한 손가락 관절	450cc
아르디피테쿠스 라미두스	440만 년 전	?	두 발 보행으로 추정	?
오스트랄로피테쿠스 아나멘시스	420만~390만 년 전	?	두 발 보행	?
오스트랄로피테쿠스 아파렌시스 (루시)	400만~250만 년 전	1~1.2미터	완전한 두 발 보행과 개조된 손, 그러나 원숭이 같은 특징: 가슴, 구부러진 손가락과 발가락	400~500cc
호모하빌리스 (핸디맨 Handyman)	230만~160만 년 전	1~1.5미터	몇몇 표본: 긴 팔을 가진 작은 몸, 그 밖의 표본: 건장형, 인간적	500~800cc
호모에렉투스	190만~30만(어쩌면 2만7000) 년 전	1.3~1.5미터	건장형, 인간적	750~1250CC
고대형 호모사피엔스	40만~10만 년 전	?	건장형 현대적	1100~1400cc
초기 호모사피엔스	13만~6만 년 전	1.6~1.85미터	건장형, 현대적	1200~1700cc
호모사피엔스 (크로마뇽)	4만5000~1만2000년 전	1.6~1.8미터	현대적	1300~1600(참고: 현재 1000-2000, 평균 1350)

다고 확신할 수 있는 사람은 없다. 그리고 지능을 만들어 낸 또 다른 미확인 요소들이 생물학적 설계 공간에 존재하는지도 모른다. 그러나 위의 특성들을 통해 왜 우리 조상들이 5000만의 종들 중에서 유일하게 지능을 향해 나아갔는지를 설명할 수 있다면, 그 속에는 외계 생명체 탐사를 위한 진지한 의미들이 담겨 있을 것이다. 생명이 존재하는 행성만으로는 탐사

두개골	치아	도구	분포
매우 낮은 이마, 튀어나온 얼굴, 거대한 눈두덩	큰 송곳니	돌망치, 나뭇잎 스펀지, 나뭇가지 탐침봉, 나뭇가지 지레	서아프리카
?	침팬지 같은 어금니가 있지만 송곳니는 없음.	?	동아프리카
유인원 같은 파편들	침팬지와 비슷한 크기와 장소, 인간 같은 법랑질	?	동아프리카
낮고 납작한 이마, 튀어나온 얼굴, 큰 눈두덩	큰 송곳니와 어금니	없다? 석편?	동아프리카(서아프리카도 추정)
작은 얼굴, 둥글어진 두개골	작아진 어금니	석편, 찍개, 긁개	동아프리카와 남아프리카
두껍다. 큰 눈두덩(아시아), 작고 튀어나온 얼굴	작아진 치아	대칭적인 손도끼	아프리카(별개의 종으로 추정), 아시아, 유럽
높아진 두개골, 작고 튀어나온 얼굴, 큰 눈두덩	작아진 치아	개선된 손도끼, 손질한 석편	아프리카, 아시아, 유럽
높아진 두개골, 중간 크기의 눈두덩, 약간 튀어나온 얼굴, 턱	작아진 치아	손질한 석편, 석편 돌날, 돌촉	아프리카, 서아시아
현대적	현대적	날, 송곳, 창, 발사기, 바늘, 새김 도구, 뼈	전 세계

3장 얼간이들의 복수 **315**

선을 발사하기에 충분하지 않다. 그 행성의 역사에 야행성 포식자(입체시를 얻기 위해), 주행성 생활로 전환해서 과일에 의존하고(색을 위해) 포식자에게 공격당하기 쉬우며(집단생활을 위해) 그 후 이동 수단이 가지에 매달리는 방식으로 바뀐(손을 위해, 그리고 직립 자세의 전단계를 위해) 후손, 그리고 그들을 우림에서 초원으로 이동하게 만든 기후 변화가 있어야 할 것이다. 특정한 행성이, 심지어 생명이 있는 행성이 그런 역사를 가질 확률은 얼마나 될까?

현대의 석기시대 가족

바짝 마른 화석의 뼈들은 인간이 적소에 점진적으로 진입했음을 말해 준다. 우리의 직접적인 조상이라고 생각되는 종의 증거를 요약하면 앞쪽의 표와 같다.

우리의 뇌가 부풀어 오르기 수백만 년 전에도 침팬지와 인간의 공통 조상에게서 태어난 후손들 중 일부는 똑바로 서서 걷고 있었다. 1920년대에 그 발견은, 우리의 영예로운 뇌가 우리 인간을 사다리의 맨 윗단으로 인도했으며 그 과정에서 우리 조상들은 사다리를 한 단씩 오를 때마다 새로 발견한 지력의 용도를 자유롭게 결정했을 것이라고 상상한 인간주의 쇼비니스트들에게 큰 충격을 주었다. 그러나 자연선택은 결코 그렇게 작용하지 않았다. 사용할 수 없다면 왜 뇌를 확대하겠는가? 고인류학의 역사가 길어질수록 직립 자세의 탄생은 앞당겨졌다. 가장 최근에 발견된 사실들은 직립 자세의 시작을 400만 년 전에서 심지어 450만 년 전으로까지 앞당겼다. 그 후의 조상들은 양손이 자유로워진 상태에서 자세가 조금씩 올라갔고 그와 함께 기민한 손동작, 도구의 정교함, 사냥의 중요성, 뇌의 크기, 서식지의 범위 등과 같은 인류의 특징들을 보여 주었다. 치아와 턱이 작아졌고, 얼굴에서는 주둥이 같이 튀어나온 부분이 줄어들었다. 턱뼈를 닫는 근육들을 붙잡는 눈두덩이 줄어들고 사라졌다. 우리의 섬세한 얼굴이 짐승들의 얼굴과 다른 것은 도구와 기술이 치아의 역할을 넘겨받았기 때문이다. 우리는 칼날로 동물을 죽이고 가죽을 벗기고, 불을 이용해 식물과 고기를 연하게 한다. 그 덕분에 턱과 두개골에 가해지는 역학적인 부담이 줄어들었고, 이미 무거워진 머리로부터 뼈가 면도하듯 깎여 나가게 되었다. 양성은 크기의 차이가 줄어들었다. 이것은 남성들이 서로 치고받는 일에 자원을 덜 썼으며 아마도 자식들과 그 자식의 어머니들에게 더 많은 자원을 썼을 것임을 암시한다.

손과 발에 의해 추진력을 얻은 뇌의 단계적 성장은 도구, 도살한 뼈, 분포 구역의 증가로 입증될 뿐만 아니라, 지능이란 인지 적소의 개척을 위한 자연선택의 산물이라는 것을 보여 주는 증거이기도 하다. 지능 꾸러미는 인류과의 잠재력이 냉혹하게 실현된 결과물이 아니다. 표에서 제외된 다른 종들은 각 시대마다 빠져나가 약간씩 다른 적소를 점유했다. 여기에는 단단한 열매 껍질을 깨고 뿌리를 갉아먹은 오스트랄로피테쿠스속屬의 원인猿人들, 하빌리스의 두 아형亞型 중 하나(추정), 에렉투스와 고대형 사피엔스의 아시아 종들(가능성이 높음), 빙하기에 적응한 네안데르탈인(추정)이 포함된다. 각각의 종은 사피엔스에 더 가까운 이웃 집단이 더 전문화된 재주들을 복제하고 그 밖에 많은 일들을 해낼 만큼 인지 적소에 아주 깊숙이 진입할 때마다 경쟁에서 밀려났을 것이다. 지능 꾸러미는 또한 거대 돌연변이나 무작위적 표류의 선물도 아니었다. 그런 행운이 어떻게 수백만 년 동안 수백, 수천 세대에 걸쳐 뇌가 점점 확대되는 한 종에게만 계속 일어날 수 있었겠는가? 게다가 점점 커진 뇌는 결코 장식품이 아니었으며, 그 주인들로 하여금 더 정교한 도구를 만들고 지구를 더 많이 점유하게 해주었다.

● ● ● ●

고인류학의 전통적인 시간표에 따르면 인간의 뇌가 현대적 형태로 진화한 시기는 호모하빌리스가 출현한 200만 년 전에 시작해서 '해부학상 현대적 인간'인 호모사피엔스사피엔스가 출현한 20만~10만 년 전에 끝나는 시간대라고 한다. 나는 우리 조상이 그보다 훨씬 오랫동안 인지 적소를 통과하고 있었다고 생각한다. 연구 개발 과정의 시작과 끝이 교과서의 연대 이상으로 확대되어야 하고, 그래서 인간의 굉장한 마음 적응물들이 진화할 수 있는 시간을 충분히 허용해야 한다고 생각한다.

    시간표의 한쪽 끝에는 400만 년 전의 오스트랄로피테쿠스에 속하는 아파렌시스(루시라는 이름의 카리스마 넘치는 화석이 속한 종이다)가 있다. 그들은 종종 직립 자세를 한 침팬지로 묘사된다. 뇌 크기가 대체로 침팬지와 비슷하고 도구를 사용한 뚜렷한 흔적이 전혀 없기 때문이다. 그것은 인지 진화가 아직 시작되지 않았음을 의미할 수 있다. 그로부터 200만 년 후에 좀 더 큰 뇌를 가진 하빌리스가 찍개로 '핸디맨handyman(재주꾼)'이란 이름을 얻었기 때문이다.

    그러나 다시 생각해 볼 필요가 있다. 첫째, 나무 거주자가 생활방식과 행동의 다른 모든 측면은 그대로 간직한 채 평지로 내려와 직립보행만을 위해 신체 구조를 바꿀 수 있었다는 것은 생태학적으로 불가능하다. 현대의 침팬지들도 도구를 사용하고 물건을 운반하는데, 만일 자유롭게 돌아다니면서 그럴 수 있다면 훨씬 더 큰 동기와 성공을 경험했을 것이다. 둘째, 오스트랄로피테쿠스속의 손은 유인원처럼 손가락의 굴곡진 흔적을 갖고 있지만(나무 위로 대피할 때 그 손가락을 사용했을 것이다) 그럼에도 조작을 위해 눈에 띄게 진화했다. 침팬지의 손과 비교할 때 그들은 엄지가 더 길고 다른 손가락들과 더 반대쪽으로 뻗어 있으며, 검지와 중지는 손바닥을 찻종 모양으로 하면 돌망치나 공을 움켜잡을 수 있을 만큼 충분한 각도로 구부러진다. 셋째, 그들이 침팬지 뇌 크기의 뇌를 가졌는지, 또는 그들에게 도구가 없었는지가 그리 명확하지 않다. 고인류학자 이브 코팡은 그들의 뇌는 동일한 체구의 침팬지에게서 예상할 수 있는 것보다 30~40퍼센트 더 크고, 그들은 개조한 석편을 비롯한 몇몇 도구를 남겼다고 주장한다. 넷째, 도구를 사용한 하빌리스(재주꾼)의 골격이 발견되었는데, 오스트랄로피테쿠스의 골격과 크게 다르지 않다.

무엇보다 인류과는 고고학자들의 편의를 고려하면서 생활하지 않았다. 돌을 깎으면 자르는 도구가 되고, 그것은 수백만 년을 가기 때문에 인류의 조상들이 무심코 타임캡슐을 남겼다는 것은 우리에게 무척이나 다행스러운 일이다. 그러나 돌을 깎아 바구니, 포대기 끈, 부메랑, 활과 화살을 만들기는 훨씬 어렵다. 오늘날의 수렵채집인들은 오래가는 모든 도구에 저절로 썩는 재료들을 사용하는데, 인류과의 종들도 각 단계마다 그랬을 것이 분명하다. 고고학상의 증거로만 보면 도구 사용을 평가절하하기가 쉽다.

이와 같이 인간의 뇌 진화를 보여 주는 일반적인 시간표는 이야기를 너무 늦게 시작한다. 그뿐 아니라 나는 그 이야기가 너무 일찍 끝난다고 생각한다. 일반적으로 현대인(우리들)은 20만~10만 년 전 아프리카에서 처음 출현했다고 한다. 그것을 보여 주는 한 가지 증거는 지구상에 존재하는 모든 사람의 미토콘드리아 DNA(mDNA, 어머니에게서만 물려받는다)가 그 시대의 언젠가에 살았던 아프리카 여성으로 거슬러 올라간다는 사실이다.(논쟁의 여지는 많지만 그 증거는 계속 늘어나고 있다.) 또 다른 증거는 해부학적으로 현대적인 화석이 10만여 년 전의 아프리카와 그 직후인 약 9만 년 전의 중동에서 처음 출현했다는 것이다. 여기에는 인간의 생물학적 진화가 그 무렵에 거의 멈췄다는 전제가 깔려 있다. 이렇게 되면 시대적으로 이형異形이 남는다. 해부학상으로 현대적인 초기 인류는 멸종을 앞두고 있던 네안데르탈 이웃과 똑같은 도구상자와 생활방식을 갖고 있었다. 고고학상 가장 극적인 변화이자 대약진, 또는 인류혁명으로도 불리는 후기 구석기 문화전이Upper Paleolithic transition는 그 후 5만 년을 더 기다려야 했다. 따라서 일반적으로 인류혁명은 분명 문화적 변화였을 것이라고 말한다.

그것을 혁명이라 부르는 것은 조금도 과장이 아니다. 다른 모든 인류과가 연재 만화 《기원전B.C.》에 등장하지만, 후기 구석기 사람들은 고인돌 가족이었다. 4만5000여 년 전에 그들은 60마일의 대양을 건너 오스트레일리아에 도착했고, 그곳에 화로, 동굴 그림, 세계 최초의 마제 도구, 그리고 오늘날의 오스트레일리아 원주민을 남겼다. (크로마뇽인의 고향인) 유럽과 중동에서도 완전히 새로운 그림과 기술이 출현했다. 여기에는 돌뿐만 아니라 사슴뿔, 상아, 뼈 같은 새로운 재료가 사용되었는데, 때로는 수백 마일 떨어진 곳에서 운반해 온 것들이었다. 그 도구상자에는 얇은 칼날, 바늘, 송곳, 여러 종류의 도끼와 긁개, 창촉, 창 발사기, 활과 화살, 낚싯바늘, 새김 도구, 피리, 그리고 달력까지 들어 있었다. 그들은 움막을 지었고, 큰 동물을 수천 마리까지 도살했다. 또한 볼 수 있는 모든 것—도구, 동굴 벽, 자신들의 몸—을 장식했고, 동물과 벌거벗은 여자의 형태로 장신구들을 조각했다. 고고학자들은 그 장신구들을 완곡한 표현으로 '다산의 상징'이라 부른다. 그들이 우리였다.

좀 더 최근의 농업혁명, 산업혁명, 정보혁명에서 볼 수 있듯이, 생활방식은 생물학적 변화 없이도 급변할 수 있다. 특히 인구가 성장해서 수천 명의 천재들이 앞 다퉈 발명품을 내놓을 때는 더욱 그렇다. 그러나 최초의 인류혁명은 몇 개의 중요한 발명품에서 촉발된 계단식 변화가 아니었다. 수만 마일과 수만 년씩 떨어진 곳에서 발견되는 수백 가지의 기술혁신이 입증하듯, 재능 자체가 발명품이었다. 나는 10만 년 전의 사람이 후기 구석기의 혁명가들과 똑같은 마음을—사실 우리들과 똑같은 마음을—갖고 있으면서도 그중 단 한 명이라도 뼈를 깎으면 도구가 될 수 있다는 생각을 떠올리거나 어떤 것을 예쁘게 해보이고 싶은 충동을 느끼지 못하고 5만 년 동안 얌전히 앉아 있었으리라고는 믿기 어렵다.

그리고 그렇게 믿을 필요도 없다. 5만 년의 간극은 착각이다. 우선, 10만 년 전의 이른바 해부학상 현대적인 인간은 네안데르탈인 이웃들보다 더 현대적이었겠지만, 어느 누구도 그들을 오늘날의 인간과 똑같다고 보지 못할 것이다. 그들은 오늘날의 윤곽을 벗어나는 눈두덩, 튀어나온 얼굴, 육중한 구조의 골격을 갖고 있었다. 그들의 몸은 진화를 거친 후에야 우리와 같아졌고, 그들의 뇌 역시 진화를 거쳐야 했다. 그들이 완전히 현대적이라는 잘못된 믿음은 종의 호칭을 마치 진짜 실체인 것처럼 취급하는 습관에서 비롯되었다. 종의 호칭은 진화하는 유기체들에게 적용할 때는 편의적인 수단 이상이 아니다. 어느 누구도 이빨이 발견될 때마다 새로운 종을 발명하려 하지 않고, 그래서 중간 형태들은 가장 가까운 기존 범주에 포함시키는 경향이 있다. 실제로 인류과에는 수십 또는 수백의 이형들이 있고, 그 이형들은 이따금씩 상호작용하는 부차 집단들의 큰 망 속에 흩어져 있다. 화석으로 남은 개인들의 작은 뼛조각들이 반드시 우리의 직접적인 조상인 것은 아니었다. '해부학상 현대적인' 화석들은 다른 어느 화석보다 우리와 더 가깝지만, 그들은 더 많은 진화가 필요하거나 변화의 온상과 멀리 떨어져 있다.

둘째, 인류혁명은 널리 인용되는 분수령인 4만 년 전보다 훨씬 이전에 시작됐을 것이다. 4만 년 전은 장식적인 가공물들이 유럽의 동굴에 나타나기 시작한 때이지만, 유럽은 동굴이 많고 고고학자가 많기 때문에 항상 실제 가치보다 더 많은 관심을 받아 왔다. 잘 발굴된 구석기 유적이 프랑스에만 300개에 이르고, 그중에는 동굴 벽화를 낙서로 잘못 본 열성적인 보이스카우트 단원들이 벽화를 문질러 지워 버린 동굴도 있다. 이에 반해 아프리카의 전 대륙에는 동굴이 24개밖에 없다. 그러나 자이르에 있는 한 동굴에서는 단도, 화살대, 미늘 촉을 포함해 정교하게 제작된 뼈 도구들과, 수마일 밖에서 가져온 숫돌, 그리고 그 도구들의 희생물로 추정되는 수천 마리의 메기 잔해들이 발견되었다. 그 유물들은 혁명 이후의 것으로 보이지만 사실은 7만5000년 전으로 거슬러 올라간다. 한 논평가는 그것이 레오나르도 다 빈치의 다락에서 스포츠카를 발견한 것과 같다고 말했다. 그러나 아프리카 대륙의 다락을 탐험하고 그 유물의 연대를 측정하는 고고학자들은 갈수록 더 많은 스포츠카를 발견하고 있다. 정교한 돌날, 장식이 있는 도구들, 수백 마일 떨어진 곳에서 운반해 온 쓸모없지만 색깔이 화려한 광물들이 그 예다.

셋째, 20만~10만 년 전의 미토콘드리아 이브는 어떤 진화적 사건의 당사자도 아니었다. 몇몇 공상적인 오해와는 반대로 그녀는 후손들을 더 영리하거나 더 말을 잘하거나 덜 야만적으로 만드는 어떤 돌연변이를 겪지 않았다. 그리고 인류 진화의 대미를 장식하지도 않았다. 그녀는 단지 수학적 필연에 불과하다. 즉 증조… 고조… 할머니들로 이루어진 여성들의 계보에서 태어난, 현재 살아 있는 모든 사람들의 공통 조상 중 가장 최근의 조상일 뿐이다. 정의의 문제를 떠나서 그녀는 물고기였을 수도 있다.

물론 이브는 물고기가 아니라 아프리카의 인류과였다. 그녀가 특별한 인류과였고, 심지어 특별한 시대에 살았다고 가정할 수 있는 이유는 무엇일까? 한 가지 이유는 그녀가 다른 시대와 장소들을 특별하지 않게 만들었다는 것이다. 만일 20세기에 존재하는 유럽인들과 아시아인들의 mDNA가 20만 년 전 아프리카 mDNA의 변이체라면 그들은 틀림없이 그 시대에 살았던 어느 아프리카 집단의 후손일 것이다. 이브와 같은 시대의 유럽인들과 아시아인들은 오늘날의 유럽인들과 아시아인들에게 어떤 mDNA도 남겨주지 않았고, 따라서 (중요한 단서를 달자면, 적어도 모계 혈통으로는) 그들의 조상이 아니라고 추정하게 된다.

그러나 그것으로는 이브에 이르러 진화가 중단된 것에 대해 아무것도 설명할 수가 없다. 현재의 우리는 그들과 같은 깃털을 가진 새이기 때문에, 현대 인종의 조상들이 서로 분리되어 유전자 교환을 멈춘 그 시기에 거의 대부분의 진화가 완료되었다고 추측할 수 있다. 그러나 이브가 목숨이 붙어 있을 때까지는 그 일이 일어나지 않았다. 인종의 이산과 주요한 인류혁명의 종말은 훨씬 후에 일어난 것이 분명하다. 이브는 우리와 가장 가까운 공통 조상이 아니고 단지 모든 모계 혈통상으로 가장 최근의 공통 조상일 뿐이다. 양성 모두의 혈통상으로 가장 최근의 공통 조상은 훨씬 나중에 살았다. 나와 친사촌의 공통 조상은 두 세대 전인 공통 할머니 또는 할아버지다. 그러나 여성 혈통의 조상만을 본다면(나의 어머니의 어머니의 어머니…) 한 종류의 사촌(어머니의 자매의 자식)을 제외하고는 모든 사촌이 거의 무한정 거슬러 올라가야 한다. 그래서 만일 누군가가 나의 가장 최근의 조상을 근거로 나와 내 사촌의 촌수를 추측하려 한다면, 그는 우리가 가까운 친척이라고 말할 것이다. 그러나 단지 가장 최근의 여성 혈통만을 조사한다면, 그는 우리가 전혀 피를 나누지 않았다고 추측할 수도 있다!! 이와 마찬가지로 여성 혈통상으로 인류의 가장 가까운 공통 조상인 미토콘드리아 이브가 태어난 시점은 전 인류가 얼마나 오랫동안 이종 교배를 해왔는지를 과대평가하게 만드는 기준이 된다.

일부 유전학자들은 이브의 시대가 한참 지난 뒤 우리 조상들은 인구 병목을 통과했다고 생각한다. 그들의 이론은 현대 인구 집단들 간에 놀랍도록 동일한 유전자들이 존재한다는 사실에 근거한 것으로, 그 각본에 따르면 대략 6만5000년 전에 우리 조상은 1만 명 선으로 크게 줄었다는 것인데, 수마트라의 한 화산 폭발로 인해 지구의 기후가 냉각됐기 때문이라고 추측한다. 당시에 인류는 오늘날의 마운틴고릴라처럼 위기를 맞고 있었다. 그런 다음 아프리카에서 인구가 폭발적으로 증가했고, 작은 무리들이 떨어져 나와 지구상의 다른 구석들로 이동했으며, 그 과정에서 때때로 다른 초기 인간들과 짝을 지었다. 많은 유전학자들이, 진화는 특히 이주하는 집단들이 이따금씩 이주자들을 교환할 때 급속히 진행되었다고 믿는다. 자연선택은 각 집단을 신속하게 지역 조건에 적응시킬 수 있고, 그래서 한두 집단이 새로운 도전 과제를 해결하면 그들의 유능한 유전자는 이웃 집단으로 수입되곤 한다. 아마도 인간 마음의 진화는 이 시기에 결정적으로 꽃을 피웠을 것이다.

진화사의 재구성은 논쟁의 여지가 많은 일이어서 통설이 달마다 변한다. 그러나 내가 예측하기로, 우리의 생물학적 진화가 끝나는 연대는 뒤로 후퇴할 것이고, 고고학적 혁명이 시작되는 연대는 일찍 앞당겨져서 결국 두 연대는 일치할 것이다. 우리의 마음과 생활방식은 함께 진화했다.

지금도 진화하는가?

우리 인간은 지금도 진화하는가? 생물학적으로 큰 변화는 없는 것으로 보인다. 진화에는 관성이 없으므로, 우리는 공상과학소설에 나오는 짱구머리 인간이 되진 않을 것이다. 또한 현대인의 조건이 실제의 진화로 이어지지도 않을 것이다. 우리는 거주할 수 있는 지역과 거주하기 힘든 지역에 모여 살고, 마음대로 이주하고, 다양한 생활방식을 건너뛴다. 이 때문에 우리는 자연선택의 화살을 좀처럼 맞지 않는 움직이는 표적이 되었다. 행여 인류가 진화하고 있다 해도 우리가 그 방향을 알기에는 너무 느리고 예측할 수 없이 진행되고 있을 것이다.

그러나 빅토리아풍의 희망은 영원한 법이다. 만약 진정한 자연선택이 우리를 개선시킬 수 없다면, 어쩌면 인위적인 방법이 그것을 대신할 수도 있을 것이다. 이처럼 사회과학 분야는 새로운 종류의 적응과 선택이 생물학적 적응과 선택을 확장시켜 왔다고 주장하는 이론들로 가득하다. 그러나 모두 잘못된 주장이라는 것이 내 생각이다.

첫 번째 주장은 이 세계에는 유기체로 하여금 문제를 해결하게 만드는 '적응'이라 불리는 훌륭한 과정이 있다는 것이다. 그러나 다윈의 엄밀한 의미에서 현재의 적응은 과거의 선택에 의해 발생한다. 자연선택이 어떻게 목적론의 환상을 불러일으켰는지를 기억하자. 선택은 마치 각각의 유기체를 현재의 필요에 적응시키는 과정처럼 보일 수도 있다. 그러나 사실 선택은 과거에 그들 자신의 필요에 적응했던 유기체들의 후손을 선호하는 과정일 뿐이다. 우리 조상들에게 가장 적응성이 높은 몸과 마음을 만들어 준 유전자들이 전수되어 현재의 선천적인 몸과 마음을 만드는 것이다.(햇볕에 그을리기, 굳은살, 학습처럼 환경 변화에 적응하는 선천적 능력들도 포함된다.)

　그러나 어떤 사람들에겐 그것으로 불충분하다. 그들이 보기에 적응은 매일 일어난다. 폴 터크와 로라 베치히를 비롯한 '다윈주의 사회과학자들'은 "현대의 다윈주의 이론을 통해 인간 행동은 적응적이라는 것, 즉 후손과 후손이 아닌 친척들을 통해 번식 성공률을 최대한 올리도록 설계된 것임을 예측할 수 있다"고 믿는다. 심리학자 엘리자베스 베이츠와 브라이언 맥퀴니를 비롯한 '기능주의자들'은, 그들이 "진화 과정에서 작용하는 선택 과정들, 그리고 그것과 이음매 없이 한 구조를 형성하는 부분으로서 (학습하는) 동안에 작용하는 선택 과정들을 조사한다"고 말한다. 여기에는 전문화된 마음 장치가 필요 없다는 뜻이 내포되어 있다. 만일 적응이 오로지 유기체로 하여금 적절한 일만을 하게 만든다면 누가 그 이상의 것을 필요로 하겠는가? 문제에 대한 최적의 해결책—손으로 먹는 것, 천생연분을 만나는 것, 도구를 발명하는 것, 문법적인 언어를 사용하는 것—이 필연적으로 다가올 것이다.

　기능주의의 문제는 '라마르크적'이라는 것이다. 라마르크의 두 번째 법칙인 획득형질의 유전—목을 길게 뻗는 기린이 목이 긴 새끼 기린을 낳는다—이란 의미에서가 아니다. 그 원리는 모든 사람이 부정한다.(실은 '거의 모든' 사람이다. 프로이트와 피아제는 생물학자들이 포기한 후에도 오랫동안 용불용설을 고집했다.) 기능주의가 라마르크적인 것은 첫 번째 원리, 즉 '필요 인식felt need' 때문이다. 배고픈 기린이 멀리 있는 나뭇잎을 보면 목이 길어진다는 것이다. 라마르크는 "새로운 필요에 의해 어떤 기관이 요구되면 노력의 결과로서 실제로 그 기관이 생겨나게 된다"고 말했다. 그렇다면야 얼마나 좋겠는가! 마음먹은 소원이 모두 이루어진다면 거지들도 말을 타고 다니겠다는 속담이 있다. 모든 필요를 충족시켜 주는 수호천사는 존재하지 않는다. 필요가 충족되기 위해서는 그 필요를 충족하기에 적당한 기관을 만드는 돌연변이가 발생해야 하고, 그때 유기체는 필요 충족을 통해 더 많은 새끼가 생존할 수 있고 선택압력이 수천 세대에 걸쳐 지속되는 환경에 있어야 한다. 그렇지 않으면 필요는 충족되지 않는다. 수영을 열심히 한다고 해서 손가락에 물갈퀴가 생기진 않는다. 에스키모인에게 하얀 모피가 생기지 않는 것도 같은 이치다. 나는 20년 동안 3차원의 거울상像을 연구하고 있다. 나는 거울 앞에 선 사람이 4차원에서 상을 돌려 왼쪽 신발을 오른쪽 신발로 전환한다는 사실을 알기는 하지만, 그 전환을 시각적으로 보여 주는 4차원을 만들어 내지는 못한다.

'필요 인식'은 매력적인 개념이다. 사실 필요는 스스로 해결책을 만들어 내는 것처럼 보인다. 배가 고프고, 손이 있고, 눈앞에 음식이 있으면 누구나 손으로 음식을 집어먹는다. 다른 무엇이 가능하겠는가? 그러나 이 문제는 절대로 본인에게 물어봐선 안 된다. 우리의 뇌는 그런 문제를 명백하게 보게끔 자연선택에 의해 설계되었기 때문이다. 다른 마음에게(로봇의 마음이나 다른 동물의 마음이나 신경학적 질병을 가진 환자에게) 물어보거나 문제를 바꿔 보면, 아무리 명백했던 것이라도 더 이상 명백하지 않을 것이다. 쥐는 더 큰 보상을 위해 작은 먹이를 포기할 줄 모른다. 침팬지들에게 갈퀴로 멀리 있는 과자를 끌어 오는 행동을 따라 하도록 시킬 때, 역할 모델을 하는 사람이 아무리 분명하게 보여 줘도 침팬지들은 갈퀴의 끝이 밑으로 향해야 한다는 사실을 깨닫지 못한다. 이 사실에 우쭐해서는 안 된다. 다음 몇 장에서는 우리 인간의 마음이 일상적인 필요를 충족하기보다는 오히려 방해하는 갖가지 모순, 골치 아픈 문제들, 근시안적인 판단, 착각, 부조리, 자멸적인 전략들을 어떻게 만들어 내는지를 보여 줄 것이다.

그러나 생존과 번식을 해야 하는 다원주의적 책무는 어떠한가? 매일 되풀이되는 일상적 행동에는 그런 의무가 작용하지 않는다. 사람들은 짝을 찾아야 할 시간에 포르노를 보고, 끼니 대신 마약을 사고, 영화표를 사기 위해 매혈을 하고(인도India에서), 승진을 위해 임신을 미루고, 과식으로 제 무덤을 판다. 인간의 악습은 생물학적 적응이 말 그대로 과거지사라는 사실을 보여 주는 증거다. 인간의 마음은 농업혁명과 산업혁명 이후에 벌어진 뒤죽박죽 사건들이 아니라 우리 가족들이 식량을 수집하면서 활동 시간의 90퍼센트를 바쳤던 소규모 집단생활에 맞춰져 있다. 사진이 발명되기 전에는 매력적인 이성의 모습이 담긴 시각 형상을 수신하는 것이 적응에 도움이 됐다. 그런 상들은 생식 능력이 있는 신체에 빛이 직접 반사될 때에만 볼 수 있었기 때문이다. 주사기가 발명되기 전에 아편 물질은 뇌에서 합성되는 천연 진통제였다. 영화가 출현하기 전에는 사람들의 감정적 갈등을 직접 목격하는 것이 적응에 도움이 됐다. 목격할 수 있는 유일한 갈등은 당신이 매일 의표를 분석해고 이겨 내야 하는 사람들 사이에서 벌어졌기 때문이다. 피임법이 보급되기 전에는 출산을 미루는 것이 불가능했고, 그래서 지위와 부는 더 많은 자식과 더 건강한 자식을 둘 수 있는 기반이었다. 식탁 위에 설탕 그릇, 소금 통, 버터 접시가 놓이기 전에는, 그리고 흉년이 자주 찾아오던 때에는 달고, 짜고, 기름진 음식을 아무리 먹어도 문제가 없었다. 사람들은 무엇이 그들이나 그들의 유전자에게 적합한지를 예견하지 못한다. 그들의 유전자는 현재가 아니라 선택되었을 당시의 환경에 적합했던 생각과 감정을 불러일으킨다.

● ● ● ●

적응의 또 다른 확대 해석은 "문화적 진화가 생물학적 진화를 대체했다"

는, 외관상 그럴듯한 상투적 문구에 담겨 있다. 수백만 년 동안 유전자는 몸에서 몸으로 전달되고 선택되면서 유기체들에게 적응특성을 부여했다. 그러나 인간이 출현한 후로는 문화적 단위들이 마음에서 마음으로 전달되고 선택되면서 문화들에게 적응특성을 부여했다. 진보의 횃불은 더 빠른 주자들에게 전달되었다. 《2001: 스페이스 오디세이》에서 털북숭이 팔이 뼈를 던지자 그 뼈는 우주정류장 속으로 사라진다.

    문화적 진화의 전제는 다윈이 불충분하게 설명한 하나의 현상—끝없는 진보, 인간의 상승, 유인원들의 아마겟돈—이 있다는 것이다. 나 자신의 견해를 말하자면, 인간의 뇌는 일련의 법칙들 즉 자연선택과 유전학의 법칙들에 의해 진화했고, 현재에는 다른 일련의 법칙들 즉 인지심리학과 사회심리학, 인간생태학, 역사의 법칙에 따라 다른 뇌들과 서로 상호작용한다는 것이다. 두개골의 변형과 제국의 흥망성쇠는 공통점이 거의 없다.

    리처드 도킨스는 유전자의 선택과 그가 밈이라 명명한 문화적 요소의 선택 사이에서 가장 확실한 공통점을 이끌어 냈다. 노래, 생각, 이야기 같은 밈은 뇌에서 뇌로 전파되고, 전파 과정에서 때때로 돌연변이를 일으킨다. 수용자로 하여금 밈을 더 잘 보유하고 전파하게 만드는, 예컨대 인기, 매력, 재미, 카리스마 같은 새 특성들은 그 밈을 밈 풀 안에서 더 보편적으로 만든다. 전파할 가치가 가장 높은 밈들은 다음 차례의 유행에서 가장 많이 전파되어 결국 사회 구성원들을 사로잡는다. 따라서 생각은 생각 자체를 전파하는 일에 더 적합하도록 진화한다. '사람'이 진화해서 더 똑똑해지는 것이 아니라, '생각'이 진화해서 더 잘 퍼지게 된다고 말하는 것이다.

    도킨스 본인은 자연선택이 단지 DNA뿐만 아니라 복제할 수 있는 모든 것을 관통할 수 있다는 점을 설명하기 위해 그렇게 유추했다. 그런데 다른 사람들은 그것을 진짜 문화적 진화 이론으로 취급한다. 실제로 그 이론은 문화적 진화가 다음과 같이 진행된다고 예측한다. 밈은 보유자로 하여금 밈을 퍼뜨리게 만들고, 수용자에게서 돌연변이를 일으킨다. 즉 수용자에 의해 소리, 단어, 구가 임의로 변한다. 《몬티 파이튼의 브라이언의 일생Monty python's life of Brian》에서 산상수훈*의 청중들은 "화평케 하는 자peacemakers는 복이 있나니"를 "치즈 만드는 자cheesemakers는 복이 있나니"로 잘못 듣는다. 새 판형은 더 잘 기억되어 다수의 마음을 지배하게 된다. 그것 역시 오식typo, 말실수speako, 듣기 실수hearo에 의해 망가지고, 가장 잘 전파될 수 있는 것들이 축적되어 점차로 소리 열을 형성한다. 결국 그 소리 열이 철자화되면 '한 인간의 작은 걸음이 인류에게 거대한 도약'이 된다.

* 마태복음 5–7장.

당신은 문화적 변화가 그렇게 일어난다는 생각에 동의하지 않을 것이다. 복잡한 밈은 에러 복제로부터 생겨나지 않는다. 복잡한 밈은 개인이 차분하게 시작하고, 머리를 짜내고, 발명의 재능을 발휘하고, 어떤 것을 작곡하거나 쓰거나 그리거나 발명할 때 생겨난다. 물론 복잡한 밈을 가공하는 사람은 떠도는 생각으로부터 영향을 받고 각 단계마다 도안을 고칠 수도 있지만, 그 어떤 과정도 자연선택과 같지는 않다. 입력과 출력—5번 도안과 6번 도안, 예술가의 영감과 그의 작품—을 비교해 보라. 무작위로 몇몇 부분이 바뀐 것 때문에 달라지진 않는다. 손질할 때마다 더해지는 가치는 생산물을 개선하는 일에 지력을 집중하기 때문에 발생하는 것이지, 익살스런 오용이나 오식 중 몇몇이 유용할 것이라는 기대로 수백 번, 수천 번 바꿔 말하고 재복사함으로써 발생하진 않는다.

이쯤에서 꼬치꼬치 따지는 일은 중단하라고 문화적 진화의 열성 팬들은 대꾸한다. 물론 문화적 진화는 다윈주의의 정확한 복제품이 아니다.

문화적 진화의 경우 돌연변이는 지향되고 획득형질은 유전된다. 라마르크는 생물학적 진화에 대해서는 틀렸지만 문화적 진화에 대해서는 결국 옳았다.

그러나 이것만으로는 부족하다. 라마르크의 불운은 지구상의 생명에 대해 잘못 추측한 것에 그치지 않았다. 복잡한 설계를 설명하는 일에 그의 이론은 예나 지금이나 무용지물이다. 그의 이론은 우주의 유익한 힘, 또는 유기체에게 유용한 돌연변이를 부여하는 전지全知의 목소리에 대해 아무것도 설명하지 못한다. 그런데 모든 창조적인 작업을 수행하는 것은 바로 그 힘 또는 목소리다. 문화적 진화가 라마르크적이라고 말하는 것은 문화적 진화가 어떻게 작용하는지를 전혀 모른다고 고백하는 셈이다. 문화적 산물의 놀라운 특징들, 예컨대 그 정교함, 미, 진리(유기체의 복잡한 적응 설계와 유사하다)는 '돌연변이'를 '지향'—즉 발명—하고 그 '특징'을 '획득'—이해—하는 마음 연산에서 나오기 때문이다.

문화전이의 모델들은 문화적 변화, 특히 인구통계—밈들이 어떻게 인기를 얻거나 잃을 수 있는가—의 다른 특징들을 이해하게 해주는 통찰력을 제공한다. 그러나 이 유추는 진화에 기초한다기보다는 전염병학에 더 많이 기초한다. 즉, 생각이란 적응특성을 야기하는 유리한 유전자보다는 전염병에 더 가깝다는 것이다. 그 모델들은 생각이 어디에서 발생하는가가 아니라 어떻게 유행하는가를 설명한다.

인지과학에 익숙하지 않은 많은 사람들이 문화적 진화를 엄밀한 진화생물학에서 생각과 문화 같은 애매한 개념들의 기초로 삼을 수 있는 유일한 희망으로 본다. 그들은 문화를 생물학에 도입하면 문화가 어떻게 자연선택의 문화적 판형에 의해 진화했는가를 보여 줄 수 있다고 생각한다. 그러나 그것은 불합리한 추론이다. 진화의 산물이라고 해서 진화처럼 보일 필요는 없기 때문이다. 위장은 생물학의 법칙에 확고히 따르는 기관이지만 그렇다고 해서 수백, 수천 종류의 음식에 대해 무작위로 산과 효소의 변이체들을 분비하고, 음식을 분해하는 것들을 보유하고, 그것들이 성적으로 재결합하고 재생산할 수 있게 하지는 않는다. 자연선택은 이미 위장을 설계하면서 그런 시행착오를 거쳤기 때문에, 이제 위장은 신호에 따라 적절한 산과 효소를 분비하는 효과적인 화학적 처리 기관이 되었다. 이와 마찬가지로 마음도 좋은 생각을 떠올리기 위해 자연선택의 과정을 반복할 필요가 없다. 자연선택은 마음을 정보처리기로 설계했고 그 결과 마음은 지각하고, 상상하고, 흉내 내고, 계획한다. 다른 마음으로 전달될 때 생각은 인쇄상의 실수와 함께 복사되기만 하는 것이 아니라, 평가되거나, 논의되거나, 개선되거나, 거부된다. 사실 유통되는 밈들을 수동적으로 받아들이는 마음은 다른 밈들의 착취를 기다리는 쉬운 먹잇감과 같아서 금세 도태될 것이다.

  유전학자 테오도시우스 도브잔스키는, 생물학에서는 그 어떤 것도 진화에 비추어 보지 않으면 이해가 되지 않는다는 유명한 말을 남겼다. 우리는 여기에, 문화에서는 그 어떤 것도 심리학에 비추어 보지 않으면 이해가 되지 않는다는 말을 덧붙일 수 있다. 진화는 마음을 창조했고, 심리학은 문화를 설명한다. 초기 인간이 남긴 가장 중요한 유물은 현대의 마음이다.

4
마음의 눈

바라보는 것은 생각하는 것.
—살바도르 달리

몇 십 년 전부터 훌라후프, 블랙라이트 그림,* CB라디오,** 루빅 큐브***가 인기를 끌었다. 1990년대에는 매직아이, 딥비전, 슈퍼스테레오그램이라고도 불리는 자동입체그림 autostereogram이 유행했다. 컴퓨터로 만들어진 그 그림들은 사시나 희미한 눈으로 보면 3차원의 선명한 물체가 허공에 매달려 있는 듯한 착각을 불러일으킨다. 유행은 5년 전에 시작되었으며 현재는 엽서에서 웹페이지에 이르기까지 모든 곳에서 발견된다. 심지어는 신문 연재 만화 《블론디 Blondie》, 시트콤 《사인펠드 Sienfeld》와 《엘렌 Ellen》에도 등장했다. 한 에피소드에서는 코미디 배우 엘렌 데제네레스가 참석하는 독서클럽에서 입체그림책을 그 주의 책으로 선정했다. 엘렌은 착시그림이 안 보이는 것이 부끄러워 저녁 내내 연습을 하지만 성공을 거두지 못한다. 그녀는 절망에 사로잡혀 착시

* black-light posters. 블랙라이트(가시광선을 내지 않고 자외선을 발생시키는 전구) 조명을 이용한 그림.

** Citizen Band Radio. 상용常用 무전기.

*** Rubik's cube. 정육면체의 색깔 맞추기 장난감.

그림을 이해하지 못하는 사람들을 도와주는 상담 그룹에 가입한다.

양안시兩眼視를 연구하던 심리학자 크리스토퍼 타일러가 우연히 입체그림을 만나기 오래 전부터 착시는 사람들의 관심을 끌었다. 한곳으로 만나는 것처럼 보이는 평행선, 균등하지 않게 보이는 균등한 선 등을 이용한 더욱 간단한 착시그림들이 오래전부터 시리얼 포장지, 크래커잭의 경품, 어린이 박물관, 심리학 강좌에 이용되었다. 착시그림의 매력은 분명하다. 그라우초 마르크스*는 마거릿 더몬트에게 "당신은 날 믿나, 당신의 눈을 믿나?"라고 말함으로써, 시각은 지식에 이르는 길이라는 우리의 믿음을 건드린다. 또한 백문이 불여일견, 목격자가 있다, 내 눈으로 직접 봤다 등의 말이 있지만, 만일 어떤 사악한 그림이 우리로 하여금 존재하지 않는 것을 보게 만든다면 그 다음부터는 어떻게 자신의 눈을 믿을 수 있겠는가?

* 1890-1977, 미국의 코미디언.

착시 현상은 단순한 호기심의 대상이 아니라 수 세기 동안 서양 사상가들의 지적 의제였다. 철학만큼이나 오래된 회의론 철학은 착각 현상들을 제시하면서 무엇인가를 아는 우리의 능력을 공격했다. 이를테면 물속에 잠긴 노가 꺾여 보이는 현상, 둥근 탑이 멀리서는 납작해 보이는 현상, 찬 손가락은 미지근한 물을 따뜻하게 지각하고 뜨거운 손가락은 차게 지각하는 현상 등이 그런 예다. 계몽운동의 정신을 이어받은 사상가들은, 회의론 철학이 착각으로부터 도출해 낸 우울한 결론에서 빠져나갈 수 있는 탈출구를 제공했다. 우리는 신념에 의해 알 수 있고, 과학에 의해 알 수 있고, 이성에 의해 알 수 있고, 우리가 생각하고 따라서 존재한다는 사실을 알 수 있다.

인지과학자들은 더 가벼운 눈으로 본다. 시각은 항상 정확하진 않지만 어쨌든 놀라울 정도로 정확하다. 보통 때에 우리는 벽에 부딪히지 않고, 플라스틱으로 만든 과일을 베어 물지 않고, 자신의 어머니를 못 알아보지 않는다. 로봇 제작은 이것이 결코 하찮은 기술이 아님을 보여 준다. 중세 철학자들은 사물이 자신의 작은 복사본들을 사방으로 뿜어내면 눈이 그중 몇 개를 포착해서 그 형태를 직접 파악한다고 생각했다. 공상과학소설 속의 생물은 사물을 캘리퍼스*로 더듬고, 탐침과 계측봉으로 찔러 보고, 고무 주형을 만들고, 모형 샘플을 얻어 내고, 생체 검사에 쓸 부분들을 도려낸다. 그러나 실제의 유기체들은 그런 사치를 누리지 못한다. 눈으로 세계를 볼 때 유기체들은 사물에 반사되어 눈으로 들어온 다음 양쪽 망막 위에 흔들리고 고동치는 2차원의 만화경을 만들어 내는 빛을 이용해야만 한다. 뇌는 그 움직이는 콜라주를 분석해서 그것을 만들어 낸 외부 물체를 놀라울 정도로 정확하게 감지한다.

* calipers. 내경內徑, 두께 따위를 재는 양각兩脚 기구. 측경기測徑器라고도 한다.

그 정확성이 놀라운 것은 뇌가 해결하는 문제들이 말 그대로 해결 불가능한 것들이기 때문이다. 반사된 빛으로부터 사물의 형태와 재질을 추론하는 역광학이 이른바 '잘못 설정된 문제,' 즉 단 하나의 해가 존재하지 않는 문제라는 1장의 설명을 기억하자. 망막에 맺힌 타원 형태는 정면으로 본 타원에서 생긴 것일 수도 있고 비스듬히 본 원에서 생긴 것일 수도 있다. 회색 조각은 그늘 속에 있는 눈덩이에서 생긴 것일 수도 있고 햇빛을 받는 석탄 덩어리에서 생긴 것일 수도 있다. 시각은 여러 가지 전제들을 덧붙임으로써 이 잘못 설정된 문제들을 해결 가능한 문제들로 전환하게끔 진화했다. 그것은 진화의 환경인 이 세계가 평균적으로 어떻게 결합해 있는가에 대한 전제들이다. 예를 들어 인간의 시각기관은, 물질은 응집력이 있고, 표면은 균일한 색을 갖고 있으며, 사물들은 함부로 이상하고 혼란스럽게 배열되지 않는다고 가정한다.(이에 대해서는 나중에 설명할 것이다.) 현재의 세계가 평균적으로 조상들의 환경과 같을 때 우리는 이 세계를 있는 그대로 본다. 만일 우리가 그 전제들이 들어맞지 않는—일련의 불운한 사건들 때문에, 또는 어느 비열한 심리학자가 그 전제들을 위반하도록 세계를 조작했기 때문에—이상한 세계에 착륙한다면, 우리는 착시의 제물이 될 것이다. 심리학자들이 착각 현상에 집착하는 이유도 여기에 있다. 심리학자들은 해결 불가능한 문제들을 해결해서 외부 세계에 무엇이 있는지를 알게 해주도록 자연선택이 설치해 준 그 전제들을 파헤친다.

지각은 오직 적응만을 생각하면서 역설계를 자신의 과제로 삼는 유일한 심리 기능이다. 시각기관은 예쁘장한 무늬와 색을 보여 주어 우리를 즐겁게 해주기 위해 존재하지 않는다. 시각기관은 이 세계의 실제 형태와 재료에 대한 감각을 전달하기 위해 고안되었다. 선택의 이점은 명백하다. 음식, 포식자, 벼랑 등이 어디에 있는지를 아는 동물은 그 음식을 위장에 넣을 수 있고, 자신의 몸을 포식자로부터 피신시킬 수 있고, 벼랑 아래로 떨어지지 않을 수 있다.

시각에 대한 가장 멋진 시각은 지금은 고인이 된 인공지능 과학자 데이비드 마르로부터 나왔다. 마르는 시각이란 세계에 대한 전제들을 덧붙임으로써 잘못 설정된 문제들을 해결하는 기능이라는 견해를 최초로 제기했고, 계산주의 마음 이론을 강력하게 지지했다. 그는 또한 시각이 무엇을 위해 존재하는가를 가장 명쾌하게 설명했다. 그에 따르면 시각은 "외부 세계의 상像들로부터 보는 사람에게 유용한 동시에 부적절한 정보와 뒤섞이지 않은 설명description을 생산하는 과정"이다.

시각의 목표가 '설명'이라는 말은 이상하게 들릴 수 있다. 어쨌든 우리는 눈에 보이는 모든 것에 대해 주절주절 이야기하면서 돌아다니지는 않기 때문이다. 그러나 마르는 사람들이 사용하는 영어를 가리키는 것이 아니라 마음언어로 된 추상적인 설명을 가리켰다. 세계를 본다는 것은 무엇을 의미하는가? 세계를 보는 사람은 그것을 말로 설명할 수도 있지만, 또한 세계와 협상을 벌이거나, 물리적·심리적으로 조작을 하거나, 미래의 참조를 위해 기억에 저장해 놓을 수도 있다. 이 모든 기술은 세계를 망막에 비친 환상으로가 아니라 실재하는 물체로 해석하는 능력에 달려 있다. 책은 우리 망막에 사다리꼴 형태를 투사하지만 우리는 책이 '사다리꼴'이 아니라 '직사각형'이라 생각한다. 그래서 책을 집어들 때도 손가락을 (사다리꼴이 아니라) 직사각형으로 만들고, 책을 진열할 책장을 만들 때도 (사다리꼴이 아니라) 직사각형으로 만들고, 다리가 부러진 소파의 밑을 괼 때에도 직사각형의 공간을 차지할 것이라고 추론한다. 마음 어딘가에는 시각이 가져다준, 그러나 언어적·비언어적 마음의 나머지 부분이 즉시 이용할 수 있는 '직사각형'이란 마음 기호가 존재하는 것이 분명하다. 마음 기호, 그리고 사물들의 공간적 관계를 포착하는 마음 명제들("문 옆의 책장에 엎어진 채 놓여 있는 책")이, 마르가 시각의 기초를 연산으로 보는 '설명'의 예들이다.

시각이 설명을 전달해 주지 않는다면 각각의 마음 기능—언어, 보행, 쥠, 계획 수립, 상상—은 망막에 맺힌 사다리꼴이 사실은 직사각형이라는 사실을 추론하기 위해 '자체적인' 절차를 밟아야만 할 것이다. 그렇게 된다면 기울어진 직사각형을 '직사각형'이라 부를 수 있는 사람은 그것을 직사각형으로 받아들이는 법, 그것이 직사각형의 공간에 들어맞을 거라고 예측하는 법 등등을 학습해야 할 것이다. 이것은 불가능해 보인다. 시각이 일단 망막 위에 상으로 맺힌 물체의 형태를 추론하면, 마음의 모든 부분이 그 발견을 이용할 수 있다. 비록 마음의 몇몇 부분들이 정보를 운동신경 회로로 돌려서 움직이는 표적에 빠르게 대응할 수 있게 하기도 하지만, 전체적인 체계가 한 종류의 행동에만 몰두하는 일은 없다. 전체적인 체계는 망막상이 아니라 사물과 3차원 좌표로 표현된 세계에 대한 설명이나 묘사를 만들고 그것을 모든 마음 모듈들이 읽을 수 있도록 게시판에 새긴다.

이 장에서는 시각이 어떻게 망막의 그림을 마음의 설명으로 전환하는가를 탐구하고자 한다. 우리는 먼저 빛의 반사에서부터 사물의 개념에 이르는 길을 추적하고, 그런 다음 심상이라고 알려진 보기와 생각하기의 상호작용을 살펴볼 것이다. 그 영향은 의식과 무의식 전체에 이른다. 우리 인간은 이 놀라운 감각을 중심으로 진화한 마음을 가진 영장류 동물—고도로 시각적인 생물—이다.

깊이를 보는 눈

먼저 착시그림으로 시작하자. 입체그림은 왜 그렇게 보이고, 왜 어떤 사람에겐 보이지 않을까? 수많은 포스터, 책, 퍼즐 맞추기가 있지만 나는 호기심을 느끼는 수백만의 소비자들에게 그 원리를 설명하려는 시도를 한 번도 접한 적이 없다. 입체그림을 이해하는 것은 지각 작용을 이해하는 좋은 방법일 뿐 아니라 각자의 지식에도 보탬이 되는 일이다. 그것은 자연선택의 경이로운 발명품이자 바로 우리 머릿속에서 일어나는 현상이다.

착시그림은 눈을 속이는 방법으로 밝혀진 네 가지 원리에 의존한다. 첫째는 이상한 얘기지만, 그림이다. 우리는 사진, 그림, 텔레비전, 영화에 파묻혀 살기 때문에 그것들이 악의 없는 착각이라는 사실을 잊는다. 사람들은 잉크로 문댄 자국이나 명멸하는 형광 물질을 보고 울거나 웃을 뿐 아니라 심지어 성적으로 흥분하기도 한다. 인간은 최소한 3만 년 전부터 그림을 그렸으며, 일부 사회과학의 속설과는 반대로 그림을 실제의 묘사로 보는 능력은 보편적이다. 심리학자 폴 에크먼은 뉴기니의 고립된 고지대 주민들이 버클리대 학생들의 사진 속에 나타난 얼굴 표정을 알아본다는 사실을 입증하여 인류학을 큰 소란에 빠뜨렸다.(다른 여러 가지 것들처럼 감정도 문화적으로 상대적이라고 생각하고 있었다.) 그와 함께 더욱 기본적인 사실이 드러났지만 세간의 흥분 속에 파묻히고 말았다. 그것은 뉴기니 사람들이 사진을 얼룩덜룩한 회색 종이로 취급하지 않고 그 속에 담긴 사물들을 본다는 사실이다.

사진은 지각을 그렇게 어려운 문제로 만드는 광학 법칙인 투사projection를 이용한다. 시각은 광자(빛 에너지의 단위)가 물체의 표면에 반사된 다음 핑 하고 돌아와 곧바로 동공을 통과해 안구의 굴곡진 안쪽 표면에 정렬해 있는 광수용체(간상체와 원추체)를 자극함으로써 시작된다. 수용체가 신경신호를 뇌에 보내면 뇌는 가장 먼저 그 광자가 외부 세계의 어디에서 온 것인지를 계산한다. 유감스럽게도 그 광자의 경로는 무한히 뻗어 있고, 뇌는 단지 광자의 출발점이 그 경로 중간의 어디쯤이라는 것만을 안다. 뇌에게 그 출발점은 30센티미터 밖일 수도 있고 1마일 밖일 수도 있으며, 수십 광년 밖일 수도 있다. 투사 과정에는 3차원, 즉 눈과의 거리에 대한 정보가 포함되지 않는다. 이 애매한 문제는 망막에 존재하는 수많은 다른 수용체들에 의해, 즉 각각의 수용체가 기본적으로 자신을 자극하는 사물이 얼마나 멀리 떨어져 있는가에 대해 혼란을 일으킴으로써 조합적으로 가중될 수 있다. 그렇게 되면 어떤 망막상이라도 외부 세계의 3차원 표면들에 의해 무한수의 배열 방법으로 만들어질 것이다(28쪽의 그림을 보라).

물론 우리는 무한수의 가능성들을 '지각'하지 않고 보통 정확한 것에 가까운 하나에 안착한다. 바로 여기가 착시 형성의 출발점이다. 어떤 물질이 뇌가 잘 인식하는 사물과 똑같은 상을 망막에 투사해서 뇌가 그 차이를 전혀 알지 못한다고 가정해 보자. 간단한 예로, 문에 난 작은 구멍으로 들여다보면 사치스러운 가구들이 배치되어 있지만 막상 문을 열면 방 안이 텅 비어 있는 빅토리아 노벨티*가 그런 것이다. 그 화려한 방은 구멍 뒤에 못으로 고정된 인형의 집이었다.

* Victorian novelty. 빅토리아 시대의 신기한 물건들을 가리킨다.

화가에서 심리학자로 변신한 애들버트 에임스 2세는 훨씬 더 이상한 환상의 방을 만드는 목공 일에도 재능을 발휘했다. 그가 만든 작품 중에는 방 전체에 철사로 막대와 판자를 뒤죽박죽 매달아 놓은 것이 있었다. 그러나 벽에 난 작은 구멍으로 밖에서 들여다보면 그 막대들과 판자들은 주방에 놓인 식탁 의자처럼 보이도록 배열되어 있었다. 또 다른 작품에서는 뒷벽의 왼쪽이 멀고 오른쪽이 가깝지만, 뒷벽의 왼쪽 테두리는 확대 부분을 상쇄할 만큼 짧아 보이고 오른쪽 테두리는 축소 부분을 상쇄할 만큼 길어 보이는 절묘한 각도를 이루고 있었다. 맞은편에서 구멍으로 보면 그 벽은 직사각형으로 보였다. 시각기관은 우연의 일치를 싫어한다. 즉 시각기관은 규칙적인 상은 정말로 규칙적인 어떤 것에서 생기며, 불규칙한 형태의 우연한 배열 때문에 그렇게 보이는 것이 아니라고 가정한다. 에임스는 불규칙한 형태를 정렬시켜 규칙적인 상을 보여 주었고, 비스듬하게 기울어진 창문과 타일을 이용해 자신의 교묘한 속임수를 보완했다. 가까운 쪽 구석에 아이가 서 있고 먼 쪽 구석에 엄마가 서 있으면 아이는 더 큰 망막상으로 투영된다. 뇌는 크기를 평가할 때 깊이를 고려한다. 그렇기 때문에 일상생활에서는 가까이에 있는 아기가 멀리 있는 부모보다 커 보이지 않는다. 그러나 에임스의 방에서 관찰자의 깊이 감각은 우연의 일치를 싫어하는 대가를 치르게 된다. 벽은 어디서나 거리가 완전히 똑같아 보이고 그래서 두 신체의 망막상들이 액면 그대로 해석되어 그 결과 아이가 엄마보다 훨씬 커 보인다. 그리고 두 모녀가 뒷벽을 따라 걸어가 위치를 바꾸면 아이는 애완견만큼 작아지고 엄마는 월트 체임벌린*만큼 커진다. 에임스의 방은 샌프란시스코 과학관 Exploratorium을 비롯한 몇몇 과학박물관에 세워져 있어 관람객들이 직접 이 놀라운 착각 현상을 볼(또는 보여 줄) 수 있다.

* 미국프로농구NBA에서 센터로 활약한 선수.

이렇게 '그림'이란 물질을 배열해서 그 물질이 실제의 사물과 똑같은 형상을 투사하게 하는 좀 더 편리한 방법일 뿐이다. 흉내 내는 그 물질은 인형의 집 안이나 철사에 매달려 있는 것이 아니라 납작한 표면 위에 점착되어 있고, 나무를 자르고 깎아서 형성된 것이 아니라 물감을 문질러서 형성된 것이다. 문질러진 물감의 형태는 에임스와 같은 기발한 천재성이 없어도 식별이 가능하다. 레오나르도 다 빈치는 그 미술을 다음과 같이 간단하게 설명했다. "원근법은 단지 유리 뒤의 사물들을 유리 표면까지 끌고 와서 아주 투명한 그 유리창을 보는 것이다." 만일 화가가 고정된 시점에서 장면을 보면서 그 윤곽을 강아지의 털 하나까지 충실하게 베낀다면, 화가의 시점에서 그 그림을 보는 사람은 애초의 장면이 투사했던 것과 똑같은 광선에 눈이 맞춰질 것이다. 시야의 그 부분에서 그림과 세계는 구별되지 않을 것이다. 뇌로 하여금 외부 세계를 채색된 안료가 아닌 외부 세계로 보게 해주는 전제들이 있다면, 바로 그 전제들이 뇌로 하여금 그 '그림'도 채색된 안료가 아닌 외부 세계로 보게 해줄 것이다.

　　그것은 어떤 전제들일까? 자세한 내용은 나중에 탐구하기로 하고 우선은 간단히 사전 답사를 해보자. 사물의 표면은 색과 조직이 균일하며 (즉 규칙적인 결, 짜임, 또는 곰보 자국), 따라서 표면의 자국이 점진적으로 변하는 것은 채광과 관점에 의해 일어나는 현상이다. 이 세계에는 종종 평행이고, 대칭이고, 규칙적이고, 직각인 형체들이 편평한 바닥에 배열되어 있지만, 우리 눈에는 단지 세로로 점점 가늘게 보인다. 갈수록 가늘게 보이는 그 현상을 우리는 간단히 원근법의 효과로 돌린다. 사물들은 규칙적이고 간결한 윤곽을 갖고 있으며, 그래서 사물 A의 일부가 사물 B에 가려져 있으면 A는 B 뒤에 있는 것이다. B의 볼록한 혹이 A의 움푹한 부분에 딱 맞아떨어지는 우연한 사고는 일어나지 않는다. 당신도 깊이감을 느끼게 해주는 아래의 그림에서 그 전제들의 힘을 느낄 수 있다.

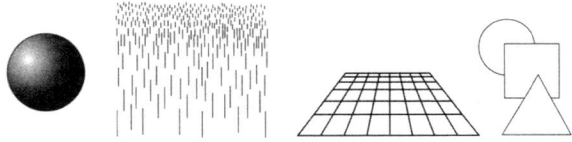

　　실제에서 사실주의 화가들은 창문 위에 물감을 덕지덕지 바르는 것이 아니라 기억 속에 저장한 시각적 상들과 여러 가지 기술을 이용해 화폭 위에 똑같은 형태를 구현한다. 그들은 철사로 만들거나 유리에 새긴 격자,

장면으로부터 캔버스의 작은 구멍들을 통과해 레티클*까지 팽팽하게 연결한 여러 가닥의 끈, 카메라 옵스큐라,** 카메라 루시다,*** 그리고 현재는 니콘 카메라 등을 이용한다. 그리고 물론 어떤 화가도 강아지의 털까지 모두 재생하지 않는다. 붓놀림, 캔버스의 재질, 액자의 형태 덕분에 그림은 레오나르도의 창문이라는 이상화된 개념에서 벗어날 수 있다. 또한 우리는 대개 창문 앞에 섰다고 가정한 화가와는 다른 시점에서 그림을 보고, 그래서 우리의 눈을 찌르는 광선들은 실제의 장면에서 반사된 것과는 다르다. 그래서 그림은 단지 부분적으로만 착각이다. 즉 우리는 그림이 묘사해 주는 것을 보면서도 그와 동시에 그것을 실제가 아니라 그림으로 본다. 캔버스와 액자는 암암리에 정보를 제공하고, 놀랍게도 우리는 그것이 그림임을 알려 주는 바로 그 단서들을 이용해 그림에 대해 상대적으로 우리의 시점을 확인하고 화가의 시점과의 차이를 보완한다. 우리는 마치 화가의 관점에서 보는 것처럼 그림의 왜곡을 원상태로 돌리고 조정된 형태들을 정확하게 해석한다. 그러한 보상 작용이 완벽한 것은 아니다. 극장에 늦게 도착해서 맨 앞자리에 앉았을 때 자신의 시점과 카메라의 시점(레오나르도의 창문 앞에 서 있는 화가에 해당한다) 간의 차이가 너무 커서 사다리꼴 스크린 위에 기형적인 몸뚱이들이 미끄러져 다니는 것을 보는 경우가 있다.

* reticle. 가로줄과 세로줄이 여러 개 쳐진 선. 가로 한 줄과 세로 한 줄이 십자선을 이룬다.

** camera obscura. 카메라 박스 안쪽에 광선의 초점을 맞추기 위한 렌즈나 핀홀을 갖춘 셔터가 없는 초기 형태의 카메라.

*** camera lucida. 레이아웃용 기구 원판과 레이아웃을 비교하면서 필요한 부분을 확대 또는 축소하는 기구.

• • • •

그림과 현실에는 또 다른 차이가 있다. 화가는 단일한 시점에서 장면을 봐야 한다. 관찰자는 두 시점으로 세계를 본다. 왼쪽 눈과 오른쪽 눈이다. 손가락을 펴서 눈앞에 정지시키고 한쪽 눈씩 번갈아 감아 보라. 손가락 뒤에 펼쳐진 세계 중 손가락에 가려서 보이지 않는 부분이 다를 것이다. 두 눈은 약간 다른 광경을 보는데, 이른바 양안시차兩眼視差라 불리는 기하학적 현상이다.

 많은 동물이 2개의 눈을 갖고 있어서 정면을 응시할 때마다 (전경숲景을 볼 수 있도록 펼쳐지지 못하고) 두 광경이 겹치므로 자연선택은 양쪽 그림을 합쳐서 뇌의 나머지 부분들이 이용할 수 있는 통합된 상으로 만드는 문제에 직면했을 것이 분명하다. 그 가설적인 상은 이마 한가운데에 외눈이 달린 신화 속 존재인 키클롭스의 이름으로 불린다. 키클롭스는 오디세우스가 여행 중에 맞닥뜨린 외눈 거인이다. 키클롭스 상을 만들 때의 문제는 두 눈의 광경을 겹치게 할 방법이 없다는 것이다. 사물들은 망막의 각기 다른 위치에 2개의 상으로 맺히는데, 위치의 차이는 사물이 눈에서 얼마나 멀리 떨어져 있는가에 달려 있다. 즉 사물이 눈에서 가까우면 가까울수록 그 상은 양쪽 망막의 바깥쪽에 맺힌다. 탁자 위의 사과와 사과 뒤의 레몬과 사과 앞의 체리를 본다고 상상해 보자.

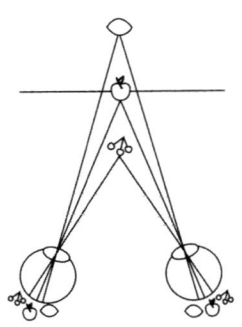

두 눈이 사과를 조준하면 사과의 상은 양쪽 눈의 중심와(中心窩, 망막의 정중앙으로 시각이 가장 예민한 곳이다)에 맺힌다. 그곳은 양쪽 망막의 6시 방향이다. 이제 사과보다 가까이에 있는 체리의 투영을 보자. 왼쪽 눈에서 체리는 7시 방향에 놓이지만, 오른쪽 눈에서는 7시가 아닌 '5시' 방향에 놓인다. 사과보다 먼 레몬은 왼쪽 눈에는 5시 30분 방향에 놓이지만 오른쪽 눈에는 6시 30분 방향에 놓인다. 주시점注視點보다 가까운 사물들은 양쪽 관자놀이 쪽으로 멀어지고, 먼 사물들은 코 쪽으로 몰린다.

그러나 간단한 중복의 불가능성이 진화에게는 기회를 부여했다. 고등학교 수준의 삼각법을 아는 사람이라면 두 눈의 시선 및 두개골에서의 거리에 의해 형성된 각도와 함께, 양쪽 눈에 비친 상의 차이를 이용해 사물이 얼마나 멀리 떨어져 있는가를 계산할 수 있다. 만일 자연선택이 뉴런 컴퓨터를 만들어서 그 삼각법을 계산할 수 있었다면, 양안 동물은 레오나르도의 창문을 부수고 사물의 깊이를 감지할 수 있을 것이다. 그 메커니즘을 입체시立體視라 부른다.

믿기 어려운 일이지만 수천 년 동안 아무도 그 사실을 알아채지 못했다. 과학자들은 동물에게 2개의 눈이 있는 것은 2개의 콩팥이 있는 것과 같은 이유라고 생각했다. 즉 좌우대칭의 신체 설계로부터 파생된 부산물이거나, 어쩌면 한쪽 눈을 잃었을 때를 대비한 예비품일지 모른다고 생각했다. 입체시의 가능성은 유클리드, 아르키메데스, 뉴턴을 비껴갔고, 심지어 레오나르도도 입체시를 완전히 이해하지 못했다. 그는 두 눈이 구체를 약간 다르게 본다는 것, 즉 왼쪽 눈은 공의 왼쪽을 약간 더 뒤쪽까지 보고 오른쪽 눈은 공의 오른쪽을 약간 더 뒤쪽까지 본다는 사실을 깨달았다. 만일 공 대신 정육면체를 이용했더라면 그는 양쪽 망막에 맺힌 두 형태가 서로 다르다는 점을 알아챘을 것이다. 입체시는 1838년에야 발견되었다. 발견자인 찰스 휘트스톤은 그의 이름을 딴 '휘트스톤 브리지' 전기회로를 만든 발명가이자 물리학자다. 휘트스톤은 다음과 같이 썼다.

> 예술가가 주변에 있는 물체를 충실하게 재현하는 것, 즉 마음속으로 그 사물 자체와 구별할 수 없는 그림을 만들어 내는 것이 왜 불가능한지 이제 명백할 것이다. 그림과 사물을 두 눈으로 볼 때, 그림의 경우는 서로 '같은' 상이 양쪽 망막에 투사되고, 물체의 경우는 두 상이 '다르다.' 따라서 두 경우에 감각기관 위에 맺힌 상은 본질적으로 차이가 나고, 그 결과 마음에 형성된 지각의 결과물들도 본질적으로 차이가 난다. 그러므로 그림은 사물과 혼동되지 않는다.

입체시는 일상 경험에서 어렵지 않게 발견할 수 있기 때문에 뒤늦은 발견은 우리를 더욱 놀라게 한다. 몇 분간 한쪽 눈을 감고 주변을 걸어 보라. 세계는 더 편평한 곳이 되어 당신은 방을 나갈 때 문틀에 부딪히고 설탕을 머그잔이 아닌 무릎에 부을 것이다. 물론 완전히 편평해지진 않는다. 뇌에는 예컨대 점차 가늘어지는 형태, 겹쳐져 가려진 형태, 지면 위의 위치, 재질의 변화율 등 그림과 텔레비전 속에 존재하는 것과 동일한 종류의 정보들이 여전히 들어 있다. 그리고 무엇보다 이동이 있다. 주변을 이동할 때 당신의 시점은 끊임없이 변하는데, 가까운 사물들은 휙 하고 지나가고 먼 사물들은 천천히 지나간다. 뇌는 그렇게 흘러가는 패턴을 3차원의 세계로 해석한다. 시각적 흐름으로부터 구조를 지각하는 것은 《스타트렉》과 《스타워즈》 그리고 널리 사용되는 다양한 컴퓨터 화면보호기에서, 모니터 중앙을 떠다니는 흰 점들이 마치 우주를 비행하는 듯한 느낌을 생생하게 전해 주는 데서 명백히 경험할 수 있다.(물론 실제의 별들은 너무 멀리 떨어져 있어서 우주함대 승무원에게 그런 느낌을 주지 않는다.) 깊이에 대한 이 모든 단안單眼의 단서들 덕분에, 비행기 조종사인 윌리 포스트나 1970년대 뉴욕 자이언츠 미식축구팀의 한 와이드리시버*를 비롯해 한쪽 눈이 먼 시각장애인들도 큰 문제 없이 돌아 다닌다. 뇌는 수학적으로 능숙하고 기회주의적인 정보 소비자이고, 어쩌면 그 때문에 뇌가 양안 불일치라는 단서를 이용하는 현상이 그렇게 오랫동안 과학자들의 주목을 피해 왔는지 모른다.

* 쿼터백의 패스를 전문적으로 받는 공격수.

    휘트스톤은 완전히 3차원적인 최초의 입체그림을 도안함으로써 마음이 삼각법을 의식으로 전환한다는 사실을 입증했다. 그 이론은 간단하다. 2개의 레오나르도 창문이나, 좀 더 현실적으로 두 대의 카메라를 이용해 한 장면을 포착해 보자. 두 창문이나 카메라를 각각 양쪽 눈의 위치에 놓자. 오른쪽 눈앞엔 오른쪽 그림을, 왼쪽 눈앞엔 왼쪽 그림을 놓는 것이다. 두 눈의 양안시차 때문에 생기는 관점의 차이에도 불구하고 3차원 세계를 보고 있다고 뇌 자신이 가정한다면, 뇌는 그 그림들에 속아서 그것을 키클롭스 상으로, 즉 사물들이 각기 다른 깊이로 보이는 하나의 상으로 결합해야 한다.

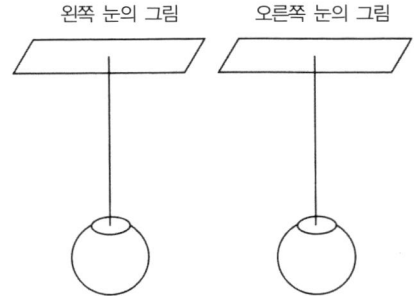

그런데 휘트스톤은 여기에서, 모든 입체시 장치들을 곤란하게 만드는 문제에 부딪혔다. 뇌는 물리적 측면에서 두 가지 방식으로 눈을 표면의 깊이에 맞춘다. 첫째, 나는 동공이 마치 작은 구멍인 것처럼 설명했지만 실은 세계의 한 점에서 방출하는 여러 가닥의 광선을 모아서 그 전부를 망막 위의 한 점에 집중시키는 수정체다. 사물이 가까우면 가까울수록 광선들이 둥글게 번지지 않고 한 점으로 모이기 위해서는 더 많이 굴절되어야 하고 따라서 눈의 수정체는 더 두꺼워져야 한다. 가까운 사물들에 초점을 맞출 때는 안구의 근육들이 수정체를 두껍게 만들고 먼 사물들에 초점을 맞출 때는 납작하게 만든다.

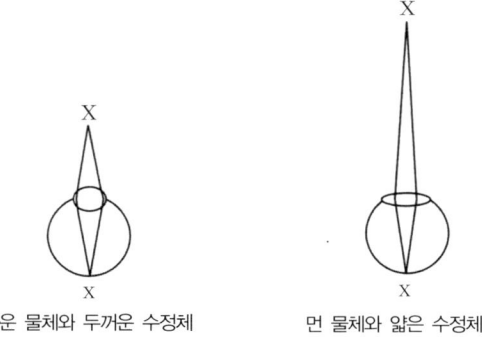

가까운 물체와 두꺼운 수정체   먼 물체와 얇은 수정체

수정체의 긴장은 초점 반사에 의해 조절되는데, 초점 반사는 망막 위에 최대한 세밀한 상이 맺힐 때까지 수정체 모양을 조절하는 일종의 피드백 고리다.(자동초점 카메라에 사용되는 회로와 비슷하다.) 초점이 잘 안 맞는 영화를 보기가 괴로운 것은 뇌가 화면의 번진 부분을 제거하기 위해 수정체를 조절하려는 무익한 동작을 계속하기 때문이다.

두 번째 물리적 조절은 약 2와 2분의 1인치(약 6.35센티미터) 떨어져 있는 두 눈의 시선을 세계의 한 점에 조준하는 일이다. 사물이 가까울

수록 두 눈은 더 많이 교차한다.

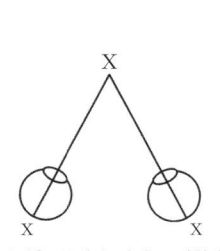
가까운 물체와 많이 교차한 눈

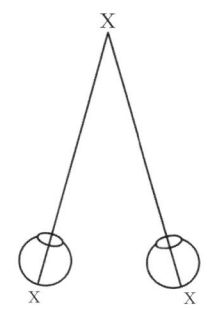
먼 물체와 조금 교차한 눈

눈은 각 눈에 붙어 있는 근육들에 의해 교차되거나 교차를 푸는데, 그 근육들은 이중상像을 제거하는 뇌 회로에 의해 조절된다.(뇌가 중독되었거나, 질식했거나, 타박상을 입었을 때 종종 이중으로 보인다.) 그 회로는 구식 카메라의 거리계計와 비슷하다. 프리즘이 2개의 반사 파인더로부터 들어오는 상을 겹치고, 두 상이 일치할 때까지 사진사가 프리즘의 각도를 조절하는 방식이다. 뇌는 거리계의 원리를 깊이에 대한 또 다른 정보로 이용하는데 아마 그 정보는 필수적일 것이다. 입체시는 단지 '상대적인' 깊이—두 눈이 만난 지점으로부터의 앞쪽 또는 뒤쪽의 깊이—에 대한 정보만 제공하므로, 절대적인 깊이감을 얻기 위해서는 안구 쪽에서 나오는 피드백을 이용해야 한다.

 이제 입체시 설계자가 해결해야 할 문제를 살펴보자. 초점 반사와 교차 반사는 서로 결부되어 있다. 만일 번짐 현상을 제거하기 위해 가까운 지점에 초점을 맞추면 두 눈은 모일 것이고, 먼 지점에 초점을 맞추면 두 눈은 평행에 가까워질 것이다. 만일 이중상을 제거하기 위해 가까운 지점으로 두 눈을 모으면 눈은 수정체를 압박해서 초점을 클로즈업 할 것이고,

먼 지점으로 두 시선을 벌리면 눈은 긴장을 풀고 수정체를 먼 초점에 맞출 것이다. 입체경*을 만드는 가장 간단한 방법은 작은 사진을 눈앞에 한 장씩 놓아 두 눈이 각각의 그림을 정면으로 향하게 하는 것이지만, 두 초점이 결부된 탓에 이 방법은 무용지물이 된다. 눈이 정면을 향하는 것은 먼 물체를 볼 때이므로, 각 눈의 초점이 먼 시선에 맞춰져 그림은 흐릿하게 보인다. 또한 그림에 초점을 맞추면 두 눈이 모아져서 각각의 그림이 아니라 한 그림을 향하게 되므로 그 역시 효과가 없다. 눈은 가까운 지점과 먼 지점을 왕복하고 수정체는 두꺼워졌다 얇아졌다를 반복하지만 소용이 없다. 입체상을 얻으려면 이 문제를 해결해야 한다.

* 두 장의 입체사진이나 그림을 사용하여 입체감 있는 시각상을 형성하는 장치.

한 가지 해결책은 두 반응을 분리하는 것이다. 많은 실험심리학자들이 의지에 따라 반사운동을 조절하고 입체그림을 '자유롭게 합성하기' 위해 수도승처럼 앉아 도를 닦는다. 어떤 사람들은 그림 전면의 가상 지점에서 두 눈을 교차시켜, 왼쪽 눈으로 오른쪽 그림을 보고 오른쪽 눈으로 왼쪽 그림을 보는 동시에 각각의 눈은 가상의 지점 뒤에 있는 그림에 초점을 맞춘다. 또 어떤 사람들은 두 눈을 정면의 무한대 방향에 고정시키면서 동시에 초점을 유지한다. 윌리엄 제임스가 훌륭한 심리학자가 되려면 누구나 이 기술을 연마해야 한다고 말했다는 사실을 안 이후에 나 역시 수도승처럼 앉아 훈련을 하면서 오후 한 나절을 보냈다. 그러나 일반인들이 그렇게 힘든 일에 시간과 노력을 바치리라고는 기대하기 어렵다.

사실 휘트스톤의 발명품은 완벽하다고 보기 어려웠다. 그에겐 또 다른 문제가 있었다. 그가 살던 시대의 그림과 은판 사진이 너무 커서 눈앞에 가까이 놓으면 두 장이 서로 겹칠 수밖에 없었고, 또한 사람이 물고기처럼 두 눈을 바깥쪽으로 돌리고 볼 수도 없는 노릇이었다. 그래서 그는 양쪽 눈앞에 각각의 사진을 북엔드 책꽂이처럼 마주보게 하고 그 사이에는 두 장의 거울을 적당히 펼친 책의 표지처럼 붙여 두 거울에 각각의 사진이 반사되게 했다. 그런 다음 각각의 거울 앞에 프리즘을 놓고, 두 거울이 겹치게 보이도록 프리즘을 조절했다. 눈앞의 프리즘을 통해서 두 사진의 겹친 상을 보면 사진 속 장면은 갑자기 3차원으로 보였다. 성능이 좋은 카메라와 더 작은 필름이 출현하자 현재와 같이 더 단순하고 간편한 도안이 가능해졌다. 작은 사진들—눈처럼 배치된 두 시점으로부터 찍은 사진들—을 나란히 놓고 그 사이에는 수직의 곁눈가리개를, 그리고 양쪽 눈앞에는 각각 유리 렌즈를 놓는다. 유리 렌즈는 눈이 가까운 쪽 그림에 초점을 맞추려는 경향을 막아 주고, 그럼으로써 눈은 긴장을 풀고 무한대 방향으로 시선을 맞출 수 있다. 이제 두 눈은 정면을 향해 각각의 그림을 볼 수 있고, 그림들을 쉽게 합성하게 된다.

  입체경은 19세기의 텔레비전이 되었다. 빅토리아 시대의 가족과 친구들은 안락한 시간에 모여 앉아 페르시아의 불바르,* 이집트의 피라미드, 나이아가라 폭포의 입체사진을 돌려보았다. 나무로 아름답게 만든 입체사진기와 그것의 소프트웨어(사진이 나란히 붙어 있는 카드)는 지금도 골동품 가게에서 열성 수집가들에게 팔리고 있다. 현대판 입체사진인 뷰마스터ViewMaster는 관광 명소의 경치를 입체 슬라이드로 보여 주는 저렴한 투시 장치인데 전 세계 관광지에서 구입할 수 있다.

*넓은 가로수 길

  또 다른 입체사진 기술인 애너글리프anaglyph는 2개의 상을 한 표면 위에 겹치고, 각각의 눈이 의도된 상만을 보도록 영리하게 고안된 장치다. 널리 알려진 예로는, 1950년대 초에 3D 영화의 대유행을 일으킨 빨강과 초록의 악명 높은 판지 안경이 있다. 흰색 스크린 위에 왼쪽 눈의 상은 빨간색으로 오른쪽 눈의 상은 초록색으로 투사된다. 왼쪽 눈은 초록색 필터를 통해 화면을 보기 때문에, 흰색 배경은 초록으로 보이는 동시에 반대편 눈에만 보이도록 의도된 초록색 선들은 보이지 않는다. 그리고 왼쪽 눈에 보이도록 의도된 빨간 선들은 검은색으로 보인다. 이와 마찬가지로 오른쪽 눈은 빨간색 필터를 통해 보기 때문에 배경은 빨갛게 보이고, 빨간 선들은 보이지 않고, 초록색 선들은 검게 보인다. 양쪽 눈에는 각기 다른 상이 비치고 그 결과 괴물들이 스크린 밖으로 뛰쳐나온다. 그러나 유감스럽게도, 두 눈이 예컨대 빨간색과 초록색의 배경처럼 서로 아주 다른 패턴을 볼 때는 뇌가 그것을 합성하지 못한다는 부작용이 있다. 그럴 때에는 시야가 패치워크처럼 조각조각 나뉘어 각각의 패치 조각이 초록색과 빨간색으로 번갈아 보이는데, 이 혼란스런 효과를 양안 경쟁이라 부른다. 우리도 더 간단한 양안 경쟁을 직접 경험해 볼 수 있다. 손가락 하나를 눈에서 몇 인치 앞에 세운 상태에서 양쪽 눈을 크게 뜨고 먼 곳을 응시하면 이중상이 보인다. 그중 하나에 집중하면 부분들이 천천히 불투명해지다가 희미해지면서 투명해지고, 다시 채워지기를 반복한다.

좀 더 나은 애너글리프로는, 착색필터 대신 편광필터를 두 영사기 렌즈 위에 씌우고 또 판지 안경 안에 넣는 방법이 있다. 왼쪽 눈에 보이도록 의도된 상은 슬래시 면(/)의 각도로 진동하는 광파로 왼쪽 영사기에서 투사된다. 그 빛은 똑같은 방향의 작은 구멍들이 나 있는 왼쪽 안경 필터를 통과하는 반면, 반대 방향(역슬래시)의 작은 구멍들이 나 있는 오른쪽 안경 필터는 통과하지 못한다. 반대로 오른쪽 눈앞의 필터는 오른쪽 영사기에서 나오는 빛만을 통과시킨다. 겹친 상은 컬러로 보이면서도 두 눈을 양안 경쟁에 빠뜨리지 않는다. 알프레드 히치콕 감독은 이 기술을 《다이얼 M을 돌려라 Dial "M" for Murder》에 이용해 훌륭한 효과를 거뒀다. 그레이스 켈리가 자신을 목 졸라 죽이려는 사람을 찌르기 위해 가위로 손을 뻗는 장면이었다. 그러나 콜 포터의 《키스 미 케이트 Kiss Me Kate》를 각색한 영화에서는 좋은 효과를 거두지 못했다. 댄서가 커피 탁자를 혁대로 '심하게 Too Darn Hot'* 내리치면서 카메라를 향해 스카프를 던지는 장면이었다.

* 엘라 피츠제럴드가 부른 재즈곡.

현대적인 애너글리프 안경에는 소리가 나지 않고 전기적으로 조절되는 셔터처럼 작동하는 액정디스플레이LCD(디지털 시계의 숫자들 같은) 렌즈가 있다. 두 셔터가 투명해지고 불투명해지기를 반복함에 따라 두 눈은 앞쪽의 컴퓨터 화면을 번갈아 가면서 보게 된다. 안경은 화면과 동시적으로 작동하여, 왼쪽 셔터가 열려 있을 때 화면은 왼쪽 눈의 상을 보여 주고 오른쪽 셔터가 열려 있을 때는 오른쪽 눈의 상을 보여 준다. 장면들은 아주 빠르게 바뀌기 때문에 눈은 상이 바뀌는 것을 알아채지 못한다. 이 기술은 몇몇 가상현실 디스플레이에 이용되고 있다. 그러나 가상현실 분야의 첨단 기술은 현대판 빅토리아 입체경이다. 컴퓨터가 앞쪽에 렌즈가 달린 작은 LCD 화면에 각각의 상을 보여 주는데, 두 LCD 화면은 양쪽 눈앞에 오도록 헬멧이나 모자 챙에 부착되어 있다.

● ● ● ● ●

위의 기술들을 경험하려면 어떤 장치를 몸에 걸치고 보거나 장치의 구멍을 통해 봐야만 한다. 착시 연구자의 꿈은 육안으로 볼 수 있는 입체그림, 즉 자동입체그림이다.

그 원리는 약 150년 전에 스코틀랜드 물리학자 데이비드 브루스터에 의해 발견되었다. 그는 편광을 연구했고 만화경과 빅토리아식 입체경을 발명하기도 했다. 브루스터는 벽지의 반복되는 무늬들이 깊은 곳에서 튀어나올 수 있는 것처럼 보일 수 있음을 발견했다. 이를테면 꽃무늬 벽지처럼 똑같이 반복되는 패턴들은 두 무늬가 각각 한쪽 눈을 사로잡을 수 있다. 그런 일이 일어날 수 있는 것은 똑같이 생긴 꽃무늬들이 두 망막 위의 동일한 위치에 놓여서 이중상이 하나의 상처럼 보이기 때문이다. 사실 단추를 잘못 낀 셔츠처럼, 맨 양쪽의 짝이 없는 무늬들을 제외하고 전 행렬의 이중상들이 차례로 맞물려 단일한 상으로 보일 수 있다. 이중상이 전혀 보이지 않기 때문에 뇌는 자신이 두 눈을 제대로 집중시켰다 생각하고 잘못된 정렬에 만족하는 것 같다. 이렇게 되면 두 눈은 벽 뒤의 가상 지점을 겨냥하므로 꽃무늬들은 그 거리의 허공에 떠 있는 것처럼 보인다. 꽃무늬들은 또한 팽창해 보이는데, 그것은 뇌가 자신의 삼각법을 실행해서 그 꽃이 그 깊이에서 현재와 같은 망막상을 투사하려면 얼마나 커야 할지를 계산하기 때문이다.

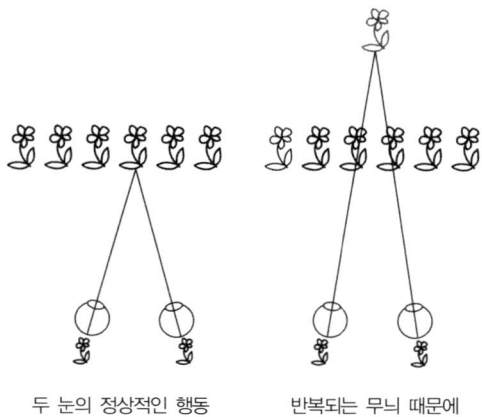

두 눈의 정상적인 행동 　　반복되는 무늬 때문에
　　　　　　　　　　　　　발생하는 눈의 착각

벽지 효과를 경험할 수 있는 간단한 방법은, 편하게 초점을 맞추고 집중하기 힘들 정도로 가까운 거리인 몇 인치 앞에서 타일 벽을 응시하는 것이다.(많은 남자들이 소변을 보면서 그 효과를 재발견한다.) 그러면 양쪽 눈 앞의 타일들이 쉽게 융합되어 먼 거리에 있는 아주 큰 타일 벽처럼 보이는 초현실적인 경험을 하게 된다. 벽은 바깥쪽으로 휘어지고, 머리를 이쪽저쪽으로 움직이면 벽은 머리와 반대 방향으로 흔들린다. 두 현상 모두, 실제로 그 거리에 있는 벽이 현재와 같은 망막상을 투사할 때 발생해야 할 것이다. 뇌는 그 모든 환각 형태를 일관되게 유지하려는 무모한 시도로서 그런 착시를 만들어 낸다.

브루스터는 또한 한 쌍의 같은 그림이 약간 불규칙한 간격으로 배열되어 있으면 나머지 그림들보다 튀어나와 보이거나 들어가 보인다는 사실을 발견했다. 앞의 그림에서 시선이 관통하는 두 꽃이 서로 약간 가깝게 인쇄되어 있다고 가정해 보자. 두 시선은 눈으로부터 더 가까운 곳에서 교차할 것이다. 양쪽 망막 위의 두 상은 관자놀이 쪽으로 벌어질 것이고, 그래서 뇌는 그 가상의 꽃을 더 가깝게 볼 것이다. 이와 마찬가지로, 두 꽃이 조금 떨어져 인쇄되었다면 시선은 조금 먼 곳에서 교차할 것이고, 망막에 맺힌 상은 코 쪽으로 모일 것이다. 뇌는 약간 더 먼 거리에 있는 허깨비 사물을 볼 것이다.

우리는 이제 간단한 형태의 '매직아이'인 벽지 자동입체그림에 도달했다. 책과 축하 카드에서 볼 수 있는 몇몇 입체그림에는 나란히 반복되는 형태들—나무, 구름, 산, 사람—이 그려져 있다. 그 입체그림을 보고 있으면 각각의 줄이 앞뒤로 표류하다가 각자의 깊이에 안착한다.(구불구불한 그림과는 달리 이런 자동입체그림에서는 새로운 형태가 생겨나지 않는다. 새로운 형태가 보이는 그림에 대해서는 곧 설명할 것이다.) 다음의 예는 일라 베닐 수비야가 디자인한 것이다.

4장 마음의 눈 355

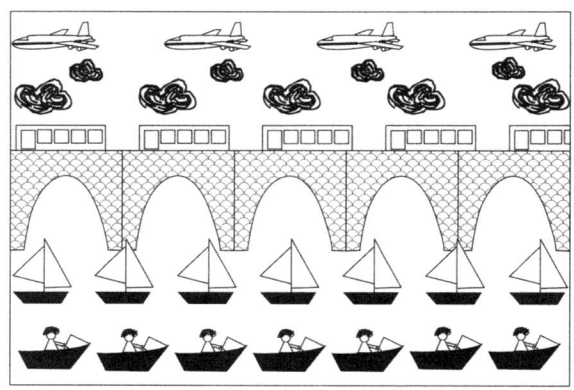

이것은 브루스터의 벽지와 비슷하지만, 도배공이 술에 취했기 때문이 아니라 의도적으로 서로 다른 간격으로 배열되었다. 그림에 일곱 척의 돛배가 있는 것은 서로 가깝게 모여 있기 때문이고, 다섯 개의 아치가 있는 것은 서로 떨어져 있기 때문이다. 그림 뒤쪽에서 시선을 교차하면 돛배가 아치보다 가깝게 보이는데, 이것은 잘못 교차된 시선이 더 가까운 면에서 만나기 때문이다.

  입체그림을 합성하는 방법을 아직도 모르겠다면 이 책을 눈에 바짝 붙여 보라. 초점이 안 맞을 정도로 아주 가깝게 붙인 상태에서 두 눈의 시선을 정면으로 향하면 이중으로 보일 것이다. 책을 천천히 뒤로 이동시키면서 두 눈을 계속 편하게 유지한 채로 책을 '뚫고' 책 뒤의 가상 지점을 응시하라.(어떤 사람들은 입체그림 위에 유리판이나 투명한 비닐을 씌워서 거기에 비친 먼 사물에 초점을 맞추기도 한다.) 여전히 이중으로 보일 것이다. 이제 중요한 비결은, 이중상 중의 하나를 다른 이중상 위에 겹치도록 이동시킨 다음 2개의 자석처럼 그대로 유지하는 것이다. 두 상을 일치 상태로 유지하라. 겹쳐진 형태들이 갑자기 초점이 맞으면서 각기 다른 깊이로 튀어나오거나 쑥 들어갈 것이다. 타일러가 말했듯이 입체시는 사랑과 같다. 확신이 없으면 경험을 못한다.

 좀 더 운이 좋은 사람들은 입체그림에서 몇 센티미터 앞에 손가락 하나를 세우고 손가락에 초점을 맞춘 다음 두 눈을 그 깊이에 유지하고 손가락을 뺀다. 이 기술을 이용하면 두 눈의 교차로부터 엉뚱한 합성이 나오는데, 왼쪽 눈의 시선은 오른쪽에 있는 배로 가고 오른쪽 눈의 시선은 왼쪽에 있는 배로 가기 때문이다. 그러면 사시가 될 거라는 어머니 말씀은 걱정하지 않아도 된다. 두 눈이 영구적으로 그렇게 고정되진 않을 것이다. 두 눈을 너무 많이 교차해서 입체그림을 얻는 경우와 적게 교차해서 입체그림을 얻는 경우는 당사자가 애초에 약간 내사시內斜視인지 아니면 외사시外斜視인지에 달려 있다.

 연습을 하면 대부분의 사람들은 벽지 자동입체그림을 합성할 수 있다. 일반인들은 두 장의 입체그림을 자유롭게 합성하는 심리학자들처럼 고행을 할 필요가 없다. 초점 반사와 수렴 반사(교차 반사)를 그 정도까지 분리할 필요는 없기 때문이다. 사진 두 장의 입체그림을 자유 합성하려면 두 눈을 충분히 멀게 고정시켜서 각각의 눈이 각각의 사진에 머물러야 한다. 반면에 벽지 입체그림을 합성하려면 각각의 시선이 '한 그림 안에' 인접해 있는 두 무늬를 바라볼 만큼만 떨어진 상태를 유지하면 된다. 반복되는 무늬들은 아주 가까워서 수렴 각도가 초점 반사에 필요한 시선으로부터 크게 벗어나지 않는다. 당신도 두 반사운동의 결합을 조금 흔들어서 두 눈이 수렴하는 것보다 조금 더 가깝게 초점을 맞추는 일이 그다지 어렵게 느껴지진 않을 것이다. 그것이 어렵다면 엘렌 데제네레스를 따라 상담 그룹에 가입하는 것도 괜찮을 것이다.

벽지 입체그림—두 눈을 유혹해서 반사운동을 어긋나게 하는 똑같은 그림들—의 원리를 살펴보면 뇌가 입체로 보기 위해 해결해야만 하는 기본적인 문제 하나가 드러난다. 뇌는 두 망막에 맺힌 한 점의 위치를 측정하기 전에, 한 망막 위의 점이 다른 망막 위의 점과 동일한 외부의 흔적으로부터 온 것인지를 확신해야 한다. 만일 외부 세계의 흔적이 하나뿐이라면 문제는 간단할 것이다. 그러나 흔적을 하나 더 추가하면 망막상은 두 방식으로 매치될 수 있다. 왼쪽 눈에 점 1과 오른쪽 눈에 점 1, 그리고 왼쪽 눈에 점 2와 오른쪽 눈에 점 2가 매치되는 경우—올바른 매치—가 있고, 왼쪽 눈에 점 1과 오른쪽 눈에 점 2, 그리고 왼쪽 눈에 점 2와 오른쪽 눈에 점 1이 매치되는 경우—2개의 유령 흔적이 만들어지는 오류 매치의 경우—가 있다.

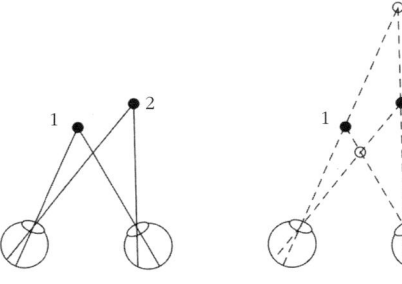

바르게 매치된 경우   가능하지만 잘못 매치된 경우

흔적이 늘어나면 문제는 더 복잡해진다. 흔적이 3개면 6개의 유령 매치가 가능해지고, 10개면 90개, 100개면 1만 개에 육박한다. 이 '일치 문제'는 16세기 천문학자 요하네스 케플러가 발견했다. 케플러는 별을 바라보는 두 눈이 어떻게 수천 개의 흰 점들을 매치시키는가에 대해, 그리고 공간 속 사물의 위치가 어떻게 그 사물의 다중 투상投像으로부터 결정될 수 있는가에 대해 생각했다. 벽지 입체그림의 원리는 일치 문제에 대해 그럴듯하지만 잘못된 해를 받아들이도록 뇌를 달래는 것이다.

최근까지만 해도 사람들은 뇌가 일상적인 장면들에서 일치 문제를 풀 때는 먼저 각각의 눈으로 사물을 '인식'하고, 그런 다음 동일한 사물의 두 상을 매치시키는 것으로 생각했다. 왼쪽 눈의 레몬은 오른쪽 눈의 레몬과 일치하고, 왼쪽 눈의 체리는 오른쪽 눈의 체리와 일치한다는 식이었다. 입체시는 개인의 지능에 의해 지배되는 것이며 동일한 종류의 사물에서 온 점들을 합치기만 하면 오류 매치를 피할 수 있다고 생각했다. 수백만 개의 점들이 있고 그 속에 훨씬 적은 수의 레몬이 있거나 어쩌면 단 하나의 레몬만 포함되어 있는 장면이라면 좋은 예가 될 것이다. 이렇게 뇌가 사물의 전체 형태를 매치시킨다면 오류가 발생할 가능성은 더 적어질 것이다.

그러나 자연은 그런 해결책을 선택하지 않았다. 첫 번째 힌트는 에임스의 또 다른 이상한 방에 있다. 지칠 줄 모르는 에임스는 이번엔 평범한 직사각형이지만 바닥과 벽과 천장에 촘촘하게 나뭇잎을 붙인 방을 만들었다. 작은 구멍을 통해 한 눈으로 그 방을 들여다보면 무정형無定形의 초록색 바다로 보였다. 그러나 두 눈으로 보면 갑자기 정상적인 3차원 형태의 방이 튀어나왔다. 에임스는 단지 왼쪽 눈이나 오른쪽 눈이 아니라, 키클롭스의 눈으로만 볼 수 있는 세계를 만든 것이다. 그러나 뇌가 각각의 눈으로 사물을 인식하고 연계하는 방법에 의존해야 했다면, 어떻게 두 눈의 상을 매치시킬 수 있었을까? 왼쪽 눈의 상은 '나뭇잎, 나뭇잎, 나뭇잎, 나뭇잎, 나뭇잎, 나뭇잎, 나뭇잎, 나뭇잎' 이었다. 그런데 오른쪽 눈의 상도 '나뭇잎, 나뭇잎, 나뭇잎, 나뭇잎, 나뭇잎, 나뭇잎, 나뭇잎, 나뭇잎' 이었다.

뇌는 상상할 수 있는 가장 어려운 일치 문제에 직면하게 된다. 그런데 이상하게도 뇌는 어렵지 않게 두 광경을 짝짓고 키클롭스의 상을 만들어 냈다.

이 증명에는 빈틈이 있다. 만일 그 방의 테두리와 귀퉁이들이 나뭇잎으로 완전히 가려지지 않았다면? 어쩌면 각각의 눈에 그 방의 대략적인 형태가 어렴풋이 보였을지 모르고, 뇌가 두 상을 합성할 때 그 어렴풋한 단서들이 정확하다는 것을 더 확신하게 되었는지 모른다. 뇌가 사물을 인식하지 않고 일치 문제를 해결할 수 있다는 완벽한 증거는 컴퓨터 그래픽이 처음 등장했을 때 그 기술을 독창적으로 이용한 심리학자 벨라 율레즈의 손에서 나왔다. 1956년에 헝가리를 떠나 미국으로 가기 전에 율레즈는 공중 정찰을 연구하는 레이더 기술자로 일했다. 공중 정찰은 교묘한 방법을 사용한다. 입체시로 위장을 꿰뚫어 보는 것이다. 위장된 물체는 그 배경과 비슷한 무늬로 덮여 있어 사물과 배경의 경계가 보이지 않는다. 그러나 그 물체가 빈대떡처럼 납작하지 않은 한 '2개의' 시점으로 볼 때 위장 무늬들은 각각의 광경에서 약간 다른 위치에 나타나는 반면 배경은 더 멀리 있기 때문에 위치가 크게 달라지지 않을 것이다. 공중 정찰의 핵심은 지상을 촬영한 다음 비행기를 약간 이동시켜서 다시 촬영하는 것이다. 그런 다음 두 사진을 나란히 놓고 불일치를 찾아내는 초고감도 탐지기를 가동한다. 그 탐지기는 바로 사람이다. 비행기의 촬영 지점에서 각각 하나의 눈으로 지상을 내려다보는 거인처럼, 사람이 입체경으로 두 사진을 보면 위장된 물체가 두드러져 보인다. 정의상 위장된 물체는 한 눈으로는 잘 보이지 않으므로, 이것은 실제 눈으로는 볼 수 없는 것을 키클롭스의 눈으로는 볼 수 있다는 또 다른 예가 된다.

과학적 증거는 '완벽한' 위장을 요구했고, 율레즈는 컴퓨터를 끌어들였다. 왼쪽 눈의 상을 위해 율레즈는 컴퓨터상으로 텔레비전의 스노우 현상처럼 무작위의 점들로 뒤덮인 사각형을 만들었다. 그리고 오른쪽 눈을 위해서도 똑같은 사각형을 만들었지만 한 가지 변화를 덧붙였다. 몇 개의 점들이 포함된 한 구획을 약간 왼쪽으로 이동시키고, 오른쪽의 틈에 무작위의 점들로 이루어진 새 줄을 삽입해서 이동한 구획을 완벽하게 위장했다. 각각의 그림을 따로따로 보면 후춧가루처럼 보였다. 그러나 입체경에 넣고 보면 그 구획이 공중에 떠 보였다.

당시의 여러 입체시 권위자들은, 뇌가 풀어야 하는 일치 문제가 너무 어렵

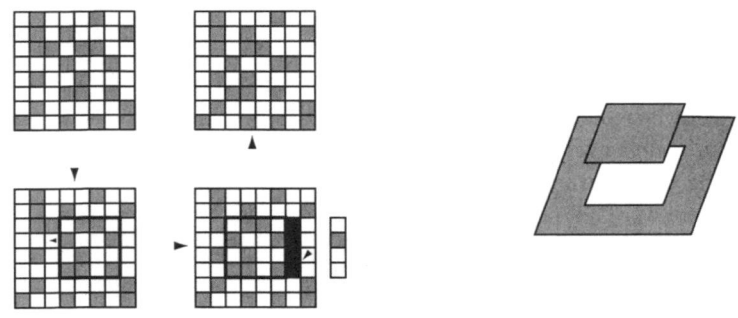

다는 이유로 그 사실을 믿으려 하지 않았다. 그들은 율레즈가 교묘한 방법으로 한쪽 그림에 작은 절단 자국들을 남겼을 것이라고 의심했다. 그러나 컴퓨터는 그런 짓을 하지 않았다. 무작위-점 입체그림을 보는 사람은 누구나 즉시 그 사실을 믿게 된다.

가끔씩 율레즈와 공동 연구를 하던 크리스토퍼 타일러가 매직아이 자동입체그림을 발명하는 데 필요했던 것은 벽지 자동입체그림과 무작위-점 입체그림을 결합하는 것뿐이었다. 컴퓨터가 점들로 이루어진 세로줄을 하나 만들고 그 복사본들을 나란히 배열해서 무작위-점 벽지를 만든다. 한 세로줄의 폭이 점 10개라면 그 점들을 1부터 10까지의 숫자로 표현할 수

있다.(10은 0'으로 표시한다.)

　　　　1234567890123456789012345678901234567890123456789012345678 90

　　　　　1234567890123456789012345678901234567890123456789012345678 90

　　　　　　1234567890123456789012345678901234567890123456789012345678 90

　각 점들의 묶음은—예를 들어 '5678'—열 칸마다 반복된다. 두 눈이 인접한 세로줄들에 사로잡히면, 뇌가 꽃이 아닌 무작위 점의 줄들을 겹친다는 것을 제외하고는 벽지 입체그림에서와 똑같이 그것을 잘못 합성한다. 벽지 입체그림에서, 가까이 모여 있는 똑같은 무늬들을 볼 때는 시선이 더 가까이 교차하기 때문에 그 무늬들은 다른 무늬들 위에 떠 있는 것처럼 보인다는 사실을 기억하자. 매직아이 자동입체그림으로 한 구획을 뜨게 만들기 위해 도안자는 구획을 정하고 그 구획에 포함된 각각의 점 덩어리를 더 가까운 사본 쪽으로 당긴다. 다음 그림에서 나는 떠 있는 직사각형을 만들고자 한다. 그래서 나는 두 화살표 사이에 있는 4번 점의 두 사본들을 잘라 내고자 한다. 4번을 잘라 낸 열들은 이제 두 칸이 더 짧아졌기 때문에 당신의 눈에도 보일 것이다. 직사각형 안에서 예컨대 '5678' 같은 각각의 점 덩어리는 열 칸이 아니라 아홉 칸마다 반복된다. 뇌는 더 가까이 모여 있는 사본들이 더 가까운 물체로부터 온 것으로 해석하고, 그 결과 직사각형이 공중에 떠오른다. 그런데 다음의 도표는 자동입체그림이 어떻게 만들어지는가를 보여 줄 뿐 아니라, 표 자체가 하나의 자동입체그림이 될 수도 있다. 벽지를 볼 때처럼 그것을 합성한다면 직사각형이 떠오를 것이다. (맨 위에 표시된 별표가 합성을 도울 것이다. 두 눈을 표류시키면 잠시 후 이중상과 함께 4개의 별이 보일 것이다. 그러면 중간의 두 별표가 합성될 때까지 두 상을 합치면, 4개가 아닌 3개의 별이 일렬로 늘어서 있는 것이 보일 것이다. 두 눈을 새롭게 조준하지 말고 천천히 눈길을 아래로 내려서 도표를 보면 떠 있는 직사각형이 보일 것이다.)

```
                    *         *
                    ↓         ↓
12345678901234567890123456789012345678901234567890123456789012345678901234567890
12345678901234567890123456789012345678901234567890123456789012345678901234567890
12345678901234567890123456789012345678901234567890123456789012345678901234567890
1234567890123456789012345678901235678901235678901234567890
1234567890123456789012345678901235678901235678901234567890
1234567890123456789012345678901235678901235678901234567890
1234567890123456789012345678901235678901235678901234567890
1234567890123456789012345678901235678901235678901234567890
1234567890123456789012345678901235678901235678901234567890
12345678901234567890123456789012345678901234567890123456789012345678901234567890
12345678901234567890123456789012345678901234567890123456789012345678901234567890
12345678901234567890123456789012345678901234567890123456789012345678901234567890
123456789012345678901234567890123X4567890123X4567890123456789012345678901234567890
123456789012345678901234567890123X4567890123X4567890123456789012345678901234567890
123456789012345678901234567890123X4567890123X4567890123456789012345678901234567890
123456789012345678901234567890123X4567890123X4567890123456789012345678901234567890
123456789012345678901234567890123X4567890123X4567890123456789012345678901234567890
123456789012345678901234567890123X4567890123X4567890123456789012345678901234567890
12345678901234567890123456789012345678901234567890123456789012345678901234567890
12345678901234567890123456789012345678901234567890123456789012345678901234567890
12345678901234567890123456789012345678901234567890123456789012345678901234567890
```

또한 도표의 더 아래쪽에서는 도려낸 창이 보일 수도 있다. 나는 직사각형의 한 구획을 정한 다음 위에서 했던 것과는 정반대로 그 구획 내부의 모든 4번 점 옆에 점 하나('X'로 표시)를 추가했다. 그 때문에 점 덩어리들은 더 멀리 밀려나 열한 칸마다 반복되고 있다.(점이 추가된 열들은 다른 열들보다 더 길다.) 더 넓게 배치된 사본들은 더 먼 표면에 해당한다. 물론 실제의 무작위-점 자동입체그림은 숫자가 아니라 점들로 이루어져 있어서, 우리는 잘라 내거나 삽입한 부분을 볼 수가 없으며 울퉁불퉁한 선들도 여분의 점들로 채워져 있다. 아래에 예가 있다. 무작위-점 자동입체그림의 재미는 보이지 않았던 형체가 갑자기 튀어나와 보는 사람을 놀라게 한다는 데 있다.

* *

    자동입체그림은 일본에서 대유행을 일으킨 후에 곧 예술 형식으로 발전했다. 점은 필요 없다. 뇌를 속여서 두 눈을 서로 인접한 세로줄에 고정시키게 만드는 작은 윤곽들이면 충분하다. 최초의 상업적인 자동입체그림은 색채가 들어간 구불구불한 선을 이용했고, 일본판 자동입체그림은 꽃이나 파도, 그리고 에임스의 방에서 차용한 나뭇잎을 이용하고 있다. 컴퓨터 덕분에 자동입체그림의 형태는 디오라마*의 그림들처럼 납작할 필요가 없어졌다. 컴퓨터는 표면상의

* diorama. 주위 환경이나 배경을 그림으로 하고 그 위에 축소 모형을 놓아 하나의 장면을 만든 것

점들을 3차원 좌표로 읽을 수 있기 때문에, 구획 전체를 옮기는 대신 각각의 점들을 약간 다른 정도로 이동시켜 키클롭스의 공간 속에 단단한 형체를 조각할 수 있다. 매끄럽고 둥근 형체들도 가능하며 마치 잎이나 꽃 모양으로 수축 포장*한 것처럼 보이게 할 수 있다.

    왜 자연선택은 우리에게 양쪽 눈에 비친 레몬이나 체리의 상을 매치시키는 간단한 입체 시스템이 아니라, 키클롭스의 시각—한쪽 눈으로는 볼 수 없는 입체적 형태를 보는 능력—을 선사했을까? 타일러는 우리 조상이 실제로 에임스의 나뭇잎 방에서 살았다는 사실을 지적한다. 영장류는 나무에서 진화했기 때문에 무성한 나뭇잎에 가려진 작은 가지들의 망과 타협할 필요가 있었다. 실패의 대가는 아득한 땅바닥으로 추락하는 것이었다. 이 양안 동물들에게 입체시 컴퓨터를 장착하는 것은 자연선택에게는 거부할 수 없을 만큼 매력적인 일이었을 것이 분명하지만, 그 컴퓨터는 수천 조각에 달하는 시각적 무늬의 불일치들을 계산해야 했다. 명확한 매치를 허용하는 획일적인 물체는 극히 드물었다.

    율레즈는 키클롭스 시각의 또 다른 장점을 지적한다. 위장술은 군대가 발견하기 오래 전에 동물들이 발견했다. 최초의 영장류들은 오늘날의 선先유인원,** 즉 마다가스카르의 여우원숭이 및 안경원숭이와 비슷하다. 많은 곤충들이 두 가지 방법으로 포식자를 피한다. 포식자의 운동탐지기를 무력화하는 얼어붙기와 윤곽탐지기를 무력화하는 위장술이다. 키클롭스 시각은 효과적인 대응책이다. 공중 정찰로 탱크와 비행기를 식별하는 것과 똑같은 방식으로 키클롭스 시각은 먹이를 탐지한다. 전쟁에서나 자연에서나 무기가 발전하면 군비경쟁이 가속화된다. 어떤 곤충들은 몸을 납작하게 만들어 배경과 수평을 유지하는 방법으로, 또 어떤 곤충들은 살

* 플라스틱 피막을 가열하여 내용물의 형태로 수축시키는 포장법.

** prosimians. 원원류라고도 한다.

아 있는 나뭇잎과 잔가지 형태로 변신하는 방법, 즉 3차원 위장술로 포식자의 입체시를 무력화한다.

● ● ● ●

키클롭스의 눈은 어떻게 작동하는가? 일치 문제—한쪽 눈에 들어온 흔적과 반대쪽 눈에 들어온 그 대응물을 매치시키는 문제—는 닭이 먼저냐 달걀이 먼저냐의 두려운 문제다. 측정할 흔적 쌍을 고르기 전에는 흔적 쌍의 입체 불일치를 측정할 수가 없다. 그런데 나뭇잎 방이나 무작위-점 입체 그림에는 매치할 수 있는 대상이 수천 개에 이른다. 표면이 얼마나 멀리 떨어져 있는가를 안다면 오른쪽 망막 위의 흔적과 쌍을 이루는 왼쪽 망막 위의 대응물을 찾기 위해 어디를 봐야 할지를 알 것이다. 그러나 그것을 안다면 입체시 연산을 할 필요가 없다. 이미 해를 알기 때문이다. 마음은 어떻게 이 일을 수행할까?

    데이비드 마르는 진화의 배경인 이 세계에 대해 선천적으로 내장된 전제들이 해답의 실마리일 수 있다고 지적했다. n개의 점이 있고 n^2개의 가능한 매치가 있다면 지구라는 이 멋진 프레임이 그 모든 매치를 제공하진 않을 것이다. 잘 설계된 매치 수행자라면 물리적으로 가능한 매치들만 고려할 것이다.

    첫째, 세계 내의 각 흔적은 한 순간에 한 표면의 한 위치에만 고정되어 있다. 그래서 올바른 매치는 세계 내의 한 얼룩으로부터 두 눈에 들어온 똑같은 점들로 짝지어져야 한다. 한쪽 눈의 검은 점은 반대쪽 눈의 흰 점이 아니라 검은 점과 짝지어져야 한다. 그 매치는 어떤 표면 위의 한 위치를 나타내기 때문이다. 그 위치는 검은 얼룩인 동시에 흰 얼룩일 수 없다. 이와 반대로 검은 점이 검은 점과 매치된다면 두 점은 세계에 존재하는 어떤 표면의 한 점에서 온 것이 분명하다.(자동입체그림은 바로 이 전제를 위반한다. 하나의 얼룩이 '몇 개의' 위치로 보인다.)

둘째, 한쪽 눈의 점은 반대쪽 눈의 한 점과 매치되어야 한다. 그것은 한쪽 눈의 시선은 이 세계의 단지 한 표면 위의 한 점에서 끝날 것임을 의미한다. 얼핏 보면 그 전제는 예컨대 얕은 호수 바닥처럼, 시선이 투명한 표면을 뚫고 불투명한 표면에 닿을 가능성을 배제하는 것처럼 생각된다. 그러나 사실은 더 정교하다. 그 전제는 2개의 똑같은 얼룩, 즉 호수 표면의 얼룩과 호수 바닥의 얼룩이 왼쪽 눈의 시선으로는 일직선상에 있는 동시에 오른쪽 눈의 시선으로는 둘 다 보이는 우연한 일치만을 배제한다.

셋째, 물질은 응집성이 있고 매끄럽다. 대개 한쪽 시선이 끝나는 표면은 이웃한 시선이 닿는 표면보다 많이 가깝거나 많이 멀지 않다. 즉 외부 세계의 인접한 조각들은 동일한 매끄러운 표면상에 놓여 있는 경향이 있다. 물론 사물의 경계 부분에서는 이 전제가 어긋난다. 이 책의 뒷표지 테두리는 당신으로부터 2피트가량 떨어져 있지만 그 테두리의 바로 오른쪽에는 수십만 마일 밖의 달이 보일 수도 있다. 그러나 경계들은 시야에서 작은 부분을 차지하기 때문에(그림을 색칠할 때보다는 외곽선을 그릴 때 잉크가 훨씬 적게 든다) 그런 예외들은 충분히 견딜 만하다. 이 전제는 모래바람, 모기 떼, 미세한 전선들, 암벽 봉우리 사이에 난 깊은 크레바스들, 뾰족한 못의 끝들이 튀어나온 판 등으로 이루어진 세계를 배제한다.

이상의 전제들이 추상적으로는 그럴듯하게 들리지만, 그것들을 충족하는 매치들이 실제로 존재하려면 어떤 것이 더 필요하다. 닭과 달걀의 문제는 이따금 2장에서 설명한 이른바 제약 만족이란 기술로 해결될 수 있다. 퍼즐의 단어들이 한 번에 하나씩 해결되지 않을 때 문제 푸는 사람은 마음속으로 각 부분에 들어갈 몇 개의 후보 단어를 추측하고 그것을 다른 부분들에 들어갈 후보 단어들과 비교하여 어느 단어들이 서로 맞아떨어지는지를 확인한다. 연필과 지우개를 가지고 가로세로 낱말 맞추기를 하는 경우가 그렇다. 가로 낱말의 단서가 아주 애매해서 몇 개의 단어를 연필로 적어 놓을 때가 종종 있다. 그러나 세로의 후보 단어들 중 하나가 가로의 후보 단어들 중 어느 단어와 하나의 철자를 공유하면 우리는 그 단어 쌍을 선택하고 나머지 것들을 지운다. 모든 단서와 빈칸에 대해 동시에 그 일을 한다고 상상해 보면 제약 만족을 이해할 수 있을 것이다. 입체시의 일치 문제를 해결하는 경우에는 점들이 단서이고, 매치들과 깊이들이 후보 단어이며, 세계에 대한 세 전제는 모든 단어의 모든 철자는 각각 하나의 네모 안에 들어가야 하고, 모든 네모에는 하나의 철자가 들어가야 하며, 각각의 철자 열은 단어가 되어야 한다고 지정하는 규칙들이다.

    제약 만족은 179쪽에 제시된 것과 같은 제약망에 이용되곤 한다. 마르와 이론신경과학자 토마소 포기오는 입체시를 위한 제약망을 설계했다. 입력 단위들은 이를테면 무작위-점 입체그림의 검고 흰 네모들 같은 점들을 표현한다. 이 단위들로부터 왼쪽 눈의 한 점으로서 가능한 n×n개의 모든 매치를 표현하는 일련의 단위들에게로 신호가 출력된다. 그 단위들 중 하나가 켜지면 해당 망은 외부 세계에 (두 눈이 수렴한 지점을 기준으로) 특정한 깊이를 가진 하나의 얼룩이 있다고 추측한다. 아래는 그 망의 한 면을 조감한 것이며 극소수의 단위로 이루어져 있다.

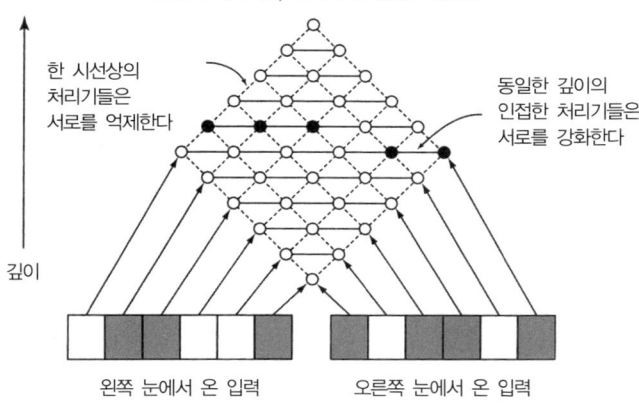

이 모델은 다음과 같이 작동한다. 각 단위는 제1전제(각 흔적은 한 표면에 고정되어 있다)에 따라 두 눈에서 온 입력(검정 또는 흰색)이 동일할 때에만 켜진다. 단위들은 서로 연결되어 있기 때문에 한 단위가 활성화되면 그 여파로 이웃 단위들이 켜지거나 꺼진다. 한 시선상의 여러 매치들과 연결된 단위들은 제2전제(한 시선에는 동시에 여러 흔적이 정렬되지 않는다)에 따라 서로를 억제한다. 단위의 활성은 망 곳곳으로 울려 퍼지다가 결국에는 안정되고, 활성화된 단위들은 깊이와 관련하여 하나의 윤곽을 결정한다. 앞의 그림에서 안이 채워진 단위들은 배경 위에 떠 있는 하나의 테두리를 보여 준다.

제약 만족 기술은 수천 개의 처리기들을 통해 임시적인 후보들을 만들고 전체적인 해결책이 출현할 때까지 처리기들 사이에 충분한 논의가 이루어지게 하는 기술로, 뇌의 작동은 상호 연결된 수많은 처리기들의 병렬 연산을 통해 이루어진다는 일반적인 생각과 일치한다. 여기에는 심리학적 측면도 있다. 복잡한 무작위-점 입체그림을 볼 때 종종 숨겨진 그림은 즉시 튀어나오지 않는다. 먼저 후춧가루로부터* 테두리

* 361쪽 참조.

의 작은 일부가 튀어나오고 한 장의 판이 떠오른 다음 반대쪽과의 희미한 경계가 점차 뚜렷하게 정돈되다가 마침내 전체적인 형태가 갖춰진다. 우리는 해결책이 출현하는 것을 경험하지만 그 해결책에 도달하기 위한 처리기들의 노력을 경험하진 못한다. 따라서 그것은 우리가 보고 생각하는 동안 의식 차원의 밑에서는 수많은 정보처리 과정이 진행되고 있다는 것을 보여 주는 좋은 증거다.

마르-포기오 모델은 뇌의 입체시 연산을 짐작케 하지만 우리의 실제 회로는 분명 그보다 더 복잡할 것이다. 실험을 통해 밝혀진 사실에 따르면, 사람들은 물체의 고유성과 매끄러움에 대한 가정들을 위반하는 인공의 세계에 들어가면 그 모델이 예측하는 만큼 그렇게 서툴게 보지는 않는다고 한다. 뇌는 매치 문제를 해결하기 위해 또 다른 종류의 정보들을 사용하는 것이 분명하다. 우선 이 세계는 무작위 점들로 이루어져 있지 않다. 뇌는 두 눈의 시선에 잡히는 작은 대각선들, T자 형태들, 지그재그들, 잉크 자국들(심지어 무작위-점 입체그림에도 풍부하게 존재한다)을 매치시킬 줄 안다. 점들보다는 그러한 얼룩들 사이에서 오류 매치가 훨씬 적게 일어나므로, 배제해야 할 매치의 수는 크게 줄어든다.

매치의 또 다른 요령은 2개의 눈에서 비롯되는 또 다른 기하학적 결과를 이용하는 것이다. 발견자는 레오나르도였다. 하나의 사물에는 한 눈으로는 볼 수 있지만 다른 눈으로는 보지 못하는 부분들이 있다. 전면에 만년필을 수직으로 들고 끼움쇠를 11시 방향으로 맞춰 보라. 두 눈을 번갈아 감고 보면 끼움쇠가 왼쪽 눈에만 보일 것이다. 만년필의 나머지 부분 때문에 오른쪽 눈에는 보이지 않을 것이다. 뇌를 설계할 때 자연선택은 레오나르도처럼 영리하게도 사물의 경계에 대한 이 중요한 단서를 이용하게 한 것일까? 아니면 뇌는 인색하게도 각각의 오류 매치를 응집성 전제에 대한 예외로 돌려 버리고 그 단서를 무시할까? 두 심리학자 켄 나카야마와 신스케 시모조가 입증한 바에 따르면, 자연선택은 그 단서를 무시하지 않았다. 그들은 깊이 정보가 위치 이동된 점들에 있는 것이 아니라 한 눈에는 보이고 다른 눈에는 보이지 않는 점들에 있는 무작위–점 입체그림을 만들었다. 그 점들은 착시로 만들어질 사각형의 네 테두리에 있는데, 위와 아래의 오른쪽 점들은 오른쪽 눈의 그림에만 있고 위와 아래의 왼쪽 점들은 왼쪽 눈의 그림에만 있다. 그 입체그림을 보는 사람은 네 점에 의해 만들어진 사각형이 떠오르는 것을 보는데, 이것은 뇌가 한 눈에만 보이는 형태를 공간 속의 한 테두리로부터 오는 것으로 해석한다는 것을 의미한다. 나카야마와 심리학자 바턴 앤더슨은 그 맞물림을 탐지하는 뉴런이 있다고 주장한다. 그 뉴런들이 한쪽 눈의 흔적 쌍에 반응하는데, 한 흔적은 다른 눈의 흔적과 매치되고 다른 흔적은 매치되지 않는다. 이 3차원 경계 탐지기들 덕분에 입체망이 떠 있는 조각들의 외곽선에 안착할 수 있다는 것이다.

● ● ● ● ●

눈이 둘이라고 해서 입체시가 그냥 오는 것은 아니다. 뇌 속에 회로가 배선되어야 한다. 우리가 이 사실을 아는 것은 인구의 약 2퍼센트가 각각의 안구로는 아주 잘 보면서 키클롭스의 눈으로는 보지 못하기 때문이다. 그들에겐 무작위–점 입체그림이 끝까지 편평하게 보인다. 또한 약 4퍼센트의 사람들이 빈약한 입체시를 갖고 있으며, 그보다 훨씬 더 많은 사람들이 다양한 결함을 갖고 있다. 이런 입체맹시 형태들을 발견한 휘트먼 리처즈는, 뇌에는 두 눈에 들어온 한 점의 위치상 차이를 감지하는 세 종류의 뉴런 풀이 있다는 가설을 세웠다. 첫 번째 풀은 정확히, 또는 거의 정확히 일치하는 점 쌍들을 위한 풀로, 초점에서 미세한 깊이 지각이 이루어진다. 두 번째 풀은 [망막에서] 코 쪽으로 몰리는 점 쌍들을 위한 풀로, 먼 물체들을 지각한다. 세 번째 풀은 관자놀이에 가깝게 맺히는 점 쌍들을 위한 풀로, 가까운 물체들을 지각한다. 그 후로 이 모든 특성들을 가진 뉴런들이 원숭이와 고양이의 뇌에서 발견되어 왔다. 여러 종류의 입체맹시가 유전적으로 결정되는 것으로 보이며, 따라서 각각의 뉴런 풀은 각기 다른 유전자 조합에 의해 형성되는 것으로 추정된다.

입체시는 태어날 때부터 존재하지는 않으며, 어린아이나 어린 동물의 경우 한쪽 눈이 백내장에 걸리거나 안대로 잠시 입력을 차단당하면 입체시에 영구적 손상이 온다. 이것은 다른 모든 것들처럼 입체시도 양육과 본성의 혼합물이라는 지루한 교훈으로 들릴 수 있다. 그러나 한 걸음 더 나아가면, 뇌는 조립되어야 하고 그 조립에는 긴 시간에 걸친 계획표가 필요하다고 생각할 수 있다. 그 시간표는 유기체가 자궁에서 추방당하는 시간에는 관심이 없다. 설치 순서는 출생 후부터 시작된다. 그 과정에는 또한 중대한 시기마다 유전자가 예측할 수 없는 정보를 습득하는 것이 포함된다.

입체시는 유아기에 돌연히 발생한다. 신생아를 정기적으로 실험실에 데려가면 몇 주가 지나도록 입체그림에 반응하지 않다가 어느 날 갑자기 큰 관심을 보인다. 생후 3~4개월경에 찾아오는 그 획기적인 주에 아기들은 생애 처음으로 눈의 초점을 모으고(예를 들어 장난감이 코앞에 올 때까지 시선을 떼지 않는다), 양쪽 눈에 각기 다른 패턴을 제시하는 경쟁적 그림에 흥미를 보이기보단 짜증을 낸다.

그렇다고 해서 아기들이 '입체로 보는 방법을 배우는' 것은 아니다. 심리학자 리처드 헬드는 더 간단하게 설명한다. 아기가 태어나면 시각피질의 수용층을 이루고 있는 각 뉴런들은 두 눈의 해당 위치들로부터 들어오는 입력을 따로따로 분리하기보다는 모든 입력을 전체적으로 이해한다. 뇌는 특정한 패턴 조각이 어느 쪽 눈에서 왔는지를 모르고 단지 양쪽 눈에 비친 것을 녹여 2차원 그림을 만들어 낸다. 하나의 구부러진 선이 어느 쪽 눈에서 왔는지에 대한 정보가 없으면, 입체시, 수렴, 경쟁은 논리적으로 불가능하다. 생후 3개월경에 각각의 뉴런은 반응 상대로서 마음에 드는 눈을 정한다. 그러면 이제 하류 쪽으로 한 단계 밑에 연결된 뉴런들은 하나의 흔적이 한쪽 눈의 한 지점과 다른 쪽 눈의 같은 지점에 떨어질 때와, 한쪽 눈의 한 지점과 다른 쪽 눈의 약간 다른 지점에 떨어질 때—입체시의 조건—를 구별한다.

고양이와 원숭이의 뇌를 직접 연구하면 정말로 이런 일이 일어난다. 동물의 피질이 두 눈을 구별할 줄 아는 순간부터 그 동물은 입체그림을 입체적으로 본다. 이것으로 보아, 입력된 상에 처음으로 '왼쪽 눈'이나 '오른쪽 눈'이라는 꼬리표가 붙을 때 이미 한 층 아래 하류에는 입체 연산을 하는 회로가 설치되어 기능하고 있음을 알 수 있다. 원숭이의 경우는 2개월이면 모든 것이 끝난다. 2개월쯤이면 각각의 뉴런은 마음에 드는 눈에 안착하고 아기 원숭이들은 입체적으로 보게 된다. 다른 영장류에 비해 인간은 더 '만성적晩成的'이다. 무기력한 채로 일찍 태어나 자궁 밖에서 발달을 마친다는 뜻이다. 인간 유아는 유년의 길이를 기준으로 원숭이보다 일찍 태어나고, 양안 회로도 출생일을 기준으로 더 늦은 나이에 설치된다. 좀 더 일반적인 차원에서, 생물학자들이 여러 동물을 대상으로 시각기관의 성숙 단계들을 비교하면(어떤 동물들은 일찍 무기력한 채로 태어나고 어떤 동물들은 늦게 눈을 뜬 채로 태어난다), 그 순서는 후반 단계들이 자궁 안에서 진행되든 세상 밖에서 진행되든 아주 똑같이 나타난다.

결정적인 좌안 및 우안 뉴런들의 발생은 경험에 의해 방해를 받을 수 있다. 신경생물학자 데이비드 허블과 토르스튼 위즐은 새끼 고양이들과 새끼 원숭이들을 한쪽 눈을 가린 채 키웠다. 그러자 피질의 입력 뉴런들이 모두 다른 쪽 눈에 맞춰져, 가려진 눈은 제 기능을 못하는 애꾸눈이 되었다. 한쪽 눈을 발달의 결정적 시기에 가리면 박탈 기간이 짧아도 영구적인 손상이 왔다. 원숭이의 시각기관은 생후 2주 동안에 특히 취약하고, 취약성은 최초 1년에 걸쳐 점차 줄어든다. 어른 원숭이는 심지어 4년 동안 한쪽 눈을 가려도 손상이 발생하지 않는다.

처음에 이것은 '안 쓰면 사라지는' 경우처럼 보였지만 놀라운 사실이 기다리고 있었다. 허블과 위즐이 양쪽 눈을 가렸을 때 뇌는 두 배의 손상을 보이지 않았다. 세포들의 절반은 전혀 손상을 보이지 않았다. 외눈 안대 실험에서 발생한 손상은 가려진 눈에 운명적으로 연결될 뉴런이 입력을 받지 못해서 생긴 것이 아니라, 가려지지 않은 눈에서 들어온 입력신호들이 가려진 눈의 입력물들을 밀어제쳐서 생긴 것이었다. 두 눈은 피질의 입력층에 분포된 부동산을 차지하기 위해 경쟁한다. 각 뉴런은 애초에 한쪽 눈을 좋아하는 미약한 경향성을 갖고 있다. 그래서 그 눈에서 입력이 들어오면 그 경향이 강화되고, 결국 그 뉴런은 그 눈에만 반응하게 된다. 그 입력신호는 외부 세계에서 오지 않아도 된다. 중간의 간이역에서 보내는 활동의 파장들, 즉 체내에서 생성된 시험 패턴도 충분한 효과가 있다. 발달이 해당 동물의 특수한 경험에 민감한 것은 사실이지만, 외부 세계로부터 등록된 정보라는 의미에서 정확히 '학습'은 아닌 것이다. 건축가가 낮은 지위의 제도공에게 대략적인 밑그림을 건네주고 선들을 똑바로 그리게 하는 것처럼, 유전자도 특정한 눈으로 향하는 경향성을 가진 뉴런들을 대충 만든 다음, 신경생물학자가 간섭만 하지 않는다면 틀림없이 그 뉴런들을 또렷하게 만들어 줄 과정을 시작한다.

일단 뇌가 좌안 이미지와 우안 이미지를 구별하게 되면 그 아래의 뉴런 층들은 깊이를 알려 주는 상세한 불일치들을 파악하기 위해 두 이미지를 비교한다. 이 회로 역시 동물의 경험에 의해 변경될 수 있는데 이번에도 놀라운 사실이 드러난다. 실험자가 동물의 눈 근육 하나를 절단해서 그 동물을 내사시나 외사시로 만들면 두 눈은 서로 다른 방향을 보고, 한 순간에 두 망막으로 한 물체를 보지 못한다. 물론 두 눈은 180도로 다른 방향을 보지 못하기 때문에 이론상 뇌는 불충분하게 중복되는 부분들을 매치하는 방법을 배울 수 있다. 그러나 뇌는 기본적으로 두 눈이 몇 도 이상 벌어지는 매치를 위해 형성된 것이 아니기 때문에 그 동물은 입체맹시로 성장하고 종종 한쪽 눈이 기능적으로 멀게 되는 이른바 약시弱視 상태가 된다.(약시amblyopia는 사팔눈lazy eye이라고도 불리지만 이것은 잘못이다. 무감각한 것은 눈이 아니라 뇌이고, 그 무감각은 뇌가 일종의 영구적 경쟁 관계에 있는 한쪽 눈의 입력을 적극적으로 억압해서 생긴 것이지 뇌가 빈둥거리면서 그것을 무시했기 때문에 생긴 것이 아니다.)

아이들에게도 그런 일이 발생할 수 있다. 한쪽 눈이 다른 쪽 눈보다 더 원시이면 아이는 습관적으로 가까운 물체에 초점을 맞추기 위해 근육을 잡아당긴다. 그 결과 초점 맞추기와 수렴을 짝짓는 반사운동 때문에 그 눈은 내사시가 된다. 두 눈은 각기 다른 방향을 보고(사시라 불리는 상태), 두 눈의 그림은 뇌가 불일치 정보를 이용할 정도로 충분히 가깝게 정렬되지 않는다. 그 결과, 일찍 눈 근육을 수술해서 두 안구를 맞춰 주지 않으면 아이는 약시와 입체맹시가 된다. 허블과 위즐이 원숭이에게서 이 사실을 발견하고 헬드가 아이들에게서 똑같은 현상을 발견할 때까지 사시 수술은 미용으로 간주되었고 학령이 된 아이들에게만 시술되었다. 그러나 양안 뉴런들의 적절한 정렬에는 결정적 시기가 있다. 그 시기는 한쪽 눈 뉴런들의 결정적 시기보다 조금 길지만 1~2세부터 서서히 약해진다. 따라서 그 이후의 수술은 대개 좋은 효과를 보지 못한다.

처음부터 완전하게 영구 배선되거나 평생에 걸쳐 경험에 노출되는 것이 아니라 왜 생후에 결정적 시기가 오는 것일까? 고양이, 원숭이, 인간의 아기는 태어난 후에 얼굴이 계속 자라고 그래서 두 눈이 더 멀리 벌어진다. 두 눈의 상대적 시점이 변하면 뉴런들은 감지되는 양안 간 불일치의 범위를 지속적으로 재조정해야 한다. 유전자는 두 시점이 어느 정도 벌어질지를 예상하지 못한다. 그것은 다른 유전자들, 양육, 그리고 다양한 사고에 따라 달라지기 때문이다. 그래서 뉴런들은 성장의 특정 시기 동안에 이동하는 두 눈을 추적해야 한다. 두 눈이 다 자란 두개골에서 적절한 거리만큼 벌어져 정렬의 필요가 사라지면 결정적 시기도 끝난다. 토끼를 비롯한 몇몇 동물들은 조숙한 새끼를 낳는다. 토끼의 얼굴은 거의 성장하지 않아서 두 눈이 태어날 때부터 어른 토끼와 똑같은 위치에 형성된다.(이것은 주로 무기력한 유년의 사치를 오래 누리지 못하는 먹이동물의 경우다.) 따라서 두 눈으로부터 입력을 받는 뉴런들은 스스로를 재조정할 필요가 없다. 사실 이런 동물들은 영구 배선을 갖고 태어나므로, 민감성을 위한 결정적 시기를 거치지 않아도 된다.

다양한 종들의 양안시가 조정된다는 사실은 일반 학습에 대한 생각에도 새로운 물꼬를 텄다. 학습은 종종 무정형의 세포조직에 형태를 부여하는 필수 요소라고 묘사된다. 그러나 진정한 형태 부여자는 자기 조립에 필요한 계획표에 따라 진행되는 선천적 적응일지 모른다. 게놈은 가능한 한 많은 부분을 건축한다. 그리고 사전에 지정할 수 없는 부분들(예를 들어, 예측할 수 없는 속도로 벌어지는 두 눈을 위한 배선)을 위해서는 가장 필요한 발달 시기에 적당한 정보 수집 메커니즘에 의존한다. 《언어본능》에서 나는 아동기의 언어 학습에도 그와 비슷한 결정적 시기가 있다는 설명을 제기한 바 있다.

● ● ● ●

내가 매직아이 입체그림을 소개한 것은 그 마술의 원리를 이해하는 것이 재미있어서가 아니다. 입체시는 자연의 경이이자 마음의 다른 부분들이 어떻게 작동하는가를 이해할 수 있는 패러다임이다. 입체시는 일종의 정보 처리다. 우리는 그로부터 의식의 특별한 맛, 즉 컴퓨터 프로그래머들의 손을 거치면 수많은 사람들을 매혹시킬 정도로 대단히 법칙적인 마음 연산과 자각의 연결을 경험하게 된다. 입체시는 몇 가지 의미에서 모듈이다. 첫째, 입체시는 마음의 다른 부분들이 없어도 작동한다.(인식 가능한 대상이 불필요하다.) 둘째, 마음의 다른 부분들은 입체시가 없어도 작동한다.(필요할 때는 다른 깊이분석기들에서 얻는다.) 셋째, 입체시는 뇌 배선에 특별한 사항들을 요구한다. 넷째, 입체시는 자신의 문제에만 적용할 수 있는 고유한 원리에 의존한다(양안시차의 기하학적 구조). 입체시는 유년기에 발달하고 경험에 민감하지만, 깊이 들여다보면 '학습된다' 거나 '본성과 양육의 혼합물' 이라는 식으로 설명하기는 어렵다. 그 발달은 조립 계획의 일부이고, 경험 민감성은 이미 구축된 체계에 의한 제한적인 정보 흡수이기 때문이다. 입체시는 자연선택의 공학적 총명함을 여실히 보여 준다. 그것은 수백만 년이 지난 후에야 레오나르도 다 빈치, 케플러, 휘트스톤, 항공 정찰 기술자 같은 사람들이 간신히 재발견한 난해한 광학 법칙들을 이용한다. 입체시는 우리 조상들이 그들의 생태 환경에서 직면했던 선택압력에 대응하여 진화했다. 그래서 그것은 인간이 진화했던 때에 적합했지만 지금은 적합하지 않을 수도 있는 암묵적인 전제들을 통해 해결 불가능한 문제들을 해결한다.

빛, 명암, 형태

입체시는 표면의 깊이와 재질을 파악하는 중요한 초기 단계 시각이지만 그것이 전부는 아니다. 두 눈이 있어야 3차원으로 보는 것은 아니다. 그림 속에 아주 미약한 힌트만 있어도 우리는 형태와 재질을 풍부하게 감지해 낸다. 아래 그림은 심리학자 에드워드 애들슨이 만든 것이다.

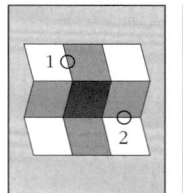 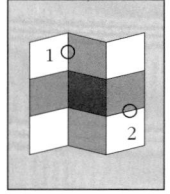

왼쪽은 회색 세로띠가 난 흰색 판지를 수평으로 접고 위에서 빛을 비춘 그림이다. 오른쪽은 회색 가로띠가 난 흰색 판지를 수직으로 접고 옆에서 빛을 비춘 그림이다.(오랫동안 보고 있으면 네커 정육면체처럼 깊이 반전이 일어나지만, 지금은 무시하고 넘어가기로 하자.) 그러나 지면 위에 들어간 잉크(그리고 당신의 망막에 투사된 이미지)는 두 그림이 사실상 똑같다. 각각의 그림은 몇 개의 그늘진 사각형이 들어간 지그재그 형태의 틱택토* 판이다. 두 그림에서 네 귀퉁이의 사각형은 흰색이고, 위아래와 측면의 사각형들은 밝은 회색이고, 중앙의 사각형은 짙

* tic-tac-toe. 삼목 게임.

은 회색이다. 그늘과 지그재그가 두 그림을 3차원으로 만들고 각 사각형에 색을 부여했지만, 모양은 서로 다르게 보인다. '1'번 표시가 붙은 두 경계선은 물리적으로 똑같다. 그러나 왼쪽 그림의 경계선은 색칠에 의한 경계선처럼 보이고(흰색 띠 옆에 회색 띠), 오른쪽 그림의 경계선은 형태와 그늘에 의한 경계선처럼 보인다(접힌 흰색 띠 위에 생긴 그늘). '2'번 표시가 붙은 두 경계선 역시 똑같지만, 우리 눈에는 1번 경계선과 정반대로 보인다. 즉, 왼쪽 그림은 그늘에 의한 경계선이고 오른쪽 그림은 색칠에 의한 경계선으로 보인다. 지그재그의 방향만 다른 두 박스에서 이 모든 차이가 나온다!

그렇게 작은 이미지에서 그렇게 많은 세계를 보려면 외부 세계로부터 이미지들을 만드는 세 가지 법칙을 원상태로 돌려야 한다. 각 단계에는 그 환원을 실행할 마음의 '전문가'가 필요하다. 입체시처럼 그 전문가들도 외부 세계의 표면에 대한 정확한 이해를 주기 위해 일을 하지만, 그들은 각기 다른 종류의 정보에 의존하고, 각기 다른 종류의 문제를 해결하고, 각기 다른 종류의 전제를 만들어 낸다.

● ● ● ●

첫 번째 문제는 원근법이다. 3차원의 물체는 망막에 2차원 형태로 투사된다. 애석하게도 어떤 투상이든 무한 수의 물체로부터 나올 수 있으므로, 단지 투상만 가지고는 결코 특정한 형태를 복구할 수가 없다.(에임스가 그의 관객들에게 보여 준 것이다.) 진화는 이렇게 외쳤을 것 같다. "그러므로 완벽한 것은 없다." 망막상이 주어지면 우리의 형태 분석기는 확률을 따져서 확률이 가장 높은 상태를 보게 해준다.

시각기관은 어떻게 망막에 비친 증거로부터 이 세계의 가장 그럴 듯한 상태를 계산해 낼까? 확률 이론은 간단한 답을 내놓는다. 베이스의 정리는 증거에 기초한 각각의 가설에 확률을 배당하는 가장 정직한 방법이다. 베이스의 정리에서는, 한 가설이 다른 가설보다 선호될 확률은 각 가설과 관련된 2개의 값으로부터 계산해 낼 수 있다고 말한다. 하나는 사전 확률(증거를 보기 전에 가설을 얼마나 믿을 수 있는가?)이다. 두 번째 값은 가능성(그 가설이 맞는다면 당신이 지금 보고 있는 그 증거가 출현할 가능성은 얼마인가?)이다. 1번 가설의 사전 확률과 1번 가설하에서 증거가 출현할 가능성을 곱하라. 2번 가설의 사전 확률과 2번 가설하에서 증거가 출현할 가능성을 곱하라. 두 수를 비교하라. 그러면 어느 한 가설에 유리한 확률이 나올 것이다.

우리의 3차원 선 분석기는 베이스의 정리를 어떻게 이용할까? 그것은 해당 물체가 실제로 눈앞에 존재할 때 볼 수 있는 선들을 생산할 가능성이 가장 높은 물체, 즉 일반적으로 많은 장면들 속에 존재할 가능성이 매우 높은 물체에 판돈을 건다. 아인슈타인이 신에 대해 말한 것처럼, 그것은 이 세계가 미묘하지만 심술궂지는 않다고 가정한다.

이렇게 형태 분석기는 투상에 대한 약간의 확률들(물체들이 어떻게 투시되는가)과 세계에 대한 약간의 확률들을 구비하고 있다. 투상에 관한 확률들 중 어떤 것들은 대단히 정확하다. 이론적으로 봤을 때 하나의 동전은 가는 선으로 투사될 수 있지만 그것은 단지 동전의 옆면이 똑바로 보일 때다. 만일 눈앞의 장면 속에 동전이 있다면 그 옆면이 똑바로 보일 확률은 얼마일까? 누군가가 의도적으로 여러분과 동전을 그렇게 배치해 놓는다면 몰라도, 그리 높지 않을 것이다. 대부분의 시점에서 동전은 가는 선이 아니라 타원으로 투사된다. 형태 분석기는 현재의 관점이 일반적이라고(에임스식으로 아주 세밀하고 정확하게 정렬된 것이 아니라고) 가정하고 그에 따라 판돈을 건다. 반면에 성냥개비는 거의 항상 일직선으로 투사되기 때문에, 만일 어떤 상 속에 일직선이 있으면 다른 모든 조건이 동일하다는 전제하에 그것을 접시보다는 성냥개비로 추측하는 것이 더 정확하다.

하나의 상 속에 선들의 집합이 있으면 가능성은 훨씬 좁혀진다. 예를 들어 평행이나 평행에 가까운 두 선은 우연일 확률이 매우 낮다. 외부 세계의 비평행선이 평행에 가까운 선으로 투사될 확률도 매우 낮다. 바닥에 널브러진 한 쌍의 막대기는 대개 적당한 예각을 이루고 교차한다. 그러나 예컨대 전신주의 양쪽 가장자리처럼 평행을 이루는 선들은 거의 항상 평행에 가까운 선으로 투사된다. 그래서 만일 상 속에 평행에 가까운 선이 있으면, 형태 분석기는 평행을 이루는 가장자리를 선택한다. 이 밖에도 외부 세계의 형상들이 상 속에 투사되면 그 형상의 종류를 어림으로 계산하는 많은 '눈대중' 방법들이 있다. 작은 T자와 Y자, 각도, 화살표, 주름, 구불구불한 평행선 등은 다양한 일직선 가장자리, 모퉁이, 직각, 대칭 형태의 지문들이다. 수천 년 전부터 만화가들은 이 법칙들을 이용해 왔고, 우리의 영리한 형태 분석기도 눈앞의 세계에 무엇이 있는가에 판돈을 걸 때 그 법칙들을 역방향으로 이용한다.

그러나 물론 가능성을 역방향으로 계산하는 것(평행의 물체는 대개 평행에 가까운 상을 투사하므로 평행에 가까운 상은 평행의 물체를 의미한다고 말하는 것)은 안전하지 못한 방법이다. 그것은 얼룩말이 종종 발굽 소리를 낸다는 이유로, 창밖에서 나는 발굽 소리를 듣고 그것이 얼룩말 소리라고 결론을 내리는 것과 같다. 외부 세계에 존재하는 것들에 대한 사전 확률(얼룩말이 얼마나 존재하는지, 평행선이 얼마나 존재하는지)이 곱해져야 한다. 도박을 좋아하는 형태 분석기가 제 능력을 발휘하려면 이 세상에는 그것이 추측하길 좋아하는 똑바르고, 규칙적이고, 대칭적이고, 치밀한 물체들이 많을수록 좋다. 그런데 과연 그럴까? 상상력이 풍부한 사람은 자연 세계는 유기적이고 부드러우므로, 만일 단단한 테두리가 있다면 육군 공병대가 모두 깎아 낸 것이라 생각할 수 있다. 어느 문학 교수는 최근에 학생들에게 "풍경 속의 일직선은 모두 인간이 만든 것이다"라고 주장했다. 게일 젠슨 샌퍼드라는 학생은 교수의 말에 회의를 품고 자연 속에 존재하는 일직선들의 목록을 발행했다. 다음 목록은 최근에 《하퍼스*Harper's*》지에 재인쇄된 것이다.

몰아치는 파도의 상단 면, 대초원의 지평선, 강한 비와 우박의 줄기, 수정의 무늬, 화강암 표면에 난 흰 석영의 선, 고드름, 종유석, 석순, 고요한 호수의 표면, 얼룩말과 호랑이의 무늬, 오리의 부리, 도요새의 다리, 철새들의 각도, 맹금의 하강, 양치식물의 새 잎, 선인장의 가시, 쑥쑥 자라는 어린 나무의 줄기, 솔잎, 거미가 자아내는 비단 실, 얼음 표면의 금, 변성암의 단층, 화산의 비탈, 바람에 날린 고적운의 조각, 반달의 절단면.

    어떤 것들은 논쟁의 여지가 있고 또 어떤 것들은 형태 추측 장치에 도움보다는 해가 될 것 같다.(호수의 수평선이나 초원의 지평선, 그리고 반달의 절단면은 현실 세계에 실제로 존재하는 선이 아니다.) 그러나 요점은 옳다. 이 세계의 많은 법칙들이 분석 가능한 멋진 형태들을 만들어 낸다. 운동, 장력, 중력은 일직선들을 만든다. 중력은 직각을 만들어 내고, 응집력은 매끄러운 윤곽을 만들어 낸다. 움직이는 유기체들은 대칭형으로 진화한다. 자연선택은 유기체들의 신체 기관을 유용한 도구로 만드는데, 여기에는 규격화된 기계 부품을 원하는 인간 기술자의 소망과 비슷한 것이 엿

보인다. 넓은 표면에는 크기와 형태와 간격이 거의 비슷한 무늬들, 예컨대 갈라진 금, 잎, 자갈, 모래, 잔물결, 가시 등이 모인다. 이 세계에서 목수가 깎고 도배공이 도배한 것처럼 보이는 부분들은 형태 분석기에 의해 가장 잘 복원될 수 있는 부분들일 뿐만 아니라, 복원될 가치가 가장 높은 부분들이다. 그것들은 주변 환경을 채우고 구성하는 강력한 힘들을 여실히 보여 주는 증거이므로, 우연한 파편 더미보다 주목할 가치가 더욱 크다.

● ● ● ●

선 분석기는 아무리 훌륭해도 만화보다 복잡한 세계를 완벽하게 분석하진 못한다. 이 세계의 표면들은 단지 선으로만 그려져 있지 않다. 표면들은 또한 재료로 이루어져 있다. 빛과 색을 감지하는 것은 재료를 평가하는 한 방법이다. 우리는 석고로 만든 사과를 깨물지 않는다. 그 색깔을 보면 싱싱한 진짜 과일이 아니라는 것을 금방 알 수 있다.

반사광으로 재질을 분석하는 것은 반사율 전문가의 일이다. 재질의 종류가 다르면 반사되는 빛의 파장과 양이 다르다.(간단한 설명을 위해 흑백으로 한정하고자 한다. 색이 들어가면 문제가 대략 세 배로 복잡해진다.) 유감이지만 특정한 반사광은 재질과 조명의 무한한 조합으로부터 나올 수 있다. 100단위의 빛은 1000촉광의 빛이 석탄에 부딪혀 10퍼센트만 반사된 것일 수도 있고, 111촉광의 빛이 눈에 부딪혀 90퍼센트 반사된 것일 수도 있다. 따라서 반사광으로부터 물체의 재질을 절대적으로 확실하게 추론할 수 있는 방법은 없다. 밝기 분석기는 어떤 식으로든 조명도를 계산해 내야 한다. 이것 역시 잘못 제기된 문제로, 한 숫자를 제시하면 그것이 어떤 두 수의 곱인지를 말하는 문제와 아주 똑같다. 이 문제는 전제가 주어져야만

풀 수 있다.

　　　카메라도 똑같은 문제에 직면한다. 이를테면, 눈덩이는 안에 있든 밖에 있든 하얗게 표현해야 한다. 필름에 도달하는 반사광의 양을 조절하는 노출계에는 두 가지 전제가 구현되어 있다. 첫째는 일정한 밝기다. 카메라에 찍히는 장면은 전체가 햇볕에 있거나, 그늘에 있거나, 전구 아래 있어야 한다. 그 전제를 위반하면 실망이 돌아온다. 하늘은 눈부실 정도로 파랗지만 미미 이모의 얼굴에 그늘이 졌다면, 이모는 푸른 배경 앞에 세워놓은 진흙인형의 실루엣처럼 나온다. 둘째, 장면은 평균적으로 중간 회색이라는 전제가 있다. 무작위로 물건들을 모아 놓으면 다양한 색과 밝기 때문에 전체적으로 빛이 18퍼센트 정도 반사되는 중간 회색을 띤다. 카메라는 자신이 평균적인 장면을 보고 있다고 '가정'하고, 장면 속의 다양한 밝기 중 중간 범위의 밝기가 필름 위에 중간 회색으로 나오도록 빛을 조절한다. 중간보다 더 밝은 부분들은 희미한 회색과 흰색이 되고, 더 어두운 부분들은 짙은 회색과 검은색이 된다. 이 전제가 잘못되어 카메라 앞의 장면이 평균적인 회색이 아니면 카메라는 멍청해진다. 검은 벨벳 위의 검은 고양이 사진은 중간 회색으로 나오고, 하얀 설원 위의 북극곰 사진도 중간 회색으로 나온다. 사진을 잘 찍는 사람은 눈앞의 장면이 평균적인 장면과 어떻게 다른지를 분석하고, 그 차이를 보충하기 위해 다양한 방법을 이용한다. 간단하지만 효과적인 방법은 평균적인 밝기의 회색 카드(빛을 정확히 18퍼센트 반사하는 표준 카드)를 지니고 다니면서 그것을 대상에 기대놓고 노출계를 그 카드에 맞추는 것이다. 카메라의 전제가 충족되면 주변의 조명도(카드에서 반사되는 빛을 18퍼센트로 나눈다)를 정확히 추정할 수 있다.

　　　편광필터와 폴라로이드 카메라를 발명한 에드윈 랜드도 똑같은 문제에 부딪혔는데, 컬러 사진에서는 문제가 훨씬 더 복잡해진다. 백열전구에서 나오는 빛은 오렌지색이고, 형광등의 빛은 올리브색이고, 태양빛은 노란색이고, 하늘의 빛은 파란색이다. 우리의 뇌는 조명의 강도를 계산해 내는 것처럼 조명의 색깔도 계산해 내서 그 모든 빛 아래서도 물체의 정확한 색깔을 본다. 그러나 카메라는 그러지 못한다. 카메라가 플래시를 통해 하얀 빛을 발사하지 않으면 실내 장면은 뿌옇고 탁하게 나오고, 그늘진 장면은 창백한 청색으로 나온다. 현명한 사진사는 특수 필름을 사거나 렌즈에 필터를 끼우고 유능한 기술자는 사진을 인화할 때 색깔을 교정하기도 하지만, 즉석카메라는 그렇게 할 수가 없다. 그래서 랜드는 조명의 강도와 색을 제거하는 방법에 관심을 쏟았다. 이른바 색 항상성이라는 문제였다.

또한 그는 독학으로 공부한 뛰어난 인지과학자로서 뇌가 그 문제를 해결하는 방법에도 호기심을 느꼈다. 레티넥스이론이라 불리는 그의 이론은 지각하는 사람에게 몇 가지 전제를 부여했다. 첫째, 지상의 조명에는 여러 파장이 풍부하게 혼합되어 있다는 전제다.(그 법칙을 증명하는 반례는 주차장에서 볼 수 있는 에너지 절감형 시설인 나트륨등이다. 나트륨등은 우리의 지각 체계가 계산하지 못하는 좁은 범위의 파장을 발산한다. 그 빛을 받으면 자동차와 사람의 얼굴이 핼쑥한 노란색으로 물든다.) 둘째, 밝기와 색이 시야상에서 점진적으로 변하는 것은 해당 장면이 그렇게 빛을 받고 있기 때문이고, 갑작스럽게 변하는 것은 한 물체가 끝나고 다른 물체가 시작되는 경계 때문이라는 전제다. 간단한 증명을 위해 그는 2차원의 사각형 조각들로 구성된 인공적인 세계(네덜란드 화가의 이름을 따서 몬드리안이라 불렀다)에서 사람들과 자신의 카메라를 시험했다. 측면에서 빛을 비춘 몬드리안에서, 한쪽 끝에 있는 노란색 사각형은 반대쪽 끝에 있는 노란색 사각형과 다른 빛을 반사했다. 그러나 사람들은 두 사각형을 똑같이 노란색으로 보았고, 한쪽 끝에서 반대쪽 끝까지 조명 변화도를 제거한 레티넥스 카메라 역시 동일한 노란색으로 보았다.

    레티넥스이론은 출발은 좋았지만 너무 단순하다는 것이 밝혀졌다. 첫 번째 문제는 이 세계가 몬드리안처럼 크고 납작한 평면이라는 전제에 있다. 378쪽에 소개한 애들슨의 그림으로 돌아가 보자. 두 그림은 지그재그 모양의 평면이다. 레티넥스 카메라는 선명한 경계선들을 모두 똑같이 취급하여, 왼쪽 그림의 1번 경계선을 오른쪽 그림의 1번 경계선과 똑같이 해석한다. 그러나 우리가 보기에 왼쪽 경계선은 서로 다른 색을 가진 두 띠의 경계처럼 보이는 반면 오른쪽 경계선은 하나의 띠가 접혀 있고 그 일부가 그늘져 있는 것으로 해석된다. 그 차이는 3차원 형태에 대한 해석에서 비롯된다. 우리의 형태 분석기는 몬드리안을 세 구획으로 분할된 실내 칸막이(일명 자바라식)로 만들었지만, 레티넥스 카메라는 두 몬드리안을 똑같이 예전처럼 장기판으로 본다. 뭔가 빠진 것이 분명하다.

● ● ● ●

    빠진 것은 경사의 명암 효과로, 이것은 장면을 이미지로 바꾸는 세 번째 법칙이다. 광원을 정면으로 마주 보는 표면은 많은 빛을 반사한다. 빛이 표면을 세게 때린 다음 곧바로 되돌아오기 때문이다. 광원과 거의 평행을 이루는 표면은 훨씬 적은 빛을 반사한다. 대부분의 빛이 표면을 스치고 지나가기 때문이다. 당신이 광원과 가까운 곳에 있다면 표면이 비스듬하게 틀어져 있을 때보다 당신과 정면으로 마주하고 있을 때 당신의 눈은 더 많은 빛을 포착한다. 회색 판지에 손전등을 비춘 상태에서 그 판지를 회전시키면 당신도 그 차이를 느낄 것이다.

    우리의 명암분석기는 어떻게 그 법칙을 역으로 적용해서, 반사되는 빛의 양에 기초해 해당 표면이 얼마나 기울어져 있는지를 계산해 낼까? 그 이득은 판벽의 기울기를 추정하는 것에 그치지 않는다. 큐브와 보석을 비롯한 많은 물체들이 경사진 면들로 이루어져 있으며, 따라서 그 경사들을 복원하는 것은 물체의 형태를 확인하는 한 방법이다. 사실 어떤 형태라도 수백만 개의 작은 단면으로 이루어진 조각물로 볼 수 있다. 심지어 표면이 완만하게 휘어 '단면들'이 무수히 많은 점들로 축소된 경우에도 명암 법칙은 각각의 점에서 발산하는 빛에 적용된다. 그 법칙을 역향으로 이용할 수 있다면 우리의 명암분석기는 각 지점에 면한 평면의 경사를 등록해서 해당 표면의 형태를 이해할 것이다.

애석하게도 한 조각에서 반사되는 빛의 양은 광원과 마주하는 짙은 표면에서 오는 것일 수도 있고, 광원으로부터 많이 꺾인 밝은 표면에서 오는 것일 수도 있다. 그래서 표면과 빛의 각도를 복원하려면 추가적인 전제가 반드시 있어야 한다.

첫 번째 전제는 표면의 밝기는 일정하다는 것, 다시 말해 이 세계가 석고로 만들어져 있다고 가정하는 것이다. 표면의 밝기가 고르지 않으면 전제는 무너지고 우리의 명암분석기는 바보가 된다. 이 전제를 가장 분명하게 보여 주는 예는 그림과 사진들이다. 명암 대응 countershading이라는 동물의 위장술도 좋은 예다. 많은 동물은 3차원의 몸에서 반사되는 빛의 효과를 상쇄할 수 있도록 등에서 배까지 점진적으로 변하는 색을 갖고 있다.* 이 때문에 동물은 납작하게 보여서, 포식자의 뇌에서 전제에 따라 명암으로부터 형태를 파악하는 분석기가 그 동물을 탐지하기가 어려워진다. 화장도 좋은 예다. 태미 페이 바커**보다 적은 양이라면 피부에 바른 물감은 살과 뼈가 더욱 이상적인 형태로 보이게 만든다. 코의 양쪽 면에 짙은 홍조를 만

* 햇빛에 노출되는 부분은 어두운 색, 그늘진 부분은 밝은 색이 되어 은폐하는 데 도움이 된다.

** 유명 TV 전도사.

들어 주면 빛 아래에서 더 예리한 각도인 것처럼 보여서 코가 더 오뚝해 보인다. 윗입술에 하얀 분을 바르면 반대 효과가 나타난다. 그때 입술은 빛을 정면으로 받아서 더 도톰하고 예쁘게 보인다.

명암으로부터 형태를 파악하는 분석기는 다른 전제들도 이용해야 한다. 이 세계의 표면들은 수천 종류의 재질로 이루어져 있고, 빛은 경사진 표면들을 각기 다르게 때리고 튕겨져 나간다. 분필이나 마분지 같은 무광택 표면은 단순한 법칙을 따르는데, 뇌의 명암분석기는 종종 세계가 무광택이라고 가정하는 것 같다. 반면에 광택, 윤기, 보풀, 가시가 있는 표면은 빛을 받으면 종종 사람의 눈을 속인다.

유명한 예가 보름달이다. 보름달은 납작한 원반처럼 보이지만 사실은 구체다. 우리는 예컨대 탁구공 같은 다른 구체들을 명암으로 잘 파악하고, 화가들은 목탄으로 구체를 멋지게 그려 낸다. 달의 문제는 표면에 다양한 크기의 분화구가 곰보자국처럼 나 있고 대부분의 자국은 지구에서 식별하기에 너무 작지만, 그 자국들 때문에 우리의 명암분석기가 당연시하는 이상적인 무광택 표면과 다르게 보인다는 것이다. 보름달의 중심은 관찰자와 정면으로 마주하기 때문에 가장 밝아야 하지만, 거기에는 지구의 시점에서 볼 때 바닥이 정면으로 들여다보이는 작은 구멍들과 틈들이 있어서 중심 부분을 어둡게 보이도록 만든다. 달의 주변부에 있는 표면들은 시선을 스쳐 지나가므로 더 어둡게 보여야 하지만, 그 표면에 나 있는 계곡의 벽들이 우리의 눈에 정면으로 보이고 많은 빛을 반사하기 때문에 주변부 표면들을 더 밝게 보이도록 만든다. 전체적으로 달 표면의 각도와 분화구 단면들의 각도가 상쇄되어 버리고, 모든 부분들이 비슷한 양의 빛을 반사하므로 우리 눈에는 원반처럼 보이는 것이다.

• • • •

만일 이 분석기들에 의존한다면 우리는 나무껍질을 먹거나 벼랑 아래로 떨어질 것이다. 각각의 분석기는 전제들을 갖고 있지만 그 전제들은 종종 다른 분석기들과 충돌을 일으킨다. 각도, 형태, 재질, 조명이 온통 뒤엉켜도 우리는 어떻게든 그것들을 풀어내 하나의 형태와 하나의 색과 하나의 각도와 한 종류의 빛을 본다. 어떤 기술 때문일까?

애들슨은 심리학자 알렉스 펜틀런드와의 공동 논문에서 자신의 지그재그 그림을 이용한 작은 우화를 들려준다. 무대 디자이너인 당신은 실물처럼 보이는 무대장치를 만들어야 한다. 당신은 전문가들이 드라마에 쓸 배경을 만드는 작업장으로 간다. 한 명은 조명 디자이너, 다른 한 명은 화가, 세 번째는 판금 기술자다. 당신은 각각의 전문가에게 사진을 보여 주고 그것과 똑같이 생긴 무대장치를 만들라고 요구한다. 이제 그들은 시각기관이 하는 일을 해야 한다. 주어진 상을 보고, 그 상을 만들어 낼 수 있었던 물질과 조명의 배열을 계산해 내야 하는 것이다.

전문가들이 당신의 요구를 충족시킬 수 있는 방법은 여러 가지다. 전문가들은 혼자서도 당신의 요구를 거의 다 해결할 수 있다. 화가는 평평한 금속판 위에 아홉 개의 평행사변형을 그린 다음 조명 디자이너에게 투광조명*을 비추라고 요구한다.

* 여러 각도에서 강한 광선을 비추는 조명법.

조명 디자이너는 흰색 판지를 벽에 붙이고, 특별히 주문 제작한 아홉 대의
조명등을 세운 다음 각각의 조명에 특별한 마스크*와 필터
를 씌우고 판지 위에 빛을 쏘아 아홉 개의 평행사변형을 만
든다.(아래 그림에는 여섯 개의 조명등만 그렸다.)

* 사진 영상의 크기를
정하는 도구.

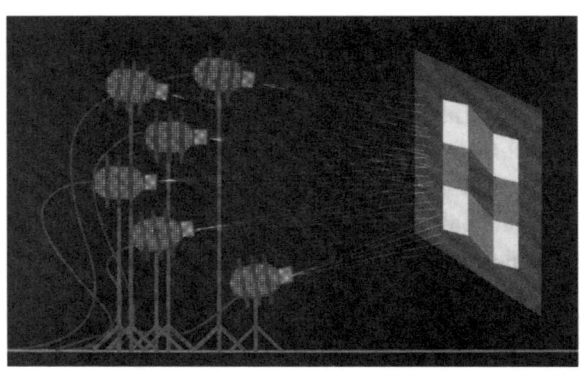

판금 기술자는 적당한 금속판을 자르고 구부려서 조명을 비추고 정면에서 보면 그림과 똑같은 형태가 나오게 한다.

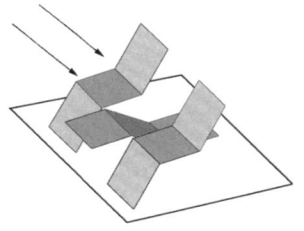

마지막으로, 그림 속의 형체는 전문가들의 공동 작업으로도 만들어질 수 있다. 화가는 사각형 금속판의 중앙에 띠를 그리고, 판금 기술자는 그 금속판을 구부려 지그재그로 만들고, 조명 디자이너는 그 위에 투광조명을 비춘다. 그것이 바로 우리 인간이 상을 해석하는 방식이다.

우리 뇌도 우화 속의 무대 디자이너처럼 풍요의 과잉에 부딪힌다.

착색된 표면들이 눈앞에 있다고 가정하는 마음의 '전문가'가 있다면, 그 전문가는 상 속의 모든 것을 그림으로 보고 설명할 것이다. 그러면 이 세계는 트롱프 뢰유*가 될 것이다. 이와 마찬가지로 머릿속의 조명 전문가는 이 세계가 한 편의 영화라고 말해 줄 것이

* 실물처럼 보이는 눈속임 그림.

다. 그러나 이런 해석들은 바람직하지 않으므로, 뇌는 마음속의 전문가들이 그런 해석을 못 하도록 막아야 한다. 한 가지 방법은 어떤 일이 있어도 (색과 조명이 고르고, 형태들이 규칙적이고 평행이라도) 전문가들이 그들의 전제를 고수하도록 강요하는 것이지만 이것은 너무 극단적이다. 이 세계는 항상 화창한 날의 질서 정연한 벽돌 더미가 아니다. 때때로 복잡한 물감과 조명이 우리 눈앞에 등장한다. 우리는 이 세계가 복잡할 수 있다는 사실을 전문가들이 솔직히 인정하기를 원한다. 그리고 그들이 외부 세계에 존재하는 만큼의 정확히 똑같은 복잡성을 제시하고, 그 이상은 제시하지 않기를 원한다. 이제 문제는 전문가들에게 어떻게 그 일을 시키느냐 하는 것이다.

우화로 돌아가 보자. 무대 디자인 부서는 예산에 따라 일을 한다. 전문가들은 각각의 주문이 얼마나 어렵고 생소한가를 반영한 요금표에 따라 보수를 청구한다. 간단하고 흔한 작업은 싸고, 복잡하고 생소한 작업은 비싸다.

그림 비용:
직사각형 구획 그림: 개당 5달러
다각형 구획 그림: 변당 5달러

```
판금 비용:
직각 절단:              개당 2달러
특수각 절단:            개당 5달러
직각 절곡:              개당 2달러
특수각 절곡:            개당 5달러
```

```
조명 비용:
투광조명:               회당 5달러
주문 제작 조명:         개당 30달러
```

한 명의 전문가가 더 필요하다. 계약을 맺고 작업 배정을 결정하는 감독이다.

```
감독 비용:
컨설팅:                 회당 30달러
```

네 해결책의 비용은 다음과 같이 각각 다르게 나온다.

```
화가의 해결책:
다각형 9개 그림:        180달러(9×4×5)
투광조명 1세트 설치:    5달러
직사각형 1개 절단:      8달러
총액:                   193달러
```

조명 디자이너의 해결책:

직사각형 1개 절단:	8달러
주문 제작 조명 9개 설치:	270달러
총액:	278달러

판금 기술자의 해결책:

특수각 24개 절단:	120달러
특수각 2개 절곡:	30달러
투광조명 1세트 설치:	5달러
총액:	155달러

감독의 해결책:

직사각형 1개 절단:	8달러
직각 2개 절곡:	4달러
직사각형 3개 그림:	15달러
투광조명 1세트 설치:	5달러
감독 비용:	30달러
총액:	62달러

감독의 해결책이 가장 저렴하다. 감독의 해결책은 네 전문가를 최적으로 이용함으로써 감독 비용보다 더 많은 돈을 절감했다. 여기서 얻을 수 있는 교훈은 전문가들은 협조를 해야 한다는 것과, 그렇다고 극미인이나 악마가 필요한 것이 아니라, 저렴함과 간단함과 개연성이 동치라면 비

용을 최소화해 주는 어떤 장치가 필요하다는 것이다. 우화에서는 간단한 작업일수록 수행하기가 쉽고, 시각기관에서는 간단한 설명일수록 외부 세계의 물체에 더 근접한다.

애들슨과 펜틀런드는 색칠한 다각형들이 있는 장면을 우리 인간처럼 많이 해석하도록 설계된 컴퓨터 시뮬레이션 시각 프로그램을 만들어 그들의 우화를 현실로 재현했다. 먼저 형태 분석기(판금 기술자의 소프트웨어 버전)는 주어진 상을 구성하는 형태들 중 가장 규칙적인 형태를 찾아낸다. 그 단순한 형태를 아래의 왼쪽 그림에 놓자. 우리 눈에는 얇은 판을 이등분해서 접었거나 펼친 책을 비스듬하게 놓은 것처럼 보인다.

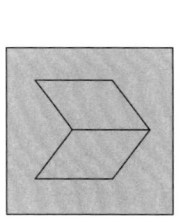 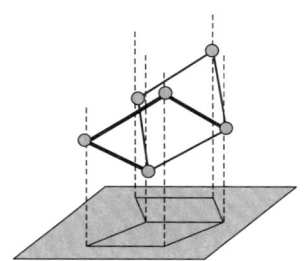

형태 전문가는 입력된 형태를 가지고 3차원 모형을 만들어 낸다(오른쪽 그림). 처음에 형태 전문가가 아는 것이라고는 모형의 귀퉁이들과 테두리들이 상 속의 점 및 선들과 일치해야 한다는 것뿐이다. 그것들의 깊이는 알지 못한다. 모형의 꼭짓점들은 세로막대 위를 미끄러지는 구슬들이고(투사된 광선처럼), 구슬들 간의 선은 무한히 늘어나는 줄과 같다. 전문가는 구슬들을 이리저리 움직여 보다가 마침내 다음과 같은 희망사항에 일치하는 바람직한 형태에 도달한다. 형태를 이루는 각각의 다각형은 가능한 한 일정해야 한다. 다시 말해, 다각형의 각들이 서로 너무 다르지 않아야 한다.

예를 들어 변이 4개인 다각형이라면 전문가는 직사각형을 선호한다. 다각형은 구부리기 어렵게 안쪽에 플라스틱 패널이 들어가 있는 것처럼 가능한 한 평평해야 한다. 그리고 다각형은 시선을 따라 길게 늘어나기보다는, 마치 안쪽의 플라스틱 패널이 잡아 늘이기 어려운 것처럼 가능한 한 압축되어 있어야 한다.

형태 전문가의 일이 끝나면 흰 패널들의 단단한 조립물은 조명 전문가에게 넘어간다. 조명 전문가는 조명과 표면의 밝기와 표면의 각도로부터 빛이 어떻게 반사되는지를 결정하는 법칙들을 안다. 전문가는 단 하나의 먼 광원을 이리저리 움직여서 다양한 방향에서 모형을 비춰야 한다. 최적의 방향은 테두리에서 만나는 패널의 각 쌍들이 상 속의 대응물과 최대한 똑같아 보이는 방향이다. 그러면 회색 물감을 가장 적게 쓰고도 작업을 마칠 수 있다.

마지막으로 반사율 전문가—화가—가 모형을 넘겨받는다. 마지막 전문가인 그것의 과제는 상과 모형 간에 남아 있는 불일치를 처리하는 것이다. 반사율 전문가가 다양한 표면에 각기 다른 명암의 착색을 제안하면 작업은 완료된다.

이 프로그램은 성공적일까? 애들슨과 펜틀런드는 이 프로그램에 프린터의 연속 용지가 늘어져 있는 것 같은 물체를 제시했다. 프로그램은 대상의 형태에 대한 현재의 추측(첫째 열), 광원의 방향에 대한 현재의 추측(둘째 열), 그늘이 어디에 지는가에 대한 현재의 추측(셋째 열), 어떻게 색칠이 되어 있는지에 대한 현재의 추측(넷째 열)을 보여 준다. 첫째 행(start)은 프로그램의 첫 번째 추측들이다.

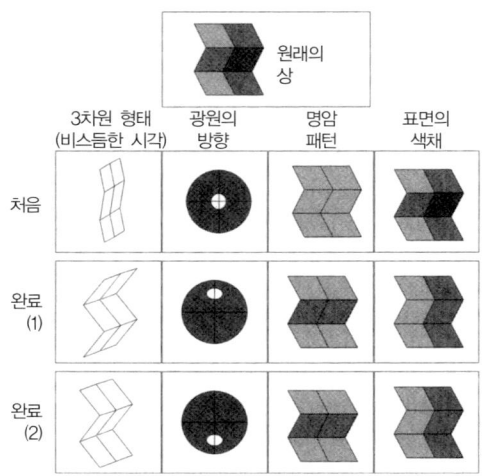

처음에 프로그램은 첫째 열 맨 위의 그림처럼, 제시된 물체가 탁자 위에 놓인 2차원의 그림 같이 납작하다고 가정했다.(이것을 당신에게 제대로 묘사하기가 어려운 것은 당신의 뇌가 입체적으로 접힌 지그재그 형태를 보고 있다고 고집을 부리기 때문이다. 위의 그림은 종이 위에 납작하게 놓여 있는 몇 개의 선을 보여 주려고 그린 것이다.) 프로그램은 광원이 눈의 방향과 일치하는 곳, 즉 정면에 있다고 가정했다(둘째 열 맨 위). 이렇게 평면 조명이라면 그림자는 전혀 생기지 않는다(셋째 열 맨 위). 상을 복사하는 일의 최종 책임을 지고 있는 반사율 전문가는 그냥 그 위에 색을 입힌다. 프로그램은 자기가 그림을 보고 있다고 생각한다.

일단 자신의 추측을 수정할 기회를 주면 프로그램은 중간 행과 같은 해석에 도달한다. 형태 전문가는 가장 규칙적인 3차원 형태(왼쪽 열의 측면도에서처럼), 즉 직각으로 맞닿아 있는 정사각형 판들을 발견한다. 조명 전문가는 위에서 빛이 비치면 상에서와 같은 그림자들이 생길 수 있다는 것을 발견한다. 마지막으로 반사율 전문가가 물감으로 모형을 수정한다. 4개의 열들(지그재그 3차원 형태, 위에서 비치는 조명, 중간의 그늘, 밝은 띠 옆의 어두운 띠)은 사람들이 원래의 상을 해석하는 방법에 해당한다.

　　이 프로그램은 또 다른 면에서도 인간을 연상시킨다. 네커 정육면체처럼 연속 용지도 깊이 반전을 일으킨다. 보기에 따라 볼록한 접선과 오목한 접선이 뒤바뀌는 것이다. 이런 면에서 이 프로그램도 반전을 본다고 할 수 있다. 셋째 행의 그림들은 반전된 해석을 보여 준다. 프로그램은 두 해석에 동일한 비용을 지출했고, 무작위로 어느 하나에 도달했다. 3차원 형태의 반전을 볼 때 사람들은 대개 광원 방향의 반전도 함께 본다. 위쪽의 접힌 부분이 튀어나왔으면 광원은 위에 있고, 아래의 접힌 부분이 튀어나왔으면 광원은 아래에 있다. 이 프로그램도 그렇게 본다. 사람과는 달리 이 프로그램은 실제로 두 해석을 반전시키진 않았지만, 만일 애들슨과 펜틀런드가 프로그램 속의 전문가들로 하여금 조립 라인이 아니라 (178쪽의 네커 정육면체 망이나 입체시 모델 같은) 제약망 속에 그들의 추측을 넘겨주게 했다면 실제로 두 해석을 반전시킬 수 있었을 것이다.

　　작업장 우화는 마음이 모듈의 집합, 기관들의 체계적 조직, 전문가들의 집단이라는 생각에 힘을 실어 준다. 전문가들이 필요한 것은 전문 기술이 필요하기 때문이다. 마음의 문제들은 팔방미인이 풀기에는 너무나 기술적이고 전문적이다. 그리고 한 전문가가 사용하는 대부분의 정보는 다른 전문가와는 무관할 뿐 아니라 그의 작업에 방해만 된다. 그러나 혼자서만 일을 하는 전문가는 너무 많은 해결책을 생각하거나 가망 없는 해결책에 매달릴 수 있다. 어느 시점에서 전문가들은 회의를 열어야 한다. 여러 전문가들은 단일한 세계를 이해하려고 노력하고, 그 세계는 전문가들의 노고 앞에 중립을 지켜서 쉬운 해결책을 주지도 않고 엉뚱한 곤경에 빠뜨리지도 않는다. 그래서 감독은 전문가들이 불가능한 추측으로 더 많은 비용을 지불하여 예산을 벗어나는 일이 없도록 계획을 세워야 한다. 그러면 전문가들은 좋든 싫든 서로 협조하면서, 외부 세계의 상태에 대해 전체적으로 가장 가능성이 높은 추측을 조립해 낸다.

2.5차원으로 보기

일단 전문가들이 그들의 일을 마치면 뇌의 나머지 부분이 접근하는 게시판에 무엇을 올릴까? 만일 우리가 터미네이터의 눈 뒤에서 돌아가는 가상의 카메라처럼 뇌에 있는 나머지 눈으로부터 들어온 시야를 볼 수 있다면 그것은 무엇처럼 보일까? 이 물음은 머릿속에 우둔한 극미인이 있다고 보는 오류처럼 들릴지 모르지만, 실은 그렇지 않다. 그것은 뇌의 데이터 표상에 담긴 정보와 그 정보의 형식에 관한 질문이다. 사실 이 질문을 진지하게 생각한다면 마음의 눈에 관한 우리의 소박한 직관은 신선한 충격에 빠질 것이다.

입체, 운동, 윤곽, 명암의 전문가들은 세 번째 차원을 복원하기 위해 열심히 일을 해왔다. 그 노동의 결실을 이용해 외부 세계의 3차원 표상을 구축하는 것은 당연한 일일 것이다. 눈앞의 장면이 묘사된 모자이크 망막상은 그것을 3차원으로 조각하는 마음의 모래 거푸집으로 넘어간다. 이제 그림은 축소 모형이 된다. 3차원 모형은 세계에 대한 우리의 최종적인 이해에 해당할 것이다. 어린아이가 우리 앞에 나타났다가 멀리 사라질 때 우리는 알약을 먹으면 커지고 다시 알약을 먹으면 작아지는 이상한 나라에 와있다고 생각하지 않는다. 그리고 사람들의 이야기 속에 등장하는 (출처가 불분명한) 타조처럼 시선을 돌리거나 눈을 가리면 눈앞의 물체가 사라진다고 생각하지도 않는다. 우리는 현실과 타협해야 한다. 우리의 생각과 행동은 크고, 안정적이고, 단단한 외부 세계에 대한 지식에 의해 지배되기 때문이다. 시각도 우리에게 축소 모형의 형태로 그런 지식을 제공한다.

　　축소 모형 이론은 하늘에서 뚝 떨어진 것이 아니다. 컴퓨터를 이용한 많은 디자인 프로그램들이 고형 물체들을 소프트웨어 모형으로 바꿔 이용하고, CAT(X선 단층촬영)와 MRI 기계도 정교한 알고리듬을 이용해 소프트웨어 모형들을 조립한다. 3차원 모형은 해당 물체를 구성하는 수백만 개의 작은 육면체들을 좌표로 나타낸다. 그 육면체를 3D화소 또는 '복셀voxel'이라 부르는데, 사진의 구성 요소인 화소 또는 '픽셀pixel'에서 나온 말이다. 3개의 좌표를 묶은 하나의 트리플릿은 예컨대 해당 신체 부위의 세포조직 밀도 같은 하나의 정보와 짝을 이룬다. 물론 뇌가 복셀들을 저장한다면, 컴퓨터 안에 복셀들을 3차원 육면체로 배열할 필요가 없듯이 머릿속에서도 그것들을 3차원 육면체로 배열할 필요가 없을 것이다. 중요한 것은, 각각의 복셀을 전담하는 뉴런들이 있고 그래서 그 뉴런들의 점화 패턴으로 복셀의 내용을 등록할 수 있다는 것이다.

　　그러나 이제 다시 한 번 극미인을 경계할 때다. 어떤 소프트웨어 악마나 찾아보기 알고리듬이나 신경망이 축소 모형의 정보에 '직접' 접근한다는 점만 명확히 한다면 그런 것들이 그 정보에 접근한다는 생각에는 아무 문제가 없다. 즉 복셀의 좌표를 입력하고 그 내용을 출력한다. 찾아보기 알고리듬이 축소 모형을 '본다'고는 생각하지 말아야 한다. 그곳은 칠흑같이 어둡고, 그나마 뭔가를 찾아보려고 해도 렌즈나 망막이나 시점 같은 것이 없다. 또한 투사, 원근법, 시야, 겹침 현상도 없다. 사실 축소 모형의 요점은 그런 귀찮은 것들을 제거하는 것이다. 그래도 극미인을 생각하고 싶다면, 방 크기의 도시 모형을 어둠 속에서 탐험한다고 상상해 보라.

그 안을 돌아다니면 어느 방향으로든 건물을 만날 수 있고, 그 외벽을 만져 보거나 창문과 문 안쪽으로 손가락을 넣어 안쪽을 더듬어 볼 수 있다. 손으로 건물을 움켜쥐면 그것이 팔 뻗은 거리에 있든 코앞에 있든 양쪽 벽면은 항상 평행일 것이다. 또는 손으로 작은 장난감의 형태를 느끼거나 입으로 사탕을 느끼는 경우를 생각해 보라.

그러나 시각은—심지어 뇌가 그렇게 열심히 노력해서 도달하고자 하는 3차원의 정확한 시각조차도—결코 그렇지 않다! 기껏해야 우리는 주변 세계의 안정된 구조를 추상적으로 이해한다. 우리가 눈을 떴을 때 우리의 의식을 채우는 색과 형태의 현란한 느낌은 극미인이 보는 것과는 완전히 다르다.

첫째, 시각은 원형식 극장이 아니다. 우리는 눈앞에 있는 것만 생생하게 경험하고, 시야의 경계 밖과 머리 뒤에 있는 세계는 단지 막연하고 거의 지적인 방식으로만 안다.(나는 내 뒤에 서가가 있고 내 앞에 창문이 있다는 것을 알지만, 서가는 보지 못하고 단지 창문만 볼 수 있다.) 설상가상으로 눈은 1초에 몇 번씩이나 초점을 바꿀 뿐 아니라, 망막중심오목의 십자선 바깥쪽은 놀라울 정도로 조잡하다.(시선으로부터 몇 인치 떨어진 곳에 손을 들고 있으면 손가락을 세는 것이 불가능하다.) 이것은 안구의 해부학적 구조를 따지는 것이 아니다. 우리는 흔히 뇌가 망막에 포착된 스냅사진들로부터 하나의 콜라주를 조립한다고 상상한다. 그래서 마치 파노라마 사진기가 필름 한 프레임을 노출하고, 상하좌우로 정밀하게 촬영하고, 그 다음 프레임을 노출하는 과정을 통해 이음매 없이 매끈한 광각 사진을 만들어 내는 것과 같다고 생각한다. 그러나 뇌는 파노라마 사진기가 아니다. 실험을 통해 입증된 바로는 사람들이 눈이나 머리를 움직이면 그 순간 보고 있던 사물의 세부적인 모습을 놓친다고 한다.

둘째, 우리에겐 엑스선 같은 시각이 없다. 우리는 부피가 아니라 표면을 본다. 내가 상자 안이나 나무 뒤에 어떤 물체를 놓으면 당신은 그 물체가 거기에 있다는 것을 알지만 그것을 보지는 못하고 그 세부적인 면을 설명하지 못한다. 이것은 당신이 슈퍼맨이 아니라는 것을 말하려는 것이 아니다. 우리 인간은 이전에 봤던 장면들로부터 얻은 정보를 붙여 끼워서 3차원 모형을 업데이트하는 상세한 기억을 갖출 수도 있었다. 그러나 우리는 결국 그런 것을 구비하지 못했다. 그래서 풍부하고 세밀한 장면의 경우에는 눈에서 멀어지면 마음에서도 멀어진다.

셋째, 우리는 원근법에 따라 본다. 철길 중간에 서면 양쪽 철로가 지평선 쪽에서 만나는 것처럼 보인다. 물론 정말로 만나지 않는다는 것을 우리는 안다. 철로가 만난다면 열차는 어떻게 되겠는가? 우리의 뇌는 그 효과를 없애기 위해 사용할 수 있는 많은 정보를 우리의 깊이 감각으로부터 받기는 하지만, 그래도 우리 눈에 철로는 반드시 만나는 것처럼 보인다. 우리는 또한 움직이는 물체들이 불쑥 커지거나 갈수록 줄어드는 것을 감지한다. 실제 축소 모형에서는 이런 일이 결코 일어나지 않는다. 분명히 시각기관은 어느 정도까지 원근법을 무시한다. 화가가 아닌 사람들은 책상의 가까운 쪽 테두리는 예각으로 투사되고 먼 쪽 테두리는 둔각으로 투사된다는 것을 쉽게 보지 못한다. 둘 다 실제처럼 직각으로 보인다. 그러나 철길이 만나는 것을 보면 원근법이 완전히 제거되진 않았다는 사실을 알 수 있다.

넷째, 엄밀한 기하학적 의미에서 우리는 3차원이 아니라 2차원으로 본다. 수학자 앙리 푸앵카레는 어떤 실체의 차원이 몇 개인지를 결정하는 손쉬운 방법을 고안해 냈다. 그 실체를 이등분할 수 있는 것을 찾고, 그런 다음 그것의 차원에 1을 더하는 것이다. 점은 나눌 수가 없으므로 0차원이다. 선은 점에 의해 절단될 수 있으므로 1차원이다. 면은 점에 의해서는 분할되지 않지만 선에 의해 분할될 수 있으므로 2차원이다. 구는 2차원의 칼날이 아니면 쪼개지지 않으므로 3차원이다. 총알이나 바늘로는 이등분할 수가 없다. 그렇다면 시야는 어떨까? 시야는 선에 의해 분리될 수 있다. 예를 들어 수평선은 시야를 이등분한다. 팽팽한 전깃줄 앞에 서 있으면 눈에 들어오는 모든 것이 양분된다. 둥근 탁자의 경계 역시 시야를 양분한다. 모든 점은 경계 안쪽에 속하거나 경계 바깥에 속한다. 선의 1차원에 1을 더하면 2차원이 된다. 이 기준으로 보면 시야는 2차원이다. 그렇다고 해서 시야가 평평하다는 뜻은 아니다. 2차원의 표면도 고무 틀이나 플라스틱 포장처럼 입체적인 곡면일 수 있다.

다섯째, 우리는 '물체들'을 즉시 보지 못한다. 우리는 이동 가능한 물질 덩어리들을 세고, 분류하고, 거기에 명사를 붙인다. 시각에 관한 한, 물체라는 것이 무엇인지도 불분명하다. 물체를 찾아내는 컴퓨터 시각 체계를 설계하려던 데이비드 마르는 다음과 같은 문제에 부딪혔다.

코는 물체인가? 머리는 물체인가? 몸뚱이에 붙어 있을 때에도 하나의 물체인가? 말등에 앉은 사람은 어떻게 봐야 하는가? 이 질문들은 하나의 상으로부터 무엇을 하나의 구역으로 복원해야 하는지를 공식화하는 것이 대단히 어려워서 거의 철학적인 성격을 띠게 된다는 것을 보여 준다. 어떤 물음에도 답이 없다. 생각하기에 따라 그 모든 것이 하나의 물체일 수도 있고, 더 큰 물체의 부분일 수도 있다.

순간접착제 한 방울이면 두 물체가 하나가 되지만 시각기관은 그것을 알아낼 방법이 없다.

그러나 우리에게는 '표면'들과 그 '경계'들을 거의 확실하게 감지하는 감각이 있다. 심리학에서 가장 유명한 착각 현상은, 시야를 깎아 내서 표면들로 만들고 그중 어느 것이 전면에 있는가를 결정하려는 뇌의 끈질긴 노력으로부터 나온다. 첫 번째 예인 루벤의 잔과 얼굴은 받침 달린 잔과 마주 보고 있는 두 얼굴의 옆모습이 반전되는 그림이다. 잔과 얼굴은 동시에 보이지 않고(물론 우리는 두 사람이 마주서서 코앞에 잔을 들고 있는 모습을 상상할 수는 있다), 두 형태 중 우세한 형태가 경계선을 '소유'하고 다른 구획을 무정형의 배경으로 밀어낸다.

두 번째 예인 카니자 삼각형은 아무것도 없는 공간이 마치 잉크 칠이나 된 것처럼 하나의 형태를 이루고 있다.

얼굴, 잔, 삼각형은 익숙한 물체들이지만 착각은 익숙함에 좌우되지 않는다. 무의미한 얼룩도 똑같은 효과를 낼 수 있다.

4장 마음의 눈 **403**

우리는 망막에서 밀려오는 정보에 떠밀려 비자발적으로 표면을 인지한다. 즉 일반적인 믿음과는 반대로, 우리는 기대하는 것을 보는 것이 아니다.

그렇다면 시각은 무엇을 생산할까? 마르는 그 생산물을 2½차원 스케치라 부르고, 다른 사람들은 가시적 표면 표상visible surface representation이라 부른다. 깊이는 (좌우, 상하 차원들과는 달리) 시각 정보를 담고 있는 매개물을 규정하지 못하기 때문에 종종 ½차원으로 '다운그레이드' 된다. 수백 개의 슬라이딩핀*으로 이루어진 장난감이 있다고 해보자. 3차원의 표면(가령 얼굴)에 대고 누르면 반대쪽에 생긴 윤곽이 그 표면의 형판이 될 것이다. 그 윤곽은 3개의 차원을 갖고 있지만, 이 차원들은 동일하게 생성된 것이 아니다. 좌우의 위치와 상하의 위치는 개별 핀들에 의해 확실히 규정되지만, 깊이상의 위치는 그 핀이 얼마나 돌출되어 있는가에 의해 규정된다. 어느 한 (동일한 수치의) 깊이에 대해서는 여러 개의 핀들이 있을 수 있는 반면, 하나의 핀에는 하나의 깊이만 있다.

* sliding pin. 전후로 부드럽게 움직이는 가상의 핀들.

그 2½차원 스케치는 405쪽의 그림과 같을 것이다. 세포 또는 화소들이 모자이크처럼 모여 붙어 있다. 각 세포는 키클롭스의 시점에서 일직선으로 뻗어 나간 시선에 해당한다. 전체적인 형태가 위아래로 길기보다는 옆으로 넓은 것은 우리의 두 눈이 두개골 안에 위아래로 배치되지 않고

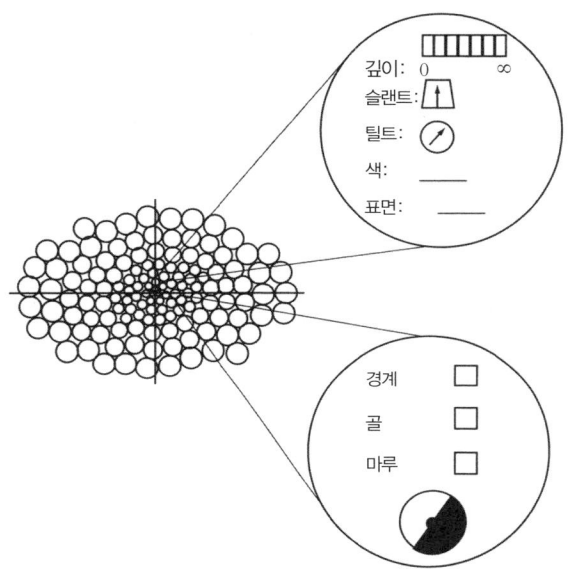

좌우로 나란히 배치되어 있기 때문이다. 그리고 세포들이 시야의 주변부보다 중심으로 갈수록 더 작은 것은 중심부의 해상도가 더 높기 때문이다. 각 세포는 표면이나 테두리에 대한 정보를 표현할 수 있는데, 마치 몇 개의 공란을 가진 두 종류의 서식과 같다. 표면을 설명하는 서식 안에는 깊이, 슬랜트(표면이 전후로 얼마나 기울었는가), 틸트(표면이 좌우로 얼마나 기울었는가), 색을 위한 공란이 있고, 그 표면이 무엇의 일부인가를 보여 주는 라벨이 있다. 테두리를 설명하는 서식 안에는 체크를 기다리는 네모 칸들이 있는데 각각의 칸은 그 테두리가 사물의 경계에 있는지, 홈인지, 마루인지를 나타내고, 여기에 더하여 (사물의 경계인 경우) 방향을 나타내는 다이얼이 있는데, 이 다이얼은 또한 어느 쪽이 그 경계를 '소유'하는 표면에 속하고 어느 쪽이 그저 배경에 불과한지를 보여 준다. 이 그림은 2½차원 스케치 속에 담긴 정보의 '종류'를 보여 주는 합성그림이다. 뇌는 뉴런 집단들과 그 활동을 이용해 정보를 보유하는데, 피질의 여러 부위에 흩어져 있을 수도 있는 그 집단들은 일시적인 기억 영역인 레지스터에서 접근할 수 있는 지도들의 집합이라 할 수 있다.

왜 우리는 2½차원으로 볼까? 왜 머릿속에서 모형으로 보지 못할까? 그 답의 일부는 저장의 비용과 이점에 있다. 컴퓨터 사용자는 누구나 그래픽 파일이 저장 공간을 탐욕스럽게 잡아먹는 대식가라는 것을 안다. 뇌가 눈에서 들어오는 수 기가바이트를 모형으로 합성하지 않는 것은 대상이 움직이는 순간 쓸모없어지기 때문이다. 그래서 뇌는 한순간에 포착되지 않는 정보는 외부 세계에게 맡겨 둔다. 머리를 갸웃하고 눈길을 돌리면 새롭게 업데이트된 스케치가 생겨난다. 세 번째 차원의 2등급 상태로 말하자면, 그것은 거의 어쩔 수 없는 일이다. 매 순간 활동하는 간상세포와 원추세포에 상태를 알리는 다른 두 차원과는 달리 깊이는 데이터로부터 아주 힘들게 산출된다. 깊이를 계산하는 입체, 윤곽, 운동 전문가들이 갖춰져 있는 것은 보는 사람에게 외부 세계의 3차원 좌표가 아니라 거리, 슬랜트, 틸트, 겹침 현상에 대한 정보를 주기 위해서다. 그것들이 할 수 있는 최선의 일은 공동 작업을 통해 눈앞의 표면들에 대한 2½차원의 인식을 제공하는 것이다. 그것을 어떻게 사용할지를 생각하는 것은 뇌의 나머지 부분이 할 일이다.

좌표계

2½차원 스케치는 독창적으로 설계되고 조화롭게 돌아가는 시각기관의 걸작이다. 딱 하나의 문제가 있다. 전달이 되어도 쓸모가 없다는 것이다.

2½차원 배열에 담긴 정보는 보는 사람을 기준으로 중심이 맞춰진

망막 좌표계에 기입되어 있다. 만일 특정한 세포가 "여기에 테두리가 하나 있다"고 말하면, '여기'가 가리키는 의미는 망막 위에 있는 그 세포의 위치—즉 당신이 보고 있는 완벽한 정면—이다. 당신이 나무이고 다른 나무를 보고 있다면 아무 문제가 없겠지만, 어떤 것—당신의 눈, 머리, 몸, 눈앞의 사물—이 움직이는 순간 그 정보는 배열 속의 새로운 빈 공간으로 비틀거리며 이동한다. 그 배열 속의 정보를 처리하던 뇌의 부분은 그 정보가 이제 소멸했다는 사실을 알게 될 것이다. 만일 당신의 손이 시야의 중심에 있던 사과 쪽으로 이끌리고 있었다 해도 사과가 떨어지면 그 손은 그저 허공을 향해 움직일 것이다. 만일 어제 당신이 자동차의 운전대를 보면서 차의 상을 기억했다고 해도 오늘 그 상은 당신이 보는 펜더*의 모습과 일치하지 않을 것이다. 두 상은 거의 중복되지 않을 것 이다. 심지어 우리는 2개의 선이 평행인지 아닌지 같은 간단한 사실도 판단하지 못한다. 철길이 만나는 것처럼 보이는 장면을 기억하자.

* 자동차의 흙받기.

이런 문제들 때문에 우리는 머릿속에 축소 모형이 있기를 바라지만, 시각은 축소 모형을 전달해 주지 않는다. 시각 정보를 이용하는 문제의 핵심은 그것을 개조하는 것이 아니라 적당히 '접근'하는 것인데, 그러려면 유용한 준거틀, 즉 좌표계가 있어야 한다. 좌표계는 위치 개념과 매우 밀접하다. 우리는 "그게 어디 있어?"라는 질문에 어떻게 대답하는가? 우리는 질문자가 이미 알고 있는 사물의 이름을 확인하고 '그것'이 틀을 기준으로 어느 방향으로 얼마나 멀리에 있는가를 설명한다. "냉장고 옆에 있어"와 같이 말로 된 설명, 주소, 나침반 방향, 위도와 경도, GPS 위성 좌표 등, 이 모든 것이 준거틀을 기준으로 거리와 방향을 나타낸다. 뉴턴의 이론적 기초에는 어느 것과도 무관한, 허공에 닻을 내린 가상의 준거틀이 있었고, 아인슈타인은 그 준거틀에 의문을 제기함으로써 상대성 이론을 확립했다.

    2½차원 스케치가 첨부된 좌표계는 망막상의 위치다. 망막은 끊임없이 빙빙 돌기 때문에, "여기 밝은 곳에 주차해 놓은 베이지색 폰티악 옆에 있으니까 이쪽으로 오세요" 같은 지시만큼이나 위치 파악에는 무용지물이다. 우리는 두 눈이 로큰롤을 추는 동안에도 점잖게 머물러 있는 좌표계가 필요하다. 눈앞의 풍경을 보면서 라이플총 망원경의 십자선을 이동시키는 것처럼, 보이지 않는 좌표계를 시야 앞에 두고 이리저리 이동시키는 회로가 있다고 가정해 보자. 그리고 시야로부터 정보를 퍼 담는 어떤 메커니즘이 그 십자선에 의해 규정된 위치들과 결부되어 있다고 가정해 보자(예를 들어 십자선 중앙에서 위로 두 눈금, 또는 좌로 한 눈금). 컴퓨터에도 그와 대충 비슷한 커서라는 장치가 있다. 명령어로 정보를 읽고 쓸 때에는 화면 위에 어디든 놓을 수 있는 특별한 점이 기준이 되고, 화면에 뜬 자료를 위아래로 스크롤하면 문서나 그래픽의 한 부분에 달라붙은 것처럼 커서도 함께 움직인다. 뇌가 2½차원 스케치의 내용을 이용하려면 그와 비슷한 메커니즘이 실은 하나가 아닌 몇 개가 필요하다.

    2½차원 스케치 위를 이동하는 가장 간단한 좌표계는 머리에 나사로 고정시킨 좌표계다. 광학의 법칙 때문에 눈이 오른쪽으로 움직이면 사과의 상은 왼쪽으로 움직인다. 그러나 눈 근육에 대한 신경 명령이 복사되어 시야에 전달되고, 그 신경 명령을 통해 반대 방향으로 동일한 양만큼 십자선을 이동시킬 수 있다고 가정해 보자. 십자선은 사과 위에 머물 것이고, 그 결과 십자선을 통해 정보를 모으는 심리적 과정도 사과에 머물 것이다. 시야의 내용물들이 미끄러지면서 돌아다녀도 마치 아무 일도 일어나지 않은 것처럼 그 과정은 계속될 것이다.

    그 전달을 보여 주는 다음과 같은 간단한 예가 있다. 두 눈을 이동시켜 보라. 세계는 가만히 서 있을 것이다. 이번에는 한쪽 눈을 감고 반대쪽 눈의 안구를 손가락으로 눌러 옆으로 살짝 밀어 보라. 세계는 껑충 뛸 것이다. 두 경우 모두 눈이 움직이고 망막상도 움직였지만, 손가락으로 눈을 밀었을 때에만 이동을 볼 수 있다. 어딘가를 보겠다고 결정하고 눈을 이동시키면, 이동하는 상과 함께 좌표계를 이동시키는 메커니즘에도 눈 근육에 대한 명령이 똑같이 전달되어 우리의 주관적인 운동감을 상쇄한다. 그러나 손가락으로 눈을 밀어서 이동시킬 때에는 좌표계 이동 장치가 무시됨으로써 좌표계는 이동하지 않을 것이고, 그래서 우리는 홱 건너뛰는 상이 홱 건너뛰는 세계로부터 왔다고 해석한다.

    그뿐 아니라 머리와 신체의 운동을 보상하는 좌표계들이 있을 것이다. 그것들은 시야에 들어온 각각의 표면 조각들에게 방이나 땅을 기준으로 매겨진 고정된 주소를 부여한다. 신체가 움직여도 주소는 그대로 남는다. 이러한 틀 이동은 시야에 담긴 내용물의 이동을 추적하는 회로에 의해 이루어질 수도 있지만, 목과 신체의 근육에 대한 명령에 의해서도 이루어질 수 있다.

● ● ● ●

또 다른 손쉬운 틀은 외부 세계를 동일한 크기의 범위들로 나눠 표시하는 사다리꼴의 마음 격자일 것이다. 격자 한 눈금은 발 근처에서는 넓은 범위의 시야를 차지할 것이고, 지평선 근처에서는 그보다 좁은 범위의 시야를 차지하겠지만, 지면에서 측정되는 인치의 수는 동일할 것이다. 2½차원 스케치에는 각 점들의 깊이값이 있기 때문에 뇌는 격자 눈금들을 계산하기 쉬울 것이다. 이런 외부 정렬형 좌표계가 있으면 우리는 피부 바깥에 있는 물질의 실제 각도와 넓이를 판단할 수 있을 것이다. 지각심리학자인 J. J. 깁슨은 우리가 실제로 이런 눈금 감각을 망막상 위에 겹쳐 놓을 수 있으며, 그것을 사용할지 말지를 심리적으로 건너뛰며 결정할 수 있다고 주장했다. 철길 중간에 서 있을 때 우리는 철길이 만나는 것을 볼 수 있는 마음의 틀을 가정할 수도 있고, 철길을 평행으로 보는 틀을 가정할 수도 있다. 깁슨이 각각 '시야visual field'와 '시계visual world'라 명명한 두 태도는 동일한 정보에 대해 망막의 틀로 접근하는 경우와 외부 정렬형 틀로 접근하는 경우에서 비롯된다.

또 다른 보이지 않는 틀은 중력의 방향이다. 마음의 수직 추는 3개의 반고리관이 서로 직각을 이루고 있는 내이의 전정기관에서 나온다. 만일 자연선택이 인간의 공학적 원칙을 먼저 채택한 것이 의심스럽다면, 두개골 속에 새겨진 데카르트의 XYZ 좌표계를 보라! 머리를 숙이거나 돌리거나 흔들면 반고리관 속의 액체가 출렁거려서 머리의 움직임을 기록하는 신경신호를 촉발한다. 이때 묵직한 돌무더기(평형사 또는 이석)가 다른 막들에 압력을 가해서 직진 운동과 중력의 방향을 등록한다. 마음은 이 신호들을 이용해 마음의 십자선을 회전시킴으로써 십자선이 항상 정확히 '똑바로' 서 있게 만든다. 우리의 머리가 정확히 수직을 유지하는 경우가 거의 없으면서도 외부 세계가 기운 것처럼 보이지 않는 이유가 여기에 있다.(눈 자체도 머리 안에서 시계 방향과 시계 반대 방향으로 기울지만 머리의 작은 기울기들을 상쇄할 정도에 국한된다.) 이상하게도 우리의 뇌는 중력은 많이 보충하지 못한다. 만일 그 보충이 완벽하다면 우리가 옆으로 눕거나 물구나무를 서 있을 때에도 세계는 정상적으로 보일 것이다. 물론 그렇지 않다. 옆으로 누워서 텔레비전을 볼 때 손으로 머리를 받치지 않으면 제대로 볼 수가 없고, 책을 볼 때도 책을 옆으로 돌리지 않으면 제대로 읽을 수가 없다. 아마도 우리 인간이 육서陸棲 동물이기 때문에, 신체가 똑바르지 않을 때 들어오는 나쁜 상태의 시각 정보를 보충하기보다는 그냥 신체를 똑바로 유지하기 위해서 중력 신호를 이용하는 것으로 보인다.

　　망막의 틀과 내이의 틀이 협조함으로써 우리의 삶에는 놀라운 일이 일어난다. 멀미가 나는 것이다. 평상시 이동할 때 두 신호—시야에 무더기로 잡히는 재질과 색, 그리고 내이에서 보내는 중력과 관성에 대한 메시지—는 조화를 이룬다. 그러나 자동차, 배, 또는 가마—진화상으로 전무후무한 이동 수단들—를 타고 이동할 때, 내이는 "넌 움직이고 있어"라고 말하고 벽과 바닥은 "넌 안 움직이고 있어"라고 말한다. 이 불일치가 멀미를 촉발한다. 따라서 멀미를 없애는 일반적인 해결책은 책을 읽지 말고 창밖을 보거나 지평선을 보는 것이다.

　　많은 우주비행사들이 만성적으로 우주 멀미를 경험한다. 중력과 시각이 극단적으로 불일치하는데도 중력 신호가 전혀 없기 때문이다.(우주 멀미를 측정하는 단위인 간garn은 유타주 출신 공화당 상원의원, 제이크 간의 이름에서 유래했다. 그는 상원의 NASA 세출 소위원회의 위원 지위를 이용해 결국 우주여행이란 향응을 제공받았다. 우주 사관생도 간은 역사상 구토가 가장 심한 비행사로 기록되었다.) 설상가상으로 우주선 내부는 비행사들에게 외부 정렬형 좌표계를 제공하지 않는다. 설계자들은 중력이 없으므로 '바닥,' '천장,' '벽' 같은 개념들이 무의미하다고 생각하여 여섯 개의 모든 표면에 계기들을 배치한다. 비행사들은 불행하게도 지상의 뇌를 갖고 있기 때문에 방향을 잃지 않으려면 행동을 멈추고 스스로 "이쪽을 '위'로 정하고 저쪽을 '앞'으로 정해야겠다"고 다짐한다. 그러면 한동안 효과를 보지만, 창밖을 내다보니 육지가 위에 있거나, 동료 비행사가 거꾸로 떠 있는 것을 보면 욕지기가 밀려온다. 우주 멀미는 NASA의 지대한 관심거리다. 첫 번째 이유는 엄청난 비용이 들어간 아까운 비행시간에 생산성이 낮아지기 때문이다. 무중력 상태에서 구토를 하면 정말로 골치 아픈 일들이 발생한다. 두 번째 이유는 급성장하고 있는 가상현실 기술과 관계가 있다. 광각헬멧 속에서 그래픽으로 합성된 세계가 획획 지나간다면 어떻겠는가? 《뉴스위크Newsweek》는 다음과 같이 논평했다. "틸터휠* 이래로 가장 현기증 나는 발명품이다. 차라리 버드와이저가 낫다."

* Tilt-a-Whirl. 제멋대로 회전하면서 빠르게 궤도를 도는 놀이기구.

도대체 왜 시각과 중력 또는 관성이 불일치하면 욕지기가 일어날까? 상하 이동이 뱃속의 창자와 무슨 관계가 있을까? 심리학자 미셸 트레망은 그럴듯하지만 아직 입증은 되지 않은 설명을 제시했다. 동물들은 독을 먹으면 독성이 더 퍼지기 전에 몸 밖으로 배출하려고 구토를 한다. 자연 속의 많은 독소들이 신경계에 영향을 미친다. 그러면 《오명Notorious》에서 잉그리드 버그만이 부딪혔던 문제—중독이 됐다는 것을 어떻게 알 수 있는가?—가 발생한다. 중독이 되면 판단이 흐려지는데, 그 때문에 자신의 판단이 흐려졌는지 아닌지에 대한 판단에도 문제가 생긴다! 좀 더 일반적으로 말해, 고장 감지 장치는 어떻게 뇌의 고장과 이상한 상황에 대한 뇌의 정확한 등록을 구별하는가?(오래전의 범퍼 스티커 중에는 이런 것이 있었다. "이 세계는 기술적 혼란에 빠졌습니다. 우리의 마음을 조정할 필요가 없습니다.") 당연한 이야기이지만 중력은 이 세계의 특징들 중에서 가장 안정적이고 예측 가능한 특징이다. 뇌의 두 부분이 중력에 대해 서로 다른 의견을 갖게 되면 아마도 어느 한쪽이나 양쪽 모두가 제대로 작동하지 않거나 입력신호가 지연 또는 와전될 것이다. 이것을 법칙으로 요약하면 다음과 같을 것이다. "중력이 이상한 것 같으면 독소에 중독된 것이므로, 즉시 몸 밖으로 배출하라."

마음의 상하 축은 또한 우리의 형태 및 형식 감각을 형성하는 강력한 요소다. 다음 그림이 무엇처럼 보이는가?

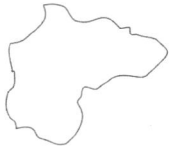

머리를 시계 반대방향으로 기울이고 봐도 그것이 아프리카 대륙을 90도 돌려놓은 그림이란 것을 인식하는 사람은 거의 없을 것이다. 유클리드 기하학에서는 회전된 형태도 동일하다고 보지만, 마음의 형태 표현—우리 마음이 형태를 어떻게 '묘사'하는가—은 그런 원칙을 반영하지 않는다. 마음이 반영하는 기하학은 우리의 상하 좌표계가 기준이다. 우리의 마음은 아프리카가 '위쪽'은 약간 납작하고 '아래쪽'은 약간 뾰족한 형태라고 생각한다. 위쪽과 아래쪽을 바꾸면 해안선이 전혀 변하지 않아도 더 이상 아프리카가 아니다.

다음 그림은 심리학자 어빈 록이 발견한 많은 예 중의 하나다.

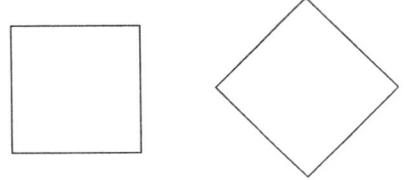

사람들은 두 그림을 서로 다른 형태인 정사각형과 마름모로 본다. 그러나 기하학자가 볼 때 두 그림은 동일하다. 두 그림은 네 각과 선이 동일하므로 한 구멍에 들어맞는 말뚝이라 할 수 있다. 유일한 차이는 두 형태가 보는 사람의 상하 좌표계를 기준으로 어떻게 정렬되어 있는가에 있고, 그 차이는 두 형태를 다른 이름으로 부르기에 충분하다. 정사각형은 위쪽이 평평하고 마름모는 위쪽이 뾰족하다. 어쨌든 '위쪽'을 피해 가기는 불가능하다. 마름모가 직각으로 이루어졌다는 것은 잘 보이지도 않는다.

마지막으로 물체 자체에도 좌표계가 있을 수 있다.

오른쪽 맨 위에 있는 형태는 시각적 반전을 일으켜서, 마음속으로 그것을 왼쪽의 세 도형에 포함시키는가, 아니면 아래의 여덟 도형에 포함시키는가에 따라 정사각형처럼 보이기도 하고 마름모꼴로 보이기도 한다. 그 도형들을 잇는 가상의 선들이 데카르트 좌표계가 되고(하나는 망막의 상하 기준에 정렬되고, 다른 하나는 사선으로 기울어진다), 그래서 마음속으로 어느 선에 포함시키느냐에 따라 도형은 다르게 보인다.

색도 냄새도 맛도 없는 이 모든 좌표계들이 시야 위에 겹쳐져 있다는 생각이 아직도 의심스럽다면, 심리학자 프레드 애트니브가 제시한 정말로 간단한 예를 볼 필요가 있다. 왼쪽의 삼각형들을 보자.

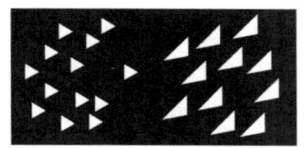

그 삼각형들을 오랫동안 보고 있으면 어느 순간 다르게 보인다. 위치가 바뀌거나 깊이가 반전되지는 않지만 틀림없이 어떤 변화가 일어난다. 사람들은 그 변화를 가리켜 '삼각형들이 가리키는 쪽'이라고 설명한다. 이때 변화를 일으킨 것은 삼각형들이 아니라 삼각형 위에 겹쳐진 마음의 좌표계다. 그 좌표계는 망막, 머리, 신체, 방, 지면, 중력으로부터 생긴 것이 아니라 삼각형들의 대칭축에서 비롯된 것이다. 삼각형에는 그런 축이 3개 있는데, 각각의 축이 번갈아 가면서 방향을 지배한다. 각각의 축에는 남극 및 북극과 같은 양극이 있어서, 삼각형들이 어느 한 방향을 가리킨다는 느낌을 불러일으킨다. 삼각형들은 코러스 라인에 맞춰 춤을 추는 백댄서들 같다. 우리의 뇌는 좌표계가 한 구역 내의 모든 형태들을 포괄하는 것을 좋아하기 때문이다. 오른쪽의 삼각형들은 훨씬 더 큰 도약력을 뽐내면서 6개의 인상들impressions 사이를 건너뛴다. 그 삼각형들은 지면에 평평하게 놓여 있는 둔각삼각형으로 해석될 수도 있고 입체적으로 서 있는 직각삼각형으로 해석될 수도 있다. 두 경우 모두 세 가지 방식으로 놓일 수 있는 좌표계와 조합을 이룬다.

동물 크래커

좌표계를 끌어들이는 물체의 능력은 시각과 관련된 큰 문제들 중 하나를 해결하는 데 도움이 된다. 그것은 망막에서 출발해 추상적 사고까지 올라가는 과정에서 만나는 또 하나의 문제다. 사람들은 어떻게 형태를 인식하는가? 보통의 성인들은 약 1만 개의 사물 이름을 알고 있고, 그 대부분은 형태에 의해 구분된다. 심지어 여섯 살 된 아이들도 수천 개의 이름을 알고 있다. 수년 동안 몇 시간마다 하나씩 학습을 해온 셈이다. 물론 사물들은 다양한 단서로부터 인식된다. 어떤 것들은 소리와 냄새로 인식되고, 바구니에 담긴 셔츠 같은 것들은 색과 재질을 통해 확인된다. 그러나 대부분의 물체는 형태를 통해 인식된다. 사물의 형태를 인식할 때 우리는 순수한 기하학자가 되어, 공간 속의 물질 배치를 조사하고 기억된 것들 중 가장 가깝게 매치되는 것을 찾아낸다. 마음의 기하학자는 대단히 예리한 것이 분명하다. 세 살만 되어도 갖가지 모양의 동물 크래커나 화려한 플라스틱 칩 속에서 원하는 것을 척척 골라내고, 이국적인 동물들의 그림자 그림만 보고도 그 이름을 줄줄 외운다.

29쪽 중간의 그림은 이 문제가 왜 그렇게 어려운지를 보여 주었다. 물체나 보는 사람이 움직이면 2½차원 스케치의 윤곽이 변한다. 그 형태—예를 들어 여행 가방—에 대한 당신의 기억이 처음 그것을 봤을 때 만들어진 2½차원 스케치의 사본이라면, 이동된 가방의 스케치는 이제 그것과 일치하지 않는다. 당신의 가방 기억은 '직사각형 판, 수평의 손잡이, 12시 방향'이지만, 지금 보고 있는 손잡이는 수평도 아니고 12시 방향도 아니다. 그러면 당신은 그것이 무엇인지 모른 채 멍하니 바라만 보고 있을 것이다.

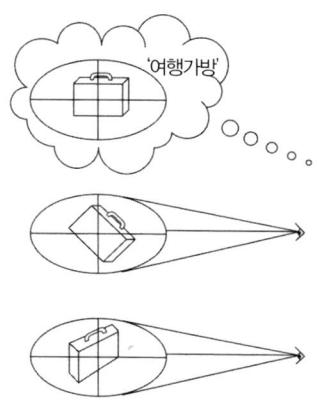

그러나 우리의 기억 파일이 망막 좌표계를 사용하는 대신 사물 자체에 정렬되어 있는 틀을 사용한다고 가정해 보자. 우리의 기억은 '판의 상단에 판의 테두리와 평행인 손잡이가 달려 있는 직사각형 판'일 것이다. '판의'라는 부분은 우리가 시야가 아닌 물체 자체를 기준으로 삼고 각 부분들의 위치를 기억하고 있다는 것을 의미한다. 그렇다면 우리가 미확인 물체를 볼 때, 우리의 시각기관은 자동적으로 그 물체 위에 3차원 좌표계를 정렬시킬 것이다. 그것은 애트니브가 보여 준 도형들의 코러스 라인과 흡사하다. 이제 우리가 보는 것과 기억하는 것을 매치시키면 가방이 어떤 방향으로 놓여 있든 상관없이 그 둘은 일치할 것이다. 이때 우리는 가방을 알아본다.

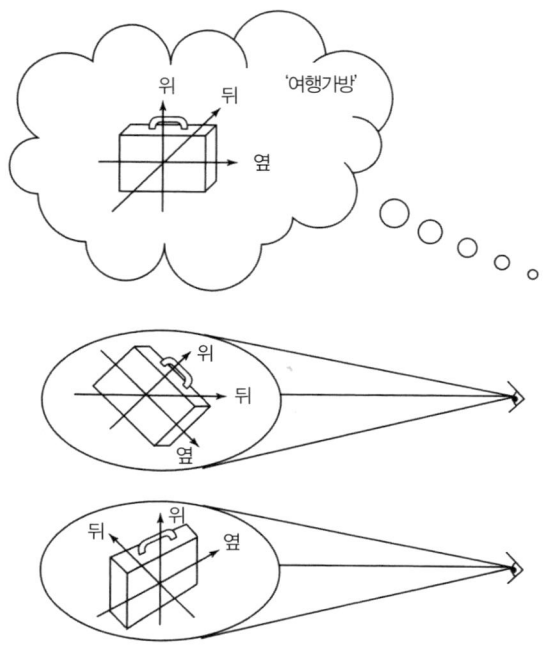

　간단히 말해, 이것이 마르가 설명한 형태 인식이다. 형태 기억은 2½차원 스케치의 사본이 아니라 그것과는 두 측면이 다른 일종의 포맷으로 저장된다는 것이 그 핵심 개념이다. 첫째, 좌표계는 2½차원 스케치에서처럼 보는 사람이 아니라 물체에 맞춰져 있다. 사물을 인식할 때 뇌는 사물의 연장 축과 대칭축에 좌표계를 정렬시키고 그 안에 들어온 부분들의 위치와 각도를 측량한다. 그래야만 시각과 기억이 일치한다. 두 번째 차이는 매치하는 장치가 시각과 기억을 비교할 때 마치 퍼즐을 빈칸에 놓는 것처럼 양자를 화소 단위로 비교하는 것이 아니라는 것이다. 그렇게 한다면 매치되어야 할 형태들이 매치되지 않을 수 있다. 실제 사물들은 눌린 자국과 떨림을 갖고 있으며, 스타일과 디자인도 제각기 다르다. 어떤 2개의 가방도 동일한 차원들을 갖지 않는다. 모서리가 둥글거나 덧댄 것이 있는가 하면 손잡이가 두툼하거나 가는 것이 있다. 매치를 앞둔 형태의 표상은 구석구석까지 정확하게 맞을 수가 없다. 따라서 '판'과 'U자 모양의 어떤 것' 같이 관대한 범주가 필요하다. 부속품들 역시 밀리미터 단위로 정밀하게 명시되는 것이 아니라 어느 정도의 여유가 허용되어야 한다. 예를 들어 컵의 오목한 손잡이는 컵에 따라 조금 높거나 낮을 수 있지만, 모두 '옆면에' 붙어 있다.

심리학자 어브 비더만은 자신이 '기하자(幾何子, geon)'라 명명한 단순한 기하학적 부품들을 가지고 마르의 두 개념에 살을 붙였다.(geon은 원자를 구성하는 양성자proton와 전자electron에서 유추한 이름이다.) 아래에 다섯 개의 기하자와 그 조합들이 있다.

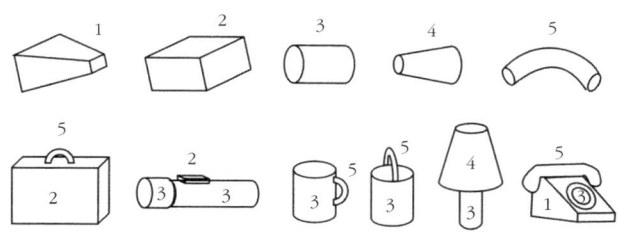

비더만은 모두 24개의 기하자를 제시했는데, 그중에는 원뿔, 메가폰, 축구공, 튜브, 정육면체, 엘보우 마카로니* 등이 있다.(기술적 측면에서 엄밀히 따지면, 기하자들은 모두 원뿔과 똑같은 특징을 갖고 있다. 만일 아이스크림콘이 중심축을 따라 점점 확대되는 원의 표면이라면, 기하자들은 다른 2차원 형태가 직선이나 곡선의 축을 따라 점차 확대되거나 축소되면서 만들어 내는 표면들이다.) 기하자들을 조립하면 예를 들어 '위,' '옆면,' '끝에서 끝까지,' '끝에서 중심이 아닌 지점까지,' '평행' 같

* 반원형으로 구부러진 튜브 모양의 속이 빈 마카로니

은 부속품들 간의 관계를 가진 물체들이 나온다. 이 관계들은 물론 시야가 아닌 물체의 중심에 맞춰진 좌표계에 따라 규정된다. 예를 들어 '위'는 '망막중심오목의 위'가 아니라 '주요 기하자의 위'를 의미한다. 따라서 물체나 보는 사람이 움직여도 그 관계들은 변하지 않는다.

    기하자들은 문법처럼 조합성을 갖고 있다. 분명 우리는 우리 자신에게 형태를 말로 설명하진 않지만, 기하자 조립물은 일종의 내적 언어이자 마음언어 방언이다. 단어들이 맞물려 구나 문장을 이루듯이, 고정된 어휘에 속한 요소들이 맞물려 더 큰 구조를 이룬다. 하나의 문장은 단어들의 단순 합이 아니라 구문론적 배열에 따라 달라진다. 사람이 개를 물다(A man bites a dog)는 개가 사람을 물다(A dog bites a man)와 같지 않다. 마찬가지로 하나의 사물은 기하자들의 총합이 아니라 공간적 배열에 따라 달라진다. 옆면에 굽이가 붙어 있는 원통은 컵이고, 위에 굽이가 붙어 있는 원통은 들통이다. 그리고 소수의 단어들과 규칙들만으로도 천문학적인 수의 문장이 나오는 것처럼, 소수의 기하자들과 부착물들로부터 천문학적인 수의 물체들이 조합된다. 비더만에 따르면 총 24개인 기하자들은 각각 15개의 크기와 구조(조금 더 두껍다, 조금 더 가늘다)를 가질 수 있고, 기하자들의 결합 방법은 81가지라고 한다. 그렇다면 2개의 기하자로 조립할 수 있는 물체는 1049만 7600개이고, 3개의 기하자로 조립할 수 있는 물체는 3억 600만 개다. 이론상으로는 우리가 알고 있는 수만 개의 형태들을 조립하고도 남는다. 실제로 우리는 3개나 2개의 기하자로 이루어진 일상적인 물체들의 모형을 즉시 알아본다.

    언어와 복잡한 형태는 심지어 뇌에서도 이웃하고 있는 것으로 여겨진다. 좌반구는 언어의 자리일 뿐 아니라 부품들의 배열이 만들어 내는 형태들을 인식하고 상상하는 능력이 존재하는 자리다. 좌반구에 뇌졸중이 찾아온 어느 신경증 환자는 다음과 같이 진술했다. "나무, 동물, 사물을 상상하려고 하면 한 부분밖에 떠오르지 않는다. 내부의 시각이 조각조각 깨진 채로 획획 지나간다. 소의 머리를 상상하라는 질문을 받으면 귀와 뿔이 있다는 건 알겠는데 그것들을 제 위치에 놓을 수가 없다." 반면에 우반구는 전체적인 형태를 측정한다. 우반구는 눈앞의 직사각형이 좌우로 납작한지 위아래로 길쭉한지, 또는 점과 어떤 사물의 거리가 1인치 이상인지 이하인지를 쉽게 판단한다.

기하자 이론의 장점은 2½차원 스케치에 대한 요구 조건들이 비합리적이지 않다는 것이다. 물체를 부분들로 잘라 내고, 그 부분들을 기하자들로 분류하고, 기하자들의 배열을 확인하는 것은 극복할 수 없는 문제가 아니기 때문에 시각 연구자들은 다양한 모델을 통해 뇌가 어떻게 그 문제를 해결하는지를 연구해 왔다. 또 다른 장점은 물체의 세부 구조를 이해함으로써 마음은 단지 사물들의 이름을 불쑥 꺼내는 것이 아니라 사물들에 대해 생각을 할 수 있다는 것이다. 사람들은 부분들의 형태와 배열을 분석함으로써 물체가 어떻게 작동하는지, 그 용도가 무엇인지를 이해한다.

기하자 이론에서는, 마음은 최고의 지각 수준에서 물체와 부분들을 이상화된 기하학적 고체로 '본다'고 설명한다. 그렇다면 인간의 심미안과 관련하여 오랫동안 지적되어 온 이상한 사실을 설명할 수 있다. 인물화 수업이나 누드 해변에 가보면 누구나 인간의 진짜 신체가 우리의 달콤한 상상에 못 미친다는 사실을 즉시 알게 된다. 대부분의 사람들은 옷을 입었을 때 더 낫게 보인다. 패션의 역사에 대한 글에서 미술사가 쿠엔틴 벨은 기하자 이론에서 직접 파생했을 법한 설명을 제시한다.

만일 어떤 물체를 봉투로 감싸서 우리의 눈이 그 속의 물체를 보는 대신 추론을 한다면, 우리가 추론이나 상상을 하는 형태는 실제 형태보다 더 완벽할 것이다. 갈색 종이에 싸인 네모난 상자가 있다면 우리는 그것을 완벽한 육면체로 상상할 것이다. 특별히 강력한 단서가 없다면 마음은 구멍, 패인 홈, 금, 그 밖의 우연한 특징들을 상상하지 못할 것이다. 이와 마찬가지로 사람의 허벅지, 다리, 팔, 가슴 위에 직물을 드리우면 우리는 완벽한 형태의 신체 부위를 상상하게 된다. 우리의 마음은 직접 보면 드러나게 될 불완전하고 불규칙한 특징들을 그리지 못하고 그릴 수도 없다.

… 우리는 [신체가] 어떨 것이라는 것을 경험으로 알면서도, 기꺼이 우리의 불신을 유보하고 옷장 속의 환상을 선택한다. 그리고 한 걸음 더 나아가 자기기만의 길로 빠져든다. 한숨이 나올 정도로 초라했던 어깨가 가장 좋은 재킷을 입는 순간 교묘하게 넓어 보이고 이상적으로 보일 때, 우리는 잠시 자기 자신을 존중하는 마음에 빠진다.

기하자는 모든 것에 들어맞지는 않는다. 산과 나무를 비롯한 많은 자연물들이 복잡한 프랙탈 도형을 갖고 있지만 기하자로는 피라미드와 막대사탕쯤으로 조립된다. 그리고 기하자는 눈사람이나 미스터 포테이토 헤드처럼 사람의 얼굴로 통할 수 있는 일반적인 모습을 만들어 낼 수는 있어도, 예를 들어 존의 얼굴이나 할머니의 얼굴처럼 충분히 다르면서도 미소 짓고 찡그리고 살이 찌고 나이가 들었을 때에도 매번 안정적으로 식별할 수 있는 '구체적인' 얼굴 모형을 만들지는 못한다. 많은 심리학자들이 얼굴 인식은 특별하다고 생각한다. 인간과 같은 사회적 동물에게 얼굴은 자연선택이 우리에게 얼굴 인식에 필요한 기하학적 윤곽과 비율을 종류별로 등록할 수 있는 처리기를 부여할 정도로 중요한 부위다. 아기들은 태어난 지 30분 만에 얼굴 같은 패턴에는 시선을 고정시키면서도 그 밖의 복잡하고 대칭적인 배열에는 시선을 고정시키지 않으며, 생후 이틀이면 벌써 어머니를 알아본다.

　　얼굴 인식은 심지어 뇌에서도 특별한 부위를 사용한다. 얼굴을 인식하지 못하는 증상을 얼굴인식불능증이라 한다. 그것은 올리버 색스의 유명한 책에서 아내를 모자로 착각하는 남자와는 다르다. 얼굴인식불능증은 얼굴과 모자는 구별하지만 단지 누구의 얼굴인지를 구별하지 못하기 때문이다. 많은 환자들이 모자나 그 밖의 모든 것은 문제없이 인식한다. 심리학자 낸시 에트코프와 카일 케이브, 그리고 신경학자 로이 프리먼은 'LH'라는 환자를 검사했다. LH는 지적이고 똑똑한 사람이었지만 검사를 받기 20년 전에 교통사고를 당한 적이 있었다. 사고를 당한 후부터 그는 얼굴을 전혀 인식하지 못했다. 그는 아내와 아이들을 인식하지 못했고(목소리, 냄새, 걸음걸이 등으로는 인식했다), 거울에 비친 자신의 얼굴, 사진 속의 유명인들도 알아보지 못했다.(아인슈타인, 히틀러, 더벅머리 정장 스타일의 비틀스 같은 시각적 특징은 인식했다.) 얼굴의 세부적인 특징을 구별하는 데는 문제가 없었다. 예술적인 느낌이 나는 측면광 아래에서도 전체적인 얼굴과 옆모습을 매치시켰고 나이, 성, 아름다움을 평가했다. 그리고 단어, 의류, 헤어스타일, 자동차, 공구, 야채, 악기, 사무용 의자, 안경, 점 패턴, TV 안테나처럼 생긴 복잡한 형태의 물체들을 인식할 때에도 정상에 가까웠다. 그가 인식하기 어려워하는 형태는 두 종류뿐이었다. 그는 자신의 아이들이 먹는 동물 크래커의 이름을 말하지 못하고 당황스러워했고, 실험실에서도 동물 그림의 이름을 맞추는 과제에서 평균 이하의 평가를 받았다. 그리고 찡그림, 비웃음, 두려움 같은 얼굴 표정을 인식하는 데에도 어느 정도 어려움을 겪었다. 그래도 동물과 표정은 얼굴만큼 어렵지는 않았다. 얼굴은 완전한 공백으로 남았다.

　　우리의 뇌에서 얼굴 인식이 가장 어려운 과제도 아니고, 뇌의 여덟 실린더가 작동을 하지 않으면 얼굴 인식이 가장 먼저 혼란에 빠지는 것도 아니다. 심리학자 말린 버먼, 모리스 모스코비치, 고든 위노커는 지나가던 트럭의 백미러에 머리를 부딪힌 젊은이를 연구했다. 그 젊은이는 일상적인 사물을 인식할 때는 곤란을 겪었지만 얼굴을 인식할 때는 심지어 안경, 가발, 콧수염 따위로 얼굴을 위장해도 전혀 곤란을 겪지 않았다. 얼굴인식불능증과 정반대인 그의 증상은, 얼굴 인식이 사물 인식보다 더 어렵다기보다는 두 인식이 서로 다르다는 사실을 입증한다.

그렇다면 얼굴인식불능증은 얼굴 인식 모듈이 망가진 결과일까? 몇몇 심리학자들은 LH를 비롯한 얼굴인식불능증 환자들이 '몇몇' 다른 형태에 대해서도 '약간의' 어려움을 겪는다는 사실에 주목하여, 얼굴인식불능증 환자들은 얼굴 인식에 가장 유용한 동시에 다른 종류의 형태들을 인식하는 데에도 유용한 기하학적 자질들을 처리하는 데 문제가 있는 것이라고 말한다. 나는 얼굴의 외형적 특징으로 얼굴 인식과 사물 인식을 구별하는 것이 무의미하다고 생각한다. 뇌의 관점에서는 얼굴로 인식되기 전까지는 어떤 것도 얼굴이 아니다. 하나의 인식 모듈에 특수한 점이 있다면, 단지 그 모듈은 (예를 들어 대칭적인 얼룩들 간의 거리, 또는 3차원 골격 위에 씌워져 있고 부드러운 기초 패드와 연결 재료로 채워져 있는 탄력성이 있는 2차원 표면의 굴곡 패턴처럼) 특수한 종류의 기하 형태에 주목한다는 것이다. 만일 얼굴이 아닌 사물(동물, 얼굴 표정, 또는 자동차)이 그런 기하학적 자질들을 갖고 있다면 얼굴 인식 모듈은 사물이 갖고 있는 그 자질들을 어쩔 수 없이 분석할 것이다. 어떤 모듈을 얼굴 인식 장치라고 부른다고 해서 그것이 얼굴만 취급한다는 뜻은 아니다. 그것은 얼굴들을 서로 구분하는 기하학적 자질들을 분석하는 데에 최적화되어 있다는 뜻이다. 왜냐하면 그 유기체는 진화의 역사 속에서 그 자질들을 인식하는 능력 때문에 선택되었기 때문이다.

● ● ● ●

기하자 이론은 대단히 멋지지만, 과연 사실일까? 가장 순수한 형태, 즉 각각의 사물이 시점의 변덕에 오염되지 않고 하나의 3차원 기하도형으로 그려질 수 있는 차원에서는 분명 사실이 아닐 것이다. 대부분의 사물들은 불투명해서 일부 표면들이 다른 표면들을 가린다. 그 때문에 시점이 달라지면 그때마다 사물의 그림이 달라진다. 예를 들어 당신이 어떤 건물의 전면에 서 있다면 건물 뒤쪽이 어떤 모습인지는 알 수가 없다. 마르는 표면을 완전히 무시하고 동물의 형태가 마치 담배파이프 청소 기구*인 것처럼 분석함으로써 이 문제를 피해 갔다. 비더만의 버전에서는 이 문제를 인정하고 각각의 사물에게 마음의 형태 카탈로그에 담긴 '몇 개의' 기하자 모델을 부여한다. 각각의 모델이, 사물의 모든 측면들을 드러내는 데 필요한 각각의 장면을 담당하는 것이다.

* 철사가 들어 있어 마음대로 구부릴 수 있는 끈 모양의 솔.

  그러나 이 점을 인정한다면 완전히 다른 형태 인식 방법이 가능해진다. 차라리 각각의 형태에 수많은 기억 파일을 부여하고 각각의 시점에 하나씩 배정하면 안 되는가? 그 파일들에는 사물 중심의 가상 좌표계가 필요하지 않을 것이다. 모든 각도의 시점을 포괄할 만큼 파일이 충분하기만 하다면 그 파일들은 2½차원 스케치로 얻을 수 있는 망막 좌표를 이용할 것이다. 여러 해 동안 이 개념은 터무니없다고 간주되었다. 만일 시점의 연속체가 1도 차이로 분할되어 있다고 할 때, 하나의 물체가 그 모든 시점을 포괄하려면 4만 개의 파일이 필요할 것이다.(더구나 이것은 단지 보는 각도만을 다룬 것이다. 물체가 정중앙에 있지 않을 때의 보는 위치, 또는 보는 거리의 차이는 포함되지 않았다.) 건축가의 도면과 입면도처럼 몇 개의 그림만 지정하고 나머지를 생략할 수는 없다. 원칙상 모든 그림이 중요할 수 있기 때문이다.(간단히 증명해 보자. 속이 빈 공 안에 장난감이 붙어 있고 반대편에 작은 구멍이 뚫려 있다고 상상해 보라. 그 구멍을 똑바로 들여다볼 때에만 전체적인 형태가 보인다.) 그러나 최근에 이 개념은 재기에 성공했다. 관점을 현명하게 선택하고 사물이 그림과 딱 들어맞지 않을 때 양자를 연결하는 패턴 연상 신경망을 이용한다면 적당한 수의 그림인, 사물당 최대 40개 정도만 저장하더라도 문제가 없을 것이다.

그럼에도 사람들은 사물을 인식하기 위해 40개의 다른 각도에서 봐야만 할 것 같지는 않다. 이때 또 다른 요령이 등장한다. 사람들은 형태를 해석할 때 상하 방향에 의존한다는 사실을 기억해 보자. 정사각형은 마름모가 아니고, 옆으로 누운 아프리카는 아프리카로 인식되지 않는다. 이것은 순수한 기하자 이론을 다시 한 번 오염시킨다. 즉 '위쪽'과 '윗면' 같은 관계는 물체가 아니라 망막에서 나온다.(중력을 통해 약간의 수정을 거친다.) 물체를 인식하기 전에는 종종 그 물체의 '윗면'을 지정할 방법이 없기 때문에 그러한 인정은 불가피할 것이다. 그러나 정말로 중요한 문제는 첫눈에 인식하지 못한 비스듬한 그림을 보고 사람들이 무엇을 하는가에서 발생한다. 만일 옆에서 누군가가 그 형태가 옆으로 누웠다고 일러 주면 사람들은 즉시 그것을 알아본다. 내가 앞에서 아프리카 그림이 옆으로 누웠다고 말했을 때에도 당신은 즉시 그림을 알아봤을 것이다. 우리는 마음속에서 형태를 똑바로 회전시킨 다음 그 상을 인식할 줄 안다. 이런 상 회전 장치가 있다면 기하자 이론에서 가정하는 물체 중심 좌표는 훨씬 더 불필요해질 것이다. 경찰서에서 찍는 얼굴 사진처럼 우리는 몇 개의 기준 시점으로부터 몇 장의 2½차원 그림을 저장할 수 있고, 만일 정면에 놓인 사물이 저장된 그림과 일치하지 않으면 마음속에서 그림을 회전시킨다. 둘 이상의 그림을 조합하고 마음의 회전 장치를 가동한다면 물체 중심 좌표계 속의 기하자 모형들은 불필요해질 것이다.

● ● ● ●

형태 인식을 위한 이 모든 선택사양 앞에서 우리는 마음의 실제 작동을 어떻게 알 수 있을까? 유일한 방법은 사람들이 실제로 형태를 어떻게 인식하는지를 실험실에서 연구하는 것이다. 유명한 일련의 실험이 마음의 회전에서 열쇠를 발견했다. 심리학자인 린 쿠퍼와 로저 셰퍼드는 사람들에게 각기 다른 방향으로—똑바로, 45도 비스듬히, 옆으로, 135도 비스듬히, 거꾸로—놓여 있는 알파벳 철자들을 보여 주었다. 쿠퍼와 셰퍼드는 사람들에게 철자의 이름을 대라고 하지 않았다. 지름길이 걱정되어서였다. 둥근 고리나 꼬리 같은 특징적인 선을 가진 철자는 방향에 상관없이 쉽게 알아보고 대답을 할 수 있기 때문이었다. 그래서 그들은 정상적인 철자와 그 거울상을 섞음으로써 피실험자들에게 철자의 전체적인 형태를 분석한 다음 철자가 정상이면 한쪽 버튼을 누르고 철자가 거울상이면 다른 버튼을 누르게 했다.

쿠퍼와 셰퍼드는 사람들이 버튼을 누르기까지 걸리는 시간을 측정함으로써 마음 회전의 분명한 징후를 발견했다. 철자가 똑바른 형태로부터 많이 회전되어 있을수록 더 많은 시간이 걸렸다. 마치 그들은 철자의 상을 회전시켜 똑바로 세우는 것 같았다. 철자의 회전 각도가 크면 클수록 많은 시간이 걸린다. 그렇다면 어쩌면 사람들은 마음속으로 형태를 회전시켜서 인식하는지 모른다.

그러나 그렇지 않을 수도 있다. 사람들은 단지 철자를 알아보고 있었던 게 아니라, 정상적인 철자와 거울상 철자를 구별하고 있었다. 《이상한 나라의 앨리스Alice's Adventure in Wonderland》의 속편은 적절하게도 《거울 나라의 앨리스》다. 한 형태와 그 거울상의 관계는 많은 과학 분야에서 놀라움은 물론이고 심지어 역설을 불러일으킨다.(이 주제는 마틴 가드너의 책과 마이클 코발리스, 이반 빌의 책에서 다루어졌다.) 마네킹에서 분리한 오른손과 왼손을 생각해 보자. 어떤 의미에서 두 손은 동일하다. 둘 다 손바닥과 손목이 있고 다섯 개의 손가락이 달려 있다. 다른 의미에서 둘은 완전히 다르다. 두 형태를 겹쳐 놓을 수 없기 때문이다. 그 차이는 상하, 전후, 좌우 방향을 가진 세 축의 좌표계를 기준으로 각각의 부분들이 어떻게 정렬되어 있느냐에 달려 있다. 오른손이 손가락-상, 손바닥-전 형태면('정지' 동작처럼) 엄지손가락은 왼쪽을 가리킨다. 왼손이 손가락-상, 손바닥-전 형태면 엄지손가락은 오른쪽을 가리킨다. 유일한 차이이지만 그것은 사실이다. 생명체의 분자들은 한쪽편향성handedness을 갖고 있다. 그 거울상은 종종 자연 속에 존재하지 않으며, 신체 안에 있다 해도 쓸모가 없을 것이다.

20세기 물리학이 발견한 근본적인 사실 중 하나는 우주 역시 한쪽편향성을 갖고 있다는 것이다. 처음에 이 말은 우습게 들린다. 우주 속의 어떤 물체나 사건에 대해서도 우리가 진짜 사건을 보고 있는지 아니면 거울에 반사된 모습을 보고 있는지 알 방법이 없기 때문이다. 당신은 유기 분자와 알파벳 철자 같은 인공물은 예외에 해당한다고 항의할지 모른다. 그런 것들에서 표준형은 도처에 널려 있고 익숙한 반면, 거울상은 드물고 쉽게 알아볼 수 있기 때문이다. 그러나 물리학자에게 표준형이냐 거울상이냐는 중요하지 않다. 그것들의 한쪽편향성은 역사적으로 우연히 일어난 사건이며, 물리학의 법칙들에 위배된 일이 아니기 때문이다. 우리의 행성에서든 다른 행성에서든 만일 진화의 테이프를 되감고 그런 사건이 다시 발생하게 한다면, 상황은 똑같이 쉽게 정반대로 진행될 수 있다. 한때 물리학자들은 우주의 모든 것이 이와 같다고 생각했다. 볼프강 파울리는 "나는 신이 서툰 왼손잡이라고 믿지 않는다"라고 썼고, 리처드 파인만은 어떤 실험으로도 거울에 비치면 다르게 보이는 자연의 법칙을 밝혀낼 수는 없을 것이라는 데에 50달러를 걸었다.(100달러를 거는 데는 주저했다.) 그는 내기에 졌다. 코발트 60의 핵은 핵을 지구로 가정했을 때 북극에 해당하는 지점을 위에서 내려다보면 시계 반대 방향으로 돈다고 알려져 있다. 그러나 이 설명은 순환적이다. '북극'이란 회전이 시계 반대 방향으로 일어나는 것처럼 보일 때 그 회전축의 말단을 가리키는 말일 뿐이기 때문이다. 만일 '다른 어떤 것'으로 이른바 북극과 남극을 구별한다면 이 논리적 순환은 깨질 것이다. 여기 그 '다른 어떤 것'이 있다. 원자가 붕괴할 때 전자들은 우리가 남쪽이라 부르는 쪽의 끝에서 더 쉽게 튀쳐나간다. '북쪽' 대 '남쪽'과 '시계 방향' 대 '시계 반대 방향'은 더 이상 자의적인 설정이 아니라 전자 분출을 기준으로 분류될 수 있다. 핵 붕괴는 거울에 비치면 다르게 보일 것이고, 그렇다면 우주도 그럴 것이다. 신은 결국 양손잡이가 아니다.

    그래서 원자 내의 입자들에서부터 생명의 원료와 지구의 자전에 이르기까지 사물의 오른손 판형과 왼손 판형은 근본적으로 다르다. 그러나 마음은 대개 그것들을 동일한 것처럼 취급한다.

푸는 자신의 두 발을 보았다. 둘 중 하나는 오른발이라는 것을 알았고, 어느 것이 오른발인지를 결정하면 나머지는 왼발이라는 것도 알았다. 그러나 어느 발부터 시작해야 하는지가 도무지 기억나지 않았다.

우리 중에 누구도 어느 쪽부터 시작해야 할지를 기억해 내지 못한다. 왼쪽 신발과 오른쪽 신발은 아주 똑같아 보여서 아이들은 이를테면 두 짝을 나란히 놓고 구멍을 재보는 식으로 양쪽 신발을 구별하는 요령을 배워야 한다. 1센트 동전에서 에이브러햄 링컨은 어느 쪽을 보고 있는가? 정답이 나올 확률은 동전 던지기로 결정할 때의 확률인 50퍼센트다. 휘슬러의 유명한 그림인 〈회색과 흑색의 배합: 화가의 어머니?Arrangement in Black and Gray: The Artist's Mother?〉는 어떠한가? 심지어 영어도 곧잘 왼쪽과 오른쪽을 와해시킨다. '옆에beside'와 '다음에next to'는 누가 왼쪽에 있는지를 명시하지 않고 그냥 나란하다는 것을 의미하지만, 누가 위에 있는지를 명시하지 않고 그냥 겹쳐져 있다는 뜻의 'bebove'나 'aneath' 같은 단어는 없다. 우리의 좌우 부주의는 상하 및 전후에 대한 과잉 반응과 극명한 대조를 이룬다. 분명히 인간의 마음에는 물체 중심 좌표계의 세 번째 차원을 위한 사전 포석이 없다. 손을 볼 때 마음은 손목–손가락을 잇는 상하 축과 손등–손바닥을 잇는 '전후' 축을 정렬시킬 수 있지만, 새끼손가락–엄지손가락 축은 그때그때 달라진다. 마음은 그 축을 이를테면 '엄지 방향'이라 부르는데, 이때 왼손과 오른손은 심리적 동의어가 된다. 좌우에 대한 우리의 우유부단함은 별도의 설명이 필요하다. 기하학자들은 좌우가 상하 및 전후와 전혀 다르지 않다고 말할 것이기 때문이다.

좌우대칭 동물에게는 거울상 혼란이 자연스럽게 발생한다는 것이 그 설명이다. 완벽하게 대칭적인 생물은 논리상 왼쪽과 오른쪽을 구별할 수 없다.(코발트 60의 붕괴에 반응하지 않는 한!) 자연선택은 동물들이 눈앞의 형태를 거울상과 다르게 받아들이도록 동물을 비대칭으로 만들어도 거의 이득을 보지 못했다. 사실은 정반대였다. 자연선택은 동물들이 눈앞의 형태를 거울상과 다르지 않게 받아들이도록 동물을 대칭으로 만들어 온갖 이득을 보았다. 동물들이 일상생활을 영위하는 중간 크기의(원자 내의 미립자와 유기 분자보다 크고 기상학의 전선보다 작은) 세계에서 왼쪽과 오른쪽은 중요하지 않다. 민들레에서부터 산山에 이르기까지 수많은 물체들이 밑바닥과 뚜렷이 구분되는 꼭대기를 갖고 있고, 이동하는 대부분의 물체들이 후면과 뚜렷이 구분되는 전면을 갖고 있다. 그러나 자연물 중에는 오른쪽과 왼쪽이 계획적으로 달라서 그 거울상이 다르게 행동하는 예는 전혀 없다. 만일 포식자가 이번에는 오른쪽에서 나타났더라도, 다음에는 왼쪽에서 나타날 수 있다. 최초의 경험으로 배운 것은 무엇이든 그 거울상도 포함되도록 일반화해야 한다. 그것을 달리 말하면 다음과 같다. 만일 어떤 자연의 장면을 슬라이드 필름으로 찍었다고 해보자. 누군가 사진을 거꾸로 돌려놓았다면 그것을 보는 순간 거꾸로 돌아가 있다는 사실이 명확하지만, 좌우로 뒤집어놓았다면 필름 속에 자동차나 글씨처럼 인공물이 담겨 있지 않는 한 좌우가 바뀌었다는 사실이 쉽게 파악되지 않는다.

이제 철자와 마음 회전으로 돌아가 보자. 운전과 글쓰기 같은 몇몇 인간 활동에서 오른쪽과 왼쪽은 중요하기 때문에 우리는 좌우를 구별하는 법을 학습한다. 어떻게 학습할까? 인간의 뇌와 신체는 '약간' 비대칭이다. 뇌의 비대칭 때문에 한 손이 우세하고, 우리는 그 차이를 느낄 줄 안다.(오래된 사전에서는 '오른쪽'을 사람들이 오른손잡이라는 가정하에 더 강한 손이 달려 있는 신체의 절반으로 정의했다. 최근의 사전에서는 억압받는 소수*에 대한 배려 때문인지 '오른쪽'을 또 다른 비대칭 사물인 지구를 이용해, 북쪽을 향했을 때 동쪽이 있는 방향으로 정의하고 있다.) 사물과 그 거울상을 구별하는 일반적인 방법은 그것을 전면으로 향하게 돌려 세운 다음 특이한 부분이 신체의 어느 쪽—우세한 손이 달려 있는 쪽인가 아니면 반대쪽인가—에 있는지를 보는 것이다. 사람의 신체는 형태와 거울상

* 왼손잡이를 가리킴.

의 구별을 논리적으로 가능하게 만드는 비대칭 좌표계로 사용된다. 쿠퍼와 셰퍼드의 피실험자들도, 실제 세계에서가 아니라 마음속에서 형태를 회전시켰다는 점을 제외하고는 그와 똑같이 했을 것이다. 정상적인 R을 보고 있는지 뒤집힌 R(거울상)을 보고 있는지를 판단하기 위해 그들은 형태가 똑바로 설 때까지 그 상을 마음속으로 회전시켰고, 그런 다음에 상상으로 세운 R의 둥근 고리가 오른쪽에 있는지 왼쪽에 있는지를 판단했다.

이와 같이 쿠퍼와 셰퍼드는 마음이 사물을 회전시킬 수 있다는 사실을 입증했고, 사물의 본래 형태의 '한쪽' 측면(한쪽편향)이 3차원 기하자 모형으로 저장되지 않는다는 사실을 입증했다. 그러나 이 모든 매력에도 불구하고 한쪽편향은 너무나 독특한 특징이어서 마음 회전에 대한 실험으로는 일반적인 형태 인식을 결정할 수가 없다. 누구나 아는 사실이지만 마음은 (기하자 매치를 위해) 물체를 3차원 좌표계 위에 겹쳐 놓을 줄도 안다.(이때 화살표를 좌우축상의 어느 쪽에 놓을 것인지를 지정하는 것이지 화살표가 좌표계에 포함되어 있지는 않다.) 두 사람의 말대로 더 많은 연구가 필요하다.

● ● ● ●

심리학자 마이클 타르와 나는 추가적인 실험을 했다. 우리는 세 가설을 철저하고 분명하게 시험하기 위해 몇 개의 형태를 직접 만들고 독재국가처럼 통제된 상황에서 형태들을 제시했다.

형태들은 피실험자들이 손쉬운 지름길을 사용할 수 없을 만큼 서로 비슷

했다. 어떤 형태도 다른 것의 거울상이 아니어서 거울에 비친 세계의 특징을 이용해 부정행위를 할 수가 없었다. 각각의 형태에는 작은 발을 붙여서 사람들이 위아래를 혼동하지 않게 했다. 우리는 각 사람들에게 세 형태를 학습하게 한 다음, 컴퓨터 화면에 하나씩 뜰 때마다 세 단추 중 하나를 누르게 했다. 각각의 형태는 몇 종류의 각기 다른 방향을 가진 채로 제시되었다. 예를 들어 3번 형태는 윗면이 4시 방향으로 수백 번, 윗면이 7시 방향으로 수백 번 나왔다.(모든 형태와 기울기는 무작위로 배열되었다.) 따라서 사람들은 하나의 형태를 방향이 다른 몇 개의 그림으로 학습할 기회가 있었다. 마지막으로 우리는 피실험자들에게 24개의 균등 분할된 방향으로 회전된 각각의 형태를 제시했다.(이때도 무작위 배열이었다.) 우리는 과거의 형태가 새로운 방향으로 틀어져 있을 때 사람들이 어떻게 처리하는지를 알고자 했다.

  복합시각multiple-view 이론에 따르면 사람들은 자주 등장하는 모든 방향의 물체에 대해 개별적인 기억 파일들을 생성해야 한다. 3번 형태를 예로 들자면, 오른쪽 면이 위로 향해 있는(사람들은 이런 식으로 학습했다) 파일을 만들고, 4시 방향으로 틀어져 있는 또 다른 파일을 만들고, 7시 방향으로 틀어져 있는 또 다른 파일을 만든다는 것이다. 사람들은 곧 이런 방향에 있는 3번 형태를 아주 쉽게 인식해야 한다. 그러나 그때 새로운 방향의 3번 형태를 갑자기 제시하면 사람들은 익숙한 그림들 사이에 새로운 그림을 삽입해야 하기 때문에 훨씬 더 많은 시간이 걸려야 한다. 새로운 방향들은 모두 추가적인 시간을 필요로 하기 때문이다.

  마음 회전 이론에 따르면 사람들은 형태가 똑바로 서 있을 때 빨리 인식하고, 방향이 틀어지면 틀어진 만큼 느리게 인식해야 한다. 거꾸로 된 형태는 완전히 180도를 회전시켜야 하기 때문에 가장 많은 시간이 걸리고,

4시 방향의 형태는 120도만 돌리면 되기 때문에 그보다 더 빨리 인식된다.

기하자 이론에 따르면 방향은 전혀 중요하지 않다. 사람들은 마음속으로 물체에 중심이 맞춰진 좌표계 위에 다양한 팔과 십자선을 그리는 방법으로 물체를 학습할 것이다. 하나의 테스트 형태가 화면 위에 뜨면 그것이 옆으로 누웠는지, 기울어졌는지, 거꾸로 섰는지는 전혀 중요하지 않다. 좌표 고정은 신속하고 분명하게 이루어질 것이고 그 좌표 위에 그려진 형태는 그때마다 기억 모형과 매치될 것이다.

자, 봉투를 열어 보자. 수상자는…

세 후보의 공동 수상이다. 사람들은 분명히 몇몇 그림을 저장한다. 즉, 어떤 형태가 습관적인 방향으로 향한 채 눈앞에 나타나면 사람들은 아주 빨리 그것을 인식한다.

그리고 사람들은 분명히 마음속으로 형태를 회전시킨다. 어떤 형태가 새롭고 낯선 방향으로 기울어진 채로 눈앞에 나타나면 익숙한 그림들 중 가장 근접한 것에 정렬될 때까지 그것을 회전시키는데, 이때 그것을 회전시키는 각도만큼 많은 시간이 걸린다.

그리고 최소한 몇몇 형태의 경우, 사람들은 기하자 이론에서처럼 물체 중심 좌표계를 사용한다. 타르와 나는 변형된 실험에서 더 단순한 구조의 형태들을 도입했다.

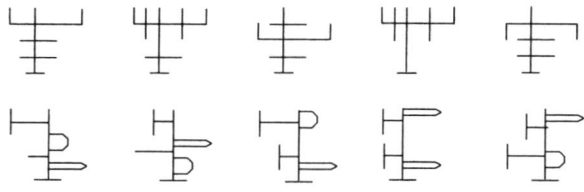

형태들은 대칭이거나 거의 대칭이거나 항상 양쪽에 같은 종류의 장식을 갖

고 있어서 사람들은 그 부분들의 상하 및 좌우 배열들을 좌표계 위에 그려 넣을 필요가 없었을 것이다. 이 형태들의 경우에 사람들은 모든 방향의 형태들을 거의 비슷한 시간에 인식했다. 거꾸로 된 형태가 똑바로 된 형태보다 더 오래 걸리지 않았다.

이와 같이 사람들은 모든 기술을 사용한다. 만일 한 형태의 옆면들이 너무 어렵지 않으면 사람들은 그것을 물체 자체의 축에 중심이 맞춰진 3차원 기하자 모형으로 저장한다. 만일 형태가 더 복잡하면 사람들은 그것이 각 방향에 따라 어떻게 보이는가를 복사해서 그 사본을 저장한다. 그리고 형태가 낯선 방향으로 틀어져 있으면 사람들은 마음속으로 그것을 회전시켜서 익숙한 형태들 중 가장 근접한 것과 일치시킨다. 그렇다고 놀랄 필요는 없다. 형태 인식은 아주 어려운 문제이기 때문에 하나의 범용 알고리듬으로는 모든 시점하에서의 모든 형태를 처리할 수 없다.

마지막으로, 실험을 하는 동안 가장 행복했던 순간을 이야기하고자 한다. 당신은 마음의 턴테이블에 대해 의심을 품을 수도 있다. 우리가 아는 것은 단지 기울어진 형태들이 더 느리게 인식된다는 것뿐이다. 나는 사람들이 상을 회전시킨다고 유창하게 떠들었지만, 기울어진 상을 분석하기가 더 어려운 것은 다른 이유 때문인지도 모른다. 사람들이 실제로 실시간에 물리적 회전과 똑같이 1도씩 상을 회전시킨다는 증거가 어디 있는가? 사람들의 행동에서 그들이 마음속으로 영화를 상영한다고 확신할 만한 기하학적 회전의 증거를 발견할 수 있을까?

타르와 나는 한 가지 사실을 발견하고 당혹감에 빠졌다. 다른 한 실험에서 우리는 학습된 형태들과 그 거울상들에 다양한 방향을 적용해 실험을 했다.

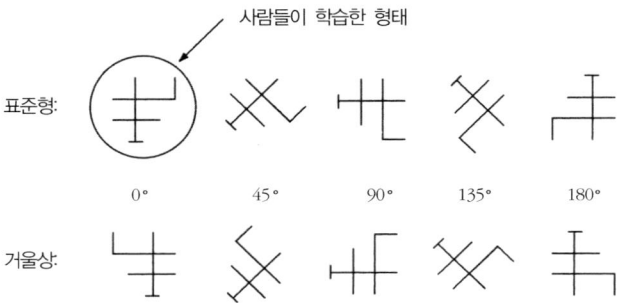

그것은 쿠퍼와 셰퍼드의 실험처럼 거울상 테스트가 아니었다. 우리는 사람들에게 왼쪽 장갑과 오른쪽 장갑에 동일한 단어를 사용하는 것처럼 두 판형을 같은 것으로 취급하도록 요구했다. 이것은 물론 사람들의 자연스런 경향이다. 그러나 어찌된 일인지 피실험자들은 그것들을 다르게 취급했다. 표준형의 경우(윗줄) 사람들은 형태가 많이 기울어졌을 때 더 오래 걸렸다. 윗줄의 네 그림은 모두 바로 앞의 그림보다 조금 더 오래 걸렸다. 그러나 거울상의 경우(아랫줄), 기울기는 전혀 중요하지 않았다. 모든 방향의 형태에 똑같은 시간이 걸렸다. 마치 사람들은 표준 형태는 마음속으로 회전시키고 그 거울상은 회전시키지 않는 것 같았다. 타르와 나는 무거운 심정으로, 사람들은 거울상을 인식할 때 다른 '전략'을 사용한다고 믿어 줄 것을 애걸하는 논문을 작성했다.(심리학에서 웃기는 데이터를 설명하기 위해 '전략'에 의존하는 것은 어리석은 자의 마지막 도피처다.) 그러나 발행을 위해 마지막 손질을 가하고 있던 순간에 어떤 생각이 머리를 스치고 지나갔다.

운동의 기하학적 정리가 떠올랐다. 즉 하나의 2차원 형태는 최적의 축을 중심으로 3차원에서 회전이 이루어진다면 정확히 180도의 회전으로 거울상과 일치할 수 있다. 원칙상 거울에 비친 형태는 입체적으로 뒤집으면 원래의 똑바른 형태와 일치할 수 있고, 그 과정은 항상 동일한 시간이 걸릴 것이다. 0도의 거울상은 회전문처럼 수직 축을 중심으로 빙글빙글 돌 것이다. 180도 거꾸로 된 형태는 통닭구이처럼 돌 것이다. 옆으로 90도 누운 형태는 대각선 축을 중심으로 회전할 수 있다. 즉, 손가락을 위로 하고 오른손의 손등을 본 다음, 손목을 비틀어 손가락을 왼쪽으로 하고 손바닥을 보라.* 비스듬한 형태들은 각기 다른 기울기의 축이 경첩 역할을 하겠지만, 어느 경우에나 회전은 정확히 180도일 것이다. 이것은 실험 데이터와 완벽하게 들어맞았다. 사람들은 마음속으로 '모든' 형태를 회전시켰지만, 표준형인 경우에는 평면에서 회전시켰고, 거울상인 경우에는 최적의 축을 중심으로 형태들을 입체적으로 뒤집었던 것이다.

* 436쪽의 세 번째 거울상은 왼손을 똑같이 적용하면 쉽게 이해할 수 있다.

우리는 이것을 거의 믿을 수가 없었다. 사람들은 눈앞의 형태가 무엇인지 알기도 전에 최적의 축을 발견할 수 있을까? 우리는 그것이 수학적으로 가능하다는 것을 알았다. 한 형태의 두 그림 각각에서 3개의 비공선적(非共線的, non-collinear)인 표지만 확인하면 우리는 두 그림을 정렬시킬 수 있는 회전축을 계산해 낼 수 있다. 그런데 사람들이 정말로 이런 계산을 할까? 우리는 컴퓨터 애니메이션을 믿고 있었다. 과거에 로저 셰퍼드는 만일 사람들이 하나의 형태와 그 기울어진 사본을 번갈아 보면 그것이 앞뒤로 도는 것처럼 보인다는 사실을 입증했다. 그래서 우리는 표준적인 똑바른 형태와 그 거울상 중 하나를 1초 간격으로 교대시키면서 보았다. 반전 지각은 너무나 분명했기 때문에 자원자를 모집해 확인할 필요조차 없었다. 형태와 똑바른 거울상이 번갈아 나오면 세탁기의 통이 도는 것처럼 보였다. 형태와 거꾸로 된 거울상이 번갈아 나오면 공중제비를 하는 것처럼 보였다. 형태와 옆으로 누운 거울상이 번갈아 나오면 대각선 축을 중심으로 도는 것처럼 보였다. 뇌는 매번 최적의 축을 찾아냈다. 실험에 참가한 사람들은 우리보다 더 예민했다.

실험의 아이디어는 타르의 논문에서 나왔다. 그는 3차원 형태들과 그 거울상들을 가지고 평면으로 회전시키고(아래 그림) 입체로 회전시키는 똑같은 실험을 한 적이 있었다.

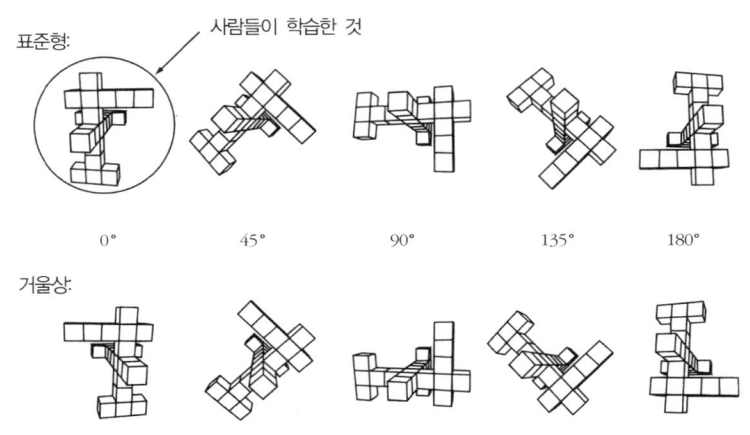

모든 것이 2차원 형태의 실험과 똑같았지만, 거울상에 대한 사람들의 반응은 달랐다. 비스듬한 2차원 형태는 2차원 평면으로 회전하면 표준 방향과 일치하고, 거울상은 3차원에서 180도 뒤집으면 표준 방향과 일치한다. 이와 마찬가지로 비스듬한 3차원 형태는(윗줄) 3차원 공간에서 회전하면 표준 방향과 일치하고, 그 거울상은(아랫줄) '4차원'에서 180도 뒤집으면 표준형과 일치할 수 있다.(H. G. 웰스의 〈플래트너 이야기〉The Plattner Story〉에서 주인공은 폭발 때문에 4차원 공간으로 날아간다. 다시 돌아왔을 때 그는 심장이 오른쪽에 있고, 글을 쓸 때는 왼손으로 뒤에서부터 쓴다.) 유일한 차이는, 우리 인간의 마음 공간은 엄격하게 3차원적이어서 형태를 4차원에서 회전시키지 못한다는 것이다. 거울상들은 기울기의 효과를 보여 주지 않았던 우리의 실험과는 달리 모든 형태에서 기울기의 효과를 보여 주었다. 2차원 물체와 3차원 물체의 미세한 차이는 다음과 같은 결론으로 이어졌다. 뇌는 3차원상에서 최적의 축을 중심으로 형태를 회전시키지만 단지 3차원까지만 가능하다. 마음 회전은 분명히 물체를 인식하는 우리의 능력 뒤에 숨어 있는 하나의 요령이다.

마음 회전은 우리의 천부적인 시각기관이 보여 주는 또 다른 재능이다. 마음은 단지 세계로부터 들어오는 윤곽들을 분석할 뿐 아니라, 유령처럼 움직이는 상의 형태로 자체의 윤곽을 창조한다. 여기에서 우리는 시각심리학의 마지막 주제로 넘어가게 된다.

상상하라!

비글의 귀는 어떻게 생겼는가? 거실의 창문은 몇 개인가? 크리스마스 트리와 냉동 완두콩 중에 어느 것이 더 짙은가? 모르모트와 황무지쥐 중에 어느 것이 더 큰가? 바다가재는 입이 있는가? 사람이 똑바로 섰을 때 배꼽과 손목 중 어느 것이 더 위쪽인가? 철자 D를 뒤로 한 바퀴 돌리고 J 위에 올려놓으면 그 조합은 무엇을 연상시키는가?

대부분의 사람들은 이러한 질문에 답을 하기 위해 '마음 상(심상)'을 이용한다고 말한다. 형태를 마음에 그리면 마치 마음의 눈으로 검사할 수 있는 그림이 떠오르는 것처럼 느껴진다. 그 느낌은 예를 들어 "어머니의 결혼 전 이름이 무엇인가?" 또는 "시민의 자유와 범죄 예방 중에 어느 것이 더 중요한가?"와 같은 추상적인 질문에 대답하는 경험과 다르다.

심상은 사물에 관한 우리의 생각을 공간 속으로 몰고 가는 엔진이다. 자동차에 몇 개의 가방을 싣거나 가구를 재배치할 때 우리는 각기 다른 공간적 배열들을 상상해 본 후에 작업을 시작한다. 인류학자 나폴레옹 샤농은 아마존 열대우림에 사는 야노마뫼 인디언이 심상을 영리하게 사용하는 경우를 설명했다. 원주민들은 아르마딜로가 사는 굴에 연기를 불어 넣어 그 동물을 질식시켰다. 이제 그들은 수백 피트까지 뻗어 있는 굴에서 아르마딜로를 꺼내기 위해 어디를 파야 할지를 계산해 내야 했다. 야노마뫼 남자들 중 한 명이 아이디어를 짜냈다. 그는 긴 덩굴의 끝에 매듭을 만들고 그것을 굴속으로 최대한 늘어뜨렸다. 다른 남자들은 땅에다 귀를 대고 매듭이 굴의 벽면에 부딪히는 소리를 들으면서 굴이 어느 방향으로 뚫려 있는지를 감지했다. 첫 번째 남자는 덩굴을 끊고 굴에서 꺼내 땅 위에 늘어놓은 다음 덩굴의 끝이 놓인 곳을 파기 시작했다. 아르마딜로는 몇 피트 아래 있었다. 굴과 덩굴과 굴속의 아르마딜로를 마음에 그리는 능력이 없었다면 그들은 덩굴을 집어넣고, 귀로 듣고, 끊고, 재고, 파는 행동들을 동물을 발견하리라는 예측과 연결시키지 못했을 것이다. 내가 어렸을 때 들었던 농담이 있다. 2명의 목수가 벽에 못질을 하고 있다. 한 목수가 다른 목수에게 왜 상자에서 못을 꺼낼 때마다 일일이 검사를 하면서 절반의 못을 내버리느냐고 묻는다. 두 번째 목수가 못 하나를 보여 주면서 이렇게 대답한다. "불량품일세. 끝이 반대쪽으로 나 있지 않은가?" 그러자 첫 번째 목수가 소리친다. "이런 바보 같으니! 그런 건 반대쪽 벽에 박으면 되잖아!"

그러나 사람들은 가구를 재배치하거나 아르마딜로를 파내는 데에만 심상 능력을 이용하진 않는다. 저명한 심리학자, D. O. 헵은 "우리는 심리적으로 방향을 틀 때마다 상과 부딪힌다"고 썼다. 사람들에게 명사 목록을 암기하게 하면 그들은 명사들이 기괴한 상 속에서 상호작용하는 것을 상상한다. 사람들에게 예를 들어 "벼룩에게 입이 있는가?"와 같은 사실적인 질문을 던지면 그들은 벼룩을 마음에 그리면서 입을 '찾는다.' 또한 사람들에게 낯선 방향을 가리키고 있는 복잡한 형태를 제시하면 그들은 그것을 익숙한 상으로 회전시킨다.

    창의적인 사람들은 문제의 해답이 상으로 '보인다'고 주장한다. 패러데이와 맥스웰은 전자기장을 액체가 들어 있는 작은 튜브들이라고 상상했다. 케쿨레는 벤젠을 뱀이 자기 꼬리를 물고 있는 모습으로 상상했다. 왓슨과 크릭은 후에 이중나선구조가 될 모형들을 마음속으로 회전시켰다. 아인슈타인은 빛을 타고 날아가거나 수직으로 떨어지는 엘리베이터 안에서 동전을 떨어뜨리면 어떻게 될지를 상상했다. 그는 다음과 같이 말했다. "나의 특별한 능력은 수학적 계산에서 나오는 것이 아니라 효과, 가능성, 결과를 상상하는 데에서 나온다." 화가들과 조각가들은 마음속으로 착상을 검토하고, 심지어 소설가들도 글을 쓰기 전에 장면과 줄거리를 마음속으로 그려 본다.

    심상은 지성뿐만 아니라 감정도 움직인다. 헤밍웨이는 다음과 같이 말했다. "비겁함은 공포와 다른 것으로, 거의 항상 상상 기능을 일시 정지하는 능력이 부족한 경우다." 야심, 불안, 성적 충동, 격렬한 질투심은 모두 존재하지 않는 것의 상에 의해 촉발될 수 있다. 한 실험에서는 자원자들에게 전극을 연결한 다음 그들의 배우자가 부정한 짓을 저지르는 장면을 상상하라고 요구했다. 저자는 다음과 같이 보고했다. "피부 전기 전도성은 1.5마이크로지멘스 상승했고, 이마의 추미근은 7.75마이크로볼트 수축 단위를 보였으며, 심박은 분당 5회 증가했는데 이것은 한자리에서 커피 세 잔을 연거푸 마신 결과와 비슷하다." 물론 상상은 단지 보는 것뿐만

이 아니라 한꺼번에 여러 경험을 되살리지만, 시각적 상은 마음의 시뮬레이션을 특히 생생하게 만든다.

심상은 산업이다. 기억력 증진을 위한 강좌에서는 방 안의 물건들을 상상한 다음 마음속으로 그 사이를 걸어 다니거나, 사람의 이름에서 시각과 관련된 암시를 찾아내 그것을 얼굴과 연결시키는 등의 오래된 기술들을 가르친다.(예를 들어 나를 소개받은 사람은 내가 버찌빛의 레저슈트를 입고 있다고 상상할 것이다.) 공포증 환자들은 종종 특정한 상이 종 역할을 대신 하는 일종의 심리적 파블로프 실험으로 치료를 받는다. 환자들은 최대한 긴장을 푼 다음 뱀이나 거미를 상상하면서 그 상이—그리고 그 연장 선상에서 실물이—긴장 완화와 연관될 때까지 계속 그것을 상상한다. 고수익을 올리는 '스포츠 심리학자' 들은 운동선수를 안락한 의자에 앉히고 완벽한 스윙을 상상하게 한다. 많은 기술들이 실제로 효과를 보지만 몇몇 기술은 사기에 가깝다. 나는 환자에게 항체가 종양을 갉아먹는 것을 상상하게 하는 암 치료법을 믿지 않는다. 특히 암 환자 상담 그룹에서 그런 상상을 하게 하는 것은 훨씬 더 회의적이다.(일전에 한 여성은 나에게 전화를 걸어 인터넷상에서 그런 치료를 받아도 효과가 있겠느냐고 물었다.)

그런데 심상이란 무엇일까? 행동주의 성향이 있는 많은 철학자들은 그 개념 자체가 큰 실수라고 생각한다. 상이란 머릿속의 그림일 텐데, 그렇다면 머릿속에 작은 인간들이 무한히 필요하다는 것이다. 그러나 계산주의 마음 이론에서 심상 개념은 아주 간단명료하다. 우리는 이미 시각 기관이 몇몇 측면에서 그림과 비슷한 2½차원 스케치를 사용한다는 것을 알고 있다. 그것은 시야의 점들을 대표하는 요소들의 모자이크 그림이다. 형태 표상은 눈에 투사된 형태의 윤곽들과 맞아떨어지는 패턴 속의 몇몇 요소들이 기입됨으로써 이루어진다. (작은 인간이 아니라) 형태 분석 메커니즘은 좌표계 부여, 기하자 찾기 등을 통해 스케치 속의 정보를 처리한다. 심상은 눈이라기보다는 장기기억으로부터 실려 온 2½차원 스케치 속의 패턴일 뿐이다. 공간 추리를 수행하는 수많은 인공지능 프로그램들이 바로 이렇게 설계되어 있다.

2½차원 스케치 같은 묘사는 기하자 모델, 어의론 망, 영어 문장, 마음언어 명제 같은 언어적 표상으로 된 묘사와 뚜렷한 대조를 보인다. '대칭적인 삼각형이 원 위에 있다'라는 명제에서, 각 단어들은 시야상의 점을 나타내지 않으며 가까운 단어들이 가까운 점을 나타내지도 않는다. '대칭적인'과 '위에' 같은 단어들조차도 시야의 어느 한 조각에 고정시킬 수가 없다. 그것들은 조각들 간의 복잡한 관계를 의미한다.

심지어 우리는 심상의 해부학에 대해 학문적인 추측을 할 수도 있다. 2½차원 스케치가 뉴런으로 구현된 자리는 지형적으로 체계화된 피질 지도에 속한다. 그 피질 부위에서는 각각의 뉴런이 시야의 한 부분에 존재하는 윤곽들에 반응하고 인접한 뉴런들이 인접한 부분들에 반응한다. 영장류의 뇌에는 이런 지도가 적어도 15개가 있는데, 아주 실질적인 의미에서 머릿속의 그림이라 할 수 있다. 신경학자들은 원숭이에게 포도당의 방사성 동위원소를 주입하고 과녁의 흑점을 응시하게 한다. 포도당이 활성 뉴런으로 공급되면 마치 영화의 한 장면처럼 말 그대로 '원숭이의 뇌가 현상된다.' 뇌가 '암실'에서 나오면 시각피질 위에 일그러진 과녁처럼 생긴 흔적을 볼 수 있다. 물론 위에서 피질을 '보는' 존재는 없다. 중요한 것은 단지 연결이며, 활성 패턴은 각각의 피질 지도에 접속된 뉴런 망들에 의해 해석된다. 뉴런들은 이웃한 뉴런들과 연결되어 있기 때문에 아마도 객관세계의 공간은 피질상의 공간에 의해 해석될 것이다. 세계 속의 인접한 부분들은 함께 분석되는 것이 간편한 일이다. 예를 들어, 테두리는 시야 전체에 쌀알처럼 흩어진다기보다는 뱀처럼 하나의 선으로 모이고, 표면들은 대개 태평양의 작은 섬들이 아니라 하나의 덩어리를 이룰 것이다. 피질 지도에서 선과 표면은 긴밀하게 상호 연결된 뉴런들에 의해 처리된다.

   뇌는 또한 심상 체계의 또 다른 요구 사항을 수행할 준비가 되어 있다. 그것은 눈이 아닌 기억으로부터 흘러드는 정보다. 뇌의 시각 영역들에 이르는 섬유 경로들은 양방향이다. 그 경로들은 하위의 감각 차원으로부터 정보를 보고받는 것 못지않게 상위의 개념 차원에서도 많은 정보를 하달받는다. 이 상하 연결이 무엇에 필요한지는 정확히 밝혀지지 않았지만, 아마 기억 상들을 시각 지도에 내려 받기 위해 존재하는 것으로 보인다.

   이와 같이 심상은 머릿속의 그림일 수 있지만, 과연 정말로 그럴까? 이것은 두 가지 방식으로 확인할 수 있다. 첫째는 상으로 사고할 때 뇌의 시각 부위들이 활성화되는가를 보는 것이다. 둘째는 상으로 사고하는 것이 그래픽으로 계산하는 것과 명제들의 데이터베이스로 계산하는 것 중에 어느 것과 더 비슷한가를 보는 것이다.

● ● ● ●

《리처드 2세*Richard II*》의 1막에서 추방당한 볼링브룩은 고향인 잉글랜드를 갈망한다. 좀 더 목가적인 환경에 둘러싸여 있다고 상상해 보라는 친구의 제안도 그에겐 위로가 되지 못한다.

  아, 아무리 코카서스에 쌓인 눈을 생각한들
  누가 불을 손으로 쥘 수가 있겠습니까?
  성찬을 상상한다고 해서

날카로운 공복에 포식을 느낄 수가 있겠습니까?
또한 마음속으로 여름의 환상적인 더위를 생각한다고 해서
설달 눈 위에 뒹굴 수가 있겠습니까?

심상은 분명 실제 경험과 다르다. 윌리엄 제임스는 심상에는 "매운 맛과 톡 쏘는 맛이 없다"고 말했다. 그러나 1910년의 철학박사 학위논문에서 심리학자 셰브스 W. 퍼키는 심상은 '매우 희미한' 경험과 같다는 점을 입증하려 했다. 그녀는 피실험자들에게 빈 벽 위에 마음속으로 바나나의 상을 그려 보라고 요구했다. 그 벽은 실은 후방 영사 스크린이었다. 퍼키는 피실험자들 몰래 스크린 위에 '진짜'지만 어렴풋한 슬라이드 필름을 영사했다. 그 순간에 방에 들어온 사람이라면 누구나 화면에 비친 바나나를 봤겠지만 피실험자들은 단 한 명도 슬라이드 영상을 인지하지 못했다. 퍼키는 그들이 슬라이드 영상을 심상에 통합했다고 주장했고, 실제로 피실험자들은 슬라이드 영상이 아니면 나올 수가 없는 세부적인 사항들, 이를테면 바나나가 거꾸로 서 있는 모습 같은 것들을 심상으로 그렸다고 보고했다. 오늘날의 기준으로 볼 때 대단한 실험은 아니었지만 많은 최신식 실험법들이 이 실험의 핵심 결과를 뒷받침한다. 퍼키효과라 부르는 그 핵심은, 어떤 심상을 떠올리고 있으면 그로 인해 희미하거나 미묘한 세부 모습이 잘 보이지 않는다는 것이다.

심상은 또한 포괄적으로 지각에 영향을 미칠 수 있다. 예를 들어 블록체 글자 안에 들어 있는 직각의 수를 세는 문제처럼, 사람들에게 형태에 관한 질문을 주고 기억으로부터 대답을 하게 하면, 사람들의 시각-운동 협조는 곤란에 빠진다.(이 실험을 알고 난 후로 나는 운전할 때 라디오에서 나오는 하키 중계에 너무 몰입하지 않으려고 노력하고 있다.) 선線의 상은 진짜 선과 똑같이 지각에 영향을 미칠 수 있다. 즉, 선의 상은 정렬이 잘 되어

있는지를 더 쉽게 판단하게 해주고 심지어 시각적 착각을 유발하기도 한다. 눈으로 어떤 형태를 보면서 마음속으로 다른 형태를 상상하면 나중에 사람들은 가끔씩 어느 것이 어느 것인지를 기억하지 못한다.

  그렇다면 심상과 시각은 뇌에서 한 공간을 공유할까? 신경심리학자 에도아르도 비시아치와 클라우디오 루차티는 우뇌 두정엽에 손상을 입어 시각적 태만 증후군visual neglect syndrome을 앓고 있는 2명의 밀라노 사람을 연구했다. 그들의 눈은 시야 전체를 등록하지만, 그들은 오른쪽 절반에만 주목했다. 그들은 예를 들어 접시의 왼쪽에 놓여 있는 나이프나 포크를 무시하고, 얼굴을 그릴 때는 왼쪽 눈이나 콧구멍이 없는 얼굴을 그리고, 방을 묘사할 때에는 왼쪽에 놓여 있는 큰 물건들—예를 들어 피아노—을 빼먹었다. 비시아치와 루차티는 두 환자에게 밀라노의 대성당 광장에서 두오모 성당 쪽을 향해 서 있다고 상상하고, 그곳 건물들의 이름을 대보라고 요구했다. 환자들은 오른쪽에 있는 건물들만을 지명하고 '가상' 공간의 왼쪽은 무시했다. 그런 다음 두 사람은 환자들에게 마음속으로 광장을 가로질러 성당의 계단 위로 올라간 다음 광장 쪽을 바라보면서 그곳에 있는 것들을 묘사하라고 요구했다. 환자들은 첫 질문 때 빼먹었던 건물들을 언급한 반면에 첫 질문 때 언급했던 건물들은 생략했다. 각각의 심상에는 한 시점에서 본 장면이 담겼고, 환자들의 절반만 열린 주의 창은 실제의 시각 입력물을 취급할 때와 똑같이 심상을 취급했다.

  이 발견들은 시각적 뇌가 곧 심상의 자리임을 암시하는데, 최근에는 더욱 확실한 증거가 보고되었다. 심리학자 스티븐 코슬린과 그의 동료들은 양전자방출단층촬영 기술을 이용해, 사람들이 심상을 떠올릴 때 뇌의 어느 부위들이 가장 많이 활성화되는가를 조사했다. 피실험자는 머리를 둥근 검사기 안에 넣고 눈을 감은 채, 알파벳 대문자에 관한 질문(예컨대 B에 몇 개의 곡선이 있는지)에 답을 했다. 시각 정보를 처리하는 첫 번째 회색질인 후두엽, 즉 시각피질이 밝아졌다. 시각피질은 지도화되어 있어 원한다면 그림으로 나타낼 수 있다. 피실험자들은 몇 번은 대문자를 상상하고 몇 번은 소문자를 상상했다. 대문자를 상상할 때에는 시야의 주변부를 표현하는 피질 부위들이 활성화되었고, 소문자를 상상할 때에는 망막 중심와를 표현하는 부위들이 활성화되었다. 심상들은 실제로 피질 표면에 고루 배치되는 것으로 보인다.

혹시 이 활성화는 진짜 연산을 수행하고 있는 다른 뇌 부위들의 활성 때문에 간접적으로 발생한 것은 아닐까? 심리학자 마서 파라는 그렇지 않다는 것을 입증했다. 그녀는 수술을 통해 한쪽 반구의 시각피질을 제거한 여성의 심상 형성 능력을 수술 전과 수술 후에 시험했다. 수술 후에 그녀의 심상은 정상적인 폭의 절반으로 줄어들었다. 심상은 시각피질에 거주한다. 그리고 장면의 부분들이 사진의 부분들을 차지하는 것처럼, 심상의 부분들도 피질의 부분들을 차지한다.

그러나 심상은 즉각적인 재생이 아니다. 심상에는 매운 맛과 톡 쏘는 맛이 없다. 물론 표백되거나 물로 희석되어서가 아니다. 빨간색을 상상하는 것은 분홍색을 보는 것과 같지 않다. 그리고 신기하게도, 양전자방출단층촬영 연구에서 심상은 때때로 실물의 재생보다 시각피질을 더 많이 활성화시킨다. 시각적 상은 지각과 동일한 뇌 부위를 공유하지만 어떻게든 지각과는 다르다. 여기에는 타당한 이유가 있는 것 같다. 도널드 시먼스의 지적에 따르면, 시각 경험을 재생하는 일에는 이익도 따르지만 비용도 따른다고 한다. 상상과 현실을 혼동할 위험이 있는 것이다. 꿈에서 깨어난 직후에 잠시 동안 우리는 꿈의 줄거리에 대한 기억을 지우는데, 이것은 아마도 기억 속의 자서전이 기괴한 이야기로 오염되는 일을 막기 위해서일 것이다. 이와 마찬가지로 깨어 있을 때의 자연발생적인 심상들이 금방 시드는 것도 환각이나 부정확한 기억이 되는 것을 막기 위해서일 것이다.

● ● ● ●

심상이 어디에 있는지를 안다고 해서 심상이 무엇이고 어떻게 작동하는지를 저절로 알 수는 없다. 심상은 정말로 2½차원 배열에 포함된 화소들의 패턴(또는 피질 지도 안에 포함된 활성 뉴런들의 패턴)인가? 만일 그렇다면 우리는 그것들을 가지고 어떻게 생각하는가? 그리고 무엇이 심상과 그 밖의 사고 형식을 다르게 만드는가?

배열 또는 스케치를 경쟁자인 심상 모델, 즉 마음언어로 된 기호적 명제(기하자 모델, 그리고 어의론 망과 비슷하다)와 비교해 보자. 배열은 왼쪽에 있고, 명제 모델은 오른쪽에 있다. 아래 그림에서는 예를 들어 '곰은 머리를 갖고 있다' 와 '이 곰은 XL 사이즈를 갖고 있다' 같은 많은 명제들이 분해되어 단일한 망으로 재구성되어 있다.

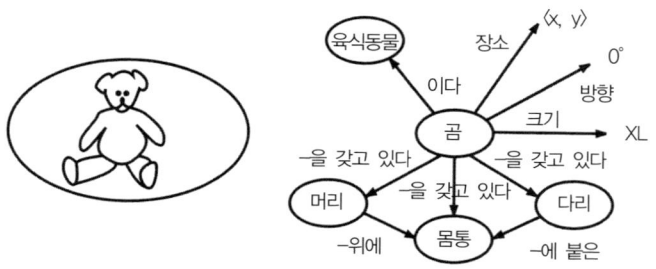

배열은 단도직입적이다. 각각의 화소가 표면이나 경계의 작은 부분들을 표현하면 그걸로 끝이다. 더 전체적이거나 추상적인 것은 모두 화소로 채워진 패턴 속에 단지 내재해 있다. 명제 표상은 아주 다르다. 첫째, 그것은 도식이고, '-에 붙은' 같은 정성적qualitative 관계들로 채워져 있다. 둘째, 공간적 특성들이 분해되어 있고 명시적으로 나열되어 있다. 형태(부분들, 또는 기하자들의 배열), 크기, 장소, 방향은 자체의 기호를 갖고 있으며, 각 항목은 다른 것들과 무관하게 검색될 수 있다. 셋째, 명제에는 예컨대 부분이나 위치 같은 공간 정보와, 곰이라는 것이나 육식동물에 속함 같은 개념 정보가 혼합되어 있다.

두 종류의 데이터 구조 중에서 심상의 맛을 잘 표현하는 것은 그림으로 된 배열이다. 첫째, 심상은 매우 구체적이다. 다음과 같은 요구가 있다고 생각해 보자. 레몬과 바나나가 나란히 놓여 있는 모습을 상상하는데, 레몬이 바나나의 오른쪽이나 왼쪽에 있는 것이 아니라 그냥 바나나 옆에 있다고 상상하라. 당신은 이것이 불가능한 요구라고 항의할 것이다. 만일 하나의 심상 속에 레몬과 바나나가 나란히 있다면 둘 중 하나는 반드시 왼쪽에 있어야 한다. 명제와 배열은 현저히 다르다. 명제는 미소를 제외한 고양이, 고양이를 제외한 미소, 특정한 크기와 무관한 사각형, 특정한 형태와 무관한 대칭, 특정한 장소와 무관한 부착 등등의 추상적인 개념들을 표현할 수 있다. 그것이 명제의 장점이다. 명제는 무관한 세부 사항들이 어지럽게 뒤섞이지 않은, 추상적인 사실에 대한 엄격한 진술이다. 공간적 배열은 채워진 조각들과 채워지지 않은 조각들로만 구성되어 있기 때문에, 물질의 구체적인 공간 배열에만 집중하게 만든다. 심상도 마찬가지다. 즉, 대칭적인 어떤 것을 상상하지 않고 '대칭'의 상을 형성하는 것은 불가능하다.

심상은 그 구체성 때문에 간편한 아날로그 컴퓨터처럼 사용될 수 있다. 에이미는 애비게일보다 부유하고, 얼리샤는 애비게일만큼 부유하지 않다면 누가 가장 부유한가? 많은 사람들이 가장 가난한 사람부터 가장 부유한 사람까지 세 인물을 하나의 심상 속에 일렬로 늘어세우는 방법으로 이런 삼단논법을 해결한다. 이것은 어떻게 가능할까? 심상의 기초를 이루는 매개는 2차원의 배열 속에 자리 잡은, 각 위치를 전담하는 세포들에 있다. 그 매개로부터 많은 기하학적 진실들이 나온다. 예를 들어, 왼쪽-오른쪽의 공간 배열은 이행성(移行性, transitive)을 지닌다. A는 B의 왼쪽에 있고 B는 C의 왼쪽에 있다면, A는 C의 왼쪽에 있다. 배열 속 형태들의 위치를 찾는 검색 메커니즘이라면 어떤 것이든 자동적으로 이행성에 주목할 것이다. 매개의 구조상 그 메커니즘에는 선택권이 없다.

  뇌의 사고 중추들이, 형태를 배열 속에 풍덩 빠뜨리고 그로부터 위치를 읽는 메커니즘들을 수중에 넣을 수 있다고 가정해 보자. 그 사고하는 악마들은 배열의 기하 형태를 몇몇 논리적 제약을 마음에 기억하기 위한 대용물로 사용할 수 있다. 부유함은 일직선상의 위치처럼 이행성이다. A가 B보다 부유하고, B가 C보다 부유하면, A는 C보다 부유하다. 부를 기호화하기 위해 심상 속의 위치를 이용함으로써 우리는 배열 속에 구축된 위치 이행성을 이용할 수 있고, 그럼으로써 그것을 일련의 연역 단계 속에 집어넣지 않아도 된다. 문제는 풍덩 빠뜨리기와 찾아보기가 된다. 이것은 생각하기 쉬운 것과 생각하기 어려운 것이 마음 표상의 형식에 따라 결정된다는 것을 보여 주는 훌륭한 예다.

  심상은 또한 크기, 형태, 장소, 방향을 낱낱의 단언들로 말끔하게 인수분해 한다기보다는 그것들을 합쳐서 하나의 윤곽 패턴으로 묶는다는 점에서 배열과 비슷하다. 마음 회전이 좋은 예다. 어떤 물체의 형태를 평가할 때 우리는 그 방향을 무시하지 못한다. 방향이 자체적인 진술로 격리되어 있다면 쉬운 일일 것이다. 그러나 우리는 방향을 조금씩 밀면서 형태의 변화를 지켜봐야 한다. 방향은 디지털 컴퓨터의 행렬 곱셈처럼 한 번에 다시 계산되지 않는다. 형태가 많이 기울어져 있을수록 회전은 더 많은 시간이 걸린다. 배열 위에는 중심을 기준으로 세포들의 컨텐츠를 몇 도 이동시키는 회전자 망이 겹쳐 있어야 한다. 큰 회전에는 버킷브리게이드 방식*으로 회전자를 반복 실행해야 한다. 과학자들은 사람들이 어떻게 공간 문제를 해결하는가를 밝히는 실험들을 통해 확대 zooming, 축소shrinking, 패닝panning, 스캐닝scanning, 트레이싱tracing, 컬러링coloring 같은 그래픽 기능들이 마음의 도구상자 안에 잘 갖춰져 있음을 밝혀 왔다. 이를테면 두 물체가 동일 선상에 놓여 있는지, 또는 다른 크기의 두 얼룩이 동일한 형태를 갖고 있는지를 판단하는 등의 시각적 사고에서는 이런 기능들이 마음의 애니메이션 장면들과 결합된다.

* bucket-brigade. 나의 값이 판독되면 다른 모든 값들은 그에 따라서 전환되는 방식이다.

마지막으로 심상에는 사물의 의미가 아니라 그 외형이 포착된다. 심상을 경험하게 하는 확실한 방법은 사람들에게 사물의 형태나 색의 불확실한 세부 사항—비글의 귀, B에 포함된 곡선, 냉동 완두콩의 색조 등—을 묻는 것이다. 한 자질이 현저하면(고양이의 발톱, 벌의 침) 우리는 그것을 하나의 명시적 진술로서 개념 데이터베이스에 보관한다. 그러면 그 파일은 나중에 언제든 찾아볼 수 있다. 그러나 그렇지 않을 때 우리는 사물의 외형에 대한 기억을 불러내고, 그 상 위에 우리의 형태 분석 장치를 가동시킨다. 이전에는 주목하지 않았던 기하학적 특성들을 점검하는 것은 심상의 주요 기능 중 하나인데, 코슬린은 이 마음 과정이 명시적 사실을 들춰내는 과정과 다르다는 점을 입증했다. 먼저 그는 사람들에게 예컨대 고양이에게 발톱이 있는지 또는 바다가재에게 꼬리가 있는지 등의 잘 숙지된 사실을 물었다. 대답의 속도는 해당 사물과 그 부분이 기억 속에 얼마나 강하게 연결되어 있는가에 따라 결정되었다. 사람들은 마음 데이터베이스로부터 답을 인출한 것이 분명했다. 그러나 고양이에게 머리가 있는지 또는 바다가재에게 입이 있는지 등의 좀 더 생소한 질문을 받고 사람들이 심상에 의존하자, 대답의 속도는 해당 부분의 크기에 따라 결정되었다. 작은 부분들이 확인하는 데 더 많은 시간이 걸렸다. 크기와 형태는 하나의 심상 속에 뒤섞여 있기 때문에 작은 세부 형태일수록 확인하기가 더 어렵다.

지난 수십 년 동안 철학자들은 심상이 그림인지 서술인지를 완벽하게 시험할 수 있는 방법은 사람들이 오리-토끼 같은 이중적인 형태를 재해석할 수 있는가를 확인하는 것이라고 주장해 왔다.

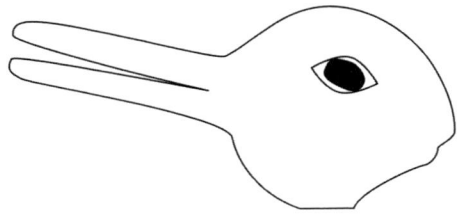

마음이 단지 서술만을 저장한다면 오리-토끼 그림을 토끼로 보는 사람은 '토끼' 표지만을 챙겨 넣을 것이다. 그 표지 안에는 오리와 관련된 어떤 것도 포착되어 있지 않을 것이고, 그래서 나중에 그림 속에 다른 동물이 숨어 있는지를 물으면 제대로 답을 하지 못할 것이다. 이중적인 기하학적 정보가 누락되었을 것이기 때문이다. 그러나 마음이 상을 저장한다면 기하학적 형태는 계속 유용하므로 사람들은 그 상을 다시 불러와 새로운 해석에 이용할 것이다. 오리-토끼 그림 자체는 어려운 문제다. 사람들은 전후 좌표계를 부여해서 형태를 저장하는데 그 상을 재해석하려면 좌표계를 뒤집어야 하기 때문이다. 그러나 그림을 부드럽게 조금만 밀어주면(예를 들어 뒤통수의 곡선에 집중하라고 충고해 주면), 많은 사람들이 토끼 상에서 오리를 보거나 그 반대를 본다. 이보다 간단한 이중상은 거의 모든 사람이 쉽게 반전시킨다. 심리학자 로널드 핑크, 마서 파라, 그리고 나는 사람들에게 눈을 감게 하고 큰 소리로 언어적 서술을 읽어 주면서 그것만으로 상을 재해석하게 했다. 아래의 서술들을 통해 당신은 어떤 사물을 '볼' 수 있는가?

철자 D를 상상하라. 그것을 오른쪽으로 90도 회전시켜라. 그 위에 숫자 4를 올려놓아라. 이제 수직선의 오른쪽에 튀어나온 4의 수평 부분을 제거하라.

철자 B를 상상하라. 그것을 왼쪽으로 90도 회전시켜라. 철자 바로 아래에 철자와 동일한 폭을 가진 삼각형을 꼭짓점이 아래로 향하게 붙여 놓아라.

철자 K를 상상하라. 그 왼쪽에 나란히 정사각형을 놓아라. 정사각형 안에 원을 넣어라. 그 도형을 왼쪽으로 90도 회전시켜라.

대부분의 사람들이 어렵지 않게 서술 속에 내재된 돛단배, 하트, 텔레비전 수상기를 이야기했다.

● ● ● ● ●

심상은 멋진 기능이지만 우리는 머릿속의 그림이라는 개념에 너무 도취해서는 안 된다.

첫째, 사람들은 시각적 장면 전체의 상을 재구성하지 못한다. 심상은 파편적이다. 우리는 순간적으로 감지한 부분들을 기억하고 그것들을 마음의 그림 속에 배열한 다음 저글링을 하듯이 희미해지는 부분들을 잡아내 새롭게 되살린다. 설상가상으로, 힐끗 보는 순간적인 일별은 단지 한 시점에서만 볼 수 있는 표면들을 보고하는데 그나마 원근법에 의해 일그러져 있다.(철길의 역설이 간단한 증거다. 대부분의 사람들은 심상에서 현실과 똑같이 보는 대신 철길이 만난다고 본다.) 사물을 기억하기 위해 우리는 그 사물을 돌리거나 사물 주위를 걸어 다닌다. 그것은 사물에 대한 우리의 기억이 개별적인 여러 시선을 모은 앨범이라는 것을 의미한다. 사물 전체의 상은 슬라이드쇼나 혼성 그림이다.

이것은 모든 사람이 원근법으로 보는데도 그림의 원근화법이 발명되기까지는 왜 그렇게 오랜 시간이 걸렸는지를 설명해 준다. 르네상스의 장인정신이 확립되기 전의 그림은 비현실적으로 보였지만 그것은 그림 속에 원근화법이 없어서가 아니었다.(크로마뇽인의 동굴벽화에도 일정량의 정확한 원근법이 있다.) 대부분의 그림에서 먼 물체는 크기가 작고, 불투명한 물체는 배경을 가려 뒤에 있는 물체의 일부를 잘라먹고, 기울어진 표면은 폭이 줄어들었다. 문제는 그림의 여러 부분들이 레오나르도의 창문 뒤에 고정된 레티클을 통해 본다기보다는 '각기 다른' 시점에서 보는 것처럼 보인다는 것이다. '지금 여기'에 묶인 채 사물을 지각하는 어떤 인간도 한 번에 여러 시점으로 한 장면을 경험할 수는 없고, 그래서 그런 그림은 우리가 보는 어떤 것과도 일치하지 않는다. 물론 상상은 '지금 여기'에 매여 있지 않으므로 충실한 원근법이 결여된 그림은 낯설고 기이한 심상에 대한 해석일 수 있다. 입체파와 초현실주의 화가들은 심리학에 도취하여 의도적으로 한 그림에 다수의 원근법을 사용했고, 우연히 이것은 사진에 식상한 관람객들에게 마음의 눈이 덧없다는 사실을 일깨웠다.

둘째, 심상은 기억의 구조에 속박되어 있다는 한계가 있다. 세계에 대한 우리의 지식은 한 장의 큰 그림이나 지도에 들어맞지 않는다. 일정한 입도(粒度, 입자 크기)를 가진 하나의 매개에 들어맞기에는 산부터 벼룩에 이르기까지 너무나 많은 척도가 존재한다. 그리고 우리의 시각 기억은 사진을 가득 담아 놓은 구두 상자가 아니다. 각각의 사진들을 확인하지 않으면 필요한 것을 찾아내기는 불가능할 것이다.(사진과 비디오 보관소에서도 이와 비슷한 문제를 겪는다.) 기억 상들은 명제로 된 상부구조 안에 분류되고 체계화되어야 한다. 그것은 그래픽 파일들이 하나의 큰 문서나 데이터베이스 안에서 첨부 지점들과 연결되어 있는 하이퍼미디어와 비슷할 것이다.

시각적 사고는 종종 심상의 내용물 자체에 의해서보다는 우리가 상을 구성하기 위해 이용하는 개념적 지식에 의해 더 강하게 작동한다. 체스 선수들은 체스판 위의 말들에 대한 뛰어난 기억력으로 유명하다. 그렇다고 해서 정밀한 기억력의 소유자가 체스 선수가 되는 것은 아니다. 선수들이라도 무작위로 배열된 말들을 기억할 때에는 초보자보다 나을 게 없다. 그들의 기억은 단지 말들의 공간적 배열이 아니라 공격과 수비를 비롯한 말들 간의 의미 있는 관계들만을 기억한다.

또 다른 예는 심리학자 레이먼드 니커슨과 메릴린 애덤스의 대단히 소박한 실험에서 볼 수 있다. 두 심리학자는 사람들에게 1센트 동전의 양면을 그리게 했다. 보통 사람이라면 기억으로부터 수천 번은 봤을 그림이었다.(다음 문장을 읽기 전에 당신도 시도해 보라.) 결과는 놀라웠다. 1센트 동전에는 8개의 그림이 있다. 한 면에 에이브러햄 링컨의 옆얼굴, IN GOD WE TRUST(우리는 하느님을 믿는다), 연도, LIBERTY(자유)가 새겨져 있고, 다른 한 면에 링컨 기념관, UNITED STATES OF AMERICA(미합중국), E PLURIBUS UNUM(여섯으로 이루어진 하나), ONE CENT(1센트)가 새겨져 있다. 피실험자들 중 단 5퍼센트만이 8개의 그림을 모두 그렸다. 사람들이 기억해서 그린 그림의 평균치는 3개였고, 절반이 잘못된 위치에 그려졌다. 틀린 그림은 ONE PENNY(1페니), 월계관, 밀 이삭, 워싱턴 기념관, 의자에 앉은 링컨 등이었다. 목록에서 1센트 동전의 그림을 골라내게 하자 사람들은 더 좋은 성적을 보였다.(다행스럽게도 MADE IN TAIWAN을 고른 사람은 1명도 없었다.) 그러나 15개의 가능한 동전 그림들을 제시했을 때에는 절반 이하의 사람들만이 올바른 동전을 선택했다. 시각적 기억은 사물 전체의 정확한 그림이 아닌 것이 분명하다.

동전을 제대로 그렸다면 이번엔 아래의 퀴즈에 도전해 보라. 다음 진술들 중 옳은 것은 어느 것인가?

마드리드는 워싱턴보다 북쪽에 있다.
시애틀은 몬트리올보다 북쪽에 있다.
오리건주 포틀랜드는 토론토보다 북쪽에 있다.
리노는 샌디에이고보다 서쪽에 있다.
파나마 운하의 대서양 입구는 태평양 입구보다 서쪽에 있다.

모두 옳다. 거의 모든 사람들이 다음과 같이 생각하면서 문제를 틀린다. 네바다주는 캘리포니아의 동쪽에 있다. 샌디에이고는 캘리포니아 안에 있다. 리노는 네바다주 안에 있다. 따라서 리노는 샌디에이고의 동쪽에 있다. 물론 각 지역들이 체스판처럼 구분되어 있지 않은 한 이런 식의 삼단논법은 효과가 없다. 우리의 지리학적 지식은 커다란 한 장의 마음 지도가 아니라 작은 지도들의 집합이고 그것들이 어떻게 연결되어 있는가에 대한 단언들로 이루어져 있기 때문이다.

마지막으로 심상은 개념과 똑같은 역할을 하지 않고, 마음언어 사전에 수록된 단어의 의미와도 같은 역할을 하지 않는다. 경험주의 철학과 심리학의 오랜 전통에서는 심상이 그런 역할을 할 수 있다고 주장하려 했다. 그것이 지능에는 감각을 통해 사전에 들어오지 않은 것은 아무것도 없다는 교의에 들어맞았기 때문이다. 심상은 시각적 감각들이 격하되거나 서로 중복된 사본에 불과하고 그 안에서 선명한 테두리는 사포로 갈리고 색들은 서로 혼재되어 있으며, 그 결과 개별적인 사물들을 표현한다기보다는 범주 전체를 표현한다고 생각했다. 이런 혼합식 상들이 실제로 어떤 모습일지를 진지하게 생각하지 않는다면 이 개념도 그럴듯하게 들린다. 그러나 그것이 사실이라면 우리는 간단한 삼각형의 개념을 비롯한 추상 개념들을 어떻게 표상할까? 삼각형은 세 변을 가진 다각형이지만, 삼각형의 '상'은 어느 것이나 이등변이거나 부등변이거나 등변이다. 우리의 삼각형 상은 "이 모든 것인 동시에 모두 아닌 것"이라고 존 로크는 수수께끼 같은 주장을 폈다. 이에 대해 버클리는 독자들에게 이등변이고 부등변이고 등변인 동시에 어느 것도 아닌 삼각형의 심상을 만들어 보라고 요구했다. 그러나 버클리는 추상적 개념이 곧 심상이라는 이론을 폐기하는 대신 우리에겐 추상적 개념이 없다는 결론을 내렸다!

20세기 초에 미국 최초의 실험심리학자 중 한 명인 에드워드 티치너는 버클리의 주장에 도전장을 내밀었다. 그는 자신의 심상을 주의 깊게 분석한 후에 아무리 추상적인 개념이라도 심상으로 표상될 수 있다고 주장했다.

나는 로크의 그림, 즉 모든 삼각형인 동시에 삼각형이 아닌 삼각형을 아주 잘 이해할 수 있다. 그것은 한순간에 왔다 한순간에 사라지는 섬광 같은 것이다. 그것은 짙은 초록색 배경 위에 빨간 선들이 검은색으로 짙어지고 두세 개의 빨간 각을 넌지시 비춘다. 그리고 세 각이 모여 완전한 도형을 이루는지, 또는 필요한 세 각이 모두 갖춰져 있는지를 알 수 있을 만큼 충분히 머물지 않는다.

나에게 말은 갈기를 휘날리며 과격한 자세를 취하고 있는 이중의 곡선이고, 암소는 어떤 표정을 띠고 입을 과도하게 샐쭉거리는 약간 길쭉한 직사각형이다.

나는 평생 동안 의미들을 마음에 그려 오고 있다. 그리고 구체적인 의미들뿐만 아니라 의미 자체도 그릴 수 있다. 의미 일반은 다음과 같은 인상적인 그림들 중 또 하나에 의해 내 의식에 표상된다. 의미는 삽 같은 것에 붙어 있는 청회색 끝부분으로 보이는데, 그 위쪽엔 노란색이 조금 있고(아마 손잡이의 일부일 것이다), 삽은 플라스틱 재료처럼 보이는 어두운 색의 큰 덩어리를 파들어 가고 있다. 인문학을 공부한 나로서는 그 그림이 "의미를 파헤쳐라"라는 그리스어나 라틴어로 된 오래된 구절의 익숙한 가르침의 영향이라고 생각한다.

정말 과도하게 샐쭉거렸다! 티치너의 체셔 암소, 빨간 세 각이 연결되어 있지도 않은 삼각형, 그리고 의미의 삽은 그의 생각에 기초를 제공하는 개념도 되지 못할 것이다. 분명히 그는 암소가 직사각형이라거나 세 각 중 하나가 없어도 삼각형이 된다고 믿지는 않았을 것이다. 그의 머릿속에 들어 있는, 심상이 아니라 다른 어떤 것이 그 지식을 담고 있었을 것이다.

그리고 이것은, 생각은 모두 심상이라는 다른 주장들의 문제이기도

하다. 내가 전형적인 남자—예를 들어 프레드 맥머리—의 상에 의해 '남자' 개념을 표상한다고 해보자. 문제는 그 상이 무엇 때문에 '프레드 맥머리'라는 개념, 즉 '키 큰 남자,' '성인,' '인간,' '미국인,' 바버라 스탠윅의 유혹에 넘어가 살인을 저지르는 보험회사 직원을 연기하는 배우'*의 개념들과 다른 '남자' 개념이 될 수 있는가 하는 것이다. '우리'는 아무 어려움 없이 특정한 남자, 일반적인 남자, 일반적인 미국인, 일반적인 요부의 희생자 등등을 구별한다. 그러므로 우리는 각자의 머릿속에 전형적인 남자의 그림 이상의 많은 것들을 갖고 있는 것이 분명하다.

* 빌리 와일더 감독의 1944년 작, 《이중 배상 Double Indemnity》.

그리고 어떻게 구체적인 상이 예컨대 '자유' 같은 추상 개념을 표상할 수 있을까? 자유의 여신상은 이미 각인되어 있어서, 아마도 '자유의 여신상' 개념을 표상하고 있을 것이다. 그렇다면 예컨대 '기린이 아님' 같은 부정적 개념을 위해서는 무엇을 이용할까? 빨간 사선을 길게 그어 버린 기린의 상일까? 그렇다면 '빨간 사선을 길게 그어 버린 기린의 상'이란 개념은 어떻게 표상될까? '고양이나 새' 같은 선별적 개념이나 '인간은 모두 죽는다' 같은 명제는 어떻게 될까?

그림은 양의적일 수 있지만 생각은 정의상 양의적일 수 없다. 우리의 상식은 그림만으로는 해낼 수 없는 구별을 수행한다. 그러므로 상식은 단지 그림들의 집합이 아니다. 만일 어떤 생각을 표상하기 위해 마음의 그림을 이용한다면 거기에는 그 그림을 어떻게 해석해야 할지, 즉 무엇에 주의하고 무엇을 무시할지를 설명해 주는 캡션이 붙어야 할 것이다. 캡션 자체는 그림이 아니고, 혹시 그림이라고 주장한다면 출발점으로 다시 돌아가야 할 것이다. 시각이 멈추고 생각이 시작되면, 마음이 조작할 한 사물의 '양상들'을 집어내는 추상적 기호들과 명제들을 피해 가기는 불가능하다.

덧붙이자면, 그래픽 컴퓨터 인터페이스를 비롯하여 아이콘으로 뒤덮인 상품들을 설계하는 사람에게 그림의 양의성은 눈 녹듯 사라진다. 내 컴퓨터 화면에는 마우스를 클릭하면 갖가지 작업을 수행하는 작은 그림들이 줄지어 늘어서 있다. 맹세코 나는 그 작은 쌍안경, 점안기eyedropper, 은접시가 무슨 일을 하는지 기억하지 못한다. 그림은 천 마디의 말처럼 소중하지만 항상 그렇지는 않다. 보기와 생각하기 사이의 어느 지점에서 심상은 관념에게 자리를 내준다.

5
좋은 생각

"자네와 나 사이에서 태어난 자식을 자네가 완전히 살해하지 않았기를 바라네." 다윈이 자연선택을 따로 발견한 생물학자 앨프리드 러셀 월리스에게 보낸 편지의 한 문장이다. 무엇 때문에 다윈은 이런 은밀한 문장을 적어 보냈을까? 다윈과 월리스는 서로를 존경하는 사이였고, 동일한 저자(맬서스)에게서 영감을 받아 거의 비슷한 말로 동일한 이론을 확립했을 정도로 생각이 비슷했다. 두 동지를 갈라서게 한 것은 인간의 마음이었다. 다윈은 "심리학은 새로운 기초 위에 설 것"이라고 조심스럽게 예언했고, 진화론이 어떻게 마음에 대한 연구를 변혁시킬 것인가에 대한 벅찬 희망을 노트에 기록했다.

이제 인간의 기원이 입증되었다. 형이하학이 번성할 것이다. 로크보다는 비비를 이해하는 사람이 형이하학을 위해 더 큰 일을 할 것이다.

플라톤은 … 우리의 '가상의 개념들'은 영혼의 선재先在로부터 생겨나는 것이지 경험에서 나오는 것이 아니라고 말한다. 원숭이들에게서 선재를 읽어 보라.

그는 계속해서 인간의 생각과 감정의 진화에 관한 두 권의 책, 《인간의 유래 The Descent of Man》와 《인간과 동물의 감정 표현 The Expression of the Emotions in Man and Animals》을 썼다.

그러나 월리스는 정반대의 결론에 도달했다. 마음은 진화하는 인간의 필요보다 과도하게 설계되었고, 그래서 자연선택으로는 설명할 수 없다고 그는 말했다. 대신에 "어떤 우월한 지성이 정해진 방향으로, 특별한 목적을 위해 인간의 발전을 이끌었다"는 것이다.

월리스는 식량수집인들―19세기 말투로 '야만인들'―이 현대 유럽인들과 생물학적으로 동일하다는 지적을 통해 창조론으로 들어섰다. 그들은 똑같은 크기의 뇌를 지녔기 때문에 현대 생활의 지적 필요에도 쉽게 적응했을 것이다. 그러나 진화의 조상들이 누렸던 생활방식이기도 했던 그들의 식량수집 생활방식에는 그런 수준의 높은 지능이 불필요했고, 그런 지능을 과시할 기회도 없었다. 그러므로 식량수집의 필요에 반응하여 어떻게 그런 지능이 진화할 수 있었겠는가? 월리스는 다음과 같이 썼다.

우리의 법, 우리의 정부, 우리의 과학은 지속적으로 우리에게 다양하고 복잡한 현상을 추론하여 예정된 결과에 도달할 것을 요구한다. 심지어 체스 같은 게임도 우리에게 이 모든 능력을 높은 수준으로까지 발휘하도록 강요한다. 이것을 야만인의 언어와 비교해 보라. 그들의 언어에는 추상적 개념에 해당하는 말이 없다. 그들에겐 아주 간단한 필수품 이상을 예측하는 선견력이 없고, 감각을 직접 자극하지 않는 어떤 일반적 주제를 결합하거나 비교하거나 추리하는 능력이 없다. …

… 고릴라의 뇌보다 1.5배 더 큰 뇌라면 … 야만인의 제한된 정신적 발달에는 과분할 것이다. 따라서 우리는 야만인이 실제로 소유하고 있는 큰 뇌가 진화의 어떤 법칙에 의해서도 발달하지 않았을 것임을 인정해야 한다. 진화의 핵심은 진화의 법칙들이 각 생물종의 필요를 절대로 초과하지 않고 그에 정확히 비례하는 만큼의 조직을 생산한다는 것이다. … 자연선택이 야만인에게 뇌를 부여했다면 그것은 유인원보다 조금 더 우월한 뇌에 불과하겠지만, 실제로 야만인은 철학자의 뇌보다 조금 못한 뇌를 소유하고 있다.

인간의 지능이 진화론적으로 명백히 무익하다는 월리스의 역설은 심리학과 생물학, 그리고 과학적 세계관의 중요한 문제다. 심지어 오늘날에도 폴 데이비스 같은 과학자들은 인간 지능의 '과잉살상력'은 다윈주의를 논박하고 '진보적인 진화론 경향'을 가진 다른 개념을 요구하는데, 예를 들어 미래에 복잡성이론에 의해 설명될 수 있는 자기조직화 과정이 그런 것이라고 생각한다. 애석하게도 이것은 어떤 우월한 지성이 인간의 발달을 특정한 방향으로 이끈다고 보는 월리스의 견해보다 나을 것이 없다. 이 책의 많은 부분, 그리고 특히 이 장에서는 월리스의 역설을 사고의 기초를 뒤흔드는 신비에서 인문학 분야의 매력적이지만 신비롭지 않은 평범한 연구 과제로 끌어내리고자 한다.

스티븐 제이 굴드는 다윈과 월리스에 대한 훌륭한 논문에서, 월리스를 전용(轉用, exaptation)의 가능성을 무시한 극단적인 적응주의자로 본다. 여기서 전용이란 "우연히 다른 용도에 맞춰진" 적응 구조(예를 들어, 턱뼈가 중이골이 된 경우)와 "기능 없이 생겨났지만 … 미래의 선택을 위해 남아 있는 특징"(예를 들어, 팬더의 엄지손가락은 사실 응급장비용 손목뼈다)을 가리킨다.

정해진 목적을 위해 설계된 사물들은 구조적 복잡성 때문에 다른 많은 과제들을 수행할 수 있다. 공장에서는 단지 월급명세서를 뽑기 위해 컴퓨터를 설치할 수도 있지만, 그런 기계는 개표 결과를 분석하거나 틱택토 게임을 하는 데에도 사용할 수 있다.

나는 뇌가 미적분이나 체스 같은 색다른 일에 전용되었다는 굴드에 말에 전적으로 동의하지만, 이것은 단지 자연선택을 믿는 사람들이 자신의 믿음을 드러내는 공언에 불과하다. 그것은 너무나 명백한 사실이다. 중요한 것은 누구 또는 무엇이 그 정교화와 선택을 수행했는지, 그리고 어떻게 해서 원래의 구조가 선택에 적합해졌는지의 문제다. 공장 비유는 별로 도움이 되지 않는다. 월급명세서를 찍어 내는 컴퓨터는 프로그램을 새로 깔지 않으면 개표 결과를 분석할 수도 없고 틱택토 게임을 할 수도 없다.

월리스가 삼천포로 빠진 것은 그가 너무 극단적인 적응주의자였기 때문이 아니라 (현대적인 기준으로 평가하여 불공평하긴 하지만) 잡다한 언어학자, 심리학자, 인류학자였기 때문이다. 그는 식량수집 부족들의 단순하고 구체적인 지금-여기식의 사고와, 과학과 수학과 체스 같은 현대적인 분야에서 사용하는 추상적 합리성 사이에서 깊은 틈을 보았다. 그러나 둘 사이에는 틈이 없다. 정당하게 평가하여 월리스는 식량수집인을 생물학적 사다리의 낮은 단계로 보지 않았다는 점에서 시대를 앞선 사람이었다. 그러나 그는 그들의 언어와 사고, 생활양식을 잘못 생각했다. 식량수집인으로서 성공하는 것은 미적분이나 게임을 하는 것보다 더 어려운 문제다. 3장에서도 보았듯이, 모든 사회의 사람들은 추상적 개념에 대한 단어들을 갖고 있고, 아주 간단한 필요 이상의 복잡한 상황을 예측하는 선견력을 갖고 있으며, 감각을 직접 자극하지 않는 일반적 주제를 결합하고 비교하고 추론한다. 그리고 모든 사회의 사람들은 이런 능력들을 잘 이용하여 주변에 사는 동식물의 영리한 방어 수단들을 무력화시킨다. 잠시 후에 우리는 모든 사람이 요람에서 나오는 순간부터 일종의 과학적 사고를 사용한다는 사실을 살펴볼 것이다. 우리는 모두 직관적인 물리학자, 생물학자, 공학자, 심리학자, 수학자다. 이런 타고난 재능 덕분에 우리는 로봇보다 뛰어난 능력을 발휘하고 있으며 더 나아가 지구를 파멸 직전으로 몰아가고 있다.

그러나 우리의 직관과학은 하얀 가운을 입은 사람들의 과학과는 다르다. 우리들 대부분은 만화 《스누피Peanuts》에서 전나무fir tree에서 모피fur가 나고, 참새가 자라면 추수감사절 때 먹는 독수리가 되고, 나뭇잎을 세면 나무의 나이를 알 수 있다고 떠들어대는 루시의 말에 동의하진 않지만, 우리의 믿음은 때때로 그에 못지않게 어리석다. 아이들은 스티로폼은 무게가 전혀 나가지 않고 사람들은 사건을 목격하거나 듣지 않아도 결과를 알 수 있다고 주장한다. 그 아이들이 자라면, 나선형 튜브에서 발사된 공은 날아가면서 계속 나선형을 그리고 동전의 앞면이 연이어 나오면 그 다음에는 뒷면으로 떨어질 가능성이 더 높다고 생각하는 어른이 된다.

이 장의 주제는 인간의 추론, 즉 '사람들은 어떻게 세계를 이해하는가'다. 인간의 추론 기능들을 역설계하려면 우리는 월리스의 역설에서 시작해야 한다. 그 역설을 분해하기 위해서는 인간 생득권의 일부인 직관과학 및 직관수학과 대부분의 사람들이 힘들게 발견하는 현대의 제도화된 과학 및 수학을 구분해야 한다. 그때 우리는 우리의 직관이 어디에서 생겨났고 어떻게 작동하는지, 그리고 현대 문명의 걸작들을 상연하려면 그것을 어떻게 갈고 다듬어야 하는지를 탐구할 수 있다.

생태 지능

스위스의 심리학자 장 피아제가 어린이를 작은 과학자에 비유한 이후로 심리학자들은 거리의 남녀노소를 실험하는 인간에 비유해 왔다. 이 비유는 어느 정도 타당하다. 과학자와 어린이는 모두 세계를 이해해야 하는데, 어린이는 관찰한 바를 효과적인 법칙으로 일반화하기 위해 노력하는 호기심 많은 연구자다. 오래전에 나는 가족과 친구들과 함께 생활한 적이 있다. 하루는 나의 누이가 어린 조카딸을 목욕시키는 자리에 세 살 난 남자아이가 있었다. 그 아이는 몇 분 동안 조용히 지켜본 후에 "아기들은 고추가 없구나"라고 말했다. 충분히 우리의 감탄을 자아낼 말이었지만, 그것은 결론의 옳고 그름 때문이 아니라 아이의 예리한 과학적 탐구정신 때문이다.

그러나 자연선택은 우리에게 과학 시험에서 좋은 성적을 받거나 인정받는 학술지에 논문을 발표할 능력을 주지는 않았다. 자연선택이 우리에게 부여한 것은 현지 환경을 지배하는 능력인데, 우리의 자연스런 사고방식과 학교에서 요구하는 것의 차이는 여기에서 비롯한다.

심리학자 마이클 콜과 그의 동료들은 라이베리아의 한 부족인 크펠레족을 여러 해 동안 연구했다. 그들은 말을 잘하고 토론과 논쟁을 즐기는 부족이지만, 대부분의 사람들은 교육을 받지 못한 문맹이고 우리에겐 아주 쉽게 보이는 테스트에서도 형편없는 점수를 받는다. 다음의 대화가 그 이유를 말해 준다.

실험자: 플루모와 약팔로는 항상 사탕수수 즙(럼주)을 함께 마신다. 지금 플루모는 수수 즙을 마시고 있다. 약팔로는 수수 즙을 마시고 있을까?

피실험자: 플루모와 약팔로는 사탕수수 즙을 함께 마시지만, 플루모가 첫

번째 즙을 마시던 날 약팔로는 그 자리에 없었다.

실험자: 하지만 나는 당신에게 플루모와 약팔로는 항상 사탕수수 즙을 함께 마신다고 말했다. 어느 날 플루모가 사탕수수 즙을 마시고 있었다. 약팔로는 사탕수수 즙을 마시고 있었을까?

피실험자: 플루모가 사탕수수 즙을 마시던 날, 약팔로는 그곳에 없었다.

실험자: 무엇 때문인가?

피실험자: 약팔로는 그날 농장에 갔고 플루모는 그날 마을에 남아 있었기 때문이다.

위의 대답은 전형적인 사례다. 콜의 피실험자들은 종종 "약팔로는 지금 여기에 없다. 그에게 가서 직접 물어보는 게 어떠냐?"는 식으로 대답한다. 이 대화를 인용한 적이 있는 심리학자 울리히 나이서는 그것이 결코 멍청한 대답이 아니라고 지적한다. 그것은 실험자의 질문에 대한 대답이 아닐 뿐이다.

학교에서 문제를 풀 때 적용해야 하는 기본 원리는, 알고 있는 다른 것들을 모두 무시하고 문제에 언급된 전제에만 기초해서 추론하라는 것이다. 이 태도는 현대 교육에서 매우 중요하다. 문명이 출현한 후로 수천 년 동안 노동의 분업 덕분에 지식 전문가 계층은 광범위하게 적용할 수 있고 글과 공식 교육을 통해 전파할 수 있는 추론 수단들을 개발해 왔다. 그런 수단들은 말 그대로 내용이 없다. 장제법*을 이용하면 갤런 당 마일을 계산할 수 있고, 일인당 국민소득을 계산할 수도 있다. 논리학을 이용하면 소크라테스는 죽는다는 것을 알 수 있으며, 혹은 루이스 캐럴의 논리학 교과서에** 나오는 예문에 따르면 어떤 새끼 양도 습관적으로 시가를 피우지 않고, 창백한 사람은 모두 성격이 모두 얌전하고, 절름발이 강아지는 줄넘기를 빌려 줘도 "고맙다"라

* 12 이상의 수로 나누는 나눗셈.

** 루이스 캐럴, 《논리 게임The Game of Logic》

고 말하지 않는다는 것을 알 수 있다. 실험심리학의 통계적 수단들은 농학에서 차용한 것들로, 원래 다양한 비료들이 작물 생산에 미치는 효과를 측정하기 위해 발명되었다. 그 수단들은 심리학에도 매우 효과적이어서, 한 심리통계학자는 "우리는 인분을 다루지 않거나, 최소한 인분인 줄 알고 다루지는 않는다"고 말하기도 했다. 이처럼 그 수단들의 힘은 어떤 문제에나 적용할 수 있다는 사실에서 나온다. 즉 애초에 아무것도 모르는 사람도 색채시가 어떻게 이루어지는지, 인간을 어떻게 달로 보내는지, 미토콘드리아 이브가 아프리카 사람이었는지를 해결할 수 있다. 이런 기술들을 익히기 위해 학생들은 나중에 자신의 전문 분야에서 문제를 해결할 때 극복해야 할 무지의 가면을 써야 한다. 유클리드 기하학을 공부하는 고등학생은 자를 꺼내 삼각형을 재면 정확한 답을 얻을 수는 있지만 그런 식으로는 실력을 인정받지 못한다. 수업의 요점은 나중에 달까지의 거리 같은 엄청난 수를 계산할 때 사용할 수 있는 수단을 가르치는 것이다.

물론 학교 밖에서까지 아는 것을 무시하는 것은 말도 안 된다. 크펠레족 사람이, "이보시오, 약팔로가 지금 사탕수수 즙을 마시는지를 알고 싶소?"라고 물어도 눈감아 줄 수 있다. 이것은 개인이 습득한 지식과 종이 습득한 지식에 모두 적용된다. 어떤 생물체도 모든 문제에 적용할 수 있는 알맹이 없는 알고리듬을 필요로 하지 않는다. 우리 조상들은 수백만 년 동안 일정한 문제들, 즉 사물 인식, 도구 제작, 현지 언어 습득, 짝 찾기, 동물의 이동 예측, 길 찾기 등의 문제에 부딪힌 반면, 사람을 달에 보내기, 더 고소한 팝콘 만들기, 페르마의 최후의 정리 증명하기와 같은 문제들은 결코 겪어 보지 않았다. 익숙한 종류의 문제를 해결하는 지식은 종종 다른 문제들과는 무관하다. 경사가 명시도明視度에 미치는 영향은 형태 계산에는 유용하지만 짝이 될 암컷과 수컷의 정절을 평가하는 데에는 무용지물이다. 반대로 거짓말이 어조에 미치는 영향은 정절을 평가하는 데에는 유용하지만 형태를 계산하는 데에는 무용지물이다. 자연선택은 교양교육의 이상에 신경 쓰지 않으며, 자체적인 문제를 위해 아주 오래된 불변의 규칙들을 사용하는 편협한 추론 모듈들을 구축하면서도 눈 하나 깜짝하지 않는다. 투비와 코즈미디스는 우리 인간의 주제 특이적 지능을 '생태적 합리성'이라 부른다.

우리가 진짜 과학자로 진화하지 못한 두 번째 이유는 지식의 비용에 있다. 과학은 많은 돈이 든다. 초대형 입자가속기는 물론이고 존 스튜어트 밀의 귀납법으로 원인과 결과를 분석하는 기초적인 과정도 그러하다. 최근에 나는 빵을 구웠는데 빵이 너무 메마르고 부슬부슬해서 도무지 만족스럽지 않았다. 그래서 나는 물을 더 붓고 이스트를 줄이고 온도를 낮췄다. 지금까지도 나는 어떤 조작법 때문에 그렇게 됐는지를 알지 못한다. 내 안의 과학자는 다음과 같이 8개의 논리적 조합을 다원변량분석으로 시도하는 것이 올바른 절차임을 알고 있었다. 물 추가, 이스트 동일, 온도 동일/물 추가, 이스트 추가, 온도 동일/물 추가, 이스트 동일, 온도 저감 등등. 그러나 실험을 하면 8일이 걸렸을 것이고(각 요소마다 한 번씩 정도를 달리 하면 27일이 걸리고, 두 번씩 정도를 달리 하면 64일이 걸릴 것이다), 노트와 계산기가 필요했을 것이다. 나는 인간 지식의 보고에 공헌할 생각이 아니라 맛있는 빵을 원했기 때문에 필요한 요소들을 복합으로 짜 맞춰 한 방에 해결하는 것으로 충분했다. 글과 체계적 과학이 있는 큰 사회라면 이 기하급수적인 테스트 비용은 다수 국민들에게 유용한 결과로 돌아간다. 그런 이유로 국민들은 기꺼이 과학 연구를 위해 세금을 낸다. 그러나 개인이나 작은 집단의 편협한 이익을 위해서라면 제아무리 훌륭한 과학이라도 번거롭기만 할 것이다.

우리가 그저 그런 과학자에 머무는 세 번째 이유는 우리의 뇌가 진실이 아닌 적당함을 위해 만들어졌다는 것이다. 때때로 진실은 적응성이 있지만 때로는 그렇지 않다. 이익을 둘러싼 갈등은 인간의 고유한 조건이다(6장과 7장을 보라). 우리는 진실 자체보다는 진실의 '인간적 버전'이 우세하기를 바라는 경향이 있다.

예를 들어, 어떤 사회에서든 전문 지식은 불균등하게 분포되어 있다. 우리의 마음 장치는 세계를 제대로 이해하고 심지어 간단한 단어의 의미를 정확히 이해하기 위해서는 전문가의 도움을 받도록 설계되어 있다. 철학자 힐러리 퍼트넘은 대부분의 사람처럼 자기도 느릅나무와 너도밤나무가 어떻게 다른지 전혀 모른다고 고백한다. 그러나 그에게나 우리에게나 두 단어는 동의어가 아니다. 우리는 그것들이 서로 다른 종류의 나무라는 것을 알고, 어느 나무가 어느 나무인지를 알아야 할 때 그것을 말해 줄 수 있는 전문가들이 있다는 것을 안다. 전문가는 매우 귀중한 존재이며, 그에 대한 보상으로 대개 존경과 부를 누린다. 그러나 전문가에 대한 우리의 의존은 그들을 유혹에 빠뜨린다. 전문가들은 초자연적인 힘, 신의 분노, 마법의 약처럼 평범한 사람들로서는 이해할 수 없고 전문가들을 떠받들어야만 접할 수 있는 불가사의한 세계를 암시하곤 한다. 부족의 샤먼들은 자신이 갖고 있는 상당량의 실용적 지식에 화려한 마술, 약물을 이용한 몽환 상태, 그 밖의 값싼 속임수 등을 혼합한다. 오즈의 마법사처럼 그들은 순진한 추종자들을 속여서 커튼 뒤에 숨은 사람을 보지 못하게 해야 한다. 이것은 사심 없는 진리의 추구와 충돌을 일으킨다.

복잡한 사회에서 전문가에 대한 의존은 축제의 마당에서 파는 만병통치약에서부터 관리가 만들어 낸 기묘한 정책에 이르기까지 사기의 가능성을 더욱 크게 증폭시킨다. 동료 평가, 보조금 경쟁, 공개적인 상호 비판 같은 현대 과학계의 관행은 모두 원칙상 과학자들의 이해 갈등을 최소화하기 위한 것이며, 때로는 실제로 그런 효과를 발휘한다. 갈릴레오 이후 남부 유럽의 가톨릭 교회와 20세기의 소련에서처럼, 폐쇄적인 사회에서 불안에 사로잡힌 권력자들이 훌륭한 과학을 짓밟는 것은 역사적으로 드문 일이 아니다.

권력자의 전횡으로 고통받는 것은 과학뿐만이 아니다. 인류학자 도널드 브라운은 수천 년에 걸쳐 인도의 힌두교는 역사를 거의 남기지 않은 반면 이웃한 중국에서는 도서관을 가득 채울 정도로 많은 기록을 남겼다는 사실에 당혹감을 느꼈다. 그가 추측하기로, 카스트 제도가 세습되는 사회의 권력자들은 어떤 학자가 과거의 기록을 뒤지다가 영웅들과 신들로부터 전해 받은 그들의 주장에 해가 되는 증거를 발견한다면 좋을 것이 전혀 없다는 사실을 잘 알고 있었을 것이다. 브라운은 25개의 문명을 조사하면서 배타적인 계급제도가 세습되는 사회와 그렇지 않은 사회를 비교했다. 배타적인 계급사회들은 모두 과거에 대한 정확한 기록을 남기지 않는 전통이 있었고, 신화와 전설이 역사를 대신했다. 계급사회들은 또한 정치학, 사회과학, 자연과학, 전기傳記, 사실적인 초상화법, 균등한 교육이 부재하다는 특징을 보여 주었다.

진짜 과학은 현학적이고 비싸고 파괴적이다. 그것은 우리 조상들의 집단처럼 식량수집에 의존하는 문맹 집단에서는 소화하기 어려웠을 선택 압력이었다. 따라서 우리는 사람들의 타고난 '과학적' 능력이 진지한 논문과는 다르다는 점을 이해할 수 있다.

작은 상자들

유머작가 로버트 벤슬리는 세상에는 두 종류의 사람이 있다고 말했다. 세상 사람들을 두 종류로 나누는 사람들과 그렇지 않은 사람들이다. 2장에서 '우리의 마음은 왜 개인들을 추적하는가' 라는 질문을 던질 때, 나는 마음이 범주를 만들어 낸다는 사실을 당연시했다. 그러나 범주화 습관은 자세히 살펴볼 가치가 있다. 사람들은 다른 사람들과 사물들을 마음의 상자에 담고 각 상자에 이름을 매긴 다음 한 상자에 담긴 내용물들을 동일하게 취급한다. 그러나 우리 인간들이 각자의 지문처럼 고유하고 2개의 눈송이처럼 누구와도 똑같지 않다면 왜 그런 분류 충동이 존재하는 것일까?

심리학 교과서들은 대개 두 가지 설명을 제시하는데, 둘 다 그다지 설득력이 없다. 첫째, 기억은 우리의 감각을 폭격하는 모든 사건을 저장할 수 없고 단지 범주들만 저장함으로써 부하를 줄인다는 것이다. 그러나 뇌에는 조 단위의 시냅스가 있어서 저장 공간이 부족해 보이지는 않는다. 그보다는 영어 문장, 체스 게임, 모든 색과 크기를 가진 채 모든 장소를 채우고 있는 모든 형태들처럼 실재가 조합적이라면 그런 실재물들은 기억에 들어맞지 않는다고 말하는 편이 타당하다. 조합의 폭발로 생겨나는 수는 우주 속의 입자보다 많을 수 있고, 심지어 아주 넉넉하게 추산한 뇌 용량도 쉽게 초과해 버릴 수 있기 때문이다. 반면에 인간은 얼마 안 되는 20억 초를 산다. 그리고 뇌는 왜 우리가 경험하는 모든 사물과 사건을 기록하지 못하는지에 대한 이유도 밝혀지지 않았다. 또한 우리는 종종 달, 가족 구성원, 대륙, 야구팀처럼 범주와 그 구성원들을 함께 기억하므로, 범주는 기억의 부하를 증가시킨다.

두 번째로 추정되는 이유는, 뇌는 어쩔 수 없이 체계화한다는 것이다. 범주가 없으면 마음 활동은 혼란에 빠질 것이다. 그러나 체계를 위한 체계는 쓸모가 없다. 내 친구 중 강박증이 있는 한 친구는 전화를 걸면 지금 셔츠를 알파벳순으로 정리하느라 전화를 받지 못하겠다고 아내를 통해 전하곤 한다. 이따금 나는 우주 속의 모든 것이 세 종류로 분류된다는 사실을 발견한 이론가들로부터 묵직한 원고를 받는다. 예를 들어, 성부와 성자와 성령, 양성자와 중성자와 전자, 남성과 여성과 중성, 휴이와 듀이와 루이* 등이다. 호르헤 루이스 보르헤스의 글에는 동물을 다음과 같이 분류한 중국의 백과사전 이야기가 나온다. (a) 황제 소유의 동물, (b) 방부 처리한 동물, (c) 훈련된 동물, (d) 젖먹이 돼지, (e) 인어, (f) 전설상의 동물, (g) 길 잃은 개, (h) 이 분류법에 포함된 동물들, (i) 미친 듯이 떠는 동물, (j) 셀 수 없이 많은 동물, (k) 아주 가는 낙타 모필毛筆로 그린 동물, (l) 그 밖의 동물, (m) 방금 꽃병을 깨뜨린 동물, (n) 멀리서 보면 파리와 비슷한 동물.

* 디즈니 만화영화 《도널드덕》에 나오는 오리들.

　　아니다. 마음은 범주 형성으로부터 어떤 이득을 얻어야 하는데 그 이득은 바로 추리다. 분명 우리는 모든 사물에 대해 모든 것을 알 수는 없다. 대신 우리는 사물의 몇몇 특징들을 관찰하고, 그것을 한 범주에 할당하고, 그 범주로부터 우리가 관찰하지 못했던 특성들을 예측한다. 만일 모사이Mopsy가 긴 귀를 가졌다면 그는 토끼다. 만일 그가 토끼라면 그는 당근을 먹고, 깡충깡충 뛰고, 정말 토끼처럼 무섭게 번식을 할 것이다. 범주가 작으면 작을수록 예측은 정확해진다. 피터가 야생 토끼인 것을 알면 우리는 그가 성장하고, 숨을 쉬고, 이동하고, 젖을 먹었고, 탁 트인 시골이나 숲 속의 공터에서 살고, 야토병을 옮기고, 다발성 점액종증에 걸릴 수 있다고 예측한다. 만일 피터가 포유동물인 것을 알면 우리의 예측 목록에는 단지 성장하고, 숨을 쉬고, 이동하고, 젖을 먹었다는 것만 포함될 것이다.

만일 피터가 동물이라는 것만 알면 그 목록은 성장하고, 숨을 쉬고, 이동하는 것으로 축소될 것이다.

반면에 피터에게 포유동물이나 동물이란 꼬리표를 붙이기보다는 야생 토끼란 꼬리표를 붙이기가 훨씬 어렵다. 그에게 포유동물 꼬리표를 붙이려면 그가 털이 있고 이동한다는 것만 알면 된다. 그러나 야생 토끼 꼬리표를 붙이려면 그가 긴 귀, 짧은 꼬리, 긴 뒷다리를 가졌고 꼬리의 하단부가 흰색이라는 것을 알아야 한다. '매우' 구체적인 범주를 확인하려면 예측할 사항이 거의 남지 않을 정도로 아주 많은 특성들을 조사해야 한다. 대부분의 일상적인 범주들은 중간 어디쯤에 있다. 예를 들어 '토끼'는 포유동물과 야생 토끼의 중간이고, '자동차'는 탈것과 폭스바겐의 중간이며, '의자'는 가구와 바카라운저의 중간이다. 그것들은 범주 확인의 어려움과 범주의 이점 간의 타협을 보여 준다. 심리학자 엘리너 로시는 그것들을 기초 차원 범주라 불렀다. 기초 차원 범주는 아이들이 사물에 대해 가장 먼저 습득하는 말들이고, 일반적으로 우리가 사물을 볼 때 가장 먼저 붙이는 마음의 꼬리표다.

'H로 시작하는 회사에서 만든 셔츠'나 '아주 가는 낙타 모필로 그린 동물' 같은 범주보다 '포유동물'이나 '토끼' 같은 범주가 더 나은 이유는 무엇일까? 많은 인류학자와 철학자들이 범주는 우리가 언어 속에 표준화된 다른 문화적 사건들과 함께 학습을 통해 습득하는 자의적 관습이라고 생각한다. 인문학의 해체주의, 후기구조주의, 포스트모더니즘은 이 관점을 극단까지 몰고 간다. 그러나 범주는 세계의 작동 방식과 톱니바퀴처럼 맞물릴 때에만 유용할 것이다. 우리에게 다행스러운 일이지만 이 세계의 물체들은 우리가 인지하는 특성들로 한정된 재고 목록의 행과 열 전체에 균등하게 퍼져 있지 않다. 이 세계의 재고는 불균등하게 치우쳐 있다.

부풀부풀한 흰 꼬리를 가진 생물체는 긴 귀가 있고 숲 속 공터에서 사는 경향이 있다. 지느러미를 가진 생물체는 비늘이 있고 물에서 사는 경향이 있다. 스플릿 페이지로 어린이 스스로가 괴물을 만들어 낼 수 있는 아동용 책이 아니면 지느러미가 달린 토끼나 복슬복슬한 귀가 달린 물고기는 볼 수가 없다. 마음 상자들은 각 상자에 맞는 것들이 무리를 짓기 때문에 가능하다.

      같은 깃털을 가진 새들이 함께 모이는 것은 무엇 때문일까? 이 세계는 과학과 수학이 발견하려고 노력하는 법칙들에 의해 조각되고 분류되어 있다. 물리학의 법칙은 물보다 밀도가 높은 사물은 호수 표면에 뜨기보다는 바닥에 가라앉는다고 말한다. 자연선택과 물리학의 법칙은 유동체 속에서 빠르게 움직이는 물체들이 유선형의 몸을 갖고 있다고 말한다. 유전학의 법칙들은 자식을 부모와 닮게 만들고, 해부학·물리학·인간의 의도 등은 의자로 하여금 안정된 버팀을 유지할 수 있는 형태와 재료를 갖게 만든다.

• • • •

2장에서 보았듯이 사람들은 두 종류의 범주를 형성한다. 우리는 게임과 야채를, 전형과 불명료한 경계와 (가족 같은) 유사성을 가진 범주들로 취급한다. 이런 종류의 범주는 패턴 연상 신경망으로부터 자연스럽게 나온다. 우리는 홀수와 여성을 정의가 되어 있고, 경계의 안팎이 뚜렷하고, 구성원 전체가 공통의 실에 묶여 있는 범주들로 취급한다. 이런 종류의 범주는 규칙 체계들에 의해 자연스럽게 연산된다. 어떤 것들은 두 종류의 마음 범주에 동시에 들어간다. 우리는 '할머니'를 흰 머리를 하고 머핀을 만드는 사람으로 생각하는 동시에, 한쪽 부모의 어머니라고 생각한다.

이제 우리는 이 두 종류의 사고방식이 무엇을 위해 존재하는지를 설명할 수 있다. 불명료한 범주는 사물들을 조사하고 그 특징들 간의 상관관계를 통찰력 없이 기록함으로써 생겨난다. 그 범주들의 예측력은 유사성에서 나온다. 즉 A와 B가 몇몇 특징을 공유하면 아마 다른 특징들도 공유할 것이다. 이 범주들은 현실 속의 무리들을 기록한다. 반면에 잘 규정된 범주는 무리를 존재하게 한 법칙들을 수색해 낸다. 그 법칙들은 무엇이 이 세계를 작동시키는가에 대한 최고의 추측이 포착되어 있는 직관 이론들로부터 나온다. 이 범주들의 예측력은 추론에서 나온다. A가 B를 포함하고 A가 참이면 B 또한 참이다.

진정한 과학은 막연히 비슷하다는 느낌을 초월하고 기저에 깔린 법칙에 도달하는 것으로 유명하다. 고래는 물고기가 아니고, 인간은 유인원이고, 고체는 대부분 텅 빈 공간이다. 보통 사람은 과학자와 똑같이 생각하지 않지만 세계가 어떻게 작동하는지를 추론할 때는 그들의 이론도 유사성을 무시한다. 흰 머리, 회색 머리, 검은 머리 중 어느 2개가 하나로 묶이는가? 흰 구름, 회색 구름, 검은 구름은 어떠한가? 대부분의 사람들은 검은 머리를 골라낸다. 머리는 나이가 들면 회색으로 변한 다음 희게 변하기 때문이다. 반면에 구름에서는 흰 구름을 골라낸다. 회색 구름과 검은 구름은 비를 뿌리기 때문이다. 내가 당신에게, 나는 3인치(약 7.6센티미터)짜리 디스크를 갖고 있다고 말한다면, 그것은 25센트 동전과 피자 중 어느 것과 더 비슷하겠는가? 대부분의 사람들은 그것이 피자보다는 동전에 더 가깝다고 말한다. 동전은 반드시 표준화를 해야 하는 반면 피자는 다양할 수 있다고 생각하기 때문이다. 미지의 숲을 여행할 때 우리는 지네와, 지네같이 생긴 쐐기벌레와, 쐐기벌레에서 태어나는 나비를 본다. 이것들은 모두

몇 종류의 동물이고 어느 것들이 함께 묶일까? 생물학자는 물론이고 대부분의 사람들은 쐐기벌레와 나비는 같은 동물이지만 쐐기벌레와 지네는 외모는 비슷해도 다른 동물이라고 느낀다. 당신은 지금 난생 처음 농구 경기를 관람하고 있다. 초록색 운동복을 입은 금발의 선수들이 동쪽 골대로 공격하고, 노란 운동복을 입은 흑인 선수들이 서쪽 골대로 공격한다. 휘슬이 울리고 초록색 운동복을 입은 흑인 선수 한 명이 들어온다. 그는 어느 골대로 공격을 할까? 동쪽 골대라는 것을 모르는 사람은 없을 것이다.

유사성을 무시하는 이런 추측들은 나이, 날씨, 경제적 교환, 생물학, 사회적 연합 등에 대한 직관 이론에서 나온다. 그것들은 사물들의 종류 및 사물들의 지배 법칙들에 대한 암묵적 전제들의 더 큰 체계에 속해 있다. 그 법칙들은 본 적이 없는 사건들에 대한 예측과 추론을 얻기 위해 마음속에서 조합적으로 작동한다. 사람들은 누구나 물체가 어떻게 구르고 튈 것인지를 예측할 수 있는 소박한 물리적 이론과, 다른 사람들이 어떻게 생각하고 행동할지를 예측할 수 있는 심리학과, 진리들로부터 다른 진리를 이끌어 낼 수 있는 논리학과, 합계의 결과를 예측할 수 있는 산수와, 생물과 그것들의 능력에 대해 추론할 수 있는 생물학과, 혈연과 유전성에 대해 추론할 수 있는 친족 이론과, 다양한 사회적·법률적 규칙 체계를 갖고 있다. 이 장의 대부분에서는 이런 직관 이론들을 탐구할 것이다. 그러나 먼저 우리는 다음과 같은 질문을 숙고해야 한다. 이 세계는 언제 그 (과학적 또는 직관적) 이론들의 사용을 '허락' 하고, 언제 우리에게 유사성과 전형이 규정하는 불명료한 범주에 의존하게 만드는가?

● ● ● ●

우리의 불명료한 유사성 집합들은 어디에서 생겨나는가? 그것들은 그저 우리가 기저에 깔린 법칙을 놓칠 정도로 한심하게 이해하는 세계의 부분들일까? 아니면 세계에는 최고의 과학적 이해로도 잘 파악되지 않는 불명료한 범주들이 실제로 존재할까? 그 답은 우리가 세계의 어느 부분을 보는가에 달려 있다. 수학, 물리학, 화학은 삼각형과 전자처럼 정리와 법칙에 복종하는 분명한 범주들을 다룬다. 그러나 예를 들어 생물학처럼 역사가 필수적인 역할을 하는 영역에서는 구성원들이 시간에 따라 법칙적 범주들을 들락날락하면서 그 경계를 누덕누덕하게 만든다. 어떤 범주들은 한정적이지만 어떤 범주들은 불명료하다.

  대부분의 생물학자들은 생물종을 법칙적 범주로 간주한다. 그들이 보기에 생물종은 고립된 채 번식하면서 현지 환경에 적응한 집단이다. 적소 적응과 동종 번식은 집단을 균질화하므로, 주어진 시점에서 한 생물종은 분류학자들이 잘 정의된 기준을 이용하여 확인할 수 있는 세계 내의 객관적 범주다. 그러나 상위의 분류학적 범주에서는 조상 생물종의 자손을 기술하므로 그와 똑같이 다루지 않는다. 조상 유기체들이 멀리 퍼져 나간 후 그 후손들이 고립된 채로 새 고향을 받아들이면 애초의 깔끔했던 그림은 거듭 쓴 양피지 사본인 팰림세스트가 된다. 울새, 펭귄, 타조는 깃털을 비롯한 몇몇 특징을 공유한다. 세 종 모두 비행에 적응했던 단일 집단의 까마득한 후손이기 때문이다. 그럼에도 그들이 서로 다른 것은 타조는 아프리카에 살면서 달리기에 적응했고 펭귄은 남극에 살면서 헤엄치기에 적응했기 때문이다. 비행은 한때 모든 새의 상징이었지만 이제는 단지 전형의 일부에 불과하다.

조류의 경우에는 모든 새를 포함하는 분명한 생물학적 범주가 최소한 하나는 있다. 공통의 조상으로부터 진화한 생물 분류군을 나타내는 계통분기clade가 그것이다. 그러나 우리에게 익숙한 모든 동물 범주들이 조류처럼 단일한 계통분기로 수렴하지는 않는다. 때로는 한 생물종의 후손들이 너무나 다르게 진화해서 어떤 후손들은 거의 알아볼 수 없는 경우도 있다. 그 범주를 우리가 아는 형태로 유지하려면 그런 작은 가지들은 잘라내야 하는데, 그러면 고르지 못한 밑동이 생겨 주요 가지의 모양이 볼꼴 사납게 된다. 그것은 경계가 명료한 과학적 정의를 잃고 유사성에 의해 경계가 규정되는 불명료한 범주로 바뀐다.

예를 들어, 어류는 계통나무에서 하나의 가지를 차지하지 않는다. 어류의 하나인 폐어肺魚는 양서류를 낳았고, 그 후손들 중에는 파충류가 포함되며, 파충류의 후손들 중에는 조류와 포유동물이 포함된다. 물고기들을 집어내는 정의는 존재하지 않으며, 계통나무에도 연어와 폐어를 포함하고 도마뱀과 소를 제외시키는 가지는 없다. 분류학자들은 어류처럼 삼척동자도 분명히 알지만 종도 아니고 계통분기도 아니기 때문에 과학적으로 정의할 수 없는 범주들을 어떻게 할 것인지를 놓고 맹렬한 논쟁을 벌인다. 어떤 학자들은 어류 같은 것은 존재하지 않으며 그것은 단지 일반인의 전형일 뿐이라고 주장한다. 다른 학자들은 생물체들을 공통의 특징을 가진 집단으로 분류하는 컴퓨터 알고리듬을 이용해 어류 같은 일상적인 집단들을 복원하려고 노력한다. 또 다른 학자들은 무엇 때문에 소란을 피우는지 궁금해한다. 그들은 과科와 목目 같은 범주를 편의와 취향의 문제로 보고, 어떤 유사성이 당면한 토론에 중요한지에 집중한다.

분류는 가지가 잘려 나간 밑동, 즉 새로운 집단의 불행한 조상으로 전락한 멸종한 생물종의 지점에서 특히 불명료하다. 조류의 조상으로 여겨지는 시조새 화석을 가리켜 어느 고생물학자는 "새라기보다는 불쌍한 파충류"라고 묘사했다. 멸종한 동물들을 현대의 범주에 넣으려는 시대착오적인 억지는 고생물학자들의 나쁜 습관이었는데, 이에 대해서는 굴드의 《생명, 그 경이로움에 대하여 Wonderful Life》에 자세히 나열되어 있다.

이와 같이 세계는 때때로 우리에게 불명료한 범주들을 보여 주기 때문에 우리로서는 그 유사성들을 등록하는 것이 최선의 방책이다. 이제 질문의 방향을 돌려 보자. 이 세계는 우리에게 경계가 뚜렷한 범주들을 제공하는가?

● ● ● ●

언어학자 조지 레이코프는 호주의 한 언어에 존재하는 불명료한 문법적 범주로부터 제목을 붙인 저서 《여자, 불, 그리고 위험한 것들 Women, Fire, and Dangerous Things》에서, 순수한 범주란 허구에 불과하다고 주장한다. 그것은 아리스토텔레스에게서 물려받았고 이제는 폐기되어야 할 나쁜 습관, 즉 정의定義를 추구하는 습관에서 나온 인위적 산물이라는 것이다. 그는 독자들에게, 이 세계에서 날카로운 테두리를 가진 범주를 찾아보라고 촉구한다. 현미경 아래에 놓고 보면 경계들은 불명료해진다. 교과서적인 예를 들어 보자. '어머니'는 겉으로 보기에는 간단하고 명료한 범주인 '여성 부모'다. 과연 그럴까? 대리모는 어떤가? 양어머니는 어떻고, 유모는 어떤가? 난자 기증자는? 또한 생물종을 살펴보자. '어류' 같이 논쟁의 여지가 있는 큰 범주들과는 달리 생물종은 명확히 정의되는 것처럼 보인다. 즉 생물종은 짝짓기를 통해 생식 능력이 있는 자손을 만들어 내는 유기체들의 집단이다. 그러나 깊이 파고들면 이 정의는 수증기처럼 희미해진다. 넓게 분포한 생물종의 경우 서식 범위의 동쪽 끝에 사는 동물은 중앙에 사는 동물과 짝짓기를 할 수 있고, 중앙에 사는 동물은 동쪽에 사는 동물과 짝짓기를 할 수 있지만, 서쪽에 사는 동물은 동쪽에 사는 동물과 짝짓기를 할 수 없다면 그 종은 점진적인 변화를 겪을 것이다.

레이코프의 보고는 흥미롭지만 내가 보기에 중요한 요점이 빠져 있다. 법칙 체계는 현실의 복잡한 양상들로부터 추상화되고 '이상화' 된 것들이다. 그것은 순수한 형태로는 눈에 보이지 않지만 그럼에도 매우 실재적이다. 어느 누구도 두께 없는 삼각형, 마찰 없는 평면, 점 질량, 이상 기체, 무한히 무작위로 이종 교배하는 집단 등을 눈으로 본 적이 없다. 그 이유는 그것들이 쓸모없는 허구이기 때문이 아니라 세계의 복잡성과 유한성, 그리고 겹겹이 둘러싼 소음에 가려져 있기 때문이다. '어머니' 란 개념은 이상화된 다양한 이론들 내부에서는 완벽하게 잘 정의된다. 포유동물 유전학에서 어머니는 X염색체를 지닌 생식세포의 출처다. 진화생물학에서 어머니는 태아의 성장과 출산이 이루어지는 장소이고, 계보학에서는 직접적인 여성 조상이고, 일부 법률적 문맥에서는 아이의 보호자이자 아이 아버지의 배우자다. 총괄적 개념으로서의 '어머니' 는 모든 체계들이 동일한 실재를 가리키는, 이상화된 개념들의 이상화에 의존한다. 즉 난자 기여자가 배아를 양육하고, 자식을 낳고, 자식을 기르고, 정자 제공자와 결혼하는 것이다. 마찰이 뉴턴을 반박하지 않는 것처럼 유전학, 심리학, 법학의 이상적인 정렬이 와해된다고 해도 각 체계 '안에서' '어머니' 는 그로 인해 더 불명료해지지 않는다. 민속 이론이든 과학 이론이든 우리의 이론들은 세계의 혼잡함으로부터 이상화되고, 그 기저에 놓인 원인력들을 해명할 수 있다.

● ● ● ●

하나의 전형을 중심으로 형성된 상자들 안에 사물들을 배치하는 인간의 심리적 경향을 살펴볼 때 우리는 비극적인 인종차별주의를 생각하게 된다. 만일 사람들이 토끼와 물고기에 대해서까지 전형을 형성한다면 우리는 인종차별주의를 피할 수 없는 것일까? 그리고 만일 인종차별주의가 자연적인 동시에 불합리하다면 전형에 대한 집착은 우리의 인지 소프트웨어에 발생한 버그가 될까? 많은 사회심리학자들과 인지심리학자들이 그렇다고 대답할 것이다. 그들은 인종적 전형을 범주 형성에 대한 과도한 집착에, 그리고 전형이 잘못임을 보여 주려는 통계학 법칙에 대한 무감각에 연결시킨다. 신경망 설계자들을 위한 인터넷 토론 그룹에서는 한때 어떤 종류의 학습 알고리듬으로 아치 벙커*를 가장 잘 모형화할 수 있는지에 대해 논쟁을 벌였다. 토론자들은 신경망이 엉망으로 작동하고, 좋은 교육의 사례가 박탈될 때 사람들이 인종차별주의자가 된다고 가정했다. 우리의 신경망이 적절한 학습 규칙을 이용하고 충분한 데이터를 습득할 수만 있다면, 그릇된 전형을 초월하고 인간 평등에 관한 사실들을 정확하게 등록할 것이다.

* 1970년대 TV 연속극에 등장한 완고하고 독선적인 백인 노동자.

어떤 인종적 전형들은 실제로 잘못된 통계 수치에 기초하거나 통계적 기초가 전혀 없다. 그것들은 아웃사이더를 자연적으로 모욕하는 연합 심리의 산물이다(7장을 보라). 또 어떤 인종적 전형들은 정확한 통계 수치에 기초하지만 그 대상은 존재하지 않는 사람들, 즉 우리가 매일 크고 작은 화면을 통해 만나는 사람들이다. 이탈리아인 마피아, 아랍인 테러리스트, 흑인 마약거래상, 아시아인 쿵푸 사범, 영국인 스파이 등이 그 예다. 그러나 슬프게도 어떤 전형들은 실재하는 사람들에 대한 올바른 통계 수치에 기초한다. 현재 미국에서 평균 학업 성적과 폭력 범죄의 발생률은 인종 및 민족 집단 간에 크고 실질적인 차이를 보인다.(물론 이 통계 수치는 유전을 비롯하여 그 원인으로 추정되는 요소들과는 아무 상관이 없다.) 이 차이에 대한 보통 사람들의 추정치는 상당히 정확하고, 예컨대 사회복지사들처럼 소수 집단과 더 많이 접촉하는 사람들은 불법행위와 복지 의존 같은 부정적 특성들의 발생 빈도를 더 비관적인 동시에 슬프게도 더 정확하게 추정한다. 때로는 올바른 통계적 범주를 형성한 사람이 인종적 전형을 발전시키고 그것을 이용해 개인적 사례에 대해 그럴듯하게 들리지만 도덕적으로 불쾌한 판단을 내릴 수 있다. 이런 행동이 인종차별적인 것은 그것이 (통계적으로 부정확하다는 의미로) 불합리해서가 아니라 인종 및 민족 '집단'의 통계 수치로 '개인'을 평가하는 것은 잘못이라는 도덕적 원리를 조롱하기 때문이다. 따라서 편견을 극복하는 논리는 합리적인 통계적 범주를 위한 설계명세서에서 나오지 않는다. 그것은 규칙 체계에서 나오는데, 이 경우에는 언제 우리의 통계적 범주 장치를 꺼야 하는지를 말해주는 윤리적 규칙에서 나온다.

핵심 커리큘럼

채널을 돌리다가 《L.A. 로 *L.A. Law*》의 재방송을 본 사람이라면 독사 같은 변호사 로절린드 셰이스가 왜 증인석에서 눈물을 흘리는지를 궁금하게 여길 것이다. 만일 누군가가 그것은 그녀의 눈물샘에 액체의 양이 증가하다 마침내 그 압력이 표면장력을 초과했기 때문이라고 설명한다면, 당신은 즉시 수업 거부에 돌입해도 좋다. 우리가 알고 싶은 사실은, 그녀가 전 고용주들을 상대로 재판에서 이기기 위해 거짓 눈물을 흘리면서 배심원들에게 회사가 그녀를 해고했을 때 정말로 비참했다고 믿게 만드는 중이라는 것이다. 그러나 다음 회 방송에서 왜 그녀가 승강기의 열린 문으로 들어간 후 바닥을 향해 수직으로 추락하는지를 알고 싶어한다면, 프로이트에 미친 사람을 제외하고 누구나 그녀의 동기에는 관심을 기울이지 않을 것이다. 추락의 이유는 로절린드 셰이스를 포함하여 자유낙하 중인 물체는 초당 9.8미터씩 가속도가 붙는다는 것이다.

한 사건을 설명하는 방법에는 여러 가지가 있는데 어떤 것은 다른 것보다 더 낫다. 언젠가 신경학자들이 뇌의 전체 배선도를 해독한다고 해도 인간의 행동은 볼트와 그램 단위로 설명하기보다는 믿음과 욕구로 설명할 때 가장 설득력이 있다. 물리학은 교활한 변호사의 음모에 대해 어떤 통찰도 제공하지 않으며 때로는 생물체들의 아주 단순한 행동에 대해서도 설명을 해주지 못한다. 리처드 도킨스가 말한 대로, "죽은 새를 공중에 던지면 물리학 교과서에 적혀 있는 대로 아름다운 포물선을 그린 다음 땅 위에 떨어져 꼼짝하지 않을 것이다. 그것은 특정한 질량을 가진 고체처럼 행동할 것이고 바람의 저항을 받을 것이다. 그러나 살아 있는 새를 공중에 던지면 그것은 포물선을 그리다 지상에 떨어지지 않는다. 그 새는 주변에 내려앉지 않고 멀리까지 날아갈 것이다." 새들과 식물들을 이해할 때 우리는 그것들의 내부 구조를 살핀다. 왜 그것들이 이동하고 성장하는지를 알려면 그 속을 열고 현미경으로 들여다봐야 한다. 의자나 쇠지레 같은 인공물에 대해서는 또 다른 설명이 필요하다. 이때는 물체가 어떤 기능을 하도록 설계되었는지를 언급해야 한다. 왜 의자는 표면이 견고하고 수평인지를 이해하기 위해 그 내부를 파헤쳐 현미경으로 관찰하는 것은 어리석은 일이다. 사람의 몸을 받쳐 주기 위해 누군가가 의자를 설계했다고 설명하면 충분할 것이다.

많은 인지과학자들이 마음에는 선천적인 직관 이론들, 즉 세계를 이해하는 주요 방법들을 위한 모듈들이 구비되어 있다고 믿는다. 사물과 힘을 위한 모듈이 있고, 살아 숨 쉬는 존재들을 위한 모듈이 있고, 인공물을 위한 모듈이 있고, 마음을 위한 모듈이 있고, 동식물과 광물 같은 자연물을 위한 모듈이 있다. '이론'이란 용어를 말 그대로 받아들이지 말라. 앞에서도 보았듯이 사람들은 사실 과학자처럼 행동하지 않는다. 또한 '모듈' 비유를 너무 진지하게 받아들이지 말라. 사람들은 앎의 방법들을 혼합하고 짝지운다. 예를 들어 '던지기' 같은 개념은 행동(직관물리학)에 의도(직관심리학)를 결합시킨다. 그리고 우리는 종종 특정한 소재에 엉뚱한 사고방식을 적용하여, 익살스런 유머(사람을 물건으로), 물활론적인 종교(나무나 산을 생각하는 존재로), 의인화한 동물 이야기(인간의 마음을 가진 동물) 등을 만들어 낸다. 앞에서도 언급했듯이 나는 앎의 방법들을 해부학적으로, 즉 면역계, 혈액, 피부와 같은 기관, 조직, 마음 체계로 생각하기를 좋아한다. 그것들은 전문화된 구조 덕분에 전문화된 기능을 수행하지만 그렇다고 반드시 따로따로 포장되어 있는 것은 아니다. 나는 또한 직관 이론, 앎의 방법, 또는 모듈의 목록이 너무 짧다는 사실을 덧붙여 말하고 싶다. 인지과학자들은 사람을, 웃기는 귀가 없는 스폭 박사*쯤으로 생각한다. 좀 더 현실적인 목록이라면 그 속에는 위험, 오염, 지위, 우위, 공평함, 사랑, 우정, 성, 어린이, 친척, 자아에 대한 사고와 감정의 방식들이 포함될 것이다.

* 《스타트렉》에 나오는 외계인 과학자.

많은 앎의 방법들이 선천적이라고 말하는 것은 지식이 선천적이라고 말하는 것과는 다르다. 분명 우리는 플라스틱 원반, 나비, 변호사에 대해 어떤 것을 배워야 한다. 선천적인 모듈에 대해 말하는 것은 학습을 최소화하기 위해서가 아니라 학습을 설명하기 위해서다. 학습은 경험을 기록하는 것에 그치는 것이 아니라, 그 기록을 잘 저장하여 유용하게 일반화할 것을 요구한다. VCR은 사건을 기록하는 훌륭한 기계이지만 어느 누구도 빈 서판 같은 이 현대적인 기계를 하나의 지적 패러다임으로 보지 않는다. 변호사가 일하는 것을 볼 때 우리는 그의 혀와 팔의 궤적이 아니라 그의 목표와 가치관에 대해 결론을 내린다. 목표와 가치관은 우리가 마음속으로 경험을 저장하는 어휘들이다. '관성'은 질량과 속도로부터 만들어지고 '힘'은 에너지와 시간으로부터 만들어지지만, 목표와 가치관은 우리의 물리적 지식을 구성하는 단순한 개념들로 만들어지지 않는다. 그것은 본원적이고 축소 불가능하며, 상위의 개념들을 규정한다. 다른 영역에서 학습한 것을 이해할 때에도 우리는 그 어휘들을 사용해야 한다.

어휘 같은 조합 체계는 방대한 수의 조합물을 생산할 수 있기 때문에 어떤 사람은 우리의 생각들이 단일한 체계, 즉 마음의 범용 에스페란토어에 의해 생성될 수 있다고 생각한다. 그러나 아무리 강력한 조합 체계라도 한계가 있다. 계산기는 엄청나게 많은 막대한 수들을 더하고 곱할 수 있지만 문장을 쓰진 못한다. 워드프로세서는 문자의 수많은 조합으로 보르헤스의 책들을 모두 타이핑할 수 있지만 화면에 뜬 숫자들을 더하지는 못한다. 현대의 디지털 컴퓨터는 조금을 가지고 많은 일을 수행하지만, 그 '조금'에는 텍스트, 그래픽, 로직, 그리고 몇몇 종류의 수를 위한 별개의 영구 배선된 어휘들이 포함된다. 그 컴퓨터가 인공지능 추론 체계로 변모하려면 다음과 같은 기본 범주들에 대한 이해력을 선천적으로 부여받아야 한다. 물체—한 순간에 두 장소에 존재할 수 없다, 동물—단 한 번의 기간에만 생존한다, 사람—고통을 좋아하지 않는다 등등. 이것은 인간의 마음에도 그대로 적용된다. 비판가들은 엉뚱하고 미친 생각이라고 하겠지만, 선천적인 마음 어휘가 한 다스나 된다고 해도, 《옥스퍼드 영어사전Oxford English Dictionary》에 수록된 50만 단어의 의미에서부터 세헤라자데의 천일야화에 이르기까지 인간의 모든 생각과 감정을 나타내기에는 적은 수가 될 것이다.

● ● ● ●

우리는 물질적인 세계에서 살기 때문에 가장 먼저 알아야 할 것은 '물체들이 어떻게 서로 충돌하고 엘리베이터 갱도 아래로 추락하는가' 하는 것이다. 최근까지만 해도 사람들은 누구나, 유아의 세계는 어지러운 만화경, 즉 윌리엄 제임스의 유명한 표현대로 "어지러운, 윙윙거리는 혼란"이라고 생각했다. 피아제는, 유아는 물체가 응집하고 지속한다는 것과 세계가 유아의 행동보다는 외부적 법칙에 의해 작동한다는 것을 모르는 감각운동기의 존재라고 주장했다. 유아는 버클리의 관념철학에 대한 유명한 리머릭* 속의 남자와 같을 것이다.

*5행 속요

> 한 남자가 말하기를,
> "하느님은 아주
> 놀랍다고 생각하실 거야
> 아무도 없는 이 정원에
> 이 나무가 계속 서 있었다는 걸 아신다면."

철학자들은 이 세계가 환각이라는 믿음이나 우리가 보지 않는 동안에 물체는 존재하지 않는다는 믿음이 관찰에 의해서는 반박될 수 없다는 점을 곧잘 지적한다. 만일 아기들이 마음 메커니즘을 이용해 눈앞에 펼쳐지는 만화경을 기계적 법칙에 따라 존재하는 지속적인 물체들의 외적 신호로 해석하지 않는다면, 죽을 때까지 어지러움과 윙윙거림을 경험할 것이다. 따라서 우리는 유아들이 처음부터 '약간의' 물리적 이해를 보여 줄 것이라고 기대해야 한다.

아기가 되면 어떤지, 혹은 우리 자신이 아기 때 어떠했는지를 알려면 면밀한 실험에 의존하는 수밖에 없다. 애석하게도 아기들은 일반적으로 쥐나 대학교 2학년생들보다 다루기 힘들고 까다로운 실험 대상이다. 아기들은 조건반사를 얻어 내기가 어렵고 말도 하지 못한다. 그러나 두 심리학자 엘리자베스 스펠크와 르네 베일라전이 사용한 독창적인 기술에서는 아기들이 능숙하게 수행하는 재주인 지루해지기를 이용한다. 아기들은 같은 것을 반복해서 보면 눈길을 돌리는 것으로 지루함을 표현한다. 그러다 새로운 것이 나타나면 눈을 크게 뜨고 쳐다본다. '익숙한 것'과 '새 것'은 보는 사람의 마음에 있다. 아기들의 흥미를 되살리는 것이 무엇이고 지루함을 연장하는 것이 무엇인지를 본다면, 아기들이 어떤 것들을 같은 것으로 보고 어떤 것들을 다른 것으로 보는지, 즉 아기들이 어떻게 경험을 범주화하는지를 추측할 수 있다. 먼저 칸막이로 아기의 시야를 일부 가린 다음 칸막이를 치우면 특히 유용한 정보를 얻을 수 있다. 아기들이 세계의 보이지 않는 그 부분을 무엇이라고 생각하고 있었는지를 알아낼 수 있기 때문이다. 아기의 눈이 잠깐 동안만 고정된 다음 다른 곳으로 이동하면, 그 장면은 줄곧 아기의 마음의 눈에 있었다고 추론할 수 있다. 반대로 아기가 더 오래 응시하면, 그 장면이 아기에게 놀라움을 던져 주었다고 추론할 수 있다.

대개 3~4개월 된 아기들이 최연소 실험 대상이 되는데, 그 정도가 되어야 얌전하게 행동하는 동시에 입체시, 운동지각, 시각적 주의력, 예민함이 비로소 성숙 단계에 들어서기 때문이다. 이 실험 자체로는 무엇이 선천적이고 무엇이 아닌지를 확인할 수 없다. 3개월 된 아기는 어제 태어난 것이 아니어서 아기가 아는 것은 이론상 태어난 후에 학습한 것일 수 있다. 그리고 3개월이면 상당히 미숙하기 때문에 아기가 그 후에 알게 되는 것들도 예컨대 치아나 음모처럼 학습 없이 출현할 수 있다. 그러나 아기가 몇 살에 무엇을 아는지를 알 수 있다면 그 결과를 바탕으로 선택의 폭을 좁힐 수는 있다.

스펠크와 필립 켈만은 아기들이 무엇을 물체로 취급하는지를 보려 했다. 4장에서도 지적했듯이 '물체'가 무엇인지를 말하는 것은 심지어 성인에게도 쉽지 않은 일이다. 물체는 매끄러운 실루엣을 가진 시야상의 연속, 동질의 색과 결을 가진 연속, 또는 공동으로 운동하는 조각들의 집합이라고 정의할 수 있다. 이 정의들은 종종 동일한 물건을 가리키지만, 그렇지 않을 때는 공통의 운동이 승자가 된다. 조각들이 함께 움직이면 우리는 그것을 하나의 물체로 보고, 조각들이 서로 다른 방향으로 이동하면 별개의 물체들로 본다. 물체 개념이 유용한 것은 서로 붙어 있는 물질 조각들은 대개 함께 움직이기 때문이다. 자전거와 포도덩굴과 달팽이는 다양한 재료들이 들쭉날쭉 결합되어 있지만, 한쪽 끝을 집어 들면 반대쪽 끝이 따라 올라온다.

켈만과 스펠크는 넓은 칸막이 뒤에서 상단과 하단으로 2개의 막대기를 쑥 내미는 실험으로 아기들을 지루하게 만들었다. 문제는 아기들이 두 막대기를 하나의 물체로 보는가였다. 칸막이를 치우면 하나의 긴 막대기가 나오거나 어느 정도 간격을 둔 2개의 짧은 막대기가 나타났다. 만일 아기들이 하나의 물체를 '상상'했다면, 하나의 물체를 보는 것은 지루한 일일 것이고 2개의 물체를 보는 것은 의외의 일일 것이다. 아기들이 각각의 막대기를 독립된 물체로 생각했다면, 하나의 물체를 보는 것은 의외의 일일 것이고 2개의 물체를 보는 것은 지루한 일일 것이다. 실험자들은 대조 실험을 통해 아기들이 사전에 어떤 것도 보지 않은 상태에서 기본적으로 한 물체와 두 물체를 각각 얼마나 오랫동안 보는지를 측정했다. 그리고 본 실험에서는 그 시간 차이를 측정했다.

아기들은 두 조각을 2개로 보겠지만, 만일 마음속으로 두 조각을 하나로 결합했다면 하나의 물체가 가진 다음 특징들의 모든 상관성을 이용했을 것이라 추측할 수 있다. 매끄러운 실루엣, 공통의 색, 공통의 결, 공통의 운동. 아기들은 분명히 생후 일찍부터 물체 개념을 알고 있는데, 부분들은 함께 움직인다는 그 개념은 성인들이 갖고 있는 물체 개념의 핵심이다. 칸막이 뒤에서 두 막대기를 나란히 내밀고 함께 움직이면 아기들은 그것을 하나의 물체로 보고, 칸막이를 치웠을 때 2개가 나타나면 놀라움을 보인다. 두 막대기가 움직이지 않으면 보이는 부분의 색과 결이 같아도 아기들은 그것이 하나의 물체라고 기대하지 않는다. 칸막이 상단에서 한 막대기가 나오고 하단에서 빨간색의 깔쭉깔쭉한 다각형이 나오고 두 조각이 나란히 함께 움직이면, 운동 외에는 어떤 공통점이 없어도 아기들은 그것들이 서로 '연결' 되어 있을 거라고 기대했다.

직관물리학의 다른 원리들에서도 아이는 어른의 부모다. 첫 번째 원리는 물체는 유령처럼 다른 물체를 통과하지 못한다는 것이다. 르네 베일라전은 육면체 바로 앞에 네모난 판을 세워 놓은 다음 그 판이 쓰러질 때 마치 육면체가 차지하고 있는 공간을 그대로 통과하듯이 지면에 납작하게 쓰러지면 4개월 된 아기들이 놀란다는 것을 보여 주었다. 그리고 스펠크와 동료들은, 아기들은 물체가 장벽을 통과하거나 물체보다 좁은 틈을 통과하지 못할 것이라고 기대한다는 사실을 보여 주었다.

　　두 번째 원리는 물체는 연속적인 궤적을 따라 이동한다는 것, 즉 물체는 《스타트렉》의 물질전송실에서처럼 한 장소에서 사라졌다가 다른 장소에서 나타나지 않는다는 것이다. 어떤 물체가 왼쪽 칸막이의 왼쪽 가장자리 뒤로 들어간 다음 두 칸막이 사이의 공간을 통과하지 않고 오른쪽 칸막이의 오른쪽 끝에서 다시 나타나면, 아기는 2개의 물체를 보고 있다고 추정한다. 반면에 어떤 물체가 왼쪽 칸막이 뒤로 들어가서 두 칸막이 사이의 공간을 가로지른 다음 오른쪽 칸막이 뒤에서 나타나면 아기는 하나의 물체를 보고 있다고 추정한다.

　　세 번째 원리는 물체는 응집력이 있다는 것이다. 손으로 한 물체처럼 보이는 것을 집어 들 때 그 물체의 일부가 뒤에 남아 있으면 아기들은 놀란다.

　　네 번째 원리는 물체들은 접촉에 의해서만 서로를 움직일 수 있다는 것, 즉 거리를 두고 떨어져 있으면 아무 작용도 일어나지 않는다는 것이다. 한 물체가 칸막이 뒤로 들어간 다음 다른 물체가 튀어나오는 것을 여러 번 보면 아기들은 한 물체가 당구공처럼 다른 물체를 이동시킬 것이라 기대한다. 한 공이 중간에서 멈추고 다른 공이 튀어나오는 것을 보여 주면 아기들은 놀란다.

　　이와 같이 3~4개월 된 아기들은 물체를 보고, 기억하고, 또 물체가 운동할 때에는 연속성, 응집력, 접촉의 법칙을 따를 것이라 기대한다. 아기들은 제임스, 피아제, 프로이트 등이 생각했던 것처럼 둔감한 존재가 아니다. 심리학자 데이비드 기어리는 제임스의 "어지러운, 윙윙거리는 혼란"은 아기가 아니라 '부모'의 삶을 정확히 묘사한 것이라고 말했다. 이 발견은 또한 아기들은 사물을 조작하고, 그 주위를 걸어 다니고, 사물에 대해 이야기를 하거나 설명을 들어야만 그들의 세계가 핑글핑글 도는 것을 멈출 수 있다는 견해를 전복시킨다. 3~4개월 된 아기들은 조작하기, 걷기, 말하기, 이해하기는 물론이고 방향 설정, 보기, 만지기, 팔 뻗기도 거의 하지 못한다. 그런 아기들이 상호작용, 피드백, 언어의 일반 기술들을 통해 어떤 것을 학습하지는 못했을 것이다. 그럼에도 아기들은 안정적이고 법칙적인 세계를 현명하게 이해한다.

그렇다고 자부심을 느낀 부모들이 MIT에 자식의 입학원서를 내기는 아직 이르다. 작은 아기들은 중력을 기껏해야 불확실하게 이해한다. 아기들은 탁자에서 떨어진 상자가 공중에 떠 있으면 놀라움을 보이지만, 그 상자가 탁자 모서리나 손가락 끝에 조금이라도 접촉되어 있으면 아무런 문제가 없는 것처럼 반응한다. 또한 칸막이가 올라가고, 떨어지던 물체가 중력을 무시한 것처럼 공중에 떠 있는 것이 보여도 당황하지 않는다. 그리고 공이 탁자에 난 구멍으로 떨어지지 않고 그 위로 굴러다녀도 놀라지 않는다. 아기들은 관성도 이해하지 못한다. 예를 들어 아기들은 공이 밀폐된 상자의 한쪽 구석을 향해 굴러가는 것을 본 다음 반대편 끝에 멈춰 서 있는 것을 봐도 놀라움을 보이지 않는다.

그러나 중력과 관성에 대한 어른들의 이해 역시 그다지 확고하지 못하다. 세 명의 심리학자 마이클 맥클로스키, 알폰소 카라마차, 버트 그린은 대학생들을 대상으로 공이 구부러진 관에서 발사되거나 빙글빙글 돌던 테더볼*이 끊어지면 어떻게 될지를 물었다. 물리학을 수강한 적이 있는 많은 학생들을 포함해 실망스러울 정도로 많은 절반 정도가 공이 계속해서 곡선을 그릴 것이라고 추측했다.(뉴턴의 제1법칙: 운동하는 물체는 다른 힘이 작용하지 않는 한 계속해서 일직선으로 운동한다.) 학생들은 그 물체가 '힘' 또는 '운동량'을 획득하고(어떤 학생들은

* 기둥에 매단 공을 라켓으로 치는 2인용 게임. 또는 그 공.

개념이 빠진 전문어만 기억하고서 '각角운동량angular momentum'이란 말을 사용했다), 그로 인해 곡선을 그리면서 날아가다 운동량이 소진하면 그 때부터 일직선으로 나갈 것이라고 설명했다. 학생들의 믿음에는 운동을 지속시키면서 점차로 소진하는 '운동력impetus'이 물체에 힘을 가한다고 보는 중세의 이론이 그대로 반영되어 있다.

이런 실수들은 의식적인 이론화에서 나오기 때문에 사람들은 그런 현상을 직접 볼 기회가 없다. 종이 위에 쓴 자신의 답을 컴퓨터 애니메이션으로 시청하면 사람들은 마치 와일 코요테가 로드 러너*를 벼랑 끝까지 추격하다 잠시 허공에 멈춘 다음 수직으로 추락하는 장면을 볼 때처럼 웃음을 터뜨린다. 그러나 인지적 오류는 깊이 흐른다. 내가 공을 위로 가볍게 던진다고 가정해 보자. 공이 내 손을 떠난 후에는 어떤 힘이 그 공을 정점까지 끌어올리고 밑으로 떨어뜨릴까? 사람들은 틀림없이 운동량이 중력을 이기고 그 공을 위로 끌어올리고, 두 힘이 똑같아지고, 그런 다음 중력이 더 강해져서 공을 밑으로 끌어당긴다고 생각할 것이다. 정답은 중력이 유일한 힘이자 처음부터 끝까지 작용하는 힘이라는 것이다. 언어학자 레너드 탈미는 운동력 이론이 우리 언어 속에 녹아 있다고 지적한다. "바람이 불었기 때문에 공이 계속 굴러갔다"라고 말할 때 우리는 그 공이 정지를 향한 본질적 경향을 갖고 있다고 해석한다. "용기 때문에 연필이 탁자 위에 멈춰 서 있다"라고 말할 때 우리는 연필에 운동을 하려는 경향을 부여할 뿐 아니라 용기에 더 큰 힘이 있다고 봄으로써 뉴턴의 제3법칙(작용과 반작용의 법칙)을 조롱한다. 대부분의 인지과학자들처럼 탈미는 언어가 그런 개념들을 조종하는 것이 아니라 반대로 그런 개념들이 언어를 조종한다고 생각한다.

더 복잡한 운동에 이르면 지각마저도 우리를 배신한다. 심리학자

* 만화영화 《루니 툰》에 나오는 등장인물들.

데니스 프로핏과 데이비드 길든은 사람들에게 회전하는 팽이, 경사로를 따라 구르는 바퀴, 충돌하는 공들, 아르키메데스식의 욕조 배수에 대해 간단한 질문들을 던졌다. 필기구로 계산하는 것이 허락되지 않으면 물리학 교수들조차도 틀린 결과를 추측했다.(종이 위에 계산하는 것이 허락되면 그들은 15분 동안 계산을 한 후에 "별 것 아니군"이라고 중얼거린다.) 이런 운동에 이르면 불가능한 일들이 벌어지는 비디오 애니메이션들이 아주 자연스럽게 보인다. 실은 가능한 사건들이 오히려 부자연스럽게 보인다. 회전하는 팽이는 쓰러지지 않고 기울어지는데, 보통 사람은 물론이고 물리학자들에게까지 경이로운 일이다.

마음이 뉴턴과 친하지 않다는 것은 놀라운 사실이 아니다. 고전역학의 이상화된 운동들은 마찰 없는 평면 위의 진공 속에서 운동하는 완벽하게 탄력적인 점 질량으로만 눈으로 보일 수 있다. 반면에 현실 세계에서 뉴턴의 법칙들은 공기, 지면, 물체 자체의 분자로부터 생겨나는 마찰에 가려 잘 보이지 않는다. 마찰이 운동하는 물체의 속력을 떨어뜨리고 정지된 물체를 그 자리에 붙잡아 두는 실제 세계에서, 물체는 정지하려는 고유한 경향을 갖고 있다고 생각하는 것이 자연스럽다. 과학사가들이 지적한 것처럼, 진흙 구덩이에 빠진 달구지와 씨름하고 있는 중세 유럽인에게 운동하는 물체는 외부에서 힘을 가하지 않는 한 일정한 속도로 직선 운동을 계속한다고 믿게 만드는 것은 어려울 것이다. 회전하는 팽이나 구르는 바퀴처럼 복잡한 운동은 이중으로 불리하다. 그 운동들은 마찰이 거의 없다시피 한, 진화적으로 전례가 없는 기계들에 의존하며, 여러 변수들이 동시에 관계하는 복잡한 방정식에 의해 지배된다. 반면에 우리의 지각 체계는 가장 유리한 상황에서도 한 번에 하나 이상을 처리하지 못한다.

아기들은 아무리 머리가 좋아도 많은 것을 배워야 한다. 아이들의 세계에는 모래, 벨크로(찍찍이), 접착제, 너프볼, 마찰시킨 풍선, 민들레 씨, 부메랑, TV 리모컨, 거의 안 보이는 낚싯줄에 매달린 물체를 비롯하여, 뉴턴의 법칙에 입각한 포괄적인 예측보다는 특이한 성질들이 압도적으로 우세한 수많은 물체들로 가득하다. 실험실에서 보여 주는 아기들의 조숙함이 사물에 대한 학습을 건너뛰게 하지는 않는다. 오히려 그 조숙함 때문에 학습이 가능하다. 만일 아이들이 외부 세계를 수많은 물체들로 조각해 내지 못하거나, 물체가 마술처럼 사라졌다 다른 곳에 나타날 수 있다고 믿는다면, 끈적끈적함, 푹신함, 흐늘흐늘함 등을 발견했을 때 그것을 이야기할 근거가 없을 것이다. 그리고 아기들에게는 아리스토텔레스의 이론, 운동력 이론, 뉴턴의 이론, 또는 와일 코요테의 이론에 담겨 있는 직관들이 발달하지도 않을 것이다. 우리의 중간 크기 세계와 관련된 직관물리학은 지속적인 물질과 법칙적인 운동에 의존하고, 아기들은 처음부터 그런 관점에서 세계를 본다.

● ● ● ●

다음은 어떤 영화의 줄거리다. 주인공은 자신의 목표를 이루기 위해 노력한다. 그의 적수가 방해한다. 조력자 덕분에 주인공은 마침내 성공한다. 이 영화는 비열한 악당을 무찔러야 한다는 낭만적인 관심에 호소하는 영웅 이야기가 아니다. 영화의 배우들은 세 점이다. 첫 번째 점은 사선을 따라 어느 정도까지 올라간 다음 뒤로 내려왔다가 다시 올라가서 거의 꼭대기에 이른다. 두 번째 점은 갑자기 첫 번째 점과 충돌한 다음 뒤로 내려온다. 세 번째 점은 첫 번째 점과 부드럽게 만난 다음 함께 꼭대기까지 올라간다. 누가 보더라도 첫 번째 점은 언덕에 도달하려고 '노력' 하는 것처럼 보이고, 두 번째 점은 첫 번째 점을 '방해' 하는 것처럼 보이고, 세 번째 점은 첫 번째 점의 목표 달성을 '돕는' 것처럼 보인다.

사회심리학자 프리츠 하이더와 M. 지멜이 그 영화의 제작자였다. 여러 명의 발달심리학자들과 더불어 두 심리학자는, 사람들은 특정한 운동들을 직관물리학의 특별한 경우(이를테면 기이하고 탄력적인 물체)가 아니라 종류가 완전히 다른 실재의 운동으로 해석한다는 결론을 내렸다. 사람들은 어떤 물체들을 살아 있는 행위자로 해석한다. 사람들은 어떤 물체가 외적인 자극 없이 출발하거나 정지하거나 방향을 틀거나 속도가 빨라지는 능력을 보이면 그것을 행위자로 인식하는데, 특히 다른 어떤 물체에 꾸준히 접근하거나 그것을 피하는 것처럼 보일 때 더욱 그렇다. 그런 행위자들은 회복 가능한 내적인 에너지, 힘, 운동력, 원기의 원천을 갖고 있으며, 그 원천을 이용해 목표를 향해 나아간다고 여겨진다.

이런 행위자는 물론 인간을 포함한 동물이다. 과학의 가르침에 따르면 우주의 모든 존재들처럼 동물도 물리적 법칙을 따른다. 운동하는 물질도 결국에는 작은 분자들이 모여 근육과 뇌를 구성하기 때문이다. 그러나 신경심리학 분야를 모르는 보통 사람들은 그것들을 제1원인*들을 위한 특별한 범주에 배정해야 한다.

* uncaused causer. 자신은 원인 짓지 않으면서 타자를 원인 짓는 자.

아기들은 세계를 살아 있는 것과 애초부터 비활성인 것으로 구분한다. 3개월 된 아기들은 눈앞의 얼굴이 갑자기 굳으면 당황하지만 사물이 갑자기 운동을 멈추면 당황하지 않는다. 아기들은 사물을 앞으로 보낼 때에는 물건들을 밀지만 사람을 가까이 오게 할 때에는 소리를 낸다. 6~7개월에 이르면 아기들은 손이 물체에 미치는 작용과 물체가 다른 물체에 미치는 작용을 구분한다. 아기들은 사람을 움직이게 하는 것과 사물을 움직이게 하는 것에 대해 완전히 다르게 예측한다.

즉 사물은 충돌에 의해 서로를 움직이고, 사람은 스스로 출발하고 정지한다고 생각한다. 12개월 된 아기들은 움직이는 점들을 만화로 보여 주면 그 점들이 목표물을 찾고 있다고 해석한다. 예를 들어 장애물을 돌아 다른 점을 향해 이동하는 한 점이 그 장애물을 치운 후에 일직선으로 이동하면 아기들은 놀라지 않는다. 세 살배기들은 점들의 만화를 우리와 똑같이 설명하고, 동물처럼 스스로 움직이는 것들과 인형이나 조각이나 실물 모양의 동물 형상들처럼 스스로 움직이지 못하는 것들을 쉽게 구분한다.

자력 추진의 행위자에 대한 직관은 세 가지 다른 주요 앎의 방법들과 부분적으로 중복된다. 대부분의 행위자들은 동물이고, 동물은 식물과 광물처럼 자연에 의해 주어졌다고 여겨지는 범주들이다. 자력 추진 행위자들 중 자동차와 태엽 장난감 같은 것들은 인공물이다. 그리고 많은 행위자들이 단지 목표에 접근하고 그로부터 도피할 뿐 아니라, 믿음과 욕구에 따라 행동한다. 즉 마음을 가지고 있는 것이다. 그것들을 하나씩 살펴보기로 하자.

● ● ● ● ●

어디를 가나 사람은 훌륭한 아마추어 생물학자다. 사람들은 동식물 구경을 좋아하고, 동식물들을 분류해 생물학자들이 인정하는 집단들로 나누고, 동식물의 운동과 라이프사이클을 예측하고, 그 즙을 치료제, 독물, 식품첨가제, 기분 전환용 약물로 사용한다. 우리를 인지 적소에 적응시켜 준 이런 재능은 ('민속자연사'란 이름이 더 적절하지만) 이른바 민속생물학이라는 객관적 이해 방식에서 나온다. 사람들은 커피포트 같은 인공물 또는 삼각형이나 수상首相처럼 규칙에 의해 직접적으로 규정된 종류에 속하지 않는 자연물들—동물, 식물, 광물처럼 대개 자연사 박물관에서 볼 수 있는 것들—에 대해 일정한 직관들을 갖고 있다.

'사자'의 정의는 무엇일까? 당신은 대개 '아프리카에 사는 크고 사나운 고양이과 동물'이라고 생각할 것이다. 그러나 사자가 10년 전에 무분별한 사냥으로 인해 아프리카에서는 완전히 멸종되었고 지금은 미국의 동물원에만 있다고 가정해 보자. 과학자들이 밝혀낸 사실에 따르면 사자는 선천적으로 사나운 동물이 아니라 문제 있는 가정 때문에 그렇게 된 것이고 정상적인 환경에서 자란다면 오즈의 마법사에 나오는 버트 라*처럼 될 것이라고 가정해 보자. 결국 사자는 고양이만도 못하다고 가정해 보자. 내가 아는 한 선생님은 사자가 사실은 개과라고 주장했다. 비록 틀린 주장이었지만, 고래가 물고기가 아니라 포유동물인 것처럼 그녀의 말은 어쩌면 맞을 수도 있었다. 그런데 만일 이 사고 실험이 정말 옳다고 판명되어 정의에 나오는 말들이 모두 무의미해진다고 해도 우리는 여전히 그 온순한 미국의 개들을 사자라고 생각할 것이다. 사자는 본래 정의 같은 것을 모른다. 심지어 사전 속의 정의 옆에 수록된 사자 그림도 사자의 본질을 규정하진 못한다. 실물과 똑같은 기계 사자가 있다 해도 진짜 사자로 취급받진 못할 것이고, 품종개량을 통해 호랑이처럼 생긴 줄무늬 사자를 만든다 해도 그것은 여전히 사자로 취급받을 것이다.

철학자들은 자연물을 가리키는 용어의 의미는 구성원들이 그 용어로 지칭되는 기본 사례들과 서로 공유하는 숨겨진 특성이나 본질에 대한 직관에서 나온다고 말한다. 사람들은 그 본질이 무엇인지를 알 필요가 없고 단지 그런 것이 있다는 것만을 안다. 어떤 사람은 사자의 본질은 피 속에 있다고 말하고, 또 어떤 사람은 DNA를 봐야 한다고 중얼거리고, 또 다른 사람은 아무것도 모르지만 모든 사자에게는 그것이 있으며 그것이 무

* 겁쟁이 사자 역을 맡은 배우.

엇이든 그것을 자손에게 물려준다고 느낀다. 본질이 밝혀졌을 때에도 그 본질은 정의가 아니다. 물리학자들이 설명하기로 금은 79번 원자를 가진 물질인데 이것은 우리가 바랄 수 있는 최고의 본질이다. 그러나 만일 물리학자들이 계산을 잘못해서 78번은 금이고 백금이 79번이라고 판명된다 해도 우리는 금이라는 단어가 백금을 가리킨다고 생각하거나 금에 대한 우리의 사고방식에 큰 변화를 겪진 않을 것이다. 이 직관을 커피포트 같은 인공물에 대한 우리의 느낌과 비교해 보라. 커피포트는 커피를 끓이는 주전자다. 모든 커피포트가 어떤 본질을 갖고 있는데 언젠가는 과학자들이 그 본질을 발견할 수 있거나, 우리가 그동안 커피포트에 대해 잘못 생각하고 있었고 사실 커피포트는 차를 끓이기 위한 주전자였을 가능성이 있다면 그것은 몬티 파이튼*의 '플라잉 서커스Flying Circus'에 나올 만하다.

* 영국의 코미디 그룹.

** 창조적 생명력을 가리키는 베르그송의 용어.

  민속물리학을 조종하는 직관의 대상이 연속성을 가진 고체이고 생명성을 조종하는 직관의 대상이 재생 가능한 체내의 활력원이라면, 자연물을 조종하는 직관의 대상은 숨은 본질이다. 흔히 민속생물학은 본질주의적이라고 말한다. 그 본질은 동물의 행동에 동력을 공급하는 활력과 공통점이 있지만, 그것은 또한 동물에게 형태를 부여하고, 동물의 성장을 촉진하고, 호흡이나 소화 같은 생장 기능들을 조절한다고 간주된다. 물론 오늘날 우리는 이 '생의 약동'**이 사실은 모든 세포 안에 들어 있는 데이터 테이프이자 화학 공장이라는 것을 알고 있다.

  본질을 보는 직관은 오래전의 먼 곳에서도 발견된다. 다윈 이전에도 전문적인 생물학자들이 사용했던 린네식 분류법은 유사성이 아니라 기본적인 조직에 기초한 범주 개념에 의존했다. 공작의 수컷과 암컷은 같은 동물로 분류되었고, 쐐기벌레와 나비도 마찬가지였다. 반면에 제왕나비와 부왕나비 그리고 생쥐와 뾰족뒤쥐처럼 서로 비슷하게 생긴 동물이라도 체내 구조나 배아 형태의 미세한 차이 때문에 다른 집단으로 분류되는 경우가 있었다. 린네식 분류법은 계층적이었다. 생물은 저마다 자신의 종에 속했는데, 종은 속에 속하고, 속 위로는 과, 목, 강, 문, 식물계와 동물계가 있고, 이것을 모두 합치면 한 그루의 나무가 되었다. 다시 한 번 이 분류체계를 인공물의 분류법—예를 들어 비디오 가게의 테이프들—과 비교해 보라. 비디오테이프는 드라마와 뮤지컬처럼 장르별로 배열할 수도 있고, 신작과 고전처럼 시대별로 배열할 수도 있고, 가나다순이나 제작 국가별로 배열할 수도 있고, 해외 신작이나 고전 뮤지컬처럼 다양한 절충 분류법에 따라 배열할 수도 있다. 비디오테이프의 나무를 만드는 데에는 하나의 정답이 없다.

인류학자 브렌트 벌린과 스콧 애트런은 세계 어디를 가나 민속 분류법은 린네식 나무와 방식이 똑같다는 사실을 발견했다. 사람들은 현지의 동식물을 생물학자의 '속'에 해당하는 종류들로 묶는다. 대개 현지에는 한 속의 한 종만 존재하기 때문에, 사람들의 범주는 대개 생물학의 '종'과도 일치한다. 민속 분류법상의 속은 포유동물, 새, 버섯, 풀, 곤충, 파충류 같은 단일한 '생명 형태'에 포함된다. 그리고 생명 형태들은 동물 또는 식물에 포함된다. 생물을 분류할 때 사람들은 겉모습을 무시하고, 예를 들어 개구리와 올챙이처럼 아주 다르게 보이는 것들을 하나로 묶는다. 그리고 자신들의 분류법을 이용하여 동물이 어떻게 행동하는지—예를 들어 누가 누구와 교배를 하는지—를 추론한다.

다윈의 진화론에 포함된 최고의 논의들 중 하나는, 진화는 생물들이 계층적으로 분류되는 이유를 설명해 준다는 것이었다. 계통나무는 한 가족의 나무다. 한 종의 구성원들은 하나의 본질을 공유한다. 한 종의 구성원들은 그 본질을 물려준 공통 조상의 후손들이기 때문이다. 종들은 다시 집단들로 묶인다. 과거에 공통 조상으로부터 갈라져 나왔기 때문이다. 표면적인 모습보다는 배아와 체내의 특징들이 더 합당한 기준이다. 그것이 친척 관계를 더 잘 반영하기 때문이다.

다윈은 당대의 직관본질주의자들과 싸움을 벌여야 했다. 극단으로 치달았을 때 직관본질주의는 종은 영원히 변하지 않는다는 것을 의미했다. 파충류가 파충류의 본질을 갖고 있다면, 7이 짝수로 진화할 수 없는 것처럼 새로 진화할 수 없을 것이다. 1940년대까지도 철학자 모티머 애들러는 3과 2분의 1변의 삼각형이 있을 수 없는 것처럼 동물과 인간 사이에는 아무것도 없고 따라서 인간은 진화한 존재가 아닐 것이라고 주장했다. 다윈은 생물종이란 이념형이 아니라 변화를 겪는 구성원들로 이루어진 집단임을 지적했다. 따라서 과거에 구성원들이 중간 단계의 형태로 진입했을 수 있다.

오늘날 우리는 정반대의 극단으로 치달은 결과 현대의 학계에서 '본질주의'는 누군가를 지칭하는 최악의 단어가 되었다. 과학계에서 본질주의는 창조론과 동의어로 쓰인다. 인문학에서 본질주의적인 사람은 예를 들어 성은 사회적으로 고안된 것이 아니고, 인간의 감정은 보편적이며, 세계는 실제로 존재한다는 등의 몰상식한 믿음에 찬동하는 사람을 의미한다. 그리고 사회과학에서 '본질주의'는 '환원주의,' '결정론,' '물화物化'와 결합되어, 인간의 사고와 행동을 설명하려는 사람을 향해 퍼붓는 모욕적인 용어가 되었다. 나는 '본질주의'가 모멸적인 말이 된 것을 불행하게 생각한다. 사실 그것은 자연물 속에 무엇이 있는지를 알고자 하는 보통 사람의 호기심이기 때문이다. 본질주의는 화학, 생리학, 유전학의 성공을 뒷받침한 힘이고, 오늘날에도 생물학자들은 인간 게놈 프로젝트(하지만 인간의 게놈은 제각기 다르다!)에 종사하거나 《그레이 해부학Gray's Anatomy》(사람의 몸도 제각기 다르다!)의 책장을 펼칠 때마다 일상적으로 본질주의의 유산을 채택한다.

본질주의적 사고의 뿌리는 얼마나 깊을까? 생리학자 프랭크 카일, 수전 겔먼, 헨리 웰먼은 자연물에 대한 철학자들의 사고실험을 어린이들에게 제시했다. 박사들이 호랑이를 데려와 그 털을 표백시키고 이름을 붙여 준다. 그러면 그것은 사자인가 호랑이인가? 일곱 살배기들은 그것이 여전히 호랑이라고 대답하지만, 다섯 살배기들은 이제 그것은 사자라고 대답한다. 이 발견을 액면 그대로 보자면 나이 많은 아이들이 어린아이들보다 동물에 대해 본질주의적이라고 할 수 있다.(나이에 상관없이 어떤 아이도 인공물에 대해서는 본질주의적이지 않았다. 커피포트를 새의 모이통처럼 만들면 어른들처럼 아이들도 그것이 새 모이통이라고 말한다.)

그러나 좀 더 깊이 조사해 보면 미취학 아동들에게서도 생물에 대한 본질주의적 직관의 증거를 발견할 수 있다. 다섯 살배기들은 동물이 근본적인 경계를 뛰어넘어 식물이나 인공물이 될 수는 없다고 주장한다. 예를 들어 아이들은 고슴도치가 선인장이나 머리솔로 변신한 것처럼 보이더라도 사실은 그렇게 변신하지 않은 것이라고 말한다. 또한 미취학 아동들은 어떤 동물의 영구적인 부분을 변형하면 다른 종으로 변할 수 있지만 단지 겉모습을 바꿀 때에는 다른 종으로 변하지 않는다고 생각한다. 예를 들어 아이들은 호랑이가 사자 옷을 입으면 사자가 된다고 생각하지 않는다. 아이들은 개의 내장을 제거하면 남아 있는 껍데기는 개처럼 보이지만 짖거나 사료를 먹을 수 없으므로 개가 아니라고 주장한다. 그러나 개의 겉모양을 제거하여 완전히 다른 모습의 어떤 것이 되더라도 그것은 여전히 개이고 개다운 행동을 한다고 생각한다. 미취학 아동들은 심지어 유전에 대해서도 초보적인 지식을 갖고 있다. 젖소가 새끼 돼지를 키우고 있다는 말을 해주면 아이들은 그 돼지가 음매 하고 울지 않고 꿀꿀 하고 울 것이라 생각한다.

아이들은 동물을 야구 카드처럼 분류하지 않고, 자신의 범주들을 이용해 동물이 어떻게 살아가는지를 추론한다. 한 실험에서는 세 살배기들에게 홍학과 찌르레기, 그리고 찌르레기처럼 생긴 박쥐의 사진을 보여주었다. 실험자들은 아이들에게 홍학은 새끼에게 걸쭉해진 음식을 먹이고 박쥐는 새끼에게 젖을 먹인다고 말한 후, 찌르레기는 새끼에게 무엇을 먹이겠냐고 물었다. 정보가 그것뿐이었을 때 아이들은 겉모습에 따라 찌르레기는 박쥐처럼 젖을 먹인다고 말했다. 그러나 홍학이 새라고 말해 주면 아이들은 홍학이 찌르레기와 다른 외모를 갖고 있지만 찌르레기처럼 산다고 생각했고, 찌르레기 역시 새끼에게 걸쭉해진 먹이를 먹인다고 추측했다.

아이들은 또한 생물의 특성은 그 생물의 생명을 유지하고 삶을 돕기 위해 존재한다고 생각한다. 세 살배기들은 장미에게 가시가 있는 것은 장미에게 도움이 되기 때문이라고 말하지만, 철조망에 가시가 있는 것이 철조망에 도움이 되기 때문이라고 말하진 않는다. 그리고 바다가재의 앞발은 바다가재에게 유익하다고 말하지만, 펜치의 턱이 펜치에게 유익하다고는 말하지 않는다. 적합 또는 적응에 대한 이런 이해는 심리적 필요와 생물학적 기능의 혼동이 아니다. 심리학자 기유 하타노와 가요코 이나카키가 입증한 바에 따르면, 아이들은 신체의 과정들이 본인의 의사와는 상관없이 일어난다는 것을 분명히 알고 있다. 아이들은 저녁으로 먹은 음식이 후식이 나오기 전에 곧바로 소화되지 않는다는 것이나, 단지 소원을 빈다고 해서 살이 찌진 않는다는 것을 알고 있다.

본질주의는 학습의 결과일까? 생물학적 과정들은 지루함을 잘 느끼는 아기들에게 보여 주기에는 너무 느리고 은밀하지만, 경험이 배제된 지식을 확인할 수 있는 유일한 방법은 아기들을 시험하는 것이다. 다른 방법이 있다면 경험의 원천을 직접 측정하는 것이다. 세 살배기들은 생물학을 배운 적이 없고, 동물의 내장이나 유전 가능성을 실험해 볼 기회도 거의 없다. 아이들이 본질에 대해 무엇인가를 알았다면 아마도 부모에게서 배웠을 것이다. 겔먼과 그녀의 연구생들은 어머니들이 동물과 인공물에 대해 자식에게 말하는 4000개 이상의 문장을 분석했다. 부모들은 내장, 기원, 본질 등을 말하는 경우가 거의 없고, 간혹 내부에 대해 말을 하는 경우에도 그 대상은 모두 인공물이었다. 아이들은 부모의 도움을 받지 않아도 본질주의자였다.

● ● ● ●

인공물은 인간의 부속물이다. 인간은 도구를 만들고, 진화의 과정에서 도구는 인간을 만들었다. 한 살배기들은 물체의 작용에 사로잡힌다. 아기들은 강박에 사로잡힌 것처럼 막대기로 찌르고, 천과 줄을 잡아당기고, 지지대로 물건들을 받친다. 18개월경에 도구 사용의 기회가 주어지면 아기들은 곧 도구는 그 재료와 접촉을 해야 한다는 것과 도구는 색이나 장식보다는 강도와 형태가 더 중요하다는 사실을 이해한다. 뇌 손상을 입은 환자들 중에는 자연물의 이름을 대지 못하고 인공물의 이름을 대는 환자가 있는가 하면 그 반대인 환자도 있어 인공물과 자연물은 심지어 뇌에 저장되는 방식도 다르다는 것을 보여 준다.

　　　　인공물이란 무엇인가? 인공물은 어떤 목적을 달성하기 위해 의도적으로 만들어진 물체다. 기계학과 심리학의 결합이 인공물을 이상한 범주로 만든다. 인공물은 형태나 구조에 의해 정의되는 것이 아니라, 그것이 무엇을 할 수 있는지, 그리고 사람이 그 사물에 어떤 기능을 원하는지에 의해 정의된다. 우리 동네의 의자 가게에서는 의자만 판매하지만 재고품 목록은 백화점처럼 다양하다. 가게에는 걸상, 등받이가 높은 식당용 의자, 안락의자, 틀 속에 알갱이를 채워 넣은 의자, 틀 위에 고무나 줄을 씌운 의자, 해먹 의자, 나무로 된 육면체 의자, 플라스틱 S자 의자, 발포고무 재질의 원통형 의자 등이 있다. 그것들은 사람이 앉을 수 있도록 설계되어 있기 때문에 모두 의자라고 불린다. 그루터기나 코끼리의 발도 누군가가 의자로 사용하겠다고 결정하면 그 순간부터 의자가 될 수 있다. 어쩌면 깊은 숲 속에 의자와 신기할 정도로 비슷하게 생긴 나무옹이가 있을지 모른다. 그러나 듣는 사람이 없으면 나무가 쓰러질 때 소리를 내지 않는다고 하는 이야기처럼, 누군가가 그것을 의자로 쓰겠다고 결정하지 않는 한 그것은 의자가 아니다. 커피포트를 새 모이통으로 인정한 카일의 어린 피실험자들은 이 점을 쉽게 이해할 것이다.

외계에서 온 물리학자나 기하학자는, 인간의 심리를 모른다면 우리가 이 세계에 존재한다고 생각하는 것들 중 어떤 것들이 사실 인공물이라는 것을 알고 혼란을 겪을 것이다. 촘스키가 지적한 것처럼, 우리는 존이 쓰고 있는 그 책은 출간되면 5파운드의 무게가 나갈 것이라고 말할 수 있다. 이때 '그 책'은 존의 머릿속에 담긴 일련의 개념인 동시에 질량을 가진 사물이다. 우리는 어떤 집이 화재로 소실되어 다시 짓고 있는 중이라고 말한다. 이상하게도 그것은 같은 집이다. '도시'가 어떤 종류의 사물인지 생각해 보라. 우리는 이렇게 말할 수 있다. "런던은 너무나 추하고 심하게 오염되었기 때문에 파괴하고 100마일 밖에 새로 지어야 한다."

민속생물학은 전문적인 생물학을 반영한다는 애트런의 주장에 학자들은 린네식 분류군에는 '야채'나 '애완동물' 등의 민속 범주들과 일치하는 것이 전혀 없다는 이유로 그를 비판했다. 애트런은 그것들은 인공물이라고 응수했다. 인공물은 필요나 용도에 의해 규정될 뿐 아니라(향과 즙이 풍부한 식품, 유순한 반려 동물), 말 그대로 인간의 산물이다. 수천 년에 걸친 선택 교배를 통해 인간은 풀에서 옥수수를 창조하고 뿌리에서 당근을 창조했다. 대부분의 애완동물 역시 인간의 창조물이라는 점을 깨달으려면 푸들 무리가 원시의 숲 속을 돌아다니는 것을 상상하기만 하면 된다.

대니얼 데닛은, 마음은 바위 같은 사물에 대해 '물리적 태도'를 취하고 마음에 대해 '의도적 태도'를 취하지만, 인공물을 다룰 때에는 그런 자세를 보충하여 '설계 태도'를 취한다고 설명한다. 설계 태도를 취할 때 우리는 실제의 설계자 또는 가상의 설계자로부터 어떤 의도를 읽어 낸다. 어떤 사물들은 있을 법하지 않은 결과를 수행하기에 너무나 적합해서 용도를 쉽게 파악할 수 있다. 데닛의 말대로, "도끼가 무엇인지 또는 전화기의 용도가 무엇인지는 아주 분명하다. 우리는 알렉산더 그레이엄 벨의 전기를 읽지 않아도 그의 생각을 쉽게 알 수 있다." 다른 인공물들은 둘 이상의 해석이 경쟁하는데, 예를 들어 그림이나 조각은 때때로 알쏭달쏭한 디자인을 갖도록 '설계'된다. 또 다른 인공물들은 예를 들어 스톤헨지나 난파선에서 발견되는 기계장치처럼 기능이 있다고 추정되지만 우리는 그것이 무엇인지를 알지 못한다. 인공물은 인간의 의도에 달려 있기 때문에 마치 예술 작품처럼 해석과 비평이 뒤따른다. 데닛은 그 행위를 '인공물 해석 작업'이라 부른다.

● ● ● ●

　이제 우리는 마음이 다른 마음을 아는 방법에 이르렀다. 우리는 누구나 심리학자다. 우리는 멜로드라마의 복선을 이해하기 위해서는 물론이고 아주 간단한 인간 행동을 이해하기 위해서도 마음을 분석한다.

　심리학자 사이먼 배런-코헨은 이것을 이야기로 들려준다. 메리는 침실로 들어가 방 안을 돌아다니다 밖으로 나왔다. 당신은 그 이유를 어떻게 설명하겠는가? 당신은, 메리는 어떤 물건을 찾고 있었고 그것이 침실에 있다고 생각했을 거라고 말할 수도 있고, 메리는 침실에서 어떤 소리가 나는 것을 들었고 그래서 그 소리가 무엇인지를 확인하려 했을 거라고 말할 수도 있으며, 메리는 아래층으로 내려갈 생각이었지만 잠시 어디로 가려고 했는지를 잊었을 거라고 말할 수도 있다. 그러나 메리는 매일 이 시간에 그런 행동을 한다고 말하는 사람은 없을 것이다. 인간의 행동을 물리학자처럼 시간, 거리, 질량의 언어로 설명하는 것은 부자연스러울 뿐만 아니라 잘못된 일이다. 내일 다시 한 번 가설을 시험하면 잘못이라는 것이 분명히 밝혀지기 때문이다. 우리의 마음은 사람들의 믿음과 욕구에 기초해 그들의 행동을 설명한다. 행동은 실제로 행위자의 믿음과 욕구로부터 발생하기 때문이다. 행동주의는 틀렸다. 우리는 누구나 직관적으로 그것을 안다.

　마음의 상태는 눈에 보이지 않고 중량이 없다. 철학자들은 마음 상태를 '개인과 명제의 관계'라고 정의한다. 그 관계는 저것을 믿음, 저것을 바람, 저것을 희망함, 저것인 체함 같은 일종의 태도다. 명제는 믿음의 내용이고, 한 문장—예를 들어 '메리는 열쇠를 찾는다,' 또는 열쇠는 침실에 있다'—의 의미와 대략 비슷한 어떤 것이다. 믿음의 내용은 객관적 세계의 사실들과 다른 영역에 존재한다. '케임브리지 공원에서 유니콘들이 풀을 뜯고 있다'는 거짓이지만, '존은 케임브리지 공원에서 유니콘들이 풀을 뜯고 있다고 생각한다'는 명백한 참일 수 있다. 어떤 믿음을 누군가에게 귀속시키려면 우리는 그저 평범한 방식으로 생각을 해서는 안 된다. 그렇지 않으면 우리 자신이 유니콘을 믿지 않은 상태로 존이 유니콘을 믿는다는 사실을 알 수 없을 것이다. 우리는 생각을 가져와, 마음의 인용부호를 붙이고, '이것은 존의 생각(또는 바람, 희망, 추측)'이라고 생각해야 한다. 게다가 우리가 어떤 것을 생각할 수 있다면 우리는 다른 사람도 그것을 생각한다고 생각할 수 있다.(메리는 존이 케임브리지 공원에서 유니콘들이 풀을 뜯고 있다고 생각한다는 것을 안다.) 이렇게 양파처럼 겹겹이 싸인 생각들은 특별한 연산 체계를 필요로 하고(2장을 보라), 우리가 그런 생각을 다른 사람에게 전달할 때에는 촘스키가 제안하고 내가 《언어본능》에서 설명한 재귀문법을 필요로 한다.

    우리 인간들은 다른 사람들의 마음을 직접 읽지 못한다. 반면에 우리는 다른 사람들이 하는 말, 행간에 숨겨진 뜻, 그들의 얼굴 표정과 눈빛, 그들의 행동을 설명해 주는 가장 그럴듯한 이유 등으로부터 그들의 마음을 정확히 추측한다. 이것은 우리 종의 가장 놀라운 재능이다. 당신은 시각에 대한 장을 읽은 후, 사람들이 개를 알아볼 수 있다는 사실에 놀랐을지 모른다. 그렇다면 이번에는 걸어가는 개를 흉내 내는 팬터마임에서 개를 알아보려면 무엇이 필요한지를 생각해 보라.

    그런데 아이들도 그것을 한다. 마음 읽기 능력은 요람에서부터 발휘된다. 2개월이 되면 아기들은 눈을 응시하고, 6개월 된 아기들은 눈을 마주치면 그것을 안다. 한 살 된 아기들은 부모가 응시하는 것을 함께 응시하고, 부모의 행동이 이해되지 않으면 부모의 눈을 점검한다. 18~24개월 된 아이들은 다른 사람의 마음에 담긴 내용과 자기 자신의 믿음을 구분하기 시작한다. 아이들은 놀라우리만치 간단한 재주로 그 능력을 과시한다. 그것은 바로 겉치레하기pretending다. 엄마가 걸음마 하는 아기에게 전화가 왔다고 하면서 바나나를 건네주면, 아기는 모자간의 겉치레(그 바나나는 전화기다)에 담긴 내용과 그 자신이 믿는 내용(그 바나나는 그냥 바나나다)을 구분하고 놀이에 임한다. 두 살배기들은 '보다,' '원하다' 같은 마음과 관련된 동사들을 사용하고, 세 살배기들은 '생각하다,' '알다,' '기억하다' 같은 동사를 사용한다. 아이들은 무엇인가를 보는 사람은 대개 그것을 원한다는 것을 안다. 그리고 '생각idea'을 이해한다. 예를 들어, 아기들은 사과의 기억은 먹을 수 없다는 것을 알고, 상자 속을 들여다보기만 해도 상자 안에 무엇이 들어 있는지를 알 수 있다는 것을 안다.

네 살이 되면 아이들은 다른 마음들에 대한 매우 엄중한 지식 테스트를 통과한다. 이제 아기들은 그들 자신이 거짓이라고 알고 있는 믿음을 다른 사람들에게 귀속시킬 줄 안다. 대표적인 한 실험에서 아이들은 스마티스 초콜릿 상자를 열어 보고 그 안에 연필이 들어 있으면 놀란다.(영국의 심리학자들은 미국 독자들에게, 스마티스는 M&M 초콜릿과 비슷한데 맛이 더 좋을 뿐이라고 설명한다.) 그런 다음 아이들에게 어떤 사람이 방으로 들어와 그 상자를 보면 그 안에 무엇이 들어 있다고 생각하겠느냐고 묻는다. 아이들은 상자 안에 연필이 들어 있다는 것을 알면서도 그 지식을 잠시 접고 새로 들어온 사람의 입장에 서서, "스마티스"라고 대답한다. 세 살배기들은 자신이 알고 있는 지식을 접어 두기가 더 어렵다. 세 살배기들은 새로 들어온 사람이 초콜릿 상자 안에는 연필이 들어 있기를 기대할 거라고 우긴다. 그러나 세 살배기들이 다른 마음이란 개념을 전혀 모르는 것 같지는 않다. 틀린 답보다 옳은 답을 유인하거나 더 깊이 생각하도록 권유하면 세 살배기들도 틀린 믿음을 다른 사람들에게 귀속시킨다. 이 실험 결과는 모든 나라에서 동일하게 나온다.

다른 마음들에 대한 생각은 아주 자연스럽게 시작되어서 마치 지능의 본질적 부분인 것처럼 여겨진다. 더 나아가 우리는 다른 사람을 생각할 때 마음을 갖지 않은 존재로 생각한다면 어떻게 될지를 상상이나 할 수 있을까? 심리학자 앨리슨 고프닉은 아마 다음과 같을 것이라 상상한다.

내 시야의 맨 위로는 콧날이 흐릿하게 보이고 앞에서는 손 두 개가 얼쩡거린다. … 내 주변으로는 천 조각을 뒤집어쓴 가죽 부대들이 의자 위에 걸쳐 있더니 불쑥 움직이거나 튀어나오기도 한다. … 그것들의 꼭대기 가까이에는 검은 점이 두 개 있는데 이리저리 쉴 새 없이 돌아간다. 그 점 밑에 난 구멍은 먹을 것으로 가득 채워지고 계속해서 소음이 흘러나온다. 그 시끄러운 가죽 부대들이 갑자기 당신 쪽으로 온다고, 그 소음이 점점 더 커진다고 상상해 보라. 당신은 그 이유도 모르고, 그들에게 설명할 길도 없으며, 그들이 어떤 식으로 나올지 예측조차 할 수 없다.

배런-코헨, 앨런 레슬리, 유타 프리스는 이렇게 생각하는 사람들이 정말로 있다고 주장해 왔다. 이른바 자폐증 환자들이다.

자폐증은 유아기에 1000명당 1명꼴로 발생한다. 흔히 자폐증 아동은 "껍질 속으로 들어가 자기 자신 안에 갇혀 산다"고 말한다. 사람들이 있는 방으로 데려가면 자폐증 아이들은 사람들을 무시하고 사물에 관심을 돌린다. 손을 내밀면 기계식 장난감인 것처럼 갖고 놀고, 껴안을 수 있는 인형과 봉제 동물인형에는 거의 관심을 보이지 않는다. 심지어 부모에게도 거의 주목하지 않고 불러도 응답하지 않는다. 공공장소에서도 다른 사람들을 가구처럼 만지고, 냄새 맡고, 올라탄다. 자폐증 아이들은 다른 아이들과 놀지 않는다. 그러나 일부 자폐증 아이들이 갖고 있는 지적 능력과 지각 능력은 전설에 가깝다.(특히 《레인맨Rain Man》에 더스틴 호프만이 출연한 후로 유명해졌다.) 어떤 아이들은 구구단표를 암기하거나, 퍼즐 맞추기를 (거꾸로 놓인 상태에서) 완성하거나, 가전제품을 분해하고 조립하거나, 멀리 있는 자동차 번호판을 읽거나, 과거나 미래의 특정한 날이 무슨 요일인지를 순식간에 계산한다.

심리학을 전공하는 많은 학생들처럼 나 역시 《사이언티픽 아메리칸Scientific American》 재판본에 수록된 심리분석가 브루노 베텔하임의 〈기계 소년, 조이Joey: A Mechanical Boy〉를 통해 자폐증을 알게 되었다. 베텔하임은 조이의 자폐증은 정서적으로 냉담한 부모(그 후로 '얼음같이 차가운 어머니ice mother' 라는 말이 유행했다)와 일찍 시작된 용변 교육 때문에 발생했다고 설명했다. 그는 "조이의 불행은 우리 시대와 문화를 제외하고 어느 시대와 문화의 아이에게도 일어날 수 없을 것"이라고 썼다. 베텔하임에 따르면 물질적으로 풍족한 전후 시대의 부모들은 자식들에게 필요한 것을 너무 쉽게 공급해서 부모는 그로부터 즐거움을 느끼지 못하고 아이들은 기본적인 욕구 충족에서 고마운 감정을 느끼지 못했다고 한다. 베텔하임은 조이를 치료했다고 주장했는데, 변기 대신 휴지통을 쓰게 한 것이 치료의 출발이었다.(그는 치료 과정에서 "치료자들이 다소 어려움을 겪었다"고 실토했다.)

자폐증은 모든 나라와 모든 계층에서 발생하고, (때때로 개선되는 사례가 있지만) 평생 동안 지속되며, 어머니의 책임이 아니다. 자폐증은 정확한 위치를 지적할 수는 없지만 신경학적·유전적 요인에서 비롯되는 것이 거의 분명하다. 배런-코헨, 프리스, 레슬리는 자폐아는 심리적 맹인이라고 말한다. 마음을 타인에게 귀속시키는 모듈이 손상된 것이다. 자폐 아동들은 겉치레 행동을 거의 못하고, 사과와 사과의 기억이 어떻게 다른지를 설명하지 못하고, 누군가가 상자 안을 들여다보는 것과 그것을 만지는 것을 구분하지 못하고, 만화 속의 얼굴이 어디를 보고 있는지는 알지만 그것을 보고 있는 것은 그것을 원하기 때문이라는 사실을 알지 못하고, '스마티스(틀린 믿음)' 과제를 해내지 못한다. 놀랍게도 자폐아들은 마음에 대해서가 아니면 틀린 믿음 과제와 논리적으로 똑같은 시험을 성공적으로 통과한다. 실험자가 욕조 위에 떠 있는 고무 오리를 집어 들어 침대 위에 놓고 폴라로이드 사진을 찍은 다음 고무 오리를 다시 욕조에 띄운다. 정상적인 세 살배기들은 욕조 속의 오리가 사진에 나올 거라고 믿는다. 반면에 자폐아들은 그렇지 않다는 것을 안다.

심리맹Mind-blindness은 실제적인 시각장애나 다운증후군 같은 정신지체 때문에 발생하지 않는다. 그것은 이 세계의 내용물들은 우리에게 거저 들어오는 것이 아니라 적당한 마음 장치를 통해 파악되어야 한다는 것을 생생하게 보여 주는 증거다. 어떤 의미에서는 자폐아들이 옳다고 할 수 있다. 어떻게 보면 이 세계는 단지 운동하는 물질이기 때문이다. 나는 '정상적인' 마음 장치를 완비하고 있기 때문에 하나의 난자와 한 줌의 정액으로부터 생각과 감정의 기관이 생겨난다는 것과 작은 응혈이나 금속으로 만든 알맹이 하나가 그것을 끝낼 수 있다는 사실에 어이가 없어 언제나 말을 잇지 못한다. 그리고 그것 때문에 나는 런던과 의자와 야채가 세계의 객관적인 물체에 속한 것이라는 착각에 사로잡힌다. 사실은 물체라는 것도 일종의 착각이다. 버크민스터 풀러는 다음과 같이 썼다. "세계를 연구하기 시작하면 우리가 '분명하다'고 배웠던 모든 것이 점점 더 불분명해진다. 예를 들어 우주에는 고체가 없다. 심지어 고체가 있음을 암시하는 것도 없다. 우주에는 절대적인 연속체가 없고, 표면도 없으며, 직선도 없다."

물론 다른 의미에서 이 세계에는 표면, 의자, 토끼, 마음이 존재한다. 그것들은 각자의 고유한 법칙을 따르면서 우리가 사는 시공 영역에서 파동을 일으키는 물질과 에너지의 매듭, 패턴, 와동渦動이다. 그것들은 사회적 형성물이 아니고, 스크루지가 자기 눈앞에 말리의 유령을 만들어 낸 장본인이라 생각했던 소화가 안 되는 쇠고기도 아니다. 그러나 그것을 발견할 장비를 갖추지 못한 마음에게 그것들은 존재하지 않는 것이나 마찬가지다. 심리학자 조지 밀러는 다음과 같이 표현했다. "뇌가 이룩한 최고의 지적 업적은 실제 세계다. … 우리가 경험하는 실제 세계의 모든 기본적 측면들은 실제로 존재하는 물리적 세계에 대한 적응적 해석이다."

삼과三科

중세의 교양과목은 7개의 과목으로 구성되어 있는데, 수준이 낮은 삼과(trivium, 문법, 논리, 수사학)와 높은 수준의 사과(기하, 천문, 산수, 음악)로 나뉜다. 삼과는 원래 세 길을 의미했고, 후세에는 십자로, 평범한 것(십자로에는 평범한 사람들이 왕래하므로)을 의미하다가, 결국 하찮은 것 또는 무형의 것을 의미하게 되었다. 이 어원은 어떤 면에서는 적절하다. 천문학을 제외하면 어떤 교양 과목도 확실한 대상이 없다. 그것들은 식물이나 동물이나 바위나 사람을 설명하는 것이라기보다는, 어떤 분야에나 적용할 수 있는 지적 도구다. 대수학이 실제 세계를 살아가는 데 전혀 도움이 안 될 거라고 불평하는 학생들처럼, 우리도 이 추상적인 도구들이 자연선택에 의해 뇌 안에 주입될 정도로 과연 자연 속에서 충분히 유용했는가를 생각해 볼 수 있다. 이제 수정된 삼과를 살펴보자. 그것은 논리, 산수, 확률이다.

● ● ● ●

"반대로." 트위들디가 말을 이었다. "그렇다면 그럴 거야. 그리고 그랬었다면 그랬을 거야. 하지만 그렇지 않으니까 그렇지 않아. 그게 논리야!"*

* 《이상한 나라의 앨리스》에서

기술적인 의미에서 논리는 일반적인 합리성을 가리키는 것이 아니라, 내용이 아닌 형식에만 기초하여 다른 진술들의 진리성으로부터 한 진술의 진리성을 추론하는 것을 말한다. 다음과 같이 추론할 때 우리는 논리를 사용하고 있다. P가 참이고, P가 Q를 포함하므로, Q는 참이다. P와 Q가 참이면, P는 참이다. P 또는 Q가 참이고, P가 거짓이면, Q는 참이다. P가 Q를 포함하고, Q가 거짓이면, P는 거짓이다. P가 '마당에 유니콘이 있다'를 의미하는지, '아이오와에서는 콩이 자란다'를 의미하는지, '내 차를 쥐가 먹어 버렸다'를 의미하는지를 모르더라도 나는 위의 모든 진리들을 추론할 수 있다.

뇌는 논리를 사용할까? 대학생들이 논리 문제를 푸는 것을 보면 그런 것 같지는 않다. 몇 명의 고고학자, 생물학자, 체스 선수가 한 방에 있다. 고고학자들은 누구도 생물학자가 아니다. 모든 생물학자는 체스 선수다. 그렇다면 어떤 결론이 나올까? 과반수의 학생들이 고고학자들은 누구도 체스 선수가 아니라고 결론을 내린다. 물론 타당하지 않은 결론이다. 어떤 학생도 체스 선수들 중 일부는 고고학자가 아니라는 타당한 결론에 도달하지 못한다. 게다가 5분의 1은 전제가 잘못되어 타당한 추론이 불가능하다고 주장한다.

스폭 박사는 기회가 있을 때마다 인간은 비논리적이라고 말했다. 그러나 심리학자 존 맥나마라의 주장처럼 그런 생각 자체가 비논리적이다. 논리의 법칙들은 원래 원리사고의 법칙들을 공식화한 것으로 여겨졌다. 그것은 다소 극단적인 생각이었다. 논리적 진리들은 사람들이 생각하는 방식과는 무관하게 참이기 때문이다. 그러나 만일 어떤 생물종이 논리적 진리를 찾아냈을 때 뇌가 확신을 주지 못한다면 그 종이 논리를 발견하는 것이 가능할지 상상해 보라. 'P에 대해, P는 Q를 포함한다, 그러므로 Q이다'에는 아주 강력하고 심지어 거부할 수 없는 어떤 것이 담겨 있다. 충분한 시간과 인내심을 가진 후에 우리는 왜 우리의 논리적 오류가 잘못인가를 깨닫는다. 우리는 진리가 필요하다는 데에 서로 동의한다. 그리고 우리는 권위적인 힘에 의해서가 아니라 소크라테스적으로 다른 사람들을 가르치고, 그럼으로써 학생들은 그들 자신의 기준에 따라 진리를 인식한다.

사람들은 분명히 어떤 논리를 사용한다. 모든 언어에는 예를 들어 '아니다,' '그리고,' '똑같다,' '동등한,' '반대로' 같은 논리적 용어들이 있다. 아이들은 세 살이 되기 전에 '그리고,' '아니다,' '또는,' '만약' 등의 말을 적절히 사용하는데, 이것은 영어뿐만 아니라 지금까지 연구된 6개의 다른 언어에서도 발견된다. 논리적 추론은 인간의 사고 전체에 걸쳐 존재하고, 특히 우리가 언어를 이해할 때 두드러진다. 다음은 심리학자 마틴 브레인이 제시한 간단한 예다.

존은 점심을 먹으러 갔다. 메뉴를 보니 수프-샐러드 스페셜이 있었는데 후식으로 맥주나(or) 커피가 나왔다. 또한 스테이크를 주문하면 레드와인 한 잔이 공짜로 나왔다. 존은 수프-샐러드 스페셜과 커피를 선택하고 다른 마실 것도 주문했다.

(a) 존은 공짜 맥주를 마셨을까? (그렇다, 아니다, 알 수 없다.)
(b) 존은 공짜 와인을 마셨을까? (그렇다, 아니다, 알 수 없다.)

사실상 모든 사람이 (a)의 정답은 '아니다'라고 추론한다. 메뉴에 적힌 내용을 보고 우리는 맥주나(or) 커피 사이에 or가 있다는 것은 '둘 다'를 의미하는 것이 아니라 둘 중 하나만 무료로 먹을 수 있음을 의미한다는 것을 안다. 그래서 만일 다른 것을 주문하면 돈을 지불해야 한다. 더구나 우리는 존이 커피를 선택했음을 안다. '공짜로 맥주와 커피를 모두 먹을 수 없다' 와(and) '공짜 커피'라는 두 전제로부터 우리는 '맥주는 공짜가 아님'을 논리적으로 추론하게 된다. 문제 (b)에 대한 대답 역시 '아니다'다. 식당에 대한 지식으로부터 우리는 메뉴에 명시되어 있지 않은 한 음식과 음료는 무료가 아니라는 사실을 기억해 낸다. 그러므로 우리는 '스테이크를 주문하지 않으면 레드와인은 공짜가 아니다'라는 조건문을 추가한다. 존은 수프-샐러드를 선택했으므로, 스테이크를 선택하지 않았음을 알 수 있다. 우리는 논리적 추론을 통해, 존은 공짜 와인을 먹지 않았다고 결론을 내린다.

논리는 다른 사람들의 언어로부터, 또는 자기 자신의 일반화로 습득한 파편적인 사실들로부터 세계에 대한 옳은 것들을 추론하는 데 필수적이다. 그렇다면 왜 사람들은 고고학자, 생물학자, 체스 선수가 등장하는 이야기에서 논리를 비웃는 것처럼 보이는가?

한 가지 이유는 영어를 비롯한 일상 언어들 속의 논리적 단어들은 양의적이어서 종종 둘 이상의 형식 논리 개념을 의미한다는 것이다. 'or'

라는 영어 단어는 논리 연결어인 OR를 의미할 수도 있고(A or B or both: A 또는 B 또는 둘 다), 또 다른 논리 연결어인 XOR를 의미할 수도 있다(A or B but not both: A 또는 B이지만 둘 다는 아님). 어느 것이 화자의 의도인지는 종종 문맥이 결정하지만, 하늘에서 뚝 떨어진 것 같은 퍼즐에서 독자는 틀린 추측을 할 수가 있다.

다른 이유는 논리적 추론은 마구잡이로 이루어지지 않는다는 것이다. 하나의 옳은 진술은 옳지만 쓸모없는 진술들을 무한히 만들어 낼 수 있다. '아이오와에서는 콩이 자란다'로부터 우리는 '아이오와에서는 콩이 자라고, 그 소는 달 위로 펄쩍 뛰었다,' '아이오와에서는 콩이 자라고, 그 소는 달 위로 펄쩍 뛰었거나, 그러지 않았다' 등의 진술들을 무한히 이끌어 낼 수 있다.(이것은 1장에서 소개한 '프레임 문제'의 한 예다.) 따라서 세계의 모든 시간이 허락되지 않는 한 아무리 훌륭한 논리적 추론자라도 어떤 함의를 탐구해야 할지, 그리고 어느 것이 막다른 골목일 수 있는지를 추측해야 한다. 그러면 어떤 규칙들은 억제되어야 하고, 그 결과 타당한 추론들도 불가피하게 제외된다. 추측은 원래 논리에서만 나오는 것이 아니다. 그것은 대개 화자는 협조적인 대화 상대로서 적절한 정보를 전달하는 사람이지, 적의를 가진 변호사나 깐깐한 논리학 교수처럼 딴죽을 걸고 실수를 파헤치는 사람이 아니라는 가정에서 비롯된다.

마지막으로 가장 중요한 장애 요인은, 마음 논리는 어떤 A와 B와 C라도 입력정보로 받아들일 준비가 되어 있는 휴대용 계산기가 아니라는 점일 것이다. 마음 논리는 세계에 대한 우리의 지식 체계와 긴밀히 엮여 있다. 마음 논리의 개별 단계들은 일단 가동이 되면 세계 지식에 그저 의존하는 것이 아니라 입력정보와 출력정보가 그 세계 지식 속에 직접 스며든다. 예를 들어 식당 이야기에서 우리의 추론은 메뉴에 대한 일반적인 지식과 논리의 적용을 번갈아 이용한다.

지식의 몇몇 영역에는 논리 규칙들을 강화하거나 그 반대로 작용할 수 있는 나름의 추론 규칙들이 있다. 심리학자 피터 웨이슨이 제공한 유명한 예를 살펴보자. 그는 철학자 칼 포퍼가 제기한 과학적 추론의 개념, 즉 하나의 가설은 그 오류를 입증하려는 시도가 실패하면 받아들여진다는 개념에서 영감을 얻었다. 웨이슨은 보통 사람들이 가설의 오류를 어떻게 입증하는지를 보려 했다. 그는 사람들에게 몇 장의 카드가 있는데 한쪽에는 철자가 적혀 있고 반대쪽에는 숫자가 적혀 있다고 말한 다음, 'P는 Q를 포함한다' 식의 간단한 진술문인 '한쪽에 D가 적혀 있으면 반대쪽에는 3이 적혀 있다'는 규칙을 제시했다. 그는 피실험자들에게 4장의 카드를 보여 주고 그 규칙이 참인 것을 알려면 어떤 카드들을 뒤집어야 하는지를 물었다. 당신도 시도해 보라.

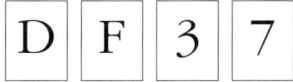

대부분의 사람들은 D 카드를 고르거나, D 카드와 3 카드를 고른다. 그러나 정답은 D와 7이다. 'P는 Q를 포함한다'는 P가 참이고 Q가 거짓일 때에만 거짓이다. 3 카드는 무관하다. 위의 규칙에서는 D가 3을 포함한다고 했지, 3이 D를 포함한다고 하진 않았기 때문이다. 7 카드는 결정적이다. 그 반대쪽에 D가 적혀 있으면 규칙이 깨지기 때문이다. 테스트를 받은 사람들 중 약 5~10퍼센트만이 올바른 카드를 선택한다. 심지어 논리학 수업을 받은 사람들도 틀린 카드를 고른다.(덧붙여 말하자면, 이것은 사람들이 '만일 D이면 3이다'를 '만일 D이면 3이고, 3이면 D이다'로 해석하기 때문이 아니다. 그렇게 해석하고 그 밖의 다른 면들은 논리학자들과 똑같이 해석했다면, 4장의 카드를 모두 선택했을 것이다.) 이 결과에는 끔찍한 의미가 담겨 있었다. 일반 대중은 비합리적이고, 비과학적이며, 자신의 편견을 직시할 수 있는 증거를 찾기보다는 그것을 확고히 하려는 경향이 있다는 것이다.

그러나 앙상한 숫자와 철자들이 실제 세계의 사건들로 바뀌면 항상은 아닐지라도 때때로 사람들은 논리학자처럼 행동한다. 술집 경비원을 생각해 보자. 그는 '만일 어떤 사람이 맥주를 마시고 있다면 그는 반드시 열여덟 살이거나 그 이상이어야 한다' 는 규칙을 집행한다. 그는 사람들이 무엇을 마시는지를 점검하거나, 얼마나 나이를 먹었는지를 점검할 것이다. 맥주 마시는 사람, 콜라 마시는 사람, 25세 성인, 16세 미성년자 중 그는 무엇을 점검해야 할까? 대부분의 사람들은 맥주 마시는 사람과 16세 미성년자를 제대로 고른다. 그러나 구체성을 덧씌우는 것으론 부족하다. '만일 어떤 사람이 매운 고추를 먹으면 그는 시원한 맥주를 마신다' 라는 규칙은 D와 3의 경우보다 거짓을 입증하기가 더 쉽지 않다.

레다 코즈미디스는, 사람들이 정답을 아는 경우는 규칙이 일종의 계약이고 이익의 교환일 때라는 사실을 발견했다. 그런 상황에서 규칙이 틀렸음을 입증하는 것은 사기꾼을 찾아내는 것과 동일하다. 계약이란 '이익을 얻으려면 요구 조건을 충족시켜야 한다' 는 약속에 참여하는 것이다. 그런데 사기꾼은 이익만 얻고 요구 조건은 충족시키지 않는다. 술집의 맥주는 성인임을 입증함으로써 얻는 일종의 이익이고, 그래서 미성년 음주는 일종의 사기다. 반면에 고추와 맥주는 원인과 결과일 뿐이어서 콜라 마시기(이것도 논리적으로 점검해야 한다)는 무관한 것처럼 보인다. 사람들은 P와 Q가 일단 이익과 비용으로 해석되면 반드시 논리적인 일을 수행하고, 심지어 그 사건들이 다이커* 고기 먹기와 타조알 껍데기 찾기처럼 낯설고 기묘할 때에도 (이익과 비용으로 해석되기만 하면) 그렇게 한

*남아프리카 산 영양.

다는 것을 코즈미디스는 보여 주었다. 이것은 어떤 특수한 논리 모듈이 켜져서가 아니라 사람들이 다른 종류의 규칙을 사용하기 때문이다. 그 규칙은 사기꾼을 탐지하기에 적합한 것이어서 논리 규칙과는 일치하기도 하고 불일치하기도 한다. 그리고 '20달러를 내면 시계를 갖는다'에서처럼 비용 항목과 이익 항목이 바뀐 경우에도 사람들은 여전히 사기꾼 카드(시계를 갖고도 20달러를 내지 않는다)를 골라낸다. 이 선택은 논리적으로 옳지도 않고, 무의미한 카드들 때문에 발생하는 전형적인 오류도 아니다. 사실 똑같은 이야기에서도 누가 사기꾼인가에 대한 해석에 따라 논리적 선택이 나올 수도 있고 비논리적 선택이 나올 수도 있다. "종업원이 연금을 받으면 그는 10년 동안 일한 것이다. 누가 이 규칙을 위반하고 있는가?" 종업원의 관점에서 보는 사람들은 연금을 받지 않는 12년차 노동자를 찾는다. 그러나 고용주의 관점에서 보는 사람들은 연금을 받는 8년차 노동자를 찾는다. 에콰도르의 식량수집 부족인 시위아르족 사이에서도 기본적으로 이와 똑같은 규칙이 발견되었다.

    마음에는 자체적인 논리로 사기꾼을 탐지하는 장치가 있는 것 같다. 일반적인 논리와 사기꾼 탐지 논리가 일치할 때 사람들은 논리학자처럼 행동하지만, 두 논리가 일치하지 않으면 사람들은 사기꾼을 찾는다. 코즈미디스는 어떻게 해서 이 마음 메커니즘을 찾을 생각을 하게 되었을까? 그 출발점은 이타주의에 대한 진화론적 분석이었다(6장과 7장을 보라). 자연선택은 공공심을 선택하지 않는다. 이기적인 변이체는 순식간에 이타적인 경쟁자들을 물리치고 더 많은 자손을 퍼뜨린다. 자연계에 존재하는 이타적인 행동에는 특별한 설명이 필요하다. 첫 번째 이유는 호혜주의다. 즉 생물체는 미래에 돌아올 도움을 기대하고 도움을 제공할 때가 있다. 그러나 호의를 교환하는 행위는 항상 사기꾼에게 이용당할 수 있다. 그런 행위가 진화하려면 누가 호의를 받았는지를 기억하고 그로부터 답례가 오는지를 확인하는 인지 장치가 수반되어야 한다. 진화생물학자 로버트 트리버스의 예측에 따르면, 동물계에서 가장 이타적인 동물인 인간은 사기꾼 탐지 알고리듬을 비대하게 발전시켰을 것이라고 한다. 코즈미디스는 그 알고리듬을 발견한 듯하다.

 그렇다면 논리학자의 눈에도 마음은 논리적으로 보일까? 때로는 그렇고 때로는 그렇지 않다. 좀 더 나은 질문으로 바꿔 보자. 생물학자가 보기에 마음은 잘 설계되었을까? 여기에서는 "그렇다"에 조금 더 힘이 실린다. 논리만으로는 사소한 진리들과 그에 수반하는 진리들이 떨어져 나갈 수 있다. 마음은 논리적 규칙을 사용하지 않는 것으로 보인다. 논리적 규칙은 언어를 이해하는 과정에서 채택되고, 세계 지식과 섞이고, 당면한 내용에 적합한 특별한 추론 규칙들에 의해 보충되거나 대체된다.

● ● ● ●

수학은 인간이 가진 생득권의 일부다. 일주일 된 아기들은 눈앞에서 두 물체가 셋으로 변하거나 그 반대로 변하면 눈에 생기가 돈다. 생후 10개월 된 아기들은 몇 개의 물건들이 펼쳐져 있는지를 감지하는데(4개까지), 그 물건들이 동질적인지 이질적인지, 다발로 묶여 있는지 흩어져 있는지, 얼룩인지 가재도구인지, 심지어 물체인지 소리인지에 신경을 쓰지 않는다. 심리학자 캐런 윈의 최근 실험에 따르면 5개월이 되면 아기들은 벌써 간단한 산수 능력을 보인다. 아기들에게 미키마우스를 보여 주고 스크린으로 가린 다음 스크린 뒤에 또 다른 미키마우스를 놓는다. 아기들은 2개의 미키마우스를 기대하지만 스크린이 올라갈 때 하나만 보이면 놀란다. 또한 하나를 기대하고 있을 때 2개가 나타나도 놀란다. 18개월 된 아이들은 숫자들이 제각기 다를 뿐만 아니라 순서가 있다는 사실을 안다. 예를 들어 아이들은 학습을 통해 점의 개수가 더 적은 그림을 고를 줄 안다. 이런 능력들은 몇몇 동물들에게서도 발견되거나 학습되기도 한다.

아기들과 동물들은 정말로 수를 셀 줄 아는가? 그들은 말을 할 줄 모르기 때문에 이 질문은 터무니없이 들릴지 모른다. 그러나 수량 등록은 언어에 의존하지 않는다. 북소리가 들릴 때마다 수도꼭지를 1초 동안 튼다고 상상해 보라. 컵에 담긴 물의 양은 북소리의 수를 나타낼 것이다. 뇌에도 이와 비슷하지만, 물이 아니라 신경의 고동이나 활성 뉴런의 수를 적립하는 메커니즘이 있을지 모른다. 아기들과 많은 동물들이 그런 간단한 계산기를 갖추고 있는 것으로 보인다. 그런 계산기에는 잠재적으로 많은 선택적 이점이 있을 것이고, 구체적인 이점은 각 동물의 생태적 지위에 따라 결정될 것이다. 선택적 이점의 범위는 각기 다른 구역에서 식량을 수집할 때 돌아오는 수익률의 산정에서부터, "곰 세 마리가 동굴 안으로 들어갔고, 두 마리가 나왔다. 이제 동굴 안으로 들어가도 될까?"와 같은 문제를 푸는 것에 이르기까지 다양하게 걸쳐 있다.

인간 성인은 수량을 나타내는 몇 종류의 마음 표상을 이용한다. 첫째는 아날로그— '얼마나 많은가?'—인데, 이 아날로그는 수직선數直線*과 비슷한 마음 상으로 전환될 수 있다. 그러나 우리는 또한 다양한 수량에 숫자 단어를 배정하고, 그 단어와 개념을 이용해 수량을 측정하고, 더 정확히 계산하고, 더 큰 수들을 세고 더하고 뺀다. 모든 문화에는 숫자를 나타내는 단어들이 있다. '하나,' '둘,' '여럿' 만 있는 문화도 있다. 그러나 킬킬거리기 전에 먼저 숫자 개념은 숫자 어휘의 크기와 아무 관계가 없다는 사실을 기억해야 한다. 큰 수를 가리키는 말(예

* 직선 위의 각 점에 실수 x를 대응시킨 것

를 들어 '넷'이나 '100만')을 알든 모르든 사람들은 만일 두 묶음이 서로 같고 그중 한 묶음에 1을 더하면 그 묶음이 다른 묶음보다 더 크다는 것을 안다. 이것은 두 묶음이 네 개들이이든 100만 개들이이든 상관없이 참이다. 사람들은 두 묶음을 상쇄시킨 다음 나머지를 확인하면 둘의 크기를 비교할 수 있다는 것을 안다. 사실 수학자들도 무한집합들의 상대적 크기를 비교할 때 어쩔 수 없이 그런 수법에 의존한다. 큰 수를 나타내는 말이 없는 문화에서는 종종 손가락 세기, 신체 부위들을 차례로 가리키기, 물건들을 둘씩 셋씩 묶어서 잡거나 늘어세우기 같은 방법들을 사용한다.

두 살만 되어도 아이들은 개수 세기, 묶음들을 늘어세우기를 비롯하여 숫자 감각을 보여 주는 행동들을 한다. 미취학 아동들은 소규모 묶음들을 셀 때, 심지어 여러 종류의 물건들을 섞거나 물건과 행동과 소리를 섞어야 하는 경우에도 그런 능력을 발휘한다. 그리고 실질적인 계산 요령을 터득하기 전에도 아이들은 그 논리의 상당 부분을 이해한다. 예를 들어 아이들은 핫도그 하나를 (일정한 크기는 아니지만) 여러 조각으로 잘라서 모두에게 두 조각씩 공평하게 분배하고, 물건을 세는 인형이 어떤 물건을 빼먹거나 두 번 세면 그들 자신도 그런 실수를 밥 먹듯이 하면서도 그 인형에게 소리를 지른다.

공식적인 수학은 우리가 가진 수학적 직관의 연장이다. 산수는 분명히 우리의 숫자 감각으로부터 성장했고, 기하학은 우리의 형태 및 공간 감각으로부터 성장했다. 저명한 수학자 손더스 맥레인은 인간의 기본적인 활동들이 수학의 모든 부문과 연결되어 있다고 생각했다.

셈하기	→	산수와 정수론
측정하기	→	실수, 미적분, 해석학

형체 만들기	→	기하학, 위상수학
구성하기(건축에서처럼)	→	대칭, 군론群論
어림잡기	→	확률, 측도론測度論, 통계학
이동하기	→	기계학, 미적분, 동역학
계산하기	→	대수학, 수치 해석
증명하기	→	논리학
수수께끼 풀기	→	순열조합론, 정수론
묶기	→	집합론, 순열조합론

맥레인은 다음과 같이 말한다. "수학은 다양한 인간 활동에서 출발하여, 그로부터 자의적이지 않은 일반적 개념들을 풀어낸 다음, 그 개념들과 개념들의 복잡한 상호 관계를 공식화한다." 수학의 힘은 형식적인 규칙 체계들을 통해 "다양한 인간 활동의 깊고 불명확한 특성들을 체계적으로 정리할" 수 있다는 데 있다. 사람은 누구나, 심지어 눈이 먼 유아도 본능적으로 A에서 B를 직각으로 돌아 C에 이르는 길은 A에서 곧바로 C에 이르는 지름길보다 더 멀다는 것을 안다. 또한 우리는 하나의 선이 어떻게 사각형을 만드는지, 형태들이 어떻게 만나면 더 큰 형태가 되는지를 마음으로 그린다. 그러나 직각삼각형의 한 변의 제곱은 다른 두 변의 제곱을 더한 것과 같다는 것을 보여 주고, 그래서 지름길을 이용하면 얼마만큼의 거리를 절약할 수 있는지를 계산하려면 수학이 필요하다.

학교 수학이 직관수학에서 비롯된다는 말은 그것이 '쉽게' 나온다는 뜻은 아니다. 데이비드 기어리는 자연선택이 아이들에게 몇 가지 기본적인 수학적 능력을 부여했다고 말한다. 작은 묶음들의 수량을 계산하고, '더 많다'와 '더 적다' 같은 관계를 이해하고, 작은 묶음들을 더하거나 빼고, 간단한 계산과 측정과 셈을 위해 숫자 단어를 사용하는 능력이다. 그러나 주어진 능력은 거기에서 끝난다. 아이들은 생물학적으로 큰 숫자 단어, 큰 묶음, 10진법, 분수, 다단계식 덧셈과 뺄셈, 한 자리 올림, 윗자리에서 꾸어 오기, 곱셈, 나눗셈, 근, 지수 등을 능숙하게 사용하도록 설계되어 있지 않다. 이런 기술들은 천천히 불균등하게 발달하거나, 아예 발달하지 않는다.

만일 아이들에게 학교 수학에 적합한 마음 장치가 구비되어 있다면 진화론의 관점에서 놀라운 일일 것이다. 그런 수단들은 역사상 최근에 발명되었고 몇몇 문화에만 존재하므로 인간의 유전자 지도에 새겨지기에는 너무 이르고 국소적이다. 공식적인 교육과 문자언어(이것 역시 최근에 생겨난 비본능적인 발명품이다) 덕분에 다양한 수학적 발명품들이 수천 년 동안 꾸준히 축적될 수 있었고, 그 과정에서 간단한 수학적 방법들이 모여 점점 더 복잡한 방법으로 발전했을 것이다. 기호는 오늘날의 실리콘칩처럼 계산을 할 때 단기기억의 한계를 극복하는 수단이 되었을 것이다.

그렇다면 사람들은 어떻게 석기시대의 마음을 가지고 첨단의 수학적 도구들을 사용할 수 있을까? 첫째 방법은 마음 모듈을 설계 목적에서 벗어난 대상을 향해 가동시키는 것이다. 보통 선과 형태는 심상을 비롯한 공간 감각의 요소들에 의해 분석되고, 물건 더미는 우리의 숫자 능력에 의해 분석된다. 그러나 구체적인 것으로부터 일반적인 것을 풀어낸다는 맥레인의 개념에 도달하려면(예를 들어, 돌무더기 속에 있는 돌의 구체적인 숫자 개념으로부터 일반적인 수량 개념을 풀어내려면), 우리는 숫자 관념을 얼핏 보면 틀린 주제처럼 느껴지는 대상에 적용해야 할 수도 있다. 예를 들어 모래 위의 선을 분석할 때 우리는 습관처럼 연속적인 훑어 보기와 이동하기에 의존하는 것이 아니라 끝에서 끝까지 가상의 선분들을 세어야 할 수도 있다.

수학적 능력에 도달하는 두 번째 방법은 카네기홀에 입성하는 방법과 같다. 연습 또 연습이다. 수학적 개념들은 기존의 개념들을 새롭고 유용한 배열로 묶어 냄으로써 생겨난다. 그러나 그 기존의 개념들은 더 오래된 개념들의 집합이다. 각각의 하부 집합은 엮기와 자동성이라 불리는 마음의 못들에 의해 하나로 합쳐진다. 즉 많은 연습을 거치면 작은 개념들이 서로 달라붙어 큰 개념이 되고, 일련의 단계들이 모여 하나의 단계가 된다. 튜브와 바퀴살이 아니라 프레임과 바퀴를 조립해야 자전거가 되고, 요리책에는 숟가락 쥐는 법과 단지를 여는 법이 아니라 소스를 만드는 법이 적혀 있듯이, 수학을 배우려면 숙달된 기계적 과정들을 통합시켜야 한다. 미적분 교수들은 학생들이 미적분을 어렵게 느끼는 이유는 도함수와 적분이 난해한 개념이기 때문이 아니라―단지 비율과 누적일 뿐이다―대수학 연산이 제2의 천성이 되지 않으면 미적분을 할 수 없는데도 대부분의 학생들이 대수학을 제대로 배우지 않은 채 강의에 들어와 오로지 미적분에만 정신을 쏟기 때문이라고 한탄한다. 수학은 무자비할 정도로 누적적이고, 출발점을 되돌아보면 10을 세는 능력까지 거슬러 올라간다.

진화심리학은 교육학적으로 중요한 의미가 있는데, 그것은 특히 수학 교육에서 분명해진다. 미국 어린이들은 산업화된 나라들 중 수학 성취도 시험에서 최하위를 맴돈다. 그것은 미국 아이들이 멍청이로 태어나서가 아니다. 문제는 진화를 무시하는 교육 체제에 있다. 미국 수학 교육의 주된 철학은 피아제의 심리학과 대항문화 및 포스트모더니즘이 혼합된 구조주의다. 미국 아이들은 개념의 의미에 대한 불일치 때문에 발생하는 사회적 모험심을 가지고 능동적으로 수학적 지식을 형성해야 한다. 교사는 자료와 사회적 환경을 제공하되 강의를 하거나 토론을 이끌지 않는다. 자동성으로 가는 길인 훈련과 연습은 '기계론적'이고, 이해에 해롭다고 간주된다. 한 교사가 명쾌하게 설명한 것처럼, "특정한 수학적 개념이 구조화될 수 있는 잠재적 가능성은 수학을 학습하는 환경에서 이루어지는 대화식 상호작용을 통해, 또는 그 결과로서 아이들이 그 수학적 개념을 얼마나 수정할 수 있는가에 의해 결정된다." 그 결과 또 다른 교사는, "학생들은 수천 년의 역사를 통해 발전해 온 수학적 기량을 혼자 힘으로 구조화할 수 있다"고 주장했다.

기어리가 지적했듯이 구조주의의 장점은 모든 아이들에게 자연적으로 형성되는 작은 수와 간단한 산수의 직관을 설명하는 데 있다. 그러나 구조주의는 우리의 복잡한 공장 설비와 문명에 의해 덧붙여지는 부속물의 차이를 무시한다. 마음 모듈들을 애초의 설계 목적이 아닌 다른 일에 적용하기는 '어려운' 일이다. 아이들은 자동적으로 한 줄의 구슬들을 한 집합의 원소들로 보거나, 선 위의 점들을 숫자로 보지 않는다. 아이들에게 나무 블록을 주고 무엇인가를 해보라고 하면, 아이들은 직관물리학과 직관심리학을 발휘해 블록으로 만들 수 있는 모든 것을 만들어 내지만 반드시 직관적인 숫자 감각을 발휘하지는 않는다.(개선된 교과과정에서는 다양한 앎의 방법들을 연결시킬 수 있다. 산수 문제를 풀 때마다 세 가지 방법, 즉 계산하기, 도표 그리기, 수직선상의 선분 이동하기를 사용하게 할 수 있다.) 그리고 까다로운 단계들을 묶어 하나의 반사적 과정으로 만드는 연습이 없다면, 부품 조립의 중간 단계를 만들지 못하기 때문에 전화를 받기 위해 작업을 중단할 때마다 항상 처음부터 시작해야 하는 시계공처럼,*학생들은 매번 최소 부품들을 가지고 밑바닥에서부터 수학적 구조물을 건축해야 할 것이다.

* 2장의 호러와 템푸스 이야기

수학에 정통하다는 것은 대단히 만족스러운 일이지만, 항상 즐겁지만은 않은 힘겨운 노력의 보상이다. 힘들게 성취한 수학적 능력을 존경하는 것은 모든 문화에 공통적이고, 그런 존경이 없다면 아마 수학의 대가는 나오기 어려울 것이다. 슬프게도 이와 똑같은 현상이 미국의 읽기 교육에 번지고 있다. 이른바 '총체적 언어whole language'라 불리는 교수법에서는, 언어는 자연스럽게 발달하는 인간 본능이라는 개념을 왜곡하여 '읽기'는 자연스럽게 발달하는 인간 본능이라는 진화론적으로 있을 법하지 않은 주장을 내놓는다. 그에 따라 철자를 소리와 연결시키는 낡은 학습법을 대신하여 온갖 텍스트로 가득한 사회적 환경에 몰입시키는 방법을 제시하지만 아이들은 결국 읽기를 배우지 못한다. 우리가 진화했던 환경에서 마음이 수행해야 했던 설계 목적이 무엇이었는가를 이해하지 못한다면, 공식 교육이라 불리는 인위적 활동은 결국 실패로 끝날 것이다.

● ● ● ●

아인슈타인은 "신이 세계를 가지고 주사위 놀이를 했다고는 결코 믿을 수 없다"는 유명한 말을 남겼다. 양자역학과 우주에 관한 그의 이론이 옳은지 틀린지는 알 수 없지만, 사람들이 일상생활에서 벌이는 게임들을 보면 위의 말은 틀린 것이 분명하다. 인생은 체스가 아니라 매번 주사위를 던지는 백개먼*이다. 예측은 어렵고, (요기 베라가 했을 법한 말이지만) 특히 미래를 예측하기는 매우 어렵다. 그러나 조금이라도 규칙성이 있는 세계라면 무작위에 따른 결정보다는 과거의 정보에 입각한 결정이 더 낫다. 이것은 항상 참이므로, 유기체 중에서도 특히 인간과 같은 정보광들은 확률에 대한 날카로운 직관을 진화시켰을 것이라는 추측이 가능하다. 논리의 창시자들처럼 확률 이론의 창시자들도 그것이 단

* backgammon, 서양 주사위놀이

지 상식을 공식화하는 것이라고 생각했다.

그렇다면 왜 사람들은, 인지심리학자 마시모 피아텔리-팔마리니의 표현대로 종종 '확률맹probability-blind' 처럼 보일까? 심리학자 아모스 트버스키와 대니얼 카너먼은 사람들의 확률적 직관이 어떤 식으로 확률 이론의 기본 규칙들을 조롱하는지를 보여 주는 영리한 증거들을 수집했다.

- 사람들은 도박을 하고 복권을 사면서 이른바 '멍청세'를 납부한다. 도박장이 돈을 벌기 때문에 사람들은 평균적으로 손해를 본다.
- 사람들은 자동차보다 비행기를 더 두려워한다. 통계적으로 볼 때 비행기 여행이 훨씬 더 안전하지만, 처참한 추락 사고가 뉴스에 나오면 두려움은 극에 달한다. 사람들은 원자력을 두려워하지만 석탄 때문에 죽거나 불구가 되는 사람이 더 많다. 미국에서 매년 1000명이 감전 사고로 목숨을 잃지만 록 스타들은 전압을 낮추자는 캠페인을 벌이지 않는다. 사람들은 살충제 잔여물과 식품첨가제를 금지해야 한다고 주장하지만, 식물들이 해충을 막기 위해 진화시킨 수천 종의 천연성 발암물질과 비교하면 살충제와 식품첨가제가 암을 일으킬 위험성은 미미한 수준이다.
- 사람들은 만일 룰렛 회전반*이 연속으로 여섯 번 블랙에서 멈추면 그 다음에는 레드에서 멈출 거라고 생각한다. 물론 원반은 어떤 것도 기억하지 않으며 모든 회전은 독립적이다. 자칭 예언자들이 모인 한 업계에서는 주식시장의 무작위적인 흐름 속에서 동향이라는 환각을 만들어 낸다. 농구선수의 슛 성공률은 동전 던지기와 비슷하지만 농구 팬들은 선수들이 '마법의 손'을 갖고 있어서 던지는 대로 슛이 성공해야 한다고 믿는다.
- 하버드 의대 학생과 교직원 60명에게 다음과 같은 문제를 냈다. "환자의

* 37등분(또는 38등분)된 회전 원반에 주사위를 놓고 빠른 속도로 회전시키는 도박 기구.

* 이병률 또는 발병률이라고도 한다.

증후나 증상을 전혀 모른다고 가정할 때, 이환율罹患率*이 1000분의 1인 질병을 탐지하는 검사를 하면 5퍼센트의 잘못된 양성반응이 나온다. 이 검사에서 양성으로 판명된 한 사람이 실제로 그 병에 걸렸을 확률은 얼마일까?" 가장 많이 나온 대답은 0.95였고, 평균치는 0.56이었다. 정답은 0.02인데, 전문가들 중 18퍼센트만이 정답을 말했다. 조건부확률의 정리인 베이스의 정리에 따라 정답을 구하면, 〔이환율 또는 기준율(1/1000)〕 곱하기 〔테스트의 민감도 또는 적중률(실제 환자가 양성으로 나올 비율, 아마 1일 것이다)〕 나누기 〔양성반응자들의 전체 발병률(아픈 사람들에 대한 검사와 건강한 사람들에 대한 검사의 결과가 양성으로 나올 기회의 비율, 즉 양성으로 나온 아픈 사람 1/1000×1과, 양성으로 나온 건강한 사람 999/1000×0.05의 합)〕이다. 한 가지 걱정스런 문제는 많은 사람들이 '잘못된 양성반응 비율'을, 건강한 사람들 중 검사 결과가 양성으로 나온 사람의 비율로 해석하지 않고, 양성반응자들 중 건강한 사람의 비율로 잘못 해석한 것이다. 그러나 가장 큰 문제는 사람들이 기준율(1/1000)을 무시한다는 점이다. 이 기준율을 본 전문가라면 그 질병이 드물게 발생하고 그래서 특정인의 검사 결과가 양성으로 나왔어도 그 질병에 걸렸을 가능성은 극히 낮다는 점을 상기해야 했을 것이다.(그들은 분명 얼룩말은 발굽 소리를 내기 때문에 발굽 소리는 얼룩말을 의미한다고 보는 오류에 빠졌을 것이다.) 조사에 따르면 많은 의사들이 희귀한 질병에 양성반응을 보인 환자에게 불필요한 두려움을 심어 준다고 한다.

● 다음 문제에 답하라. "린다는 서른 한 살의 독신녀고 솔직한 성격에 매우 똑똑하다. 그녀는 철학을 전공했다. 학생 시절에 그녀는 인종차별과 사회정의에 깊은 관심을 가졌고 반핵 시위에도 참가했다. 현재 린다가 은

행 직원일 확률은 얼마일까? 또는 린다가 은행 직원이면서 동시에 여권 운동에 적극적으로 참여할 확률은 얼마일까?" 사람들은 때때로 린다가 은행 직원일 확률보다 그녀가 페미니스트 은행원일 확률을 더 높게 추정한다. 그러나 'A and B'의 확률이 'A' 만의 확률보다 높기는 불가능하다.

수업 시간에 이런 내용들을 강의하자 한 학생이 "내가 인간이라는 게 창피하다!"라고 소리쳤다. 다른 사람들도 그들 자신에 대해서는 아니겠지만 거리의 사람들에 대해 그와 똑같은 창피함을 느낀다. 트버스키, 카너먼, 굴드, 피아텔리-팔마리니를 비롯한 많은 사회심리학자들이 내린 결론에 따르면, 세계는 확률의 법칙에 지배되지만 마음은 그 법칙을 파악할 수 있도록 설계되어 있지 않다고 한다. 뇌는 제한된 양의 정보만을 처리하기 때문에, 정리定理들을 계산하는 대신 조잡한 실용적 눈대중을 사용한다. 우선 다음과 같은 법칙이 있다. 기억이 잘 되는 사건일수록 발생할 가능성이 높다.(최근의 끔찍한 추락 사고를 생각하면 비행기는 위험하다.) 또 다른 법칙이 있다. 한 개인이 전형과 닮으면 닮을수록 그 범주에 속할 가능성이 높다.(린다는 내가 생각하는 은행원 이미지보다는 페미니스트 은행원의 이미지에 더 잘 들어맞는다. 따라서 그녀는 페미니스트 은행원일 가능성이 더 높다.) 섬뜩한 제목을 가진 대중서들도 나쁜 소식을 전파하는 데 일조해 왔다. 《비합리성: 내 안의 적*Irrationality: The Enemy Within*》,《불가피한 환상: 우리의 마음을 지배하는 잘못된 추론*Inevitable Illusions: How Mistakes of Reason Rule Our Minds*》,《무엇이 그렇지 않은지를 어떻게 아는가: 일상생활을 잠식하는 이성의 오류*How We Know What Isn't So: The Fallibility of Human Reason in Everyday Life*》. 인간의 어리석음과 편견이 가득한 슬픈 역사는 직관통계학에 대한 우리의 무능함 때문이라고 설명할 수 있다.

트버스키와 카너먼의 증거들은 심리학 분야에서 대단히 충격적이다. 그들의 연구는 우리의 사회적·개인적 위험에 대한 공적인 논의들이 지적으로 낮은 수준을 벗어나지 못한다는 사실에 관심을 불러일으켰다. 그러나 확률로 가득한 이 세계에서 인간의 마음은 정말로 확률을 전혀 보지 못할까? 사람들이 실수하는 확률 문제들의 해답은 싸구려 계산기를 몇 번만 두드려 봐도 쉽게 구할 수 있다. 많은 동물들은 물론이고 심지어 벌까지도 먹이를 수집할 때 확률을 정확히 계산한다. 그 계산들이 정말로 수조 개의 시냅스를 갖고 있는 인간 뇌의 정보처리 능력을 능가할 수 있을까? 그것은 믿기 힘들 뿐만 아니라 믿을 필요도 없다. 사람들의 추론은 얼핏 보이는 것만큼 한심하지 않다.

우선 위험과 관련된 많은 선택들이 그저 선택일 뿐인데, 사실 그런 선택을 부인하는 것은 아무런 의미가 없다. 도박, 비행기공포증, 화학물질 기피증을 살펴보자. 그것들은 정말로 불합리한가? 어떤 사람들은 인생 역전의 대박을 기다리면서 즐거움을 느낀다. 어떤 사람들은 튜브에 매달린 채 죽음의 공포를 상기시키는 물건들과 나란히 파도에 휩쓸리는 것을 싫어한다. 어떤 사람들은 일부러 독을 집어넣은 음식을 먹기 싫어한다.(아무런 해가 없더라도 벌레의 고기가 첨가된 햄버거는 먹지 않겠다고 하는 것과 비슷하다.) 초코 아이스크림보다 바닐라 아이스크림을 선택하는 것이 비합리적이지 않은 것처럼 이런 선택들도 결코 비합리적이지 않다.

심리학자 저드 지거렌저는 확률에 대한 사람들의 판단이 진실과 다를 때에도 그들의 추론은 비합리적이지 않을 수 있다고 지적했다. 어떤 마음 기능도 모든 것을 알지는 못한다. 색채시는 나트륨 가로등 때문에 착각을 일으킬 수 있지만, 그렇다고 색채시가 엉터리로 설계되었다고 말할 수는 없다. 그것은 누가 보아도 잘 설계되었고, 조도가 변할 때에도 일정한 색들을 기록하는 일에 어떤 카메라보다 월등하게 나은 능력을 과시한다(4장을 보라). 그러나 색채시가 이 불가능한 문제를 성공적으로 해결한 것은 세계에 대한 암묵적인 전제들 덕분이다. 인공의 세계에서 그 전제들을 위반하면 색채시는 오류를 일으킨다. 우리의 확률 추정 장치에도 바로 그런 일이 발생할 수 있다.

유명한 '도박사의 오류'를 살펴보자. 도박사의 오류란 마치 동전이 기억력과 공정함에 대한 소망을 갖기라도 한 것처럼 앞면이 연속해서 나오면 뒷면이 나올 가능성이 높아진다고 기대하는 것이다. 10대의 소년 시절에 부모님과 휴가 여행을 할 때 있었던 일은 나에게 부끄러운 기억으로 남아 있다. 아버지는 며칠 동안 계속해서 비가 내렸으니 이제는 날씨가 좋아질 거라고 말했다. 나는 그것이 도박사의 오류라고 주장했다. 그러나 옳은 쪽은 인내심이 강한 아버지였고 고개를 떨군 쪽은 모르는 것이 없는 아들이었다. 한랭전선은 하루의 일이 끝나면 갈퀴로 긁어모아 다시 하늘에 늘어놓는 것이 아니라 이튿날 아침이면 새로운 전선으로 바뀐다. 구름은 반드시 평균적인 크기, 속도, 방향을 갖고 있기 때문에 (지금은) 만일 일주일 동안 흐린 날이 계속되면 구름이 거의 물러가고 해가 날 때가 되었다고 예측할 수 있다. 그것은 지나가는 화물열차의 세 번째 차량보다는 백 번째 차량이 승무원 차량일 가능성이 훨씬 높은 것과 같다.

많은 사건들이 이렇게 전개된다. 사건들은 저마다 고유한 생활사가 있어서 시간에 따라 발생 확률이 변하는데, 통계학자들은 이것을 위험함수 hazard function라 부른다. 정밀한 관찰자라도 당연히 도박사의 오류를 범할 수 있고, 특정한 사건의 다음 발생을 지금까지의 역사, 즉 시계열 분석 time-series analysis이라는 일종의 통계법에 근거해 예측하려 한다. 그러나 예외가 하나 있다. 발생사와 무관하게 사건을 일으키도록 '설계된' 장치들이 그것이다. 어떤 종류의 장치가 그런 일을 할까? 우리는 그것들을 도박기계라 부른다. 도박기계가 존재하는 이유는 패턴을 예측으로 전환하기를 좋아하는 관찰자의 허를 찌르기 위함이다. 무질서는 어디나 존재하기 때문에 패턴에 대한 우리의 집착이 허망한 것이라면, 도박기계는 만들기 쉽고 도박사는 속이기 쉬워야 한다. 그러나 룰렛 회전반, 슬롯머신은 물론이고 심지어 주사위, 카드, 동전까지도 나름대로 정밀기계에 속한다. 그것들은 제작이 까다롭고 쉽게 읽힌다. 카드 도박사가 블랙잭을 하는 동안 이미 펼쳐진 카드들을 기억하면서 그 카드들이 당장에는 나오지 않을 거라고 예측함으로써 '도박사의 오류를 범한다면' 그는 라스베이거스의 골칫거리가 될 것이다.

이처럼 카지노를 제외한 어떤 세계에서든 도박사의 오류는 사실 오류가 아니다. 도박기계에 먹히지 않는다고 해서 우리의 직관적 예측을 불합리하다고 평가하는 것은 일종의 본말 전도다. 도박기계는 정의상 우리의 직관적 예측을 무력화하도록 설계되었기 때문이다. 그것은 우리의 손이 수갑에서 빠져나오기 어려우므로 잘못 설계되었다고 말하는 것과 같다. 스포츠 팬들 사이에 널리 퍼진 마법의 손이나 그 밖의 오류들도 마찬가지다. 만일 슛을 쉽게 예측할 수 있다면 농구는 더 이상 스포츠가 아닐 것이다. 효율적인 주식시장도 인간의 패턴 감지를 무력화하도록 설계된 발명품이다. 주식시장은 거래자로 하여금 랜덤워크, 즉 무작위적 움직임으로부터의 일탈에 재빨리 편승하고 그럼으로써 그것을 무력화하도록 설계되어 있다.

그 밖의 다른 오류들 역시 설계상의 결함 때문이라기보다는 진화의 고안물들이 우리의 확률 계산 장치를 속이기 때문에 발생한다고 볼 수 있다. '확률'에는 여러 의미가 있다. 첫째, 그것은 최종적인 상대적 빈도를 의미한다. "동전의 앞면이 나올 확률은 0.5"라는 말은 동전을 100번 던지면 앞면이 50번 나온다는 뜻이다. 또 다른 의미는 단일 사건의 결과에 대한 주관적 확신이다. 이때 "동전을 던졌을 때 앞면이 나올 확률은 0.5"라는 말은 0부터 1까지의 척도에서 다음의 동전은 앞면이 나올 것이라는 확신이 반드시 그렇게 될 확실성과 그렇지 않을 확실성의 중간이라는 것을 의미한다.

단일 사건의 확률을 나타내는 숫자는 단지 주관적 확신의 추정치로서만 의미가 있는데, 오늘날 우리 주변에서 흔히 볼 수 있다. "내일 비가 올 확률은 30퍼센트다." "오늘밤 아이스하키 경기는 캐나디언스가 마이티덕스보다 5대 3으로 유리하다." 그러나 마음은 확률을 생각할 때 단일 사건에 대한 자신감을 표현하는 숫자가 아니라 최종적인 상대적 빈도로 생각하게끔 진화한 것 같다. 확률수학은 17세기가 되어서야 창안되었고, 비례나 비례를 표현하는 백분율은 훨씬 나중에 도입되었다.(백분율은 프랑스혁명 이후 미터법과 함께 도입되었고, 처음에는 이자와 세율 계산에 사용되었다.) 확률을 위해 공식을 사용하는 것은 훨씬 현대적인 방법이다. 데이터를 조직적으로 수집하고, 기록으로 남기고, 에러를 체크하고, 누적해서 보관하고, 계산하고 추정하여 숫자를 산출했다. 확률에 가장 근접한 우리 조상들의 행위는 '아마도' 같은 조잡한 말을 이용해 타당성이 불확실한 소문을 전하는 것이었다. 우리 조상들이 이용할 수 있었던 확률은 분명 그들 자신의 경험에서 나왔을 것이고, 따라서 그것은 빈도였을 것이다. 오랜 기간에 걸쳐 자주색 발진이 돋으면 8명 중 다섯은 다음날 죽었다.

지거렌저, 코즈미디스, 투비, 심리학자 클라우스 피들러는 질병 검사 문제와 린다 문제는 단일 사건의 확률을 묻는 문제라고 지적했다. 다시 말해 그것은 '이 환자'가 아플 가능성은 얼마인가, 혹은 '린다'가 은행원일 가능성은 얼마인가를 묻는 문제다. 반면에 확률 본능이 상대적 빈도를 겨냥한다면 그것은 시야 밖에 있는 문제들을 해결할 수 있다. 린다는 단 한 명이고, 그녀는 은행원이거나 은행원이 아니다. '그녀가 은행원일 확률'은 계산이 불가능하다. 그래서 그들은 사람들에게 그 까다로운 문제들을 제시하면서 그것을 단일 사건의 확률이 아니라 빈도의 측면에서 설명했다. 미국인 1000명당 1명이 질병에 걸린다. 1000명의 건강한 사람 중 50명은 양성반응을 보인다, 미국인 1000명을 모았다. 양성반응을 보인 사람들 중 몇 명이 진짜 환자일까? 린다와 똑같은 사람 100명을 모았다. 그 중 몇 명이 은행원이고, 몇 명이 페미니스트 은행원일까? 그제야 비로소 92퍼센트에 이르는 대다수의 사람들이 유능한 통계학자처럼 확률을 계산했다.

이러한 인지적 치료법에는 중요한 의미들이 내포되어 있다. HIV(AIDS 바이러스) 검사에서 양성반응이 나오면 사람들은 조만간 죽을 거라고 생각한다. 대부분의 사람들(특히 위험군에 속하지 않는 사람들)은 AIDS에 걸리지 않는다는 것과 어떤 검사도 완벽하지 않다는 것을 알면서도 어떤 사람들은 자살 같은 극단적인 방법을 선택한다. 그러나 의사나 환자의 입장에서는 심지어 감염 확률이 어느 정도인지 밝혀진 상태에서도 그 지식을 이용해 감염의 가능성을 수정하기가 어렵다. 예를 들어 최근 몇 년 동안 위험군에 속하지 않은 독일 남성들의 HIV 이환율은 0.01퍼센트이고, 대표적인 HIV 검사의 민감도(적중률)는 99.99퍼센트이므로 잘못된 양성반응 비율은 0.01퍼센트일 것이다. 이것을 보면 양성반응이 나온 환자의 생존 가능성은 썩 좋다고 생각되지 않는다. 그러나 의사가 환자에게 다음과 같이 충고한다고 상상해 보라. "당신과 같은 이성애자 남성이 1만 명 있다고 가정합시다. AIDS에 감염되지 않은 9999명 중에서 또 1명이 양성반응을 보일 겁니다. 그러므로 2명이 양성반응을 보이지만, 그중 1명은 실제로 그 바이러스에 감염되지 않은 사람입니다. 따라서 당신이 실제로 AIDS에 걸렸을 확률은 대략 50 대 50입니다." 지거렌저는 확률을 이런 식으로(빈도로) 제시하면 전문가나 보통 사람이나 검진 후에 질병의 가능성을 훨씬 더 정확히 추정한다는 것을 발견했다. 이것은 예컨대 형사재판처럼 불확실한 상황에서 판단을 내리는 그 밖의 여러 경우에도 해당된다.

● ● ● ●

지거렌저의 주장에 따르면, 사람들은 직관적으로 확률을 빈도와 동일시하기 때문에 통계학자처럼 확률을 계산할 수 있을 뿐 아니라, 놀랍도록 이해하기 어렵고 역설적인 개념인 확률이란 개념에 대해서도 통계학자처럼 생각할 수 있다고 한다. 그렇다면 단일 사건의 확률이란 무엇을 의미하는가? 마권업자들은 예를 들어 마이클 잭슨과 라토야 잭슨이 동일 인물일 확률은 500 대 1이라거나, 밀밭의 미스터리서클들이 포보스(화성의 한 위성)로부터 발산되었을 확률은 1000 대 1이라는 등의 수수께끼 같은 숫자들을 만들어 낸다. 일전에 나는 어느 타블로이드판 신문에서 미하일 고르바초프가 반기독교도일 확률이 8조 분의 1이라는 표제를 보았다. 이런 말들은 참일까? 거짓일까? 대략 참일까? 우리는 어떻게 알 수 있을까? 한 동료가 나에게, 그가 내 강연에 참석할 확률이 95퍼센트라고 말하고 실제로는 나타나지 않는다면, 그는 거짓말을 한 것일까?

당신은 다음과 같이 생각할지 모른다. '물론 단일 사건 확률은 주관적 확신이지만, 상대적 빈도에 의해 확신을 수정하는 것은 합리적이지 않을까? 만일 사람들이 그렇게 하지 않으면 오히려 비합리적이지 않을까?' 아하, 그러나 상대적 빈도의 대상은 무엇인가? 빈도를 계산하려면 계산하려는 사건의 구간(또는 계급)을 결정해야 하는데, 하나의 단일 사건은 무수히 많은 구간에 속한다. 확률 이론의 개척자인 리처드 폰 미제스는 다음과 같은 예를 제시했다.

　　35세에서 50세 사이의 미국 여성 구간에서 100명 중 4명이 1년 이내에 유방암에 걸린다. 스미스 여사는 49세의 미국 여성이므로 내년에 유방암에 걸릴 확률이 4퍼센트일까? 이 질문엔 답이 없다. 스미스 여사는 45세에서 90세 사이의 여성 구간에도 속하는데, 이 구간의 여성들은 100명 중 11명이 1년 이내에 유방암에 걸린다. 스미스 여사의 확률은 4퍼센트일까, 11퍼센트일까? 그녀의 어머니가 과거에 유방암에 걸렸고, 어머니가 유방암에 걸렸던 45세와 90세 사이의 미국 여성 구간에서는 100명 중 22명이 유방암에 걸린다. 스미스 여사의 확률은 4퍼센트일까, 11퍼센트일까, 22퍼센트일까? 그녀는 또한 담배를 피우고, 캘리포니아에 살고, 25세 이전에 두 아이를 낳았고, 40세 이후에 한 아이를 낳았고, 그리스계다. … '정확한' 확률을 산출하려면 그녀를 어느 집단에 넣어야 할까? 당신은 계급이 구체적일수록 더 정확할 거라고 생각할지 모른다. 그러나 계급이 구체적이면 계급의 규모가 줄어들고 빈도의 신뢰성도 줄어든다. 이 세상에 스미스 여사와 아주 똑같은 사람이 단 두 명이고, 그중 한 명이 유방암에 걸렸다면, 스미스 여사의 확률은 50퍼센트라고 할 수 있을까? 극단적으로 말해서, 스미스 여사와 모든 면에서 똑같이 비교할 수 있는 사람은 스미스 여사 본인뿐이다. 그러나 한 명뿐인 구간에서 '상대적 빈도'는 무의미하다.

　　확률의 의미에 대한 이런 철학적인 문제들은 이론에 국한되지 않고 우리가 내리는 모든 결정에 영향을 미친다. 한 흡연자가 아흔 살이 된 자신의 부모는 수십 년 동안 하루에 한 갑씩 흡연을 했고, 그래서 전국적인 확률은 자신에게 적용되지 않는다고 주장하면서 자신의 흡연을 합리화해도 그가 틀렸다고 보기는 어려울 것이다. 1996년 대통령 선거 때 공화당 후보의 나이가 쟁점이 되었다. 《뉴리퍼블릭 The New Republic》은 다음과 같은 편지를 공개했다.

편집자에게

〈돌은 너무 늙었는가?〉라는 사설(4월 1일)에 실린 당신의 통계 정보는 오해를 불러일으킬 수 있습니다. 평균 72세의 백인 남성은 5년 이내에 사망할 확률이 27퍼센트이지만, 우리는 건강과 성별 이상의 것들을 고려해야 합니다. 밥 돌 상원의원처럼 그 나이에도 자신의 직업에 종사하는 사람들은 평균수명이 훨씬 더 깁니다. 게다가 통계적으로 볼 때 부유함과 수명에는 상관관계가 있습니다. 이런 특성들을 고려하면 평균 73세(돌이 당선되면 대통령으로 취임할 나이)인 남성은 4년 이내에 사망할 확률이 12.7퍼센트입니다.

게다가 캔자스 출신이고, 흡연을 하지 않고, 폭탄 파편을 맞고도 살아남은 평균 73세의 부유한 현직의 백인 남성은 어떠한가? 1995년 O. J. 심슨의 재판에서는 그보다 훨씬 더 극적인 차이가 등장했다. 심슨을 변호하던 앨런 더쇼위츠는 텔레비전에서, 아내를 구타하는 남자들 중 단 0.1퍼센트만이 아내를 살해한다고 말했다. 그러자 한 통계학자가 《네이처 Nature》에 편지를 보내 아내를 구타하는, 그리고 그 아내가 누군가에 의해 살해된 남자들 중 절반 이상이 살인자라고 지적했다.

많은 확률 이론가들이 단일 사건의 확률은 계산을 할 수가 없으며 그런 노력 자체가 무의미하다고 결론짓는다. 단일 사건 확률은 "완전한 헛소리"라고 한 수학자는 잘라 말했다. 또 다른 수학자는 그런 확률은 "확률 이론이 아니라 정신분석에서" 다뤄야 한다며 비웃었다. 그것은 사람들이 단일 사건에 대해 자신이 믿고 싶은 대로 믿을 수 있어서가 아니다. 가령 나는 마이크 타이슨을 이길 가능성보다 그에게 질 가능성이 더 높다거나, 나는 오늘밤 외계인들에게 납치당할 것 같지 않다는 진술은 무의미한 것은 아니지만 참과 거짓이 분명한 수학적 진술이 아니며, 따라서 그런 것을 묻는다고 해도 기본적인 오류를 범하는 것은 아니다. 단일 사건에 대한 진술은 계산기로 결정되지 않는다. 그런 진술들은 증거를 고찰하고, 논의의 설득력을 평가하고, 진술을 더 쉽게 평가할 수 있도록 개조하는 등 알 수 없는 미래에 대해 유한한 인간이 귀납적으로 추측할 수 있는 모든 과정들을 거쳐서 결정된다.

따라서 많은 수학자들에 따르면, '호모사피엔스의 수치의 전당'에서 가장 유별난 행동 — 린다는 은행원보다 페미니스트 은행원이 되었을 가능성이 더 높다고 보는 것 — 도 딱히 오류는 아닌 것이다. 단일 사건 확률은 수학적으로 무의미하기 때문에, 사람들은 최선을 다해 문제를 이해하는 수밖에 없다. 지거렌저에 따르면, 빈도는 미결이고 단일 사건은 직관적으로 숫자를 부여하기 어렵기 때문에 사람들은 때때로 확률에 대한 제3의 비수학적 정의로 넘어간다고 한다. 그것은 "방금 주어진 정보가 보증하는 믿음의 정도"다. 이 정의는 여러 사전에도 나와 있고 법정에서도 사용되는데, 이때 그것은 상당한 이유, 증거의 무게, 합리적 의심 등의 개념에 해당한다. 단일 사건 확률에 대한 문제들에 떠밀려 제3의 정의로 넘어갈 때 사람들은 위의 질문을 다음과 같이 해석할 것이다. (실험자가 어떤 목적을 위해 린다에 대한 스케치를 포함시켰다고 아주 합리적으로 가정한 피실험자들이 내리는 자연스런 해석이다.) 린다에 대해 주어진 정보는 어느 정도까지 그녀가 은행원이라는 결론을 보증하는가? 그리고 합리적인 대답은, 거의 아니라는 것이다.

확률 개념의 무시할 수 없는 마지막 요소는 안정적인 세계에 대한 믿음이다. 확률적 추론은 과거에 수집된 빈도에 기초한 현재의 예측이다. 그러나 과거는 과거고 현재는 현재다. 세계가 그동안 변하지 않았다고 어떻게 알 수 있을까? 철학자들은 변화하는 세계에서 확률에 대한 믿음이 과연 합리적인가에 대해 논쟁을 벌인다. 보험회계사와 보험회사들은 훨씬 더 많이 걱정한다. 현재의 사건이나 생활방식의 변화로 인해 그들의 요율표가 무용지물이 되면 보험사들은 곧 파산하기 때문이다. 사회심리학자들은 통계상 고장 수리가 매우 적은 차를 구입하기로 했다가 어제 이웃집 차가 고장 났다는 말을 들은 후에 구입을 포기하는 사람은 얼간이라고 말한다. 이에 대해 지거렌저는 지금까지 큰 사고가 전혀 없었던 강에서 아침에 이웃집 아이가 악어에게 공격당했다는 말을 듣자 자신의 아이가 그곳에 놀러 가는 것을 막는 사람을 예로 든다. 두 이야기의 차이는 결과에만 있는 것이 아니라 우리의 판단과도 관련이 있다. 즉 우리는 자동차의 세계는 안정적이므로 과거의 통계가 적용되지만, 강의 세계는 항상 변화하므로 과거의 통계가 미결이라고 판단하는 것이다. 거리의 평범한 사람이 다량의 통계보다 최근의 일화에 더 큰 무게를 둔다 해도 반드시 비합리적인 것은 아니다.

물론 사람들은 때때로 불합리하게 추론하는데, 특히 오늘날과 같은 데이터의 홍수 속에서는 더욱 그렇다. 그리고 물론 사람들은 누구나 확률과 통계를 후천적으로 습득해야 한다. 그러나 확률에 대한 본능이 없다면 어떤 동물도 그런 과목을 창안하는 것은 물론이고 학습도 하지 못할 것이다. 그리고 사람들은 확률에 대한 자연스런 사고방식과 맞물린 형식으로 정보를 제시받으면 놀랍도록 정확하게 추론할 줄 안다. 우리 인류가 확률에 대해 문맹이라는 주장은 그들 말대로 참일 확률이 매우 낮다.

은유적인 마음

식량수집인의 마음은 미적분도 할 수 있다는 월리스의 역설은 이제 거의 해결 단계에 들어섰다. 인간의 마음은 서양 과학, 수학, 체스나 그 밖의 오락을 하기 위한 진화적으로 하찮은 기능을 구비하고 있지 않다. 인간의 마음에는 현지 환경을 지배하고 그 서식자들을 속여먹을 수 있는 기능들이 구비되어 있다. 사람들은 상호 의존적인 이 세계에서 수풀에 해당하는 개념들을 형성한다. 사람들에게는 앎의 방법들 즉 직관 이론들이 있으며, 그것들은 인간이 경험하는 대상의 주된 종류들—사물, 생물, 자연물, 인공물, 마음, 그리고 다음 두 장에서 탐구하게 될 사회적 결속과 영향력—에 맞춰져 있다. 사람들은 논리, 산수, 확률의 법칙 같은 추론 도구를 사용한다. 이제 우리는 그런 기능들이 어디에서 발생했으며, 어떻게 현대적인 지적 과제에 이용될 수 있는가를 살펴보고자 한다.

여기 언어학적 발견에 의해 유명해진 한 가지 개념이 있다. 레이 재킨도프는 다음 문장들을 제시한다.

The messenger *went from* Paris *to* Istanbul. (심부름꾼은 파리에서 이스탄불로 갔다.)

The inheritance finally *went to* Fred. (유산은 마침내 프레드에게 돌아갔다.)

The light *went from* green *to* red. (신호등이 파랑에서 빨강으로 바뀌었다.)
The meeting *went from* 3:00 *to* 4:00. (회의는 3:00시부터 4:00시까지 열렸다.)

첫 번째 문장은 직설적이다. 어떤 사람이 한 곳에서 다른 곳으로 이동했다. 그러나 나머지 문장에서는 아무것도 움직이지 않았다. 유언장이 공개되었을 때 현금은 이동하지 않고 은행 계좌만 바뀜으로써 프레드는 백만장자가 되었다. 신호등은 도로 위에 세워져 있어서 이동하지 않으며, 회의 역시 움직일 수 있는 물체가 아니다. 우리는 추상적인 개념을 표현하기 위해 공간과 운동을 은유적으로 사용한다. 프레드에 관한 문장에서는 재산이 사물이고, 소유주가 장소이고, 증여가 이동이다. 신호등의 경우에는 변할 수 있는 것이 사물이고, 그 상태(빨강과 파랑)가 장소이고, 변화가 이동이다. 회의의 경우에는 시간이 일직선이고, 현재가 이동하는 선이고, 사건이 여행이고, 시작과 끝이 출발점과 도착지다.

공간적 은유는 변화와 관련된 이야기뿐만 아니라 고정된 상태와 관련된 이야기에도 사용된다. 소유, 상태, 예정 등이 마치 한 장소에 놓인 물건처럼 설명된다.

The messenger *is in* Istanbul. (심부름꾼은 이스탄불에 있다.)
The money *is* Fred's. (그 돈은 프레드 것이다.)
The light *is* red. (신호등은 빨강이다.)
The meeting *is at* 3:00. (회의는 3시에 열린다.)

또한 공간적 은유는 어떤 것을 특정 상태로 유지시키는 경우에도 사용된다.

> The gang *kept* the messenger in Istanbul. (갱들은 심부름꾼을 이스탄불에 붙들어 두었다.)
> Fred *kept* the money. (프레드는 그 돈을 갖고 있었다.)
> The cop *kept* the light red. (경찰관은 빨간색 신호등을 계속 켜두었다.)
> Emilio *kept* the meeting on Monday. (에밀리오는 월요일마다 회의를 열었다.)

 왜 우리는 이런 유추들을 만들어 낼까? 이것은 단지 단어를 선출하는 것이 아니라 추론 장치를 선출하는 것이다. 운동과 공간에 적용되는 어떤 추론들은 소유, 상황, 시간에도 아주 잘 적용된다. 그 때문에 공간에 대한 추론 장치는 다른 주제들에 대한 추론에도 차용될 수 있다. 예를 들어 X가 Y로 갔다고 하면, 우리는 X가 Y에는 없었지만 지금은 그곳에 있다고 추론한다. 유추에 의해, 만일 어떤 물건이 누군가에게 간다고 하면, 우리는 그 사람이 전에는 그 물건을 소유하지 않았지만 지금은 소유하게 되었다고 추론한다. 유추는 결코 정확하진 않아도 매우 근사하다. 여행을 하는 심부름꾼은 파리에서 이스탄불까지 일련의 장소들을 거쳤지만, 프레드가 돈을 상속받을 때 그 돈은 유언장이 공개되는 동안 조금씩 그의 소유로 들어오진 않는다. 양도는 순간적이다. 장소 개념은 소유, 상황, 시간 개념들과 합쳐질 수는 없지만 대신에 추론 규칙들을 빌려 줄 수는 있다. 추론 규칙의 공유 덕분에 장소와 그 밖의 개념들은 우리의 눈을 사로잡는 유사성을 초월하여 특별한 효과를 발휘하게 된다.

 마음은 추상적 개념을 구체적인 용어로 드러낸다. 은유를 위해 차용하는 것은 단지 단어가 아니라 전체적인 문법적 구문들이다. 이중목적어 구문—Minnie sent Mary the marbles—은 수여를 나타내는 문장을 위해 존재한다. 그러나 정보 전달에 관한 담화를 위해서도 이중목적어 구문을 선택할 수 있다.

Minnie told Mary a story. (미니는 메리에게 이야기를 해주었다.)
Alex asked Annie a question. (알렉스는 애니에게 질문을 했다.)
Carol wrote Connie a letter. (캐럴은 코니에게 편지를 써 보냈다.)

생각이 수여물이고, 전달이 수여이고, 화자가 보내는 사람이고, 청자가 수여자이고, 아는 것이 소유하는 것이다.

언어에서 공간상의 장소는 두 종류의 기본적인 은유 중 하나로, 수천 가지 의미를 나타낼 수 있다. 두 번째 은유는 힘, 매개자, 원인이다. 레너드 탈미는 아래에 열거된 각 쌍에서 두 문장은 동일한 사건을 나타내지만 각 사건들은 우리에게 다르게 느껴진다는 점을 지적한다.

The ball was rolling along the grass. (그 공은 잔디밭 위를 구르고 있었다.)
The ball kept on rolling along the grass. (그 공은 잔디밭 위를 계속 구르고 있었다.)

John doesn't go out of the house. (존은 집 밖으로 나가지 않는다.)
John can't go out of the house. (존은 집 밖으로 나갈 수가 없다.)

Larry didn't close the door. (래리는 문을 닫지 않았다.)

Larry refrained from closing the door. (래리는 문을 닫는 것을 삼갔다.)

Shirley is polite to him. (셜리는 그에게 예의가 바르다.)
Shirley is civil to him. (셜리는 그에게 (형식적으로) 공손하다.)

Margie's got to go to the park. (마지는 공원으로 가야 한다.)
Margie gets to go to the park. (마지는 그럭저럭 공원으로 간다.)

두 문장의 차이는, 두 번째 문장을 보면 힘을 가진 어떤 매개자가 저항을 극복하거나 다른 어떤 힘을 제압한다고 생각하게 된다는 것이다. 공과 잔디밭에 관한 두 번째 문장에서 그 힘은 말 그대로 물리적인 힘이다. 그러나 존의 경우 그 힘은 '욕구'인데, 자세히 말하면 그가 자제하고 있는 외출 욕구다. 마찬가지로 두 번째 문장의 래리는 문을 닫으라고 재촉하는 마음의 힘과 그 힘을 제압하는 또 다른 힘을 품고 있는 것 같다. 셜리의 경우 형용사 civil의 선택만으로 두 문장의 정신 역학이 드러나고 있다. 마지에 관한 첫 번째 문장에서 그녀는 내적으로 저항하면서도 외적인 힘에 의해 공원으로 가지 않으면 안 된다. 반면에 두 번째 문장에서는 외적인 저항을 극복하고 내적인 힘에 의해 움직인다.

힘과 저항의 은유는 다음 문장들에서 훨씬 더 분명하게 드러난다.

Fran forced the door to open. (프랜은 힘으로 문을 열었다.)
Fran forced Sally to go. (프랜은 샐리를 억지로 떠나보냈다.)
Fran forced herself to go. (프랜은 억지로 떠났다.)

'force(힘을 가하다)'라는 하나의 단어가 쉽게 이해할 수 있는 공통의 의미를 통해 문자 그대로 사용되기도 하고 은유적으로 사용되기도 한다. 운동에 대한 문장과 욕구에 대한 문장은 둘 다 당구공 운동과 비슷하다. 운동 주체가 운동하거나 정지하려는 내적 경향을 갖고 있고 더 약하거나 더 강한 반대자와 대립하면, 그로 인해 어느 한쪽 또는 양쪽이 정지하거나 운동을 계속하게 된다. 그것은 이 장 앞에서 논의했던 운동력 이론이자 사람들이 갖고 있는 직관물리학의 핵심이다.

    언어에는 공간과 힘이 널리 퍼져 있다. (나를 포함하여) 다수의 인지과학자들은 언어에 대한 연구로부터, 영어를 포함하여 지금까지 연구되어 온 모든 언어에서 수만에 달하는 단어와 구문의 사실적·비유적 의미의 기초에는 장소, 경로, 운동, 매개자, 원인에 대한 몇몇 개념들이 깔려 있다는 결론에 도달해 왔다. 'Minnie gave the house to Mary(미니는 그 집을 메리에게 줬다)'라는 문장에 담긴 생각은 'Minnie cause [house go-possessionally from Minnie to Mary](미니는 [그 집의 소유가 미니에게서 메리에게로 넘어가다]를 야기하다)'일 것이다. 이 개념들과 관계들은 사고의 언어인 마음언어의 어휘와 구문론으로 이루어져 있다. 사고의 언어는 조합적이기 때문에 이 기본 개념들을 결합하면 점점 더 복잡한 생각들이 나올 것이다. 마음언어의 어휘와 구문론을 구성하는 부분들이 발견된 것은 라이프니츠의 '비범한 생각,' 즉 "인간의 사고를 구성하는 일종의 알파벳이 사용되고, 이 알파벳의 철자들을 비교하고 그 철자로 이루어진 단어들을 분석함으로써 모든 것을 발견하고 판단한다는 생각"을 입증한다. 그리고 마음언어의 요소들이 장소와 투사물에 근거한다는 발견은 사고의 언어가 어디에서 발생했으며, 우리는 현대에 사고의 언어를 어떻게 이용하고 있는지에 대해 중요한 사실들을 암시한다.

● ● ● ●

다른 영장류들은 이야기, 상속, 회의, 신호등에 대해 생각하진 못해도 바위, 막대기, 굴에 대해서는 생각을 할 것이다. 진화상의 변화는 종종 신체 부위를 똑같이 복사하고 그 사본을 수선함으로써 이루어진다. 예를 들어 곤충의 구기口器는 다리의 변형이다. 우리에게 사고의 언어를 부여한 것도 그와 비슷한 과정이었을 것이다. 공간과 힘에 대해 추론할 수 있는 오래된 회로들이 똑같이 복사되었고, 그 사본과 눈 및 근육과의 연결이 단절되었으며, 물리적 세계와의 관계가 깨끗이 표백되었다고 가정해 보자. 그 회로는 구멍이 숭숭 난 비계가 되어 각각의 홈은 상태, 소유, 개념, 욕구 등의 좀 더 추상적인 관심을 상징하는 기호들로 채워질 수 있다. 이 회로는 계산 능력을 그대로 보유하여, 한 순간에 한 상태로 존재하고, 한 상태에서 다른 상태로 이동하고, 대립적인 힘을 극복하는 실재물들에 대해 생각하는 능력을 여전히 갖고 있을 것이다. 새로운 추상적 영역에 물체의 운동을 그대로 반영하는 논리 구조가 있으면(신호등은 한 번에 한 색을 비추지만 세 종류의 색을 왔다 갔다 하고, 경쟁하는 사회적 영향력들은 두 의지 중 더 강한 의지에 의해 결정된다), 그 회로는 유용한 추론 작업을 수행할 수 있다. 그것들은 은유 행위를 통해, 공간과 힘의 시뮬레이션 장치, 즉 일종의 퇴화한 인지 기관으로서 자신의 계통을 드러낸다.

    그렇다면 사고의 언어가 이렇게 진화했다고 믿을 만한 이유는 무엇인가? 침팬지, 그리고 침팬지와 우리의 공통 조상은 호기심 많은 사물 조작자다. 기호나 동작을 사용하도록 훈련을 받으면 그들은 그 기호나 동작이 어떤 장소에 가는 사건이나 어떤 장소에 사물을 놓는 사건을 상징하게 만들 수 있다. 심리학자 데이비드 프리맥은 침팬지가 원인을 분리해 낼 줄 안다는 사실을 보여 주었다. 예를 들어 사과 하나와 반쪽짜리 사과 두 쪽, 또는 낙서한 종이와 깨끗한 종이처럼 한 쌍의 전후 사진을 보여 주면 침팬지들은 변화를 가져온 물체를 고르는데, 첫 번째 경우는 칼을 고르고 두 번째 경우는 지우개를 고른다. 이와 같이 침팬지들은 물리적 세계에서 사물들을 다룰 뿐 아니라 그에 대한 독립적인 생각을 갖고 있다. 그 생각의 뒤에 놓인 회로는 더욱 추상적인 인과관계를 처리하기 위해 진화의 과정에서 선택되었을 것이다.

살아 있는 인간의 마음이 정말로 사회적 압력과 물리적 압력의 유사성, 또는 공간과 시간의 유사성을 이해한다는 것을 어떻게 알 수 있는가? 사람들이 '아침식사 breakfast'를 생각할 때 '단식을 그치다 breaking a fast'로 생각하지 않는 것처럼, 이해력 없이 단지 죽은 은유들을 사용하지 않는다는 것을 어떻게 알 수 있는가? 우선, 공간과 힘의 은유는 세계적으로 수십 개의 어족 내에서 여러 번 고안되었다. 이보다 훨씬 더 확실한 증거가 나의 주요 연구 분야인 아동 언어 습득에서 발견된다. 심리학자 멜리사 바우어만의 발견에 따르면, 미취학 아동들은 공간과 운동이 소유, 상황, 시간, 인과관계를 상징하는 그들만의 은유를 자발적으로 만들어 낸다.

You put me just bread and butter. (넌 나에게 버터 바른 빵만 놓았다.)
Mother takes ball away from boy and puts it to girl. (엄마가 남자아이에게서 공을 빼앗아 여자아이에게 준다.)

I'm taking these cracks bigger (while shelling a peanut.) (난 이 틈들을 더 크게 벌리고 있어(땅콩 껍데기를 까면서.))
I putted part of the sleeve blue so I crossed it out with red (while

coloring.) (나는 소매 부분을 파랗게 놓았고 그래서 빨강으로 지웠다 [색칠을 하면서].)

Can I have any reading behind the dinner? (저녁 먹은 뒤에 책 읽어도 돼요?)
Today we'll be packing because tomorrow there won't be enough space to pack. (내일은 짐을 쌀 공간(시간)이 충분하지 않을 테니까 우리는 오늘 짐을 쌀 거야.)
Friday is covering Saturday and Sunday so I can't have Saturday and Sunday if I don't go through Friday. (금요일이 토요일과 일요일을 덮고 있어서 금요일을 통과하지 않으면 토요일과 일요일이 오지 않을 거야.)

My dolly is scrunched from someone... but not from me. (내 인형이 누군가에게 밟혀 부서졌는데… 내가 그런 건 아니야.)
They had to stop from a red light. (그들은 빨간 신호등 때문에 멈춰야 했어.)

아이들은 더 이전에 접했던 화자들로부터 그런 은유를 물려받을 수 없었다. 공간과 추상적 개념의 일치는 자연스럽게 생겨난다.

공간과 힘은 언어에 너무나 기초적이어서 거의 은유가 아니며, 적어도 시와 산문에 사용되는 문학적 장치라는 의미에서는 더욱 은유가 아닙니다. 일상적인 대화에서 '가다going,' '유지하다keeping,' '-에 있다being at' 같은 단어를 사용하지 않으면 소유, 상황, 시간에 대해 이야기를 나눌 방법이 없다. 그리고 그 단어들은 진정한 문학적 은유를 이끌어

내는 불일치incongruity의 느낌을 촉발하지 않는다. 우리는 누구나 언어적 비유에 직면하는 순간을 안다. 재킨도프가 지적했듯이 "물론 세계는 진짜로 무대가 아니다. 그러나 세계가 무대라면 유아기는 1막이라 할 수 있다"고 말하는 것은 자연스럽다. 그러나 "물론 회의는 진짜로 운동하는 점이 아니다. 그러나 회의가 운동하는 점이라면 오늘 회의는 3시부터 4시까지 간다(went from 3:00 to 4:00)고 할 수 있다"고 말하는 것은 어색하다. 공간과 힘의 표현들은 새로운 통찰을 전달하기 위한 언어적 비유처럼 기능한다기보다는 생각 자체의 매개에 더 가깝다. 나는 시간, 생물, 마음, 사회적 관계를 처리하는 마음 장치의 부품들이 진화의 과정에서 우리가 부분적으로 침팬지들과 공유하는 직관물리학의 모듈로부터 복사되고 수정되어 생겨났다고 생각한다.

우리는 은유로부터 은유를 만들어 낼 수도 있고, 생각과 단어를 확장하여 새로운 영역을 정복할 때 구체적인 생각들로부터 빌려 오기를 계속할 수도 있다. 공간과 시간을 나타내는 기본적인 구문들과 셰익스피어의 걸작들의 중간쯤에는 우리의 수많은 경험을 표현하는 엄청난 양의 일상적 은유들이 놓여 있다. 조지 레이코프와 언어학자 마크 존슨은 '삶으로서의 은유' — 수십 개에 달하는 마음의 방정식들 — 를 모아 목록을 만들었다.

ARGUMENT IS WAR: (논쟁은 전쟁이다.)
Your claims are *indefensible*. (당신의 주장은 옹호할 여지가 없다.)
He *attacked* every *weak* point in my argument. (그는 내 주장의 모든 약점을 공격했다.)
Her criticisms were *right on target*. (그녀의 비판은 제대로 적중했다.)

I've never *won* an argument with him. (나는 논쟁에서 그를 이겨 본 적이 없다.)

VIRTUE IS UP: (미덕은 높다.)

He is *high*-minded. (그는 고상하다.)

She is an *upstanding* citizen. (그녀는 정직한 시민이다.)

That was a *low* trick. (그것은 저급한 속임수였다.)

Don't be *underhanded*. (비열하게 굴지 말라.)

I wouldn't *stoop* to that; it is *beneath* me. (그렇게 비루한 짓은 하지 않을 것이다.)

LOVE IS A PATIENT: (사랑은 환자다.)

This is a *sick* relationship. (이것은 좋지 않은 관계다.)

They have a *healthy* marriage. (그들은 건전한 결혼 생활을 하고 있다.)

This marriage is *dead*—it can't be *revived*. (이 결혼은 죽었다. 되살릴 수가 없다.)

It's a *tired* affair. (그것은 피곤한 일이다.)

IDEAS ARE FOOD: (생각은 양식이다.)

What he said *left a bad taste in my mouth*. (그의 말은 씁쓸한 여운을 남겼다.)

All this paper has are *half-baked* ideas and *warmed-over* theories. (이 논문은 설익은 개념들과 재탕한 이론들로 가득하다.)

I can't *swallow* that claim. (나는 그 주장을 받아들일 수가 없다.)

That's *food* for thought. (그것은 사고의 양식이다.)

이렇게 초보적인 시를 알아보기 시작했다면 어디에서나 시를 발견하게 될 것이다. 생각은 양식일 뿐만 아니라 건물이고, 사람이고, 식물이고, 생산물이고, 상품이고, 돈이고, 연장이고, 유행이다. 사랑은 힘이고, 광기이고, 마법이고, 전쟁이다. 시야는 그릇이고, 자존심은 깨지기 쉬운 물건이고, 시간은 돈이고, 인생은 확률 게임이다.

● ● ● ●

은유의 편재를 인정하면 윌리스의 역설을 해결하는 길에 한걸음 가까워진다. "왜 사람의 마음은 임의의 추상적 실재물을 생각하도록 적응했을까?"라고 묻는다면, 사실 그것은 그렇지 않다고 답해야 한다. 컴퓨터나 수학적 논리의 규칙과는 달리 우리는 F와 x와 y로 생각하지 않는다. 우리는 사물들과 힘들이 충돌할 때의 주요한 특징들, 그리고 싸움, 식량, 건강 같은 인간 조건의 중요한 문제들이 갖고 있는 특징들을 포착할 수 있는 형식들의 틀을 물려받았다. 그 내용물을 지우고 빈칸에 새로운 기호들을 채운다면 우리는 물려받은 형식들을 더 난해한 영역에 적용시킬 수 있다. 이러한 개조들 중 어떤 것들은 우리의 진화 과정에서 발생하여, 애초에는 직관물리학을 위해 설계됐던 형식들로부터 예컨대 소유, 시간, 의지 같은 기본적인 마음 범주들을 우리에게 가져다줬을 것이다. 또 어떤 개조들은 우리의 생활 속에서 발생하여 새로운 지식의 영역을 해결해 준다.

아무리 난해한 과학적 추론이라도 그것은 소박한 은유들의 조립물이다. 우리는 마음의 기능들을 애초의 설계 목적이었던 영역들로부터 슬며시 해방시킨 다음 그 장치를 이용해 원래의 영역과 추상적으로 유사한 새 영역들을 이해한다. 우리가 사용하는 은유들은 이동과 부딪힘 같은 기본적인 각본에서 발췌될 뿐 아니라 앎의 방법들 전체로부터 추출된다. 학문으로서의 생물학에서는 인공물을 이해하는 우리의 방법을 취하여 유기체에 적용한다. 화학에서는 자연물의 본질을 작고, 잘 튀고, 점착성이 있는 물체들의 집합으로 취급한다. 심리학에서는 마음을 자연물로 취급한다.

수학적 추론에서는 마음의 다른 부분들과 필요한 것을 주고받는다. 그래프 덕분에 우리 영장류들은 눈과 마음의 눈으로 수학을 이해한다. 함수는 형태이고(선형의, 평평한, 가파른, 비스듬한, 완만한 형태들), 계산은 심상의 낙서다(회전, 외삽, 채우기, 긋기). 역으로 수학적 사고는 세계를 이해하는 새로운 방법을 제공한다. 갈릴레오는 다음과 같이 썼다. "자연이란 책은 수학의 언어로 적혀 있다. 그 도움이 없으면 자연의 책에 쓰인 말을 한 마디도 이해하지 못할 것이다."

갈릴레오의 언명은 물리학과의 칠판에 가득 적힌 방정식뿐만 아니라 우리가 당연시하는 기초적인 진리들에도 적용된다. 심리학자 캐럴 스미스와 수전 케리는 아이들에게 물질에 대한 이상한 믿음이 있음을 밝혀냈다. 아이들은 쌀 무더기는 무게가 상당하다는 것을 알면서도 쌀알 하나는 무게가 전혀 나가지 않는다고 주장한다. 금속 조각을 계속해서 반으로 자르면 어떻게 될지 물으면 아이들은 마지막에는 너무나 작은 조각에 도달해서 더 이상 공간을 차지하지 않거나 내부에 어떤 금속도 포함하지 않을 거라고 대답한다. 이것은 결코 엉뚱한 생각이 아니다. 모든 물리적 사건에는 역 또는 임계점이 있어서 그 이하로 내려가면 어떤 사람이나 장치도 그것을 탐지할 수가 없다. 하나의 물체를 계속해서 분할하면 탐지할 수 없을 정도로 아주 작은 물체들로 나뉜다. 역 이하로 떨어진 각각의 물체는 집단을 이룰 때 비로소 탐지된다. 스미스와 케리의 말에 따르면 우리가 아이들의 믿음을 어리석다고 생각하는 이유는 숫자 개념을 이용해 물질을 해석할 줄 알기 때문이라고 한다. 오직 수학의 영역에서만 양의 수량을 반복해서 쪼개면 항상 양의 수량이 나오고, 0을 반복해서 쪼개도 항상 0이 나온다. 물리적 세계에 대한 우리의 이해가 아이들의 이해보다 더 정교한 이유는 물체에 대한 우리의 직관이 수에 대한 직관과 통합되었기 때문이다.

이처럼 시각은 수학적 사고를 위해 선택되었고 우리는 그 도움으로 세계를 본다. 교육을 통해 형성된 이해력은 부분 안에 부분이 포개진 엄청난 장치다. 각 부분은 기본적인 마음 모형, 또는 앎의 방법들로 이루어져 있으며, 그 모형들은 똑같이 복사되고, 원래의 내용이 표백되고, 다른 모형들과 연결되고, 묶어서 더 큰 부분이 되고, 계속 묶이면 무한히 계속적으로 더 큰 부분이 될 수 있다. 인간의 사고는 조합적이고(단순한 부분들이 결합한다) 재귀적이기(부분이 부분 안에 포개진다) 때문에, 우리는 무한한 마음의 도구들을 가지고 엄청나게 광대한 지식을 탐구할 수 있다.

유레카!

그렇다면 천재는 어떨까? 자연선택론은 셰익스피어, 모차르트, 아인슈타인, 압둘 자바*를 어떻게 설명할까? 홍적세의 사바나였다면 제인 오스틴, 빈센트 반 고흐, 텔로니어스 멍크**는 어떻게 살았을까?

* 미국 프로 농구NBA 선수.

** 피아노 연주가, 작곡가.

우리는 누구나 창의적이다. 기울어진 탁자 밑에 적당한 물건을 받치거나 아이를 구슬려서 파자마를 입게 만들 새로운 방법을 생각해 낼 때마다 우리는 마음의 기능들을 이용한다. 그러나 천재들은 비범한 작업 때문에 다를 뿐만 아니라 비범한 작업 방식 때문에도 다르다. 그들은 당신과 나처럼 평범하게 생각하지 않도록 되어 있다. 그들은 일찌감치 신동, 무서운 아이, 말썽꾸러기라는 말을 듣는다. 그들은 뮤즈의 목소리에 귀를 기울이고 진부한 통념에 도전한다. 그들은 영감이 떠오를 때 일을 하고, 우리들이 잘 포장된 길을 아장아장 걸어갈 때 통찰력을 발휘해 껑충껑충 뛰어간다. 그들은 문제를 따로 떼어 내어 무의식 속에서 배양한다. 그러면 아무런 예고 없이 한순간에 반짝 불이 켜지고 완전한 해결책이 튀어나온다. 아하! 천재는 우리에게 걸작을 남기고, 그 걸작은 무의식의 자유로운 창의성을 구현한 유산이 된다. 우디 앨런은 자신의 단편소설 〈만일 인상주의자들이 치과의사였다면 If the Impressionists Had Been Dentists〉에서 빈센트 반 고흐의 편지들을 통해 천재의 이미지를 보여 주었다. 빈센트는 고뇌와 절망 속에서 동생에게 다음과 같이 쓴다. "솔 쉬머 부인이 나를 고소했단다. 나는 그녀의 틀니를 내 느낌대로 만들었는데 그게 글쎄 자기 우스꽝스런 입에 맞지 않는다는 거야! 그건 그래! 나는 평범한 장사꾼처럼 주문에 맞춰 일하질 못하겠어! 나는 그녀의 틀니가 엄청나게 크고 툭 튀어나와야 하고, 모든 치아가 불꽃처럼 사방으로 뻗어야 한다고 생각했지! 그녀는 그게 입에 맞지 않는다고 잔뜩 화가 났단다! … 나는 부인의 입에 억지로 틀니를 끼워도 봤지만 샹들리에처럼 삐죽삐죽 튀어나오더군. 하지만 난 그게 아름답기만 하더라."

이런 이미지는 200년 전 낭만주의 사조에서 시작되었고, 지금은 우리 주변에 확고히 자리를 잡았다. 창의성 전문가들은 아이디어 창출, 다각적 사고, 우뇌 훈련의 워크숍 프로그램을 통해 모든 관리자들을 에디슨처럼 만들어 주겠다고 장담하면서 기업들로부터 수백만 달러를 벌어들인다. 이론가들은 혼미한 무의식에서 이루어지는 엄청난 문제 해결 능력을 설명하기 위해 정교한 이론들을 만들어 냈다. 앨프리드 러셀 윌리스를 비롯한 몇몇 이론가들은 선천적인 설명은 불가능하다고 결론지었다. 모차르트의 악보들은 수정한 부분이 없다고 알려져 있다. 그렇다면 그의 악보들은 신의 마음에서 나온 것이 분명하다. 신이 자신의 목소리를 모차르트를 통해 표현하고자 했던 것이다.

애석하게도 창조적인 사람들은 자서전을 쓸 때 가장 창조적이다. 역사가들은 그들의 일기, 노트, 원고, 편지 등을 자세히 조사하면서 무의식으로부터 규칙적으로 올라오는 타고난 예언자의 징후를 찾는다. 그러나 그들은 창조적 천재들이 아마데우스보다는 살리에리에 더 가깝다는 사실을 발견한다.

천재는 불안정하다. 일반적으로 천재들은 영구적으로 가치 있는 일에 기여하기까지 최소한 10년의 세월을 보낸다.(모차르트는 여덟 살에 교향곡을 작곡했지만 썩 훌륭한 작품은 아니었다. 최초의 걸작은 작곡을 시작한지 12년 만에 나왔다.) 수업을 받는 동안 천재들은 해당 분야에 몰입한다. 그들은 수만 종류의 문제와 해답을 흡수하기 때문에 어떤 과제도 완전히 낯설지 않으며, 따라서 언제든 광대한 양의 주제와 전략에 의존할 수 있다. 그들은 주요 주제들과 전략들의 경쟁과 그 추이를 주시하고, 탁월한 식별력이나 운으로 문제를 선택한다.(불운한 사람은 제아무리 재능이 뛰어나도 천재로 기억되지 않는다.) 그들은 다른 사람들의 존경과 역사 속의 위치를 항상 염두에 둔다.(물리학자 리처드 파인만은 두 권의 책을 통해 자신이 얼마나 뛰어나고, 불손하고, 존경받는지를 묘사했다. 그리고 그중 한 권에 《남이야 뭐라 하건!*What Do You Care What Other People Think?*》이라는 제목을 붙였다.) 천재들은 밤낮으로 일하고, 수준에 못 미치는 작품도 많이 남긴다.(윌리스는 생애 말년에 사자死者와의 대화를 시도했다.) 중간 중간에 문제로부터 벗어나 쉬는 것이 도움이 되는 이유는 그 문제가 무의식 속에서 발효되기 때문이 아니라 탈진한 그들에게 휴식이 필요하기 때문이다.(막다른 골목을 잠시 잊을 수 있다.) 그들은 문제를 억누르는 대신 '창조적인 근심'에 몰두한다. 그리고 갑작스럽게 찾아오는 '유레카'는 훌륭한 솜씨의 결과가 아니라 과거의 시도를 비틀고 변형시킨 결과다. 그들은 부단한 교정을 통해 자신의 이상에 지속적으로 다가간다.

물론 천재들은 넉 장의 에이스 카드를 쥐고 태어나는 것 같다. 그러나 천재는 우리들과 완전히 다른 마음을 가진 별종이 아니고, 지구 위에서 항상 약삭빠르게 살아온 생물종에게서 진화했을 거라고 상상할 수 있는 마음과 완전히 다른 어떤 것을 가진 외계인도 아니다. 천재가 훌륭한 생각을 창조하는 것은 우리 모두가 훌륭한 생각을 창조하기 때문이다. 우리에게 잘 적응된 조합성 마음이 존재하는 이유도 그런 훌륭한 생각을 만들어 내기 위해서다.

6
다혈질

1996년 3월 13일에 토머스 해밀턴이란 남자는 두 자루의 연발 권총과 두 자루의 반자동 권총을 들고 스코틀랜드 던블레인의 한 초등학교에 들어갔다. 그는 저지하는 교직원들에게 부상을 입힌 후 유치원생들이 놀고 있는 체육관으로 달려갔다. 그곳에서 그는 28명의 어린이에게 총을 쏘아 16명에게 중상을 입히고 교사를 죽인 다음 총구를 자신에게 돌렸다. 다음날 교장은 이렇게 말했다. "어제 악마가 우리를 찾아왔다. 우리는 그가 왜 왔는지 모른다. 우린 앞으로도 영원히 이 사건을 이해하지 못할 것이다."

아마도 우리는 무엇이 해밀턴으로 하여금 그런 사악하고 극단적인 행동을 하게 했는지를 영원히 이해하지 못할 것이다. 그러나 절망에 빠진 외톨이가 어처구니없는 복수극을 벌였다는 기사는 의외로 흔하다. 보이스카우트 지도자였던 해밀턴은 소아성애병자로 의심받아 자리에서 쫓겨났고, 해고당한 후에는 자신이 직접 소년단을 만들어 계속해서 남자아이들과 접촉했다. 그는 던블레인 초등학교의 체육관에서 한 반의 수업을 진행했지만, 그의 이상한 행동에 대한 학부모들의 불만이 거듭 들어오자 학교 측에서는 더 이상 체육관을 빌려 주지 않았다. 해밀턴은 조롱과 험담의 표적이 되었고, 그럴 만한 충분한 이유로 지역사회에서 '미스터 크리피Mr. Creepy(소름끼치는 사람)'로 알려지게 되었다. 발작을 일으키기 며칠 전에 그는 대중매체와 엘리자베스 여왕에게 편지를 보내 자신의 명성을 변호하고 소년단 활동을 재개할 수 있도록 복직시켜 달라고 탄원했다.

던블레인의 비극이 특히 충격적이었던 것은 어느 누구도 그런 곳에선 그런 일이 일어나지 않을 것이라고 생각했기 때문이다. 던블레인은 심각한 범죄가 일어난 적이 없는 한 가족 같은 전원 마을이다. 그곳은 인구수와 총기의 수가 거의 같고 불만을 품은 우편배달부가 종종 살인을 저질러서(10년에 10건) 울화통을 터뜨린다는 뜻으로 'going postal'이란 속어가 널리 쓰이는 괴짜들의 나라, 미국과도 먼 곳에 있다. 그러나 미친 듯이 날뛰는 행동은 미국이나 서유럽 국가나 현대사회에만 국한되지 않는다. 미친 듯이 날뛴다는 뜻의 'amok'은 인도차이나에서 사랑과 돈과 친지의 결핍으로 고통을 받는 남자들이 이따금씩 저지르는 광포한 살인의 향연을 가리킨다. 그런 행동 양식은 이를테면 석기시대 수준인 파푸아뉴기니의 식량수집 부족처럼 서구로부터 훨씬 더 멀리 떨어진 문화에서도 발견되었다.

광란에 빠진 사람은 분명한 정신착란에 빠져, 주변 환경을 알아차리지 못하고 어떤 설득이나 위협에도 흔들리지 않는 자동기계 인형이 된다. 그러나 발작을 일으키기 전에 세밀하게 실패의 가능성을 점검하고, 참을 수 없는 상황에서 탈출할 수단으로서 신중한 계획을 세운다. 그리고 광란 상태에서도 냉철한 인식력을 유지한다. 광란 상태는 어떤 자극물이나 종양이나 뇌 화학물질의 우연한 분출이 아니라 생각에 의해 촉발된다. 그 생각은 너무나 정상적이어서, 1968년 파푸아뉴기니에서 7명의 광란증 환자와 면담한 어느 정신과 의사의 요약은 시공간적으로 멀리 떨어진 곳에서 볼 수 있는 대량 학살 범인들의 생각을 똑같이 보여 주고 있다.

> 나는 중요하거나 '큰 사람'이 아니다. 나는 단지 한 인간의 존엄성을 갖고 있다. 참을 수 없는 모욕으로 내 삶은 파탄에 이르렀다. 따라서 나는 모든 것을 잃고 목숨만 남았으나 이제 그것조차 무가치하므로 사랑받는 너의 목숨과 교환하고자 한다. 이 거래는 나에게 유리하므로 나는 너만 죽일 것이 아니라 너희들을 여러 명 죽일 것이고, 그와 동시에 우리 집단에 속한 사람들이 보는 자리에서 나의 명예를 회복할 것이다. 그 과정에서 죽을 수도 있겠지만 신경 쓰지 않겠다.

광란증은 인간 감정의 신비로움을 보여 주는 극단적인 예다. 얼핏 보면 먼 나라 이야기 같지만 자세히 조사해 보면 보편적인 현상이고, 대단히 비합리적이지만 추상적인 사고와 밀접한 관련이 있으며 나름대로 냉철한 논리가 감춰져 있다.

보편적인 열정

세상에 대한 지식을 과시하는 친숙한 방법이 있는데 그것은 사람들 앞에서, 어떤 문화에서는 우리가 느끼는 감정을 못 느끼거나 우리가 못 느끼는 감정을 느낀다고 말하는 것이다. 소문에 의하면 우트쿠-이누이트 사람들은 노여움을 가리키는 단어가 없고, 그래서 그 감정을 못 느낀다고 한다.

타히티 사람들은 죄의식, 슬픔, 갈망, 외로움을 알아보지 못한다는 말도 있다. 우리가 슬픔이라 부르는 것을 그들은 피로, 병 또는 신체적 고통으로 부르기 때문이다. 스파르타의 어머니들은 아들이 전사했다는 소식을 들으면 미소를 지었다는 말이 있다. 라틴 문화권에서는 남성다움이 우세한 반면에 일본 사람들은 가문에 먹칠을 하지 않아야 한다는 두려움이 크다는 말도 있다. 언어를 주제로 한 인터뷰에서 나는 다음과 같은 질문을 받았다. 유대인 외에 어느 민족이 자식의 학업을 아주 자랑스럽게 여긴다는 뜻의 단어인 'naches' 같은 단어를 갖고 있는가? 그렇다면 독일어에 타인의 불행을 즐거워한다는 뜻의 'Schadenfreude'가 있다는 것은 튜튼족의 영혼에 특별한 어떤 것이 있다는 말인가?

세계의 문화들은 그 구성원들이 이런저런 감정들을 얼마나 자주 표현하고, 이야기하고, 행동으로 옮기는가에서 차이를 보인다. 그러나 이것은 각 문화의 사람들이 어떤 감정을 느끼는지에 대해서는 아무것도 말해주지 않는다. 객관적인 증거로 보아 인간에 속하는 모든 정상적인 구성원들의 감정들은 동일한 키보드를 통해 만들어지는 것이 분명하다.

감정을 가장 쉽게 짐작할 수 있게 하는 표지는 꾸밈없는 얼굴 표정이다. 《인간과 동물의 감정 표현》을 준비하는 동안 다윈은 유럽인과 거의 접촉한 적이 없는 부족들을 포함하여 5개 대륙의 원주민 부족들과 교류를 하던 사람들에게 설문지를 돌렸다. 다윈은 사람들에게 기억보다는 관찰에 근거해 자세히 답할 것을 요구한 후에, 원주민들이 놀람, 수치, 분노, 집중, 슬픔, 좋은 기분, 경멸, 고집, 역겨움, 두려움, 체념, 심술, 죄의식, 교활함, 질투, '예'와 '아니오'를 어떻게 표현하는지를 물었다. 여기 그 예가 있다.

(5.) 기분이 나쁠 때 입 꼬리가 처지고 프랑스인들이 '슬픔 근육'이라 부르는

근육에 의해 눈썹의 안쪽 가장자리가 위로 당겨지는가? 그 상태에서 눈썹은 약간 비스듬해지고 안쪽 끝이 살짝 부풀어 오른다. 그리고 이마는 중앙 부분에서 가로로 주름이 지지만, 놀랄 때 눈썹이 올라가는 것처럼 이마의 끝에서 끝까지 주름이 생기지는 않는다.

다윈은 응답자들의 반응을 다음과 같이 요약했다. "동일한 마음 상태는 세계적으로 매우 균등하게 표현된다. 그리고 이 사실은 모든 인종의 신체적 구조와 마음의 기질이 대단히 비슷하다는 증거로서 몹시 흥미롭다."

다윈이 주요 질문들을 통해 피조사자들에게 편견을 심어 주었을 수도 있지만, 오늘날의 조사들은 어쨌든 그의 결론을 지지하고 있다. 심리학자 폴 에크먼이 감정을 연구하기 시작한 1960년대에 사람의 표정은 유아가 우연히 얼굴을 찡그렸을 때 보상을 받거나 벌을 받음으로써 학습하게 되는 자의적 표시라고 여겨졌다. 표정이 보편적인 것처럼 보이는 것은 서구적 모델이 보편화된 결과라고 간주되었다. 어떤 문화도 존 웨인과 찰리 채플린을 모르지 않기 때문이다. 에크먼은 여섯 가지 감정을 표현하는 사람들의 사진을 모았다. 그리고 파푸아뉴기니의 고립된 지역에서 식량을 수집하며 살아가는 포레족을 포함하여 다양한 문화 출신의 사람들에게 그 사진들을 보여 주고, 그 속에 담긴 감정을 분류하거나 사진 속의 인물에게 일어난 일을 이야기하게 했다. 모든 사람이 행복, 슬픔, 노여움, 두려움, 역겨움, 놀람을 알아보았다. 예를 들어 포레족 출신의 피실험자는 사진 속에서 두려워하고 있는 미국인이 방금 보아뱀을 본 것이 틀림없다고 말했다. 에크먼은 실험 절차를 반대로 뒤집어, 포레족 출신의 피실험자들에게 예를 들어 '당신은 친구가 와서 행복하다,' '당신의 아이가 사망했다,' '당신은 화가 나서 곧 싸울 태세다,' '길에서 죽은 지 오래된 돼지를 보았다' 와 같은 시나리오를 연기하게 하고 그들의 표정을 사진으로 찍었다. 사진 속의 표정들은 확연했다.

1960년대에 인류학자들의 한 모임에서 위와 같은 조사 결과를 제시한 에크먼은 그 즉시 분노와 모욕의 표적이 되었다. 한 저명한 인류학자는 객석에서 일어나 에크먼의 주장은 파시즘이므로 발표를 중단시켜야 한다고 소리쳤다. 다른 모임에서 한 아프리카계 미국인 행동주의자는 흑인들의 얼굴 표정이 백인들과 다르지 않다고 말했다는 이유로 그를 인종차별주의자라 불렀다. 에크먼은 자신의 연구가 행여 정치적 의미를 띤다면 그것은 통합과 형제애라고 생각했기 때문에 사람들의 비난이 당황스러웠다. 어쨌든 그의 결론들은 다른 학자들에 의해서도 여러 번 입증되었고 지금은 보편적으로 인정받고 있다.(어떤 표정들이 보편적인 목록에 포함될 수 있는지, 표정들을 해석할 때 어느 정도의 배경을 고려해야 하는지, 구체적인 표정과 감정이 얼마나 정확히 연결되어 있는지 등에 대해서는 논쟁이 있다.) 그리고 다윈의 또 다른 관찰, 즉 태어날 때부터 눈과 귀가 먼 아이들도 사실상 모든 표정을 짓는다는 것도 사실로 확인되었다.

그렇다면 왜 그렇게 많은 사람들이 감정은 문화에 따라 다르다고 생각할까? 그들의 증거는 다윈의 설문이나 에크먼의 실험보다 훨씬 더 간접적이다. 그것은 사람들의 마음을 읽은 것이라고는 도저히 생각할 수 없는 2개의 원천, 즉 사람들의 언어와 그들의 견해로부터 나온다.

한 언어에 특정한 감정을 나타내는 단어가 있거나 없다는 일반적인 진술은 거의 아무런 의미가 없다. 《언어본능》에서 나는 언어가 사고에 미치는 영향이 과장되어 왔다는 점과 오히려 그런 과장은 언어가 감정에 미치는 영향에 더 잘 들어맞는다는 점을 강조했다. 한 언어에 특정한 감정을 나타내는 단어가 있는지 없는지는 번역자의 능력, 그리고 그 언어의 변덕스런 문법과 역사에 달려 있다. 하나의 언어는 감정을 나타내는 단어들을 포함하여 방대한 어휘를 축적하는데, 이러한 축적은 뛰어난 문장가의 영향을 통해, 다른 언어와의 접촉을 통해, 기존 단어로부터 새 단어를 만들어 내는 규칙을 통해, 신조어 만들기를 유행시키는 광범위한 교육을 통해 이루어진다. 한 언어에 이런 자극물이 없더라도 사람들은 완곡어법, 은유, 환유, 제유 등을 이용해 자신의 감정을 묘사한다. 타히티 여자가 "남편이 죽어서 아프다"고 말한다고 해서 그녀가 결코 신비한 감정을 느끼는 것은 아니다. 위산과다로 인한 소화불량을 언급하는 것도 결코 아니다. 어휘가 풍부한 언어에도 극소수의 감정적 경험만이 단어로 표현된다. 작가 G. K. 체스터턴은 다음과 같이 썼다.

영혼에는 가을 숲의 색보다 더 현란하고 더 무수하고 더 형언할 수 없는 색조들이 있다는 것을 우리는 안다. … 그러면서도 우리는 모든 색조와 반半 색조를 띠면서 온갖 조화와 결합을 이루고 있는 그 모든 것들이 꿀꿀거리고 꽥꽥거리는 자의적 체계에 의해 정확히 표현될 수 있다고 진지하게 믿는다. 우리는 문명사회에 사는 평범한 주식중개인이 정말로 모든 기억의 신비와 모든 욕망의 고통을 나타내는 내면의 소리를 스스로 만들어 낼 수 있다고 믿는다.

영어 화자들이 'Schadenfreude'란 단어를 처음 들어도 그들은 "어디 보자… 타인의 불행을 즐거워함이라… 어떻게 그런 말이 존재할 수가 있지? 이해할 수 없는 개념이군. 우리의 말과 문화에 그런 범주는 없어."라고 반응하지 않는다. 사람들은 "그런 단어가 있단 말인가? 그것 참 근사하군!"이라고 반응한다. 1세기 전에 Schadenfreude를 영어 문장으로 바꿔 소개했던 작가들의 생각도 분명 그러했을 것이다. 감정을 표현하는 새 단어들은 애초의 정의를 유지한 채로 빠르게 전파된다. 그런 단어는 주로 다른 언어에서(ennui, angst,* naches, amok), 음악가나 마약중독자 같은 하위문화에서(blues, funk, juiced, wasted, rush, high, freaked out), 일반적인 속어에서(pissed, bummed, grossed out, blown away) 생겨난다. 나는 감정을 나타내는 외래어 중에서 듣는 즉시 의미를 알아챌 수 없는 단어를 접한 적이 없다.

* ennui와 angst는 각각 '권태'와 '고뇌'를 뜻하며, 프랑스어와 독일어에서 왔다.

사람들의 감정은 아주 비슷해서 정말로 이질적인 감정을 만들어 내려면 철학자가 필요하다. 〈미친 고통과 화성인의 고통Mad Pain and Martian Pain〉이란 논문에서 철학자 데이비드 루이스는 미친 고통을 다음과 같이 정의한다.

우리와 똑같이 가끔씩 고통을 느끼지만 그 고통의 원인과 결과가 우리와 아주 다른 이상한 사람이 있을지 모른다. 우리의 고통은 대개 자상, 화상, 압박 등에 의해 발생하는 반면에, 그의 고통은 공복에 적당히 운동을 하면 발생한다. 우리의 고통은 일반적으로 정신을 흩뜨리지만, 그의 고통은 그의 마음을 수학에 집중시키는 동시에 그 밖의 다른 모든 것으로부터 차단시킨다. 아무리 강한 고통이 엄습해도 그는 신음을 하거나 몸부림을 치는 대신 다리를 꼬고 앉아 손가락을 꺾는다. 그에겐 고통을 막거나 제거하고자 하는 동기가 전혀 없다.

인류학자들은 미친 고통이나 그 정도로 기이한 어떤 것을 느끼는 부족을 발견한 적이 있을까? 단지 자극과 반응을 들여다본다면 그렇게 보일 수도 있다. 인류학자 리처드 쉐더는 다음과 같이 지적한다. "인류학자로서, 서양인 관찰자의 감정적 평가가 원주민의 평가적 반응과 일치하지 않을 만한 선행先行 사건들(소의 오줌을 섭취하는 것, 아버지가 죽으면 닷새 동안 닭고기를 먹는 것, 남자 아기의 생식기에 입을 맞추는 것, 임신에 대해 칭찬을 받는 것, 아이를 매질하는 것, 다른 사람의 발이나 어깨를 만지는 것, 아내가 남편의 이름을 부르는 것 등등)을 모아 장황하게 기록하는 것은 그리 중요하지 않은 일이다." 조금 더 깊은 곳을 보면서 사람들이 그 자극들을 어떻게 '범주화' 하는가에 관심을 기울인다면, 그 범주들을 통해 우리에게 익숙한 감정들이 드러나는 것을 보게 된다. 우리에게 소의 소변은 오염물질이고 소의 유방 분비물은 음식이다. 다른 문화에서 두 범주는 역전될 수도 있지만, 오염물질에 대해 역겨움을 느끼는 것은 공통적이다. 우리에겐 부부간에 이름을 부르는 것은 실례가 아니지만, 낯선 사람이 당신의 이름을 부르거나 부부간에 서로의 종교로 호칭하는 것은 실례가 될 수 있다. 이 모든 경우에 실례는 노여움을 불러일으킨다.

그러나 우리가 흔히 느끼는 어떤 감정을 느끼지 않는다고 주장하는 원주민들은 어떠한가? 그들에게 우리의 감정은 미친 고통처럼 보일까? 그렇지 않을 것이다. 노여움을 느끼지 않는다는 우트쿠-이누이트 사람들의 주장은 그들의 행동을 보면 사실이 아님을 알 수 있다. 그들은 외지인들의 노여움을 알아보고, 개를 길들이기 위해 매질을 하고, 아이들을 심하게 몰아붙이고, 때때로 '열'을 받고 흥분한다. 마거릿 미드는 사모아 사람들에겐 열정이 없다는 믿을 수 없는 주장을 퍼뜨렸다. 즉 그들은 부모와 자식 간에, 또는 바람난 부인의 남편과 바람둥이 간에 노여움이 없고, 복수심이 없고, 영원한 사랑이나 조의가 없고, 모성애가 없고, 성에 대한 긴장이 없고, 청소년기의 혼란이 없다는 것이다. 데릭 프리먼을 비롯한 인류학자들은 사모아 사회에도 실제로 청소년들의 분노와 비행, 처녀성 숭배, 강간, 강간 피해자 가족의 보복, 냉담함, 어린이에 대한 호된 처벌, 성적 투기심, 광신적 신앙이 널리 존재한다는 사실을 발견했다.

우리는 이런 불일치에 놀랄 필요가 없다. 인류학자 레나토 로살도는 다음과 같이 지적했다. "전통적인 인류학적 설명은 에티켓 교본과 같다. 그로부터 얻을 수 있는 것은 심오한 문화적 지혜가 아니다. 그것은 상투적인 문화, 폴로니우스의 지혜,* 유익하기보다는 하찮고 경박한 풍습들과 같다. 그것은 공식적인 규칙을 말해 줄 수는 있지만 인생을 어떻게 살아야 하는지를 말해 주지는 않는다." 특히 감정은 개인적 이해가 담긴 주장이기 때문에 대개는 공적인 규칙에 의해 통제된다. 당사자에게 그것은 가장 깊은 내면의 감정을 고백하는 것이지만 상대방에게는 불평하고 신음하는 것이어서 당사자는 이제 그만 진정하라는 말을 듣곤 한다. 그리고 권력자들에게 사람들의 감정은 훨씬 더 성가시다. 하잘것없는 감정 때문에 여자들은 남자를 총알받이가 아닌 남편이나 아들로 원하고, 남자들은 적과 싸우고 있어야 할 때에 서로에게 주먹을 휘두르고, 아이들은 중요한 거래와 관련된 약혼을 받아들이는 대신 영혼의 동반자와 사랑에 빠진다. 많은 사회들이 이런 폐단을 줄이기 위해 감정을 통제하고, 감정이 존재하지 않는 것처럼 거짓 정보를 퍼뜨리려고 애를 쓴다.

에크먼이 입증한 바에 따르면, 문화적 차이는 공공장소에서 감정을 표현하는 방법에서 가장 크게 나타난다고 한다. 그는 야만적인 통과의례를 찍은 소름 끼치는 사진들을 보여 주고 미국 학생들과 일본 학생들이 어떻게 반응하는지를 몰래 촬영했다.(감정을 연구하는 사람들은 구역질 나는 온갖 자료들을 갖고 있다.) 흰색 가운을 입은 실험자가 인터뷰를 하면 일본 학생들은 사진을 보고도 예의 바르게 미소를 짓는 반면에 미국 학생들은 놀라서 펄쩍 뛴다. 그러나 피실험자들만 있는 상황에서는 일본 학생이나

* 《햄릿》에서 재상 폴로니우스가 자식들에게 말한 삶의 지혜를 말한다. '돈을 빌리지도 말고 빌려 주지도 말라' 등등.

미국 학생이나 똑같이 혐오와 두려움을 느낀다.

감정을 느끼는 기계

철학과 문학과 예술에서 낭만주의는 약 200년 전에 시작되었으며 그 후로 감정과 지성은 각기 다른 영역으로 분류되었다. 감정은 자연으로부터 생겨나고 몸속에 거주한다. 감정은 뜨겁고 비합리적인 충동이자 직관이고, 생물학적 명령을 따른다. 지성은 문명으로부터 생겨나고 마음속에 거주한다. 지성은 감정을 억제함으로써 자신과 사회의 이익을 추구하는 냉철한 사색가다. 낭만주의자들은 감정은 지혜, 순수함, 진정성, 창조성의 원천이고 따라서 개인이나 사회에 의해 억압되지 않아야 한다고 믿는다. 그들은 종종 어두운 면을 인정한다. 그것이 예술적 위대함을 위해 치러야 하는 대가라는 것이다. 앤서니 버제스의 《시계태엽 오렌지A Clockwork Orange》에서 주인공은 폭력적인 충동을 제약당하자 베토벤 음악에 대한 취미를 잃어버린다. 낭만주의는 우리 시대의 미국 대중문화를 지배하고 있다. 록 음악의 디오니소스적 감수성, 듣는 사람의 감정을 건드려야 한다고 강조하는 팝의 심리학, 현명한 바보(예를 들어 포레스트 검프)와 궁지에 몰려 위험한 일을 겪는 여피족에 관한 할리우드의 공식을 생각해 보라.

대부분의 과학자들은 낭만주의의 도덕률에 반대하는 순간에도 그 전제들을 암묵적으로 인정한다. 불합리한 감정과 감정을 억압하는 지성은 과학의 탈을 쓰고 반복해서 출현한다. 이드와 초자아, 생물학적 충동과 문화적 규범, 우반구와 좌반구, 변연계와 대뇌피질, 동물 조상들이 우리에게 남긴 진화의 짐과 우리를 문명으로 이끄는 일반 지능이 그것이다.

이 장에서 나는 낭만주의와 명백히 반대되는 감정 이론을 제시하고자 한다. 그 속에는 정신의 원동력은 에너지가 아니라 정보라고 말하는 계산주의 마음 이론과, 생물체의 복잡한 구조를 역설계를 통해 설명하려는 현대적인 진화 이론이 결합되어 있다. 그 과정에서 나는 감정이란 일종의 적응특성이고, 지성과 조화를 이루는 동시에 마음 전체의 작동에 필수적인 역할을 하는 잘 설계된 소프트웨어 모듈임을 보여 줄 것이다. 감정의 문제는 그것이 길들여지지 않은 힘이나 먼 과거의 흔적이라는 것이 아니다. 진정한 문제는 감정이 행복, 지혜, 도덕적 가치관을 증진하기 위해서가 아니라 그 감정을 만들어 내는 유전자들의 사본을 증식하기 위해 설계된 것이라는 점이다. 우리는 어떤 행동이 사회집단에게 해가 되고 그래서 결국 본인의 행복을 파괴하거나, 설득이 통하지 않을 정도로 통제되지 않거나, 자기기만의 산물일 때 그것을 '감정적'이라고 부른다. 그러나 유감이지만 그런 현상들은 기능 불량이 아니라 우리가 잘 설계된 감정으로부터 기대할 수 있는 정확한 결과들이다.

● ● ● ●

감정은 인간의 마음에서 비적응적인 짐이라고 치부되어 온 또 하나의 부분이다. 신경학자 폴 맥린은 낭만주의적 감정 이론을 이용해 유명하지만 틀린 이론인 뇌의 삼중구조 이론을 만들었다. 그는 인간의 뇌를 세 층이 겹쳐진 진화의 양피지로 묘사했다. 맨 밑에는 '4F,' 즉 먹기feeding, 싸우기fighting, 도망치기fleeing, 성행위sexual behavior를 자극하는 원시적이고 이기적인 감정의 자리인 기저핵, 또는 파충류의 뇌가 있다. 그 위에는 예컨대 육아를 뒷받침하는 감정처럼, 좀 더 친절하고 부드러운 사회적 감정을 전담하는 변연계, 또는 원시 포유류의 뇌가 있다. 마지막으로 변연계를 둘러싸고 있는 것은 현대적인 포유류의 뇌, 즉 인간의 진화 과정에서 급격히 발달했고 지성을 품고 있는 신피질이다. 감정이 동물의 유산이라는 믿음은 또한 '이빨을 드러내고 으르렁거리는 비비들이 폭력적인 훌리건으로 바뀌는 동안 우리가 과연 동물적인 본능을 극복하고 핵전쟁을 피할 수 있을까?'라는 침울한 해설이 깔리는 동물 다큐멘터리 프로그램에서도 종종 확인할 수 있다.

    삼중구조 이론의 한 가지 문제점은, 진화의 힘들은 불변의 기초 위에 층들을 쌓지 않는다는 것이다. 자연선택은 주변에 존재하는 것들을 가지고 일을 해야 하지만 어떤 것을 발견하면 그것을 수정할 줄도 안다. 인간 신체의 많은 기관들은 오래전의 포유동물과 그 이전의 파충류로부터 왔지만, 각 기관들은 예컨대 직립보행과 같은 생활양식의 특징에 적합하도록 크게 수정되었다. 우리의 몸에는 과거의 흔적들이 남아 있지만, 수정되지 않고 그저 과거의 생물종에게만 필요한 채로 남아 있는 기관은 거의 없다. 심지어 충수도 현재 면역계에 의해 사용되고 있다. 감정을 위한 회로 역시 본래대로 남겨지지 않았다.

    분명히 몇몇 특성은 유기체의 기본 구조에 속해 있기 때문에 자연선택도 그런 특성을 수선하기는 어려웠을 것이다. 감정을 위한 소프트웨어는 뇌 속에 아주 깊이 새겨져 있어서 유기체들은 운명적으로 먼 과거의 조상들과 똑같이 느낄 수밖에 없는 것일까? 객관적인 증거는 그렇지 않다고 말한다. 감정의 프로그램은 쉽게 재구성된다. 동물들이 느끼는 감정의 레퍼토리는 종과 성과 나이에 따라 큰 차이를 보인다. 포유동물 안에는 사자와 양이 포함되어 있다. 심지어 개(하나의 종) 안에서도 몇 천 년의 품종개량 덕분에 핏불*과 세인트버나드**가 존재

* 억센 근육질의 투견

** 구명견

한다. 인간과 가장 가까운 속屬에는 침팬지가 속해 있는데, 수컷 침팬지 무리는 경쟁자 무리를 학살하고 암컷 침팬지는 다른 암컷의 아기를 죽이는 반면에 피그미침팬지(보노보)는 '전쟁 대신 섹스를 하라'는 철학을 갖고 있다. 물론 어떤 반응들은 여러 종에 공통적으로 존재하지만(예를 들어 갇혔을 때의 공황 반응), 그런 반응들은 모든 종에게 적응력을 주기 때문에 잔존할 수 있었을 것이다. 자연선택은 동물의 감정을 완전히 자유롭게 재구성하지는 못하지만 상당한 자유를 갖고 있는 것은 분명하다.

그리고 인간의 대뇌피질은 오래된 변연계에 업혀 다니거나, 그곳에서 시작되는 정보처리의 종착역으로 기능하지 않는다. 두 체계는 수많은 양방향 연결로 통합된 이른바 직렬 방식으로 작동한다. 좌우 측두엽 속에 묻혀 있는 아몬드 형태의 편도에는 우리의 경험 위에 감정을 덧칠하는 주요 회로들이 있다. 편도는 뇌의 하류 정거장으로부터 간단한 신호(예를 들어 큰 소리)를 받을 뿐 아니라, 뇌의 가장 높은 중추들로부터 추상적이고 복잡한 정보를 받기도 한다. 그에 대한 반응으로 편도는 전두엽의 의사 결정 회로를 포함하여 뇌의 거의 모든 부분에 신호를 보낸다.

해부학은 심리학을 반영한다. 감정은 단지 곰에게서 도망치는 것이 아니다. 감정은 이를테면 친애하는 존이 보낸 편지를 읽거나 귀갓길에 집 앞에 세워져 있는 구급차를 보는 것처럼, 마음이 수행할 수 있는 가장 정교한 정보처리에 의해 촉발될 수 있다. 그리고 감정은 도피, 복수, 야망, 구애를 위한 복잡한 계획을 공모하기도 한다. 새뮤얼 존슨은 "2주 후에 처형당할 것이라는 생각은 사람의 마음을 놀라울 정도로 집중시킬 것"이라고 썼다.

감정을 역설계하는 첫 단계는 감정이 없는 마음이 어떨지를 상상해 보는 것이다. 《스타트렉》의 외계인 스폭 박사는 (이따금씩 그의 인간적인 면이 드러나는 것과 번식을 위해 벌칸으로 돌아가려는 7년간의 충동을 제외하고는) 감정이 없다고 생각되었다. 그러나 사실 스폭의 무감정은 자신을 억제하는 것, 이성을 잃지 않는 것, 불쾌한 사실을 냉정한 목소리로 말하는 것 등으로 요약된다. 그 역시 어떤 동기나 목표에 이끌렸음이 분명하다. 스폭이 파이를 1000^5까지 계산하거나 맨해튼의 전화번호부를 암기하면서 여러 날을 새지 않은 데에는 틀림없이 어떤 이유가 있을 것이다. 분명 어떤 것이 그로 하여금 낯선 세계를 탐험하고, 새로운 문명을 수색하고, 미답지로 용감하게 들어서도록 재촉했을 것이다. 어쩌면 그것은 지적 호기심, 즉 문제를 설정하고 해결하려는 충동, 그리고 동맹국과의 연대 의식일지 모르는데, 그건 모두 감정이다. 그리고 만일 스폭이 잔인한 포식자나 우주의 침략자 클린곤과 마주쳤다면 어떻게 했을까? 물구나무서기를 했을까? 4색 지도 정리*를 증명했을까? 아마도 뇌의 한 부분이 재빨리 그의 능력들을 동원하여 도망치는 방법을 짜내거나 미래에 닥칠 수 있는 곤경을 피하도록 조처를 취했을 것이다. 그렇다면 그에겐 두려움이 있는 것이다. 스폭은 충동적이거나 노골적이진 않았지만 그 역시 특정한 목표를 얻기 위해 지성을 발휘하려는 충동들을 갖고 있었음이 분명하다.

* 지도의 나라별 색도 분류는 4색으로 가능하다는 19세기 중엽부터의 문제(가설). 1976년에 미국 일리노이대학교의 K. 아펠과 W. 하켄 교수가 해결했다.

일반적인 컴퓨터 프로그램은 STOP에 도달할 때까지 컴퓨터가 실행하는 명령어들의 목록이다. 그러나 외계인, 로봇, 동물의 지능에는 더 유연한 제어 방법이 필요하다. 앞에서도 언급했듯이, 지능이란 장애물에 부딪혔을 때 목표를 추구하는 것이다. 목표가 없으면 지능이란 개념 자체가 무의미해진다. 열쇠가 없이 아파트로 들어가기 위해 나는 창문을 억지로 열거나, 관리인을 부르거나, 우편물 투입구 안으로 손을 뻗어 볼 수 있다. 각각의 목표는 일련의 하위 목표들을 통해 달성된다. 손가락이 자물쇠에 닿지 않으면 하위 목표는 펜치를 찾는 것이 된다. 펜치가 집 안에 있으면 철물점을 찾아가서 펜치를 구입하는 것이 하위 목표가 된다. 대부분의 인공지능 시스템은 수단과 목표를 중심으로 제작된다. 2장에서 나는 게시판에 나열된 목표 기호들과 그 기호에 반응하는 소프트웨어 악마들을 예로 들었다.

그렇다면 최고의 목표, 즉 프로그램 전체가 달성하려는 목표는 어디서 나오는가? 인공지능 체계의 경우 그것은 프로그래머에게서 나온다. 프로그램을 설계하는 사람에게는 콩의 질병을 진단하거나 내일의 다우존스지수를 예측하는 등의 목표가 있다. 유기체의 경우 최고의 목표는 자연선택으로부터 나온다. 뇌는 자신의 주인을 조상들이 번식할 수 있었던 환경과 동일한 환경으로 이끌려고 노력한다.(번식 자체가 뇌의 목표는 아니다. 동물들은 번식의 실제를 모르고, 사람들은 그것을 알면서도 뒤집기를 좋아한다. 피임을 하는 것이 좋은 예다.) 문제를 해결하는 사회적 동물인 호모사피엔스는 단지 4F만 구비하고 있는 것이 아니다. 목록의 높은 곳에는 환경을 이해하는 목표와 타인들과 협동하는 목표가 등록되어 있다.

우리에게 감정이 존재하는 이유를 들여다볼 수 있는 열쇠가 바로 여기에 있다. 어떤 동물이든 모든 목표를 동시에 추구하진 못한다. 우화 속의 당나귀는 두 짚단의 중간에서 굶어 죽었지만, 배가 고픈 동시에 목이 마르다고 해서 딸기나무와 호수의 중간에서 고민하는 동물은 없다. 그리고 딸기 하나를 따서 먹고, 호수로 가서 물 한 모금 마시고, 다시 딸기 하나를 따서 먹는 동물도 없다. 그런 상황에서 동물은 한 번에 하나의 목표에 전념하는데, 각각의 목표는 성취하기에 가장 좋은 순간과 맞아떨어져야 한다. 구약의 전도서에는 하늘 아래 모든 일에는 때가 있고, 모든 목표는 이룰 때가 있다는 말이 있다. 울 때가 있고, 웃을 때가 있으며, 사랑할 때가 있고 미워할 때가 있는 것이다. 사자가 당신을 노릴 때, 아이가 울면서 달려올 때, 경쟁자가 사람들 앞에서 당신을 바보라고 부를 때 각기 다른 목표가 적절하다.

감정은 뇌의 최상위 목표를 설정하는 메커니즘이다. 적절한 순간에 촉발된 감정은 우리가 생각과 행동이라 부르는 하위 목표들과 하위-하위 목표들을 단계적으로 촉발한다. 그 목표들과 수단들은 하위 목표 안에 하위 목표가 겹겹이 싸여 있는 복합적 제어 구조로 이루어져 있고, 생각과 감정을 날카롭게 구분하는 선은 없으며, (닭과 달걀에 대해 한 세기 동안 계속된 심리학 논쟁에도 불구하고) 생각이 감정을 앞서거나 감정이 생각을 앞서는 경우도 없다. 예를 들어 포식자, 낭떠러지, 협박의 말처럼 피해가 임박했음을 알리는 신호가 들어오면 두려움이 촉발된다. 두려움은 도망치기, 정복하기, 위험 피하기 같은 단기 목표를 점등하고, 그 목표에 우선순위를 두어 급박하다는 느낌을 갖게 만든다. 그것은 또한 미래에도 그런 위험을 피하기 위해 이번에 그것을 어떻게 피했는지를 기억하라는 장기적인 목표를 점등하는데, 이것은 우리가 안도감이라고 느끼는 상태에 의해 촉발된다. 인공지능을 연구하는 대부분의 과학자들은 (생산 라인에 고정된 로봇과는 달리) 자유롭게 행동하는 로봇들이 매 순간마다 다음에 할 일을 알 수 있으려면, 감정과 비슷한 어떤 것이 프로그래밍되어야 한다고 생각한다.(2장에서 보았듯이 로봇이 이런 감정을 지각하는지의 여부는 또 다른 문제다.)

두려움은 또한 싸움-회피 반응이라 불리는 신체 행동을 준비시키는 버튼을 누른다.(싸움-회피 반응은 잘못된 이름이다. 그것은 예를 들어 계단을 기어오르는 아기를 붙잡을 때처럼 즉각적인 행동을 준비하는 반응이기 때문이다.) 심장이 두근두근 뛰면서 근육으로 혈액을 보낸다. 혈액은 장과 피부에 초조함과 축축함을 남기고 되돌아간다. 빠른 호흡이 산소를 흡수한다. 아드레날린이 간에서 연료를 분비하고 혈액의 응고를 촉진한다. 그러면 우리의 얼굴은 흡사 놀란 토끼 같은 표정이 된다.

각각의 감정은 몸과 마음을 동원하여 인지 적소에서 생존과 번식을 위해 극복해야 할 과제에 도전하게 한다. 어떤 과제들은 물리적인 것에 의해 발생하는데, 그런 과제를 취급하는 감정들 즉 역겨움, 두려움, 자연미에 대한 음미 등은 직접적으로 작용한다. 또 어떤 과제들은 사람에 의해 발생한다. 사람을 다룰 때의 문제는 사람들은 대응을 할 줄 안다는 것이다. 다른 사람의 감정에 대한 반응으로서 진화한 감정들 즉 노여움, 고마움, 수치, 낭만적 사랑 등은 복잡한 체스판 위에서 전개되고, 그럼으로써 낭만주의자들을 현혹시키는 정열과 음모를 낳는다. 먼저 사물에 대한 감정을 살펴보고, 그런 다음 사람들에 대한 감정을 살펴보자.

사바나 환경

"물 떠난 고기"라는 표현을 접하면 모든 동물은 각자의 서식지에 적응하며 살고 있음을 상기하게 된다. 인간도 예외가 아니다. 우리는 동물들이 마치 열탐지 미사일처럼 자연스럽게 현재의 위치를 찾아간다고 생각하는 경향이 있지만, 동물들 역시 우리와 똑같은 감정을 경험한다. 어떤 장소들은 상쾌하거나 조용하거나 아름답지만, 또 어떤 장소들은 음울하거나 무섭다.

호모사피엔스의 경우 '서식지선택'이라 불리는 생물학의 주제는 '환경 미학'이라 불리는 지리학적·건축학적 주제와 동일하다. 어떤 종류의 장소가 우리에게 쾌적한지를 탐구하기 때문이다.

아주 최근까지도 우리 조상들은 유목 생활을 했고, 먹을 수 있는 동식물이 떨어지면 장소를 이동했다. 다음 장소를 결정하는 것은 쉽지 않은 문제였다. 코즈미디스와 투비는 다음과 같이 썼다.

평생 동안 캠핑 여행을 한다고 상상해 보라. 개울에서 물을 길어 오고 숲에서 땔감을 구해야 한다면 야영지들의 장단점을 알아보는 법을 쉽게 터득할 것이다. 날씨의 변화에 노출되는 문제를 해결해야 한다면 바람과 눈비를 막을 수 있는 특성을 쉽게 이해할 것이다. 수렵채집인들에겐 이런 생활방식을 벗어날 방법이 없다. 그들에겐 식료품점에서 야채를 고를 기회도 없고, 전화, 응급 서비스, 상수도, 연료 가게, 우리, 총, 맹수의 공격을 막아 주는 동물관리인도 없다. 이런 환경에서 사람의 생활은 충분한 식량, 물, 은신처, 정보, 안전을 확보하기에 유리한 서식지를 선택하게 해주고 그렇지 않은 서식지를 외면하게 만드는 메커니즘에 달려 있다.

호모사피엔스는 두 종류의 서식지에 적응했다. 하나는 아프리카의 사바나로 인간의 진화 대부분이 이곳에서 이루어졌다. 인간의 조상과 같은 잡식성 동물에게 사바나는 비교적 쾌적한 생태계다. 사막은 물이 거의 없기 때문에 생물자원도 거의 없다. 온대밀림은 대부분의 생물자원을 숲 속에 감추고 있다. 정글이라고도 불리는 열대우림은 생물자원이 높은 곳에 매달려 때문에 잡식성 동물은 위에서 떨어지는 것들을 수집하는 청소부가 된다. 그러나 사바나, 즉 나무들이 군데군데 모여 있는 초지는 생물

자원이 풍부한 동시에 그 대부분이 큰 동물의 살로 존재한다. 풀은 뜯어먹어도 금방 자라난다. 생물자원의 대부분은 지면에서 1~2미터 되는 편리한 높이에 존재한다. 사바나는 또한 광활한 시야를 제공하기 때문에 포식자, 물, 길이 멀리까지 보인다. 나무들은 그늘과 맹수로부터의 도피처를 제공한다.

인간이 두 번째로 선택한 서식지는 세계의 나머지 지역이다. 우리 조상들은 아프리카의 사바나에서 진화한 후에 지구의 구석구석으로 퍼져 나갔다. 어떤 조상들은 인구 팽창이나 기후변화로 인해 사바나를 떠나 다른 지역을 개척했다. 어떤 조상들은 안전한 곳을 찾아 들어갔다. 식량수집 부족들은 서로 공존하기가 어렵다. 그들은 종종 이웃 영토를 침략하고 자신의 영토에 발을 들이는 이방인을 죽인다.

우리의 이런 방랑벽은 우리의 지성 때문이다. 사람들은 새로운 풍경을 탐색하고 마음속으로 자원 지도를 그리는데, 그 속에는 물, 식물, 동물, 길, 은신처가 풍부하고 자세하게 묘사되어 있다. 그리고 가능하다면 새로 정착한 고향 땅을 사바나로 만든다. 아메리카 원주민들과 오스트레일리아 원주민들은 풀들이 군체群體를 형성할 수 있도록 정기적으로 거대한 삼림지대에 불을 놓곤 했다. 사바나 대용 지대는 사냥하기 쉬운 초식동물들을 끌어들이고 가까이 접근하는 방문객들을 노출시켰다.

새의 행동생태학의 전문가인 생물학자 고든 오리언스는 최근에 인간의 행동생태학으로 눈을 돌렸다. 주디스 헤르바겐, 스티븐 캐플런, 레이첼 캐플런 등의 학자들과 함께 그는, 자연미에 대한 우리의 감각이야말로 우리의 조상들을 알맞은 환경으로 이끈 메커니즘이라고 주장한다. 우리는 선천적으로 사바나를 아름답게 보지만, 또한 탐험하고 기억하기 쉬운 풍경과 안팎을 잘 알 정도로 오랫동안 몸담고 살아온 풍경을 좋아한다.

인간의 서식지 선호에 대한 실험들에서는 미국 아동들과 성인들에게 풍경 슬라이드를 보여 주고 그곳에 가거나 살고 싶은 마음이 얼마나 드는지를 묻는다. 아이들은 한 번도 가본 적이 없으면서도 사바나를 좋아한다. 성인들도 사바나를 좋아하지만, 미국의 거주 가능 지역과 매우 비슷한 낙엽수림과 침엽수림도 똑같이 좋아한다. 우리는 이 결과에 대해, 아이들은 애초에 설정된 서식지 선호를 보여 주는 반면에 성인들은 애초의 디폴트 위에 친숙한 환경이 덧칠되었다고 해석할 수 있다.

물론 사람들의 마음에 고대의 고향을 그리는 신비한 향수가 있는 것은 아니다. 사람들은 단지 사바나 풍경의 일반적인 특징들 때문에 즐거워한다. 오리언스와 헤르바겐은 정원사, 사진가, 화가들의 전문 지식을 조사하여 사람들이 어떤 종류의 풍경을 아름답게 느끼는지를 알아냈다. 그리고 그것을 인간의 서식지 선호에 대한 또 다른 데이터로 사용해 풍경 슬라이드 실험을 보완했다. 실험자들이 알아낸 바로는, 가장 아름답다고 여겨지는 풍경은 최적의 사바나 환경과 똑같다. 즉 반쯤 열린 공간(완전히 노출되어 있으면 공격에 취약하고, 너무 무성하면 시야와 행동을 가로막는다), 평탄한 지형, 지평선까지 열린 시야, 큰 나무, 물, 고도의 변화, 여러 갈래의 길이 있다. 지리학자 제이 애플턴은 풍경을 매력적으로 만드는 요소들을 간략하게 정리했다. 조망과 대피, 즉 보이지 않으면서 볼 수 있는 것이다. 이렇게 조합된 땅이라면 안전하게 지형을 답사할 수 있다.

땅 자체도 읽기 쉬워야 한다. 밀림에서 길을 잃어 본 사람, 또는 모래밭이나 눈밭이 사방으로 펼쳐져 있는 장면을 본 사람이라면 좌표계가 없는 환경이 얼마나 무서운지를 안다. 풍경은 단지 아주 큰 사물일 뿐이고, 그 속에서 우리가 복잡한 사물들을 인식하는 것은 여러 부분들을 하나의 좌표계 안에 놓기 때문이다(4장을 보라). 마음 지도에서 좌표계 역할을 하는 것은 나무, 바위, 연못 같은 커다란 지표들과 긴 길, 그리고 강이나 산맥 같은 경계들이다. 이런 이정표들이 없는 전망은 불안정하다. 캐플런 부부는 자연미로 통하는 또 다른 열쇠를 발견하고 여기에 신비라는 이름을 붙였다. 언덕 사이로 굽이진 길, 구불구불 흐르는 시내, 무성한 나뭇잎 사이로 비치는 배경들, 물결처럼 굽이진 땅, 부분적으로 가려진 시야 등은 추가적인 탐사를 통해 중요한 특징들을 발견할 수 있음을 암시함으로써 우리의 흥미를 자극한다.

사람들은 또한 동물과 식물, 특히 꽃이 있으면 좋아한다. 만일 당신이 집을 비롯하여 쾌적하지만 인공적인 환경에서 이 책을 읽고 있다면, 아마도 주변에는 동물이나 식물이나 꽃을 주제로 한 장식물이 있을 것이다. 동물에 매혹되는 현상은 설명할 필요가 없다. 우리는 동물을 먹고 동물은 우리를 먹는다. 그러나 꽃은 사치스런 레스토랑에서 내놓는 샐러드가 아니면 먹을 일이 없으므로 꽃을 사랑하는 마음은 설명이 필요하다. 우리는 3장과 5장에서도 같은 문제를 다뤘다. 사람들은 직관적인 식물학자인데, 꽃은 풍부한 정보원이다. 식물은 함께 모여 있으면 초록 일색이어서 종종 꽃을 봐야만 식별이 가능하다. 꽃은 성장의 전조로서, 약간의 지능을 가진 생물에게는 미래에 과일, 견과, 덩이줄기 등이 생길 자리로 기억된다.

일몰, 천둥, 짙은 구름, 불과 같은 몇몇 자연현상들은 감정을 크게 환기시킨다. 오리언스와 헤르바겐은 그런 현상들은 어둠, 폭풍우, 화재 같은 중요한 변화가 임박했음을 알려 준다고 지적한다. 환기된 감정들은 마음을 사로잡고, 일손을 멈추게 하고, 주의하게 하고, 앞으로 닥칠 일에 대비하게 한다.

환경 미학은 우리 삶에 중요한 요소다. 기분은 환경에 따라 변한다. 버스 터미널의 대합실에 있을 때와 호숫가의 오두막에 있을 때의 기분을 상상해 보라. 또한 사람들이 사고파는 물건 중에 가장 비싼 것이 집이다. 주택을 구매할 때에는 문화시설과의 근접성과 초지, 나무, 물과의 근접성, 그리고 전망(조망) 외에 세 가지 규칙이 포함된다. 위치, 위치, 그리고 위치다. 주택 자체의 가치는 대피(안락한 공간)와 은밀함(구석, 만곡, 창, 다층)에 달려 있다. 사람들은 척박한 생태계에서도 어떻게든 그들만의 사바나를 가꾼다. 뉴잉글랜드에서는 남는 땅이 조금이라도 있으면 즉시 초라한 낙엽수림을 조성한다. 우리 가족이 잠시 교외 주택가에서 살 때 나를 비롯한 중산층 시민들은 숲의 침략을 저지하기 위해 주말마다 잔디 깎는 기계, 낙엽 청소기, 제초기, 전동 톱, 가지 치는 기계, 잔가지 제거기, 울타리 치는 가위, 우드치퍼* 등을 동원하곤 했다. 지금 사는 샌타바버라의 땅은 건조한 덤불숲이 되고 싶어하지만, 수십 년 전의 도시 설립자들은 메마른 잔디밭에 물을 주기 위해 황무지의 샛강에 댐을 쌓고 산 밑으로 터널을 뚫었다. 최근에 가뭄이 들었을 때 주택 소유자들은 쾌적한 조망을 유지하려는 필사적인 노력으로 먼지투성이의 마당에 초록색 물감을 뿌리기도 했다.

*목재를 잘게 쪼개는 기계

사고의 양식

끈적거리고 더러운 시궁쥐 창자의 커다랗고 시퍼런 덩어리
잘라 낸 원숭이 고기
한곳에 쌓아 놓은 닭발들
돌처럼 굳은 돌고래 고름 단지들
나는 밥을 다 먹었지!

— '늙은 회색 암말The Old Gray Mare' 의 곡조에 붙여 부르는 캠프송.
작사가 미상.

역겨움은 인간의 보편적 감정으로, 특유의 얼굴 표정으로 표현되고 어디에서나 금기 음식과 깊은 관련이 있다. 다른 모든 감정들처럼 역겨움도 인간의 삶에 깊은 영향을 미친다. 제2차 세계대전 중 태평양에서 미국 조종사들은 인체에 완전히 무해하다는 것을 교육받았으면서도 두꺼비와 벌레를 먹지 않고 굶주린 채로 버텼다. 식품 혐오는 다른 전통들이 사라진 후에도 오랫동안 지속되는 완강한 인종적 표지다.

현대 과학의 기준으로 평가하자면 역겨움은 명백히 비합리적이다. 역겨운 것을 먹는다는 생각을 하면 구역질을 느끼는 사람들은 그것이 비위생적이거나 해롭기 때문이라고 말한다. 그러나 그들은 구석구석을 깨끗이 소독한 바퀴벌레를 찬장 속의 바퀴벌레와 똑같이 혐오스럽게 생각하고, 만일 소독한 바퀴벌레가 음료수 안에 퐁당 빠지면 음료수에는 입도 대지 않는다. 사람들은 한 번도 안 쓴 소변 병에 담긴 주스를 마시지 않는다. 그래서 병원 주방에서는 이런 방법으로 좀도둑을 예방한다. 사람들은 한 번도 안 쓴 변기에 담긴 수프, 새 빗이나 파리채로 저은 수프를 먹지 않는다. 대부분의 사람들은 돈을 준다고 해도 개똥 모양의 캔디를 먹거나 노벨티 숍*에서 파는 구토물 모양의 고무를 입술로 물지 않는다. 자기 자신의 침은 입 안에 있을 때에만 역겹지 않아서, 대부분의 사람들은 수프에 침을 뱉은 다음에는 그 수프를 다시 먹지 않는다.

대부분의 서양 사람은 곤충, 벌레, 두꺼비, 구더기, 모충, 굼벵이를 먹는 생각을 하면 메스꺼움을 느낀다. 그러나 이것들은 모두 영양가가 높으며 대다수의 민족들이 오래전부터 먹고 있는 식품들이다. 우리가 대는

* 신기한 물건들을 파는 상점.

어떤 이유도 합리적이지 않다. 사람들은 곤충이 배설물이나 쓰레기 위에 앉기 때문에 더럽다고 말한다. 그러나 많은 곤충들이 아주 위생적이다. 예를 들어 흰개미는 단지 나무를 갉아먹지만, 서양 사람들은 흰개미를 먹는다는 생각에도 메스꺼움을 느낀다. 흰개미를 맛난 음식의 대표 격인 닭고기와 비교해 보라.("먹어 봐, 닭고기 맛이야!") 그런데 닭은 종종 음식 찌꺼기와 배설물을 먹는다. 그리고 우리는 거름을 먹고 탐스럽게 자란 토마토를 맛있게 먹는다. 곤충이 질병을 옮긴다고? 그건 동물의 고기도 마찬가지다. 전 세계 사람들이 하는 것처럼 곤충을 요리해 보라. 소화가 안 되는 날개와 다리가 달려 있다고? 새우 껍질을 벗기는 경우처럼 그런 건 떼어 버리든지, 아니면 굼벵이와 구더기만 고집하라. 곤충은 맛이 나쁘다고? 다음은 라오스의 식습관을 연구하면서 자신의 연구 주제를 직접적으로 경험한 영국 곤충학자의 글이다.

특히 커다란 수생 곤충은 전혀 불쾌하지 않고 아주 맛있었다. 그것의 대부분은 싱겁고 야채 향이 약하게 났지만, 예를 들어 빵을 처음으로 먹어 본 사람은 누구나 왜 우리가 그렇게 싱거운 음식을 먹는지 의아해하지 않을까? 구운 말똥풍뎅이나 부드러운 거미는 기분 좋게 바삭거리는 껍질과 수플레처럼 부드러우면서 결코 불쾌하지 않은 속살을 갖고 있다. 대개는 소금을 가미하지만 때로는 칠리나 허브를 가미하고, 때로는 밥과 함께 먹거나 소스나 카레에 넣어 먹는다. 맛은 정확히 설명하기가 어렵지만, 흰개미, 매미, 귀뚜라미의 맛은 양상추에 가깝고, 커다란 네필라 거미의 맛은 양상추와 날 토마토에 가까우며, 커다란 수생 곤충(레토케루스 인디쿠스)의 맛은 농축한 고르곤졸라 치즈 맛이다. 나는 이 곤충들을 먹은 것 때문에 어떤 문제도 겪지 않았다.

심리학자 폴 로진은 역겨움을 심리학적으로 훌륭하게 설명했다. 역겨움은 불쾌한 물질이 몸속에 흡수되는 것을 두려워하는 것이다. 먹기는 물질을 흡수하는 가장 직접적인 방법이어서 위의 캠프송에서처럼 역겨운 물질은 가장 끔찍한 생각을 불러일으킨다. 역겨운 물질을 냄새 맡거나 만지는 것도 불쾌한 일이다. 역겨움은 특정한 것들을 못 먹게 만들고, 너무 늦은 경우라도 그것을 뱉어 내거나 토하게 만든다. 역겨움은 표정으로 확연히 드러난다. 역겨우면 코를 찡그리고 콧구멍이 수축되며, 마치 불쾌한 물질을 밀어내듯이 입이 벌어지고 혀가 앞쪽으로 밀린다.

역겨운 것들은 동물에게서 나온다. 온전한 동물, 동물의 신체 일부(특히 육식동물과 청소동물의 일부), 신체의 산물, 특히 점액과 고름, 그리고 무엇보다 보편적으로 역겹다고 간주되는 배설물이 그런 것에 포함된다. 부패하는 동물과 그 신체 일부는 특히 혐오스럽다. 반면에 식물은 때때로 맛이 없지만, 싫음은 역겨움과 다르다. 사람들이 예컨대 리마콩이나 브로콜리 같은 식물의 산물을 피하는 이유는 맛이 쓰거나 맵기 때문이다. 역겨운 동물의 산물과는 달리 그것들은 말로 하기 어려울 정도로 혐오스럽고 불결하다고 느껴지지 않는다. 클래런스 대로의 말에는 사람들이 맛없는 야채에 대해 가질 수 있는 가장 복잡한 생각이 담겨 있다. "나는 시금치를 좋아하지 않고, 그래서 기쁘다. 만일 내가 시금치를 좋아하면 그것을 먹을 것이기 때문이다. 그런데 나는 그냥 시금치를 싫어한다." 모래, 천, 나무껍질 같은 무기물이나 영양분이 없는 물질은 단지 회피의 대상이고 강한 감정과 무관하다.

역겨운 것들은 모두 동물에게서 나올 뿐만 아니라, 동물에게서 나오는 것들은 거의 모두가 역겹다. 지구상에 존재하는 모든 동물의 모든 신체 중에서 사람들이 먹는 것은 극히 일부분이고 그 밖의 모든 부분은 만지기도 어렵다. 미국인들은 소, 닭, 돼지, 몇몇 생선의 골격에 붙은 근육만을 먹는다. 내장, 뇌, 콩팥, 눈, 발 같은 다른 부위들은 먹을 수 있는 음식의 경계 밖에 있고 개, 비둘기, 해파리, 민달팽이, 두꺼비, 곤충을 비롯한 수백만 종의 동물들은 단 한 부위도 경계를 넘지 못한다. 어떤 미국인들은 훨씬 더 까다로워서 닭고기 중에서 요리하면 검어지는 부위나 뼈에 붙은 닭고기를 보고 질색을 한다. 모험을 즐기는 사람들조차도 극소수의 동물을 맛만 보려 한다. 낯선 동물 부위들을 거부하는 것은 응석받이로 자란 미국인들만의 이야기가 아니다. 나폴레옹 샤농은 먹을 것을 나눠 달라고 떼를 쓰는 야노마뫼 원주민 피조사자들로부터 땅콩버터와 핫도그를 지키기 위해 땅콩버터는 소의 배설물이고 핫도그는 음경이라고 말했다. 모충과 유충을 맛있게 먹는 야노마뫼 사람들은 소가 무엇인지는 몰랐지만 그 말을 듣자 입맛을 잃었는지 더 이상 그의 식사를 방해하지 않았다.

역겨운 물건은 접촉 시간이 짧고 접촉 효과가 눈에 안 보여도 접촉하는 모든 것을 오염시킨다. 파리채로 젓거나 소독한 바퀴벌레가 빠진 음료를 마시지 않는 행위 뒤에는 보이지 않는 오염물질이 남아 있다는 직관이 깔려 있다. 새 빗이나 변기 같은 물건들은 단지 역겨운 물질과 접촉하게끔 설계되었다는 이유만으로 더럽게 취급되고, 개똥 모양의 초콜릿 같은 물건들은 단지 비슷하게 생겼다는 이유만으로 더럽게 취급된다. 로진이 관찰한 바에 따르면 역겨움의 심리에는 많은 전통 문화에서 발견되는 공감 주술*의 두 법칙이 관통한다고 한다. 접촉 전염의 법칙(일단 접촉하면 항상 접촉되어 있다)과 유사성의 법칙(비슷함은 비슷함을 만든다)이 그것이다.

* 어떤 사물·사건 등이 공감 작용에 의하여 떨어진 곳의 사물·사건에 영향을 미칠 수 있다는 신앙을 바탕으로 함.

역겨움은 보편적이지만 역겹지 않은 동물의 목록은 문화마다 다른데, 이것은 학습과 관계가 있음을 의미한다. 두 살 미만의 아이들이 모든 것을 입 안에 넣는다는 것은 부모라면 누구나 아는 사실이지만 정신분석 전문의들은 현장조사를 통해 두 살 미만의 아이들에겐 배설물에 대한 반감이 없다는 사실을 확인했다. 로진과 그의 동료들은 미국 성인들이 역겹다고 생각하는 다양한 음식들을 아이들에게 주는 방법으로 역겨움 발달을 연구했다. 걸음마 단계의 아기들 중 62퍼센트가 개똥 모양의 과자(사실은 땅콩버터와 향긋한 치즈로 만들었다)를 먹고 31퍼센트가 메뚜기를 먹자 지켜보던 부모들은 경악했다.

역겨움은 학령 중간에, 아마도 역겨운 물체에 다가갈 때 부모로부터 꾸지람을 듣거나 부모의 얼굴에서 꾸짖는 표정을 볼 때 학습되는 것 같다고 로진은 설명한다. 그러나 나는 그렇게 생각하지 않는다. 첫째, 걸음마 단계만 넘으면 모든 피실험자들은 성인과 사실상 똑같이 행동했다. 예를 들어 네 살배기들은 배설물 모양의 과자나 메뚜기가 빠진 주스를 먹으려 하지 않았다. 성인들과의 유일한 차이는 아이들은 짧은 접촉으로 인한 오염에 덜 민감하다는 것이었다.(여덟 살이 된 아이들부터 메뚜기나 개똥 과자가 잠깐 빠졌던 주스를 마시지 않았다.) 둘째, 두 살이 넘은 아이들은 워낙 까다로워서 부모들은 과거의 물질들을 못 먹게 하기 위해서가 아니라 새로운 물질들을 먹게 만들려고 고생을 한다.(인류학자 엘리자베스 캐시던은 새로운 음식을 먹어 보려는 아이들의 자발성이 세 번째 생일 이후에 급격히 떨어진다고 보고했다.) 셋째, 만일 아이들이 피해야 할 대상을 학습해야 한다면 금지된 몇몇 동물을 제외하고 모든 동물이 먹음직스러워야 할 것이다. 그러나 로진도 스스로 지적했듯이, 사실은 허용된 몇몇 동물을 제외하고 모든 동물이 역겨움을 일으킨다. 어떤 아이도 끈적거리고 더러운 시궁쥐 창자를 욕하라고 교육받지 않는다.

캐시던은 더 나은 생각에 도달했다. 생후 2년은 음식 학습에 민감한 시기라는 것이다. 그 기간에 어머니들은 아이들의 음식 섭취를 조절하고 아이들은 허용된 범위 내에서 무엇이나 먹는다. 그런 다음 아이들의 입맛은 자연스럽게 위축되어 민감한 시기에 먹었던 음식만 입에 넣는다. 이런 혐오감은 성인이 될 때까지 지속되기도 한다. 물론 성인들은 다양한 동기를 통해, 예를 들어 다른 사람들과 식사를 하기 위해, 남자답게 보이거나 세련되어 보이기 위해, 스릴을 맛보기 위해, 익숙한 음식이 부족할 때 굶주림을 면하기 위해 그런 혐오감을 극복하기도 한다.

• • • •

역겨움의 목적은 무엇인가? 로진은 인간이 '잡식성의 딜레마'에 빠졌다고 지적한다. 예를 들어 유칼립투스 잎을 주식으로 먹기 때문에 그것이 부족해지면 위기에 처하는 코알라와는 달리, 잡식성 동물들은 광범위한 메뉴 중에서 선택을 할 수 있다. 단점은 많은 음식들이 유독하다는 것이다. 많은 종류의 물고기, 양서류, 무척추동물이 강력한 신경독을 갖고 있다. 평상시에는 무해한 고기에도 촌충 같은 기생충이 있을 수 있고, 상한 고기는 부패를 야기하는 미생물들이 청소동물들을 막고 고기를 독차지하기 위해 독을 분비하기 때문에 굉장히 치명적이다. 산업화된 국가들에서도 식품 오염은 중대한 위험이다. 탄저균과 선모충병은 최근까지도 심각한 문제였고, 요즘 보건 전문가들은 치킨샐러드 샌드위치를 먹을 때 살모넬라균에 감염되지 않도록 엄격한 위생을 강조한다. 1996년에는 소의 뇌가 스펀지처럼 숭숭 뚫리는 광우병에 걸린 소를 먹으면 사람도 똑같은 병에 걸린다는 사실이 발견되어 세계적으로 위기감이 확산되었다.

　　로진의 과감한 견해에 따르면 역겨움은 인간의 조상들로 하여금 위험한 동물 물질을 먹지 못하게 만드는 일종의 적응특성이라고 한다. 배설물, 썩은 고기, 부드럽고 축축한 동물 부위들은 유해한 미생물의 온상이므로 몸속에 들어서는 안 된다. 유년기의 음식에 대한 학습도 이 견해와 일치한다. 어느 동물 부위가 안전한지는 현지의 생물과 그것들의 풍토병에 달려 있기 때문에 구체적인 미각은 선천적이지 않다. 과거에 제왕들이 맛 감별사를 이용한 것처럼 아이들은 나이 든 친척들을 이용한다. 친척들이 먹고 죽지 않으면 그것은 독이 아니다. 이와 같이 아주 어린 아이들은 부모가 허락하는 것은 모두 수용하고, 스스로 식량을 수집할 나이가 되면 그 밖의 모든 것을 피한다.

그러나 비합리적인 유사성의 효과, 즉 고무 구토물, 초콜릿 개똥, 소독한 바퀴벌레에 대한 반감을 우리는 어떻게 이해해야 할까? 사실 그런 상품들은 원래의 사물들이 불러일으키는 반응과 똑같은 반응을 불러일으키기 위해 '제작' 되었다. 고무 구토물을 노블티숍에서 파는 것도 그 때문이다. 유사성의 효과는 단지, 권위자나 자기 자신의 믿음에 의해 확인을 받아도 감정적 반응을 끊을 수는 없다는 사실을 보여 준다. 그것은 영화에 몰입하거나, 포르노를 보고 흥분하거나, 롤러코스터를 타고 아찔함을 느끼는 등의 현대적인 환영들에 대한 반응들과 똑같이 결코 비합리적이지 않다.

역겨운 것들과 접촉하면 어느 것이나 오염이 된다는 우리의 느낌은 어떠한가? 그것은 생물계에는 세균이 득실거린다는 기본적 사실에 직접적으로 적응한 결과다. 미생물은 식물들이 만들어 내는 화학적인 독성 물질과 근본적으로 다르다. 화학물질의 위험성은 복용량에 달려 있다. 독이 있는 식물들은 쓴 맛이 난다. 식물은 한 번 이상 씹히지 않은 것이, 그 식물을 먹는 동물은 한 번 이상 씹지 않는 것이 이롭기 때문이다. 그러나 미생물은 기하급수적으로 증식하기 때문에 안전한 용량이 없다. 눈에 보이지 않고 맛도 느껴지지 않는 단 한 마리의 세균이 증식을 하면 어떤 크기의 물체라도 금방 점령당한다. 세균은 물론 접촉에 의해 감염되기 때문에, 불결한 것과 접촉한 물체는 외양과 맛이 똑같더라도 영구적으로 불결하다는 생각은 당연히 합리적이다.

곤충, 벌레, 두꺼비 같은 작은 동물들이 걸핏하면 무시당하는 이유는 무엇일까? 인류학자 마빈 해리스는, 여러 문화에서 큰 동물이 있으면 작은 동물을 피하고 큰 동물이 없으면 작은 동물을 먹는다는 것을 보여 주었다. 벌레는 고기보다 안전하기 때문에 이 설명은 위생과는 아무 관계가 없다. 그것은 최적 식량수집 이론에 근거하는데, 이것은 동물들이 섭취하는 음식물 중 영양분의 비율을 최대화하기 위해 어떻게 자신의 시간을 할애하는가를 분석하는 이론이다. 작은 동물은 작고 흩어져 있어서, 1파운드의 단백질을 포획하고 요리하는 데 많은 노력과 시간이 든다. 큰 포유동물은 발굽 위에 수백 파운드의 고기가 한 덩어리로 붙어 있다.(1978년에 회자된 농담 중에는, 맥도널드가 빅맥 속에 지렁이 고기를 넣어 판다는 말이 있었다.) 대부분의 환경에서는 큰 동물을 먹는 것이 더 효율적일 뿐만 아니라, 작은 동물은 충분히 먹을 만큼 수집할 시간이면 큰 동물을 사냥하고도 남기 때문에 되도록 피하는 것이 유리했을 것이다. 따라서 최소한 생선을 튀겨 먹을 수 있는 문화에서는 작은 동물이 식단에서 제외되었으며, 먹는 사람 입장에서 볼 때 허락되지 않은 것은 모두 금지된 것이므로 그런 문화에서는 그것들을 역겹다고 느낀다.

● ● ● ●

음식 금기는 어떠한가? 예를 들어 왜 힌두 사람들은 쇠고기를 금지할까? 왜 유대인들은 돼지고기와 조개를 금지하고, 고기와 우유를 섞는 것을 금지할까? 수천 년 동안 랍비들은 독창적인 설명으로 유대인의 음식 금기를 정당화해 왔다. 《유대 문물 백과사전*Encyclopedia Judaica*》에서 몇 개의 항목을 살펴보자.

아리스테아스, 기원전 1세기: "음식 금기 규율에는 도덕적 의도가 있다. 피의 섭취를 금지하면 유혈에 대한 공포를 심어 줌으로써 인간의 폭력적 본성을 길들일 수 있기 때문이다. … 새를 먹이로 삼지 말라는 규율은 사람이 다른 사람을 먹이로 삼아서는 안 된다는 것을 가르치기 위해서였다."

이사크 벤 모세스 아라마: "모든 음식 금기 뒤에 숨어 있는 전제는 단지 신체에 유해할 수 있다는 것이 아니라, 그 음식들이 영혼을 더럽히고 지적 능력을 무디게 하여 혼란스런 견해와 사악하고 야만적인 식욕을 자극하고 그럼으로써 사람들을 타락시켜 창조의 목적을 짓밟는다는 것이다."

마이모니데스: "토라(율법)에서 금지하는 모든 음식에는 신체에 해로운 것이 들어 있다. … 율법에서 돼지고기를 금하는 주된 이유는 돼지의 습성과 먹이가 매우 더럽고 역겹다는 사실에서 찾을 수 있다. … 내장의 기름기를 금지하는 것은 그것이 복부를 살찌게 하고 파괴하며, 차고 끈적끈적한 피를 생산하기 때문이다. … 우유에 넣어 삶은 고기는 매우 탁한 음식이고 지나친 포만감을 불러일으킨다."

아브라함 이븐 에즈라: "어미의 젖으로 새끼 염소를 요리하는 것은 잔인성의 문제라고 생각한다."

나흐마니데스: "여기서 지느러미와 비늘을 지적하는 것은 지느러미와 비늘을 가진 물고기는 수면에 더 가까이 올라오고 담수 지역에서 더 흔하게 발견되기 때문이다. … 지느러미와 비늘이 없는 물고기들은 대개 습기가 과다하고 열이 없는 깊은 진흙층에서 산다. 그것들은 곰팡내 나는 습지에서 번식하므로 그런 물고기를 먹으면 건강에 해로울 수 있다."

랍비의 지혜를 아무리 존중한다고 해도 영리한 열두 살 아이라면 위의 주장들을 충분히 논박할 수 있고, 한때 주일학교 교사였던 나로서도 실제로 그런 일이 자주 일어난다는 것을 증언할 수 있다. 아직도 많은 유대인 성인들이 돼지고기를 금지하는 것은 선모충병을 막기 위한 보건 대책이라고 믿는다. 그러나 해리스가 지적하듯이, 만일 그것이 사실이라면 음식 금기는 단지 덜 익은 돼지고기에 대한 다음과 같은 충고에 그쳤을 것이다. "분홍색이 모두 익기까지는 돼지고기를 먹지 말지어다."

음식 금기에는 대개 생태적·경제적 의미가 있다고 해리스는 말한다. 유대인들과 이슬람교도들은 사막 생활을 하는 부족이었고, 돼지는 숲에서 사는 동물이다. 유목민들은 물과 음식을 얻기 위해 서로 경쟁한다. 반면에 정결한 음식은 양, 소, 염소 같은 반추동물로, 듬성듬성한 사막 식물을 먹고 살 수 있다. 인도에서 소는 우유, 거름, 쟁기질에 이용되기 때문에 도살하기에는 너무 소중한 동물이다. 해리스의 이론은 랍비들의 이론만큼 독창적이지만, 그것만으론 모든 것을 설명할 수 없다는 것을 인정한다는 점에서 훨씬 그럴듯하다. 유대의 메마른 사막을 방랑하던 고대 부족들은 새우나 굴을 양식한다고 해서 그들의 자원이 고갈될 위험에 처하지도 않았고, 폴란드의 유대인 마을이나 브루클린의 유대인들이 사막의 반추동물을 고집하는 이유도 불확실하다.

음식 금기는 인종적 표지인 것이 분명하지만, 그것 자체로는 아무것도 설명하지 못한다. 왜 사람들은 영양분의 원천을 금지하는 것 같은 값비싼 표지뿐만 아니라, 애초에 수많은 인종적 표지들을 달고 사는가? 사회과학에서는 아무런 의심 없이, 사람들은 자신의 이익을 집단 속에 빠뜨린다고 가정하지만, 진화론의 관점에서 그것은 가능성이 낮다.(이 장의 뒤에서 살펴볼 것이다.) 내 견해는 더 냉소적이다.

어떤 집단에서든 젊고 가난하고 참정권이 없는 구성원들은 다른 집단으로 이탈하려는 유혹을 느낄 것이다. 힘을 가진 사람들, 특히 부모들은 그들을 붙잡아 두는 일에 관심을 기울인다. 포틀래치*와 축제는 물론이고 사업상 점심과 데이트에 이르기까지 사람들은 어디서나 함께 음식을 먹음으로써 동맹을 형성한다. 함께 음식을 못 먹으면 친구가 될 수 없다. 금기 규율은 종종 이웃 부족이 좋아하는 음식들을 금지하는데, 예를 들어 유대인 음식 금기의 대부분이 그렇다. 그렇다면 음식 금기는 잠재적 이탈자들을 붙들어 놓는 무기인 셈이다. 우선, 음식 금기는 외부인들과의 연합으로 들어가는 서곡인 빵 나누기를 명백한 도전 행위로 만든다. 더 나아가 음식 금기는 역겨움의 심리를 이용한다. 음식 선호를 배우는 민감한 시기에는 금기 음식들을 접하지 못하고, 그럼으로써 아이들은 자연히 그런 음식들을 역겹게 생각한다. 그로 인해 아이들은 적과 친해지기가 어려워진다.("그는 나를 초대했지만, 그들이 음식을 대접하면 어떻게 하지… 우웩!!") 사실 이 작전은 영속적이다. 그렇게 큰 아이들이 자라서 부모가 되면 자기 아이들에게도 역겨운 것을 먹이지 않을 것이다. 이

* 미국 북서부 인디언들의 선물 나누기 행사.

민자의 경험을 다룬 소설에는 금기 음식을 먹어야 하는 주인공의 고통이 자주 등장한다. 금지선을 넘은 주인공은 신세계로 조금 더 깊이 들어서지만, 부모나 공동체와 뚜렷한 갈등을 겪는다.(《포트노이의 불평 *Portnoy's Complaint*》에서 알렉스는 자신의 어머니가 햄버거를 히틀러처럼 여긴다고 묘사한다.) 그러나 연장자들은 공동체 안에서 사람들이 이런 식으로 표현하는 것을 원하지 않으므로, 음식 금기를 탈무드식 궤변과 현학으로 위장한다.

공포의 냄새

언어 애호가들은 모든 두려움에는 단어가 하나씩 붙어 있음을 알고 있다. 와인을 두려워하는가? 그건 '와인공포증 oenophobia'이다. 기차 여행이 무서운가? 그건 '기차공포증 siderodromophobia'이다. 장모나 시어머니를 두려워하는 것은 '장모공포증 pentheraphobia'이고, 땅콩버터가 입천장에 달라붙으면 돌같이 얼어붙는 것은 '땅콩버터공포증 arachibutyrophobia'이다. 그리고 프랭클린 델러노 루스벨트가 앓았던 병은 두려움 자체에 대한 두려움, 즉 '공포공포증 phobophobia'이다.

그러나 어떤 감정을 가리키는 말이 없다고 해서 그 감정이 존재하지 않는 것이 아닌 것처럼, 어떤 감정을 가리키는 말이 있다고 해서 그 감정이 존재하는 것도 아니다. 단어 수집가, 말하기 좋아하는 사람, 긴 단어 애호가들은 도전하기를 좋아한다. 그들이 생각하는 여흥 시간은 모든 모음이 알파벳 순서대로 들어간 가장 짧은 단어를 찾거나 철자 e를 사용하지 않고 소설을 쓰는 것이다. 그런데 또 다른 언어적 유희는 가상적인 두려움에 이름을 붙이는 것이다. 그 때문에 위와 같은 희한한 공포증들이 생겨났다. 실제 인간들은 그리스어나 라틴어에서 생겨난 그 모든 말들의 지시 대상 앞에서 벌벌 떨지 않는다. 두려움과 공포증은 짧고 보편적인 목록으로 압축된다.

뱀과 거미는 항상 무섭다. 두 동물은 대학생들의 공포증 연구에서 가장 흔하게 볼 수 있는 두려움과 혐오의 대상이고, 인간의 진화사에서도 아주 오랫동안 그런 존재였다. D. O. 헵은 감금 상태에서 태어난 침팬지들이 뱀을 처음 보는 순간 두려워하면서 비명을 지른다는 것을 발견했고, 영장류동물학자 마크 하우저는 실험실에서 양육된 솜머리비단원숭이(남미 원숭이의 일종)들이 바닥에 떨어진 플라스틱 튜브를 보고는 날카로운 비명을 질러 경고를 보낸다는 것을 발견했다. 식량수집 부족들의 반응은 어븐 드보어의 글에 간결하게 묘사되어 있다. "수렵-채집인들은 뱀이 살아 있는 것을 보지 못한다." 뱀을 숭배하는 문화에서도 사람들은 뱀을 대단히 조심스럽게 다룬다. 심지어 인디애나 존스도 뱀을 두려워했다!

보편적인 두려움의 또 다른 대상들을 열거하자면, 고소高所, 폭풍, 큰 육식동물, 어둠, 피, 낯선 사람, 감금, 깊은 물, 사회적 감시, 집에 홀로 남겨지기 등이다. 공통적인 맥락은 명백한데, 모두 인간의 조상들을 위협하는 상황들이다. 거미와 뱀은 특히 아프리카에서는 독을 가진 종이 많으며, 그 밖의 대상들도 대부분 식량수집인의 건강에 분명히 위험하고, 사회적 감시의 경우는 지위에 위험하다. 두려움은 우리 조상들로 하여금 주변에서 직면할 수 있는 위험에 대처하도록 촉구하는 감정이다.

두려움은 몇몇 감정으로 나뉘는 것 같다. 물리적인 것에 대한 공포증, 사회적 감시에 대한 공포증, 집에 홀로 남겨지는 것에 대한 공포증은 각기 다른 종류의 약에 반응하는 것으로 보아, 서로 다른 뇌 회로에서 계산됨을 알 수 있다. 정신의학자 아이작 마크스는 공포의 대상이 다르면 사람들의 반응도 다르고, 각각의 반응은 각각의 위험에 적절하다는 것을 입증했다. 동물은 도피 반응을 촉발하고, 벼랑은 동결 반응을 촉발한다. 사회적 위험은 소심함과 유화적인 동작들을 낳는다. 피를 보고 실제로 창백해지는 것은 혈압이 낮아지기 때문인데, 이것은 더 이상의 혈액 손실을 최소화하기 위한 반응일 것이다. 두려움이 단지 신경계의 오류가 아니라 적응특성이라는 것을 보여 주는 가장 좋은 증거는, 포식자가 없는 섬에서 진화한 동물들은 두려움이 없고 침입자가 나타나면 '죽은 듯이' 납작 엎드린다는 사실이다.

현대 도시 거주자들의 두려움은 더 이상 존재하지 않는 위험을 막아 주고 실제로 주변에 존재하는 위험은 막아 주지 못한다. 우리는 뱀과 거미가 아니라 총, 과속, 안전벨트 미착용, 라이터 기름, 욕조 근처의 헤어드라이어를 두려워해야 한다. 소방 공무원들은 통계 수치에서부터 충격적인 사진에 이르기까지 모든 수단을 동원하여 시민들의 마음에 두려움을 심어 주려고 애를 쓰지만 대개 아무런 소용이 없다. 부모들은 아이들이 성냥을 갖고 놀거나 공을 좇아 차도로 뛰어드는 것을 막기 위해 비명을 지르고 벌을 준다. 그러나 시카고의 초등학생들에게 무엇이 가장 무서운지를 묻자 아이들은 바람의 도시인 시카고에서 만날 가능성이 전혀 없는 사자, 호랑이, 뱀을 꼽았다.

물론 두려움은 경험을 통해 변한다. 수십 년 동안 심리학자들은 파블로프의 개가 종소리를 듣고 침 흘리는 것을 학습한 것처럼 동물들은 새로운 두려움을 학습한다고 생각했다. 행동주의의 창시자인 존 B. 왓슨은 한 유명한 실험에서, 11개월 된 남자 아기가 길든 흰쥐를 갖고 놀 때 뒤에서 몰래 다가가 갑자기 2개의 쇠막대를 맞부딪혀 뗑그렁 소리를 냈다. 이것을 몇 번 반복하자 아기는 쥐를 비롯하여 토끼, 개, 바다표범 가죽코트,

산타클로스 같은 희고 털 많은 물체를 두려워하게 되었다. 쥐 역시 전에는 중립적이었던 자극과 위험을 관련시키는 법을 배운다. 하얀 방에서 전기 충격을 받은 쥐는 충격기가 꺼진 후에도 오랫동안 하얀 방에 던져질 때마다 검은 방으로 달아난다.

그러나 동물들은 아무것이나 두려워하도록 조건화되지 않는다. 어떤 조건화가 시작되기 전에도 아이들은 쥐를 무서워하고 쥐는 밝은 방을 무서워하기 때문에, 아이들과 쥐는 쉽게 쥐와 밝은 방을 위험과 연관시킨다. 흰쥐를 예컨대 오페라글라스 같은 다른 물체로 바꾸면 아이는 절대로 그것을 두려워하지 않는다. 하얀 방이 아닌 검은 방에서 쥐에게 충격을 주면 야행성 동물인 쥐는 더 천천히 연상을 학습하고 더 빨리 그것을 잊어버린다. 심리학자 마틴 셀리그먼은 동물이 진화론적으로 연상을 할 준비가 되어 있을 때에만 조건화가 쉽게 이루어질 수 있다고 말한다.

과거에 어떤 대상이 정신적 외상과 결부되었더라도 그것이 중립적인 물체라면 공포증이 형성되는 경우는 거의 없다. 사람들은 뱀을 본 적이 없어도 뱀을 무서워한다. 놀랍거나 고통스런 사건을 겪은 사람은 그 원인 앞에서 더 신중해지지만 그것을 두려워하지는 않는다. 전기 콘센트, 망치, 자동차, 방공호를 두려워하는 공포증은 없다. 진부한 TV 드라마에서와는 달리 충격적인 사건의 생존자들은 그 사건을 생각나게 하는 상황을 만날 때마다 히스테리를 일으키진 않는다. 베트남 참전자들은 누군가가 컵을 떨어뜨릴 때마다 포탄을 피하려고 바닥에 엎드리는 상투적인 장면을 불쾌하게 생각한다.

두려움 학습을 더 잘 이해할 수 있는 방법은 진화의 요구를 통해 생각하는 것이다. 세계는 위험한 장소이지만 우리 조상들은 동굴에 틀어박힌 채로 살아갈 수는 없었다. 식량을 수집해야 했고 짝을 구해야 했기 때문이다. 그들은 현지 환경에서 만나는 실제 위험과(어쨌든 모든 거미가 독을 갖고 있지는 않으므로) 그 위험을 중화시키는 자신의 능력(그들의 현실적 지식, 방어 기술, 수적인 안전)을 참고하여 전형적인 위험들에 대한 두려움의 눈금을 조정해야 했다.

마크스와 정신의학자 랜돌프 네스는 공포증은 망각된 적이 없는 선천적 두려움이라고 주장한다. 어린아이들에게 두려움은 자연적으로 형성된다. 생후 1년이 되면 아기들은 낯선 것과 격리를 두려워하는데, 몸집이 가장 작은 수렵-채집인에게 영아 살해와 포식은 대단히 심각한 위협이었을 것이다.(영화 《어둠 속의 외침 A Cry in the Dark》은 포식자가 혼자 남겨진 아기를 얼마나 쉽게 낚아채 갈 수 있는지를 보여 준다. 어두운 방에 혼자 남은 아기가 왜 그렇게 숨이 넘어갈 정도로 울어대는지를 묻는 부모들에게 이것은 훌륭한 답이 된다.) 세 살과 다섯 살 사이의 아이들은 일반적인 공포증의 모든 대상들—거미, 어둠, 깊은 물 등—을 두려워하고, 그 후엔 그것들을 하나씩 극복해 간다. 대부분의 성인 공포증은 극복되지 못한 유년의 두려움이다. 도시 거주자들이 뱀을 가장 두려워하는 것도 그 때문이다.

안전한 음식을 학습하는 경우와 마찬가지로, 현지 위험들을 가르쳐 줄 수 있는 최고의 안내인은 그 위험들을 극복하고 살아남은 사람들이다. 아이들은 부모가 두려워할 때 함께 두려워하고, 다른 아이들이 대처하는 것을 보고 자신의 두려움을 극복한다. 성인들도 똑같이 감수성이 예민하다. 전쟁터에서 용기와 공포는 쉽게 전염되고, 심리 치료법에서 공포증 환자는 시범자가 보아뱀과 노는 것을 지켜보거나 자신의 팔뚝 위로 거미가 올라오게 한다. 실험실에서 자란 붉은털짧은꼬리원숭이는 처음 보는 뱀을 두려워하지 않지만, 다른 원숭이가 뱀을 보고 놀라는 필름을 보면 그 후로는 뱀을 무서워한다. 영화 속의 원숭이는 두려움을 심어 주었다기보다는 환기시켰다고 봐야 한다. 그 원숭이가 뱀이 아니라 꽃이나 토끼를 보고 흠칫하면 영화를 보는 원숭이는 두려움을 갖지 않기 때문이다.

  두려움을 선택적으로 정복하는 능력은 본능의 중요한 요소다. 예컨대 전투 중인 조종사나 대공습 중의 런던 시민들처럼 사람들은 심각한 위험 속에서 놀라울 정도로 침착할 수 있다. 주변의 모든 사람들이 우왕좌왕할 때 왜 어떤 사람들은 침착함을 유지하는지를 아는 사람은 아무도 없지만, 침착함의 주된 요인으로는 예측력, 가청 거리 내에 존재하는 동료들, 능력과 통제력에 대한 의식이 있다. 작가인 톰 울프는 그 의식을 '좋은 자질The Right Stuff'이라 불렀다. 수성 탐사선에 오른 시험 비행사들을 그린 동명의 소설에서 울프는 좋은 자질을 다음과 같이 정의했다. "광속으로 돌진하는 기계에 몸을 싣고 미지의 위험 앞에서 용기, 반사운동, 경험, 냉정함을 발휘하고, 최후의 순간까지 그것을 유지하는 능력"이다. 통제 의식은 한계에 대한 도전, 즉 재난에 이르지 않고 얼마나 높이, 얼마나 빨리, 얼마나 멀리 갈 수 있는지를 한 단계씩 시험하는 행동에서 나온다. 한계에 도전한다는 것은 강력한 동기다. 오락과 '짜릿함'은 조상들에겐 위험하게 보이고 느껴졌던 비교적 안전한 사건들을 견디는 과정에서 발생한다. 대부분의 비경쟁적 스포츠(다이빙, 등반, 동굴 탐험 등), 그리고 '스릴러'라 불리는 소설 및 영화 장르가 여기에 속한다. "인생에서 어떤 것도 결과에 구애받지 않고 질주하는 것만큼 짜릿하지 않다"고 윈스턴 처칠은 말했다.

행복의 쳇바퀴

미국 독립선언문은 자명한 진리들 중 하나로서, 행복 추구는 양도할 수 없는 권리라고 말한다. 제러미 벤담은 최대 다수의 최대 행복이 도덕의 기초라고 말했다. 모든 사람이 행복하기를 원한다는 말은 진부하고 순환적으로까지 들리지만, 그것은 인간의 본성에 대한 근본적인 의문을 불러일으킨다. 모든 사람이 추구하는 이 행복의 정체는 과연 무엇일까?

우선 행복은 생물학적 적응(더 정확히 말하자면, 우리로 하여금 환경에 적응하도록 인도했던 심리 상태)의 후식에 불과한 것으로 여겨질 수 있다. 우리는 건강하고, 잘 먹고, 편안하고, 안전하고, 부유하고, 총명하고, 존경받고, 누군가가 곁에 있고, 사랑을 받을 때 더 행복하다. 반대되는 것들과 비교할 때 이러한 추구 대상들은 번식에 이바지한다. 행복의 기능은 다원주의적 적응의 열쇠들을 찾도록 마음을 움직이는 것이다. 불행할 때 우리는 행복으로 인도하는 것을 얻기 위해 노력하고, 행복할 때 우리는 현재 상태를 지속시킨다.

문제는 이것이다. 노력을 통해 얻을 만한 가치가 있는 적응의 수준은 어느 정도인가? 만일 빙하기의 사람들이 캠프용 난로, 페니실린, 엽총이 없다며 하늘을 보고 탄식을 하거나, 더 좋은 동굴과 창을 구하는 대신 그런 것들을 얻기 위해 노력을 기울였다면 그것은 시간 낭비에 불과했을 것이다. 심지어 현대의 식량수집 부족들 사이에서도 도달 가능한 생활수준은 시간과 장소에 따라 현격히 다르다. 완벽을 지향하다 보면 훌륭함을 망치는 수가 있으므로, 행복 추구는 주어진 환경에서 합리적인 노력을 통해 도달할 수 있는 수준에 맞춰져야 한다.

합리적으로 얻을 수 있는 것이 무엇인지를 우리는 어떻게 아는가? 우선 다른 사람들이 이미 획득한 것이 좋은 정보원일 수 있다. 그들이 그것을 얻을 수 있다면 나 역시 그럴 수 있다. 여러 시대에 걸쳐 인간의 조건을 관찰했던 사람들은 다음과 같은 비극을 지적해 왔다. 사람들은 이웃들보다 낫다고 느낄 때 행복하고, 그들보다 못하다고 느낄 때 불행하다.

그런데, 아! 다른 사람의 눈으로 행복을 들여다보는 것은 얼마나 씁쓸한 일이냐!
—윌리엄 셰익스피어(《뜻대로 하세요 As You Like It》 5막 2장)

행복 명 타인의 불행을 생각할 때 생겨나는 흡족한 기분.
—앰브로즈 비어스

성공만으론 충분하지 않다. 다른 사람들이 실패해야 한다.
—고어 비달

곱사등이가 즐거워할 때는 언제인가? 다른 사람의 등에서 더 큰 혹을 보았을 때다.
—이디시 속담

행복의 심리학은 인색한 쪽을 지지한다. 카너먼과 트버스키는 일상적인 예를 제시했다. 월급명세서를 펼쳤을 때 월급이 5퍼센트 인상되어 있으면 기쁨을 느낀다. 그러나 동료들의 월급이 10퍼센트 인상된 것을 알면 기쁨은 사라진다. 전해 오는 이야기에 따르면 프리마돈나 마리아 칼라스는 자신이 속해 있던 오페라 극장 측에 그녀를 제외하고 최고 보수를 받는 다른 가수보다 1달러를 더 지급할 것을 요구했다고 한다.

오늘날 사람들은 역사상 어느 시대보다 더 안전하고, 더 건강하고, 더 잘 먹고, 더 오래 산다. 그러나 우리는 인생을 즐겁게 살지 못하는 반면에, 우리 조상들은 우리들처럼 만성적으로 음울하지 않았을 것이다. 오늘날 서양 국가들의 빈곤 계층은 과거라면 귀족들조차 꿈꾸지 못했을 환경에서 산다는 사실을 지적하는 것은 결코 반동적인 행위가 아니다. 다양한 계층과 국가에 소속된 사람들은 그들 자신을 더 풍요로운 집단과 비교하기 전까지는 종종 만족감을 느낀다. 한 사회에서 폭력의 수위는 그 사회의 가난보다는 불평등과 더 밀접한 관련이 있다. 20세기 후반에 대두된 제3세계의 불만족과 그 이후에 대두된 제2세계의 불만족은 그들이 대중매체를 통해 제1세계의 풍요로움을 엿본 탓으로 추정된다.

획득 가능한 것을 알 수 있는 또 다른 주요 단서는 현재 당신이 얼마나 부유한가다. 현재 소유하고 있는 것은 정의상 획득 가능한 것이므로, 아마 당신은 최소한 조금 더 나아질 수 있을 것이다. 진화 이론에서는 사람의 미래가 현재보다 크게는 아니지만 조금은 더 나아질 수 있다고 예측한다. 여기에서 우리는 행복의 두 번째 비극을 만나게 된다. 우리의 눈이 태양이나 어둠에 순응하는 것처럼 사람들은 좋든 싫든 자신의 환경에 순응한다. 중립 지점을 기준으로 개선은 행복이고 손실은 불행이다. 이에 대해서도 현자들이 먼저 진리를 언급했다. E. A. 로빈슨의 시(그리고 나중에, 사이먼과 가펑클의 노래)의 화자는 "번쩍이며 걸어가는" 공장주, 리처드 코리를 부러워하고 있다.

그래서 우린 밤새 일을 하며 아침을 기다렸고,
고기를 먹지 않고 버티면서 빵을 저주했지.
그런데 어느 고요한 여름날 밤 리처드 코리는
집으로 가더니 자기 머리에 총알을 날렸네.

무익한 노력 앞에서 어두운 영혼의 소유자들은 행복이 가능하다는 사실을 부인하곤 한다. 연예인인 오스카 레반트에게 "행복은 경험하는 어떤 것이 아니라 기억하는 어떤 것"이다. 프로이트는 심리 치료의 목표는 "히스테리성 불행을 평범한 불행으로 변환하는 것"이라고 말했다. 한 동료는 곤경에 빠진 한 대학원생에 대해 이메일로 나의 의견을 물으면서 다음과 같이 적었다. "이따금씩 내가 젊었으면 좋겠다고 생각하네. 그때 그런 문제는 별게 아니었다는 게 기억난다네."

그러나 이제부터 인색함의 논리는 부분적으로만 정당하다. 물론 사람들은 행운과 불운의 전 범위를 똑같이 느낀다. 그러나 평균적으로 볼 때 사람들이 순응하는 기준선은 불행이 아니라 만족이다.(정확한 기준선은 사람에 따라 다르고, 대개 유전적으로 결정된다.) 심리학자 데이비드 마이어스와 에드 디너의 조사에 따르면 산업화된 세계에서 약 80퍼센트의 사람이 최소한 "자신의 삶에 상당히 만족한다"고 말했고, 약 30퍼센트가 "매우 행복하다"고 말했다 한다.(우리가 보기에 이 보고는 믿을 만하다.) 이 비율은 모든 연령, 남성과 여성, 흑인과 백인, 40년에 걸친 경제성장에 관계없이 동일하다. 마이어스와 디너는 다음과 같이 말한다. "1957년과 비교할 때 미국인들은 일인당 자동차 보유 대수가 두 배에 달하고, 전자레인지, 컬러 TV, 비디오, 에어컨, 자동응답 전화기를 사용하며, 매년 120억 달러 상당의 신제품 운동화를 소비한다. 그렇다면 미국인들은 1957년 때보다 더 행복한가? 그렇지 않다."

산업 국가에서 돈으로 살 수 있는 행복은 약간에 불과하다. 부와 만족의 상관성은 실재하지만 낮다. 복권에 당첨된 사람은 행복의 파도가 가라앉으면 다시 예전의 감정 상태로 돌아간다. 더 낙관적인 측면에서, 이를테면 하반신 마비 환자들이나 홀로코스트의 생존자들처럼 엄청난 손실을 경험한 사람들도 마찬가지다.

　이런 발견이 반드시 소피 터커의 노래, "나는 가난하기도 했고 부유하기도 했다. 부유한 게 낫다"는 말과 모순되진 않는다. 서양보다 인도와 방글라데시에서 부는 훨씬 더 큰 행복을 예보한다. 서유럽과 아메리카의 24개국에서는 (여러 설명이 가능하겠지만) 일인당 국민총생산이 높을수록 국민은 더 행복하다. 마이어스와 디너는 부는 건강과 비슷하다고 지적한다. 부유하지 않으면 비참해지지만, 부유함이 행복을 보장하진 않는다는 점에서다.

　행복의 비극은 3막까지 있다. 부정적인 감정(두려움, 슬픔, 불안 등)이 긍정적인 감정보다 두 배나 많으며, 손실이 같은 양의 이득보다 더 강렬하게 느껴진다는 사실이다. 테니스 스타 지미 코너스는 인간의 조건을 다음과 같이 요약했다. "나는 이기기를 좋아한다기보다는 지는 것을 싫어한다." 이런 비대칭은 실험실에서도 발견되었다. 한 심리학 실험에서는, 사람들은 확실한 이익을 확보할 때보다 확실한 손해를 피하려 할 때 더 큰 도박을 벌인다는 것, 그리고 사람들의 기분은 이득을 상상할 때 상승하는 폭보다 손실을 상상할 때(예를 들어, 학교 성적이나 이성과의 관계에서) 하락하는 폭이 더 크다는 것을 밝혀냈다. 심리학자 티모시 케텔라는, 행복은 자원이 생물학적 적응도에 미치는 효과를 따라간다고 지적한다. 상황이 점점 좋아지는 경우 적응도의 증가는 수익률 하락으로 이어진다. 음식은 많으면 많을수록 좋지만, 그것도 어느 한도까지다. 그러나 상황이 나빠지는 경우 적응도의 감소는 게임 종료로 이어질 수 있다. 음식이 부족하면 세상을 하직해야 한다. 무한히 열악해지는 방법은 여러 가지이지만(전염병, 굶주림, 잡아먹힘, 추락 등등), 크게 좋아지는 방법은 많지 않다. 그 때문에 미래의 이득보다는 손실에 주목할 가치가 더 큰 것이다. 우리를 행복하게 만드는 것보다는 불행하게 만드는 것들이 더 많기 때문이다.

초기의 진화심리학자로서 즐거움의 심리를 연구했던 도널드 캠벨은 인간을 가리켜 행복을 획득해도 결국에는 더 행복해지지 않는 '쾌락의 쳇바퀴'에 갇힌 존재라고 묘사했다. 사실 행복에 대한 연구는 종종 전통적인 가치관을 옹호하는 설교처럼 들린다. 그에 따르면 행복한 사람은 부유하고 특권이 있고 힘이 세고 잘생긴 사람이 아니라 배우자와 친구와 종교, 그리고 도전적이고 뜻있는 일을 가진 사람이다. 이 발견이 과장될 수 있는 것은 그것이 개인이 아니라 평균에 들어맞기 때문이고, 원인과 결과를 쉽게 구분할 수 없기 때문이다. 예를 들어, 결혼 생활은 행복을 주지만 또 한편으로 행복은 결혼과 결혼 생활에 도움이 될 수 있다. 그러나 캠벨이 내린 다음의 결론에는 수천 년의 역사 속에 존재했던 현명한 사람들의 생각이 녹아 있다. "직접적인 행복 추구는 불행한 삶을 만들어 내는 조리법이다."

세이렌의 노래

어떤 사람이 이성보다 감정에 이끌려 행동한다고 말할 때 그것은 종종 그 사람이 단기적인 만족을 위해 장기적 이익을 희생시킨다는 뜻으로 통한다. 화를 내거나, 유혹에 굴복하거나, 월급을 몽땅 써버리거나, 치과 앞에서 발길을 돌리는 것 등이 그 예다. 무엇이 우리를 그렇게 근시안으로 만드는 것일까?

보상을 연기하는 능력을 자제력 또는 만족의 유예라 부른다. 사회과학자들은 종종 그것을 지능의 증거, 즉 미래를 예상하고 그에 따라 계획하는 능력의 증거로 간주한다. 그러나 경제학자들의 말처럼, 한순간보다 오래 사는 행위자에겐 때때로 미래를 저평가하는 것도 선택 논리의 일부다. 먼 나중의 보상 대신에 당장의 보상을 추구하는 것도 종종 합리적인 전략이다.

(인플레이션이 없다는 가정하에) 현재의 1달러와 1년 뒤의 1달러 중 어느 것이 나을까? 당신은 현재의 1달러가 더 낫다고 말할 것이다. 그 돈을 투자하면 1년 뒤엔 더 큰 돈이 될 수 있기 때문이다. 그러나 애석하게도 이 설명은 순환적이다. 원래 이자라는 것은 현재의 1달러를 포기하는 대가로 지불되는 돈이기 때문이다. 그러나 경제학자들은 그 설명이 잘못되긴 했지만 대답은 맞다고 지적한다. 즉, 현재의 1달러가 더 좋다는 것이다. 첫째, 현재의 1달러는 1년 이내에 긴급한 일이나 기회가 발생하면 즉시 사용할 수 있다. 둘째, 만일 현재의 1달러를 빌려 주면 1년 뒤에 그 돈을 반드시 돌려받는다는 보장이 없다. 셋째, 1년 안에 죽으면 그 돈을 쓰지 못할 수 있다. 따라서 미래를 저평가하는 것, 즉 어떤 자원이 충분히 높은 수익을 거두지 못한다면 그것을 지금 소모하는 것이 합리적이다. 당신이 요구해야 할 이자율은 그 자원이 현재 당신에게 얼마나 중요한가, 그 자원을 돌려받을 가능성이 얼마나 큰가, 그리고 당신이 얼마나 오래 살 수 있는가에 따라 결정된다.

번식을 위한 투쟁은 일종의 경제학이다. 식물을 포함하여 모든 유기체는 현재의 자원을 지금 사용할지, 아니면 미래를 위해 저축할지를 '결정' 해야 한다. 어떤 결정들은 신체에 의해 내려진다. 우리는 나이가 들수록 약해진다. 우리의 유전자들이 미래를 저평가하여 늙고 약한 신체 대신 젊고 강한 신체를 만들기 때문이다. 사고가 나면 신체는 늙기도 전에 죽고, 그러면 장수를 위해 활력을 희생시킨 것이 물거품이 되기 때문에 이 교환은 여러 세대에 걸쳐 유리하다. 그러나 미래에 대한 대부분의 결정은 마음에 의해 내려진다. 매 순간마다 우리는 의식적으로든 무의식적으로든 지금 좋은 것과 후에 더 좋은 것 중 하나를 선택한다.

때로는 '지금'이 합리적 결정이다. 특히 인생은 짧다거나 내일은 존재하지 않는다는 속담이 떠오를 때는 더욱 그렇다. 이 논리는 총살 집행과 관련된 농담에서 적나라하게 드러난다. 사형수에게 마지막으로 담배를 권하자 "고맙지만, 금연 중이다"라고 대답한다. 우리가 이 농담을 듣고 웃는 것은 그런 입장에서 만족을 연기하는 것이 얼마나 무의미한지를 알기 때문이다. 또 다른 오래된 농담에서는 말썽을 피우지 않는 것이 항상 좋은 것만은 아니라는 점을 꼬집는다. 중년의 유대인 부부인 에스터와 머리는 남아메리카를 여행하고 있었다. 어느 날 머리가 무심코 비밀 군사시설을 촬영했다. 부부는 군인들에게 붙잡혀 감금되었다. 군인들은 3주 동안 부부를 고문하면서 해방운동 조직의 접선자들을 대라고 다그쳤다. 결국 그들은 간첩 행위로 기소되어 군사 법정에서 총살형을 언도받았다. 이튿날 아침 부부가 벽 앞에 나란히 세워지자 장교가 다가와 마지막 소원이 무엇이냐고 물었다. 에스터는 시카고에 있는 딸에게 전화하게 해달라고 요구했다. 장교는 불가능하다고 말한 다음 머리에게 돌아섰다. 머리는 "다들 미쳤어, 우린 스파이가 아니야!"라고 외치면서 장교의 얼굴에 침을 뱉었다. 그러자 에스터가 소리쳤다. "여보! 제발, 말썽 일으키지 말아요!"

대부분의 시간에 우리는 한동안은 죽지 않을 것임을 확신한다. 그러나 누구나 언젠가는 죽기 때문에, 어떤 것을 즐길 기회를 너무 오래 연기하면 그 기회를 영영 놓쳐 버릴 위험이 있다. 우리 조상들의 유목 생활은 소유물을 축적하거나 예금보험 같은 장기적인 사회제도에 의존할 능력이 없었기 때문에, 소비 쪽에 훨씬 더 큰 무게가 주어졌을 것이다. 그러나 그렇지 않더라도 현재를 탐닉하려는 어떤 충동이 우리의 감정 속에 자리를 잡은 것이 분명하다. 틀림없이 우리는 우리의 수명을 추정하고 여러 선택과 관련된 기회와 위험을 계산하며(지금 먹을까 나중에 먹을까, 야영을 할까 더 전진할까) 그에 따라 감정들을 조절하는 메커니즘을 진화시켰다.

정치학자 제임스 Q. 윌슨과 심리학자 리처드 헤른슈타인은 많은 범죄자들이 미래를 극단적으로 저평가하는 것처럼 행동한다는 사실을 지적했다. 범죄는 즉각적인 보상이 따르고 비용이 나중에 청구되는 도박이다. 두 학자는 그런 저평가가 낮은 지능 때문이라고 생각했다. 심리학자 마틴 댈리와 마고 윌슨은 다른 설명을 제시한다. 미국의 도심에서 젊은 남성은 평균 수명이 낮고, 그들도 그것을 알고 있다.(시카고의 빈민가에서 농구 선수를 꿈꾸는 젊은이들을 다룬 다큐멘터리 《후프 드림스 *Hoop Dreams*》에서 한 소년의 어머니는 아들이 체포되자 그가 열여덟 번째 생일까지 살 수 있게 되었다며 기뻐한다.) 게다가 투자 이익을 보장할 사회질서와 장기적 소유권도 빈약하다. 이런 조건들은 미래를 아주 낮게 저평가하는 것(위험을 무릅쓰는 것, 투자보다는 소비를 하는 것)이 적응력을 높이는 상황과 정확히 일치한다.

근시안 저평가는 더욱 당혹스럽다. 근시안 저평가는 우리 모두가 작고 빠른 보상보다는 크고 늦은 보상을 선호하지만 시간이 지나 두 보상이 가까워지면 그 선호를 뒤집는 경향이다. 친숙한 예로, 식사 전에는 다이어트(크고 늦은 보상)를 위해 후식(작고 빠른 보상)을 생략하기로 결심하지만, 웨이터가 후식을 주문하라고 하는 순간 유혹에 굴복하는 경우가 있다. 근시안 저평가는 실험실에서 쉽게 유도된다. 사람들(또는 비둘기)에게 2개의 버튼, 즉 현재의 작은 보상을 제공하는 버튼과 나중의 큰 보상을 제공하는 버튼을 주면, 작은 보상이 임박해짐에 따라 사람들의 선택은 큰 보상 쪽에서 작은 보상 쪽으로 기운다. 의지의 나약함은 경제학에서나 심리학에서나 똑같이 미해결의 문제다. 경제학자 토머스 셸링은 마음의 적응에 대해서도 똑같이 제기할 수 있는 '합리적 소비자'에 대해 다음과 같은 질문을 던진다.

우리 모두가 알고 있고 우리 중 일부는 실제로 그런 성향을 갖고 있는 이 합리적 소비자, 자기혐오에 빠져 담배를 갈기갈기 찢어 쓰레기통에 넣으면서 이번에는 정말로 폐암으로 인해 자식들을 고아로 만들지 모를 위험에서 벗어나겠다고 맹세하지만 세 시간 후에는 길거리를 돌아다니면서 아직 문을 닫지 않은 담배 가게를 찾는 합리적 소비자, 후회할 것을 뻔히 알고 또 실제로 후회하면서도 고칼로리의 점심을 먹고, 어떻게 해서 자제력을 잃었는지를 이해하지 못하고, 저녁에는 저칼로리의 음식을 먹겠다고 결심을 하고, 후회할 것을 뻔히 알고 또 실제로 후회하면서도 고칼로리의 저녁을 먹는 합리적 소비자, 다음날 아침에 일찍 일어나 중요한 회의를 준비하느라 쩔쩔 맬 것을 뻔히 알면서도 밤늦게까지 TV 앞에 붙어 있는 합리적 소비자, 아이들이 어떤 짓을 할 때 절대로 화를 내지 않겠다고 다짐했으면서도 막상 아이들이 그렇게 행동하자 버럭 화를 내서 디즈니랜드 여행을 망치는 이 합리적 소비자란 개념을 우리는 어떻게 설명해야 하는가?

셸링은 인간이 스스로의 자멸적인 행동을 극복하는 이상한 방법들을 열거한다. 자명종이 울릴 때 알람을 끄고 다시 잠들지 않도록 시계를 가장 먼 구석에 놓는 방법, 은퇴에 대비해 월급의 일부를 꼬박꼬박 떼어 저축할 권한을 고용주에게 부여하는 방법, 유혹적인 과자를 손이 닿지 않는 곳에 두는 방법, 시계를 5분 일찍 맞춰 놓는 방법 등이다. 오디세우스는 선원들에게 각자의 귀를 밀랍으로 막게 하고 자신의 몸은 돛대에 묶으라고 하여 세이렌의 유혹적인 노래가 들릴 때 배를 그쪽으로 몰아 암초에 부딪히는 일이 없게 했다.

근시안 저평가는 아직 설명되지 않았지만 셸링은 자제심의 모순을 마음의 모듈 방식으로 설명함으로써 그 이면에 깔린 심리의 중요한 어떤 측면을 드러냈다. 그는 다음과 같이 설명한다. "사람들은 때때로 자아가 2개인 것처럼 행동한다. 폐를 깨끗이 청소하고 오래 살기를 원하는 자아와 담배를 숭배하는 자아, 날씬한 몸을 원하는 자아와 후식을 원하는 자아, 극기에 관한 애덤 스미스의 책을 읽으며 자기 자신을 계발하려는 자아와 TV에서 추억의 영화를 보려고 하는 자아다." 이를테면 다이어트를 망치는 후식을 고려할 때처럼 마음은 굴뚝같은데 몸이 따라 주지 않을 때, 우리는 내면에서 2개의 자아—시각과 후각에 반응하는 자아와 의사의 충고에 반응하는 자아—가 싸우고 있음을 느낀다. 예컨대 현재의 1달러와 내일의 2달러처럼 보상이 같은 종류일 경우는 어떨까? 임박한 보상은 확실한 것을 처리하는 회로에서 처리되고, 먼 보상은 불확실한 미래에 내기를 거는 회로에서 처리될 것이다. 전자가 후자보다 윗자리를 차지한다. 마치 당사자는 수중의 한 마리 새가 숲 속의 두 마리보다 낫다고 믿도록 설계된 것 같다. 미래에 대한 믿을 만한 지식이 있는 현대의 환경에서, 그것은 종종 불합리한 선택으로 이어진다. 그러나 우리 조상들은 지금 확실히 즐길 수 있는 것과 내일 더 많이 즐길 수 있다고 추측되거나 소문이 도는 것을 구분하는 것이 유리했을 것이다. 심지어 오늘날에도 만족의 유예는 우리가 가진 지식의 허술함 때문에 이따금씩 응징을 당한다. 퇴직 기금이 파산하고, 정부가 약속을 어기고, 의사가 자신의 처방을 완전히 뒤집곤 한다.

나와 너

우리의 가장 격렬한 감정들은 풍경, 거미, 바퀴벌레, 사막 등이 아니라 다른 사람에 의해 환기된다. 노여움을 비롯한 몇몇 감정들은 타인을 해치고 싶게 만들고, 사랑, 동정, 감사 같은 감정들은 타인을 돕고 싶게 만든다. 이 감정들을 이해하려면 우리는 먼저 왜 유기체는 다른 존재들을 돕거나 해치도록 설계되어야 하는가를 이해할 필요가 있다.

자연 다큐멘터리를 보면 늑대들이 늙고 약한 사슴을 제거하는 것은 사슴 무리를 건강하게 유지시키기 위해서이고, 나그네쥐들이 자살을 하는 것은 집단의 굶주림을 막기 위해서이고, 수사슴들이 암컷을 놓고 박치기를 하는 것은 최적자로 하여금 종을 보존하게 하기 위해서라고 믿게 된다. 그 밑에 깔린 기본적인 가정, 즉 동물들은 생태계, 집단, 종의 이익을 위해 행동한다는 가정은 다윈의 이론에서 나온 것처럼 보인다. 만일 과거에 10개의 레밍 집단이 있었는데, 그중 아홉은 자기 집단을 기아에 빠뜨린 이기적인 레밍들이고 하나는 일부가 죽음으로써 나머지를 살린 집단이었다면, 그 열 번째 집단이 살아남았을 것이고 오늘날의 레밍들은 마지막 순간에 기꺼이 희생하려 할 것이다. 이 믿음은 광범위하게 퍼져 있다. 사회적 감정들의 기능에 대해 글을 쓴 심리학자들은 누구나 그것들이 집단에 미치는 이로운 영향을 언급한다.

동물이 집단의 이익을 위해 행동한다고 말하는 사람들은 그 전제가 사실은 다윈주의와는 근본적으로 다르고 거의 확실하게 잘못된 것임을 인식하지 못하는 것 같다. 다윈은 다음과 같이 썼다. "자연선택은 결코 생물체 자신에게 유익함보다 해로움이 더 큰 구조를 부여하지 않는다. 자연선택은 오직 생물체 각자의 이익에 의해, 그리고 각자의 이익을 위해 행동하기 때문이다." 자연선택이 이타적인 구성원들의 집단을 선택하는 경우는 그 집단이 모든 구성원을 이타적으로 유지시킬 것을 보장하는 협정을 시행할 때뿐이다. 그러나 강제적 시행이 없으면 돌연변이 레밍이나 밖에서 이주해 온 레밍이 "이게 무슨 일이야? 모두가 벼랑 아래로 뛰어내리면 남아 있는 먹이를 독차지해야겠어"라고 생각하는 것을 누구도 막을 수가 없다. 그 이기적인 레밍은 다른 쥐들의 이타주의로 생긴 보상을 공짜로 수확할 것이다. 이런 이점 때문에 그의 후손들은 재빨리 집단을 점거할 것이고, 그와 동시에 집단 전체는 더 가난해질 것이다. 바로 이것이 희생적인 성향의 운명이다. 자연선택은 여러 복제자들이 거두는 상대적인 성공들을 누적시킨 결과다. 결국 자연선택은 복제를 가장 잘하는 복제자, 즉 이기적인 복제자를 선택한다.

적응특성이 복제자에게 이익을 안겨 준다는 불가피한 사실은 생물학자 조지 윌리엄스가 맨 처음 언급했고 후에 리처드 도킨스가 《이기적 유전자》에서 상세히 설명했다. 오늘날 몇몇 주제에 대한 논쟁이 벌어지고 있지만 거의 모든 진화생물학자들이 그 점을 인정한다. 집단 간의 선택은 이론상으로 가능하지만, 대부분의 생물학자들은 그런 선택이 일어날 수 있는 특별한 상황을 과연 실제 세계에서 발견할 수 있을지를 의심한다. 종 간의 선택은 가능하지만, 그것은 유기체가 이타주의를 갖도록 설계되었는지 아닌지의 문제와 아무 관계가 없다. 동물들은 집단, 종, 생태계에 일어나는 일에 신경 쓰지 않는다. 늑대가 늙고 약한 사슴을 사냥하는 것은 그런 사슴이 가장 쉬운 사냥감이기 때문이다. 배고픈 레밍들은 더 좋은 들판을 찾아다니다 사고로 추락하거나 익사하는 것이지 자살하는 것이 아니다. 수사슴들이 싸움을 벌이는 이유는 서로 번식을 하기 위해서이고, 등을 돌리고 물러서는 이유는 패배가 불가피하거나 그렇게 하는 것이 동일한 작전을 구사하는 다른 수컷들을 효과적으로 상대할 수 있는 전략의 일부이기 때문이다. 싸움을 하는 수컷들은 집단에 무용지물이다. 사실 집단의 절반을 차지하는 수컷들은 대체로 그 집단에 무용지물이다. 몇 마리의 수컷만 있으면 먹이의 절반을 먹지 않고도 다음 세대를 낳게 할 수 있기 때문이다.

생물학자들은 종종 이런 것을 이기적 행동이라고 묘사하지만, 행동을 야기하는 것은 뇌의 활동 중에서도 특히 감정과 느낌을 담당하는 회로의 활동이다. 동물들이 이기적으로 행동하는 것은 그들의 감정 회로가 그렇게 배선되어 있기 때문이다. 나에게는 나의 배부름, 나의 따뜻함, 나의 오르가슴이 다른 사람의 그것보다 더 좋게 느껴지고, 그래서 나는 다른 사람의 그런 기분보다는 나 자신의 그런 기분을 더 많이 원하고 더 열심히 추구한다. 물론 개별적인 동물은 다른 동물의 뱃속이 어떤 상태인지를 직접 느낄 수 없지만 그 동물의 행동을 관찰함으로써 간접적으로 느낄 수는 있다. 동물들이 대개 다른 동물들의 관찰 가능한 행복을 그들 자신의 즐거움으로 느끼지 않는다는 것은 흥미로운 심리학적 사실이다. 그런데 동물들이 때때로 그것을 자기 자신의 즐거움으로 느낀다는 것은 훨씬 더 흥미로운 사실이다.

● ● ● ●

앞에서 나는 자연선택이 이기적인 복제자를 선택한다고 말했다. 만일 유기체가 복제자라면 모든 유기체는 이기적이어야 한다. 당신의 부모는 당신을 낳았을 때 복제를 한 것이 아니었다. 당신은 부모 중 누구와도 동일하지 않기 때문이다. 당신을 만든 청사진, 즉 당신의 유전자들은 부모를 만들었던 유전자들과 동일하지 않다. 그들의 유전자가 뒤섞이고, 무작위로 추출되어 정자와 난자를 만들고, 수정 과정에서 서로 결합하여 그들과는 다른 새로운 유전자 조합과 새로운 유기체를 창조한 것이다. 실제로 복제된 것은 당신의 몸속에 복사된 유전자들과 유전자들의 파편이다. 그리고 당신은 때가 되면 그중 일부를 자식들에게 물려줄 것이다. 사실 당신의 어머니가 무성생식을 한다고 해도 그녀가 복제되는 것이 아니라 그녀의 유전자가 복제될 것이다. 그녀가 살면서 겪었던 변화들(손가락 하나를 잃었거나, 문신을 했거나, 코에 피어싱을 했거나)은 당신에게 전해지지 않는다. 당신이 물려받을 수 있는 유일한 변화는 당신의 몸이 될 난자 속의 유전자들 중 어느 하나에 돌연변이가 생기는 것이다. 복제되는 것은 몸이 아니라 유전자다. 이것은 몸이 아니라 유전자가 이기적이라는 것을 의미한다.

물론 DNA에겐 감정이 없다. '이기적이다'라는 말은 '자기 자신의 복제 가능성을 높이는 방식으로 행동한다'는 뜻이다. 뇌를 가진 동물의 몸속에서 유전자가 이기적으로 행동하는 방법은 그 동물이 기쁨과 고통을 통해 더 많은 유전자 사본이 만들어질 수 있는 방식으로 행동하게끔 뇌를 배선하는 것이다. 종종 그것은 동물이 자신의 생존 번식에 적합한 상태를 즐기게 만든다는 것을 의미한다. 배부름이 만족스러운 이유는, 배부름이 동물의 생존과 이동과 번식을 뒷받침하여 배부름을 만족스럽게 느끼게 만드는 뇌의 유전자 사본을 더 많이 유도하기 때문이다.

식사를 즐겁게 만드는 뇌를 구성함으로써 유전자는 동물의 생식선에 놓여 있는 자신의 사본들을 효과적으로 퍼뜨릴 수 있다. 물론 실제로 뇌를 구성하는 그 DNA가 난자나 정자 속에 직접 전달되는 것이 아니라, 생식선生殖腺 안에 존재하는 그 사본들이 전달된다. 생식선 속의 유전자는 뇌를 구성하는 유전자들의 현존하는 유일한 사본이 아니라 단지 뇌를 구성하는 유전자가 복제를 위해 이용할 수 있는 가장 편리한 사본이다. 신분 확인이 가능하고 복제에 필요한 단계들이 취해질 수 있다면, 복제 능력이 있는 사본들은 세계 어디서나 적출로 인정받을 수 있다. '다른' 동물의 생식선 안에 자신의 사본을 복제한 유전자는 '해당' 동물의 생식선 안에 자신의 사본을 복제한 유전자만큼이나 성공적이다. 유전자로 말하자면 사본은 모두 똑같은 사본이어서 어느 동물이 그것을 소유해도 상관없다. 뇌를 건조하는 유전자에게 해당 동물의 생식선이 특별한 것은 그 유전자의 사본들이 그 생식선에 존재할 것이라는 확실성 때문이다.(그 확실성은 동물의 몸속에 있는 세포들이 유전적 사본들이라는 사실에서 비롯된다.) 그 때문에 뇌를 구성하는 유전자는 동물로 하여금 그 자신의 행복을 최대한 즐기게 만든다. 만일 어떤 유전자가 자기 사본들이 '다른 어떤' 동물의 생식선에 안착할 때를 알려 줄 수 있는 뇌를 구성한다면, 그 유전자는 그 뇌가 '그 다른 동물'의 행복을 즐기게 만들 것이고, 그 뇌가 그 다른 동물의 행복을 증진하는 방식으로 행동하게 만들 것이다.

  한 동물의 유전자 사본은 언제 다른 동물의 몸속에 안착할까? 동물들이 서로 친척 관계일 때다. 대부분의 동물에서 한쪽 부모의 한 유전자가 자식의 몸속에 자기 사본을 안착시킬 확률은 2분의 1이다. 자식은 각 부모로부터 절반의 유전자를 얻기 때문이다. 또한 하나의 사본이 친형제의 몸속에 안착해 있을 확률도 2분의 1이다. 친형제는 동일한 부모로부터 유전자를 물려받았기 때문이다. 한 유전자가 사촌의 몸속에 안착해 있을 확률은 8분의 1이다. 유전자가 자신의 소유자로 하여금 친척들을 돕게 만드는 뇌를 만든다면, 그것은 자기 자신의 복제에 간접적으로 도움이 될 것이다. 생물학자 윌리엄 해밀턴은, 친척에게 돌아가는 이익과 유전자를 공유할 확률을 곱한 값이 당사자에게 돌아오는 손해를 초과하면 그 유전자는 집단

내에 성공적으로 퍼질 것이라고 지적했다. 해밀턴이 발전시키고 공식화한 개념은 다른 몇몇 생물학자들도 이전부터 숙고했던 개념으로, 생물학자 J. B. S. 홀데인의 재치 있는 말이 가장 유명한 예다. 형제를 위해 목숨을 내놓을 수 있느냐는 질문에 홀데인은 이렇게 대답했다. "아니오. 하지만 형제 2명이나 사촌 8명이라면 가능합니다."

동물이 자기 자신을 희생하고 다른 동물에게 유익하도록 행동하면 생물학자들은 그것을 이타주의라 부른다. 이타주의자가 수혜자와 친척 관계이고 그래서 이타주의를 야기하는 유전자가 스스로 이익을 얻기 때문에 이타주의가 진화하면, 생물학자들은 그것을 혈연선택이라 부른다. 그러나 그렇게 행동하는 동물의 심리를 들여다보면 우리는 그 현상에 다른 이름을 붙일 수 있다. 바로 사랑이다.

사랑의 본질은 타인의 행복에 기쁨을, 타인의 손해에 고통을 느끼는 것이다. 이 감정들은 사랑받는 존재에게 유익한 행동, 즉 양육, 급식, 보호 등을 유발한다. 오늘날 우리는 왜 인간을 포함한 많은 동물들이 자기 자식, 부모, 조부모, 손자, 형제, 고모와 이모, 삼촌, 조카, 사촌을 사랑하는지를 이해한다. 친척을 돕는 것은 유전자가 스스로를 돕는 것과 동일하다. 사랑을 위한 희생은 촌수에 따라 조절된다. 그래서 사람들은 조카보다는 자식을 위해 더 많이 희생한다. 사랑을 위한 희생은 수혜자의 예상 번식 수명에 따라 조절된다. 그래서 자식이 부모를 위해 희생하는 것보다는 부모가 자기보다 오래 살 자식을 위해 더 많이 희생한다. 그리고 사랑을 위한 희생은 수혜자 본인이 갖고 있는 사랑의 감정에 따라 조절된다. 사람들이 조부모를 사랑하는 것은 조부모가 번식을 하리라고 기대해서가 아니라 조부모가 그들을 사랑하고 온 가족을 사랑하기 때문이다. 즉 우리는 우리를 즐겁게 돕고 우리의 친척들을 즐겁게 돕는 사람들을 돕는다. 그것은 또한 남녀가 사랑에 빠지는 이유이기도 하다. 내 자식의 다른 한쪽 부모인 나의 아내는 나만큼이나 내 자식과 유전적으로 관련되어 있다. 그래서 그녀에게 좋은 것은 나에게도 좋다.

이기적 유전자 이론이란 "동물들은 자기 유전자를 퍼뜨리려고 노력한다"는 뜻이라고 많은 사람들이 생각한다. 그것은 사실이 아니고, 그 이론을 정확히 이해한 것도 아니다. 대부분의 사람들을 포함하여 동물들은 유전학에 대해 아무것도 모르고 신경도 쓰지 않는다. 사람들이 자식을 사랑하는 것은 (의식적으로든 무의식적으로든) 자신의 유전자를 퍼뜨리고 싶어서가 아니라 어쩔 수 없어서다. 그 사랑 때문에 사람들은 자식을 따뜻하고 배부르고 안전하게 키우려고 노력한다. 이기적인 것은 개인의 실제 동기가 아니라 그 개인을 구성한 유전자의 비유적 동기다. 유전자는 동물의 뇌를 배선함으로써 자기 자신을 퍼뜨리려고 '노력' 하고, 그래서 그 동물들은 자신의 친족을 사랑하고, 그들을 따뜻하고 배부르고 안전하게 키우려고 노력하는 것이다.

위와 같은 혼동은 사람들의 유전자를 그들의 진정한 자아로 간주하고, 유전자의 동기를 사람들의 가장 깊고 진실하고 무의식적인 동기로 간주하는 데에서 비롯된다. 그렇게 오해하게 되면 모든 사랑은 위선이라는 냉소적이고 잘못된 도덕에 이르기 쉽다. 그것은 개인의 실제적 동기와 유전자의 비유적 동기를 혼동한 결과다. 유전자는 꼭두각시를 부리는 주인이 아니다. 유전자는 뇌와 몸을 만들기 위한 조리법으로 작용한 다음 조용히 물러난다. 유전자는 평행우주에 존재하고, 몸 전체에 흩어져 있으며, 그들만의 의제를 갖고 있다.

● ● ● ●

이타주의 생물학에 대한 대부분의 논의는 사실은 이타주의 생물학에 관한 것이 아니다. 건전한 보수주의 윤리에 물든 자연 다큐멘터리들이 동물들은 집단의 이익을 위해 행동한다는 구호를 선전하는 이유를 우리는 쉽게 이해한다. 그 속에는 "밤비를 잡아먹는 늑대를 미워하지 말라. 늑대는 더 큰 이익을 위해 행동하고 있다"는 뜻이 내포되어 있다. 그리고 "환경보호는 자연의 방식이다. 우리 인간은 그 방식을 따라야 한다"는 뜻도 내포되어 있다. 이와 대립하는 이기적 유전자 이론은 《월스트리트Wall Street》에 등장하는 고든 게코의 다음과 같은 철학을 옹호한다는 두려움 때문에 격렬한 비판의 표적이 되어 왔다. "탐욕은 좋은 것이고, 유효하다." 그리고 이기적 유전자를 믿지만 우리에게 다음과 같은 슬픈 진실을 들이대는 사람들이 있다. "본질적으로 테레사 수녀는 이기적이다."

도덕주의적 과학은 도덕에도 나쁘고 과학에도 나쁘다는 것이 내 생각이다. 최신판 생물학 저널에 어떤 글이 발표되든, 분명 요세미티의 도로를 포장하는 것은 어리석고, 고든 게코는 나쁘고, 테레사 수녀는 선하다. 그러나 나는 무엇이 우리를 지금과 같이 만들었는가를 알게 될 때 전율을 느끼는 것이 극히 인간적이라고 생각한다. 그래서 나는 이기적 유전자를 생각하는 좀 더 희망적인 방법을 제안하고자 한다.

신체는 감정이입의 결정적 장벽이다. 당신의 치통은 당신에게 고통스러울 뿐 나에겐 전혀 고통스럽지 않다. 그러나 유전자는 신체에 감금되어 있지 않다. 하나의 유전자는 여러 가족 구성원들의 몸속에 동시에 존재한다. 한 유전자의 흩어진 사본들은 신체에 감정을 부여함으로써 서로를 부른다. 사랑, 동정, 감정이입은 서로 다른 몸속의 유전자들을 연결하는 보이지 않는 실이다. 그런 감정들을 통해 우리는 다른 사람의 치통을 느끼게 된다. 어머니가 병든 자식을 대신해 수술을 받고 싶다고 말할 때, 그 이타적 감정을 갖게 만드는 것은 종이나 집단이나 부모의 신체가 아니다. 그것은 바로 그녀의 이기적 유전자다.

● ● ● ●

동물들이 자기 친족에게만 친절한 것은 아니다. 생물학자 로버트 트리버스는 또 다른 종류의 이타주의가 어떻게 진화할 수 있었는가에 대한 조지 윌리엄스의 제안을 발전시켰다.(여기에서도 이타주의는 행위자의 희생으로 다른 유기체에게 이익을 주는 행위로 정의된다.) 도킨스는 가설적인 예를 통해 이것을 설명한다. 어떤 종의 새가 질병을 옮기는 진드기로 고생을 하고, 따라서 부리로 그 진드기를 제거하기 위해 많은 시간을 허비해야 한다고 상상해 보자. 그 새의 부리는 신체의 모든 부위에 도달할 수 있지만 머리 꼭대기만은 예외다. 각각의 새는 다른 새가 머리를 청소해 줄 때 이익을 얻을 것이다. 만일 한 집단 내의 모든 새가 눈앞에 다른 새의 머리가 보이면 그것을 청소해 주는 반응을 나타낸다면 그 집단은 번성할 것이다. 그러나 만일 자기 머리는 다른 새들에게 내밀면서도 다른 새들의 머리는 청소해 주지 않는 돌연변이가 태어난다면 어떻게 될까? 이 얄미운 공짜 손님은 기생충을 없앨 수 있고, 게다가 다른 새들을 청소해 주지 않음으로써 절약하게 된 시간을 먹이 찾는 데 쓸 수 있다. 이런 이점 때문에 그놈들은 결국 집단을 지배하겠지만, 집단은 멸종의 위험이 더 높아질 것이다. 심리학자 로저 브라운은 다음과 같이 설명한다. "무대에 출연한 모든 새가 서로에게 머리를 들이밀지만 아무도 청소를 해주지 않는 애처로운 마지막 장면을 상상하게 된다."

　그러나 원한을 품을 줄 아는 또 다른 돌연변이가 생겨났다고 가정해 보자. 이 돌연변이는 처음 보는 새들을 청소해 주고, 과거에 자기를 청소해 줬던 새들을 청소해 주지만, 자기를 청소해 주지 않았던 새들은 청소해 주지 않는다. 일단 이런 새 몇 마리가 발을 붙이면 이 짠돌이 새들은 서로를 청소해 주는 동시에 사기꾼 새들을 청소해 주는 손해를 보지 않기 때문에 집단 내에서 번성할 수 있다. 그리고 몇몇 상황에서 사기꾼 새들이 소수 집단으로 잠복해 있을 수도 있지만, 일단 짠돌이 새들이 자리를 잡으면 맘씨 좋은 청소부 새나 사기꾼 새는 그들을 몰아내지 못한다.

　이 가설적인 예는 비혈연 간의 이타주의(트리버스는 이것을 호혜적 이타주의라 불렀다)가 어떻게 진화할 수 있는지를 보여 준다. 이 사고실험은 현실과 쉽게 혼동된다. 브라운은 다음과 같이 말한다. "그 예를 강의에 이용했더니 때때로 시험 기간에 진짜 새가 되어 돌아왔다. '스키너의 비둘기'가 가장 많았고, 검은머리갈매기도 있었고, 울새도 한 번 있었다." 몇몇 종들은 호혜적 이타주의를 실천하지만 그런 종들은 많지 않다. 호혜적 이타주의는 단지 특별한 상황에서만 진화하기 때문이다. 자신의 적은 비용으로 서로에게 큰 이익을 줄 수 있어야 하고, 두 역할은 쉽게 역전될 수 있어야 한다. 동물들은 서로를 개체로 인식하고(2장을 보라), 보답이 호의보다 나중에 이루어질 경우 누가 자신을 돕고 누가 거절했는지를 기억하고, 그에 따라 어떻게 호의를 수여할지 혹은 보류할지를 결정하는 일에 뇌의 일부를 전담시켜야 한다.

　인간은 물론 머리가 좋은 종이고, 친족이 아닌 개체를 돕는 빈도수에 있어 동물학적으로 유별나다. 우리의 생활방식과 마음은 특히 호혜적 이타주의의 요구에 잘 적응해 있다. 사람들에겐 서로 교환할 음식, 도구,

도움, 정보가 있다. 언어 덕분에 정보는 수혜자에게 돌아가는 이익에 비해 수여자 측의 비용이 극히 적기 때문에(몇 초의 호흡) 이상적인 교환 품목이다. 인간은 개체를 대단히 중시한다. 2장에서 소개했던 블릭이란 이름의 쌍둥이 형제를 기억해 보라. 둘 중 한 명이 경찰관을 물었지만 둘 중 어느 누구도 처벌을 할 수 없었던 것은 정확히 누가 그 행위를 했는지를 확인할 수 없었기 때문이다. 그리고 인간의 마음에는 호의의 분배를 조절하는 목표 설정 악마들이 구비되어 있다. 혈연지향적 이타주의의 경우처럼 호혜적 이타주의도 일단의 사고와 감정들이 집약된 행동주의의 축소판이다. 트리버스와 심리학자 리처드 알렉산더는 호혜적 이타주의의 요구들이 어떻게 많은 감정들의 원천일 수 있는지를 보여 주었다. 전체적으로 그것들은 도덕관념의 큰 부분을 차지한다.

최소한의 장비는 사기꾼 탐지기와 고약한 사기꾼에게 더 이상 도움주기를 거부하는 되갚음 전략이다. 고약한 사기꾼은 호혜를 전적으로 거부하거나 이타주의자에게 받은 것보다 훨씬 적게 돌려주는 자다. 5장에서 코즈미디스는 사람들이 사기꾼을 판별하는 데에 특히 뛰어나다는 것을 보여 주었다. 그러나 진정한 이야기의 출발점은, 사기에는 그보다 더 교활한 방법이 있다는 트리버스의 관찰이다. 교활한 사기꾼은 받은 만큼 돌려주지만 능력이 있어도 그 이상을 주지 않거나, 반대 상황에서는 이타주의자에게 받을 만큼보다 적게 주는 자다. 이렇게 되면 이타주의자는 거북한 입장이 된다. 어떤 면에서 이타주의자는 이용을 당하는 셈이다. 그러나 만일 이타주의자가 공평함을 주장하면 교활한 사기꾼은 관계를 완전히 끊을 수가 있다. 절반이라도 없는 것보단 낫기 때문에 이타주의자는 덫에 걸린다. 그러나 이타주의자에겐 다른 방책이 있다. 만일 집단 내에 사기를 전혀 치지 않거나 교활하지만 덜 인색한 다른 거래 상대가 있다면 그에게로 거래

선을 돌릴 수가 있다.

이제 게임은 더 복잡해졌다. 이타주의자가 문제를 발견하지 못하거나 발견했더라도 이타적 행동을 중단할 수 없을 때 자연선택은 사기꾼의 손을 든다. 이것은 더 좋은 사기꾼 탐지기를 낳고, 그러면 더 교활한 사기가 발생하고, 이번에는 더 교활한 사기를 간파하는 탐지기가 생겨나고, 그러면 또다시 교활한 사기꾼 탐지기로 포착되지 않는 더 교활한 사기를 무력화하는 전략이 생겨난다. 각각의 탐지기는 적절한 목표—상호 호혜를 계속하기, 관계를 중단하기 등의 목표—를 설정하는 감정 악마를 깨울 것이다.

트리버스는 도덕적 감정들을 호혜주의 게임의 전략으로 보고 그것을 다음과 같이 역설계했다.(각 감정의 원인과 결과에 대한 그의 전제들은 실험적 사회심리학의 문헌에 의해, 그리고 다른 문화에 대한 연구들에 의해 충분히 입증되었지만, 실생활의 예들이 무수히 떠오르기 때문에 학문적 증거는 거의 불필요할 것이다.)

'좋아함liking'은 이타적 관계를 시작하고 유지하는 감정이다. 대략적으로 그것은 타인에게 호의를 제공하는 자발성이고, 그 방향은 자발적으로 호의를 돌려줄 것처럼 보이는 사람들에게 맞춰진다. 우리는 우리에게 친절한 사람을 좋아하고, 우리가 좋아하는 사람들에게 친절하다.

'노여움anger'은 친절함의 대가로 사기를 당하는 경우를 막아 준다. 착취 행위가 발견되면 당사자는 그 불쾌한 행동을 불공정한 것으로 분류하고 분노와 도덕적 공격의 욕구—관계를 단절함으로써, 그리고 때때로 사기꾼에게 고통을 줌으로써 벌을 주고 싶은 욕구—를 느낀다. 많은 심리학자들이 노여움에는 도덕적 의미가 있다고 말한다. 거의 모든 노여움이 정당한 노여움, 즉 의분義憤이라는 것이다. 격노한 사람은 자신이 손해를 입었고, 그래서 부당함을 시정해야 한다고 느낀다.

'감사gratitude'는 최초의 행동에서 비롯된 비용과 이익에 따라 보답하려는 욕구를 조절한다. 우리는 우리에게 호의를 베풀어 큰 도움을 주고 그로 인해 큰 손실을 겪은 사람들에게 감사의 마음을 느낀다.

'동정sympathy'은 어려움에 빠진 사람들을 돕고자 하는 욕구이고, 감사를 벌기 위한 감정일 수 있다. 사람들은 호의가 가장 절실할 때 가장 많이 감사하므로, 어려움에 빠진 사람은 이타적 행동의 효과를 극대화할 수 있는 기회다.

'죄의식guilt'은 발각될 위험에 처한 사기꾼을 괴롭힐 수 있다. H. L. 멩켄은 양심을 "우리에게 누군가가 지켜보고 있을지 모른다고 경고하는 내면의 목소리"로 정의했다. 만일 피해자가 미래의 모든 도움을 끊는다면 사기꾼은 비싼 대가를 치르게 될 것이다. 그는 자신의 악행을 배상하고 그런 일을 되풀이하지 않음으로서 관계 단절을 막는 일에 관심을 기울인다. 사람들이 사적인 범죄에 대해 죄의식을 느끼는 것은 그 행위가 공개될 수 있기 때문이다. 죄가 발각되기 전에 자백하는 행위는 진실함을 입증하고 피해자에게는 관계를 유지할 수 있는 좋은 근거가 된다. '수치shame'는 범죄가 발각된 후의 반응으로 공개적인 뉘우침의 감정을 불러일으키는데, 이것도 분명 같은 이유에서다.

릴리 톰린은 "냉소적으로 지내보려 하지만 쉽지가 않아"라고 말했다. 트리버스는 일단 이 감정들이 진화하자 사람들은 실제적인 것에 대한 다른 사람들의 반응을 이용하기 위해 그 감정들을 모사하려는 동기를 갖게 되었다고 지적한다. 거짓 관대함과 우정은 진짜 이타심을 유발할 수 있다. 실질적인 사기가 전혀 발생하지 않은 경우에도 거짓된 도덕적 노여움은 보상을 이끌어 낼 수 있다. 거짓 죄의식은 또 다른 사기를 시작하기 직전까지도 피해자 측에게 사기꾼이 행동 방식을 고쳤다고 믿게 만든다. 비통함에 빠진 척하면 진짜 동정을 유발할 수 있다. 돕는 척을 하는 거짓 동정은 진짜 감사를 유발할 수 있다. 거짓 감사는 이타주의자에게 호의가 돌아올 것이라는 착각을 심어 줄 수 있다. 트리버스는 이 위선들 중 어느 것도 의식적일 필요가 없다고 말한다. 뒤에서 보겠지만, 위선은 의식적이지 않을 때 가장 효과적이다.

이 진화적 경쟁의 다음 라운드는 진짜 감정과 거짓 감정을 구별하는 능력을 발전시키는 시합이다. 링 위에서는 '신뢰'와 '불신'의 진화가 펼쳐진다. 어떤 사람이 진짜 감정의 표시를 보이기보다는 관대함, 죄의식, 동정, 또는 감사의 시늉을 해 보일 때 우리는 협조하고 싶은 욕구를 잃어버린다. 예를 들어 어느 사기꾼이 확실한 죄의식 때문이 아니라 계산적인 태도로 보상을 한다면, 그는 상황이 허락할 때 또다시 사기를 칠 수 있다. 신뢰성의 증거를 탐색할 필요 때문에 우리는 거짓 감정을 은연중에 드러내는 경련이나 모순을 민감하게 포착하는 독심술사가 된다. 위선은 정보를 비교할 때 가장 쉽게 드러나므로 신뢰성 확인의 필요는 우리를 가십의 열렬한 소비자로 만든다. 그 결과 평판은 가장 가치 있는 소유물이 되고, 그래서 우리는 관대함, 동정, 성실함을 만천하에 드러내 자신의 평판을 지키려 하고, 평판이 흔들리면 화를 내게 된다.

당신은 잘 해내고 있는가? 거짓 감정을 막는 능력은 또한 진짜 감정을 막는 무기로도 이용될 수 있다. 우리는 다른 사람의 동기를 거짓으로 몰아붙임으로써, 예컨대 어떤 사람이 정말로 화를 내거나, 친절하거나, 감사하거나, 죄의식을 느끼는 것이 아니라고 말함으로써 자기 자신의 사기 행위를 보호할 수 있다. 인간 뇌의 확대는 인지적 무한경쟁에 의해 추진되었고 그 무한경쟁의 연료는 호혜적 이타주의를 조절하기 위해 필요했던 감정들이라고 최초로 제안한 사람이 트리버스였다는 것은 결코 놀라운 일이 아니다.

• • • •

혈연선택처럼 호혜적 이타주의도 인간의 동기들을 황폐하게 그렸다거나 심지어 그 동기들에 면죄부를 주었다는 비난을 받아 왔다. 동정은 감사를 버는 값싼 수단인가? 다정함은 단지 사업상의 전략인가? 절대 그렇지 않다. 거짓 감정들과 관련된 최악의 경우들을 생각해 보라. 사실 우리가 진짜 감정들을 느끼는 이유는 그것들이 당사자에게 도움이 되기를 바라서가 아니라, 그것들이 당사자의 조상들에게 실제로 도움이 되었기 때문이다. 그리고 우리는 조상들의 야비함을 탓해서도 안 된다. 애초에 우리의 조상들은 결코 야비하지 않았을 것이다. 동정과 감사를 처음으로 느꼈던 돌연변이들은 그들 자신의 계산 때문이 아니라 그 감정들이 이웃들의 협조를 이끌어 냈기 때문에 번성했을 것이다. 그 감정 자체는 모든 세대에 항상 친절하고 진실했을 것이다. 게다가 거짓 감정 탐지기가 진화한 후로는 '정말로' 친절하고 진실할 때 가장 효과적이었을 것이다. 물론 유전자는 사람들에게 유익한 감정들을 부여했다는 점에서 이기적이라고 비유되지만, 디옥시리보 핵산DNA의 도덕적 가치에 대해 어느 누가 신경을 쓰겠는가?

아직도 많은 사람들이 도덕적 감정들은 장기적으로 개인의 이익과 궁극적으로 유전자의 이익을 증진하기 위해 설계되었다는 생각을 거부한다. 우리가 집단의 이익을 즐기도록 설계되었다면 모두에게 더 좋지 않을까? 그러면 기업은 환경을 오염시키지 않고, 공공 분야의 노조들은 파업을 벌이지 않고, 시민들은 병을 재활용하고 대중교통을 이용하고, 청소년들은 제트스키의 굉음으로 조용한 일요일 오후를 망치지 않을 것이다.

여기에서도 나는, 마음이 어떻게 작동하는가와 마음이 어떻게 작동하면 좋을까를 혼동하는 것은 어리석은 일이라고 생각한다. 그러나 진실을 다른 각도에서 보면 조금은 위안을 느낄 수 있다. 어쩌면 우리는 사람들의 감정이 집단의 이익을 위해 설계되지 않았다는 사실에 기뻐해야 할지 모른다. 자신의 집단에 이익이 되는 가장 좋은 방법은 이웃 집단을 쫓아내거나 정복하거나 전멸시키는 것이다. 한 집단을 이루는 개미들은 가까운 친족들이고, 각각의 개미는 모두 이타주의의 귀감이다. 바로 그 때문에 개미들은 전쟁을 벌이고 노예를 잡아 오는 몇 안 되는 동물종에 포함된다. 인간 지도자들이 사람들을 조작하거나 강요하여 그들의 이익을 집단의 이익에 통합시킬 때, 그 결과는 역사상 최악의 잔학 행위로 나타나곤 했다. 우디 앨런의 영화 《사랑과 죽음*Love and Death*》에서 평화주의자 주인공은 차르와 조국 러시아를 지키기 위해 군에 입대하라고 강요당하는데, 그 과정에서 프랑스가 점령하면 크루아상과 기름기 많은 소스에 느끼한 음식을 먹어야 한다는 미심쩍은 이유를 듣는다. 자기 자신, 가족, 친구들의 안락한 삶에 대한 사람들의 욕구는 수많은 황제들의 야심에 제동을 걸었을 것이다.

둠스데이머신, 최후의 심판

때는 1962년이고, 당신은 미합중국의 대통령이다. 당신은 방금 소련이 뉴욕에 원자폭탄을 투하한 것을 알게 되었다. 당신은 그들이 2차 공격은 하지 않을 것을 알고 있다. 당신 앞에는 펜타곤과의 직통 전화가 있다. 버튼만 누르면 모스크바에 보복 공격을 가할 수 있다.

당신은 이제 버튼을 누르려고 한다. 핵 공격에는 핵 공격으로 보복하는 것이 국가의 정책이다. 이 정책을 만든 목적은 공격자를 저지하는 것이다. 만일 충실하게 수행하지 않으면 억제책은 과시용으로 전락할 것이다.

반면에, 당신이 생각하기에도 피해는 이미 기정사실이다. 수백만 명의 러시아 국민을 죽인다고 해서 죽은 미국인들이 살아나진 않는다. 폭탄은 대기 중에 방사능 낙진을 남겨 미국 국민들에게 피해를 입힐 것이다. 그리고 당신은 인류 역사상 최악의 대량 살상을 저지른 사람의 하나로 기록될 것이다. 현 시점에서 보복은 단지 원한일 뿐이다.

그런데 소련 지도자들이 공격을 감행한 것도 바로 이런 생각을 이용했기 때문이다. 일단 폭탄이 투하되면 당신이 보복을 해도 얻을 것은 전혀 없고 오히려 잃을 것이 많다는 것을 그들도 알고 있었다. 당신의 허세에 도전하겠다는 것이 그들의 생각이었다. 그렇다면 당신은 그것이 허세가 아니었음을 보여 주기 위해서라도 보복을 가하는 것이 바람직하다.

그러나 한 번 더 생각해 보면, 과거에 당신이 허세를 부린 것이 아니었음을 이제 와서 입증하는 것이 무슨 의미가 있을까? 현재는 과거를 되돌리지 못한다. 그리고 당신이 버튼을 누르면 수백만의 생명이 아무 이유 없이 사라진다는 사실은 변하지 않는다.

그러나 소련 지도자들은 일단 그들이 당신의 허세에 도전하면 그 후에는 당신이 허세가 아니었음을 입증해도 별 의미가 없다고 생각할 것을 알고 있었다. 그래서 그들은 당신의 허세에 도전을 한 것이었다. 당신이 이렇게 생각하고 있다는 바로 그 사실이 재앙을 불러왔다. 따라서 당신은 이런 식으로 생각하면 안 된다.

그러나 이제 와서 이런 식으로 생각하지 않아 봤자 이미 엎질러진

물이다.…

　　당신은 당신의 자유를 저주한다. 당신은 보복을 선택할 수 있는 동시에, 소련 지도자들의 예상처럼 보복은 이득이 되지 않으므로 보복하지 않기로 결정할 수도 있다는 것이 당신의 곤경이다. 차라리 선택의 자유가 없다면 얼마나 좋을까! 당신의 미사일들이 믿을 만한 핵폭탄 탐지 장치에 연결되어 자동으로 발사된다면 얼마나 좋을까! 그랬다면 소련 지도자들은 보복이 확실하다는 것을 알았을 테니 감히 공격을 하지 못했을 것이다.

　　이 일련의 생각들은 《닥터 스트레인지러브Dr. Strangelove》라는 소설과 영화에서 논리적인 결론으로 이어진다. 광기에 사로잡힌 한 미군 장교가 핵 폭격기를 소련으로 출격시킨다. 폭격기를 다시 불러들이는 것은 불가능하다. 대통령과 그의 자문위원들은 각료회의장으로 소련 대사를 불러들여 상황을 설명하고, 소련 지도자에게 전화를 걸어 임박한 공격은 돌발적인 사고이니 보복을 하지 말아 달라고 설득한다. 그러나 돌이키기에는 너무 늦어 버렸다. 소련 지도자들은 이미 둠스데이머신, 즉 소련이 공격을 당하거나 누군가가 소련을 무장해제시키려고 하면 즉시 자동으로 발사되는 지상 핵폭탄 네트워크를 구축해 놓았다. 폭발 후의 낙진은 모든 인간과 지상의 모든 생명체를 파괴할 것이다. 그런 장치를 구축한 것은 정밀 폭격을 위한 미사일과 폭격기보다 저렴해서였고 미국이 먼저 그런 장치를 만들 경우에 대비해 파멸의 격차를 예방하고 싶었기 때문이다. 머플리 대통령(피터 셀러스 분)은 미국 최고의 핵전략가이자 명석한 두뇌의 소유자인 닥터 스트레인지러브(피터 셀러스 분, 1인 3역)와 문제를 논의한다.

　　대통령이 말했다. "하지만 그 기계가 자동으로 작동하고 또 작동을 중단시킬 수 없다는 게 정말로 가능하단 말인가?"

… 닥터 스트레인지러브가 즉시 말했다. "그렇습니다, 가능합니다. 바로 그것이 그 기계의 핵심 아이디어입니다. 억제책은 적에게 공격당할 수 있다는 두려움을 심어 주는 기술입니다. 바로 인간의 간섭을 배제한 자동적이고 돌이킬 수 없는 의사 결정 때문에 둠스데이머신은 이해하기 쉽고 전적으로 신뢰할 수 있는 공포의 무기인 것입니다." …

"하지만 스트레인지러브 박사, 이건 정말 놀라운 기계로군. 어떻게 자동으로 작동할 수 있단 말이오?"

"원리는 아주 간단합니다. 폭탄을 땅속에 묻으려고만 한다면 크기는 전혀 문제가 되지 않습니다. … 폭탄들을 땅속에 묻고 여러 대의 슈퍼컴퓨터에 연결시킵니다. 그리고 그 폭탄들을 터뜨려야 하는 상황들을 구체적으로 자세하게 기억장치에 입력합니다. …" 스트레인지러브는 고개를 돌려 [소련 대사를] 정면으로 바라보았다. "그런데 대사님, 이해할 수 없는 점이 있습니다. 둠스데이머신은 그것을 비밀로 유지하면 의미가 없어지는데, 왜 전 세계에 알리지 않았습니까?"

소련 대사는 시선을 돌리고 조용하지만 뚜렷한 목소리로 이렇게 말했다. "월요일에 전당대회에서 발표할 예정이었소. 당신도 알겠지만 서기장께서는 깜짝발표를 좋아하시잖소."

독일식 억양에 가죽장갑을 끼고 휠체어를 운전하는 닥터 스트레인지러브는 나치식 경례를 하는 당황스런 행동으로 영화 전체에 섬뜩한 분위기를 만들어 내는 인물이다. 그는 최근까지 일반인들의 상상 속에 존재하던 특이한 지식인, 즉 불가능한 문제를 해결하도록 고용된 핵전략가를 상징하기 위해 창조되었다. 헨리 키신저(배우인 셀러스가 모델로 삼은 인물), 헤르만 칸, 존 폰 노이만, 에드워드 텔러 등이 포함된 그런 지식인들의 전형은 즐거운 표정으로 대량 살상과 공멸의 방정식들을 칠판 가득 써내려 가는 도덕관념이 없는 얼간이였다. 가장 무서운 것은 그들이 내뱉는 모순적인 결론들이었다. 예를 들어, 핵의 시대에 안전을 보장하려면 도시들을 노출시키고 미사일을 보호해야 한다는 결론이었다.

그러나 우리를 불안하게 만드는 핵전략의 모순들은 당사자들의 이해관계가 부분적으로 충돌하고 부분적으로 일치하는 '모든' 갈등에 적용된다. 상식적으로 보면 승리는 지능, 사리사욕, 냉정함, 선택사양, 병력, 확실한 소통 수단이 많은 쪽에게 돌아간다. 그러나 이것은 틀린 생각이다. 각각의 자산은 (기회, 기술, 또는 힘의 경쟁이 아닌) 전략 싸움에서는 오히려 불리한 요소가 될 수 있다. 전략 싸움에서는 상대방이 어떤 반응을 보일 것인가를 예측하여 행동을 계산한다. 토머스 셸링은 이러한 모순들이 사회생활에 널리 존재한다는 것을 보여 주었다. 우리는 그 모순들을 통해 인간의 감정을 깊이 통찰할 것이고, 특히 감정과 이성은 대립한다고 믿었던 낭만주의자들의 완고한 정열도 이해하게 될 것이다. 그러나 지금은 감정을 접어 두고 전략적 갈등의 논리에 초점을 맞춰 보자.

거래를 예로 들어 보자. 두 사람이 중고차나 주택을 놓고 흥정을 벌일 때, 마지막 순간에 한쪽이 양보를 하면 거래가 성사된다. 그는 왜 양보를 할까? 그녀가 양보하지 않을 것을 확신하기 때문이다. 그녀는 왜 양보하지 않을까? 그가 양보를 할 것이라고 생각하기 때문이다. 그렇다면 그녀는 왜 그가 양보할 거라고 생각할까? 그가 양보할 거라고 그녀가 생각한다고 그가 생각한다고 그녀가 생각하기 때문이다. 이렇게 생각은 꼬리에 꼬리를 문다. 거래에는 항상 구매자와 판매자가 모두 받아들일 수 있는 가격의 범위가 있다. 그 범위에 속하는 구체적인 가격이 어느 한쪽에게 최상의 가격이 아닐지라도 거래가 완전히 깨지는 것보다는 낫다. 각 당사자는 수용 가능한 최악의 가격에 만족할 위험이 있다. 합의점에 도달하지 못하면 나에겐 선택의 여지가 전혀 없다는 것을 상대방이 알고 있기 때문이다. 그러나 양 당사자가 범위를 추측할 수 있다면, 범위 내의 어떤 가격도 최소한 한쪽 당사자가 기꺼이 물러설 수 있는 지점이 된다. 그리고 상대방은 그것을 안다.

셸링은 "선택의 자유를 자발적으로, 그러나 결정적으로 포기하는 것"이 유리한 입장에 서는 비결임을 지적한다. 당신은 누군가에게 실제로 당신에게 2만 달러의 가치가 있는 자동차를 위해 1만6000달러 이상을 지불하지 않을 것임을 어떻게 설득하겠는가? 당신은 1만6000달러 이상을 지불하지 않겠다고 공표하고 5000달러를 걸고 제삼자와 내기를 할 수 있다. 1만6000달러가 딜러에게 이익이 되는 한 그는 받아들일 수밖에 없다. 설득은 무익하고 타협은 당신에게 손해만 된다. 기발한 예지만 실제로 이런 경우가 많이 존재한다. 딜러는 싸게라도 팔고 싶다고 말을 하지만 정해진 가격 밑으로 팔 수 있는 권한이 없는 판매원을 임명한다. 만일 은행의 감정사가 필요한 돈을 대출해 줄 수 없다고 말하면 주택 구입자는 융자를 받을 수 없다. 그러면 주택 구입자는 그런 무력함을 이용해 주택 판매자로부터 더 좋은 가격을 얻어 낼 수 있다.

전략 갈등에서는 힘뿐만 아니라 소통도 불리한 요소가 될 수 있다. 당신이 공중전화로 친구와 어디에서 만나 저녁을 먹을지에 대해 옥신각신하고 있다고 가정해 보자. 당신은 밍스에서 6시 반에 보자고 말하고 전화를 끊어 버릴 수 있다. 친구는 어쨌든 당신을 보려면 당신의 조건에 동의할 수밖에 없다.

모순적인 전술은 약속의 논리에도 작용한다. 약속은 그 약속의 수혜자 입장에서 그것이 지켜질 것이라고 믿을 만할 때 호의를 베풀게 된다.

따라서 약속하는 사람은 자신이 '어쩔 수 없이' 약속을 지켜야 한다는 것을 수혜자가 알아줄 때 '더 유리한' 입장에 서게 된다. 이 규칙 덕분에 기업들은 고소를 할 권리와 고소를 당할 권리를 갖는다. 고소를 당할 권리란 무엇이고, 어떤 종류의 '권리'인가? 그것은 약속을 할 힘을 부여하는 권리, 즉 계약을 맺고, 돈을 빌리고, 손해를 볼지도 모를 누군가와 함께 사업을 할 권리다. 이와 마찬가지로 저당물에 대한 권리를 은행에 넘길 수 있다는 규칙 때문에 은행은 융자금을 빌려 줄 만하다고 여기고, 그래서 역설적으로 대출받는 사람은 이익을 얻는다. 셸링의 말에 따르면 어떤 사회에서는 내시들이 그들만의 무능력 덕분에 최고의 지위에 오르곤 했다고 한다. 인질이 법정에서 납치범을 알아보지 못하도록 납치범이 인질을 죽이려 할 때 인질은 납치범을 어떻게 설득해야 살아남을 수 있을까? 한 가지 방법은 고의적으로 자신의 눈을 멀게 하는 것이다. 더 좋은 방법은 납치범이 협박으로 이용할 수 있는 부끄러운 비밀을 고백하는 것이다. 부끄러운 비밀이 없다면 말할 수 없이 불명예스런 행위를 하고 있는 자신의 모습을 사진으로 찍게 하면 된다.

협박과 협박에 대한 방어는 닥터 스트레인지러브의 전문 분야다. 협박에는 따분한 협박이 있는데, 협박자가 그 협박을 실행함으로써 이익을 보는 경우다. 집주인이 강도에게 경찰을 부르겠다고 협박하는 것이 대표적인 예다. 협박이 재미있어지는 경우는 협박을 실행하는 것이 협박자에게 손해가 될 때다. 여기에서도 자유는 불리하다. 협박은 협박자가 그것을 실행하는 것 외에 다른 방법이 없고 협박 대상이 그것을 알 때에만 신뢰할 만한 협박이 된다. 그렇지 않으면 협박 대상은 협박에 응하지 않음으로써 역으로 협박자를 협박할 수 있다. 비록 비밀에 붙인 탓에 목적을 달성하진 못했지만 둠스데이머신이 분명한 예다. 공중납치범의 입장에서는 승객들 중 누구라도 저항을 하면 비행기를 폭파하겠다고 협박하는 것보다는 약간만 부딪혀도 터지는 폭발물을 가슴에 두르고 있을 때 살아서 쿠바를 볼 확률이 높아진다. 청소년들의 이른바 병아리 게임은 두 대의 자동차가 마주 보고 빠른 속도로 돌진하다가 먼저 핸들을 꺾는 쪽이 지는 게임이다. 이 게임에서 이기는 좋은 방법은 상대가 보는 앞에서 핸들을 뽑아 버리는 것이다.

약속이 그렇듯이 협박의 경우에도 소통은 불리한 요소가 될 수 있다. 납치범이 몸값을 요구한 후 연락을 끊으면 낮은 몸값이나 안전을 보장받는 대가로 인질을 넘기도록 설득당하지 않을 수 있다. 합리성도 불리한 요소다. 셸링은 "만일 어떤 사람이 뒷문을 두드리면서 10달러를 주지 않으면 자살하겠다고 말할 때, 그의 눈이 충혈되어 있으면 10달러를 거머쥘 확률이 높아진다"고 지적한다. 테러리스트, 납치범, 공중납치범, 작은 나라의 독재자들은 정신적으로 불안정한 모습을 보이는 것이 유리하다. 사리사욕이 없는 것도 이점이다. 자살테러범은 막기가 거의 불가능하다.

협박으로부터 자신을 보호하려면 협박자로 하여금 당신이 거부할 수 없는 제안을 하지 못하게 해야 한다. 이때에도 자유, 정보, 합리성, 소통은 불리한 조건이 된다. 배달용 트럭에 붙은 한 스티커에는 "운전자는 금고의 번호를 모릅니다"라고 적혀 있다. 딸이 납치당할지 모른다고 걱정하는 사람은 전 재산을 기부하거나, 도시를 떠나 연락을 끊거나, 몸값 지불을 범죄로 규정하는 법을 위해 로비를 하거나, 수표에 사인하지 못하도록 자신의 손을 자를 수 있다. 대학 총장은 시위 학생들에게 그는 경찰을 막을 힘이 전혀 없으며 그럴 뜻도 전혀 없다고 선언할 수 있다. 조직폭력단은 고객을 방문할 때 그가 집에 없는 것이 확실하면 보호를 명목으로 돈을 뜯어내지 못할 것이다.

값비싼 협박은 양쪽 모두에게 효과적이기 때문에 자발적인 자격 박탈의 순환이 꼬리를 물 수 있다. 시위대는 핵발전소 건설을 저지하기 위해 현장으로 통하는 철로 위에 누울 수 있다. 합리적인 기관사라면 기차를 세울 수밖에 없다. 철도 회사는 이에 대응하는 수단으로 기관사에게, 열차의 속도를 아주 느리게 맞춰 놓고 기차에서 뛰어내린 다음 기차와 함께 천천히 걸어가라고 명령한다. 시위대는 흩어진다. 다음 시위에서 시위자들은 자신들의 손과 철로에 수갑을 채운다. 기관사는 감히 열차를 떠나지 못한다. 시위자들은 기관사가 그들을 보고 기차를 세울 것이라고 확신한다. 철도 회사는 다음 기차에 시력이 아주 나쁜 기관사를 배정한다.

● ● ● ●

위의 예들 중 많은 것들이 셸링의 예인데, 그 속의 모순적인 힘은 수갑 같은 신체적 구속이나 경찰 같은 물리적 구속에서 나온다. 그러나 강한 열정도 동일한 효과를 낼 수 있다. 구매자가 자동차 가격으로 1만6000달러 이상을 지불하지 않겠다고 공개적으로 선언하고, 그가 자신의 맹세를 어겨 비웃음을 자초하지 않을 것임을 모두가 안다고 가정해 보자. 예정된 수치는 강제적인 내기만큼이나 효과적이므로 그는 자신이 부른 가격으로 차를 사게 될 것이다. 테레사 수녀가 당신에게 중고차를 판다면, 당신은 보증서를 달라고 조르지 못할 것이다. 그녀는 체질적으로 누군가를 속이지 못하기 때문이다. 아무 때나 폭발하는 다혈질은 아무 때나 진짜로 폭발할 수 있는 공중납치범과 똑같은 전술적 이점을 누릴 수 있다. 《말타의 매》에서 샘 스페이드(험프리 보거트)는 매(조각상)를 회수하려면 자신이 필요하다는 것을 알고, 캐스퍼 거트맨(시드니 그린스트리트)의 부하들에게 죽일 테면 죽여 보라고 자신 있게 말한다. 그러자 거트맨이 말한다. "자신만만하시군, 선생. 양쪽 입장을 아주 신중하게 판단했을 테지. 선생도 아시겠지만, 흥분의 열기에 사로잡히면 무엇이 자신에게 가장 큰 이익인지를 잊고 감정에 따라 행동하게 되지." 《대부》에서 비토 콜레오네(말론 브란도)는 다른 범죄 조직의 두목들 앞에서 다음과 같이 말한다. "나는 미신적인 사람이오. 그래서 만일 내 아들이 불운한 사고를 당하거나 번개에 맞는 일이 발생한다면, 여기 모인 사람 중 몇 명에게 책임을 묻겠소."

이제 닥터 스트레인지러브와 대부가 만난다. 열정은 둠스데이머신인가? 자만심, 사랑, 분노에 사로잡힌 사람들은 자제력을 잃는다. 그들은 비합리적일 수 있다. 그들은 자신의 이익에 반하는 행동을 하고, 호소하는 목소리를 듣지 못한다.(광분한 사람은 작동이 시작된 둠스데이머신과 같다.) 그러나 광기라 해도 그 속엔 조리가 있다. 의지와 이성을 포기하는 것은 우리의 사회적 관계에서 무수히 발생하는 거래, 약속, 협박에서 효과적인 전술이다.

이 이론은 낭만주의 이론을 거꾸로 뒤집은 것이다. 열정은 동물 조상이 물려준 흔적도, 창조성의 원천도, 지성의 적도 아니다. 지성은 열정을 통제하기 위해 설계된 기능이 아니다. 오히려 지성의 제안, 약속, 협박이 과소평가, 배신, 허세일 수 있다는 의심을 막기 위해 열정을 보증서로 이용한다. 열정과 이성 사이에 놓인 방화벽은 뇌 구조의 불가피한 부분이 아니라 의도적으로 프로그래밍된 것이다. 열정은 통제될 때에만 믿을 만한 보증서가 될 수 있기 때문이다.

둠스데이머신 이론은 셸링, 트리버스, 댈리와 윌슨, 경제학자 잭 허시라이퍼, 경제학자 로버트 프랭크가 개별적으로 제안했다. 정당한 노여움과 그에 부수하는 배상, 또는 복수의 갈망은 만일 통제 불가능하고 당사자에게 손해가 되지 않는다면 믿을 만한 억제책이다. 그런 충동은 장기적으로는 유용하지만, 과도한 출혈을 감수할 정도로 격한 싸움을 벌이게 한다. 1982년에 아르헨티나는 경제적으로나 전략적으로나 거의 중요하지 않은 황량한 섬이자 영국의 식민지인 포클랜드 제도를 합병했다. 오래전에 영국 입장에서는 누구라도 대영제국에 대한 침략 의도를 보이면 즉시 도발을 억제할 수단으로 그 섬들을 방어할 필요가 있었지만, 당시에는 방어할 제국이 더 이상 남아 있지 않았다. 프랭크는 그 섬을 되찾기 위해 쏟아부은 돈이면 포클랜드 주민들 각자에게 스코틀랜드의 성과 평생 연금을 나눠 줄 수도 있었다고 지적한다. 그러나 대부분의 영국인들은 아르헨티나의 침략을 막아 낸 것을 자랑스럽게 여겼다. 바로 그런 정당성에 대한 의식 때문에 우리는 비싼 돈을 들여 소액 재판을 청구하고, 하자가 있는 제품을 환불받기 위해 그 물건의 가격보다 더 많은 일당을 포기한다.

불타는 복수심은 특히 무서운 감정이다. 세계 어디서나 피살자의 가족들은 살인을 살인으로 보복하고 평화를 되찾을 달콤씁쓸한 순간을 밤낮으로 상상한다. 이 감정이 원시적이고 무시무시하게 느껴지는 것은 오늘날 우리는 원한을 청산할 권리를 정부에 일임했기 때문이다. 그러나 아직도 많은 사회에서 억누를 수 없는 복수심은 치명적인 습격으로부터 자기 자신을 보호하는 유일한 수단이다. 복수의 비용을 감당하겠다는 결의의 수준은 개인에 따라 다를 수 있다. 널리 알려질 수만 있다면 그런 결의는 효과적인 억제책이기 때문에, 거기에는 예로부터 명예라는 감정, 즉 사소한 침해나 모욕에 대해서도 공개적으로 보복하고자 하는 욕구가 수반된다. 명예와 복수의 방아쇠는 환경에 존재하는 위협의 정도에 따라 조정될 수 있다. 명예와 복수는 법의 손길이 미치지 않는 사회들, 예컨대 동떨어진 원예 사회나 목축 사회, 개척 시대의 서부 지방, 거리의 폭력배들, 범죄

조직들, 분쟁 중인 민족국가들(이 경우에는 그 감정을 '애국심'이라 부른다) 사이에서는 신성한 미덕으로 찬양된다. 그러나 그런 감정이 전혀 필요하지 않은 현대 국가 내에서도 복수의 감정은 쉽게 사그라지지 않는다. 고상한 철학자들의 이론을 포함하여 대부분의 법 이론들에서는, 응보의 정당한 목적이 잠재적인 범죄를 예방하고 범법자를 억제하고 교화하는 것에도 있지만 무엇보다 범죄자를 처벌하는 데에 있음을 인정한다. 최근에는 미국 사법제도로부터 오랫동안 소외당해 온 범죄 희생자들이 유죄 답변 교섭과 형량 결정에 대한 권리를 요구하고 나선 일이 있었다.

● ● ● ●

스트레인지러브가 설명했듯이, 둠스데이머신은 비밀로 유지하면 효력을 상실한다. 이 원리는 감정의 오래된 수수께끼 중 하나, 즉 우리는 왜 그런 감정들을 얼굴 표정으로 광고하는가를 설명해 준다.

    다윈 본인은 얼굴 표정이 자연에 의해 선택된 적응 능력이라고 주장하지 않았다. 사실 그의 이론은 완전히 라마르크적이었다. 동물들은 실용적인 이유 때문에 얼굴을 움직여야 한다. 즉 깨물기 위해 이를 드러내고, 전경全景을 보기 위해 눈을 크게 뜨고, 도망칠 때 보호하기 위해 귀를 뒤로 제친다. 이런 수단들은 동물이 어떤 사건을 예상하기만 해도 실행하게 되는 습관으로 변했다. 그런 다음 그 습관들이 자손에게 전달되었다. 다윈이 자신의 가장 유명한 책에서 전혀 다윈주의적이지 않은 것은 얼핏 보면 이상한 일이지만, 우리는 그가 2개의 전선에서 싸우고 있었음을 기억해야 한다. 그는 동료 생물학자들에게 적응 능력을 설명해야 했고, 그와 동시에 기능의 설계가 창조의 증거라고 주장하는 창조론자들과 싸우기 위해 무의미한 자질들과 흔적기관들을 지나치게 강조했다. 만일 신이 정말 무로부터 인간을 설계했다면 왜 그는 동물에게나 유용할 법한 자질들을 구비시켰을까?

많은 심리학자들이 아직도 왜 감정 상태를 광고하는 것이 유익할 수 있는지를 이해하지 못하고 있다. 속담에서처럼 공포의 냄새는 단지 적을 부추길 뿐이지 않은가? 한 심리학자는 얼굴 근육이란 당면한 문제에 대처해야 하는 뇌 부위에 더 많은 혈액을 공급하는 지혈대라는 낡은 이론을 되살리려고 노력했다. 수리학水理學적으로 불가능하다는 것 외에도 이 이론은 왜 우리가 다른 사람들과 같이 있을 때 표정이 더 풍부해지는지를 설명하지 못한다.

만일 정열적인 감정들이 협박과 약속의 보증서라면 광고는 그런 감정들의 존재 이유가 된다. 그러나 여기에는 문제가 있다. 진짜 감정들은 거짓 감정들이 스며들 틈새를 만든다는 사실을 기억하라. 분노를 '가장' 함으로써 적을 억제하고, 실패했을 경우 위험한 복수극을 벌여야 하는 대가를 치르지 않아도 된다면 무엇 때문에 자기 자신을 분노에 빠뜨리겠는가? 상대방이 둠스데이머신이 되도록 유도할 수 있다면 당신은 그가 뿌린 공포의 이득을 수확할 수 있다. 물론 거짓 표정이 진짜 표정을 몰아낸다면 그때부터 사람들은 서로의 허세에 도전할 것이고 표정은 진짜든 가짜든 무가치해질 것이다.

표정은 꾸며 내기 어려울 때에만 유용하다. 실제로 표정은 꾸며 내기가 어렵다. 나를 향해 미소를 짓는 여객기 승무원이 나를 보고 정말로 즐거워한다고 믿는 사람은 없다. 사회적인 미소는 진짜 미소와는 다른 근육들의 구성으로 이루어지기 때문이다. 사회적 미소는 임의로 통제되는 피질 회로에 의해 실행되는 반면, 즐거움의 미소는 변연계와 그 밖의 뇌 구조에 있는 회로에 의해 불수의不隨意적으로 실행된다. 노여움, 두려움, 슬픔 역시 임의로 통제되지 않는 근육들을 사용하기 때문에, 진짜 표정들을 비슷하게 연기할 수는 있어도 똑같이 꾸며 내기는 어렵다. 배우들은 생계를 위해 표정을 연기하지만, 많은 배우들이 틀에 박힌 표정을 피하지 못한다. 로렌스 올리비에를 비롯한 소수의 위대한 배우들은 모든 근육을 통제하기 위해 끈기 있게 연습한 잘 발달된 운동선수다. 그렇지 않은 배우들은 콘스탄틴 스타니슬라프스키가 도입한 이른바 메소드 연기법을 익힌다. 메소드 연기법에서는, 배우들이 주어진 경험을 기억하거나 상상함으로써 실제 감정을 되살리면 얼굴에 반사적으로 표정이 떠오른다.

이 설명은 불완전하다. 다음과 같은 문제가 발생하기 때문이다. 왜 우리는 표정을 제어하는 능력을 진화시키지 못했을까? 만일 거짓 표정이 유통되면 모두가 피해를 입을 수 있기 때문이라고 말하는 것으로 부족하다. 그럴 수도 있겠지만, 정직한 허풍쟁이들의 세상에서 날조자는 번성할 것이고 그 결과 날조자들이 항상 허풍쟁이들을 몰아낼 것이다. 나는 해답을 알지 못하지만 이와 관련하여 분명히 봐야 할 곳들이 있다. 동물학자들도 똑같은 문제를 걱정한다. 예를 들어 울음, 동작, 건강의 과시 같은 정직한 동물 신호들이 예비 날조자들의 세계에서 어떻게 진화할 수 있을까? 정직한 신호들이 꾸며 내기에 너무 값이 비싸다면 진화할 수 있다는 것이 하나의 답이 된다. 예를 들어 공작의 경우 건강한 수컷만이 화려한 꼬리를 가질 수 있기 때문에, 건강한 수컷들은 그들만이 누릴 수 있는 소비의 표시로서 부담스런 꼬리를 펼쳐 보인다. 건강한 공작들이 꼬리를 과시하면 건강하지 못한 공작들은 따라 할 수밖에 없다. 만일 건강 상태를 감추면 암컷들은 최악의 추측으로 그들이 죽음의 문턱에 이르렀다고 판단할 것이기 때문이다.

자의적인 통제하에 거짓으로 지으려면 본질적으로 비싼 값이 드는 감정 표현들에는 어떤 의미가 있을까? 다음과 같은 추측이 가능하다. 인간의 나머지 부분을 설계할 때 자연선택은 자의적인 인지 체계와, 심장박동, 호흡, 혈액순환, 땀, 눈물, 침의 조절처럼 집안 살림과도 같은 신체적 기능들을 분리할 만한 공학적 이유들을 갖고 있었다. 의식적인 믿음은 심장박동이 얼마나 빨라야 하는가와 관련이 없고, 따라서 심장박동을 조절하려는 노력은 아무 의미가 없다. 오히려 그렇게 하는 것은 대단히 위험할 것이다. 정신이 산만할 때에는 펌프질을 잊을 수도 있고, 가장 좋은 맥박 수를 제멋대로 계산해 위기를 자초할 수도 있기 때문이다.

이제 선택은 각각의 감정을 생리적 제어회로에 결박시켰고, 그 회로의 활동은 관찰자에게는 홍조, 상기된 얼굴, 창백함, 식은땀, 떨림, 전율, 쉰 소리, 눈물, 그리고 다윈이 논했던 얼굴의 반사작용들로 나타난다고 가정해 보자. 관찰자는 그 감정이 진짜라고 믿을 만한 이유가 충분하다. 심장을 비롯한 신체 기관들을 임의로 제어하는 사람이 아니라면 누구라도 그런 것을 꾸며 낼 수는 없기 때문이다. 둠스데이머신이 자동으로 작동하고 일단 작동하면 돌이킬 수 없다는 것을 입증하려 했다면, 소련은 전 세계에 그 기계의 배선을 보여 줬을 것이다. 이와 마찬가지로 사람들도, 감정은 신체를 인질로 붙잡고 있으며 그들이 내뱉은 성난 말들은 결코 허세가 아니라는 것을 모두에게 보여 주는 것이 유리할 것이다. 그렇다면 이것은 왜 감정들은 신체에 긴밀히 묶여 있는지를 설명해 준다. 윌리엄 제임스와 그 후 1세기 동안의 심리학자들을 난처하게 했던 수수께끼가 풀리는 것이다.

자연선택에게 감정의 결박은 쉬운 일이었을 것이다. 주요한 인간 감정들은 진화적으로 선구 행위에 해당하는 것들로부터(노여움은 싸움으로부터, 두려움은 도피로부터) 생겨났으며, 각각의 선구 행위들은 불수의적인 생리적 반응과 맞물려 있었기 때문이다.(이것은 낭만주의와 삼중구조 뇌 이론에서도 부분적으로 인정하는 진리다. 오늘날의 감정들이 디폴트값에 의해 불수의적 성격을 물려받지 않아도 오래된 반사작용들의 불수의적인 성격을 이용할 수 있다고 본다.) 그리고 일단 감정의 수갑들이 정직한 허풍쟁이들을 구속하면, 건강하지 못한 공작들이 어쩔 수 없이 꼬리에 힘을 줘야 하는 것처럼 다른 사람들도 수갑을 차는 것 외에는 선택의 여지가 없었을 것이다. 만성적인 포커페이스는 최악의 추측, 즉 그의 말과 행동으로 표출되는 감정들은 모두 거짓이라는 추측을 낳을 것이다.

이 이론은 비록 입증되진 않았지만 어느 누구도 그 현상을 부인하지 못한다. 사람들은 거짓 감정을 부단히 경계하고 불수의적인 생리적 표현에 가장 큰 신뢰를 보낸다. 이로부터 통신 시대의 아이러니가 발생한다. 장거리 전화, 전자우편, 팩스, 화상회의가 이 정도로 발전했다면 직접 만나서 논의하는 회의는 구식으로 밀려나야 마땅하다. 그러나 회의는 여전히 기업의 중요한 지출 항목을 차지하고 있으며, 호텔, 항공사, 렌터카 산업을 먹여 살리고 있다. 왜 우리는 얼굴을 마주 보고 사업하는 방식을 고집하는 것일까? 상대방이 쩔쩔 매는 모습을 직접 보기 전까지는 신뢰가 가지 않기 때문이다.

사랑의 바보들

왜 낭만적인 사랑은 우리를 매혹시키고, 애태우고, 난처하게 만들까? 그것도 자신의 손목을 철로에 묶는 것 같은 모순적인 전술일까? 필시 그럴 것이다. 평생을 바쳐 누군가와 자식을 양육하겠다고 맹세하는 것은 보통 사람들의 가장 중요한 약속일 것이다. 그리고 약속은 당사자가 철회할 수 없을 때 가장 신뢰성이 높다. 경제학자 로버트 프랭크는 광적인 사랑을 다음과 같이 역설계한다.

비정한 사회과학자들과 독신자 모임의 고수들은 데이트가 장보기와 같다고 생각한다. 사람들은 잠재적 결혼 상대자로서의 가치가 저마다 다르다. 거의 모든 사람이 결혼 상대자는 잘생기고, 똑똑하고, 친절하고, 안정적이고, 재미있고, 돈이 많아야 한다고 말한다. 사람들은 자신을 받아 줄 가장 바람직한 사람을 쇼핑한다. 그 때문에 대부분의 결혼은 바람직함의 정도가 거의 비슷한 신랑과 신부의 결합이다. 그러나 짝 쇼핑은 낭만적 생리학의 일부에 불과하다. 그것은 짝선택의 통계 수치를 설명할 뿐, 최종 선택은 설명하지 못한다.

50억 인구가 모여 사는 지구상 어딘가에는 당신을 받아 줄 가장 잘생기고, 가장 부유하고, 가장 똑똑하고, 가장 재미있고, 가장 친절한 사람이 살고 있다. 그러나 이상적인 이성을 찾기는 짚단 속의 바늘 찾기와 같아서 그런 사람이 나타나기를 고집스럽게 기다린다면 평생 독신으로 살다 죽을 것이다. 독신 생활은 외로움, 무자식, 데이트 게임의 필수 코스인 어색한 술자리와 저녁식사(그리고 때때로 아침식사) 같은 비용들을 치러야 한다. 어느 시점부터는 지금까지 만났던 사람 중 가장 괜찮은 사람과 가정을 꾸리는 편이 유리해진다.

그러나 그런 계산은 상대방에게 상처를 준다. 확률 법칙에 따르면 언젠가 당신은 지금보다 더 바람직한 사람을 만날 것이기 때문에, 항상 최고만을 찾다 보면 진짜 임자를 만나는 날 당신은 현재의 파트너를 걷어찰 것이다. 그러나 당신의 파트너는 돈, 시간, 자녀 양육, 다른 이성들과의 잠재적 기회들을 당신과의 관계에 투자했다. 만일 당신의 파트너가 세상에서 가장 바람직한 사람이라면 당신은 그(그녀)를 절대 버리지 않을 것이므로 그(그녀)는 걱정할 일이 전혀 없을 것이다. 그러나 그렇지 않다면 당신의 파트너는 어리석은 관계를 시작한 셈이 된다.

프랭크는 결혼 시장을 주택 임대 시장에 비유한다. 집주인은 최고의 임차인을 바라지만 찾을 수 있는 대상 중 최고에 만족하고, 임차인은 최고의 아파트를 원하지만 찾을 수 있는 대상 중 최고에 만족한다. 각자는 아파트에 투자를 하므로(집주인은 임차인이 좋아하는 색으로 페인트칠을 하고, 임차인은 영구적인 장식물을 설치할 수 있다), 한쪽이 갑자기 계약을 끝내면 상대방은 피해를 입을 것이다. 임차인이 더 좋은 아파트를 찾아 떠날 수 있다면 집주인은 공백 기간의 비용과 새 임차인을 찾을 비용을 부담해야 한다. 그는 그런 위험을 벌충하기 위해 높은 집세를 책정할 것이고, 페인트칠을 싫어할 것이다. 만일 집주인이 임차인을 쫓아내고 더 좋은 임차인을 구할 수 있다면 임차인은 새 집을 찾아야 할 것이다. 임차인이 그런 위험에 노출되어 있다면 그는 낮은 집세만 지불하려 할 것이고 아파트 관리에는 신경을 쓰지 않을 것이다. 만일 최고의 임차인이 최고의 아파트를 임대하고 있다면 걱정거리는 사라질 것이다. 어느 쪽도 계약을 끝내기를 원하지 않을 것이다. 그러나 양쪽은 타협을 해야 하므로 그들은 각자가 깨기 어려운 임대계약서에 서명을 함으로써 자기 자신을 보호할 것이다. 집주인은 퇴거시킬 자유를 제한하는 데 동의함으로써 더 높은 집세를 청구할 수 있다. 임차인은 떠날 자유를 제한하는 데 동의함으로써 더 낮은 집세를 요구할 수 있다. 선택의 축소는 각자에게 유리하게 작용한다.

혼인 법률도 임대와 상당히 비슷하지만, 우리 조상들은 법이 생겨나기 오래 전에 계약을 맺을 방법을 찾아야 했다. 당신은 장래의 파트너가 떠나야 할 합리적인 이유가 있을 때에도—예를 들어, 열이면 열 모두 옆집으로 이사할 때에도—당신을 떠나지 않으리라는 것을 어떻게 확신할 수 있을까? 한 가지 해결책은, 애초에 합리적인 이유로 당신을 원하는 파트너를 받아들이지 않는 것, 당신이 당신이기 때문에 당신 곁에 머물겠다고 약속하는 파트너를 찾는 것이다. 무엇을 걸고 약속을 해야 할까? 바로 감정이다. 감정은 본인이 갖고 싶다고 해서 갖게 되는 것이 아니고, 따라서 갖지 않겠다고 결정할 수도 없다. 감정은 객관적인 가치 평가에 의해 촉발되지 않으므로, 더 큰 가치를 지닌 누군가 때문에 흔들리지 않을 것이다. 감정을 꾸며 낼 수 있다면 빈맥, 불면증, 식욕부진 같은 생리적 비용이 들기 때문에 감정은 거짓이 아니라고 확신할 수 있다. 그런 감정이 바로 낭만적 사랑이다.

"사랑에 민감한 사람은 사랑을 하지 못한다"고 더글러스 예이츠는 썼다. 완벽한 구혼자에게 구애를 받을 때조차도 사람들은 자기 의지대로 사랑에 빠지지 못하고, 그럼으로써 중매인, 구혼자, 심지어 자기 자신까지도 당혹스럽게 만든다. 대신에 마음을 훔치는 것은 순간적인 눈빛, 한 번의 웃음, 간단한 몸짓이다. 2장에서 보았듯, 쌍둥이의 배우자들이 자기 배우자의 쌍둥이 형제나 자매에게 끌리지 않는다는 사실을 기억해 보라. 우리는 개인의 품질이 아니라 개인과 사랑에 빠진다. 그러면 큐피드가 화살을 쐈을 때 그 화살에 맞은 사람이 상대방의 눈에는 더욱 믿을 만하게 보인다는 장점이 있다. 상대방의 외모, 경제적 능력, 지능지수가 당신의 최소 기준에 맞는다고 중얼거리면 통계적으로 옳은 말이라 해도 그 순간 낭만적인 분위기는 싸늘하게 식을 것이다. 상대방의 심장에 도달하는 방법은 어쩔 수 없어서 사랑에 빠졌다고 정반대로 말하는 것이다. 티퍼 고어*가 학부모음악자료센터를 설립했지만, 입가에 냉소를 머금

* 앨 고어의 부인

고 온몸에 피어싱을 하고 기타를 박살내는 록 가수는 사실 마약, 섹스, 사탄을 노래하는 것이 아니다. 그는 사랑을 노래하고 있다. 그는 비합리성, 질풍노도, 욕망의 생리적 대가에 주의를 끌면서 한 여자에게 구애를 하는 것이다. 당신이 못된 여자이길 바라, 그게 나를 미치게 해, 먹지도 못해, 자지도 못해, 심장이 큰북처럼 울려, 당신이 유일해, 내가 왜 당신을 사랑하는지 모르겠어, 당신은 나를 미치게 해, 당신을 사랑하지 않을 수가 없어, 어느 누구도 나를 그렇게 만들지 못해, 당신의 걸음걸이가 좋아, 당신의 말투가 좋아, 기타 등등.

물론 우리는 이런 선언에도 눈 하나 깜짝하지 않는 여자(또는 선언하는 쪽이 여자면, 남자)를 충분히 상상해 볼 수 있다. 그런 선언이 쏟아지면 구애의 정반대 요소인 현명한 쇼핑에 경고등이 들어온다. 그라우초 마르크스는 자신을 회원으로 받아 주는 클럽에는 절대 가입하지 않겠다고 말했다. 대개 사람들은 자신을 너무 일찍 너무 열렬히 원하는 구애자를 좋아하지 않는다. 그것은 구애자가 비참하다는 것을 보여 주기 때문이고(그래서 더 나은 사람을 기다려야 한다), 구애자의 열정이 너무 쉽게 촉발된다는 것을 보여 주기 때문이다.(그러므로 다른 사람에 의해서도 너무 쉽게 촉발될 수 있다.) 구애의 모순―욕망을 과시하는 동시에 일부러 관심이 없는 체하는 것―은 낭만적 사랑의 두 부분에서 비롯한다. 결혼 시장의 후보들에 대해 최소 기준을 세우는 것과, 그중 한 사람에게 변덕스럽게 몸과 마음을 바치는 것이다.

감정들의 사회

마음의 활동은 종종 국회 같다는 느낌이 든다. 다수의 생각들과 감정들이 마치 저마다 한 개인인 당신을 차지하기 위해 전략을 구사하며 지배권을 놓고 경쟁을 벌인다. 혹시 우리의 마음 행위자들은 서로에게 모순적 전술들—수갑, 둠스데이머신, 제3자와의 깰 수 없는 계약—을 구사하는 것은 아닐까? 이 비유는 불완전하다. 자연선택은 사람들을 경쟁하도록 설계하지, 마음 행위자들을 포함하여 기관들을 경쟁하도록 설계하지 않는다. 개인 전체의 이익이 최우선이기 때문이다. 그러나 한 개인은 음식, 섹스, 안전 같은 다수의 목표를 갖고 있으며, 그로 인해 중요 사안과 전문성의 종류가 각기 다른 마음 행위자들 사이에는 노동의 분업이 필요하다. 행위자들은 평생 한 개인에게 충성하겠다는 협정에 매여 있지만, 단기적으로는 교활한 전술들로 서로를 속이기도 한다.

  자제는 틀림없이 마음의 기관들 사이에서 벌어지는 전술 싸움이다. 셸링은 사람들이 자기 자신을 통제하기 위해 사용하는 전술들은 다른 사람들을 통제하기 위해 사용하는 전술들과 동일하다고 말한다. 당신은 아이가 잠잘 때 상처를 긁지 못하도록 어떻게 하는가? 아이에게 벙어리장갑을 끼울 것이다. 당신은 당신이 잠잘 때 상처를 긁지 못하도록 어떻게 하는가? 당신 손에 벙어리장갑을 끼울 것이다. 만일 오디세우스가 선원들의 귀를 막지 않았다 해도 그들 스스로가 귀를 막았을 것이다. 멋진 몸매를 원하는 자아는 통제가 되는 적당한 순간에 초콜릿을 내다 버림으로써 디저트를 원하는 자아를 물리친다.

  이렇게 우리는 스스로에게 모순적 전술을 사용하는 것 같다. 한순간에 통제가 되는 행위자는 몸 전체를 위해 자발적으로, 그러나 확정적으로 선택의 자유를 희생하고 미래를 기약한다. 이기적 유전자와 둠스데이 머신에 대한 지금까지의 음울한 토론은 바로 이 지점에서 밝은 빛을 띤다. 사회생활은 항상 세계적인 핵전쟁과 같지는 않다. 장기적으로 미래를 보는 그 마음 기관이 몸을 관리할 때 다른 때의 몸을 위해 자발적으로 선택의 자유를 희생하기 때문이다. 우리는 계약을 맺고, 법에 복종하고, 우리의 평판을 걸고 사람들 앞에서 친구와 배우자에 대한 충성을 선언한다. 이것은 다른 사람을 물리치기 위한 전술이 아니라 우리 자신의 어두운 면을 이겨 내기 위한 전술이다.

머릿속의 전투를 설명하는 또 다른 이론이 있다. 어느 누구도 슬픔의 목적이 무엇인지 모른다. 사랑하는 사람을 잃는 것은 분명 불쾌한 일이지만 그렇게까지 참담해야 하는 이유는 무엇일까? 식사와 수면과 면역력과 일상생활을 가로막는 그 지독한 고통은 무엇 때문일까? 제인 구달이 묘사한 어린 침팬지, 플린트는 사랑하는 엄마가 죽자 마치 실연을 당한 것처럼 우울함에 빠져서 죽고 말았다.

어떤 사람들에 의하면 슬픔은 재평가를 위해 강제적으로 부여된 막간이라고 한다. 삶은 결코 예전과 같지 않을 것이므로 시간을 갖고 엉망이 되어 버린 세계에 대처할 방법을 계획해야 한다는 것이다. 슬픔은 또한 사람들에게 그들의 실수가 어떻게 죽음을 허용했는지, 그리고 그들이 미래에 어떻게 더 신중해야 할지를 숙고할 시간을 준다. 이 이론도 옳은 점이 있다. 유족들은 예를 들어 불필요한 접시를 하나 더 놓는다든지 2인분의 식품을 산다든지 하는, 잊어야 할 습관을 발견할 때마다 고통을 겪는다. 그리고 자기 자신을 책망하는 것도 일반적인 증상이다. 그러나 슬픔의 고통은 계획을 쉽게 만들기는커녕 더 어렵게 만들 뿐 아니라, 전략 회의로서 유용하기에는 너무 극단적이고 장기적이다.

윌리엄 제임스는 다음과 같이 썼다. "본능적인 인간 행동의 '이유'를 묻는 문제에 있어, 자연스러운 것을 이상하게 보이도록 만드는 과정은 학습에 의해 타락한 마음만이 실행할 수 있는 일이다." 과학자에게는 합당하겠지만, "왜 우리는 슬퍼하는가?"는 상식적으로 앞뒤가 뒤바뀐 질문이다. 만일 누군가 죽었을 때 슬퍼하지 않는다면, 그가 살아 있을 때 정말로 그를 사랑했다고 할 수 있겠는가? 논리적으론 가능하지만 심리학적으로는 불가능하다. 슬픔은 사랑의 뒷면이기 때문이다. 그리고 바로 여기에 해답이 있다. 슬픔은 내면의 둠스데이머신으로, 단지 억제책으로만 유용할 뿐이고 일단 작동이 되면 무의미해진다. 어느 부모가 자식을 잃을 수도 있다는 공포가 밀려올 때 편안히 잠을 잘 수 있을까? 혹은 아이가 늦거나 연락이 안 될 때 근심에 사로잡혀 끔찍한 상상을 하지 않을 수 있을까? 이런 생각들은 시간과 생각을 요구하는 수만 가지 다른 일들을 제쳐 두고 사랑하는 사람을 지키고 돌봐야 한다는 것을 강력하게 일깨운다.

자기기만

극작가 제롬 K. 제롬은 "진실을 말하는 것이 언제나 최상의 방책이다. 물론, 특별히 훌륭한 거짓말쟁이가 아니라면 말이다"라고 말했다. 훌륭한 거짓말쟁이가 되기는 어렵다. 심지어 당신만이 진실을 확인할 수 있는 당신 자신의 의도에 대해서도 거짓말을 하는 것은 쉽지가 않다. 의도는 감정에서 나오고, 감정은 얼굴과 신체에 드러나도록 진화했다. 메소드 연기법의 대가가 아니라면 감정을 꾸며 내기는 좀처럼 어렵다. 사실 감정은 꾸며 내기가 어렵기 때문에 성공적으로 진화했다. 설상가상으로 거짓말에는 스트레스가 따르고 근심에는 꼬박꼬박 일러바치는 고자질쟁이가 따라다닌다. 감정은 거짓말탐지기의 이론적 근거인데 인간 역시 거짓말탐지기로 진화했다. 그렇다면 어떤 명제들은 논리적으로 다른 명제들을 수반한다는 성가신 사실이 부상한다. 당신이 말하는 것들 중 '일부'는 참일 것이므로, 당신은 항상 스스로의 거짓말을 노출시킬 위험에 처해 있다. 이디시 속담에서처럼 거짓말쟁이는 기억력이 좋아야 한다.

트리버스는 감정에 대한 이론의 논리적 결론을 내리는 과정에서, 걸어 다니는 거짓말탐지기들의 세계에서 최고의 전략은 자기 자신의 거짓말을 믿는 것이라고 말한다. 만일 당사자가 자신의 거짓말이 진짜 의도라고 생각한다면 그의 숨겨진 의도는 드러나지 않을 것이다. 트리버스의 자기기만 이론에 따르면 의식적인 마음은 때때로 남들보다는 그 자신에게 진실을 더 잘 감춘다고 한다. 그러나 진실은 유용하므로 마음 어딘가에 등록되어야 하고 그와 동시에 다른 사람들과 상호작용하는 부분들과는 차단되어야 한다. 이 이론은 프로이트의 무의식과 자아의 방어기제에 대한 이론(예를 들어 억압, 투사, 부인, 합리화)과 분명히 비슷한 점이 있지만, 구체적인 설명은 완전히 다르다. 조지 오웰은 《1984》에서 다음과 같이 말했다. "권력의 비밀은 자기 자신의 무과실성과 과거의 실수로부터 배우는 능력의 결함에 있다."

신경학자 마이클 가자니가는, 뇌는 자신의 동기에 대한 틀린 설명들을 즐겁게 짜 맞춘다는 것을 보여 주었다. 뇌 분리 환자란 간질 치료를 위해 대뇌의 두 반구를 절단하는 수술을 받은 환자다. 그들의 경우 언어 회로는 좌반구에 있고 시야의 왼쪽 절반은 분리된 우반구에 등록되기 때문에, 말을 할 수 있는 부위는 눈에 보이는 세계의 왼쪽 절반을 인식하지 못한다. 그러나 우반구는 여전히 활동을 하므로 왼쪽 시야에 제시된 '걷다' 나 '웃다' 같은 간단한 명령어를 수행한다. 환자(사실상, 환자의 좌반구)에게 왜 걸어 나왔는지를 물으면(그것은 우반구에 제시된 명령어에 대한 반응이었다), 환자는 진지하게 "콜라를 가져오려고"라고 대답한다. 그리고 왜 웃고 있는지를 물으면, "당신들은 매달 우리 집에 와서 검사를 하는데, 먹고 사는 방법도 가지가지군요!"라고 말한다.

허물없이 나누는 담소가 우리를 가장 잘 드러내 주는 것은 우연이 아니다. 실제로 수백 번의 사회심리학 실험들이 그것을 입증한다. 유머작가 개리슨 케일러는 가상의 마을인 레이크워비곤의 "여자들은 강하고, 남자들은 잘생기고, 아이들은 모두 평균 이상"이라고 말했다. 실제로 대부분의 사람들은 어떤 긍정적인 특성에서든—지도력, 세련됨, 운동 능력, 관리 능력, 운전 기술 등에서—자신은 평균 이상이라고 주장한다. 사람들은 그 특성의 여러 측면 중 자신이 있는 어느 한 측면을 찾음으로써 그 주장을 합리화한다. 느린 운전자는 자신이 안전 면에서 평균 이상이라고 말하고, 빠른 운전자는 자신의 반사신경이 평균 이상이라고 말한다.

더욱 일반적인 현상으로, 우리는 자기 자신이 상당히 인정 많고 상당히 유능하다고 착각을 하는데 사회심리학자들은 이 둘의 조합을 '이익편향성 beneffectance'이라 부른다. 실험자가 준비한 게임을 할 때 피실험자들은 성공을 하면 자신의 능력 탓으로 돌리고 실패하면 운 탓으로 돌린다. 그리고 가짜 실험에 속아서 자신이 다른 피실험자에게 충격을 줬다고 생각할 때에는, 마치 피해자가 벌을 받아 마땅한 것처럼 그를 비난한다. 우리가 흔히 듣는 '인지부조화' 이론에서는 사람들이 마음속의 모순을 해결하기 위해 새로운 견해를 만들어 낸다고 설명한다. 예를 들어 어떤 사람이 지루한 일을 박봉으로 다른 사람들에게 추천하는 데 동의했다면 그는 그 일이 즐거웠다고 기억한다.(만일 그가 그 일을 넉넉한 봉급으로 추천하게 되었다면 그는 그 일이 지루했음을 정확하게 기억한다.) 심리학자 리언 페스팅거가 애초에 생각했던 바에 따르면 인지부조화는 믿음 간의 불일치에서 발생하는 불안한 느낌이다. 그러나 그것은 옳지 않다. '그 일은 지루하다'라는 명제와 '나는 그 일이 재미있다고 거짓말을 하도록 압력을 받았다'라는 명제 사이에는 어떤 모순도 없다. 또 다른 사회심리학자 엘리엇 애론슨은 다음과 같이 설명했다. 사람들은 단지 '나는 인정 많고 떳떳하다'는 명제와의 모순을 제거하기 위해 자신의 믿음을 수정한다. 인지부조화는 항상, 자신은 사람들이 자신에 대해 생각해 주기를 바라는 만큼 인정 많고 유능한 사람이 아니라는 것을 보여 주는 노골적인 증거에 의해 촉발된다. 인지부조화를 줄이려는 충동은 결국 자신의 이기적인 이야기를 재정립하려는 충동이다.

　　때때로 우리는 자기 자신의 자기기만을 보게 된다. 부정적인 말은 언제 상처와 통증을 남기는가? 그 말이 사실이라는 것을 나의 한 부분이 알 때다. 만일 그 말이 사실이라는 것을 모든 부분이 안다면 그 말은 특별히 고통스럽지 않을 것이다. 왜냐하면 이미 지나간 뉴스이기 때문이다. 만일 나의 어느 부분도 그 말을 사실로 생각하지 않는다면, 그것은 그냥 스쳐 지나갈 것이다. 왜냐하면 그것을 단지 틀렸다고 생각하고 지워 버릴 것이기 때문이다. 트리버스는 (최소한 나에게는) 너무나 친숙한 경험을 자세히 이야기한다. 그의 한 논문을 비판하는 글이 발표되었을 때 그는 그 글이 사악하고 무원칙하며 풍자와 비방 일색이라는 느낌을 받았다. 그러나 몇 년 후에 그 글을 다시 읽은 그는 자신이 기억했던 것보다 글의 내용이 더 부드럽고, 제기된 의혹들이 더 합리적이고, 태도가 덜 편향적이었음을 깨닫고 놀랐다고 한다. 다른 많은 사람들도 똑같은 발견을 경험하고 그것을 거의 '지혜'로 정의한다.

'잘못된 믿음을 갖다' 라는 뜻의 동사가 있다면, 그것은 1인칭 현재형 직설법 문장에는 결코 사용되지 않을 것이다.
—루트비히 비트겐슈타인

어떤 사람이 정직한지 정직하지 않은지를 알아내는 방법이 있다. 그에게 물어보는 것이다. 만일 그렇다고 대답하면, 그는 부정직한 사람이다.
—마크 트웨인

우리 자신에 대한 우리의 견해보다는 우리의 적이 갖고 있는 우리에 대한 견해가 진실에 더 가깝다.
—프랑수아 라로슈푸코

아, 남들이 우리를 보는 것처럼 우리 자신을 볼 수 있다면!
—로버트 번스

● ● ● ●

감정을 조사할 때면 반드시 그 속에서 인간이 겪는 많은 비극의 원천을 보게 된다. 동물을 비난해서는 안 된다. 자연선택은 분명 우리의 필요에 맞춰 우리의 본능을 설계했다. 우리는 또한 이기적 유전자를 비난해서도 안 된다. 유전자는 우리에게 이기적인 동기를 부여하지만, 그와 동시에 사랑의 능력과 정의감을 부여하기 때문이다. 우리가 이해하고 두려워해야 할 것은 감정 자체의 교활한 설계다. 감정의 부속품들 중 많은 것들이 기쁨과 이해를 위해 설계되지 않았다. 행복의 쳇바퀴, 세이렌의 노래, 거짓 감정들, 둠스데이머신, 변덕스런 낭만, 슬픔의 무의미한 응징 등을 생각해 보라. 그러나 무엇보다 잔인한 동기는 자기기만이다. 왜냐하면 자기기만은 내가 틀렸을 때 옳다고 느끼게 만들고, 내가 굴복해야 할 때 무모한 싸움을 하게 만들기 때문이다. 트리버스는 다음과 같이 말한다.

예를 들어 아내와 남편처럼 서로 가까운 두 사람이 말다툼을 벌인다고 가정해 보자. 두 사람은 서로 자기가 이타주의자이고—성실하고, 상대적으로 순수한 동기를 갖고 있고, 더 큰 피해를 입었고—반대로 상대방은 수백 건의 자질구레한 사건들로 보아 이기적인 성격의 소유자라고 믿는다. 그들은 단지 누가 이타적이고 누가 이기적인지에 동의하지 않을 뿐이다. 부부 싸움은 예고편이 거의, 또는 전혀 없이 자연스럽게 불붙는 것처럼 보이지만, 그 속을 들여다보면 2개의 정보처리 시스템이 사전에 조직화된 채 단지 노여움의 번개가 치기만을 기다리고 있던 것처럼 보인다는 사실은 주목할 만하다.

만화와 영화에 등장하는 악당들은 자기 자신의 불량함을 즐기면서 키득키득 웃는 타락한 인간들이다. 반면에 현실 속의 악당들은 자기 자신의 정직함을 확신한다. 악한 사람들의 일대기를 쓰는 전기작가들은 자신의 주인공이 냉소적인 기회주의자일 것이라는 가정하에 펜을 들지만 어느 순간에는 그가 이념가이자 도덕주의자라는 사실을 마지못해 인정한다. 만일 히틀러가 배우였다고 결론이 난다면 그는 그 점을 확신한 배우였을 것이다.

그러나 마음의 복잡성 덕분에 우리는 자기 자신의 속임수에서 발을 빼지 못하는 얼간이로 남지 않아도 된다. 마음에는 여러 부분이 있는데, 어떤 부분들은 미덕을 위해 설계되었고, 어떤 부분들은 이성을 위해 설계되었고, 또 어떤 부분들은 고결하지도 이성적이지도 않은 부분들을 압도할 정도로 충분히 영리하게 설계되었다. 한 자아가 다른 자아를 속일 수는 있지만 그때마다 제3의 자아가 진실을 본다.

7

가족의 소중함

자, 사람들이여. 형제에게 미소를 지어라! 모두 함께 모여 지금 당장 서로를 사랑하도록 노력하라. 물병자리의 시대가 열렸다. 조화와 이해, 동정과 신뢰가 넘친다. 거짓과 조롱은 사라지고, 황금처럼 빛나는 미래의 꿈과 신비하고 투명한 계시, 마음의 진정한 해방이 펼쳐진다. 무소유를 상상하라. 당신은 그럴 수 있는가? 탐욕을 품거나 굶주릴 필요가 없고 형제애만이 존재하는 곳. 모든 사람이 온 세계를 공유한다고 상상해 보라. 당신은 내가 몽상가라고 생각하겠지만, 나만 그런 것이 아니다. 언젠간 당신도 우리와 함께하기를 바란다. 그러면 이 세계는 하나가 되리라.

믿기 힘든 일이지만 많은 사람들이 이런 달콤한 말을 믿었다. 1960년대와 1970년대를 지배한 생각은 불신, 시기, 경쟁, 탐욕, 대중조작은 개혁하는 것이 마땅한 사회제도라는 것이었다. 어떤 사람들은 노예제도나 여성의 참정권 소외처럼 그런 것들도 불필요한 악이라고 생각했다. 또 어떤 사람들은 그런 것들이 은밀한 비효율성에 찌든 편협한 전통이라고 생각했다. 예를 들어 유료 다리를 통과하는 차량에 대해 양쪽에서 50센트씩 받는 대신 한쪽에서 1달러를 부과하는 아이디어를 생각해 낸 천재처럼 말이다.

위와 같은 정서는 단지 록 가수들에게서 나온 것이 아니라 미국의 저명한 사회비평가들에게서 나왔다. 1970년의 저서 《의식혁명 The Greening of America》에서 예일대 법대 교수인 찰스 라이히는 대학생 세대가 이끄는 비폭력 혁명을 예고했다. 그는 미국의 젊은 세대가 새로운 의식을 발전시켰다고 말했다. 그것은 죄의식과 근심이 적고, 개인적 판단·경쟁·물질주의가 없으며, 애정이 넘치고, 정직하고, 조작하지 않고, 평화롭고, 공동체적이고, 지위 및 직업과 무관한 의식이었다. 보도블록의 틈새에서 싹이 트는 것처럼 새로운 의식은 그들의 음악, 공동 생활체, 히치하이킹, 마약, 달 관찰하기, 평화의 인사, 심지어 의복에 이르기까지 수많은 방면으로 표출되었다. "판탈롱 바지는 마치 거리에서 춤을 출 권리를 선사하기라도 하듯이 발목에 특별한 자유를 부여했다"고 그는 말했다. 새로운 의식은 "더욱 고결한 이성, 더 인간적인 공동체, 새롭고 자유로운 개인"을 약속했다. "새 의식의 궁극적인 창조물은 새롭고 지속적인 총체성과 미—인간과 그들 자신, 다른 인간들, 사회, 자연, 대지와의 새로워진 관계—가 될 것이다."

《의식혁명》은 불과 몇 달 만에 100만 부가 팔렸다. 그 책은 《뉴요커 New Yorker》에 연재되었고 《뉴욕타임스 New York Times》와 당대의 주요 지식인들의 수많은 논문에서 논의되었다. 존 케네스 갤브레이스는 《누가 가게를 볼 것인가? Who's Minding the Store?》라는 제목으로 유보적인 태도를 보였지만) 호의적인 평론을 발표했다. 최근에는 20주년 기념판이 나왔다.

라이히는 예일대학 식당에서 학생들과의 대화에 기초하여 책을 썼다. 물론 그 학생들은 인류 역사상 최고의 특권층에 속한다. 모든 학생이 엄마와 아빠가 내는 돈으로 학교를 다니는 상류층 출신이었고 아이비리그의 졸업장과 함께 1960년대의 팽창하는 경제계로 진출할 예정이었기 때문에, 필요한 것은 사랑뿐이라고 믿는 경향이 있었다. 졸업 후에 라이히의 세대는 1980년대와 1990년대에 구치와 사제 BMW를 애용하고, 콘도를 소유하고, 아기들을 고급 음식으로 키우는 도시 전문직 종사자가 되었다. 보편적 조화는 판탈롱 바지처럼 일시적인 유행이었고, 백인 노동자, 농촌 출신, 덜 세련된 오렌지족들과 거리를 유지하는 사회적 신분의 상징이었다. 1960년대 이후의 록 뮤지션인 엘비스 코스텔로는 이렇게 물었다. "'무소유를 상상하라'고 말한 사람은 백만장자가 아니었을까?'

허망한 유토피아의 꿈은 우드스턱네이션*이 처음은 아니었다. 19세기에 미국에서 자유로운 사랑을 외치던 공동체들이 모래성처럼 무너진 것은 성적 질투심과, 어린 첩

* Woodstock Nation. 반전, 대항문화 운동의 축제인 1969년의 우드스턱페스티벌에 참여한 군중을 말한다.

들을 거느린 지도자들의 탐욕에 대한 남녀 회원들의 분노 때문이었다. 20세기의 사회주의적 유토피아들은 캐딜락과 처첩을 수집하는 독재자들의 폭압적인 제국으로 변질되었다. 인류학자들이 발견한 남태평양의 파라다이스들도 시간이 지남에 따라 역겹고 야만적인 사회임이 차례로 입증되었다. 마거릿 미드는 냉정한 섹스 때문에 사모아 사람들은 만족스럽게 살고 범죄를 모른다고 말했지만, 그 후 사모아 소년들이 강간 기술을 서로에게 전수해 준다는 사실이 밝혀졌다. 그녀는 아라페시족을 '온화하다'고 묘사했지만 그들은 사람을 사냥하는 야만인이었다. 그녀는 참불리족의 성역할이 우리와 정반대여서 남자들이 머리를 말고 화장을 한다고 말했지만, 사실 참불리족 남자들은 아내를 때리고, 이웃 부족을 전멸시키고, 살인을 젊

7장 가족의 소중함 657

은 시절의 이정표로 간주하여 얼굴 착색의 권리를 부여했다. 미드는 그것을 여성적이라고 생각했던 것이다.

인류학자 도널드 브라운은 《인간의 보편특성 Human Universals》에서 우리가 아는 한 인류의 모든 문화권에서 발견되는 특성들을 수집했다. 여기에는 위신과 지위, 권력과 부의 불평등, 재산, 상속, 호혜, 형벌, 성적인 수줍음, 성적 규율, 성적 질투, 성적 파트너로서 젊은 여성을 선호하는 남성들의 경향, 성에 따른 노동 분업(여성이 아이 양육에 더 치중하고 남성이 정치적으로 우세한 점을 포함하여), 타 집단에 대한 적의, 집단 내 갈등(폭력, 살인, 강간 등)이 포함된다. 역사, 시사, 또는 문학을 아는 사람이라면 놀라울 것이 전혀 없는 목록이다. 전 세계의 소설과 드라마에서 볼 수 있는 줄거리는 소수에 불과한데, 조르주 폴티 교수는 모든 줄거리의 목록을 만들었다고 주장한다. 80퍼센트 이상의 줄거리가 적에 의해(종종 살인이 일어난다), 친족이나 사랑의 비극, 또는 둘 모두의 비극으로 전개된다. 현실 세계에서 우리의 삶은 대부분 갈등 이야기, 즉 부모, 형제자매, 자식, 배우자, 연인, 친구, 경쟁자 때문에 생기는 상처, 죄의식, 경쟁의 이야기다.

이 장에서는 사회적 관계의 심리를 다루고자 한다. '물병자리의 시대'에도 그것은 여전히 사람들 사이에 갈등을 조장하는 선천적인 동기들에 관한 논의가 될 것이다. 우리의 뇌가 자연선택에 의해 형성되었다면 그렇지 않을 가능성은 매우 희박할 것이다. 자연선택은 다음 세대에 태어날 유전자들 간의 경쟁에 의해 추진된다. 번식은 후손들의 기하학적인 증가로 이어지고 지구는 한정되어 있기 때문에 한 세대를 풍미한 모든 유기체가 다음 몇 세대를 이어 갈 후손들을 낳을 수는 없다. 따라서 유기체들은 서로를 희생시키면서 어느 정도로만 번식을 한다. 만일 한 유기체가 물고기를 잡아먹으면 그 물고기는 더 이상 다른 유기체의 먹이가 되지 못한다.

만일 한 유기체가 다른 유기체와 짝을 맺으면 제3의 유기체에게는 기회가 돌아가지 않는다. 현재 살고 있는 모든 사람은 그러한 제약 속에 살면서도 성공적으로 번식을 했던, 수백만 세대에 걸친 조상들의 후손이다. 결과적으로 현재의 모든 사람은 승리자를 조상으로 둔 덕분에 생존하고 있으며, 필요한 상황에서는 경쟁을 하도록 설계되어 있다고 볼 수 있다.

그렇다고 해서 사람들이(또는 어떤 동물이라도) 이를테면 배설해야 하는 공격 충동, 무의식적인 사망 충동,* 탐욕스런 성 충동, 영토 확보 충동, 피에 대한 굶주림처럼 종종 엉뚱하게도 다윈주의와 동일시되는 무자비한 본능들을 갖고 있다는 말은 아니다. 《대부》에서 소롯소는 톰 하겐에게 "톰, 나는 폭력을 싫어한다네. 나는 사업가일세. 피는 심각한 지출이지"라고 말했다. 아무리 가혹한 경쟁에서도 지적인 유기체는 자신의 목표 달성에 후퇴가 최선일지 화해가 최선일지, 아니면 나도 살고 너도 사는 방법이 최선인지를 평가하는 전략가가 되어야 한다. 5장에서 설명했듯이, 경쟁하지 않으면 죽는 것은 유기체가 아니라 유전자다. 때때로 유전자의 가장 좋은 전략은 협조하는 유기체, 형제에게 미소를 짓고 서로 사랑을 주고받는 유기체를 설계하는 것이다. 자연선택은 협조와 관대함을 금지하지 않고, 입체시처럼 단지 공학적인 난제로 만든다. 입체로 보는 유기체를 만드는 어려움 때문에 자연선택이 인간에게 입체시를 설치해 주지 못한 것은 아니지만, 만일 두 눈만 있으면 저절로 입체시를 갖는다고 생각하고 입체시를 위한 정교한 신경 프로그램을 찾아보지 않았다면 우리는 결코 입체시를 이해하지 못했을 것이다. 이와 마찬가지로 협조적이고 관대한 유기체를 만드는 것이 어렵다고 해서 자연선택이 우리에게 협조와 관대함을 설치해 주지 않은 것은 아니지만, 만일 그것들이 집단 생활로부터 저절로 생겨난다고 생각한다면 우리는 결코 그 능력들을 이해

* death wish. 자신이나 남이 죽기를 바라는 마음.

하지 못할 것이다. 사회적 유기체, 특히 인간의 내장형 컴퓨터는 당면한 기회와 위험을 평가하고 그에 따라 경쟁과 협조를 선택하는 정교한 프로그램을 가동해야 한다.

생물종의 구성원들 사이에서 벌어지는 이익의 갈등은 많은 저술가들과 사회과학자들이 두려워하는 것과는 달리 보수 정치의 이념을 뒷받침하지는 않는다. 어떤 사람들은 만일 우리의 동기가 우리를 다른 사람들과의 갈등 속으로 떠민다면 착취와 폭력은 도덕적으로 옳을 것이라고 걱정한다. 그런 것들은 통탄할 만한 행위이기 때문에, 애초부터 갈등은 우리의 본성이 아닌 것이 낫다고 보는 것이다. 물론 이 추론은 불합리하다. 자연은 친절할 필요가 전혀 없고, 사람들이 하고 싶은 것들이 반드시 해야 할 것들과 일치할 필요도 없기 때문이다. 또 어떤 사람들은 만일 갈등하는 동기들이 불가피하다면 폭력과 착취를 줄이려는 노력은 허사일 것이라고 걱정한다. 현재의 사회제도가 희망할 수 있는 최선의 제도일 것이기 때문이다. 그러나 이 역시 잘못된 추론이다. 오늘날 서구 사회들의 연간 100만 명당 살인 발생률은 20세기 초반 아이슬란드의 0.5명에서부터, 현재 대부분의 유럽 국가들의 10명, 캐나다의 25명, 미국과 브라질의 100명에 이르기까지 매우 다양하다. 게다가 무차별적 사랑이 충만한 황금빛 미래를 꿈꾸는 것 외에도 갈등을 줄일 수 있는 방법은 여러 가지가 있다. 어느 사회에서든 사람들은 폭력을 행사하는 동시에 폭력을 개탄한다. 그리고 세계 어디에서든 사람들은 폭력적 갈등을 줄이기 위해 예컨대 제재, 배상, 검열, 중재, 추방, 법률 같은 조치들을 취한다.

나는 당신이 이 장의 논의를 진부하다고 여기고, 그래서 내가 그 내용을 설명하지 않아도 되기를 바란다. 내 목표는 사람들이 항상 서로가 잘 되기를 원하는 것은 아니라는 사실을 당신에게 설득하는 것이 아니라, 언제 그리고 왜 그렇게 되기를 원하는지를 설명하는 것이다. 그러나 아무리 진부한 이야기라도 때로는 언급될 필요가 있다. 갈등이 인간의 조건이라는 것은 누구나 아는 진부한 사실이지만 우리 시대에 유행하는 믿음들과 모순되기 때문이다. 첫 번째 믿음은 사회적 관계를 애착, 결속, 유대로 보는 비유 속에 표현되어 있다. 또 다른 믿음은 우리가 사회로부터 배정받은 역할을 아무 생각 없이 수행하고, 사회 개혁은 그 역할을 고쳐 쓰는 문제라고 보는 믿음이다. 나는 수많은 학자들과 사회비판가들을 끈질기게 조사해 보면 찰스 라이히의 《의식혁명》 못지않은 유토피아적 견해를 발견할 수 있다고 생각한다.

마음이 자연선택에 의해 설계된 연산 기관이라면, 우리의 사회적 동기들은 우리가 참가하고 있는 시합에 맞게 재단된 전략이어야 한다. 사람들은 친족과 남에 대해, 부모와 자식과 형제자매, 데이트 상대와 배우자, 지인과 친구, 경쟁자와 동맹자와 적에 대해 각기 다른 종류의 생각과 감정을 느껴야 한다. 이제 그것들을 차례로 탐구해 보자.

일가친척

영블러드*는 "형제에게 미소를 지어라"라고 노래했다. 존 레논은 인류의 형제애를 노래했다. 자비에 대해 이야기할 때 우리는 친족 관계의 언어를 사용한다. 하늘에 계신 우리 아버지, 하나님 아버지, 교부들church fathers,** 아버지 같은 사람, 애국심patriotism,*** 모국, 어머니 교회mother church,† 수녀원장Mother Superior, 애플파이를 굽는 어머

* 1960년대의 대항문화 밴드.

** 신앙상 맺어진 사제 지간을 부자지간으로 보았다.

*** 아버지라는 뜻의 그리스 어원, patri-에서 파생했다.

† 인격적으로 본 교회.

* 미국적인 어머니상.

** 개혁 유대교 단체.

*** 가톨릭 자선 단체.

† 자매를 뜻하는 sororal에서 파생했다.

†† 이상적인 인류 공동체.

니,* 모성. 혈맹blood brothers, 흑인 형제, 전우들brothers-in-arms, 형제애, 템플브라더후드temple brotherhoods,** 교우(동포)brethren, 종교 단체fraternities, 형제여 한 푼만 적선하시오. 자매애는 강하다, 자매도시, 흑인 여성soul sister, 자비의 자매들sisters of mercy,*** 여성회sororities.† 인류family of man, 범죄 패밀리, 행복한 대가족one big happy family.††

친족 비유의 메시지는 간단하다. 사람들을 대할 때 피를 나눈 가족들처럼 친절하게 대하라는 것이다. 우리는 누구나 그 밑에 깔린 전제를 이해한다. 친족에 대한 사랑은 자연스럽게 우러나오지만, 비친족에 대한 사랑은 그렇지 않다. 그것은 우리의 성장 과정에서부터 제국과 종교의 흥망성쇠에 이르기까지 모든 사건들을 조종하는 근본적인 사실이다. 이유는 간단하다. 친족들은 비친족들보다 더 많은 유전자를 공유하고, 그래서 유전자가 유기체로 하여금 친족에게 유익한 행동을 하게 만들면(예를 들어, 급식이나 보호), 자신의 사본에게 이익을 줄 가능성이 높기 때문이다. 그런 이득 때문에 친족을 돕는 유전자들은 세대가 거듭됨에 따라 개체군 내에서 증가하기 마련이다. 동물계에서 발견되는 이타적 행위의 대다수는 행위자의 친족에게 이익을 준다. 친족 지향성 이타주의의 가장 극단적인 예는 일꾼들이 집단을 위해 자신의 모든 것을 바치는 개미와 벌 같은 사회적 곤충들 가운데서 발견할 수 있다. 그들은 아예 자식을 낳지 못하고, 침입자에게 유독한 독성 물질을 뿌리거나 미늘이 달린 침을 쏘는 등의 가미카제식 전술로 집단을 보호한다. 그런 헌신은 특별한 유전 체계에서 비롯하는데, 그 유전 체계로 인해 그들은 출산을 했다면 생겼을 자식들보다는 자매들과 유전적으로 더 가깝다. 집단을 보호함으로써 그들은 자식을 직접 낳는 대신 어머니로 하여금 자매들을 낳게 한다.

유전자는 서로에게 소리를 치거나 행동의 끈을 직접 당기지 못한다. 따라서 인간의 경우에 '친족 이타주의'와 '유전자의 이익'은 두 심리적 장치인 인지 장치와 감정 장치를 간단히 줄여서 부르는 말이다.

인간에겐 가계도를 학습하는 욕구와 능력이 구비되어 있다. 계보는 특별한 종류의 지식이다. 첫째, 친척 관계는 디지털이다. 당신은 누군가의 어머니이거나 어머니가 아니다. 당신은 빌이 존의 아버지라고 80퍼센트 확신할 수 있지만, 그렇다고 해서 빌이 존의 아버지의 80퍼센트라고 생각하진 않는다. 의붓형제half-brother라는 말도 있지만, 그것은 어머니가 같고 아버지가 다르거나 또는 그 반대인 경우를 줄여서 부르는 말이다. 둘째, 친족은 관계다. 어느 누구도 그냥 아버지이거나 누이가 아니다. 아버지는 반드시 누군가의 아버지이고 누이는 반드시 누군가의 누이다. 셋째, 친족 관계는 위상적topological이다. 사람은 누구나 부모 자식 관계, 세대, 성에 의해 연결고리가 규정되어 있는 망 속의 한 마디다. 친족 용어들은 그 망의 기하학적 배열과 분류에 상관없이 불리는 논리적 표현이다. 예를 들어 '평행사촌'은 아버지의 형제, 또는 어머니의 자매의 자식이다. 넷째, 친족 관계는 독립적이다. 나이, 출생지, 면식, 지위, 직업, 별자리 등 우리가 사람들에게 갖다 붙이는 범주들은 모두 친족의 범주와는 다른 차원에 존재하고, 따라서 우리는 친족 관계를 계산할 때 그것들을 고려하지 않는다.

호모사피엔스는 친족에 집착한다. 세계 어디서나 사람들은 자신의 신분을 소개할 때 가문과 족보를 먼저 밝히고, 식량수집 부족을 포함한 많은 사회의 사람들은 자신의 계보를 끝도 없이 줄줄 외운다. 입양아, 난민 출신자, 노예의 후손들은 생물학적 혈연에 대한 호기심 때문에 평생 동안 괴로워한다.(사업가들이 '스티븐 핑커'의 조상을 추적하고 '핑커' 가문의 인장과 문장을 찾아 주겠다는 문구를 새긴 엽서를 컴퓨터로 출력하여 발송하는 것도 이런 동기를 이용해 돈을 벌겠다는 것이다.) 물론 사람들은 보통 서로의 DNA를 확인하지 않는다. 사람들은 간접적인 수단으로 친족 관계를 평가한다. 많은 동물들이 냄새로 확인한다. 인간은 몇몇 종류의 정보—누구와 함께 자랐는가, 누구를 닮았는가, 어떻게 상호작용을 하는가, 어떤 믿을 만한 출처가 있는가, 다른 친족 관계들로부터 무엇을 논리적으로 추론할 수 있는가—를 이용한다.

일단 우리가 다른 사람들과 혈연관계에 있다는 것을 알게 되면 혈연 심리의 또 다른 요소가 발동한다. 친족들을 향해 느낄 수 있는 여러 감정들 외에 무엇보다 우리는 그들에 대해 유대감, 동정, 관용, 신뢰를 느낀다.(로버트 프로스트의 시를 인용하면, "가정"이란 "자격이 없어도 가질 수 있는 것"이다.) 친족에게 느껴지는 호의는, 나의 친절한 행위가 그 친척이 유전자 사본을 퍼뜨리는 데에 얼마나 도움이 될지를 말해 주는 확률에 비례한다. 그렇다면 그것은 그 친척과 나의 족보상 거리, 그 거리의 친척에 대해 느끼는 확신, 나의 친절함이 그 친척의 번식 가능성(나이와 필요에 따라 달라진다)에 미치는 영향에 달려 있다. 그래서 부모는 누구보다 자식을 사랑하고, 사촌들은 서로를 사랑하지만 형제자매들만큼 사랑하지는 않는다. 물론 어느 누구도 유전학적이고 보험통계학적인 데이터를 가지고 누구를 얼마만큼 사랑해야 하는지를 계산하지는 않는다. 그보다는 가족애를 위한 마음의 프로그램들이 진화 과정에서 형성되었고, 그 가족애가 조상들의 환경에서 애정 어린 행위가 자신을 위한 유전자 사본에 이익을 줄 확률과 '상관관계'를 맺었던 것이다.

당신은 이것이 피는 물보다 진하다는 고리타분한 견해일 뿐이라고 생각할지 모른다. 그러나 오늘날의 학계 분위기에서 그 견해는 충격적이고 급진적인 논제다. 화성인이 사회심리학 교과서를 보고 인간의 상호작용을 배우고자 한다면, 인간이 자신의 친족과 낯선 사람을 다르게 대한다는 낌새를 전혀 알아채지 못할 것이다. 몇몇 인류학자들은 우리의 혈연 의식은 생물학적 혈연과 아무 관계가 없다고 주장한다. 마르크스주의자들, 페미니스트들, 인터넷 카페 지식인들의 통념에는 놀라운 주장들이 스며들어 있다. 남편과 아내와 아이들로 이루어진 핵가족은 지난 세기들과 비서구 세계에는 존재하지 않았던 역사적 탈선이라는 주장, 원시 부족사회에서 결혼은 드물고 사람들은 대단히 문란하고 질투심을 느끼지 않는다는 주장, 전 역사를 통틀어 신부와 신랑은 결혼에 대한 결정권이 없었다는 주장, 낭만적 사랑은 중세 프로방스 지역의 음유시인들이 만들어 낸 기사와 유부녀의 부정한 사랑이었다는 주장, 과거에 아이들은 성인의 축소판으로 간주되곤 했다는 주장, 옛날엔 아이들이 너무 많이 죽어서 어머니들은 아이가 죽어도 슬퍼하지 않았다는 주장, 자식에 대한 염려는 최근에 생겨난 고안물이라는 주장 등이다. 이 믿음들은 모두 잘못되었다. 피는 실제로 물보다 진하고, 인간 존재의 어떤 측면도 마음의 그 부분으로부터 자유롭지 않다.

● ● ● ●

어느 사회에서나 가족은 중요하고, 가족의 핵심은 어머니와 그의 생물학적 자식들이다. 결혼은 모든 사회에 존재한다. 남자와 여자는 공식적으로 인정하는 동맹을 맺는데 동맹의 일차적 목표는 자식이다. 남자는 상대 여자와 독점적으로 성행위를 할 '권리'를 갖고, 두 사람은 모두 자식들에게 투자할 의무를 진다. 구체적인 사항들은 종종 해당 사회의 혈연 패턴에 따라 달라진다. 일반적으로, 남자들이 자기가 아내의 자식의 아버지임을 확신할 수 있을 때에는 대개 남편의 친족들 근처에 핵가족이 형성된다. 남자들이 그것을 확신할 수 없는 사회(예를 들어 남자들이 오랫동안 병역에 복무하거나 농장 노동을 하는 사회)는 그보다 적은데, 그런 경우에는 어머니의 친족들 근처에 가족이 형성되고 아이들을 돌보는 주된 남성 후원자는 아이들과 가장 가까운 친척인 외삼촌이 된다. 공식적인 법률이 어느 한쪽만을 인정하는 경우에도(예를 들어 부친 쪽 가문에 따라 붙여지는 서양 문화의 성姓처럼) 확대 가족의 양쪽은 모두 결혼과 자식들에게 관심을 기울이고 자식들은 양쪽 모두에게 연대감을 느낀다.

  여자가 자신의 친척들 근처에 머물고 남자가 돌아다니는 경우라면 여자에게 유리하다. 남편과의 분쟁에서 도움이 될 수 있는 아버지, 오빠, 삼촌이 주변에 있기 때문이다. 《대부》는 이런 역학적 구도를 생생하게 보여 주었다. 비토 콜레오네(말론 브란도)의 아들인 소니 콜레오네는 여동생의 남편이 여동생을 구타한 것을 알고는 그를 초주검으로 만들었다. 그로부터 20년 후에 현실은 예술을 모방했다. 브란도의 실제 아들인 크리스티안 브란도는 여동생의 남자친구가 여동생을 구타한 것을 알고는 그를 살해했다. 여자가 집을 떠나 남편의 가족과 함께 살아야 할 경우에는 남편이 여자를 구타하고도 처벌을 받지 않는다. 많은 사회들이 사촌 간의 결혼을 장려하는데, 이런 결혼은 비교적 평화롭다. 혈연으로서 서로에게 느끼는 동정심이 일상적인 말다툼을 완화하기 때문이다.

  요즘 부모의 사랑이 생물학적 혈연과 관계가 있다고 말하는 것은 무례한 일로 간주된다. 자칫 입양아와 의붓자식을 키우는 부모들을 비방하는 말처럼 들리기 때문이다. 물론 양부모들은 입양한 아이들을 사랑한다. 만일 자연스런 가정처럼 꾸려 나가기 위해 특별히 헌신하지 않는다면 애초에 아이를 입양하지 않았을 것이다. 그러나 복합가정*은 다르다. 새 부모는 아이가 아니라 배우자를 위해 쇼핑을 한다. 아이는 재혼이라는 거래의 일부로 딸려 온 짐이다. 계부모는 나쁜 평판에 시달린다. 심지어 웹스터 대사전에서는 계모에 대한 두 설명 중 한 설명에서 계모를 "적절한 양육이나 보살핌을 제공하지 않는 사람"이라고 정의한다. 심리학자 마틴 댈리와 마고 윌슨은 다음과 같이 말한다.

* 이혼과 재혼에 의해 혈연이 없는 가족이 포함된 가족.

계부모에 대한 부정적 시각은 우리 문화에만 고유한 것이 아니다. 스티스 톰슨의 육중한 저서, 《민속문학의 주제 색인Motif-Index of Folk Literature》을 펼쳐 보는 민속학자는 다음과 같은 간단한 설명들을 만날 수 있다. "사악한 계모가 의붓딸에게 죽으라고 명령한다."(아일랜드 전설) "사악한 계모가 장사꾼 남편이 없는 동안에 의붓딸을 죽음으로 몰아간다." 톰슨은 편의상 계부 이야기들을 두 부류, 즉 '잔인한 계부'와 '음탕한 계부'로 나눴다. 에스키모에서 인도네시아 사람들에 이르기까지 수십 개에 이르는 이야기에서 계부모는 모두 악인으로 등장한다.

댈리와 윌슨은, 의부 관계의 어려움은 '잔인한 계부모에 대한 신화'로부터 '야기'된다고 보는 것이 많은 사회과학자들의 생각이라고 지적한다. 그리고 다음과 같이 묻는다. 그렇다면 왜 그렇게 많은 문화에서 계부모는 항상 비방의 표적일까? 그들 자신의 설명은 더욱 직접적이다.

신데렐라 이야기가 어디에나 존재한다는 것은 인간 사회에 어떤 근본적이고 반복적으로 발생하는 긴장이 존재한다는 것을 의미한다. 인간의 전 역사에 걸쳐 여자들은 종종 의존적인 아이들과 함께 내버려졌고, 아버지들과 어머니들은 종종 이른 시기에 과부나 홀아비가 되었다. 만일 남겨진 사람이 재혼을 하려고 하면 아이들의 운명은 심각한 위기에 봉착했다. (티코피아족과 야노마뫼족 남편들은) 새 아내를 맞이할 때 그녀가 낳은 아이들의 죽음을 요구한다. 그 밖의 해결책으로는 폐경기에 들어선 모계 친척에게 아이를 맡기는 방법, 과부와 아이들이 죽은 남자의 형제나 가까운 친척에게 인계되는 관습인 수혼嫂婚 등이 있었다. 그런 제도가 없는 곳에서 아이들은 의붓자식이라는 꼬리표를 달고 그들의 행복에 특별한 관심이 없는 비친족의 슬하에 들어가야만 했다.

정서적으로 건강한 미국 중산층 가정에 대한 한 연구에서, 계부의 절반과 계모의 4분의 1만이 의붓자식에게 '부모로서의 감정'을 느낀다고 보고했고, 의붓자식을 '사랑' 한다고 말한 수는 그보다 훨씬 적었다. 재혼 가정을 다룬 엄청난 양의 대중심리학 문헌에서는 반감을 해결하는 방법을 중요한 주제로 다루고 있다. 오늘날 많은 교수들이 불화에 빠진 가족들에게 생물학적 가족을 흉내 내겠다는 꿈을 포기하라고 충고한다. 댈리와 윌슨은 계부모와 의붓자식의 관계가 지금까지 확인된 아동학대의 위험 인자 중 가장 강력한 인자라는 사실을 발견했다. 가장 끔찍한 형태인 살인의 경우, 계부모가 의붓자식을 살해하는 비율은 가난, 어머니의 나이, 재혼 성향을 가진 사람들의 특성과 같은 복합적 요소들을 고려하더라도 생물학적 부모가 어린 자식을 살해하는 비율보다 40~100배 높다.

계부모들이 다른 사람들보다 더 잔인한 것은 결코 아니다. 인간의 관계들 중에서 부모 자식 관계는 유일하게 일방적이다. 부모는 주고 자식은 받는다. 명백한 진화론적 이유 때문에 사람들은 다른 어떤 사람을 제외하고 오로지 자기 자식들에게만 기꺼이 희생을 하도록 배선되어 있다. 뒤에서 보겠지만 설상가상으로 아이들은 어른들에게 그런 희생을 요구하도록 배선되어 있고, 그로 인해 아이들은 친부모나 가까운 친척이 아닌 다른 사람들에겐 무척이나 성가신 존재일 수 있다. 작가인 낸시 밋포드는 "나는 아이들을 사랑한다. 특히 아이들이 울면 누군가가 아이들을 다른 곳으로 데려가기 때문이다"라고 말했다. 그러나 당신이 그 아이들의 부모와 결혼했다면, 아무도 우는 아이를 데려가지 않는다. 계부모가 의붓자식에게 느끼는 무관심이나 반감은 인간이 다른 인간에게 느끼는 일반적인 반응에 불과하다. 특별한 것은 생물학적 부모의 무한한 인내와 관대함이다. 이 사실이 수많은 계부모들의 미덕을 평가절하해서는 안 된다. 오히려 그 반대다. 그들은 친절함과 자기희생이 특별한 사람들이기 때문이다.

● ● ● ●

거리에서 강도에게 살해당하는 것보다 가정에서 친족에게 살해당할 가능성이 더 높다는 말이 있다. 이 말은 진화론을 아는 사람에겐 이상하게 들린다. 사실 그것은 틀린 말이다.

살인 통계는 인간의 친척 관계에 대한 이론들을 뒷받침하는 중요한 증거다. 댈리와 윌슨의 설명에 따르면, "적대자를 죽이는 것은 궁극적인 갈등 해결 방법이고, 우리 조상들은 인간이 되기 오래 전에 그 방법을 발견했다"고 한다. 살인은 그저 병적인 마음이나 타락한 사회의 산물이 아니다. 살인은 갈수록 격렬해지면서 극한 정책이 동원되는 싸움의 비참한 클라이맥스다. 그렇기 때문에 살인은 갈등과 그 원인에 대한 훌륭한 평가 기준이 된다. 참가자들의 애매한 보고를 통해서만 파악할 수 있는 작은 갈등들과는 달리 살인은 외면하기 어려운 실종자나 시체를 남기고, 아주 자세히 조사되고 기록된다.

　　사람들은 때때로 친족을 살해한다. 영아 살해, 자식 살해, 존속살해, 모친 살해, 형제 살해, 자매 살해, 아내 살해, 가족 살해, 그리고 이름이 붙지 않은 몇몇 종류의 친족 살해가 심심치 않게 발생한다. 미국의 한 도시에서 집계한 표본자료를 보면, 살인의 4분의 1은 낯선 사람의 소행이고, 절반은 아는 사람, 나머지 4분의 1은 '친족'의 소행이다. 그러나 그 친족의 대부분은 혈연이 아니라 배우자, 인척, 계부모와 의붓자식이다. 혈연에 의한 살인은 2~6퍼센트에 불과하다. 사실 이것도 과도한 추정이다. 사람들은 다른 사람보다 친족들을 더 자주 만나기 때문에 친족들은 타격 범위 안에 더 자주 들어온다. 함께 생활하는 사람들에게 초점을 맞춤으로써 상호작용의 기회를 일정하게 놓는다면, 비친족에게 살해당할 위험은 혈연에게 살해당할 위험보다 최소 11배 높고, 평균치는 그보다 훨씬 더 높을 것으로 추정된다.

　　친족 간의 갈등 억제는 족벌주의nepotism라 불리는 포괄적인 혈연 유대의 한 부분이다. 일상적인 어법에서 족벌주의란 말은 친족(말 그대로 '사촌nephews')에게 직업이나 사회적 지위를 특권으로 부여한다는 뜻이다. 우리 사회에서 제도적인 족벌주의는 비록 널리 시행되고는 있지만 공식적으로는 불법이다. 우리가 족벌주의를 악덕으로 간주한다는 말을 들으면 대부분의 사회에서는 놀라움을 표한다. 지금도 많은 나라에서는 고위 공무원이 새로 임명되면 그 밑의 공무원들을 모두 해고하고 자신의 친족들을 등용한다. 친족은 타고난 동맹자이고, 농업과 도시가 생겨나기 전에 인간 사회는 씨족을 중심으로 형성되었다. 인류학의 기본적인 문제들 중 하나는 '식량수집인들이 시간과 장소에 따라 다르지만 평균적으로 대략 50 명에 이르는 무리 또는 부락을 구분할 때 무엇을 기준으로 구분하는가?'

다. 나폴레옹 샤농은 아마존 열대우림에서 식량수집과 원시 농업으로 살아가는 야노마뫼족을 30년 동안 연구하면서 수천 명의 부족민들을 연결하는 정교한 계보를 수집했다. 그리고 혈연이 어떻게 부락을 하나로 묶는 접착제 역할을 하는지를 보여 주었다. 가까운 친족들은 서로 싸우는 횟수가 적고, 싸움에서 서로를 도와주는 횟수가 더 많다. 인구가 늘어나 부락민들 간의 촌수가 점점 멀어지고 서로 신경을 더 많이 건드리게 되면 부락은 분열에 휩싸인다. 이때 싸움이 일어나면 가계에 따라 동맹군이 나뉘고, 어느 한 편이 가까운 친척들을 데리고 홀연히 떠나 새로운 부락을 형성한다.

● ● ● ●

배우자는 유사친족, 즉 유전적으로 무관하지만 친족이라 불리고 친족과 같은 감정을 느낀다고 주장하는 사람의 대표적인 예다. 생물학자 리처드 알렉산더의 지적에 따르면, 만일 배우자가 충실하고, 결혼이 평생 동안 지속되고, 각자가 자신의 혈연 친척들이 아니라 둘 사이에서 태어난 자식을 위해 행동한다면 부부의 유전적 이해는 동일하다고 한다. 그들의 유전자는 자식이라는 하나의 패키지 속에 묶여 있기 때문에, 한쪽에게 좋은 것은 상대방에게도 좋은 것이 된다. 이상적인 조건이라면 부부애는 다른 어떤 사랑보다 강할 것이다.

그러나 사람들의 충성은 혈연에 이끌리기 마련이고, 배우자가 100퍼센트 충실하다고 확신하거나 그(그녀)가 절대로 자신을 버리거나 죽지 않을 것이라고 확신하는 사람은 없다. 단순한 생물의 경우에 부부애의 강도는 족벌주의, 불륜, 도망, 사별의 전체적 확률을 반영하는 최적 매체 수준에 맞춰질 것이다. 그러나 인간은 결혼의 세부 항목들에 민감하고, 그에 따라 자신의 감정을 미세 조정한다. 생물학의 관점에서 인척, 불륜, 의붓자식이 부부 싸움의 주요 원인이라는 것은 조금도 놀라운 일이 아니다.

부부의 유전자는 한 배를 탔고, 양쪽 부부는 각자의 친족들과 유전자를 공유하고 있기 때문에, 친족들은 당연히 두 사람의 결혼 생활에 이해관계가 있고 관심을 갖는다('interest'의 두 의미). 만일 당신의 아들과 나의 딸이 결혼을 하면, 우리의 유전적 운명은 공통의 손자 손녀 속에 부분적으로 얽히게 되고, 그런 한에서 당신에게 좋은 것은 나에게도 좋은 것이 된다. 결혼은 인척을 자연스런 동맹자로 만든다. 이런 이유로 모든 문화에서 결혼은 단지 배우자들이 아니라 가문 간의 동맹으로 간주된다. 결혼이 가문 간의 동맹인 또 다른 이유는 최근까지 모든 문화에서 그랬듯이 부모가 다 자란 자식에 대한 권리를 갖고 있을 때 자식은 훌륭한 거래 상품이 되기 때문이다. 나의 아이들은 서로 결혼하는 것을 원하지 않는다. 따라서 나에게 필요한 것, 즉 내 자식의 배우자감은 당신에게 있다. 따라서 인간의 문화에는 지참금과 신부 값이 만연하고, 그 밖에도 지위나 제3자와의 갈등에 이용할 수 있는 충성 같은 물건이 거래에 끼어든다. 모든 사업상의 거래처럼, 성공적인 자식 거래는 양자 간의 신뢰를 입증할 뿐 아니라 미래에 서로를 더욱 신뢰할 수 있게 만든다. 그러므로 인척은 유전적 파트너인 동시에 사업 파트너다.

미래를 생각하는 부모라면 인척을 선택하는 일에 신중해야 한다. 부모는 예비 인척의 자산과 신뢰도를 평가해야 할 뿐만 아니라, 손자 손녀라는 공통의 유전적 이익에 수반될 친선으로부터 최대치의 효용성이 나올지를 따져 봐야 한다. 이미 확보된 동맹자나 용서할 수 없는 적이라면 그것은 낭비가 되겠지만, 서로에 대한 호의가 어중간한 가문이라면 효용가치가 매우 클 수 있다. 정략결혼은 혈연심리학의 한 결과다. 또 다른 결과는 누가 누구와 결혼할 수 있는지를 정하는 규칙이다. 많은 문화권에서 교차사촌과의 결혼은 장려되고 평행사촌과의 결혼은 금지된다. 교차사촌은 어머니의 형제나 아버지의 누이의 자식이고, 평행사촌은 어머니의 자매나 아버지의 형제의 자식이다. 왜 이런 차별이 존재할까? 가장 흔한 형태로 남성 위주의 가문 사이에서 딸이 거래되는 관습하에서 당신 자신이 다양한 사촌들과의 결혼을 고려하고 있다고 가정해 보자.(당신이 남자든 여자든 상관없다.) 만일 당신이 교차사촌과 결혼한다면, 믿을 수 있다고 입증된 파트너와 거래를 하게 된다. 당신의 가족은 (친할아버지의 주재하에) 과거에 그 가문과 신부(당신의 어머니 또는 고모)를 주거나 받았던 경험이 있기 때문이다. 반면에 만일 평행사촌과 결혼하면, 당신은 가문 내의 사람과 결혼을 하게 되어(당신의 아버지와 약혼자의 아버지가 형제지간일 때) 외부로부터 어떤 것도 들여오지 못하거나, 생소한 가문 출신의 누군가와 결혼하게 된다(당신의 어머니와 약혼자의 어머니가 자매지간일 때).

  이런 풍습은 혈연에 대한 두 가지 현대적 신화를 만들어 냈다. 전통 사회의 사람들은 자신의 결혼 상대자를 선택할 권리가 전혀 없다는 믿음과 혈연은 유전적 촌수와는 아무 관계가 없다는 믿음이다. 첫 번째 신화에서 감지할 수 있는 일말의 진실은, 세계 어디서나 부모들은 자식의 결혼 상대자를 결정할 때 자신의 모든 힘을 휘두른다는 것이다. 그러나 자식들은 부모의 결정을 수동적으로 받아들이지 않는다. 세계 어디에서나 사람들은 자신이 원하는 결혼, 즉 낭만적 사랑에 대해 강렬한 감정을 갖고 있어서 약혼은 종종 부모와 자식 간의 맹렬한 신경전으로 발전한다. 최종 결정권이 부모에게 있는 경우에도 자식들은 자신의 감정을 드러내며 밤낮으로 압력을 가하고, 그 감정은 거의 항상 부모의 결정에 반영된다. 숄렘 알레이헴의 소설 《테비의 딸들 *Tevye's Daughters*》(뮤지컬 《지붕 위의 바이올린 *Fiddler on the Roof*〉으로 각색됨)은 그런 전장에서 전개되는데, 그와 비슷한 줄거리들이 전 세계에서 발견된다. 자식이 가출을 하면 부모는 재앙을 맞이한다. 평생에 걸친 사업상의 거래나 전략적 기회가 하루아침에 물거품이 된다. 설상가상으로 만일 부모가 자식을 주겠다고 수년 전에 서약이라도 했다면—자식들은 제각기 다른 때에 태어나고, 거래의 후반부는 자식이 결혼연령에 이를 때까지 기다려야 하기 때문에 그런 일이 종종 일어난다—그 부모는 채무불이행에 빠져 고리대금업자의 처분을 기다리는 신세가 된다. 또는 자식이 일찍 사망한다면 부모는 자신의 몸을 저당이라도 잡혀서 죽은 자식을 대신할 배우자를 사야 할 것이다. 전통 사회에서 약혼의 파기는 반목과 전쟁에 불을 지피는 주된 원인이다. 위험성이 그렇게 높기 때문에 부모 세대가 기회만 있으면 낭만적 사랑은 경솔하거나 아예 존재하지 않는다고 가르치는 것도 놀라운 일이 아니다. 낭만적 사랑은 중세의 음유시인이나 할리우드 극작가들이 만들어 낸 최신 발명품이라고 주장하는 지식인들은 그런 제도적 선전을 액면 그대로 받아들인 셈이다.

유사친족을 친족은 생물학과 아무 관계가 없다는 증거로 받아들이는 사람들 역시 공식적인 교의를 따르고 있다. 교차사촌 간의 결혼을 권장하는 경우처럼 결혼 관습의 큰 문제는, 집단 내의 연령 및 성 분포가 끊임없이 변동하기 때문에 때때로 자식과 맺어 줄 마땅한 배우자감이 없다는 것이다. 모든 규칙에는 편법이 있기 마련이다. 누가 누구와 친척지간인지를 재규정하면 문제는 깨끗이 해결된다. 족보상으로는 아무 관계가 없지만 적당한 총각을 골라 그를 교차사촌으로 만들어 딸과 결혼을 시키면 아이들이 제멋대로 원하는 상대와 결혼하는 전례를 방지할 수 있다. 그러나 내심으로는 어느 누구도 이 체면치레 방법을 곱게 인정하지 않는다. 이런 식의 위선은 다른 유사친족에게도 적용된다. 혈연 감정은 아주 강력하기 때문에 계보를 조작하는 사람들은 비친족을 친족이라 부름으로써 서로의 유대감을 높이고자 애를 쓴다. 이 방법은 원시 부족의 추장에서부터 오늘날의 목사들과 감상적인 록 가수들에 이르기까지 수많은 사람들에 의해 이용되어 왔다. 그러나 유사친족의 꼬리표를 공식적으로 매우 진지하게 인정하는 부족사회에서도 사석에서 집요하게 물고 늘어지면 문제의 유사친족은 결국 아무개가 사실은 자신의 형제나 사촌이 아님을 인정한다. 그리고 싸움이 붙어 사람들의 속마음이 드러날 때 그들의 속마음은 유사친족이 아닌 혈연친족과 같은 색깔을 띤다. 오늘날 많은 부모들이 아이들에게 부모의 친구를 삼촌이나 이모라고 부르게 한다. 그러나 어렸을 때 내 친구들과 나는 부모의 친구들을 가짜 삼촌이나 가짜 이모라고 불렀다. 그리고 새로 맞이한 계부모를 엄마 아빠라고 부르게 하는 보편적인 강요에 대해 아이들은 더욱 완강한 태도를 보인다.

● ● ● ● ●

수천 년 동안 혈연 감정은 대규모 사회들을 만들어 왔다. 부모애는 선물과 상속을 통해 여러 세대를 관통할 수 있다. 부모애는 정치학의 근본 모순—어떤 사회도 동시에 공정하고, 자유롭고, 평등할 수 없다—을 낳는다. 공정한 사회에서는 열심히 일하는 사람들이 많은 재산을 모은다. 자유로운 사회에서는 자신의 재산을 자식들에게 준다. 그렇다면 그 사회는 평등할 수가 없다. 스스로 벌지 않은 부를 상속받는 사람들이 존재하기 때문이다. 플라톤이 《국가 The Republic》에서 세 이상의 균형을 언급한 이래로, 대부분의 정치이념들은 위의 이상들 중 어느 것을 양보해야 하는가에 대한 입장에 따라 규정되고 있다.

가족은 파괴적인 조직이라는 것 또한 혈연 유대가 낳은 놀라운 결론이다. 이 결론은 교회와 국가는 언제나 일관되게 가족을 지지해 왔다고 보는 우익의 견해와, 가족이란 여성을 억압하고 계급 연대를 약화시키고 온순한 소비자를 양산하는 부르주아적이고 가부장적인 제도라고 보는 좌익의 견해에 정면으로 대립한다. 저널리스트인 퍼디낸드 마운트는 역사상 모든 정치적·종교적 운동들이 어떤 이유로 가족을 말살하려고 노력해 왔는지를 기록했다. 그 이유는 명백하다. 가족은 개인의 충성심을 놓고 경쟁을 벌이는 적대적인 연합체일 뿐 아니라, 불공평한 이점 — 친족들 간의 타고난 애정이 동지들 간의 애정보다 크다는 사실 — 을 누리는 경쟁자이기 때문이다. 친족들은 족벌주의의 혜택을 주고받고, 다른 조직에서는 쉽게 가라앉기 힘든 일상적 갈등들을 용서하고, 구성원들이 억울한 일을 당하면 물불을 가리지 않고 복수의 칼을 휘두른다. 레닌주의와 나치즘을 비롯한 전체주의적 이데올로기들은 항상 가족의 유대와 상반되는 동시에 그보다 '더 높은' 새로운 충성심을 요구했다. 초기 기독교에서부터 통일교("우린 이제 당신의 가족입니다!")에 이르기까지 수많은 종교들도 마찬가지다. 마태복음 10장 34-37절에서 예수는 다음과 같이 말한다.

> 내가 세상에 화평을 주러 온 줄로 생각지 말라. 화평이 아니요 검을 주러 왔노라. 내가 온 것은 사람이 그 아비와, 딸이 어미와, 며느리가 시어미와 불화하게 하려 함이니, 사람의 원수가 자기 집안 식구이리라. 아비나 어미를 나보다 더 사랑하는 자는 내게 합당치 아니하고 아들이나 딸을 나보다 더 사랑하는 자도 내게 합당치 아니하고 …

예수가 "어린아이들이 내게 오는 것을 용납하고 금하지 말라"*고 말했을

때 그것은 아이들을 부모에게 돌려보내지 말라는 것이었다. *마가복음 10장 14절

번성한 종교와 국가들은 결국 가족과 공존해야 하지만 한편으로는 가족을 견제하기 위해 최선을 다해야 한다는 사실을 깨닫는다. 인류학자 낸시 손힐은 대부분의 문화에서 근친상간 법률은 남매간의 결혼 문제를 다루기 위해 고안된 것이 아님을 밝혀냈다. 남매들은 애초부터 서로 결혼하기를 원하지 않기 때문이다. 남매간의 근친상간도 포괄적인 근친상간에 포함될 수 있고 그럼으로써 근친상간의 금지를 합법화하는 데 도움이 될 수는 있지만, 그 법의 진정한 표적은 입법자의 이익을 위협하는 결혼이다. 근친상간 법률은 그보다 먼 친척들, 예를 들어 사촌들 간의 결혼을 금지하고, 부와 권력이 미래에 경쟁자가 될 수 있는 가족들에게 축적되는 것을 막기 위해 주로 계층사회의 통치자들에 의해 공포된다. 인류학자 로라 베치히는 성과 결혼에 대한 중세 교회의 법률도 왕가들을 겨냥한 무기였음을 보여 주었다. 중세 유럽에서 부모는 모든 자식에게 영지를 똑같이 분할해 줄 수 없었다. 영지를 매 세대마다 분할한다면 너무 작아져서 쓸모가 없어질 것이므로, 작위는 단 한 명의 상속인에게만 세습되었다. 그 결과 장자상속권 제도가 성립되어 모든 것이 장남에게 돌아갔으며, 다른 아들들은 재산을 찾기 위해 방랑 생활을 하고 그 과정에서 군대나 교회에 합류했다. 교회는 재산을 물려받지 못한 아들들로 붐볐다. 이제 그들은 혼인법을 조작해 영주와 작위 보유자들에게 적법한 상속인이 생기는 것을 더 어렵게 만들었다. 만일 그들이 아들을 낳지 못하고 죽으면 재산과 작위는 무상속자 아들이나 그들이 속한 교회로 귀속되었다. 그들의 법률에 따르면 남자는 자식이 없는 아내와 이혼하거나, 그녀가 살아 있는 동안 재혼을 하거나, 상속인을 입양하거나, 7촌 이내의 여자와 상속인을 낳거나, 모두 더해 1년의 절반이 넘는 온갖 특별한 날에 성관계를 가질 수 없었다. 헨리 8세

의 이야기를 통해 우리는, 유럽 역사의 많은 부분이 정치권력을 얻기 위해 가문의 감정을 이용하려는(정략결혼, 상속인 구하기) 강력한 개인들과 그들의 계획을 무산시키려는 다른 강력한 개인들 간의 싸움으로 점철되어 있다는 사실을 알게 된다.

부모와 자식

자연선택이 설계한 유기체에게 존재의 이유와 그 모든 노고 및 투쟁의 목표는 자손을 보는 것이다. 자식에 대한 부모의 사랑은 클 수밖에 없고, 실제로 크다. 그러나 부모의 사랑이라도 무한할 수는 없다. 로버트 트리버스는 가족의 심리학에 미묘하지만 심원한 유전적 의미가 내포되어 있음을 발견했다.

유성생식을 하는 대부분의 생물종은 부모가 각각의 자식들에게 자신의 유전자 50퍼센트를 물려준다. 다음 세대에 유전자 수를 극대화하기 위한 첫 번째 전략은 가능한 한 빨리, 가능한 한 많은 새끼를 쏟아 내는 것이다. 대부분의 유기체가 이 전략을 사용한다. 그러나 체격이 작고 경험이 적은 새끼들은 어른들보다 취약하기 때문에, 대부분의 새끼들은 어른이 될 때까지 살아남지 못한다. 따라서 모든 유기체는 시간, 칼로리, 위험을 현재의 자식들을 돌보고 그 생존 확률을 높이는 일에 배당할지 아니면 새 자식을 낳고 자식들이 스스로 자라게 내버려 둘지를 '선택'하는 문제에 직면한다. 두 전략은 해당 종이 속한 생태계와 신체 구조의 구체적 성격에 따라 유전학적으로 유리할 수도 있고 불리할 수도 있다. 새와 포유동물은 자식을 돌보는 쪽을 선택했다. 특히 포유동물은 자신의 몸으로부터 각종 영양분을 빨아들여 젖이라는 이름의 패키지 영양식을 만들어 공급하는 특별한 기관을 채택했다. 새와 포유동물은 칼로리, 시간, 위험, 신체적 소모를 자식에게 투자하고, 자식의 수명 증가로 보상을 받는다.

이론상 부모는 평생 동안 첫 새끼만 돌보는 극단적인 방향, 즉 자신이 늙어 죽을 때까지 첫 번째 자식을 양육하는 방향으로 나아갈 수도 있다. 그러나 그것은 거의 의미가 없다. 젖으로 변환되는 칼로리들이 어느 순간부터는 새로운 자식을 먹이고 키우는 데에 더 효율적으로 투자될 수 있기 때문이다. 첫 새끼가 성장함에 따라 매일 생산되는 젖은 새끼의 생존에 덜 중요해지는 동시에 새끼는 스스로 먹이를 찾는 능력이 갈수록 향상된다. 새로운 새끼가 더 좋은 투자처이므로 부모는 큰 새끼에게서 젖을 뗀다.

어린 새끼에게 돌아가는 이득이 큰 새끼에게 드는 비용을 초과할 때 부모는 큰 새끼에게서 작은 새끼에게로 투자의 방향을 바꿔야 한다. 이 계산의 기초에는 두 자식이 부모와 동일한 촌수라는 사실이 놓여 있다. 그러나 이것은 부모의 관점에서 본 계산이다. 첫 새끼는 다르게 본다. 첫 새끼는 어린 새끼와 50퍼센트의 유전자를 공유하지만, 자기 자신과는 100퍼센트의 유전자를 공유한다. 따라서 첫 새끼의 입장에서 볼 때, 어린 동생에게 돌아가는 이득이 그에게 들어가는 비용의 '두 배'를 초과할 때까지 부모는 계속해서 그에게 투자해야 한다. 바로 여기에서 부모와 자식의 유전적 이해가 갈라진다. 각 자식은 부모가 주려고 하는 것보다 더 많은 보살핌을 원한다. 부모는 각각의 자식에게 (각각의 필요에 따라 상대적으로) 똑같이 투자하기를 원하는 반면, 각 자식은 자신에게 더 많은 투자가 돌아오기를 원하기 때문이다. 이 긴장을 부모-자식 갈등이라고 한다. 본질적으로 그것은 형제 경쟁이다. 형제들은 부모의 투자를 얻기 위해 경쟁을 벌이는 반면, 부모는 모든 자식이 각자의 필요에 비례하는 투자분을 얻을 때 가장 행복할 것이다. 그러나 형제 경쟁은 부모를 매개로 전개된다. 진화론의 관점에서 부모가 한 자식에게 투자를 중단하는 유일한 이유는 미래의 자식들을 위해 아껴 두려 하기 때문이다. 자식과 부모의 갈등은 사실은 아직 태어나지 않은 형제들과의 경쟁이다.

분명한 예가 젖떼기 갈등이다. 젖으로 전환되는 칼로리들은 새 자식을 키우는 데에는 이용할 수가 없기 때문에 수유는 배란을 억제한다. 어느 시점이 되면 포유동물 어미는 새끼에게서 젖을 떼는데, 그러면 어미의 몸은 다음 출산을 준비할 수 있다. 그때 어린 포유동물은 젖꼭지를 탈환하려고 어미를 쫓아다니면서 난리를 피우다가 몇 주 또는 몇 달이 지나서야 마지못해 현실을 인정한다.

동생이 태어나자 두 살 된 아들이 말썽꾸러기로 돌변했다고 하소연하는 동료를 위로하기 위해 그에게 부모—자식 갈등 이론을 설명했다. 그랬더니 그는 이렇게 잘라 말했다. "자네 말은 결국 사람은 이기적이라는 거지!" 몇 주 동안 잠을 설쳤으므로 요점을 놓친 것도 이해할 만했다. 분명히 부모는 이기적이지 않다. 부모는 우리가 알고 있는 우주에서 이기심이 가장 적은 존재다. 그러나 부모라고 해서 무한히 헌신적이지 않고, 울음소리와 보채는 소리가 그들 귀에 언제나 음악 소리로 들리지도 않을 것이다. 또한 이 이론으로부터 우리는 아이들 역시 완전히 이기적이지는 않다고 예측할 수 있다. 만일 그렇다면 아이들은 부모의 모든 투자를 독차지하고 평생 동안 모유로 살기 위해 새로 태어난 형제를 모두 죽일 것이다. 아이들이 그렇게 하지 않는 이유는 그들이 부모 및 미래의 형제들과 '부분적인' 혈연관계에 있기 때문이다. 새로 태어난 동생을 죽이게 만드는 유전자는 자신의 사본을 파괴할 확률이 50퍼센트나 된다. 대부분의 생물종에서 그렇게 높은 비용은 어미의 젖을 독차지하는 이득을 초과한다.(얼룩하이에나와 몇몇 맹금류의 경우에 그 비용은 이득을 초과하지 않기 때문에 실제로 자매들이 서로를 죽이는 일이 발생한다.) 열다섯 살이 되어서도 모유를 먹고 싶게 만드는 유전자는 어미가 동생들의 몸속에 그 유전자의 새 사본들을 만들어 넣을 수 있는 기회를 사전에 차단할 것이다. 두 종류의 비용 모두 이득을 두 배로 초과하고, 그래서 대부분의 유기체들은 자기 자신의 이익에 비해 덜 소중하긴 해도 내심 형제들의 이익에 관심을 갖는다. 이 이론의 요점은 아이들이 받기만을 원한다거나 부모가 주기를 원하지 않는다는 것이 아니라, 아이들은 부모가 주고자 하는 것보다 더 많은 것을 받고자 한다는 것이다.

● ● ● ●

부모-자식 갈등은 자궁에서 시작된다. 아기를 밴 여자는 조화와 양육의 여신처럼 보이지만 눈부신 미소 뒤에서는 강력한 전투가 벌어진다. 태아는 미래의 자식들을 낳을 수 있는 어머니의 능력을 희생시키면서 어머니의 몸에서 영양분을 채굴한다. 어머니는 자연보호주의자라서 후손들을 위해 자신의 몸을 예비 상태로 유지하고자 노력한다. 인간의 태반은 어머니의 몸에 침입해 혈류 속으로 들어간 태아의 세포조직이다. 이 태반을 통해 태아는 어머니의 인슐린을 억제하는 호르몬을 분비하여 혈당 수치를 높이고 혈당을 양껏 흡수한다. 그 결과 당뇨병이 어머니의 건강을 저해하기 때문에, 진화의 기간에 걸쳐 어머니는 이에 대한 대응책으로 더 많은 인슐린을 분비해 왔고, 이에 맞서 태아는 인슐린을 억제하는 호르몬을 더 많이 분비하여, 결국 두 호르몬은 평상시 농도보다 1000배나 더 높은 수치에 도달했다. 부모-자식 갈등에 최초로 주목한 생물학자 데이비드 헤이그는,

호르몬 수치의 증가는 목청 돋우기, 즉 갈등의 신호라고 말한다. 이 줄다리기에서 태아는 어머니의 혈압을 높이고 더 많은 영양분을 짜내기 위해 어머니의 건강을 갉아먹는다.

　　싸움은 아기가 태어날 때까지 계속된다. 어머니가 내릴 수 있는 최초의 결정은 '갓난아기를 살릴 것인가, 죽게 놔둘 것인가'다. 유아 살해는 세계 모든 문화에서 발생한다. 우리 문화에서 '아기를 죽인다'는 것은 악행의 동의어이자 가장 충격적인 범죄에 속한다. 어떤 사람은 그것이 다윈주의적 자살의 한 형태이고, 다른 문화들의 가치관이 우리와 완전히 다르다는 것을 보여 주는 증거라고 생각한다. 댈리와 윌슨은 둘 다 사실이 아님을 보여 준다.

　　모든 종의 부모는 갓난아기에게 투자를 계속할지 중단할지의 선택에 직면한다. 부모 투자는 소중한 자원이므로, 만일 갓난아기가 죽을 가능성이 있다면 계속 기르거나 젖을 먹이는 것은 잃은 돈을 건지려다 점점 더 손해를 보는 셈이 된다. 그 시간과 칼로리는 같은 배의 새끼들에게 돌아가거나, 새 출발을 해서 새로운 새끼를 낳는 데 쓰이거나, 상황이 좋아질 때까지 비축해 놓는 것이 더 유익하다. 따라서 대부분의 동물들은 발육이 불량하거나 병약한 새끼를 죽게 놔둔다. 인간의 유아 살해에도 이와 비슷한 계산이 깔려 있다. 식량수집 사회에서 여자들은 10대 후반에 첫아이를 낳고 4년의 유아기 동안 필요할 때마다 젖을 먹이지만 많은 아기들이 어른이 되기 전에 죽는 것을 본다. 운이 좋은 여자는 2~3명의 아이를 성공적으로 길러 낸다.(우리 조부모들의 자식 복은 농업이 모유의 대체물을 제공해 준 덕분에 가능했던, 역사적으로 특이한 현상이다.) 아주 적은 수의 아이라도 성공적으로 길러 내기 위해서는 힘든 결정을 내려야 한다. 세계의 모든 문화에서 여자들은 생존 가능성이 낮은 상황이 오면 아기를 죽게 놔둔다. 예를 들어 아기가 기형이거나, 쌍둥이이거나, 아버지가 없거나, 아버지가 자신의 남편이 아닐 때, 어머니가 젊거나(그래서 다시 아기를 가질 기회가 있을 때), 사회적 지원이 없거나, 아기를 낳은 후 곧바로 다른 아기를 낳았거나, 먼저 태어난 자식을 키우기가 힘겨울 때, 혹은 가뭄 같은 시련이 닥쳤을 때다. 현대 서구 사회에서도 마찬가지다. 통계 수치에 의하면, 유아를 죽게 놔두는 어머니들은 어리고, 가난하고, 미혼이다. 여러 이유가 있겠지만, 세계의 다른 문화들과 똑같은 것은 우연의 일치가 아닐 것이다.

유아를 살해하는 어머니들이 냉혹한 것은 아니며, 유아 사망이 흔히 발생할 때에도 사람들은 결코 어린 생명을 가볍게 취급하지 않는다. 어머니들은 유아 살해를 피할 수 없는 비극으로 느낀다. 그들은 죽은 아기에 대해 몹시 슬퍼하고, 평생 그 고통을 안고 살아간다. 많은 문화에서 사람들은 아기가 생존할 수 있다는 것을 확신할 때까지는 아기로부터 감정의 거리를 유지하려고 노력한다. 아기가 위험한 시기를 넘길 때까지 사람들은 아기를 만지거나 이름을 지어 주거나 법률상 개인으로 인정하지 않는데, 세례나 할례(생후 8일 된 유대인 남자 아기의 포경수술) 관습과 유사하다.

아기를 낳은 어머니의 감정은 아기를 살릴 것인가 죽게 놔둘 것인가를 결정하는 원동력으로, 위와 같은 보험학적 사실들에 의해 형성되었을 것이다. 산후우울증을 대개 호르몬 이상으로 설명하고 넘어가지만, 복잡한 감정에 대한 다른 모든 설명들이 그렇듯이 우리는 '왜 뇌가 호르몬의 영향을 허락하도록 배선되어 있는가?' 라는 질문을 던져야 한다. 인류 진화사의 대부분에 산모는 잠시 짬을 내 재고 조사를 해야 할 충분한 이유가 있었다. 그녀는 현재의 분명한 비극과 몇 년 후의 더 큰 비극의 가능성을 두고 결정을 내려야 했는데 그것은 결코 가벼운 결정이 아니었을 것이다.

심지어 오늘날에도 산모의 전형적인 우울증—이 짐을 어떻게 해결할 것인가?—은 대단히 심각한 문제다. 산후우울증은 예를 들어 가난, 부부 갈등, 홀어머니 양육 같은 상황에서 가장 심각하다. 세계의 다른 곳에서는 그런 상황이 종종 유아 살해로 이어진다.

'결속bonding'이라 불리는 감정 반응은 대개 《한여름 밤의 꿈A Midsummer Night's Dream》에서 잠을 깬 후에 가장 먼저 본 사람에게 홀딱 빠지게 만드는 요정 퍽의 희생자들처럼 어머니가 아기를 낳은 후 결정적 시간대에 아기와 교류를 하면 평생 동안 애착이 지속되는 현상이라고 설명하지만, 사실은 그보다 더 복잡하다. 어머니들은 먼저 아기와 어머니 자신의 기대를 냉정하게 평가하고, 약 일주일 후에 아기를 세상에 하나뿐인 멋진 개인으로 인정한 다음, 그 후 몇 년에 걸쳐 지속적으로 사랑을 더해 간다.

아기는 이해 당사자로서, 자신이 사용할 수 있는 유일한 무기를 가지고 자신의 이익을 쟁취한다. 그 무기는 바로 귀여움이다. 갓난아기들은 일찍부터 어머니에게 반응한다. 아기들은 미소를 짓고, 눈을 맞추고, 어머니의 말에 귀를 쫑긋 세우고, 심지어 어머니의 표정을 흉내 내기도 한다. 아기가 신경계의 기능을 그렇게 광고하면 어머니는 마음이 약해져서 아기를 키워야겠다는 쪽으로 마음을 굳힐 수 있다. 동물행동학자 콘라트 로렌츠의 지적에 따르면, 아기들의 기하학적 배열—큰 머리, 둥근 두개골, 얼굴 아래쪽에 자리 잡은 큰 눈, 통통한 볼, 짧은 팔다리—은 상냥함과 애정을 이끌어 낸다고 한다. 그런 배열은 아기 조립 과정의 산물이다. 자궁 안에서는 머리 끝 쪽이 빨리 자라고, 반대쪽 끝은 태어난 후에 부진을 만회한다. 뇌와 눈은 나중에 들어찬다. 로렌츠는 오리와 토끼처럼 그런 배열을 가진 동물들이 사람들에게 귀엽게 느껴진다는 사실을 입증했다. 스티븐 제이 굴드는 〈미키마우스에게 바치는 생물학적 경의 A Biological Homage to Mickey Mouse〉라는 논문에서, 만화가들이 그 배열을 이용해 등장인물들을 더 매력적으로 만든다는 것을 보여 주었다. 유전자도 마찬가지로 갓난아기의 특징들을 과장하고, 특히 좋은 건강을 드러내는 특징들을 극대화시켜 어머니에게 더 귀엽게 보이게 만든다는 것은 충분히 가능한 이야기다.

일단 아기에게 생존이 허락되면 세대 간 전투는 계속된다. 자식은 이 전투에서 어떻게 자신의 입장을 지켜 낼까? 트리버스의 말에 따르면, 아기들은 어머니를 바닥에 쓰러뜨리고 원하는 대로 젖을 먹는 것이 아니라 심리적 전술을 이용한다고 한다. 아기는 부모가 그에게 주고자 하는 것보다 더 많은 것을 주도록 유도하기 위해 아기의 행복을 바라는 부모의 진심 어린 마음을 조작해야 한다. 부모는 "늑대야"라고 외치는 소리를 무시할 줄 알기 때문에 아기의 전술은 더 교활해야 한다. 아기의 뇌는 몸 전체의 감지 장치들과 연결되어 있기 때문에 아기는 자신의 상태를 부모보다 더 잘 안다. 부모와 아기는 모두 아기의 필요에 대한 부모의 반응—예를 들어 아기가 배고플 때 젖을 먹이고, 추울 때 껴안아 주는 것—에 관심을 기울인다. 아기 입장에서 이것은 부모가 주고자 하는 것보다 더 많은 보살핌을 이끌어 낼 기회가 된다. 아기는 아주 춥거나 배고프지 않아도 울 줄 알고, 하고 싶은 것을 할 때까지 미소를 참을 줄도 안다. 아기는 말 그대로 속임수를 쓸 필요가 없다. 부모는 거짓 울음을 식별하도록 진화했기 때문에, 아기의 가장 효과적인 전술은 생물학적 필요가 전혀 없을 때에도 정말로 비참하다고 느끼는 것이다. 자기기만은 일찍부터 시작되는 것 같다.

아기는 또한 한밤중에 울부짖거나 사람들 앞에서 짜증을 내는 등의 강제적인 방법에 호소하기도 한다. 그런 상황에서 부모들은 소음이 계속되는 것을 싫어해 조건부로 항복을 하는 경향이 있다. 설상가상으로 자식의 행복에 대한 부모의 관심 덕분에 아이들은 난폭하게 짜증을 내며 뒹굴거나, 아이에게 즐거움을 준다는 것을 양쪽이 뻔히 아는 어떤 것을 하지 않음으로써 자기 자신을 인질로 잡힐 수도 있다. 토머스 셸링의 지적에 따르면, 아이들은 모순적 전술을 이용하기에 딱 좋은 입장이라고 한다(6장). 아기들은 귀를 막거나, 비명을 지르거나, 부모의 시선을 피하거나, 뒷걸음질을 치곤 하는데, 이 모든 것들이 부모의 으름장을 받아들이거나 이해하지 않으려는 행위다. 우리는 개구쟁이의 진화를 이해할 수 있다.

● ● ● ●

부모-자식 갈등 이론은 두 유명한 이론의 대안이다. 하나는 프로이트의 오이디푸스콤플렉스, 즉 남자아이들은 어머니와 잠자리를 하고 아버지를 살해하는 것을 무의식적으로 바라고, 그래서 아버지에게 거세당할 것을 두려워한다는 가설이다.(또한 엘렉트라콤플렉스에서는 어린 딸이 아버지와 잠자리를 하고 싶어한다고 주장한다.) 이쯤에서 우리는 한 가지 사실을 반드시 설명해야 한다. 모든 문화에서 어린아이들은(여자아이를 포함해) 때때로 어머니에 대해 강한 집착을 보이고 어머니의 배우자에게 냉담한 태도를 보인다. 부모-자식 갈등 이론은 그 이유를 정확히 설명한다. 엄마에 대한 아빠의 관심은 엄마의 주의를 빼앗아 가고, 설상가상으로 동생을 만들겠다는 위협으로 다가온다. 아이들 입장에서는 그런 비극적인 날을 어떻게든 미루기 위해 섹스에 대한 어머니의 관심을 줄이고 아버지를 어머니로부터 멀리 떼어 놓을 수 있는 전술들을 진화시킬 만하다. 그것은 젖떼기 갈등의 직접적인 연장이다. 부모-자식 갈등 이론은 이른바 오이디푸스적 감정이 왜 남자아이들뿐만 아니라 여자아이들에게서도 흔히 나타나는지를 설명하는 동시에, 어린 남자아이들이 어머니와 성교하기를 원한다는 말도 안 되는 생각을 피할 수 있다.

이 대안을 제시했던 댈리와 윌슨은, 프로이트의 실수는 두 종류의 부모-자식 갈등을 하나로 묶은 것이라고 믿는다. 작은 아이들은 어머니에게 접근할 수 있는 기회를 놓고 아버지와 충돌하지만 이것은 성적 경쟁이 아니다. 그리고 큰 아이들은 성적인 문제로 부모, 그중에서도 특히 아버지와 충돌하지만, 그 대상은 어머니가 아니다. 많은 사회에서 아버지는 암묵적으로나 공개적으로나 성적 파트너를 놓고 아들과 경쟁을 벌인다. 남자가 여러 명의 아내를 거느리는 일부다처 사회에서는 부자가 말 그대로 한 여자를 놓고 경쟁을 벌일 수도 있다. 그리고 일부다처제나 일부일처제인 대부분의 사회에서 아버지는 아들의 아내 찾기를 지원해야 하는데, 이것은 다른 자식들이나 아버지 자신의 열망에 손해가 될 수 있다. 아내를 구하려는 아들은 조급한 심정으로 아버지가 그에게 재산을 떼어 주기만을 기다릴 수 있고, 여전히 정력적인 아버지는 그의 인생에 장애물이 될 수 있다. 세계 대부분의 지역에서 자식 살해와 존속살해는 그런 경쟁 때문에 촉발된다.

부모들은 또한 혼담을 정하는데, 이것은 자식을 팔거나 교환하는 것을 예의 바르게 표현하는 것이다. 이때에도 이해관계가 충돌한다. 부모는 한 자식에게는 좋은 상대자가 돌아가고 다른 자식에게는 못난이가 돌아가는 패키지 거래를 성사시킬 수 있다. 일부다처 사회에서 아버지는 딸을 자신의 아내감과 교환할 수 있다. 딸이 며느리와 교환되는 경우든 아내와 교환되는 경우든, 딸의 가치는 처녀성에 달려 있다. 남자들은 다른 남자의 자식을 갖고 있을지 모를 여자와 결혼하기를 원하지 않기 때문이다.(효과적인 피임법은 최근에 고안되었고 아직도 세계의 일부에서만 이용하고 있다.) 그러므로 아버지는 딸의 성에 관심을 갖는데, 얼핏 보면 엘렉트라콤플렉스와 비슷하지만 실은 어느 쪽도 상대를 원하지 않는다. 많은 사회에서 남자들은 딸의 '순결'을 지키기 위해 끔찍한 방법들을 사용한다. 딸을 감금시키고, 머리에서 발끝까지 천으로 몸을 가리고, 완곡하게 '여성 할례'라고 부르는 잔인한 관습에 따라 성에 대한 관심을 뿌리째 뽑아 버린다.(로레나 바비트*의 행위와 똑같은 의미의 할례다.) 이런 방법들이 통하지 않으면 아버지들은 역설적이게도 가문의 '명예'를 지킨다는 명목으로 행실이 나쁜 딸을 처형하기도 한다.(1977년에 사우디의 한 공주는 런던에서 경솔한 일을 저질러 국왕의 동생인 할아버지를 불명예스럽게 했다는 이유로 공공장소에서 돌에 맞아 죽었다.) 부모-딸 갈등은 여자의 성에 대한 '소유권'을 놓고 전개되는 갈등의 특별한 경우로, 뒤에서 다시 논의할 주제다.

* 폭력적인 남편이 강간을 하자 그에 대한 보복으로 성기를 잘랐다.

● ● ● ●

부모-자식 갈등에 밀려 퇴출당한 또 다른 이론은 생물학과 문화를 구별하는 이론이다. 이 이론에서 아기는 문명화되지 않은 본능들의 꾸러미이고, 부모는 아기를 유능하고 버젓한 사회 구성원으로 사회화시킨다. 이 관점에서 볼 때 개인의 성격은 형성기에 양육 과정을 통해 만들어진다. 부모와 자식은 둘 다 자식이 사회적 환경에서 성공하기를 원하지만 자식은 혼자 헤쳐 갈 수 있는 입장이 아니기 때문에 사회화는 양쪽의 이해관계가 만나는 합류점이 된다.

트리버스는 부모-자식 갈등 이론에서 보면, 부모는 자식을 사회화시킬 때 진심으로 자식의 이익에 관심을 기울이지는 않을 것이라고 추론했다. 부모는 종종 자식의 이익에 반하는 행동을 하지만, 자식으로 하여금 자기 자신의 이익에 반하는 행동을 하도록 훈련시킬 수도 있다. 부모는 각각의 아이가 자기 자신보다 형제에게 더 이타적으로 행동하기를 원한다. 그것은 이타적인 행동으로 인해 아이가 치르는 비용보다 형제에게 돌아가는 이득이 더 클 때 부모에게 유리하기 때문이다. 그러나 그 아이에게는 형제에게 돌아가는 이득이 자신의 비용보다 두 배 더 클 때에만 이타적으로 행동하는 것이 유리하다. 의붓형제나 사촌처럼 더 먼 친족인 경우, 부모의 이익과 자식의 이익의 차이는 훨씬 더 크다. 아이보다는 부모가 그 의붓형제나 사촌과 혈연적으로 더 가깝기 때문이다. 이와 마찬가지로 부모는 집에 남아서 일을 돕는 것이나, 다른 집에 팔려 가는 것을 받아들이는 것이나, 부모에게 유익한(그러므로 아직 태어나지 않은 형제들에게 유익한) 그 밖의 일들이 사실은 아이 본인에게 좋은 것이라고 아이를 설득할 수도 있다. 갈등이 존재하는 모든 무대에서처럼 부모는 기만이나 (아이들은 바보가 아니므로) 자기기만에 의존할 수 있다. 아이들은 작고 선택권이 없기 때문에 당장에는 부모의 보상, 벌, 훈계, 권유를 받아들이지만, 갈등 이론에 따르면 이런 전술들이 아이의 성격까지 좌우하지는 않는다.

    트리버스는 갈등 이론 때문에 궁지에 몰리기도 했다. 부모가 자식을 만든다는 생각은 너무나 뿌리 깊어서 대부분의 사람들은 그것이 자명한 진리가 아니라 시험 가능한 가설이라는 사실을 알지 못한다. 오늘날 그 가설은 시험을 거쳤으며, 그 결과 심리학의 역사상 가장 놀라운 사실이 밝혀졌다.

    성격은 최소 다섯 측면에서 차이를 보인다. 사교적인가 비사교적인가(외향성-내향성), 끊임없이 고민하는가 침착하고 자족하는가(신경증적 경향성-안정성), 예의 바르고 남을 신뢰하는가 무례하고 의심이 많은가(친화성-적대성), 신중한가 경솔한가(성실성-목표 불명), 대담한가 순응적인가(개방성-비개방성)가 그것이다. 이런 특성들은 어디에서 비롯되는가? 만일 그것들이 유전적이라면, 일란성 쌍둥이는 떨어져 자랐어도 그것들을 공유할 것이고, 생물학적 형제들은 입양 형제들보다 더 많이 공유할 것이다. 만일 그것들이 부모의 사회화로부터 생긴 결과물이라면 입양 형제들은 그것들을 공유할 것이고, 쌍둥이들과 생물학적 형제들은 다른 가정에서 자랐을 때보다 한 가정에서 자랐을 때 더 많이 공유할 것이다. 수많은 과학자들이 수많은 연구를 통해 여러 나라에서 수천 명을 대상으로 이런 예측을 시험했다. 연구자들은 위의 성격특성들뿐만 아니라 이혼과 알코올중독 같은 인생의 실제 사건들도 조사했다. 분명하고도 반복 가능한 결과가 나왔으며, 그 속에는 두 가지 충격적인 사실이 담겨 있다.

첫 번째 결과는 이미 잘 알려져 있다. 성격 차이의 상당 부분—약 50퍼센트—이 유전에서 비롯된다는 것이다. 출생 직후 헤어진 일란성 쌍둥이는 서로 비슷하고, 함께 자란 생물학적 형제들은 입양 형제들보다 서로 더 비슷하다. 이것은 나머지 50퍼센트는 부모와 가정으로부터 나온다는 것을 의미할까? 아니다! 한 가정에서 자랐는지 서로 다른 가정에서 자랐는지는 기껏해야 성격 차이의 5퍼센트를 설명해 준다. 출생 직후 헤어진 일란성 쌍둥이는 그냥 비슷한 것이 아니다. 그들은 함께 자란 쌍둥이들만큼 서로 비슷하다. 한 가정에서 자란 입양 형제들은 그냥 다른 것이 아니다. 그들은 전체 인구에서 무작위로 뽑아낸 두 사람만큼이나 서로 다르다. 부모가 자식에게 미치는 가장 큰 영향은 임신의 순간인 셈이다.

(서둘러 한 가지 사실을 덧붙이고자 한다. 여기서 부모가 중요하지 않다고 말할 때는 단지 부모들 간의 '차이'도 중요하지 않고, 성장한 아이들 간

의 차이도 중요하지 않다는 뜻이다. 그 연구들은 모든 정상적인 부모가 모든 자식에게 영향을 미치는 모든 측면을 측정하진 않는다. 어린아이들에겐 분명 정상적인 부모의 사랑, 보호, 지도가 필요하다. 심리학자 주디스 해리스가 표현했듯이, 그 연구들은 단지 만일 아이들을 각자의 가정과 사회적 환경에 고정시키고 모든 부모를 돌아가면서 바꿔 주면 아이들은 똑같은 종류의 성인으로 자랄 것임을 의미한다.)

어느 누구도 나머지 45퍼센트의 차이가 어디에서 비롯되는지를 알지 못한다. 어쩌면 성격은 성장하는 뇌에 영향을 미치는 고유한 사건들, 예를 들어 태아가 자궁에 어떻게 누워 있었는가, 태아가 어머니의 혈액을 얼마나 많이 끌어 썼는가, 태아가 어떻게 자궁 밖으로 나왔는가, 머리로 떨어졌는가, 또는 초기에 어떤 바이러스에 감염되었는가에 의해 형성될 수 있다. 어쩌면 성격은 고유한 경험들, 즉 개에게 쫓기거나 선생님이 친절하게 대해 준 것 등에 의해 형성될 수도 있다. 어쩌면 부모의 특성과 아이의 특성이 복잡하게 상호작용하고, 그래서 같은 부모 밑에서 자란 두 아이라 해도 실제 환경은 매우 다를 수 있다. 어떤 부모는 소란스런 아이에게 보상을 주고 조용한 아이에게 벌을 주는 반면, 또 어떤 부모는 정반대로 행동할 수 있다. 이런 각본들은 증거가 없을 뿐만 아니라, 나는 다른 두 각본이 더 그럴듯하다고 생각하는데, 둘 다 성격을 부모와 자식 간의 이해 차이에서 비롯되는 적응특성으로 본다. 첫 번째는 형제들과 경쟁하기 위한 아이의 전투 계획으로, 이에 대해서는 다음 절에서 다루고자 한다. 두 번째는 또래집단에서 경쟁하기 위한 아이의 전투 계획이다.

주디스 해리스는 세계의 모든 곳에서 아이들이 부모가 아니라 또래집단에 의해 사회화된다는 것을 보여 주는 증거를 수집했다. 모든 연령대에서 아이들은 다양한 놀이집단, 무리, 패거리, 일당, 도당에 참가하고,

그 안에서 지위를 얻기 위해 책략을 쓴다. 각 집단은 외부 관습을 약간 흡수하고 자체적인 관습을 많이 만들어 내는 하나의 문화다. 아이들의 문화적 유산—링고레비오의 규칙, 니아니아 노래의 선율과 가사, 사람을 죽이면 법률상 죽은 사람의 비석 값을 내야 한다는 믿음—은 아이들 간에 전파되고, 어떤 것은 수천 년 동안 지속되기도 한다. 아이들은 성장하면서 한 집단에서 다른 집단으로 넘어가고 마지막에는 어른 집단에 합류한다. 한 차원에서 쌓은 위신은 다음 단계의 디딤돌이 된다. 무엇보다, 어린 청소년 집단의 리더는 데이트 상대 1순위가 된다. 모든 나이에서 아이들은 또래들 사이에서 성공하려면 어떻게 해야 하는지를 생각해 내야 하고, 부모가 부과하는 어떤 것보다 그 전략에 우선권을 둬야 한다. 지쳐 버린 부모들은 아이의 친구들을 당해 낼 수 없다는 사실을 깨닫고 결국 자식을 키우기에 가장 좋은 동네를 알아보느라 진땀을 흘린다. 성공한 많은 사람들이 어렸을 때 미국으로 건너온 이민자들이지만, 언어나 관습을 전혀 모르는 문화적으로 무능한 부모들 때문에 어떤 불리함도 겪지 않았다. 언어 발달을 연구하는 과학자로서 나는 아이들이 부모와 더 많은 시간을 보내면서도 또래들의 언어(특히 억양)를 대단히 빠르게 습득한다는 사실에 항상 놀란다.

  왜 아이들은 부모의 손으로 만들어지지 않을까? 트리버스와 해리스처럼 나 역시 그것은 아이들의 유전적 이해가 부모의 유전적 이해와 단지 부분적으로만 중복되기 때문이라고 생각한다. 아이들은 부모에게서 칼로리와 보호를 가져간다. 그것을 기꺼이 주는 사람은 부모들뿐이기 때문이다. 그러나 아이들은 찾을 수 있는 최상의 원천으로부터 정보를 얻고, 인생에 필요한 전략을 스스로 세운다. 부모는 주변에서 찾을 수 있는 가장 현명하고 똑똑한 어른이 아닐 수 있으며, 더욱이 집안에서의 규율은 종종 이미 태어난 형제나 아직 태어나지 않은 형제에게 유리하게 바뀐다. 그리고 번식의 문제라면 가족은 막다른 골목이다. 아이는 짝을 구하기 위해 경쟁을 해야 하고, 번식이 아니더라도 그 이전에 다양한 경기장에서 지위 확보를 위해 짝을 찾고 소유할 필요가 있다. 각각의 경기장에는 각기 다른 규칙이 존재하는데, 아이는 규칙을 충분히 숙달할 필요가 있다.

● ● ● ●

부모-자식의 이해 갈등은 자녀 교육에 대한 우리의 공론에는 아직 소개되지 않았다. 대부분의 시간과 장소에서 우세한 쪽은 부모였고, 부모는 잔인한 독재자처럼 권력을 휘둘렀다. 그러나 20세기 들어 국면이 역전되었다. 아동복지 전문가들은 양육 지침서들을 봇물처럼 발행하고 정부는 수많은 정책을 쏟아 냈다. 모든 정치인이 아이들의 친구임을 자처하고 반대자를 적으로 몰아붙인다. 자녀 양육 지침서들은 어머니들에게 하루하루의 양육법들을 일러 주곤 했다. 스포트라이트는 자식에게 비치고 어머니는 무시되기 시작했다. 어머니는 단지 아이의 정신 건강을 지키고 아이가 잘못되면 모든 책임을 져야 하는 존재로 전락했다.

아동복지 혁명은 인류 역사상 위대한 해방운동 중의 하나였지만, 권력을 재정비할 때마다 그랬듯이 그것 역시 한계를 넘을 수가 있다. 페미니즘 사회비평가들은 아동복지 주창자들이 어머니들의 이익을 말살한다고 주장해 왔다. 섀리 서러는 자신의 저서 《어머니의 신화The Myths of Motherhood》에서 다음과 같이 말한다.

가장 널리 퍼진 신화는 모성의 양면 감정, 즉 어머니들은 실제로 자식을 사랑하는 동시에 미워한다는 사실을 무시하는 것이다. 양면 감정에 대해서는 아무도 입을 열지 않는다. … 양면 감정을 갖는 것은 나쁜 어머니가 되는 것이나 마찬가지다. (나의 임상 경험으로 볼 때) 노여움과 분노는 정상적이다. 아이들은 끊임없이 보채고, 말라 죽을 때까지 어머니를 빨아댄다. 여자들은 아이의 모든 요구를 충족시켜 줘야 한다고 느끼지 말아야 한다. 그러나 그 신화는 어머니의 사랑이 언제 어디서나 자연적이고 활발하다고 주장한다.

어머니의 권리를 주장하는 사람들조차도 종종 자신의 주장을 어머니의 이익(과로한 어머니는 불행하다)보다는 아이의 이익(과로한 어머니는 나쁜 어머니다)에 맞춰야 한다고 느낀다.

더 보수적인 사회비평가들도 부모와 자식의 이익이 갈라질 수 있다는 사실에 주목하기 시작했다. 바버라 대포 화이트헤드는 성교육이 청소년 임신을 낮추려는 광고 목적을 달성하지 못한다는 것을 보여 주는 데이터를 검토했다. 오늘날 10대들은 섹스와 그 위험에 대해 속속들이 알고 있지만, 그럼에도 여자아이들은 결국 임신을 하는데, 그것은 분명 아기가 생길 수 있다는 생각을 개의치 않기 때문일 것이다. 만일 10대들의 부모가 신경을 쓴다면, 부모들은 단지 교육에 의존할 뿐 아니라 10대들을 (동행과 귀가 시간으로) 통제함으로써 부모의 이익을 관철시켜야 할 것이다.

내가 이 논쟁들을 소개하는 것은 어느 한쪽 편을 들기 위해서가 아니라 부모-자식 갈등의 폭넓은 파급효과에 주의를 환기시키기 위해서다. 진화론적 사고는 종종 모든 사회적·정치적 쟁점을 생물학적 문제로 재규정하려는 '환원주의적 접근법'으로 축소된다. 그러나 이것은 본말이 전도된 비판이다. 지난 수십 년 동안 유행했던 비진화론적 담론들은 자녀 양육을 가장 좋은 아이를 키우려면 어떤 기술이 적합한지를 결정하는 기술적 문제로 취급해 왔다. 트리버스의 통찰을 요약하자면, 자녀 양육에 관한 결정은 본질적으로 몇몇 당사자가 정당한 소유권을 갖고 있는 부족한 자원—부모의 시간과 노력—을 어떻게 배정할 것인가에 대한 결정이다. 그러므로 자녀 양육은 단지 심리학과 생물학의 문제가 아니라 부분적으로는 항상 윤리와 정치의 문제일 것이다.

형제자매들

카인이 아벨을 죽인 이래로 형제들은 항상 실타래 같은 감정들로 뒤얽혀 왔다. 서로를 잘 아는 같은 세대의 사람으로서 형제들은 서로를 개인으로 대한다. 즉 형제들은 서로를 좋아할 수도 있고 싫어할 수도 있으며, 성이 같으면 경쟁을 하기도 하고, 성이 다르면 성적 매력을 느끼기도 한다. 가까운 친족으로서 형제들은 각별한 애정과 유대감을 느낀다. 그러나 형제들은 50퍼센트의 유전자를 공유한 사이이지만 각자는 자기 자신과 100퍼센트의 유전자를 공유하고 있기 때문에, 형제애나 자매애에는 한계가 있다. 한 부모의 자손으로서 형제들은 젖떼기에서 유언장에 이르기까지 부모 투자를 얻기 위해 경쟁을 벌인다. 그리고 유전자의 겹침으로 인해 남매는 선천적인 동맹자가 되지만 다른 한편으로는 부자연스런 부모가 될 수 있고, 이런 유전적 연금술 때문에 웬만해서는 서로 성적인 느낌을 갖지 못한다.

만일 사람들이 n명의 아이를 낳는다면 각자가 더 많은 것을 요구할 것이므로 부모-자식 갈등은 노골적인 전쟁이 될 것이다. 그러나 아이들은 각기 다른 시기에 태어난다는 이유가 아니더라도 충분히 다르다. 부모는 자신의 에너지를 n분의 1로 나눠 n명의 아이들에게 똑같이 나눠 주기보다는, 영리한 포트폴리오 관리자처럼 우량주와 부실주를 선정하고 그에 따라 투자하기를 원할 수 있다. 이 투자 결정은 각각의 아이에게서 기대할 수 있는 손자 손녀의 수에 대한 의식적인 예측이 아니라, 인간이 진화했던 환경에서 그 수를 극대화시켰던 결과를 얻기 위해 자연선택이 조율해 놓은 감정 반응이다. 식견이 있는 부모들은 편애를 하지 않으려고 극구 노력하지만 항상 뜻대로 되지는 않는다. 이에 대한 한 연구에서, 영국과 미국의 어머니들 중 3분의 2가 특정한 자식을 더 많이 사랑한다고 고백했다.

부모들은 어떻게 절박한 상황에서 한 아이를 희생시키는 소피의 선택*을 할까? 진화론의 예측에 따르면 주된 기준은 나이일 것이다. 유년기는 지뢰밭이어서 부모 입장에서는 아이의 나이가 많을수록 아이를 살릴 가능성이 높아지고, 아이는 곧바로 성년기에 도달하여 손자 손녀를 낳을 소중한 자산이 된다.(일단 성년기에 도달하면 번식 기간은 소모되기 시작하고 예상되는 자손의 수는 감소한다.) 예를 들어 보험 요율표에 따르면, 식량수집 사회의 4세 아동은 평균적으로 부모에게 1.4배의 손자 손녀를 안겨 주고, 8세 아동은 1.5배, 12세 아동은 1.7배의 손자 손녀를 안겨 준다. 그래서 만일 새 아기가 태어났을 때 이미 아이가 있어서 둘 다 먹여 살리기가 불가능하면 부모는 유아를 희생시킨다. 어떤 인간 사회에서도 어린 자식이 태어났을 때 부모는 큰 자식을 희생시키지 않는다. 우리 사회에서 부모가 자식을 죽일 확률은 아이의 나이에 정비례하여 꾸준히 낮아지는데, 이 현상은 특히 아이가 취약한 첫해 동안에 두드러진다. 아이를 잃는 경우를 상상해 보라고 하면 10대까지에 한하여 부모들은 큰 아이의 죽음이 더 많이 슬플 것이라고 말한다. 예상되는 슬픔의 등락은 수렵채집 사회에서도 아이

* 영화 《소피의 선택》. 아우슈비츠 강제수용소에서 독일군 장교가 소피에게 두 아이 중 한 명을 살려 주겠지만 선택하지 못하면 둘 다 죽이겠다고 협박하자 소피는 마지막 순간에 아들을 들어 올린다.

들의 예상 수명과 거의 완벽한 상관성을 보인다.

반면에 작은 아이는 상대적으로 무기력하기 때문에 부모의 일상적 봉사를 더 많이 필요로 한다. 부모들은 큰 아이를 더 소중하게 여기면서도, 작은 아이에게 더 애틋한 감정을 느낀다고 보고한다. 이 계산은 부모가 나이가 들어 새로 태어난 아이가 막내가 될 가능성이 높을 때 변하기 시작한다. 이제는 아껴도 줄 대상이 없으므로 막내는 버릇없이 클 수가 있다. 부모들은 또한 냉혹한 표현이지만 성공적인 투자 대상이라 할 수 있는 아이들, 즉 더 활발하고, 더 잘생기고, 더 재능이 있는 아이들을 총애한다.

부모가 편애를 하는 경향이 있다면, 자식은 부모의 투자 결정을 유리하게 조작할 수 있도록 선택되었을 것이다. 자식들은 성년기에 접어들고 부모가 죽은 후에도 편애에 대단히 민감하다. 자식들은 자연으로부터 받은 재주와, 출생과 함께 발을 들이게 된 포커게임의 동역학을 최대한 이용하는 법을 계산해야 한다. 역사학자 프랭크 설로웨이의 주장에 따르면, 성격에는 포착하기 어려운 비유전적 요소가 있는데 부모 투자를 놓고 형제들과 경쟁을 벌이기 위한 일단의 전략이 그것이며, 한 가족의 아이들이 그렇게 다른 이유도 그것 때문이라고 한다. 각각의 아이는 서로 다른 가족 생태계에서 성장하므로, 유년기를 무사히 보내기 위해 각기 다른 계획을 세운다.(둘 다 맞을 수도 있지만 이 개념은, 성격은 또래집단에 적응하기 위한 전략이라는 해리스의 견해와 대립한다.)

첫 번째로 태어난 아이에겐 몇 가지 유리한 점이 있다. 첫 번째 아이는 단지 현재까지 생존한 것만으로도 부모에게 더 소중하고, 유년기가 끝날 때까지는 항상 동생보다 더 크고, 더 강하고, 더 똑똑할 것이다. 첫아이는 1년이나 그 이상 동안 '닭장'을 독차지했기 때문에 새로 태어난 동생을 강탈자로 본다. 부모가 그들의 이해를 첫아이의 이해와 일치시켜 왔기 때문에 첫아이는 부모와 자기를 동일시할 것이고, 항상 유익했던 현재 상태에 찾아온 변화를 거부할 것이다. 첫아이는 또한 운명이 부여한 권력을 최대한 휘두르는 방법을 배울 것이다. 요컨대 첫아이는 보수주의자이며 골목대장일 것이다. 두 번째로 태어난 아이는 이 까다로운 아첨꾼이 존재하는 세계에서 살아남아야 한다. 둘째 아이는 강도짓과 아첨으로는 얻고 싶은 것을 얻을 수 없기 때문에 정반대의 전략을 연마해야 한다. 그들은 유화와 협조에 의존한다. 그리고 현재의 상태에 이익이 적게 걸려 있기 때문에 변화를 잘 수용한다.(이 동역학은 형제들의 성격을 구성하는 선천적 요소들, 그리고 형제들의 성, 체격, 공간적 간격에 따라 달라진다.)

늦게 태어난 아이들은 또 다른 이유로 융통성이 있어야 한다. 부모는 세상에 나가 성공할 가능성을 많이 보여 주는 아이에게 투자한다. 첫째 아이는 이미 자기가 가장 잘하는 개인적·기술적 재능을 자기 것으로 선언했다. 늦게 태어나 그 영역에 뛰어드는 것은 무의미하다. 성공을 하려면 나이와 경험이 더 많은 형제의 희생이 따라야 하고, 부모가 어쩔 수 없이 우량주를 골라야 할 때 큰 형제를 이길 가망이 매우 적기 때문이다. 그러므로 동생은 뛰어남을 보일 수 있는 다른 분야를 찾아야 한다. 그러면 부모는 투자를 분산할 기회를 갖게 된다. 바깥세상의 경쟁에서 작은아이가 큰아이의 기술을 보완할 수 있기 때문이다. 한 생태계에서 생물종들이 각기 다른 형태로 진화한 것과 똑같은 이유로 한 가족의 형제들도 자신의 차이점을 강조한다. 각각의 생태 적소는 오직 한 점유자만을 지지하기 때문이다.

가정 문제 치료사들이 수십 년 동안 이 역학 관계에 대해 논의해 왔지만, 그것을 확실하게 입증할 증거는 어디에 있을까? 설로웨이는 출생 순서와 성격에 대해 적절하게 통제된 196건의 연구로부터 12만 명의 사람들에 관한 자료를 분석했다. 그는 첫째 아이들이 덜 개방적이고(더 순응적이고 더 전통적이며, 부모와 자기를 더 가깝게 동일시한다), 더 성실하고(더 책임감이 있고, 성취 지향적이고, 진지하고, 체계적이다), 더 적대적이고(덜 친화적이고, 사귀기가 어렵고, 인기가 낮고, 덜 태평하다), 더 신경증적이라고(적응력이 낮고, 더 불안해한다) 예측했다. 또한 첫째 아이들은 더 외향적이다. 이것은 첫째 아이들이 더 진지하고, 그래서 더 내성적으로 보일 수 있기 때문에 의외의 결과로 여겨진다.

　가족정치학은 사람들이 실험설문지에 기록하는 내용에만 영향을 미치는 것이 아니라 큰 이해가 걸려 있을 때 어떻게 행동하는가에도 영향을 미친다. 설로웨이는 급진적인 과학혁명들(예를 들어 코페르니쿠스의 지동설과 다윈주의)에 대해 견해를 표명한 3894명의 과학자, 1793~1794년 공포시대의 프랑스 국회의원 893명, 종교개혁을 이끌었던 700여 명의 인물, 노예제 폐지 같은 미국 개혁 운동들을 이끌었던 지도자 62명의 전기傳記 자료를 분석했다. 각각의 사건에서 나중에 태어난 사람들은 혁명을 더 많이 지지했고, 맏이로 태어난 사람들은 반동적인 성향이 더 강했다. 이 결과는 가족의 규모, 가족의 태도, 사회 계급과 같은 애매한 요소들과는 무관하다. 진화론이 처음 발표되어 선동적인 이론으로 간주될 당시에 진화론을 지지했던 사람들은 나중에 태어난 사람이 첫째로 태어난 사람들보다 10배나 많았다. 민족성이나 사회 계급처럼 급진주의의 원인으로 추정되는 그 밖의 요소들은 큰 영향을 미치지 않는다.(예를 들어 다윈 자신은 상류 계층 출신이지만 나중에 태어났다.) 나중에 태어난 과학자들은 또한 더 많은 분야에 관심을 기울이는 탓에 전문성이 약한 것으로 나타난다.

　성격이 적응특성이라면, 왜 사람들은 오락실에서 유용했던 전략들을 성년기까지 그대로 갖고 가는가? 한 가지 가능한 이유는, 형제들은 결코 부모의 궤도를 완전히 벗어나지 못하고 평생 동안 경쟁을 한다는 것이다. 식량수집 사회를 포함하여 전통 사회에서는 틀림없는 사실이다. 또 다른 가능한 이유는, 단호함과 보수성 같은 전술들은 일반적인 의미에서의 기술이라는 것이다. 어렸을 때부터 그런 기술에 투자한 사람은, 대인관계를 위한 새 전략을 개발하기 위해 학습 곡선을 다시 밟는 것을 그만큼 싫어하게 된다.

아이들이 한 가족 내에서 성장하더라도 각기 다른 행성에서 성장한 것보다 더 비슷해지지 않는다는 사실은 우리가 성격 발달을 얼마나 형편없이 이해하고 있는지를 보여 준다. 현재 우리가 아는 것이라고는 부모의 영향에 관한 소중했던 이론들이 틀렸다는 것뿐이다. 내가 생각하기에 가장 희망적인 가설들이 나오려면, 유년기는 정글이라는 사실과 아이들이 인생에서 직면하는 첫 번째 문제는 '형제들과 또래들 사이에서 어떻게 자신의 입장을 지킬 것인가' 라는 사실을 인정해야 할 것이다.

● ● ● ●

남매 관계에는 하나의 변수가 더 있다. 한 명은 남자이고 한 명은 여자인데, 이것은 성적 관계의 기본 요소다. 사람들은 상호작용을 가장 많이 하는 사람과 섹스를 하고 결혼을 하고(직장 동료, 이웃집 소년이나 소녀), 사람들은 자기 자신을 가장 좋아한다(같은 계층, 종교, 인종, 외모). 성적 매력의 요소들은 당연히 남매를 자석처럼 달라붙게 해야 할 것이다. 비록 친숙함은 얼마간 경멸을 낳으므로 극소수의 남매들만이 친하게 지낸다 해도, 최소한 수백만 명의 남매들이 서로 간의 섹스와 결혼을 원해야 할 것이다. 그러나 실은 거의 그러지 않는다. 그런 일은 우리 사회에도 없고, 지금까지 연구된 어떤 사회에도 없었고, 야생에 사는 대부분의 동물 중에도 없다.(청소년기 이전의 아이들이 가끔씩 성적 유희를 벌이기도 하지만, 나는 성숙한 남매들의 실질적인 성교에 대해 말하고 있다.)

남매들은 부모가 저지하기 때문에 성교를 피하는 것일까? 그렇지 않다. 부모들은 서로 소원하게가 아니라 다정하게 지내도록 자식들을 사회화시킨다.("자, 어서 여동생에게 키스하렴.") 그리고 실제로 부모가 성교를 저지하기 때문에 하지 않는다면, 그것은 인간의 모든 경험 중 성적 금지가 정말로 효과를 발휘하는 유일한 경우가 될 것이다. 10대 남매들은 공원이나 자동차 뒷좌석에서 몰래데이트를 하지 않는다.

근친상간 금기—가까운 친족 간에 섹스나 결혼을 공식적으로 금지하는 관습—는 한 세기 동안 인류학의 골칫거리였지만, 아직도 남매 사이에 가로놓인 장벽이 무엇인지를 설명하지는 못하고 있다. 근친상간의 회피는 세계 어디에나 존재하지만, 근친상간 금기는 그렇지 않다. 그리고 대부분의 근친상간 금기는 핵가족 내에서의 섹스를 겨냥하지 않는다. 어떤 금기들은 유사친족과의 섹스를 금지하여 단지 성적 질투심만을 강화할 뿐이다. 예를 들어 일부다처 사회에서는 아들이 아버지의 어린 아내, 즉 공식적으로는 '계모'에게 접근하지 못하게 하는 규율을 만들기도 한다. 앞에서 보았듯이, 대부분의 금기는 남매보다 먼 친족들(예컨대 사촌) 간의 결혼을 금지하는데, 이것은 경쟁자인 씨족들에게 부가 축적되는 것을 막기 위한 왕들의 책략이다. 때때로 가족 내의 섹스는 근친상간을 금하는 일반적인 법률에 의해 자연스럽게 금지되지만, 어디에서도 그것 자체를 겨냥하지는 않는다.

남매들은 서로에게 성적 파트너로서 매력을 느끼지 않지만, 그것이 전부가 아니다. 그 때문에 남매들은 서로를 대단히 불편하게 여기거나 혐오감을 갖는 것이다.(반대 성의 형제가 없이 성장한 사람들은 그 감정을 이해하지 못한다.) 프로이트는 그 강렬한 감정 자체가 무의식적 욕망의 증거이고, 특히 남성이 어머니와의 성교를 생각할 때 극도의 불쾌감을 느끼는 것도 그 증거라고 주장했다. 그런 논리라면, 사람들은 개똥을 먹거나 바늘로 자신의 눈을 찌르고 싶은 무의식적인 욕망을 갖고 있다고 결론을 내릴 수도 있다.

형제자매와의 섹스에 대한 강한 반감은 인간뿐만 아니라 장수하고 이동하는 대부분의 척추동물에게서 확실하게 발견되기 때문에 적응특성의 좋은 후보자라 할 수 있다. 그 기능은 근친교배의 비용—자손의 유전적 적응도가 감소하는 것—을 피하는 것이다. 근친상간은 "피를 탁하게 한다"는 민간 속설과, 고립된 산골과 왕가에 심신장애자들이 자주 태어나는 현상 뒤에는 일말의 생물학적 진실이 숨어 있다. 유전자 풀에는 해로운 돌연변이들이 꾸준히 유입된다. 어떤 것들은 우성이 되어 주인을 불구로 만들고는 곧 도태한다. 그러나 대부분의 돌연변이는 열성이어서 개체군에 누적되기 전까지는 해를 끼치지 않는다. 가까운 친족들은 유전자를 공유하므로, 서로 짝을 맺으면 해로운 열성 유전자의 두 사본이 결합하여 자손에게 갈 위험이 매우 높아진다. 우리 모두는 치명적인 열성 유전자를 한두 개쯤 갖고 있기 때문에 남매가 짝을 맺으면 이론상으로나 위험도를 측정한 연구에서나 손상 자식이 태어날 가능성이 매우 높아진다. 이것은 모자간, 그리고 부녀간 교배(그리고 정도는 약하지만 더 먼 친족들 간의 교배)에도 똑같이 적용된다. 인간(그리고 다른 많은 동물들)은 가족 구성원과의 섹스에 대한 생각에 흥미를 느끼지 못하게 만드는 감정을 진화시켰다고 볼 수 있다.

근친상간 회피는 타인에 대한 감정의 이면에 놓인 복잡한 소프트웨어 설계를 분명히 보여 준다. 우리는 지인이나 낯선 사람보다는 가족 구성원에게 더 강한 애정을 느낀다. 우리는 가족 구성원들의 성적 매력을 분명히 알아보고, 그들을 보면서 즐거움을 느낀다. 그러나 비친족에 대해서는 애정과 미적 감상이 성적 욕구로 전환되고 때로는 거부할 수 없는 지경에 이르기도 하지만, 가족 구성원에 대해서는 그런 일이 일어나지 않는다. 실오라기만 한 지식 때문에 욕망이 공포로 돌변할 수 있다는 사실은 수많은 줄거리에서 매우 극적인 효과를 발휘하는데, 폴티는 그것들을 '사랑의 무의식적 범죄'로 분류했다. 가장 유명한 줄거리는 소포클레스의 《오이디푸스왕 Oedipus Rex》이다.

근친상간 회피에는 두 가지 미묘한 특징이 있다. 첫째, 가족 내의 다양한 결합은 각기 다른 유전적 비용과 이득을 본인과 제3자에게 동시에 안겨 준다. 우리는 성적 반감이 그에 따라 조정되었을 것이라고 예상할 수 있다. 남성이든 여성이든, 가족 구성원과 자식을 낳았을 때 얻는 이득은 그 자식이 일반적인 50퍼센트가 아니라 각 부모의 유전자를 75퍼센트나 갖게 된다는 것이다.(25퍼센트의 차이는 부모가 서로 친족이기 때문에 공유할 수 있었던 유전자에서 나온다.) 반면에 비용은 기형아를 낳을 위험, 그리고 다른 사람과 아이를 낳을 기회의 상실이다. 그러나 상실되는 기회는 남성과 여성에게 다르다. 아이들 입장에서도 누가 자신의 어머니인지는 항상 확신할 수 있지만, 누가 아버지인지에 대해서는 100퍼센트 확신하지 못한다. 이 두 가지 이유 때문에 가족 내에서 가능한 각각의 결합은 비용상 제외된다.

유전적 위험을 상쇄할 수 있는 어머니와 아버지의 결합과는 달리 어머니와 아들은 누구도 결합의 이득을 얻지 못한다. 그리고 남자는 유전적으로 나이 많은 여자에게 끌리지 않기 때문에 모자간의 근친상간은 실질적으로 전무하다.

　　　　부녀 근친상간과 남매 근친상간의 경우 계산 결과는 누구의 관점에서 보는가에 따라 달라진다. 먼 조상들 중에 딸이 형제나 아버지에 의해 임신을 했다고 가정해 보자. 그녀는 임신 9개월 동안, 그리고 만일 아기를 키운다면 2~4년에 걸친 수유기 동안 비친족과 자식을 낳을 기회를 상실할 것이다. 그녀는 기형일지 모르는 아이 때문에 소중한 번식 기회를 낭비한다. 따라서 근친상간은 전적으로 혐오스러울 것이다. 그러나 남매나 딸을 임신시키는 남자 입장에서는 자손의 수를 늘리는 것이 될 수 있다. 왜냐하면 그녀가 임신하더라도 그는 다른 누군가를 또 임신시킬 수 있기 때문이다. 아이는 기형일 수도 있지만 아닐 수도 있으며, 태어난다면 그에게는 순전히 보너스일 것이다.(더 정확히 말하면, 그 아이의 몸속에 들어간 그의 추가 유전자가 보너스다.) 따라서 근친상간 혐오가 더 약할 수 있고, 그 때문에 그는 선을 넘을 가능성이 더 높다. 이것은 번식의 비용이 남성에게 더 낮고 그래서 남성의 성적 욕구가 더 무차별적인 특별한 경우인데, 이에 대해서는 나중에 다시 논의할 것이다.

　　　　게다가 아버지는 딸이 정말로 자기 딸인지를 100퍼센트 확신할 수 없다. 만일 그렇다면 그에게 돌아오는 유전적 비용은 0일 것이다. 이것은 딸의 남자 형제에 비해 욕망의 억제를 크게 약화시킬 수 있다. 남자 형제는 자신의 누이와 어머니가 같으므로 서로가 친족이라는 것을 확신하기 때문이다. 계부와 배다른 남자 형제의 경우에는 유전적 비용이 전혀 수반되지 않는다. 따라서 매우 당연한 일이지만 보고된 근친상간 사고의 절반에서 4분의 3은 계부와 의붓딸 사이에서 발생한다. 근친상간의 일부는 어린 여자아이와 나이 많은 남성 친척 사이에서 발생하는데, 그 역시 대부분 강제적이다. 어머니는 남편과 딸의 결합으로부터 유전적 이득을 전혀 얻지 못하고 오히려 장애인 손자 손녀를 보는 손해를 겪는다. 그래서 어머니의 이해는 딸의 이해와 일치하고 어머니는 근친상간을 강력히 반대하는 입장에 선다. 어린 여자에 대한 근친상간은 어머니가 가까이 있을 때보다 없을 때 훨씬 자주 일어난다. 이 전투의 원동력은 강한 감정들이지만 그런 감정들은 유전적 분석의 대안이 아니다. 유전적 분석은 왜 그런 것들이 존재하는가를 설명하기 때문이다. 그리고 물론 범죄 수사에서든 과학에서든, 범죄의 동기를 밝히는 것이 처벌을 대신할 수는 없다.

사람들은 자신과 다른 사람의 유전적 중복을 직접 감지하지 못한다. 다른 지각의 경우들처럼 뇌는 감각으로부터 들어오는 정보를 세계에 대한 전제들과 결합하여 지적인 추측을 수행해야 한다. 4장에서 나는 객관세계가 그 전제를 위반할 때 우리는 착각의 제물이 된다는 것을 입증했는데, 바로 그런 일이 친족 지각의 경우에도 발생한다. 19세기의 인류학자 에드워드 웨스터마크는 유년에 한 사람과 가깝게 지내면서 성장하면 뇌는 그 사람을 '형제' 범주에 넣는다고 추측했다. 이와 마찬가지로, 어른이 아이를 양육하면 그 어른은 그 아이를 '아들'이나 '딸'로 지각하고, 아이는 그 어른을 '어머니'나 '아버지'로 지각할 것이다. 일단 그렇게 분류되면 성적 욕구는 사라진다.

이 알고리듬은 함께 자라는 아이들이 생물학적 형제이거나 반대로 생물학적 형제들이 함께 자라는 세계를 전제로 한다. 한 어머니의 자식들은 어머니 밑에서 자라고, 대개 아버지도 함께 생활한다. 이 전제가 무너지면 사람들은 친족 착각의 희생자가 될 수 있다. 친족이 아닌 사람과 함께 성장할 경우 서로에게 성적으로 무관심해지거나 거부감을 갖게 된다. 반대로 친족인 사람과 따로 성장할 경우에는 서로 거부감을 갖지 못한다. 데이트 상대가 사실은 친남매라는 말을 여러 번 들으면 낭만적인 감정이 싸늘하게 식을 것이다. 그러나 유년기의 결정적 시기에 작동하는 무의식적인 각인 메커니즘은 그보다 훨씬 더 강력할 것이다.

두 종류의 착각은 모두 기록에 남아 있다. 키부츠라 불리는 이스라엘의 집단 마을들은 20세기 초에 핵가족을 무너뜨리기로 결정한 유토피아 설계자들에 의해 건설되었다. 남자아이와 여자아이들이 태어난 직후에 숙소로 옮겨져 청소년기가 끝날 때까지 나이별로 유모와 교사 밑에서 함께 성장했다. 결혼을 저지한 것은 아니었지만, 성적으로 성숙해졌을 때 함께 자란 아이들은 극소수를 제외하고는 결혼이나 섹스를 하지 않았다. 중국의 일부 지역에서는 어린 신부를 신랑 집으로 데려오곤 했는데, 그로 인해 우리가 상상할 수 있는 갈등들이 발생했다. 부모들은 순종적인 며느리를 만들기 위해 어린 아들을 위한 신부를 어렸을 때 데려오는 영리한 아이디어를 고안해 냈다. 그러나 그들은 민며느리제가 남매간의 심리를 만들어 낸다는 사실을 알지 못했다. 성장한 후에 부부는 서로를 무덤덤하게 느꼈으며, 일반적인 경우와 비교했을 때 그들의 결혼 생활은 불행하고, 불성실하고, 자식이 적고, 짧았다. 레바논의 몇몇 지역에서는 부계 쪽의 평행사촌들이 마치 형제들처럼 자란다. 부모는 사촌들을 억지로 결혼시키지만 부부는 성적으로 냉담하고, 상대적으로 자식이 적고, 이혼하려는 경향이 강하다. 지금까지 비정상적인 양육 제도들은 모든 대륙에서 똑같은 결과에 이르렀고, 그 원인에 대한 다른 설명들은 설득력이 부족하다.

역으로, 근친상간을 범한 사람들은 함께 자란 경험이 없다. 시카고의 남매 근친상간을 조사한 한 연구는, 결혼을 생각했던 유일한 남매는 떨어져 자란 사람들이었음을 밝혀냈다. 딸을 성적으로 학대하는 아버지들은 딸이 어렸을 때 함께 생활한 시간이 적은 경향이 있다. 어린 의붓딸과 생물학적 아버지만큼 많은 시간을 보낸 계부들은 의붓딸을 학대하는 경향이 매우 적다. 통제된 연구로부터 나온 이야기는 아니지만, 생물학적 부모와 형제를 찾은 입양아들이 종종 그들에게 성적으로 매력을 느낀다는 이야기도 있다.

　웨스터마크효과는 인류 역사상 가장 유명한 근친상간의 주인공인 오이디푸스의 비극을 설명해 준다. 테베의 왕인 라이오스는 자신이 아들에게 살해당할 것이라는 신탁을 받는다. 아내인 이오카스테가 아들을 낳자 라이오스는 아기의 발목에 쇠못을 박아서 산중에 내다 버린다. 오이디푸스는 양치기에게 발견되어 길러진 다음 코린트의 왕에게 입양되어 왕자가 된다. 델포이를 방문한 오이디푸스는 자신이 아버지를 죽이고 어머니와 결혼할 운명임을 알게 되자 다시는 돌아오지 않겠다고 맹세하고 코린트를 떠난다. 테베로 가는 길에 오이디푸스는 라이오스를 만나 사소한 말다툼 끝에 그를 죽인다. 그런 다음 그는 수수께끼를 풀고 스핑크스를 죽인 후 그에 대한 상으로 테베의 왕위와 홀로된 왕비를 얻는다. 그녀는 오이디푸스가 성장하는 동안 그와 떨어져 지낸 생물학적 어머니, 이오카스테였다. 두 사람은 네 자녀를 둔 다음 비극적인 소식을 듣는다.

　그러나 웨스터마크이론의 최종 승리는 존 투비의 판결로 마무리되었다. 남자아이들이 어머니와 자고 싶어한다는 말을 들으면 대부분의 남자들은 그것이야말로 세상에서 가장 한심한 생각이라고 느낀다. 그런데 프로이트는 그렇지 않았던 모양이다. 그는 어렸을 때 어머니가 옷 입는 것을 지켜보면서 성적인 충동을 느낀 적이 있다고 썼다. 그러나 프로이트는 유모의 손에서 자랐기 때문에 프로이트 여사가 자신의 어머니라는 것을 지각 체계에 경고하는 초기의 친밀함을 경험하지 못했을 것이다. 이로써 웨스터마크이론은 프로이트를 프로이트적으로 물리친 셈이다.

남자와 여자

> 남자와 여자. 여자와 남자. 되는 게 없다.
> —에리카 정

물론, 때로는 되는 게 있다. 남자와 여자는 사랑에 빠질 수 있고, 6장에서 보았듯이 그 핵심 요소는 헌신적 참여다. 남자와 여자는 자식을 통해 공통의 이익을 실현하며, 그 이익을 보호하기 위해 지속적인 사랑이 진화했다. 그리고 남편과 아내는 서로에게 최고의 친구가 될 수 있고, 친구 관계의 기초인 믿음과 신뢰를 평생 동안 누릴 수 있다.(이에 대해서는 뒤에서 자세히 논의할 것이다.) 이런 감정들은, 만일 남자와 여자가 일부일처로 평생 동안 함께 살면서 각자의 가족을 위한 족벌주의에 치우치지 않는다면, 두 사람의 유전적 이해는 일치할 것이라는 사실에 뿌리를 두고 있다.

애석하게도 그것은 꿈같은 '만일'이다. 아무리 행복한 부부라도 개와 고양이처럼 싸울 때가 있고, 오늘날 미국에서는 50퍼센트의 결혼이 이혼으로 끝난다. 조지 버나드 쇼는 다음과 같이 썼다. "사랑을 위한 행위를 읽고 싶을 때 우리는 어디로 눈길을 돌리는가? 바로 신문의 살인 란이다." 때때로 죽음을 부르기도 하는 남녀 간의 갈등은 세계 어디에나 존재하는데, 이것은 성이 인간사에서 결합의 힘이 아니라 불화의 힘이라는 것을 암시한다. 우리는 다시 한 번 진부한 이야기를 꺼내야 한다. 통념이 그것을 부인하기 때문이다. 1960년대의 유토피아적 이상들 중 하나는 대단히 에로틱하고, 서로에게 즐거움을 주고, 죄의식이 없고, 감정적으로 솔직하고, 평생 동안 지속되는 일부일처의 부부 결합으로, 이 이상은 그 후에도 루스 박사 같은 섹스 전문가들에 의해 부활하곤 했다. 이에 대한 대항문화의 대안은 대단히 에로틱하고, 서로에게 즐거움을 주고, 죄의식이 없고, 감정적으로 솔직하고, 차례로 돌아가는 섹스 파티였다. 둘 다 우리의 원인原人 조상, 문명의 초기 단계, 또는 아직도 어디엔가 존재하는 원시 부족에 기원이 있다고 추정되었다. 둘 다 에덴동산만큼이나 신화적이었다.

양성 간의 전투는 단지 비친족 개인들 사이에서 벌어지는 전쟁의 전초전일 뿐만 아니라 그와는 다른 무대에서 펼쳐지는 싸움이다. 그 기초에는 도널드 시먼스가 최초로 설명한 이유들이 있다. "인간의 성에는 여성적인 본성과 남성적인 본성이 있으며, 두 본성은 서로 다르다. … 남자와 여자의 성적 본성이 다른 이유는 인류의 진화사 중 대단히 길었던 수렵채집 기간 내내 양성에게 적응력을 주는 성적 욕구와 성벽이 무의식적인 번식에 들어갈 수 있는 또 다른 티켓이었기 때문이다."

많은 사람들이 양성 간에 흥미로운 차이가 존재한다는 사실을 부인한다. 내가 일하는 학교의 성심리학 강의에서는, 유일하게 제대로 입증된 남녀 간의 차이는 남자는 여자를 좋아하고 여자는 남자를 좋아한다는 것뿐이라고 가르치곤 했다. 시먼스의 두 본성은 마치 오류가 입증이라도 된 것처럼 '성에 대한 고정관념'이란 말로 불린다. 거미는 거미줄을 치고 돼지는 거미줄을 못 친다는 믿음도 하나의 고정관념이지만 오류가 아닌 고정관념이다. 앞으로 설명하겠지만 성적 감정들에 대한 어떤 고정관념들은 명백한 진실임이 입증되었다. 사실 성차이를 연구하는 사람들은 성에 대한 많은 고정관념들이 성차이에 대한 기록들보다 더 믿을 만하다고 생각한다.

● ● ● ●

우선 성은 왜 존재할까? 체스터필드 경은 성에 대해, "즐거움은 일시적이고, 자세는 우스꽝스럽고, 비용은 지독하다"고 말했다. 생물학적으로 볼 때, 비용은 정말로 지독하다. 그렇다면 왜 거의 모든 복잡한 유기체들이 섹스를 통해 번식을 하는 것일까? 손자 손녀를 낳을 장치도 없고 기껏해야 정자 기증자에 불과한 아들들을 낳기 위해 여자들은 절반의 임신 기간을 허비하는 대신, 왜 단성 생식으로 자신들과 똑같은 딸들을 낳지 않는 것일까? 왜 사람들과 그 밖의 유기체들은 자신의 유전자를 절반이나 버리고 같은 종의 다른 구성원에게서 절반의 유전자를 얻어서 후손들에게 의미 없는 다양성을 남겨 주는 것일까? 그것은 더 빨리 진화하기 위해서가 아니다. 유기체들은 현재의 적응을 위해 선택되기 때문이다. 환경 변화에 적응하기 위한 것도 아니다. 이미 적응한 유기체에게 찾아오는 우연한 변화는 좋은 것보다는 나쁜 것일 가능성, 즉 유기체의 적응력을 높이기보다는 떨어뜨리는 측면이 훨씬 많기 때문이다. 존 투비, 윌리엄 해밀턴, 그리고 몇몇 학자들이 제안했고 현재 몇몇 분야의 증거들이 뒷받침하는 최고의 이론은, 성은 기생충과 병원균(질병을 일으키는 미생물)을 막기 위한 방어 수단이라는 것이다.

미생물의 관점에서 볼 때 당신은 접시 위에 올려진 산더미처럼 크고 맛있는 치즈케이크다. 그에 비해 당신의 몸은 다른 관점에서, 피부에서 면역계에 이르기까지 미생물들을 물리치거나 받아들이기 위한 일련의 방어 체제를 진화시켰다. 숙주와 미생물 간에 진화의 군비경쟁이 계속되지만, 문 따는 사람과 자물쇠 제조공의 끝없는 경쟁이 더 적절한 비유일 것이다. 미생물은 말 그대로 미세하지만, 세포조직에 침입하거나 그것을 납치해서 원료를 걷어 가고, 면역계의 감시망을 피하기 위해 마치 신체 조직의 일부인 척하는 악마적인 기술들을 진화시킨다. 신체는 더 나은 보안 시스템으로 반응하지만, 미생물에겐 타고난 장점이 있다. 그들은 수가 많고 수백만 배나 빨리 번식을 하며, 그 덕분에 더 빨리 진화할 수 있다. 숙주가 한 번 사는 동안 미생물은 실질적으로 진화를 할 수가 있다. 신체가 어떤 분자 자물쇠를 진화시키든, 미생물들은 순식간에 그것을 따는 열쇠를 진화시킬 수가 있는 것이다.

유기체가 무성생식을 한다면, 일단 신체의 금고를 따는 데 성공한 미생물들은 유기체의 자식들과 형제들의 금고도 쉽게 딸 것이다. 유성생식은 세대가 바뀔 때마다 금고의 열쇠를 바꾸는 방법이다. 유전자의 절반을 다른 유전자로 교체함으로써 유기체는 자식들에게 현지 미생물들과의 경쟁에 유리한 출발점을 제공한다. 자식들의 분자 자물쇠는 새로운 조합을 갖게 되고, 그래서 미생물들은 새 열쇠를 처음부터 진화시켜야 한다. 심술궂은 미생물은 변화를 위한 변화에 상을 주는 미생물이다.

성은 또 다른 수수께끼를 던져 준다. 왜 우리는 두 성으로 진화했을까? 왜 우리는 수은처럼 자연스럽게 합쳐지는 2개의 방울이 아니라, 하나의 큰 난자와 수많은 작은 정자를 만드는 것일까? 그것은 아기가 될 세포가 그저 유전자들을 가득 담은 자루일 수는 없기 때문이다. 그것은 세포의 나머지로 이루어진 대사 장치를 필요로 한다. 그 장치의 일부인 미토콘드리아는 독립적인 유전자를 갖고 있는데, 이 유명한 미토콘드리아 DNA는 진화의 분기점을 계산할 때 아주 유용하다. 모든 유전자들처럼 미토콘드리아 속의 유전자도 무자비한 복제를 하도록 선택되었다. 그리고 그것 때문에 2개의 동등한 세포가 합쳐져 형성되는 세포는 문제에 직면하게 된다. 한 부모의 미토콘드리아와 다른 부모의 미토콘드리아는 그 속에서 살아남기 위해 지독한 전쟁을 치른다. 각 부모로부터 온 미토콘드리아는 다른 부모로부터 온 상대방 미토콘드리아를 살해하여 합쳐진 세포를 위험할 정도로 약하게 만든다. 세포의 나머지 부분에 대한 유전자들(핵 속의 유전자들)은 세포의 손상으로 고통을 받기 때문에 죽고 죽이는 전쟁을 피할 방법을 진화시킨다. 부모 중 한쪽이 일방적인 무장해제에 '동의' 한다. 이로써 어떤 대사 장치도 없이 새로운 핵을 위한 DNA만을 제공하는 세포가 등장한다. 그 생물은 절반의 유전자와 모든 필수 장치를 가진 큰 세포와, 절반의 유전자 외에는 아무것도 갖지 않은 작은 세포를 융합하여 번식을 한다. 큰 세포를 난자라 부르고 작은 세포를 정자라 부른다.

일단 유기체가 첫 단계를 통과하면 그때부터 성세포들의 분화는 일사천리로 진행된다. 정자는 작고 저렴해서 유기체는 대량생산에 들어가고, 모든 정자에게 난자에 빨리 도달할 수 있는 선외船外 모터를 제공하며, 정자들을 바다에 진수시킬 수 있는 기관을 구비한다. 난자는 크고 비싸므로, 유기체는 애초부터 식량과 보호막을 꾸려 줌으로써 유리한 출발점을 제공한다. 그 때문에 난자는 더욱 비싸지고, 그래서 유기체는 그 추가분을 보호하기 위해 수정란으로 하여금 몸 안에서 자라면서 훨씬 더 많은 양분을 흡수하게 하고, 생존에 필요한 크기가 되었을 때에만 새 자식을 내보내는 기관들을 진화시킨다. 이 구조들을 남성과 여성의 생식기관이라 부른다. 소수의 양성(자웅동체) 동물들은 각각의 개체가 두 종류의 기관을 모두 갖고 있지만, 대부분의 동물들은 분화가 잘 되어 두 종류로 나뉘고, 그 결과 각각의 유기체는 번식에 필요한 세포조직을 한 종류 아니면 다른 종류의 기관에 몽땅 배정한다. 우리는 그것을 암수 또는 남녀라 부른다.

트리버스는 암수 간의 모든 현저한 차이들이 자식에 대한 기초 투자액의 차이에서 비롯되었음을 밝혀냈다. 앞에서도 언급했듯이, 투자란 부모가 미래의 번식 능력을 감소시키는 대가로 현재 자식의 생존 가능성을 높이기 위해 하는 모든 것이다. 투자는 에너지, 영양분, 시간, 또는 위험일 수 있다. 정의상 암컷은 초기 투자액이 더 많으며(더 큰 성세포), 그래서인지 대부분의 생물종은 암컷이 훨씬 더 많이 헌신한다. 수컷은 보잘것없는 유전자 꾸러미만 던져 놓고 대개 등을 돌린다. 모든 자식은 암수의 투자를 필요로 하기 때문에 암컷의 헌신은 자신이 낳을 수 있는 자식의 수에 대해 제한적이다. 암컷은 기껏해야 난자당 한 자식만을 생산하고 양육한다. 이 차이로부터 2개의 결과가 단계적으로 파생한다.

첫째, 하나의 수컷은 여러 암컷을 수정시킬 수 있고, 그로 인해 다른 수컷들을 총각으로 만들 수 있다. 이 때문에 수컷들 사이에 암컷에게 접근하기 위한 경쟁이 형성된다. 한 수컷은 다른 수컷들을 공격해 암컷에게 접근하는 것을 막거나, 짝짓기에 필요한 자원을 놓고 경쟁하거나, 암컷의 환심을 사서 자신을 선택하게 만들 수 있다. 이렇게 수컷들의 성공 방법은 다양하다. 승자는 많은 자식을 낳고 패자는 하나도 낳지 못한다.

둘째, 수컷의 번식 성공은 얼마나 많은 암컷과 짝짓기를 하느냐에 달려 있지만, 암컷의 번식 성공은 얼마나 많은 수컷과 짝짓기를 하느냐와 무관하다. 이것은 암컷을 더 차별적이고 까다롭게 만든다. 수컷은 암컷들에게 구애를 하고 허락이 떨어지면 어느 암컷과도 짝을 짓는다. 암컷은 수컷들을 면밀히 조사한 다음 최고의 수컷, 즉 최고의 유전자를 갖고 있거나, 자식을 먹이고 보호할 의지와 능력이 가장 강하거나, 다른 암컷들이 좋아할 만한 수컷하고만 짝을 짓는다.

수컷의 경쟁과 암컷의 선택은 동물계 전체에 보편적이다. 다윈은 이 두 장관을 지적하고 성선택이란 명칭을 붙였지만, 왜 경쟁이 수컷의 몫이고 선택이 암컷의 몫인지에 대해서는 당혹스러워했다. 그 수수께끼를 푸는 것이 부모 투자 이론이다. 많이 투자하는 성이 선택을 하고 적게 투자하는 성이 경쟁을 한다. 결국 투자의 차이가 성차이의 원인이라 할 수 있다. 그 외의 모든 것—테스토스테론, 에스트로겐, 음경, 질, Y염색체, X염색체—은 부차적이다. 수컷들이 경쟁을 하고 암컷들이 선택을 하는 것은, 암컷임을 규정하는 난자에 아주 조금 더 투자한 분량이 그 동물의 나머지 번식 습관들과 곱해지는 경향이 있기 때문이다. 몇몇 동물종은 난자와 정자의 초기 투자분의 차이가 역전되어 있는데, 그런 경우에는 암컷들이 경쟁을 하고 수컷들이 선택을 한다. 물론 이런 예외들도 투자 이론의 법칙을 입증한다. 몇몇 물고기들은 수컷이 육아낭 속에 새끼를 품는다. 몇몇 새들도 수컷이 알을 품고 새끼를 먹인다. 그런 종들의 경우에는 암컷이 공격적이고 수컷에게 구애를 하며, 수컷이 파트너를 신중하게 고른다.

그러나 대부분의 포유동물은 암컷이 거의 모든 자원을 투자한다. 포유동물들은 암컷이 몸속에 태아를 지니고 자신의 혈액으로 양분을 공급하며, 태어난 후에는 충분히 커서 자립할 수 있을 때까지 젖을 먹이고 보호하는 신체 설계를 선택했다. 수컷은 몇 초간의 교미와 1조 분의 10그램에 불과한 정자세포를 제공한다. 당연히 수컷 포유동물들은 암컷과의 섹스 기회를 놓고 경쟁을 벌인다. 구체적인 측면들은 그 동물의 나머지 생활 방식에 달려 있다. 암컷들은 먹이가 어디에 있는지, 어디가 가장 안전한지, 어디가 새끼를 낳고 기르기에 가장 좋은지, 수적 우위가 필요한지 등과 같은 감지 가능한 기준들에 따라 단독생활을 하거나 집단생활을 하고, 소규모 집단에 속하거나 대규모 집단에 속하고, 안정된 집단에 속하거나 일시적인 집단에 속한다. 수컷들은 암컷들이 있는 곳으로 간다. 예를 들어 암컷 바다코끼리들은 수컷이 쉽게 순찰을 돌 수 있는 기다란 해변에 모인다. 단 한 마리의 수컷이 암컷 집단을 독점할 수 있기 때문에, 수컷들은 이 로

또를 거머쥐기 위해 혈투를 벌인다. 큰 싸움꾼이 훌륭한 싸움꾼이므로 수컷들은 암컷의 네 배까지 크도록 진화했다.

유인원들의 성 제도는 매우 다양하다. 여담이지만 이것은 인간에겐 운명적으로 지켜야 할 '유인원의 유산' 같은 것은 없다는 것을 의미한다. 고릴라는 한 마리의 수컷과 몇 마리의 암컷이 소규모 집단을 이루고 숲 가장자리에서 산다. 수컷들은 암컷들에 대한 지배권을 놓고 싸우는 와중에 암컷보다 두 배나 크게 진화했다. 긴팔원숭이 암컷들은 널리 흩어져 독립생활을 하기 때문에, 수컷은 암컷의 영토를 찾아가 충실한 배우자 노릇을 한다. 다른 수컷들은 다른 암컷들의 영토에 있기 때문에 그들은 암컷들처럼 얌전하고 크기도 암컷과 비슷하다. 오랑우탄 암컷들은 독립생활을 하지만 서로 가깝게 살기 때문에 수컷은 두세 마리의 암컷 영역을 독점할 수 있고, 그래서 수컷의 크기는 암컷의 약 1.7배에 이른다. 침팬지는 한 마리의 수컷이 지배할 수 없는 크고 불안정한 집단을 이루고 산다. 수컷들이 암컷들과 살면서 지배권을 놓고 경쟁을 벌이는데, 지배권을 잡으면 더 많은 교미의 기회를 갖게 된다. 수컷은 암컷보다 약 1.3배 크다. 주변에 여러 마리의 수컷들이 있기 때문에 암컷은 여러 마리의 수컷과 짝을 지으려는 동기를 갖고 있고, 따라서 수컷은 갓 태어난 새끼가 자신의 자식인지를 결코 확신할 수 없다. 그래서 어미를 임신시키기 위해 새끼를 살해하는 일도 없다. 보노보 암컷들은 거의 무차별적인 난교를 벌이고, 그 결과 수컷은 싸움을 거의 하지 않으며 암컷과 거의 같은 크기로 진화했다. 수컷들은 다른 방식으로 경쟁한다. 즉 암컷의 몸속에서 경쟁을 벌이는 것이다.

정자는 질 속에서 며칠 동안 생존할 수 있으므로, 난잡한 암컷은 몸속에서 난자를 수정시킬 기회를 노리며 경쟁하는 여러 수컷의 정자들을 지니고 있을 수 있다. 수컷이 생산한 정자가 많으면 많을수록 그 정자가 1등으로 골인할 가능성이 높아진다. 이것은 왜 침팬지들이 신체 크기에 비해 엄청나게 큰 고환을 갖고 있는지를 설명해 준다. 고환이 크면 정자를 많이 생산하고, 정자가 많으면 암컷의 몸속에서 수정할 확률이 높아진다. 고릴라는 체격이 침팬지보다 네 배나 크지만 거꾸로 고환은 네 배나 작다. 그의 암컷들은 다른 수컷과 교미를 할 기회가 없기 때문에 그의 정자는 경쟁을 할 필요가 없다. 일부일처인 긴팔원숭이 역시 고환이 작다.

거의 모든 영장류(사실, 거의 모든 포유동물)에서 수컷은 자식들에게 DNA 외에는 아무것도 물려주지 않는 게으름뱅이 아빠다. 그 밖의 종들은 더 아버지답다. 대부분의 새들, 여러 종의 물고기와 곤충들, 그리고 늑대 같은 사회적 육식동물들의 수컷은 자식을 보호하거나 먹인다. 수컷의 부모 투자가 진화하는 데에는 몇 가지 조건이 따른다. 첫째는 체외 수정이다. 대부분의 물고기들은 암컷이 물속에서 알을 낳으면 수컷이 알들을 수정시킨다. 수컷은 수정란에 자신의 유전자가 들어 있음을 확실히 알 수 있다. 그리고 새끼들이 미발달 상태로 나왔으므로 그에게는 아버지로서 헌신할 기회가 주어진다. 그러나 포유동물의 수컷은 대부분 매우 불리한 입장에 놓인다. 난자가 암컷의 몸속에 감춰져 있고 그곳에서 다른 수컷의 정자와 수정할 수 있으므로, 수컷은 태어나는 새끼가 과연 자기 자식인지를 확신할 수가 없다. 수컷은 다른 수컷의 유전자에게 헛되이 투자할 위험에 직면한다. 또한 배아는 암컷의 몸속에서 대부분의 성장을 거치므로 아비는 배아에게 접근하여 직접 도움을 줄 수가 없다. 그리고 아비는 쉽게 떠나 다른 암컷과 짝짓기를 할 수 있는 반면에 암컷은 혼자 책임을 떠맡아야 하고, 태어나 자식을 떼어 놓고 원래의 출발점으로 돌아오려면 하나의 배아를 양육하는 오랜 과정을 거쳐야 한다. 부성애는 또한 종의 생활방식에 따라 이익이 비용을 초과할 때 진화한다. 예를 들어, 아비가 없으면 자식이 쉽게 희생당할 때, 아비가 자식들에게 고기 같은 농축된 음식을 쉽게 공급할 수 있을 때, 자식들을 보호하기가 쉬울 때 등이다.

수컷들이 헌신적인 아버지가 될 때 짝짓기 게임의 법칙은 변한다. 암컷은 판단할 수 있는 한에서 자식에게 투자하는 수컷의 능력과 의지를 보고 짝을 선택할 것이다. 수컷들뿐만 아니라 암컷들도 짝을 놓고 경쟁을 벌이지만, 경쟁의 보상은 다르다. 수컷들은 생식 능력과 교미할 마음이 있는 암컷을 놓고 경쟁을 벌이고, 암컷들은 투자할 마음이 있는 정력적인 수컷을 놓고 경쟁을 벌인다. 일부다처는 더 이상 한 수컷이 다른 모든 수컷을 물리치거나, 모든 암컷이 가장 사납거나 가장 잘생긴 수컷의 정액을 얻는 문제가 아니다. 앞에서도 보았듯이, 수컷이 암컷보다 더 많이 투자한다면 그 종은 강한 암컷이 수컷들을 거느리는 일처다부일 것이다.(포유동물의 신체 설계는 그런 선택을 사전에 차단한다.) 한 수컷이 다른 수컷들보다 투자할 수 있는 자원이 훨씬 많다면(예를 들어 아주 좋은 영토를 갖고 있기 때문에), 암컷들은 저마다 다른 수컷을 하나씩 꿰차기보다는 부유한 수컷을 공유—일부다처—하는 편이 나을 수 있다. 큰 자원 때문에 벌어지는 마찰이 작은 자원을 독점하는 것보다 나을 수 있기 때문이다. 수컷의 기여가 좀 더 평등하다면, 한 수컷의 완전한 주의가 소중해지므로 그 종은 일부일처에 만족할 것이다.

많은 새들이 일부일처로 산다. 《맨해튼*Manhattan*》에서 우디 앨런이 다이앤 키튼에게 말한다. "사람들도 비둘기나 가톨릭 신자들처럼 평생 동안 한 짝과 짝짓기를 해야 한다니까." 이 영화는 조류학자들이 새들의 DNA 검사를 시작하기 전에 나왔고, 검사 결과 놀랍게도 비둘기 역시 생각만큼 정숙한 동물이 아님이 밝혀졌다. 몇몇 종의 새들은 자식들 중 3분의 1이 배우자가 아닌 다른 수컷의 DNA를 갖고 있다. 수컷 새는 부정한 남편이다. 한 암컷의 자식을 키우면서 다른 암컷들과 짝짓기를 하고, 그 암컷의 자식들이 알아서 생존하거나 금상첨화라면 얼간이 남편 밑에서 크기를 바라기 때문이다. 암컷 새 역시 부정한 아내다. 최적의 수컷 유전자와 가장 자발적인 수컷의 투자라는 두 세계에 양다리를 걸치고 최대한 이용하기 때문이다. 간통의 희생자는 번식에 실패한 것보다 더 비참하다. 경쟁자의 유전자에다 속세의 노력을 쏟아 붓고 있기 때문이다. 그래서 수컷이 투자를 하는 종들 사이에서 수컷의 질투는 경쟁자 수컷을 향할 뿐만 아니라 암컷에게도 향한다. 수컷은 암컷을 경호하고, 가는 곳마다 따라다니고, 틈날 때마다 교미를 하고, 최근에 짝짓기를 했다는 표시가 보이는 암컷을 피한다.

● ● ● ●

인간의 짝짓기 방식은 다른 동물들과 다르다. 그러나 그것은 인간이 짝짓기 방식을 지배하는 법칙까지 무시한다는 뜻은 아니다. 그 법칙은 수백 종에 대한 기록에 드러나 있다. 수컷을 서방질의 희생자로 만드는 경향이 있는 유전자, 또는 암컷으로 하여금 이웃들보다 수컷의 도움을 적게 받도록 하는 유전자는 유전자 풀에서 재빨리 퇴출당할 것이다. 수컷으로 하여금 모든 암컷을 임신시키게 해주는 유전자, 또는 암컷으로 하여금 최고의 수컷과 교미를 하여 최고로 잘난 자식을 낳게 하는 유전자는 재빨리 유전자 풀을 점령할 것이다. 이런 선택압력들은 작은 것이 아니다. 현재 유행하는 학계의 견해처럼 인간의 성성*이 '사회적으로 형성' 되고 생물학과 무관하려면, 그것은 이 강력한 압력들을 기적처럼 피했어야 할 뿐만 아니라 다

* sexuality. 성적 욕망의 차원을 넘어 인간의 성 행동뿐 아니라 인간이 성에 대해 갖고 있는 태도, 사고, 감정, 가치관, 이해심, 꿈, 행동, 환상, 성의 존재 의미 등 모든 것을 포함한 사회학적 성 개념.

른 종류의 똑같이 강력한 압력들을 견뎠어야 할 것이다. 만일 개인이 사회적으로 형성된 역할을 수행한다면, 다른 사람들은 그 개인을 짓밟고 성공할 수 있는 역할을 고안해 낼 것이다. 강력한 남자들은 다른 사람들을 세뇌시켜 독신으로 살거나 서방질의 희생자가 되는 것을 즐기게 만들어 여자들을 독차지할 것이다. 그렇게 되면 사회적으로 형성된 성역할을 받아들이려는 마음은 곧 퇴출당할 것이고, 그 역할을 거부하는 유전자들이 우세해질 것이다.

호모사피엔스는 어떤 종류의 동물인가? 우선 포유동물이므로 여자의 최소 투자분이 남자의 최소 투자보다 훨씬 많다. 여자는 아홉 달의 임신과 (자연 환경에서) 2~4년의 수유를 투자한다. 남자는 몇 분의 섹스와 소량의 정액을 투자한다. 남자는 여자보다 약 1.15배 크다. 이것은 남자들이 진화 과정에서 몇 명의 남자는 몇 명의 여자와 짝을 짓고 몇 명의 남자는 아무와도 짝을 짓지 못하는 식으로 경쟁을 벌였다는 것을 말해 준다. 단독생활을 하고, 일부일처제이고, 비교적 섹스가 적은 긴팔원숭이와는 달리 인간은 다수의 남녀가 큰 집단을 이루고 살면서 끊임없이 짝짓기를 할 기회를 만난다. 남자는 신체 대비 고환의 크기가 침팬지보다는 작지만 고릴라와 긴팔원숭이보다는 크다. 그것은 조상의 여성들이 터무니없이 난잡하진 않았지만 항상 일부일처로 지낸 것도 아니었음을 의미한다. 아이들은 무력하게 태어나고 상당한 기간 동안 어른에게 의존하는데, 그것은 인간의 생활방식에 지식과 기술이 그만큼 중요하기 때문이다. 그래서 아이들은 부모 투자를 필요로 하는데, 남자들은 사냥으로부터 고기를 얻고 그 밖의 자원들을 얻기 때문에 투자 여력을 갖고 있다. 남자들은 신체 구조가 허락하는 최소 투자분을 훨씬 초과하여 자식들을 먹이고, 보호하고, 가르친다. 이 때문에 남자에겐 배우자의 서방질이 관심사가 되고 여자에겐 남자의 투자 의지와 능력이 관심사가 된다. 남자와 여자는 침팬지들처럼 큰 집단을 이루고 살지만 새들처럼 남자도 자식에게 투자를 하기 때문에, 인간은 한 남자와 한 여자가 번식을 위한 동맹을 맺고 제3자의 성적 접근과 투자를 제한하는 결혼이란 관습을 발전시켰다.

   이러한 생식의 실태는 조금도 변하지 않았지만, 다른 측면들은 변화를 겪었다. 최근까지도 남자는 사냥을 하고 여자는 채집을 했다. 여자는 사춘기를 넘긴 직후에 결혼했다. 피임이나 비친족의 제도적 입양, 인공수정 같은 것은 전혀 없었다. 섹스는 번식을, 번식은 섹스를 의미했다. 농사와 목축으로부터 얻는 식량이 전혀 없었고, 그래서 분유나 이유식도 없었다. 모든 아이는 젖을 먹고 자랐다. 탁아소도 없었고, 전업 남편도 없었다. 아기들은 어머니나 그 밖의 여자들에게 매달려 지냈다. 이 조건들은 인간의 진화사 중 99퍼센트의 기간 동안 지속되면서 우리의 성성을 형성해 왔다. 우리의 성적 사고와 감정은 현대인이 아기를 원하건 원하지 않건, 섹스가 아기로 이어지는 세계에 적응해 있다. 그리고 아이들이 아버지의 문제라기보다는 어머니의 문제인 세계에 적응해 있다. 앞으로 내가 '해야 한다,' '최고,' '최적' 과 같은 단어를 사용할 때 그 말들은 그 세계에서 번식 성공을 이끌어 냈을 전략들을 의미할 것이다. 그것은 도덕적으로 옳거나, 현대 세계에서 통용되거나, 행복을 증진하는 것을 가리키지 않는다. 이런 것들은 완전히 다른 문제다.

● ● ● ●

첫 번째 전략적 문제는 '얼마나 많은 파트너를 원하는가'다. 앞에서도 설명했듯이, 자식에 대한 최소 투자가 여성에게 더 클 때 남성은 많은 여성과 짝을 지으면 더 많은 자식을 얻을 수 있지만 여성은 많은 남성과 짝을 지어도 더 많은 자식을 얻지 못한다. 한 번의 임신에 1명의 남자면 충분하다. 1명의 아내를 가진 식량수집 사회의 남자가 그녀와 2~5명의 자식을 낳을 수 있다고 가정해 보자. 혼전 또는 혼외 정사로 자식을 가지면 생산율을 25~50퍼센트 끌어올릴 수 있다. 물론 아버지가 돌봐 주지 못하기 때문에 아이가 굶어 죽거나 살해당하면 아버지는 유전적으로 어떤 이득도 보지 못한다. 그렇다면 최적의 간통은 아이를 키워 줄 남편을 가진 기혼 여성과 섹스를 하는 것이다. 식량수집 사회에서 생식 능력을 가진 여자들은 거의 항상 기혼이고, 따라서 여자와의 섹스는 대개 기혼 여성과의 섹스다. 설령 기혼이 아니더라도 죽는 아이보다는 사는 아이가 더 많으므로, 독신 여성과의 간통도 번식률을 높여 줄 수 있다. 이 계산은 단 하나도 여자에겐 해당되지 않는다. 그러므로 남성의 마음에는 다른 이유에서가 아니라 오로지 성적 파트너의 다양성을 위해 다양한 성적 파트너를 원하는 심리적 요소가 존재할 것이다.

    남녀 간의 유일한 차이가 정말로 남자는 여자를 좋아하고 여자는 남자를 좋아하는 것뿐이라고 생각하는가? 어느 바텐더나 할머니를 붙잡고 물어봐도 남자들은 곁눈질하는 경향이 더 강하다는 대답이 돌아오겠지만, 어쩌면 그것은 구시대의 고정관념에 불과할 수도 있다. 심리학자 데이비드 버스는 그 고정관념을 논박할 가능성이 가장 높은 사람들—페미니즘 혁명 이후의 세대에 속하고, 정치적 정의감이 최고조에 달했던 시기에 미국의 진보적인 대학을 다녔던 남녀들—을 대상으로, 그들에게도 그런 관념이 있는지를 조사했다. 조사 방법은 참신하게도 직접적이었다.

    비밀 설문지에 일련의 질문이 적혀 있었다. 당신은 1명의 배우자를 얼마나 원하고 있는가? 이에 대한 대답은 남녀가 평균적으로 동일했다. 당

* 하룻밤으로 끝나는 성관계.

신은 원나이트스탠드*를 얼마나 원하는가? 여자들은 별로라고 대답한 반면에, 남자들은 아주 많이 원한다고 대답했다. 다음 한 달 동안 몇 명의 섹스 파트너를 만나고 싶은가? 다음 2년 동안에는? 평생 동안에는? 여자들은 다음 한 달 동안 10분의 8명이면 좋겠다고 대답했고, 다음 2년 동안에는 1명, 평생 동안에는 4~5명이면 좋겠다고 대답했다. 남자들은 다음 한 달 동안 2명의 섹스 파트너를 원했고, 다음 2년 동안에는 8명, 평생 동안에는 18명을 원했다. 호감이 가는 파트너가 있고 5년 동안 알고 지냈다면 성관계를 고려해 보겠는가? 2년 동안 알고 지냈다면? 한 달 동안 알고 지냈다면? 일주일 동안 알고 지냈다면? 여자들은 1년 정도 알고 지낸 남자에 대해 "아마 그럴 것이다"라고 대답했고, 6개월 정도 알고 지낸 남자에 대해서는 "중립적"이라고 대답했으며, 일주일이 안 된 남자에 대해서는 "절대 아니다"라고 대답했다. 남자들은 알게 된 지가 일주일밖에 안 된 여자라도 "아마 그럴 것이다"라고 대답했다. 남자가 얼마나 짧은 기간 동안 여자를 알아야 분명히 그녀와 성관계를 하지 않을까? 버스는 이에 대한 결과를 얻지 못했다. 그의 설문지에는 '한 시간'이 최저 기준이었기 때문이다. 버스가 한 학교에서 이 연구 결과를 제시하고 그것을 부모 투자와 성선택의 관점에서 설명했을 때, 한 젊은 여자가 손을 들고 질문했다. "교수님, 나는 그 데이터보다 더 간단하게 설명할 수 있습니다." "그래요? 그게 뭐죠?" 그가 물었다. "남자는 쓰레기예요."

남자는 정말로 쓰레기일까, 아니면 단지 쓰레기처럼 보이려고 노력하는 것일까? 어쩌면 버스의 설문지에서 남자들은 호색적으로 보이려고 노력하고 여자들은 쉽게 보이지 않으려고 노력했던 것일 수도 있다. 심리학자 R. D. 클라크와 일레인 햇필드는 매력적인 남자들과 여자들을 고용했다. 그들은 대학 캠퍼스에서 마주치는 반대 성의 낯선 사람에게 접근해

"당신을 쭉 지켜봤습니다. 참 매력적이시군요"라고 말한 다음 세 질문 중 하나를 던졌다. (a) "오늘 밤에 만날 수 있을까요?" (b) "오늘 밤에 내 아파트로 오지 않겠어요?" (c) "오늘 밤에 나와 자지 않겠어요?" 절반의 여자들이 데이트에 동의했고, 절반의 남자들이 데이트에 동의했다. 6퍼센트의 여자들이 끄나풀의 아파트에 가기로 동의했고, 69퍼센트의 남자들이 끄나풀의 아파트에 가기로 동의했다. 단 한 명의 여자도 섹스에 동의하지 않았고, 75퍼센트의 남자들이 섹스에 동의했다. 나머지 25퍼센트 중에서도 많은 남자들이 미안해하면서 다음 약속을 요청하거나 약혼녀가 시내에 있어서 그럴 수 없다고 해명했다. 다른 몇몇 주에서도 똑같은 결과가 나왔다. 연구를 시행할 때에는 피임법이 널리 보급되었고 세이프섹스에 대해서도 많이 홍보되었기 때문에 그 결과는 단지 여자들이 임신과 성병을 더 조심하기 때문인 것으로 보이진 않는다.

새 파트너를 만나면 남성의 성적 욕구가 깨어나는 현상은 유명한 일화 덕분에 쿨리지효과라고 불린다. 미국의 30대 대통령이었던 캘빈 쿨리지와 그의 아내가 한 농장을 방문하던 중 따로 시찰을 하게 되었다. 닭장을 둘러보던 쿨리지 여사는 수탉이 하루에 몇 번이나 암탉과 관계를 하는지 물었다. "몇 십 번 합니다"라고 안내원이 대답했다. 그러자 쿨리지 여사는 그 말을 대통령에게도 꼭 해달라고 당부했다. 이번엔 대통령이 닭장을 보고 수탉에 관해 물었다. "매번 같은 암탉과 합니까?" "아닙니다, 각하. 매번 다른 암탉과 합니다." 그러자 대통령은 "영부인에게도 그 말을 해 주세요"라고 당부했다. 많은 수컷 포유동물들이 교미를 할 때마다 암컷이 바뀌면 지칠 줄 모르는 정력을 과시한다. 실험자가 이전 파트너에게 가면을 씌우거나 냄새를 없애도 속지 않는다. 바꿔 말하자면 이것은 수컷의 욕망이 '무차별적'이 아니라는 것을 보여 준다. 수컷들은 어떤 부류의 암컷과 짝짓기를 하는가에는 신경 쓰지 않지만, 어느 암컷과 짝짓기를 하는가에는 지나칠 정도로 민감하다. 이것은 내가 2장에서 관념연합론을 비판할 때 매우 중요하다고 주장했던, 개인과 범주 간의 논리적 구별을 보여 주는 또 다른 예다.

남자들은 수탉 같은 정력을 갖고 있진 않지만, 장기적으로 보면 그들의 욕망에서도 쿨리지효과를 발견할 수 있다. 우리 자신의 문화를 포함하여 많은 문화에서 남자들은 아내에 대한 성적 열망이 결혼 후 몇 년 내에 시든다고 보고한다. 남성의 성욕 감퇴를 촉발하는 것은 아내의 외모나 그 밖의 특징이 아니라 개인으로서의 개념이다. 새 파트너에 구미가 당기는 것은, 딸기에 질리면 초콜릿 케이크에 끌리는 경우처럼 다양성이 인생의 양념이라는 것을 입증하는 예가 아니다. 아이작 바세비스 싱어의 소설 〈불운한 녀석 먼저Schlemiel the First〉에서, 첼름이라는 가상의 마을 출신인 한 숙맥이 여행을 떠나지만 길을 잘못 들어 뜻하지 않게 고향으로 돌아온다. 그러나 그는 놀라운 우연의 일치로 고향 마을과 똑같이 생긴 다른 마을을 만났다고 생각한다. 그는 지겹기만 했던 아내와 똑같이 생긴 여자를 만나 매력을 느끼고 황홀해한다.

● ● ● ●

수컷의 성적 욕구에 숨겨진 또 다른 부분은 잠재적인 성적 파트너를 보면 쉽게 흥분하는 능력이다. 사실, 성적 파트너의 가능성이 조금이라도 비치면 즉시 흥분을 한다. 동물학자들은 많은 종의 수컷들이 암컷과 막연하게 닮은 다양한 물체들—다른 수컷, 다른 종의 암컷, 같은 종이지만 박제가 되어 받침대 위에 고정된 암컷, 박제된 암컷의 일부분(예컨대, 허공에 매달린 머리), 심지어 눈이나 입처럼 중요한 특징이 제거된 박제 암컷의 일부분—에게 구애를 하는 경향이 있음을 발견했다. 인간 남성은 여성의 나체를 실물뿐만 아니라 영화, 사진, 그림, 엽서, 인형, 비트맵 방식의 음극선관 영상으로 볼 때에도 흥분을 한다. 남자들은 이 모조품들로부터 즐거움을 느끼면서 미국에서만 연간 100억 달러의 총수익을 올리는 포르노 산업을 먹여 살린다. 이것은 관중 스포츠와 영화 산업의 수익을 합한 액수다. 식량수집 문화에서 젊은 남자들은 여성의 젖가슴과 음부를 돌출된 바위에 숯으로 그리고, 나무 몸통에 칼로 새기고, 모래 위에 손가락으로 그린다. 포르노는 세계적으로 비슷하고 1세기 전과도 아주 비슷하다. 포르노는 일시적이고 몰개성적인 섹스를 갈망하는 익명의 나체 여성들을 적나라하게 묘사한다.

여자가 남자의 나체를 보고 쉽게 흥분한다는 것은 납득하기 힘든 일이다. 생식 능력이 있는 여자라면 자발적인 성적 파트너들이 있을 것이고, 그 매주買主 시장*에서 최고의 남편감, 최고의 유전자, 또는 성적 취향에 따라 그 밖의 수익을 추구할 것이다. 만일 여자가 남자의 나체를 보고 흥분한다면, 남자들은 몸을 노출시켜 여자를 유혹할 것이고 여자는 입장이 불리해질 것이다. 나체에 대한 양성의 반응은 매우 다르다. 남자는 여자의 나체를 일종의 유혹으로 보고, 여자는 남자의 나체를 일종의 위협으로 본다. 1992년 '네이키드 가이Naked Guy'로 알려진 버클리 캠퍼스의 한 학생은 서구 사회의 억압적인 성 전통에 항의하는 뜻에서 나체로 조깅을 하고, 강의를 듣고, 식당에서 식사를 했다. 그의 행동이 성희롱에 해당한다는 여학생들의 항의로 그는 퇴학을 당했다.

여자들은 벌거벗은 남자의 모습이나 익명의 섹스를 추구하지 않는다. 그리고 포르노 산업에 여성 시장은 사실상 존재하지 않는다.(반례로 볼

* 수요보다 공급이 많은 시장.

수도 있는 《플레이걸 *Playgirl*》은 사실 남성 동성애자들을 위한 잡지다. 그 잡지에는 여자가 구매할 만한 어떤 상품도 광고하지 않으며, 여자가 사은품으로 구독권을 받고 구독 신청을 하면 남성 동성애 포르노와 섹스 기구를 파는 사이트의 메일 목록에 오른다.) 실험실에서 행해진 초기의 몇몇 실험들은 남녀가 외설적인 문구에 동일한 생리학적 흥분을 보인다고 주장했다. 그러나 통제된 실험 조건에서 '포르노'에 노출된 여자보다 '중립적인' 문구에 노출된 남자가 더 큰 반응을 보였다. 여기에서 중립적인 문구라는 것은 여성 연구원들이 선택한 것으로, 인류학과가 의예과에 비해 어떤 장점들을 갖고 있는지에 대해 두 남녀가 나누는 가벼운 대화였다. 남자들은 그것을 대단히 에로틱하게 느꼈다! 여자들도 일단 성교하는 그림을 보겠다고 동의했을 때에는 흥분을 하기도 하지만, 일부러 그런 것을 찾아 나서지는 않는다.(시먼스의 지적에 따르면, 여자들은 섹스에 동의할 때 남자보다 더 까다롭지만 일단 동의를 하고 나면 성적 자극에 소극적으로 반응한다고 생각할 이유가 전혀 없다고 한다.) 대중 시장에서 여성을 위한 포르노에 가장 근접한 것은 로맨스 소설과 역사 로망 소설이다. 여기에서 섹스는 벌거벗은 육체들의 부딪힘이 아니라 감정과 인간관계의 맥락으로 묘사된다.

● ● ● ●

성적 다양성에 대한 욕구는 만족을 모른다는 점에서 특이한 적응특성이다. 대부분의 적응 품목들은 효용 체감이나 최적 수준을 보인다. 사람들은 공기, 음식, 물을 대량으로 구하지 않고, 날씨가 너무 덥거나 너무 춥지 않고 적당하기를 원한다. 그러나 남자는 많은 수의 여자와 섹스를 할수록 많은 자식을 남긴다. 아무리 많아도 충분하지 않다. 이 때문에 남자들은 일시적인 파트너에 대해(그리고 조상의 환경에서 파트너의 수를 늘리게 해주었던 품목들, 예컨대 권력과 부에 대해) 무한한 욕구를 갖는다. 일상생활에서 남자들은 욕망의 바닥을 확인해 볼 기회를 거의 얻지 못하지만, 극소수의 남자들은 가끔씩 부, 인기, 외모, 무도덕을 이용해 그럴 기회를 시험해 본다. 조르주 시므농*과 휴 헤프너**는 수천 명의 파트너를 만났다고 주장했다. 윌트 체임벌린***은 2만 명의 여자를 만났다고 주장했다. 터무니없는 허풍을 관대하게 받아들여, 체임벌린이 실제 추정치를 10배 부풀렸다고 가정해 보자. 그래도 1999명의 섹스 파트너로는 만족하지 못했다는 뜻이 된다.

* 벨기에 출신의 추리 소설 작가.

** 《플레이보이》지의 창간자.

*** 1960-1970년대 미국의 프로 농구 선수.

시먼스는 동성애 관계가 양성의 욕구를 잘 보여 주는 창이라고 지적한다. 모든 이성애 관계는 한 남자의 욕구들과 한 여자의 욕구들이 만나서 이루어지는 일종의 타협이고, 그래서 양성 간의 차이가 최소화되는 경향이 있다. 그러나 동성애자들은 타협을 할 필요가 없기 때문에 그들의 성생활은 인간의 성성을 더욱 순수한 형태로 보여 준다(최소한 성과 관련된 뇌의 나머지 부분들이 반대 성처럼 배선되지 않았다는 전제하에서). AIDS가 유행하기 전에 샌프란시스코의 동성애자들을 대상으로 한 연구에서, 남성 동성애자들 중 25퍼센트는 1000명 이상의 섹스 파트너를 만났다고 보고했고, 75퍼센트는 100명 이상을 만났다고 보고했다. 여성 동성애자들 중에는 어느 누구도 1000명 이상이라고 보고하지 않았고, 단 2퍼센트만이 100명 이상이라고 보고했다. 남성 동성애자들의 다른 욕구들(예를 들어 포르노, 매춘, 매력적인 젊은 파트너 등)도 이성애자 남성들의 욕구와 똑같거나 그보다 강하다.(덧붙이자면 남자들의 성적 욕구가 여자를 향하든 남자를 향하든 똑같다는 사실은 그것이 여성을 억압하기 위한 수단이라는 이론을 논박한다.) 남성 동성애자들이 특별히 호색한이라 그런 것은 아니다. 그들은 단지 남성적 욕망이 여성의 욕망이 아니라 다른 남성의 욕망과 맞아떨어지는 사람일 뿐이다. 시먼스는 다음과 같이 썼다. "여자들만 허락한다면 남성 이성애자들도 남성 동성애자들처럼 낯선 사람과 자주 섹스를 하고, 공중목욕탕에서 익명의 섹스파티를 벌이고, 공중화장실에서 5분 동안 오럴섹스를 즐길 것이다. 그러나 여자들은 그런 것에 관심이 없다."

이성애자들 사이에서 여자보다 남자가 다양성을 더 원한다면, 경제학개론은 우리에게 그 결과가 어떠할지를 말해 준다. 성교는 여성의 서비스, 즉 여자가 남자에게 주거나 거부할 수 있는 호의로 간주될 것이다. 수많은 비유들이 여성의 관점을 취하든(몸을 아끼다, 몸을 주다, 이용당한 느낌이 들다) 남성의 관점을 취하든(하다, 성적 호의, 재수가 좋다getting lucky) 여자와의 섹스를 고가의 품목으로 취급한다. 그리고 모든 종파의 냉소주의자들이 오래전부터 인정해 온 것처럼, 성 거래는 대개 시장 원리를 따른다. 페미니즘 이론가 안드레아 드워킨은 다음과 같이 썼다. "남자는 여자가 가진 것, 즉 성을 원한다. 남자는 그것을 훔치거나(강간), 여자를 설득해 주게 만들거나(유혹), 빌리거나(매춘), 장기간 임차하거나(미국에서의 결혼), 완전히 소유한다(대부분의 사회에서)." 모든 사회에서 구애를 하고, 유혹하고, 꾀고, 사랑의 마법을 이용하고, 섹스의 대가로 선물을 주고, (지참금을 받기보다는) 지참금을 지불하고, 매춘부를 고용하고, 강간을 하는 쪽은 대부분, 또는 전부 남자들이다.

물론 성경제학은 양성의 평균적인 욕구뿐만 아니라 개개인의 매력에도 의존한다. 사람들은 파트너가 자기보다 더 매력적일 때 섹스의 대가—현금, 헌신, 호의—를 지불한다. 여자가 남자보다 더 차별적이기 때문에, 평균적인 남자는 평균적인 여자와의 섹스를 위해 대가를 지불해야 한다. 평균적인 남자는 일시적인 섹스 파트너보다 더 좋은 품질의 아내를 얻을 수 있는 반면에(결혼 서약이 일종의 대가라고 가정할 때), 여자는 남편보다 더 좋은 품질의 일시적인 섹스 파트너(아무것도 지불하지 않을 것이다)를 얻을 수 있다. 최고의 남자들은 이론상 그들과 섹스를 하려는 여자를 무수히 만날 것이다. 댄 와서만의 만화에서 어느 부부가 《은밀한 유혹 Indecent Proposal》을 본 후 극장을 나서고 있다. 남편이 "100만 달러면 로버트 레드포드와 잘 수 있겠어?"라고 묻자, 아내는 이렇게 대답한다. "그럼, 하지만 그 돈을 모으려면 시간이 좀 걸릴 거야."

만화가의 재치는 우리의 허를 찌르는 데 있다. 현실에서는 그런 일이 벌어지지 않는다. 아무리 매력적인 남자라도 매춘부처럼 돈을 받고 몸을 팔진 않는다. 오히려 돈을 주고 매춘부를 사는 경우가 있다. 세계적인 미남 배우라고 알려져 있는 휴 그랜트는 1995년에 자신의 승용차 앞좌석에서 매춘부와 오럴섹스를 하다가 경찰에 체포되었다. 여기에 단순한 경제학적 분석이 통하지 않는 것은, 돈과 섹스가 완벽하게 대체 가능하지 않기 때문이다. 뒤에서 보겠지만 남자의 매력 중 일부분은 그 남자의 부에서 나오기 때문에 대부분의 매력적인 남자들은 돈을 원하지 않는다. 그리고 대부분의 여자들이 바라는 '대가'는 돈이 아니라 장기적인 헌신인데, 그것이야말로 잘생기고 부유한 남자에게는 희소한 자원이다. 휴 그랜트 사건의 경제학은 할리우드의 마담뚜, 하이디 플라이스*의 이야기를 다룬 영화 속의 거래에 잘 요약되어 있다. 한 콜걸이 친구에게, 잘생긴 손님들이 돈을 주고 여자를 사는 이유가 무엇이냐고 묻자 친구는 다음과 같이 설명한다. "그 손님들은 섹스 때문에 돈을 주는 게 아니야. 섹스한 후에 말없이 떠나 주니까 돈을 주는 거지."

* 부티크숍 '할리우드 마담'을 경영하던 중 윤락행위방지법 위반으로 구속되었고, 파라마운트사에 전기영화의 권리를 팔았다.

남자들이 성적 다양성을 원하도록 '학습' 된다는 것이 가능한 일일까? 어쩌면 성적 다양성은 목적을 위한 수단이고, 그 목적은 사회적 지위일 수도 있다. 돈 후안은 멋있는 호색한으로 존경받는다. 그의 품에 안긴 예쁜 여자는 일종의 트로피다. 탐나고 희소한 것은 무엇이나 지위의 상징물이 될 수 있다. 그러나 사람들은 지위의 상징이라는 이유로 탐나는 모든 것을 추구하지는 않는다. 만일 남자들에게 여러 명의 매력적인 여자들과 은밀하게 섹스를 하는 것과, 여러 명의 매력적인 여자들과 실제로 섹스는 하지 않고 단지 섹스를 했다는 평판만을 얻는 것 중에 하나를 선택하라고 한다면, 그들은 섹스를 하는 쪽을 선택할 것이다. 섹스는 충분한 동기이지만, 섹스를 했다는 평판은 정반대이기 때문이다. 돈 후안은 특히 여성들 사이에서는 존경을 불러일으키지 않으며, 남성들 사이에서도 존경과는 다르고 가끔은 불쾌한 반응인 질투심을 불러일으킨다. 시먼스는 다음과 같이 말한다.

> 인간 남성들은 예컨대 기독교와 죄악에 관한 교리, 유대교와 고결한 사람에 관한 교리, 사회과학과 억압된 성성 및 미성숙한 성심리에 관한 교의, 일부일처의 부부 결속에 관한 진화 이론들, 일부일처제를 지지하고 찬양하는 문화적·법률적 전통들, 다양성에 대한 욕구는 거의 무한하다는 사실, 다양성을 추구하는 데 드는 시간과 에너지와 수많은 위험, 그리고 한 여자와의 섹스에 만족하는 법을 배우면 얻을 수 있는 명백한 보상 같은 장애물들이 가로막아도 체질적으로 다양성을 멀리하는 법을 배우지 않으려 한다.

학습의 결과이든 아니든 곁눈질이 남자의 마음을 구성하는 유일한 요소는 아니다. 욕구는 종종 행동으로 이어지지만, 다른 욕구들이 더 강하거나 자제의 전술(6장을 보라)이 채택된 경우엔 그렇지 않다. 남자들의 성적 취향은 본인의 매력, 파트너의 조달 가능성, 희롱의 비용에 대한 본인의 평가에 따라 조정되고 번복될 수 있다.

남편과 아내

진화의 관점에서 볼 때 단기적인 간통을 하는 남자는 자신의 아이가 알아서 생존해 줄 가능성에 운을 걸거나, 상대방 남편이 그 아이를 친자식처럼 키워 줄 것을 기대하는 셈이다. 능력이 있는 남자의 경우 자손을 최대로 늘릴 수 있는 더 확실한 방법은, 여러 명의 아내를 구하고 모든 자식에게 투자하는 것이다. 〔진화의 관점에서 볼 때〕 남자들은 다수의 섹스 파트너가 아니라 다수의 아내를 원해야 한다. 그리고 실제로 인간의 문화들 중 80퍼센트 이상에서 권력자들은 일부다처를 허용해 왔다. 유대인들은 기독교 시대가 도래할 때까지 일부다처를 인정했고, 10세기에 이르러서야 법으로 금지했다. 모르몬교에서는 19세기 말 미국 정부가 불법으로 규정할 때까지 일부다처를 장려했고, 오늘날에도 유타주를 비롯한 서부의 몇몇 주에는 수만 건의 일부다처 결혼이 은밀하게 존재하는 것으로 추정된다. 일부다처가 허용되면 남자들은 새 아내와 아내를 구할 수단을 얻으려고 노력한다. 부유하고 존경받는 남자들은 1명 이상의 아내를 얻고, 변변치 못한 남자들은 1명도 얻지 못한다. 일반적으로 결혼을 한 남자는 더 어린 아내를 얻는다. 손위 아내는 남편의 막역한 친구이자 파트너로 남고 가사를 주관한다. 손아래 아내는 남편의 성적 파트너가 된다.

식량수집 사회에서는 부를 축적하는 것이 불가능하지만 소수의 흥포한 남자들, 능숙한 지도자들, 훌륭한 사냥꾼들은 2~10명의 아내를 거느린다. 농업과 대규모 불평등의 출현으로 일부다처제는 우스운 지경으로까지 이르곤 한다. 로라 베치히는 문명이 거듭되는 과정에서 독재자들이 남성의 마지막 판타지를 실현했다고 기록했다. 혼기에 찬 수백 명의 후궁들을 거느리면서 다른 남자들이 접근하지 못하도록 엄중하게(종종 환관들에 의해) 경호한 것이다. 인도, 중국, 이슬람 세계, 사하라 이남의 아프리카, 남북 아메리카에서 이런 제도가 출현했다. 솔로몬 왕은 1000명의 첩을 거느렸다. 로마 황제들은 후궁을 노예로 취급했고, 중세 유럽의 왕들은 하녀로 취급했다.

그에 비해 일처다부는 매우 드물다. 남자가 여자 없이는 생존할 수 없는 너무나도 거친 환경에서는 여러 명의 남자가 1명의 여자를 공유하지만, 조건이 개선되는 대로 이 제도는 즉시 붕괴한다. 에스키모 사람들은 산발적으로 일처다부 결혼을 유지하지만, 남편들은 질투를 일삼고 서로를 살해한다. 언제나 그렇듯이 혈연은 적대감을 완화해 주므로, 티베트 농촌에서는 때때로 둘 이상의 형제들이 척박한 영토에서 생존할 수 있는 단일한 가족으로 뭉치기 위해 한 여자와 동시에 결혼을 한다. 그러나 동생은 항상 자신만의 아내를 갈망한다.

결혼 제도가 대개 남성의 관점으로 묘사되는 것은 결혼이 여자의 욕구와 무관해서가 아니라 힘센 남자들이 대개 하고 싶은 대로 하기 때문이다. 남자들이 크고 강한 것은 서로 싸우도록 선택되었기 때문이고, 남자들이 강력한 씨족을 형성할 수 있는 것은 전통 사회에서 아들은 가족 곁에 머물고 딸은 멀리 출가시키기 때문이다. 가장 화려한 일부다처가들은 대개 전제군주, 즉 보복을 두려워하지 않고 사람을 죽일 수 있는 남자들이다. 《세계 신기록 기네스북 *Guinness Book of World Records*》에 따르면 역사상 가장 많은 자식―888명―을 낳은 남자는 피에 '굶주린 자The Bloodthirsty'라는 인상적인 별명을 가진 모로코의 이스마일 황제였다.) 과도한 일부다처가들은 여자를 빼앗기 위해 수백 명의 남자들을 물리쳐야 할 뿐만 아니라 자신의 후궁들도 억압해야 한다. 결혼에는 항상 최소한의 호혜주의가 수반되기 때문에, 대부분의 일부다처 사회에서 남자들은 여자들의 감정적·물질적 요구 때문에 첩을 얻지 않고 지내기도 한다. 독재자는 첩들을 가두고 위협할 수 있다.

　　이상하게 들리겠지만, 더 자유로운 사회에서도 일부다처제가 여자에게 반드시 나쁜 것만은 아니다. 경제적인 이유, 그리고 궁극적으로는 진화상의 이유로 여자는 빈민의 조강지처가 되기보다는 부유한 남편을 공유하는 편이 나을 수 있고, 심지어 감정적 이유에서도 후자를 더 선호할 수 있다. 로라 베치히는 그 이유를 다음과 같이 요약한다. 시골뜨기 촌닭의 첫째 아내가 되는 것이 나을까, 존 F. 케네디의 셋째 아내가 되는 것이 나을까? 복합가족 내에서 문제가 발생하는 것처럼 각각의 아내를 중심으로 한 하부 가족들 간에도 종종 질투가 폭발한다. 그럴 때는 여러 분파와 어른 당사자들이 복잡하게 연루되지만, 다른 한편으로 아내들은 종종 함께 어울리면서 전문 기술과 자녀 양육의 의무를 공유할 수 있다. 만일 결혼이 정말로 자유 시장이라면, 일부다처 사회에서는 제한적인 파트너 공급과 파트너들의 완강한 성적 질투에 비해 남자들의 수요가 더 크다는 사실이 여자들에게 유리한 입장을 제공할 것이다. 일부일처제를 규정하는 법률은 여자들에게 불리하게 작용할 것이다. 경제학자 스티븐 랜즈버그는 다음의 예에서 돈 대신 노동력을 이용하여 그 시장 원리를 설명한다.

　　요즘 아내와 내가 설거지를 놓고 다툼을 벌일 때 우리는 거의 동등한 힘을 가진 입장에서 다툼을 시작한다. 만일 일부다처가 합법적이라면, 내 아내는 나를 버리고 아랫동네에 사는 앨런과 신디네 집으로 시집갈 수 있다고 암시할 것이다. 그러면 나는 결국 고무장갑을 낄 것이다.

… 반反 일부다처 법률은 카르텔 이론의 교과서적인 예다. 생산자들이 처음에는 경쟁을 벌이다가 은밀히 손을 잡고 국민의 이익, 좀 더 정확히 말하면 고객의 이익에 반하는 정책을 편다. 그들은 높은 가격을 유지하기 위해 각 회사의 생산량을 제한하는 것에 동의한다. 그러나 높은 가격은 속임수를 불러들인다. 다시 말해 각 회사는 합의된 것 이상으로 생산량을 늘리려 하고, 결국 카르텔은 붕괴 위험에 직면한다. 이를 막기 위해 법적 제재를 가하지만 그래도 위반 사례가 무수히 발생한다.

모든 경제학 교과서에 수록되어 있는 이 이야기는 연애 산업에서 벌어지는 남자 생산자들의 이야기이기도 하다. 처음에는 치열한 경쟁을 벌이던 남자들이 공모하여 손을 잡고 '고객들,' 즉 그들이 결혼을 제안할 여자들의 이익에 반하는 정책을 편다. 남자들의 공모는 각각의 남자가 남자 전체의 거래 조건을 유리하게 만들 수 있도록 낭만적인 노력을 제한하자는 합의로 이루어진다. 그러나 남자들의 향상된 조건은 속임수를 불러들인다. 다시 말해 각각의 남자는 합의된 숫자 이상의 여자를 꾀려고 노력한다. 이 카르텔은 법적 제재를 시행함으로써 존속하지만, 그래도 위반 사례가 무수히 발생한다.

일부일처 법률은 역사적으로 남자와 여자가 아니라 어느 정도 유력한 남자들 간의 합의다. 그 목적은 연애 산업의 고객들(여자들)을 착취하는 것이라기보다는 생산자들(남자들) 간의 경쟁 비용을 최소화하는 것이다. 일부다처제에서 남자들은 특별한 다원주의적 판돈—다수의 아내 대 총각 신세—을 놓고 경쟁을 벌이는데, 이 경쟁은 말 그대로 살인적이다. 수많은 살인과 부족 간 전쟁이 여자를 얻기 위한 경쟁과 직접·간접적으로 결부된다. 지도자들은 덜 유력한 남자들과 동맹을 맺을 필요가 있을 때, 즉 국민들이 서로 싸우기보다는 적과 싸울 필요가 있을 때 일부다처를 법으로 금지한다. 초기 기독교가 가난한 남자들에게 설득력이 있었던 것은 부분적으로 기독교가 약속했던 일부일처제가 결혼 게임에서 그들을 지켜 주었기 때문이다. 그 이후의 사회들에서 전제정치와 일부다처제가 자연스럽게 협력하는 것처럼 기독교적 평등주의와 일부일처제도 자연스럽게 협력하고 있다.

오늘날에도 불평등은 일부다처의 번성을 허락한다. 부유한 남자들은 아내와 첩을 동시에 부양하거나, 20년 간격으로 아내와 이혼을 하고 생활비와 자녀 양육비를 대고 젊은 여자와 결혼을 한다. 저널리스트 로버트 라이트는 공공연한 일부다처처럼 쉬운 이혼과 재혼도 폭력을 증가시킨다고 생각한다. 부유한 남자들이 출산 연령대의 여자들을 독점하여 하층 계급의 남자들에게 돌아갈 아내감이 부족해지면, 최하층의 젊은 남자들은 무모한 수단에 의존한다.

● ● ● ●

이 모든 이야기는 단 하나의 성차이, 즉 남자들이 다수의 파트너를 더 많이 원한다는 사실에서 비롯된다. 그러나 남자라고 해서 완전히 무차별적인 것은 아니고, 제아무리 독재적인 사회라도 여성의 발언권을 완전히 억압하지는 못한다. 양성은 각자 간통 파트너와 결혼 파트너를 고르는 기준을 갖고 있다. 인간의 다른 견고한 취향들처럼 그 기준들도 적응특성일 것이다.

양성은 모두 배우자를 원하고 남자들이 여자들보다 간통을 더 많이 원하지만 그렇다고 여자들이 간통을 전혀 원하지 않는 것은 아니다. 만일 여자들이 간통을 전혀 원하지 않는다면, 여자를 희롱하는 남성 충동은 보상을 받지 못할 것이고(혼인을 빙자하는 경우에는 보상을 받겠지만, 그렇다 해도 결혼한 여자는 남자를 희롱하거나 희롱의 목표물이 되지 않을 것이다) 그 결과 진화를 할 수 없었을 것이다. 남자의 정액은 수적으로 불리해질 위험을 겪지 않을 것이므로, 고환은 고릴라의 신체 대비 크기보다 더 크게 진화하지 않았을 것이다. 그리고 아내를 향한 질투 감정도 존재하지 않을 것이다. 그러나 뒤에서 보겠지만 남편들의 질투심은 분명히 존재한다. 민족지학의 기록을 보면 모든 사회에서 양성 모두 간통을 저지르고, 그때마다 여자들이 항상 비소를 먹거나 상트페테르부르크 5시 2분발 열차에 몸을 던지지도 않는다.

인간 조상의 여자들은 은밀한 욕구의 진화를 허용했던 성관계로부터 무엇을 얻었을까? 첫 번째 보상은 자원이다. 남자들이 섹스를 위한 섹스를 원한다면 여자들은 그에 대한 대가를 얻어 낼 수 있다. 식량수집 사회에서 여자들은 연인들에게 선물―주로 고기―을 공개적으로 요구한다. 당신은 우리의 먼 어머니들이 스테이크 식사에 몸을 팔았다는 생각에 불쾌감을 느낄 수도 있지만, 양질의 단백질이 부족한 식량수집 사회에서 고기는 대단히 중요한 물품이다.(《피그말리온*Pygmalion*》*에서 둘리틀이 딸 엘리자를 히긴스에게 팔려고 하자 피커링 대령은 "이봐요, 도덕관념이란 게 있기나 한 거요?"라고 외친다. 둘리틀은 "그런 게 있을 여유가 없지요, 어르신네. 나처럼 가난하다면 어르신네도 별 수 없을 걸요"라고 말한다.) 멀리서 보면 매춘 같지만, 당사자들에게는 일상적인 에티켓에 더 가깝게 느껴질 것이다. 오늘날 우리 사회에서도

* 조지 버나드 쇼의 희곡으로 오드리 헵번 주연의 영화 《마이 페어 레이디》의 원작이다.

양쪽 다 응분의 보상 같은 것을 부인한다 해도 부유한 남자가 여자를 데리고 외식을 가지 않거나 돈을 쓰지 않는다면 여자 입장에서는 기분이 나쁠 것이다. 설문지에서 여자 대학생들은 비록 남편을 고를 때는 아니지만 단기적인 애인을 고를 때 사치스런 생활방식과 선물 공세를 중요한 기준으로 꼽는다고 보고한다.

그리고 많은 종의 새들처럼 여자들도 최고의 남성에게서 유전자를 얻고 남편에게서 투자를 얻을 수 있다. 두 남자가 같은 사람일 가능성이 낮기 때문이다(특히 일부일처제에서, 그리고 여자가 결혼 생활에서 발언권이 거의 없을 때). 여자들은 남편보다 애인을 고를 때 외모와 힘을 더 중시한다고 보고한다. 뒤에서 보겠지만 외모는 유전자의 품질을 보여 주는 지표다. 그리고 여자들은 불륜 관계를 맺을 때 일반적으로 남편보다 지위가 높은 남자를 고르는데, 지위를 뒷받침해 주는 자질들은 거의 틀림없이 유전이 되는 것들이다.(명망 있는 애인에 대한 안목은 첫 번째 동기인 자원 얻어내기에도 도움이 된다.) 우수한 남자와 성관계를 하면 여자는 또한 결혼 시장에서의 거래 능력을 테스트할 수도 있다. 이것은 차후에 직면할 그런 거래의 전주곡이 되거나, 결혼 생활에서 자신의 입지를 향상시킬 수 있는 기회가 된다. 사이먼은 성관계와 관련된 성차이에 대해, 여자는 남자가 어떤 면에서 우수하거나 남편을 보완한다고 느끼기 때문에 성관계를 하고, 남자는 여자가 자신의 아내가 아니기 때문에 간통을 한다고 요약한다.

남자들은 일시적인 섹스 파트너에게서 2개의 X염색체 외에 무엇인가를 요구하는가? 때로는 아닌 것처럼 보일 수 있다. 인류학자 브로니슬라브 말리노프스키의 보고에 따르면 트로브리안드 군도에서 어떤 여자들은 완전히 성교를 하지 못할 정도로 대단히 불쾌한 존재로 간주되었다고 한다. 그럼에도 그 여자들은 어찌어찌 하여 몇 명의 자식을 낳았고, 트로브리안드 사람들은 그것을 처녀수태의 확실한 증거로 해석했다. 그러나 더 체계적인 조사에 따르면 남자들, 적어도 미국 대학생들은 단기적 파트너에 대한 몇 가지 선호 기준을 갖고 있다고 한다. 그들은 외모를 중요하게 친다. 뒤에서 보겠지만 미는 다산과 유전적 품질의 신호다. 난교와 성 경험 역시 자산으로 평가된다. 메이 웨스트는 "남자들은 과거가 있는 여자를 좋아한다. 역사가 반복되기를 희망하기 때문이다"라고 설명했다. 그러나 남자들이 장기적 파트너에 대해 답을 할 때 그 자산은 채무로 돌변한다. 남자들은 여성을 양분하여 손쉬운 사냥감이 될 수 있는 헤픈 여자와 잠재적 아내가 될 수 있는 수줍은 여자로 나누는 악명 높은 마돈나–창녀 이분법을 보여 준다. 이 사고방식은 종종 여성 혐오라는 증상으로 불리지만, 실은 자식에게 투자하는 모든 종의 수컷에게서 볼 수 있는 최적의 유전적 전략이다. 요약하자면 자신은 어떤 암컷과도 짝짓기를 하지만, 자신의 배우자는 다른 어떤 수컷과도 짝짓기를 하지 못하게 하는 것이다.

여자들은 남편의 조건으로 무엇을 찾을까? 1970년대의 범퍼 스티커 중에는 "남자 없는 여자란 마치 자전거 없는 물고기와 같다"라는 문구가 있었다. 그러나 최소한 식량수집 사회의 여자들에게 그것은 과장된 말이었을 것이다. 식량수집 사회에서 여자가 임신을 하고 젖을 먹이고 양육을 하면, 그녀와 자식들은 위험, 단백질 결핍, 약탈, 강간, 납치, 살해에 쉽게 노출된다. 자식들의 아버지는 급식과 보호에 이용될 수 있어야 한다. 그녀의 관점에서 그는 그것만 잘하면 되지만, 그의 관점에서 보면 그에겐 다른 일이 있다. 다른 여자들을 얻기 위해 구애하고 경쟁하는 것이다. 남자들은 자식에게 투자하는 능력과 의지의 정도가 다양하므로 여자는 현명한 선택을 해야 한다. 여자는 부와 지위에 감동하거나, 남자가 그런 것을 갖기에 너무 젊을 경우에는 야심이나 부지런함처럼 그런 것을 획득할 수 있는 잠재 요인들을 보고 감동해야 한다. 여자가 임신을 했을 때 남자가 옆에 붙어 있지 않으면 이것들은 모두 무용지물이 된다. 그래서 남자들은 진심이든 아니든 여자 옆에 붙어 있겠다고 말하는 것에 이해가 걸려 있다. 셰익스피어는 "남자가 맹세하면 여자는 배신하는 법"이라고 말했다. 그러므로 여자는 안정과 진실성의 증거를 찾아야 한다. 남편에게는 보디가드로서의 소질도 있어야 한다.

남자들은 아내의 조건으로 무엇을 찾을까? 아내로서 정절(남편의 부성을 이끌어 낸다)을 지켜야 하는 것은 물론 여자는 가능한 한 많은 자식을 낳을 수 있어야 한다.(항상 그렇듯이, 이것도 우리의 취향이 어떻게 설계되었는가와 관련된 문제일 것이다. 남자가 말 그대로 수많은 아기를 원한다는 뜻이 아니다.) 그녀는 생식 능력이 있어야 하는데, 이것은 그녀가 건강하고 사춘기를 넘겼지만 폐경기에 도달하진 않았어야 함을 의미한다. 그러나 현재의 생식 능력은 평생에 걸친 결혼보다는 하룻밤의 관계에 더 적절하다. 중요한 것은 남편이 장기간에 걸쳐 기대할 수 있는 자식의 수다. 여자는 몇 년마다 한 명씩 자식을 낳고 기를 수 있고 자식을 양육할 수 있는 기간도 한정되어 있으므로, 신부가 어리면 어릴수록 가족의 미래 규모는 더욱 커진다. 10대를 벗어나지 못한 너무 어린 신부라면 20대 초반의 여자보다 생식 능력이 떨어지겠지만 그럴 경우에도 위의 기준이 적용된다. 남자는 쓰레기라는 이론과는 정반대로 결혼 적령기의 여성을 보는 눈은 하룻밤의 관계가 아니라 결혼과 부권을 위해 진화한 것 같다. 아버지의 역할이 교미에서 끝나는 침팬지들 사이에서는 주름이 많고 축 처진 암컷들 중 일부가 가장 섹시한 암컷으로 통한다.

이러한 예측들은 구닥다리 고정관념에 불과할까? 버스는 짝이 가져야 할 18개 자질들의 중요성을 묻는 설문지를 고안하여, 6개 대륙과 5개

섬에 거주하는 37개 나라—일부일처와 일부다처, 전통적 성향과 자유주의적 성향, 공산주의와 자본주의—의 1만 명을 조사했다. 지역과 남녀를 불문하고 모두가 지능과 친절함, 이해심에 가장 높은 점수를 매겼다. 그러나 다른 자질들에 대해서는 모든 나라의 남녀가 다르게 평가했다. 남자들보다 여자들이 돈 버는 능력을 더 중시했다. 편차의 크기는 3분의 1 이상부터 1.5배 이상까지 다양했지만, 남녀 간의 차이는 분명히 존재했다. 사실상 모든 나라에서 여자들은 남자들보다 지위와 야망, 근면함을 더 높이 평가했다. 그리고 대부분의 나라에서 여자들은 남자들보다 신뢰성과 안정성을 더 높이 평가했다. 모든 나라에서 남자들은 젊음과 외모에 더 높은 점수를 부여했다. 평균적으로 남자들은 자기보다 2.66세 어린 신부를 원했고, 여자들은 자기보다 3.42세 많은 신랑을 원했다. 이 결과는 여러 번에 걸쳐 재확인되었다.

사람들의 행동도 똑같은 이야기를 들려준다. 구인 광고란을 보면, 여자를 찾는 남자들은 나이와 외모를 따지고, 남자를 찾는 여자들은 경제적 안정, 키, 진실성을 따진다. 한 중매 업체의 사장은 "여자들은 인물 정보를 꼼꼼하게 읽고, 남자들은 사진만 본다"고 말한다. 기혼 부부들을 보면 마치 선호의 차이를 그대로 반영하듯이 남편이 아내보다 2.99세 많은 것을 알게 된다. 식량수집 문화에서도 사람들은 누구나 남들보다 더 섹시한 사람이 있다고 인정하는데, 그 범주는 주로 젊은 여자들과 명망 있는 남자들로 채워진다. 예를 들어 야노마뫼족 사람들은 가장 호감이 가는 여자를 '모코두데이'라고 부르는데, 과일을 가리킬 때에는 잘 익었다는 뜻이고, 여자를 가리킬 때에는 15~17세라는 뜻이다. 서양의 남녀들에게 슬라이드를 보여 주면, 그들도 모코두데이 여자들이 가장 매력적이라는 야노마뫼족 사람들의 평가에 동의한다. 우리 사회에서 남자의 부를 가장 잘 예측할 수 있는 지표는 아내의 외모이고, 여자의 외모를 가장 잘 예측할 수 있는 지표는 남편의 부다. 헨리 키신저와 존 타워처럼 볼품없이 생긴 장관들이 섹스심벌이나 바람둥이로 불린다. J. 폴 게티와 J. 하워드 마셜처럼 여든 살을 넘긴 석유 재벌들도 모델인 애나 니콜 스미스처럼 증손녀뻘 되는 젊은 여자들과 결혼한다. 빌리 조엘, 로드 스튜어트, 라일 로벳, 릭 오케이섹, 링고 스타, 빌 와이먼처럼 평범하게 생긴 록 스타들이 눈부시게 아름다운 여배우들이나 슈퍼모델들과 결혼한다. 그러나 전직 국회의원인 퍼트리샤 슈뢰더는, 중년의 여성 국회의원은 중년의 남성 국회의원들처럼 이성에게 동물적인 매력을 발산하지 못한다고 말했다.

이에 대한 명백한 반론은, 여자들이 부유하고 유력한 남자들을 높게 평가하는 것은 부와 권력이 남자들의 수중에 있기 때문이라는 주장이다. 성차별 사회에서 여자들이 부와 권력을 얻으려면 결혼을 하는 수밖에 없다는 것이다. 이 대안은 실험을 통해 오류임이 입증되었다. 연봉이 높고, 대학원을 졸업하고, 명망 있는 전문직에 종사하고, 많은 존경을 받는 여자들이 오히려 보통 여자들보다 남편감의 부와 지위에 더 높은 점수를 부여한다. 심지어 여권운동 단체의 지도자들도 마찬가지다. 가난한 남자들은 다른 남자들과 똑같이 아내감의 부나 돈 버는 능력에 높은 점수를 부여하지 않았다. 카메룬의 바퀘리족은 여자가 남자보다 더 부유하고 유력하지만, 그곳 여자들도 돈이 있는 남자를 고집한다.

● ● ● ●

유머작가인 프랜 레보위츠는 한 인터뷰에서 다음과 같이 말했다. "사랑에 빠져 결혼하는 사람은 어리석은 실수를 저지르는 것이다. 가장 친한 친구와 결혼하는 편이 훨씬 더 합리적이다. 우리는 사랑하는 사람보다 친한 친구를 더 좋아한다. 코가 귀엽다는 이유로 친구를 선택하지는 않지만, 결혼을 할 때에는 꼭 그런 이유로 결혼을 한다. 사람들은 이렇게 말한다. '당신의 아랫입술 때문에 당신과 평생을 보내려 한다.'"

정말로 아리송한 문제다. 이에 대한 답을 찾으려면 사람들은 가장 좋은 친구와는 아이를 만들지 못하지만 배우자와는 그럴 수 있다는 사실에 주목해야 한다. 우리가 신체의 이곳저곳에 붙어 있는 몇 밀리미터의 살갗에 신경을 쓰는 것은, 직접적으로 측정할 수 없는 깊은 특성들을 지각적으로 보여 주는 증거이기 때문일 것이다. 다시 말해, 자식의 한쪽 부모로서 손색이 없을 만큼 그 사람의 몸이 잘 갖춰져 있는지를 보는 것이다. 어미나 아비로서의 적합성은 객관세계의 다른 특성들과 똑같다. 그것은 꼬리표에 적혀 있는 것이 아니라, 세계의 작동 방식에 대한 전제들을 이용하여 외양으로부터 추론해 내야 한다.

우리는 정말로 아름다움을 보는 선천적인 눈을 구비하고 있을까? 이를 줄로 갈고, 둥근 고리를 끼워 목을 길게 늘이고, 뺨에 화상 자국을 내고, 입술에 원반을 끼우는 《내셔널 지오그래픽 National Geographic》의 원주민들은 어떠한가? 루벤스의 그림에 나오는 뚱뚱한 여자들과 1960년대의 트위기*는 어떠한가? 그들은 미의 기준이 자의적이고 변덕스럽게 변한다는 것을 보여 주지 않는가? 그렇지 않다. 사람들의 '모든' 치장이 섹시하게 보이려는 시도라고 누가 말할 수 있겠는가? 《내셔널 지오그래픽》의 주장 뒤에는 그런 전제가 암묵적으로 깔려 있지만, 그것은 명백한 잘못이다. 사람들은 많은 이유로 신체를 장식한다. 예를 들어 부유하게 보이기 위해, 연줄이 좋게 보이기 위해, 강인하게 보이기 위해, 유행에 뒤처지지 않은 것처럼 보이기 위해, 고통스런 성인식으로

* 영국 출신의 배우 겸 모델.

정예 집단의 회원 자격을 얻기 위해 신체를 장식한다. 성적 매력은 다르다. 다른 문화 출신의 이방인들도 누가 아름답고 누가 아름답지 않은지에 대해 현지인들과 의견이 같고, 어느 문화권의 사람이든 잘생긴 파트너를 원한다. 심지어 3개월 된 아기들도 예쁜 얼굴에 눈길을 준다.

섹시함은 무엇일까? 양성은 모두 감염이 없고 정상적으로 성장한 배우자를 원한다. 건강한 배우자는 원기 왕성하고, 전염병이 없고, 생식 능력이 좋을 뿐만 아니라 현지의 기생충에 대한 유전적 저항력을 자식들에게 물려줄 것이다. 우리는 청진기와 압설자(혀 누르는 기구)를 진화시키진 못했지만, 미를 보는 눈이 얼마간 그런 역할을 한다. 대칭, 기형의 부재, 청결함, 깨끗한 피부, 맑은 눈, 온전한 치아는 모든 문화에서 매력적인 요소로 통한다. 치열교정의들은 잘생긴 얼굴에는 씹기에 적합한 배열을 갖춘 치아와 턱이 있음을 발견했다. 풍부한 모발은 항상 즐거움을 불러일으킨다. 이것은 부분적으로 그런 모발이 현재의 건강 상태뿐만 아니라 지난 몇 년 동안의 건강 기록을 보여 주기 때문이다. 영양실조와 질병은 머리 가죽에서 돋아나는 모발을 손상시켜 줄기에 허약한 부분을 남긴다. 긴 머리는 장기간의 건강을 의미한다.

좋은 유전자를 나타내는 더 미묘한 증거는 평균에 속한다는 것이다. 물론 그것은 평균적인 매력을 뜻하는 것이 아니라 얼굴 각 부위의 크기와 형태가 평균적이라는 것을 의미한다. 현지 인구에서 한 특성의 평균값은 자연선택이 선호한 최적 설계를 짐작할 수 있는 좋은 기준이다. 만일 사람들이 이성의 얼굴들로 둘러싸여 있으면, 어느 특정한 후보와도 일치하지 않는 최적의 얼굴이 이상으로 자리를 잡을 것이다. 현지 인종, 또는 인종 집단의 정확한 얼굴 구조는 선천적으로 내장될 필요가 없을 것이다. 실제로 확대기 속에 사진 원판들을 여러 장 겹치거나 정교한 컴퓨터 그래픽을 이용해 합성한 얼굴은 각 개인의 얼굴들보다 더 잘생기거나 예쁘다.

평균치 얼굴은 유리한 출발점이지만 어떤 얼굴들은 평균치 얼굴보다 훨씬 더 매력적이다. 소년들이 사춘기에 도달하면 테스토스테론의 영향으로 턱, 눈썹, 코 부위의 뼈가 굵어진다. 소녀들의 얼굴은 더 고르게 성장한다. 3차원적 구조상의 이 차이 덕분에 우리는 머리가 벗겨지고 면도를 했더라도 어느 것이 남자의 머리이고 어느 것이 여자의 머리인지를 구별할 수 있다. 만일 여자의 얼굴 구조가 남자의 얼굴 구조와 비슷하면 그녀는 못생긴 축에 속하고, 덜 비슷하면 더 예쁜 축에 속한다. 여자의 아름다움은 짧고 섬세하고 부드럽게 굽은 턱뼈, 작은 뺨, 작은 코와 위턱, 눈두덩이 튀어나오지 않은 매끄러운 이마에서 생겨난다. 미인의 '높은 광대뼈'는 뼈가 아니라 연조직으로, 이 부분이 아름다움에 기여하는 것은 아름다운 얼굴의 다른 부분들(턱, 이마, 코)이 그에 비해 작기 때문이다.

남자같이 생긴 여자들은 왜 매력이 없을까? 만일 여자의 얼굴이 남성화되었다면 그녀는 혈액 속에 테스토스테론이 너무 많은 것이고(여러 질병들의 한 증상이다), 테스토스테론이 너무 많으면 불임 가능성이 높다. 또 다른 설명은 예쁜이 탐지기가 사실은 세계 속의 모든 물체들로부터 여자의 얼굴을 가려내기 위해 설계되었고, 여자의 얼굴과 가장 비슷한 사물인 남자의 얼굴과 혼동을 일으킬 위험을 최소화하도록 조율되었다는 것이다. 눈앞의 얼굴이 남자답지 않을수록 예쁜이 탐지기는 더 큰 소리를 낸다. 왜 여자답지 않은 얼굴을 가진 남자들이 더 잘생겼는지도 위와 같은 설계에 의해 설명할 수 있다. 크고 각진 아래턱, 강한 턱끝, 두드러진 이마와 눈썹을 가진 남자는 틀림없이 정상적인 남성 호르몬들을 가진 성인 남성이다.

자연선택의 냉담한 계산에 의하면 아직 자식을 낳지 않은 젊은 여자들이 최고의 아내감이다. 가장 긴 번식 기간을 앞두고 있고, 다른 남자의 아이들도 딸려 있지 않기 때문이다. 젊음의 표시, 그리고 한 번도 임신을 하지 않았다는 표시는 여자를 더 예쁘게 만들어야 한다. 10대 소녀들은 눈이 더 크고, 입술이 더 통통하고 붉으며, 피부가 더 매끄럽고 촉촉하고 탱탱하며, 젖가슴이 더 단단한데, 이 모든 것들이 오래전부터 육체적 아름다움의 요소로 인정받고 있다. 나이를 먹으면 여자의 얼굴뼈가 길어지고 거칠어지는데, 임신을 해도 같은 현상이 발생한다. 그러므로 턱이 작고 뼈가 작은 얼굴은 번식의 네 장점—여성이다, 호르몬 분비가 정상이다, 젊다, 임신을 하지 않았다—을 보여 주는 단서다. 젊음과 아름다움의 일치는 종종 미국이 젊음에 집착하는 탓이라고 비난을 받아 왔지만, 그렇게 본다면 모든 문화가 젊음에 집착하는 셈이 된다. 사실 우리 시대의 미국은 젊음을 덜 지향하는 편이다. 《플레이보이*Playboy*》 모델의 나이는 지난 수십 년에 걸쳐 꾸준히 증가해 왔지만, 대부분의 시대와 문화에서 여성들은 20대에 들어서면 이미 절정기를 지난 것으로 간주되어 왔다. 남자의 외모는 여자들만큼 빨리 기울어지지 않는데, 그것은 우리 사회의 이중적 기준 때문이 아니라 남자들의 생식 능력이 나이를 먹는 만큼 빠르게 떨어지지 않기 때문이다.

여자는 사춘기에 접어들면 엉덩이가 넓어진다. 사춘기부터 골반이 커지기 때문이고, 또 임신 기간에 신체에 공급할 칼로리 저장을 위해 엉덩이에 지방이 쌓이기 때문이다. 엉덩이 대비 허리 비율은 생식 능력이 가장 큰 여자의 경우 0.67~0.80으로 감소하는 반면, 대부분의 남자와 어린이, 폐경기에 접어든 여자들의 비율은 0.80~0.95까지 증가한다. 여자들의 경우 엉덩이 대비 허리의 비율이 낮은 것은 젊음, 건강, 생식 능력, 임신하지 않은 상태, 임신한 적이 없는 상태 등과 상관성이 있는 것으로 밝혀졌다. 심리학자 디벤드라 싱은 다양한 크기와 형태의 여자 신체를 찍은 사진과 컴퓨터 그림을 다양한 연령, 성, 문화에 속한 수백 명의 사람들에게 보여 주었다. 모든 사람이 0.70 이하를 가장 매력적으로 간주했다. 그 비율은 모래시계 몸매, 개미허리, 36-24-36 등의 이상적인 형태에 해당한다. 싱은 또한 《플레이보이》지들의 센터폴드(중간 페이지) 모델들과 지난 70년에 걸친 미인대회 우승자들의 비율을 측정했다. 그들의 몸무게는 갈수록 낮아졌지만, 엉덩이 대비 허리 비율은 변하지 않았다. 심지어 수만 년 전에 조각된 후기 구석기 비너스 조상들도 대부분 정확한 비율의 몸매를 가지고 있다.

과거에는 미적 구조가 젊음과 건강, 비임신 상태를 보여 주는 증거였지만 지금은 그렇지 않을 수도 있다. 오늘날 여자들은 조상들보다 아이를 더 적게 낳고 늦게 낳으며, 비바람에 덜 노출되고, 충분한 영양을 섭취하고, 질병에 덜 시달린다. 현대 여성은 중년에 들어서도 조상들의 10대처럼 보일 수 있다. 여자들은 또한 젊음과 여성성, 건강의 단서들을 모방하고 과장하는 기술을 갖고 있다. 눈 화장(눈을 커 보이게 한다), 립스틱, 눈썹 제거(남성적인 눈두덩을 축소시킨다), 화장(4장에서 설명한 명암으로부터 형태를 파악하는 메커니즘을 이용한다), 모발의 윤기·굵기·색채감을 높여 주는 제품들, 젊은 젖가슴처럼 보이게 해주는 브래지어와 의류, 피부를 젊어 보이게 해준다고 외치는 수백 종의 약물이 그런 예다. 다이어트와 운동은 허리를 날씬하게 해주고, 엉덩이 대비 허리 비율을 낮춰 준다. 보디스,* 코르셋, 후프,** 크리놀린,*** 버슬,† 거들, 주름치마, 테이퍼링, 넓은 벨트를 이용하면 착각을 불러일으킬 수 있다. 여성 패션은 단 한 번도 부피가 큰 허리띠를 채택한 적이 없다.

과학 문헌의 경계 밖에서는 미의 어떤 측면보다도 여

* 꽉 끼는 여성용 조끼

** 치마 안쪽에 대는 버팀대.

*** 버팀대를 댄 페티코트나 스커트.

† 스커트의 뒤쪽 허리 부분을 부풀려 과장하기 위해 허리에 대는 물건.

성의 체중에 대한 글이 많이 발표되었다. 서양에서 사진 속의 여자들은 수십 년 동안 꾸준히 가벼워졌다. 이 현상은 미의 자의성과 여성에 대한 억압을 보여 주는 증거로 간주되어 왔다. 여자들은 아무리 비합리적이더라도 그러한 기준에 맞출 수밖에 없었다는 것이다. 날씬한 모델들은 10대 소녀들의 신경성 식욕부진증(거식증)을 조장한다는 비난의 표적이 되었고, 최근에는 《비만은 페미니즘의 문제 Fat Is a Feminist Issue》라는 책이 출간되기도 했다. 그러나 체중은 아름다움의 가장 중요하지 않은 부분일 수 있다. 싱은 아주 뚱뚱한 여자들과 아주 마른 여자들은 매력적이지 않다고 평가되지만(실제로 생식 능력이 더 낮다), 상당한 범위의 체중이 매력적으로 간주되며, 크기보다는 형태(엉덩이 대비 허리 비율)가 더 중요하다는 사실을 발견했다. 날씬함에 대한 요란한 선전은 남자들 앞에서 포즈를 취하는 여자들보다는 다른 여자들 앞에서 포즈를 취하는 여자들에게 더 어울린다. 트위기와 케이트 모스는 패션모델이지 핀업걸(벽에 꽂아 놓을 만한 미인)이 아니고, 메릴린 먼로와 제인 맨스필드는 핀업걸이지 패션모델이 아니다. 체중은 대개 부유한 여자들이 가난한 여자들보다 더 날씬한 몸매를 갖고 있는 특이한 시대에 여자들의 지위 경쟁에서 작용하는 한 요소다.

그럼에도 양성 앞에서 포즈를 취하는 여자들은 과거 어느 때보다 더 날씬해졌다. 여기에는 지위의 증거가 변했다는 것 외에 또 다른 이유가 있는 것 같다. 개인적으로 추측하자면, 오늘날의 날씬한 누드모델이나 슈퍼모델이라면 역사상 어느 시대에도 데이트 상대를 쉽게 만났을 것이다. 그들은 과거에 남자들에게 외면당했던 깡마른 여자들과 같지 않기 때문이다. 신체의 부위들은 따로따로 변하지 않는다. 예를 들어 키가 큰 사람은 발이 큰 경향이 있고, 허리가 두꺼운 사람은 이중 턱을 갖는 경향이 있다. 영양실조에 걸린 여자들은 남성적인 몸을 갖는 경향이 있고, 영양 공급이 충분한 여자들은 여성적인 몸을 갖는 경향이 있어서, 역사적으로 매력적인 여자들은 체중이 더 무거운 경향이 있다. 어떤 부류의 여자도 제시카 래빗*처럼 상상할 수 있는 가장 아름다운 몸매를 가질 수 없다. 현실의 몸은 만화영화의 매혹적인 여주인공처럼 진화하지 않았기 때문이다. 현실의 몸은 매력, 달리기, 들어 올리기, 자녀 양육, 수유, 기근 견디기 같은 다양한 요구들의 타협점이기 때문이다. 아마도 섹스심벌이라는 것은 현대 기술이 조작해 낸 것이고, 만화가의 붓이 아니라 인공적인 선택으로 만들어졌을 것이다. 50억 명이 모여 사는 지구상에는 큰 발과 작은 머리를 가진 여자나 큰 귀와 앙상한 목을 가진 남자처럼 사람들이 원하는 신체 부위들의 조합이 분명히 존재할 것이다. 잘록한 허리, 납작한 배, 크고 단단한 젖가슴, 둥글지만 적당한 크기의 엉덩이—생식 능력과 처녀성을 가늠하는 바늘을 빨간색 눈금 쪽으로 올려 보내는 시각적 착각들—가 모인 기형적인 조합을 가진 여자도 수천 명은 될 것이다. 기형적인 몸매로 명성과 부를 얻을 수 있다는 말이 나돌면, 그런 여자들이 난데없이 나타나 화장과 운동, 사진술로 자신의 재능을 보강한다. 맥주 광고에 나오는 몸들은 역사상 어느 시대에도 볼 수 없었던 것들이다.

* 《누가 로저 래빗을 모함했는가?》의 여주인공.

아름다움은 일부 페미니스트들이 주장하는 것처럼 남자들이 여성을 객관화하고 억압하기 위해 꾸며 낸 공모가 아니다. 정말로 성을 차별하는 사회에서는 여자를 머리끝에서 발끝까지 차도르로 감싼다. 역사상 모든 시대에 아름다움에 대한 비판은 권력을 가진 남자, 종교 지도자, 때때로 나이 많은 여자, 의사들처럼 최근의 미용 열풍 때문에 여자들의 건강이 위험해졌다고 말할 수 있는 사람들의 몫이었다. 미를 광신하는 쪽은 정작 여자들이었다. 이것은 간단한 경제학과 정치학으로 설명된다.(정통 페미니즘의 분석은 그것을 설명하지 못할 뿐만 아니라 오히려 여성에게 모욕을 줄 수 있다. 여자는 본인이 원하지 않는 어떤 것을 얻기 위해 노력하게끔 세뇌당한 얼뜨기가 되기 때문이다.) 개방적인 사회에서 여자들은 예쁘게 보이기를 원한다. 남편, 지위, 유력자들의 관심을 얻기 위한 경쟁에서 유리한 입장에 설 수 있기 때문이다. 폐쇄적인 사회에서 남자들은 아름다움을 싫어한다. 아내와 딸들이 아무 남자에게나 매력적으로 보일 수 있고, 여자들이 그들의 성성에서 나오는 이익을 남자들에게서(딸의 경우에는 어머니에게서) 빼앗아 갈 수 있기 때문이다. 이와 동일한 경제적 원리 때문에 남자들도 멋있게 보이기를 원하지만, 시장의 힘은 더 약하거나 다르다. 여자들의 외모가 남자들에게 중요한 것만큼 남자들의 외모는 여자들에게 중요하지 않기 때문이다.

    미용 산업은 여성을 겨냥한 공모가 아니지만 그렇다고 마냥 순수한 것만도 아니다. 우리는 눈에 보이는 사람들을 기준으로 미에 대한 눈을 조정한다. 여기에는 대중매체에 등장하는 가상의 이웃들이 포함된다. 기형적으로 아름다운 가상의 인간들이 그 눈금을 재조정하여, 우리 자신을 포함한 현실의 인간들을 추하게 보이도록 만들 수 있다.

● ● ● ●

새와 마찬가지로 인간의 경우도 두 가지 번식 습관이 삶을 복잡하게 만든다. 남성은 자식에게 투자를 하지만 수정은 보이지 않는 여성의 몸속에서 이루어지므로 남성은 어느 자식이 자기 자식인지를 알지 못한다. 반면에 여성은 자신의 몸에서 생긴 난자나 아기에겐 반드시 자신의 유전자가 있음을 확신한다. 진화의 투쟁에서 부정한 아내의 남편은 독신자보다 비참하다. 그래서 수컷 새들은 방어책을 진화시켰다. 인간도 마찬가지다. 성적 질투는 모든 문화에서 발견된다.

양성 모두 자신의 짝이 바람을 피운다는 생각에 강한 질투심을 느낄 수 있지만, 남녀의 감정은 두 측면에서 다르다. 여자의 질투는 더욱 정교한 소프트웨어에 의해 제어되는 것 같다. 그리고 여자들은 상황을 평가하고, 남자의 행동이 자신의 궁극적인 이익에 위협이 되는지를 판단한다. 남자의 질투는 더 노골적이고 더 쉽게 촉발한다.(그러나 일단 촉발하면 남자보다 여자의 질투가 더 강하다.) 대부분의 사회에서 일부 여자들은 기꺼이 1명의 남편을 공유하지만, 남자들이 1명의 아내를 공유하는 사회는 없다. 다른 남자와 섹스를 하는 여성은 항상 남편의 유전적 이익에 위협을 준다. 남편을 속여서 경쟁자의 유전자를 위해 일하도록 만들기 때문이다. 그러나 다른 여자와 섹스를 하는 남자는 반드시 아내의 유전적 이익에 위협을 주지는 않는다. 그의 사생아는 다른 여자의 문제이기 때문이다. 만일 남자가 아내와 아내의 자식들에게 투자해야 할 자원을, 일시적으로든 영구적으로든 다른 여자와 그녀의 자식들에게 돌린다면 그것은 정말로 위협이 된다.

그래서 남자와 여자는 서로 다른 것에 질투심을 느껴야 한다. 남자는 아내나 여자친구가 다른 남자와 섹스를 한다는 생각에 괴로워하고, 여자는 남편이나 남자친구가 다른 여자에게 시간과 자원, 관심, 애정을 쏟는다는 생각에 괴로워해야 한다. 물론 어느 쪽도 자신의 짝이 다른 누군가에게 성이나 애정을 제공한다고 생각하기를 좋아하지 않지만, 이때에도 그 이유는 각기 다르다. 남자들이 애정에 동요하는 것은 애정이 섹스로 이어질 수 있기 때문이고, 여자들이 섹스에 동요하는 것은 섹스가 애정으로 이어질 수 있기 때문이다. 버스는 사람들의 신체에 전극봉을 붙인 다음 두 종류의 배신을 상상해 보라고 요구했다. 남자들은 성적 배신을 상상할 때 더 많이 땀을 흘리고 얼굴을 찡그리고 가슴이 두근거린 반면에, 여자들은 감정적 배신을 상상할 때 더 많이 그런 증상을 보였다.(나는 4장에서 심상의 힘을 설명할 때에도 이 실험을 인용했다.) 유럽과 아시아의 여러 나라에서도 동일한 결과가 산출되었다.

간통에는 2명이 필요하고, 남자들은 매사에 더 폭력적인 성답게 자신의 노여움을 양 당사자 모두에게 터뜨린다. 배우자 학대와 배우자 살해의 가장 큰 원인은 성적 질투심인데, 거의 항상 남자가 주인공이다. 남자들은 실질적인 배신이나 상상 속의 배신을 벌하기 위해, 또는 부정한 짓을 범하거나 다른 남자에게 가는 것을 막기 위해 아내나 여자친구를 때리고 죽인다. 여자들은 자기 방어를 위해, 또는 장기간 학대를 당한 후에 남편을 때리고 죽인다. 페미니즘을 비판하는 사람들은 미국 남자들이 여자들만큼이나 자주 배우자에게 구타와 살해를 당한다는 통계 수치를 중요하게 간주해 왔다. 그러나 대다수의 사회에서는 그렇지 않고, 심지어 그런 현상이 존재하는 몇몇 사회에서도 그 원인은 거의 항상 남편의 질투와 협박이다. 질투심이 병적으로 강한 남자가 아내를 집 안에 감금하고 걸려오는 모든 전화를 부정의 증거로 해석하는 경우가 종종 있다. 여자들이 가장 위험할 때는 떠나겠다고 위협하거나 실제로 떠날 때다. 버려진 남자는 여자를 스토킹 하고 추적하고 처형하는데, 여기에는 항상 "내가 그녀를 소유할 수 없다면 누구도 소유할 수 없다"는 심리가 작용한다. 그의 범죄는 무의미하지만 한편으로 그것은 누구도 바라지 않는 모순적 전술, 즉 둠스데이머신이다. 멀어진 아내나 여자친구를 살해한 모든 사건에는, 남자가 결과에 상관없이 살인을 저지를 정도로 미쳤음을 확실하게 보여 주는 수천 번의 위협이 분명히 존재한다.

많은 학자들이 여성에 대한 폭력을 다룰 때, 미국 사회의 이런저런 단면들—포경수술, 전쟁 장난감, 제임스 본드, 미식축구 등—을 비난한다. 그러나 여성에 대한 폭력은 식량수집 사회를 포함하여 전 세계에서 발생한다. 야노마뫼족 사이에서 아내의 부정을 의심하는 남자는 그녀를 큰 칼로 베거나, 화살로 쏘거나, 타다 남은 불로 지지거나, 귀를 자르거나, 죽이기까지 한다. 남아프리카 칼라하리 사막의 목가적인 부족인 쿵산족 남자들조차도 부정이 의심되는 아내를 무자비하게 구타한다. 그런데 때때로 들려오는 주장과는 달리, 폭력의 보편성에 대한 이런 지적들은 결코 남성의 폭력에 면죄부를 주거나, "그것은 남자의 잘못이 아니다"라는 것을 의미하지 않는다. 그렇게 엉뚱한 추론에는 엉뚱한 설명이 결부되는데, 남자들은 여성에 대한 폭력을 찬양하는 대중매체의 이미지에 의해 세뇌를 당하고 있다는 페미니즘 이론이 대표적이다.

전 세계에서 남편들은 또한 부정한 아내의 정부, 또는 정부로 의심되는 남자를 때리고 살해한다. 식량수집 사회에서 여자를 얻기 위한 경쟁이 폭력과 살인, 전쟁의 주된 원인임을 기억하자. 잠언 6장 34절에 적혀 있듯이, "그 남편이 투기함으로 분노하여 원수를 갚는 날에 용서하지 아니한다."

그러나 새들과는 달리 인간은 성적 질투를 기이한 인지 장치에 접속시킨다. 사람들은 은유적으로 생각한다. 남자들이 항상 아내를 빗대 사용해 온 은유는 재산이다. 윌슨과 댈리는 〈아내를 동산으로 착각한 남자 The Man Who Mistook His Wife for a Chattel〉라는 논문에서, 남자들은 아내를 통제하고 경쟁자를 막아 내려고 노력할 뿐만 아니라 아내에 대한 권리, 특히 아내의 번식 능력에 대한 권리를 주장하는데 그것은 일반적인 재산에 대한 소유권과 동일하다는 것을 보여 준다. 소유자는 자신의 소유물을 팔거나 교환하거나 처분할 수 있고, 마음대로 수정할 수 있고, 절도

나 손상에 대해 배상을 요구할 수 있다. 이 권리는 사회 전체로부터 인정을 받고, 공동의 보복을 통해 시행될 수 있다. 어떤 문화에서든 남자들은 아내와의 관계에 소유권 개념을 적용시켜 왔으며, 최근까지도 그 비유를 법조문으로 공식화했다.

대부분의 사회에서 결혼은 한 여자에 대한 소유권이 아버지에게서 남편에게로 넘어가는 노골적인 이전이다. 우리 문화의 결혼식에서 신부의 아버지는 "딸을 준다"고 하지만, 그보다는 딸을 파는 경우가 더 흔하다. 70퍼센트의 사회에서 신랑이나 신랑 가족은 신부의 가족에게 때로는 현금이나 딸로, 때로는 신랑이 일정 기간 동안 신부의 아버지를 위해 일을 하는 신부용역bride-service으로 대가를 지불한다.(성경에서 야곱은 라반의 딸인 라헬과 결혼할 권리를 얻기 위해 라반 밑에서 7년 동안 일을 하지만, 라반은 결혼식 날 신부를 레아로 바꾸고, 그로 인해 야곱은 라헬을 두 번째 아내로 맞아들이기 위해 또다시 라반 밑에서 7년 동안 일을 한다.) 우리에겐 신부의 지참금이 더 익숙하지만, 그것은 신부나 신랑의 부모가 아니라 신혼부부에게 가는 돈이기 때문에 신부값과는 같지 않다. 오늘날에도 많은 부부들이 따르는 관습들 중에는 남편이 다른 사람들에게 자신의 소유권을 공식적으로 알리는 관습이 있다. 남자가 아닌 여자가 약혼반지를 끼고, 배우자의 성을 따르고, 새로운 호칭인 Mrs.로 불린다. 예를 들어 Mrs. Brown은 'mistress of Brown(브라운의 부인)'이란 뜻이다.

사람들이 자기 재산을 통제하는 것처럼, 남편들(결혼 전에는 아버지와 오빠들)은 여자의 성성을 통제해 왔다. 그들은 보호자, 베일, 가발, 차도르, 성차별, 감금, 족쇄, 성기 절제, 독창적으로 설계된 수많은 정조대 등을 이용해 왔다. 폭군들은 후궁들을 거느렸을 뿐만 아니라 외부로부터 그들을 보호했다. 전통 사회에서 '여자를 보호한다'는 것은 여자의 정조를 보호한다는 뜻의 완곡어법이었다.(메이 웨스트는 다음과 같이 지적했다. "남자들은 항상 당신을 보호한다고 말하지만 무엇으로부터 보호하는지는 결코 말하지 않는다.") 생식 능력이 있는 여자들만이 이런 통제를 받았다. 아이들과 폐경 후의 여자들은 더 자유로웠다.

간통adultery이란 단어는 섞음질adulterate이란 단어와 관련이 있고, 부적절한 물질을 삽입하여 여자를 불결하게 만드는 행위를 가리킨다. 기혼 여자의 연애를 기혼 남자의 연애보다 더 가혹하게 처벌하는 악명 높은 이중적 기준은 모든 사회의 법률과 도덕에 공통적이다. 그 근본적인 이유를 제임스 보즈웰은 다음과 같이 간략하게 요약했다. "남자의 부정행위와 아내의 부정행위 사이에는 엄청난 차이가 있다." 그러자 새뮤얼 존슨은 다음과 같이 응수했다. "그 차이는 무한하다. 남자는 자기 아내에게 어떤 놈도 허락하지 않는다." 결혼한 여자와 그녀의 정부는 대개 벌을 받지만(종종 죽음으로), 여기에서 좌우 비례는 착각이다. 그것이 범죄, 구체적으로 남편에 대한 범죄가 되는 것은 남자가 기혼이기 때문이 아니라 여자가 기혼이기 때문이다. 최근까지도 전 세계 대부분의 법률 제도에서는 간통을 사유재산 침해로 취급했다. 남편에게는 배상금 청구, 신부값 환불, 이혼, 폭력적인 보복의 권리가 부여되었다. 강간은 여자가 아니라 여자의 남편에 대한 범죄였다. 딸의 가출은 아버지로부터의 유괴로 간주되었다. 아주 최근까지도 남편에 의한 강간은 범죄가 아니거나, 이치가 닿는 개념조차 아니었다. 남편에겐 아내와 섹스를 할 권리가 부여되었다.

영어권 전역의 관습법에서는 살인을 고살(우발적 살인)로 받아들이는 세 종류의 상황을 인정한다. 자기 방어, 가까운 친족 방어, 아내에 대한 성적인 신체 접촉이 그것이다.(윌슨과 댈리는 그것이 다원주의적 적응도를 훼손하는 세 가지 주된 위협이라고 말한다.) 텍사스주는 비교적 최근인 1974

년에도 아내의 간통 현장을 목격하고 그녀의 정부를 살해한 남자에게 무죄를 선언했다. 오늘날에도 많은 곳에서 그런 살인을 처벌하지 않거나 살인범을 관대하게 취급한다. 아내의 간통을 목격한 남편의 질투와 격노를 '합리적인 남성'에게서 기대할 수 있는 행동 방식 중 하나로 규정하는 것이다.

● ● ● ● ●

나는 페미니즘 이론을 건드리지 않고 성성의 진화심리학을 논의하고 싶었지만, 오늘날의 지적 풍토에서는 불가능한 일이다. 종종 성에 대한 다윈주의적 접근법은 반페미니즘적이라는 공격을 받지만 실은 그렇지 않다. 오히려 그런 비난은 특히 페미니즘 이론을 발전시키고 연구해 온 많은 페미니스트 여성들에게 명백히 당혹스럽다. 페미니즘의 핵심에는 성적 차별과 착취를 끝내고 언제든 나타날 수 있는 어떤 과학적 이론이나 발견으로도 흔들릴 위험이 없는 윤리적·정치적 입장을 확보하려는 목적이 자리하고 있다. 과학정신조차도 페미니즘의 이상을 위협하지 못한다. 지금까지 기록한 성차이들은 경제적·정치적 차원이 아니라 번식의 심리학 차원이고, 여자들이 아니라 남자들에게 문제가 되는 것들이다. 그 차이들은 근친상간, 착취, 희롱, 스토킹, 구타, (데이트 강간과 부부 강간을 포함한) 강간, 여성을 차별하는 법률에 대한 경각심을 높일 것이다. 만일 그 차이들을 통해 남자들이 여자를 대상으로 몇몇 범죄를 저지르는 경향이 있음을 알 수 있다면, 그것은 그런 범죄들이 덜 가증스럽다는 것을 의미하는 것이 아니라 더욱 확실하고 엄격한 억제책이 있어야 한다는 것을 의미할 것이다. 더 나아가 성에 따른 전통적인 노동 분업을 진화론적으로 설명한다 해도, 양성의 노동 분업이 바뀔 수 없다거나, 좋다는 의미에서 '자연적'이라거나, 혹은 분업을 원하지 않는 남녀 개인들에게 무엇인가를 강요해야 한다는 것을 의미하지 않는다.

진화심리학이 도전하는 대상은 페미니즘의 이상과 목표가 아니라 페미니즘 이론이 채택해 온 현대의 정통적인 마음 이론이다. 한 이론에서는 사람은 그들 자신의 믿음과 욕구에 따라 행동하기보다는 자신의 계급과 성의 이익을 수행하도록 설계되었다고 본다. 다른 이론에서는 아이들의 마음은 부모에 의해 형성되고, 성인의 마음은 언어와 대중매체의 이미지에 의해 형성된다고 본다. 세 번째 이론은 우리의 선천적인 성향은 좋은 것이고 무시할 만한 동기들은 사회로부터 형성된다는 낭만적인 학설이다.

인간의 성성에 대한 다윈주의 이론에 반대하는 많은 이론들 뒤에는 자연은 좋은 것이라는 무언의 전제가 깔려 있다. 무사태평한 섹스는 자연적이고 좋다, 따라서 만일 누군가가 남자는 여자보다 그런 섹스를 더 많이 원한다고 주장하면 남자는 정신적으로 건강하고 여자는 신경과민이고 억압되었다는 뜻이 된다. 이것은 (페미니즘의 입장에서는) 받아들일 수 없는 결론이므로 남자가 여자보다 무사태평한 섹스를 더 좋아한다는 주장은 올바를 수가 없다. 이와 마찬가지로 성욕은 좋은 것이다, 따라서 만일 남자들이 (여성에 대한 분노를 표출하기 위해서라기보다)* 섹스를 위해 강간을 한다면 강간은 악한 행위가 아닐 것이다. 그러나 강간은 악한 행위이므로, 남자들이 섹스를 위해 강간을 한다는 주장은 올바를 수가 없다. 더 일반적인 차원에서, 사람들이 본능적으로 좋아하는 것은 좋은 것이다, 따라서 만일 사람들이 아름다움을 좋아한다면, 아름다움은 가치의 한 표시일 것이다. 그러나 아름다움은 가치의 표시가 아니고, 따라서 사람들이 아름다움을 좋아한다는 주장은 올

* 페미니즘의 일각에서는 강간을 남성의 권력과 폭력의 문제로 본다.

바를 수가 없다.

이런 종류의 주장에는 엉터리 생물학(자연은 좋은 것이다), 엉터리 심리학(마음은 사회에 의해 창조된다), 엉터리 윤리학(사람들이 좋아하는 것은 좋은 것이다)이 결합되어 있다. 그것들을 포기해도 페미니즘은 전혀 손해를 보지 않는다.

경쟁자

세계 어디에서나 사람들은 권위, 찬성, 존엄, 우월, 명성, 존경, 체면, 지위, 탁월함, 위신, 지위, 존중, 평판, 신분, 고매함 등으로 불리는 그림자 같은 실체를 거머쥐려고 애쓴다. 사람들은 리본과 한 조각의 금속을 목에 걸기 위해 굶주리고, 목숨을 걸고, 재산을 탕진한다. 경제학자 소스타인 베블런은 사람들이 서로에게 감명을 주기 위해 너무 많은 생활필수품을 희생하기 때문에 마치 '고상한 정신적 필요'에 반응하는 것처럼 보인다고 지적했다. 사람들의 마음속에서 지위와 미덕이 매우 밀접하다는 것은 다음의 단어들을 보면 쉽게 알 수 있다. 기사도 정신이 있는 chivalrous, 귀족적인 classy, 품격이 있는 courtly,* 신사다운 gentlemanly, 명예로운 honorable,** 고귀한 noble, 위엄 있는 princely. 정반대의 단어들도 마찬가지다. 버릇없이 자란 ill-bred, 비천한 low-class, 천한 low-rent, 비열한 mean,*** 역겨운 nasty, 무례한 rude, 인색한 shabby,† 천한 shoddy.†† 개인의 사소한 외양에 대해서도 우리는 옳은 right, 선량한 good, 예절에 맞는 correct,††† 흠잡을 데 없는

* court: 궁정
** honor: 고위, 고관
*** mean: 보통 신분
† shab: 신분이 낮은 작자
†† shoddy: 재생한 털실
††† right: 어울리는, good: 훌륭한, correct: 적절한

faultless 같은 도덕적 비유로 그 멋을 표현하고, 볼품없이 입은 자를 비난할 때에는 대개 죄악을 가리키는 어조를 동원하여 초라한 tacky이라는 단어를 사용한다. 예술사가 쿠엔틴 벨은 그런 태도를 '의복 도덕성 sartorial morality'이라고 칭했다.

혹시 이것은 지적 유기체를 건조하는 한 가지 방법이 아닐까? 이 강력한 동기들은 어디에서 나오는 것일까?

많은 동물들이 무의미한 장식과 제식에 의해 감동을 받으며, 그 선택 요인은 더 이상 신비가 아니다. 그 핵심 개념은 다음과 같다. 생물들은 다른 생물을 해치거나 돕는 능력이 저마다 다르다. 어떤 것들은 더 강하거나 더 사납거나 더 유독하고, 어떤 것들은 더 좋은 유전자나 더 많은 자원을 갖고 있다. 그 강력한 생물들은 자신의 강력함을 모두가 알아 주기를 원하고, 그들과 마주치는 생물들 역시 누가 강력한지 알기를 원한다. 그러나 모든 생물이 다른 모든 생물의 DNA, 근육의 양, 생화학적 구성, 사나움 등을 파악하기는 불가능하다. 그래서 잘난 생물들은 자신의 가치를 저마다 특정한 신호로 광고한다. 애석하게도, 잘나지 못한 생물들은 그 신호를 위조하고 이득을 수확하여 그 가치를 떨어뜨린다. 그러면 잘난 생물들은 위조하기 어려운 광고물을 만들어 내고, 잘나지 못한 생물들은 더 정교한 위조물을 만들어 내고, 제3자들은 분별 능력을 강화하는 경쟁이 벌어진다. 지폐의 경우처럼 그 표시들은 비길 데 없이 번드르르하고 본질적으로 무가치하지만, 마치 가치가 있는 것처럼 취급되고 또 그렇게 취급되기 때문에 가치를 갖게 된다.

그런 광고물들 뒤에 숨겨진 귀중한 내용물은 우위(누군가를 해칠 수 있다)와 신분(누군가를 도울 수 있다)으로 나뉠 수 있다. 누군가를 해칠 수 있는 사람은 그 능력으로 누군가를 도울 수 있기 때문에 두 능력은 종종 결합한다. 그러나 여기서는 편의상 따로따로 살펴보고자 한다.

● ● ● ●

대부분의 사람들이 동물계에는 우열 관계, 모이 쪼는 서열, 우두머리 수컷이 있다는 말을 듣는다. 한 종의 동물들은 가치 있는 어떤 것을 목표로 경쟁을 할 때 절대로 죽을 때까지 싸우지 않는다. 그들은 의식을 거행하는 듯한 싸움, 무력 과시, 노려보기로 힘을 겨루다 잠시 후 한쪽이 뒤로 물러난다. 콘라트 로렌츠를 비롯한 초기의 동물행동학자들은 항복의 동작이 치명적인 유혈 사태로부터 종 전체를 보존하게 해주고, 인간은 그런 동작을 잃어버림으로써 위기에 처했다고 생각했다. 그러나 이 개념은 동물은 종 전체를 이롭게 하도록 진화한다는 오류에 근거하고 있다. 이 개념은 왜 누구에게도 굴복하지 않고 항복하는 상대를 죽이는 잔인한 돌연변이가 경쟁에서 승리하고 곧 종 전체를 장악할 것인지를 설명하지 못한다. 생물학자 존 메이너드 스미스와 제프리 파커는 동물들이 채택할 수 있는 다양한 공격 전략들이 어떻게 서로 맞물리고 충돌하는지를 모형화하여 더 나은 설명을 제시했다.

모든 다툼에서 비참한 결말에 이를 때까지 싸우는 것은 서투른 전략이다. 상대방도 똑같은 행동을 하도록 진화했을 것이기 때문이다. 싸움은 패자에게 타격이 크다. 싸움을 하다가 다치거나 죽으면 애초에 상금을 포기했을 때보다 더 나빠지기 때문이다. 싸움은 또한 승자에게도 타격이 클 수 있다. 승자도 싸움의 과정에서 부상을 당할 수 있기 때문이다. 양 당사자가 사전에 누가 이길 확률이 높은지를 사정하고 약자가 깨끗하게 물러난다면, 양쪽 모두에게 득이 될 것이다. 그래서 동물들은 누가 더 큰지를 보기 위해 서로 크기를 재거나, 누구의 무기가 더 센지를 보기 위해 무기를 휘두르거나, 누가 더 강한지를 확인할 때까지 씨름을 한다. 승자는 한쪽이지만 둘 다 살아서 돌아간다. 패자가 패배를 인정하고 물러나면 다른 곳에서 승리의 길을 찾거나 상황이 더 좋아질 때를 기다릴 수 있기 때문이다. 서로 크기를 재는 동물들은 크기를 과장하는 방법을 진화시킨다. 목둘레 깃털, 가죽 부풀리기, 갈기, 강모, 뒷다리로 서기, 큰 소리로 울기(낮은 음은 체내의 공명강이 크다는 것을 의미한다)가 그것이다. 싸움의 비용이 크고 승자를 예측할 수 없으면, 마치 경쟁하는 두 사람이 동전 던지기로 다툼을 결말짓는 것처럼, 누가 먼저 그곳에 도착했는가와 같은 임의적인 차이로 승부를 낼 수도 있다. 만일 동물들이 팽팽하게 맞서고 판돈이 충분히 높으면(예를 들어 첩처럼), 전면적인 싸움이 벌어지고 일부는 죽음에 이르기도 한다.

만일 양쪽이 살아서 돌아가게 되면 그들은 결과를 기억하고 그 후로는 패자가 승자에게 경의를 표한다. 한 집단에서 여러 동물들이 다툼을 벌이거나 리그전 형식으로 크기를 재면 그 결과 모이 쪼는 서열이 형성된다. 모이 쪼는 서열은 각 동물이 다른 각 동물과의 결투에서 승리할 확률과 관계가 있다. 예를 들어 우두머리가 늙거나 다쳐서, 또는 하위자가 힘이나 경험을 쌓아서 그 확률이 변하면 하위자는 도전을 청하고 결과에 따라 서열이 변할 수 있다. 침팬지 사회에서 우위는 용맹함뿐만 아니라 정치적 총명함에도 의존한다. 두 수컷이 공모하여 외톨이 강자를 폐위시키는 일이 발생한다. 집단생활을 하는 많은 영장류들은 성에 따라 2개의 서열 구조를 형성한다. 암컷들은 먹이를 놓고 경쟁하고, 수컷들은 암컷을 놓고 경쟁한다. 우두머리 수컷은 더 자주 짝짓기를 한다. 우두머리는 다른 수컷들을 밀어제칠 수 있는 동시에 암컷들이 그와 짝짓기하기를 더 좋아하기 때문이다. 그리고 암컷들이 우두머리와 짝짓기하기를 더 좋아하는 유일한 이유는 서열이 높은 섹스 파트너는 서열이 높은 아들을 낳게 해주는 경향이 있고, 서열이 높은 아들은 서열이 낮은 아들보다 손자 손녀를 더 많이 낳아 주기 때문이다.

  인간에겐 엄격한 서열이 없지만, 모든 사회에서 사람들은 특히 남자들 사이에 일종의 서열 관계가 있음을 인정한다. 서열이 높은 사람은 의견의 우선권이 있고, 공동의 결정에서 발언권이 크고, 대개 공동의 자원을 더 많이 분배받고, 아내와 애인을 더 많이 거느리고, 다른 남자들의 아내와 더 많이 성관계를 맺는다. 남자들은 지위를 얻기 위해 노력하고, 동물학 교과서에서 흔히 볼 수 있는 방법들과 인간에게 고유한 방법들을 이용해 지위를 획득한다. 싸움을 잘하는 남자들은 더 높은 지위를 얻고, 외모가 매력적인 남자들도 높은 서열을 얻는다. 자칭 이성적 동물이라는 종 사이에서도 큰 키는 의외로 강력하다. 대부분의 식량수집 사회에서 '지도자'라는 단어는 '큰 사람'을 의미하고, 실제로 지도자들은 대개 큰 사람들이다. 미국에서 키가 큰 사람들은 고용이 더 잘 되고, 승진이 더 잘 되고, 더 많이 벌고(1인치당 연봉 600달러), 대통령으로 더 많이 선출된다. 1904년부터 1996년 사이의 대통령 선거에서 키가 큰 후보가 스물네 번 중 스무 번이나 당선되었다. 신문의 개인 광고란에서 여자들은 키 큰 남자를 원한다. 수컷들이 경쟁을 하는 다른 종들과 마찬가지로 인간도 남성이 여성보다 크고, 낮은 목소리나 턱수염처럼 실제보다 더 커보이게 만드는 방식들을 진화시켰다.(턱수염은 머리를 더 커 보이게 만든다. 턱수염은 사자와 원숭이에게도 독립적으로 진화했다.) 레오니트 브레즈네프는 자신이 최고의 자리에 오를 수 있었던 것은 눈썹 때문이라고 주장했다! 세계 어디서나 남자들은 머리(모자, 투구, 머리 장식, 왕관)와 어깨(어깨심, 보드, 견장, 깃털 장식)의 크기를 과장하고, 몇몇 사회에서는 성기의 크기를 과장하기도 한다.(불룩한 바지 앞덮개나 성기 씌우개를 착용하는데, 어떤 씌우개는 길이가 1야드나 된다.)

그러나 인간은 언어와 함께, 우위에 대한 정보를 전파하는 새로운 방법을 진화시켰다. 바로 평판이다. 사회학자들이 오래전부터 당혹스럽게 생각해 온 사실은, 미국 도시에서 발생하는 살인의 동기들을 분류했을 때 가장 큰 범주는 강도, 불량한 마약의 거래, 또는 그 밖의 명백한 동기들이 아니라는 것이다. 그것은 "모욕, 욕설, 부딪힘 같은 비교적 사소한 원인에서 시작된 언쟁"이다. 두 젊은이가 술집에서 누가 당구대를 사용할 것인가를 놓고 다툼을 벌인다. 그들은 서로를 떠밀면서 욕설과 무례한 말을 교환한다. 패자는 구경꾼들 앞에서 망신을 당하고 뛰쳐나간 후 총을 갖고 돌아온다. 살인사건은 '무분별한 폭력'의 축소판이고, 살인자들은 종종 미친 사람이나 동물로 간주된다.

댈리와 윌슨은 두 젊은이가 마치 당구대를 사용하는 것 이상으로 엄청난 것이 걸려 있는 것처럼 행동한다고 지적한다. 실제로 엄청난 것이 걸려 있다.

남자들은 같은 남자들을 두 부류로 나눠, '함부로 해도 되는 부류'와 '함부로 하면 큰코다치는 부류,' 말이 곧 행동을 의미하는 사람들과 허풍이 전부인 사람들, 여자친구와 농담을 해도 별 탈 없이 넘어가는 녀석과 쓸데없이 문제를 일으키고 싶지 않은 녀석으로 인식한다.
대부분의 사회적 환경에서 남자의 평판은 부분적으로, 언제든 확실하게 폭력을 사용할 수 있는 상태를 유지하느냐 못 하느냐에 달려 있다. 이해 갈등은 어느 사회에나 존재하며, 한 사람의 이익은 경쟁자들을 미리 억제하지 않으면 언제든 침해당할 수 있다. 효과적인 억제책은, 나에게 손해를 끼치고 이득을 보려 한다면 반드시 가혹하게 응징할 것이고 그래서 장기판의 졸 따위를 희생하더라도 도전자에겐 치명적인 손실을 입힐 것이라는 확신을 경쟁자들에게 심어 주는 것이다.

걸려 있는 것이 전혀 없더라도 공개적인 도전에 응하지 않으면 억제책의 신뢰성이 떨어진다. 게다가 도전 대상이 비용과 이익을 냉철하게 따지는 사람이란 것을 도전자가 안다면, 그는 둘 다에게 위험한 싸움으로 도전 대상을 몰아붙여 양보를 받아 낼 것이다. 그러나 평판을 지키기 위해서라면 어떤 일도 서슴지 않는 다혈질(일종의 둠스데이머신)은 몰아붙이기가 통하지 않는다.

자기를 무시한다는 이유로 상대방을 칼로 찌르는 빈민가의 폭력배는 특정한 사회의 산물이 아니라 전 세계 모든 문화에서 비슷한 유형이 발견되는 보편적 인물이다. (영어를 포함하여) 많은 언어에서 명예honor라는 말은 불가피할 때는 피를 보더라도 모욕에는 반드시 복수를 하겠다는 결의를 의미한다. 많은 식량수집 사회에서 소년은 살인을 한 후에야 남자로서의 지위를 획득한다. 한 남자의 존경은 살인을 입증하는 증거의 수에 비례하고, 그에 따라 머리 가죽 벗기기나 머리 사냥 같은 관습이 탄생한다. '명예로운 남자들'의 결투는 미국 남부의 전통이었고, 많은 남자들이 결투를 통해 지도자의 지위에 올랐다. 10달러 지폐에 새겨진 알렉산더 해밀턴 재무장관은 아론 버 부통령과의 결투에서 목숨을 잃었고, 20달러 지폐에 새겨진 앤드루 잭슨 대통령은 두 번의 결투에서 승리했고 그 밖에도 여러 번 결투를 도발했다.

왜 우리는 치과 의사들이나 교수들이 주차장에서 결투하는 것을 보지 못할까? 첫째, 그들은 폭력의 합법적인 사용권을 국가가 독점하고 있는 세계에서 살고 있다. 이를테면 도시의 암흑가나 머나먼 국경 지대처럼 국가의 손길이 미치지 않는 곳에서는 확실한 폭력의 위협이 유일한 방어 수단이다. 둘째, 치과 의사나 교수들의 재산인 집이나 은행 계좌 같은 것들은 훔치기가 어렵다. 다른 사람들이 내 재산을 어깨에 짊어지고 갈 수 있기 때문에 위협에 신속하게 반응하는 것이 필수적일 때 '명예의 문화'가 출현한다. 그런 문화는 고정된 토지에 농사를 짓는 농경민보다는 가축을 쉽게 도난당할 수 있는 유목민 사이에서 더 많이 발달한다. 유목민 외에도 부가 현금이나 마약처럼 유동적 형태로 존재하는 사람들 사이에서 자주 발달한다. 그러나 무엇보다 가장 큰 이유는 치과 의사들과 교수들이 남성적이고 가난하고 젊은 계층이 아니라는 데 있을 것이다.

남성성은 폭력을 야기하는 가장 큰 위험 인자다. 댈리와 윌슨은 문자를 사용하지 않는 식량수집 사회들과 13세기의 영국을 포함한 14개 나라로부터 35개의 살인 통계 샘플을 분석했다. 모든 샘플에서 여자가 여자를 죽인 경우보다 남자가 남자를 죽인 경우가 월등히 많았는데, 그 수치는 평균 26배였다.

또한 당구장의 살인자들과 그 희생자들은 무지하고, 가난하고, 미혼이고, 종종 직업이 없는 보잘것없는 사람들이다. 우리 인간들처럼 일부다처로 사는 포유동물 사이에서 번식 성공률은 수컷에 따라 엄청난 차이를 보이고, 가장 치열한 경쟁은 성공 가능치가 0명에서 1명 사이를 오가는 수컷들이 몰려 있는 밑바닥에서 벌어진다. 남자들은 부와 지위로 여자를 유혹하기 때문에, 부와 지위가 없어서 여자를 얻을 방도가 없는 남자는 유전적 낭떠러지로 내몰리게 된다. 굶주림이 극에 달하면 위험한 영토로 뛰어 들어가는 새들이나, 1점 차로 지고 있고 1분 후면 경기가 끝나는 상황에서 골키퍼를 빼고 공격 선수를 집어넣는 아이스하키 감독처럼, 미래가 없는 미혼 남자는 어떤 위험이라도 감수할 것이다. 밥 딜런이 노래했듯이, "가진 게 없으면 잃을 것도 없다."

젊음은 문제를 한층 악화시킨다. 인구유전학자 앨런 로저스가 보험 통계로부터 계산한 바에 따르면 젊은 남자들은 미래를 급격히 무시한다고 한다. 실제로 그렇다. 젊은 남자들은 범죄를 저지르고, 과속 운전을 하고, 병을 무시하고, 마약, 극한 스포츠, 전차나 엘리베이터 지붕에서 서핑을 하는 등의 위험한 취미들을 선택한다. 남성성, 젊음, 빈곤, 절망, 무정부 상태가 결합하면 젊은 남자들은 평판을 지키는 일에 극도로 부주의해진다.

그리고 비유적으로 말해, 교수들(그 밖에도 경쟁이 치열한 전문직에 종사하는 사람들)이 당구대 앞에서 결투를 벌이지 않는다는 것도 확실하지가 않다. 교수들은 같은 동료들을 '함부로 해도 되는 부류'와 '함부로 하면 큰코다치는 부류,' 말이 곧 행동을 의미하는 사람과 허풍만 가득한 사람, 비판을 해도 별 탈 없이 넘어가는 동료와 쓸데없이 문제를 일으키고 싶지 않은 동료로 나눈다. 학회가 열린 자리에서 잭나이프를 휘두른다는 것은 당치도 않은 일이겠지만, 그래도 언제나 톡 쏘는 질문, 통렬한 되찌르기, 도덕적 모욕, 위압적인 독설, 분노의 항변, 원고 검토 및 연구비 심사 등이 난무한다. 물론 학계는 제도적으로 이런 소란을 최소화하지만 완전히 없애기는 어렵다. 토론의 목적은 매우 강력한 주장을 제기해 회의론자들을 '강제로' 믿게 만드는 것이다. 그러면 힘을 잃은 회의론자들은 최소한 이성을 잃지 않았다면 그것을 부인할 수 없게 된다. 원칙상 강제력은 이론 자체에서 나온다고 하지만, 옹호자들은 그 이론을 지지하기 위해 협박("명백히…"), 위협("…라고 한다면 비과학적일 것이다"), 권위("포퍼가 입증한 바에 따르면…"), 모욕("이 연구는 …을 위한 엄밀함이 부족하다"), 비하("오늘날 진지하게 …라고 생각하는 사람은 거의 없다") 등의 언어적 우위 전술을 동원하는 것을 마다하지 않는다. 아마도 이 때문에 H. L. 멩켄은 "대학 풋볼은 학생들 대신 교수들이 뛴다면 훨씬 더 흥미로울 것이다"라고 썼을 것이다.

●●●●

지위는 당신이 마음만 먹으면 남들을 도울 수 있는 자산을 소유하고 있다는 것을 많은 사람들이 알아주는 것이다. 그런 자산에는 아름다움, 독보적인 재능이나 전문성, 유력자들의 신뢰, 그리고 무엇보다 부가 포함된다. 지위를 뒷받침하는 자산들은 대용이 가능하다. 부는 인맥을 만들고, 인맥은 부를 만든다. 아름다움은 (선물과 결혼을 통해) 부로 전환되거나, 중요한 사람들의 주목을 끌거나, 감당할 수 있는 것보다 더 많은 구혼자를 끌어들인다. 그러므로 자산 소유자는 단지 자산 소유자로 보이지 않는다. 그들은 후광이나 카리스마를 발산하고 그 때문에 사람들은 그들의 총애를 받고 싶어한다. 사람들이 당신의 총애를 원하게 만들면 항상 편리하므로, 지위는 그 자체만으로도 간절히 원할 가치가 있다. 그러나 하루의 시간은 정해져 있고 아첨꾼들은 누구에게 빌붙을지를 선택해야 하기 때문에 지위는 어디까지나 한정된 자원이다. A의 지위가 높으면 B의 지위는 낮을 수밖에 없으므로 사람들은 경쟁을 해야 한다.

      심지어 족장의 지위를 다투는 동족상잔의 세계에서도 신체적 우위가 전부는 아니다. 샤농의 보고에 따르면 야노마뫼 족장들 중에는 드센 골목대장도 있지만 영리함과 분별력으로 족장에 오른 사람도 있다고 한다. 카오바웨라는 이름의 남자는 물론 겁쟁이는 아니었지만 형제들과 사촌들의 도움, 그리고 아내를 교환하는 방법으로 동맹을 맺은 친구들의 도움으로 권력을 거머쥐었다. 그는 모두가 따를 것이라고 확신할 때에만 명령을 내림으로써 권위를 유지했고, 싸움을 말리거나 칼을 휘두르는 미치광이를 진정시키거나 침략자들이 눈에 띨 때 혼자 용감하게 정찰을 나섬으로써 권위를 유지했다. 그는 조용한 통치 덕분에 6명의 아내와 6명의 정부를 거느릴 수 있었다. 식량수집 사회에서 지위는 또한 훌륭한 사냥꾼과 박식한 박물학자에게 돌아간다. 우리의 조상들 역시 능력주의 사회로 살았다고 가정한다면, 인간의 진화는 항상 강자 생존의 법칙에 따라 이루어지지는 않았을 것이다.

낭만주의적인 인류학자들은 식량수집 부족들이 부에 흔들리지 않았다고 주장하곤 했다. 그러나 그들이 연구한 부족들에겐 재산이란 것이 전혀 없었다. 20세기의 수렵채집인들은 한 측면에서만큼은 인류를 대표하지 않는다. 그들은 아무도 좋아하지 않는 땅, 농사를 지을 수 없는 땅에서 산다. 그들이 사막, 열대우림, 툰드라를 좋아해서가 아니라 농경민족들이 나머지 땅을 차지해 버린 탓이다. 식량수집인들은 식량을 재배하고 저장하여 대규모의 불평등을 이룩하진 못했지만, 그들에게도 부와 위신의 불평등이 모두 존재한다.

캐나다의 태평양 연안에 살던 콰키우틀족은 해마다 몰려드는 연어와 풍부한 바다 포유류 및 장과류 덕분에 풍족한 생활을 누렸다. 그들은 부유한 추장이 통치하는 부락에서 살았는데, 추장들은 포틀래치라 불리는 경쟁적인 축제를 통해 힘을 겨뤘다. 포틀래치에 온 손님들은 연어와 장과류를 배불리 먹을 수 있었고 포틀래치를 개최한 추장은 손님들에게 기름통, 장과류 바구니, 담요 더미를 자랑스럽게 보여 주었다. 이에 굴욕감을 느낀 손님들은 자기 부락으로 살며시 돌아가 훨씬 더 큰 축제로 복수할 계획을 세우고, 얼마 후 축제를 열어 귀한 물건들을 나눠 줄 뿐만 아니라 귀중품들을 보란 듯이 깨고 부쉈다. 추장은 자신의 집 한가운데 불을 피운 다음 생선 기름, 담요, 모피, 카누, 카누의 노를 불쏘시개로 썼고 때로는 집 전체를 태우기도 했다. 유대계 미국인들의 성인식을 제외하고 세계 어디에서도 볼 수 없는 화려한 과소비일 것이다.

베블런은 위신의 심리에는 세 가지 '취미의 금전적 표준'이 작용한다고 제안했다. 뚜렷한 여가, 뚜렷한 소비, 뚜렷한 낭비가 그것이다. 사람들이 지위 상징물들을 과시하거나 탐내는 것은 그것들이 반드시 유용하거나 매력적이라서가 아니라(자갈, 데이지 꽃, 비둘기는 확실히 아름답다. 그것들이 어린아이들에게 즐거움을 준다는 사실을 뒤에서 살펴볼 것이다), 종종 그것들이 너무 희귀하거나 사치스럽거나 무의미해서 부유하지 않으면 소유할 수가 없기 때문이다. 그런 것들의 예로는, 지나치게 얇거나 크거나 꽉 죄거나 때가 잘 타서 입고 일하기가 불가능한 의류, 일상적으로 사용하기에는 너무 약하거나 구하기 힘든 재료로 만든 물건, 막대한 노동이 들어간 무용지물, 에너지를 소모하는 장식물, 평민들이 밭에서 일하는 지역에서의 창백한 피부, 평민들이 실내에서 일하는 지역에서의 선탠 등이 있다. 여기에는 다음과 같은 논리가 숨어 있다. 당신들은 내가 가진 모든 부와 수익 능력(내 은행 계좌와 토지, 나의 모든 동맹자들과 추종자들)을 볼 수는 없지만, 내 욕실의 황금 장식은 볼 수 있다. 재산이 많지 않으면 누구도 그런 것을 가질 수 없다. 그러므로 나는 부유하다.

뚜렷한 소비는 반직관적이다. 헛된 소비는 부를 갉아먹어 주인을 경쟁자들의 수준으로 끌어내리기 때문이다. 그러나 다른 사람들의 존경이 돈을 주고 살 만큼 충분히 유용하고 그 존경을 얻는 데에 모든 부나 모든 수익 능력이 들지 않을 때에는 낭비도 효과가 있다. 만일 나에게 100달러가 있고 당신에게 40달러가 있다면, 나는 50달러를 쓸 수 있지만 당신은 그럴 수가 없다. 나는 50달러를 씀으로써 다른 사람들에게 부유하다는 인상을 심어 주고도 여전히 당신보다 부유하다. 이 원리는 완전히 무관해 보이는 분야인 진화생물학에서도 확인되었다. 다윈 이후로 생물학자들은 공작의 꼬리 같은 광고물들을 당혹스럽게 생각했다. 공작의 꼬리는 암컷을 감동시키지만, 영양분을 소비하고 이동을 불편하게 하고 포식자를 끌어들이기 때문이다. 생물학자 아모츠 자하비는 자연에서 광고물들이 진화한 이유는 그것이 장애물이기 때문이라고 제안했다. 건강한 동물들만이 그런 것을 가질 여유가 있고, 암컷은 건강한 수컷을 골라 짝짓기를 한다. 이론생물학자들은 처음에는 희의적인 반응을 보였지만, 그들 중 한 명인 앨런 그라펜은 후에 그 이론이 사실임을 입증했다.

뚜렷한 소비는 가장 부유한 사람들만이 사치를 누릴 수 있을 때 효과를 발휘한다. 계층구조가 느슨해지거나, 사치품(혹은 훌륭한 모조품)이 널리 유통되면, 중상 계층은 상류층을 따라하고 중간 계층은 중상 계층을 따라하는 식으로 각 계층은 한 단계 위의 계층을 모방한다. 서민들이 상류층을 닮기 시작하고 상류층이 돋보이지 않게 되면 상류층은 새로운 외관을 채택해야 한다. 그러나 중상 계층은 그 외관을 또다시 모방하고, 상류층은 또 다른 외관으로 변화를 꾀한다. 이것이 유행이다. 유행의 무질서한 순환, 즉 10년 동안의 세련된 모습이 다음 10년에는 초라하고 촌스럽게 보이는 현상을 지금까지는 의류 회사들의 공모, 민족성의 표현, 경제의 반영 등으로 설명해 왔다. 그러나 쿠엔틴 벨은 유행을 분석한 권위 있는 저서 《인간의 장식에 대하여 *On Human Finery*》에서, 단지 하나의 설명만이 유효하다는 것을 보여 주었다. 인간은 다음과 같은 법칙을 따른다는 것이다. "당신보다 위에 있는 사람들처럼 보이려고 노력하라. 만일 정상에 있다면 아래에 있는 사람들과 다르게 보이려고 노력하라."

이 분야에서도 가장 먼저 기술을 개발한 것은 동물들이었다. 동물계의 또 다른 멋쟁이인 나비가 화려한 색을 진화시킨 것은 암컷을 감동시키기 위해서가 아니었다. 몇몇 종들은 유독하거나 맛이 없게 진화했고, 그것을 화려한 색으로 포식자들에게 경고했다. 그러자 다른 유독한 종류들도 그 색을 모방하여 기존에 유포된 두려움을 이용했다. 그런데 유독하지 않은 몇몇 나비들까지도 그 색을 모방하여 자신을 보호한 동시에 스스로 맛이 없는 나비가 되는 비용을 절약했다. 흉내쟁이들이 너무 많아지자 그 색은 더 이상 효과적인 정보를 전달하지 못하고 포식자들을 막아 내지도 못했다. 맛없는 나비들은 새로운 색을 진화시켰고, 먹을 수 있는 나비들은 또다시 그 색을 모방했다.

부 외에도 사람들이 과시하고 갈망하는 자산들이 있다. 복잡한 사회에서 사람들은 다양한 리그전에서 경쟁을 벌이는데, 모든 리그가 금권정치가의 손아귀에 있는 것은 아니다. 벨은 베블런의 목록에 네 번째 표준을 추가했다. 뚜렷한 위반이 그것이다. 대부분의 사람들은 다른 사람들의 승인에 의존한다. 살아가는 데에는 상사, 선생, 부모, 의뢰인, 고객, 장래의 배우자 가족 등의 지지가 필요한데, 그러려면 일정 정도의 존경과 겸손함을 갖추고 있어야 한다. 적극적인 거부는 다른 사람들의 호의를 위태롭게 만들 정도로 자기 자신의 지위나 능력에 자신감을 갖고 있음을 광고하는 방법이다. 그것은 "나는 대단히 재능이 있고, 부유하고, 인기가 있고, 인맥이 좋아서 당신을 성나게 해도 괜찮다"는 것을 의미한다. 19세기에 조르주 상드라는 남작 부인은 바지를 입고 시가를 피웠으며 오스카 와일드는 긴 머리에 짧은 바지를 입고 단춧구멍에 해바라기를 꽂았다. 20세기 후반에 뚜렷한 위반은 관습이 되어 반항아, 무법자, 야만인, 보헤미안, 변태, 불량배, 무례한, 성정체성 파괴자, 마우마우,* 나쁜 녀석들bad boys, 갱스터, 섹스디바sex diva, 비치가디스,** 요부, 방랑자, 머터리얼 걸material girl 등이 장황한 퍼레이드를 벌이고 지나갔다. 유행의 원동력이 고급스러움에서 최신 정보의 추구 hipness로 바뀌었지만, 기초에 깔린 지위 심리는 동일하다. 중간 계층과의 차별화를 위해 하층 계급의 스타일을 채택하는 상류층 사람들이 유행의 선도자로 나서는 한편, 중간 계층은 하층 계급으로 오해받을 수 있는 위험한 위치 때문에 그 스타일에 완전히 젖어들지 못한다. 그 스타일은 밑으로 조금씩 전파되고, 적당한 때가 되면 새로운 형식의 위반을 찾는 흐름에 자리를 내준다. 대중매체와 상인들이 새 유행을 더 효과적으로 판매하는 법을 터득함에 따라 아방가르드의 회전목마는 점점 더 빠르고 맹렬하게 돌아간다. 일간신문의 특집란에 '얼터너티브' 밴드에 대한 기사가 나오면, 팬이 적었을 때에는 그들의 연주가 훌륭했지만 이제는 상업성에 물들어 버렸다고 충고하는 편지가 줄을 잇는다. 톰 울프의 신랄한 사회비평들(《현대미술의 상실The Painted Word》, 《바우하우스에서 우리 주택까지From Bauhaus to Our House》, 《급진적 유행Radical Chic》)은 미술계와 건축계, 그리고 문화 엘리트의 정치학이 어떻게 최신 정보 추구의 원동력인 지위 갈망에 따라 움직이는가를 기록하고 있다.

* mau-maus. 1950년대 케냐의 독립운동을 이끈 민족주의적 비밀결사, 혹은 미국 내의 그 모방 세력.

** bitch goddess. 세속적·물질적 성공을 추구하는 여자(윌리엄 제임스의 용어).

친구와 지인

사람들은 친척이 아닌 사람들이나 성적인 이해관계가 전혀 없는 사람들과도 호의를 주고받는다. 아무리 이기적인 유기체라도 그런 주고받기를 원할 수 있다는 것을 우리는 쉽게 이해할 수 있다. 호의를 교환할 때, 얻는 것의 가치가 주는 것의 가치보다 더 크다면 그것은 양 당사자 모두에게 이익이 된다. 일용품의 이익이 수확 체감에 달한 경우가 좋은 예일 것이다. 만일 나에게는 2파운드의 고기만 있고 당신에게는 2파운드의 과일만 있다면, 나에게는 처음 1파운드의 고기보다 나머지 1파운드의 고기가 덜 가치 있을 것이고(한 번에 양껏 먹을 수 있는 양이 그 정도이므로), 당신에게도 나머지 1파운드의 과일이 그렇게 느껴질 것이다. 만일 당신과 내가 고기와 과일을 1파운드씩 교환한다면 서로에게 이익이 될 것이다. 경제학자들은 그것을 교환이익이라 부른다.

거래자들이 물품을 동시에 교환할 때에는 협동이 쉽게 이루어진다. 만일 상대방이 약속을 어기면 당신은 고기를 붙잡고 늘어지거나 다시 빼앗을 것이다. 그러나 대부분의 호의들(예를 들어 정보를 공유하거나, 물에 빠진 사람을 구해 주거나, 싸움에서 도와주는 것)은 철회가 불가능하다. 또한 대부분의 호의들은 교환이 동시에 발생하지 않는다. 필요는 변할 수 있다. 만일 내가 아직 태어나지 않은 자식을 보호해 주는 대가로 지금 당신을 돕는다면, 나는 내 자식이 태어날 때까지 그 호의의 대가를 돌려받지 못한다. 그리고 잉여물은 불균등하게 발생한다. 만일 당신과 내가 동시에 영양을 잡았다면, 동일한 품목을 교환하는 것은 아무런 의미가 없다. 그러나 당신은 오늘 영양을 사냥하고 나는 한 달 후에 영양을 사냥한다면 교환은 의미를 띠게 된다. 돈이 한 가지 해결책이지만, 그것은 최근의 발명품이어서 진화의 역사에는 등장할 수 없었다.

6장에서 본 것처럼, 연기된 교환 또는 호혜의 문제는 속이는 것이 가능하다는 것, 즉 지금 호의를 챙기고 나중에 돌려주지 않는 것이 가능하다는 것이다. 아무도 속이지 않는다면 분명 모두가 이익을 얻을 것이다. 그러나 상대방이 나를 속일 수 있는 한, 나는 호의를 베풀면 결국 둘 모두에게 이익이 된다는 것을 알면서도 그 호의를 자신 있게 베풀지 못한다. 이 문제는 죄수의 딜레마라 불리는 우화 속에 압축되어 있다. 검사가 공범자들을 각기 다른 방에 가두고 각자에게 거래를 제안한다. 만일 A가 범죄를 자백하고 B는 입을 다물면, A는 석방되고 B는 10년 형을 받는다. 만일 둘 다 입을 다물면, A와 B는 똑같이 6개월 형을 받는다. 만일 둘 다 범죄를 자백하면, 둘 다 5년 형을 받는다. 공범자들은 소통을 할 수가 없고 그래서 상대방이 어떻게 할지를 모른다. 그들은 각자 다음과 같이 생각한다. 만일 내 파트너가 자백을 하고 나는 입을 다물면, 나는 10년 형을 받는다. 만일 그와 내가 동시에 자백을 하면, 나는 5년 형을 받는다. 만일 그가 입을 다물고 나도 입을 다물면, 나는 6개월 형을 받는다. 만일 그가 입을 다물고 나는 자백을 하면, 나는 자유의 몸이 된다. 그가 어떻게 하든 나는 그를 배신하는 편이 유리하다. 두 사람은 결국 파트너를 배신하고 둘 다 5년 형을 받는데, 이것은 두 사람이 서로를 신뢰했을 때보다 훨씬 안 좋은 결과다. 그러나 상대방이 배신했을 때 자신에게 돌아올 형량 때문에 어느 누구도 파트너를 믿고 입을 다물기가 어렵다. 사회심리학자, 수학자, 경제학자, 윤리학자, 핵전략가들은 수십 년 동안 이 역설 때문에 괴로워했다. 이 문제는 해답이 없다.

  그러나 현실은 죄수의 딜레마와 한 측면이 다르다. 가상의 죄수들은 딜레마를 한 번만 겪는다. 그에 반해 실제 사람들은 반복적으로 대면하면서 협조의 딜레마를 겪기 때문에, 과거의 배반이나 충분한 보답을 기억하고 그에 따라 행동할 수 있다. 사람들은 공감하는 마음으로 호의를 베풀 수 있고, 불쾌한 감정으로 복수를 꾀할 수 있으며, 감사하는 마음으로 호의에 보답할 수 있고, 후회하는 마음으로 보상을 할 수도 있다. 당사자들이 반복적으로 상호작용을 하면서 현재의 협동에 대해 차후의 협동으로 보상하고 현재의 변절에 대해 차후의 변절로 응징할 수 있을 때, 도덕관념을 구성하는 감정들이 진화할 수 있다고 제안한 트리버스의 이론을 기억하라. 로버트 액설로드와 윌리엄 해밀턴은 컴퓨터 시합을 통해 리그전 방식으로 죄수의 딜레마 게임을 하게 하여 각기 다른 전략들이 어떤 결과를 끌어내는지를 확인했다. 그들은 딜레마의 핵심을 적용하여, 감소된 형량에 해당하는 점수를 각각의 전략에 부여했다. 맞대응이라 불리는 단순한 전략—첫수에서는 무조건 협력해 주고, 다음부터는 이전 수에서 파트너가 했던 행동을 그대로 따라하는 것—이 나머지 62개의 전략을 물리쳤다. 그런 다음 두 사람은, 각각의 전략이 승리 횟수에 비례하여 '번식'을 하고 각 전략의 사본들이 새로운 리그전을 벌이는 일종의 인공생명 시뮬레이션을 가동했다. 여러 세대에 걸쳐 같은 과정을 반복한 결과, 맞대응 전략이 개체군 전체를 점령했다. 당사자들이 반복적으로 상호작용을 하면서 상대방의 행동을 기억하고 그에 따라 보답과 보복을 하면 협동이 진화할 수 있음을 보여 준 것이다.

    5장과 6장에서 본 것처럼 사람들은 사기꾼 탐지에 능숙하며, 사기를 응징하고 협동에 보답하라고 촉구하는 도덕적 감정들을 구비하고 있다. 이것은 인류에게 광범위하게 존재하는 협동의 기초에 맞대응이 있다는 것을 의미할까? 실제로 인간 사회에서 발견되는 대다수의 협동에는 맞대응 전략이 깔려 있다. 현금등록기, 출퇴근기록기, 기차표, 영수증, 회계장부를 비롯하여 '무감독 제도'에 의존하지 않는 다양한 상거래 수단들이 사기꾼을 탐지하는 기계들이다. 사기꾼들(예를 들어 손버릇이 나쁜 종업원)은 때때로 범죄의 대가를 치르지만, 그보다는 호혜가 단절(즉, 해고)되는 경우가 더 많다. 이와 마찬가지로 고객을 속이는 기업은 곧 고객을 잃어버린다. 떠돌이 구직자, 야반도주하는 기업, 전화로 '투자 기회'를 제공하는 회사가 냉대를 당하는 이유는 반복적인 협력 게임보다는 단발적인 게임을 즐기고 그래서 맞대응 전략이 먹히지 않을 것처럼 보이기 때문이다. 심지어 적당히 친한 친구들도 마음속으로는 가장 최근에 받은 크리스마스 선물과 저녁 파티 초대를 기억하고 그에 보답할 적당한 방법을 계산한다.

이 모든 계산들이 자본주의 사회가 만들어 낸 소외와 부르주아적 가치관의 산물일까? 많은 지식인들이 가장 좋아하는 믿음들 중 하나는, 모든 사람이 모든 것을 자유롭게 공유할 수 있는 문화가 어딘가에 존재한다는 것이다. 마르크스와 엥겔스는 문자 사용 이전의 부족들이 문명의 첫 단계인 원시 공산주의 체제로 생활했으며 원시 공산주의의 원리는 "각자 능력에 따라 생산하고 필요에 따라 분배하는 것"이라고 생각했다. 실제로 식량수집 사회에서 사람들은 식량과 위험을 공유한다. 그러나 대부분의 식량수집 사회에서 사람들은 주로 친족들과 교류하기 때문에, 생물학적 의미에서 그들은 자기 자신의 연장 선상에 있는 사람들과 공유를 하는 셈이다. 또한 많은 문화들이 공유를 '이상'으로 생각하지만, 실질적인 의미는 거의 없다. 물론 나는 당신이 자기 몫을 남들과 공유한다면 대단히 좋을 것이라고 말할 수는 있지만, 문제는 내가 내 몫을 남들과 공유할 수 있느냐다.

물론 식량수집 부족들은 비친족들과도 분배를 하지만, 그것은 무차별적인 증여나 사회주의적 실천을 위해서가 아니다. 인류학의 데이터를 보면, 분배는 비용과 혜택에 대한 분석, 그리고 호혜에 대한 신중한 정신적 장부에 따라 이루어진다는 것을 알 수 있다. 사람들은 나누지 않는 것이 자살 행위와 같을 때 분배를 한다. 일반적으로 동물들은 식량수집의 성공률 변화가 심할 때 어쩔 수 없이 분배를 한다. 예를 들어 내가 몇 주 동안

운이 좋아서 먹을 수 있는 양보다 더 많은 음식을 수집하지만 다음 몇 주 동안은 운이 없어서 굶어 죽을 위험에 처한다고 가정해 보자. 배부른 몇 주 동안에 남는 음식을 어떻게 저장해야 배고픈 시절을 견딜 수 있을까? 냉장은 선택할 수 없다. 음식을 닥치는 대로 먹고 몸속에 지방으로 저장할 수도 있지만, 이 방법은 한계가 분명하다. 하루 동안 양껏 먹는다고 해서 한 달의 허기를 피할 수는 없기 때문이다. 그러나 나는 남는 음식을 다른 사람들의 몸과 마음속에 저장할 수 있으며, 그것은 입장이 바뀔 때 내 관대함에 보답해야 한다는 의무감을 자극하는 기억의 형태로 저장된다. 미래의 위험이 예상되면 위험을 공동 관리하는 것이 유리하다.

이 이론은 예를 들어 흡혈박쥐 같은 동물에게서도 확인되었고, 한 문화 '내부'에 존재하는 분배 방식들을 대조함으로써 문화들 간의 차이를 밝혀낸 두 번의 멋진 연구에서도 확인되었다. 파라과이의 아체족은 동물을 사냥하고 식물을 수집한다. 사냥은 주로 운에 좌우되므로, 아체족 사냥꾼이 빈손으로 귀가할 확률은 40퍼센트에 이른다. 반면에 수집은 대개 노력에 달려 있으므로 오래 일할수록 많은 식량을 가져올 수 있고, 빈손으로 돌아오는 경우는 불운하다기보다는 게으른 탓이 크다. 당신이 예상하는 것처럼, 아체족은 식물을 핵가족 내에서만 공유하고 고기는 무리 전체와 공유한다.

칼라하리 사막의 쿵산족은 세계적으로 원시 공산주의 체제에 가장 근접한 부족일 것이다. 쿵산족은 공유를 신성시하고 과시와 사재기를 경멸한다. 그들은 척박하고 메마른 환경에서 수렵채집을 하고, 식량과 물구덩이를 교환한다. 그들과 같은 민족에서 갈라져 나온 이웃 부족인 가나산족은 (물을 저장한) 멜론을 재배하고 염소를 기르는 일에 취미를 붙였다. 그들은 이웃의 사촌들만큼 풍요와 곤경에 흔들리지 않고, 그들과는 달리 식량을 저장하고 부와 지위의 불평등을 발달시켰다. 아체족과 산족 모두 변화가 심한 식량은 공유하고, 변화가 적은 식량은 개별적으로 저장한다.

그 사람들이 계산기를 꺼내 들고 변화를 계산하는 것은 아니다. 그들이 나누기를 결정할 때 그들의 마음에서는 어떤 일이 벌어질까? 코즈미디스와 투비는 그 심리가 별로 낯설지 않다고 지적한다. 그것은 우리 자신의 공평성과 동정심에 해당한다. 사람들로 하여금 노숙자들을 돕게 만드는 것이 무엇인지를 생각해 보라. 우리 모두 노숙자들을 도와야 한다고 주장하는 사람들은 그들에게서 안식처를 빼앗은 그 우연한 변화의 차원을 강조한다. 노숙자들을 도와줄 가치가 있는 것은 그들이 불운을 겪고 있기 때문이다. 그들은 실업, 차별, 정신 질환 같은 불행한 상황의 희생자들이다. 노숙자들을 변호하는 사람들은 우리에게 "행운은 물레방아처럼 돈다"는 것을 기억하라고 촉구한다. 반면에 나누기를 반대하는 사람들은 우리 사회에서 적극적으로 경제활동을 하면 보상을 받을 수 있다는 사실, 즉 보상의 예측 가능성을 강조한다. 노숙자들은 도와줄 필요가 없다. 그들은 멀쩡한 신체를 가졌지만 게으름에 빠졌거나 술이나 마약을 선택했기 때문이다. 노숙자들을 변호하는 사람들은 마약중독이란 누구나 걸릴 수 있는 일종의 병이라고 대답한다.

아무리 관대한 순간에도 식량수집인은 애정과 친절함이 가득한 마음에서 행동하지는 않는다. 그들은 누가 도움을 주었는지에 대한 정확하고 자세한 기억, 보답에 대한 명백한 기대, 비협력자들에 대한 험담에 기초하여 분배 윤리를 실천한다. 그리고 그 와중에도 이기적인 감정들을 완전히 접지는 않는다. 인류학자 멜빈 코너는 여러 해 동안 쿵산족과 함께 생활하면서 그들의 방식을 존경스럽게 기록했지만 한편으로는 다음과 같은 말을 남겼다.

그들의 전통적인 환경에서 이기심, 거만, 탐욕, 물욕, 분노를 비롯하여 모든 형태의 욕심을 억제하는 방식은 단순한 배고픔을 억제하는 방식과 동일하다. 다시 말해, 인간의 욕심이 고개를 들지 않는 것은 상황이 허락하지 않기 때문이다. 그리고 몇몇 사람들이 가정하는 것처럼, 그 사람들이나 그들의 문화가 어떤 면에서 더 훌륭하기 때문도 아니다. 나는 결코 잊지 못할 일을 경험했다. 한 가족의 가장이고, 마흔 살 정도 되었으며, 마을에서 존경을 받고, 모든 면에서 훌륭하고 견실한 쿵산족 남자가 영양을 사냥한 후 내게 다리 하나를 맡아 달라고 부탁했다. 누구나 그래야 하듯이 그는 영양의 대부분을 나눠 주었다. 그러면서도 한편으론 그 자신과 가족을 위해 고기의 일부를 숨길 기회를 포착한 것이다. 물론 보통 칼라하리 사막에는 고기를 숨길 곳이 전혀 없다. 숨겨놓아 봤자 청소동물이나 맹수들의 밥이 되기 십상이다. 그러나 그는 곁에 있던 외국인에게서 또 다른 세계와의 접점을 보았고, 유일한 은닉 장소인 그 접점의 틈 속에 고기를 슬쩍 감춰 놓고 싶었던 것이다.

● ● ● ●

친구 관계에서는 호혜주의가 거짓말처럼 들린다. 저녁식사에 초대받은 손님이 지갑을 꺼내 주인 부부에게 저녁 값을 지불한다면 꽤나 의심스런 취미의 소유자로 취급당할 것이다. 바로 다음날 그 부부를 초대하는 것도 별반 다르지 않다. 맞대응은 우정을 굳게 하지 못하고 오히려 금이 가게 만든다. 친한 친구 사이에 차를 사고파는 등의 거래를 하는 것보다 더 어색한 일은 없을 것이다. 인생에서 가장 친한 친구인 배우자의 경우도 마찬가지다. 각자가 상대방을 위해 무엇을 해줬는지를 꼼꼼히 체크하는 부부는 가장 불행한 부부일 것이다.

친밀한 우정과 지속적인 결혼의 기초를 이루는 감정(낭만적이거나 성적이지 않은 사랑)인 우애적 사랑에는 독자적인 심리가 존재한다. 친구나 부부는 마치 서로에게 빚을 진 것처럼 느끼지만 그 빚은 계산하기가 불가능하고 변제의 의무는 부담스럽기는커녕 대단히 만족스럽게 느껴진다. 사람들은 친구나 배우자를 도울 때 보답을 기대하거나, 보답이 없다고 자신의 호의를 후회하지 않고 자발적인 즐거움을 느낀다. 물론 그 호의들은 마음속 어딘가에 새겨지는데 장부상의 기록이 너무 한쪽으로 치우치면 호의를 베푼 쪽은 빚을 회수하거나 더 이상의 신용거래, 즉 친구 관계를 끊을 수도 있다. 그러나 거래 기간은 길고 변제 조건은 관대하다. 따라서 우애적 사랑은 기본적으로 호혜적 이타주의와 모순된다기보다는 호혜를 보증하는 감정들―좋아함, 동정, 감사, 신뢰―이 최대한 연장된 탄력성이 강한 이타주의라 할 수 있다.

우애적 사랑의 증거는 분명하지만 우애적 사랑이 진화한 이유는 무엇일까? 투비와 코즈미디스는 우정의 심리학을 역설계하려는 시도로 '은행의 역설Banker's Paradox'이라는 교환 논리의 한 측면을 지적한다. 은행에 돈을 빌리러 간 많은 사람들이 정작 필요하지 않다고 입증할 수 있는 액수까지만 빌려 준다는 사실을 알고는 좌절감을 맛본다. 로버트 프로스트가 표현한 것처럼, "은행은 맑은 날 우산을 빌려 주고 빗방울이 떨어질 때 돌려 달라고 요구하는 곳이다." 은행들은 단지 투자할 돈밖에 없으며 대출은 모두 도박이라고 말한다. 은행은 수익을 내야 하고 그렇지 못하면 업계에서 밀려나기 때문에, 고객들의 신용 리스크(변제 불능의 위험성)를 평가하고 잡초를 솎아 낸다.

바로 이 잔인한 논리가 우리 조상들의 이타주의에도 적용된다. 호의를 베풀 것인가 말 것인가를 숙고하는 개인은 은행과 똑같다. 그는 사기꾼을 조심해야 할 뿐 아니라(자발적으로 빚을 갚을 사람인가?) 높은 신용 리스크(갚을 능력이 있는 사람인가?)에도 신경을 써야 한다. 수령인이 죽거나, 불구가 되거나, 부랑자가 되거나, 집단을 떠나면 호의는 물거품이 된다. 불행하게도 호의가 가장 필요한 사람은 신용 리스크가 높은 사람들, 즉 병들고 굶주리고 다치고 추방당한 사람들이다. 특히 가혹한 환경에서 살아가는 식량수집인들은 누구라도 엄청난 불행을 겪을 수 있다. 식량수집 사회에서 일단 불행에 휩쓸린 사람은 오래 버티지 못한다. 불행이 당신을 위협할 때에도 다른 사람들로부터 '신용'을 연장할 수 있는 일종의 보험으로서 어떤 종류의 생각과 감정이 진화할 수 있었을까?

첫 번째 전략은 나 자신을 독보적인 존재로 만드는 것이다. 예를 들어 도구 제작, 길 찾기, 분쟁 해결처럼 집단 내에서 아무도 흉내 낼 수 없는 전문 기술을 계발한다면 나는 위급한 때를 위해 따돌릴 수 없는 중요한 존재가 될 것이다. 모두가 내게 의존한다면 위기가 닥쳐도 나를 방치하지 않을 것이다. 오늘날 사람들은 자신만의 가치 있는 재능을 널리 알리거나 자신만의 재능을 독보적이고 가치 있다고 인정해 주는 집단을 찾는 일에 사회생활의 많은 부분을 할애한다. 지위 추구는 자신을 독보적인 존재로 만들고자 하는 동기들 중 하나다.

두 번째 전략은 당신에게 이익이 되는 것들로부터 이익을 얻는 동지들과 연합하는 것이다. 그러면 단지 당신의 삶에 힘쓰고 당신 자신의 이익을 추구하는 것만으로도 그들의 이익을 증진시키는 부수적 효과를 거둘 수 있다. 결혼이 가장 분명한 예다. 남편과 아내는 자식들의 안녕으로 이익을 공유한다. 두 번째 예는, 마오쩌둥의 어록에 담긴 "나의 적의 적은 나의 동지"다. 세 번째 예는 이를테면 집으로 가는 길 찾기에 능숙한 것처럼 나에게도 이익이 되는 동시에 남들에게도 이익이 되는 기술을 소유하는 것이다. 그 밖의 예로는 나와 같은 온도의 방을 좋아하는 사람이나 나와 같은 음악을 좋아하는 사람과 같이 사는 것이다. 이 모든 예에서 우리는, 비용이 발생하는 동시에 그에 대한 보답이 요구되는 생물학적 의미의 이타주의와는 무관하게 다른 사람에게 이익을 줄 수 있다. 이타주의라는 과제가 집중 조명을 받는 동안 그보다 더 직접적으로 도움을 주고받는 방식인 공생은 무관심 속에 방치되어 왔다. 공생은 두 유기체(예를 들어 이끼를 이루고 사는 조류와 균류)가 생활방식의 부산물을 통해 서로에게 우연한 이익을 제공하기 때문에 협력 관계를 이루는 것을 말한다. 공생자들은 이익을 주고받지만 어느 쪽도 비용을 지불하진 않는다. 취미가 음악인 두 룸메이트는 호의를 교환하지 않고도 서로를 가치 있게 생각하는 일종의 공생자들이다.

일단 나 자신을 누군가에게 가치 있게 만들면 그 사람도 나에게 소중한 존재가 된다. 내가 그(그녀)를 소중하게 생각하는 것은 내가 어려움에 빠졌을 때 그(그녀)도 내가 곤경에서 벗어나는 것에 이해관계가 (비록 이기적인 이해관계이지만) 걸려 있기 때문이다. 그런데 내가 그 사람을 소중하게 여긴다면 그들은 나를 더욱 소중히 여겨야 한다. 나는 나의 재능이나 습관 때문에 그들에게 소중할 뿐만 아니라, 궂은 날에 그들을 곤경에서 구하는 일에 이해관계가 걸려 있기 때문에 소중하다. 내가 그 사람을 소중히 여기면 여길수록 그 사람은 나를 더욱 소중히 여긴다. 이렇게 계속되는 과정을 우리는 우정이라 부른다. 만일 사람들에게 당신들은 왜 친구냐고 물으면 그들은 이렇게 대답할 것이다. "우리는 좋아하는 것이 같고, 서로를 위해 항상 옆에 있어 줄 것임을 안다."

다른 종류의 이타주의처럼 친구 관계도 사기에 취약하다. 우리는 그 사기꾼들을 '좋은 날만의 친구fair-weather friend'라는 특별한 이름으로 부른다. 사이비 친구들은 가치 있는 사람들과 교제하면서 그로부터 나오는 이익을 거둬 가고, 그들 자신도 가치 있는 사람이 되기 위해 온정의 표시를 흉내 낸다. 그러나 빗방울이 떨어지면 그들은 감쪽같이 사라진다. 사람들에겐 좋은 날만의 친구를 솎아내도록 설계된 것처럼 보이는 감정 반응이 있다. 곤경에 빠졌을 때 도움의 손길은 대단히 감동적으로 느껴진다. 우리는 뭉클한 감동을 느끼고, 그 관대함을 결코 잊지 못하고, 또 그것을 결코 잊지 못할 것이라고 말하지 않고는 못배긴다. 곤궁한 시절을 겪으면 누가 진정한 친구인지를 알게 된다. 진화론의 관점에서 우정의 요점은 곤경에 빠진 친구를 구하기 위해 팔을 걷어붙이는 것이기 때문이다.

투비와 코즈미디스는 더 나아가, 마음에 설계된 우정의 감정들이 수많은 현대인들이 느끼는 소외와 외로움의 원천일 수 있다고 추측한다. 눈에 보이는 교환과 주고받기식 호혜는 우정이 없고 신뢰가 낮을 때 의존하는 낮은 차원의 이타주의다. 그러나 오늘날의 시장경제에서 우리는 수도 없이 낯선 사람들과 호의를 교환한다. 이 때문에 우리는 다른 인간들과 깊이 연결되어 있지 않으며 어려움이 닥치면 쉽게 버림받을 수 있다는 인식을 갖게 된다. 그리고 역설적이게도 우리에게 물리적 편안함을 주는 환경이 정서적으로는 우리를 더욱 불안정하게 만들고 있는지 모른다. 그런 환경에서는 위기가 최소화되어 누가 진정한 친구인지를 알기가 어렵기 때문이다.

동맹과 적

인간관계에 대한 어떤 설명도 전쟁을 논하지 않으면 완전하지 못할 것이다. 전쟁은 보편적 현상은 아니지만, 모든 문화에서 사람들은 자신이 어떤 집단(무리, 부족, 씨족, 국가)의 일원임을 느끼고 다른 집단에 대한 적의를 느낀다. 그리고 전투는 그 자체로 식량수집 부족들의 주된 생활방식이다. 많은 지식인들이 원시인의 전투는 드물고, 온화하고, 제식적祭式的이었을 것이라고 믿는다. 적어도 고상한 야만인들이 서양인들과 접촉하면서 오염되기 전까지는 그러했다고 믿는다. 그러나 이것은 낭만주의적 난센스다. 전쟁은 항상 지옥이었다.

야노마뫼족 부락들은 끊임없이 서로를 습격한다. 40세 이상의 성인들 중 70퍼센트가 가족 중 1명을 폭력으로 잃은 경험을 갖고 있다. 30퍼센트의 남자들이 다른 남자에게 살해당한다. 44퍼센트의 남자들이 사람을 죽인 경험을 갖고 있다. 야노마뫼족은 스스로를 흉포한 부족이라 부르지만 다른 원시 부족들도 비슷한 수치를 보인다. 고고학자 로렌스 킬리의 기록에 따르면 뉴기니 사람들, 오스트레일리아 원주민, 태평양 군도 사람들, 아메리카 원주민들은 항상 전쟁에 시달렸고, 그런 양상은 대영제국이 식민지 통치에 장애가 되는 소란들을 근절시킬 때까지 계속되었다고 한다. 원시인들의 전쟁은 동원 체계가 더 완벽하고, 전투가 더 빈번하고, 사상자가 더 많고, 포로가 더 적고, 무기들이 더 치명적이다. 전쟁은 부드럽게 표현하자면 주요한 선택압력이고, 진화의 역사에서 반복적으로 출현했기 때문에 인간 정신의 몇몇 부품들을 설계했을 것이 분명하다.

왜 사람들은 전쟁을 시작할 정도로 어리석을까? 부족사회의 사람들은 가치 있는 모든 것을 놓고 싸움을 벌일 수 있고, 부족 간의 전쟁은 제1차 세계대전만큼이나 그 원인을 풀어내기가 어렵다. 그러나 반복적으로 눈에 띄는 하나의 동기는 서양인들을 놀라게 한다. 식량수집 사회에서 남자들은 여자를 포획하기 위해 전쟁에 나서는데, 여자는 반드시 전사들의 의식적인 목표가 아니라(그럴 때도 빈번하지만), 전의를 고취시키는 궁극적인 소득이었다. 여자에게 접근할 수 있는 권리는 남성의 번식 성공을 좌우하는 제한 요소다. 2명의 아내를 거느리면 자식을 두 배로 늘릴 수 있고, 3명의 아내를 거느리면 자식을 세 배로 늘릴 수 있다. 죽음의 문턱에 이른 남자가 아니라면 다른 어떤 자원도 〔여자만큼〕 진화적 적응도에 큰 영향을 미치지 못한다. 부족 전쟁의 가장 일반적인 전리품은 여자다. 침략자들은 남자들을 죽이고, 결혼 적령기의 여자들을 납치하고, 여자들을 집단으로 강간하고, 여자들을 아내로 배당한다. 샤농의 발견에 따르면, 적을 죽인 야노마뫼 남자들은 그렇지 않은 남자들보다 세 배의 아내를 거느리고 세 배의 자식을 두고 있었다. 살인을 한 적이 있는 대부분의 젊은 남자들은 기혼이었고, 살인을 한 적이 없는 대부분의 젊은 남자들은 미혼이었다. 그 차이는 살인자들과 비살인자들 간의 다른 차이들(예를 들어 체격, 힘, 친족의 수)로부터 야기된 우연한 현상이 아니다. 야노마뫼 부락에서 살인자들은 존경을 받고, 그래서 더 많은 아내를 인정받고 거느린다.

야노마뫼족은 때때로 단지 여자들을 납치할 목적으로 습격을 감행한다. 과거의 살인이나 납치를 되갚기 위해 습격을 계획하는 경우가 더 많지만, 그럴 때에도 항상 납치를 시도한다. 친척들이 살인자나 그의 친척들을 죽이는 피의 복수극은 폭력을 퍼뜨리는 주범이지만, 6장에서 본 것처럼 그 동기는 명백한 억제 기능을 갖고 있다. 피의 복수극은 수십 년, 혹은 그보다 더 오래 계속되곤 한다. 양쪽의 희생자 규모가 서로 늘 다르고, 따라서 언제든 한쪽에서는 되갚아야 할 원한을 기억해 내기 때문이다.(이웃 부족이 당신의 남편, 형제, 아들을 살해했거나 당신의 아내, 딸, 누이들을 강간하고 납치했다면 그들에게 어떤 감정이 들지를 상상해 보라.) 그런데도 반목하는 사람들은 눈에는 눈으로 복수하는 것에 그치지 않는다. 두통거리를 뿌리째 뽑을 기회가 보이면 그들은 가차 없이 적을 몰살시키고 덤으로 여자들을 납치한다. 여자에 대한 욕심은 피의 복수극에 부채질을 할 뿐만 아니라 애초에 그런 복수극을 일으키는 불씨 역할도 한다. 대개 최초의 살인은 여자 때문에, 즉 한 남자가 다른 남자의 아내를 유혹하거나 납치할 때, 또는 딸을 주기로 한 약속을 어길 때 일어난다.

현대인들의 입장에서는 문자 사용 이전의 부족들이 여자 때문에 전쟁을 한다는 사실을 믿기가 어렵다. 한 인류학자가 샤농에게 다음과 같은 편지를 보냈다. "여자라고요? 여자 때문에 싸운다고요? 금이나 다이아몬드라면 이해가 되지만, 여자 때문이라니요? 그럴 리가 없습니다." 물론 이런 반응은 생물학적으로 무의미하다. 다른 인류학자들은 야노마뫼 사람들이 단백질 결핍을 겪고 있었고, 그래서 사냥감을 놓고 싸움을 벌였다고 주장했다. 그러나 측정 결과 야노마뫼 사람들의 단백질 섭취량은 적정치 이상이었음이 밝혀졌다. 세계적으로 가장 잘 먹고사는 식량수집 부족들이 가장 호전적이다. 샤농이 야노마뫼족의 피조사자들에게 고기 부족의 가설을 설명하자 그들은 어이없다는 듯이 웃으면서, "고기를 좋아하는 것은 사실이지만, 우리는 여자를 훨씬 더 좋아한다"고 말했다. 샤농은 그들이 우리와 다르지 않다고 지적한다. "토요일 밤에 싸움이 자주 벌어지는 험악한 술집에 가보라. 무엇 때문에 싸움이 벌어지는가? 누군가의 햄버거에 든 고기의 양 때문인가? 또는 컨트리송과 웨스턴송의 가사들을 샅샅이 뒤져 보라. 어느 노래에 '당신의 소를 데리고 시내로 들어오지 말라'*는 가사가 있는가?"

* 케니 로저스의 노래 중에 "사랑하는 여자를 데리고 시내로 들어오지 말라"는 가사가 있다.

유사성은 뿌리가 깊다. 서양인들의 전쟁은 원시적인 전쟁과 여러 면에서 다르지만, 최소한 한 가지 측면은 비슷하다. 침략자들이 여자들을 강간하거나 납치한다는 것이다. 이것은 성경에도 기록되어 있다.

> 그들이 여호와께서 모세에게 명하신 대로 미디안을 쳐서 그 남자들을 다 죽였고 … 이스라엘 자손이 미디안의 부녀들과 그 아이들을 사로잡고 그 가축과 양 떼와 재물을 다 탈취하고 … 모세가 그들에게 이르되 너희가 여자들을 다 살려 두었느냐 … 그러므로 아이들 중에 남자는 다 죽이고 남자와 동침하여 사내를 안 여자는 다 죽이고 남자와 동침하지 아니하여 사내를 알지 못하는 여자들은 다 너희를 위하여 살려 둘 것이니라. (민수기 31장)

> 네가 어떤 성읍으로 나아가서 치려 할 때에 그 성에 먼저 평화를 선언하라 … 만일 너와 평화하기를 싫어하고 너를 대적하여 싸우려 하거든 너는 그 성읍을 에워쌀 것이며 네 하나님 여호와께서 그 성읍을 네 손에 붙이시거든 너는 칼날로 그 속의 남자를 다 쳐 죽이고 오직 여자들과 유아들과 육축과 무릇 그 성중에서 네가 탈취한 모든 것은 네 것이니 취하라. (신명기 20장)

> 네가 나가서 대적과 싸움함을 당하여 네 하나님 여호와께서 그들을 네 손에 붙이시므로 네가 그들을 사로잡은 후에 네가 만일 그 포로 중의 아리따운 여자를 보고 연련하여 아내를 삼고자 하거든 그를 네 집으로 데려갈 것이요 그는 그 머리를 밀고 손톱을 베고 또 포로의 의복을 벗고 네 집에 거하며 그 부모를 위하여 일 개월 동안 애곡한 후에 네가 그에게로 들어가서 그 남편이 되고 그는 네 아내가 될 것이요. (신명기 21장)

《일리아드 *Iliad*》에 따르면 트로이 전쟁은 트로이가 헬레네를 유괴함으로써 시작되었다고 한다. 제1차 십자군전쟁 중에 기독교 병사들은 유럽을 지나 콘스탄티노플로 가는 길에 강간을 일삼았다. 셰익스피어의 헨리 5세는 백년전쟁 중에 한 프랑스 마을을 향해, 만일 항복하지 않으면 "순결한 처녀들이 광폭한 욕정에 불타는 난폭한 강탈자들 손에 떨어져 폭행 당한다 해도" 그 책임은 그들 자신에게 있을 것이라고 위협한다.

> 그렇지 않으면, 두고 보아라. 삽시간에
> 보이는 것 없이 피에 굶주린 병사들의 음란한 손으로
> 비명 지르는 딸들의 머리카락을 휘어잡고 능욕을 하고,
> 아버지들의 은빛 수염을 잡아당겨
> 점잖은 머리를 벽에다 쳐 박살을 낼 것이며,
> 벌거벗은 갓난아이들을 창끝에 꽂으니 그 엄마들은 미쳐 날뛰며
> 피를 찾아 헤매는 도살자 헤롯왕을 보고
> 유대인 아내들이 그랬듯이 무서운 비명으로 구름을 찢을 것이다.

페미니스트 작가 수전 브라운밀러의 기록에 따르면, 영국군은 스코틀랜드 북부에서, 독일군은 제1차 세계대전 당시 벨기에와 제2차 세계대전 당시 동유럽에서, 일본군은 중국에서, 파키스탄군은 방글라데시에서, 카자크족은 대량 학살에서, 터키군은 아르메니아인을 박해하는 과정에서, KKK단은 미국 남부에서, 그리고 더 적은 규모이지만 러시아 병사들은 베를린으로 행진하는 길에서, 미국 병사들은 베트남에서 조직적인 강간을 자행했다고 한다. 최근에는 보스니아의 세르비아인과 르완다의 후투족이 이 클럽에 가입했다. 매춘은 병사들의 보편적 특권으로, 전시에는 종종 강간과 구별하기가 어렵다. 헨리 5세의 예에서 분명히 볼 수 있는 것처럼, 지도자들은 때때로 나름의 목적을 달성하기 위한 일종의 공포 전술로 강간을 이

용하지만, 헨리가 애써 프랑스인들에게 상기시킨 것처럼 그 전술이 효과적인 이유는 다름이 아니라 병사들이 강간을 간절히 원하기 때문이다. 사실 이 전술은 수비군에게 막대한 저항의 동기를 부여하기 때문에 실패로 끝날 때가 많다. 따라서 적측의 여성들에 대한 동정심보다는 그와 같은 이유에서 오늘날의 군대들은 강간을 법으로 금지하고 있다. 오늘날 강간은 전쟁의 두드러진 측면이 아니지만, 야노마뫼 사람들처럼 우리도 우리의 전쟁 지도자들에게 엄청난 위신을 부여한다. 이제 우리는 위신이 남자의 성적 매력에 중요한 작용을 한다는 것과 최근까지도 그의 번식 성공에 큰 영향을 미쳤다는 사실을 안다.

● ● ● ●

전쟁, 즉 개체들이 연합을 이뤄 공격하는 현상은 동물계에는 드문 현상이다. 당신은 서열 2위, 3위, 4위의 바다코끼리들이 패를 이뤄 우두머리 수컷을 죽인 다음 암컷들을 나눠 가질 수 있다고 생각하겠지만, 그런 일은 절대로 일어나지 않는다. 특이한 유전자 체계 때문에 특별한 경우로 인정받는 사회적 곤충들 외에는 오직 인간, 침팬지, 돌고래, 피그미침팬지만이 네댓 정도의 집단으로 다른 수컷들을 공격한다. 이 동물들이 모두 뇌가 가장 큰 부류에 속하는 것으로 보아 전쟁에는 정교한 마음 장치가 필요하다는 것을 짐작할 수 있다. 투비와 코즈미디스는 연합 공격의 적응 논리와 그런 공격을 지원하는 데 필요한 인식 메커니즘들을 밝혀냈다.(물론 그렇다고 해서 그들이 전쟁을 불가피하거나, '좋다'는 의미에서 '자연적'이라고 생각한다는 뜻은 아니다.)

사람들은 종종 징집으로 군대에 가지만, 때로는 즐겁게 자원하기도 한다. 싸워서 얻을 희귀한 자원이 없는 경우에도 호전적 애국주의jingoism는 무서우리만큼 쉽게 촉발된다. 사회심리학자 앙리 타즈펠과 그의 동료들이 수행한 수많은 실험에서, 사람들은 예컨대 화면에 뜬 점들의 수를 과대평가하는지 과소평가하는지, 또는 클레의 그림을 좋아하는지 칸딘스키의 그림을 좋아하는지와 같은 우연하고 표면적이고 사소한 기준에 따라 두 패로 나뉜다. 각 패에 속한 사람들은 즉시 상대편 사람들을 싫어하고 더 나쁘게 생각하며, 자기 집단에 손해가 될 경우에도 그들에게 보상이 돌아가지 않게끔 행동한다. 이 즉흥적인 자민족 중심주의는 심지어 실험자들이 점이나 그림으로 하는 촌극의 막을 내리고 그들의 면전에서 동전을 던져 패를 나눌 때에도 발생한다! 그로부터 나오는 행동상의 결과는 결코 사소하지 않다. 한 권위 있는 실험에서 사회심리학자 무자퍼 셰리프는 중산층 출신의 착실한 미국 소년들을 신중하게 선발해 여름 캠프를 연 다음 소년들을 두 그룹으로 나누고 스포츠와 촌극으로 경쟁을 붙였다. 며칠 내에 양 집단은 막대기, 방망이, 돌을 넣은 양말 등으로 상대방 집단을 습격하고 폭행하여 결국 소년들의 안전을 위해 실험자들이 개입하는 지경에 이르렀다.

전쟁의 불가사의는 '왜 사람들이 죽음에 이를 확률이 그렇게 높은 활동에 자발적으로 뛰어드는가' 다. 러시안룰렛을 향한 욕구는 어떻게 진화할 수 있었을까? 투비와 코즈미디스는, 자연선택이 적응도를 향상시키는 특성들을 선호할 때에는 평균적으로 선호한다는 사실에 의해 그것을 설명한다. 한 특성에 기여하는 각각의 유전자는 여러 세대에 속한 많은 개인들 속에 담겨 있다. 그래서 그 유전자를 가진 한 개인이 자식을 낳지 못하고 죽더라도 그 유전자를 가진 다른 많은 사람들의 성공으로 보완이 될 수 있다. 방아쇠를 당겼을 때 죽지 않으면 그때마다 자식을 하나 더 볼 수 있는 러시안룰렛 게임을 상상해 보라. 그 게임에 참가하는 유전자가 있다면 자연에 의해 선택될 것이다. 여섯 번 중에 다섯 번은 유전자 풀에 자신의 사본을 추가할 수 있고, 여섯 번 중에 단 한 번만 사본을 남기지 못하기 때문이다. 이렇게 하면 게임에 참여하지 않은 경우보다 평균 0.83개의 사본을 더 많이 생산할 수 있다. 5명의 여자를 포획하고 그 과정에서 1명의 사상자가 발생하는, 5명의 다른 남자 연합에 참여하는 것도 사실상 동일한 결과를 낳는 선택이다. 여기에 담긴 핵심 개념은, 집단으로 행동하는 연합은 개별 행동으로는 얻을 수 없는 이익을 얻을 수 있다는 것과 약탈품은 위험도 감수에 따라 분배된다는 것이다.(몇 가지 복잡한 문제들이 있지만, 핵심은 변하지 않는다.)

실제로 약탈이 확실하고 약탈품이 공정하게 분배된다면 위험도는 문제가 되지 않는다. 11명으로 구성된 당신의 연합이 5명으로 구성된 다른 연합을 습격해서 그들의 여자를 뺏을 수 있다고 가정해 보자. 만일 당신의 연합에서 1명이 죽는다면 당신의 생존 확률은 11분의 10이고 당신은 2분의 1 확률로 아내를 얻을 권리를 갖게 되며(여자 5명, 남자 10명), 그 결과 아내 획득의 예상 수익은 0.45명이다(여러 번에 걸쳐 분배받은 이익의 평균치). 만일 2명이 죽는다면 생존 확률은 더 낮아지지만(9/11), 살아남는 사람에게는 아내를 얻을 확률이 더 높아진다. 죽은 동맹자들은 이익 분배에서 제외되기 때문이다. 평균 수익(9/11×5/9)은 전의 경우와 똑같이 0.45명이다. 만일 6명이 죽고 그래서 당신의 생존 확률이 절반 이하로 떨어진다고 해도(5/11), 약탈품은 더 적은 수로 나뉘고(5명의 여자가 5명의 승리자에게 돌아간다), 살아남는 사람에게는 1명의 아내가 확실히 돌아가므로, 예상 수익률은 이번에도 0.45명이다.

투비와 코즈미디스의 계산법에는, 남자가 죽어도 그 자식들은 괜찮을 수 있고 그래서 죽음으로 인한 적응도 손실은 음수가 아니라 0이라는 전제가 깔려 있다. 물론 이것은 사실이 아니지만, 두 사람의 지적에 따르면 만일 그 집단이 상대적으로 번성하면 아버지를 잃은 자식들의 생존 확률은 크게 떨어지지 않을 것이고 그로 인해 남자들 입장에서는 습격을 나가는 것이 유리할 수 있다는 것이다. 단백질 결핍 가설과는 반대로, 남자들은 집단이 굶주릴 때보다 식량 면에서 안전할 때 더 강한 전의를 품을 것이라고 예측한다. 데이터는 이 예측이 사실임을 입증한다. 두 사람의 계산법에 내포된 또 다른 전제는, 여자들은 전쟁에 어떤 이해관계도 없어야 한다는 것이다.(물론 여자들에게도 작은 체격을 보완하는 무기나 동맹자가 있었다.) 여자들에게 남편감을 구하기 위해 무리를 짓거나 이웃 부락들을 습격하는 욕구가 진화하지 않은 이유는 여자의 번식 성공률이 이용 가능한 남자의 수에 의해 거의 제한당하지 않고, 그래서 더 많은 짝을 구하면서 겪을 수 있는 생명의 위험은 곧바로 예상 적응도의 손실로 이어지기 때문이다.(그러나 식량수집 사회에서 여자들은 집단의 방어를 위해, 또는 살해된 가족의 복수를 위해 남자들에게 싸움을 촉구한다.) 투비와 코즈미디스의 이론은 또한, 그 어떤 윤리적 논증으로도 여자의 생명이 남자의 생명보다 소중하다는 것을 입증할 수 없는데도 왜 오늘날의 전쟁에서 대부분의 사람들은 여자를 전투에 내보내기를 꺼리고 여자가 죽거나 다치면 도덕적으로 분개하는지를 설명해 준다. 전쟁은 남자들에게 이익이 되는 게임이고(진화사의 대부분 동안 사실이었다.) 그래서 전쟁의 위험은 남자들이 감수해야 한다는 직관은 깨지기 어려운 직관이다.

    이 이론은 또한 남자들은 승리를 확신할 때에만 집단의 싸움에 동참한다는 것과 그들 중 누구도 누가 다치거나 죽을지를 미리 알지 못한다는 것을 예측한다. 패배의 가능성이 있다면 싸움에 나서는 것은 무의미하다. 그리고 과도한 위험을 감수해야 할 경우—예를 들어 당신의 소대원들이 당신을 총알받이로 내세울 경우—에도 싸움에 나서는 것은 무의미하다. 이 두 원칙이 싸움의 심리학을 구성한다.

식량수집 사회에서 전쟁을 벌이는 집단들은 대개 동일한 부족이고 동일한 무기를 갖고 있기 때문에, 인간의 진화사에서 승리는 주로 수적으로 우세한 편의 몫이었다. 전사가 많은 편이 그만큼 유리했고, 승리의 확률은 양편의 인력에 따라 결정되었다. 이런 이유로 야노마뫼 사람들은 부락의 규모에 집착하고, 작은 부락은 전쟁에서 무기력하다는 것을 알기 때문에 종종 동맹을 맺거나 탈퇴를 재고한다. 현대사회에서도 우리 편 군중은 용기를 불러일으키고 상대편 군중은 공포를 불러일으킨다. 군중대회는 맹목적 애국심을 고취하는 흔한 전술이고, 시위는 안정적인 군대를 가진 통치자에게도 공포를 불러일으키곤 한다. 실전 전략의 주요 원칙들 중 하나는 적의 부대를 포위하고 패배가 확실한 것처럼 보이게 하여 공포를 자극하고 패주하게 만드는 것이다.

위험을 공평하게 분배하는 것도 중요하다. 전쟁 집단은 특히나 이타주의 문제를 피할 수 없다. 참가자들은 누구나 자신의 위험을 다른 사람들에게 떠넘기고 싶은 사기의 유혹을 느낀다. 호의 수여자가 사기꾼을 탐지하고 응징하지 않으면 호의적 협력이 진화할 수 없는 것처럼, 투사들이 겁쟁이나 기피자를 탐지하고 응징하지 않으면 공격적 협력도 진화할 수가 없다. 용기와 규율은 투사들에게 대단히 중요한 문제다. 용기와 규율은 사병들이 자신의 개인 참호에서 누구와 함께 싸우기를 바라는가에서부터, 공평한 위험 분배를 강행하고 용기에 상을 주고 이탈을 응징하는 지휘 체계에 이르기까지 모든 것에 영향을 미친다. 동물계에는 전쟁이 드물다. 인간처럼 다른 동물들도 위험을 공유하는 다당제식 계약을 집행할 수 없으면 겁쟁이가 되어야 하기 때문이다. 인간의 조상들과는 달리 동물들에게는 집행 계산기가 쉽게 진화할 수 있는 인지 구조가 없었다.

전쟁의 논리와 심리학에는 또 다른 특이성이 있다. 개인은 자신이 곧 죽을 것이라고 생각하지 않는 한 연합을 이탈하지 않을 것이다. 개인은 그 확률을 대충 알 수는 있지만, 죽음의 그림자가 자신을 향해 다가오고 있는지 아닌지는 알 수가 없다. 그러나 어느 순간이 되면 죽음의 냄새를 맡을 수 있다. 그는 자신을 겨냥하고 있는 궁수를 볼 수도 있고, 매복하고 있는 적을 감지할 수도 있고, 자신이 자살특공대로 보내졌다는 것을 알아차릴 수도 있다. 그 순간 모든 것이 변한다. 이제는 도망치는 것만이 살 길이다. 물론 불확실성이 죽기 직전에 제거된다면 도망칠 시간도 없을 것이다. 전사가 자신의 죽음을 일찍 예측하면 할수록 이탈은 쉽게 일어나고 연합은 쉽게 붕괴할 것이다. 동물들이 다른 연합이나 개체를 공격할 때, 공격자 동물은 자신이 반격의 표적이 되면 즉시 위험을 느끼고 적들의 추적이 시작되기 전에 도망을 친다. 이 때문에 동물 연합은 쉽게 붕괴하는 경향이 있다. 그러나 인간은 창과 화살에서부터 총알과 폭탄에 이르기까지 최후의 순간에야 운명을 알려 주는 놀라운 무기들을 발명했다. 이 무지의 베일 덕분에 인간은 최후의 순간까지 전의를 불사르곤 한다.

투비와 코즈미디스가 이 논리를 발표하기 수십 년 전에 심리학자 아나톨 라포포트는 제2차 세계대전의 한 역설을 통해 그 논리를 보여 주었다.(그는 그 각본이 사실이라고 믿었지만 그것을 입증할 수는 없었다.) 태평양의 한 공군기지에서 비행사 한 명이 주어진 임무를 완수하고 귀환할 확률은 25퍼센트에 불과했다. 이때 만일 한 사람이 폭격기에 폭탄을 두 배로 싣는다면 절반만 출격하고도 임무를 수행할 수 있을 것이라고 제안했다. 그러나 유효 탑재량을 늘릴 수 있는 유일한 방법은 연료를 줄이는 것이었고, 연료를 줄이면 임무를 수행한 후에 귀환이 불가능했다. 만일 조종사들이 격추를 당해 예측 불가능한 죽음에 이를 4분의 3의 확률을 고집하는 대신에 제비뽑기를 통해 확실한 죽음에 이를 2분의 1의 확률을 받아들인다면, 4분의 3이 죽는 대신 2분의 1이 죽을 것이므로 생존 확률을 두 배로 높일 수 있다는 것이었다. 당연히 이 제안은 받아들여지지 않았다. 완벽할 정도로 공평할 뿐 아니라 수많은 목숨이 걸린 제안이지만, 우리 중에서도 그런 제안을 받아들일 사람은 거의 없을 것이다. 이 역설은 우리의 마음이 연합을 위한 죽음의 위험에 자발적으로 뛰어들도록 설계되어 있지만, 그것은 죽음이 언제 닥칠지를 알지 못하는 경우에만 국한된다는 사실을 보여 주는 흥미로운 예다.

인류

그렇다면 모든 인간은 지금 당장 독약을 먹고 생을 마감해야 할까? 어떤 사람들은 인간 본성이 이기적이고 사악하다는 것이 진화심리학의 주장이라고 생각한다. 그러나 그들은 정반대의 주장을 펴는 학자들과 사람들을 우쭐하게 만들고 있다. 인간의 파렴치함을 측정하려고 과학자가 될 필요는 없다. 이 문제의 답은 수많은 역사책, 신문, 민족지학 기록, 앤 랜더스* 에게 도착한 편지들 속에 담겨 있다. 그러나 사람들은 그것을 미결 문제인 것처럼 취급하고, 어느 날 갑자기 위대한 과학자들이 이 모든 것은 악몽이므로 눈을 뜨면 인간 본성은 서로를 사랑하는 것임을 보게 될 것이라고 발표할 것처럼 생각한다. 진화심리학의 과제는 인간의 본성을 평가하는 것이 아니다. 그런 일은 다른 분야의 몫이다.

* 미국의 대표적인 상담 칼럼니스트.

진화심리학의 과제는 과학만이 제공할 수 있는 납득할 수 있는 통찰을 추가하는 것, 우리가 인간 본성에 대해 알고 있는 것을 세계의 작동 방식에 대한 나머지 지식과 연결시키고, 최소의 전제로 최대한 많은 사실들을 설명하는 것이다. 이미 우리가 가진 사회심리의 대부분은 실험실과 현장에서 제공한 훌륭한 증거들을 통해, 친족선택, 부모 투자, 호혜적 이타주의, 계산주의 마음 이론에 대한 몇몇 전제들로부터 형성되었음이 입증되었다.

그렇다면 인간 본성은 우리에게 무자비한 적응도 경쟁을 강요하는가? 이번에도 과학에서 답을 찾는 것은 어리석다. 인간이 기념비적인 사랑과 희생을 베풀 수 있다는 것은 누구나 아는 사실이다. 인간의 마음에는 수많은 요소들이 있으며, 그중에는 추악한 동기들 뿐만 아니라 사랑과 우정, 협력, 공평성도 있고 행동의 결과를 예측하는 능력도 있다. 마음의 다양한 부분들은 행동의 클러치를 밟거나 떼기 위해 싸움을 벌이기 때문에, 나쁜 생각이 항상 나쁜 행동을 야기하지는 않는다. 지미 카터는 《플레이보이》와의 유명한 인터뷰에서 "나는 욕망의 눈길로 수많은 여자를 훔쳐보았고, 마음속으로 수없이 간통을 저질렀다"고 말했다. 그러나 호기심 많은 미국 언론들은 그가 실제 생활에서 간통을 저질렀다는 증거를 단 하나도 찾아내지 못했다.

그리고 광활한 역사의 무대에서도 인류의 끔찍한 해악들이 때로는 기나긴 피의 강물 속으로, 때로는 한 줌의 연기 속으로 영원히 사라졌다. 노예제, 후궁을 거느린 폭군들, 식민지 정복, 여성의 사유화私有化, 제도화된 인종차별과 반유대주의, 아동 노동, 파시즘, 스탈린주의, 레닌주의, 전쟁 등이 수십 년, 수백 년, 또는 수천 년의 지배를 마감하고 역사의 뒤안길로 사라졌다. 가장 폭력적인 미국 도시들의 살인율은 식량수집 사회들보다 20배 낮다. 현대의 영국인들도 누군가에게 살해당할 위험이 중세의 조상들보다 20배나 낮다.

  만일 뇌가 수백 년 동안 변하지 않았다면, 어떻게 해서 인간의 조건이 개선될 수 있었을까? 그것은 부분적으로 교육과 지식, 사상의 교환이 착취의 몇몇 기반을 무너뜨렸기 때문이라고 생각한다. 그것은 사람들의 마음속에 도덕적 훈계가 울려 퍼지는 선량함의 우물이 생겨서가 아니라, 정보의 힘이 착취자들의 위선과 어리석음을 드러냈기 때문이다. 인간의 비열한 본능, 즉 자선 행위와 능력을 과시하여 권력을 유지하려는 본능은 고상한 탈을 뒤집어쓰는 교활함을 갖고 있다. 그러나 고통받는 사람들의 사진이 만천하에 공개되면, 누구도 피해를 입지 않고 있다는 주장은 더 이상 통하지 않는다. 희생자가 1인칭 시점으로 경험담을 말하면, 그들이 하찮은 존재라고 주장하기는 더욱 어려워진다. 연설자가 적의 이야기를 똑같이 되풀이하거나 과거에 재앙을 불러왔던 자신의 정책을 옹호하고 있음이 밝혀지면, 그의 권위는 모래성처럼 무너진다. 평화로운 이웃 나라들을 묘사하면, 전쟁이 불가피하다는 주장은 설득력을 잃게 된다. 마틴 루터 킹이 "나에게는 언젠가 이 나라가 떳떳하게 일어나 '모든 인간은 평등하게 태어났음을 자명한 진리로 여긴다' 는 국가적 신조의 진정한 의미를 지키며 살 것이라는 꿈이 있다"고 말하자, 인종차별주의자들은 더 이상 애국자의 가면을 쓰고 돌아다닐 수 없었다.

  그리고 처음에도 언급했듯이, 갈등은 인간의 보편특성이지만 갈등을 해소하려는 노력 또한 인간의 보편특성이다. 인간의 마음은 때때로, 대적자들이 무력을 포기함으로써 창출되는 잉여를 나눠 가지면 양쪽 모두에게 이익이 된다는 차가운 경제적 진리를 깨닫곤 한다. 심지어 야노마뫼 사람들도 때때로 폭력의 무익함을 느끼고 보복의 악순환을 끊을 수 있기를 간절히 바란다. 역사가 기록된 이래로 사람들은 마음의 한 부분으로 다른 부분을 제어하고, 본래 그 훌륭함 때문에 선택되지 않았던 인간 본성으로부터 공손함을 증가시키는 독창적인 테크놀로지들을 발명해 왔다. 여기에는 수사학, 폭로, 체면치레 수단들, 계약, 억제, 기회의 평등, 중재, 재판, 강제적인 법률, 일부일처제, 경제적 불평등에 대한 제약, 보복의 포기를 비롯하여 수많은 수단들이 포함된다. 이상주의적 이론가들은 이러한 현실적 지혜 앞에 고개를 숙여야 한다. 그것은 앞으로도 양육, 언어, 대중매체를 뜯어 고쳐야 한다고 말하는 '문화적' 제안들이나, 공격성 유전자 표지를 가진 폭력배들의 뇌와 유전자를 조사해야 하고 빈민가에 폭력을 억제하는 알약을 배포해야 한다고 말하는 '생물학적' 제안들보다 훨씬 더 효과적일 것이다.

티베트의 14대 달라이 라마 텐진 갸초는 일찍이 두 살에 자비로운 부처의 환생으로 확인되었고 신성한 군주, 고결한 영광, 웅변적이고 자비롭고 박식한 신앙의 수호자, 지혜의 바다로 인정받았다. 그는 라싸(티베트의 수도)로 건너와 사랑이 넘치는 수도승들의 손에 자랐고 그들로부터 철학, 의학, 형이상학을 배웠다. 1950년에 그는 티베트 망명정부의 영적·정치적 지도자가 되었다. 그는 권력 기반이 전혀 없음에도 단지 도덕적 권위에 의해 세계적인 정치가로 인정받고 있으며, 1989년에는 노벨 평화상을 받았다. 어떤 인간도 그보다 더 순수하고 고결한 생각을 갖도록 양육되거나 그런 역할을 부여받지 못했을 것이다.

1993년에 《뉴욕타임스》와의 인터뷰에서 기자는 달라이 라마에게 개인적인 질문을 던졌다. 그는 어렸을 때 장난감 무기들을 좋아했고 그중에서도 특히 공기총을 좋아했다고 말했다. 성인이 되어서도 틈만 나면 전투 장면들을 찍은 사진을 보면서 휴식을 취하고 있으며, 제2차 세계대전의 역사를 담은 30권짜리 타임라이프 시리즈를 주문한 적도 있다고 말했다. 세계 모든 나라의 남자들처럼 그 역시 탱크, 비행기, 군함, 유보트, 잠수함, 항공모함 같은 병기들의 그림을 즐겨 본다. 그 역시 성적인 꿈을 꾸고, 자신도 모르게 아름다운 여자에게 끌리기 때문에 종종 마음속으로 "나는 수도승이다!"라는 말을 되뇌곤 한다. 그러나 그 어떤 것도 그가 역사상 위대한 평화주의자로 우뚝 서는 데 방해가 되지 못했다. 그리고 그의 백성들이 억압받는 상황에서도 그는 21세기는 20세기보다 더 평화로울 것이라고 예측하는 낙관주의를 간직하고 있다. 왜냐고 묻는 질문에 그는 이렇게 대답했다. "왜냐하면 나는 20세기에 인류가 수많은 경험으로부터 무엇인가를 배웠다고 믿기 때문이다. 어떤 것들은 긍정적이었지만, 많은 것들이 부정적이었다. 얼마나 큰 고통이고 얼마나 잔혹한 파괴였는가! 금세기 두 번의 세계대전으로 수많은 인간이 목숨을 잃었다. 그러나 인간 본성은 우리가 엄청난 위기에 직면할 때 인간의 마음이 깨어나 적절한 대안을 찾도록 현명하게 만들어졌다. 그것이 인간의 능력이다.

8
인생의 의미

인간은 빵만으로 살 수 없고 전문 지식, 안전, 자식 또는 섹스만으로도 살 수 없다. 세계 어디서나 사람들은 생존과 번식을 위한 투쟁에 무익한 것처럼 보이는 활동들에 남는 시간을 모두 허비한다. 모든 문화에서 사람들은 이야기를 지어내고 시를 낭송한다. 사람들은 농담을 하고, 웃고, 남을 못살게 군다. 사람들은 노래를 하고 춤을 춘다. 사람들은 외관을 장식한다. 사람들은 제사를 올린다. 사람들은 행과 불행의 원인을 궁금히 여기고, 세계에 대해 알고 있는 모든 지식과 모순되는 초자연에 대한 믿음을 품고 산다. 사람들은 우주에 대한 이론과 우주 속에서의 인간의 위치에 대한 온갖 이론을 꾸며 낸다.

  수수께끼로는 성에 차지 않는다는 듯이 사람들은 그런 활동이 생물학적으로 시시하고 헛된 것일수록 더욱 열광적으로 찬양한다. 미술, 문학, 음악, 위트, 종교, 철학은 즐거울 뿐만 아니라 고상한 것으로 간주된다.

그것들은 마음이 만든 최고의 걸작이며, 인생을 가치 있게 만든다. 왜 우리는 하찮고 무익한 것들을 추구하고 그 속에서 숭고함을 느끼는가? 수많은 교양인들에게 이 물음은 속물처럼 들리고 심지어 부도덕하게 들린다. 그러나 그것은 호모사피엔스의 생물학적 특성에 관심이 있는 사람이라면 누구라도 피해 갈 수 없는 질문이다. 인류의 구성원들은 독신주의를 맹세하거나, 음악을 위해 살거나, 피를 팔아 영화표를 사거나, 대학원에 가는 등의 미친 행동을 한다. 왜 그럴까? 마음은 자연이 선택한 신경계 컴퓨터라는 것이 이 책의 주제라면, 그 주제의 한 부분을 차지하는 예술, 유머, 종교, 철학의 심리학을 우리는 어떻게 이해할 수 있을까?

모든 대학에는 예술을 가르치는 교수진이 있고, 그들은 수적으로나 대중의 눈으로나 예술계를 지배하고 있다. 그러나 수만 명의 학자와 수백만 장의 논문은 '왜 인간은 예술을 추구하는가' 라는 질문에 거의 어떤 답도 제시하지 못한다. 예술의 기능이 두터운 베일에 싸여 있는 데에는 몇 가지 이유가 있다고 생각한다.

첫째, 예술은 미적 심리를 반영할 뿐만 아니라 지위 심리를 반영한다. 진화생물학에서는 도저히 이해되지 않는 예술의 무용성이 경제학과 사회심리학에서는 너무 잘 이해되는 것도 그런 이유에서다. 경제적 여유가 있다는 것을 과시하려면, 배를 채워 주거나 비를 막아 주지는 못하지만 값비싼 재료, 오랜 세월의 훈련, 불명료한 텍스트에 대한 능숙한 이해, 또는 엘리트 계층과의 친분을 요구하는 장식품과 묘기에 돈을 쓰는 것보다 더 좋은 증거가 무엇이겠는가? 소스타인 베블런과 쿠엔틴 벨은 취미와 유행에 대한 분석에서 소비, 여가, 위반을 통한 엘리트 계층의 광고물들이 하층 계급에 의해 모방되면 엘리트 계층은 모방하기 어려운 새 광고물을 찾아 나선다는 이론을 제시하는 한편, 이 이론이 아니면 도저히 이해할 수 없는 예술의 기이한 특성들을 적절하게 설명했다. 연대기적 호칭인 동시에 비판적인 용어이기도 한 단어들(고딕, 매너리즘, 바로크, 로코코)에서 알 수 있듯이, 한 세기에 호화로웠던 양식들이 다음 세기에는 낡은 것이 된다. 예술의 확고부동한 후원자들은 귀족과 귀족 계층에 속하기를 원하는 사람들이다. 대부분의 사람들은 음반이 슈퍼마켓 계산대에서 팔리거나 늦은 밤에 TV에서 나온다는 것을 알면 음반 수집의 취미를 잃어버린다. 심지어 피에르 오귀스트 르누아르 같이 비교적 명성이 높은 예술가들의 작품도 대중적인 '블록버스터' 전시회에 걸리면 조롱 섞인 비평이 나온다. 예술의 가치는 대체로 미학과 무관하다. 아무리 뛰어난 걸작이라도 모조품으로 판명되면 무가치해진다. 수프 캔과 만화책도 미술계가 인정하고 엄청나게 높은 값을 매기면 고급 예술이 된다. 현대미술과 포스트모더니즘 작품들의 의도는 즐거움을 주는 것이 아니라 길드를 결성한 비평가들과 분석가들의 이론들을 증명하거나 논파하거나, 부르주아를 놀라게 하거나,* 피오리아**의 얼간이들을 좌절에 빠뜨리는 데에 있다.

      예술의 심리가 부분적으로 지위의 심리에 있다는 진부한 사실은 냉소적인 사람들과 교양 없는 사람들은 물론이고 쿠엔틴 벨과 톰 울프처럼 박식한 사회평론가들에 의해서도 자주 지적되어 왔다. 그러나 현대의 대학에서 그것은 언급되지 않을 뿐만 아니라 사실상 언급할 수가 없다. 학자들과 지식인들은 문화의 욕심쟁이들이다. 오늘날 엘리트 계층의 모임에서, 개인의 건강이나 공공 정책과 관련된 문제를 결정하려면 과학 교육이 대단히 중요하고 필수적인데도 당신이 시인을 위한 물리학*** 강좌나 지질학 개론을 간신히 통과했고, 그 후로는 과학이라는 것을 접해 본 적이 없다고 말하면 사람들은 그저 웃

* épater la bourgeoisie: 부르주아 계급에 충격을 주고자 하는 예술가들의 구호로, 플로베르가 《살람보》를 탈고한 후 "이 작품은 부르주아를 화나게 할 것"이라고 예고한 데서 유래했다.

** 링컨이 노예제도에 반대하는 연설을 했던 도시

*** 울프 다니엘손의 물리학 입문서

고 넘어갈 것이다. 그러나 당신이 제임스 조이스라는 이름을 들어 본 적이 없다거나 모차르트를 들어 보려고 했지만 앤드루 로이드 웨버*가 더 낫더라고 말하면, 그것은 당신이 옷소매로 코를 풀거나 당신의 세탁소에 어린아이들을 고용했다고 말하는 것만큼이나 엄청난 충격을 불러일으킬 것이다. 인간의 마음에 예술, 지위, 미덕이 결합되어 있다는 사실은 7장에서 보았던 벨의 '의복 도덕성'과 일맥상통한다. 즉 사람들은 모든 비천한 필수품으로부터 해방된 존경스러울 정도로 무익한 생활의 증거들 속에서 품위를 발견하는 것이다.

* 뮤지컬 작곡가.

** 미국의 만화작가 찰스 슐츠의 대표작.

*** TV 드라마의 주인공.

내가 이 사실들을 언급하는 것은 예술을 모독하기 위해서가 아니라 내 주제를 분명히 하기 위해서다. 나는 당신들이 예술 작품의 묘사 방식에 이해관계가 걸려 있는 입장이 아니라 인류를 이해하려고 노력하는 외계인 생물학자의 사심 없는 눈으로 예술의 심리를 보기를 원한다. 당연히 우리는 예술 작품을 감상하면서 즐거움과 깨달음을 얻으며, 여기에는 내가 아름다운 사람들의 취미를 공유하고 있다는 자부심이 아닌 다른 것이 있다. 그러나 예술의 심리에서 지위의 심리를 뺀 그 알맹이를 이해하려면, 우리는 모차르트보다 앤드루 로이드 웨버를 더 좋아하는 부류로 오해받을지 모른다는 두려움을 떨쳐 버려야 한다. 따라서 우리는 말러, 엘리어트, 칸딘스키가 아니라 포크송, 싸구려 소설, 검은 벨벳 위에 그린 그림에서 시작할 필요가 있다. 그런데 그것은 값싼 주제를 번지르르한 '이론'(《스누피》** 에 대한 기호 분석, 아치 벙커***에 대한 정신분석학적 해석, 《보그Vogue》지의 해체 등)으로 포장하여 우리의 슬럼 탐방을 보충하겠다는 뜻이 아니다. 그것은 다음과 같은 간단한 질문을 의미한다. 마음속의 무엇 때문에 사람들은 형태와 색과 소리와 농담과 이야기와 신화로부터 즐거움을 느끼는가?

이 질문에는 답이 있을 수도 있지만, 예술 전반에 대한 질문들은 답을 할 수가 없다. 예술 이론들은 자신의 이론을 무너뜨리는 씨앗을 품고 있다. 평범한 사람들이 CD와 그림, 소설을 구입할 수 있는 시대에 예술가들이 출세를 하려면 낡은 것을 피하고, 진부한 취미에 도전하고, 인식 가능한 것과 수박 겉핥기를 구별하고, 예술이란 무엇인가에 대한 기존의 지식(그리고 예술을 정의하려는 수십 년에 걸친 헛된 시도들)을 조롱하는 방법을 찾아야 한다. 그 동역학을 알아보지 못한다면 어떤 논의도 생산적인 결론을 내지 못한다. 그런 논의에서는 '음악'의 정의에 무조無調의 재즈, 반음계의 곡들, 지적인 연습곡들을 포함시키기 때문에 왜 음악이 우리의 귀를 즐겁게 해주는지를 설명하지 못할 것이다. 또한 유머를 오스카 와일드의 교묘한 재치로 정의하기 때문에 음탕한 웃음과 가벼운 조롱을 이해하지도 못할 것이다. 예술적 탁월성과 아방가르드는 세련된 취미를 위해 창조되고, 한 장르에 오랫동안 몰입하고 그 장르의 관습과 상투적 표현에 익숙해질 때 나온다. 그것들은 한 수 앞을 내다보는 머리, 불가해한 암시, 특수한 감식안에 의존한다. 아무리 매혹적이고 훌륭해 보여도 그것들은 미적 심리를 밝혀 주기는커녕 오히려 알기 어렵게 만드는 경향이 있다.

● ● ● ●

예술의 심리가 애매한 또 다른 이유는 그것이 생물학적인 의미에서 적응적이지 않기 때문이다. 이 책은 마음을 구성하는 주된 요소들의 적응성 설계를 다뤄 왔지만, 그렇다고 해서 마음의 모든 활동이 생물학적으로 적응적이라고 생각하는 것은 아니다. 마음은 자연선택이 식물, 동물, 사물, 사람에 대해 인과적·확률적 추론을 수행하는 조합적 알고리듬들을 가지고 제작한 일종의 신경 컴퓨터다. 마음은 조상들의 환경에서 생물학적 적응도를 높여 주는 목표 상태들(예를 들어 음식, 섹스, 안전, 출산, 우정, 지위, 지식)에 의해 가동된다. 그러나 그 도구상자는 적응 가치가 모호한 일요일 오후의 일들을 수행할 때도 이용할 수 있다.

  마음의 어떤 부분들은 우리에게 즐거운 감정을 부여함으로써 적응도의 증가를 기록한다. 또 어떤 부분들은 원인과 결과에 대한 지식을 이용해 목표들을 산출한다. 이것들을 결합하면 생물학적으로 무의미한 과제(즉 혹독한 세계로부터 진정한 적응도 향상을 얻어 내는 불편함을 겪지 않고 뇌의 즐거움 회로에 도달하여 순간적인 즐거움들을 얻어 내는 방법)에 도전하는 마음이 탄생한다. 쥐의 내측전뇌다발에 전극을 심고 그곳에 전기 자극을 가하는 레버를 쥐 가까이 두면 쥐는 음식, 물, 섹스의 기회를 마다하고 지쳐 쓰러질 때까지 맹렬하게 그 레버를 누른다. 지금까지 인간의 즐거움 중추에 전극을 심는 신경외과 수술은 존재하지 않았지만, 사람들은 다른 수단들을 통해 즐거움 중추를 자극하는 방법들을 알고 있다. 대표적인 예가 기분 전환용 약물인데, 이런 약물들은 즐거움 회로의 화학적 접점에 스며든다.

  즐거움 중추에 도달하는 또 다른 경로는 감각을 경유한다. 감각은 우리 조상들의 환경에서 적응도를 높여 주었을 환경에 처하면 즐거움 회로들을 자극한다. 물론 적응도를 높이는 환경이 직접 나서지는 않는다. 그런 환경은 감각들이 등록할 소리, 광경, 냄새, 맛, 감촉의 패턴들을 발산한다. 이제 지적 기능들이 그 즐거움 패턴들을 알아보고, 깨끗이 다듬고, 농축시킬 수 있다면, 뇌는 성가신 전극이나 약물 없이도 스스로를 자극할 것이다. 뇌는 보통 건강에 좋은 환경들로부터 발산되는 광경과 소리와 냄새의 충분한 분량을 인위적으로 생성할 것이다. 우리가 딸기치즈케이크를 좋아하는 것은 딸기치즈케이크를 위한 미각을 진화시켰기 때문이 아니다. 우리가 진화시킨 것은 잘 익은 과일의 달콤한 맛으로부터 소량의 기쁨을, 견과류와 고기로부터 지방과 기름의 부드럽고 매끄러운 감촉을, 신선한 물로부터 시원함을 느끼게 해주는 회로들이다. 치즈케이크에는 자연계의 어떤 것에도 존재하지 않는 감각적 충격이 압축되어 있다. 그 속에는 우리의 즐거움 버튼을 누르려는 분명한 목적을 위해 인공적으로 조합한 과다한 양의 유쾌한 자극들이 가득 채워져 있기 때문이다. 포르노 역시 또 하나의 즐거움 테크놀로지다. 이 장에서 나는 예술도 그와 같은 것임을 보이고자 한다.

마음의 설계로부터 매력적이지만 생물학적으로 무익한 활동들이 나올 수 있는 또 다른 방법이 있다. 지성은 자연적·사회적 대상들의 방어망을 깨기 위해 진화했다. 지성은 사물, 인공물, 생물, 동물, 인간의 마음이 어떻게 작동하는지를 추론하는 모듈들로 이루어져 있다(5장). 그러나 세계에는 그 외에 다른 문제들이 있다. 세계는 무엇으로부터 생겨났는가, 유형의 육체로부터 어떻게 무형의 마음이 나올 수 있는가, 왜 착한 사람에게 나쁜 일들이 일어나는가, 죽으면 우리의 생각과 느낌은 어떻게 되는가와 같은 문제들이다. 마음은 그런 의문들을 품을 수 있지만, 심지어 질문 자체에 답이 있는 경우에도 그런 답들을 구하는 장비를 구비하진 못한 것 같다. 마음이 자연선택의 산물이라면 모든 진리에 접근하는 기적 같은 능력을 갖기는 불가능하다. 마음은 단지 우리 조상들의 세속적인 생존 과제들과 충분히 비슷한 문제들을 해결하는 능력만을 가져야 한다. 아이에게 망치를 주면 온 세상이 못이 된다는 말이 있다. 만일 어떤 생물종이 기계학, 생물학, 심리학의 기초를 이해하는 능력을 갖게 되면, 세상은 온통 기계가 되고 정글이 되고 사회가 된다. 내가 말하고자 하는 것은, 종교와 철학은 어떤 면에서 마음의 도구들이 애초의 설계 목적에서 벗어나는 문제들에 적용된 결과라는 것이다.

어떤 독자들은 일곱 장에 걸쳐 마음의 주요 부분들을 역설계한 후에 내가 무척이나 심오하다고 간주되는 몇몇 활동들이 비적응적 부산물이라고 주장하는 것을 보고 놀랄 수도 있다. 그러나 나의 두 가지 주장은 모두 생물학적 적응이라는 하나의 기준에서 출발한다. 언어, 입체시, 감정─즉 보편적이고, 복잡하고, 안정적으로 발달하고, 공학적으로 훌륭하고, 번식을 증진하는 설계─을 진화의 우연한 산물로 치부하는 것이 잘못인 것처럼, 단지 우리가 어떤 활동들을 고상하게 만들고 싶다는 이유만으로 적절한 설계가 결핍된 그 활동들에 생물학적 적응성을 인가하고 그에 해당하는 기능들을 고안하는 것도 잘못이다. 많은 저자들이 예술의 '기능'은 공동체를 하나로 묶고, 새로운 방식으로 세계를 보게 해주고, 우주와의 일체감을 주고, 숭고함을 경험하게 해주는 것 등이라고 말해 왔다. 이 모든 주장이 사실이지만, 어떤 주장도 이 책을 지탱하는 기술적 의미에서의 적응─인간이 진화한 환경에서 특별한 유전자 사본의 수를 증가시키는 메커니즘─과는 무관하다. 예술의 몇몇 양상들에는 이런 의미의 기능들이 있지만 대부분의 양상은 그렇지 않다고 나는 생각한다.

예술과 오락

시각예술은 즐거움 버튼들을 가로막는 자물쇠를 열고 다양한 조합으로 그 버튼들을 누르도록 설계된 테크놀로지의 완벽한 예다. 시각이 망막에 비친 투상으로부터 객관세계의 모습을 복구하는 불가능한 문제를 해결한다는 사실을 기억하라. 시각은 이를 위해 매끄러운 명암, 응집력 있는 표면,

테두리 정렬 같은 세계의 결합 방식에 대한 전제들을 가정한다. 착시 현상들—켈로그 상자에 인쇄된 착시그림뿐만 아니라 회화, 사진, 영화, 텔레비전처럼 레오나르도의 창을 이용하는 착시들—은 그 전제들을 교활하게 위반하고, 엉뚱한 빛의 패턴들을 발산하여 우리의 시각기관으로 하여금 존재하지 않는 장면들을 보게 만든다. 바로 이것이 자물쇠 따기다. 착시그림의 내용물은 즐거움 버튼에 해당한다. 일상적인 사진과 그림들('현대미술박물관'이 아니라 '여관방'을 생각하라)은 식물, 동물, 풍경, 사람을 묘사한다. 앞의 장들에서 우리는 미적 구조가 왜 적응 가치를 지닌 사물들(안전하고 식량이 풍부하고 답사 가능하고 학습 가능한 서식지, 건강하고 생식 능력이 있는 데이트 상대, 배우자, 아기 등)의 시각적 신호인지를 보았다.

우리가 추상미술에서 즐거움을 느끼는 이유는 더욱 불분명하다. 전 세계에서 사람들은 지그재그 모양, 격자 무늬, 트위드 무늬, 물방울 무늬, 평행선, 원, 사각형, 별 모양, 나선 모양, 얼룩 반점 등으로 소지품과 신체를 장식한다. 시각을 연구하는 과학자들이 바로 이런 종류의 모티프들을, 우리의 지각분석기가 객관세계의 표면과 사물을 이해하려 할 때 집중적으로 추적하는 특징들이라고 단정하는 것은 결코 우연의 일치가 아니다(4장). 직선, 평행선, 매끄러운 곡선, 직각은 시각기관이 열심히 찾는 비우연적 특성들인데, 시각기관이 그런 특성들을 찾는 이유는 그것들이 운동, 장력, 중력, 응집력에 의해 형성된 단단한 물체의 부분들을 보여 주기 때문이다. 하나의 패턴이 일정하게 반복되어 있는 시야는 대개 나무줄기, 들판, 바위 표면, 물의 표면 같은 외부 세계의 단일한 표면에서 나온다. 두 구역 사이의 단단한 경계는 대개 서로 맞물린 두 표면에서 나온다. 좌우대칭은 거의 항상 동물, 식물의 부분들, 또는 인공물에서 나온다.

우리가 예쁘다고 느끼는 그 밖의 패턴들은 우리가 사물을 3차원 형태로 인식할 때 도움이 되는 것들이다. 우리의 좌표계는 경계가 있고 길게 연장된 형태, 좌우대칭 형태, 평행하거나 평행에 가까운 테두리에 맞춰진다. 일단 좌표계가 맞춰지면 마음은 그 형태들을 기하자(원추, 육면체, 원통)로 다듬은 다음 기억된 표본과 매치시킨다.

위의 두 문단에서 열거한 모든 기하학적 특징들은 시각적 장식에서 인기가 높다. 그러나 우리는 그 일치를 어떻게 설명할 수 있을까? 시각적 처리에 공급되는 원료들이 우리 눈에 예쁘게 보이는 이유는 무엇일까?

첫째, 우리가 유익한 환경을 바라볼 때 그 속에 희석된 형태로 존재하면서 우리에게 미세한 만족감들을 주고, 그 환경을 선명하게 볼 수 있도록 우리의 시각을 미세 조정하는 기하학적 패턴들이 우리 눈앞에 정제되고 농축된 형태로 존재하면, 우리는 그것을 보고 즐거움을 느끼는 것 같다. 초점이 안 맞는 영화를 볼 때 느끼는 괴로움과, 영사 기사가 깨어나 렌즈를 만지작거렸을 때 느끼는 안도감을 생각해 보라. 그 혼탁한 그림은 우리가 수정체를 제대로 조절하지 못했을 때 생기는 망막상과 비슷하다. 불만족은 조절의 추진력이고, 만족감은 조절이 성공했음을 알려 준다. 밝고, 윤곽이 뚜렷하고, 속이 가득 차 있고, 명암이 두드러진 상은 고급 텔레비전에서든 화려한 그림에서든 우리가 눈을 적절하게 조절했을 때 느끼는 즐거움을 확대시켜 준다.

그리고 열악한 시계 조건에서(멀리서, 야간에, 안개나 물이나 숲 속에서) 한 장면을 뚫어지게 응시해도 그것이 무엇인지 도저히 알 수가 없고, 예를 들어 그것이 구멍인지 돌기인지, 또는 한 표면이 어디에서 끝나고 다음 표면이 어디에서 시작하는지를 분간할 수 없을 때 우리는 좌절감을 느끼고 심지어 공포에 사로잡히기도 한다. 단단한 형태들과 연속적인 배경이 깔끔하게 담긴 화폭은, 우리의 시야를 분명한 표면들과 사물들로 해상

解像하는 시계 조건하에서 흔히 경험할 수 있는 안도감을 확대시켜 준다.

마지막으로 우리는 세계의 각 부분들이 있을 법하지 않고, 정보가 풍부하고, 중요성이 큰 사물과 힘들에 대해 정보를 전해 주는 정도에 따라 어떤 부분들은 멋있게 느끼고 또 어떤 부분들은 따분하게 느낀다. 눈앞에 펼쳐진 장면 전체를 한꺼번에 퍼서 거대한 믹서에 넣고 스위치를 '액체 상태'에 맞추고 돌린 다음 내용물을 다시 눈앞에 쏟아 놓는다고 상상해 보자. 식량, 포식자, 은신처, 대피 장소, 조망 장소, 도구, 원재료 등이 남김없이 갈려 반죽이 되었을 것이다. 이제 그것은 어떻게 보이겠는가? 거기에는 선, 형태, 좌우대칭, 반복 따위가 전혀 없다. 그리고 아이들이 모든 물감을 섞어 놓았을 때처럼 갈색을 띨 것이다. 그 속에는 볼 것이 없다. 아무것도 없기 때문이다. 이 사고실험으로 우리는, 따분함은 제공할 것이 전혀 없는 환경에서 나오고, 반대로 시각적 활력은 주목할 가치가 있는 물체들을 담고 있는 환경에서 나온다는 것을 알게 된다. 이와 같이 우리는 황폐하고 특색 없는 장면에 불만을 느끼고 다채롭고 정돈된 장면에 끌리도록 설계되었다. 우리는 인공적으로 만든 생생한 색들과 패턴들로 그 즐거움 버튼을 누른다.

● ● ● ●

음악은 불가해한 수수께끼다. 셰익스피어의 《헛소동 Much Ado About Nothing》에서 베네디크는 다음과 같이 묻는다. "양의 창자들*이 인간의 육체에서 영혼을 끌어내다니 정말 이상하지 않은가?" 모든   * 악기의 현을 가리킴.
문화에서 선율적인 소리는 듣는 사람에게 강렬한 즐거움과 깊은 감정을 전해 준다. 찌르릉거리는 소리를 만드는 것이나 죽은 사람이 없는데도 슬픔을 느끼는 데에 시간과 에너지를 쏟는 것에는 어떤 이득이 있을까? 음악은 사회집단을 견고히 하고, 행동을 통일시키고, 제식의 분위기를 높이고, 긴장을 풀어 준다는 등의 많은 이론들이 제시되었지만, 하나같이 음악의 수수께끼를 설명하기보다는 외면하고 지나칠 뿐이었다. '왜' 선율적인 소리는 집단을 견고히 하고, 긴장을 풀어 주고, 행동을 통일시키는가? 생물학적 인과의 관점에서 볼 때 음악은 무익하다. 음악은 장수, 손자 손녀, 또는 세계에 대한 정확한 지각과 예측 같은 목표를 성취할 수 있는 설계의 어떤 흔적도 보여 주지 못한다. 언어, 시각, 사회적 추론, 물리적 기술과 비교할 때, 지금 당장 음악이 사라진다 해도 우리의 여타 생활방식은 거의 변하지 않을 것이다. 음악은 순수한 즐거움 테크놀로지, 즉 우리가 대량의 즐거움 회로들을 일시에 자극하기 위해 귀로 섭취하는 기분 전환용 약물들의 칵테일일 것이다.

"음악은 보편적 언어"라는 상투적인 표현이 있지만, 이 말은 오해를 불러일으킨다. 조지 해리슨이 1960년대에 인도의 라가 음악을 유행시킨 후에 그 음악에 심취해 본 사람이라면 누구나 음악 양식은 문화에 따라 다르다는 것과 사람들은 성장기에 접했던 음악적 언어를 가장 즐긴다는 것을 알 것이다.(방글라데시 공연에서 관객들이 시타르*를 조율하고 있는 라비 샹카를 보고 환호하자 해리슨은 기분이 상했다고 한다.) 음악성 또한 언어와는 달리 사람, 문화, 역사적 시기에 따라 다양하게 형성된다. 신경학적으로 정상인 모든 아이들은 자발적으로 말문이 트이고 복잡한 언어를 이해하며, 각 나라 구어들의 복잡성은 문화와 시기에 따라 거의 차이가 나지 않는다. 이와는 반대로 모든 사람이 음악을 즐겁게 듣지만, 많은 사람들이 노래 한 곡을 끝까지 못 외우고, 극소수의 사람들만이 악기를 연주할 줄 알고, 그나마 연주를 할 줄 아는 사람들도 집중적

* 목 부분이 길고 동체가 작은 인도의 발현악기.

인 훈련과 폭넓은 연습을 거쳐야 한다. 음악적 언어는 시대, 문화, 하위문화에 따라 그 복잡성이 천양지차다. 그리고 음악은 단지 무형의 감정만을 전달한다. "소년 소녀를 만나고, 소년 소녀를 잃다"처럼 간단한 줄거리라도 일련의 음으로 구성된 음악적 언어로는 서술이 불가능하다. 이 모든 것으로 미뤄 볼 때 음악은 언어와는 아주 다르다는 것, 그리고 음악은 적응 특성이 아니라 일종의 테크놀로지라는 것을 알 수 있다.

그러나 몇 가지 유사점이 있다. 뒤에서 보겠지만, 음악은 언어를 담당하는 마음 소프트웨어의 일부를 차용한다. 그리고 전 세계 언어들이 추상적인 보편 문법을 따르는 것처럼, 전 세계 음악 언어도 추상적인 보편음악문법Universal Musical Grammar을 따른다. 이 개념은 작곡자 겸 지휘자인 레너드 번스타인이 노엄 촘스키의 이론을 음악에 적용하려는 열정적인 시도를 갖고 집필한 《대답 없는 질문 The Unanswered Question》에 맨 처음 등장했다. 보편음악문법에 대한 가장 풍부한 이론은 레이 재킨도프가 음악이론가 프레드 레달과 공동 집필하여, 하인리히 솅커를 비롯한 여러 음악학자들의 생각을 통합함으로써 완성되었다. 그 이론에 따르면 음악은 음들의 목록과 일련의 규칙으로부터 만들어진다고 한다. 규칙은 음들을 묶어 짧은 악구를 만들고, 음열 위에 다른 음들을 3층 구조로 쌓아 올린다. 하나의 악곡을 이해한다는 것은 그 곡을 들으면서 그 마음의 구조물들을 조립한다는 것을 의미한다.

음악 언어의 기본 재료는 음계, 대략 말하면 악기에서 나올 것으로 기대되는 각기 다른 음들이다. 음들은 시작과 종지가 있고 음조나 음색이 가미된 독립된 사건들로 연주되고 청취된다. 그러면 바람소리, 엔진소리, 말의 억양 같은 대부분의 다른 소리 열들과 구별되는 음악이 성립한다. 음들은 듣는 사람에게 얼마나 '안정적으로' 느껴지는가에서 차이가 난다. 어떤 음들은 종결이나 결말의 느낌을 주기 때문에 악곡의 종지에 적합하다. 또 어떤 음들은 불안정하게 느껴지기 때문에 그 음들을 연주하면 듣는 사람은 긴장을 느끼게 된다. 이 긴장은 곡이 안정적인 음으로 돌아올 때 해소된다. 어떤 음악 언어들의 음계는 각기 다른 음색(또는 음질)을 가진 북소리들이다. 또 어떤 음악 언어들의 음계는 높낮이는 있지만 정확한 높낮이를 갖지 않은 음들이다. 그러나 많은 음악 언어들의 음은 정해진 높낮이를 가진 악음樂音들이다. 우리의 음계에는 '도, 레, 미 …' 또는 'C, D, E …'라는 명칭이 붙어 있다. 높낮이의 음악적 중요성은 절대적으로 규정할 수 없고, 단지 그 음과 기준 음(대개 해당 조에서 가장 안정적인 음)의 간격에 의해 규정된다.

우리의 음조(음의 고저) 감각은 각 음의 진동수에 따라 결정된다. 대부분의 조성음악 형식에서 음들은 진동수와 직접적으로 관련되어 있다. 한 물체가 지속적인 진동을 일으킬 때(줄을 튕기거나, 속이 빈 물체를 때리거나, 공기 기둥이 반향을 일으킬 때) 그 물체는 동시에 몇 개의 주파수로 진동한다. 일반적으로 가장 낮고 종종 가장 시끄러운 진동파(기본 진동파)가 우리 귀에 들리는 음조를 결정하지만, 기본 진동파의 두 배 높이에서도 진동이 일어나고(그러나 기본 진동파보다 약하다), 세 배 높이에서도 진동이 일어나고(훨씬 더 약하다), 네 배 이상의 높이들에서도 진동이 일어난다. 이 진동들을 배음倍音 또는 상음上音이라고 부른다. 그것들은 바탕음과 별개의 음으로 지각되진 않지만, 그 모든 진동들이 합쳐질 때 하나의 음에 풍부함이나 음색이 가미된다.

이제 복잡한 음조를 분해하여 각각의 배음들을 같은 음량으로 연주다고 상상해 보자. 바탕음은 초당 64회 진동하는 진동파, 즉 피아노에서 중앙 도(middle C) 아래쪽으로 두 번째 도라고 가정하자. 첫 번째 배음은 기본 진동수의 두 배인 초당 128사이클의 진동파다. 그 음을 치면, 바탕음보다 더 높지만 음정이 동일한 소리가 나온다. 그것은 피아노 건반에서 중앙 도 아래의 첫 번째 도에 해당한다. 이 두 음의 간격을 옥타브라 하는데, 인간을 포함한 모든 포유동물은 한 옥타브 차이가 나는 두 음을 같은 성질의 음으로 지각한다. 두 번째 배음은 기본 진동수의 세 배인 초당 192사이클로 진동하고, 중앙 도 아래쪽의 솔(G)에 해당한다. 두 번째 배음과 솔의 간격을 완전5도라 부른다. 기본 진동수의 네 배로(초당 256사이클) 진동하는 세 번째 배음은 바탕음보다 두 옥타브 높은 중앙 도다. 기본 진동수의 다섯 배로(초당 320사이클) 진동하는 네 번째 배음은 중앙 도 위쪽의 미(E)인데, 중앙 도와는 장3도 떨어져 있다.

이 세 음(도, 미, 솔)은 서양 음악을 비롯한 많은 음악 언어들의 음계에서 핵심이 되는 음들이다. 여기에서 가장 낮고 가장 안정적인 음인 도를 으뜸음, 또는 바탕음이라 한다. 대부분의 선율은 으뜸음으로 돌아오고 으뜸음으로 끝나는 경향이 있고, 그럼으로써 감상자에게 안정감을 준다. 완전5도 음인 솔은 딸림음이라 하는데, 선율들은 딸림음을 향해 가고 선율 중간 중간에 딸림음에서 멈추는 경향이 있다. 장3도 음인 미는 (모든 경우는 아니지만) 많은 경우에 밝음, 유쾌함, 기쁨의 느낌을 준다. 예를 들어, 빌 헤일리의 'Rock Around the Clock'은 으뜸음으로 시작하고('One o'clock, two o'clock, three o'clock, rock'), 장3도로 진행하고('Four o'clock, five o'clock, six o'clock, rock'), 딸림음으로 건너가고('Seven o'clock, eight o'clock, nine o'clock, rock'), 거기에서 몇 박자 머문 다음, 노래의 주요 부분으로 넘어가는데 각 부분들은 으뜸음으로 끝난다.

더 복잡한 음계들은 으뜸음과 딸림음에 다른 음들이 추가되는데 그 음들은 종종 복잡한 진동수를 가진 더 높은(그리고 더 부드러운) 배음들에 해당한다. 바탕음의 일곱 번째 배음(초당 448사이클)은 중앙 라(middle A)에 가깝다.(그러나 복잡한 이유들 때문에 정확히 중앙 라는 아니다.) 아홉 번째 배음(초당 576사이클)은 중앙 도보다 한 옥타브 위에 있는 레(D)다. 한 옥타브 안에 있는 이 다섯 음을 묶으면 전 세계 음악에 널리 존재하는 5음계가 나온다.(이것은 음계가 어떻게 구성되는가에 대한 일반적인 설명일 뿐, 모두가 이에 동의하는 것은 아니다.) 다음으로 2개의 배음인 파(F)와 시(B)를 더하면 7음계 또는 온음계가 나온다. 온음계는 모차르트에서 포크송, 펑크 록, 대부분의 재즈에 이르는 모든 서양 음악의 핵심이다. 다시 여기에 배음들을 추가하면 피아노의 흰 건반과 검은 건반을 모두 포함하는 반음계가 나온다. 문외한들은 도저히 이해할 수 없는 아리송한 20세기 음악은 임의로 진동파들을 모아서 쓰는 것이 아니라 반음계의 음들을 정확히 지키는 경향이 있다. 대부분의 음들은 으뜸음(C)으로 돌아가기를 '원한다' 는 느낌 외에, 여러 음들 간의 다양한 긴장이 추가된다. 예를 들어 많은 음악에서 시는 도로 올라가기를 원하고, 파는 미로 당겨지기를 원하고, 라는 솔로 가기를 원한다.

음계에는 또한 감정적 색채를 가미하는 음들이 포함될 수 있다. C장조에서 미가 반음 내려와 미플랫이 되고, 으뜸음인 도와 단3도 간격을 이루면 장3도와 비교하여 슬픔, 고통, 비애의 감정을 불러일으킬 수 있다. 단7도 역시 '블루 노트'로, 부드러운 슬픔이나 애처로움을 불러일으킨다. 그 밖의 음정들은 냉철하고, 간절하고, 긴요하고, 위엄 있고, 불협화적이고, 당당하고, 무섭고, 결함이 있고, 단호하다는 말로 표현되는 감정들을 발산한다. 이 감정들은 음들이 선율의 일부로서 연속해서 연주될 때에도 촉발되고 하나의 화음이나 화성의 일부로서 동시에 연주될 때에도 촉발된다. 한 음악 언어에 익숙해지려면 각 음정에 내포된 감정들을 경험할 필요가 있기 때문에, 그 감정들이 정확히 보편적이라고 하긴 어렵지만 그것은 또한 자의적이지도 않다. 4개월 된 어린 아기들조차도 단2도 같은 불협화음보다는 장3도 같은 협화음을 더 좋아한다. 그리고 그보다 더 복잡한 정취를 배우기 위해, 기쁘거나 우울한 가사와 함께 화음을 듣거나 기쁘거나 우울한 기분에 맞춰 화음을 듣는 등의 파블로프식 조건화를 거칠 필요도 없다. 단지 충분한 시간에 걸쳐 특정한 음악 언어의 선율들을 들으면서 음정 간의 패턴과 대비를 습득하면, 그 속에 내포된 감정들이 자연스럽게 발달한다.

　이것이 음이라면, 음들은 어떻게 선율로 엮이는가? 재킨도프와 레달은, 선율은 세 종류의 조직 방식이 동시에 적용된 음열들에 의해 이루어져 있음을 보여 주었다. 각각의 조직 방식은 마음의 표현법으로 존재한다. 우디 거스리가 작곡한 '이 땅은 너의 땅This Land is Your Land'의 전반부를 예로 들어 보자.

　첫 번째 표현법은 무리 짓기 구조grouping structure다. 청자는 음 집단들이 모여 동기를 이루고, 동기들이 모여 작은악절을 이루고, 작은악절들이 모여 큰악절을 이루고, 큰악절들이 모여 연, 악장, 악곡을 이룬다고 느낀다. 이 계층구조는 문장의 구 구조와 비슷해서, 음악에 가사가 붙은 경우에 두 구조는 부분적으로 나란히 진행된다. 위 노래에서 무리 짓기 구조는 옆으로 누운 모난 괄호로 표시되어 있다. 'This land is your land'

와 'this land is my land'의 선율 부분들은 최소 크기의 토막(동기)이다. 두 토막을 합치면 더 큰 토막(작은악절)이 된다. 그 토막이 'from California to the New York Island'의 토막과 합쳐지면 훨씬 더 큰 토막(큰악절)이 된다.

두 번째 표현법은 박절 구조metric structure로, 우리가 "'하나' – 둘– '셋' –넷', '하나' – 둘– '셋' –넷"으로 번호를 매기는 강박과 약박의 반복 진행이다. 기보법에 따라 전체 패턴은 4/4라는 박자표로 표시되고, 주요 경계들은 마디를 나누는 세로줄로 표시된다. 한 마디에는 네 박자가 들어가고 네 박자는 여러 음표에 배정되는데, 항상 첫 박자는 가장 강하고 세 번째 박자는 중간이고 두 번째와 네 번째 박자는 약하다. 위의 예에서 박절 구조는 음표 아래 점 기둥으로 표시되었다. 각각의 점 기둥은 메트로놈의 한 박자에 해당한다. 점의 수가 많을수록 음표의 악센트는 강해진다.

세 번째 표현법은 축소 구조reductional structure다. 축소 구조에서 선율은 필수 부분들과 장식물들로 해부된다. 일단 장식물들이 벗겨진 후에도 필수 부분은 더 필수적인 부분과 그 위에 걸쳐진 장식물들로 해부된다. 축소가 계속되다 보면 선율은 몇 개의 주요 음만 남기고 앙상한 골격을 드러낸다. 아래에서 'This Land'는 먼저 절반의 음으로 줄고, 다음에는 네 개의 온음으로 줄고, 마지막에는 2개의 온음만 남는다.

큰악절 전체는 기본적으로 도(C)에서 시작해 시(B)에서 끝난다. 우리는 리듬기타의 코드 진행에서 선율의 축소 구조를 들을 수 있다. 또는 탭댄서와 함께 공연하는 밴드가 탭댄서의 스텝 소리를 더 잘 들리게 하기 위해 한 연의 모든 음을 연주하지 않고 한 음만 연주하는 스톱 타임에도 축소 구조를 들을 수 있다. 그리고 우리는 클래식 음악이나 재즈의 변주곡을 들을 때에도 축소 구조를 느낀다. 장식이 달라져도 선율의 골격은 똑같이 유지되기 때문이다.

재킨도프와 레달은 선율을 점점 더 단순한 골격으로 해부하는 방법은 사실 하나가 아니라 둘이라고 제안한다. 위에서 설명한 첫 번째 방법은 시간대별 축소로, 이것은 무리 짓기 구조 및 박절 구조와 병행하면서 음과 박자의 일부를 장식물로 지정하는 방법이다. 재킨도프와 레달은 두 번째 방법을 연장 축소prolongation reduction라 부른다. 연장 축소는 전체 악절들에 걸쳐 형성되는 음악적 진행감, 즉 악곡이 진행됨에 따라 점점 더 길어지는 악절들 안에서 긴장이 누적되고 해소되다가 종지부에서 최고의 안정감에 도달하는 과정을 나타낸다. 선율이 좀 더 안정적인 음에서 출발해 좀 더 불안정한 음으로 가는 동안 긴장이 쌓이다가, 선율이 다시 안정적인 음으로 돌아오면 긴장은 해소된다. 긴장과 해소의 등고선은 불협화음에서 협화음으로의 전환, 약음에서 강음으로의 전환, 높은 음에서 낮은 음으로의 전환, 연장음에서 비연장음으로의 전환에 의해서도 형성된다.

음악학자 데릭 쿡은 연장 축소의 정서적 의미에 관한 이론을 제시했다. 그는 음악이 어떻게 불안정한 음정과 안정된 음정 간의 이행을 통해 긴장과 해소를 주고, 장음과 단음 간의 이행을 통해 기쁨과 슬픔을 주는지를 보여 주었다. 그리고 단지 네댓 개의 음표로 구성된 간단한 동기들도 '순결하고 축복받은 기쁨,' '악마와 같은 공포,' '연속적인 즐거운 갈망,'

'고통의 폭발' 같은 감정들을 전할 수 있다고 말했다. 더 긴 악절들, 그리고 동기 안에 동기를 가진 악절들은 복잡한 감정 패턴을 전달할 수 있다. 쿡이 분석한 어느 악절은 "고통스런 감정이 열정적으로 분출되지만 더 강하게 폭발하지 않고 가라앉으며 용인되는 느낌, 즉 비통함의 밀물과 썰물"을 표현한다. "그것은 완전한 폭발도 완전한 용인도 아닌 불안정한 슬픔을 불러일으킨다." 쿡은 해석이 일치하는 사례들을 분석의 기초로 삼았으며 그중 많은 것들에는 그의 분석을 보강해 주는 가사가 붙어 있다. 몇몇 음악학자들은 이런 부류의 이론들을 비웃으면서 모든 주장에 반례를 제시한다. 그러나 그 반례들은 클래식 음악에서 따온 것들로, 클래식 음악에서는 단순한 기대를 깨고 수준 높은 감상자의 흥미를 끌기 위해 다양한 음을 삽입하고 애매한 음들을 사용한다. 쿡의 구체적인 분석들은 논란의 여지가 있지만, 음정 패턴과 감정 패턴 사이에 법칙적 연관성이 있다는 그의 핵심 개념은 진실을 가리키고 있다.

● ● ● ●

이것이 음악의 기본 설계다. 그러나 음악이 우리에게 어떤 생존 이익도 제공하지 않는다면, 그것은 어디에서 생겨나고 왜 존재하는 것일까? 음악은 청각의 치즈케이크이고, 마음의 기능들 중 적어도 여섯 기능의 민감한 부분을 간질이기 위해 고안된 절묘한 합성물이라고 나는 생각한다. 표준적인 곡들은 모든 부분을 동시에 간질이지만, 우리는 한두 요소가 빠진 다양한 종류의 좀 모자라는 음악에서 그 요소들을 볼 수 있다.

    1. 언어. 사람들은 음악에 말을 붙인다. 게으른 작사가가 무덤덤한 음표에 악센트 있는 음절들을 붙이거나 그 반대의 일을 할 때 우리는 흠칫

놀란다. 그것은 음악이 언어로부터 몇몇 마음 장치들, 특히 여러 음절을 관통하는 소리의 곡선인 운율을 차용하고 있음을 시사한다. 강박과 약박의 박절 구조, 상행과 하행의 억양 곡선, 악절을 묶어 악절을 만드는 계층적 무리 짓기 구조는 언어와 음악에서 똑같은 방식으로 작동한다. 이 유사성은 하나의 악곡은 하나의 복잡한 메시지를 전달하고, 주제 도입과 그 주제에 대한 설명으로 진행되며, 어떤 부분들은 힘주어 강조하는 반면에 다른 부분들은 부수적으로 속삭인다는 우리의 직감을 설명해 준다. 음악은 '고양된 말'이라 불리고, 실제로 말로 변환될 수도 있다. 예를 들어 밥 딜런, 루 리드, 《마이 페어 레이디》의 렉스 해리슨 같은 가수들은 선율을 부르는 대신 '음조를 넣은 말'로 노래를 부르곤 한다. 그러면 이야기꾼과 음치 가수의 중간쯤으로 들린다. 랩, 설교자의 웅변, 시 등도 노래와 말의 중간적 형태들이다.

  2. 청지각 장면 분석. 우리의 눈이 뒤범벅이 된 모자이크 조각들을 받아 표면과 배경을 분리하는 것처럼, 우리의 귀는 뒤범벅이 된 진동파들의 불협화음을 받아 각기 다른 원천에서 나온 소리의 열들―관현악 속에서 들리는 독주자의 연주, 시끄러운 실내에서 듣는 한 사람의 목소리, 숲 속에서 들리는 찍찍거리는 동물의 울음소리, 바스락거리는 나뭇잎 속에서 들리는 바람소리―로 분리해야 한다. 청지각은 역음향학으로, 입력물은 음파이고 출력물은 소리를 생성한 음향체에 대한 명세다. 심리학자 앨버트 브레그먼은 청지각 장면 분석의 원리를 정립하고, 뇌가 어떻게 한 선율의 음들을 마치 단일한 음향체에서 나오는 하나의 소리 열인 것처럼 하나로 연결하는지를 보여 주었다.

  뇌가 외부 세계의 음향체를 확인할 때 사용하는 한 가지 기술은 소리의 화성 관계에 주목하는 것이다. 내이는 하나의 울림을 기본 주파수들로 분해하고, 뇌는 몇몇 주파수들을 다시 묶어 하나의 복잡한 음으로 지각한다. 화성 관계를 이루는 성분 요소들—한 주파수를 가진 요소, 그보다 두 배 높은 주파수를 가진 또 한 요소, 세 배 높은 주파수를 가진 또 다른 요소 등등—은 따로따로 지각되기보다는 하나로 묶여 단일한 음으로 지각된다. 뇌가 그것들을 하나로 묶는 것은 우리의 소리 지각을 통해 현실을 보기 위해서일 것이다. 화성 관계에 있는 동시적인 소리들은 외부 세계의 한 음향체에서 나오는 단일한 소리의 배음들일 것이라고 뇌는 추측할 것이다. 이것은 좋은 추측이다. 튕겨진 줄, 타격을 가한 속이 빈 물체, 우는 동물을 비롯하여 많은 공명체들이 다수의 화성적 배음으로 구성된 소리를 내기 때문이다.

이것이 선율과 무슨 관계가 있을까? 조성적 선율은 때때로 '배음들의 나열'이라고 불린다. 하나의 선율을 구성한다는 것은 하나의 복잡한 화성적 음향을 잘게 썰어 특별한 순서로 나열하는 것과 같다. 대칭적·규칙적·평행적·반복적 낙서들이 눈을 즐겁게 해주는 것과 똑같은 이유로 선율은 귀를 즐겁게 해준다. 선율은 흥미롭고 유익한 사물들이 발하는 강하고 분명하고 분석 가능한 신호들에 둘러싸여 있는 느낌을 과장한다. 선명하게 보이지 않거나 동질의 반죽으로 이루어진 시각적 환경은 특징 없는 갈색이나 회색의 바다로 보인다. 이와 마찬가지로 선명하게 들리지 않거나 동질의 소음으로 이루어진 청각적 환경은 특징 없는 무선통신의 잡음처럼 들린다. 화성 관계에 있는 음들을 들을 때 우리의 청각기관은 만족감을 느끼고, 귀에 들리는 그 청각적 세계를 외부 세계의 중요한 물체들 즉 사람, 동물, 속이 빈 물체처럼 공명하는 음향체의 부분들로 분해한다.

이 생각을 계속 발전시키다 보면, 한 음계에 속한 더 안정적인 음들은 하나의 음향체가 발산하는 더 낮고 대개 소리가 더 큰 배음들에 해당하며, 해당 음향체의 기본 진동파인 기준음과 안정적으로 묶인다는 사실을 알게 된다. 더 불안정한 음들은 더 높고 대개 더 약한 배음들에 해당하며, 비록 동일한 음향체로부터 기준음으로 나온 것이라 해도 그 묶음은 안정감이 떨어진다. 이와 마찬가지로 장음정의 간격을 가진 음들은 단일한 공명체에서 나온 것이 분명하지만, 단음정의 간격을 가진 음들은 아주 높은 배음(그래서 약하고 불확실한 배음)이거나, 복잡한 형태와 재질 때문에 선명한 음을 내지 못하는 음향체에서 나온 음이거나, 애초에 단일한 음향체에서 나온 음이 아니다. 단음정의 애매한 음원은 우리의 청각에 불안정감을 주고, 그 불안정감은 뇌의 다른 곳에서 슬픔으로 번역된다. 풍경風磬, 교회 종소리, 기차 경적, 자동차 경적, 사이렌은 화성 관계에 있는 단 두 음만으로 감정 반응을 불러일으킨다. 몇 개의 음을 건너뛰는 것이 선율의 핵심임을 기억해 보자. 나머지는 모두 장식물이다.

    3. 감정의 소리. 다윈은 많은 새들과 영장류의 울음소리가 화성 관계에 있는 독립된 음들로 구성되어 있음을 발견했다. 그리고 그런 울음소리가 진화한 것은 그것이 수없이 번식에 도움을 주었기 때문이라고 추측했다.(그가 1세기 후에 태어났다면, 디지털 표현 방식이 아날로그 표현 방식보다 더 유리하다고 설명했을 것이다.) 신빙성은 부족하지만 다윈은 인간의 음악도 조상들의 짝짓기 울음소리에서 발전했을 것이라 생각했다. 그러나 만일 그 범주에 모든 감정적 소리를 포함시키는 대담함을 보였다면 그의 생각은 납득할 만했을 것이다. 흐느끼는 소리, 보채는 소리, 우는 소리, 신음소리, 으르렁거리는 소리, 목을 울리며 좋아하는 소리, 웃는 소리, 캥캥거리는 소리, 환호하는 소리, 그리고 그 밖의 갑작스런 소리들에는 청각적 신호가 담겨 있다. 선율이 강렬한 감정을 불러일으키는 것은 선율의 골격이 감정적 외침의 디지털화된 형태와 유사하기 때문일 것이다. 솔soul 가

수들은 노래에 으르렁거림, 울음, 신음, 흐느낌 등을 도입하고, 감상적인 노래와 컨트리-웨스턴 노래를 부르는 가수들 역시 숨죽이기, 목쉰 소리, 말더듬기 같은 감정적 기교를 사용한다. 모의 감정은 예술과 오락의 일반적인 목표다. 그 이유들에 대해서는 다음 절에서 논하고자 한다.

4. 서식지선택. 사람들은 예를 들어 탁 트인 시야, 푸른 초목, 모여드는 구름, 일몰처럼(6장을 보라) 주거 환경의 안전과 위험, 변화 등을 알려 주는 가시적 특징들에 주목한다. 사람들은 또한 주거 환경의 안전과 위험, 변화 등을 알려 주는 청각적 특징들에도 주목하는 것 같다. 천둥, 바람, 급류, 새소리, 으르렁거리는 소리, 발소리, 심장박동, 나뭇가지가 꺾이는 소리들이 감정적 효과를 불러일으키는 것은 그 소리들이 외부 세계의 주목할 만한 사건들로부터 울려나오기 때문일 것이다. 아마도 선율의 핵심에 놓인 음형과 리듬은 감정을 환기하는 소리들의 단순화된 형태일 것이다. 작곡가들은 음화音畵*라는 방법을 이용해 의도적으로 천둥소리나 새소리 같은 자연의 소리를 선율에 넣는다.

* tone painting. 무지카 레세르바타musica reservata라고도 하며, 가사의 의미를 음으로 표현하려는 기법이다.

우리는 영화의 사운드트랙에서도 음악이 감정을 이끌어 내는 순수한 형태를 볼 수 있다. 많은 영화와 텔레비전 드라마들이 처음부터 끝까지 음악에 준하는 음향효과를 이용해 보는 사람의 감정을 끌고 간다. 실질적인 리듬, 선율, 무리 짓기는 전혀 없지만 그 음향들은 관객의 감정을 뒤흔든다. 무성영화의 클라이맥스에 나오는 상행 음계, 오래된 흑백영화의 감상적인 장면에 나오는 우울한 선율("나의 동정심을 유발하고 있군"이라는 빈정대는 의미를 보여 주는 바이올린 연주 동작도 여기에서 나왔다), 《조스Jaws》에 나오는 불길한 분위기의 2음 모티프, TV 시리즈 《미션 임파서블Mission Impossible》에 나오는 긴박한 심벌즈와 북소리, 격투와 추격 장면에 나오는 격렬한 불협화음이 그런 예다. 이 유사음악이 주거 환경의 소리들, 말, 감정의 외침, 또는 그 조합의 곡선을 이끌어 내는지는 알 수 없지만, 효과가 있다는 것은 분명하다.

　　5. 운동신경의 제어. 리듬은 음악의 보편적 요소로, 많은 음악 언어에서 리듬은 일차적 요소이거나 유일한 요소다. 사람들은 음악에 맞춰 춤을 추고, 고개를 끄덕이고, 몸을 비틀고, 흔들고, 행진을 하고, 큰 걸음으로 걷고, 박수를 치고, 민첩하게 움직인다. 이것은 음악이 운동신경 제어 체계에 개입한다는 것을 강하게 암시한다. 걷기, 달리기, 찍기, 벗기기, 파기 등의 행동에는 최적의 리듬(대개 리듬 내부의 최적 리듬 패턴)이 있고, 그 리듬은 신체와 작업 중인 도구 및 표면의 임피던스*에 의해 결정된다. 그네에 탄 아이를 밀어 주는 경우가 좋은 예다. 일정한 리듬 패턴은 동작 속도를 조절하는 최선의 방법이고, 그 리듬을 유지하면 적당한 즐거움을 얻을 수 있다. 음악과 춤은 즐거움에 도달하는 그 자극의 농축된 형태다. 근육 제어는 또한 긴장과 이완의 반복 진행(예를 들어 도약이나 때리기), 절박함이나 열정이나 나른함을 갖고 취하는 행동들, 자신감이나 복종이나 우울함을 반영하는 꼿꼿하거나 구부정한 자세들과 관계가 있다. 재킨도프, 맨프레드 클라인스, 데이비드 엡스테인 같은 심리학을 지향하는 몇몇 음악이론가들은, 음악은 운동의 동기적·감정적 요소들을 재창조한다고 믿는다.

* 전압과 전류의 비比.

　　6. 기타 등등. 이것은 전체가 부분들의 합 이상일 수 있음을 설명해 주는 어떤 것이다. 그리고 슬라이드의 초점을 맞췄다 흐리게 하기를 반복하면서 보거나 서류정리함을 계단 위로 끌고 올라오는 행위로는 사람의 몸에서 영혼을 불러내지 못하는 이유를 설명하는 어떤 것이다. 혹시 어떤 음파와 동기同期적으로 점화하는 뉴런들과 감정 회로들의 자연적 진동 간에 동조 현상이 일어나는 것은 아닐까? 좌반구의 언어 영역에 해당하는 부위

가 우반구에 미사용 상태로 존재하는 것은 아닐까? 모종의 스팬드럴*이나 천장의 배선을 위한 좁은 공간이 존재하거나 청각, 감정, 언어, 운동의 회로들이 뇌 속에 함께 묶여 있기 때문에 우연한 단락短絡이나 결합이 발생하는 것은 아닐까?

음악에 대한 이 분석은 불충분한 이론에 불과하지만, 앞에서 거론한 마음 기능들에 대한 논의를 멋지게 보충해 준다. 내가 마음 기능들을 주제로 선택한 이유는 그것들이 적응특성이라는 가장 분명한 증거들을 보이기 때문이다. 그리고 내가 음악을 선택한 이유는 음악이 적응특성이 아니라는 가장 분명한 흔적들을 보이기 때문이다.

* spandrel. 원래는 건축 양식 용어로 돔을 지탱하는 둥근 아치들 사이에 형성된 역삼각형 모양의 표면을 말한다. 1979년에 고생물학자 스티븐 제이 굴드와 진화유전학자 리처드 르원틴은 〈성 마르코 성당의 스팬드럴과 팡글로스적 패러다임〉이라는 논문에서 적응주의를 비판하기 위해 스팬드럴이라는 단어를 사용했다. 베니스의 성 마르코 성당의 돔 밑에 있는 스팬드럴은 기독교의 네 사도를 그린 타일 모자이크로 장식되어 있다. 굴드와 르원틴은 적응주의자들이 그런 스팬드럴을 보고 그것이 기독교 상징을 표현하기 위해 일부러 설계된 부분인 것처럼 보고 있다고 비판했다. 스팬드럴은 아치 위에 있는 돔을 설치하는 과정에서 어쩔 수 없이 생긴 부산물일 뿐이다.

● ● ● ●

"사실, 나는 아무리 나쁜 영화를 볼 때에도 큰 행복에 젖는다. 내가 읽은 바에 따르면, 다른 사람들은 기억할 만한 순간들을 자신의 삶 속에 간직하는 것 같다." 적어도 워커 퍼시의 소설 《영화 관객*Moviegoer*》의 화자는 그 차이를 인정하고 있다. 텔레비전 방송국에는 악한 역을 맡은 배우를 죽이겠다고 협박하는 시청자들의 우편물, 실연한 등장인물에게 충고를 하는 편지, 아기 출연자들에게 보내는 선물들이 쏟아져 들어온다. 멕시코 영화 관객들은 스크린을 향해 총을 난사한 적이 있다고 한다. 배우들은 팬들이 그들과 그들의 배역을 혼동한다고 불평한다. 《스타트렉》에 출연했던 레너드 니모이는 《나는 스폭이 아니다*I Am Not Spock*》라는 제목의 회고록을 썼다가 해명을 포기하고 《나는 스폭이다*I Am Spock*》라는 회고록을 썼다. 이 일화들은 종종 신문에 오르내리면서, 우리 시대의 사람들이 공상과 현실을 구별하지 못한다는 인상을 심어 준다. 내가 생각하기에 사람들은 정말로 착각을 하는 것이 아니라 허구에 몰입했을 때 느끼는 즐거움을 강화하기 위해 극단으로 치닫는 것 같다. 모든 사람에게서 발견되는 그 동기는 어디에서 비롯하는 것일까?

호라티우스는 문학의 목적은 "기쁨과 가르침을 주는 것"이라고 썼고, 몇 세기 후에 존 드라이든도 연극을 "인간 본성의 정열과 유머를 표현하고 인간 본성을 지배하는 운명의 변화를 표현하는 인간 본성에 대한 정확하고 생생한 이미지로, 그 목적은 인간의 기쁨과 교육"이라고 정의했다. 여기에서 우리는 인간의 즐거움 버튼을 누르는 무익한 테크놀로지의 산물인 기쁨과 인지적 적응의 산물인 교육을 구별하는 것이 유익할 것이다.

허구의 테크놀로지는 관객을 동굴, 소파, 극장 좌석의 안락함으로 인도하는 삶의 시뮬레이션을 제공한다. 말이 심상을 환기하면, 실제로 세계를 지각할 때 대상을 등록하는 뇌 부위들이 활성화된다. 다른 테크놀로지들은 지각 장치의 전제들을 위반하여, 실제 사건을 보고 듣는 경험이 부분적으로 복사된 착각을 만들어 낸다. 의상, 분장, 무대장치, 음향효과, 촬영기술, 만화영화가 그런 것들이다. 어쩌면 가까운 미래에는 그 목록에 가상현실이 포함되고, 더욱 먼 미래에는 《멋진 신세계 Brave New World》의 필리스 feelies*가 포함될지도 모른다.

* 가상현실의 포르노 이미지

착각이 효력을 발휘할 때, "왜 사람들은 허구를 즐기는가?"라는 질문의 답은 명약관화하다. 그것은 "왜 사람들은 삶을 즐기는가?"라는 질문과 동일하다. 책이나 영화에 빠졌을 때 우리는 숨이 멎을 듯한 경치를 관람하고, 중요한 사람들과 허물없이 사귀고, 매혹적인 남녀들과 사랑에 빠지고, 사랑하는 사람들을 지켜 주고, 불가능한 목표를 성취하고, 사악한 적을 물리친다. 7달러 50센트치고는 결코 손해 보는 장사가 아니다!

물론 모든 이야기가 해피엔딩으로 끝나진 않는다. 그렇다면 왜 우리는 우리를 비참하게 만드는 인생의 시뮬레이션을 보려고 7달러 50센트를 지불할까? 때로는 예술영화의 경우처럼 문화적 과시를 통해 지위를 얻으려는 심리가 있다. 단지 즐기기 위해 극장을 찾는 우둔한 속물들과 거리를 두기 위해 감정의 격통을 참는 것이다. 때때로 그것은 양립할 수 없는 두 욕구를 충족시키기 위해 지불하는 대가다. 우리에게는 해피엔딩의 이야기를 바라는 욕구도 있지만 예측할 수 없는 결말에 대한 욕구도 있다. 그런 이야기 속에는 또 다른 현실의 환상이 담겨 있다. 살인자가 지하실에 여주인공을 가두는 이야기도 있어야 한다. 그렇지 않으면 그녀가 도망치는 이야기에서 우리는 전율과 안도를 전혀 느끼지 못할 것이다. 경제학자 스티븐 랜즈버그는, 모든 감독이 더 강한 전율이라는 영화계 전반의 대의를 위해 자기 영화의 인기를 희생시키지 않으려 할 때 해피엔딩이 난무할 것이라고 말했다.

그렇다면 착각에 이끌려 슬픔에 빠지는 것을 즐기는 관객들을 위한 최루성 영화는 어떻게 설명할 수 있을까? 심리학자 폴 로진은 최루성 영화를 흡연, 롤러코스터, 매운 고추, 사우나 같은 양성良性 마조히즘의 다른 예들과 한 부류로 묶는다. 양성 마조히즘은 6장에서 언급했던, 한계를 시험하는 시험 비행사의 운항과 같다. 그것은 낭떠러지에 떨어지지 않고 재난의 가장자리까지 얼마나 접근할 수 있는가를 조금씩 시험함으로써 삶의 선택사양을 넓히려는 노력이다. 물론 만일 이 이론으로 불가해한 모든 행동을 유창하게 설명하려 한다면 공허함에 빠질 것이고, 만일 그 이론으로 사람들은 손톱 밑을 바늘로 찌르기 위해 돈을 지불한다고 예측하려 한다면 그 또한 잘못일 것이다. 그러나 그 개념은 좀 더 섬세하다. 양성 마조히스트들은 그들이 심각한 피해를 전혀 입지 않을 것을 확신해야 한다. 그들은 고통이나 두려움의 증가분을 잘 측정해야 한다. 그리고 피해를 제어하고 완화할 수 있는 기회를 가져야 한다. 최루성 영화의 테크놀로지는 그런 조건에 잘 들어맞는다. 관객들은 처음부터 끝까지, 영화가 끝나면 사랑하는 사람과 무사히 극장 문을 나설 수 있다는 것을 알고 있다. 여주인공은 심장마비에 걸리거나 핫도그가 목에 걸려 죽는 것이 아니라 진행성 질병에 걸려 생을 마치기 때문에 우리는 다가올 비극에 대해 감정의 준비를 할 수가 있다. 우리는 여주인공이 죽을 것이라는 추상적인 전제만을 받아들여야 한다. 불쾌한 세부 묘사는 안 봐도 그만이다.(그레타 가르보, 알리 맥그로우,* 데브라 윙거**는 암에 걸려 탈진하고 죽을 때까지 줄곧 사랑스런 외모를 유지했다.) 그리고 관객은 주인공이 아니라 가까운 가족과 동일시하고, 그들의 노력에 공감하고, 주인공이 죽어도 삶은 계속된다는 확신을 느껴야 한다. 최루성 영화는 비극에 대한 승리감을 고취한다.

* 《러브스토리》의 여주인공
** 《애정의 조건》의 여주인공

　　보통 사람들이 살아가면서 보여 주는 약점들을 추적하는 것도 즐거움 버튼을 누를 수 있다. 이른바 '가십'이 그것이다. 아는 것이 힘이기 때문에 가십은 모든 인간 사회에서 사랑받는 오락이다. 누가 호의를 필요로 하고 누가 호의를 베풀 위치에 있는지, 누가 믿을 만하고 누가 거짓말쟁이인지, 누가 솔로이고(혹은 곧 솔로가 되고) 누가 질투심 많은 배우자나 가족에게 사로잡혀 있는지를 아는 것은 인생의 게임에서 명백한 전략상의 이익을 제공한다. 특히 그 정보가 아직 널리 퍼지지 않아서 마치 내부자 거래처럼 듣는 사람이 기회를 누구보다 먼저 이용할 수 있을 때 전략상의 이익은 더욱 명백하다. 우리의 마음이 진화한 소규모 집단에서는 모든 사람이 다른 모든 사람을 알았고 그래서 모든 가십이 유용했다. 오늘날 우리는 꾸며 낸 인물들의 사생활을 엿보면서 같은 종류의 가십을 스스로에게 속삭인다.

그러나 문학은 즐거움뿐만 아니라 가르침도 준다. 컴퓨터과학자 제리 홉스는 '로봇에게도 문학이 있을까?'라는 제목을 붙이려 했던 한 논문에서 허구 이야기를 역설계하는 노력을 전개했다. 그는 소설은 실험과 같다는 결론을 내렸다. 저자는 가상의 인물을 통상적인 사실과 법칙들이 실제 세계와 똑같이 적용되는 가설적 상황에 놓고, 독자로 하여금 결과를 탐구하게 한다. 우리는 제임스 조이스가 부여한 개성, 가족, 직업을 가진 레오폴드 블룸이란 사람이 더블린에 살고 있었다고 상상할 수는 있지만, 만일 갑자기 그 당시의 군주가 에드워드 왕이 아니라 에드위나 여왕이었다고 외워야 한다면 즉시 이의를 제기할 것이다. 심지어 공상과학소설에서도 우리는 몇몇 물리적 법칙에 대한 믿음을 유예시키고 주인공들이 이웃 은하로 건너갔다고 인정하지만, 그 밖의 사건들은 합법칙적 인과관계에 따라 전개된다. 카프카의 《변신*Metamorphosis*》 같은 초현실적 소설은, 인간이 벌레로 변할 수 있다는 반사실적 전제로 시작하지만, 그 밖의 모든 전제는 현실 세계와 똑같이 적용된다. 주인공은 인간의 의식을 유지하기 때문에 우리는 그의 노력을 이해하고, 실제 사람들이 큰 벌레를 대하는 것처럼 소설 속의 사람들이 그를 대하는 것에 공감한다. 《이상한 나라의 앨리스》처럼 논리와 사실을 주제로 다루는 소설에서만 이상한 일들이 마음껏 벌어질 수 있다.

일단 허구의 세계가 성립되면, 주인공은 목표를 부여받고 우리는 주인공이 목표를 달성하기 위해 장애물을 극복하는 것을 지켜본다. 줄거리에 대한 이 일반적인 정의가 2장에서 제시한 지능의 정의와 똑같은 것은 우연의 일치가 아니다. 허구 세계의 인물들은 실제 세계에서 우리의 지능이 우리에게 허락하는 것과 똑같이 행동한다. 우리는 그들에게 무슨 일이 일어나는지를 지켜보면서, 그들이 목표 달성을 위해 사용하는 전략과 전술의 결과를 마음속에 기록해 놓는다.

그 목표들은 무엇일까? 다윈주의자라면 유기체의 궁극적인 목표는 생존과 번식이라고 말할 것이다. 그런데 바로 그것이 소설 속의 인간 유기체들을 움직이는 목표다. 조르주 폴티가 목록화한 35개의 줄거리들 중 대부분이 사랑, 섹스, 그리고 주인공이나 그 가족의 안전에 대한 위협에 해당한다.(예를 들어 '오해로 빚어진 질투,' '친족의 복수를 위해 친족에게 칼을 겨눔,' '사랑하는 사람의 불명예스런 행동을 발견함' 등이다.) 아동을 위한 소설과 성인을 위한 소설의 차이는 대개 섹스와 폭력이라는 두 단어로 요약된다. 우디 앨런이 러시아 문학에 대한 경의로 제작한 영화의 제목은 《사랑과 죽음》이었다. 폴린 케일은 자신의 평론집 제목을, "영화의 기본적인 매력을 드러내는 상상할 수 있는 가장 짤막한 언급"이 담겨 있는 영화 포스터에서 빌려왔다. 바로 《키스 키스 뱅 뱅 Kiss Kiss Bang Bang》이었다.

섹스와 폭력은 싸구려 예술과 쓰레기 TV에서만 집착하는 주제가 아니다. 언어 전문가 리처드 레더러와 컴퓨터 프로그래머 마이클 길러랜드는 다음과 같은 선정적인 표제들을 제시했다.

시카고의 택시 기사, 사장의 딸을 목 졸라 죽인 후
시체를 토막 내고 벽난로에 감추다.

의사 아내가 교구 목사의 사생아 딸을 임신하다.

10대 소년 소녀의 동반 자살

가족들은 피의 복수극을 끝내기로 맹세하다.

학생이 전당포 주인과 점원을

도끼로 살해했다고 자백하다.

자동차 수리점 주인이 부유한 실업가를

스토킹한 후 풀장에서 사살하다.

오랫동안 다락에 갇혀 있던 미친 여자가

집에 불을 지르고 다락에서 뛰어내려 사망함.

전직 교사, 매춘 행위가 들통 난 후 정신병원에 수감됨.

왕자, 부왕의 죽음에 대한 복수로

어머니를 죽인 죄에 대해 무죄 방면됨.

친숙하게 들리는가? 책 말미의 주석을 보라.

    주인공의 목표를 가로막는 장애물이 그와 양립할 수 없는 목표를 추구하는 다른 사람들일 때 허구는 특히 강력한 힘을 발산한다. 인생은 체스와 같고, 허구의 줄거리는 진지한 체스 선수들이 난국에 부딪혔을 때를 대비하여 꼼꼼히 연구하는 유명한 체스 게임들을 수록한 책과 같다. 그런 책들이 유익한 것은 체스가 조합적이기 때문이다. 어느 단계에서든 가능한 수와 대응 수가 너무 많아서 마음속으로 모든 수를 살펴보기가 불가능하다. 체스의 규칙은 수천 개의 상황을 허락하기 때문에, '퀸을 일찍 꺼내라'와 같은 일반적인 전략들은 너무 애매해서 별 도움이 안 된다. 좋은 훈련 방법은 훌륭한 선수들이 성공적으로 사용했던 수만 번의 시합과 수를 마음속으로 정리해 놓는 것이다. 인공지능에서는 그것을 사례기반 추론이라고 한다.

  인생의 수는 체스보다 훨씬 더 많다. 사람들은 정도의 차이는 있지만 항상 갈등을 겪고, 그래서 사람들의 수와 대응 수는 상상하기 어려울 정도로 많은 수의 상호작용으로 늘어난다. 가상의 딜레마에 빠진 죄수들처럼 파트너들은 현재의 수와 다음 수에서 협조를 할 수도 있고 변절을 할 수도 있다. 부모, 자식, 형제들은 유전자의 부분적 중복 때문에 공통의 이해와 대립적 이해를 모두 갖고 있으며, 한쪽이 상대방에게 행하는 어떤 행동이든 이타적이거나 이기적일 수 있고 또는 둘의 결합일 수도 있다. 소년이 소녀를 만날 때 어느 한쪽이나 양쪽 모두 상대방을 배우자로 보거나 하룻밤 상대로 보거나 무의미한 사람으로 볼 수 있다. 배우자는 충실할 수도 있고 바람을 피울 수도 있다. 친구는 미덥지 못한 친구일 수 있다. 동맹자는 공평하게 분담한 위험보다 적은 양만을 떠안거나, 운명의 화살이 그에게 향하는 순간 변절을 할 수가 있다. 낯선 사람은 경쟁자일 수도 있고 완전한 적일 수도 있다. 여기에 사기의 가능성이 더해지면 게임들은 더 높은 차원으로 확대되어, 모든 말과 행동이 참이거나 거짓이거나 자기기만일 수 있고, 자기기만일 때에는 진지한 말과 행동조차 참이거나 거짓일 수 있다. 여기에 역설적 전술과 대응 전술이 더해지면 게임들은 더욱 높은 차원으로 확대되어, 개인의 평범한 목표들—통제, 이성, 지식—은 본인에 의해 무효화되고 단지 그를 협박할 수 없는 사람, 믿을 가치가 있는 사람, 또는 도전하기에 너무 위험한 사람으로 만드는 수단이 된다.

갈등에 빠진 사람들의 음모는 너무나 많은 측면들과 결합하면서 증가할 수 있기 때문에, 어느 누구도 마음의 눈으로 모든 행동의 결과를 펼쳐볼 수가 없다. 허구의 이야기들은 우리에게 언젠가 직면할 수 있는 운명의 수수께끼들과, 그 속에서 전개할 수 있는 전략들의 결과를 요목별로 정리해 준다. 만일 나의 삼촌이 나의 아버지를 죽이고 그의 자리를 빼앗고 내 어머니와 결혼했다는 의심이 든다면 내가 취할 수 있는 선택사양은 무엇인가? 만일 나의 불행한 형이 가족 내에서 전혀 대접받지 못한다면 형이 나를 배반하는 상황이 올 수도 있을까? 아내와 딸이 주말여행을 떠났을 때 어느 의뢰인이 나를 유혹했다면, 벌어질 수 있는 최악의 상황은 무엇일까? 시골 의사의 아내로서 나의 지루한 삶에 활력을 불어넣기 위해 바람을 피운다면 어떤 최악의 상황이 벌어질 수 있을까? 오늘 당장 내 땅을 빼앗으려는 악당들에게 무모한 충돌을 피하는 동시에 당당한 모습을 잃지 않으면서 내일 넘겨주겠다고 하려면 어떻게 해야 할까? 이에 대한 답들은 어느 서점이나 비디오가게에서도 찾아볼 수 있다. 인생이 예술을 모방한다는 진부한 표현은 사실이다. 예술의 기능은 인생이 그것을 모방하는 데에 있기 때문이다.

● ● ● ●

'좋은' 예술의 심리에 대해서도 설명할 수 있을까? 철학자 넬슨 굿맨은 예술과 상징의 차이를 조사하는 과정에서 새로운 깨달음을 얻었다. 한 장의 심전도 사진과 호쿠사이의 후지산 그림이 우연히 똑같다고 가정해 보자. 두 선은 모두 무엇인가를 상징하지만, 심전도 사진에서 중요한 것은 그 선을 지나는 각 점의 위치뿐이다. 선의 색과 두께와 크기, 그리고 종이의 색과 농담은 문제가 되지 않는다. 그런 것들이 변해도 사진 속의 기록은 변하지 않는다. 그러나 호쿠사이의 그림에서는 어떤 특징도 무시하거나 멋대로 변경할 수 없다. 모든 것이 예술가에 의해 의도적으로 만들어졌다고 간주된다. 굿맨은 예술의 이 특성을 '충만성repleteness'이라 불렀다.

좋은 예술가는 충만성에 의존하여 매체의 모든 면을 활용한다. 예술가라면 그렇게 하는 편이 유리하다. 그에겐 이미 관객의 눈과 귀가 있고, 작품은 실용적 기능에서 자유롭기 때문에 까다로운 공학적 설계에 맞출 필요가 없다. 모든 부분이 그의 손에 달려 있다. 히스클리프가 어딘가에서 열정과 격노를 표출해야 한다면, 폭풍이 몰아치는 무시무시한 요크셔의 황무지는 어떨까? 어떤 장면을 붓으로 그려야 한다면, 별이 총총한 밤의 효과를 높이기 위해 소용돌이 표현을 이용하거나, 얼굴에 목가적인 분위기가 나는 그림자 효과를 주기 위해 초록색 얼룩을 이용하면 어떨까? 노래에는 선율과 가사가 필요하다. 콜 포터의 '우리가 안녕이라고 말할 때마다Every Time We Say Goodbye'에서는 행마다 장조와 단조가 번갈아 나온다.

그대가 곁에 있으면 봄바람 같은 것이 느껴져.
어디선가 종달새의 노래가 들려오기 시작해.
그보다 더 고운 사랑의 노래는 없어,
하지만 그게 어찌 그리 이상하게도 장조에서 단조로 바뀌는지,
우리가 안녕이라고 말할 때마다.

이 노래는 연인과 헤어질 때 기쁨이 슬픔으로 바뀌는 것을 노래한다. 그에 따라 선율이 기쁨에서 슬픔으로 바뀌고, 가사도 그런 선율의 변화에 맞춰

화자의 기분이 기쁨에서 슬픔으로 바뀐다고 말한다. 감정의 변화를 환기하는 음열 구성에 있어 단 하나도 버릴 것이 없다.

충만함의 기술적 사용이 감동을 줄 수 있는 것은 몇 개의 채널을 동시에 이용해 즐거운 감정을 환기시키기 때문만은 아니다. 몇 부분이 처음에는 변칙적으로 진행되었다가 그 변칙이 해소될 때 우리는 매체의 이질적인 부분들로 하나의 효과를 내는 예술가의 영리한 방법을 깨닫게 된다. 우리는 스스로에게 묻는다. 왜 휘몰아치는 바람이 갑자기 등장했을까? 왜 귀부인의 뺨에 초록색 얼룩이 있을까? 왜 사랑의 노래에서 장조와 단조를 이야기하는 것일까? 이 수수께끼를 풀기 위해 관객은 보통 때에는 눈에 띄지 않는 매체의 부분에 주목하게 되고, 그럼으로써 작가가 의도했던 효과에 도달한다. 이 통찰은 창조성에 관한 아서 케스틀러의 역작 《창조 행위 *The Act of Creation*》에 처음 등장하고, 인간 심리의 또 다른 수수께끼인 유머를 논하는 글에서도 독창적인 분석의 기초가 된다.

무엇이 우리를 웃기는가?

케스틀러는 유머의 문제를 다음과 같이 시작했다.

종종 억제할 수 없는 어떤 소리와 관련되어 있는 15개의 얼굴 근육의 무의식적이고 동시적인 수축에는 어떤 생존 가치가 있을까? 웃음은 일종의 반사운동이지만 생물학적으로 분명한 목적이 없다는 점에서 유일무이하기 때문에, 사치스런 반사운동이라고 부를 만하다. 우리가 아는 한 웃음의 유일한 실리적 기능은 실리적인 압박에서 벗어났다는 일시적 안도감을 제공하는 것이다. 웃음이 발생하는 진화의 차원에 이르자 열역학의 법칙과 적자생존이 지배하던 삭막한 세계에 경솔함의 어떤 요소가 몰래 숨어 들어온 것으로 보인다.

이 역설을 다른 식으로 설명할 수도 있다. 따가운 빛이 눈을 찌르면 동공이 수축하거나 날카로운 못을 밟으면 즉시 발을 빼는 것은 합리적인 장치라는 느낌을 준다. 두 사건의 '자극'과 '반응'은 생리학적 차원이기 때문이다. 그러나 서버*의 글을 읽는 것 같은 복잡한 마음 활동이 반사작용 차원의 특정한 신경 반응을 야기한다는 것은 고대 이래로 무수한 철학자들을 당황하게 만든 균형이 어긋난 현상이다.

* James Thurber. 미국의 만담가이자 작가.

** 노래, 춤, 만담, 곡예 등을 섞은 쇼.

이제 케스틀러의 분석, 좀 더 최근에 알려진 진화심리학의 개념들, 그리고 유머와 웃음에 대한 사실적 연구들이 제공하는 단서들을 결합해 보자.

케스틀러의 지적대로, 웃음은 무의식적인 소음이다. 선생님이라면 누구나 알겠지만, 웃음은 화자에게 집중하는 것을 방해하고, 집중의 유지를 어렵게 만든다. 그리고 웃음에는 전염성이 있다. 인간의 웃음 행동을 기록해 온 심리학자 로버트 프로빈은 사람들이 혼자 있을 때보다 다른 사람들과 함께 있을 때 30번 정도 더 웃는다는 사실을 발견했다. 심지어 사람들은 혼자 웃을 때에도 종종 다른 사람들과 함께 있다고 상상한다. 즉 다른 사람의 말을 읽거나, 라디오에서 다른 사람의 목소리를 듣거나, 텔레비전에서 다른 사람을 보고 있을 때다. 사람들은 웃음소리가 들리면 따라 웃는다. 코미디 프로에서 방청객이 없는 것을 보완하기 위해 웃음 테이프를 트는 것도 그 때문이다.(과거에 보드빌** 코미디에서 농담의 종료를 알리기 위해 이상한 소리를 내거나 북을 친 것이 웃음 테이프의 전신이다.)

이 모든 것이 두 가지 사실을 암시한다. 첫째, 웃음이 시끄러운 것은 웃음이 갇혔던 심적 에너지를 방출시키기 때문이 아니라 다른 사람들이 웃음소리를 들을 수 있도록 하기 위해서다. 즉, 웃음은 일종의 소통이다. 둘째, 웃음이 무의식적인 것은 다른 감정 표현들이 무의식적인 이유와 같다(6장). 뇌는 통제권을 의식적 행동의 기초인 계산 체계들로부터 신체의 심리 공장을 돌리는 저차원의 동력 체계로 이전하여 어떤 심리 상태를 솔직하고, 위조할 수 없고, 값비싼 방법으로 광고한다. 노여움, 동정, 수치, 두려움의 표현과 마찬가지로 뇌는 어떤 내적 상태가 거짓이 아니라 진심이라는 것을 청중에게 확신시키기 위해 약간의 노력을 기울인다.

웃음은 다른 영장류들에게도 상동 행위가 있는 것으로 보인다. 동물행동학자 이레내우스 아이블 아이베스펠트는 원숭이들이 공동의 적을 집단적으로 위협하거나 공격할 때 내는 소리에서 장단이 맞는 웃음소리를 듣는다. 침팬지는 영장류학자들이 웃음으로 규정하는 특이한 소리를 낸다. 그것은 숨을 내쉴 때와 들이쉴 때의 기식음氣息音이 섞인 헐떡거림이고, 사람이 웃을 때 내뱉는 하-하-하보다는 톱으로 나무를 켜는 소리에 더 가깝다.(침팬지에겐 다른 종류의 웃음들도 있을 것이다.) 어린아이들처럼 침팬지들도 서로 간지럼을 태우면서 '웃는다.' 간지럼이란 공격하는 척하면서 신체의 민감한 부위들을 만지는 행위다. 많은 영장류들과 모든 사회의 아이들이 싸움을 위한 연습으로 거친 신체 놀이rough-and-tumble play를 한다. 싸움 놀이에서 공격자는 다음과 같은 딜레마에 빠진다. 난투는 실제적인 공격과 방어에 도움이 될 만큼 사실적이어야 하지만, 양쪽은 공격이 진짜가 아니므로 싸움은 격렬해지지 않고 실제 피해도 발생하지 않는다는 것을 서로가 알아주기를 원한다. 침팬지의 웃음을 비롯하여 영장류의 놀이 표정들은 공격이 완전히 장난이란 것을 보여 주는 신호로 진화했다. 결론적으로 웃음의 선구 행위로서 두 후보를 생각하게 된다. 집단 공격의 신호와 가짜 공격의 신호가 그것이다. 그것들은 상호 배타적이지 않고, 둘 다 인간의 유머를 설명해 준다.

유머는 일종의 공격일 때가 많다. 비웃음을 당하면 혐오감이 들고 공격을 당한 것처럼 느껴진다. 희극은 종종 익살극과 모욕에 의존하고, 그런 이유로 우리가 진화했던 식량수집 사회를 포함하여 세련미가 떨어지는 환경에서 유머는 뚜렷한 가학성을 띠곤 한다. 아이들은 종종 다른 아이들이 다치거나 불운을 겪을 때 히스테리에 걸린 것처럼 웃는다. 식량수집 사회의 유머에 대한 많은 문헌들이 그와 비슷하게 보고한다. 인류학자 레이먼드 헤임스는 아마존 열대우림에 거주하는 예콰나족과 함께 생활하던 중에, 오두막 입구의 가로대에 머리를 부딪혀 많은 피를 흘리고 땅에 주저앉아 고통스럽게 몸부림친 일이 있었다. 사람들은 그 광경을 보고 배꼽을 잡고 웃어댔다. 우리라고 해서 그들과 크게 다른 것은 아니다. 영국에서 교수형은 사형수가 교수대로 끌려 나와 처형당하는 것을 온 가족이 지켜보면서 그를 비웃곤 했던 중요한 행사였다. 《1984》에서 오웰은 윈스턴 스미스의 일기를 통해 오늘날의 복합상영관에서 볼 수 있는 저녁 풍경과 섬뜩할 정도로 비슷한 대중오락의 단면을 풍자한다.

어젯밤엔 영화를 보러 갔다. 모두 전쟁영화였다. 그중에서도 지중해 어딘가에서 난민을 가득 실은 배가 폭격을 당하는 영화가 썩 괜찮았다. 몸집이 비대한 한 남자가 헬리콥터를 따돌리려고 헤엄치다가 총격을 받는 장면에서 관객들은 대단히 즐거워했다. 먼저 그가 돌고래처럼 허우적거리면서 헤엄치는 장면이 나오고, 그런 다음 헬리콥터의 사격조준기가 그의 몸을 포착한다. 그런 다음 그의 몸은 벌집처럼 구멍이 뚫리고 주변 바다는 순식간에 붉게 물든다. 마치 수많은 구멍으로 한꺼번에 물이 밀려들기라도 한 것처럼 그는 순식간에 가라앉는다. 그런 다음 아이들을 가득 실은 구명보트와 그 위를 떠다니는 헬리콥터가 화면에 나온다. 뱃머리에는 유대인으로 보이는 중년의 여자가 세 살쯤 된 작은 남자아이를 팔에 안고 앉아 있다. 남자아이는 마치 여자의 몸속으로 굴을 파고 들어갈 것처럼 여자의 가슴에 머리를 묻은 채 공포의 비명을 질러 댔고, 여자는 자기도 공포에 사로잡혀 새파랗게 질려 있었음에도 아이를 두 팔로 감싸 안고 달래고 있었다. 그러는 내내 여자는 마치 아이에게 날아오는 총알을 두 팔로 막겠다고 작정이라도 한 듯이 아이를 최대한 넓게 감싸고 있었다. 그때 헬리콥터가 그들 한가운데에 20킬로그램의 폭탄을 투하했고, 멋들어진 섬광이 일면서 보트는 산산조각이 났다. 그런 다음 어린아이의 팔 하나가 위로, 위로, 허공으로 계속 떠올랐는데, 헬리콥터의 기수에 장착된 카메라로 추적하면서 찍은 것이 분명했다. 엄청난 박수갈채가 터져 나왔다. …

나는 더 이상 글을 읽기가 역겹지만, 또 한편으론 인디애나 존스가 언월도*를 빙글빙글 돌리는 이집트 사람을 쏘는 장면에서 나 역시 신나게 웃었던 경험을 기억하지 못하고 있다.

* 아랍 지방의 검.

** 타인의 불행을 즐거워함(562쪽을 보라).

　　　　　　　　오웰이 희생자들의 공포를 냉담하게 묘사하면서 불러일으키는 전율은, 잔인함만으로는 유머가 촉발하지 않는다는 사실을 보여 준다. 농담의 대상은 가당치 않은 위엄과 존중을 요구하는 존재로 등장해야 하고, 유머러스한 사건은 그를 몇 등급 아래로 끌어내려야 한다. 유머는 허세와 단정함의 적인데, 특히 그것이 적이나 상급자의 권위를 지지하고 있을 때 효과적이다. 비웃음의 가장 유쾌한 표적은 교사, 설교자, 왕, 정치인, 장교처럼 지위와 힘을 가진 사람들이다.(심지어 위에서 소개한 예콰나족의 샤덴프로이데**도, 그들은 자그마한 종족인 데 반해 헤임스는 건장한 체구의 미국인이라는 말을 들으면 좀 더 친숙하게 느껴진다.) 내가 실제로 목격한 것 중에 가장 재미있는 사건은 콜롬비아의 칼리에서 열린 군대 행렬이었다. 행렬 맨 앞에는 장교 한 명이 당당하게 걸어갔고, 장교의 앞에는 일곱 살이나 여덟 살밖에 안 된 누더기를 걸친 사내아이가 코를 하늘로 치켜들고 두 팔을 거만하게 흔들면서 장교보다 더 당당하게 걸어갔다. 장교는 자신의 걸음을 흩뜨리지 않고 아이에게 일격을 가하려고 애를 썼지만, 개구쟁이 녀석은 항상 몇 걸음 미리 도망치면서 군대를 이끌고 온 거리를 행진했다.

위엄의 격하는 또한 성적이고 외설적인 유머의 보편적인 매력을 뒷받침하는 기초다. 전 세계 대부분의 위트는 알공킨 원탁모임*보다는 《애니멀 하우스*Animal House*》**에 더 가깝다. 샤농은 야노마뫼족의 가계조사를 시작할 때, 저명한 사람들의 이름을 언급하지 않는 그들의 터부 때문에 어려움을 겪었다.(우리 문화의 선생님Sir이나 판사님Your Honor 같은 호칭에서도 그와 비슷한 민감성을 엿볼 수 있다.) 샤농은 피조사자들에게 저명한 개인의 이름과 그 친척들의 이름을 귀에다 속삭이라고 요청했고, 그 때문에 어색한 과정을 몇 번씩 반복한 후에야 이름을 정확히 들을 수 있었다. 이름이 거론된 사람이 샤농을 노려보고 구경꾼들이 킥킥대고 웃으면 샤농은 안심하고 그의 진짜 이름을 기록했다. 몇 달에 걸쳐 정성스럽게 가계를 정리한 후 이웃 부락을 방문하던 중에 샤농은 자랑삼아 그곳 추장 부인의 이름을 불쑥 꺼냈다.

* Algonquin Round Table. 1920년대와 1930년대의 살롱 문화를 대표하는 토론 모임.

** 존 랜디스 감독의 코미디 영화.

순간 싸늘한 침묵이 흘렀고 잠시 후 온 마을이 걷잡을 수 없는 웃음, 목메임, 헐떡거림, 아우성에 빠졌다. 사람들 앞에서 나는 비사시테리의 추장이 '털 많은 성기'와 결혼했다고 생각한 사람이 되어 버렸다. 그뿐 아니라 나는 추장을 '기다란 음경'으로, 그의 형제를 '독수리 똥'으로, 그의 한 아들을 '병신 같은 놈'으로, 그의 딸을 '방귀 냄새'로 부르고 있었다. 다섯 달 동안 심혈을 기울여 가계조사를 한 결과가 터무니없는 헛소리에 불과했다는 사실을 깨닫자 관자놀이에 피가 솟구쳤다.

물론 '우리는' 그렇게 유치한 일에 절대로 웃지 않을 것이다. '우리의' 유머는 '자극적이고,' '야비하고,' '음란하고,' '음탕하고,' '외설적이고,' '상스럽고,' '익살맞다.' 섹스와 배설은 24시간 내내 위엄을 지킨다고 주장하는 사람을 우습게 만든다. 이른바 이성적 동물도 짝짓기를 하고 고통스러울 때 몸부림을 치고 신음소리를 내는 필사적인 충동을 갖고 있다. 그리고 이자크 디네센이 썼듯이, "인간이란 무엇인가? 그에 대해 생각해 보면, 시라즈의 붉은 포도주를 몹시 교묘하게 소변으로 바꾸는 정교하고 독창적인 기계에 불과하지 않은가?"

그러나 정말 이상하게도, 유머는 또한 수사적이고 지적인 주장을 펴는 중요한 전술이다. 위트는 숙련된 논객의 손에 들어가면 무서운 검이 될 수 있다. 대통령 시절 로널드 레이건의 인기와 유능함은 논쟁과 비판을 최소한 잠시 동안이나마 가라앉히는 솜씨에 힘입은 바가 크다. 예를 들어 낙태의 권리에 관한 질문을 비껴갈 때 그는 "낙태를 찬성하는 모든 사람은 이미 이 세상에 태어난 사람들이다"라고 말하곤 했다. 철학자들 사이에는 다음과 같은 실화가 회자된다. 어느 학회에서 한 이론가가, 몇몇 언어에서는 이중 부정으로 긍정을 표현하는 반면에 어떤 언어에서도 이중 긍정으로 부정을 표현하지 않는다고 발표했다. 강연장 뒤쪽에 서 있던 한 철학자가 노래하는 어투로 소리쳤다. "예, 예." 볼테르가 썼듯이, "재치 있는 말로는 아무것도 입증하지 못한다"는 것은 사실일 수도 있지만, 그 역시 그런 말에 의존했던 것으로 유명하다. 완벽한 재치는 화자에게 마땅한 것이든 아니든 즉각적인 승리를 안겨 주고 반대자들을 더듬거리게 만든다. 우리는 종종 영리한 경구에는 다른 어떤 방법으로도 간단히 포착할 수 없는 진리가 담겨 있다고 느낀다.

● ● ● ●

이제 우리는 유머를 역설계하려는 케스틀러의 시도에 이르렀다. 케스틀러는 일찍이 행동주의가 지배하던 시대에 인지과학을 인정한 사람으로, 법칙 체계, 해석의 양식, 사고방식, 또는 준거틀 같은 마음 목록에 주의를 환기시켰다. 유머는 하나의 준거틀에서 이루어진 일련의 생각이 변칙적인 것—지금까지의 맥락으로는 이치에 닿지 않는 사건이나 말—과 충돌할 때 시작된다고 그는 말했다. 그 변칙은 다른 준거틀, 즉 그 사건이 이해가 되는 준거틀로 이동할 때 해결된다. 그리고 그 틀 안에서는 누군가의 위엄이 격하된다. 그는 그 이동을 '이중 연상bisociation'이라 부른다. 나는 케스틀러가 제시한 유머의 예들 중에서 재미있게 읽었던 몇 개의 예로 그의 이론을 설명할 것이고, 농담의 효과가 반감되는 것을 무릅쓰고 설명을 덧붙이고자 한다.

애스터 여사가 윈스턴 처칠에게 "당신이 내 남편이라면 당신의 차에 독약을 타겠어요"라고 말하자 처칠은 이렇게 대꾸했다. "당신이 내 아내라면 나는 그 차를 마시겠소." 처칠의 반응은 살인의 준거틀로 볼 때 변칙적이다. 사람들은 대개 살해당하기를 거부하기 때문이다. 그 변칙은 자살의 준거틀에서 해결된다. 자살의 준거틀에서는 죽음이 불행으로부터 도피하는 수단으로 환영받기 때문이다. 그 틀에서 애스터 여사는 결혼 생활을 불행하게 만드는 장본인이라는 수치스런 역할을 떠맡고 있다.

한 등산객이 벼랑에서 미끄러져 천길 낭떠러지 위에 로프를 잡고 매달려 있다. 두려움과 절망에 빠진 그는 허공을 올려다보고 "위에 누구 있으면 나 좀 도와주시오"라고 외친다. 그러자 위에서 목소리가 들려왔다. "나를 믿는다면 그 줄을 놓아라. 믿음을 보인다면 구해 주겠다." 등산객은 밑을 한 번 내려다보더니 다시 위를 보고 소리쳤다. "위에 다른 누구 없어요?" 이 반응은 종교적인 이야기들의 준거틀에서 변칙적이다. 일반적으로 믿음을 보이면 신이 기적을 일으키고 사람들은 그 거래에 감사하기 때문이다. 이 변칙은 일상생활의 준거틀로 이동할 때 해결된다. 사람들은 대개 물리적 법칙을 존중하고, 그 법칙을 무시하라고 주장하는 사람을 의심한다. 이 준거틀에서 신(그리고 종교계의 전도자들)은 사기꾼일 수도 있고, 설령 사기꾼이 아니더라도 그 남자의 상식은 신을 파멸시키기에 충분하다.

어떤 사람이 W. C. 필즈에게 "젊은이들에게 클럽이 필요하다고 생각하세요?"라고 묻자, 필즈는 "버릇없는 애들에겐 필요하겠죠"라고 대답했다. 필즈의 대답은 클럽club의 일반적 의미인 오락 모임에 대한 대답으로는 말이 되지 않는다. 그러나 이 변칙은 클럽club의 또 다른 의미인 '곤봉'으로 넘어가면 해결될 수 있다. 젊은이들은 졸지에 시혜의 대상에서 훈육의 대상으로 전락한다.

케스틀러가 제시한 유머의 3요소, 즉 부조화, 해결, 모욕은 농담이 왜 웃기는가를 조사한 많은 실험을 통해 검증되었다. 슬랩스틱* 유머에서는 개인을 믿음과 욕구의 주체로 보는 심리학적 틀과, 개인을 물리적 법칙에 종속된 물질 덩어리로 보는 물리적 틀이 충돌한다. 외설적 유머에서는 심리학적 틀과 개인을 역겨운 물질의 배출구로 보는 생리적 틀이 충돌한다. 성적 유머에서도 심리학적 틀과 생물학적 틀이 충돌하는데, 이때 개인은 체내 수정에 필요한 모든 본능과 기관을

* 연기와 동작이 과장되고 소란스러운 희극.

가진 포유동물이다. 언어적 유머는 한 단어의 두 의미가 빚어내는 충돌에 의존한다. 두 번째 의미는 의외이고, 민감하고, 모욕적이다.

• • • •

케스틀러 이론의 나머지 부분은 두 가지 구식 개념에 사로잡혀 있다. 마음을 압력과 안전밸브로 설명하는 수압이론과, 그 압력을 높이는 공격 충동이 그것이다. "그렇다면 유머는 무엇을 위해 존재하는가?"라는 질문의 답을 완성하려면 3개의 새로운 개념이 필요하다.

첫째, 위엄과 고매함을 비롯하여 유머의 바늘에 쭈그러드는 그 밖의 풍선들은 7장에서 거론한 우위와 지위의 복합체를 구성하는 부분들이다. 우위와 지위는 그것을 갖지 못한 사람들을 짓누르는 대가로 그 소유자들에게 이익을 안겨 준다. 따라서 약자는 언제나 높은 사람에게 도전하려는 동기를 갖는다. 인간의 경우 지위는 승리의 전리품일 뿐만 아니라 인간들이 상호작용하는 어느 경기장에서나(용맹함, 전문성, 지능, 기술, 지혜, 외교, 동맹, 아름다움, 부를 겨루는 경기장에서) 능력을 인정받음으로써 얻게 되는 막연한 후광이다. 고매함이라고 간주되는 많은 경우들도 어느 정도는 보는 사람의 눈에 달려 있기 때문에, 개인의 가치를 형성하는 장점과 단점에 대해 보는 사람들의 평가가 달라지면 쉽게 붕괴한다. 그렇다면 유머는 반反우위의 무기일 수 있다. 도전자는 인간이라면 지위 고하를 막론하고 누구나 짊어지고 있는 평범한 특징 하나를 손가락으로 가리킨다.

둘째, 우위는 대개 일대일 상황에서는 효력이 있지만 군중 앞에서는 무력하다. 탄창에 총알이 하나뿐인 사람은 12명의 인질들 중 어느 누구도 한순간에 그를 제압하자는 신호를 할 수 없을 때에만 그 인질들을 억류

할 수 있다. 어떤 정부도 국민 전체를 통제할 수 없으므로, 여러 사건들이 순식간에 일어나 모든 사람이 일시에 정부의 권위에 대한 믿음을 잃을 때 국민은 정부를 전복할 수 있다. 바로 이것이 웃음—무의식적이고, 파괴적이고, 전염성이 있는 신호—을 유머의 보조자로 만드는 동역학일 것이다. 여기저기서 킥킥거리는 웃음이 터져 나오다 핵 연쇄반응처럼 한꺼번에 웃음이 터질 때, 사람들은 그들 모두가 고귀한 인물의 어떤 결점을 알아챘다는 사실을 드러내고 있는 것이다. 모욕하는 사람이 한 명뿐이라면 모욕의 대상에게 보복을 당할 수도 있지만, 다수의 군중이 한통속이 되어 대상의 약점을 보고 있다면 그들은 안전할 것이다. 한스 크리스티안 안데르센의 임금님의 새 옷에 대한 이야기는 집단적 유머의 파괴력을 보여 주는 훌륭한 우화다. 물론 일상생활에서 우리가 독재자를 타도하거나 왕의 콧대를 꺾을 필요는 없지만, 우리 주변에 무수히 존재하는 허풍쟁이, 목청 큰 사람, 약자를 못살게 구는 사람, 도덕가연하는 사람, 경건한 체하는 사람, 젠체하는 사람, 아는 체하는 사람, 제멋대로 구는 사람들의 허식을 깰 필요는 있다.

셋째, 마음은 다른 사람들의 말과 동작을 반사적으로 해석하는데 이 과정에서 어떻게든 그것을 지각 있고 옳은 것으로 만든다. 만일 그 말이 불완전하거나 부조리하면 마음은 자비심을 발휘하여 빠진 전제를 채워 넣거나 이치에 닿는 새로운 준거틀로 이동한다. 이 '적절성의 원리principle of relevance'가 없다면 언어 자체가 불가능할 것이다. 아무리 간단한 문장이라도 그 뒤에는 미로와 같은 생각들이 놓여 있어서, 만일 그것을 전부 말로 표현한다면 말을 빙빙 돌리는 법조문같이 들릴 것이다. 내가 당신에게 "제인은 아이스크림 트럭에서 울리는 종소리를 들었다. 제인은 돼지 저금통이 있는 화장대로 달려가 그것을 흔들기 시작했다. 마침내 돈 몇 푼이 빠져나왔다"라고 말했다면, 내가 많은 단어로 말하지 않았어도 당신은 제인이 (여든일곱 살의 할머니가 아닌) 어린아이이고, (화장대가 아닌) 돼지 저금통을 흔들었고, (지폐가 아니라) 동전이 나왔고, 제인이 (그 돈을 먹거나, 그것을 투자하거나, 종소리를 그만 울리라고 트럭 운전사를 매수하려는 게 아니라) 그 돈으로 아이스크림을 사려 한다는 것을 안다.

농담을 하는 사람은 이 마음 장치를 이용해 청중들의 마음에 그들의 의지에 반하는 명제—불일치를 해결하는 명제—를 던져 준다. 사람들이 그 폄하성 명제를 받아들이는 것은 그것이 거부하고 싶은 노골적인 선전으로 주입된 것이 아니라 그들이 스스로 추론해 낸 결론이기 때문이다. 그 명제에는 최소한의 보증서가 딸려 있어야 한다. 그렇지 않으면 청중은 다른 사실들로부터 그 명제를 추론할 수 없을 것이고, 결국 농담을 받아들일 수가 없을 것이다. 이 때문에 재치 있는 말은 말로 하기에는 너무 복잡한 진실을 담아낼 수 있으며, 다른 사람들로 하여금 평소에는 거부할 가능성이 높은 것들에 최소한 당분간은 동의하게 만드는 효과적인 무기가 될 수 있다. 낙태 옹호론자들은 이미 세상에 태어난 사람들이라는 레이건의 재치 있는 말은 너무나 사소한 진리라서(모든 사람이 세상에 태어난 사람이다), 처음에는 어처구니없게 들린다. 그러나 세상에는 두 종류의 개인, 즉 태어난 사람과 태어나지 못한 사람이 있다는 가정하에서는 이치에 닿는다. 바로 그것이 낙태 반대론자들이 낙태 문제를 제기하고자 하는 관점이다. 레이건의 경구를 이해했다면 그런 틀이 가능하다는 것을 암묵적으로 인정한 셈이다. 그리고 그 틀에서 볼 때 낙태 옹호론자들은 특권을 가졌지만 다른 사람에게는 그 특권을 허락하기 싫어하는 위선자가 된다. 논리적으로 완전한 주장은 아니지만, 다른 방법으로 낙태 옹호론을 반박하려면 레이건에겐 전혀 부족하지 않았던 9개의 단어보다 훨씬 더 많은 말들이 필요할 것이다. 더 차원이 높은 위트는, 어느 누구도 부인할 수 없는 전제들로부터 폄하성 명제를 이끌어 내기 위해 청중의 인지 과정을 강제로 징발하는 경우일 것이다.

● ● ● ●

모든 유머가 심술을 부리진 않는다. 친구들은 아무에게도 상처가 안 되는 장난스런 농담을 주고받으면서 많은 시간을 보낸다. 사실 친구들과 떠들썩하게 웃으며 저녁 시간을 보내는 것은 인생의 큰 낙이다. 물론 그 즐거움의 큰 부분은 외부인들을 헐뜯는 데서 나오고, 그러면서 내 적의 적은 내 친구라는 원칙에 따라 우정은 깊어진다. 그러나 대부분의 즐거움은 가벼운 자기비하와 모두가 즐거워할 수 있는 가벼운 놀림에서 발생한다.

명랑한 유머는 특별히 공격적이지 않을 뿐만 아니라 특별히 웃기지도 않는다. 로버트 프로빈은 모두들 유머에 대해 단지 거드름을 피우며 이야기를 해온 2000년의 역사 동안 아무도 생각하지 못했던 일을 실행했다. 즉, 현장으로 나가 무엇이 사람들을 웃기는지를 관찰한 것이다. 그는 조수들에게 대학 캠퍼스에서 대화를 나누는 사람들 주변을 돌아다니면서 무엇이 웃음을 유발하는지를 몰래 관찰하게 했다. 그는 무엇을 알아냈을까? 웃기는 말 중에 대표적인 것은 "얘들아 다음에 보자"나 "그거 무슨 뜻으로 말한 거야?"였다. 그 말이 왜 웃기는지를 알려면 대화하는 동안에 그 자리에 있어야만 했다. 수집한 일화들 중에서 유머러스하다고 분류할 수 있는 것은 가장 관대한 기준을 적용해도 약 10~20퍼센트에 불과했다. 1200개의 사례들 중 가장 재미있는 말은 "너는 마실 필요 없어, 그냥 돈만 내면 돼" "같은 종하고 사귀니?" "여기서 일하는 중이야, 아니면 그냥 바쁜 척하는 거야?"였다. 프로빈은 다음과 같이 썼다. "붐비는 사교 모임에서 들리는 잦은 웃음은 지독하게 재능이 없는 작가가 대본을 쓴 아주 지루한 텔레비전 시트콤의 웃음과 같다."

하등 웃기지도 않는 놀림이 대부분의 웃음을 유발하는 힘을 어떻게 설명할 수 있을까? 만일 유머가 반우위의 효력을 지닌 독약이라 해도 단지 해로운 목적에만 사용될 필요는 없다. 7장의 요점은 사람들은 상호작용을 할 때 다양한 사회적 심리 체계들의 메뉴에서 하나를 선택해야 하는데, 그것들은 저마다 다른 논리를 갖고 있다는 것이었다. 우위와 지위의 논리는 암묵적인 위협과 뇌물에 기초하고, 윗사람이 그것을 유지할 수 없게 되면 물거품처럼 사라진다. 우정의 논리는 어떤 상황에서든 끝까지 돕겠다는 약속에 기초한다. 사람들은 지위와 우위를 원하지만, 또 한편으로는 친구를 원한다. 지위와 우위는 시들 수 있지만 친구는 비가 오나 눈이 오나 곁에 있을 것이기 때문이다. 둘은 양립이 불가능하고, 그래서 신호의 문제가 발생한다. 어떤 관계의 두 사람이든 한 사람은 다른 사람보다 더 강하거나, 영리하거나, 부유하거나, 잘생겼거나, 인맥이 좋기 마련이다. 거기에는 항상 지배-복종, 또는 유명인-팬의 계기들이 존재하지만, 친구 사이라면 어느 쪽도 관계가 그런 방향으로 발전하는 것을 원하지 않을 것이다. 당신이 친구 위에 군림할 수 있거나 친구가 당신 위에 군림할 수 있는 속성들을 나쁘게 말한다면, 적어도 당신에게는 관계의 기초가 지위나 우위가 아니라는 점을 상대에게 전달하는 셈이 된다. 만일 그 신호가 무의식적이고 그래서 조작하기 힘든 것이라면 더욱 좋을 것이다.

만일 이 이론이 옳다면 그것은 성인의 웃음과, 모의 공격 및 간지럼에 대한 아이들과 침팬지의 반응 간의 상동성을 설명해 준다. 웃음은 이렇게 말한다. '내가 너를 해치려는 것처럼 보이겠지만 실은 우리 둘 모두가 좋아하는 것을 하는 중이야.' 위의 이론은 또한 왜 농담이 두 사람의 관계를 평가하는 정밀기계인지를 설명해 준다. 우리는 윗사람이나 낯선 사람을 놀리지 않는다. 물론 한 사람이 시험적으로 재치 있는 농담을 날리면 분위기가 부드러워지고 우정이 싹틀 수도 있다. 그리고 그 놀림이 달갑지 않은 웃음이나 냉랭한 침묵을 유발한다면 그것은 상대방에게는 당신의 친구가 되고 싶은 마음이 전혀 없다는 뜻이다.(더 나아가 당신의 농담을 공격적인 도전으로 해석했을지도 모른다.) 친구 간에도 한쪽이 우위를 점하게 만드는 유혹들이 상존하지만, 좋은 친구들이 끊임없이 킥킥거리는 것은 관계의 기초가 여전히 우정이라는 것을 재확인하는 행위다.

상상할 수 없는 것에 대한 호기심

"모든 어리석음 중에 가장 흔한 것이 명백한 거짓을 열정적으로 믿는 것이다. 그것이 인간의 주업이다"라고 H. L. 멩켄은 썼다. 모든 문화에서 사람들은 영혼은 죽지 않고, 질병과 불행은 혼령, 유령, 성인聖人, 요정, 천사, 악마, 신령, 악령, 신이 주거나 가져간다고 믿는다. 여론조사에 따르면, 오늘날 미국인의 25퍼센트가 마녀를 믿고, 거의 절반이 유령을 믿고, 절반이 악마를 믿고, 절반이 창세기의 내용을 곧이곧대로 믿고, 69퍼센트가 천사를 믿고, 87퍼센트가 예수가 죽은 자 가운데서 부활했다고 믿고, 96퍼센트가 신이나 만유의 영을 믿는다고 한다. 종교는 어떻게 명백한 거짓을 거부하도록 설계되었을 것만 같은 인간의 마음에 딱 들어맞는 것일까? 사람들은 자비로운 목자, 우주의 설계, 사후 세계 등을 생각하면서 위안을 얻는다는 일반적인 설명은 불만족스럽다. 그래 봤자, "왜 인간의 마음은 명백한 거짓으로 보이는 믿음에서 위안을 찾도록 진화했을까?"라는 질문이 떠오르기 때문이다. 얼어붙고 있는 사람은 자기 몸이 따뜻하다는 믿음으로 위안을 얻지 못하고, 사자와 마주친 사람은 그것을 토끼라고 믿음으로써 마음을 진정시키지 못한다.

종교란 무엇인가? 예술의 심리학처럼 종교의 심리학도 그것을 이해하는 동시에 찬양하려는 학자들의 시도 때문에 명쾌하게 설명되지 못해왔다. 종교는 우리의 고귀하고, 영적이고, 인간적이고, 윤리적인 갈망과 (때로는 중복되지만) 동일시될 수 없다. 성경에는 대량 학살, 강간, 가정 파괴를 가르치는 내용이 담겨 있고, 십계명도 문맥상 외부인에 대해서가 아니라 부족 내에서만 살인, 거짓말, 도둑질을 금지한다. 종교들은 우리에게 돌로 쳐 죽이기, 마녀사냥, 십자군전쟁, 종교재판, 지하드,* 파트와,** 자살테러, 낙태 전문 병원 테러, 아들을 평화로운 천국에 들여보내기 위해 익사시키는 행위 등을 조장한다. "인간은 종교적 신념으로 악행을 저지를 때처럼 즐겁고 완벽하게 악행을 저지르는 때가 없다"고 블레즈 파스칼은 말했다.

* 이슬람 성전聖戰
** 이슬람의 율법적 결정

종교는 단일한 주제가 아니다. 현대 서양인들이 종교라 부르는 것은 서양 역사의 우연한 사건들 덕분에 민족국가와 나란히 존속해 온 또 다른 법과 관습의 문화다. 다른 문화들처럼 종교들도 위대한 예술과 철학, 법을 생산했지만, 다른 관습들처럼 종교적 관습도 종종 그것을 전파하는 사람들의 이익에 봉사했다. 조상숭배는 곧 조상이 될 사람들에게는 매력적인 생각이다. 인생이 저물어 가면 삶은 사기가 벌을 받고 협조가 보상을 받는 반복적인 죄수의 딜레마에서 벗어나, 처벌과 보상의 집행이 불가능한 일회적인 죄수의 딜레마로 이동한다. 만일 자식들에게 당신의 영혼이 죽지 않고 자식들의 행동을 지켜볼 것이라고 믿게 할 수 있다면, 자식들은 당신이 살아 있는 동안에 감히 당신을 속이지 못할 것이다. 음식 금기는 부족 구성원들이 외부인들과 내통하는 것을 막는다. 통과의례는 사회적 범주들(태아인가 가족인가, 아동인가 성인인가, 미혼인가 기혼인가)과 관련된 특권을 명백히 구분하여, 회색 지대에 대한 불필요한 논쟁을 사전에 차단한다. 고통스런 성인식은 구성원들이 누리는 혜택에 무임승차하려는 사람을 사전에 제거한다. 마녀는 종종 배우자의 어머니나 그 밖의 불편한 사람들이다. 샤먼과 사제는 자신들이 강력하고 경이로운 힘에 내밀히 관여하고 있다고 믿게 만들기 위해 날랜 손재주와 복화술에서부터 호화로운 신전과 성당에 이르기까지 온갖 특수효과를 사용하는 오즈의 마법사들이다.

  이제 종교의 심리학을 구성하는 정말로 특별한 부분에 초점을 맞춰 보자. 인류학자 루스 베네딕트는 모든 문화의 종교들을 관통하는 공통점을 최초로 지적했다. 즉, 종교는 성공의 기술이라는 것이다. 앰브로즈 비어스는 '기도하다'를 '자신의 무가치함을 고백하는 단 한 명의 기원자를 위해 세계의 법칙들을 폐기시켜 달라고 요청함'으로 정의했다. 세계 어디서나 사람들은 병의 쾌유를 위해, 사랑이나 전쟁에서의 성공을 위해, 좋은 날씨를 위해 신들과 혼령들에게 기도한다. 종교는 판돈이 크고 성공의 인과관계에 유효한 일반적인 기술(의료, 전략, 구애, 그러나 날씨의 경우는 속수무책이다)이 소진되었을 때 사람들이 의존하는 최후의 수단이다.

  도대체 어떤 종류의 마음이 유령을 창조하고 좋은 날씨를 위해 그 유령에게 뇌물을 바치는 따위의 쓸모없는 일을 하는 것일까? 그것은 어떻게, 추론은 세계의 작동 방식을 이해하도록 설계된 모듈 체계의 산물이라는 개념과 들어맞을 수 있을까? 인류학자 파스칼 보이어와 댄 스퍼버는 그것이 썩 잘 들어맞는다는 것을 입증했다. 첫째, 문자가 없는 부족들은 환상과 현실을 구별하지 못하는 정신병자가 아니다. 그들은 일반적인 법칙들에 따라 사람과 사물들이 움직이는 단조로운 세계가 있음을 알고, 그들의 종교에서 말하는 유령과 혼령이 다름 아닌 그들 자신의 일상적 직관을 위반하기 때문에 두려움과 매혹을 느낀다.

둘째, 혼령과 부적, 예언자를 비롯한 신성한 존재들은 결코 처음부터 끝까지 꾸며 낸 이야기가 아니다. 사람들은 5장의 인지 모듈들 중 하나로부터 구성 개념 하나(사물, 사람, 동물, 자연물, 인공물)를 취하여, 특성 하나를 삭제하거나 새로운 특성을 기입하고 그 밖의 일반적인 특성들은 그대로 유지시킨다. 도구나 무기나 물질에는 어떤 원인력이 추가로 부여되지만 그 밖의 성질들은 이전과 똑같다. 그것은 예를 들어 특정 시간에 특정 장소에서 살아나지만 고체를 통과하지는 못한다. 혼령에는 생물학의 법칙(성장, 노화, 죽음), 물리학의 법칙(단단함, 가시성, 접촉에 의한 인과적 현상), 또는 심리학의 법칙(생각과 욕구는 행동을 통해서만 알 수 있다) 중 한두 개를 면제해 주는 조건이 부여된다. 그러나 그 밖에는 사람이나 동물처럼 인식된다. 혼령은 보고 듣고, 기억을 하고, 믿음과 욕구가 있고, 결정을 내리고, 위협을 가하고 거래를 제안한다. 종교적인 믿음을 퍼뜨릴 때 노인들은 구태여 그런 초기 조건을 언급하지 않는다. 어느 누구도 이렇게 말하지 않는다. "혼령이 제물을 바치는 사람에게 좋은 날씨를 약속하고, 우리가 좋은 날씨를 원한다는 것을 안다면, 그들은 우리가 제물을 바칠 것이라고 예측한다." 이런 말을 할 필요가 없는 것은, 학생들의 마음이 암묵적인 심리학적 지식으로부터 자동적으로 그런 믿음을 제공한다는 것을 알기 때문이다. 신자들은 또한 평범한 것들을 부분적으로 수정함으로써 발생하는 이상한 논리적 결과를 외면한다. 그들은 우리의 의도를 아는 신이 왜 우리의 기도를 들어야 하는지, 신이 어떻게 미래를 보면서도 우리가 어떻게 행동하는지에 신경을 쓰는지를 궁금하게 여기지 않는다. 현대 과학의 놀라운 이론들과 비교해 볼 때 종교적인 믿음들은 상상력이 현저히 떨어진다.(하느님은 질투심이 많은 남자이고, 천국과 지옥은 특정한 장소이고, 천사는 날개 돋친 사람이다.) 왜냐하면 종교적인 개념들은 인간의 개념들을 몇 가지 수정하여 불가사의하게 만든 것이고, 우리가 평범한 앎의 방식으로 지각할 수 있는 특성이 추가된 것이기 때문이다.

그런데 사람들은 어디에서 그런 개념들을 얻는 것일까? 다른 모든 사람들이 실패하는 것을 보고도 왜 그들은 쓸모없고 심지어 해롭기까지 한 생각과 관례들을 지어내느라 시간을 허비하는 것일까? 왜 그들은 인간의 지식과 능력에 한계가 있음을 인정하고 유익한 분야에만 에너지를 투자하지 않는 것일까? 앞에서 나는 한 가지 가능성을 암시했다. 즉, 기적에 대한 수요는 사제 지망생들이 경쟁하는 시장을 창출하고, 사제 지망생들은 전문가에게 의존하는 사람들의 성향을 이용해야 성공할 수 있다는 점이다. 나는 의사들이 신체 훼손을 정당화하기 위해 이용하는 전제들을 직접 검증할 수 없지만, 그래도 치과 의사에게 내 이를 맡기고 외과 의사에게 내 몸을 절개하도록 허락한다. 한 세기 전이었다 해도 나는 똑같은 신뢰를 가지고 엉터리 치료에 복종했을 것이고, 수천 년 전이었다 해도 똑같은 심정으로 주술사의 마법을 따랐을 것이다. 물론 주술사들이라도 상당한 실적을 쌓았을 것이고, 그렇지 않다면 신뢰를 전혀 얻지 못할 것이다. 그들은 기묘한 요술에만 의존하는 것이 아니라, 예컨대 약초 치료법이나 우연보다는 더 정확한 사건의 예측(예를 들어 날씨) 같은 진정한 실용적 지식을 혼합한다.

영적 세계에 대한 믿음 또한 땅속에서 불쑥 솟아난 것이 아니다. 그 것들은 우리의 일상적 이론들을 어지럽히는 특별한 데이터를 설명하기 위해 생겨난 가설이다. 초기의 인류학자인 에드워드 타일러는 물활론적 믿음은 객관적 경험에 의거한 것이라고 지적했다. 꿈을 꿀 때 우리의 몸은 침대 위에 있지만 다른 부분은 바깥세상을 떠돌아다닌다. 또한 병이나 환각제 때문에 발생하는 몽환 상태에서도 영혼과 육체는 분리된다. 심지어 깨어 있을 때에도 우리는 질량, 부피, 시공간적 연속성이 없으면서도 인간의 본질을 갖고 있는 것처럼 느껴지는 그림자와 환영을 본다. 그리고 사람이 죽으면 그의 몸은 살아 있을 때 활력을 주던 어떤 보이지 않는 힘을 잃어버린다. 이 사실들을 종합하면, 영혼은 우리가 잠을 잘 때 돌아다니고, 그림자 속에 몰래 존재하고, 연못의 수면을 통해 우리를 훔쳐보고, 우리가 죽을 때 육체를 떠난다는 이론이 나온다. 현대 과학은 그림자와 환영을 설명하는 더 훌륭한 이론을 제공했다. 그러나 그것이 꿈을 꾸고, 상상하고, 신체를 조종하는 감각력을 가진 자아를 얼마나 잘 설명할지는 미지수다.

● ● ● ●

몇몇 문제들은 현대인의 마음에도 잘 이해되지 않는다. 철학자 콜린 맥긴은 그런 문제들을 요약하면서 다음과 같이 말했다. "이론적인 혼란 속에서 머리가 빙글빙글 돈다. 어떤 설명 방법도 생각나지 않고, 기상천외한 존재론들이 아련히 떠오른다. 맹렬한 혼란을 느끼지만, 그 혼란이 어디에서 나오는지 전혀 알 수가 없다."

나는 2장에서 그중 한 문제를 거론했다. 그것은 감각력, 또는 주관적 경험이란 의미에서의 의식이다(정보 접근이나 자기성찰의 의미에서가 아니라). 신경계의 정보처리라는 사건에 의해 어떻게 치통이나 레몬 맛이나 자주색의 감각이 발생하는가? 나는 벌레, 로봇, 배양접시 위의 뇌 절편, 또는 '당신'이 감각력이 있다는 것을 어떻게 알 수 있는가? 당신의 붉은색 지각은 나의 붉은색 지각과 동일한가, 아니면 나의 초록색 지각과 비슷한가? 죽은 상태는 무엇과 같을까?

또 다른 난제는 자아다. 존재했다가 사라지고, 시간과 함께 변하지만 동일한 본질을 유지하고, 지고의 도덕적 가치를 지닌 감각력의 통일된 중추인 자아란 무엇이고, 어디에 있는가? 왜 1996년의 '나'는 1976년의 '나'에 의해 발생한 보상을 수확하고, 응징을 당하는가? 가령 내가 어떤 사람에게 내 뇌의 청사진을 컴퓨터에 스캔하고 내 몸을 분해한 다음 나의 기억과 모든 것을 정교하게 복원하게 했다고 가정해 보자. 나는 잠시 낮잠을 잔 것일까, 아니면 자살을 한 것일까?* 만일 2개의 '나'를 복원했다면 나는 그 즐거움을 두 배로 누리게 될까? 뇌 분리 환자의 두개골 안에는 몇 개의 자아가 들어 있을까? 뇌가 부분적으로 붙어 있는 샴쌍둥이는 어떨까? 수정란에게도 자아가 있을까? 뇌조직의 몇 퍼센트 정도가 죽어야 내가 죽는 것일까?

* 분해하기 이전의 자아가 다시 살아날까, 아니면 전혀 다른 자아가 생겨날까?

자유의지도 풀리지 않는 수수께끼다(1장을 보라). 나의 행동이 전적으로 내 유전자와 양육과 뇌 상태에 의해 야기된다면, 그것은 어떻게 내가 책임져야 하는 선택이 될 수 있을까? 어떤 사건들은 이미 결정되어 있고 어떤 사건들은 무작위로 발생한다면, 선택이라는 것은 어떻게 둘 다가 아닐 수 있을까? 지갑을 내놓지 않으면 죽이겠다고 협박하는 무장 강도에게 지갑을 넘겨주는 것은 선택인가? 어린아이를 쏘지 않으면 나를 죽이겠다고 총을 든 사람이 협박하는 경우는 어떠한가? 어떤 일을 하기로 결정했을 때 나는 그것을 하지 않을 수도 있지만, 단 한 번밖에 경험할 수 없는 시간의 흐름 속에서, 그리고 법칙에 따라 운동하는 단 하나의 우주 속에서 그것은 무엇을 의미하는가? 내가 중차대한 결정을 눈앞에 두고 있는데, 인간 행동을 90퍼센트까지 알아맞히는 전문가가 예측하기를 내가 지금 이 순간에는 옳은 방도처럼 보이는 것을 선택하지 않고 결국 다른 방도를 선택할 것이라고 한다면, 나는 어떤 선택이 옳은지 계속 고민해야 할까, 아니면 불가항력적인 선택을 따르고 시간을 절약해야 할까?

네 번째 수수께끼는 의미다. 내가 행성에 대해 말할 때, 그것은 과거와 현재와 미래의 모든 행성을 가리킬 수 있다. 그러나 지금 여기에 존재하는 나는 500만 년 후에 먼 은하에서 탄생하게 될 행성과 어떤 관계가 있을까? '자연수'가 무슨 뜻인지를 안다는 것은 내 마음이 무한집합 하나를 꿰뚫고 있다는 것이지만, 유한한 존재인 나는 자연수의 작은 표본밖에는 맛을 보지 못했다.

지식도 그에 못지않게 까다롭다. 나는 삼각형이나 줄자 없이 안락의자에 앉아서 어떻게 직각삼각형의 빗변의 제곱은 언제 어디서나 다른 두 변의 제곱의 합과 같다고 확신할 수 있을까? 나는 내가 큰 통에 담긴 뇌가 아니고, 어느 사악한 신경학자의 프로그램에 따라 환각을 꿈꾸거나 사는 것도 아니며, 우주는 모든 화석, 기억, 역사적 기록을 완비한 채 5분 전에 창조되지 않았다는 것을 어떻게 아는가? 지금까지 본 모든 에메랄드가 초록색이라면, 왜 나는 "모든 에메랄드는 그루grue다"가 아니라 "모든 에메랄드는 초록green이다"라고 결론지어야 하는가?(이때 그루grue는 '2020년 이전까지 초록색으로 관찰되거나, 그 이후에는 파란색으로 관찰되는'을 의미한다고 하자.) 내가 본 모든 에메랄드는 초록이지만, 그와 동시에 내가 본 모든 에메랄드는 그루다. 두 결론은 똑같이 정당하지만, 한 결론은 내가 2020년에 보는 최초의 에메랄드가 풀잎과 같은 색일 것이라 예측하고, 다른 결론은 그것이 하늘과 같은 색일 것이라고 예측한다.

마지막 수수께끼는 도덕성이다. 만일 내가 아무도 모르게 불행하고 혐오스런 전당포 주인을 쳐 죽였다면, 그 행동의 악한 본성은 어디에 등록되어 있을까? 그런 행동을 '하면 안된다'는 말은 무슨 뜻인가? 분자와 행성, 유전자와 신체의 세계로부터 어떻게 '당위'가 출현했을까? 만약 윤리의 목적이 행복을 극대화하는 것이라면, 살아 있음으로써 희생자들이 느끼는 즐거움보다 더 큰 즐거움을 어느 정신병자가 살인을 통해 얻는다는 이유로 그를 용서해야 하는가? 만약 윤리의 목적이 생명의 수를 최대화하는 것이라면, 무고한 사람을 붙잡아 공개 처형함으로써 1000건의 살인사건을 예방하는 것이 정당할 수 있을까? 혹은 인간 모르모트 몇 명을 선발해 수백만 명의 목숨을 구할 수 있는 치명적인 실험 재료로 이용하는 것이 정당할까? 사람들은 이런 문제들에 대해 수천 년 동안 생각해 왔지만 해답을 구하는 데에는 어떠한 진전도 이루지 못했다. 그들은 단지 당황스럽고 지적으로 혼란스럽다는 느낌만을 주었다. 맥긴은 사상가들이 기나긴 세월 동안 네 종류의 해답을 번갈아 내놓았지만 만족스러운 것은 하나도 없었다는 사실을 보여 주었다.

철학적 문제들은 신성한 느낌을 던져 준다. 그 결과 대부분의 시대와 장소에서 사람들이 좋아하는 해답은 신비주의와 종교다. 의식은 각자의 마음에서 발생하는 신의 불꽃이다. 자아는 영혼, 즉 물리적 세계 위를 떠다니는 비물질의 유령이다. 영혼은 그냥 존재하거나 신에 의해 창조되었다. 신은 각각의 영혼에 도덕적 가치와 선택 능력을 부여했다. 신은 좋은 것과 나쁜 것을 지정했고, 모든 영혼의 선악을 생명의 책에 기록하고, 영혼이 육체를 떠난 후에 그에 따라 상이나 벌을 준다. 지식은 신이 예언자나 선지자에게 부여하거나, 신의 정직함과 전지全知함이 우리 모두에게 부여한다. 종교적인 해답은 아무도 없는 세상에 어떻게 해서 나무가 계속 서 있었는지를 노래한 리머릭(487쪽)에 대한 답신에 들어 있다.

친애하는 젊은이, 그렇게 놀라다니 이상하군.

'나'는 항상 이곳에 있었다네.

그래서 그 나무가 계속 서 있었던 거라네.

내가 지켜보고 있었기 때문이지.

신 보냄.

멩켄은 종교적 해답의 문제점을 다음과 같이 지적했다. "신학은 알 가치가 없는 것들을 빌려 알 수 없는 것들을 설명하려는 노력이다." 끊임없는 지적 호기심을 가진 사람에게 종교적 설명들은 알 가치가 없다. 원래의 수수께끼들 위에 똑같이 난해한 수수께끼들을 쌓아 놓기 때문이다. 신은 어디에서 마음, 자유의지, 지식, 옳고 그름에 대한 확신을 가져왔는가? 신은 그것들을 어떻게 결합하여 물리적 법칙에 잘 맞는 것처럼 보이는 우주를 창조했을까? 신은 어떻게 무형의 영혼과 단단한 물질의 상호작용을 가능하게 할까? 그리고 무엇보다 난처한 문제로, 만일 세계가 현명하고 자비로운 계획에 따라 전개된다면 왜 그렇게 엄청난 고통이 존재하는 것일까? 유대인의 표현대로, 만일 이 세상에 신이 산다면 사람들은 그의 집 창문을 깨뜨릴 것이다.

현대의 철학자들은 다른 세 가지 해결책을 시도한다. 첫째, 신비한 존재들은 이 세계의 환원 불가능한 부분이므로 그냥 그대로 놔두자는 것이다. 그러면 세계에는 공간, 시간, 중력, 전자기장, 핵력, 물질, 에너지, '그리고 의식'(또는 의지, 자아, 윤리, 의미, 또는 그것들 모두)이 존재한다고 결론지을 수 있다. 세계에는 왜 의식이란 것이 존재하는가에 대한 호기심에 대해서는 "넘어가, 그냥 존재하는 거야"라고 대답한다. 우리는 속는 것처럼 느낀다. 그것은 어떤 통찰도 제시하지 않기 때문이고, 아울러 우리는 의식, 의지, 지식의 세부적 측면들이 뇌의 생리작용과 정밀하게 관련되어 있음을 알고 있기 때문이다. 환원 불가능 이론은 그것을 우연의 일치로 남겨 둔다.

두 번째 접근 방법은 문제가 있다는 것을 부정하는 것이다. 우리는 불분명한 생각이나, 대명사 '나' 같은 기만적이고 공허한 언어적 관용구에 휘둘려 왔다. 의식, 의지, 자아, 윤리에 대한 진술들은 수학적 증명이나 경험적 실험으로 진위를 검증할 수 없으며, 따라서 그것들은 무의미하다. 그러나 이 대답은 우리에게 만족이 아닌 회의를 안겨 준다. 데카르트가 말했듯이, 우리 자신의 의식은 존재하는 것들 중 가장 의심의 여지가 없는 것이다. 의식은 설명이 필요한 기지旣知 사항이며, 의미 있다고 칭할 수 있는 것들에 대한 규정(예를 들어 노예제와 홀로코스트는 그르다는 식의 윤리적 진술은 말할 것도 없다) 때문에 존재하지 않는다고 정의할 수 없는 것이다.

세 번째 접근 방법은 그 문제를 우리가 풀 수 있는 것으로 축소하는 것이다. 의식은 피질 4번 층에서 일어나는 활동, 또는 단기기억의 내용이다. 자유의지는 전대상고랑이나 그 실행 서브루틴에 있다. 도덕성은 친족선택과 호혜적 이타주의다. 이와 같은 제안들은 각각 사실을 옳게 설명하는 한에서 한 문제를 해결하지만, 주요 문제는 항상 미결 상태로 남는다. 대뇌피질 4번 층이 '어떻게' 나의 개인적이고 자극적이고 알싸한 빨간색 지각을 야기하는가? 나는 4번 층이 활동을 하지만 빨간색이나 그 어떤 것도 지각하지 못하는 생물을 상상할 수 있다. 생물학의 어떤 법칙도 그런 생물이 불가능하다고 규정하지 않는다. 전대상고랑의 인과 작용에 대한 어떤 설명도, 인간의 선택이 어떻게 '원인 없이' 이루어지는가를 설명하지 못하고, 따라서 우리가 무엇을 책임져야 하는지를 설명하지 못한다. 도덕관념의 진화에 대한 이론들은 왜 우리가 자기 자신과 일가친척에게 해가 되는 사악한 행동들을 비난하는지를 설명할 수는 있지만, 어떤 행동들은 그 결과의 총합이 우리의 전반적인 안녕에 중립적이거나 유리함에도 불구하고 애초부터 잘못된 것이라고 생각하는 확신을, 기하학에 대한 우리의 이해만큼 확실하게 설명해 주지 못한다.

나는 맥긴이 지지하고, 노엄 촘스키, 생물학자 건서 스텐트, 그리고 그들보다 먼저 존재했던 데이비드 흄의 이론에 기초한 제4의 해답에 강하게 끌린다. 철학적 문제들이 어려운 것은 아마도, 그것들이 신성하거나 환원 불가능하거나 무의미하거나 현실적인 과학이기 때문이 아니라, 호모사피엔스의 마음에 그런 문제를 해결하는 인지적 장비가 없기 때문일 것이다. 우리는 천사가 아니라 유기체이고, 우리의 마음은 진리로 통하는 파이프라인이 아니라 생물학적 기관이다. 우리의 마음은 조상들의 생사를 좌우한 문제들을 해결할 수 있도록 자연선택에 의해 진화했지, 정확함을 벗삼기 위해서나 온갖 질문에 답하기 위해 진화한 것이 아니다. 인간은 단기 기억에 1만 단어를 담지 못한다. 인간은 자외선을 보지 못한다. 인간의 마음은 물체를 4차원으로 회전시키지 못한다. 그리고 인간은 자유의지나 감각력 같은 수수께끼도 풀지 못할 것이다.

우리는 인지 기능의 수가 우리보다 적은 생물체를 쉽게 상상할 수 있다. 개에게는 우리의 언어가 "어쩌구 저쩌구 어쩌구 저쩌구"로 들리고, 쥐는 소수素數 번째의 미로 가지*에서는 먹이를 찾아내지 못하고, 자폐아는 다른 사람의 마음을 헤아리지 못하고, 아이들은 섹스 때문에 왜 그런 법석을 피우는지를 이해하지 못하고, 어떤 신경계 환자들은 얼굴의 모든 부분을 알아보면서 정작 누구의 얼굴인지는 식별하지 못하고, 입체맹시인

* 중앙의 입구를 중심으로 가지들이 방사형으로 뻗어 있는 미로. 쥐는 소수의 원리를 학습하지 못하기 때문에, 2, 3, 5, 7… 번째의 가지 끝에 먹이를 숨겨둘 때에는 매번 우연으로 찾아낼 수밖에 없다는 뜻이다.

사람들은 입체그림을 기하학상의 문제로 이해하면서도 그것이 다른 깊이로 튀어나오는 것을 보지 못한다. 만일 그들이 사실을 알지 못한다면, 3차원 영상을 기적이라 부르거나, 그것은 그냥 존재하는 것이므로 설명할 필요가 없다고 주장하거나, 그것을 일종의 속임수로 치부해 버릴지 모른다.

그렇다면 인지 기능이 우리보다 '더 많은' 생물체나, 인지 기능이 우리와 '다른' 생물체는 없을까? 그런 생물체가 있다면 그들은 자유의지와 의식이 어떻게 뇌로부터 생겨나는지, 의미와 도덕성이 어떻게 객관세계와 맞아떨어지는지를 쉽게 알아낼 것이고, 그런 문제에 직면했을 때 우리가 허전함을 달래기 위해 시도하는 종교적·철학적 물구나무서기를 보고 재미있어 할 것이다. 그들이라면 우리에게 답을 설명해 줄 수 있겠지만, 막상 우리는 그 설명을 이해하지 못할 것이다.

위의 가설은 심술궂게도 입증이 거의 불가능하고, 만일 누군가가 오래된 철학의 난제들을 해결한다면 오히려 '반증'이 가능할 것이다. 그런데 그것이 사실이라고 생각할 만한 간접적인 이유들이 있다. 첫째, 인류의 최고 석학들이 수천 년 동안 그 문제들에 달려들었지만 해결에는 아무런 진전이 없었다. 둘째, 그 문제들은 과학의 가장 어려운 문제들과도 본질적으로 다르다. 예를 들어 '아이들은 어떻게 언어를 습득하는가'나 '수정란은 어떻게 유기체가 되는가'와 같은 문제들은 사실상 끔찍하고 완전히 해결되기도 힘들 것이다. 그러나 해결이 안 된다면 그것은 속세의 현실적인 이유들 때문이다. 그 인과적 과정들이 너무 혼란스럽게 뒤얽혀 있거나, 그 현상들이 실험실에서 포착하고 해부하기에 너무 복잡하거나, 그 수학적 원리가 최신 컴퓨터의 용량을 초과하기 때문이다. 그러나 과학자들은 옳든 그르든, 실험하기에 적당하든 아니든, 정답일 수도 있는 이론들을 상상할 수가 있다. 감각력과 의지는 그렇지 않다. 감각력과 의지는 너무 복잡하기는커녕 불쾌할 정도로 간단하다. 의식과 선택은 애초부터, 신경계의 사건들과 붙어 다니기는 하지만 그 원인이 되는 장치와는 맞물려 있지 않은 특별한 차원, 또는 색채로 존재한다. 우리의 해결 과제는 그것이 어떻게 발생하는지를 정확히 설명하는 것이 아니라, 그것이 어떻게 발생하는가를 설명할 수 있는 이론, 즉 그 현상을 어떤 원인(어떤 원인이든)의 결과로 위치시킬 수 있는 이론을 상상하는 것이다.

우리의 마음에는 철학의 주요한 문제들을 해결할 장비가 없다는 제안으로부터 사람들은 터무니없고 근거를 댈 수도 없는 결론들을 쉽게 이끌어 낼 수 있다. 그러나 그 제안은, 마음이 마음을 이해하려 할 때에는 모순적인 자기지시self-reference나 무한 퇴행이 불가피하다고 말하지 않는다. 심리학자들과 신경학자들은 자기 자신의 마음을 연구하지 않는다. 그들은 다른 사람들의 마음을 연구한다. 그리고 그것은 불확정성의 원리나 괴델의 정리처럼 지식의 가능성에 대해 원칙적 한계를 부여하자는 것도 아니다. 그것은 한 생물종이 가진 한 기관에 대한 관찰이며, 고양이는 색맹이라는 것이나 원숭이는 장제법을 배우지 못한다는 것을 관찰하는 것과 같다. 그것은 종교적 믿음이나 신비주의적 믿음을 정당화하는 것이 아니라 왜 그런 시도들이 무익한지를 설명한다.

철학자들이 거리로 나앉는 일은 없을 것이다. 철학자들은 그 문제들을 명료하게 다듬고, 해결 가능한 토막들을 잘라내고, 문제를 직접 풀거나 과학자들에게 넘겨 주는 일을 하기 때문이다. 위의 가설은 과학의 종말이 도래했다거나, 우리가 마음의 작동 방식에 대해 알아낼 수 있는 지식의 한계에 부딪혔다고 말하지도 않는다. 의식의 계산주의적 측면(어떤 정보가 어느 과정에 이용되는가), 신경학적 측면(뇌 속의 무엇이 의식과 상관성이 있는가), 진화론적 측면(언제, 그리고 왜 신경 계산주의적 측면이 출현했는가)은 끝까지 추적할 수 있는 문제들이다. 그러므로 나는 당신의 빨간색이 나의 빨간색과 같은지 같지 않은지, 또는 박쥐가 된다는 것이 어떤 경험인지와 같은 골치 아픈 문제들이 해결되리라고 기대하진 않지만, 우리가 오랜 시간에 걸쳐 진전을 이루다 결국에는 완전한 이해에 도달하지 못할 이유도 없다고 생각한다.

수학에서 정수는 덧셈에 대해 닫혀 있다고 말한다. 두 정수를 더하면 정수가 나오고, 절대로 분수가 나오지 않는다는 뜻이다. 그러나 그것은 정수의 집합이 유한하다는 뜻은 아니다. 인간이 도달할 수 있는 생각은 우리의 인지 기능에 대해 닫혀 있기 때문에, 철학의 수수께끼들에 대한 정답을 알아낼 수는 없을지 모른다. 그럼에도 도달 가능한 생각의 집합은 무한할 수 있다.

인지적 닫힘은 비관적인 결론일까? 절대 그렇지 않다! 나는 그것이 아주 고무적이며, 마음에 대한 우리의 이해가 거둔 대단한 진보의 증거라고 생각한다. 그리고 그것은 나에게 이 책의 목표, 즉 독자들로 하여금 잠시 자신의 마음 밖으로 걸어 나와서 자신의 생각과 감정을 유일한 존재 가능성으로서가 아니라 자연계의 훌륭한 고안품으로 보게 하는 것을 달성할 수 있는 마지막 기회다.

첫째, 마음이 자연선택에 의해 설계된 기관들의 체계라면, 왜 우리는 마음이 모든 신비를 이해하고 모든 진리에 도달할 것이라고 기대해야 하는가? 우리는 과학적 문제들이 식량수집 조상들의 문제에 대해 구조상 충분히 닫혀 있어서 우리가 이 정도의 진전을 이루었다는 사실에 감사해야 한다. 만일 우리가 이해하지 못할 것이 아무것도 없다면, 우리는 마음을 자연의 산물로 바라보는 과학적 세계관을 문제시해야 할 것이다. 만일 우리가 지금 무엇에 대해 이야기하고 있는지를 안다면 인지적 닫힘은 '반드시' 사실일 것이다. 그럼에도 사람들은 그 가설이 백일몽일 뿐이고, 기숙사의 밤샘 토론 수준보다 더 깊이 발전할 수 없는 하나의 논리적 가능성에 불과하다고 생각할 수도 있다. 그러나 인간이 해결할 수 없는 문제를 확인하려는 맥긴의 시도는 일보 전진이다.

어떤 문제들이 왜 우리의 이해력을 벗어나는지를 얼핏 볼 수 있다는 것만 해도 한결 다행스런 일이다. 이 책에서 반복되어 온 주제는, 마음의 힘은 구문론적·구성적·조합적 능력에서 나온다는 것이다(2장). 우리의 복잡한 생각들은 좀 더 간단한 생각들의 조합물이고, 전체의 의미는 부분들의 의미 및 부분과 전체를 연결하는 관계(전체의 부분, 범주 속의 사례, 한 장소에 존재하는 사물, 힘을 가하는 행위자, 결과의 원인, 믿음을 품는 마음)의 의미에 의해 결정된다. 이 논리적이고 법칙적인 관계들은 일상적 언어를 구성하는 문장의 의미를 제공하고, 유추와 은유를 통해 과학과 수학의 내밀한 내용에 자신의 구조를 빌려 주면 과학과 수학에서는 그것들을 결합하여 점점 더 큰 이론적 구조물들을 만들어 낸다(5장을 보라). 우리는 물질을 분자·원자·쿼크로 이해하고, 생명을 DNA·유전자·계통나무로 이해하며, 변화를 위치·운동량·힘으로 이해하고 수학을 기호와 연산으로 이해한다. 이 모두가 법칙에 따라 구성된 요소들의 결합물이고, 그래서 전체의 특성은 부분들의 특성과 그 결합 방식으로부터 예측이 가능하다. 심지어 과학자들이 이음매 없는 연속체나 역학적 과정과 씨름할 때에도 자신의 이론을 말, 방정식, 컴퓨터 시뮬레이션, 또는 마음의 작동 방식과 맞물리는 조합적 매체로 표현한다. 세계의 부분들이 더 단순한 요소들의 법칙적인 상호작용으로 운동한다는 것이 우리에겐 다행스런 일이다.

그러나 철학의 문제들에는 특유의 전일소—적 측면, 한순간에 모든 곳에 존재하면서도 어디에도 존재하지 않고, 동시에 모든 것에 적용되는 측면이 있다. 감각력은 뇌 사건들이나 계산적 상태들의 조합물이 아니다. 즉 빨간색을 지각하는 뉴런이 빨간색에 대한 주관적 느낌을 야기하는 것은, 뇌 전체가 의식의 흐름 전체를 야기하는 것 못지않게 불가사의하다. '나'는 신체 부위들이나 뇌 상태들이나 정보 단위들의 조합이 아니라, 시간과 함께 존재하는 자아의 통합체이며 구체적인 위치에 존재하지 않는 단일한 궤적이다. 자유의지는 사건들과 상태들의 인과적 연쇄가 아닌 것이 자명하다. 의미의 조합적 측면(말이나 생각이 어떻게 결합하여 문장이나 명제의 의미가 되는가)은 밝혀졌지만 의미의 핵심, 즉 어떤 것을 지시하는 단순한 행위는 여전히 수수께끼로 남아 있다. 이상하게도 그것은 지시된 대상과 지시하는 개인 간의 어떤 인과관계와도 동떨어져 있기 때문이다. 지식 역시 인식자가 한 번도 부딪혀 본 적이 없는 것을 알고 있다는 모순을 던져 준다. 우리가 의식, 자아, 의지, 지식의 수수께끼들에 속수무책인 것은 그 문제들의 본질과 자연선택이 우리에게 갖춰 준 계산 장치들 간의 불일치 때문일 것이다.

　　이 추측이 옳다면, 우리의 정신은 궁극적으로 우리에게 괴롭힘을 선사할 것이다. 세상에서 가장 부정하기 힘든 존재인 우리의 의식은 영원히 우리의 개념적 이해에 들어오지 않을 것이다. 그러나 만일 우리의 마음이 자연의 일부라면, 그것은 기대할 만한 일이고 심지어 환영할 만한 일이다. 자연계는 생물체들과 그 부분들의 특화된 설계로 경외감을 불러일으킨다. 우리는 독수리가 땅 위에서 어색하게 행동한다고 해서 그들을 놀리지 않고, 눈이 소리를 못 듣는다고 해서 초초하지 않는다. 하나의 설계는 다른 과제들과 타협할 때에만 자신의 과제를 탁월하게 해결한다는 것을 알기 때문이다. 오랜 세월의 불가사의 앞에서 느끼는 인간의 좌절감은 인간의 마음을 가치 있게 만드는 것들, 즉 단어와 문장, 이론과 방정식, 시와 선율, 농담과 이야기의 세계를 열었던 조합적 마음을 얻기 위해 지불한 비용일 것이다.

주

1
표준 설비

24. 로봇의 시각: Poggio, 1984.
24. 시각기관 만들기: Marr, 1982; Poggio, 1984; Aloimonos & Rosenfeld, 1991; Wandell, 1995; Papathomas, et al., 1995.
26. 시각에서 닭과 달걀의 문제: Adelson & Pentland, 1996; Sinha & Adelson, 1993a, b.
28. 거리에 따라 크기가 변하는 잔상: Rock, 1983.
28. 주형 맞추기: Neisser, 1967; figure adapted from Lindsay & Norman, 1972, pp. 2-6.
30. 다리를 이용한 이동: Raibert & Sutherland, 1983; Raibert 1990.
31. 직립보행의 재난: French, 1994.
32. 제도용 스탠드와 팔: Hollerbach, 1990; Bizzi & Mussa-Ivaldi, 1990.
32. 손에 관한 갈레노스의 분석: Quoted in Williams, 1992, p. 192.
33. 손의 쥐기 형태: Trinkaus, 1992.
34. 미혼남: Winograd, 1976.
36. 상식에 못 미치는: Lenat & Guha, 1990.
36. 합리적 추론: Cherniak, 1983; Dennett, 1987.
37. 프레임 문제: Dennett, 1987; Pylyshyn, 1987.
38. 로봇공학의 3원칙: Asimov, 1950.
42. 공학적 발전: Maynard Smith, 1982; Tooby & Cosmides, 1988.
43. 사랑의 논리: Symons, 1979; Buss, 1994; Frank, 1988; Tooby & Cosmides, 1996; Fisher, 1992; Hatfield & Rapson, 1993.
44. 왼쪽 시각 영역의 손상: Bisiach & Luzzatti, 1978. 색맹: Sacks & Wasserman, 1987. 동작맹: Hess, Baker, &

Zihl, 1989.
45. 실인증: Farah, 1990. 얼굴인식불능증: Etcoff, Freeman, & Cave, 1991. 카그라스 증후군: Alexander, Stuss, & Benson, 1979.
45. 시각을 위한 복합적인 뇌: Van Essen & DeYoe, 1995.
46. 태어나자마자 떨어져 자란 쌍둥이: Lykken et al., 1992; Bouchard et al., 1990; Bouchard, 1994; Plomin, 1989; Plomin, Owen, & McGuffin, 1994; L. Wright, 1995.
47. 역설계: Dennett, 1995. 역설계로서의 심리학: Tooby & Cosmides, 1992.
49. 역설계로서의 생물학: Williams, 1966, 1992; Mayr, 1983.
50. 새로운 토대 위의 심리학 : Darwin, 1859/1964.
50. 진화심리학: Symons, 1979, 1992; Tooby, 1985; Cosmides, 1985; Tooby & Cosmides, 1992; Barkow Cosmides, & Tooby, 1992; Cosmides & Tooby, 1994; Wright, 1994a; Buss, 1995; Allman, 1994.
51. 인지혁명: Gardner, 1985; Jackendoff, 1987; Dennett, 1978a. 진화혁명: Williams, 1966; Hamilton, 1996; Dawkins, 1976/1989, 1986; Maynard Smith, 1975/1993, 1982; Tooby, 1988; Wright, 1994a.
52. 정보란 무엇인가: Dretske, 1981.
53. 계산주의 마음 이론: Turing, 1950; Putnam, 1960; Simon & Newell, 1964; Newell & Simon, 1981; Haugeland, 1981a, b, c; Fodor, 1968a, 1975, 1994; Pylyshyn, 1984.
54. 말을 하는 인간, 농사를 짓는 개미: Cosmides & Tooby, 1994.
58. 기능적인 분화: Gallistel, 1995.
58. 역광학으로서의 시각: Poggio, 1984.
60. 시각적 가정: Marr, 1982; Hoffman, 1983.
62. 포더에 따른 모듈: Fodor, 1983, 1985.
63. 마음 기관에 관한 촘스키: Chomsky, 1988, 1991, 1993.
64. 인공지능 체계의 분화: Marr, 1982; Minsky, 1985; Minsky & Papert, 1998b; Pinker & Prince, 1988.
65. 조숙한 어린아이들: Hirschfeld & Gelman, 1994a, b; Sperber, Premack, & Premack, 1995. 인간의 보편성: Brown, 1991.
65. 마음은 생물학과 문화의 혼합물이 아니다: Tooby & Cosmides, 1992. 학습은 선천적인 학습 메커니즘을 필요로 한다: Fodor, 1975, 1981; Chomsky, 1975; Pinker, 1984, 1994; Tooby & Cosmides, 1992.
70. 뇌 조합: Stryker, 1994; Cramer & Sur, 1995; Rakic, 1995a, b.
71. 자연선택이 아닌 진화적 힘: Williams, 1966; Gould & Lewontin, 1979. 숙련공으로서의 자연선택: Darwin, 1859/1964; Dawkins, 1983, 1986, 1995; Williams, 1966, 1992; Dennett, 1995.
72. 데카르트의 다리로서의 눈: Tooby & Cosmides, 1992.
74. 적응을 위한 기준: Williams, 1966; Dawkins, 1986; Dennett, 1995.
75. 입덧: Profet, 1992.
77. 혁신가로서의 진화: Tooby & Cosmides, 1989.

79. 사회생물학 대 진화심리학: Symons, 1979, 1992; Tooby & Cosmides, 1990a.
80. 행동은 적응적이지 않다. 마음이 적응력이 있는 행동을 초래한다: Symons, 1979, 1992; Tooby & Cosmides, 1990a.
82. 어느 누구도 그렇게 할 수 없다: Gould, 1992. 유전자 중심 관점: Williams, 1966; Dawkins, 1976/1989, 1983, 1995; Sterelny & Kitcher, 1988; Kitcher, 1992; Cronin, 1992; Dennett, 1995. 반反유전자 중심 관점: Gould, 1980b, 1983b.
83. 표준사회과학모델: Tooby & Cosmides, 1992; Symons, 1979; Daly & Wilson, 1988.
84. 사회생물학을 둘러싼 히스테리: Wright, 1988, 1994a; Wilson, 1994. 풍자: Lewontin, Rose, & Kamin, 1984, p. 260. 책에 없는 내용 인용: compare Dawkins, 1976/1989, p. 20, with Lewontin, Rose, & Kamin, 1984, p. 287, and with Levins & Lewontin, 1985, pp. 88, 128. 《사이언티픽 아메리칸》의 비방: Horgan, 1993, 1995a. 가르치기엔 너무 위험한: Hrdy, 1994.
85. 프리먼, 미드, 그리고 사모아: Freeman, 1983, 1992.
85. 세비야 선언: The seville Statement on Violence, 1990.
89. 거짓된 선호: Sommers, 1994.
90. 보편적 인간 본성: Tooby & Cosmides, 1990b.
91. 성차이 페미니즘: Sommers, 1994; Patai & Koertge, 1994.
92. 고상하지 않은: Daly & Wilson, 1988; Chagnon, 1992; Keely, 1996.
93. 종교와 모듈: Wright, 1994a.
94. 여성성을 규정하는 속성: Gordon, 1996.
95. 결백한 바람둥이들: Rose, 1978.
96. 용서의 남용과 미심쩍은 참작 요소들: Dershowitz, 1994.
98. 비루한 변론: Dennett, 1984; R. Wright, 1994a, 1995.
99. 도덕적 책임감은 신경생리학적·진화론적 인과관계와 양립할 수 있다: Dennett, 1984; Nozick, 1981, pp. 317-362.
101. 게이 유전자: Hamer & Copeland, 1994.
102. 성 해체: Lorber, 1994. 이분법 해체: Katz, 1995. 해체주의 해체: Carroll, 1995; Sommers, 1994; Paglia, 1992; Searle, 1983, 1993; Lehman, 1992.

2
생각하는 기계

105. 환상특급: Zicree, 1989.
107. 의식에 관한 루이 암스트롱: Quoted in Block, 1978.

108. 외계인이란 어떤 존재인가: Interview by D. C. Denison, *Boston Globe Magazine*, June 18, 1995.
109. 바보 같은 쇳가루 대 지적인 연인: James , 1890/1950.
109. 지능이란 무엇인가: Dennett, 1978b; Newell & Simon, 1972, 1981; Pollard, 1993.
111. 스키너: Chomsky, 1959; Fodor, 1968a, 1986; Dennett, 1978c.
112. 믿음과 욕구: Fodor, 1968a, b, 1975, 1986, 1994; Dennett, 1978d; Newell & Simon, 1981; Pylyshyn, 1980, 1984; Marr, 1982; Haugeland, 1981a, b, c; Johnson-Laird, 1988.
115. 정보란 무엇인가: Dretske, 1981.
118. 튜링기계: Moore, 1964.
120. 생성 시스템: Newell & Simon, 1972, 1981; Newell, 1990; Anderson, 1983, 1993.
133. 연산에 대한 폭넓은 정의: Fodor & Pylyshyn, 1988; Fodor, 1994.
134. 기계 속의 유령: Ryle, 1949. Ghosts in the Mind's Machine: Kosslyn, 1983.
137. 무감각한 난쟁이: Fodor, 1968b; Dennett, 1978d, pp. 123-124.
138. 마음에서 의미: Loewer & Rey, 1991; McGinn, 1989a; Block, 1986; Fodor, 1994; Dietrich, 1994.
140. 의미의 생태학: Millikan, 1984; Block, 1986; Pinker, 1995; Dennett, 1995; Field, 1977.
141. 일상의 인공지능: Crevier, 1993; Hendler, 1994.
141. 컴퓨터가 할 수 없는 것: Dreyfus, 1979; Weizenbaum, 1976; Crevier, 1993.
142. 전문가들이 말한다: Cerf & Navasky, 1984.
143. 자연의 연산: Coined by Whitman Richards.
144. 연산하는 뇌: Churchland & Sejnowski, 1992.
148. 표상과 일반화: Pylyshyn, 1984; Jackendoff, 1987; Fodor & Pylyshyn, 1988; Pinker, 1984a; Pinker & Prince, 1988.
150. 언어의 방대함: Pinker, 1994a; Miller, 1967.
151. 멜로디에 대한 밀의 우울함: Cited in Sowell, 1995.
151. 심리학 실험실의 마음 표상: Posner, 1978.
152. 다채로운 표상들: Anderson, 1983. 시각적 이미지: Kosslyn, 1980, 1994; Pinker, 1984b, c. 단기기억 고리: Baddeley, 1986. 토막들: Miller, 1956; Newell & Simon, 1972. 문법 표상: Chomsky, 1991; Jackendoff, 1987, 1994; Pinker, 1994.
153. 마음어: Anderson & Bower, 1973; Fodor, 1975; Jackendoff, 1987, 1990, 1994; Pinker, 1989, 1994.
153. 해마로 '처리된' 입력물: Churchland & Sejnowski, 1992, p.286. 전두엽으로 '처리된' 입력물: Crick & Koch, 1995.
154. 프로그래밍 스타일: Kernighan & Plauger, 1978.
155. 복잡계의 구성: Simon, 1969.
156. 템푸스와 호라: Simon, 1969, p.188.
158. 중국어 방: Block, 1978; Searle, 1980.

159. 중국어 방 비평: Searle, 1980; Dietrich, 1994. 중국어 방 업데이트: Searle, 1992.
160. 중국어 방 반박: Churchland & Churchland, 1994; Chomsky, 1993; Dennett, 1995.
162. 그들은 고기로 이루어졌다: Bisson, 1991.
163. 황제의 새마음: Penrose, 1989, 1990. 업데이트: Penrose, 1994.
165. 거북과 아킬레스: Carroll. 1895/1956.
167. 신경논리적 네트워크: McCulloch & Pitts, 1943.
170. 뉴런 망: Hinton & Anderson, 1981: Feldman & Ballard, 1982; Rumelhart, McClelland, & the PDP Research Group, 1986; Grossberg, 1988; Churchland & Sejnowski, 1992; Quinlan, 1992.
177. 네커 정육면체: Feldman & Ballard, 1982.
178. 패턴 연산망: Hinton, McClelland, & Rumelhart, 1986; Rumelhart & McClelland, 1986b.
181. 인식자 문제: Minsky & Papert, 1988a; Rumelhart, Hintron, & Williams, 1986.
184. 기능 접근으로서의 숨겨진 층 망: Poggio & Girosi, 1990.
186. 연결주의: Rumelhart, McClelland, & the PDP Research Group, 1986; McClelland, Rumelhart, & the PDP Research Group, 1986; Smolensky, 1988; Morris, 1989. 왜 인간은 쥐보다 영리한가: Rumelhart & McClelland, 1986a, p 143.
187. 과거시제 논쟁: Rumelhart & McClelland, 1986b; Pinker & Prince, 1988, 1994; Prince & Pinker, 1988; Pinker, 1991; Prasada & Pinker, 1993; Marcus, Brinkmann, Clahsen, Wiese, & Pinker, 1995.
187. 연결원형질 문제: Pinker & Mehler, 1988; Pinker & Prince, 1988; Prince & Pinker, 1988; Prasada & Pinker, 1993; Marcus, 1997a, b, in preparation; Fodor & Pylyshyn, 1988; Fodor & McClaughlin, 1990; Minsky & Papert, 1988b; Lachter & Bever, 1988; Anderson, 1990, 1993; Newell, 1990; Ling & Marinov, 1993; Hadley, 1994a, b.
187. 관념 연합론과 유사성에 관한 흄: Hume, 1748/1955.
191. 사라지는 체리: Berkeley, 1713/1929, p. 324.
192. 개체로서의 정체성 부여하기: Bloom, 1996a.
193. 쌍둥이의 사랑: L. Wright, 1995.
193. 누가 블릭을 물었는가: *Boston Globe*, 1990.
194. 마취총과 얼룩말 대 사자와 하이에나: Personal communication from Daniel Dennett.
198. 사고의 계통성: Fodor & Pylyshyn, 1988.
200. 명제 표현 문제: Hinton, 1981.
201. 네트워크 내의 명제: Hinton, 1981; McClelland & Kawamoto, 1986; Shastri & Ajjanagadde, 1993; Smolensky, 1990, 1995; Pollack, 1990; Hadley & Hayward, 1994.
203. 건망증 네트워크: McCloskey & Cohen, 1989; Ratcliff, 1990. 배트를 휘두르는 박쥐: McClelland & Kawamoto, 1986.
204. 다양한 기억들: Sherry and Schacter, 1987. 다양한 연결주의 기억들: McClelland, McNaughton, & O'Reilly,

1995.
206. 문장 이해를 위한 재귀천이망: Pinker, 1994, chap. 7.
206. 재귀망: Jordan, 1989; Elman, 1990; Giles et al., 1990. 명제를 처리하는 재귀적 네트워크의 실패: Marcus, 1997a, in preparation. 연결주의 명제처리기: Pollack, 1990; Berg, 1991; Chalmers,1990.
207. 경계가 애매한 범주: Rosch, 1978; Smith & Medin, 1981. 원형연결질에서 경계가 애매한 범주: Whittlesea, 1989; McClelland & Rumelhart, 1985.
208. 경계가 애매한 범주 문제: Armstrong, Gleitman, & Gleitman, 1983; Rey, 1983; Pinker & Prince, 1996; Marcus, 1997b; Medin, 1989; Smith, Langston, & Nisbett, 1992; Keil, 1989.
209. 고릴라와 양파: Hinton, Rumelhart, & McClelland, 1986, p. 82.
210. 유인원의 식성: Glander, 1992.
210. 설명기반 일반화: Pazzani, 1987, 1993; Pazzani &Dyer, 1987; Pazzani & Kibler, 1993; de Jong & Mooney, 1986.
211. 연쇄논법: Fodor & Pylyshyn, 1988; Poundstone, 1988. 긴 추론 사슬의 보편성: Brown, 1991; Boyd & Silk, 1996.
213. 연결주의 가족 관계: Rumelhart, Hinton, & Williams, 1986.
215. 마음과 물질에 관한 존슨: Quoted in Minsky, 1985. 거인에 관한 헉슬리: Quoted in Humphrey, 1992. 와인으로 변하는 물: McGinn, 1989b.
216. 의식에 대한 관심 증가: Humphrey, 1992; Dennett, 1991; Crick, 1994; Penrose, 1994; Jackendoff, 1987; Searle, 1992, 1995; Marcel & Bisiach, 1988; Baars, 1988.
217. 의식의 발명에 관한 굴드: Gould, 1993, pp. 294-295.
217. 거울, 거울: Gallup, 1991; Parker, Mitchell, & Boccia, 1994. 거울과 원숭이 재고: Hauser et al., 1995. 의식이 없는 고대인: Jaynes, 1976. 감염되는 의식: Dennett, 1991.
219. 의식의 정리: Jackendoff, 1987; Block, 1995.
222. 뉴런들 사이에서의 의식: Crick, 1994; Crick & Koch, 1995.
222. 게시판 체계: Jagannathan, Dodhiawala, & Baum, 1989. 게시판으로서의 의식: Baars, 1988; Newell & Simon, 1972; Navon, 1989; Fehling, Baars, & Fisher, 1990.
223. 연산의 비용: Minsky & Papert, 1988b; Ullman, 1984; Navon, 1985; Fehling, Barrs, & Fisher, 1990; Anderson, 1990, 1991.
226. 중간 차원 의식: Jackendoff, 1987.
228. 시각적 주의: Treisman & Gelade, 1980; Treisman, 1988.
230. 떠다니는 글자들: Mozer, 1991.
231. 충격적인 뉴스의 기억: Brown & Kulik, 1977; McCloskey, Wible, & Cohen, 1988; Schacter, 1996.
231. 기억의 최적화: Anderson, 1990, 1991.
232. 감정적 채색 작용: Tooby & Cosmides, 1990a, b.

233. 마음의 사회: Minsky, 1985. Multiple drafts: Dennett, 1991.
233. 의지 센터가 발견되었다: Damasio, 1994; Crick, 1994.
233. 전두엽: Luria, 1966; Duncan, 1995.
235. 감각력 대 접근: Block, 1995.
236. 감각력의 역설: Nagel, 1974; Poundstone, 1988; Dennett, 1991; McGinn, 1989b, 1993; Block, 1995.
237. 콸리아 부인하기: Dennett, 1991.

3
얼간이들의 복수

241. 지구를 대표하는 소리들: Sullivan, 1993.
243. 조그만 초록색 인간: Kerr, 1992. 진화론의 회의론자들: Mayr, 1993.
243. 외계 문명의 수: Sullivan, 1993.
245. 우리는 단지 최초일 뿐이다: Drake, 1993.
247. 인간 우월주의: Gould, 1989, 1996.
248. 진화에서 비용과 이익: Maynard Smith, 1984.
251. 다윈과 우주: Dawkins, 1983, 1986; Williams, 1966, 1992; Maynard Smith, 1975/1993; Reeve & Sherman, 1993.
256. 광양자가 수정체를 통과한다고 해서 수정체가 투명하게 닦이는 것은 아니다: Dawkins, 1986.
257. 거대 돌연변이는 복잡한 설계를 설명하지 못한다: Dawkins, 1986. "Punctuated equilibria" are not the same as macromutations: Dawkins, 1986; Gould, 1987, p. 234.
259. 적응적 돌연변이: Cairns, Overbaugh, & Miller, 1988; Shapiro, 1995. 적응적 돌연변이 문제: Lenski & Mittler, 1993; Lenski & Sniegowski; Shapiro, 1995.
259. 복잡성이론: Kauffman, 1991; Gell-Mann, 1994.
260. 다윈에서 벗어나라: James Barham, *New York Times Book Review*, June, 4 1995; also Davies, 1995.
261. 복잡성이론의 한계: Maynard Smith, 1995; Horgan, 1995b; Dennett, 1995.
262. 자연선택의 증거: Dawkins, 1986, 1995; Berra, 1990; Kitcher, 1982; Endler, 1986; Weiner, 1994.
263. 인간 등정의 발자취: Bronowski, 1973, pp. 417-421.
264. 눈의 진화에 대한 모의실험: Nilsson & Pelger, 1994; described in Dawkins, 1995.
265. 다윈에 적대적인 학계: Dawkins, 1982; Pinker & Bloom, 1990(see commentaries and reply); Dennett, 1995.
267. 가짜 적응주의: Lewontin, 1979.
267. 뒤얽힌 생식선: Williams, 1992.

269. 동물공학의 우수성: Tooby & Cosmides, 1992; Dawkins, 1982, 1986; Williams, 1992; Griffin, 1974; Tributsch, 1982; French, 1994; Dennett, 1995; Cain, 1964.
270. 훌륭한 낙타: French, 1994, p. 239.
271. 엉터리: Author's reply in Pinker & Bloom, 1990. 대칭: Corballis & Beale, 1976. 매력적인 대칭: Ridley, 1993.
274. 날개에 관한 새들: Wilford, 1985.
274. 날개에 관한 곤충들: Kingsolver & Koehl, 1985.
275. 전용에 대한 오해: Piattelli-Palmarini, 1989, p. 1.
275. 전용: Gould & Vrba, 1981. 전용 문제: Reeve & Sherman, 1993; Dennett, 1995. 집파리 곡예: Wootton, 1990.
276. 설계 논쟁: Pinker & Bloom, 1990, including commentaries and reply; Williams, 1966, 1992; Mayr, 1983; Dennett, 1995; Reeve & Sherman, 1993; Dawkins, 1982, 1986; Tooby & Cosmides, 1990a, b, 1992;Tooby & DeVore, 1987; Sober, 1984a, b; Cummins, 1984; Lewontin, 1984.
277. 자연선택에 관한 촘스키: Personal communication, November 1989.
280. 정보의 가치: Raiffa, 1968.
282. 진화에서 뇌의 미세 조정: Killackey, 1995; Rakic, 1995b; Styker,1994; Deacon, 1994.
283. 유전자 알고리듬: Mitchell, 1996.
284. 유전자 알고리듬과 신경망: Belew, 1990; Belew , McInerney, & Schraudolph, 1990; Nolfi, Elman, & Parisi, 1994; Miller & Todd, 1990.
284. 동시적인 진화와 학습: Hinton & Nowlan, 1987.
287. 볼드윈효과: Dawkins, 1982; Maynard Smith, 1987.
288. 길 찾는 개미: Wehner & Srinivasan, 1981. 추측항법: Gallistel, 1995, p. 1258.
289. 이 놀라운 동물들: Gallistel, 1990, 1995; J. Gould, 1982; Rozin, 1976; Hauser, 1996; Gaulin, 1995; Dawkins, 1986.
291. 시간 열 분석으로서의 조건화와 그 밖의 동물 묘기: Gallistel, 1990, 1995
292. 포유동물의 뇌는 언제나 같지는 않다: Preuss, 1993, 1995; Gaulin, 1995; Sherry & Schacter, 1987; Deacon, 1992a; Hauser, 1996.
293. 인간 뇌의 개량: Deacon, 1992b; Holloway, 1995; Hauser, 1996; Killackey, 1995.
295. 알을 품고 싶어하는 암탉: James, 1892/1920, pp. 393-394.
297. 동물학적으로 독특하거나 극단적인 특성들: Tooby & DeVore, 1987; Pilbeam, 1992.
299. 진화의 군비경쟁: Dawkins, 1982, 1986; Ridley, 1993. 인지 적소: Tooby & DeVore, 1987.
300. 보편적으로 존재하는 과학적·논리적 개념들: Brown, 1991.
301. 흔적 분석: Liebenberg, 1990, p. 80, quoted in Boyd & Silk, 1996.
302. 대규모 동물종 멸종: Martin & Klein, 1984; Diamond, 1992.

303. 동물학적 고유성과 인지 적소: Tooby & DeVore, 1987; Kingdon, 1993.
304. 영장류의 시각: Deacon, 1992a; Van Essen & DeYoe, 1995; Preuss, 1995.
304. 추상 개념에 의해 선취된 시각: Jackendoff, 1983, 1987, 1990; Lakoff, 1987; Talmy, 1988; Pinker, 1989.
305. 평지: Gardner, 1991.
306. 광란의 집단: Jones, Martin, & Pilbeam, 1992, part 4; Boyd & Silk, 1996.
307. 거짓말쟁이 영장류: Hauser, 1992; Lee, 1992; Boyd & Silk, 1996; Byrne & Whiten, 1988; Premack & Woodruff, 1978.
307. 참견쟁이 영장류: Cheney & Seyfarth, 1990.
307. 인지적 군비경쟁: Trivers, 1971; Humphrey, 1976; Alexander, 1987b, 1990; Rose, 1980; Miller, 1993. 인지적 군비경쟁 문제: Ridley, 1993.
308. 더딘 뇌의 팽창: Williams, 1992.
308. 유인원의 손과 자세: Jones, Martin, & Pilbeam, 1992, part 2; Boyd & Silk, 1996; Kingdon, 1993. 손의 중요성: Tooby & DeVore, 1987.
310. '사냥하는 인간'의 재평가: Tooby & DeVore, 1987; Boyd & Silk, 1996.
313. 유인원과 인간의 고기와 성의 물물교환: Tooby & DeVore, 1987; Ridley, 1993; Symons, 1979; Harris, 1985; Shostak, 1981.
314. 인류와 조상들: Jones, Martin, & Pilbeam, 1992; Boyd & Silk, 1996; Kingdon, 1993; Klein, 1989; Leakey et al., 1995; Fischman, 1994; Swisher et al., 1996.
316. 화석과 인지 적소: Tooby & DeVore, 1987.
318. 오스트랄로피테쿠스의 손: L. Aiello, 1994. 오스트랄로피테쿠스의 뇌와 도구: Holloway, 1995; Coppens, 1995. 하빌리스의 골격: Lewin, 1987.
320. 망각을 거부한 아프리카 이브: Gibbons, 1994, 1995a.
320. 대약진: Diamond, 1992; Marschack, 1989; White, 1989; Boyd & Silk, 1996.
320. 해부학상으로 현대적인 인간: Boyd & Silk, 1996; Stringer, 1992.
322. 레오나르도 다 빈치의 다락방의 스포츠카: Shreeve, 1992; Yellen et al., 1995; Gutin 1995.
322. 이브의 논리학: Dawkins, 1995; Dennett, 1995; Ayala, 1995. 공상적인 오해: Pinker, 1992.
323. 양성 모두의 조상 대 여성 혈통의 조상: Dawkins. 1995.
324. 최근의 인구 병목: Gibbons, 1995b, c; Harpending, 1994; Cavalli-Sforza, Menozzi, & Piazza 1993. 진화의 속도: Jones, 1992.
324. 생물학적 진화의 끝: Jones, 1992; Cavalli-Sforza, Menozzi, & Piazza, 1993.
326. 다원주의 사회과학: Turke & Betzig, 1985, p. 79; Alexander, 1987a; Betzig et al., 1988.
326. 기능주의: Bates & MacWhinney, 1990. p. 728; Bates & MacWhinney, 1982.
326. '필요 인식'에 의한 획기적인 사건: quoted in Mayr, 1982, p. 355.
327. 쥐: Personal communication from B. F. Skinner, 1978. 침팬지: Nagell, Olguin, & Tomasello, 1993.

328. 적응, 과거지사: Tooby & Cosmides, 1990a; Symons, 1979, 1992.
329. 문화적 진화: Dawkins, 1976/1989; Durham, 1982; Lumsden & Wilson, 1981; Diamond, 1992; Dennett, 1995. 문화적 진화 문제: Tooby & Cosmides, 1990a, 1992; Symons, 1992; Daly, 1982; Maynard Smith & Warren, 1988; Sperber, 1985.
329. 유전자와 밈: Dawkins, 1976/1989.
331. 전염병으로서의 문화: Cavalli-Sforza & Feldman, 1981; Boyd & Richerson, 1985; Sperber, 1985.

4
마음의 눈

333. 자동입체그림: N.E. Thing Enterprises, 1994; *Stereogram*, 1994; *Superstereogram*, 1994.
334. 자동입체그림의 탄생: Tyler, 1983.
335. 잘못 설정된 문제로서의 인지, 가설의 위반으로서의 착시: Gregory, 1970; Marr, 1982; Poggio, 1984; Hoffman, 1983.
336. 설명으로서의 인지: Marr, 1982; Pinker, 1984c; Tarr & Black, 1994a, b.
339. 그림, 원근과 인지: Gregory, 1970; Kubovy, 1986; Solso, 1994; Pirenne, 1970. 뉴기니의 사진: Ekman & Friesen, 1975.
340. 애들버트 에임스: Ittelson, 1968.
344. 양안시차와 입체시: Gregory, 1970; Julesz, 1971, 1995; Tyler, 1991, 1995; Marr, 1982; Hubel, 1988; Wandell, 1995.
346. 휘트스톤: From Wandell, 1995, p. 367.
350. 입체경: Gardner, 1989.
361. 무작위-점 입체그림: Julesz, 1960, 1971, 1995; Tyler, 1991, 1995.
365. 여우원숭이와 나뭇잎 방: Tyler, 1991. 위장술 꿰뚫기: Julesz, 1995.
366. 키클롭스의 눈 만들기: Marr, 1982; Tyler, 1995; Weinshall & Malik, 1995; Anderson & Nakayama, 1994.
369. 켜지고 꺼지는 입체 망: Marr & Poggio, 1976. Diagram adapted from Johnson-Laird, 1988.
370. 다 빈치 입체: Nakayama, He, & Shimojo, 1995; Anderson & Nakayama, 1994.
371. 입체맹시: Richards, 1971. 양안 뉴런: Poggio, 1995. 입체 풀 업데이트: Cormack, Stevenson, & Schor, 1993.
372. 양안 아기들: Shimojo, 1993; Birch, 1993; Held, 1993; Thorn et al., 1994.
373. 선배선된 입체시 회로: Birch, 1993; Freeman & Ohzawa, 1992.
374. 애꾸눈 원숭이: Hubel, 1988; Stryker, 1993. 뉴런을 또렷하게 하기: Stryker, 1994; Miller, Keller, & Stryker, 1989.
375. 내사시, 사팔눈: Birch, 1993; Held, 1993; Thorn et al., 1994.

376. 신경 민감성과 자라는 두개골: Timney, 1990; Pettigrew, 1972, 1974.
378. 빛, 명암, 형태: Adelson & Pentland, 1996.
379. 확률로서의 인지: Knill & Richards, 1996. 비우연적 특성들: Lowe, 1987; Biederman, 1995.
380. 규칙적인 세계에서의 도박: Attneave, 1982; Jepson, Richards, & Knill, 1996; Knill & Richards, 1996.
382. 자연 속의 직선: Sanford, 1994; Montello, 1995.
383. 빛, 밝기, 조도: Marr, 1982; Adelson & Pentland, 1996.
385. 레티넥스이론: Land & McCann, 1971; Marr, 1982; Brainard & Wandell, 1986. 더 새로운 모델들: Brainard & Wandell, 1991; Maloney & Wandell, 1986.
386. 명암으로부터의 형태: Marr, 1982; Pentland, 1990; Ramachandran, 1988; Nayar & Oren, 1995.
388. 달의 눈속임: Nayar & Oren, 1995.
389. 가장 단순한 세상을 보기: Adelson & Pentland, 1996; Attneave, 1972, 1981, 1982; Beck, 1982; Kubovy & Pomerantz, 1981; Jepson, Knill, & Richards, 1996.
397. 반전된 형태, 반전된 광원: Ramachandran, 1988.
398. 머릿속의 모래 거푸집: Attneave, 1972. 모래 거푸집 문제: Pinker, 1979, 1980, 1984c, 1988; Pinker & Finke, 1980.
400. 눈 움직임: Rayner, 1992; Kowler, 1995; Marr, 1982.
401. 시각의 2차원성: French, 1987.
402. 물체 대 표면: Marr, 1982, p. 270; Nakayama, He, & Shimojo, 1995.
404. $2^1/_2$차원 스케치: Marr, 1982; Pinker, 1984c, 1988. Visible surface representation: Jackendoff, 1987; Nakayama, He, & Shimojo, 1995.
408. 눈 움직임을 위한 보정: Rayner, 1992.
410. 시야와 시계: Gibson, 1950, 1952; Boring, 1952; Attneave, 1972, 1982; Hinton & Parsons, 1981; Pinker, 1979, 1988.
410. 중력과 시각: Rock, 1973, 1983; Shepard & Cooper, 1982; Pinker, 1984c.
411. 영차!: Mazel, 1992.
411. 우주 멀미: Oman, 1982; Oman et al., 1986; Young et al.,1984.
412. 멀미와 신경독: Treisman, 1977.
413. 형태 인식은 어떻게 이루어지는가: Rock, 1973; Shepard & Cooper, 1982; Corballis, 1988.
415. 춤추는 삼각형들: Attneave, 1968.
418. 형태 인식, 물체 중심 매치: Marr & Nishihara, 1978; Marr, 1982; Corballis, 1988; Biederman, 1995; Pinker, 1984c; Hinton & Parsons, 1981; Dickinson, Pentland, & Rosenfeld, 1992.
419. 기하자: Biederman, 1995.
420. 좌우 반구에서의 형태 인식: Kosslyn, 1994; Farah, 1990. 조각난 내부 시각: Farah, 1990.
421. $2^1/_2$차원 스케치에서 부분들 찾기: Hoffman & Richards, 1984; Lowe, 1987; Dickinson, Pentland, &

Rosenfeld, 1992.
422. 의복의 심리학: Bell, 1992, pp. 50-51.
422. 얼굴: Etcoff, Freeman, & Cave, 1991; Landau, 1989; Young & Bruce, 1991; Bruce, 1988; Farah, 1995. 아기와 얼굴: Morton & Johnson, 1991.
423. 단지 얼굴만 인식하지 못하는 사람: Etcoff, Freeman, & Cave, 1990; Farah, 1995.
424. 단지 얼굴만 인식할 수 있는 사람: Behrmann, Winocur, & Moscovitch, 1992; Moscovitch, Winocur, & Behrmann, in press.
426. 우리에게 필요한 모든 시야를 보여 주는 장난감 구체: Thanks to Jacob Feldman.
426. 복합시각: Poggio & Edelman, 1991; Bülthoff & Edelman, 1992.
426. 마음속에서 회전시킴으로써 형태 인식하기: Shepard & Cooper, 1982; Tarr & Pinker, 1989, 1990; Tarr, 1995; Ullman, 1989.
427. 마음의 회전: Cooper & Shepard, 1973; Shepard & Cooper, 1982; Tarr & Pinker, 1989, 1990; Corballis, 1988.
428. 한쪽편향과 우주: Gardner, 1990. 좌우의 심리학: Corballis & Beale, 1976.
430. 좌우의 부주의: Corballis & Beale, 1976; Corballis, 1988; Hinton & Parsons, 1981; Tarr & Pinker, 1989.
432. 사람들은 어떻게 형태를 인식하는가: Tarr & Pinker, 1989, 1990; Tarr, 1995; Tarr & Bülthoff, 1995; Biederman, 1995; Bülthoff & Edelman, 1992; Sinha, 1995.
439. 심상: Kosslyn, 1980, 1983, 1994; Paivio, 1971; Finke, 1989; Block, 1981; Pinker, 1984c, 1988; Tye, 1991; Logie, 1995; Denis, Engelkamp, & Richardson, 1988; Hebb, 1968.
440. 야노마뫼족의 심상: Chagnon, 1992.
441. 창의성과 심상: Finke, 1990; Shepard, 1978; Shepard & Cooper, 1982; Kosslyn, 1983.
441. 추미근: Buss, 1994, p. 128.
443. 그림 대 명제: Pylyshyn, 1973, 1984; Block, 1981; Kosslyn, 1980, 1994; Tye, 1991; Pinker, 1984; Kosslyn, Pinker, Smith, & Shwartz, 1979. 컴퓨터 속의 이미지: Funt, 1980; Glasgow & Papadias, 1992; Stenning & Oberlander, 1995; Ioerger, 1994.
444. 피질 지도: Van Essen & DeYoe, 1995.
444. 성찬을 상상해서 공복에 포만감을 느끼기: *Richard II*, act 1, scene 3.
445. 퍼키효과: Perky, 1910; Segal & Fusella, 1970; Craver-Lemley & Reeve, 1992; Farah, 1989.
445. 심상과 협조: Brooks, 1968; Logie, 1995.
446. 심상과 착각: Wallace, 1984. 심상과 정렬: Freyd & Finke, 1984.
446. 실재와 심상의 혼동: Johnson & Raye, 1981.
446. 가상공간의 손상: Bisiach & Luzzatti, 1978.
447. 심상은 시각피질을 활성화시킨다: Kosslyn et al., 1993; Kosslyn, 1994.
447. 한쪽 반구의 시각피질 제거 전후의 심상: Farah, Soso, & Dasheiff, 1992.

447. 꿈과 심상: Symons, 1993. 현실 모니터링: Johnson & Raye, 1981.
448. 심상을 이루는 매개: Pinker, 1984c, 1988; Cave, Pinker, et al., 1994; Kosslyn, 1980, 1994.
450. 심상을 통한 연산: Funt, 1980; Glasgow & Papadias, 1992; Stenning & Oberlander, 1995; Ioerger, 1994.
451. 마음의 애니메이션: Ullman, 1984; Jolicoeur, Ullman, & MacKay, 1991.
451. 심상을 통해 질문에 대답하기: Kosslyn, 1980.
452. 심상에서 오리-토끼 그림 반전시키기: Chambers & Reisberg, 1985; Finke, Pinker,& Farah, 1989; Peterson et al., 1992; Hyman & Neisser, 1991.
454. 조금씩 희미해지는 심상: Kosslyn, 1980.
454. 심상과 시점: Pinker, 1980, 1984c, 1988.
454. 회화에서 다양한 원근법: Kubovy, 1986; Pirenne, 1970. 크로마뇽인의 원근법: Boyd & Silk, 1996.
455. 심상 뒤집기: Pylyshyn, 1973; Kosslyn, 1980.
455. 1센트 동전에 관한 기억: Nickerson & Adams, 1979.
456. 마음 지도 왜곡: Stevens & Coupe, 1978.
457. 심상은 개념이 아니다: Pylyshyn, 1973; Fodor, 1975; Kosslyn, 1980; Tye, 1991.
458. 심상은 미쳤다: Titchener, 1909, p. 22.

5
좋은 생각

461. 다윈 대 월리스: Gould, 1980c; Wright, 1994a.
463. 뇌의 '과잉살상력': Davies, 1995, pp. 85-87.
464. 컴퓨터의 전용: Gould, 1980c, p. 57.
464. 지적인 야만인: Brown, 1991; Kingdon, 1993.
466. 사탕수수 즙 삼단논법: Cole et al., 1971, pp. 187-188; Neisser, 1976.
467. 논리와 절름발이 강아지: Carroll, 1896/1977.
469. 생태적 합리성: Tooby & Cosmides, 1997. 사고와 과학의 차이점들: Harris, 1994; Tooby & Cosmides, 1997; Neisser, 1976.
470. 사기꾼 샤먼: Harris, 1989, pp. 410-412.
471. 계급사회의 지식 부재: Brown, 1988.
473. 예측 수단으로서의 개념: Rosch, 1978; Shepard, 1987; Bobick, 1987; Anderson, 1990, 1991; Pinker & Prince, 1996.
476. 불명료성과 유사성 대 규칙과 이론: Armstrong, Gleitman, & Gleitman, 1983; Pinker & Prince, 1996; Murphy, 1993; Medin, 1989; Kelly, 1992; Smith, Langston & Nisbett, 1992; Rey, 1983; Pazzani,

    1987, 1993; Pazzani & Dyer, 1987; Pazzani & Kibler, 1993; Rips, 1989.
479. 생물학자들에 따른 종: Mayr, 1982; Ruse, 1986.
480. 불쌍한 파충류: Quoted in Konner, 1982. 애매한 어류: Dawkins, 1986; Gould, 1983c; Ridley, 1986; Pennisi, 1996. 멸종한 동물들: Gould, 1989.
480. 모든 범주는 불명료하다: Lakoff, 1987.
481. 명료한 이상화: Pinker & Prince, 1996.
482. 아웃사이더들에 대한 터무니없는 전형: Brown, 1985.
483. 통계학적으로 정확한 부정적 전형: McCauley & Stitt, 1978; Brown, 1985.
484. 설명 방법: Dennett, 1978b, 1995, 1990; Hirschfeld & Gelman, 1994a, b; Sperber, Premack, & Premack, 1995; Carey, 1985; Carey & Spelke, 1994; Baron-Cohen, 1995; Leslie, 1994; Schwartz, 1979; Keil, 1979.
484. 죽은 새, 산 새: Dawkins, 1986, pp. 10-11.
486. 선천적인 인공지능 체계: Lenat & Guha, 1990.
489. 과학자로서의 아기: Spelke, 1995; Spelke et al., 1992; Spelke, Phillips, & Woodward, 1995; Spelke, Vishton, & Hofsten, 1995; Baillargeon, 1995; Baillargeon, Kotovsky, & Needham, 1995.
493. 직관적인 운동력 이론: McCloskey, Caramazza, & Green, 1980; McCloskey, 1983. 직관물리학: Proffitt & Gilden, 1989.
493. 힘에 대한 대학생들의 이해: Redish, 1994.
495. 점 영화: Heider & Simmel, 1944; Michotte, 1963; Premack, 1990.
496. 아기와 원기: Premack, 1990; Leslie, 1994, 1995a; Mandler, 1992; Gelman, Durgin, & Kaufman, 1995; Gergely et al., 1995.
497. 민속생물학의 보편성: Konner, 1982; Brown, 1991; Attran, 1990, 1995; Berlin, Breedlove, & Raven, 1973.
498. 사자, 호랑이, 그 밖의 자연물: Quine, 1969; Schwartz, 1979; Putnam, 1975; Keil, 1989.
499. 다윈과 자연물: Kelly, 1992; Dawkins, 1986.
501. 본질주의와 진화에 대한 저항: Mayr, 1982.
502. 본질주의자로서의 아이들: Keil, 1989, 1994, 1995; Gelman, Coley, & Gottfried, 1994; Gelman & Markman, 1987. 본질주의자로서의 아이들에 대한 회의론: Carey, 1995.
503. 아이들은 심리적 필요와 생물학적 기능을 혼동하지 않는다: Hatano & Inagaki, 1995; Carey, 1995.
504. 아기와 인공물: Brown, 1990.
504. 인공물과 자연물은 뇌에 저장되는 방식이 다르다: Hillis & Caramazza, 1991; Farah, 1990.
504. 인공물이란 무엇인가: Keil, 1979, 1989; Dennett, 1990; Schwartz, 1979; Putnam, 1975; Chomsky, 1992, 1993; Bloom, 1996b.
506. 민속심리학과 의도적 태도: Fodor, 1968a, 1986; Dennett, 1978b, c; Baron-Cohen, 1995.
508. 마음 모듈 이론: Leslie, 1994, 1995a, b; Premack & Premack, 1995; Gopnik & Wellman, 1994; Hirschfeld

& Gelman, 1994b; Wimmer &Perner, 1983; Baron-Cohen, Leslie, & Frith, 1985; Baron-Cohen, 1995.
509. 어린아이들과 틀린 믿음: Leslie, 1994, 1995b.
510. 시끄러운 가죽 부대: Gopnik, 1993.
510. 자폐증: Baron-Cohen, 1995; Baron-Cohen et al., 1985; Frith, 1995; Gopnik, 1993.
511. 냉담한 부모, 변기, 그리고 자폐증: Bettelheim, 1959.
512. 틀린 사진 실험: Zaitchik, 1990.
513. 뇌가 세계를 창조한다: Miller, 1981.
515. 비논리적 이해: Johnson-Laird, 1988.
515. 논리와 사고: Macnamara, 1986, 1994; Macnamara & Reyes, 1994.
515. 마음 논리의 변호: Macnamara, 1986; Braine, 1994; Bonatti, 1995; Rips, 1994; Smith, Langston, & Nisbett, 1992.
518. 카드 선택 실험: Wason, 1966; Manktelow & Over, 1987.
519. 논리적 추론과 사기꾼 찾아내기: Cosmides, 1985, 1989; Cosmides & Tooby, 1992 종업원/고용주 문제: Gigerenzer & Hug, 1992. 그 밖의 결과와 대안적 해석: Cheng & Holyoak, 1985; Sperber, Cara, & Girotto, 1995.
521. 수의 심리학: Geary, 1994, 1995; Gelman & Gallistel, 1978; Gallistel, 1990; Dehaene, 1992; Wynn, 1990. 아이들의 수 계산: Wynn, 1992. 원숭이의 수 계산: Hauser, MacNeilage, & Ware, 1996.
523. 수학과 기본적인 인간 행동: Mac Lane, 1981; Lakoff, 1987. 눈먼 유아도 지름길을 안다: Landau, Spelke, & Gleitman, 1984.
526. 미국의 열등생들: Geary, 1994, 1995.
527. 왜 조니는 아직도 덧셈을 못하는가: Geary, 1995.
528. 왜 조니는 아직 읽기를 못하는가: Levine, 1994; McGuinness, 1997.
528. 정보광: Coined by George Miller.
528. 헤아릴 수 없음: Coined by John Allen Paulos.
529. 확률맹: Tversky & Kahneman, 1974, 1983; Kahneman, Slovic, & Tversky, 1982; Kahneman & Tversky, 1982; Nisbett & Ross, 1980; Sutherland, 1992; Gilovich, 1991; Piattelli-Palmarini, 1994; Lewis, 1990.
532. 사람들의 직관통계학: Gigerenzer & Murray, 1987; Gigerenzer, 1991, 1996a; Gigerenzer & Hoffrage, 1995; Cosmides & Tooby, 1996; Lopes & Oden, 1991; Koehler, 1996. 답변: Kahneman & Tversky, 1996. 직관심리학자로서의 벌: Staddon, 1988.
535. 확률과 통계의 역사: Gigerenzer et al., 1989. 경험에서 나온 확률: Gigerenzer & Hoffrage, 1995; Gigerenzer, 1997; Cosmides & Tooby, 1996; Kleiter, 1994.
536. 사람들은 빈도 정보를 제공받으면 확률을 훨씬 더 정확히 추산한다: Tversky & Kahneman, 1983; Fiedler,

1988; Cosmides & Tooby, 1996; Gigerenzer, 1991, 1996b, 1997; Hertwig & Gigerenzer, 1997.
538. 폰 미제스와 단일 사건 확률 이론: Example adapted by Cosmides & Tooby, 1996.
539. O. J. 심슨, 아내 폭행, 그리고 살인: Good, 1995.
540. '동시 발생 오류'(페미니스트 은행원)는 오류가 아니다: Hertwig & Gigerenzer, 1997.
543. 공간적 은유: Gruber, 1965; Jackendoff, 1983, 1987, 1990, 1994; Pinker,1989.
545. 수여를 나타내는 정보 전달: Pinker, 1989.
546. 언어와 사고에서의 역할: Talmy, 1988; Pinker, 1989.
547. 언어와 사고에서 공간과 힘: Jackendoff, 1983 ,1987, 1990, 1994; Pinker, 1989; Levin & Pinker, 1992; Wierzbicka, 1994; Miller & Johnson-Laird, 1976; Schanck & Riesbeck, 1981; Pustejovsky, 1995. 공간과 힘의 보편성: Talmy, 1985; Pinker, 1989.
547. 라이프니츠의 비범한 생각: Leibniz, 1956.
548. 인지적 흔적으로서의 공간 은유: Pinker, 1989.
548. 침팬지와 인과관계: Premack, 1976.
549. 공간과 힘 은유의 보편성: Talmy, 1985; Pinker, 1989.
549. 아이들의 공간 은유: Bowerman, 1983; Pinker, 1989.
550. 언어의 기초적인 은유 대 시적 은유: Jackendoff and Aaron, 1991.
551. 생활 속의 은유들: Lakoff & Johnson, 1980, Lakoff, 1987.
554. 그래프: Pinker, 1990.
555. 물리적 직관의 수식화: Carey & Spelke, 1994; Carey, 1986; Proffitt & Gilden, 1989.
556. 그러나 그것이 치과용 작품일까: Allen, 1983.
557. 천재와 창의성: Weisberg, 1986; Perkins, 1981.

6

다혈질

560. 미친 듯이 날뛰다: B. B., Burton-Bradley, quoted in Daly & Wilson, 1988, p. 281.
562. 감정의 보편성: Brown, 1991; Lazarus, 1991; Ekman & Davidson, 1994; Ekman, 1993, 1994; Ekman & Friesen, 1975; Etcoff, 1986. 보편성에 대한 논란: Ekman & Davidson, 1994; Russel, 1994.
562. 다윈과 감정 표현: Darwin, 1872/1965, pp. 15-17.
564. 인류학적으로 올바른: Ekman, 1987. 눈먼 아이들과 귀가 먼 아이들의 감정: Lazarus, 1991.
566. 미친 고통: Lewis, 1980, p. 216.
567. 소의 오줌: Shweder, 1994, p. 36.
567. 온건한 이누이트 사람들: Lazarus, 1991, p. 193. 온건한 사모아 사람들: Freeman, 1983.

570. 뇌의 삼중구조 이론: MacLean, 1990. 반박: Reiner, 1990.

571. 감정적 뇌: Damasio, 1994; LeDoux, 1991, 1996; Gazzaniga, 1992.

573. 감정의 필수 불가결성: Tooby & Cosmides, 1990a; Nesse & Williams, 1994; Nesse, 1991; Minsky, 1985.

575. 감정이 있는 로봇: Minsky, 1985; Pfeiffer, 1988; Picard, 1995; Crevier, 1993.

575. 싸움—회피 반응: Marks & Nesse, 1994.

577. 서식지선택과 환경의 미학: Orians & Heerwagen, 1992; Kaplan, 1992; Cosmides, Tooby, & Barkow, 1992.

577. 평생 동안의 캠핑 여행: Cosmides, Tooby, & Barkow, 1992, p. 552.

578. 아메리카 원주민과 대용 사바나: Christopher, 1995. 오스트레일리아 원주민과 대용 사바나: Harris, 1992.

579. 넓은 땅에서의 좌표계: Subbiah et al., 1996.

582. 역겨움: Rozin & Fallon, 1987; Rozin, 1996.

583. 곤충 먹기: Harris, 1985, p. 159.

585. 야노마뫼족에게 혐오감 주기: Chagnon, 1992.

586. 먹어도 좋은 것을 학습하기: Cashdan, 1994.

587. 음식 감별사로서의 엄마와 아빠: Cashdan, 1994.

588. 접촉에 의한 오염: Tooby & Cosmides, personal communication.

589. 최적 식량수집 이론: Harris, 1985.

591. 생태와 음식 금기: Harris, 1985.

593. 공포공포증: Coined by Richard Lederer.

594. 두려움과 공포증: Brown, 1991; Marks & Nesse, 1994; Nesse & Williams, 1994; Rachman, 1978; Seligman, 1971; Marks, 1987; Davey, 1995.

595. 시카고에서의 사자공포증: Maurer, 1965.

596. 히스테리는 비교적 드물다: Rachman, 1978; Myers & Diener, 1995.

597. 원숭이는 뱀공포증을 학습한다: Mineka & Cook, 1993.

598. 두려움 정복: Rachman, 1978.

599. 행복과 사회적 비교: Kahneman & Tversky, 1984; Brown, 1985. 폭력과 불평등: Daly & Wilson, 1988, p. 288.

602. 누가 행복한가: Myers & Diener, 1995. 행복 기준선의 유전성: Lykken & Tellegen, 1996.

603. 이득 대 손실: Kahneman & Tversky, 1984; Ketelaar, 1995, 1997.

604. 쾌락의 쳇바퀴: Brickman & Campbell, 1971; Campbell, 1975.

606. 머리와 에스터: From Arthur Naiman's *Every Goy's Guide to Yiddish*.

607. 범죄와 미래에 대한 저평가: Wilson & Herrnstein, 1985; Daly & Wilson, 1994; Rogers, 1994.

607. 근시안 저평가: Kirby & Herrnstein, 1995.

608. 자제심과 합리적 소비자: Schelling, 1984, p. 59.

609. 2개의 자아: Schelling, 1984, p. 58.

611. 이기적 복제자: Williams, 1966, 1992; Dawkins, 1976/1989, 1982; Dennett, 1995; Sterelny & Kitcher, 1988; Maynard Smith, 1982; Trivers, 1981, 1985; Cosmides & Tooby, 1981; Cronin, 1992.
611. 복제자, 집단, 종의 선택: Gould, 1980b, Wilson & Sober, 1994; Dennett, 1995; Williams, 1992; Dawkins, 1976/1989, 1982.
615. 혈연선택: Williams & Williams, 1957; Hamilton, 1963, 1964; Maynard Smith, 1964; Dawkins, 1976/1989; Trivers, 1985.
619. 호혜적 이타주의: Williams, 1966; Trivers, 1971, 1985; Dawkins, 1976/1989; Cosmides & Tooby, 1992; Brown, 1985, p. 93.
621. 호혜적 이타주의와 감정: Trivers, 1971, 1985; Alexander, 1987a; Axelrod, 1984; Wright, 1994a. 도덕관념: Wilson, 1993.
621. 호혜적 이타주의와 사회심리학적 연구: Trivers, 1971, 1981.
625. 집단 내부의 우호=집단 간의 적의: Dawkins, 1976/1989; Alexander, 1987.
627. 닥터 스트레인지러브: from Peter George, *Dr. Strangelove*, Boston: G. K. Hall, 1963/1979, pp. 98-99.
628. 불가능한 문제를 해결하기: Poundstone, 1992.
630. 모순적인 전술: Schelling, 1960.
634. 둠스데이머신인 감정, 그리고 모순적인 전략: Schelling, 1960; Trivers, 1971, 1985; Frank, 1988; Daly & Wilson, 1988; Hirshleifer, 1987.
635. 정당성, 그리고 포클랜드: Frank, 1988. 복수: Daly & Wilson, 1988. 명예: Nisbett & Cohen, 1996.
636. 얼굴의 감정 표현: Darwin, 1872/1965; Ekman & Friesen, 1975; Fridlund, 1991, 1995. 다윈의 반다윈주의: Fridlund, 1992.
638. 수의적・비수의적 얼굴 표정, 메소드 연기법, 뇌: Damasio, 1994.
638. 동물들의 정직한 신호: Dawkins, 1976/1989; Trivers, 1981; Cronin, 1992; Hauser, 1996; Hamilton, 1996.
639. 감정과 신체: Ekman & Davidson, 1994; Lazarus, 1991; Etcoff, 1986.
641. 광적인 사랑의 이론: Frank, 1988.
642. 결혼 시장: Buss, 1994; Fisher, 1992; Hatfield & Rapson, 1993.
645. 자기 자신과 다른 사람들을 통제하기 위한 전술: Schelling, 1984.
647. 억제책으로서의 슬픔: Tooby & Cosmides, 1990a.
648. 자기기만: Trivers, 1985; Alexander, 1987a; Wright, 1994a; Lockard & Paulhaus, 1988. 자기기만과 프로이드의 방어기제: Nesse & Lloyd, 1992.
648. 분리된 뇌: Gazzaniga, 1992.
649. 레이크워비곤효과: Gilovich, 1991.
649. 이익편향성: Greenwald, 1988; Brown, 1985. 인지부조화: Festinger, 1957. 자기표현으로서의 인지부조화: Aronson, 1980; Baumeister & Tice, 1984. 자기기만으로서의 이익편향성과 인지부조화: Wright, 1994a.

652. 아내와 남편의 말다툼: Trivers, 1985, p. 420.
652. 히틀러에 대한 변명: Rosenbaum, 1995.

7
가족의 소중함

656. 《의식혁명》 논쟁: Nobile, 1971.
657. 19세기의 유토피아: Klaw, 1993.
658. 인간의 보편 특성: Brown, 1991.
658. 36가지 줄거리 목록: Polti, 1921/1977.
658. 다원주의적 경쟁자들: Williams, 1966; Dawkins, 1976/1989, 1995.
660. 살인 발생률: Daly & Wilson, 1988. 보편적인 갈등 해결: Brown, 1991.
662. 친족의 생물학: Hamilton, 1964; Wilson, 1975; Dawkins, 1976/1989. 친족의 심리학: Daly & Wilson, 1988; Daly, Salmon, & Wilson, in press; Alexander, 1987a; Fox, 1984; van den Berghe, 1974; Wright, 1994a.
664. 프로스트의 '가정'에 대한 정의: From "The Death of the Hired Man" in *North of Boston*.
665. 친족 관계에 대한 낭설: Daly, Salmon, & Wilson, in press; Mount, 1992; Shoumatoff, 1985; Fox, 1984.
667. 계부, 계모, 의붓자식: Daly & Wilson, 1988, 1995.
667. 신데렐라 이야기: Daly & Wilson, 1988, p. 85.
669. 갈등 해결로서의 살인: Daly & Wilson, 1988, p. ix.
670. 족벌주의: Shoumatoff, 1985; Alexander, 1987a; Daly, Salmon, & Wilson, in press. 야노마뫼족의 혈연: Changnon, 1988, 1992.
673. 사촌 간의 결혼: Thornhill, 1991.
673. 낭만적 사랑의 진실: Symons, 1978; Fisher, 1992; Buss, 1994; Ridley, 1993; H. Harris, 1995.
674. 유사친족: Daly, Salmon, & Wilson, in press.
676. 파괴적인 가족: Shoumatoff, 1985; Mount, 1992.
676. 충성심 대 가족: Thornhill, 1991. 교회 대 가족: Betzig, 1992.
679. 부모–자식 갈등: Trivers, 1985; Dawkins, 1976/1989; Wright, 1994a; Daly & Wilson, 1988, 1995; Haig, 1992, 1993.
679. 형제 경쟁: Dawkins, 1976/1989; Trivers, 1985; Sulloway, 1996; Mock & Parker, in press.
682. 자궁 속에서의 목청 돋우기: Haig, 1993.
682. 유아 살해: Daly & Wilson, 1988, 1995.
683. 산후우울증: Daly & Wilson, 1988.

684. 결속: Daly & Wilson, 1988.
684. 귀여움: Gould, 1980d; Eibl-Eibesfeldt, 1989; Konner, 1982; Daly & Wilson, 1988.
685. 아이들의 심리적 전술: Trivers, 1985; Schelling, 1960.
686. 오이디푸스콤플렉스 재고: Daly & Wilson, 1988.
688. 딸에 대한 통제: Wilson & Daly, 1992.
689. 자기 자신의 이익에 반하는 아이들의 사회화: Trivers, 1985.
690. 본성, 본성, 그 밖에 성격을 규정하는 것은 없다: Plomin, 1989; Plomin & Daniels, 1987; Bouchard, 1994; Bouchard et al., 1990; J. Harris, 1995; Sulloway, 1995, 1996.
691. 부모 바꾸기: J. Harris, 1995.
692. 청소년 집단의 리더는 데이트 상대 1순위다: Dunphy, 1963.
692. 또래집단에 의한 사회화: J. Harris, 1995.
693. 어머니의 양면 감정: Interview with Shari Thurer by D. C. Dension, *The Boston Globe Magazine*, May 14, 1995; Eyer, 1996.
694. 성교육: Whitehead, 1994.
695. 형제 경쟁: Trivers, 1985; Sulloway, 1995, 1996; Dawkins, 1976/1989; Wright, 1994a.
696. 손자 손녀에 대한 예측: Daly & Wilson, 1988; Sulloway, 1996; Wright, 1994a. 자식 살해: Daly & Wilson, 1988. 슬픔: Wright, 1994a.
697. 가족 동역학: Sulloway, 1995, 1996.
700. 이웃집 소녀: Fisher, 1992; Hatfield & Rapson, 1993; Buss, 1994.
701. 근친상간 회피와 근친상간 금기: Tooby, 1976a, b; Brown, 1991; Daly & Wilson, 1988; Thornhill, 1991.
702. 포유동물에서 근친교배의 비용: Ralls, Ballou, & Templeton, 1988.
703. 근친상간의 비용: Tooby, 1976a, b.
704. 근친상간 전략: Buss, 1994; Brown, 1991; Daly & Wilson, 1988.
705. 떨어져 자란 남매들 사이의 근친상간: Brown, 1991.
709. 양성 간의 전투: Symons, 1979; Dawkins, 1976/1989; Trivers, 1985. 성의 심리학: Symons, 1979; Ridley, 1993; Wright, 1994a, b; Buss, 1994.
709. 성에 대한 고정관념의 진실성: Eagly, 1995.
710. 성은 왜 존재하는가:Tooby, 1982, 1988; Tooby & Cosmides, 1990b; Hamilton, Axelrod, and Tanese, 1990; Ridley, 1993.
711. 왜 양성으로 번식하는가: Cosmides & Tooby, 1981; Hurst & Hamilton, 1992; Anderson,1992.
712. 왜 자웅동체 동물은 그렇게 적은가: Cosmides & Tooby, 1981.
713. 성선택, 그리고 부모 투자액의 차이: Trivers, 1985; Cronin, 1992; Dawkins, 1976/1989; Symon, 1979; Ridley, 1993; Wright, 1994a, b.
715. 유인원과 성: Trivers, 1985; Ridley, 1993; Boyd & Silk, 1996; Mace, 1992; Dunbar, 1992. 유인원의 자식 살

해: Hrdy, 1981.
715. 정자 경쟁: Baker & Bellis, 1996.
717. 문란한 새들: Ridley, 1993.
718. 인간과 성: Ridley, 1993; Wright, 1994a; Mace, 1992; Dunbar, 1992; Boyd & Silk, 1996; Buss, 1994.
719. 인간이 진화해 온 환경: Symons, 1979.
720. 식량수집 사회에서 아버지 없는 아이들: Hill & Kaplan, 1988.
720. 남성 욕구의 다양성: Symons, 1979; Buss, 1994; Ridley, 1993; Wright, 1994a.
723. "오늘 밤에 나와 자지 않을래요?": Clark & Hatfield, 1989.
723. 수탉과 남성의 쿨리지효과: Symons, 1979; Buss, 1994.
725. 포르노 산업은 관중 스포츠나 영화 산업보다 규모가 크다: Anthony Flint in the *Boston Globe*, December 1, 1996.
726. 포르노와 역사 로망 소설: Symons, 1979, Ridley, 1993; Buss, 1994.
727. 동성애는 양성의 욕구를 드러내는 창: Symons, 1979, p. 300. 동성애자들의 섹스 파트너 수: Symons, 1980.
728. 성경제학: Symons, 1979. Dworkin: Quoted in Wright, 1994b.
730. 일부일처와 고결한 사람: Symons, 1979, p. 250.
731. 남자들의 성적 취향은 본인의 매력에 의해 조정된다: Waller, 1994.
731. 일부다처: Symons, 1979; Daly & Wilson, 1988; Shoumatoff, 1985; Altman & Ginat, 1996; Ridley, 1993; Chagnon, 1992.
732. 독재자들과 하렘: Betzig, 1986.
732. 일처다부: Symons, 1979; Ridley, 1993.
732. 공동 아내: Shoumatoff, 1985. 시골뜨기 촌닭에 관한 베치히: Cited in Ridley, 1993. 카르텔로서의 일부일처: Landsburg, 1993, p. 170; Wright, 1994a.
734. 일부일처와 남자 경쟁: Betzig, 1986; Wright, 1994a; Daly & Wilson, 1988; Ridley,1993.
736. 간부: Buss, 1994; Ridley, 1993; Baker & Bellis, 1996.
736. 섹스의 대가, 고기: Harris, 1985; Symons, 1979; Hill & Kaplan, 1988. 단기적인 애인을 고를 때의 여성들의 취향: Buss, 1994.
737. 지위가 높은 연인: Baker & Bellis, 1996; Buss, 1994; Symons, 1979.
737. 트로브리안드 섬의 처녀수태: Symons, 1979.
738. 단기적 파트너 대 장기적 파트너: Buss, 1994; Ellis, 1992. 마돈나-창녀 이분법: Wright, 1994a.
738. 남편과 아내에 대한 조건: Buss, 1992a, 1994; Ellis, 1992.
740. 짝 선호: Buss, 1992a, 1994. 배우자의 나이 선호도: Kenrick & Keefe, 1992.
740. 구인 광고, 데이트 서비스, 결혼: Ellis, 1992; Buss, 1992a, 1994.
740. 모코두데이: Chagnon, 1992; Symons, 1995.
740. 남편의 부와 아내의 외모: Buss, 1994. 동물적인 매력에 관한 슈뢰더: Quoted in Wright, 1995, p. 72.

741. 부유한 여자도 부유한 남자를 원한다: Buss, 1994. 여권운동의 지도자들도 부유한 남자를 원한다: Ellis, 1992.
741. 레보위츠: Quoted in J. Winokur, 1987, *The portable curmudgeon*. New York: New American Library.
742. 아름다움을 위한 몸의 치장 대 그 밖의 이유들: Etcoff, 1998. 아름다움의 보편성: Brown, 1991; Etcoff, 1998; Symons, 1979, 1995; Ridley, 1993; Perrett, May, & Yoshikawa, 1994.
743. 아름다움의 구성 요소: Etcoff, 1998; Symons, 1979, 1995.
743. 평균치 얼굴은 매력적이다: Symons, 1979; Langlois & Roggman, 1990.
744. 젊음과 아름다움: Symons, 1979, 1995; Etcoff, 1998.
745. 엉덩이 대비 허리 비율: Singh, 1993, 1994, 1995. 후기 구석기시대의 모래시계 몸매: Unpublished research by Singh & R. Kruszynski.
747. 크기 대 형태: Singh, 1993, 1994, 1995; Symons, 1995; Etocoff, 1998.
748. 아름다움과 힘: Bell, 1992; Wilson & Daly, 1992; Ellis, 1992; Etcoff, 1998; Paglia, 1990, 1992, 1994.
749. 가상의 아름다움과 현실의 삶: Buss, 1994.
749. 성적 질투의 보편성: Brown, 1991.
750. 성적 질투에서의 성적 차이: Symons, 1979; Buss, 1994; Buunk et al., 1996. 성차이 논쟁: Harris & Christenfeld, 1996; DeSteno & Salovey, 1996; Buss, Larson, & Westen, 1996; Buss et, al., 1997.
751. 폭력과 남성의 성적 질투: Daly & Wilson, 1988; Wilson & Daly, 1992; Symons, 1979. 전쟁 폭력에서 성적 대칭의 신화: Dobash et al., 1992.
753. 신부 값과 지참금: Daly & Wilson, 1988.
754. 보즈웰, 존슨, 그리고 이중 기준: Daly & Wilson, 1988, pp. 192-193.
755. 정통 사회과학을 배제한 페미니즘: Sommers, 1994; Patai & Koertge, 1994; Paglia, 1992; Eagly, 1995; Wright, 1994b; Ridley, 1993; Denfeld, 1995.
757. 정신적 필요로서의 지위: Veblen, 1899/1994. 의복 도덕성: Bell, 1992.
758. 동물들의 신호: Zahavi, 1975; Dawkins, 1976/1989, 1983; Hauser, 1996; Cronin, 1992.
759. 공격 전략과 지배 서열: Maynard Smith, 1982; Dawkins, 1976/1989; Trivers, 1985.
761. 인간 사회의 서열 관계: Ellis, 1992; Buss, 1994; Eibl-Eibesfeldt, 1989. 키와 연봉: Frieze, Olson, & Good, 1990. 키와 대통령 선거: Ellis, 1992; Mathews, 1996. 턱수염과 브레즈네프: Kingdon, 1993. 키와 데이트: Kenrick & Keefe, 1992.
762. 모욕으로 인한 살인: Daly & Wilson, 1988; Nisbett & Cohen, 1996.
762. 남자들의 평판: Daly & Wilson, 1988, p. 128.
765. 무모한 젊음: Rogers, 1994.
765. 강압으로서의 토론: Lakoff & Johnson, 1980; Nozick, 1981.
766. 지위한 무엇인가: Buss, 1992b; Tooby & Cosmides, 1996; Veblen, 1899/1994; Bell, 1992; Frank, 1985; Harris, 1989; Symons, 1979.
767 포틀래치: Harris, 1989.

769. 장애물이론: Zahavi, 1975; Dawins, 1976/1989; Cronin, 1992; Hauser, 1996.
769. 유행이란 무엇인가:Bell, 1992; Etocoff, 1998.
770. 나비의 흉내 내기: Dawkins, 1976/1989; Cronin, 1992; Hauser, 1996.
772. 호혜와 교환의 논리: Cosmides & Tooby, 1992; Axelrod, 1984. 호혜적 이타주의: Trivers, 1985; Dawkins, 1976/1989; Axelrod, 1984; Axelord & Hamilton, 1981.
773. 죄수의 딜레마: Poundstone, 1992; Schelling, 1960; Rapoport, 1964.
773. 반복되는 죄수의 딜레마와 맞대응 전략: Axelrod & Hamilton, 1981; Axelord, 1984.
774. 일상적인 삶에서의 교환: Cosmides & Tooby, 1992; Fiske, 1992.
775. 친족 집단 내의 원시 공산주의 체제: Fiske, 1992.
775. 식량수집의 성공률 변화와 식량수집인들 사이의 식량 분배: Cashdan, 1989; Kaplan, Hill, & Hurtado, 1990.
776. 운 대 게으름: Cosmides & Tooby, 1992.
777. 험담에 기초한 분배 윤리의 강요: Eibl-Eiblesfeldt, 1989, pp. 525-526. 이기적인 쿵산족: Konner, 1982, pp. 375-376.
778. 우정 대 보상: Fiske, 1992. 행복한 결혼 대 보상: Frank, 1988.
779. 우정의 논리와 은행의 역설: Tooby & Cosmides, 1996.
783. 식량수집 부족의 전쟁과 인간의 진화: Chagnon, 1988, 1992, 1996; Keeley, 1996; Diamond, 1992; Daly & Wilson, 1988; Alexander, 1987a, b.
784. 피의 복수극: Daly & Wilson, 1988.
785. 다이아몬드, 금, 고기, 섹스를 건 싸움: Chagnon, 1992, p. 115. 인구가 많고 영양이 부족한 부족들이 전쟁을 더 좋아하지는 않는다: Chagnon, 1992; Keeley, 1996.
786. 성경 속 전쟁의 전리품으로서의 여성: Hartung, 1992, 1995.
787. 강렬하고 난폭한 폭력: *Henry V*, act 2, scene 3.
787. 강간과 전쟁: Brownmiller, 1975.
788. 전쟁 지도자의 번식 성공: Betzig, 1986.
788. 전쟁의 논리: Tooby & Cosmides, 1988.
789. 칸딘스키의 그림을 좋아하는 사람들은 클레의 그림을 좋아하는 사람들을 싫어한다: Tajfel , 1981. 동전 던지기에서도 촉발되는 자민족 중심주의: Locksley, Ortiz, & Hepburn, 1980. 여름 캠프에서의 소년 경쟁: Sherif, 1966. 민족 갈등: Brown, 1985.
791. 부유한 집단이 더 자주 전쟁을 한다: Chagnon, 1992; Keeley, 1996.
793. 무지의 베일 아래에서의 전쟁: Tooby & Cosmides, 1993. 제2차 세계대전의 사례: Rapoport, 1964, pp. 88-89.
795. 낮아지는 살인율: Daly & Wilson, 1988.
797. 달라이 라마: Interview by Claudia Dreifus in *New York Times Magazine*, November 28, 1993.

8
인생의 의미

799. 미술, 문학, 음악, 유머, 종교, 철학의 보편성: Brown, 1991; Eibl-Eibesfeldt, 1989.
800. 음악을 위한 삶, 영화표를 사기 위한 매혈: Tooby & Cosmides, 1990a.
801. 지위 추구로서의 예술: Wolfe, 1975; Bell, 1992.
807. 예술, 과학, 그리고 엘리트: Brockman, 1994. 존경스러운 무용성: From Bell, 1992.
807. 미술과 착시: Gombrich, 1960; Gregory, 1970; Kubovy, 1986. 적응과 시각적 미학: Shepard, 1990; Orians & Heerwagen, 1992; Kaplan, 1992.
807. 기하학적 패턴, 진화, 그리고 미학: Shepard, 1990.
810. 음악과 마음: Sloboda, 1985; Storr, 1992; R. Aiello, 1994.
811. 보편음악문법: Bernstein, 1976; Jackendoff, 1977, 1987, 1992; Lerdahl & Jackendoff, 1983.
812. 배음과 음계들: Bernstein, 1976; Cooke, 1959; Sloboda, 1985. Dissenters: Jackendoff, 1977; Storr, 1992.
814. 음정과 감정: Bernstein, 1976; Cooke, 1959. 유아의 음악 감상: Zentner & Kagan, 1996; Schellenberg & Trehub, 1996.
818. 비통함의 밀물과 썰물: Cooke, 1959, pp. 137-138.
818. 음악의 감정적 의미론: Cooke, 1959.
818. 음악과 언어: Lerdahl & Jackendoff, 1983; Jackendoff, 1987.
819. 청지각 장면 분석: Bregman & Pinker, 1978; Bregman, 1990; McAdams & Bigand, 1993.
820. 미술과 음악에서 규칙적 패턴의 미학: Shepard, 1990.
821. 음악과 청지각의 불안정성: Bernstein, 1976; Cooke, 1959.
821. 음악에 관한 다윈: Darwin, 1874. 멜로디의 감정의 소리: Fernald, 1992; Hauser, 1996.
822. 서식지선택: Orians & Heerwagen, 1992; Kaplan, 1992.
823. 음악과 운동: Jackendoff, 1992; Epstein, 1994; Clynes & Walker, 1982.
825. 호라티우스: From Hobbs, 1990, p. 5. 드라이든: From Carroll, 1995, p. 170.
825. 허구와 영화의 착각: Hobbs, 1990; Tan, 1996.
826. 해피엔딩의 경제학: Landsburg, 1993.
826. 양성 마조히즘: Rozin, 1996.
827. 가십의 진화: Barkow, 1992.
828. 실험으로서의 소설: Hobbs, 1990. 문학과 인지: Hobbs, 1990; Turner, 1991.
828. 목표 달성으로서의 줄거리: Hobbs, 1990. 허구의 목표들은 자연선택의 목표들이다: Carroll, 1995.
829. 신문의 헤드라인들: *Native Son* by Richard Wright; *The scarlet Letter* by Nathaniel Hawthorne; *Romeo and Juliet* by William Shakespeare; *Crime and Punishment* by Fyodor Dostoevsky; *The Great Gatsby*

by F. Scott Fitzgerald; *Jane Eyre* by Charlotte Brontë ; *A Streetcar Named Desire* by Tennessee Williams; *Eumenides* by Aeschylus. All from Lederer & Gilleland, 1994.

831. 사례기반 추론: Schanck, 1982.
832. 삶의 수수께끼에 대한 해답들: *Hamlet; The Godfather; Fatal Attraction; Madame Bovary; Shane*.
833. 예술의 충만성: Goodman, 1976; Koestler, 1964.
834. 유머에 관한 케스틀러: Koestler, 1964, p. 31.
835. 유머의 진화: Provine, 1996; Eibl-Eibesfeldt, 1989; Weisfeld, 1993. 유머의 연구: Provine, 1996; Chapman & Foot, 1977; McGhee, 1979; Weisfeld, 1993.
835. 웃음: Provine, 1991, 1993, 1996.
836. 위협적인 외침으로서의 웃음: Eibl-Eibesfeldt, 1989. 침팬지의 웃음: Provine, 1996; Weisfeld, 1993. 간질이기와 놀이: Eibl-Eibesfeldt, 1989; Weisfeld, 1993. 싸움을 위한 연습으로서의 놀이: Symons, 1978; Boulton & Smith, 1992.
837. 《1984》 속의 유머: Orwell, 1949/1983. p. 11.
839. 야노마뫼족의 유치한 웃음: Chagnon, 1992, pp. 24-25.
841. 등산객 유머: Thanks to Henry Gleitman. W.C. 필즈: Thanks to Thomas Shultz.
842. 유머에서 부조화, 해결 연구: Shultz, 1977; Rothbart, 1977; McGhee, 1979.
843. 유머, 반우위의 무기: Schutz, 1977.
844. 대화에서 마음의 내삽법: Pinker, 1994, chap. 7; Sperber & Wilson, 1986. 대화와 유머의 심리학: Attardo, 1994.
846. 농담의 진부함: Provine, 1993, p. 296.
847. 우정의 논리: Tooby & Cosmides, 1996.
848. 거짓에 대한 믿음들: 마녀, 유령, 악마: *New York Times*, July 26, 1992. 창세기: Dennett, 1995. 천사: *Times* poll cited by Diane White, *Boston Globe*, October 24, 1994. 예수: cited by Kenneth Woodward, *Newsweek*, April 8, 1996. 신과 만유의 영: Harris, 1989.
850. 종교의 인류학: Harris, 1989.
850. 종교의 인지심리학: Sperber, 1982; Boyer, 1994a, b; Atran, 1995.
852. 종교적 믿음의 경험적 기반: Harris, 1989.
853. 철학의 혼란: McGinn, 1993. 의식, 자아, 자유의지, 의미, 그리고 지식의 역설: Poundstone, 1988.
856. 철학의 순환: McGinn, 1993.
859. 인간 인지 장비의 한계로서의 철학적 혼란: Chomsky, 1975, 1988; McGinn, 1993.
864. 철학의 문제와 마음의 계산 장치들 간의 불일치: McGinn, 1993.

참고문헌

Adelson, E. H., & Pentland, A. P. 1996. The perception of shading and reflectance. In Knill & Richards, 1996.
Aiello, L. C. 1994. Thumbs up for our early ancestors. *Science, 265*, 1540-1541.
Aiello, R. (Ed.) 1994. *Musical perceptions*. New York: Oxford University Press.
Alexander, M., Stuss, M. P., & Benson, D. F. 1979. Capgras syndrome: A reduplicative phenomenon. *Neurology, 29*, 334-339.
Alexander, R. D. 1987a. *The biology of moral systems*. Hawthorne, N.Y.: Aldine de Gruyter.
Alexander, R. D. 1987b. Paper presented at the conference "The origin and dispersal of modern humans," Corpus Christi College, Cambridge, England, March 22-26. Reported in *Science, 236*, 668-669.
Alexander, R. D. 1990. How did human evolve? Reflections on the uniquely unique species. Special Publication No. 1, Museum of Zoology, University of Michigan.
Allen, W. 1983. *Without feathers*. New York: Ballantine.
Allman, W. 1994. *The stone-age present: How evolution has shaped modern life*. New York: Simon & Schuster.
Aloimonos, Y., & Rosenfeld, A. 1991. Computer vision. *Science, 13*, 1249-1254.
Altman, I., & Ginat, J. 1996. *Polygynous families in contemporary society*. New York: Cambridge University Press.
Anderson, A. 1992. The evolution of sexes: *Science, 257*, 324-326.
Anderson, B. L., & Nakayama, K. 1994. Toward a general theory of stereopsis: Binocular matching, occluding contours, and fusion. *Psychological Reviews, 101*, 414-445.

Anderson, J. R. 1983. *The architecture of cognition*. Cambridge, Mass.: Harvard University Press.

Anderson, J. R. 1990. *The adaptive character of thought*. Hillsdale, N.J.: Erlbaum.

Anderson, J. R., & commentators. 1991. Is human cognition adaptive? *Behavioral and Brain Sciences, 14*, 471-517.

Anderson, J. R. 1993. *Rules of the mind*. Hillsdale. N.J.: Erlbaum.

Anderson, J. R., & Bower, G. H. 1973. *Human associative memory*. New York: Wiley.

Armstrong, S. L., Gleitman, L. R., & Gleitman, H. 1983. What some concepts might not be. *Cognition, 13*, 263-308.

Aronson, E. 1980. *The social animal*. San Francisco: W. H. Freeman.

Asimov, I. 1950. *I, robot*. New York: Bantam Books.

Asimov, I., & Shulman, J. A. (Eds.) 1986. *Isaac Asimov's book of science and nature quotations*. New York: Weidenfeld & Nicolson.

Atran, S. 1990. *The cognitive foundations of natural history*. New York: Cambridge University Press.

Atran, S. 1995. Causal constraints on categories and categorical constraints on biological reasoning across cultures. In Sperber, Premack, & Premack, 1995.

Attardo, S. 1994. *Linguistic theories of humor*. New York: Mouton de Gruyter.

Attneave, F. 1968. Triangles as ambiguous figures. *American Journal of Psychology, 81*, 447-453.

Attneave, F. 1972. Representation of physical space. In A. W. Melton & E. J Martin (Eds.), *Processes in human memory*. Washington, D.C.: V. H. Winston.

Attneave, F. 1981. Three approaches to perceptual organization: Comments on views of Hochberg, Shepard, & Shaw. In Kubovy & Pomerantz, 1981.

Attneave, F. 1982. Prägnanz and soap bubble systems: A theoretical exploration. In Beck, 1982.

Axelrod, R. 1984. *The evolution of cooperation*. New York: Basic Books.

Axelrod, R., & Hamilton, W. D. 1981. The evolution of cooperation. *Science, 211*, 1390-1396.

Baars, B. 1988. *A cognitive theory of consciousness*. New York: Cambridge University Press.

Baddeley, A. D. 1986. *Working memory*. New York: Oxford University Press.

Baillargeon, R. 1995. Physical reasoning in infancy. In Gazzaniga, 1995.

Baillargeon, R., Kotovsky, L., & Needham, A. 1995. The acquisition of physical knowledge in infancy. In Sperber, Premack, & Premack, 1995.

Baker, R. R., & Bellis, M. A. 1996. *Sperm competition: Copulation, masturbation, and infidelity*. London: Chapman & Hall.

Barkow, J. H. 1992. Beneath new culture is old psychology: Gossip and social stratification. In Barkow, Cosmides, & Tooby, 1992.

Barkow, J. H., Cosmides, L., & Tooby, J. (Eds.) 1992. *The adapted mind: Evolutionary psychology and the*

        generation of culture. New York: Oxford University Press.
Baron-Cohen, S., 1995. *Mindblindness: An essay on autism and theory of mind*. Cambridge, Mass.: MIT Press.
Baron-Cohen, S., Leslie, A. M., & Frith, U. 1985. Does the autistic child have a theory of mind? *Cognition, 21*, 37-46.
Bates, E., & MacWhinney, B. 1982. Functionalist approaches to grammar. In E. Wanner & L. R. Gleitman (Eds.), *Language acquisition: The state of the arts*. New York: Cambridge University Press.
Bates, E., & MacWhinney, B. 1992. Welcome to functionalism. In Pinker & Bloom, 1990.
Baumeister, R. F., & Tice, D. M. 1984. Role of self-presentation and choice in cognitive dissonance under forced compliance: Necessary or sufficient causes? *Journal of Personality and Social Psychology, 46*, 5-13.
Beck, J. (Ed.) 1982. *Organization and representation in perception*. Hillsdale, N.J.: Erlbaum.
Behrmann, M., Winocur, G., & Moscovitch, M. 1992. Dissociation between mental imagery and object recognition in a brain-damaged patient. *Nature, 359*, 636-637.
Belew, R. K. 1990. Evolution, learning, and culture: Computational metaphors for adaptive algorithms. *Complex Systems, 4*, 11-49.
Belew, R. K., McInerney, J., & Schraudolph, N. N. 1990. Evolving networks: Using the genetic algorithm with connectionist learning. In *Proceedings of the Second Artificial Life Conference*. Reading, Mass.: Addison-Wesley.
Bell, Q. 1992. *On human finery*. London: Allison & Busby.
Berg, G. 1991. Learning recursive phrase structure: Combining the strengths of PDP and X-bar syntax. *Proceedings of the International Joint Conferenc on Artificial Intelligence Workshop on Natural Language Learning*.
Berkeley, G. 1713/1929. Three dialogues between Hylas and Philonous. In M. W. Calkins (Ed.), *Berkeley Selections*. New York: Scribner's.
Berlin, B., Breedlove, D., & Raven, P. 1973. General principles of classification and nomenclature in folk biology. *American Anthropologist, 87*, 298-315.
Bernstein, L. 1976. *The unanswered question: Six talks at Harvard*. Cambridge, Mass.: Harvard University Press.
Berra, T. M. 1990. *Evolution and the myth of creationism*. Stanford, Calif.: Stanford University Press.
Bettelheim, B. 1959. Joey: A mechanical boy. *Scientific American*, March. Reprinted in Atkinson, R. C. (Ed.), 1971, *Contemporary psychology*. San Francisco: Freeman.
Betzig, L. 1986. *Despotism and differencial reproduction*. Hawthrone, N.Y.: Aldine de Gruyter.
Betzig, L. 1992. Medival monogamy. In S. Mithen & H. Maschner (Eds.), *Darwinian approaches to the past*. New York: Plenum.

Betzig, L., Borgerhoff Mulder, M., & Turke, P.(Eds.) 1988. *Human reproductive behavior: A Darwinian perspective.* New York: Cambridge University Press.

Biederman, I. 1995. Visual object recognition. In Kosslyn & Osherson, 1995.

Birch, E. E. 1993. Stereopsis in infants and its developmental relation to visual acuity. In Simons, 1993.

Bisiach, E., & Luzzatti, C. 1978. Unilateral neglect of representational space. *Cortex, 14,* 129-133.

Bisson, T. 1991. They're made out of meat. From a series of stories entitled "Alien/Nation.": *Omni,* April.

Bizzi, E., & Mussa-Ivaldi, F. A. 1990. Muscle properties and the control of arm movements. In Osherson, Kosslyn, & Hollerbach, 1990.

Block, N. 1978. Troubles with functionalism. In C. W. Savage (Ed.), *Perception and cognition: Issues in the foundations of psychology. Minnesota Studies in the Philosophy of Science,* Vol.9. Minneapolis: University of Minnesota.

Bolck N. (Ed.) 1981. *Imagery.* Cambridge, Mass.: MIT Press.

Block, N. 1986. Advertisement for a semantics for psychology. In P. Rench, T. Uehling, Jr., & H. Wettstein (Eds.) *Midwest Studies in Philosophy,* Vol 10. Minneapolis: University of Minnesota Press.

Block, N., & Commentators. 1995. On a confusion about a function of consciousness. *Behavioral and Brain Sciences, 18,* 227-287.

Bloom, P. 1996a. Possible individuals in language and cognition. *Current Directions in Psychological Science, 5,* 90-94.

Bloom, P. 1966b. Intention, history, and artifact concepts. *Cognition, 60,* 1-29.

Bobick, A. 1987. *Natural object categorization.* MIT Artificial Intelligence Laboratory Technical Report 1001.

Bonatti, L. 1995. Why should we abandon the mental logic hypothesis? *Cognition, 50,* 109-131.

Boring, E. G. 1952. The Gibsonian visual field. *Psychological Review, 59,* 246-247.

Bouchard, T. J., Jr. 1994. Genes, environment, and personality. *Science, 264,* 1700-1701.

Bouchard, T. J., Jr., Lykken, D. T., McGue, M., Segal, N. L., & Tellegen, A. 1990. Sources of human psychological differences: The Minnesota Study of Twins Reared Apart. *Science, 250,* 223-228.

Boulton, M. J., & Smith, P. K. 1992. The social nature of play fighting and play chasing: Mechanisms and strategies underlying cooperation and compromise. In Barkow, Cosmides, & Tooby, 1992.

Bowerman, M. 1983. Hidden meanings: The role of covert conceptual structures in children's development of language. In D. R. Rogers and J. A. Sloboda, (Eds.), *The acquisition of symbolic skills.* New York: Plenum.

Boyd, R., & Richerson, P. 1985. *Culture and the evolutionary process.* Chicago: University of Chicago Press.

Boyd, R., & Silk, J. R. 1996. *How humans evolved.* New York: Norton.

Boyer, P. 1994a. *The naturalness of religious ideas.* Berkeley : University of California Press.

Boyer, P. 1994b. Cognitive constraints on cultural representations: Natural ontologies and religious ideas. In

Hirschfeld & Gelman, 1994a.

Brainard, D. H., & Wandell, B. A. 1986. Analysis of the retinex theory of color vision. *Journal of the Optical Society of America(A), 3*, 1651-1661.

Brainard, D. H., & Wandell, B. A. 1991. A bilinear model of the illuminant's effect on color appearance. In J. A. Movshon & M. S. Landy (Eds.), *Computational models of visual processing.* Cambridge, Mass.: MIT Press.

Braine, M. D. S. 1994. Mental logic and how to discover it. In Macnamara & Reyes, 1994.

Bregman, A. S. 1990. *Auditory scene analysis: The perceptual organization of sound.* Cambridge, Mass.: MIT Press.

Bregman, A. S., & Pinker, S. 1978. Auditory streaming and the building of timbre. *Canadian Journal of Psychology, 32*, 19-31.

Brickman, P., & Campbell, D. T. 1971. Hedonic relativism and planning the good society. In M. H. Appley (Ed.), *Adaptation-level theory: A symposium.* New York : Academic Press.

Brockman, J. 1994. *The Third culture: Beyond the scientific revolution.* New York: Simon & Schuster.

Bronowski, J. 1973. *The ascent of man.* Boston: Little, Brown.

Brooks, L. 1968. Spatial and verbal components in the act of recall. *Canadian Journal of Psychology, 22*, 349-368.

Brown, A. L. 1990. Domain-specific principles affect learning and transfer in children. *Cognitive Science, 14*, 107-133.

Brown, D. E. 1988. *Hierarchy, history, and human nature: The social origins of historical consciousness.* Tucson: University of Arizona Press.

Brown, D. E. 1991. *Human universals.* New York: McGraw-Hill.

Brown, R. 1985. *Social psychology: The second edition.* New York: Free Press.

Brown, R., & Kulik, J. 1977. Flashbulb memories. *Cognition, 5*, 73-99.

Brownmiller, S. 1975. *Against our will: Men, women, and rape.* New York: Fawcett Columbine.

Bruce, V. 1988. *Recognizing faces.* Hilsdale, N.J.: Erlbaum.

Bülthoff, H. H., & Edelman, S. 1992. Psychophysical support for a two-dimensional view interpolation theory of object recognition. *Proceedings of the National Academy of Science, 89*, 60-64.

Buss, D. M. 1992a. Mate preference mechanisms: Consequences for partner choice and intrasexual competition. In Barkow, Cosmides, & Tooby, 1992.

Buss, D. M. 1992b. Human prestige criteria. Unpublished manuscript, Department of Psychology, University of Texas, Austin.

Buss, D. M. 1994. *The evolution of desire.* New York: Basic Books.

Buss, D. M. 1995. Evolutionary psychology: A new paradigm for psychological science. *Psychological Inquiry,*

6, 1-30.

Buss, D. M., Larsen, R. J., & Westen, D. 1996. Sex differences in jealousy: Not gone, not forgotten, and not explained by alternative hypotheses. *Psychological Science, 7*, 373-375.

Buss, D. N., Shackelford, T.K., Kirkpatrick, L. A., Choe, J., Hasegawa, T., Hasegawa M., & Bennett, K. 1997. Jealousy and the nature of beliefs about infidelity: Tests of competing hypotheses about sex differences in the United States, Korea, and Japan. Unpublished manuscript, University of Texas, Austin.

Buunk, B. P., Angleitner, A., Oubaid, V., & Buss, D. M. 1996. Sex differences in jealousy in evolutionary and cultural perspective: Tests from the Netherlands, Germany, and the United States. *Psychological Science, 7*, 359-363.

Byrne, R. W., & Whiten, A. 1988. *Machiavellian intelligence*. New York: Oxford University Press.

Cain, A. J. 1964. The perfection of animals. In J. D. McCarthy & C. L. Duddington (Eds.), *Viewpoints in Biology*, Vol 3. London: Butterworth.

Cairns, J., Overbaugh, J., & Miller, S. 1988. The Origin of mutants, *Nature, 335*, 142-146.

Campbell, D. T. 1975. On the conflicts between biological and social evolution and between psychology and moral tradition. *American Psychologist, 30*, 1103-1126.

Carey, S. 1985. *Conceptual change in childhood*. Cambridge, Mass.: MIT Press.

Carey, S. 1986. Cognitive science and science education. *American Psychologist, 41*, 1123-1130.

Carey, S. 1995. On the orgin of casual understanding. In Sperber, Premack, & Premack, 1995.

Carey, S., & Spelke, E. 1994. Domain-specific knowledge and conceptual change. In Hirschfeld & Gelman, 1994a.

Carroll, J. 1995. *Evolution and literary theory*. Columbia: University of Missouri Press.

Carroll, L. 1895/1956. What the tortoise said to Achilles and other riddles. In J. R. Newman (Ed.), 1956. *The world of mathematics*, Vol. 4. New York: Simon & Schuster.

Carroll, L. 1896/1977. Symbolic logic. In W.W. Bartley (Ed.), 1977. *Lewis Carroll's Symbolic Logic*. New York: Clarkson Potter.

Cashdan, E. 1989. Hunters and gatherers: Economic behavior in bands. In S. Plattner (Ed.), *Economic anthropology*. Stanford, Calif.: Stanford University Press.

Cashdan, E. 1994. A sensitive period for learning about food. *Human Nature, 5*, 279-291.

Cavalli-Sforza, L. L., Menozzi, P., & Piazza, A. 1993. Demic expansions and human evolution. *Science, 259*, 639-646.

Cavalli-Sforza, L. L., & Feldman, M. W. 1981. *Cultural transmission and evolution: A quantiative approach*. Princeton, N.J.: Princeton University Press.

Cave, K. R., Pinker, S., Giorgi, L., Thomas, C., Heller, L., Wolfe, J. M & Lin, H. 1994. The representation of location in visual images. *Cognitive Psychology, 26,* 1-32.

Cerf, C., & Navasky, V. 1984. *The exprerts speak.* New York: Pantheon.

Chagnon, N. A. 1988. Life histories, blood revenge, and warfare in a tribal population. *Science, 239,* 985-992.

Chagnon, N. A. 1992. *Yanomamö: The last days of Eden.* New York: Harcourt Brace.

Chagnon, N. A. 1996. Chronic problems in understanding tribal violence and warfare. In G. Bock & J. Goode (Eds.), *The genetics of criminal and antisocial behavior.* New York: Wiley.

Chalmers, D. J. 1990. Synatactic transformations on distributed representations. *Connection Sceince, 2,* 53-62.

Chambers, D., & Reisberg, D. 1985. Can mental images be ambiguous? *Journal of Experimental Psychology: Human Perception and Performance, 11,* 317-328.

Changeux, J. -P., & Chavaillon, J. (Eds.) 1995. *Orgins of the human brain.* New York: Oxford University Press.

Chapman, A. J., & Foot, H. C. (Eds.) 1977. *It's a funny thing, humor.* New York: Pergamon Press.

Chase, W. G., & Simon, H. A. 1973. Perception in chess. *Cognitive Psychology, 4,* 55-81.

Cheney, D., & Seyfarth, R. M. 1990. *How monkeys see the world.* Chicago: University of Chicago Press.

Cheng, P., & Holyoak, K. 1985. Pragmatic reasoning schemas. *Cognitive Psychology, 17,* 391-416.

Cherniak, C. 1983. Rationality and the structure of memory. *Synthèse, 53,* 163-186.

Chomsky, N. 1959. A review of B. F Skinner's "Verbal behavior." *Language, 35,* 26-58.

Chomsky, N. 1975. *Reflections on language.* New York: Pantheon.

Chomsky, N. 1988. *Language and problems of knowledge: The Managua lectures.* Cambridge, Mass.: MIT Press.

Chomsky, N. 1991. Linguistics and cognitive science: Problems and mysteries. In A. Kasher (Ed.), *The Chomskyan turn.* Cambridge, Mass.: Blackwell.

Chomsky, N. 1992. Explaining language use. *Philosophical Topics, 20,* 205-231.

Chomsky, N. 1993. *Language and thought.* Wakefield, R. I., and London: Moyer Bell.

Christopher, T. 1995. In defense of the embattled American lawn. *New York Times,* July 23, The Week in Review, p. 3.

Churchland, P., & Churchland, P. S. 1994. Could a machine think? In Dietrich, 1994.

Churchland, P. S., & Sejnowski, T. J. 1992. *The computational brain.* Cambridge, Mass.: MIT Press.

Clark, R. D., & Hatfield, E. 1989. Gender differences in receptivity to sexual offers. *Journal of Psychology and Human Sexuality, 2,* 39-55.

Clynes, M., & Walker, J. 1982. Neurobiological functions of rhythm, time, and pulse in music. In M. Clynes (Ed.), *Music, mind, and brain: The neuropsychology of music.* New York: Plenum.

Cole, M., Gay, J., Glick, J., & Sharp, D. W. 1971. *The cultural context of learning and thinking.* New York: Basic Books.

Cooke, D. 1959. *The language of music*. New York: Oxford University Press.

Cooper, L. A., & Shepard, R. N. 1973. Chronometric studies of rotation of mental images. In W. G. Chase (Ed.), *Visual imformation precessing*. New York: Academic Press.

Coppens, Y. 1995. Brain, locomotion, diet, and culture: How a primate, by chance, became a man. In Changeux & Chavaillon, 1995.

Corballis, M. C. 1988. Recognition of disoriented shapes. *Psychological Review, 95*, 115-123.

Corballis, M. C., & Beale, I. L. 1976. *The psychology of left and right*. Hillsdale. N.J.: Erlbaum.

Cormack, L. K., Stevenson, S. B., & Schor, C. M. 1993. Disparity-tuned channels of the human visual system. *Visual Neuroscience, 10*, 585-596.

Cosmides, L. 1985, Deduction or Darwinian algorithms? An explanation of the "elusive" content effect on the Wason selection task. Ph. D. dissertation, Department of Psychology, Harvard University.

Cosmides, L. 1989. The logic of social exchange: Has natural selection shaped how humans reason? Studies with the Wason selection task. *Cognition, 31*, 187-276.

Cosmides, L., & Tooby, J. 1981. Cytoplasmic inheritance and intragenomic conflict. *Journal of Theoretical Biology, 89*, 83-129.

Cosmides, L., & Tooby, J. 1992. Cognitive adaptations for social exchange. In Barkow, Cosmides, & Tooby, 1992.

Cosmides, L., & Tooby, J. 1994. Beyond intuition and instinct blindness: Toward an evolutionarily rigorous cognitive sceince. *Cognition, 50*, 41-77.

Cosmides, L., & Tooby, J. 1996. Are humans good intuitive statisticians after all? Rethinking some conclusions from the literature on judgement under uncertainty. *Cognition, 58*, 1-73.

Cosmides, L., Tooby, J., & Barkow, J. 1992. Environmental aesthetics. In Barkow, Cosmides, & Tooby, 1992.

Cramer, K. S., & Sur, M. 1995. Activity-dependent remodeling of connections in the mammalian visual system. *Current Opinion in Neurobiology, 5*, 106-111.

Craver-Lemley, C., & Reeves, A. 1992. How visual imagery interferes with vision. *Psychological Review, 98*, 633-649.

Crevier, D. 1993, *AI: The tumultuous history of the search for artificial intelligence*. New York: Basic Books.

Crick, F. 1994. *The astonishing hypothesis: The scientific search for the soul*. New York: Simon & Schuster.

Crick, F., & Koch, C. 1995. Are we aware of neural activity in primary visual cortex? *Nature, 375*, 121-123.

Cronin, H. 1992. *The ant and the peacock*. New York: Cambridge University Press.

Cummins, R. 1984. Functional analysis. In Sober, 1984a.

Daly, M. 1982. Some caveats about cultural transmission models. *Human Ecology, 10*, 401-408.

Daly, M., & Wilson, M. 1988. *Homicide*. Hawthorne. N.Y.: Aldine de Gruyter.

Daly, M., & Wilson, M. 1994. Evolutinary psychology of male violence. In J. Archer (Ed.), *Male violence*.

London: Routledge.

Daly, M., & Wilson, M. 1995. Discriminative parental solicitude and the relevance of evolutionary models to the analysis of motivational systems. In Gazzaniga, 1995.

Daly, M., Salmon, C., & Wilson, M. In press. Kinship: The conceptual hole in psychological studies of social cognition and close relationships. In D. Kenrick & J. Simpson (Eds.), *Evolutionary social psychology*. Hillsdale, N.J.: Erlbaum.

Damasio, A. R. 1994. *Descartes' error: Emotion, reason, and the human brain*. New York: Putnam.

Darwin, C. 1859/1964. *On the origin of species*. Cambridge, Mass.: Harvard University Press.

Darwin, C. 1872/1965. *The expression of the emotions in man and animals*. Chicago: University of Chicago Press.

Darwin, D. 1874. *The descent of man, and selection in relation to sex*. 2d ed. New York: Hurst & Company.

Davey, G. C. L., & commentators. 1995. Preparedness and phobias: Specific evolved associations or a generalized expectancy bias? *Behavioral and Brain Science, 18*, 289-325.

Davies, P. 1995. *Are we alone? Implications of the discovery of extraterrestrial life*. New York; Basic.

Dawkins, R. 1976/1989. *The selfish gene*. New edition. New York: Oxford University Press.

Dawkins, R. 1982. *The extended phenotype*. New York; Oxford University Press.

Dawkins, R. 1983. Universal Dawinism. In D. S. Bendall (Ed.), *Evoution from molecules to man*. New York: Cambridge University Press.

Dawkins, R. 1986. *The blind watchmaker: Why the evidence of evolution reveals a universe without design*. New York: Norton.

Dawkins, R. 1995. *River out of Eden: A Darwinian view of life*. New York: Basic Books.

de Jong, G. F., & Mooney, R. J. 1986. Explanation-based learning: An alternative view. *Machine Learning, 1*, 145-176.

Deacon, T. 1992a. Primate brains and senses. In Jones, Martin, & Pilbeam.

Deacon, T. 1992b. The human brain. In Jones, Martin, & Pilbeam.

Dehaene, S. (Ed.) 1992. *Numerical cognition*. Special issue of *Cognition, 44*. Reprinted, Cambridge, Mass.: Blackwell.

Denfeld, R. 1995. *The new Victorians: A young woman's challenge to the old feminist order*. New York: Warner Books.

Denis, M., Engelkamp, J., & Richardson, J. T. E. (Eds.) 1988. *Cognitive and neuropsychological approaches to mental imagery*. Amsterdam, Netherlands: Martinus Nijhoff.

Dennett, D. C. 1978a. *Brainstorms: Philosophical essays on mind and psychology*. Cambridge, Mass.: Bradford Books/MIT Press.

Dennett, D. C. 1978b. Intentional systems. In Dennett, 1978a.

Dennett, D. C. 1978c. Skinner skinned. In Dennett, 1978a.

Dennett, D. C. 1978d. Artificial intelligence as philosophy and as psychology. In Dennett, 1978a.

Dennett, D. C. 1984. *Elbow room: The varieties of free will worth wanting.* Cambridge, Mass.: MIT Press.

Dennett, D. C. 1987. Cognitive wheels: The frame problem of AI. In Pylyshyn, 1987.

Dennett, D. C. 1990. The interpretation of texts, people, and other artifacts. *Philosophy and Phenomenological Research, 50,* 177-194.

Dennett, D. C. 1991. *Consciousness explained.* Boston: Little, Brown.

Dennett, D. C. 1995. *Darwin's dangerous idea: Evolution and meaning of life.* New York: Simon & Schuster.

Dershowitz, A. M. 1994. *The abuse excuse.* Boston: Little, Brown.

DeSteno, D. A., & Salovey, P. 1996. Evolutionary orgins of sex differences in jealousy? Questioning the "fitness" of the model. *Psychological Science, 7,* 367-372, 376-377.

Diamond, J. 1992. *The third chimpanzee: The evolution and future of the human animal.* New York: HarperCollins.

Dickinson, S.J., Pentland, A. P., & Rosenfeld, A. 1992. 3-D shape recovery using distributed aspect matching. *IEEE Transactions on Pattern Analysis and Machine Intelligence, 14,* 174-198.

Dietrich, E. (Ed.) 1994. *Thinking computers and virtual persons: Essays on the internationality of machines.* Boston: Academic Press.

Dobash, R. P., Dobash, R. E., Wilson, M., & Daly, M. 1992. The myth of sexual symmetry in marital violence. *Social Problems, 39,* 71-91.

Drake, F. 1993. Extraterrestrial intelligence (letter). *Science, 260,* 474-475.

Dreske, F. I. 1981. *Knowledge and the flow of information.* Cambridge, Mass.: MIT Press.

Dreyfus, H. 1979. *What computers cann't do.* 2d ed. New York: Harper & Row.

Dunbar, R. I. M. 1992. Primate social organization: Mating and parental care. In Jones, Martin, & Pilbeam, 1992.

Duncan, J. 1995. Attention, intelligence, and the frontal lobes. In Gazzaniga, 1995.

Dunphy, D. 1963. The social structure of early adolescent peer groups. *Sociometry, 26,* 230-246.

Durham, W. H. 1982. Interactions of genetic and cultural evolution: Models and examples. *Human Ecology, 10,* 299-334.

Eagly, A. H. 1995. The science and politics of comparing women and men. *American Psychologist, 50,* 145-158.

Eibl-Eibesfeldt, I. 1989. *Human ethology.* Hawthrone, N.Y.: Aldine de Gruyter.

Ekman, P. 1987. A life's pursuit. In T. A. Sebeok & J. Umiker-Sebeok (Eds.), 1987, *The semiotic web 86: An international yearbook.* Berlin: Mouton de Gruyter.

Ekman, P. 1993. Facial expression and emotion. *American Psychologist, 48,* 384-392.

Ekman, P. 1994. Strong evidence for universals in facial expression: A reply to Russell's mistaken critique. *Psychological Bulletin, 115*, 268-287.

Ekman, P., & Davidson, R. J. (Eds.) 1994. *The nature of emotion*. New York: Oxford University Press.

Ekman, P., & Friesen, W. V. 1975. *Unmasking the face*. Englewood Cliffs, N.J.: Prentice-Hall.

Ellis, B. J. 1992. The evolution of sexual attraction: Evaluative mechanisms in women. In Barkow, Cosmides, & Tooby, 1992.

Elman, J. L. 1990. Finding structure in time. *Cognitive Science, 14*, 179-211.

Endler, J. A. 1986. *Natural selection in the wild*. Princeton, N.J.: Princeton University Press.

Epstein, D. 1994. *Shaping time: Music, the brain, and performance*. New York: Schirmer.

Etcoff, N. L. 1986. The neuropsychology of emotional expression. In G. Goldstein & R. E. Tarter (Eds.), *Advances in Clinical Neuropsychology*, Vol 3. New York: Plenum.

Etcoff, N. L. 1998. *Beauty*. New York: Doubleday.

Etcoff, N. L., Freeman, R., & Cave, K. R. 1991. Can we lose memories of faces? Content specificity and awareness in prosopagnosic. *Journal of Cognitive Neuroscience, 3*, 25-41.

Eyer, D. 1996. *Motherguilt: How our culture blames mothers for what's wrong with society*. New York: Times Books.

Farah, M. J. 1989. Mechanisms of imagery-perception interaction. *Journal of Experimantal Psychology: Human Perception and Performance, 15*, 203-211.

Farah, M. J. 1990. *Visual agnosia*. Cambridge, Mass.: MIT Press.

Farah, M. J. 1995. Dissociable systems for recognition: A cognitive neuropsychology approach. In Kosslyn & Osterson, 1995.

Farah, M, J., Soso, M. J., Dasheiff, R. M. 1992. Visual angle of the mind's eye before and after unilateral occipital lobectomy. *Journal of Experimental Psychology : Human Perception and Performance, 18*, 241-246.

Fahling, M. R., Baars, B.J., & Fisher, C. 1990. A functional role for repression in an autonomous, resource-constrained agent, *Proceedings of the Twelfth Annual Meeting of the Cognitive Science Society*. Hillsdale, N.J.: Erlbaum.

Feldman, J., & Ballard, D. 1982. Connectionist models and their properties. *Cognitive Science, 6*, 205-254.

Fernald, A. 1992. Human maternal vocalizations to infants as biologically relevant signals: An evolutionary perspective. In Barkow, Cosmides, & Tooby.

Festinger, L, 1957. *A theory of cognitive dissonance*. Stanford, Calif: Stanford University Press.

Fiedler, K. 1988. The dependence of the conjunction fallacy on subtle linguistic factors. *Psychological Research, 50*, 123-129.

Field, H. 1977. Logic, meaning and conceptual role. *Journal of Philoshphy. 69*, 379-408.

Finke, R. A. 1989. *Principles of mental imagery*. Cambridge, Mass.: MIT Press.

Finke, R. A. 1990. Creative imagery: Discoveries and invetions in visualization. Hillsdale, N.J.: Erlbaum.

Finke, R. A., Pinker, S., & Farah, M. J. 1989. Reinterpreting visual patterns in mental imagery. *Cognitive Science, 13*, 51-78.

Fischman, J. 1994. Putting our oldest ancestors in their proper place. *Science, 265*, 2011-2012.

Fisher, H. E. 1992. *Anatomy of love: The natural history of monogamy, adultery, and divorce*. New York: Norton.

Fiske, A. P. 1992. The four elementary forms of sociality: Framework for a unified theory of social relations. *Psychological Review, 99*, 689-723.

Fodor, J. A. 1968a. *Psychological explanation: An introduction to the philosophy of psychology*. New York: Random House, 1968.

Fodor, J. A. 1968b. The appeal to tacit knowledge in psychological explanation. *Journal of Philosophy, 65*, 627-640.

Fodor, J. A. 1975. *The language of thought*. New York: Crowell.

Fodor, J. A. 1981. The present status of the innateness covtroversy. In J. A. Fodor, *RePresentations*. Cambridge, Mass.: MIT Press.

Fodor, J. A. 1983. *The modularity of mind*. Cambridge, Mass.: MIT Press.

Fodor, J. A., & commentators. 1985. Précis and multiple book review of "The modularity of mind" *Behavioral and Brain Sciences, 8*, 1-42.

Fodor, J. A. 1986. Why paramecia don't have mental representations. In P. Rench, T. Uehling, Jr, & H. Wettstein (Eds.), *Midwest studies in Philosophy*, Vol. 10. Minneapolis: University of Minnesota Press.

Fodor, J. A. 1994. *The elm and the expert: Mentalese and its semantics*. Cambridge, Mass.: MIT Press.

Fodor, J. A., & McClaughlin, B. 1990. Connectionism and the problem of systematicity: Why Smolensky's solution doesn't work. *Cognition, 35*, 183-204.

Fodor, J. A., & Pylyshyn, Z. 1988. Connectionism and cognitive architecture: a critical analysis. *Cognition, 28*, 3-71. Reprinted in Pinker & Mehler, 1988.

Fox, R. 1984. *Kinship and marriage: An anthropological perspective*. New York; Cambridge University Press.

Frank, R. H. 1985. *Choosing the right pond: Human behavior and the quest for status*. New York: Oxford University Press.

Frank. R. H. 1988. *Passions within reason: The strategic role of the emotions*. New York: Norton.

Freeman, D. 1983. *Margaret Mead and Samoa: The making and unmaking of an anthropological myth*. Cambridge, Mass.: Harvard University Press.

Freeman, D. 1992. Paradigms in collision. *Academic Questions, 5*, 23-33.

Freeman, R. D., & Ohzawa, I. 1992. Development of binocular vision in the kitten's striate cortex. *Journal of Neuroscience, 12,* 4721-4736.

French, M. 1994. *Invention and evolution: Design in nature and engineering.* 2d ed. New York: Cambridge University Press.

French, R. E. 1987. *The geometry of vision and the mind-body problem.* New York: Peter Lang.

Freyd, J. J., & Finke, R. A. 1984. Facilitation of length discrimination using real and imagined context frames. *American Journal of Psychology, 97,* 323-341.

Fridlund, A. 1991. Evolution and facial action in reflex, social motive, and paralanguage. *Biological Psychology, 32,* 3-100.

Fridlund, A. 1992. Darwin's anti-Darwinism in "The expression of the emotions in man and animals." In K. T. Strongman (Ed.), *International Review of Studies of Emotion,* Vol. 2. New York: Wiley.

Fridlund, A. 1995. *Human facial expression: An evolutionary view.* New York: Academic Press.

Frieze, I. H., Olson, J. E., & Good, D. C. 1990. Perceived and actual discrimination in the salaries of male and female managers. *Journal of Applied Social Psychology 20,* 46-67.

Frith, U. 1995. Autism: Beyond "theory of mind." *Cognition, 50,* 13-30.

Funt, B. V. 1980. Problem-solving with diagrammatic representations. *Artificial Intelligence, 13,* 210-230.

Gallistel, C. R. 1990. *The organization of learning.* Cambridge, Mass.: MIT Press.

Gallistel, C. R. 1995. The replacement of general-purpose theories with adaptive specializations. In Gazzaniga, 1995.

Gallup, G. G., Jr. 1991. Toward a comparative psychology of self-awareness: Species limitations and cognitive consequences. In G. R. Goethals & J. Strauss (Eds.), *The self: An interdisciplinary approach.* New York: Springer-Verlag.

Gardner, H. 1985. *The mind's new science: A history of the cognitive revolution.* New York: Basic Books.

Gardner, M. 1989. Illusions of the third dimension. In M. Gardner, *Gardner's whys and wherefores.* Chicago: University of Chicago Press.

Gardner, M. 1990. *The new ambidextrous universe.* New York: W. H. Freeman.

Gardner, M. 1991. Flatlands. In M. Gardner, *The unexpected hanging and other mathematical diversions.* Chicago: University of Chicago Press.

Gaulin, S. J. C. 1995. Does evolutionary theory predict sex differences in the brain? In Gazzaniga, 1995.

Gazzaniga, M. S. 1992. *Nature's mind: The biological roots of thinking, emotion, sexuality, language, and intelligence.* New York: Basic Books.

Gazzaniga, M. S. (Ed.) 1995. *The cognitive neurosciences.* Cambridge, Mass.: MIT Press.

Geary, D. C. 1994. *Children's mathematical development.* Washington, D.C.: American Psychological Association.

Geary, D. C. 1995. Reflections on evolution and culture in children's cognition. *American Psychologist, 50*, 24-37.

Gell-Mann, M. 1994. *The quark and the jaguar: Adventures in the simple and the complex*. New York: W. H. Freeman.

Gelman, R., Durgin, F., & Kaufman, L. 1995. Distinguishing between animates and inanimates: Not by motion alone. In Sperber, Premack, & Premack, 1995.

Gelman, R., & Gallistel, C. R. 1978. *The Child's understanding of number*. Cambridge, Mass.: Harvard University Press.

Gelman, S. A., Coley, J. D., & Gottfried, G. M. 1994. Essentialist beliefs in children: The acquisition of concepts and theories. In Hirschfeld & Gelman, 1994a.

Gelman, S. A., & Markman, E. 1987. Young children's inductions from natural kinds: The role of categories and appearances. *Child Development, 58*, 1532-1540

Gergely, G., Nádasdy, Z., Csibra, G., & Bíró, S. 1995. Taking the intentional stance at 12 months of age. *Cognition, 56*, 165-193.

Gibbons, A. 1994. African origins theory goes nuclear. *Sciecne, 264*, 350-351.

Gibbons, A. 1995a. Out of Africa—at last? *Science, 267*, 1272-1273.

Gibbons, A. 1995b. The mystery of humanity's missing mutations. *Science, 267*, 35-36.

Gibbons, A. 1995c. Pleistocene population explosions. *Science, 267*, 27-28.

Gibson, J. J. 1950. *The perception of the visual world*. Boston: Houghton Mifflin.

Gibson, J. J. 1952. The visual field and the visual world: A reply to Professor Boring. *Psychological Review, 59*, 149-151.

Gigerenzer, G. 1991. How to make cognitive illusions disappear: Beyond heuristics and biases. *European Review of Social Psychology, 2*, 83-115.

Gigerenzer, G. 1996a. On narrow norms and vague heuristics: A repley to Kahnman and Tversky 1996. *Psychological Review, 103*, 592-596.

Gigerenzer, G. 1996b. The psychology of good judgement: Frequency formats and simple algorithms. *Journal of Medical Decision Making, 16*, 273-280.

Gigerenzer, G. 1997. Ecological intelligence: An adaptation for frequencies. In D. Cummins & C. Allen (Eds.), *The evolution of mind*. New York: Oxford University Press.

Gierenzer, G., & Hoffrage, U. 1995. How to improve Bayesian reasoning without instruction: Frequency formats. *Psychological Review, 102*, 684-704.

Gigerenzer, G., Hug, K. 1992. Domain specific reasoning: Social contracts, cheating and perspective change. *Cognition, 43*, 127-171.

Gigerenzer, G., & Murray, D. J. 1987. *Cognition as intuitive statistics*. Hillsdale, N.J.: Erlbaum.

Gigerenzer, G., Swijtink, Z., Porter, T., Daston, L., Beatty, J., & Krüger, L. 1989. *The empire of chance: How probablility changed science and everyday life*. New York: Cambridge University Press.

Giles, C. L., Sun, G. Z., Chen, H. H., Lee, Y. C., & Chen, D. 1990. Higher order recurrent networks and grammatical inference. In D. S Touretzky (Ed.), A*dvances in Neural Information Processing Systems, 2*. San Mateo, Calif.: Morgan Kaufmann.

Gilovich, T. 1991. *How we know what isn't so: The fallibility of human reason in everyday life*. New York: Free Press.

Glander, K. E. 1992. Selecting and processing food. In Jones, Martin, & Pilbeam, 1992.

Glasgow, J., & Papadias, D. 1992. Computational imagery. *Cognitive Science, 16*, 355-394.

Gombrich, E. 1960. *Art and illusion: A study in the psychology of pictorial representation*. Princeton, N.J.: Princeton University Press.

Good, I. J. 1995. When batterer turns murderer. *Nature, 375*, 541.

Goodman, N. 1976. *Languages of art: An approach to theory of symbols*. Indianapolis: Hackett.

Gopnik, A. 1993. Mindblindness. Unpublished manuscript, University of Califonia, Berkeley.

Gopnik, A., & Wellman, H. M. 1994. The theory theory. In Hirschfeld & Gelman, 1994a.

Gordon, M. 1996. What makes a woman a woman? (Review of E. Fox-Genovese's "Feminism is not the story of my life.") *New York Times Book Review*, January 14, p. 9.

Gould, J. L. 1982. *Ethology*. New York: Norton.

Gould, S. J., & Vrba, E. 1981. Exaptation: A missing term in the science of form. *Paleobiology, 8*, 4-15.

Gould, S. J. 1980a. *The panda's thumb*. New York: Norton.

Gould, S. J. 1980b. Caring groups and selfish genes. In Gould, 1980a.

Gould, S. J. 1980c. Natural selection and the human brain: Darwin *vs*. Wallace. In Gould, 1980a.

Gould, S. J. 1980d. A biological homage to Mickey Mouse. In Gould, 1980a.

Gould, S. J. 1983a. *Hen's teeth and horses' toes*. New York: Norton.

Gould, S. J. 1983b. What happens to bodies if genes act for themselves? In Gould, 1983a.

Gould, S. J. 1983c. What, if anything, is a zebra? In Gould, 1983a.

Gould, S. J. 1987. *An urchin in the storm: Essays about books and ideas*. New York: Norton.

Gould, S. J. 1989. *Wonderful life: The Burgess Shale and the nature of history*. New York: Norton.

Gould, S. J. 1992. The confusion over evolution. *New York Review of Books*, November 19.

Gould, S. J. 1993. *Eight little piggies*. New York: Norton.

Gould, S. J. 1996. *Full house: The spread of excellence from Plato to Darwin*. New York: Harmony Books.

Gould, S. J., & Lewontin, R. C. 1979. The spandrels of San Marco and the Panglossian program: A critique of the adaptationist programme. *Proceedings of the Royal Society of London, 205*, 281-288.

Greenwald, A. 1988. Self-knowledge and self-deception. In Lockard & Paulhaus, 1988.

Gregory, R. L. 1970. *The intelligent eye*. London: Weidenfeld & Nicolson.

Griffin, D. R. (Ed.) 1974. *Animal engineering*. San Francisco: W. H. Freeman.

Grossberg, S. (Ed.) 1988. *Neural networks and natural intelligence*. Cambridge, Mass.: MIT Press.

Gruber, J. 1965. Studies in lexical relations. Ph. D. dissertation, MIT. Reprinted, 1976, as *Lexical structure in syntax and semantics*. Amsterdam: North-Holland.

Gutin, J. 1995. Do Kenya tools root birth of modern thought in Africa? *Science, 270*, 1118-1119.

Hadley, R. F. 1994a. Systematicity in connectionist language learning. *Mind and Language, 9*, 247-272.

Hadley, R. F. 1994b. Systematicity revisited: Reply to Christiansen and Chater and Niklasson and Van Gelder. *Mind and Language, 9*, 431-444.

Hadley, R. F., & Hayward, M. 1994. Strong semantic systematicity from unsupervised connectionist learning. Technical Report CSS-IS TR94-02, School of Computing Science, Simon Fraser University, Burnaby, BC.

Haig, D. 1992. Genetic imprinting and the theory of parent-offspring conflict. *Developmental Biology, 3*, 153-160.

Haig, D. 1993. Genetic conflicts in human pregnancy. *Quarterly Review of Biology, 68*, 495-532.

Hamer, D., & Copeland, P. 1994. *The science of desire: The search for the gay gene and the biology of behavior*. New York: Simon & Schuster.

Hamilton, W. D. 1963. The evolution of altruistic behavior. *American Naturalist, 97*, 354-356. Reprinted in Hamilton, 1996.

Hamilton, W. D. 1964. The genetical evolution of social behaviour(I and II). *Journal of Theoretical Biology, 7*, 1-16; 17-52. Reprinted in Hamilton, 1996.

Hamilton, W. D 1996. *Narrow roads of gene land: The collected papers of W. D. Hamilton*, Vol. 1: *Evolution of social behavior*. New York: W. H. Freeman.

Hamilton, W.D., Axelrod, R., & Tanese, R. 1990. Sexual reproduction as an adaptation to resist parasites(a review). *Proceedings of the National Academy of Science, 87*, 3566-3573.

Harpending, H. 1994. Gene frequencies, DNA sequences, and human orgins. *Perspectives in Biology and Medicine, 37*, 384-395.

Harris, C. R., & Christenfeld, N. 1996. Gender, jealousy, and reason. *Psychological Science, 7*, 364-366, 378-379.

Harris, D. R. 1992. Human diet and subsistence, In Jones, Martin, & Pilbeam, 1992.

Harris, H. Y. 1995. Human nature and the nature and the nature of romantic love. Ph. D. dissertation, Department of Anthropology, University of California, Santa Barbara.

Harris, J. R. 1995. Where is the child's environment? A group socialization theory of development. *Psychological Review, 102*, 458-489.

Harris, M. 1985. *Good to eat: Riddles of food and culture.* New York: Simon & Schuster.

Harris, M. 1989. *Our kind: The evolution of human life and culture.* New York: HarperCollins.

Harris, P. L. 1994. Thinking by children and scientists: False analogies and neglected similarities. In Hirschfeld & Gelman, 1994a.

Hartung, J. 1992. Getting real about rape. *Behavioral and Brain Sciences, 15,* 390-392.

Hartung, J. 1995. Love thy neighbor: The evolution of in-group morality: *Skeptic, 3,* 86-100.

Hatano, G., & Inagaki, K. 1995. Young children's naive theory of biology. *Cognition, 50,* 153-170.

Hatfield, E., & Rapson, R. L 1993. *Love, sex, and intimacy: Their psychology, biology, and history.* New York: HarperCollins.

Haugeland, J. (Ed.) 1981a. *Mind design: Philosophy, psychology, artificial intelligence.* Cambridge, Mass.: Bradford Books/MIT Press.

Haugeland, J. 1981b. Semantic engines: An introduction to mind design. In Haugeland, 1981a.

Haugeland, J. 1981c. The nature and plausibility of cognitivism. In Haugeland, 1981a

Hauser, M. D. 1992. Costs of deception: Cheaters are punished in rhesus monkeys. *Proceedings of the National Academy of Science USA, 89,* 12137-12139.

Hauser, M. D. 1996. *The evolution of communication.* Cambridge, Mass.: MIT Press.

Hauser, M. D., Kralik, J., Botto-Mahan, C., Garrett, M., & Oser, J. 1995. Self-recognition in primates: Phylogeny and the salience of species-typical features. *Proceedings of the National Academy of Science USA, 92,* 10811-10814.

Hauser, M. D., MacNeilage, P., & Ware, M. 1996. Numerical representations in primates: Perceptual or arithmetic? *Proceedings of the National Academy of Sciences USA, 93,* 1514-1517.

Hebb, D. O. 1968. Concerning imagery. *Psychological Review, 75,* 466-477.

Heider, F., & Simmel, M. 1944. An experimental study of apparent behavior. *American Journal of Psychology, 57,* 243-259.

Held, R. 1993. Two stages in the development of binocular vision and eye alignment. In Simons, 1993.

Hendler, J. 1994. High-performance artificial intelligence. *Science, 265,* 891-892.

Herwig, R., & Gigerenzer, G. 1997. The "conjunction fallacy" revisited: How intelligent inferences look like reasoning errors. Unpublished manuscript, Max Planck Institute for Psychological Research, Munich.

Hess, R, H., Baker, C. L., & Zihl, J. 1989. The "motion-blind" patient: Low level spatial and temporal filters. *Journal of Neuroscience, 9,* 1628-1640.

Hill, K., & Kaplan, H. 1988. Tradeoffs in male and female reproductive strategies among the Ache (parts 1 and 2). In Betzig, Borgerhoff Mulder, & Turke, 1988.

Hillis, A. E., & Caramazza, A. 1991. Category-specific naming and comprehension impairment: A double dissociation. *Brain, 114*, 2081-2094.

Hinton, G. E. 1981. Implementing semantic networks in parallel hardware. In Hinton and Anderson, 1981.

Hinton, G. E., & Anderson, J. A. 1981. *Parallel models of associative memory*. Hillsdale, N.J.: Erlbaum.

Hinton, G. E., & Nowlan, S. J. 1987. How learning can guide evolution. *Complex systems, 1*, 495-502.

Hinton, G. E., & McClelland, J. L., & Rumelhart, D. E. 1986. Distirbuted representations. In Rumelhart, McClelland, & the PDP Research Group, 1986.

Hinton, G. E., & Parsons, L. M. 1981. Frames of reference and mental imagery. In J. Long & A. Baddeley(Eds.), *Attention and Performance IX*. Hillsdale, N.J.: Erlbaum.

Hirschfeld, L. A., & Gelman, S. A. (Eds.) 1994a. Mapping the mind: Domain Specificity in cognition and culture. New York: Cambridge University Press.

Hirschfeld, L. A., & Gelman, S. A 1994b. Toward a topography of mind: An introduction to domain specificity. In Hirschfeld & Gelman, 1994a.

Hirshleifer, J. 1987. On the emotions as guarantors of threats and promises. In J. Dupré (Ed.), *The latest on the best: Essays on evolution and optimality*. Cambridge, Mass.: MIT Press.

Hobbs, J. R. 1990. *Literature and cognition*. Stanford, Calif.: Center of the Study of Language and Information.

Hoffman, D. D. 1983. The interpretation of visual illusions. *Scientific American*, December.

Hoffman, D. D., & Richards, W. A. 1984. Parts of recognition. *Cognition, 18*, 65-96. Reprinted in Pinker, 1984b.

Hollerbach, J. M. 1990. Planning of arm movements. In Osherson, Kosslyn, & Hollerbach, 1990.

Holloway, R. L. 1995. Toward a synthetic theory of human brain evolution. In Changeux & Chavaillon, 1995.

Horgan, J. 1993. Eugenics revisited. *Scientific American*, June.

Horgan, J. 1995a. The new Social Darwinists. *Scientific American*, October.

Horgan, J. 1995b. A theory of almost everything (Review of books by J. Holland, S. Kauffman, P. Davies, P. Coveney, and R. Highfield). *New York Times Book Review*, October 1, pp. 30-31.

Hrdy, S. B. 1981. *The woman that never evolved*. Cambridge, Mass.: Harvard University Press.

Hrdy, S. B. 1994. Interview. In T. A Bass, *Reinventing the future: Conversations with the world's leading scientists*. Reading, Mass.: Addison Wesley.

Hubel, D. H. 1988. *Eye, brain, and vision*. New York: Scientific American.

Hume, D. 1748/1955. *Inquiry concerning human understanding*. Indianpolis: Bobbs-Merrill.

Humphrey, N. K. 1976. The social function of the intellect. In P. P. G. Bateson & R. A. Hinde (Eds.), *Growing points in ethology*. New York: Cambridge University Press.

Humphrey, N. K. 1992. *A history of the mind: Evolution and the birth of consciousness*. New York: Simon & Schuster.

Hurst, L., & Hamilton, W. D. 1992. Cytoplasmic fusion and the nature of the sexes. *Proceedings of the Royal*

Society of London B, *247*, 189-194.

Hyman, I. E., & Neisser, U. 1991. Reconstruing mental images: Problems of method. *Emory Cognition Project Technical Report Number 19*. Atlanta: Emory University.

Ioerger, T. R. 1994. The manipulation of image to handle indeterminacy in spatial reasoning. *Cognitive Science, 18*, 551-593.

Ittelson, W. H. 1968. *The Ames demonstrations in perception*. New York: Hafner.

Jackendoff, R. 1977. Review of Leonard Bernstein's "The unanswered qusetion." *Languagne, 53*, 883-894.

Jackendoff, R. 1983. *Semantics and cognition*. Cambridge, Mass.: MIT Press.

Jackendoff, R. 1987. *Consciousness and the computational mind*. Cambridge, Mass.: MIT Press.

Jackendoff, R. 1990. *Semantic structures*. Cambridge, Mass.: MIT Press.

Jackendoff, R. 1992. Musical parsing and musical affect. In R. Jackendoff, *Languages of the mind: Essays on mental representation*. Cambridge, Mass.: MIT Press.

Jackendoff, R. 1994. *Patterns in the mind: Language and human nature*. New York: Basic Books.

Jackendoff, R., & Aaron, D. 1991. Review of Lakoff & Turner's "More than cool reason: A field guide to poetic metaphor." *Language, 67*, 320-339.

Jagannathan, V., Dodhiawala, R., & Baum, L. S. (Eds.) 1989. *Blackboard architectures and applications*. New York: Academic Press.

James, W. 1890/1950. *The principles of psychology*. New York: Dover.

James, W. 1892/1920. *Psychology: Briefer course*. New York: Henry Holt.

Jaynes, J. 1976. *The orgin of consciousness in the breakdown of the bicameral mind*. Boson: Houghton Mifflin.

Jepson, A., Richards, W., & Knill, D. 1996. Modal structure and reliable inference. In Knill & Richards, 1996.

Johnson, M. K., & Raye, C. L. 1981. Reality monitoring. *Psychological Review, 88*, 67-85.

Johnson-Laird, P. 1988. *The computer and the mind*. Cambridge, Mass.: Harvard University Press.

Jolicoeur, P., Ullman, S., & MacKay, M. 1991. Visual curve tracing properties. *Journal of Experimental Psychology: Human perception and Performance, 17*, 997-1022.

Jones, S. 1992. The evolutionary future of humankind. In Jones, Martin, & Pilbeam, 1992.

Jones, S., Martin, R., & Pilbeam, D. (Eds.) 1992. *The Cambridge encyclopedia of human evolution*. New York: Cambridge University Press.

Jordan, M. I. 1989. Serial order: A parallel distributed processing approach. In J. L. Elman & D. F. Rumelhart (Eds.), *Advances in connectionist theory*. Hillsdale, N.J.: Erlbaum.

Julesz, B. 1960. Binocular depth perception of computer-generated patterns. *Bell system Technical Journal, 39*, 1125-1162.

Julesz, B. 1971. *Foundations of cyclopean perception*. Chicago: University of Chicago Press.

Julesz, B. 1995. *Dialogues on perception*. Cambridge, Mass.: MIT Press.

Kahneman, D., & Tversky, A. 1982. On the study of statistical intuitions. *Cognition, 11*, 123-141.

Kahneman, D., & Tversky, A. 1984. Choices, values, and frames. *American Psychologist, 39*, 341-350.

Kahneman, D., & Tversky, A. 1996. On the reality of cognitive illusions: A reply to Gigerenzer's critique. *Psychological Review, 103*, 582-591.

Kahneman, D., Slovic, P., & Tversky, A. (Eds.) 1982. *Judgement under uncertainty: Heuristics and biases.* New York: Cambridge University Press.

Kaplan, H., Hill, K., & Hurtado, A. M. 1990. Risk, foraging, and food sharing among the Ache. In E. Cashdan (Ed.), *Risk and uncertainty in tribal and peasant economies.* Boulder, Colo.: Westview Press.

Kaplan, S. 1992. Environmental preference in a knowledge-seeking, knowledge-using organism. In Barkow, Cosmides, & Tooby, 1992.

Katz, J. N. 1995. *The invention of homosexuality.* New York: Dutton.

Kauffman, S. A. 1991. Antichaos and adaptation. *Scientific American*, August.

Keeley, L. H. 1996. *War before civilization: The myth of the peaceful savage.* New York: Oxford University Press.

Keil, F. C. 1979. *Semantic and conceptual development.* Cambridge, Mass.: Harvard University Press.

Keil, F. C. 1989. *Concepts, kinds, and cognitive development.* Cambridge, Mass.: MIT Press.

Keil, F. C. 1994. The birth and nurturance of concepts by domains: The orgins of concepts of living things. In Hirschfeld & Gelman, 1994a.

Keil, F. C. 1995. The growth of causal understandings of natural kinds. In Sperber, Premack, & Premack, 1995.

Kelly, M. H. 1992. Darwin and psychological theories of classification. *Evolution and Cognition, 2*, 79-97.

Kenrick, D. T., Keefe, R. C., & commentators. 1992. Age preferences in mates reflect sex differences in human reproductive strategies. *Behavioral and Brain Sciences, 15*, 75-133.

Kernighan, B. W., & Plauger, P. J. 1978. *The elements of programming style.* 2d ed. New York: McGraw-Hill.

Kerr, R. A. 1992. SETI faces uncertainty on earth and in the stars. *Science, 258*, 27.

Ketelaar, P. 1995. Emotion as mental representations of fitness affordances I: Evidence supporting the claim that negative and positive emotions map onto fitness costs and benefits. Paper presented at the annual meeting of the Human Behavior and Evolution Society, Santa Barbara, June 28–July 2.

Ketelaar, P. 1997. Affect as mental representations of value: Translating the value function for gains and losses into positive and negative affect. Unpublished manuscript, Max Planck Institute, Munich.

Killackey, H. 1995. Evolution of the human brain: A neuroantomical perspective. In Gazzaniga, 1995.

Kingdon, J. 1993. *Self-made man: Human evolution from Eden to extinction?* New York: Wiley.

Kingsolver, J. G., & Koehl, M. A. R. 1985. Aerodynamics, thermoregulation, and the evolution of insect wings: Differential scaling and evolutionary change. *Evolution, 39*, 488-504.

Kirby, K. N., & Herrnstein, R. J. 1995. Preference reversals due to myopic discounting of delayed reward. *Psychological Science, 6*, 83-89.

Kitcher, P. 1982. *Abusing science. The case against creationism.* Cambridge, Mass.: MIT Press.

Kitcher, P. 1992. Gene: current usages. In E. F. Keller & E. A Lloyd (Eds.), *Keywords in evolutionary biology.* Cambridge, Mass.: Harvard University Press.

Klaw, S. 1993. *Without sin: The life and death of the Oneida community.* New York : Penguin.

Klein, R. G. 1989. *The human career: Human biological and cultural origins.* Chicago: University of Chicago Press.

Kleiter, G. 1994. Natural sampling: Rationality without base rates. In G. H. Fischer & D. Laming (Eds.), *Contributions to mathematical psychology, psychometrics, and methodology.* New York: Spring-Verlag.

Knill, D., & Richards, W. (Eds.) 1996. *Perception as Bayesian inference.* New York; Cambridge University Press.

Koehler, J. J., & commentators. 1996. The base rate fallacy reconsidered: Descriptive, normative, and methodological challenges. *Behavioral and Brain Sciences, 19*, 1-53.

Koestler, A. 1964. *The act of creation.* New York: Dell.

Konner, M. 1982. *The tangled wing: Biological constraints on the human spirit.* New York: Harper and Row.

Kosslyn, S. M. 1980. *Image and mind.* Cambridge, Mass.: Harvard University Press.

Kosslyn, S. M. 1983. *Ghosts in the mind's machine: Creating and using images in the brain.* New York: Norton.

Kosslyn, S. M. 1994. *Image and brain: The resolution of the imagery debate.* Cambridge Mass.: MIT Press.

Kosslyn, S. M., Alpert, N. M., Thomson, W. L., Maljkovic, V., Weise, S. B., Chabris, C. F., Hamilton, S. E., Rauch, S. L., & Buonanno, F. S. 1993. Visual mental imagery activates topographically organized visual cortex: PET investigations. *Journal of Cognitive Neuroscience, 5*, 263-287.

Kosslyn, S. M., & Osherson, D. N. (Eds.) 1995. *An invitation to cognitive science*, Vol. 2: *Visual cognition.* 2d ed. Cambridge, Mass.: MIT Press.

Kosslyn, S. M., Pinker, S., Smith, G. E., Schwartz, S. P., & commentators. 1979. On the demystification of mental imagery. *Behavioral and Brain Science, 2*, 535-581. Reprinted in Block, 1981.

Kowler, E. 1995. Eye movements. In Kosslyn & Osherson, 1995.

Kubovy, M. 1986. *The psychology of perspective and Renaissance art.* New York: Cambridge University Press.

Kubovy, M., & Pomerantz, J. R. (Eds.) 1981. *Perceptual organization.* Hillsdale, N.J.: Erlbaum.

Lachter, J., & Bever, T. G. 1988. The relation between linguistic structure and associative theories of language learning—A constructive critique of some connectionist learning models. *Cognition, 28*, 195-247. Reprinted in Pinker & Mehler, 1988.

Lakoff, G. 1987. *Women, fire, and dangerous thing: What categories reveal about the mind.* Chicago: University of Chicago Press.

Lakoff, G., & Johnson, M. 1980. *Metaphors we live by.* Chicago: University of Chicago Press.

Land, E. H., & McCann, J. J. 1971. Lightness and retinex theory. *Journal of the Optical Society of America, 61,* 1-11.

Landau, B., Spelke, E. S., & Gleitman, H. 1984. Spatial knowledge in a young blind child. *Cognition, 16,* 225-260.

Landau, T. 1989. *About faces: The evolution of the human face.* New York: Anchor.

Landsburg, S. E. 1993. *The armchair economist: Economics and everyday life.* New York: Free Press.

Langlois, J. H., & Roggman, L. A. 1990. Attractive faces are only average. *Psychological Science, 1,* 115-121.

Langlois, J. H., Roggman, L. A., Casey, R. J., & Ritter, J. M. 1987. Infant preferences for attractive faces: Rudiments of a stereotype? *Developmental Psychology, 23,* 363-369.

Lazarus, R. S. 1991. *Emotion and adaptation.* New York: Oxford University Press.

Leakey, M. G., Feibel, C. S., McDougall, I., & Walker, A. 1995. New four-million- year-old hominid species from Kanapoi and Allia Bay, Kenya. *Nature, 376,* 565-572.

Lederer, R., & Gilleland, M. 1994. *Literary trivia: Fun and games for book lovers.* New York: Vintage.

LeDoux, J. E. 1991. Emotion and the limbic system concept. *Concepts in Neuroscience, 2,* 169-199.

LeDoux, J. E. 1996. *The emotional brain: The mysterious underpinnings of emotional life.* New York: Simon & Schuster.

Lee, P. C. 1992. Testing the intelligence of apes. In Jones, Martin, & Pilbeam, 1992

Lehman, D. 1992. *Signs of the times: Deconstructionism and the fall of Paul de Man.* New York: Simon & Schuster.

Leibniz, G. W. 1956. *Philosophical papers and letters.* Chicago: University of Chicago Press.

Lenat, D. B., & Guha, D. V. 1990. *Building large knowledge-based systems.* Reading, Mass.: Addison-Wesley.

Lenski, R. E., & Mittler, J. E. 1993. The directed mutation controversy and neo-Dawinism. *Science, 259,* 188-194.

Lenski, R. E., Sniegowski, P. D., & Shapiro, J. A. 1995. "Adaptive mutation": The debate goes on (letters). *Science, 269,* 285-287.

Lerdahl, F., & Jackendoff, R. 1983. *A generative theory of tonal music.* Cambridge, Mass.: MIT Press.

Leslie, A. M. 1994. ToMM, ToBY, and agency: Core architecture and domain specificity. In Hirschfeld & Gelman, 1994a.

Leslie, A. M. 1995a. A theory of agency. In Sperber, Premack, & Premack, 1995.

Leslie, A. M. 1995b. Pretending and believing. Issues in the theory of ToMM. *Cognition, 50,* 193-220.

Levin, B., & Pinker, S. (Eds.) 1992. *Lexical and conceptual semantics.* Cambridge, Mass.: Blackwell.

Levine, A. 1994. Education: The great debate revisited. *Atlantic Monthly*, December.

Levins, R., & Lewontin, R. C. 1985. *The dialectical biologist*. Cambridge, Mass.: Harvard University Press.

Lewin, R. 1987. The earliest "humans" were more like apes. *Science, 236*, 1061-1063.

Lewis, D. 1980. Mad pain and Martian pain. In N. Block (Ed.), *Readings in philosophy of psychology*, Vol 1. Cambridge, Mass.: Harvard University Press.

Lewis, H. W. 1990. *Technological risk*. New York: Norton.

Lewontin, R. C. 1979. Sociobiology as an adaptationist program. *Behavioral Science, 24*, 5-14.

Lewontin, R. C. 1984. Adaptation. In Sober, 1984a.

Lewontin, R. C., Rose, S., & Kamin, L. J. 1984. *Not in our genes*. New York: Pantheon.

Liebenberg, L. 1990. *The art of tracking*. Cape Town: David Philp.

Lindsay, P. H., & Norman, D. A. 1972. *Human information processing*. New York: Academic Press.

Ling, C., & Marinov, M. 1993. Answering the connectionist challenge: A symbolic model of learning the past tenses of English verbs. *Cognition, 49*, 235-290.

Lockard, J. S., & Paulhaus, D. L. (Eds.) 1988. *Self-deception: An adaptive mechanism*. Englewood Cliffs, N.J.: Prentice Hall.

Locksley, A., Ortiz, V., & Hepburn, C. 1980. Social categorization and discriminatory behavior: Extinguishing the minimal group discrimination effect. *Journal of Personality and Social Psychology, 39*, 773-783.

Loewer, B., & Rey, B. (Eds.) 1991. *Meaning in mind: Fodor and his critics*. Cambridge, Mass.: Blackwell.

Logie, R. H. 1995. *Visuo-spatial working memory*. Hillsdale, N.J.: Erlbaum.

Lopes, L. L., & Oden, G. C. 1991. The rationality of intellgence. In E. Eells & T. Maruszewski (Eds.), *Rationality and reasoning*. Amsterdam: Rodopi.

Lorber, J. 1994. *Paradoxes of gender*. New Haven: Yale University Press.

Lowe, D. 1987. The viewpoint consistency constraint. *International Journal of Computer Vision, 1*, 57-72.

Lumsden, C., & Wilson, E. O. 1981. *Genes, mind, and culture*. Cambridge, Mass.: Harvard University Press.

Luria, A. R. 1966. *Higher cortical functions in man*. London: Tavistock.

Lykken, D. T., & Tellgen, A. 1996. Happiness is a stochastic phenomenon, *Psychological Science, 7*, 186-189.

Lykken, D. T. McGue, M., Tellegen, A., & Bouchard, T. J., Jr. 1992. Emergenesis: Genetic traits that may not run in families. *American Psychologist, 47*, 1565-1577.

Mac Lane, S. 1981. Mathematical models: A sketch for the philosophy of mathematics. *American Mathematical Monthly, 88*, 462-472.

Mace, G. 1992. The life of primates: Differences between the sexes. In Jones, Martin, & Pilbeam, 1992.

MacLean, P. D. 1990. *The triune brain in evolution*. New York: Plenum.

Macnamara, J. 1986. *A border dispute: The place of logic in psychology*. Cambridge Mass.: MIT Press.

Macnamara, J. 1994. Logic and cognition. In Macnamara & Reyes.

Macnamara, J., & Reyes, G. E. (Eds.) 1994. *The Logical foundations of cognition*. New York: Oxford University Press.

Maloney, L. T., & Wandell, B. 1986. Color constancy: A method for recovering surface spectral reflectance. *Journal of the Optical Society of America (A), 1*, 29-33.

Mandler, J. 1992. How to build a baby, II: Conceptual primitives. *Psychological Review, 99*, 587-604.

Manktelow, K. I., & Over, D. E. 1987. Reasoning and rationality. *Mind and Language, 2*, 199-219.

Marcel, A., & Bisiach, E. (Eds.) 1988. *Consciousness in contemporary science*. New York: Oxford University Press.

Marcus, G. F. 1997a. Rethinking eliminative connectionism. Unpublished manuscript, University of Massachusetts, Amherst.

Marcus, G. F. 1997b. Concepts, features, and variables. Unpublished manuscript, University of Massachusetts, Amherst.

Marcus, G. F. In preparation. *The algebraic mind*. Cambridge, Mass.: MIT Press.

Marcus, G. F., Brinkmann, U., Clahsen, H., Wiese, R., & Pinker, S. 1995. German inflection: The exception that proves the rule. *Cognitive Psychology, 29*, 189-256.

Marks, I. M. 1987. *Fears, phobias, and rituals*. New York: Oxford University Press.

Marks, I. M., & Nesse, R. M. 1994. Fear and fitness: An evolutionary analysis of anxiety disorders. *Ethology and Sociobiology, 15*, 247-261.

Marr, D. 1982. *Vision*. San Francisco: W. H. Freeman.

Marr, D., & Nishihara, H. K. 1978. Representation and recognition of spatial organization of three-dimensional shapes. *Proceedings of the Royal Society of London, B, 200*, 269-294.

Marr, D., & Poggio, T. 1976. Cooperative computation of stereo disparity. *Science, 194*, 283-287.

Marshack, A. 1989. Evolution of the human capacity: The symbolic evidence. *Yearbook of Physical Anthropology, 32*, 1-34.

Martin, P., & Klein, R. 1984. *Quaternary extinctions*. Tucson: University of Arizona Press.

Masson, J. M., & McCarthy, S. 1995. *When elephants weep: The emotional lives of animals*. New York: Delacorte Press.

Mathews, J. 1996. A tall order for president: Picking a candidate of towering stature. *Washington Post*, May 10, D01.

Maurer, A. 1965. What children fear. *Journal of Genetic Psychology, 106*, 265-277.

Maynard Smith, J., 1964. Group selection and kin selection. *Nature, 201*, 1145-1147.

Maynard Smith, J. 1975/1993. *The theory of evolution*. New York; Cambridge University Press.

Maynard Smith, J. 1982. *Evolution and the theory of games*. New York; Cambridge University Press.

Maynard Smith, J. 1984. Optimization theory in evolution. In Sober, 1984a.

Maynard Smith, J. 1987. When learning guides evolution. *Nature, 329*, 762.

Maynard Smith, J. 1995. Life at the edge of chaos? (Review of D. Depew's & B. H. Weber's "Darwinism evolving"). *New York Review of Books*, March 2, pp. 28-30.

Maynard Smith, J., & Warren, N. 1988. Models of cultural and genetic change. In J. Maynard Smith, *Games, sex, and evolution*. New York: Harvester-Wheatsheaf.

Mayr, E. 1982. *The growth of biological thought*. Cambridge, Mass.: Harvard University Press.

Mayr, E. 1983. How to carry out the adaptationist program. *The American Naturalist, 121*, 324-334.

Mayr, E. 1993. The search for intelligence (letter). *Science, 259*, 1522-1523.

Mazel, C. 1992. *Heave ho! My little green book of seasickness*. Camden, Maine: International Marine.

McAdams, S., & Bigand, E. (Eds.) 1993. *Thinking in sound: The cognitive psychology of human audition*. New York: Oxford University Press.

McCauley, C., & Stitt, C. L. 1978. An individual and quantitative measure of stereotypes. *Journal of Personality and Social Psychology, 36*, 929-940.

McClelland, J. L., & Kawamoto, A. H. 1986. Mechanisms of sentence processing: Assigning roles to constituents of sentences. In McClelland, Rumelhart, & the PDP Research Group.

McCleland, J. L., McNaughton, B. L., & O'Reilly, R. C. 1995. Why there are complementary learning systems in the hippocampus and neocortex: Insights from the successes and failures of connectionist models of learning and memory. *Psychological Review, 102*, 419-457.

McClelland, J. L., & Rumelhart, D. E. 1985. Distributed memory and the representation of general and specific information. *Journal of Experimental Psychology: General, 114*, 159-188.

McClelland, J. L., Rumelhart, D. E., & the PDP Research Group, 1986. *Parallel distirbuted processing: Explorations in the microstructure of cognition*, Vol. 2: Psychological and biological models. Cambridge, Mass.: MIT Press.

McCloskey, M. 1983. Intuitive physics. *Scientific American, 248*, 122-130.

McCloskey, M., Caramazza, A., & Green, B. 1980. Curvilinear motion in the absence of external forces: Naive beliefs about the motion of objects. *Science, 210*, 1139- 1141.

McCloskey, M., & Cohen, N. J. 1989. Catastrophic interference in connectionist networks: The sequential learning problem. In G. H. Bower (Ed.), *The psychology of learning and motivation*, Vol. 23. New York: Academic Press.

McCloskey, M., Wible, C. G., & Cohen, N. J. 1988. Is there a special flashbulb-memory mechanism? *Journal of Experimental Psychology: General, 117*, 171-181.

McCulloch, W. S., & Pitts, W. 1943. A logical calculus of the ideas immanent in nervous activity. *Bulletin of Mathematical Biophysics, 5*, 115-133.

McGhee, P. E. 1979. *Humor: Its origins and development*. San Francisco: W.H. Freeman.

McGinn, C. 1989a. *Mental content*. Cambridge, Mass.: Blackwell.

McGinn, C. 1989b. Can we solve the mind-body problem? *Mind, 98*, 349-366.

McGinn, C. 1993. *Problems in philosophy: The limits of inquiry*. Cambridge, Mass.: Blackwell.

McGuinness, D. 1997. *Why our children can't read and what we can do about it*. New York: Free Press.

Medin, D. L. 1989. Concepts and conceptual structure. *American Psychologist, 44*, 1469-1481.

Michotte, A. 1963. *The perception of causality*. London: Methuen.

Miller, G. 1967. *The psychology of communication*. London: Penguin.

Miller, G. A. 1956. The magical number seven, plus or minus two: Some limits on our capacity for processing information. *Psychological Review, 63*, 81-96.

Miller, G. A. 1981. Trends and debates in cognitive psychology. *Cognition, 10*, 215- 226.

Miller, G. A., & Johnson-Laird, P. N. 1976. *Language and perception*. Cambridge, Mass.: Harvard University Press.

Miller, G. F. 1993. Evolution of the human brain through runaway sexual selection: The mind as a protean courtship device. Ph.D. dissertation, Department of Psychology, Stanford University.

Miller, G. F., & Todd, P. M. 1990. Exploring adaptive agency I: Theory and methods for simulating the evolution of learning. In D. S. Touretzky, J. L. Elman, T. Sejnowski, & G. E. Hinton (Eds.), *Proceedings of the 1990 Connectionist Models Summer School*. San Mateo, Calif.: Morgan Kaufmann.

Miller, K. D., Keller, J. B., & Stryker, M. P. 1989. Ocular dominance column development: Analysis and simulation. *Science, 245*, 605-615.

Millikan, R. 1984. *Language, thought, and other biological categories*. Cambridge, Mass.: MIT Press.

Mineka, S., & Cook, M. 1993. Mechanisms involved in the observational conditioning of fear. *Journal of Experimental Psychology: Gerneral, 122*, 23-38.

Minsky, M. 1985. *The society of mind*. New York: Simon & Schuster.

Minsky, M., & Papert, S. 1988a. *Perceptrons: Expanded edition*. Cambridge, Mass.: MIT Press.

Minsky, M., & Papert, S. 1988b. Epilogue: The new connectionism. In Minsky & Papert, 1988a.

Mitchell, M. 1996. *An introduction to genetic algorithms*. Cambridge, Mass.: MIT Press.

Mock, D. W., & Parker, G. A. In press. *The evolution of sibling rivalry*. New York: Oxford University Press.

Montello, D. R. 1995. How significant are cultural differences in spatial cognition? In A. U. Frank & W. Kuhn (Eds.), *Spatial information theory: A theoretical basis for GIS*. Berlin: Springer-Verlag.

Moore, E. F. (Ed.) 1964. *Sequential machines: Selected papers*. Reading, Mass.: Addison-Wesley.

Morris, R. G. M. (Ed.) 1989. *Parallel distributed processing: Implications for psychology and neurobiology*. New York: Oxford University Press.

Morton, J., & Johnson, M. H. 1991. CONSPEC and CONLERN: A two-precess theory of infant face recognition. *Psychological Review, 98*, 164-181.

Moscovitch, M., Winocur, G., & Behrmann, M. In press. Two mechanisms of face recognition: Evidence from a patient with visual object agnosia. *Journal of Cognitive Neuroscience.*

Mount, F. 1992. *The subversive family: An alternative history of love and marriage.* New York: Free Press.

Mozer, M. 1991. *The perception of multiple objects: A connectionist approach.* Cambridge, Mass.: MIT Press.

Murphy, G. L. 1993. A rational theory of concepts. In G. H. Bower (Ed.), *The Psychology of learning and motivation*, Vol. 29. New York: Academic Press.

Myers, D. G., & Diener, E. 1995. Who is happy? *Psychological Science, 6*, 10-19.

N. E. Thing Enterprises. 1994. *Magic Eye III: Visions: A new dimension in art.* Kansas City: Andrews and McMeel.

Nagal, T. 1974. What is it like to be a bat? *Philosophical Review, 83*, 435-450.

Nagell, K., Olguin, R., & Tomasello, M. 1993. Processes of social learning in the tool use of chimpanzees(*Pan troglodytes*) and human children(*Homo sapiens*). *Journal of Comparative Psychology, 107*, 174-186.

Nakayama, K., He, Z. J., & Shimojo, S. 1995. Visual surface representation: A critical link between lower-level and higher-level vision. In Kosslyn & Osherson, 1995.

Navon, D. 1985. Attention division or attention sharing? In M. I. Posner & O. Marin (Eds.), *Attention and performance XI.* Hillsdale, N.J.: Erlbaum.

Navon, D. 1989. The importance of being visible: On the role of attention in a mind viewed as an anarchic intelligence system. I: Basic tenets. *European Journal of Cognitive Psychology, 1*, 191-213.

Nayar, S. K., & Oren, M. 1995. Visual appearance of matte surfaces. *Science, 267*, 1153-1156.

Neisser, U. 1967. *Cognitive psychology.* Engelwood Cliffs, N.J.: Prentice-Hall.

Neisser, U. 1976. General, academic, and artificial intelligence: Comments on the papers by Simon and by Klahr. In L. Resnick (Ed.), *The nature of intelligence.* Hillsdale, N.J.: Erlbaum.

Nesse, R. M. 1991. What good is feeling bad? *The Sciences*, November/December, pp. 30-37.

Nesse, R. M., & Lloyd, A. T. 1992. The evolution of psychodynamics mechanisms. In Barkow, Cosmides, & Tooby, 1992.

Nesse, R. M., & Williams, G. C. 1994. *Why we get sick: The new science of Darwinian medicine.* New York: Times Books.

Newell, A. 1990. *Unified theories of cognition.* Cambridge, Mass.: Harvard University Press.

Newell, A., & Simon, H. A. 1972. *Human problem solving.* Englewood Cliffs, N.J.: Prentice-Hall.

Newell, A., & Simon, H. A. 1981. Computer science as empirical inquiry: Symbols and search. In Haugeland, 1981a.

Nickerson, R. A., & Adams, M. J. 1979. Long-term memory for a common object. *Cognitive Psychology, 11*, 287-307.

Nilsson, D. E., & Pelger, S. 1994. A pessimistic estimate of the time required for an eye to evolve. *Proceedings of the Royal Society of London, B, 256*, 53-58.

Nisbett, R. E., & Cohen, D. 1996. *Culture of honor: The psychology of violence in the South.* New York: HarperCollins.

Nisbett, R. E., & Ross, L. R. 1980. *Human inference: Strategies and shortcomings of social judgement.* Englewood Cliffs, N.J.: Prentice-Hall.

Nobile, P. (Ed.) 1971. *The Con III controversy: The critics look at "The greening of America."* New York: Pocket Books.

Nolfi, S., Elman, J. L., & Parisi, D. 1994. Learning and evolution in neural networks. *Adaptive Behavior, 3*, 5-28.

Nozick, R. 1981. *Philosophical explanations.* Cambridge, Mass.: Harvard University Press.

Oman, C. M. 1982. Space motion sickness and vestibular experiments in Spacelab. S*ociety of automotive Engineers Technical Paper Series 820833.* Warrendale, Penn.: SAE.

Oman, C. M., Lichtenberg, B. K., Money, K. E., & McCoy, R. K. 1986. M.I.T./Canadian vestibular experiments on the Spacelab-1 mission: 4. Space motion sickness: Symptoms, stimuli, predictability. *Experimental Brain Research, 64*, 316-334.

Orians, G. H., & Heerwagen, J. H. 1992. Evolved responses to landscapes. In Barkow, Cosmides, & Tooby, 1992.

Orwell, G. 1949/1983. *1984.* New York: Harcourt Brace Jovanovich.

Osherson, D. I., Kosslyn, S. M., & Hollerbach, J. M. (Eds.) 1990. *An invitation to cognitive science, Vol 2: Visual cognition and action.* Cambridge, Mass.: MIT Press

Paglia, C. 1990. *Sexual personae: Art and decadence from Nefertiti to Emily Dickenson.* New Haven: Yale University Press.

Paglia, C. 1992. *Sex, art, and American culture.* New York: Vintage.

Paglia, C. 1994. *Vamps and tramps.* New York: Vintage.

Pavio, A. 1971. *Imagery and verbal processes.* Hillsdale, N.J.: Erlbaum.

Papathomas, T. V., Chubb, C., Gorea, A., & Kowler, E. (Eds.) 1995. *Early vision and beyond.* Cambridge, Mass.: MIT Press.

Parker, S. T., Mitchell, R. W. & Boccia, M. L. (Eds.) 1994. *Self-awareness in animals and humans.* New York: Cambridge University Press.

Patai, D., & Koertge, N. 1994. *Professing feminism: Cautionary tales from the strange world of women's studies,* New York: Basic Books.

Pazzani, M. 1987. Explanation-based learning for konwledge-based systems. *International Journal of Man-Machine Studies, 26*, 413-433.

Pazzani, M. 1993. Learning causal patterns: Making a transition for data-driven to theory-driven learning. *Machine Learning, 11*, 173-194.

Pazzani, M., & Dyer, M. 1987. A comparison of concept indentification in human learning and network learning with the Generalized Delta Rule. In *Proceedings of the 10th International Joint Conference on Artificial Intelligence (IJCAI-87)*. Los Altos, Calif.: Morgan Kaufmann.

Pazzani, M., & Kibler, D. 1993. The utility of knowledge in inductive learning. *Machine Learning, 9*, 57-94.

Pennisi, E. 1996. Biologists urged to retire Linnaeus. *Science, 273*, 181.

Penrose, R. 1989. *The emperor's new mind: Concerning computers, minds, and the laws of physics*. New York: Oxford University Press.

Penrose, R., & commentators. 1990. Précis and multiple book review of "The emperor's new mind." *Behavioral and Brain Sciences, 13*, 643-705.

Penrose, R. 1994. *Shadows of the mind: A search for the missing science of consciousness*. New York: Oxford University Press.

Pentland, A. P. 1990. Linear shape from shading. *International Journal of Computer Vision, 4*, 153-162.

Perkins, D. N. 1981. *The mind's best work*. Cambridge, Mass.: Harvard University Press.

Perky, C. W. 1910. An experimental study of imagination. *American Journal of Psychology, 21*, 422-452.

Perrett, D. I., May, K. A., & Yoshikawa, S. 1994. Facial shape and judgments of female attractiveness: Preferences for non-average. *Nature, 368*, 239-242.

Peterson, M. A., Kihlstrom, J. F., Rose, R. M., & Klisky, M. L. 1992. Mental images can be ambiguous: Reconstruals and reference-frame reversals. *Memory and Cognition, 20*, 107-123.

Pettigrew, J. D. 1972. The neurophysiology of binocular vision. *Scientific American*, August. Reprinted in R. Held & W. Richards (Eds.), 1976. *Recent progress in perception*. San Francisco: W.H. Freeman.

Pettigrew, J. D. 1974. The effect of visual experience on the development of stimulus specificity by kitten cortical neurons. *Journal of Physiology, 237*, 49-74.

Pfeiffer, R. 1988. Artificial intelligence models of emotion. In V. Hamilton, G. H. Bower, & N. H. Frijda (Eds.), *Cognitive perspectives on emotion and motivation*. Netherlands: Kluwer.

Piattelli-Palmarini, M. 1989. Evolution, selection, and cognition: From "learning" to parameter setting in biology and the study of language, *Cognition, 31*, 1-44.

Piattelli-Palmarini, M. 1994. *Inevitable illusion: How mistakes of reason rule our minds*. New York: Wiley.

Picard, R. W. 1995. Affective computing. MIT Media Laboratory Perceptual Computing Section Technical Report #321.

Pilbeam, D. 1992. What makes us human? In Jones, Martin, & Pilbeam, 1992.

Pinker, S. 1979. The representation of three-dimensional space in mental images. Unpublished Ph. D. dissertation, Harvard University.

Pinker, S. 1980. Mental imagery and the third dimension. *Journal of Experimental Psychology: General, 109,* 254-371.

Pinker, S. 1984a. *Language learnability and language development.* Cambridge, Mass.: Harvard University Press.

Pinker, S. (Ed.) 1984b. *Visual cognition.* Cambridge, Mass.: MIT Press.

Pinker, S. 1984c. Visual cogniton: an introduction. *Cognition, 18,* 1-63. Reprinted in Pinker.

Pinker, S. 1988. A computational theory of the mental imagery medium. In Denis, Engelkamp, & Richardson, 1988.

Pinker, S. 1989. *Learnability and cognition: The acquisition of argument structure.* Cambridge, Mass.: MIT Press.

Pinker, S. 1990. A theory of graph comprehension. In R. Friedle (Ed.), *Artificial intelligence and the future of testing.* Hillsdale, N.J.: Erlbaum.

Pinker, S. 1991. Rules of language. *Science, 253,* 530-535.

Pinker, S. 1992. Review of Bickerton's "Language and species." *Language, 68,* 375-382.

Pinker, S. 1994. *The language instinct.* New York: HarperCollins.

Pinker, S. 1995. Beyond folk psychology (Review of J. A. Fodor's "The elm and the expert"). *Nature, 373,* 205.

Pinker, S., Bloom, P., & commentators. 1990. Natural language and natural selection. *Behavioral and Brain Sciences, 13,* 707-784.

Pinker, S., & Finke, R. A. 1980. Emergent two-dimensional patterns in images rotated in depth. *Journal of Experimental Psychology: Human Perception and Performance, 6,* 244-264.

Pinker, S., & Mehler, J. (Eds.) 1988. *Connections and symbols.* Cambridge, Mass.: MIT Press.

Pinker, S., & Prince, A. 1988. On language and connectionism: Analysis of a parallel distributed processing model of language acquisition. *Cognition, 28,* 73-193. Reprinted in Pinker & Mehler, 1988.

Pinker, S., & Prince, A. 1994. Regular and irregular morphology and the psychological status of rules of grammar. In S. D. Lima, R. L. Corrigan, & G. K. Iverson (Eds.), *The reality of linguistic rules.* Philadelphia: John Benjamins.

Pinker, S., & Prince, A. 1996. The nature of human concepts: Evidence from an unusual source. *Communication and Cognition 29,* 307-361.

Pirenne, M. H. 1970. *Optics, painting, and photography.* New York: Cambridge University Press.

Plomin, R. 1989. Environment and genes: Determinants of behavior. *American Psychologist, 44,* 105-111.

Plomin, R., Daniels, D., & commentators. 1987. Why are children in the same family so different form one another? *Behavioral and Brain Sciences, 10*, 1-60.

Plomin, R., Owen, M. J., & McGuffin, P. 1994. The genetic basis of complex human behaviors. *Science, 264*, 1733-1739.

Poggio, G. F. 1995. Stereoscopic processing in monkey visual cortex: A review. In Papathomas et al., 1995.

Poggio, T. 1984. Vision by man and machine. *Scientific American*, April.

Poggio, T., & Edelman, S. 1991. A network that learns to recognize three- dimensional objects. *Nature, 343*, 263-266.

Poggio, T., & Girosi, F. 1990. Regularization algorithms for learning that are equivalent to multilayer networks, *Science, 247*, 978-982.

Pollack, J. B. 1990. Recursive distributed representations. *Artificial Intelligence, 46*, 77-105.

Pollard, J. L. 1993. The phylogeny of rationality. *Cognitive Science, 17*, 563-588.

Polti, G. 1921/1977. *The thirty-six dramatic situations.* Boston: The Writer, Inc.

Posner, M. I. 1978. *Chronometric explorations of mind.* Hillsdale, N.J.: Erlbaum.

Poundstone, W. 1988. *Labyrinths of reason: Paradox, puzzles, and the frailty of knowledge.* New York: Anchor.

Poundstone, W. 1992. *Prisoner's dilemma: John von Neumann, game theory, and the puzzle of the bomb.* New York: Anchor.

Prasada, S., & Pinker, S. 1993. Generalizations of regular and irregular morphological patterns. *Language and Cognitive Processes, 8*, 1-56.

Premack, D. 1976. *Intelligence in ape and man.* Hillsdale, N.J.: Erlbaum.

Premack, D. 1990. Do infants have a theory of self-propelled objects? *Cognition, 36*, 1-16.

Premack, D., & Premack, A. J. 1995. Intention as psychological cause. In Sperber, Premack, & Premack, 1995.

Premack, D., & Woodruff, G. 1978. Does a chimpanzee have a theory of mind? *Behavioral and Brain Sciences, 1*, 512-526.

Preuss, T. 1993. The role of the neurosciences in primate evolutionary biology: Historical commentary and prospectus. IN R. D. E. MacPhee (Ed.), *Primates and their relatives in phylogenetic perspective.* New York: Plenum.

Preuss, T. 1995. The argument form animals to humans in cognitive neuroscience. In Gazzaniga, 1995.

Prince, A., & Pinker, S. 1988. Rules and connections in human language. *Trends in Neurosciences, 11*, 195-202. Reprinted in Morris, 1989.

Profet, M. 1992. Pregnancy sickness as adaptation: A deterrent to maternal ingestion of teratogens. In Barkow, Cosmides, & Tooby, 1992.

Proffitt, D. L., & Gilden, D. L. 1989. Understanding natural dynamics. *Journal of Experimental Psychology: Human perception & Performance, 15*, 384-393.

Provine, R. R. 1991. Laughter: A stereotyped human vocalization. *Ethology, 89*, 115-124.

Provine, R. R. 1993. Laughter punctuates speech: Linguistic, social and gender contexts of laughter. *Ethology, 95*, 291-298.

Provine, R. R. 1996. Laughter. *American Scientist, 84* (January-February), 38-45.

Pustejovsky, J. 1995. *The generative lexicon.* Cambridge, Mass.: MIT Press.

Putnam, H. 1960. Minds and machines. In S. Hook (Ed.), *Dimensions of mind: A symposium.* New York: New York University Press.

Putnam, H. 1975. The meaning of 'meaning.' In K. Gunderson (Ed.), *Language, mind, and knowledge.* Minneapolis: University of Minnesota Press.

Putnam, H. 1994. The best of all possible brains? (Review of R. Penrose's "Shadow of the mind.") *New York Times Book Review*, November 20, p. 7.

Pylyshyn, Z. 1973. What the mind's eye tells the mind's brain: A critique of mental imagery. *Psychological Bulletin, 80*, 1-24.

Pylyshyn, Z. W., & commentators. 1980. Computation and cognition: Issues in the foundations of cognitive science. *Behavioral and Brain Sciences, 3*, 111-169.

Pylyshyn, Z. W. 1984. *Computation and cognition: Toward a foundation for cognitive science.* Cambridge, Mass.: MIT Press.

Pylyshyn, Z. W. (Ed.) 1987. *The robot's dilemma: The frame problem in artificial intelligence.* Norwood., N.J.: Ablex.

Quine, W. V. O. 1969. Natural kinds. In W. V. O. Quine, *Ontological relativity and other essays.* New York: Columbia University Press.

Quinlan, P. 1992. *An introduction to connectionist modeling.* Hillsdale, N.J.: Erlbaum.

Rachman, S. 1978. *Fear and courage.* San Francisco: W. H. Freeman.

Raibert, M. H. 1990. Legged robots. In P. H. Winston & S. A. Shellard (Eds.), *Artificial intelligence at MIT: Expanding frontiers*, Vol 2. Cambridge, Mass.: MIT Press.

Railbert, M. H., & Sutherland, I. E. 1983. Machines that walk. *Scientific American*, January.

Raiffa, H. 1968. *Decision analysis.* Reading, Mass.: Addison-Wesley.

Rakic, P. 1995a. Corticogenesis in human and nonhuman primates. In Gazzaniga, 1995.

Rakic, P. 1995b. Evolution of neocortical parcellation: the perspective from experimental neuroembryology. In Changeux & Chavaillon, 1995.

Ralls, K., Ballou, J., & Templeton, A. 1988. Estimates of the cost of inbreeding in mammals. *Conservation Biology, 2*, 185-193.

Ramachandran, V. S. 1988. Perceiving shape from shading. *Scientific American*, August.

Rapoport, A. 1964. *Strategy and conscience.* New York: Harper & Row.

Ratcliff, R. 1990. Connectionist models of recognition memory: Constraints imposed by learning and forgetting functions. *Psychological Review, 97*, 285-308.
Rayner, K. (Ed.) 1992. *Eye movements and visual cognition.* New York: Springer-Verlag.
Redish, E. 1994. The implications of cognitive studies for teaching physics. *American Journal of Physics, 62*, 796-803.
Reeve, H. K., & Sherman, P. W. 1993. Adaptation and the goals of evolutionary research. *Quarterly Review of Biology, 68*, 1-32.
Reiner, A. 1990. An explanation of behavior (Review of MacLean, 1990). *Science, 250*, 303-305.
Rey, G. 1983. Concepts and stereotypes. *Cognition, 15*, 237-262.
Richards, W. 1971. Anomalous stereoscopic depth perception. *Journal of the Optical Society of America, 61*, 410-414.
Ridley, Mark. 1986. *The problems of evolution.* New York: Oxford University Press.
Ridley, Matt. 1993. *The red queen: Sex and the evolution of human nature.* New York: Macmillan.
Rips, L. J. 1989. Similarity, typicality and categorization. In S. Vosniadou & A. Ortony (Eds.), *Similarity and analogical reasoning.* New York: Cambridge University Press.
Rips, L. J. 1994. *The psychology of proof.* Cambridge, Mass.: MIT Press.
Rock, I. 1973. *Orientation and form.* New York.: Academic Press.
Rock, I. 1983. *The logic of perception.* Cambridge, Mass.: MIT Press.
Rogers, A. R. 1994. Evolution of time preference by natural selection. *American Economic Review, 84*, 460-481.
Rosch, E. 1978. Principles of categorization. In E. Rosch & B. B. Lloyd (Eds.), *Cognition and categorization.* Hillsdale, N.J.: Erlbaum.
Rose, M. 1980. The mental arms race amplifier. *Human Ecology, 8*, 285-293.
Rose, S. 1978. Pre-Copernican sociobiology? New Scientist, 80, 45-46.
Rosebaum, R. 1995. Explaining Hitler. *New Yorker,* May 1, pp. 50-70.
Rothbart, M. K. 1977. Psychological approaches to the study of humor. In Chapman and Foot, 1977.
Rozin, P. 1976. The evolution of intelligence and access to the cognitive unconscious. In J. M. Sprague & A. N. Epstein (Eds.), Progress in psychobiology and physiological psychology. New York: Academic Press.
Rozin, P. 1996. Towards a psychology of food and eating: From motivation to module to model to marker, morality, meaning, and metaphor. *Current Directions in Psychological Science, 5*, 18-24.
Rozin, P., & Fallon, A. 1987. A perspective on disgust. *Psychological Review, 94*, 23-41.
Rumellhart, D. E., Hinton, G. E., & Williams, R. J. 1986. Learning representations by back-propagating errors. *Nature, 323,* 523-536.

Rumelhart, D. E., & McClelland, J. L. 1986a. PDP models and general issues in cognitive science. In Rumelhart, McClelland, & the PDP Research Group, 1986.

Rumelhart, D. E., & McClelland, J. L. 1986b. On learning the past tenses of English verbs. Implicit rules or parallel distributed processing? In Rumelhart, McClelland,& the PDP Research Group, 1986.

Rumelhart, D., McClelland, J., & the PDP Research Group. 1986. *Parallel distributed processing: Explorations in the miscrostructure of cognition*, Vol. 1: *Foundations*. Cambridge, Mass.: MIT Press.

Ruse, M. 1986. Biological species: Natural kinds, individuals, or what? *British Journal of the Philosophy of Science, 38*, 225-242.

Rusell, J. A. 1994. Is there universal recognition of emotion from facial expression? A review of cross-cultural studies. *Psychological Bulletin, 115*, 102-141.

Ryle, G. 1949. *The concept of mind*. London: Penguin.

Sacks, O., & Wasserman, R. 1987. The case of the colorblind painter. *New York Review of Books, 34*, 25-34.

Stanford, G. J. 1994. Straight lines in nature. Visalia, California, *Valley Voice*, November 2. Reprinted as "Nature's straight lines," *Harper's, 289* (February 1995), 25.

Schacter, D. L. 1996. *Searching for memory: The brain, the mind, and the past*. New York: Basic Books.

Schanck, R. C. 1982. *Dynamic memory*. New York.: Cambridge University Press.

Schanck, R. C., & Riesbeck, C. K. 1981. *Inside computer understanding: Five programs plus miniatures*. Hillsdale, N.J.: Erlbaum.

Schellenberg, E. G., & Trehub, S. E. 1996. Natural musical intervals: Evidence from infant listeners. *Psychological Science, 7*, 272-277.

Schelling, T. C. 1960. *The strategy of conflict*. Cambridge, Mass.: Harvard University Press.

Schelling, T. C. 1984. The intimate contest for self-command. In T. C. Schelling, *Choice and consequence: Perspectives of an errant economist*. Cambridge, Mass.: Harvard University Press.

Schutz, C. E. 1977. The psycho-logic of political humor. In Chapman & Foot, 1977.

Schwartz, S. P. 1979. Natural kind terms. *Cognition 7*, 301-315.

Searle, J. R., & commentators. 1980. Minds, brains, and programs. *The Behavioral and Brain Sciences, 3*, 417-457.

Searle, J. R. 1983. The word turned upside down. *New York Review of Books*, October 27, pp. 74-79.

Searle, J. R., & commentators. 1992. Consciousness, explanatory inversion, and cognitive science. *Behavioral and Brain Sciences, 13*, 585-642.

Searle, J. R. 1993. Rationality and realism: What is at stake? *Daedalus, 122*, 55-83.

Searle, J. R. 1995. The mystery of consciousness. *New York Review of Books*, November 2, pp. 60-66; November 16, pp. 54-61.

Segal, S., & Fusella, V. 1970. Influence of imaged pictures and sounds on detection of visual and auditory signals. *Journal of Experimental Psychology, 83*, 458-464.

Seligman, M. E. P. 1971. Phobias and preparedness. *Behavior Therapy, 2*, 307-320.

The Seville Statement on Violence. 1990. *American Psychologist, 45*, 1167-1168.

Shapiro, J. A. 1995. Adaptive mutation: Who's really in the garden? *Science, 268*, 373-374.

Shastri, L., Ajjanagadde, V., & commentators. 1993. From simple associations to systematic reasoning: A connectionist representation of rules, variables, and dynamic bindings using temporal synchrony. *Behavioral and Brain Sciences, 16*, 417-494.

Shepard, R. N. 1978. The mental image. *American Psychologist, 33*, 125-137.

Shepard, R. N. 1987. Toward a universal law of generalization for psychological science. *Sciecne, 237*, 1317-1323.

Shepard, R. N. 1990. *Mind sights: Original visual illusions, ambiguities, and other anomalies*. New York: W. H. Freeman.

Shepard, R. N., & Cooper, L. A. 1982. *Mental images and their transformations*. Cambridge, Mass.: MIT Press.

Sherif, M. 1966. *Group conflict and cooperation: Their social psychology*. London: Routledge & Kegan Paul.

Sherry, D. f., & Schacter, D. L. 1987. The evolution of multiple memory systems. *Psychological Review, 94*, 439-454.

Shimojo, S. 1993. Development of interocular vision in infants. In Simons, 1993.

Shostak, M. 1981. *Nisa: The life and words of a !Kung woman*. New York: Vintage.

Shoumatoff, A. 1985. *The mountain of names: A history of the human family*. New York: Simon & Schuster.

Shreeve, J. 1992. The dating game. *Discover*, September.

Shultz, T. R. 1977. A cross-cultural study of the structure of humor, In Chapman & Foot.

Shweder, R. A. 1994. "You're not sick, you're just in love": Emotion as an interpretive system. In Ekman & Davidson, 1994.

Simon, H. A. 1969. The architecture of complexity. In H. A. Simon, *The sciences of the artificial*. Cambridge, Mass.: MIT Press.

Simon, H. A., & Newell, A. 1964. Information processing in computer and man. *American Scientist, 52*, 281-300.

Simons, K. (Ed.) 1993. *Early visual development: Normal and abnormal*. New York: Oxford University Press.

Singh, D. 1993. Adaptive significance of female physical attractiveness: Role of waist-to-hip ratio. *Journal of Personality and Social Psychology, 65*, 293-307.

Singh, D. 1994. Ideal female body shape: Role of body weight and waist-to-hip ratio. *International Journal of Eating Disorders, 16*, 283-288.

Singh, D. 1995. Ethnic and gender consensus for the effect of waist-to-hip ratio on judgement of women's attractiveness. *Human Nature, 6*, 51-65.

Sinha, P., 1995. Perceiving and recognizing three-dimensional forms. Ph. D. dissertation, Department of Electrical Engineering and Computer Science, MIT.

Sinha, P., & Adelson, E. H. 1993a. Verifying the 'consistency' of shading patterns and 3D structures. In *Proceedings of the IEEE Workshop on Qualitative Vision, New York*. Los Alamitos, Calif.: IEEE Computer Society Press.

Sinha, P., & Adelson, E. H. 1993b. Recovering reflectance and illumination in a world of painted polyhedra. In *Proceedings of the Fourth International Conference on Computer Vision, Berlin*. Los Alamitos, Calif.: IEEE Computer Society Press.

Sloboda, J. A. 1985. *The musical mind: The cognitive psychology of music*. New York: Oxford University Press.

Smith, E. E., & Medin, D. L. 1981. Categories and concepts. Cambridge, Mass.: Harvard University Press.

Smith, E. E., Langston, C., & Nisbett, R. 1992. The case for rules in reasoning. *Cognitive Science, 16*, 1-40.

Smolensky, P., & commentators. 1988. On the proper treatment of connectionism. *Behavioral and Brain Sciences, 11*, 1-74.

Smolensky, P. 1990. Tensor product variable binding and the representation of symbolic structures in connectionist systems. *Artificial Intelligence, 46*, 159-216.

Smolensky, P. 1995. Reply: Constituent structure and explanation in an integrated connectionist/symbolic cognitive architecture. In C. MacDonald & G. MacDonald (Eds.), *Connectionism: Debates on Psychological Explanations*, Vol 2, Cambridge, Mass.: Blackwell.

Sober, E. (Ed.) 1984a. *Conceptual issues in evolutionary biology*. Cambridge, Mass.: MIT Press.

Sober, E. 1984b. *The nature of selection: Evolutionary theory in philosophical focus*. Cambridge, Mass.: MIT Press.

Solso, R. 1994. *Cognition and the visual arts*. Cambridge, Mass.: MIT Press.

Sommers, C. H. 1994. *Who stole feminism?* New York: Simon & Schuster.

Sowell, T. 1995. *The vision of the anointed: Self-congratulation as a basis for social policy*. New York: Basic Books.

Spelke, E. 1995. Initial knowledge: Six suggestions. *Cognition, 50*, 433-447.

Spelke, E. S., Breinlinger, K., Macomber, J., & Jacobson, K. 1992. Orgins of knowledge. *Psychological Review, 99*, 605-632.

Spelke, E. S., Phillips, A., & Woodward, A. L. 1995. Infants' knowledge of object motion and human action. In Sperber, Premack, & Premack, 1995.

Spelke, E., Vishton, P., & von Hofsten, C. 1995. Object perception, object-directed action, and physical knowledge in infancy, In Gazzaniga, 1995.

Sperber, D. 1982. Apparently irrational beliefs. In M. Hollis & S. Lukes (Eds.), *Rationality and relativism*. Cambridge, Mass.: Blackwell.

Sperber, D. 1985. Anthropology and psychology: Towards an epidemiology of representations. *Man, 20,* 73-89.

Sperber, D., Cara, F., & Girotto, V. 1995. Relevance theory explains the selection task. *Cognition, 57,* 31-95.

Sperber, D., Premakc, D., & Premack, A. J. (Eds.) 1995. *Causal cognition.* New York : Oxford University Press.

Sperber, D., & Wilson, D. 1986. *Relevance: Communication and cognition.* Cambridge, Mass.: Harvard University Press.

Staddon, J. E. R. 1988. Learning as inference. In R. C. Bolles & M. D Beecher (Eds.), *Evolution and learning.* Hillsdale, N.J.: Erlbaum.

Stenning, K., & Oberlander, J. 1995. A cognitive theory of graphical and linguistic reasoning: Logic and implementation. *Cognitive Science, 19,* 97-140.

Sterelny, K., & Kitcher, P. 1988. The return of the gene. *Journal of Philosophy, 85,* 339-361.

Stereogram. 1994. San Francisco: Cadence Books.

Stevens, A., & Coupe, P. 1978. Distortions in judged spatial relations. *Cognitive Psychology, 10,* 422-437.

Storr, A. 1992. *Music and the mind.* New York: HarperCollins.

Stringer, C. 1992. Evolution of early humans. In Jones, Martin, & Pilbeam, 1992.

Stryker, M. P. 1993. Rentinal cortical development: Introduction. In Simons, 1993.

Stryker, M. P. 1994. Precise development from imprecise rules. *Science, 263,* 1244-1245.

Subbiah, I., Veltri, L., Liu, A., & Pentland, A. 1996. Paths, landmarks, and edges as reference frames in mental maps of simulated environments. CBR Technical Report 96-4, Cambridge Basic Research, Nissan Research & Develpment, Inc.

Sullivan, W. 1993. *We are not alone: The continuing search for extraterrestrial intelligence.* Revised edition. New York.: Penguin.

Sulloway, F. J. 1995. Birth order and evolutionary psychology: A meta-analytic overview. *Psychological Inquiry, 6,* 75-80.

Sulloway, F. J. 1996. *Born to rebel: Family conflict and radical genius.* New York: Pantheon.

Superstereogram. 1994. San Francisco: Cadence Books.

Sutherland, S. 1992. *Irrationality: The enemy within.* London: Penguin.

Swisher, C. C., III, Rink, W. J., Antón, S. C., Schwarcz, H. P., Curtis, G. H., Surpijo, A., & Widiasmoro. 1996. Latest *Homo erectus* of Java: Potential contemporaneity with *Homo sapiens* in Southeast Asia. *Science, 274,* 1870-1874.

Symons, D. 1978. *Play and aggressin: A study of rhesus monkeys.* New York: Columbia University Press.

Symons, D. 1979. *The evolution of human sexuality.* New York: Oxford University Press.

Symons, D., & commentators. 1980. Précis of "The evolution of human sexuality." *Behavioral and Brain*

Sciences, 3, 171-214.

Symons, D. 1992. On the use and misuse of Darwinism in the study of human behavior. In Barkow, Cosmides, & Tooby, 1992.

Symons, D. 1993. The stuff that dreams aren't made of: Why wake-state and dream-state sensory experiences differ. *Cognition, 47*, 181-217.

Symons, D. 1995. Beauty is in the adaptations of the beholder: The evolutionary psychology of human female sexual attractiveness. In P. R. Abramson & S. D. Pinkerton (Eds.), *Sexual nature, sexual culture*. Chicago: University of Chicago Press.

Tajfel, H. 1981. *Human groups and social categories*. New York: Cambridge University Press.

Talmy, L. 1985. Lexicalization patterns: Semantic structure in lexical forms. In T. Shopen (Ed.), *Language typology and syntactic description*. Vol. III: *Grammatical categories and the lexicon*. New York: Cambridge University Press.

Talmy, L. 1988. Force dynamics in language and cognition. *Cognitive Science, 12*, 49-100.

Tan, E. S. 1996. *Emotion and the structure of narrative film*. Hillsdale, N.J.: Erlbaum.

Tarr, M. J. 1995. Rotating objects to recognize them: A case study on the role of viewpoint dependency in the recognition of three-dimensional shapes. *Psychonomic Bulletin and Review, 2*, 55-82.

Tarr, M. J., & Black, M. J. 1994a. A computational and evolutionary perspective on the role of representation in vision. *Computer Vision, Graphics, and Image Processing: Image Understanding, 60*, 65-73.

Tarr, M. J., & Black, M. J. 1994b. Reconstruction and purpose. *Computer Vision, Graphics, and Image Processing: Image Understanding, 60*, 113-118.

Tarr, M. J., & Bülthoff, H. H. 1995. Is human object recognition better described by geon-structural-descriptions or by multiple views? *Journal of Experimental Psychology: Human Perception and Performance, 21*, 1494-1505.

Tarr, M. J., & Pinker, S. 1989. Mental rotation and orientation-dependence in shape recognition, *Cognitive Psychology, 21*, 233-282.

Tarr, M. J., & Pinker, S. 1990. When does human object recognition use a viewer-centered reference frame? *Psychological Science, 1*, 253-256.

Thorn, F., Gwiazda, J., Cruz, A. A. V., Bauer, J. A., & Held, R. 1994. The development of eye alignment, convergence, and sensory binocularity in young infants. *Investigative Ophthalmology and Visual Science, 35*, 544-553.

Thornhill, N., & commentators. 1991. An evolutionary analysis of rules regulating human inbreeding and marriage. *Behavioral and Brain Sciences, 14*, 247-293.

Timney, B. N. 1990. Effects of brief monocular occlusion on binocular depth perception in the cat: A sensitive period for the loss of stereopsis. *Visual Neuroscience, 5*, 273-280.

Tichener, E. B. 1909. *Lectures on the experimental psychology of the thought processes.* New York: Macmillan.
Tooby, J. 1976a. The evolutionary regulation of inbreeding. Institute for Evolutionary Studies Technical Report76(1). 1-87, University of California, Santa Barbara.
Tooby, J. 1976b. The evolutionary psychology of incest avoidance. Institute for Evolutionary Studies Technical Report76(2), 1-92, University of California, Santa Barbara.
Tooby, J. 1982. Pathogens, polymorphism, and the evolution of sex. *Journal of Theoretical Biology, 97,* 557-576.
Tooby, J. 1985. The emergence of evolutionary psychology. In D. Pines (Ed.), *Emerging syntheses in science.* Santa Fe, N.M.: Santa Fe Institute.
Tooby, J. 1988. The evolution of sex and its sequelae. Ph. D. dissertation, Harvard University.
Tooby, J., & Cosmides, L. 1988. The evolution of war and its cognitive foundations. Paper presented at the annual meeting of the Human Behavior and Evolution Society, Ann Arbor, Mich. Institute for Evolutionary Studies Technical Report 88-1. University of California, Santa Barbara.
Tooby, J., & Cosmides, L. 1989. Adaptation versus phylogeny: The role of animal psychology in the study of human behavior. *International Journal of Comparative Psychology, 2,* 105-118.
Tooby, J., & Cosmides, L. 1990a. The past explains the present: Emotional adaptations and the structure of ancestral environments. *Ethology and Sociobiology, 11,* 375-424.
Tooby, J., & Cosmides, L. 1990b. On the universality of human nature and the uniqueness of the individual: The role of genetics and adaptation. *Journal of Personality, 58,* 17-67.
Tooby, J., & Cosmides, L. 1992. Psychological foundations of culture. In Barkow, Cosmides, & Tooby, 1992.
Tooby, J., & Cosmides, L. 1993. Cognitive adaptations for threat, cooperation, and war. Plenary address, Annual Meeting of the Human Behavior and Evolution Society, Binghamton, New York, August 6.
Tooby, J., & Cosmides, L. 1996. Friendship and the Banker's Paradox: Other pathways to the evolution of adaptations for altruism. In J. Maynard Smith (Ed.), *Proceedings of the Britsh Academy: Evolution of social behavior patterns in primates and man.* London: British Academy.
Tooby, J., & Cosmides, L. 1997. Ecological rationality and the multimodular mind: Grounding normative theories in adaptive problems. Unpublished manuscript, University of California, Santa Barbara.
Tooby, J., & DeVore, I. 1987. The reconstruction of hominid evolution through strategic modeling. In W. G. Kinzey (Ed.), *The evolution of human behavior: Primate models.* Albany, N.Y.: SUNY Press.
Treisman, A. 1988. Features and objects. *Quarterly Journal of Experimental Psychology, 40A,* 201-237.
Treisman, A., & Gelade, G. 1980. A feature-integration theory of attention. *Cognitive Psychology, 12,* 97-136.
Treisman, M. 1977. Motion sickness: An evolutionary hypothesis. *Science, 197,* 493-495.
Tributsch, H. 1982. *How life learned to live: Adaptation in nature.* Cambridge, Mass.: MIT Press.

Trinkaus, E. 1992. Evolution of human manipulation. In Jones, Martin, & Pilbeam, 1992.

Trivers, R. 1971. The evolution of reciprocal altruism. *Quarterly Review of Biology, 46*, 35-57.

Trivers, R. 1981. Sociobiology and politics. In E. White (Ed.), *Sociobiology and human politics*. Lexington, Mass.: D. C. Heath.

Trivers, R. 1985. Social evolution. Reading, Mass.: Benjamin/Cummings.

Turing, A. M. 1950. Computing machinery and intelligence. *Mind, 59*, 433-460.

Turke, P. W., & Betzig, L. L. 1985. Those who can do: Wealth, status, and reproductive success on Ifaluk, *Ethology and Sociobiology, 6*, 79-87.

Turner, M. 1991. *Reading minds: The study of English in the age of cognitive science*. Princeton: Princeton University Press.

Tversky, A., & Kahneman, D. 1974. Judgement under uncertainty: Heuristics and biases. *Science, 185*, 1124-1131.

Tversky, A., & Kahneman, D. 1983. Extensions versus intuitive reasoning: The conjunction fallacy in probability judgement. *Psychological Review, 90*, 293-315.

Tye, M. 1991. *The imagery debate*. Cambridge, Mass.: MIT Press.

Tyler, C. W. 1983. Sensory processing of binocular disparity. In C. M. Schor & K. J. Ciuffreda (Eds.), *Vergence eye movements: Basic and clinical aspects*. London: Butterworths.

Tyler, C. W. 1991. Cyclopean vision. In D. Regan (Ed.), *Vision and visual dysfunction*, Vol. 9: *Binocular vision*. New York: Macmillan.

Tyler, C. W. 1995. Cyclopean riches: Cooperativity, neurontropy, hysteresis, stereoattention, hyperglobality, and hypercyclopean processes in random-dot stereopsis. In Papathomas et al., 1995.

Ullman, S. 1984. Visual routines. *Cognition, 18*, 97-159. Reprinted in Pinker, 1984b.

Ullman, S. 1989. Aligning pictorial descriptions: An approach to object recognition. *Cognition, 32*, 193-254.

van den Berghe, P. F. 1974. *Human family systems: An evolutionary view*. Amsterdam: Elsevier.

Van Essen, D. C., & DeYoe, E. A. 1995. Concurrent processing in the primate visual cortex. In Gazzaniga, 1995.

Veblen, T. 1899/1994. *The theory of the leisure class*. New York: Penguin.

Wallace, B. 1984. Apparent equivalence between perception and imagery in the production of various visual illusions. *Memory and Cognition, 12*, 156-162.

Waller, N. G. 1994. Individual differences in age preferences in mates. *Behavioral and Barin Sciences, 17*, 578-581.

Wandell, B. A. 1995. *Foundations of vision*. Sunderland, Mass.: Sinauer.

Wason, P. 1966. Reasoning. In B. M. Foss (Ed.), *New horizons in psychology*. London; Penguin.

Wehner, R., & Srinivasan, M. V. 1981. Searching behavior of desert ants, genus *Cataglyphis(Formicidae*,

Hymenoptera.) *Journal of Comparative Physiology, 142*, 315-338.

Weiner, J. 1994. *The beak of the finch*. New York: Vintage.

Weinshall, D., & Malik, J. 1995. Review of computational models of stereopsis. In Papathomas et al., 1995.

Weisberg, R. 1986. *Creativity : Genius and other myths*. New York: Freeman.

Weisfeld, G. E. 1993. The adaptive value of humor and laughter. *Ethology and Sociobiology, 14*, 141-169.

Weizenbaum, J. 1976. *Computer power and human reason*. San Francisco: W. H. Freeman.

White, R. 1989. Visual thinking in the Ice Age. *Scientific American*, July.

Whitehead, B. D. 1994. The failure of sex education. *Atlantic Monthly, 274*, 55-61.

Whittlesea, B. W. A. 1989. Selective attention, variable processing, and distributed representation: Preserving particular experiences of general structures. In Morris, 1989.

Wierzbicka, A. 1994. Cognitive domains and the structure of the lexicon: The case of the emotions. In Hirschfeld & Gelman, 1994a.

Wilczek, F. 1994. A call for a new physics (Review of R. Penrose's "The emperor's new mind"). *Science, 266*, 1737-1738.

Wilford, J. N. 1985. *The riddle of the dinosaur*. New York: Random House.

Williams, G. C. 1966. *Adaptation and natural selection: A critique of some current evolutionary thought*. Princeton, N.J.: Princeton University Press.

Williams, G. C. 1992. *Natural selection: Domains, levels, and challenges*. New York: Oxford University Press.

Williams , G. C., & Williams, D. C. 1957. Natural selection of individually harmful social adaptations among sibs with special reference to social insects. *Evolution, 11*, 32-39.

Wilson, D. S., Sober, E., & commentators. 1994. Re-introduction group selection to the human behavior sciences. *Behavioral and Brain Sciences, 17*, 585-608.

Wilson, E. O. 1975. *Sociobiology: The new synthesis*. Cambridge, Mass.: Harvard University Press.

Wilson, E. O. 1994. *Naturalist*. Washington, D. C.: Island Press.

Wilson, J. Q. 1993. *The moral sense*. New York: Free Press.

Wilson, J. Q., & Herrnstein, R. J. 1985. *Crime and human nature*. New York: Simon & Schuster.

Wilson, M., & Daly, M. 1992. The man who mistook his wife for a chattel. In Barkow, Cosmides, & Tooby, 1992.

Wimmer, H., & Perner, J. 1983. Beliefs about beliefs: Representation and constraining function of wrong beliefs in young children's understanding of deception. *Cognition, 13*, 103-128.

Winograd, T. 1976. Towards a procedural understanding of semantics. *Revue Internationale de Philosophie, 117-118*, 262-282.

Wolfe, T. 1975. *The painted word*. New York: Bantam Books.

Wootton, R. J. 1990. The mechanical design of insect wings. *Scientific American*, November.

Wright, L. 1995. Double mystery. *New Yorker*, August 7, pp. 45-62.

Wright, R. 1988. *Three scientists and their gods: Looking for meaning in an age of information.* New York: HarperCollins.

Wright, R. 1994a. *The moral animal: Evolutionary psychology and everyday life.* New York: Pantheon.

Wright, R. 1994b. Feminists, meet Mr. Darwin. *New Republic*, November 28.

Wright, R. 1995. The biology of violence. *New Yorker*, March 13, pp. 67-77.

Wynn, K. 1990. Children's understanding of counting, *Cognitions, 36*, 155-193.

Wynn, K. 1992. Addition and subtraction in human infants. *Nature, 358*, 749-750.

Yellen, J. E., Brooks, A. S., Cornelissen, E., Mehlman, M. J., & Steward, K. 1995. A Middle Stone Age worked bone industry from Katanda, Upper Semliki Valley, Zaire. *Science, 268*, 553-556.

Young, A. W., & Bruce, V. 1991. Perceptual categories and the computation of 'grandmother.' *European Journal of Cognitive Psychology, 3*, 5-49.

Young, L. R., Oman, C. M., Watt, D. G. D., Money, K. E., & Lichtenberg, B. K. 1984. Spatial orientation in weightlessness and readaptation to earth's gravity. *Science, 225*, 205-208.

Zahavi, A. 1975. Mate selection—A selection for handicap. *Journal of Theoretical Biology, 53*, 205-214.

Zaitchik, D. 1990. When representations conflict with reality: The preschooler's problem with false beliefs and "false" photographs. *Cognition, 35*, 41-68.

Zentner, M. R., & Kagan, J. 1996. Perception of music by infants. *Nature, 383*, 29.

Zicree, M. S. 1989. *The Twilight Zone companion*. 2d ed. Hollywood: Silman-James Press.

찾아보기

볼드체로 표시한 쪽 범위는 해당 주제를 전적으로 다룬 절을 가리킨다.

ㄱ

가나산족 776
가드너, 마틴 428
가르보, 그레타 94, 827
가상현실 58, 65, 353, 412, 825
가십 623, 827
가와모토, 앨런 203
가자니가, 마이클 648
가족 664, 665-681 → 친족
간, 제이크 411
간지럼 836, 847
간통 80, 83, 306, 718, 721, 731, 735-737, 751, 754-755, 795
갈등 해결 44, 669
갈레노스 32-33
갈릴레오 471, 554
감각 225
감사 610, 622, 623, 624, 779
감정 114-115, 232, 485, **559-653** → 감사; 노여움; 동정; 두려움; 명예; 복수; 사랑; 수치; 슬픔; 신뢰; 아름다움; 역겨움; 열정; 자제; 좋아함; 죄의식; 질투; 짜릿함; 행복
    계통발생론 570-571
    ~과 심상 441
    보편성 561-568
    수압설 103, 114
    신경해부학 570-572
    음악 속의 ~ 811, 814-815, 817-818
    적응 기능 232, 570-576
    표정 423, 562-564, 576, 582, 636-640
감정의 소리 821-822
강간 86, 92, 93, 98, 100, 567, 657, 728, 738, 754, 755-756, 784-788, 849
    전시의 ~ 784-788

개구쟁이 20, 686, 839
개념 대 심상 459-460 → 개인; 범주화; 의미
개방성 690
개인
    ~의 개념 190-195, 472, 619, 643, 724
개인적 차이 68, 90
갤리스텔, C. 랜디 288
갤브레이스, 존 케네스 656
거대 돌연변이 257, 317
거래 629-630, 633
거미 54, 269, 278, 382, 442, 583, 594-595, 597, 610, 709
거스리, 우디 815
거울상 → 한쪽편향
거짓 감정 623, 624, 637, 640, 651
거짓말 307, 469, 647-648, 849
겉치레하기 509
게임이론 628-636
게코, 고든 617
게티, J. 폴 741
겔만, 머리 260
겔먼, 수전 502
결속 684
결정적 시기
    시각 373-376
    언어 377
결투 763, 765
결혼 → 사랑 낭만적 ~; 사랑 우애적 ~; 일부다처; 짝선택
    분쟁 672, 708-709
    성적 관심의 감퇴 724
    시장 641-643, 728
    신부에 대한 소유권 이전으로서의 ~ 753
    ~의 진화적 기초 708-709
    ~이 (원시 사회에서) 드물었다는 추정 665

이문화 간 ~ 666
중매 ~ 671-675
경제학
　거래의 ~ 629-630
　결혼의 ~ 732-735
　교환의 ~ 771-778
　사랑의 ~ 641-644
　성성의 ~ 728-729
　신용 리스크의 ~ 779-782
　아름다움의 ~ 746-749
　약속의 ~ 630-631, 641
　위험의 ~ 764-765, 776
　지위의 ~ 766-771
　해피엔딩의 ~ 826
　행복의 ~ 604-607
　협박의 ~ 631-633
　협조의 ~ 74, 603, 618-619
계몽운동 334
계산주의 마음 이론 48, 51, 52-57, **113-120**, 132-133, 795
　~과 감정 570, 573-576, 658-660
　~과 마음−신체 문제 134
　~과 마음의 진화 56, 156-157, 214-215, 570, 658-660, 795
　~과 신경과학 143-144
　~과 심리학 144-157
　~과 연결주의 134, 189, 214
　~과 인공지능 141-143
　~에 대한 반론 157-163
고기 297-298, 310-313, 317, 583, 587-589, 590-591, 717, 719, 736, 772, 776, 785, 805
　사고 162-163
고든, 메리 94
고릴라 55, 209-210, 217, 305, 307-308, 324, 463, 715-716, 719, 736
고어, 티퍼 643
고전적인 조건화 → 조건화
고프닉, 앨리슨 510
고환 259, 267, 716, 719, 736
곤충

날개의 진화 274-276
위장 365-366
음식으로서의 ~ 582-585, 589
~의 잔인성 92
이동 31
전쟁 625, 788
집단 이타주의 625, 662
항법 288-290
골렘 21, 39
공간인지 → 마음 지도; 심상
　동물의 ~ 288-291, 548-549
　인간의 ~ 407-415, 451-452, 454-457, 524
공격(성) 56, 68, 85, 93, 96-98, 302, 621, 759-766 → 우위; 전쟁
　~과 유머 837-838, 843, 847-848
공상과학소설 108, 114, 161, 245, 325, 335, 828
공생 781
공자 33
공포증 94, 442, 532, 593
과학적 추론 211-212, 464-465, 466-471, 476-477, 553-554 → 직관물리학; 직관생물학; 직관심리학; 직관이론
　아이들의 ~ 466
관념연합 187-188, 215, 288-289 → 연결주의; 행동주의
광란증 561
괴델의 정리 163, 861
교육 526-527, 555
구달, 제인 646
국가 → 정부
굴드, 스티븐 제이 71, 81, 217, 218-219, 247, 266, 271, 275, 463, 464, 480, 531, 685
굴드, 제임스 290
굿맨, 넬슨 832-833
귀여움 684
그라펜, 앨런 769
그래프 304, 554
그랜트, 로즈메리 262-263
그랜트, 피터 262-263
그랜트, 휴 729
그린, 버트 492

그림 341-343, 386, 387, 390-391, 396-397, 430, 441, 454, 579, 742, 806-809, 833
극미인 393, 398, 399-400
근친상간 677, **700-707**
글라이트만, 릴라 208
글라이트만, 헨리 208
글렌, 존 310
금기
 근친상간 ~ 677, 701
 음식 ~ 582, 590-593
기능주의
 언어학의 ~ 326-328
기독교 676, 730-731, 735, 786 → 종교
기어리, 데이비드 491, 524, 527
기억 → 심상
 다중적 체계 205
 단기~ 152, 223, 230-232, 858
 자서전적 ~ 대 어의론적 ~ 204
 장기~ 153, 174, 204, 223, 230-232, 442-443, 445, 454-456
 주소로 내용을 꺼낼 수 있는 ~ 174, 185
 컴퓨터 프로그램의 ~ 123, 169-170, 174, 222-223
기저핵 570
기하자 419-422, 425-427, 432, 434-435, 443, 448-449, 808
기하학 99-100, 152, 305, 344, 370, 377, 401, 413, 419, 425, 435-436, 451-452, 468, 523-524, 808, 859
기호 처리 116-117, 138-139, 157-161 → 연산; 정보
긴팔원숭이 54, 244, 715-716, 719
길든, 데이비드 494
길러랜드, 마이클 829
길버트, W. S.와 설리번, A. 77
깁슨, J. J. 410
꿈 280, 447, 853

ㄴ

나바스키, 빅터 142
나비 476-477, 499-500, 770
나사 243, 411
나이서, 울리히 467
나이팅게일, 플로렌스 94
나체 725
나치즘 676
나카야마, 켄 370-371
낙타 270
난교 715-716, 720-724, 726-731 → 간통
날개
 ~의 진화 272-276
날씨 300, 580, 850
남성의 부모 투자 → 부모 투자 남자에 의한 ~
낭만주의 556, 559, 570, 576, 629, 634, 640, 767, 783
《내셔널 지오그래픽》 742
내시, 오그던 302
내이 410-411, 819
내측전뇌다발 804
냄새 305, 584, 664
네스, 랜돌프 597
네안데르탈인 317, 320-321
네커 정육면체 177, 378, 397
노동 분업 297, 719-720, 755-756
노숙자
 ~에 대한 감정 777
노여움 610, 621, 623
논리 117-120, 165-166, 168, 184, 201-202, 211, 513-515 → 추론 논리적 ~
논리실증주의 237
놀런, 스티븐 285-287
놀이(유년기) 836
농경 79, 767, 776
농업혁명 → 문명
뇌 → 기저핵; 내측전뇌다발; 두정엽; 변연계; 브로카 영역; 시각기관; 시상; 신경망; 신경세포(뉴런); 신경세포 조직; 전대상고랑; 전두엽; 청각기관; 측두엽; 편도; 피질 지도; 해마
 대뇌피질 54, 62-63, 222, 572, 637, 858
 ~발달 69-70, 280-281, 373-376
 언어 영역 293, 420-421
 ~와 마음 48, 51, 52, 113, 122-123

~와 심상 443-444
~와 음악 823-824
~와 의식 222, 857, 858, 861
~의 진화 247-250, 280-281, 293-294, 307-308, 316-317, 623
좌반구 대 우반구 420-421, 430-431, 569, 648-649
뇌 영상 225, 446-447
뇌의 삼중구조 이론 570-571, 640
눈 72, 143-144, 334-335, 339, 344, 346-350, 400-402, 408-409, 808
사람들의 ~ 관찰 508
아름다운 ~ 743
~의 진화 252-255, 257, 273
눈의 운동 348-349, 354-355, 357, 400, 407-409
뉴엘, 앨런 53, 109, 144, 223
뉴턴, 아이작 82, 345, 407, 481, 492-495
니모이, 레너드 824
니커슨, 레이먼드 455
닐슨, 댄 264-265

ㄷ

다마지오, 안토니오 233
다 빈치, 레오나르도 → 레오나르도 다 빈치
다윈주의 → 자연선택; 적응
다윈주의 사회과학 326-328
다윈, 찰스
감정에 대하여 562, 564, 636-637, 639
개체 선택에 대하여 610
눈의 진화에 대하여 257-258
마음과 뇌에 대하여 114
복잡 설계에 대하여 49-50, 251-253
본성에 대하여 92
분류에 대하여 449-501
성선택에 대하여 713-714
음악에 대하여 821-822
인간의 마음에 대하여 461, 463-464
적응에 대하여 79, 81
혁명적 기질 699

닥터 스트레인지러브 627-628, 631, 634, 636
《닥터 후》 19
단기기억 → 기억 단기~
단어
감정을 위한 ~ 561-562, 564-566
공간을 위한 ~ 430, 543-544
공포증을 위한 ~ 593
논쟁을 위한 ~ 551-552
마음 상태를 위한 ~ 509, 546
미덕을 위한 ~ 552
보편적 개념들 300
사랑을 위한 ~ 552
사회적 상호작용을 위한 ~ 546
생각을 위한 ~ 552-553
수를 위한 ~ 522
수여를 위한 ~ 545
시간을 위한 ~ 543-544
형태를 위한 ~ 414, 416
힘을 위한 ~ 493, 546
달
지각의 문제 388
달라이 라마 797
달리, 살바도르 333
대로, 클래런스 584
《대부》 634, 659, 666
대칭 182, 271, 342, 345, 381-382, 415, 418, 422, 430, 434, 449, 524, 743, 807-809
댈리, 마틴 607, 634, 667-669, 682, 752, 754, 762, 764
더쇼위츠, 앨런 539
데닛, 대니얼 36-37, 98, 137, 164, 217, 232, 237, 239, 266, 506
데이비스, 폴 463
데이트 641, 723 → 짝선택
데제네레스, 엘렌 333, 357
데카르트, 르네 72, 134, 410, 858
도구 297, 300, 301, 303, 315, 317, 318-319, 326, 504 → 인공물
도덕관념
감각력과 의지에 대한 개념 99-100, 239
개인에 대한 개념 194, 483

~ 대 그 밖의 마음 기능들 93-94, 482-483, 652, 795
~ 대 도덕성 859
도덕성과 지위의 혼동 757-758, 802
로봇의 ~ 40-42
운에 대한 개념 775-777
호혜의 조절자로서의 역할 621-623
도덕철학 → 윤리
도박 280, 381, 529, 532, 603, 607
도박사의 오류 533-534
도브잔스키, 테오도시우스 332
도킨스, 리처드 70-71, 82, 84, 217, 251, 256, 258, 329, 484, 611, 618
독서 장애 68
독신주의 79, 800
독재 732, 735, 753, 795
돈 772
돌고래 307, 788
동기 부여 38-43, 81-83, 232, 573-576 → 감정; 성실; 열정; 자제; 행복
동물의 감정 83
동물의 인지 54-55, 146, 194-195, 204, 288-292, 522, 532, 548-549, 859-860
동물행동학 → 곤충; 동물의 감정; 동물의 인지; 본능; 부모 투자; 새; 영장류; 우위
동정 610, 622, 623, 624, 777, 779
두개골 41, 69, 99, 145, 236, 298, 315, 317, 329, 345, 376, 404, 410, 684, 854
두려움 529, 532, 575-576, **593-598**
두 발 보행 309, 314, 316-317
두정엽 446
둠스데이머신 625-640, 645-647, 652, 751, 763
드라이든, 존 825
드레이크, 프랭크 243, 245
드보어, 어븐 299-300, 310, 594
드워킨, 안드레아 728
디너, 에드 602-603
디네센, 이자크 840
디지털 사본 211
딜런, 밥 765, 819

뚜렷한 소비 768-769

ㄹ

라로슈푸코, 프랑수아 651
라마르크식 진화 287
라마르크, 장 밥티스트 256, 258, 326, 331, 636
라슨, 게리 175
라이트, 로버트 735
라이트, 스티븐 191
라이프니츠 547
라이히, 찰스 656-657, 661
라일, 길버트 134
라포포트, 아나톨 793
랜더스, 앤 794
랜드, 에드윈 384-385
랜즈버그, 스티븐 733, 826
러멜하트, 데이비드 184, 186, 209
레논, 존 661
레닌주의 676, 795
레달, 프레드 811, 815, 817
레더러, 리처드 829
레드포드, 로버트 729
레반트, 오스카 602
레보위츠, 프랜 741
레슬리, 앨런 510-511
레오나르도 다 빈치 322, 341, 377
레오나르도의 창문 343, 345, 347, 454
레이건, 로널드 96, 840
레이번, 샘 68
레이, 조르주 238
레이코프, 조지 480-481, 551
레이크워비곤효과 649
레티넥스이론 385-386
로렌츠, 콘라트 684, 759
《로미오와 줄리엣》 109
로봇
가상의 ~ 19-22, 36-37, 38-43, 105-106
실제 ~ 19, 38

~ 제작의 과제 22-44, 58, 64, 104, 107, 280, 292, 465
로봇공학 → 인공지능 로봇공학
로벳, 라일 741
로빈슨, E. A. 601
로살도, 레나토 568
로시, 엘리너 474
로저스, 앨런 765
로즈, 스티븐 84, 95
로진, 폴 584-587, 826
로크, 존 187-188, 457-458, 461
록, 어빈 413
록 음악 529, 569
루벤스, 피터 폴 742
루빈, 제리 167
루스 박사 708
루이스, 데이비드 566
루차티, 클라우디오 446
르누아르, 피에르 오귀스트 801
르완다 787
르윈틴, 리처드 84, 95, 267
리드, 루 819
리벤베르크, 루이스 301
리처즈, 휘트먼 371
링컨, 에이브러햄 202, 430, 455

□

마돈나-창녀 이분법 738
마르, 데이비드 336-337, 366, 368, 370, 402, 404, 418-419, 425
마르크스, 그라우초 334, 664
마르크스주의 665
마르크스, 칼 260, 775
마셜, J. 하워드 741
마오쩌둥 780
마운트, 퍼디낸드 676
마음-신체 문제 53-54, 134
마음언어 122, 150, 153, 155, 186-187, 201-202, 337, 420, 443, 448, 457, 547 → 명제 표상
~와 신경망 195-206
마음의 모듈 방식 48, 51, 57-63, 232-233, 377, 389, 390-391, 397, 483-487
~과 동기들 간의 경쟁 80, 93, 232-233, 609, 645-647, 729-730, 794
~과 복잡성 154-157
잘못된 함의들 62-63, 485
마음 이론 → 직관심리학
마음 지도 288-291, 300-301, 455-457, 579
마음 표상 120-122, **144-157**, 449-450, 485-487 → 마음어; 명제 표상
~과 의식 222-223, 226-227
연결주의 망에서의 ~ 195-206
마음(의) 회전 327, 427, 431, 439, 450, 859
마이모니데스 590
마이어스, 데이비드 602-603
마이어, 에른스트 245, 268
마조히즘 826
마크스, 아이작 594, 597
마키아벨리식 지능 307 → 사기꾼 탐지기; 수치; 자기기만
마틴, 스티브 234
마틴, 주디스 → 매너 양
만족의 유예 604, 609 → 자제
말 33, 152-153, 175-176, 226, 293
말리노프스키, 브로니슬라브 737
《말타의 매》 633
망막상 27, 58, 144, 338-341, 354-355, 358, 379, 398, 408-410, 808
맞대응 전략 774-775, 778
매개자 545-547
매너 양 313
매직아이 104, 333, 355, 361-362, 377 → 입체그림(사진)
매춘 727-729, 736, 787, 830
매컬럭, 워런 167-168, 184
맥그로우, 알리 827
맥긴, 콜린 216, 853, 856, 859, 863
맥나마라, 존 515

맥레인, 손더스 523-525
맥린, 폴 570
맥스웰, 제임스 클러크 414
맥퀴니, 브라이언 326
맥클런드, 제임스 186, 203, 209
맥클로스키, 마이클 203, 492
맨스필드, 제인 747
맹시 235, 371-372, 375, 859
먼로, 메릴린 747
멀미 411
멍크, 텔로니어스 555
메넨데스, 라일 97
메넨데스, 에릭 97
메소드 연기법 638, 647
메스꺼움과 구토 411-412, 582-583
메이너드 스미스, 존 759
멘델, 그레고어 264
멩켄, H. L. 622, 766, 848, 857
멸종 77, 302, 320, 479-480, 498, 618
명예 635, 763-764
명제 표상 120-123, 147-151, 210
　　～과 신경망 295-206
　　심상의 ～ 443, 448-453, 454-456
모방 769-770
모셔, 테리 208
모순적 전술 **625-647**, 685-686, 751, 763
모스, 케이트 747
모스코비치, 모리스 424
모스콘, 조지 97
모이 쪼는 서열 759-760 → 우위
모차르트, 볼프강 아마데우스 21, 242, 555, 557, 802, 814
목표 108-110, 573-576
몬드리안, 피에트 385-386
무의식 → 의식
문명, 79, 320, 328, 525, 720 → 조상의 환경
문법 118, 122, 153, 176, 206, 300, 326, 420, 480, 508, 513, 545, 565, 811
문학 215, 550, 569, 658, 799, 825, 828, 829
문화 56, 65, 83-84, 303, 569, 585, 688 → 보편특성; 학습
　　아이들의 ～ 691-693
문화적 진화 320, 325, **328-332**
물리학 57, 58, 110, 112, 115, 157, 161, 163, 164, 167, 257, 260, 266, 267, 303, 428-429, 475, 478, 484, 494, 801, 851
미드, 마거릿 85, 567, 657-658
미래 저평가 604-609
미토콘드리아 320, 711-712
미토콘드리아 이브 322, 324, 468
미학 → 아름다움; 예술
민스키, 마빈 53, 532
믿음—욕구 심리학 53-54, 61, 110-113, 150-151, 507, 756
밀러, 조지 144, 513
밀, 존 스튜어트 151, 187, 469
밀크, 하비 97
밈 217, 329-332
밋포드, 낸시 669

ㅂ

바우어만, 멜리사 549
바퀘리족 741
반 고흐, 빈센트 555-556
반구의 비대칭 → 뇌 좌반구 대 우반구
발달 → 유년기; 유아기; 유아 인지; 유아 지각; 학습
　　뇌의 ～ 69-70, 371-376
　　두려움의 ～ 595-597
　　음식 기호의 ～ 586-593
　　인지의 ～ 64-65, 488-492, 496-497, 502, 503, 508-509, 521-523, 554
　　지각의 ～ 372-376, 422-423
발트하임, 쿠르트 242
방글라데시 603, 787, 810
배런-코헨, 사이먼 507, 510-511
배우자 학대 666, 751
백년전쟁 787
뱀

찾아보기 **939**

～에 대한 두려움 307, 594, 597-598
버먼, 말린 424
버스, 데이비드 721-722, 739, 750
버, 아론 763
버제스, 앤서니 569
버클리, 조지 187, 191, 457, 487
번디, 테드 122
번스, 로버트 651
번스타인, 레너드 811
벌린, 브렌트 500
범주화 34-35, 170-173, **206-212**, **472-483**, 498-504
베너, 루디거 288
베네딕트, 루스 850
베라, 요기 528
베블런, 소스타인 757, 768, 770, 800
베이스의 정리 380, 530
    지각의 ～ 380-383, 393-394, 396-397
    추론의 ～ 530, 534-537
베이츠, 엘리자베스 326
베일라전, 르네 488, 490
베치히, 로라 326, 677, 732-733
베텔하임, 브루노 511
베트남 88, 596, 787
벤담, 제러미 599
벤틀리, 로버트 472
벨, 쿠엔틴 421, 758, 769, 800-801
변연계 569, 571-572, 637
병렬 분산 처리 → 연결주의
보르헤스, 호르헤 루이스 473, 486
보복 → 명예; 복수
보스니아 259, 261, 787
보이어, 파스칼 850
보이저 우주 탐사 241-242
보즈웰, 제임스 754
보편특성 65, 297-298, 658
    가족 665
    간통 735-736
    갈등 해결 796
    감정 651-658, 582, 593-594
    결혼 665, 673-674

    결혼 갈등 708-709
    경쟁과 갈등 658
    계부모에 대한 반감 667
    공간적 은유 549
    낭만적 사랑 665, 673
    배우자 학대 751-752
    생물 분류(범주화) 497-500
    아름다움 742-743
    예술 799, 806
    유머 799, 837-839
    음악 809-810, 815
    인지 211-212, 300-303, 464-465
    일부다처 대 일처다부 731-733
    종교와 철학 799
    지각 339
    지위와 우위 757-758
    질투 750
    짝 선호 739-741
    친족심리학 663-665, 670-671
복수 104, 559, 572, 634-637, 676, 763, 767, 773, 784-785, 791, 829
복잡 설계 251-252, 256, 258-259, 275-276, 277-280
복잡성 155-157, 259-261, 463 → 복잡한 설계
본능 56, **287-292**
본질주의 497-504
볼드윈, 제임스 마크 287
볼드윈효과 287
볼테르 840
부모–자식 갈등 679-681, 686-688, 693-695
부모 투자
    남자에 의한 ～ 297-298, 303, 312-313, 317, 719, 749-750
    수컷의 ～ 716-718
    암컷의 ～ 712-716
분류법 478-481, 498-500
분자생물학 238
브라운, 도널드 471, 658
브라운, 로저 618-619
브라운밀러, 수전 787
브레그먼, 앨버트 819

브레인, 마틴 515
브레즈네프, 레오니트 761
브로노브스키, 제이콥 263
브로드벤트, 도널드 144
브로카 영역 293
브루스터, 데이비드 353, 355-356
블록, 네드 158, 219, 235
《블룸 카운티》 207
블룸, 폴 144
비달, 고어 600
비더만, 어브 419-420, 425
비시아치, 에도아르도 446
비슨, 테리 161
비어스, 앰브로즈 296, 600, 850
비트겐슈타인, 루트비히 207, 651
빌, 이반 428

ㅅ

사고실험 105, 107, 139, 158, 160-161, 252, 498, 502, 619, 809
사기꾼 탐지기 520-521, 620-621, 774
사냥 224, 297, 306, 309-313, 317, 657, 719-720, 776, 785
사랑 610, 647, 794-795
　　낭만적 ～ 43, 193, 553, **640-644**, 652, 665, 705, 708
　　배우자에 대한 ～ 43, 604, 671, 708, 780
　　우애적 ～ 708, 778-782
　　친족에 대한 ～ 61-62, **615-618**, 664-665, 775
《사랑과 죽음》 625, 829
사례기반 추론 831
사르트르, 장 폴 306
사모아 85, 567, 657
사바나
사이먼과 가펑클 601
사이먼, 허버트 53, 109, 144, 155-156, 223, 737
사진(술) 26, 58, 328, 338-339, 351, 357, 384-385, 387, 399-400, 426, 455, 725, 748, 807

사춘기 720, 739, 744-745
사회구성주의 → 포스트모더니즘; 표준사회과학모델; 해체주의
사회다윈주의 84
사회생물학 79, 84-85
사회심리학 329, 482, 496, 531, 541, 621, 649, 665, 800
　　→ 사회적 비교; 성차이 성성; 소수 집단; 연합심리학; 우위; 유머; 이익편향성; 인지부조화; 자기본위적 편향; 자민족 중심주의; 죄수의 딜레마; 지위; 질투; 짝선택; 추론 확률적 ～; 친구 관계; 행위자; 호혜적 이타주의
사회적 교환 297, 303, 312
사회적 비교 603-604
사회화 688-693, 700, 756
산후우울증 683-684
살인 92, 93, 96-98, 539, 560, 635, 657-658, 660, 668, 669-670, 708, 735, 751, 752, 754-755, 762-764, 784-785, 795, 849
3차원 26-27, 220, 304-305, 327, 333, 338-339, 359, 365-366, 378-379, 386-387, 394, 396, 402, 417, 424, 432, 435-439, 807, 860 → 시지각 깊이; 시지각 형태와 크기; 입체시
상대주의 → 표준사회과학모델; 해체주의
상드, 조르주 770
새(조류) 274, 291, 307, 678, 716, 718, 720, 737, 749
색맹 861
색스, 올리버 423
샌퍼드, 게일 젠슨 382
생리학 63, 267-268, 501, 641, 726, 835
생성 시스템 120, 123, 153, 186, 222-223
생태계 76-77, 92, 259, 266, 279, 299, 302, 577, 581, 610-611, 678, 697-698
샤농, 나폴레옹 440, 585, 671, 766, 784-785, 839
샥터, 댄 204
샹카, 라비 810
서러, 새리 693
서방질 718-719 → 간통
서식지 선호 303, 317-318, 576-581, 807, 822-823
서프, 크리스토퍼 142
선유인원 365

선천성 64-70, 86 → 로봇 ~ 제작의 과제; 마음의 모듈
방식; 보편특성; 유아 인지; 유전자
차이의 ~ 89-90
설로웨이, 프랭크 697-699
설, 존 114, 158-160
섭식 장애 89, 747
성gender → 성차이
성sex
~의 진화 710-712
성(姓) 666
성격 46-47, 688-693 → 사회심리학; 정신분석
성경 65, 92, 753, 786, 849
성관계(단기적) 736-738
성선택
인간의 ~ 718-755
성성 82-83, 102-103, 297, 303, 313, 688, **708-757** →
근친상간; 성적 매력; 성차이 성성; 질투
성적 매력 103, **735-749**
성차별 → 여성 ~에 대한 착취
성차이 90-92, 94, 709, 755-757
공격(성) 764, 791
노동 분업 297, 313
매력의 기준 743-749
부모 투자 712-715, 719-720, 721
성성 718, 720-731
신체 317, 711-715, 719-720
일부다처 731-735
전쟁의 불문율 791
질투 749-753
짝선택 735-741
세이건, 칼 241
SETI(지구외문명탐사계획) 24, 243-245, 248, 250
섹시함 → 아름다운 얼굴과 신체
셀러스, 피터 627-628
셀리그먼, 마틴 596
셔먼, 앨런 42
셰리, 데이비드 204
셰리프, 무자퍼 789
셰익스피어, 윌리엄 21, 551, 555, 600, 739, 787, 809
셰퍼드, 로저 427, 431-432, 436-437

셸링, 토머스 608-609, 629-634, 645, 686
솅커, 하인리히 811
소수 집단 788
손 32-33, 308-309, 314, 316-317, 319
손힐, 낸시 677
솔로몬 왕 732
쇼, 조지 버나드 708
수렵채집인 → 식량수집인
수비야, 일라베넬 355
수치 562, 576, 622, 633, 836
수컷
~의 무용성 612
수학 117-118, 163-164, 208, 862
수학적 추론 → 추론 수학적 ~
순열조합론
~과 신경망 196-201
사고 150, 195-201, 205-206, 224, 486-487, 547,
555, 863-864
사물의 부분들 420
사회적 상호작용 831, 864
시각의 특징들 229
언어 150, 224, 547, 864
연산에 대한 요구사항 197, 223-225
음악 151, 865
체스 224
추론 211, 477, 555, 863-865
쉐더, 리처드 566
슈뢰더, 퍼트리샤 741
스틱, 스티븐 223
스미스, 데이비드 알렉산더 108
스미스, 애나 니콜 741
스미스, 존 메이너드 → 메이너드 스미스, 존
스미스, 캐럴 554
스키너, B. F. 110-111, 144, 217, 288, 619
스타니슬라프스키, 콘스탄틴 638
스타, 링고 741
《스타워즈》 20, 346
스타이넘, 글로리아 92
《스타트렉》 20, 245, 346, 491, 573, 824
스탈린 88, 795

스텐트, 건서 859
스튜어트, 로드 741
스팬드럴 824
스퍼버, 댄 850
스펠크, 엘리자베스 488-490
스포츠 442, 529, 534, 598, 765
스필버그, 스티븐 243
슬픔 646-647, 652
시각기관 44-46, 72, 292, 304, 398
 심상과 ~ 444-448
 ~ 양방향 경로 444
 양안 뉴런 371-373
 ~에서의 2½차원 스케치 406
 ~의 발달 69-70, **371-377**
 1차 시각피질 143-144, 235, 236, 372-374
 진화 293
 피질 지도 443-444
시각적 상 → 마음(의) 회전; 심상
시각적 주의 44, 228-230, 445-446 → 태만 증후군
시간
 ~ 개념 542-546
시나, 파월 25
시먼스, 도널드 79, 84, 447, 709, 726-728, 730
시모조, 신스케 371
시므농, 조르주 727
시상 222
시위아르족 520
시지각 22-30, 58-60, **333-439**
 그림 338-343
 깊이 304, 339-347, 378-383, 389-397
 밝기 25-27, 58-60, 226, **383-386**, 389-397
 사물 인식 26-30, 304, 401-403, **415-439**, 488-492, 808
 색 228, 304, 316, 383-386, 532
 얼굴 30, 227, 422-424
 운동 337-338, 365, 490
 ~의 진화 72, 280-282, 336, 365
 입체 **338-378**
 표면 24-26, 176, 342, 378-379, **386-398, 398-406**, 807

형태와 크기 27, 226, 339-342, 354, **378-383**, 389-398, 406-410, 413-423, 442, 448-449, 807-808
식량수집 291, 589
식량수집인 → 가나산족; 보편특성; 시위아르족; 쏘족; 아메리카 원주민; 아체족; 야노마뫼족; 에스키모; 예콰나족; 오스트레일리아 원주민; 콰키우틀족; 쿵산족;
공격(성)과 전쟁 92-93, 764, 783-785, 791, 795
광란증 561
논리적 사고 520
독창적 재능 300-303, 440, 462
 ~들 간의 갈등 578
분배 대 이기심 775-776
불평등 767
성성 313, 718-720, 736
아동 사망 696-697
우위 760-761, 766-768
유머 838-840
유목 생활 577-578
유아 살해 682-683
인간 조상을 대표함 48
종교 850
지각 339
표정 563-564
신 21, 49, 252, 278, 429, 557, 637, 848, 851, 856-857
신경과학 53-55, 143-144, 167 → 뇌; 신경심리학
신경망 **167-185** → 연결주의
 ~의 진화 284-287
 입체시 368-370
신경세포(뉴런) 56, 230-231
신경세포 조직 69, 114, 249
신경심리학 446, 496
신경증적 경향성 689-690, 699
신뢰 623, 779
심리학 48-51, 55, 113, 144, 332, 463 → 감정; 동기 부여; 발달; 사회심리학; 성격; 시지각; 신경심리학; 인지심리학; 청지각
심상 151-152, 328, 420-421, 439-460, 554, 825 → 마음(의) 회전
심슨, O. J. 539

싱, 디벤드라 745
싱어, 아이작 바셰비스 724
쌍둥이 46-47, 64, 84, 140, 193-194, 236, 292, 620, 643, 690, 854
쏘족 301

ㅇ

아날로그식 계산 449-450
아동학대 668 → 근친상간
아르디피테쿠스 라미두스 314
아르메니아인 787
아르키메데스 345
아름다움
    ~과 지위 768
    기하학적 패턴 **806-809**
    얼굴과 신체 604, **741-749**, 757-758
    풍경과 환경 **576-581**, 807
아리스토텔레스 192, 480, 495
아메리카 원주민 578, 783
아버지 665-666, 702-707, 716-718, 731, 737-739 → 부모 투자 남자에 의한 ~
아시모프, 아이작 19, 38-40
아시아
    ~에서의 인간의 진화 314-315, 317, 320
아이블 아이베스펠트, 이레내우스 836
IQ 46, 68, 84, 107, 144, 250, 292
아인슈타인, 앨버트 21, 68, 380, 407, 423, 441, 528, 555
아체족 776-777
아프리카
    ~에서의 인간의 진화 314-315, 319-320, 322-323, 324
    현대의 부족들 → 가나산족; 바퀘리족; 쏘족; 쿵산족; 크펠레족;
악마(컴퓨터의) 121-131, 136-137, 138, 145-146, 155, 167, 170, 178, 182-185, 186, 195, 214, 222-223, 282, 393, 399, 450, 574, 620-621, 711
안데르센, 한스 크리스티안 844
알레이헴, 숄렘 673

알렉산더, 리처드 620, 671
알츠하이머병 68
알코올중독 68, 690
암스트롱, 샤론 208
애덤스, 메릴린 455
애덤스, 세실 72
애들러, 모티머 501
애들슨, 에드워드 25, 378, 386, 389, 394-395, 397
애론슨, 엘리엇 650
애매한 범주 170, 184-185, 206-212, 475-481
애벗, 에드윈 305
애트니브, 프레드 414, 417
애트런, 스콧 500, 505-506
애플턴, 제이 579
액설로드, 로버트 774
앤더슨, 바턴 371
앤더슨, 존 231-232
앨런, 우디 175, 218, 221, 556, 625, 717, 829
앵무새 179, 307
야곱 753
야노마뫼족 440, 585, 668, 671, 740, 752, 766, 783-785, 788, 792, 796, 839
약물 328, 804, 852
약속 630-631
약시 375
양심 → 수치; 죄의식
양육 94, 102, 103, 615-618, **678-695**, 695-697 → 부모 투자; 아버지; 어머니; 유년기; 유아기; 의붓자식
어머니 88-89, 94, 665, 681-686, 693-694, 701-707, 737-739
어의론 → 의미
어의론 망 → 마음어; 마음 표상; 명제 표상
언어 → 단어; 말; 문법; 의미 단어와 문장의 ~; 의미 마음 표상의 ~; 읽기
    아이들의 ~ 89, 549-551
    ~와 감정 564-566
    ~와 사고 121-122, 147-148, 150-151
    ~와 연결주의 186, 195-201, 205-206
    ~와 음악 810-811, 818-819, 824
    ~와 직관심리학 508-509

~와 진화 266, 294, 297, 303, 620
~와 형태 420-421
~의 마음 표상 153
~의 순열조합론 150
얼굴 314-315, 317
    매력적인 얼굴 743-745
    얼굴 인식 422-424
얼굴인식불능증 423-424
엉덩이 대비 허리 비율 745-747
에스키모 311, 327, 667, 732
AIDS 259, 263, 536-537, 727
에임스, 애들버트 340-341, 359, 364-365, 379-381
에크먼, 폴 339, 563-564, 568
에트코프, 낸시 423
엘렉트라콤플렉스 686, 688
엘먼, 제프 206
MRI(자기공명영상) 225, 399 → 뇌 영상
엡스타인, 로버트 217
엥겔스, 프리드리히 775
여권운동 → 여성 ~에 대한 착취
    ~과 낭만주의 756
    ~과 부모–자식 갈등 694
    ~과 표준사회과학모델 755-757
    성성에 대하여 728, 740-741
    아름다움에 대하여 765-747, 748-749
    여성에 대한 폭력에 대하여 751-752, 756, 787-788
    진화심리학과의 양립 가능성 755-757
    진화심리학에 대한 반대 94, 755
    학문적 ~ 91, 665, 709, 718, 756
여성
    ~에 대한 착취 88-89, 90-92, 102-103, 666, 686-688, 694, 704-705, 706, 748-749, 755
여성에 대한 폭력 → 강간; 근친상간; 배우자 학대; 여성 ~에 대한 착취
역겨움 532, **581-593**
역광학 58-60, 335
역동역학 60
역설계 47-50, 72, 74, 80-81, 185, 194, 231, 266, 280, 298, 336, 465, 570, 573, 621, 641, 779, 828, 841
역설들 296, 327-328, 853-856

역운동학 60
역음향학 819
연결주의 **186-215**
연기 638, 647
연민 → 동정
연산 116-119, 120-133
연합 심리 482, 788-794 → 공격(성); 자민족 중심주의; 전쟁
연합심리학 → 인종차별; 자민족 중심주의
열정 625-644
영아 살해 306, 597, 670
영장류 45, 244, 250, 292-293, 297, 304, 306-308, 311-312, 338, 365, 373, 443, 548, 554, 716, 760, 821, 836 → 선유인원; 원숭이; 유인원; 호모사피엔스
영토 확보 충동 56, 659
영혼 113, 850-853, 856
영화 328, 495-496, 822, 824-832
예수 676, 848
예술 280, 771, **799-806** → 그림; 문학; 사진(술); 연기; 음악
예이츠, 더글러스 643
예콰나족 837-838
오디세우스 344, 608, 645
오랑우탄 217, 307, 715
오리언스, 고든 578-580
오스트랄로피테쿠스 314-315, 317-319
오스트레일리아 원주민 320, 578, 783
오스틴, 제인 555
오웰, 조지 648, 837-838
오이디푸스 139, 686, 703, 707
오차역전 184
오케이섹, 릭 741
올리비에, 로렌스 638
옷 421-422, 761-762, 768 → 유행
와서만, 댄 729
와이먼, 빌 741
와이젠바움, 조지프 119
와일드, 오스카 770, 803
왓슨, 제임스 441
왓슨, 존 B. 595

외향성 689
용기 598, 792
우생학 84, 87
우위 **759-766**, 783-784
　　～와 유머 843-844, 847-848
우주 멀미 411
운동력 이론 492-493, 547
운동신경 31, 38, 40, 44, 61, 68, 149, 233, 337, 823 → 눈 운동
　　～과 음악 823
울프, 톰 598, 711, 801
웃음 834-837, 844, 846-848
원근법 341-342, 379, 399, 401, 454
원숭이
　　부성 716-717
　　시각기관 373-374, 443
　　우위 760
　　～의 뇌 293, 304
　　입체시 365
　　집단생활 305-306
　　집단 습격의 소리들 836, 847
　　참견쟁이 307
월리스, 앨프리드 러셀 461, 465, 542, 553, 557
웨버, 앤드루 로이드 802
웨스터마크, 에드워드 705, 707
웨스트, 메이 738, 754
웨이슨, 피터 518
웰먼, 헨리 502
웰스, H. G. 245, 438
위노그라드, 테리 35
위노커, 고든 424
위장 360-361, 365-366, 387
위즐, 토르스튼 374-375
윈, 캐런 521
윌리엄스, 로널드 184
윌리엄스, 조지 71, 611, 618
윌슨, 마고 607, 634, 667-669, 682, 687, 752, 754, 762, 764
윌슨, E. O. 84, 95
윌슨, 제임스 Q. 607

윙거, 데브라 827
유년기 250, 303, 308, 377, 588, 696-697, 700, 706
유대인
　　～ 박해 795
　　음식 금기 590-593
　　일부일처 730, 731
　　할례 683
　　naches 562
유럽
　　～에서의 인간의 진화 314-315, 322
유머 73, 218, 799, **834-848**
　　성적 ～와 외설적 ～ 839-840, 842
유사친족 671, 674-675, 701
유아기 372, 510, 551, 682
유아 인지 62-65, 488-489, 496-497, 508-509, 521-522
유아 지각 372-377
　　사물 → 유아 인지
　　아름다움 743
　　얼굴 422-423
　　음악 815
유인원 → 고릴라; 긴팔원숭이; 오랑우탄; 오스트랄로피테쿠스; 침팬지; 피그미침팬지; 호모사피엔스
　　성성 715
　　신체 308-309
　　～와 인간 51, 77-78, 297, 303-304, 715
　　우위 760
　　집단 305-307
유전자 → 유전자선택; 유전학; 이기적 유전자
　　～결정론 85-87, 95-96
　　마음 형질을 위한 ～ 678-679
　　성적 ～ 재조합 90-91
　　～와 마음 46-47, 51, 64, 96, 511-512
　　～와 입체시 371-372
　　침팬지와 ～ 공유 77-78
유전자선택
　　～과 근친상간 703
　　～과 배우자에 대한 사랑 671, 708
　　～과 부모-자식 갈등 678-681
　　～과 성의 진화 712
　　～과 연합심리학 789-791

～과 친족 이타주의 61-62, 614-618, 662-663
　　～ 대 유전자 전파의 노력 51-52, 81-82, 662
　　진화 이론에서의 ～ 61, 81, 610-614
유전자 알고리듬 283-284
유전적 표류 258
유전학
　　멘델 유전학 61, 264, 481, 613-615, 663, 702, 703
　　분자～ 77-78, 90, 319-320, 322-324
　　집단～ 264-265, 319-320, 322-324
유클리드 99, 100, 155, 345, 413, 468
유토피아 657, 661, 706, 708
유행 757, 761-762, 766, 768, 769-771, 800-801 → 옷
윤리 → 도덕관념
　　～ 대 진화적 적응 94-95, 617-618, 624-625, 659-661, 704-705, 720, 721, 751-752, 755-757, 789
　　～와 감각력 239, 858
　　～와 부모–자식 갈등 694-695
　　～와 응보 635-636
　　～와 인간 본성에 대한 믿음 87, 88-89, 93-94
　　～와 종교 849, 857
　　～와 차별 89-90, 482-483
　　～와 행동의 인과성 95, 102-103, 854, 855-856
율레즈, 벨라 360-361, 365
《율리우스 카이사르》 95
은유 304, 493, **342-553**, 863
　　감정을 수압에 비유함 103, 114, 844
　　논쟁을 전쟁에 비유함 551-552, 765-766
　　여자를 재산에 비유함 752-753, 795
　　여자와의 섹스를 귀중한 일용품에 비유함 728-729
　　이타주의를 친족관계에 비유함 661-662
　　지위를 미덕에 비유함 757
은행의 역설 779
음식 75-76, 310-313
음악 73, 151, 224, 280, **809-824**, 833
　　～과 감정 811-812, 814-815, 817-818, 821-822, 823, 834
　　～과 언어 810-812, 818-819, 824
의미 → 마음 표상
　　공간과 힘 은유 304, 493, 542-546

　　단어와 문장의 ～ 470, 487, 498-499, 864
　　마음 표상의 ～ **138-140**, 158-159
　　심상의 부적합성 457-460
　　～의 철학적 문제 855, 863-864
　　행동의 원인으로서의 ～ 53, 507-508
의붓자식 666, 668, 670, 672
의사결정 280-281, 574-575 → 전두엽
의식 106-107, **215-240**
　　감각력 107, 135, 159, 234-239, 859, 863-865
　　자기인식 219-220
　　접근 결여의 진화적 이익 623, 647-653
　　접근과 신경의 상관성 222, 857, 861
　　접근의 진화적 이익 223-234, 861
　　정보 접근 220, 222-234, 237-239, 647-648, 861
의지 232-233 → 자유의지
이기적 유전자 81-83, 610-618, 651 → 유전자선택; 이타주의; 친족선택
이나카키, 가요코 503
이민자 592-593, 692
이상화 99-100, 343, 421, 481, 494
이슬람 591, 732
2½차원 스케치 404, 406, 408-409, 416, 418, 421, 425-426, 442-443, 448
이익편향성 649
《2001: 스페이스 오디세이》 39, 329
이타주의 83, 520, **610-625**, 663 → 친족선택, 호혜적 이타주의
　　전쟁에서의 ～ 792
　　형제간의 ～ 688-689, 695-696
이혼 677, 690, 706, 708, 735, 754
인공물 484, 485, 497, 499-500, 502, **504-506**, 542, 554, 805, 807, 851 → 도구
인공생명 264, 774
인공지능 20-21, **141-143**, 189, 574 → 계산주의 마음 이론; 로봇 ～ 제작의 과제; 신경망; 연결주의; 연산; 컴퓨터
　　감정 574-575
　　～과 문학 828-832
　　로봇공학 30-33, 60, 575
　　목표 추구 38-43, 120-133, 574-575

시각 22-30, 58-60, 72
추론 33-37, 141, 210, 443, 486
인류학
    문화~ 85-86, 339, 474-475, 562-568, 657-658, 701 → 문화; 문화적 진화; 보편특성; 식량수집인; 종교; 친족
    형질~ → 진화 인간의 ~
인문학 102, 458, 474, 501
인식자 181-183, 187, 864
인위적 선택 262
인종 86, 90-91, 323, 482-483, 563, 582, 592, 700, 743
인종차별 46, 98, 482-483, 530, 795-796
인지과학 50 → 발달 인지의 ~; 언어; 인공지능; 인지심리학; 지각; 철학
인지부조화 649-650
인지신경(과)학 → 뇌; 신경과학; 신경심리; 인지심리학
인지심리학 144-153, 329, 472, 530-532 → 공간 인지; 기억; 마음 표상; 마음(의) 회전; 범주화; 수학적 추론; 시각적 주의; 시지각 사물 인식; 시지각 형태와 크기; 심상; 의식; 직관물리학; 추론
인지적 군비경쟁 307-308
인지 적소 **296-303**, 317-318, 497, 576
《일리아드》 786
일반화 145-151, 206-212 → 범주화; 직관생물학
    신경망에서의 ~ 177-180, 189, 212-213
일부다처 55, 95, 687, 701, 717, 731-735, 740, 764
일처다부 55, 95, 717, 732
읽기 86-148, 151-152, 175-176, 230, 410-411, 528
임신 75-76, 313, 328, 567, 690, 694, 704, 710, 715, 718-719, 721, 723, 738-739, 745
입양 79, 84, 663, 666-667, 677, 690, 707, 720
입체그림(사진) 333-334, 338, 347, 350, 351, 353, 355-359, 361-362, 364, 366-373, 377, 859
입체시 304, 316, **338-378**, 659
    ~의 진화 365
입체파 454

ㅈ

자극-반응 심리학 110, 144, 182-183 → 스키너, B. F.; 행동주의
자기기만 422, 570, **647-653**, 685, 689, 831 → 의식 자기인식
자기본위적 편향 648-651
자동 연상망 173-177, 199, 207
자민족 중심주의 789
자바, 카림 압둘 21, 555
자아 853-854
자아의 방어기제 648
자연물 종류 497-504, 554
자연선택 **251-280**
    경쟁과 협조를 위한 ~ 658-659
    관찰된 ~ 262-263
    균질화 90
    대안들 71, 256-261, 266-269
    ~ 대 전용 272-277
    ~ 대 진보 244-250, 325-328
    모형화 264-265, 283-287, 772-774
    밈의 ~ 329-332
    ~에 대한 구속 269-272, 571-572
    ~에 대한 적대감 50, 56, 72, 265-280, 699
    ~에 필요한 시간 79, 262-263
    ~의 표준들 81, 610, 617 → 유전자선택; 이타주의; 집단선택; 친족선택
    적응적 복잡성을 설명함 49-50, 71-72, 251-255
자연주의적 오류 85-86, 92-95
자유의지 96, 98-100, 296, 854, 857-860, 864
자제 604-609, 645, 731
자폐 89, 510-512, 859
자하비, 아모츠 769
장기기억 → 기억 ~기억
장면 분석 → 시지각 표면; 청지각
장자상속 677
재귀 205-206, 508, 555
재킨도프, 레이 219, 226, 542, 551, 811, 815, 817, 823
잭슨, 앤드루 763
적응 **265-280** → 복잡 설계; 삼각소간; 자연선택; 전용

과거 대 현재 326-328
범주 창조 478
인간의 마음 51, 824
입증 72-76
한계 51, 79-80, 803-806
적응의 복잡성 → 복잡 설계
전대상고랑 233, 858
전두엽 153, 222, 233, 292-293, 572
전용 275, 463-464
전쟁 85-86; 88, 92-93, 100, 297, 365, 551, 572, 625, 674, 712, 735, 752, 782-789, 791-793, 795, 850
전정기관 410
정보 53, 115, 143-144, 220, 225, 280-282, 303
정보처리 → 연산
정부 635, 844
정신분석 540, 586, 802
정신분열증 68, 88, 97
정, 에리카 708
정의 → 도덕관념
정자 경쟁 715-716, 719, 736
젖떼기 680
제롬, 제롬 K. 647
제약 만족 176, 367, 369
제2차 세계대전 242, 582, 787, 793, 797-798
제1차 세계대전 783, 787, 798
제임스, 윌리엄 109, 294, 350, 445, 487, 639, 647
조건화 157, 291, 596, 815
조든, 마이클 206
조상의 환경 48, 65, 79, 328, 576-581, 803-806
    성성 719-720, 744-746
    식량 587-589
    예측가능성 605-606, 609
    위험 593-598
    지각 335-336, 379-382, 385, 386-388, 297
    추론 468-469, 525, 532-534
    친족 664-665, 700-701, 704-706
조엘, 빌리 741
조울증 68
조이스, 제임스 802, 828
조작적 조건화 291 → 조건화

족벌주의 670 → 친족
존스, 인디애나 594, 838
존슨, 마크 551
존슨, 새뮤얼 215, 308, 572, 754
존재의 거대 사슬 244
종 species 321, 478-481, 498
종교 79, 93, 244, 280, 485, 604, 662, 676-677, 799, 800, 805, 842, **848-853**, 856-857, 861
종교개혁 699
좋아함 621, 779
좋은 자질 598
죄수의 딜레마 773-774, 831, 849
죄의식 88, 185, 562, 622-623, 656, 658, 708-709
주식시장 259, 529, 534
준거틀
    좌표계 **406-415**, 425, 427-428, 430-432, 434-435, 443, 452, 579, 808
중국 88, 471, 473, 706, 732, 787
중국어 방 158-161
중력 260, 382, 410-412, 415, 426, 492-493, 807, 857
지각 → 시지각; 전정기관; 청지각
    미의 ~ 741-749
    ~의 문제 22-30, 58-59, 333-338
    친족에 대한 ~ 707
지거렌저, 저드 532, 535, 537, 540-541
지능 → 계산주의 마음 이론
    ~에 대한 설명 **109-120**
    ~의 정의 107-109, 573-576, 828
    ~의 진화 **292-316**
지멜, M. 496
지식
    ~의 문제 855-856, 864
지위 328, 692, 693, 737-741, 757-758, 764, **766-771** → 우위
    예술에서의 ~ 800-803, 826
    ~와 유머 839, 843, 846-848
    ~와 친구 관계 780-781
    전쟁과 ~ 783, 788
지참금과 신부 값 672, 728, 753
지향성 52-54, 138-140, 158

직관물리학 485, **487-495**, 527, 547, 551, 553
직관생물학 **497-504**
　～과 종교 850-852
직관심리학 61, 112-113, 185, 210, 485, **507-513**, 527
　～과 종교 850-852
직관 이론 209-210, 300, 476-477, 485, 542 → 직관물리학; 직관생물학; 직관심리학
직렬 대 병렬 처리 229
진보 244-250, 325-328
진화 → 뇌 ～의 진화; 자연선택
　마음과 뇌의 ～ **280-296**
　미래 325-326
　～의 보수성 78
　인간 마음의 ～ 57, 72, 75-76, 79-80, **296-316**, 316-317, 461-465, 548-555
　인간의 ～ 50-51, 76-78, **314-324**
진화심리학 50-51, 79, 83-84, 93, 526, 755-756, 794-795, 835
진화적 적응의 환경 → 조상의 환경
질병
　～에 대항하기 위한 적응 587-588, 710-711, 743-746
질투 43, 193, 441, 562, 657-658, 665, 701, 718, 730, 732-733, 736, 750-752, 755, 827, 829
집단생활 305-306, 310, 316, 328, 659, 714, 760
집단선택 610-612
짜릿함 598
짜증 685
짝선택 641, 735-749, 831

ㅊ

착각 27, 60, 333-336
　결합물 230
　～과 예술 807
　～과 이야기 825
　방향과 형태 413-415
　심상에 의해 유도된 ～ 445
　얼굴-잔(루벤의 잔) 403

윤곽(카니자 삼각형) 403
입체그림 345-365
　친족에 대한 ～ 705-707
　크기와 깊이 27, 340-341
　형태과 명암 24-25, 60, 378-379, 385, 388, 391, 396-397
창조론 77, 273-274, 462, 501, 636
창조성 555-558
처녀성 567, 687, 748
처치랜드, 퍼트리샤 160
처치랜드, 폴 160
처치, 앨런조 118
처칠, 윈스턴 142, 598, 841
천재성 555-558
철학 37, 105, 799, 805, 861, **853-865** → 논리; 윤리학
　마음-신체 문제 134-137
　미학 832-834
　범주 207, 475-476
　실재 487-488
　심상 442, 451-453
　연합주의 187-188, 191
　의미 138-140, 470, 498, 507-509
　의식 215-221, 234-239
　자유의지 98-101, 854
　확률 535-541
　회의론 334
청각기관 820
청소년기 567, 701, 706
청소동물 584, 587, 778
청지각 819
체스 139, 141, 197, 224, 455, 462, 464, 472, 528, 542
체스터턴, G. K. 565
체스터필드 경 710
체임벌린, 월트 341, 727
체중 747-748
초원 → 사바나
초현실주의 454
촘스키, 노엄 63, 276-277, 505, 508, 811, 859
최루성 영화 826
최신 정보의 추구 771

추론 **461-558**
　　귀납적 ~ 171-173, 473 → 범주화; 일반화; 추론
　　　　확률적 ~
　　논리적 ~ 120-133, 210, 211-212, 467, 477, **513-521**
　　상식 35-37, 176, 190-212, 296
　　수학적 ~ 464, 467-468, 477, 513-514, **521-528**, 554-555
　　심상을 동반한 ~ 449-450
　　확률적 ~ 468, 513-514, 528-542
출생 순서 678-681, 697-700
춤 799, 823
측두엽 572
치료약 301
치아 315, 317
　　아름다운 ~ 743
친구 관계(우정) 604, 622, 708, 775, 778-782, 831
　　~와 유머 847-848
친족(혈연) 61, 83, 209-210, 213, 215, 232, 297, 303, 447, 616, 618-619, 658, 661-666, 669-672, 674-676, 689, 695, 701-705, 709, 754, 775, 784, 829
친족선택 61-62, **612-618**, 663, 664, 775-776, 795, 858-859
　　~과 결혼 672
　　~과 근친상간 703-704
　　~과 형제 경쟁 695-696
　　부모–자식 갈등 678-681
친족 이타주의 → 친족선택
친화성 690
침팬지 → 피그미침팬지
　　공격(성)과 우위 572, 760-761, 788
　　따라하기 327
　　성성 572, 715, 719-720, 739
　　슬픔 646
　　~와 인간의 진화 76-78, 298, 314-315, 316-319
　　웃음 836, 847
　　~의 사냥 311
　　잡식성 210
　　집단 305, 307
　　추론 348-349

ㅋ

카너먼, 대니얼 529, 531-532, 600
카니자 삼각형 403
카라마차, 알폰소 492
카민, 리언 84, 95
카스트 제도 471
카스파로프, 게리 141
카오스이론 99
카우프만, 스튜어트 259-260
카일, 프랭크 502, 505
카터, 지미 795
카프카, 프란츠 828
칸, 헤르만 628
칼라스, 마리아 600
캐럴, 루이스 165, 467
캐시던, 엘리자베스 586
캐플런, 레이첼 578, 580
캐플런, 스티븐 578, 580
캠벨, 도널드 604
커닝햄, 브라이언 154
컴퓨터 40, 56-57, 119, 123, 134-137, 141, 155, 169-170, 176
컴퓨터 비유 51, 53, 119-120, 132-133
케리, 수전 554-555
케스틀러, 아서 134, 834-835, 841-843
케이브, 카일 423
케일러, 개리슨 649
케일, 폴린 829
케쿨레, 프리드리히 441
케틀라, 티모시 603
케플러, 요하네스 358, 377
켈리, 그레이스 352
켈만, 필립 489
켈빈 경 142
코끼리의 코 78, 246
코너, 멜빈 777
코너스, 지미 603
코발리스, 마이클 428
코스텔로, 엘비스 657

코슬린, 스티븐 134, 446, 451
코언, 닐 203
코엘, 미미 274
코즈미디스, 레다 50, 54, 72, 83, 90, 469, 519-521, 535, 577, 620, 777, 779, 782, 788-791, 793
코팡, 이브 319
코흐, 크리스토프 222
콜, 마이클 466
콰키우틀족 767
콸리아 → 감각력; 의식
쿠퍼, 린 427, 431-432, 436
쿡, 데릭 817
쿤슬러, 윌리엄 98
쿨리지, 캐빈 723-724
쿵산족 92, 752, 776-778
퀘일, 댄 101
크로마뇽인 314, 320, 454 → 후기 구석기
크릭, 프랜시스 222, 233, 441
크펠레족 466, 468
클라인스, 맨프레드 823
클라크, R. D. 722
키 761
키부츠 706
키신저, 헨리 628, 741
키클롭스 344, 347, 359-360, 365-366, 371, 404
킬리, 로렌스 783
킹, 마틴 루터 796
킹솔버, 조엘 274

E

타르, 마이클 432, 434-436, 438
타워, 존 741
타일러, 에드워드 852
타일러, 크리스토퍼 334, 357, 361, 365
타즈펠, 앙리 789
탈미, 레너드 493, 545
태만 증후군 45, 358-359, 446
터커, 소피 603

터크, 폴 326
털 309, 744
텔러, 에드워드 628
텔레비전 27, 58, 60, 141, 226, 338, 346, 351, 360, 410, 453, 807-808, 822, 824, 835, 847
톰린, 릴리 107, 234, 622
톰슨, 스티스 667
통계 → 확률
    심리학을 위한 ~ 468
통계적 추론 → 확률적 추론
통과의례 209, 211, 568, 850
투비, 존 50, 54, 72, 83, 90, 299-300, 310, 469, 535, 577, 707, 710, 779, 782, 788-791, 793
툴빙, 엔델 204
튜링기계 118-120, 169
튜링, 앨런 53, 117, 119
트레망, 미셸 412
트레망, 앤 228, 230
트로브리안드 군도 737
트리버스, 로버트 521, 618-624, 634, 648, 650, 652, 678, 685, 688-689, 692, 694, 712, 774
트버스키, 아모스 529, 531, 600
트웨인, 마크 651
트위기 742, 747
트윙키 변론 97
티치너, 에드워드 457-458

ㅍ

파라, 마서 447, 453
파블로프 조건화 → 조건화
파스칼, 블레즈 849
파우스트 39
파울리, 볼프강 429
파인만, 리처드 429, 557
파커, 제프리 759
파푸아뉴기니인 560-561, 563
판도라 39
패러데이, 마이클 441

패턴 연상망 178, 180-181, 185, 192
팩스턴, 톰 50
퍼거슨, 콜린 98
퍼시, 워커 824
퍼키, 셰브스 W. 445
퍼트넘, 힐러리 53, 470
페스팅거, 리언 650
페일리, 윌리엄 278
펜로즈, 로저 163-164
펜틀런드, 알렉스 389, 394-395, 397
펠저, 수잔 264-265
펭귄 207, 270, 478
편도 572
평등주의 735
평판 623, 646, 667, 730, 757, 762-763, 765
포기오 토마소 368, 370
포더, 제리 53, 62, 134, 137
포르노 98, 328, 588, 725-727, 805
포스너, 마이클 151
포스터, 조디 96
포스트모더니즘 102, 474, 526, 801 → 해체주의
포스트, 윌리 347
포유동물 70, 77, 180, 267, 273, 292-293, 305, 309-312, 473-474, 479, 481, 498, 500, 531, 589, 678-680, 714, 716-717, 719, 723, 764, 813, 843
포클랜드 제도 635
포터, 콜 353, 833
《포트노이의 불평》 593
포틀래치 592, 767
포퍼, 칼 518
폭력 → 공격(성)
폭력에 관한 세비야 선언문 85, 93
폰 노이만, 존 628
폰 미제스, 리처드 538
폰 프리시, 칼 290
폴티, 조르주 658, 703, 829
표상 → 마음 표상
표정 → 감정 표정
표준사회과학모델 83-85, 88, 93-94, 102, 188 → 사회구성주의; 사회화

푸앵카레, 앙리 401
푸코, 미셸 89
풀러, 버크민스터 512
풍경 104, 241, 382, 408, 578-579, 610, 807
프로펫, 마지 75-76
프랑스혁명 535
《프랑켄슈타인》 39
프랭크, 로버트 634-635, 641-642, 697
프레인, 마이클 41
프레임 문제 37, 517
프렌치, 마이클 270
프로메테우스 39
프로빈, 로버트 835, 846
프로스트, 로버트 664, 779
프로이트 심리학 → 정신분석이론
프로이트, 지그문트 75, 103, 114, 220-221, 260, 326, 484, 491, 602, 648, 686-687, 702, 707
프로핏, 데니스 494
프루스트, 마르셀 226
프리맥, 데이비드 548
프리먼, 데릭 85, 567
프리먼, 로이 423
프리스, 유타 510-511
플라이스, 하이디 729
플라톤 145, 230, 462, 675
《플레이걸》 726
《플레이보이》 745, 746, 795
플로거, P. J. 154-155
피그말리온 21, 736
피그미침팬지(보노보) 572, 715, 788
피노키오 21, 39, 113
피들러, 클라우스 535
피아제, 장 326, 466. 487, 491, 526
피아텔리-팔마리니, 마시모 529, 531
PET(양전자방출단층촬영) 225, 446-447 → 뇌 영상
피임 79, 83, 328, 574, 688, 720, 723
피질 지도 443-444, 448
피츠, 월터 167-168, 184
필리신, 제논 109
필즈, W. C. 842

핑커, 스티븐 219, 663
핑크, 로널드 453

ㅎ

하비, 윌리엄 49, 268
하우저, 마크 594
하이더, 프리츠 496
하타노, 기유 503
하틀리, 데이비드 187
하향식 지각 173-177, 359-360, 403-404, 444
학습
    ～과 진화 284-287, 326-328
    ～ 대 선천성 **64-70**, 90, 212-213, 376
    독서 528
    두려움 595-598
    사물 494-495
    성성 718-719, 730
    수학 526-527
    신경망의 ～ 180-185, 188-189, 284-287
    아름다움 743-744
    음식 586
    음악 813-815
한쪽편향 428, 432
합성성 195-201 → 순열조합론
항법 288-290, 299
해리스, 마빈 589, 591
해리스, 주디스 691-692, 697
해리슨, 렉스 819
해리슨, 조지 810
해마 55, 153, 271, 293
해머, 딘 100-101
해밀턴, 알렉산더 763
해밀턴, 윌리엄 614-615, 710, 774
해체주의 89, 102, 474 → 포스트모더니즘; 사회구성주의
핸디캡 원리 637-638, 642-643, 758, 768-771, 801-802
《햄릿》 21, 217, 568
햇필드, 일레인 722

행동유전학 84
행동주의 103, 110, 134-135, 144, 188, 442, 507, 564, 595, 620, 841
행복 598-604, 651, 720
행위자 495-497
허구의 줄거리 830
허블, 데이비드 374-375
허시라이퍼, 잭 634
헉슬리, 토머스 216
헤르바겐, 주디스 578-580
헤른슈타인, 리처드 607
헤밍웨이, 어니스트 441
헤이그, 데이비드 681
헤일리, 빌 813
헤임스, 레이먼드 837-838
헤프너, 휴 727
헨리 8세 677
헬드, 리처드 372, 375
헬레네, 트로이의 786
헵, D. O. 440, 594
협박(위협) 575, 631-634, 637, 751, 765, 831, 854 → 억제
협조 297, 303, 312, **771-778**, 795
형제 678-681, 689, 695-707
형제 경쟁 679-680
형태심리학 114
호라티우스 825
호모사피엔스
    초기 ～ 314-315
    ～의 진화 77-78, 297-298, 314-315, 316-324
    ～의 특성 77-78, 297-298, 577-578
호프만, 더스틴 511
호혜적 이타주의 619-620, 623-624, 779, 795, 858
홀데인, J. B. S. 615
홉스, 제리 828
화이트, 댄 97
화이트헤드, 바버라 대포 694
화장 20, 387, 657, 746, 748
확률 534-536, 537-542
확률적 추론 → 추론 확률적 ～

《환상특급》 105, 140
후궁
    동물계의 ~ 715-716, 795
    인간 사회의 ~ 731-733, 753
후기 구석기 320-321, 746
휘슬러, 제임스 430
휘트스톤, 찰스 346-348, 350, 377
흄, 데이비드 187-188, 209, 859
흘디, 세러 블래퍼 85
히치콕, 알프레드 352
히틀러, 아돌프 423, 652
힌두교 471
힌턴, 제프리 184, 200, 209, 213, 285-287
힝클리, 존 96

한/영 인명 대조표

B. F. 스키너 **B. F. Skinner**
D. O. 헵 **D. O. Hebb**
E. A. 로빈슨 **E. A. Robinson**
E. O. 윌슨 **E. O. Wilson**
G. K. 체스터턴 **G. K. Chesterton**
H. G. 웰스 **H. G. Wells**
H. L. 멩켄 **H. L. Mencken**
J. B. 홀데인 **J. B. Haldane**
J. J. 깁슨 **J. J. Gibson**
J. 폴 게티 **J. Paul Getty**
J. 하워드 마셜 **J. Howard Marshall**
M. 지멜 **M. Simmel**
P. J. 플로거 **P. J. Plauger**
R. D. 클라크 **R. D. Clark**
가요코 이나카키 **Kayoko Inagaki**
개리슨 케일러 **Garrison Keillor**
건서 스텐트 **Gunther Stent**
게리 라슨 **Gary Larson**
게리 카스파로프 **Gary Kasparov**
게일 젠슨 샌퍼드 **Gail Jenson Sanford**
고든 게코 **Gordon Gekko**
고든 오리언스 **Gordon Orians**
고든 위노커 **Gordon Winocur**
고어 비달 **Gore Vidal**
그레고어 요한 멘델 **Gregor Johann Mendel**
그레타 가르보 **Greta Garbo**
글로리아 스타이넘 **Gloria Steinem**
기유 하타노 **Giyoo Hatano**
길버트 라일 **Gilbert Ryle**
나폴레옹 샤농 **Napoleon Chagnon**
낸시 손힐 **Nancy Thornhill**
낸시 에트코프 **Nancy Etcoff**
네드 블록 **Ned Block**
넬슨 굿맨 **Nelson Goodman**

노엄 촘스키 **Noam Chomsky**
닐 코언 **Neal Cohen**
대니얼 데닛 **Daniel Dennett**
대니얼 섁터 **Daniel Schacter**
대니얼 카너먼 **Daniel Kahneman**
댄 닐슨 **Dan Nilsson**
댄 몬텔로 **Dan Montello**
댄 섁터 **Dan Schacter**
댄 스퍼버 **Dan Sperber**
댄 와서만 **Dan Wasserman**
댄 퀘일 **Dan Quayle**
댄 화이트 **Dan White**
더글러스 예이츠 **Douglas Yates**
데니스 프로핏 **Dennis Proffitt**
데릭 쿡 **Deryck Cooke**
데릭 프리먼 **Derek Freeman**
데이비드 기어리 **David Geary**
데이비드 길든 **David Gilden**
데이비드 러멜하트 **David Rumellhart**
데이비드 루이스 **David Lewis**
데이비드 마르 **David Marr**
데이비드 마이어스 **David Myers**
데이비드 버스 **David Buss**
데이비드 브레이나드 **David Brainard**
데이비드 브루스터 **David Brewster**
데이비드 셰리 **David Sherry**
데이비드 알렉산더 스미스 **David Alexander Smith**
데이비드 엡스타인 **David Epstein**
데이비드 케머러 **David Kemmerer**
데이비드 프리맥 **David Premack**
데이비드 하틀리 **David Hartley**
데이비드 허블 **David Hubel**
데이비드 헤이그 **David Haig**
데이비드 흄 **David Hume**

도널드 브라운 Donald Brown
도널드 브로드벤트 Donald Broadbent
도널드 시먼스 Donald Symons
도널드 캠벨 Donald Campbell
돈 호프먼 Don Hoffman
드레이크 맥필리 Drake McFeely
디벤드라 싱 Devendra Singh
딘 해머 Dean Hamer
라일 메넨데스 Lyle Menendez
래비 머천다니 Ravi Mirchandani
랜돌프 네스 Randolph Nesse
랜디 갤리스텔 Randy Gallistel
레나토 로살도 Renato Rosaldo
레너드 니모이 Leonard Nimoy
레너드 번스타인 Leonard Bernstein
레너드 탈미 Leonard Talmy
레다 코즈미디스 Leda Cosmides
레오니트 브레즈네프 Leonid Brezhnev
레이 재킨도프 Ray Jackendoff
레이먼드 니커슨 Raymond Nickerson
레이먼드 헤임스 Raymond Hames
레이철 캐플런 Rachel Kaplan
로널드 윌리엄스 Ronald Williams
로널드 핑크 Ronald Finke
로드 스튜어트 Rod Stewart
로라 베치히 Laura Betzig
로렌스 킬리 Lawrence Keeley
로버트 라이트 Robert Wright
로버트 번스 Robert Burns
로버트 벤츨리 Robert Benchley
로버트 보이드 Robert Boyd
로버트 액셀로드 Robert Axelrod
로버트 엡스타인 Robert Epstein
로버트 커즈번 Robert Kurzban

로버트 트리버스 Robert Trivers
로버트 프랭크 Robert Frank
로버트 프로빈 Robert Provine
로버트 프로스트 Robert Frost
로버트 해들리 Robert Hadley
로슬린 핑커 Roslyn Pinker
로이 라이틀 Loy Lytle
로이 프리먼 Roy Freeman
로저 브라운 Roger Brown
로저 셰퍼드 Roger Shepard
로저 펜로즈 Roger Penrose
로즈메리 그랜트 Rosemary Grant
루디거 베너 Rudiger Wehner
루스 베네딕트 Ruth Benedict
루이스 리벤베르크 Louis Liebenberg
루이스 캐럴 Lewis Carrol
루트비히 비트겐슈타인 Ludwig Wittgenstein
르네 베일라전 Renée Baillargeon
리언 카민 Leon Kamin
리언 페스팅거 Leon Festinger
리처드 도킨스 Richard Dawkins
리처드 르윈틴 Richard Lewontin
리처드 쉐더 Richard Shweder
리처드 알렉산더 Richard Alexander
리처드 파인만 Richard Feynman
리처드 폰 미제스 Richard von Mises
리처드 헤른슈타인 Richard Herrnstein
리처드 헬드 Richard Held
린 쿠퍼 Lynn Cooper
릴라 글라이트만 Lila Gleitman
릴리 톰린 Lily Tomlin
마거릿 미드 Margaret Mead
마고 윌슨 Margo Wilson
마리아 칼라스 Maria Callas

마빈 민스키 Marvin Minsky
마빈 해리스 Marvin Harris
마서 파라 Martha Farah
마시모 피아텔리-팔마리니 Massimo Piattelli-Palmarini
마이클 가자니가 Michael Gazzaniga
마이클 길러랜드 Michael Gilleland
마이클 맥클로스키 Michael McCloskey
마이클 조든 Michael Jordan
마이클 코발리스 Michael Corballis
마이클 콜 Michael Cole
마이클 타르 Michael Tarr
마이클 페러데이 Michael Faraday
마이클 포스너 Michael Posner
마이클 프레인 Michael Frayn
마이클 프렌치 Michael French
마지 프로펫 Margie Profet
마크 존슨 Mark Johnson
마크 트웨인 Mark Twain
마크 하우저 Marc Hauser
마틴 가드너 Martin Gardner
마틴 댈리 Martin Daly
마틴 브레인 Martin Braine
마틴 셀리그먼 Martin Seligman
말린 버먼 Marlene Behrmann
매리언 미순 Marianne Mithun
매리언 튜버 Marianne Teuber
머리 겔만 Murray Gell-Mann
메리 고든 Mary Gordon
메릴린 애덤스 Marilyn Adams
메이 웨스트 Mae West
멜리사 바우어만 Melissa Bowerman
멜빈 코너 Melvin Konner
모리스 모스코비치 Morris Moscovitch

모티머 애들러 Mortimer Adler
무자퍼 셰리프 Muzafer Sherif
미미 코엘 Mimi Koehl
미셸 트레망 Michel Treisman
미셸 푸코 Michel Foucault
바버라 대포 화이트헤드 Barbara Dafoe Whitehead
바턴 앤더슨 Barton Anderson
버나드 셔먼 Bernard Sherman
버크민스터 풀러 Buckminster Fuller
버트 그린 Bert Green
벨라 율레즈 Bela Julesz
볼프강 파울리 Wolfgang Pauli
브라이언 맥퀴니 Brian MacWhinney
브라이언 커닝핸 Brian Kernighan
브렌트 벌린 Brent Berlin
브로니슬라브 말리노프스키 Bronislaw Malinowski
브루노 베텔하임 Bruno Bettelheim
블레즈 파스칼 Blaise Pascal
빅터 나바스키 Victor Navasky
빌 와이먼 Bill Wyman
빌 헤일리 Bill Haley
사브리나 데트마 Sabrina Detmar
사이먼 배런-코헨 Simon Baron-Cohen
새뮤얼 존슨 Samuel Johnson
샘 레이번 Sam Rayburn
샤론 암스트롱 Sharon Armstrong
섀리 서러 Shari Thurer
세러 블래퍼 흘디 Sarah Blaffer Hrdy
세실 애덤스 Cecil Adams
셰브스 W. 퍼키 Cheves W. Perky
소스타인 베블런 Thorstein Veblen
소피 터커 Sophie Tucker
손더스 맥레인 Saunders Mac Lane
숄렘 알레이헴 Sholem Aleichem

수잔 펠저 Susanne Pelger
수전 겔먼 Susan Gelman
수전 브라운밀러 Susan Brownmiller
수전 케리 Susan Carey
스콧 애트런 Scott Atran
스테판 맥그래스 Stefan McGrath
스튜어트 카우프만 Stuart Kauffman
스티븐 놀런 Steven Nowlan
스티븐 라이트 Stephen Wright
스티븐 랜즈버그 Steven Landsburg
스티븐 로즈 Steven Rose
스티븐 스틱 Stephen Stich
스티븐 제이 굴드 Stephen Jay Gould
스티븐 캐플런 Stephen Kaplan
스티븐 코슬린 Stephen Kosslyn
스티스 톰슨 Stith Thompson
신스케 시모조 Shinsuke Shimojo
아나톨 라포포트 Anatol Rapoport
아모스 트버스키 Amos Tversky
아모츠 자하비 Amotz Zahavi
아서 케스틀러 Arthur Koestler
아이작 마크스 Isaac Marks
아이작 바셰비스 싱어 Isaac Bashevis Singer
아이작 아시모프 Isaac Asimov
안드레아 드워킨 Andrea Dworkin
안토니오 다마지오 Antonio Damasio
알렉스 카셀닉 Alex Kacelnik
알렉스 펜틀런드 Alex Pentland
알폰소 카라마차 Alfonso Caramazza
앙리 타즈펠 Henri Tajfel
앙리 푸앵카레 Henri poincaré
애들버트 에임스 2세 Adelbert Ames, Jr.
애런 에텐버그 Aaron Ettenberg
앤 랜더스 Ann Landers

앤 트레망 Anne Treisman
앤드루 로이드 웨버 Andrew Lloyd Webber
앤서니 버제스 Anthony Burgess
앨런 가와모토 Alan Kawamoto
앨런 그라펜 Alan Grafen
앨런 뉴웰 Alan Newell
앨런 더쇼위츠 Alan Dershowitz
앨런 레슬리 Alan Leslie
앨런 로저스 Alan Rogers
앨런 셔먼 Allan Sherman
앨런조 처치 Alonzo Church
앨런 튜링 Alan Turing
앨런 프리드런드 Alan Fridlund
앨리스 고프닉 Alison Gopnik
앨버트 브레그먼 Albert Bregman
앨프리드 러셀 월리스 Alfred Russel Wallace
앰브로즈 비어스 Ambrose Bierce
어브 비더만 Irv Biederman
어븐 드보어 Irven DeVore
어빈 록 Irvin Rock
에도아르도 비시아치 Edoardo Bisiach
에드 디너 Ed Diener
에드워드 애들슨 Edward Adelson
에드워드 웨스트마크 Edward Westermarck
에드워드 타일러 Edward Tylor
에드워드 텔러 Edward Teller
에드워드 티치너 Edward Titchener
에드윈 랜드 Edwin Land
에드윈 애벗 Edwin Abbott
에른스트 마이어 Ernst Mayr
에리카 정 Erica Jong
에릭 메넨데스 Eric Menendez
에밀리오 비지 Emilio Bizzi
엔델 툴빙 Endel Tulving

엘렌 데제네레스 Ellen DeGeneres
엘리너 로시 Eleanor Rosch
엘리너 본세인트 Eleanor Bonsaint
엘리엇 애론슨 Eliot Arronson
엘리자베스 베이츠 Elizabeth Bates
엘리자베스 스펠크 Elizabeth Spelke
엘리자베스 캐시던 Elizabeth Cashdan
엘비스 코스텔로 Elvis Costello
오그던 내시 Ogden Nash
오스카 레반트 Oscar Levant
오스카 와일드 Oscar Wilde
올리버 색스 Olver Sacks
요하네스 케플러 Johannes Kepler
우디 거스리 Woody Guthrie
우디 앨런 Woody Allen
울리히 나이서 Ulric Neisser
워런 매컬럭 Warren McCulloch
워커 퍼시 Walker Percy
월터 피츠 Walter Pitts
윈스턴 처칠 Winston Churchill
윌리엄 제임스 William James
윌리엄 쿤슬러 William Kunstler
윌리엄 페일리 William Paley
윌리엄 하비 William Harvey
윌리엄 해밀턴 William Hamilton
윌트 체임벌린 Wilt Chamberlain
유타 프리스 Uta Frith
율리우스 카이사르 Julius Caesar
이레내우스 아이블 아이베스펠트 Irenaus Eibl-Eibesfeldt
이반 빌 Ivan Beale
이브 코팡 Yves Coppens
이자크 디네센 Isak Dinesen
일라베닐 수비야 Ilavenil Subbiah

일레인 햇필드 Elaine Hatfield
장 밥티스트 라마르크 Jean Baptiste Lamarck
장 피아제 Jean Piaget
잭 루미스 Jack Loomis
잭 허시라이퍼 Jack Hirshleifer
저드 지거렌저 Gerd Gigerenzer
제논 필리신 Zenon Pylyshyn
제니퍼 리델 Jennifer Riddell
제러미 벤담 Jeremy Bentham
제러미 울프 Jeremy Wolfe
제롬 K. 제롬 Jerome K. Jerome
제리 루빈 Jerry Rubin
제리 포더 Jerry Fodor
제리 홉스 Jerry Hobbs
제이 애플턴 Jay Appleton
제이콥 브로노브스키 Jacob Bronowski
제이크 간 Jake Garn
제인 구달 Jane Goodall
제임스 굴드 James Gould
제임스 마크 볼드윈 James Mark Baldwin
제임스 맥클런드 James McClelland
제임스 보즈웰 James Boswell
제임스 조이스 James Joyce
제임스 Q. 윌슨 James Q. Wilson
제임스 클러크 맥스웰 James Clerk Maxwell
제임스 힐렌브란드 James Hillenbrand
제프 엘먼 Jeff Elman
제프리 파커 Geoffrey Parker
제프리 힌턴 Geoffrey Hinton
조디 포스터 Jodie Ffoster
조르주 레이 Georges Rey
조르주 상드 George Sand
조르주 시므농 Georges Simenon
조르주 폴티 Georges Polti

조엘 킹솔버 Joel Kingsolver
조지 레이코프 George Lakoff
조지 모스콘 George Moscon
조지 밀러 George Miller
조지 버나드 쇼 George Bernard Shaw
조지 버클리 George Berkeley
조지 오웰 George Orwell
조지 윌리엄스 George Williams
조지 해리슨 George Harrison
조지프 와이젠바움 Joseph Weizenbaum
존 글렌 John Glenn
존 드라이든 John Dryden
존 로크 John Locke
존 맥나마라 John Macnamara
존 메이너드 스미스 John Maynard Smith
존 브록만 John Brockman
존 설 John Searle
존 스튜어트 밀 John Stuart Mill
존 앤더슨 John Anderson
존 컨스터블 John Constable
존 케네스 갤브레이스 John Kenneth Galbraith
존 타워 John Tower
존 투비 John Tooby
존 폰 노이만 John von Neumann
존 힝클리 John Hinckley
존 B. 왓슨 John B. Watson
주디스 해리스 Judith Harris
주디스 헤르바겐 Judith Heerwagen
지미 카터 Jimmy Carter
지미 코너스 Jimmy Connors
찰스 다윈 Charles Darwin
찰스 라이히 Charles Reich
찰스 휘트스톤 Charles Wheatstone
카일 케이브 Kyle Cave

카티야 라이스 Katya Rice
카팅카 맷슨 Katinka Matson
칼 세이건 Carl Sagan
칼 포퍼 Karl Popper
칼 폰 프리시 Karl Von Frisch
캐런 윈 Karen Wynn
캐럴 스미스 Carol Smith
켄 나카야마 Ken Nakayama
켈리 올귄 자콜라 Kelly Olguin Jaakola
콘라트 로렌츠 Konrad Lorenz
콘스탄틴 스타니슬라프스키 Konstantin stanisslavsky
콜린 맥긴 Colin McGinn
콜린 퍼거슨 Colin Ferguson
쿠르트 발트하임 Kurt Waldheim
쿠엔틴 벨 Quentin Bell
크리스토퍼 서프 Christopher Cerf
크리스토퍼 타일러 Christopher Tyler
크리스토프 코흐 Christof Koch
클라우디오 루차티 Claudio Luzzatti
클라우스 피들러 Klaus Fiedler
클래런스 대로 Clarence Darrow
테드 번디 Ted Bundy
테리 모셔 Terry Mosher
테리 비슨 Terry Bisson
테리 위노그라드 Terry Winograd
테오도시우스 도브잔스키 Theodosius Dobzhansky
토르스텐 위즐 Torsten Wiesel
토마소 포기오 Tomaso Poggio
토머스 셸링 Thomas Schelling
토머스 헉슬리 Thomas Huxley
톰 울프 Tom Wolfe
톰 팩스턴 Tom Paxton
티모시 케텔라 Timothy Ketelaar

파스칼 보이어 Pascal Boyer
파원 시나 Pawan Shina
퍼디낸드 마운트 Ferdinand Mount
퍼트리샤 처치랜드 Patricia Churchland
퍼트리샤 클래피 Patricia Claffey
퍼트리샤 클랜시 Patricia Clancy
폴 데이비스 Paul Davies
폴 로진 Paul Rozin
폴 맥린 Paul MacLean
폴 블룸 Paul Bloom
폴 스몰렌스키 Paul Smolensky
폴 에크먼 Paul Ekman
폴 처치랜드 Paul Churchland
폴 터크 Paul Turke
프랑수아 라로슈푸코 François La Rochefoucauld
프랜 레보위츠 Fran Lebowitz
프랜시스 크릭 Francis Crick
프랭크 드레이크 Frank Drake
프랭크 설로웨이 Frank Sulloway
프랭크 카일 Frank Keil
프레드 레달 Fred Lerdahl
프레드 애트니브 Fred Attneave
프리드리히 아우구스트 케쿨레 Friedrich August Kekulé
프리츠 하이더 Fritz Heider
플로렌스 나이팅게일 Florence Nightingale
피에르 오귀스트 르누아르 Pierre Auguste Renoir
피터 그랜트 Peter Grant
피터 셀러스 Peter Sellers
피터 웨이슨 Peter Wason
필립 켈만 Philip Kelman
하비 밀크 Harvey Milk
하워드 보이어 Howard Boyer
하이디 플라이스 Heidi Fleiss

하인리히 솅커 Heinrich Schenker
한스 크리스티안 안데르센 Hans Christian Andersen
허버트 사이먼 Herbert Simon
헤르만 칸 Herman Kahn
헨리 글라이트만 Henry Gleitman
헨리 웰먼 Henry Wellman
헨리 키신저 Henry Kissinger
헬레나 크로닌 Helena Cronin
호라티우스 Quintus Horatius Flaccus
호르헤 루이스 보르헤스 Jorge Luis Borges
휘트먼 리처즈 Whitman Richards
휴 헤프너 Hugh Hefner
힐러리 퍼트넘 Hilary Putnum

한/영 인명 대조표